U0485471

本书出版得到
国家重点文物保护专项补助经费
资　助

# 徽州古建筑保护的潜口模式
## ——潜口民宅搬迁修缮工程（上册）

潜口民宅博物馆 组编
王洪明 胡顺治 主编
吴青 总策划

科学出版社
北京

## 内 容 简 介

本书是对徽州古建筑保护领域一项重要实践活动的全面记录与深入分析。着重介绍潜口民宅搬迁修缮工程的缘起、实施过程、技术细节及其在中国古建筑保护领域中的独特地位。详细描述了工程的实施过程，包括原建筑的测绘记录，拆卸、运输、重建等各个环节，以及在这一过程中所遇到的技术难题和解决方案。易地保护是在特定历史时期对古民居保护的一次探索，是结合徽州古民居保护利用实际的一次全新尝试。大胆创新和专业精神，给予了这项工程极大的延展空间和丰富内涵。实现古民居的"再生"和可持续利用，成为破解皖南古民居保护困局的成功典范，被业界誉为"潜口模式"。通过对具体案例的分析，展示了潜口模式在古建筑保护领域中的创新性和可行性。

本书适合文物保护、历史学、建筑学等方面的科研工作者、高等院校相关专业师生阅读参考。

---

#### 图书在版编目（CIP）数据

徽州古建筑保护的潜口模式：潜口民宅搬迁修缮工程：全2册 / 潜口民宅博物馆组编；王洪明，胡顺治主编. —北京：科学出版社，2024.4
ISBN 978-7-03-078360-8

Ⅰ.①徽⋯ Ⅱ.①潜⋯ ②王⋯ ③胡⋯ Ⅲ.①古建筑－文物保护－研究－徽州地区 Ⅳ.①TU-87

中国版本图书馆 CIP 数据核字（2024）第 070251 号

责任编辑：雷　英 / 责任校对：邹慧卿
责任印制：肖　兴 / 封面设计：金舵手世纪

---

科学出版社 出版
北京东黄城根北街16号
邮政编码：100717
http://www.sciencep.com
北京汇瑞嘉合文化发展有限公司印刷
科学出版社发行　各地新华书店经销
\*
2024年4月第 一 版　　开本：889×1194　1/16
2024年4月第一次印刷　印张：38.75　插页：24
字数：1200 000
**定价：508.00元（全2册）**
（如有印装质量问题，我社负责调换）

# 《徽州古建筑保护的潜口模式
## ——潜口民宅搬迁修缮工程》
## 编辑委员会

**顾　问**：程极悦

**总策划**：吴　青

**主　编**：王洪明　胡顺治

**副主编**：徐聂清　许　伟

**编　委**：程　艳　王晓丽　胡　晨　程茜宇　徐　磊
　　　　　胡际树　叶欣昕　朱志忠　张　潇

# 序

今春，潜口民宅博物馆王洪明同志携《徽州古建筑保护的潜口模式》书稿来访，并告是书在馆长吴青女士的策划下，曾于2018年由科学出版社出版，原安徽大学教授、博士生导师李修松先生为之作序。本次再版作了较大修订，希望我为修订版写几句弁言。

20世纪七八十年代，我有幸参与了潜口民宅一期明代建筑群迁建项目的全过程。在项目业主歙县博物馆胡承恩先生的领导下，主持了一期项目的科研、设计和施工工作。工程伊始，我在设计方案的手绘鸟瞰图上曾自题《浣溪沙》一阕。2021年，我在一阕纪念胡承恩先生的《雨中花慢》词中又忆及明村（园）工程。兹录二词如下：

形胜当年话此冈，紫霞峰麓水流香，梅清无恙赋新章。

香草明珠难自弃，颓檐坏砌待重光，武陵人徒果亭庄。

——调寄《浣溪沙》

五纪搜祠，千落遴宅，蒐罗紫霞峰麓。似明时墟里，水口重筑。堂构回春，沧桑复旧，典文重续。荐阮溪之范，雷梁营缮，又补珍牍。

——调寄《雨中花慢》（录上阕）

前词难掩对文物重光的兴奋之情，描述了对明代山庄的规划构思。后词则回顾了项目实施过程，通过对迁建对象的选择和规划、设计、施工技术的探索，强化了对文物保护工程的认识。

早在20世纪70年代末，歙县文博部门为了抢救当地珍贵的徽州明代建筑，计划将部分明代建筑遗存迁建到歙县潜口村（今黄山市徽州区潜口村）紫霞峰麓，规划建设一座露天的明代民居博物馆——"明村"。这批明代建筑遗存有住宅、祠堂、路亭、石桥等，不少是孤例，或为规制完整的典型实物。但由于各种原因，它们毁坏严重，濒于坍塌，无法就地保护。1982年，国家文物局正式批准这一项目。迁建工程经始于1984年，1990年基本竣工，嗣后又陆续迁入若干明代住宅、石坊。1999~2006年，潜口民宅博物馆在紫霞峰南侧的观音山上另行迁建了一批无法就地保护的清代建筑遗存，包括住宅、祠堂及戏台、商铺、学塾、库房（收租房）等。经前后两次迁建，历时三十余年，形成了一座由明代山庄和清代街坊组成的建筑露天博物馆。

潜口民宅博物馆的建成，具有十分重要的意义。工程注重物质文化遗产保护和非物质文化遗产保护的有机结合，缜密勘察、严谨设计、规范施工，成功地抢救了数十座珍贵的明清建筑遗存，较好地传承了徽州传统建筑的营造法式和技艺。保存下来的建筑遗存为徽州地方建筑历史研究提供了十分难得的实物资料，并且通过工程实践，培养了一批懂徽州传统建筑的青年建筑师和营造工匠，他们后来成为徽州文保工程的中坚力量。

潜口民宅为全国重点文物保护单位，具有"再生型"中国现代博物馆的特点。清华大学编著的《博物馆建筑设计》一书指出："在'再生型'博物馆中也有少数极具特色。如安徽潜口民宅博物馆，就是将原来分散在歙县郑村、瀹潭、许村、潜口、西溪南等地十几处既典型又不宜就地保护的明代建筑，拆迁复原集中保护的古建筑群。"著名古建筑学家、东南大学教授潘谷西先生也称赞"明村是国内第一个"。潜口民宅博物馆对无法就地保护的建筑遗存，采用依法报批、易地迁建、集中保护的方式进行科学保护，是建筑遗产保护的一次成功探索，被业界誉为"潜口模式"。拙词《雨中花慢》中的"阮溪之范""珍牍"，即本于此。

历史上的徽州地处我国新安建筑文化圈的核心区域，徽州传统建筑是博大精深的徽州文化的载体，具有卓越的成就和鲜明的地方特色，蕴藏有丰富的历史信息和文化内涵，传承了中华优秀传统文化基因，是人类珍贵的文化遗产。徽州传统建筑盛于明清，多种类型的建筑浑朴华美，有机组合的建造群体则表现出聚族而居和交融山水的典型环境特征。建筑结构讲究制度，尺度雄伟，犹存江南宋元遗制。建筑艺术华丽活泼，充满淳朴的民间乡土气息，呈现出独特的建筑个性。潜口民宅博物馆迁建的这批明清建筑遗存是徽州传统建筑的精品，博物馆在对其保护利用、研究阐释上下功夫，着力推进文化遗产的活化传承，更使徽州传统建筑彰显魅力。

早在20世纪90年代初，安徽省文物局就要求撰写明代建筑群迁建工程报告，由于主、客观原因，当时仅完成了一份2万字的竣工报告，未及进行详细总结，至今深以为憾。王洪明同志在吴青馆长的支持下完成了多年未竟的编著工作，今又再修订，令余感怵交并。洪明就读于安徽大学历史系，毕业后投身于徽州文物保护工作，他勤奋好学，刻苦钻研，十年磨一剑，在黄山市建筑遗产保护行业中已崭露头角。盛世修文，当代国家繁荣，社会稳定，有传承优秀文化的意愿和能力。《徽州古建筑保护的潜口模式》的应运再版，收集了更翔实的资料，真实地记录历史，为徽州传统建筑的研究提供了史料和资料支撑，为文化遗产的保护利用、传承发展提供了借鉴。是书于徽州建筑遗存的保护利用功莫大焉！

雏凤清于老凤声，余既为是书的再版而鼓舞，又为文保人才的崛起而抃掌，载欣载言，谨序。

教授级高级工程师
一级注册建筑师
程极悦
2022年4月于十驾楼

# 前　言

20世纪80年代，国家文物部门为抢救不易于原址保护、濒于倒塌的徽州古建筑，采取易地搬迁、原状复原、集中管理的方式，将散落在歙县境内保护状况堪忧又极具代表性的一批明代建筑，陆续搬迁至潜口紫霞山，依据明代山庄样式，复原重建，建成潜口民宅明园。这种易地搬迁、集中保护的方式在当时尚属全国文物系统古建筑保护的一次探索。工程在国家文物局、安徽省文物局的指导和把关下，严格执行了文物维修的标准，维修的高质量使濒危建筑重焕光彩，得到了专家学者的一致好评。因其成功的探索，被誉为古建筑保护的"潜口模式"。

1998年，在明代建筑群易地保护成功的基础上，经国家文物局批准，在潜口民宅保护范围观音山麓，实施了清代古建筑保护工程。为适应对外开放需求，清园采取了传统村落聚居一条街布局，建筑样式的丰富性和观赏性更强。2007年竣工并对外开放。清园的建成，使潜口民宅成为时间跨度500多年，越明、清两代，徽州古建筑精品的集中保护地和展示利用地。

潜口民宅明、清两个建筑群的搬迁工程，时间跨度26年（1982～2007年），留存的工程档案、图纸、照片、踏勘日记等资料，随着时间的推移，有的渐渐散轶，有的长时间存放于资料室内，没有系统整理。基于对这些珍贵资料的抢救保护，以及工程项目实施的经验总结，以适应新时代文物工作的发展需要，决定对项目资料进行收集、整理、总结，并结集出版。为了突显地方建筑特色，书中保留了现存全部原始测绘图纸，使用了大量的地方建筑语言，未与官式建筑名称一一对应。

此书分为明代民居建筑群、清代民居建筑群、潜口民宅文物保护性设施建设三部分。作为安徽省第一部文物保护工程报告，得到了国家文物局、安徽省文物局的立项和资金支持，得以顺利出版。

# 目　录

| | |
|---|---|
| 序 ······ 程极悦（ i ） |
| 前言 ······ （ iii ） |

## 明代民居建筑群

| | |
|---|---|
| 明代民居建筑群概述 ······ （003） |
| 六顺堂仪门 ······ （007） |
| 荫秀桥 ······ （017） |
| 方氏宗祠坊 ······ （026） |
| 善化亭 ······ （038） |
| 乐善堂 ······ （053） |
| 曹门厅 ······ （083） |
| 方观田宅 ······ （111） |
| 司谏第 ······ （135） |
| 吴建华宅 ······ （169） |
| 方文泰宅 ······ （190） |
| 苏雪痕宅 ······ （220） |
| 胡永基宅 ······ （243） |
| 罗小明宅 ······ （265） |

## 清代民居建筑群

| | |
|---|---|
| 清代民居建筑群概述 ······ （303） |
| 清园大门 ······ （307） |
| 畊礼堂 ······ （314） |

诚仁堂 …………………………………………………………………………………（343）

古戏台 …………………………………………………………………………………（370）

义仁堂 …………………………………………………………………………………（391）

洪宅 ……………………………………………………………………………………（413）

谷懿堂 …………………………………………………………………………………（435）

万盛记 …………………………………………………………………………………（458）

程培本堂 ………………………………………………………………………………（480）

程培本堂收租房 ………………………………………………………………………（509）

汪顺昌宅 ………………………………………………………………………………（533）

潜口民宅迁建工程做法 ………………………………………………………………（553）

## 潜口民宅文物保护性设施建设

文物保护性设施建设概况 ……………………………………………………………（561）

潜口民宅消防安装工程 ………………………………………………………………（565）

潜口民宅消防提升（电气火灾智能防控）工程 ……………………………………（571）

潜口民宅安防设计施工一体化项目 …………………………………………………（576）

潜口民宅古建筑防雷保护工程 ………………………………………………………（579）

潜口民宅方氏宗祠坊石质文物修缮工程 ……………………………………………（584）

潜口民宅白蚁、粉蠹、木蜂综合防治项目 …………………………………………（589）

潜口民宅明园加固与环境整治工程 …………………………………………………（594）

潜口民宅古建筑维护修缮工程 ………………………………………………………（601）

编后记 …………………………………………………………………………………（604）

# 明代民居建筑群

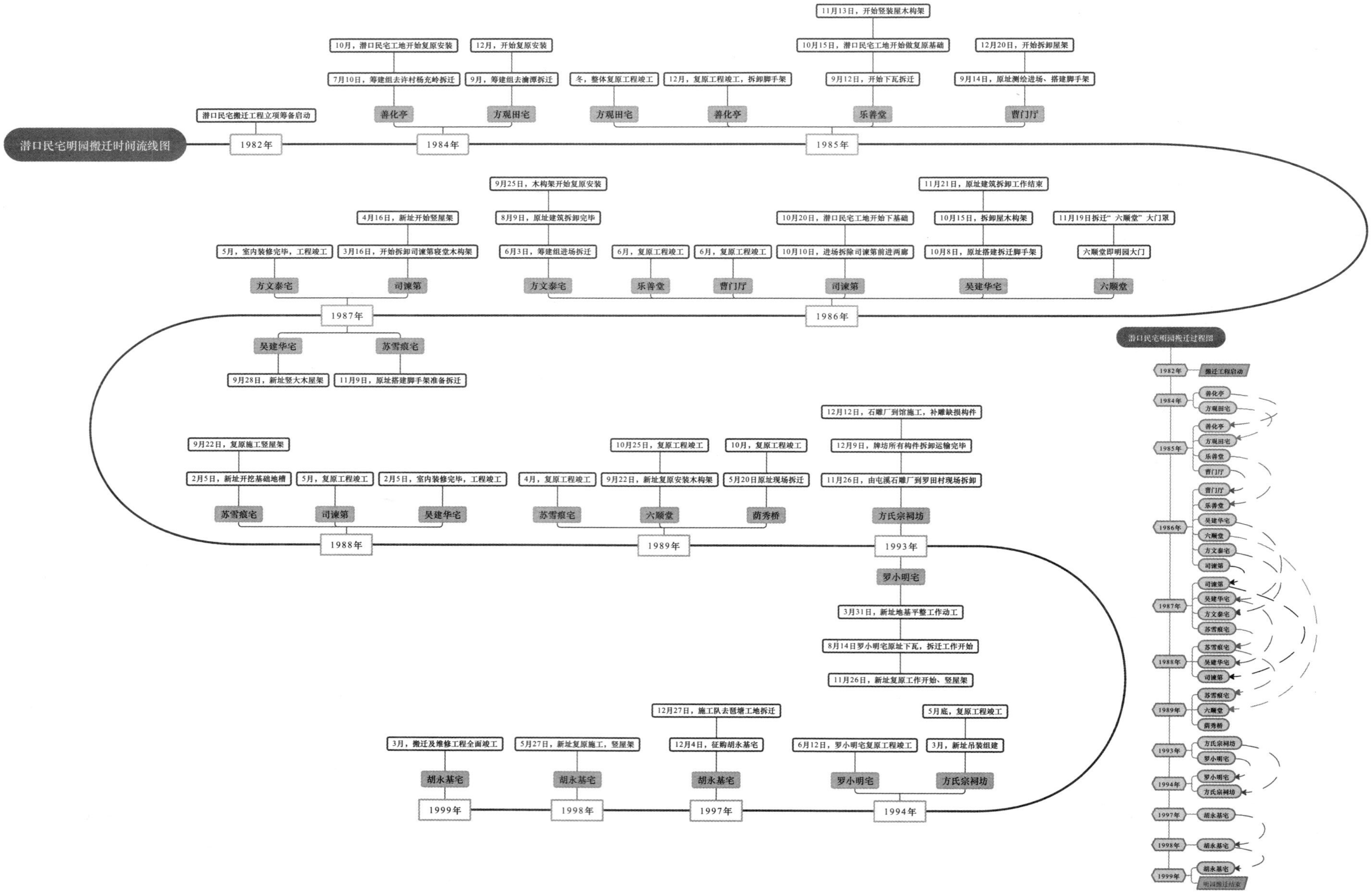
潜口民宅明园搬迁时间流线图
1982年
潜口民宅搬迁工程立项筹备启动
1984年
善化亭
7月10日，筹建组去许村杨充岭拆迁
10月，潜口民宅工地开始复原安装
方观田宅
9月，筹建组去澹潭拆迁
12月，开始复原安装
1985年
方观田宅
冬，整体复原工程竣工
善化亭
12月，复原工程竣工，拆卸脚手架
乐善堂
9月12日，开始下瓦拆迁
10月15日，潜口民宅工地开始做复原基础
11月13日，开始竖装屋木构架
曹门厅
9月14日，原址测绘进场、搭建脚手架
12月20日，开始拆卸屋架
1986年
方文泰宅
6月3日，筹建组进场拆迁
8月9日，原址建筑拆卸完毕
9月25日，木构架开始复原安装
乐善堂
6月，复原工程竣工
曹门厅
6月，复原工程竣工
司谏第
10月10日，进场拆除司谏第前进两廊
10月20日，潜口民宅工地开始下基础
吴建华宅
10月8日，原址搭建拆迁脚手架
10月15日，拆卸屋木构架
11月21日，原址建筑拆卸工作结束
六顺堂
六顺堂即明园大门
11月19日拆迁“六顺堂”大门罩
1987年
方文泰宅
5月，室内装修完毕，工程竣工
司谏第
3月16日，开始拆卸司谏第寝堂木构架
4月16日，新址开始竖屋架
吴建华宅
9月28日，新址竖大木屋架
苏雪痕宅
11月9日，原址搭建脚手架准备拆迁
1988年
苏雪痕宅
2月5日，新址开挖基础地槽
9月22日，复原施工竖屋架
司谏第
5月，复原工程竣工
吴建华宅
2月5日，室内装修完毕，工程竣工
1989年
苏雪痕宅
4月，复原工程竣工
六顺堂
9月22日，新址复原安装木构架
10月25日，复原工程竣工
荫秀桥
5月20日原址现场拆迁
10月，复原工程竣工
1993年
方氏宗祠坊
11月26日，由屯溪石雕厂到罗田村现场拆卸
12月9日，牌坊所有构件拆卸运输完毕
12月12日，石雕厂到馆施工，补雕缺损构件
罗小明宅
3月31日，新址地基平整工作动工
8月14日罗小明宅原址下瓦，拆迁工作开始
11月26日，新址复原工作开始、竖屋架
1994年
罗小明宅
6月12日，罗小明宅复原工程竣工
方氏宗祠坊
3月，新址吊装组建
5月底，复原工程竣工
1997年
胡永基宅
12月4日，征购胡永基宅
12月27日，施工队去琶塘工地拆迁
1998年
胡永基宅
5月27日，新址复原施工，竖屋架
1999年
胡永基宅
3月，搬迁及维修工程全面竣工
潜口民宅明园搬迁过程图
1982年
搬迁工程启动
1984年
善化亭
方观田宅
1985年
善化亭
方观田宅
乐善堂
曹门厅
1986年
曹门厅
乐善堂
吴建华宅
六顺堂
方文泰宅
司谏第
1987年
司谏第
吴建华宅
方文泰宅
苏雪痕宅
1988年
苏雪痕宅
吴建华宅
司谏第
1989年
苏雪痕宅
六顺堂
荫秀桥
1993年
方氏宗祠坊
罗小明宅
1994年
罗小明宅
方氏宗祠坊
1997年
胡永基宅
1998年
胡永基宅
1999年
胡永基宅
明园搬迁结束

# 明代民居建筑群概述

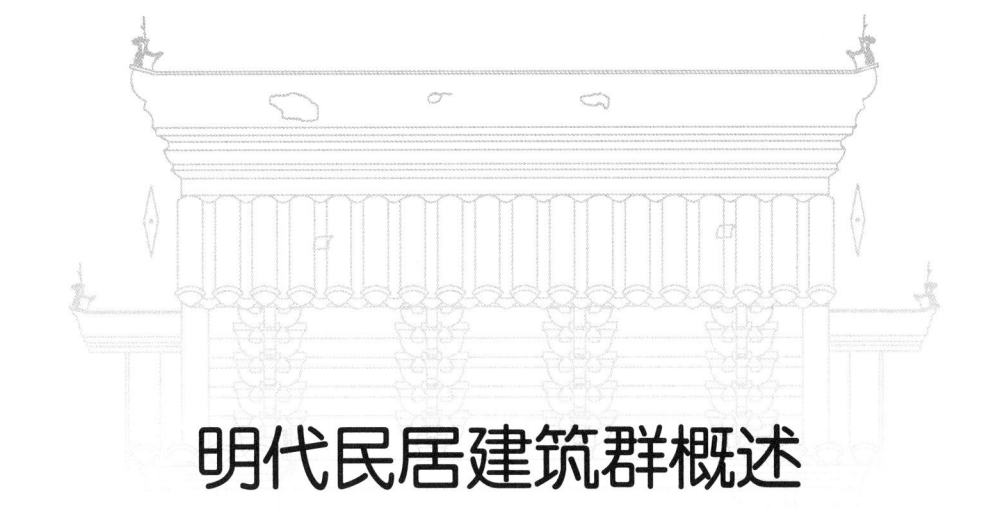

明代是徽州建筑发展的兴盛时期。随着徽商的崛起以及儒学的教化，古徽州呈现"程朱阙里，道脉相传""十户之村不废诵读""连科三殿撰，十里四翰林""富商巨贾，藏镪百万"的繁盛景象。伴随社会经济和文化的发展，徽州大地上修建了祠堂、牌坊、宅第、戏台、亭、台、楼、阁等众多建筑。至今400余年，仍有大量珍贵遗存。

## 一、工程缘起

1952年冬，南京工学院刘敦桢教授，受前华东文化部的委托来徽州地区调查，发现了明代住宅和祠堂二十余处[①]。

1950~1956年间，罗哲文、祁英涛、郑孝燮、朱光亚、曹见宾、张仲一等专家学者相继来徽州地区调研考察，发现了大量明代建筑实物。

20世纪70年代末期，当地有关部门对照1956年南京工学院与建筑科学研究院联合出版的《徽州明代住宅》中所列举的23处明代古建筑，再次逐一进行调查，发现只剩下13处。针对这种情况，歙县提出了"就地保护为主，适当的拆迁复原，集中保护为辅"的初步设想。经国家文物局、国家建设部建设历史研究所、中国建筑历史学会等部门的专家、学者和专业人员多次实地考察，达成共识，认同此方案，并提出：在保护方法上，仍以就地保护为主，但针对一些较为典型，而又不宜就地保护的（如地势低洼、四周环境极不安全、人为损坏严重）明代民居，有必要采取拆迁复原、集中保护的措施，既便于维护管理，又便于参观考察。

1981年10月，全国文物工作会议在歙县召开。南京工学院古建筑专家潘谷西教授在会议上提出了"文物保护要与发展旅游事业相结合"的建议，建议安徽省除报"四大名山"（黄山、天柱山、九华山、齐云山）外，还要报一个"徽州古民居旅游点"。于是，将正在酝酿中的拆迁复原、集中保护的古建筑群打造成一个旅游点的规划思想更加明晰。

1982年5月，国家文物局副局长沈竹、文物处处长吕济民来歙县实地考察后，对建立"明代民居建筑群"达成一致意见。随后，该项目被列入全国文物保护计划。

---

① 刘敦桢：《皖南歙县发现的古建筑初步调查》，《文物参考资料》1953年第3期。

根据这个计划，歙县文化局编制了工程方案并上报。安徽省文物局下发皖文物字〔1982〕96号《关于歙县建立明代民居博物馆问题的批复》："歙县文化局：你局歙文字〔1982〕50号文件收悉。经研究原则上同意你局的工程方案，在你县潜口建立一座明代民居博物馆……"

歙县计划委员会根据安徽省文物局通知，于1982年10月7日批准工程立项，并以歙计基字〔1982〕136号文件批准办理征地手续。随后，歙县文物部门编制了搬迁工程的设计方案，上报上级文物部门。

1983年，中国建筑历史学会在安徽凤阳召开，会上对此项工程的设计方案、图纸等进行了审查。会后，故宫博物院副院长单士元偕同国家建设部建设历史研究所的领导专家，受国家文物局的委托，专程到歙县，现场审定工程设计方案。根据歙县方面的提议，专家们还对七里头的圣僧庵和潜口的水香园旧址等地进行了考察，赞同将建筑群选址在潜口水香园旧址。

## 二、选址理由

潜口交通位置优越。潜口村位于歙县西部，北倚黄山，南邻岩寺，东连歙县，西接屯溪、休宁，地处黄山南大门，205国道穿村而过，是历来从浙、赣、闽、沪进出黄山的必经之地。西距黄山屯溪机场23千米，东距歙县古城18千米，道路交通十分便捷。

潜口历史文化悠久。潜口村旧属歙县西乡，是古徽州历史文化最悠久、文化积淀最丰厚的区域。潜口村自南宋汪氏迁居后逐渐发展，至明代中期达到鼎盛，"经济繁庶、科教兴盛、人文荟萃，为一方之奥区"。该村是古徽州境内明代民居最为集中的村庄之一，除民居外，周围尚有塔、祠堂、牌坊等多处明代建筑。历史上原有大小祠堂34个，村内横贯南北的长街被称为"祠堂街"。潜口周边还有唐模、西溪南、呈坎、蜀源、灵山等古村落与之相连，文物建筑星罗棋布。

紫霞山为形胜之地。紫霞山位于潜口村西北，为黄山第一峰。传中华始祖轩辕黄帝曾于此炼丹，现有轩皇坛图景遗存。紫霞山是古代佛教圣地，也是文人雅士曲水流觞之所。明清时期有"栗亭、四顾山房、水香园、绿参亭"等名胜。据地方志记载，黄宗羲、施润章、梅庚、靳治荆等均涉足其间，并有题记载诸史文集，其中吴逸画的水香园图，刊登于康熙版《歙县志》首页。"文以地生辉，地以文益秀"，美美与共。

明代建筑群选址潜口村，既是对历史文化传统的承袭和发扬，彰显对搬迁古建筑的尊重，也便利工程项目的实施，利于搬迁后对古建筑群的保护管理和利用，打造有影响力的旅游景点。

## 三、工程实施

潜口明代民居建筑群选址潜口水香园旧址，古建筑集中保护区主要位于紫霞峰东南山麓，占地 26 余亩①，地形高差 25 米。

集中保护的民居、祠堂、牌坊、路亭、石桥等不同类型的明代建筑，按照徽州明代山庄形式总体布局。对山体形态和植被原状予以最大限度的保持，采取掘进铲平、筑坝护坡等方式，形成高低错落、大小不等的平台作为搬迁古建筑的新址；每幢建筑之间保持一定距离，保证古建筑的通风采光以及防火安全，中间铺筑石板路及登临阶梯；房前铺有石板广场，周围栽植传统花卉、树木加以点缀；以山庄入口为起点，上山下山形成一条环形道路交通线。整个山庄采取周密的防治白蚁和杀灭白蚁措施，降低白蚁危害隐患，同时设置消防及供水设施。

明代民居建筑群保护工程自 1984 年动工，主体工程 10 幢古建筑的搬迁于 1990 年基本竣工，并对外开放。1988 年，尚在建设中的"潜口民宅"被国务院公布为全国重点文物保护单位。建成后的明园因为抢救保护的需要，经国家文物局批准，又陆续搬迁了 3 幢明代建筑，直至 1999 年全面完成。

明代建筑群 13 处单体建筑的选择，主要是出于文物价值本身以及抢救保护的客观需要，以徽州"古建三绝"中的古祠堂（4 处）、古民居（6 处）、古牌坊（1 处）为主体，另有石桥、路亭各 1 处。其中司谏第、曹门厅、方文泰宅、苏雪痕宅 4 处搬迁前已是省级文物保护单位，乐善堂、善化亭为县级文物保护单位。

## 四、建筑概况

按照明园建成后的参观路线，13 处古建筑依次见表 1：

表 1　潜口民宅明园搬迁古建筑一览表

| 序号 | 建筑名称 | 年代 | 建筑类型 | 原址 | 迁建时间 | 建筑层数 | 建筑面积（平方米） | 建筑形制 | 建筑特色 |
| --- | --- | --- | --- | --- | --- | --- | --- | --- | --- |
| 1 | 六顺堂仪门 | 明代 | 祠堂 | 徽州区潜口镇潜口村老街 117 号 | 1986.11~1989.10 | 一层 | 65.6 | 单坡水三开间一层廊屋 | 内门罩富有特色 |
| 2 | 荫秀桥 | 明·嘉靖（1554 年） | 石桥 | 徽州区西溪南镇唐贝村 | 1989.5~1989.10 | 一座 | 23.8 | 单孔发券石拱桥 | 尼庵捐建石桥，阴阳刻字桥额 |
| 3 | 方氏宗祠坊 | 明·嘉靖（1527 年） | 牌坊 | 徽州区岩寺镇罗田村 | 1993.11~1994.5 | 一座 | 21.9 | 四柱三间五楼石牌坊 | 祠堂门前牌坊，石雕刻精美 |
| 4 | 善化亭 | 明·嘉靖（1551 年） | 亭阁 | 歙县许村镇许村村南 5 里杨充岭 | 1984.7~1985.11 | 一层 | 25.2 | 木结构石柱四角路亭 | 徽商义建路亭，古朴雅致 |
| 5 | 乐善堂 | 明代 | 祠堂 | 徽州区潜口村唐鸭路 15 号 | 1985.9~1986.6 | 一层 | 237.2 | 两进五开间砖木结构四合式厅堂建筑 | 明代厅堂式祠堂代表，古朴厚重 |
| 6 | 曹门厅 | 明·弘治（1494 年） | 祠堂 | 徽州区潜口村老街 42、44 号 | 1985.9~1986.6 | 一层 | 246 | 九开间一层砖木结构廊院 | 明代廊院式祠堂，气势雄伟 |

---

① 1 亩 ≈666.7 平方米，后同。

续表

| 序号 | 建筑名称 | 年代 | 建筑类型 | 原址 | 迁建时间 | 建筑层数 | 建筑面积（平方米） | 建筑形制 | 建筑特色 |
|---|---|---|---|---|---|---|---|---|---|
| 7 | 方观田宅 | 明代 | 民居 | 歙县坑口乡瀹潭村 | 1984.9~1985.12 | 二层 | 128.4 | 三间带两廊二层砖木结构楼屋 | 明代普通农民住宅，朴素别致 |
| 8 | 司谏第 | 明·弘治（1495年） | 祠堂 | 徽州区潜口镇潜口村老街 | 1986.10~1988.5 | 一层 | 122.5 | 三间二进砖木结构四合院式厅堂建筑 | 明代家祠，古朴风雅 |
| 9 | 吴建华宅 | 明代 | 民居 | 徽州区潜口镇潜口村睦慈巷 | 1986.10~1988.2 | 二层 | 175.1 | 三间带两廊砖木结构楼屋 | 家祠后人住宅 |
| 10 | 方文泰宅 | 明代 | 民居 | 徽州区潜口镇坤沙村 | 1986.6~1987.5 | 二层 | 280 | 三间两进砖木结构楼房 | 明代徽商住宅，精致豪华 |
| 11 | 苏雪痕宅 | 明代 | 民居 | 歙县郑村镇郑村 | 1987.11~1989.4 | 二层 | 287.4 | 三间两进二层砖木结构楼房 | 一脊翻两厅住宅，天井栏杆独特 |
| 12 | 胡永基宅 | 明代 | 民居 | 徽州区西溪南镇琶塘村 | 1997.12~1999.6 | 二层 | 270 | 五开间两进砖木结构楼房 | 楼上厅住宅，布局独特 |
| 13 | 罗小明宅 | 明·嘉靖 | 民居 | 徽州区呈坎村钟英街雪洞巷 | 1993.8~1994.6 | 三层 | 235.7 | 五开间三合院式砖木结构楼屋 | 明代三层住宅 |

注：因工程距今时间较长，部分古建筑所在"原址"行政区划有了变动和调整，如1987年黄山市成立，徽州区从原歙县辖区内划分出去，单独成立县级区，本表"原址"统一以现今的行政区划为准

这些濒临倒塌的明代民居，按照文物维修"不改变原状"的原则，经过易地搬迁、修缮、复原、环境重建，房屋结构得到加固，历史信息得以保存，且新址中改善了通风排水条件，有效防治病虫害，强化安全防火等措施，使其延续了生命，并得以永久保护。集中保护的办法，既有利于保护管理，又便于考察研究，更好地发挥文物作用，为灿烂的徽州文化和建筑历史，保存了一批珍贵的实物。国家文物部门把这种保护方法称为古建筑保护的"潜口模式"。

# 六顺堂仪门

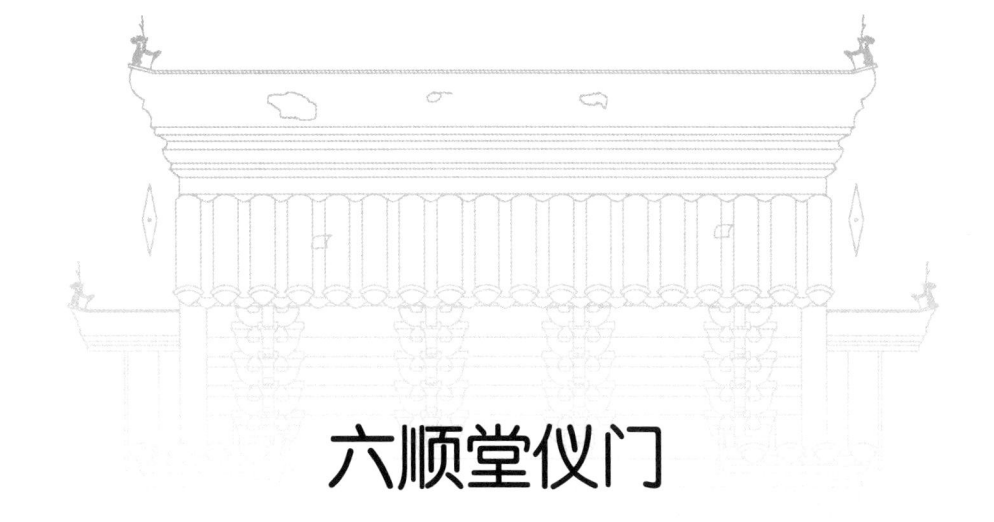

## 一、概况

六顺堂仪门现位于潜口民宅明园大门入口。20世纪八九十年代，潜口民宅先期建设明代民居建筑群，选址潜口村西北紫霞峰东南坡麓。明园内集中保护的明代古建筑，遵循徽州明代山庄格局，高低错落分布于坡麓山林间，四至缭以周垣，山脚正南向辟一正门，作为进出明园山庄的枢纽。正门系易地搬迁的六顺堂仪门。

六顺堂原位于潜口村中，系明代万历年间潜口汪氏一支祠堂。原建筑包括门屋、享堂、寝殿三进，至20世纪80年代，仅存仪门遗构。仪门为单披水三开间一层廊屋，居中设大门，置内门罩。

1986年，潜口乡政府取直潜口村内街道，欲将位于突出位置的六顺堂仪门拆除。此时潜口民宅明园正在建设，经双方协商，将六顺堂仪门于1986年拆迁至潜口民宅明园，1989年完成复原，并作为出入大门使用。

## 二、原址原貌

六顺堂原位于徽州区潜口镇潜口村老街117号。据汪大道《徽州文化古村潜口》记载，六顺堂为明代潜口汪氏82世汪居贞所立。汪居贞，字元幹，号桂麓，万历十年（1582年）举人。祠堂内原有一块牌匾，保存于潜口一村民家中（现已不存），上书"文魁"二字，上款："直隶苏州府嘉定县知县高荐为"，下款："万历年壬午科乡试第十三名汪居贞立"。

20世纪60年代，六顺堂被乡政府征用，先后开过烟店、面食店、手工业合作社，将后进享堂、寝殿部分拆除，改为植保站，作为储存经营农药、化肥的仓库。70年代，六顺堂朝向大路一面的门屋建筑，为满足使用需求，被数次改造，仅存临街仪门门罩尚保留原制，作为大院出入的门户及摇棕索的手工作坊。

六顺堂所在村内位置，是当时潜口村的主要商贸中心，临街是菜市场，正对面是药店、布店、食品店、修理店，两边是综合性的小店铺多间。1986年，潜口乡政府考虑扩大集市，便利人员集散通畅，欲将这一带老街裁弯取直，拆除位于弯道突出位置的六顺堂仪门等建筑（图1-1）。

仪门朝向东北，三间廊屋，临街两级红岩石阶登临。通面阔9.9米，阶沿石至内门罩统进深4.41米。明间额枋下装修可拆卸活动板门；两次间枋下砖砌围护墙，中间开窗；额枋上方加装了散板、挡板。地面红岩石铺筑。门屋传统穿斗式架构，用料较少，明间后檐西柱糟朽，拉枋下垂，脊檩霉烂。为储存物品，三间拉枋上铺有桥板，临时可用木梯攀临。屋面椽上铺小青瓦，残损较多，马头墙垛头破损。

后檐墙居中设置的原大门，红岩石门框套，铁皮包镶砖贴双开木门扇，保存较好。内门罩两实砌清水砖柱，85厘米见方，上承门枋，枋上斗拱承顶楼檐枋。顶楼椽上铺望板，覆小青瓦。檐上砌砖脊，两端装哺鸡兽。内门罩除斗拱及顶楼屋面木构部分糟朽外，整体保存完整。

图1-1 原址立面

## 三、现状特征

六顺堂仪门，现位于明园大门入口，坐北朝南，三间，单层，一披水砖木结构门屋。檐高4.59、脊高7米，建筑面积65.6平方米。两山墙二级马头墙跌宕、中青瓦覆屋面、红麻石墁地。穿斗式木结构，额枋上部与檐口檩之间装饰木雕"万"字满天星围风窗，柱头插拱承撩檐枋，檐口装飞椽。

明间后檐墙居中开门，红麻石作门框，杉木实拼门扇，斜方格钉铺方形水磨青砖，用三角棱铁皮压缝，四边包以铁皮，每一方砖正中钉一颗乳钉。门上有插关、门钉、铺首[1]等附属构配件。

大门置内门罩，二柱三楼样式。左、右二柱为水磨砖砌筑的四方形柱垛，柱垛承大门门枋和普柏枋[2]，上覆小青瓦，内、外两侧饰木博风板。大门普柏枋上承斗拱四朵，四跳七铺作[3]承主楼檐枋，木椽出檐，铺望板，上覆小青瓦，不做垂脊，楼面贴墙做脊，砖雕三线，两头起翘至墙顶檐，脊两头各饰一只铁花鸱吻。明人认为鸱吻是龙的儿子，而龙生于水、飞于天，人们

---

[1] 宋式建筑构件名称，亦称门铺，即门扇上的拉手饰件。因以兽首铺设之，故名。是从青铜器上的兽面衔环演变而来。

[2] 在檐口斗拱建筑中，承接斗拱坐斗的枋木，宋称为普柏枋，清称为平板枋。《营造法式》卷四在"平座"中述："凡平坐铺作下用普柏方，厚随才广，或更加一栔。其广尽所用方木。若缠柱造，即于普柏方里用柱脚方，广三材，厚二材。上坐柱脚卯。"

[3] 宋《营造法式》称为朵，清《工程做法则例》称为攒，《营造法原》称为座，六顺堂为明代建筑，遂所有建筑构件名称，尽量借用与《营造法式》相对应的构件名称。

将它放在屋脊上既是装饰又有兴雨防火的寓意。

现大门居中悬挂一块由原故宫博物院副院长单士元手书的"潜口民宅"匾额。左右檐柱悬挂由现代潜口乡贤毕荣桐撰写，书法家杨士林书对联："丁鹤归来庭除依旧过眼衣冠尘土存艺巧千般风流不付天河水；彦贤联贲宇悦华新醉心古韵松琴任烟霞百继瑞霭长萦米氏山。"

大门东侧围墙另开一边门，便利物品进出。

## 四、文物价值

六顺堂为潜口汪氏家族支祠，其仪门遗构，经历了明、清、近代历史变迁，包含了丰富的人文信息和详实的史料资讯，对于徽州祠堂及宗族文化研究，具有较高的历史文化价值。

六顺堂独特的明代内门楼形制，砖木石混作，后檐斗拱四跳七铺作，保留着鲜明的时代特征，具有较高的科学艺术和文物价值。

## 五、迁建工程

### （一）迁建过程

作为明园的正门，也是山庄唯一出入口，仪门应待园内其他建筑复原后，于最后阶段进行新址复原。但因抢救保护需要，六顺堂仪门不得不提前拆卸至潜口民宅，故从开始拆迁至最后复原工程完工，时间跨度四年。

1986年11月19日，拆迁六顺堂仪门门楼；
1989年9月22日，新址复原，安装木构架；
1989年10月25日，竣工（图1-2）。

### （二）迁建选址

六顺堂仪门选址明园东南山脚出入口，坐北朝南，作为山庄的大门。明园大门选择六顺堂仪门设置，不仅建筑年代与古建筑群契合，

图1-2 复原现场

且建筑性质功能吻合，风貌古朴典雅，规模体例与山庄相称。为满足游客聚集及拍照需求，正门地面阶沿石下三级石阶，前方铺筑一200平方米的茶园石板广场。广场左右置一对青石雕琢石狮。广场沿正门中轴线，以甬道样式铺筑一条长60米的石板路面至对面停车场。

### （三）维修要点

六顺堂仪门，原不属于明园规划内文物保护项目，鉴于其较高的文物价值，搬迁复原工程仍完全遵照文物维修原则实施。

（1）前廊三间地面为红紫石板铺砌，缺失部分依据原规格尺寸，开采石板复原。根据明代中期厅堂建筑的传统规制，铺砌门前的阶沿石、台阶和门前小广场。

（2）明间脊檩及后檐柱、拉枋因糟朽重新置换；少许朽烂柱、枋等木构采取墩接办法修补；枋上原桥板置阁楼设置不予恢复。

（3）恢复两面山墙及马头墙样式，屋面饰件及勾滴瓦，依据原屋遗留构件，制模订制复原。

（4）为保持结构的安全性，围护墙标高 5 米左右增设一道 20 厘米高的圈梁。

（5）原前檐砖墙及板门装修不恢复。考虑到管理和开放需要，确定在仪门两次间增加木装修，形成两个厢房，分别作为门口值班及票房管理用房。

（四）工程资料

主要为原状照片及施工图纸，无勘察设计维修文本及竣工资料（图 1-3～图 1-8）。

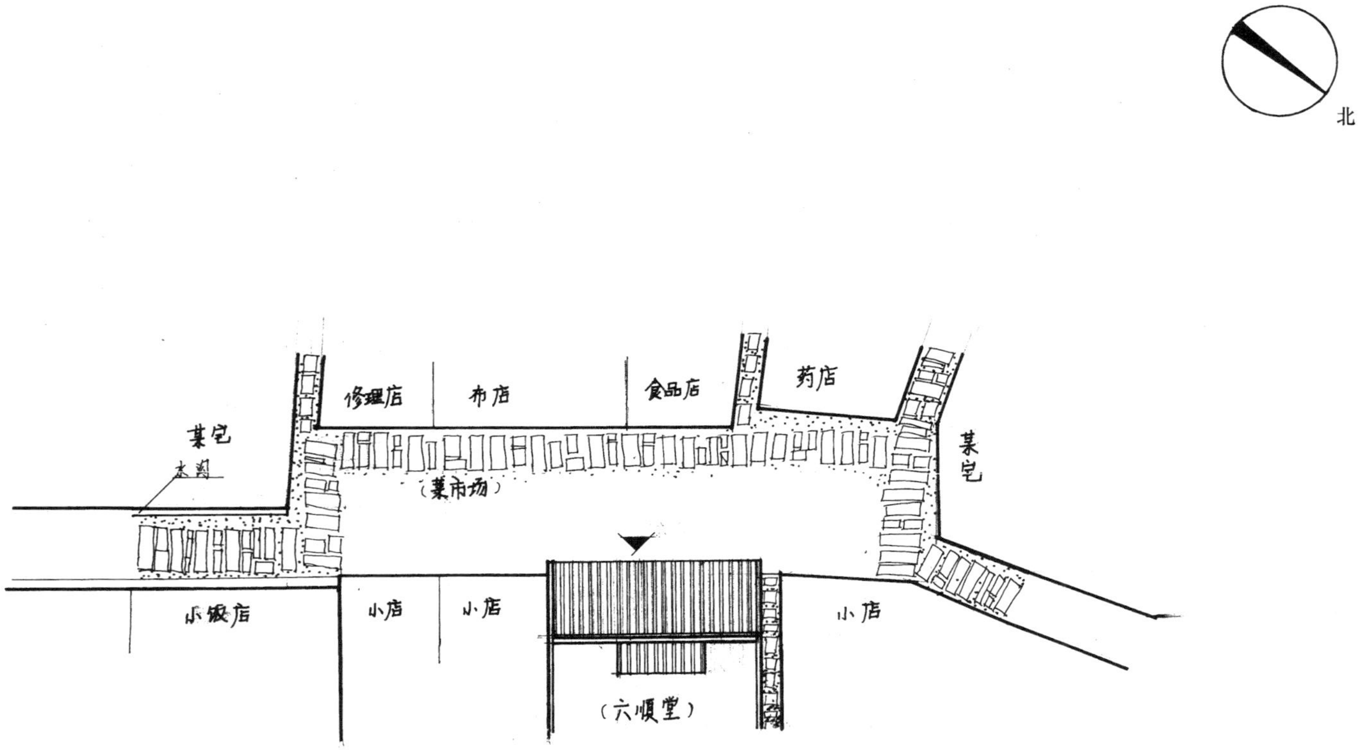

图1-3 六顺堂实测图-总平面示意图

六顺堂仪门

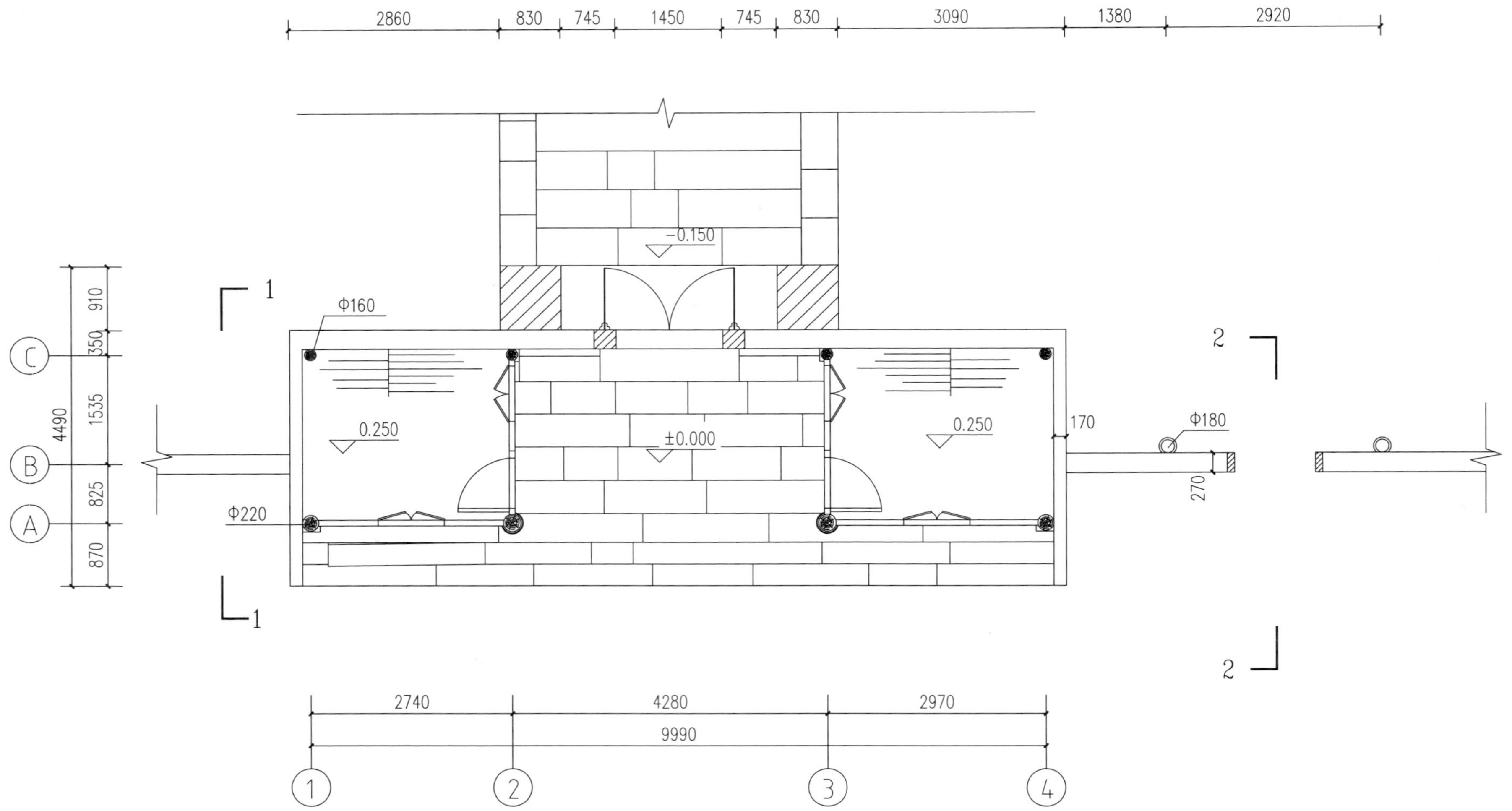

图1-4 六顺堂仪门竣工图-平面图

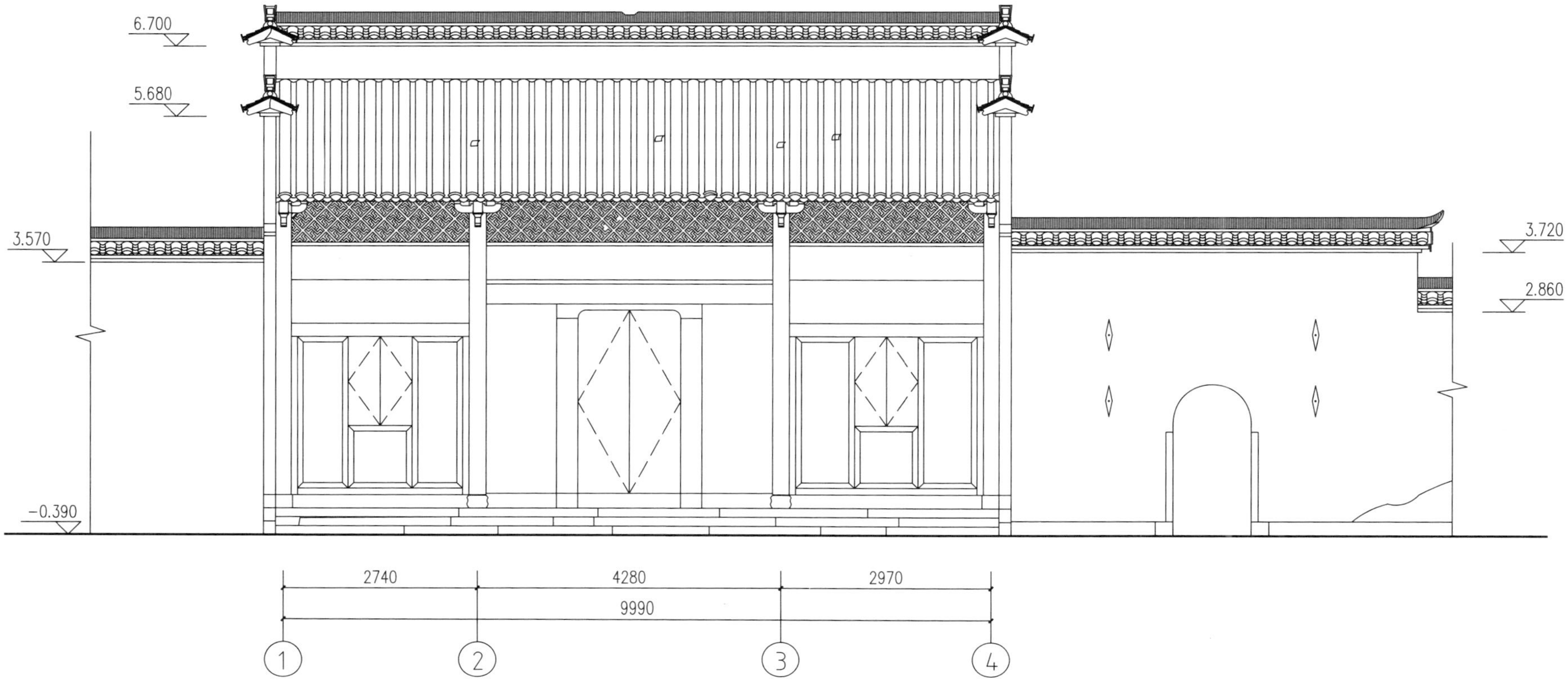

图1-5 六顺堂仪门竣工图-正立面图

六顺堂仪门

013

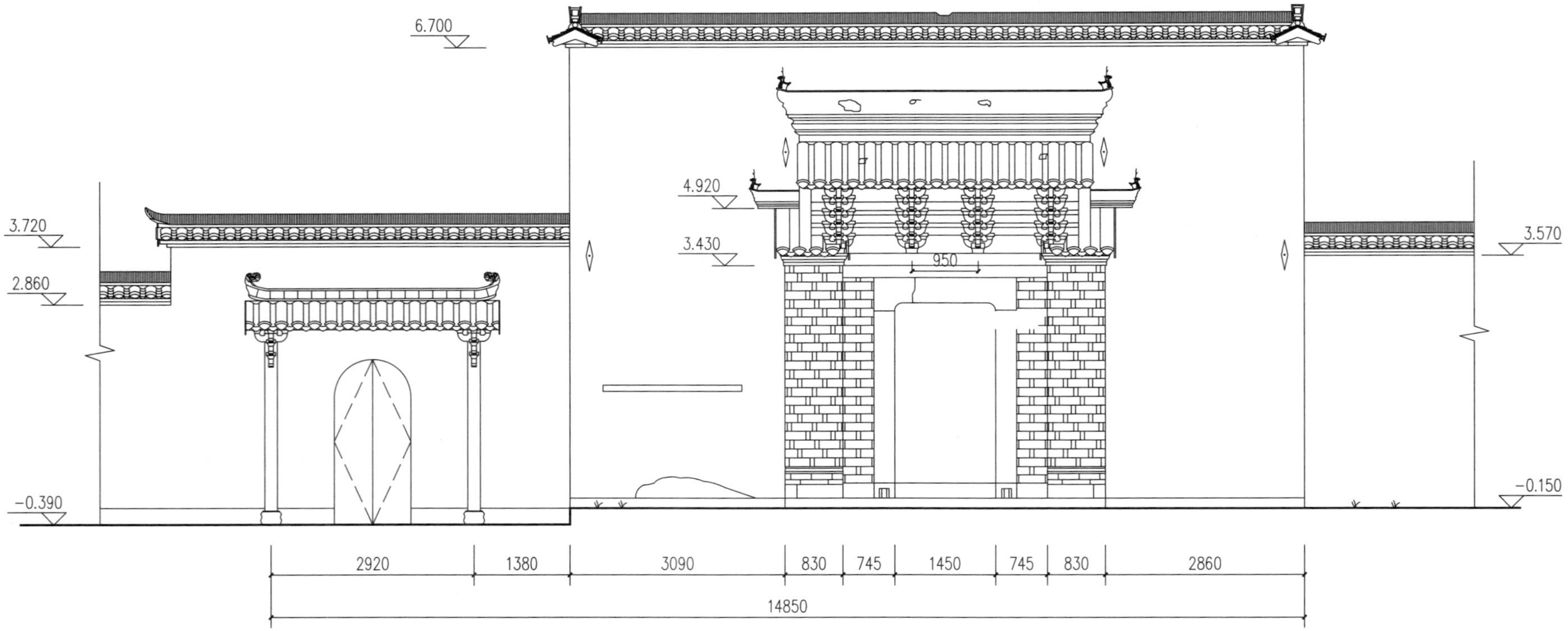

图1-6 六顺堂仪门竣工图-背立面图

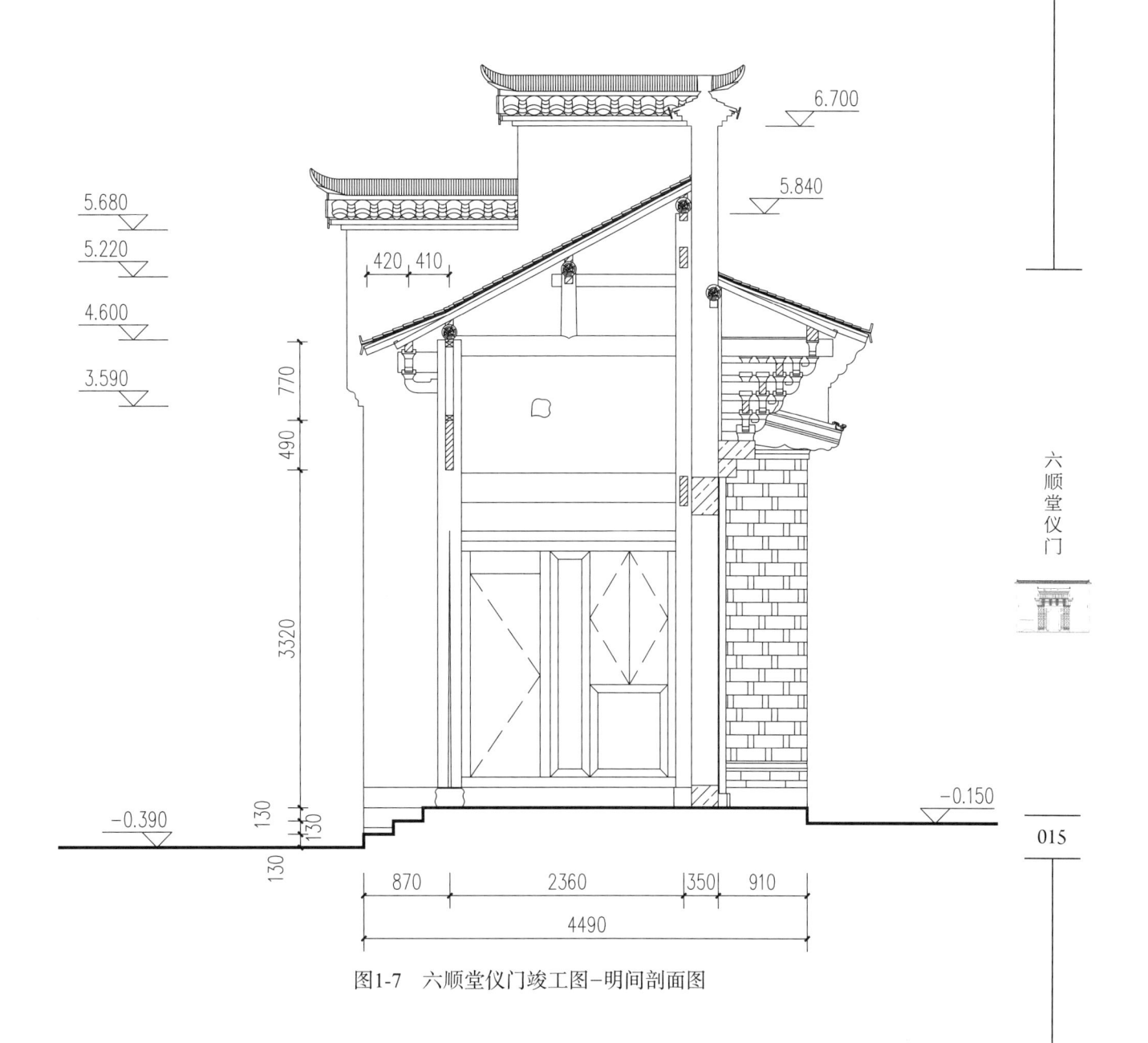

图1-7 六顺堂仪门竣工图-明间剖面图

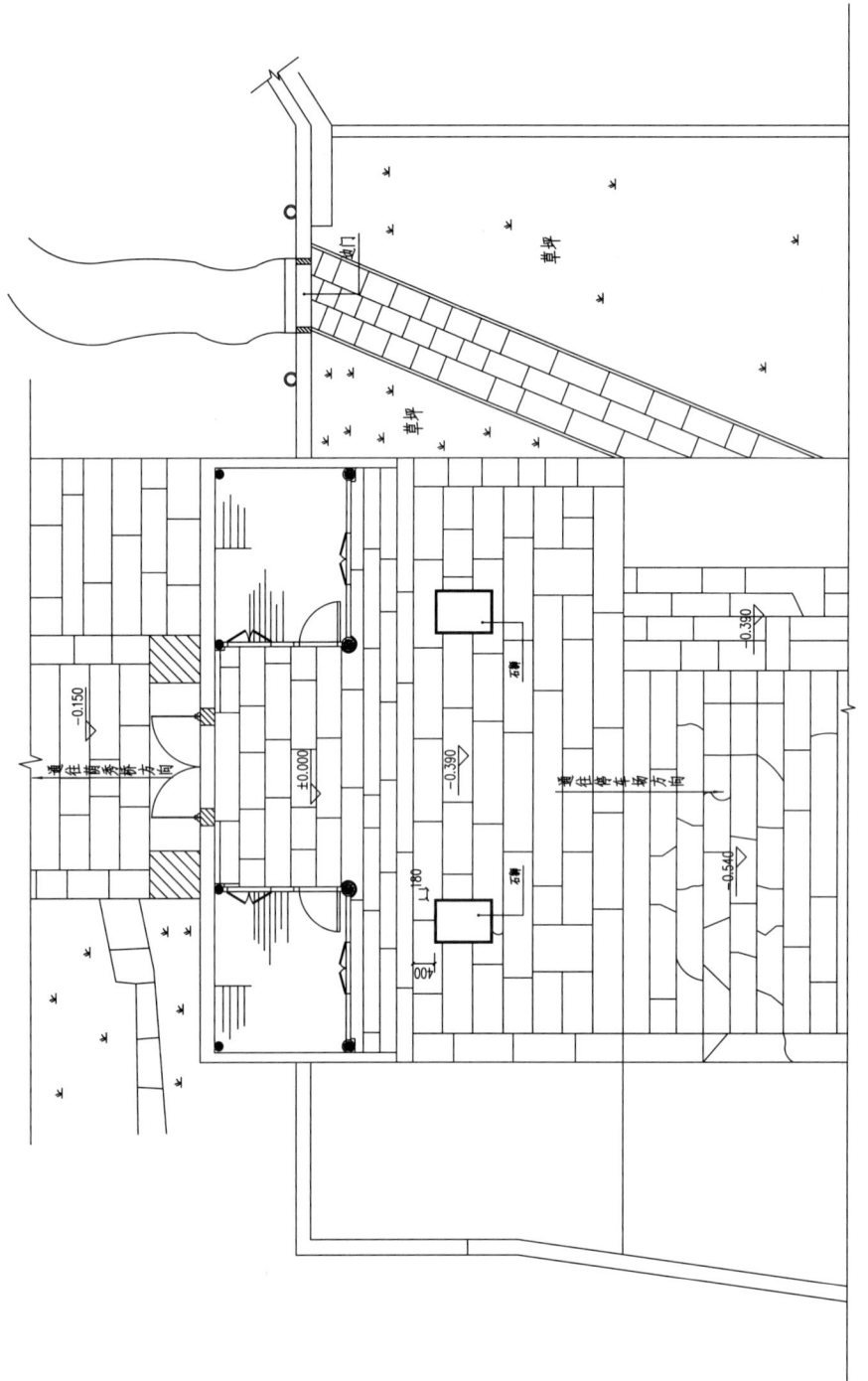

图1-8 六顺堂仪门竣工图-明园大门四周关系图

# 荫秀桥

## 一、概况

荫秀桥现位于潜口民宅明园。建于明嘉靖甲寅年（1554年）。单孔发券石拱桥。桥长4.7、宽2.7米，单孔跨度2.7米，拱高0.92米，建筑面积23.8平方米。

荫秀桥原位于徽州区西溪南镇唐贝村，相传由位于村口东山上的尼庵为便利出行出资建造，因桥额石刻"荫秀桥"三字而得名。

"丹霞相对崛，幽涧小桥多"。在徽州，凡有溪涧水流处皆有古桥。徽州的古桥数量众多，类型丰富。从材料上看，有木桥、砖桥、石桥，以及木石混筑桥；从构造上划分，有拱桥、板桥；从造型上看，有曲桥、平桥、廊桥和月桥之分。平板桥如履平地，拱桥如长虹卧波，曲桥玲珑别致，廊桥清幽风雅，木桥轻盈便捷。荫秀桥类型上属于石质、拱形、曲桥。

潜口民宅集中保护明代民间建筑，除了祠堂、民居、牌坊这些分布在村落内的古建筑外，路亭、石桥这些散落乡野间的古建筑同样具有重要意义。她们是徽州古建筑的重要组成部分，共同构筑了古徽州先民生产生活、繁衍生息的文化家园。这些古建筑，既充实了开放展览的内容，又丰富了建筑类别，拓展了文化内涵。

在明代民居建筑群规划范围内，沿紫霞峰东南山脚有一条20世纪70年代开凿的2米多宽的灌溉水渠需要保留，因此搬迁一座跨度和体量相当的明代小石桥成为明园保护项目之一。综合考察紫霞山的山势水流，荫秀桥的建筑形制、保存现状等多方因素，因地制宜，将其迁往潜口民宅内保护最为合适。遂于1989年将其搬迁至潜口民宅明园进行集中保护。

## 二、原址原貌

荫秀桥，原位于徽州区唐贝村口的小溪上。唐贝隶属于歙县西溪南乡东红村，北与潜口乡相接，西邻西山村，东南面近邻松明山。村依山而建，呈长方形，村中有一口占地6亩多的水塘。古时有一石板路穿村而过，是黄山源至休宁的必经通道。唐贝村人才辈出，史上有"一门三进士，父子两探花"之盛誉。

村北小溪东边为山冈，山冈上原有座尼庵，僧尼为出入便利，于明嘉靖甲寅年（1554年）

出资建造此桥。桥东面靠山，桥下即为上山道路；桥西邻村，有石阶和休息平台（图2-1、图2-2）。

图2-1　原址（下游角度）　　　　图2-2　原址（上游角度）

沧海桑田，如今山冈上尼庵已无存，遗址垦为耕地。小桥仍在原址，成为通往山冈和农田的"乡间小桥"。由于长期无人维护管理，年久失修，历经几百年的风雨侵蚀和人为的磕碰损毁，除桥拱完整外，桥面石板部分破碎，两旁的护栏缺失。

荫秀桥单拱东西向跨溪。由于长年没有疏浚，溪沟泥沙淤积严重。溪沟当中不另设桥墩，桥面的重力靠桥拱向两岸支撑，东西两岸均用红砂石叠砌石磅，以作为两头的桥墩，与桥身浑然一体。桥拱雕琢成斧头楔状相联，石灰浆砌，两头向中间砌筑。桥拱用木模成型，然后在模型上安装砌筑成型的块石，两边桥墩上仍留有当初建造时支拱模的引洞各两处。

桥拱中间上下游均安装扇形麻石一块，作为桥铭，桥铭额石上口长88、下口长75、高24厘米，表面加工平整，扇面位置当中横刻"荫秀桥"三个大字，上首竖刻"嘉靖甲寅夏月"一行小字。"荫秀桥"三字中的"荫"字和"秀"字上半部（禾）采用阴刻手法，"秀"字下半部"乃"和"桥"字采用双勾阳刻手法；年款为阴刻。寓意桥中即划定一道阴阳界，示意僧俗两界泾渭分明，也寓意积德行善普度阴阳众生。桥铭额石与桥拱上下口齐平，在上、下游两端再覆以一路平板，宽36、厚8厘米，平板石向外挑出10厘米以保护桥拱和额石。两边平板上原承有石栏板，现已经全部毁失，有榫卯口。桥面横铺30厘米宽的红条石，不同缝；桥面石也随着桥拱起伏，略呈弓形；桥面石破损严重。桥身两端各安装四步阶梯，每级宽16~18、高14厘米。

## 三、现状特征

荫秀桥，现位于潜口民宅明园入口处，作为明园山庄上山跨溪通道使用。

荫秀桥东西走向，单孔跨溪，跨度2.7、拱高0.92米。此溪为20世纪70年代开凿的灌溉水渠，沿紫霞峰东南山脚逶迤，通往山间谷地。

桥心为5路石板铺筑，弧度与券拱相应。两端各有四级台阶上下，南侧外有一休息平台，均为条石铺就。左右两面为垂带石①，垂带石出金边②10厘米，上置40厘米高的素面罗汉栏板③，栏板厚20厘米。拱券为条石错缝砌筑，约18路，油灰嵌缝。发券正中龙门板，北面为素面，南面龙门板刻"荫秀桥"三字。

券拱采用斧头楔形的石料叠砌、到最后合拢时加楔的卷拱工艺，这一做法，在徽州众多古桥中极为普遍，且安稳存世400多年，科学性和营建的成熟度不言自明。

桥两侧靠岸金刚墙④高1米，红岩条石砌筑，油灰勾缝。

## 四、文物价值

荫秀桥造型朴拙，比例协调，是明代徽州小型石拱桥的典范之作，具有徽州路桥和园林拱桥的双重特征，对研究徽州古桥梁史具有较高的借鉴意义和史料价值。

荫秀桥原处的地理位置、出资建造者以及桥额刻字寓意，都带着浓厚的宗教色彩。儒释道并行，在古徽州普遍融合进现实生活和人们的精神信仰。从这个意义上说，荫秀桥在徽州文化思想上的价值更值得研究和探索。

## 五、迁建工程

### （一）迁建过程

1989年5月20日，原址现场拆迁；
1989年9月15日，确定复原方案；
1989年9月20日，新址复原施工（图2-3）；
1989年10月，复原工程竣工。

图2-3 复原现场

### （二）迁建新址

荫秀桥选址潜口民宅明园入口处，跨桥下灌渠即为上山道路。

通过明园大门，进入园内为一小型青石板广场，广场东北为园圃，有石径通往洗手间；广场前方为土石坡，上有树木假山，拾级而上，即达荫秀桥。过小桥，抵山脚，左右即为上山环形道路。荫秀桥桥下为紫霞山脚下的灌溉水渠，溪流潺潺，两岸杨柳依依，草木扶苏，环境清

---

① 石构件名称，指位于垂带式踏跺两侧，斜置于阶条石与砚窝石之间的构件。
② 古建筑侧立面墙体上下分界处的小台阶称为金边。
③ 桥梁构件之一。通常用于梁式石桥，其外形较一般的栏板矮，栏板正中最高，尔后依次降低，呈阶梯状，外形多为长方形，其尺寸并无定制，可依据实情酌定。
④ 金刚墙，是指券脚下的垂直承重墙，又称"平水墙"，是一种加固性质的墙。古建筑中对凡是看不见的加固墙均可称金刚墙。

幽，"荫秀"二字名与实相符。

荫秀桥在明园所处方位，作为明园入口园林的终点和山庄建筑群的起点，也有着与当初僧俗两界区分的相同意趣。

## （三）维修要点

（1）参照徽州同时期、同材料的乡村单拱桥的普通做法，修复桥面石和栏杆板。

（2）采用红麻石材料，雕琢补齐桥面、休息台和栏杆罗汉板。

（3）复原时按徽州传统工艺做法，采用石灰浆砌。

## （四）工程资料

主要有施工图和原状照片，无实测图、勘察设计文本及竣工资料（图2-4~图2-9）。

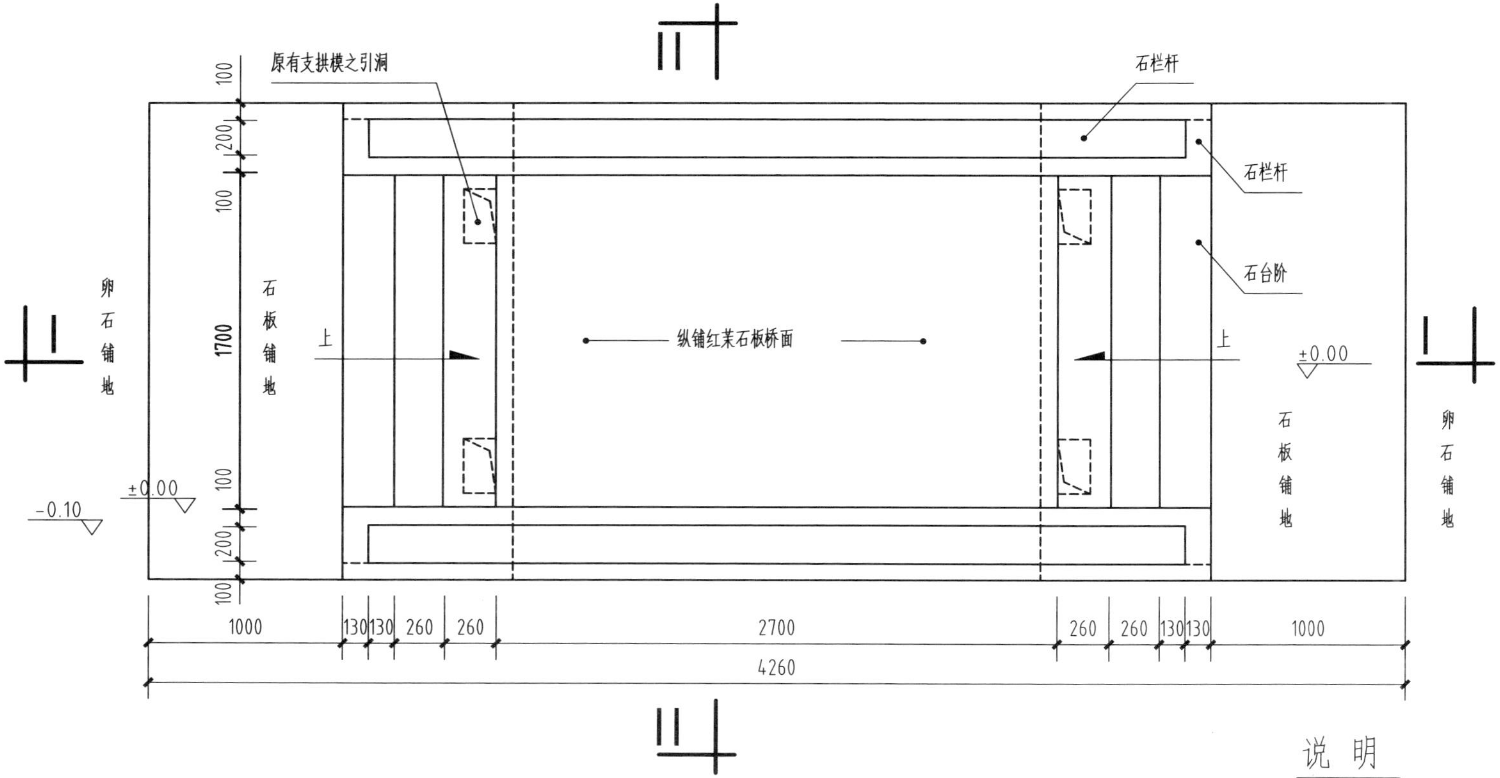

## 说 明

1. 本图设计标高±0.00,相当于总图设计标高2.07m。
2. 根据地质情况,荫秀桥墩大放脚砌于挖之岩石上,岩面以1:2水泥砂浆找平。
3. 荫秀桥复原时可增添部分红麻石,但旧石料不更换,白灰勾缝。
4. 荫秀桥设置之位置见小区总平面图。
5. 图中不详之处,请与设计配合。

图2-4 荫秀桥施工图—平面图

荫秀桥

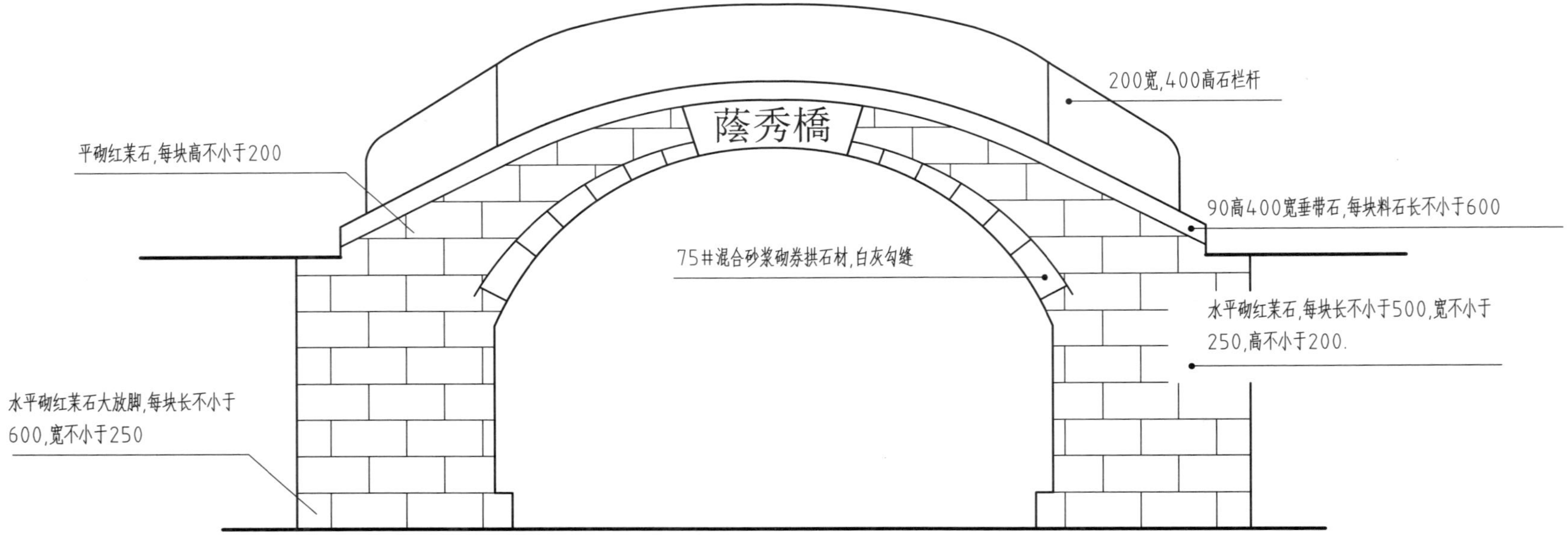

图2-5 荫秀桥施工图-立面图

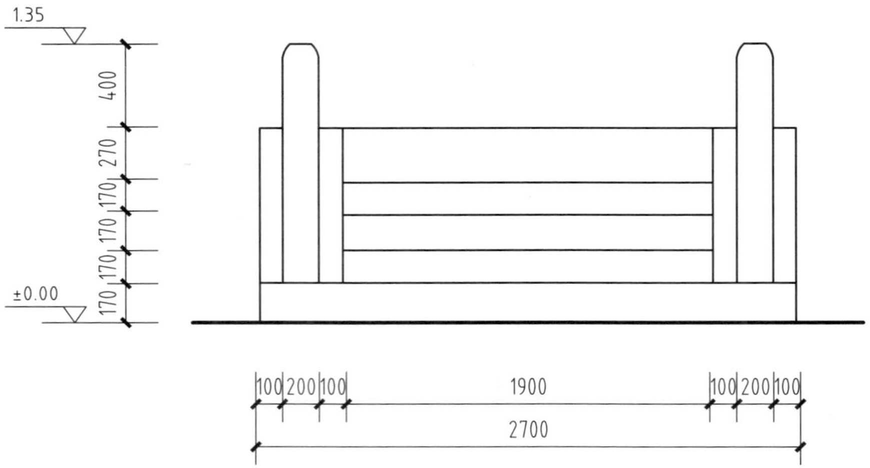

图2-6 荫秀桥施工图-侧面图

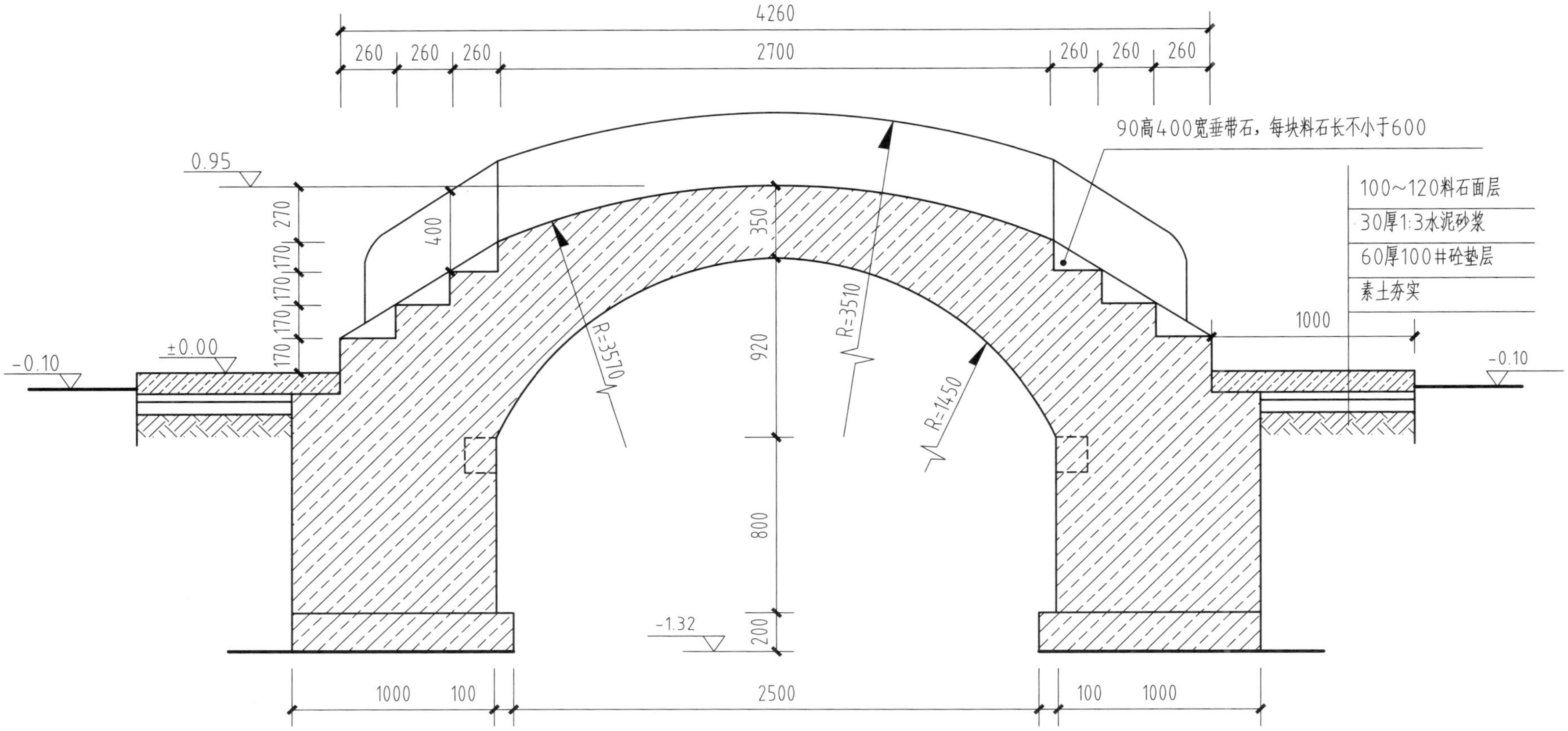

图2-7 荫秀桥施工图-横剖面图

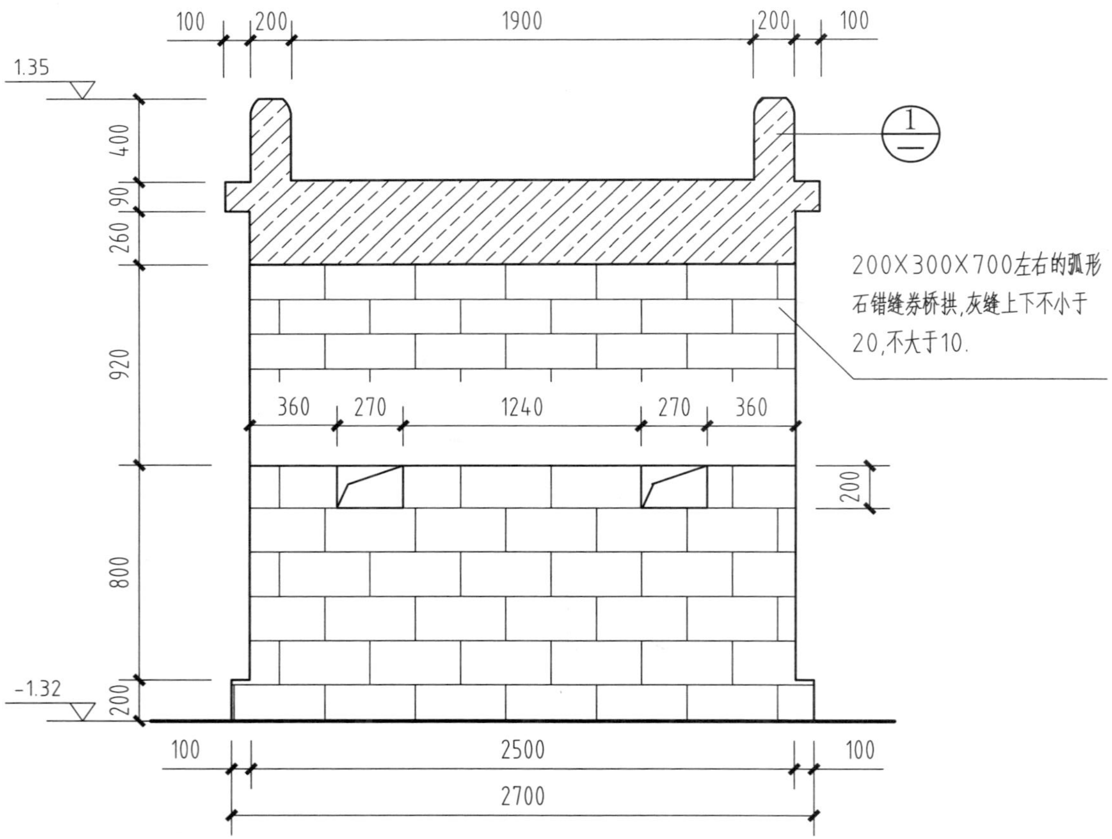

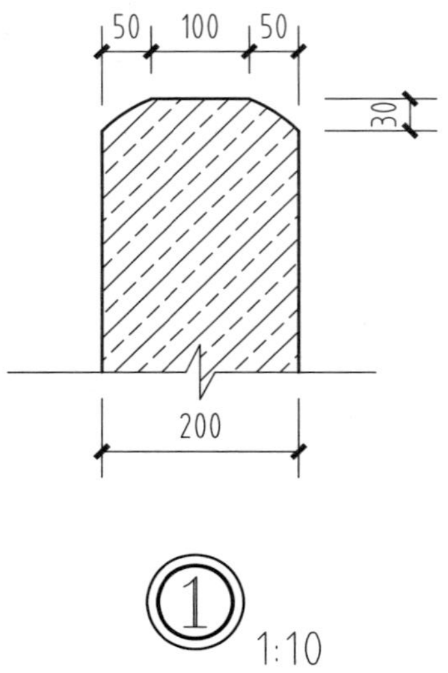

图2-8 荫秀桥施工图-纵剖面图

图2-9 荫秀桥竣工图-总平面图

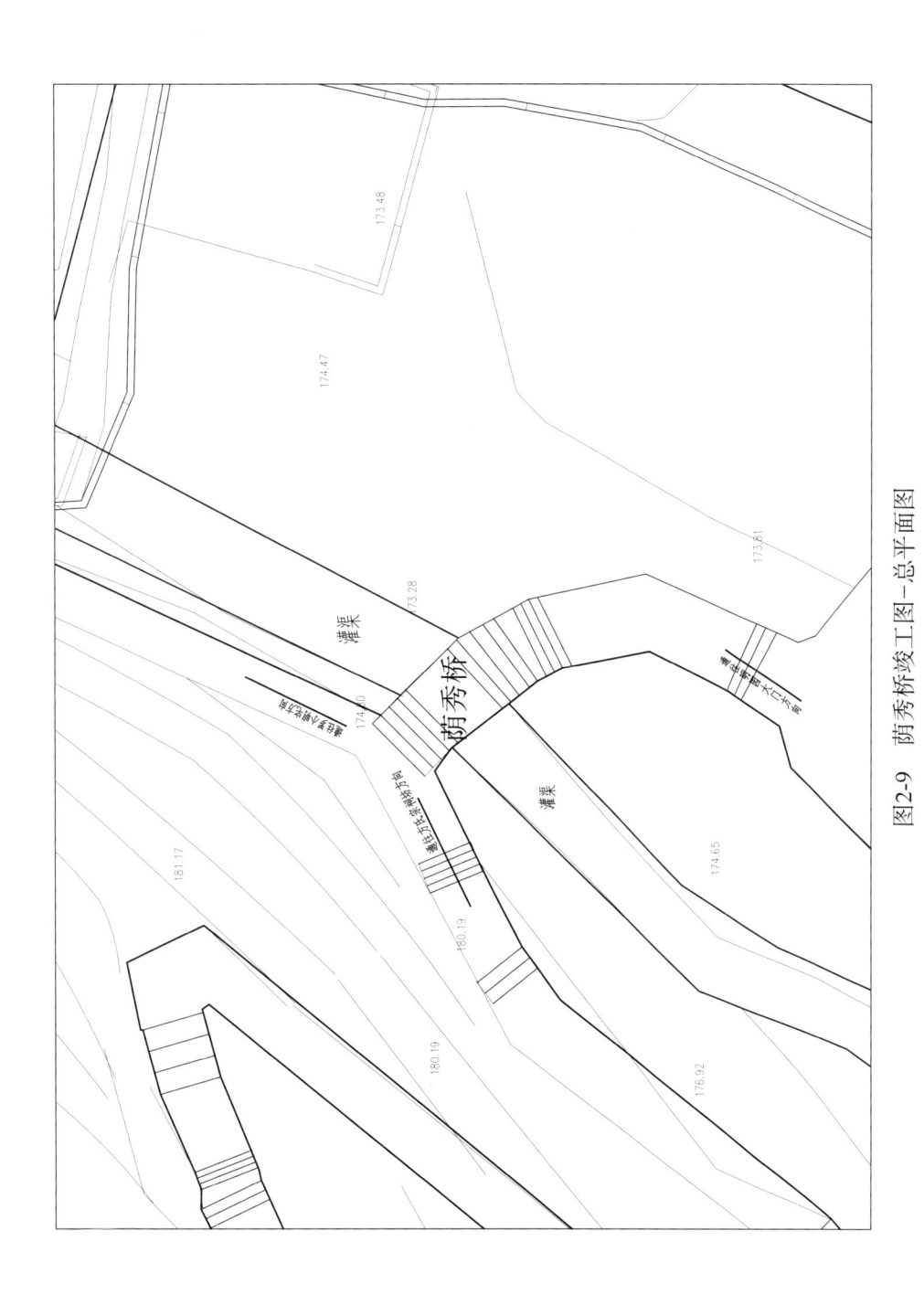

荫秀桥

# 方氏宗祠坊

## 一、概况

方氏宗祠坊，位于潜口民宅明园。建于明嘉靖丁亥年（1527年）。四柱三间五楼石牌坊。平面长方形，明间宽3.28米，两侧次间宽2.26米，通高9.7米，占地面积21.9平方米。

牌坊，俗称"牌楼"，是中国古代社会标识名号、宣扬礼教、彰显功德、旌表节烈所立的纪念性建筑物。徽州程朱阙里，崇文重教，尤尚法度。随着徽商的崛起，"扩祠宇以敬宗睦族，立牌坊以传世显荣"，人们纷纷于村落及建筑的重要节点，大兴牌坊，形成徽州村落的重要文化景观。据明弘治《徽州府志》记载，弘治十五年（1502年）徽州共有牌坊448座，弘治以后至清末屡有建造，数亦可观。据2014年《黄山市徽州古建筑保护工程》统计，黄山市现存古牌坊121座，明代58座，清代63座。

牌坊建造主要由柱、梁、题字枋、龙凤榜、盖板等构配件架设组成。形制有双柱单间、四柱三间，大者可达五间、七间；按其材质可分为木牌坊、石牌坊、砖石木混合牌坊等；按其功能主要分三种：一是建筑群序列中第一道象征性大门；二是旌表功德或表彰节孝的纪念性建筑；三是作为桥梁、街衢的标志。"按其样式可分为门楼式、冲天柱式两种。"[①] 方氏宗祠坊属于四柱三间、门楼式、石质、门坊。

方式宗祠坊原位于徽州区岩寺镇罗田村南，是罗田方氏宗祠门前牌坊。祠堂早年拆除，仅牌坊留存。1991年因皖赣铁路扩建复线，牌坊在征地范围之内。1992年，经徽州区政府出面协商，由铁路部门出资8万元拆迁复原经费，经国家文物局批准，由潜口民宅主持，屯溪徽派石雕工艺厂施工，于1993年将牌坊迁入潜口民宅明园进行集中保护。

## 二、原址原貌

方氏宗祠坊，原位于徽州区岩寺镇罗田村。罗田村位于徽州区东南部，毗邻屯溪区。曾为罗田乡政府所在地，1992年并入岩寺镇。罗田是一个有着悠久历史的古村落，是徽州方氏聚居

---

① 杜顺宝：《徽州明代石坊》，《南京工学院学报（建筑学刊）》1983年第2期。

的主要村落之一。村落东留存有始于魏晋时期的小岩遗址。据载，北宋末年江浙农民起义军首领方腊（1079~1121年），原籍歙州马岭，后迁居睦州青溪（今浙江淳安），马岭即为距罗田村东1千米的一个自然村。

方氏宗祠位于罗田村南。20世纪50年代修建皖赣铁路，途经罗田村，铁路线东西向穿方氏宗祠而过，祠堂在1958年铁路初建路基时被拆毁（祠堂的形制规模已无资料可考），仅剩祠堂前的一对石狮和一座牌坊（图3-1）。

牌坊南临小溪，北面约5米与铁路线平行，铁道路基高出地坪约5米，与牌坊上的二道枋齐平。临近铁路一面常年受车行风的影响，高浮雕构件毁失殆尽。根据村民描述，曾有人爬上牌坊，掀翻楼板，导致楼盖板毁损。原祠堂门口石狮，位于牌坊与铁道线之间，底座缺失。牌坊和狮子均埋没在杂草和野竹丛中。遗址范围内，并未发现石板铺地和祠堂门前的台阶遗构。

图3-1 原址立面

方氏宗祠坊，四柱三间五楼。整座牌坊，除了顶部盖楼毁坏无存以外，框架结构较为完整。细部雕刻，正（南）面保存较好，背（北）面高浮雕毁坏严重。月宫桂树图中人物手指、兔子头部缺失，桂树树冠破碎。额枋上的麒麟和双狮争球（图3-2、图3-3），七成以上毁损。五个楼面盖板及斗拱、下昂、云板均缺失无存。须弥座式基础石较完好。靠背石缺失四片。

图3-2 额枋石雕（明间）

图3-3 额枋石雕（次间）

与牌坊同时留存的一对石狮，原位于祠堂门前，左、右安置，分别是雄狮和雌狮，须弥座均缺失，雄狮的鼻尖破损一块，项下铜铃缺失。母狮的后右腿拼接了一块石料，可能是当时雕琢时所取石料不够宽而增补镶嵌，现可见裂隙。小狮子的右前腿也断缺，其余较完整。

## 三、现状特征

方氏宗祠坊，现位于潜口民宅明园上山道路一侧。东西朝向。

牌坊四柱三间五楼。以平板枋为层，平板枋之下为主体柱梁枋拉结的受力结构，之上为檐楼。明间高于次间，明间上部又分为三间，正楼高于次楼,整体上看,正楼、次楼、边楼由高到低,形成三个层级,更显威严庄重。

该坊柱座石为条形,立面有束腰,圭角下部雕有云头如意纹,上部雕覆莲纹。柱座石上置方形立柱及靠鼓石。柱讹海棠角,柱高4.88米,断面410厘米×410厘米。靠鼓石高2.45米,达柱高1/2强,下部刻有浅浮雕鲤鱼吐水图案,靠背外沿,琢成"葫芦"形,下丰上刹,以更好地夹持牌坊立柱,使其稳固。

明间由上至下,分别为上额枋、题字枋、花板和下额枋。上额枋正反面,雕刻凤凰石榴高浮雕图案,凤凰寓意婚姻吉祥、夫妻和谐,石榴寓意多子多福,以期望家庭美满兴旺。题字枋正反两面均刻"方氏宗祠"四个楷书大字(图3-4)和"郡守双石书"[①]五个小字,有小字落款为"嘉靖丁亥年仲春立"。"双石"为牌坊建造时徽州知府郑玉的号。枋下为镂空的花板,分别雕刻仙鹿灵芝、鱼跃龙门、万古长青三组图案。下额枋正反面雕刻双狮戏球高浮雕图案,寓意官运亨通、飞黄腾达、万事如意,狮子配以绶带,表示喜事连连、吉庆绵绵。额枋其下两端设鲤鱼吐水镂空雀替,即鱼跃龙门,寓意升官中举,飞黄腾达。

次间由上至下分别为上额枋、花板、一斗三升[②]斗拱和下额枋。上额枋刻凤凰石榴高浮雕图案;花板雕刻花开富贵寓意的牡丹卷草镂空图案,其下为一斗三升斗拱承托;下额枋正反面则为麒麟灵芝高浮雕图案,其下两端亦设鲤鱼吐水镂空雀替。

明次间下额枋的示地面雕琢有菊花形灯挂座,正中一方形小孔,原为安装铁质或铜制的灯挂钩用,明间三个,两次间各一个。

四根立柱上前后均出一华拱,横向施镂空雕刻的枫拱[③]。左右次间柱头上施平板枋,上置檐楼。平板上置三个栌斗,栌斗横向施泥道拱承枋,前后向为拱板,隐刻出斗拱图样,计三跳。华拱材栔一体,且由于横向斗拱极度简化,每组斗拱形成板状。第一跳华拱横向施镂空的枫拱,第三跳华拱横向施慢拱承罗汉枋,外施挑檐枋,共承屋面檐板。

楼面檐板亦仿砖木结构建筑,做出筒瓦及滴水的图案造型。檐板正中设镂空海棠图案压脊,脊头做鳌鱼吻。次间平板枋上靠明间(即

图3-4 徽州郡守所题祠名匾

---

① 郑玉,字于成,号双石。福建莆田人,嘉靖进士,历官知徽州(康熙《徽州府志》卷十八)。
② 一斗三升拱是最简单的一种斗拱,它是由一个坐斗和拱脚上三个升所组成,直接用三个升来承担檩枋而得名。
③ 枫拱是《营造法原》为美化凤头昂所用的一种装饰板:"拱中有名枫拱者,为南方牌科中特殊之拱,多雕流空花卉,虽欠庄严,然颇具风趣。"

明间柱上端）设短柱承托明间平板枋，平板枋上分三间，两边为次楼，中间为龙凤板。徽州牌坊按惯例此处通常是安装"恩荣""御敕""圣旨"之类的长方形字匾，而这座牌坊龙凤榜正、反两面，均是高浮雕图案，没有文字。龙凤榜正方形，正面雕琢成魁星点斗的形象，魁星右手握笔，左手掌"权"，脸和身体朝西边倾斜，脚上方雕刻一只方形大斗，脚后跟上翘，上方正中有星星和祥云数朵。原填有彩色颜料，现已褪尽，仅剩少许石绿留存；龙凤榜的反面，雕刻了一幅"蟾宫折桂"图，正中是一株茂密的桂花树，树下左边雕刻一只翘首的玉兔，右边雕刻一人物形象，人物右手向上扬起。

牌坊背面安放两圆雕石狮，雕琢成坐状。母狮通高168厘米，雄狮通高172厘米。雄狮面带笑容，口衔绶带，前左脚撑地，前右脚稍抬，踏在一绣球上，象征掌握权力。狮头狮背毛发雕成圆团，左右两边排列，眼睛深凹，眼珠突出。母狮口中无绶带，张口见舌，前左脚撑地，前右脚抚摸一只小狮，栩栩如生，寓意母仪天下。

## 四、文物价值

方氏宗祠坊建于明嘉靖年间，具有典型的明代徽派建筑风格，是徽派石牌坊建筑的精品。牌坊属于"徽州古建三绝"之一，在徽派建筑中具有重要地位。方氏宗祠坊作为明中期的石质文物，造型雄伟，构造精巧，雕刻精美、工丽，寓意深刻，具有很高的历史文化和艺术价值，是徽州古牌坊的代表性建筑之一。

方氏宗祠坊将结构的合理性和高超的雕刻技艺相结合，使其成为徽州石刻艺术的精品。该坊体量宏大，气宇轩昂，梁枋结构稳固，用料裁度合理，榫卯结构精巧，斗拱支撑严密，虽近500年而屹立不倒，充分体现了先人的营建智慧和营建技术的成熟度。牌坊上下几乎通体雕刻图案，运用圆雕、透雕、浮雕、线雕等相结合的技法，刀法细腻，造型生动，使牌坊每个构件都成为一件雕刻艺术品。雕刻内容极为丰富，包括狮子滚绣球、麒麟送子、鱼跃龙门、凤凰穿牡丹等经典图案以及鹿、鹏、鹤、松、桂、桃、灵芝、莲、石榴、海棠等民间普遍象征祥瑞的花木鸟兽图案和造型，可谓应有尽有。尤其是龙凤板正面所雕"魁星点斗"，背面所雕"月宫折桂图"则更是匠心独运，巧夺天工。

方氏宗祠坊对传承和研究徽州传统文化思想具有重要意义。牌坊整体的文化气息很浓，以故事传说、瑞兽珍禽、吉祥草木为主题的雕刻，有着丰富而深刻的思想寓意。表达了先人福寿绵延，繁衍昌盛，通过科举中第，蟾宫折桂，实现鱼跃龙门、掌握权柄、家族既寿永昌的美好期望，充分体现了古徽州宗族社会普遍而蓬勃的人文追求，是研究明代宗族思想、科举文教、社会风情不可多得的实物例证。

## 五、迁建工程

### （一）迁建过程

1991年，皖赣铁路扩建复线，牌坊也在征地之列，经协商，决定将牌坊迁入潜口民宅明园进行集中保护。1992年，由铁路部门出资8万元拆迁复原经费，经安徽省文物局批准，由屯溪徽派石雕工艺厂承担牌坊的拆迁修复工程。

1993年11月26日，石雕工艺厂到罗田村现场拆迁；

1993年12月9日，牌坊所有构件拆卸运输完毕；

1993年12月12日，石雕工艺厂到馆施工，补雕缺损构件；

1994年3月，新址吊装组建；

1994年5月底，复原工程竣工（图3-5～图3-10）。

图3-5　安装现场

图3-6　安装坊顶构件（1）

图3-7　安装坊顶构件（2）

### （二）迁建新址

方氏宗祠坊选址明园东南坡麓，在之字形上山道路西侧。上通善化亭，下连荫秀桥，牌坊前置一青石板广场，占地面积约200平方米。通常来说，将牌坊搬迁至明园大门前复原保护，无论是考虑徽州牌坊的性质和功能，还是明园对外开放的景观需求，都是更为理想的选择。但

图3-8　吊装梁枋（1）

图3-9　吊装梁枋（2）

图3-10　吊装梁枋（3）

1992～1993年实施的方氏宗祠坊搬迁属于工程建设涉及文物保护的特殊情况，并不在潜口民宅明园的规划范围内。而且潜口民宅明园早在1990年已经基本建成，包括明园大门正门、门前广场及道路建设已经完工，并对外开放。若搬迁至明园大门前，则需要对广场、道路及基础进行大范围改造和扩充建设，征地及建设资金都存在困难。最终选择园内靠近大门院墙的坡麓，也利于牌坊吊装，机械无需破墙进园。

（三）维修要点

（1）由于原构件的缺损部分较多，修复时参照徽州同时期牌坊同部位形制，绘制复原图纸，完善牌坊缺失部位的构件；采用徽州本地产的白麻石，雕刻补齐缺失的构件，修复完善；残缺的构件，对应尚有残存部位修复、配齐；高浮雕图案破损的部分，由于科学技术手段有限和工艺难度高，暂不修补复原，保留历史沧桑感（图3-11～图3-13）。

图3-11　复原现场修补构件（1）

图3-12 复原现场修补构件（2）　　　　图3-13 复原现场修补构件（3）

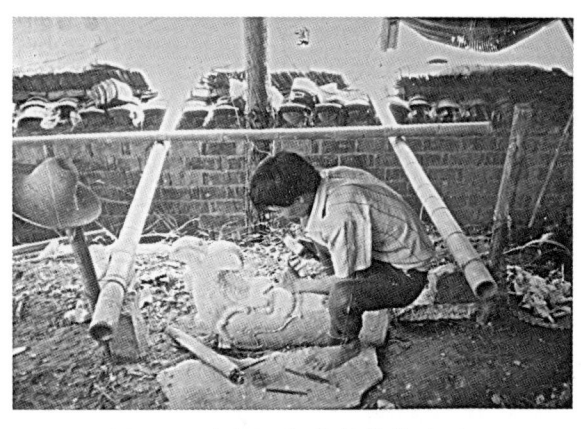

（2）筑牢新迁址的隐蔽基础，四个柱墩浇筑独立基础，为防止基础下沉，导致牌坊上面梁枋发生断裂，整个牌坊底下浇筑带形基础。

（3）加强对施工人员的文物保护意识教育，强化施工中的文物保护措施，防止二度受损。牌坊石质构件既刚且脆，多数表面酥解粉化，严谨细致施工，轻拿轻放，小心拆卸、吊运、安装，防止因强行装配造成构件损坏，做好运输途中防震和防磕碰等防护措施。

（4）依据原制，石狮应陈列在牌坊后方、祠堂正门门前位置。新址内石狮安置在牌坊背面方向，且两者保持一定距离。石狮少许破损，暂不修补；安装石狮的基座，按须弥座做法复原。

（5）应罗田村方氏村民要求，在原牌坊位置北30米，靠近慈张线公路山坡位置设立一块搬迁保护标志碑（图3-14）。

（四）工程资料

主要为维修施工图及原状照片，无维修勘察设计文本及竣工资料（图3-15～图3-19）。

图3-14 搬迁保护标志碑

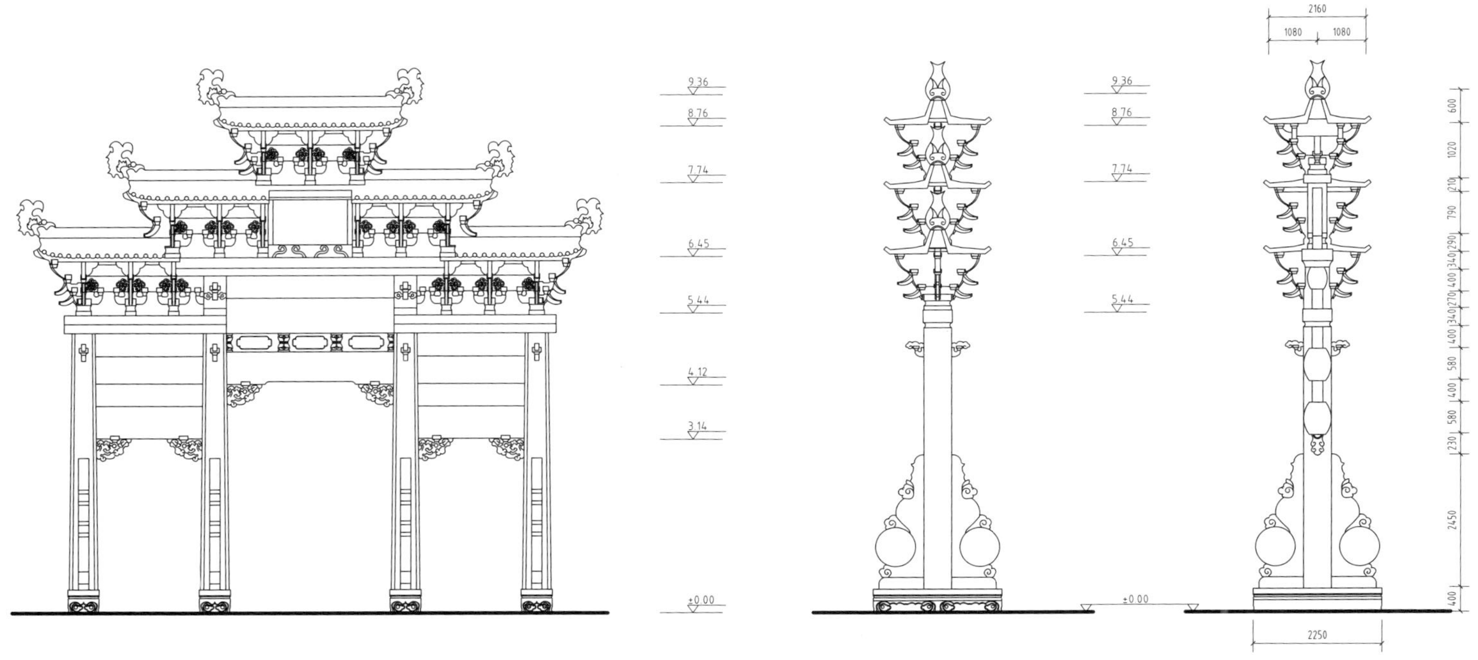

说 明

a 本牌坊是一项抢迁保护工程,测绘时按现状进行复原
b 施工时按国家规定的文物保护法—修旧如旧的原则进行施工,在施工中一定要和技术人员密切配合以避免发生不必要损坏

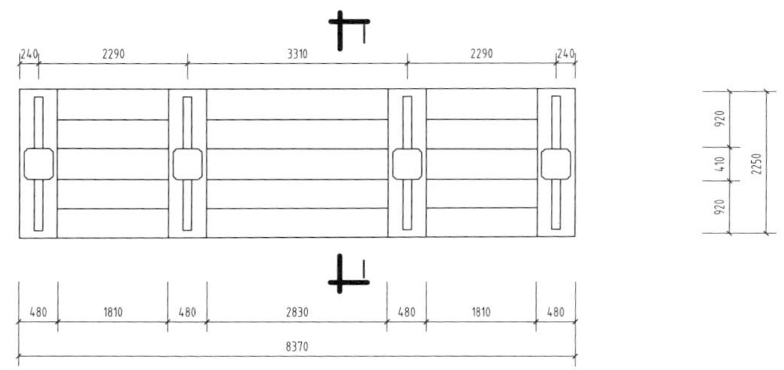

图3-15 方氏宗祠坊竣工图-平面、立面、剖面图

方氏宗祠坊

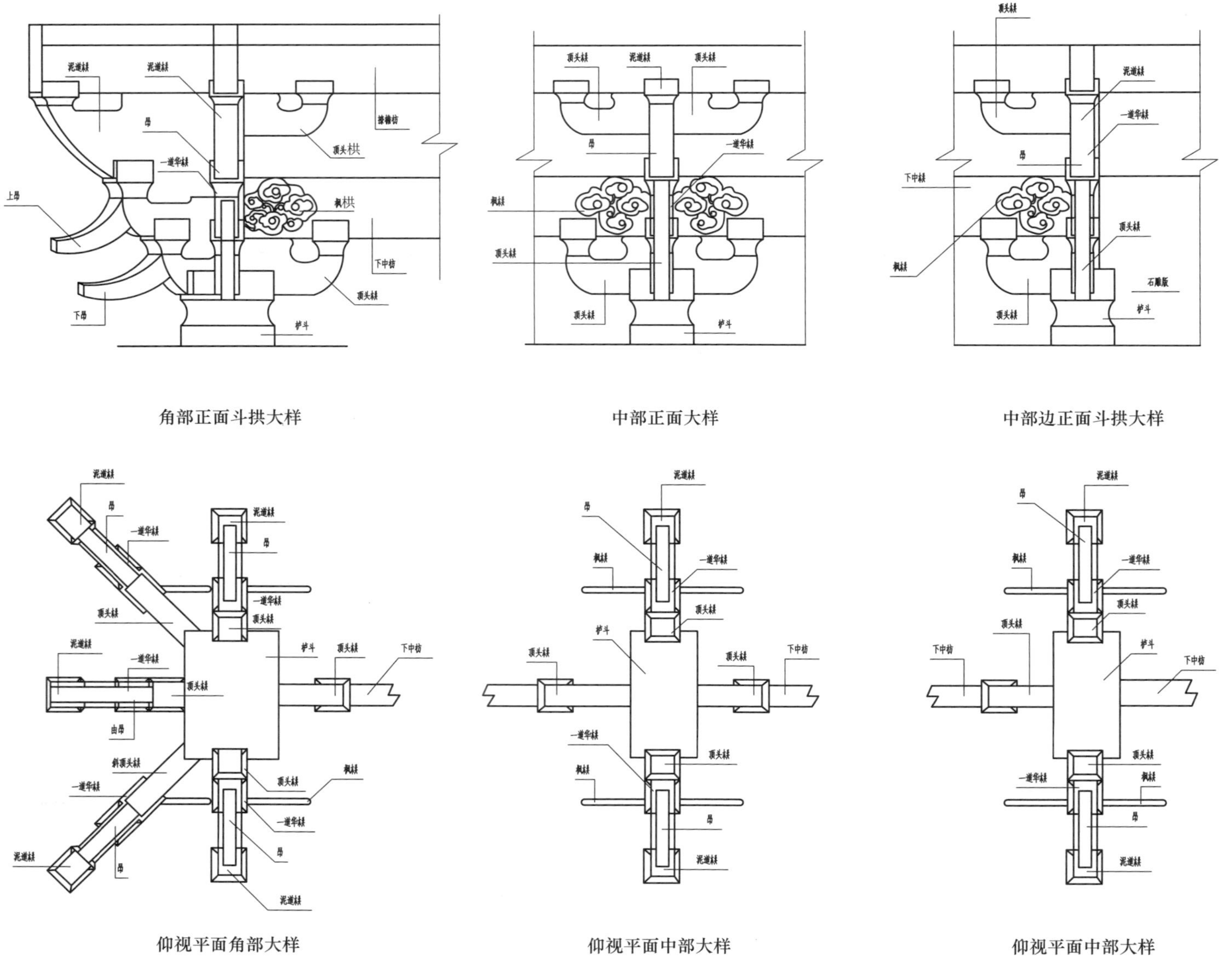

图3-16 方氏宗祠坊竣工图-斗拱大样图

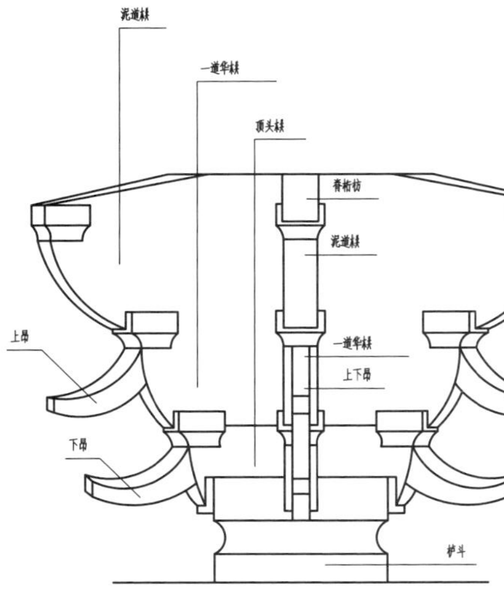

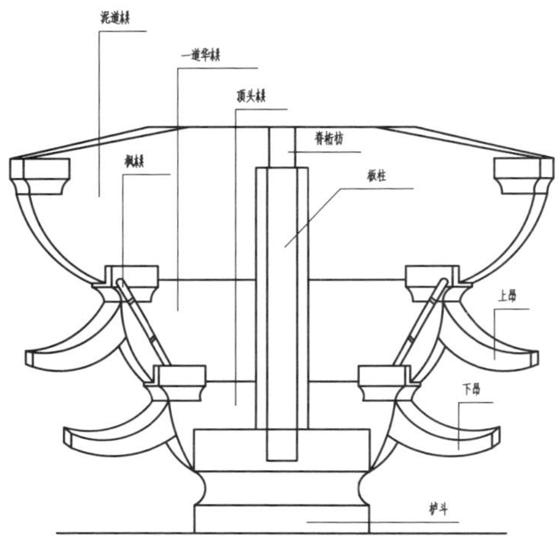

图3-17 方氏宗祠坊竣工图-斗拱、柱礤大样图

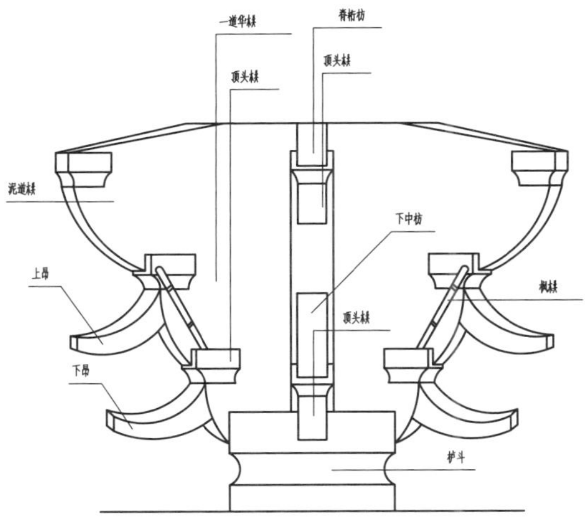

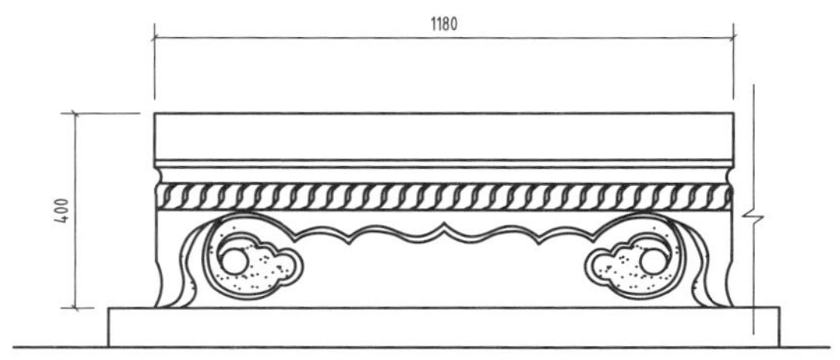

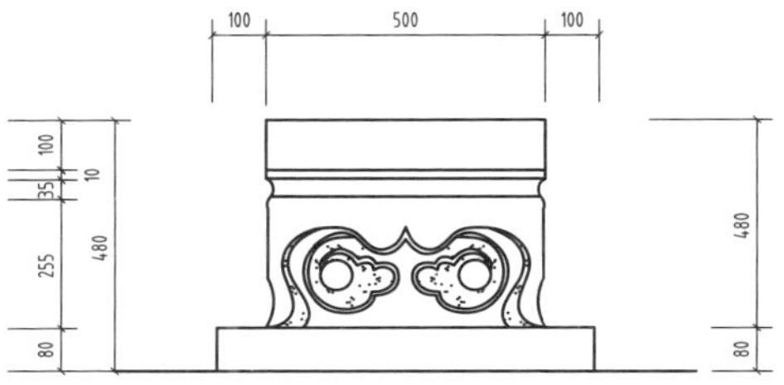

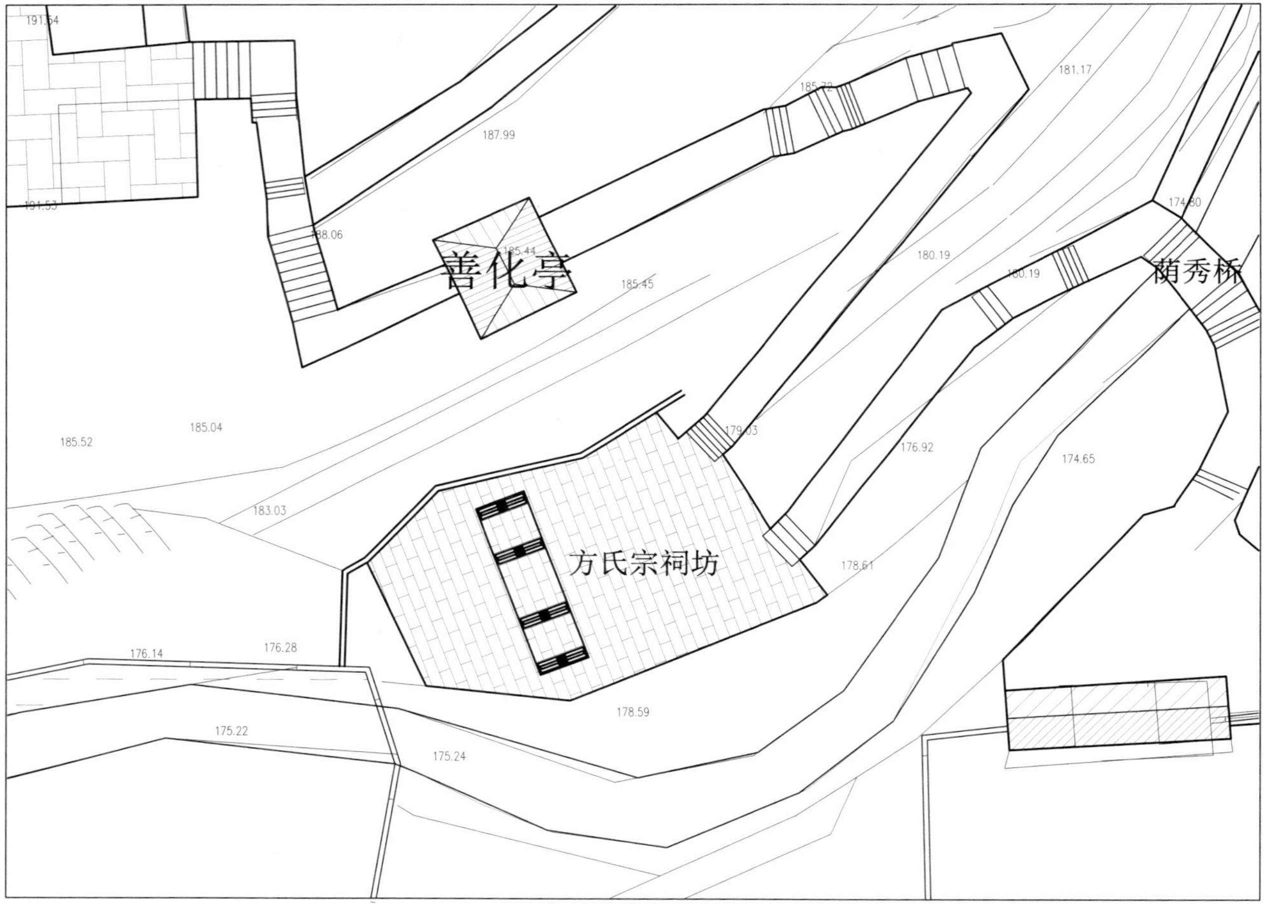

图3-18 方氏宗祠坊竣工图-总平面示意图

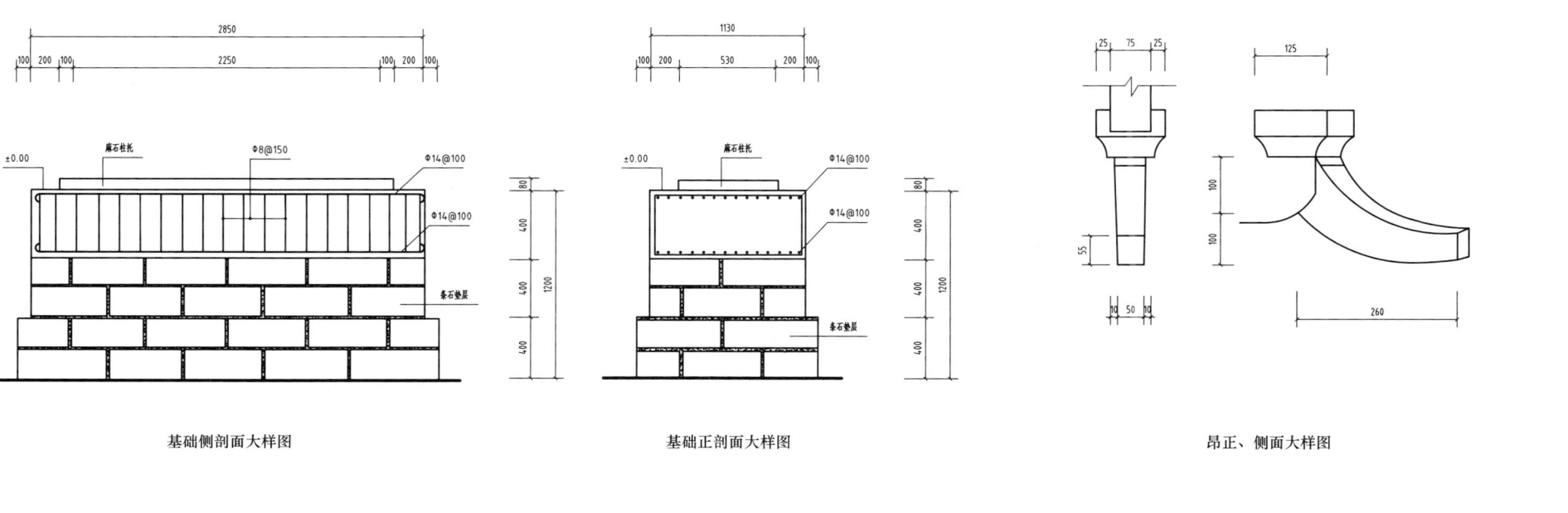

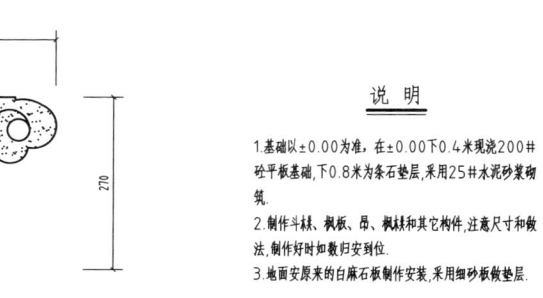

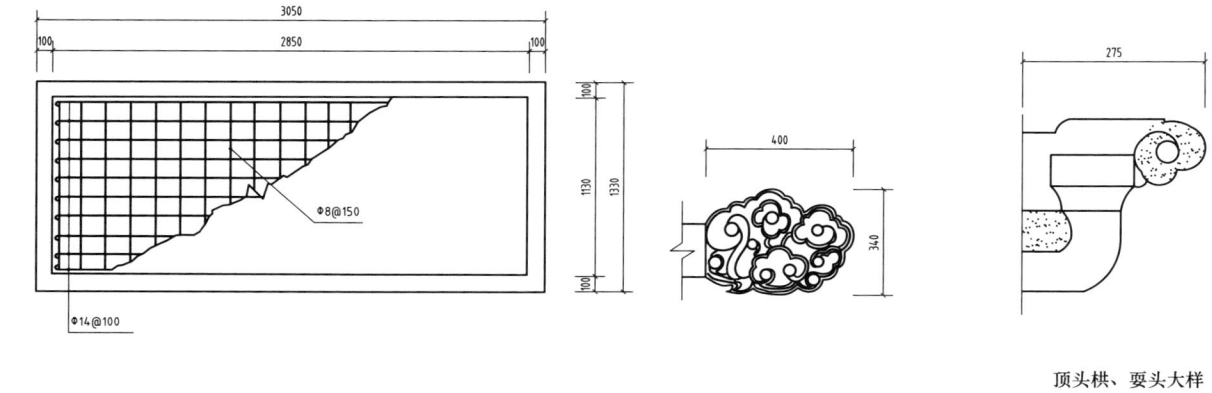

图3-19 方氏宗祠坊竣工图—基础及斗拱大样图

# 善 化 亭

## 一、概况

善化亭，位于潜口民宅明园。建于明嘉靖辛亥年（1551年），木结构石柱四角路亭。平面近四方形，面阔5.02、进深4.56米，建筑面积约25.2平方米。

亭内花岗岩铺地，四面开敞，两侧安置石凳，四根石柱略向内倾斜，上承木构架，屋面歇山顶，翼角起翘，整体造型古朴风雅。

明代徽州社会和经济文化发展进入繁荣期，外出做官、经商的人越来越多，乡民生产生活、往来出行更加频繁。徽州人有乐善好施的传统，多有修桥筑路建亭之义举。为满足行程中遮风挡雨、歇脚休息之需求，道路常设"十里一亭"。善化亭原位于歙县许村，系明代许村盐商许岩保及妻宋氏捐资兴建。"善化"二字，顾名思义，就是行善积德，风化良俗的意思。该亭搬迁前系歙县文物保护单位。

善化亭搬迁始于1984年，是潜口民宅古建筑群搬迁的第一座古建筑。善化亭保存状况极度堪忧，随时有倾倒危险，同时亭相对于其他建筑体量小，易于拆卸、复原，工程实施难度相对较小。古建筑搬迁复原当时在全国范围内也是文物保护的一种尝试，没有现成经验可以参考。从易到难，由简入繁，逐渐积累搬迁经验，循序渐进，是当时潜口民宅筹建组的工作思路，也是文物工作者严谨科学的工作态度体现。

## 二、原址原貌

善化亭，原位于歙县许村镇许村村南5里杨充岭的石板路边上。许村镇现为中国历史文化名镇，许村为镇政府所在地，位于歙县县城西北20千米，地处黄山主脉箬岭南麓。唐以前为歙北要冲，曾名"昉溪源""任公村"。唐末许氏迁居至此，后繁衍成大族，遂更名许村。明清时期，徽商兴盛，村落建设发展迅速，今存有元、明、清及民国时期古建筑100余处，"许村古建筑群"现为全国重点文物保护单位，包括大观亭、高阳廊桥、五马坊、双寿承恩坊、观察第、大邦伯祠等15处重点保护建筑。

善化亭由许村明代里人许岩保偕妻宋氏捐资兴建。此亭来历当地传说有一个故事，说是许岩保一次外出经商回家，在村南的杨充岭歇脚休息了一下，归心似箭的他，一时情急，到家竟发现将随身装载细软的包裹落下了。待到他焦急赶回去找，发现一老者正在歇脚处翘首张望，等待失主，核对无误，包裹物归原主。许岩保欲拿出部分银两感谢老者，老者坚辞不受。许岩保感动万分，决计拿这些银两在此处修造一座路亭，供往来行人避雨休憩。

善化亭位于歙许公路东侧6米，原石板道路北侧，杨充岭茶园坡地上，南北朝向。此地北距许村、南距跳石村均有5里路程，除北60米有一座程氏节孝石牌坊外，再无其他建筑。1958年歙许公路建成通车后，因步行山道不再是往来交通要道。路亭便少行人歇脚，成为闲置建筑，无人维修管理，日渐残破，状况堪忧（图4-1、图4-2）。

图4-1 正立面 　　　　　　　　　　图4-2 侧立面

亭地面为白色花岗岩石板铺筑，已被砂土埋没，石板破损缺失大半。四根石柱及柱脚、覆盆形柱础被土掩埋约20厘米。抹角四方柱，四柱自下向上稍有内收，谓"侧脚"①，其目的是借助于屋顶重量产生水平推力，增加木构架的内聚力，以防散架或倾侧。四面开敞，左、右两边柱间设置长条石凳，供行人歇息之用。

屋面歇山顶（图4-3、图4-4），两面有桃形山花悬鱼②。由于屋面残损、渗漏，普柏枋朽烂严重（图4-5），屋面椽朽烂较多。四椽栿上，小五架梁尚完整，仅前平檩西端空朽。屋面瓦缺失大部，勾滴瓦遗失殆尽。九条花脊大部损毁。地面发掘有兽吻、勾滴瓦、脊饰如意砖、鳌鱼脊吻等原构配件。

---

① 宋式建筑大木作术语，一种重要的大木作构造手法。宋《营造法式》谓："凡立柱，并令立柱首微收向外，谓之侧脚。"

② 悬鱼位于悬山或歇山建筑两端山面的博风板下，垂于正脊。悬鱼是一种建筑装饰构件，大多用木板雕制而成，因最初为鱼形，并从山面顶端悬垂，所以称为悬鱼。

图4-3 屋顶原状（1）　　　图4-4 屋顶原状（2）　　　图4-5 横梁断裂

善化亭是徽州现存较早的石柱木结构凉亭。虽经明、清、近代数次修缮，其屋面装饰和亭内地面等有所改变，但屋架部分仍保存原貌，结构特征颇具宋代遗制。

## 三、现状特征

善化亭现位于潜口民宅明园半山道路上。平面近方形，四柱四角砖木石混合架构，有石柱、木构架、歇山顶、花岗岩石铺地。

石柱立于覆盆形石柱础上。石柱上方，开凿卯口，用额枋连接，未平柱头，前后枋高于左右枋，枋背施柱墩支撑普柏坊，普柏坊上施转角和补间铺作，横向两侧各施三垛、进深两侧各施一垛，均出一跳。亭内屋架也如祠堂明间的做法，上置"抬梁式"五架梁。四椽月梁二道出华拱，与铺作华拱共同承托撩檐枋（图4-6、图4-7）。梁背施童柱二根，平梁架其上，固定山面正椽后尾。梁两端置金槫，梁背中施童柱，柱顶脊槫。方亭四角置梁，梁尾插入金柱通出榫，施以关键紧固，无仔角梁。撒网椽齐心，略有冲出和升起，无飞椽（图4-8、图4-9）。屋面举折，端庄稳重。两梁底书墨迹对联一副（图4-10），上联"阳春有脚九重天上行来"，取唐代贤相宗璟的典故，宗璟勤政爱民，被百姓喻为"有脚阳春"，降临大地，给人温暖；下联

图4-6 斗拱细部（1）　　　图4-7 斗拱细部（2）

图4-8　角椽细部（1）　　　　图4-9　角椽细部（2）

图4-10　梁上墨书对联

"阴德无根方寸地中种出"，告诫人们，行善积德须从心里做起。脊檩上留有墨书题记"嘉靖辛亥春许村许岩保偕室宋氏喜舍杨充岭石路雨亭以便往来福佑攸归者"。石柱上尚有凿字痕迹，模糊难辨。

善化亭屋面铺望砖，檐口铺望板，上覆小青瓦，四面勾滴。屋顶采用古代建筑中等级较高的歇山顶，由一条正脊、四条垂脊和四条戗脊组成。正脊两道、垂脊和戗脊一道花砖砌筑，脊端饰鳌鱼、哺鸡。歇山屋顶的正脊比两端山墙之间的距离短，因而歇山式屋顶是在上部的正脊和两条垂脊间形成一个三角形的垂直区域，称为山花。在山花之下是梯形的屋面将正脊两端的屋顶覆盖。善化亭山花位于两端山面的博风板下，垂直于正脊，是由木板雕刻成"悬鱼"形状。据《后汉书》记载：府丞送给公羊续一条活鱼，公羊续接收了却没有吃，而是将鱼挂在庭中。当府丞再送鱼来的时候，公羊续便让他看悬在庭中的那条鱼，以此婉转地拒绝了府丞的第二次送鱼，明示自己不愿受贿的心意。后来人们便在宅上悬鱼，以此表示主人清廉高洁。

白色粗粒花岗岩石板地面，外缘三路石条呈"口"字形，当中沿道路方向铺筑1.2米宽的甬道，两边三路石条顺铺。亭中心为一块60厘米见方的正方形石板，四块60厘米×30厘米石板围合，形成一个"回"字。

## 四、文物价值

善化亭是徽派古建筑中亭类最具有代表性的建筑之一，结构稳固精巧，是徽州古建的珍贵遗产，探寻它的建筑构造与样式对研究徽派建筑的起源、发展脉络及营建特色具有重要的意义。

善化亭建造的初衷，以及亭内的墨书题字"嘉靖辛亥春许村许岩保偕室宋氏喜舍杨充岭石路雨亭以便往来福佑攸归者"和梁上的对联"阳春有脚九重天上行来，阴德无根方寸地中种出"，这些珍贵的历史信息，生动阐发了徽州人建"亭"，意在"便民"，更在"劝善"的人文追求。反映了古徽州的道德风化，其民风淳朴、乐善好施的精神代代传承。

善化亭宋制遗风特征明显，古朴风雅。木架构采用宋《营造法式》的古法，如"厦两头造"形制，为使屋脊生动美观，在脊檩背上，置生头木，曰"生起"，使正脊两头略往上抬，翼角翘起柔和舒展；另见石柱的"侧脚"、石磉的覆盆形、斗拱的"斗口跳"等。

## 五、迁建工程

### （一）迁建过程

1983年夏，组织对善化亭现场测绘；

1984年7月10日，筹建组去许村杨充岭拆迁；

1984年10月，潜口民宅工地开始复原安装；

1985年12月，复原工程竣工，拆卸脚手架。

### （二）迁建新址

善化亭现坐落于潜口民宅明园东山麓，方氏宗祠坊至乐善堂之间，跨半山道路而立。朝向东北，作为观景、歇脚路亭使用。

### （三）维修要点

（1）更换、修补糟朽檩、普柏枋及屋面椽，修补加固四翘角木基层。

（2）按善化亭的通宽、通高比例，以及在亭原址四周沙土砾石草木中勘察挖掘寻找到的屋面滑落的脊砖、兽吻和勾滴瓦等原始残破构件，绘制屋脊歇山顶之九条脊复原图。由设计人员绘制构配件大样图，连同实物，交窑厂师傅依据制模，复制样品（图4-11~图4-15）。

图4-11 复原现场（1）　　图4-12 复原现场（2）　　图4-13 复原现场（3）

图4-14 复原现场（4）　　图4-15 复原现场（5）

（3）根据《歙县志》记载："善化亭明嘉靖间里人许岩保建"，复原"善化亭"匾额。依据传统做法，樟木实拼，阴刻双沟字，填白色贝壳粉，清水漆髹饰。

（4）亭内地坪和道路石板，采自歙北许村一带白色粗粒花岗岩，按原产地同质石料补全。

## （四）工程资料

主要为原状实测图、施工图及部分照片，无勘察维修设计文本及竣工资料（图4-16～图4-24）。

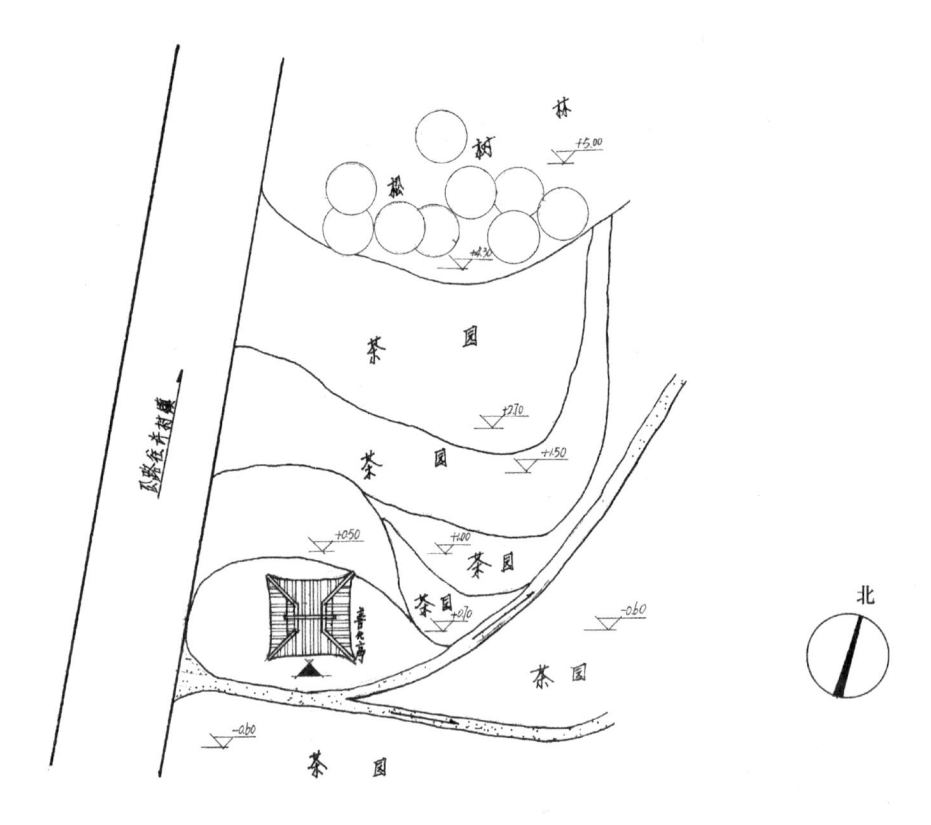

图4-16 善化亭实测图-总平面示意图

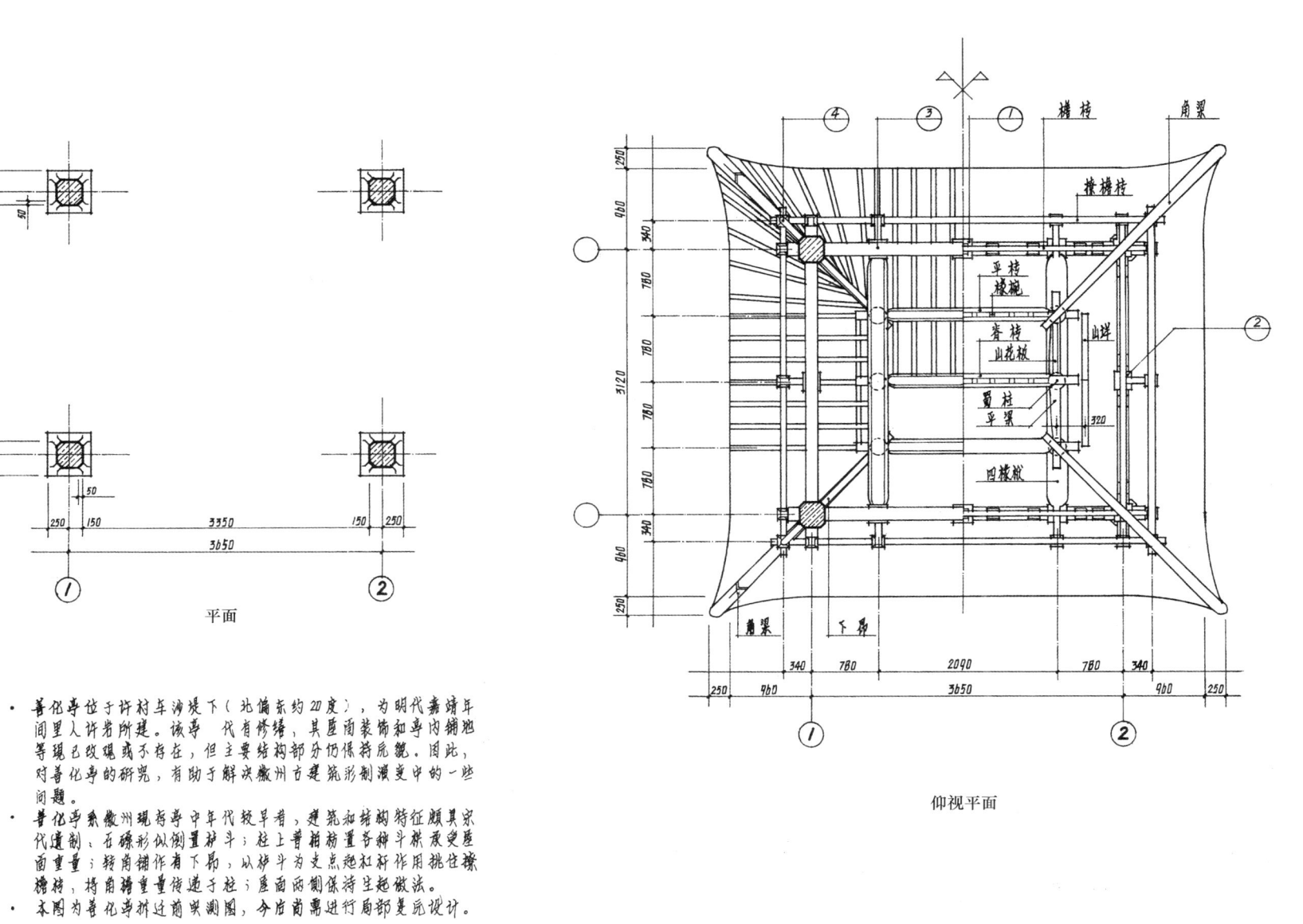

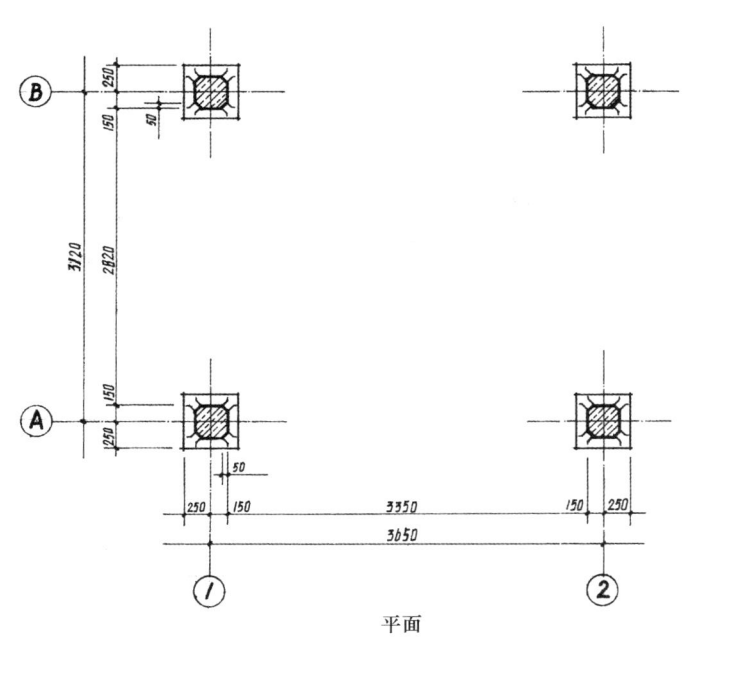

图4-17 善化亭实测图—平面图

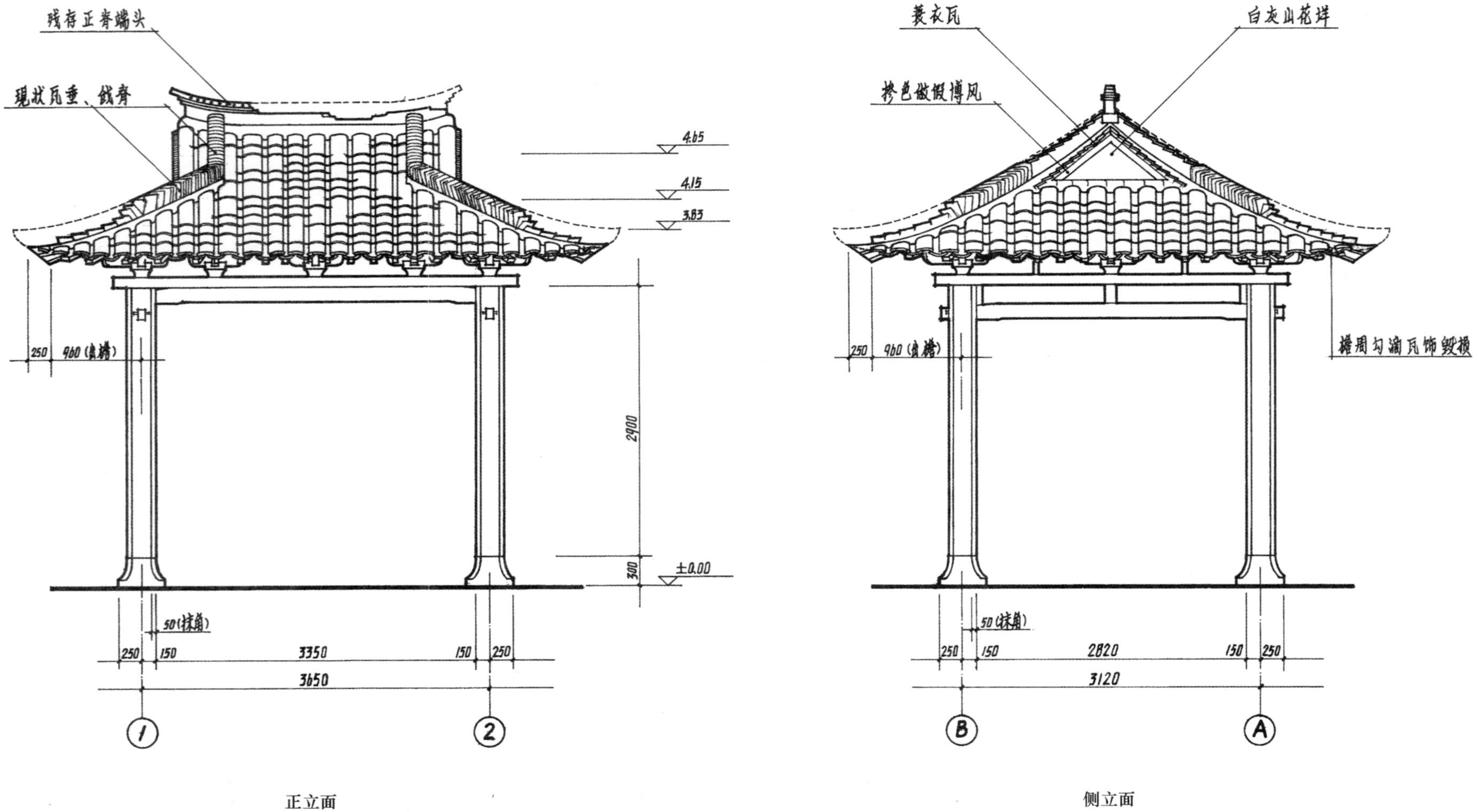

图4-18 善化亭实测图-正、侧立面图

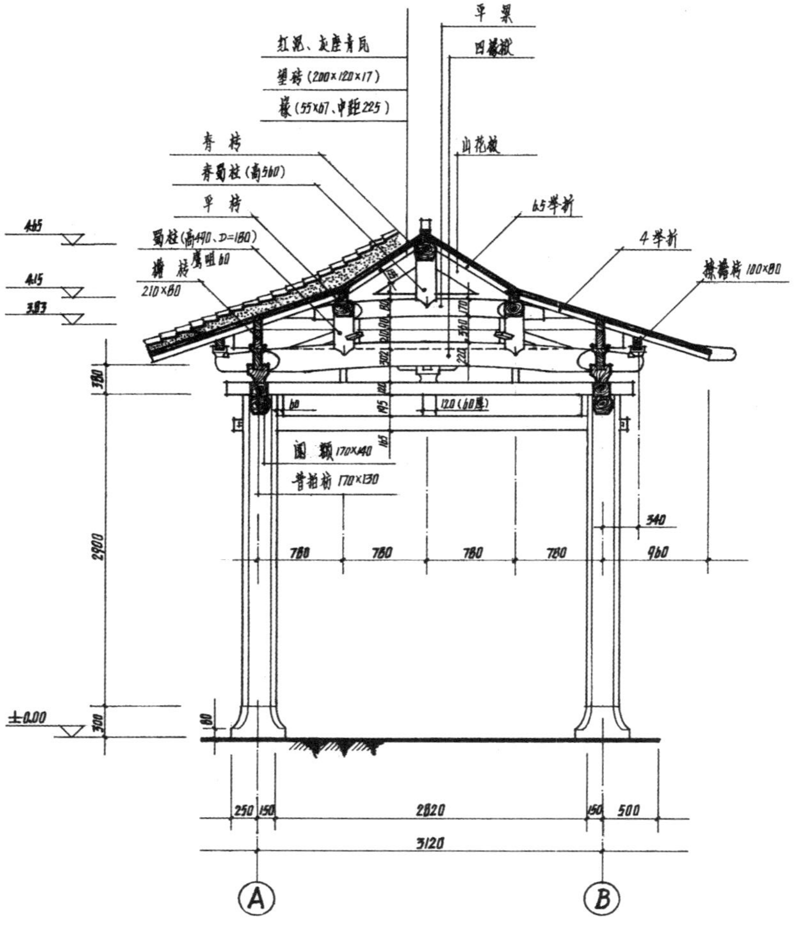

图4-19 善化亭实测图-横、纵剖面图

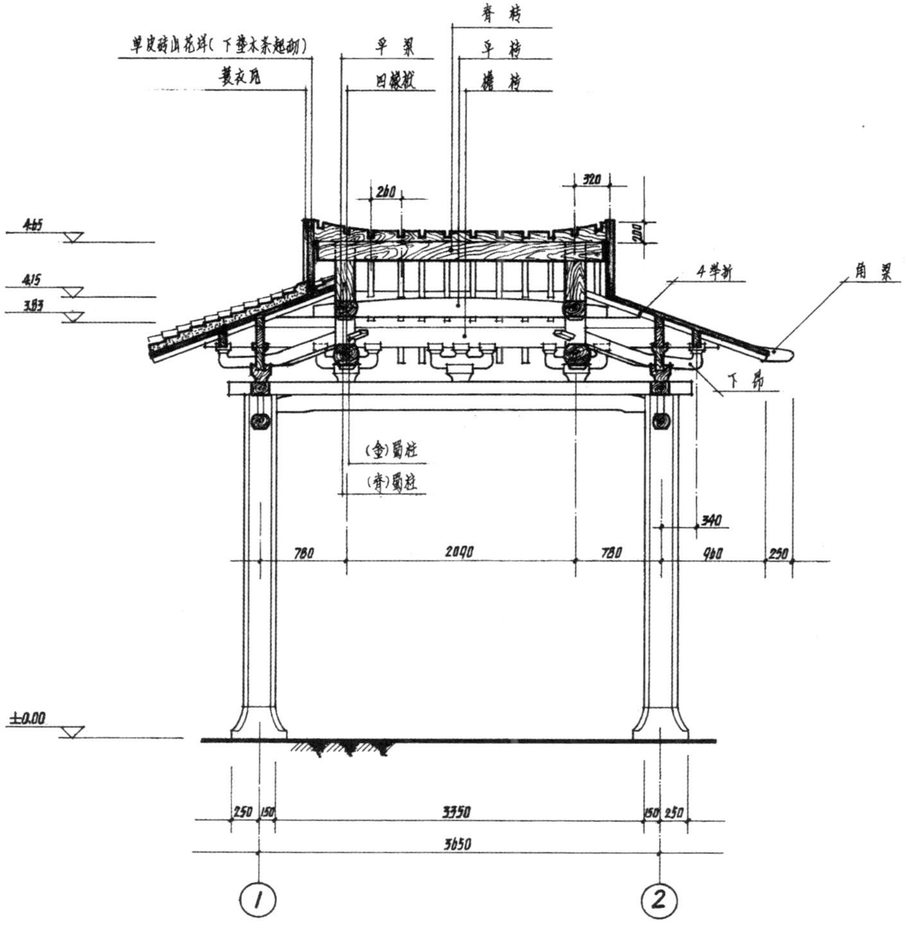

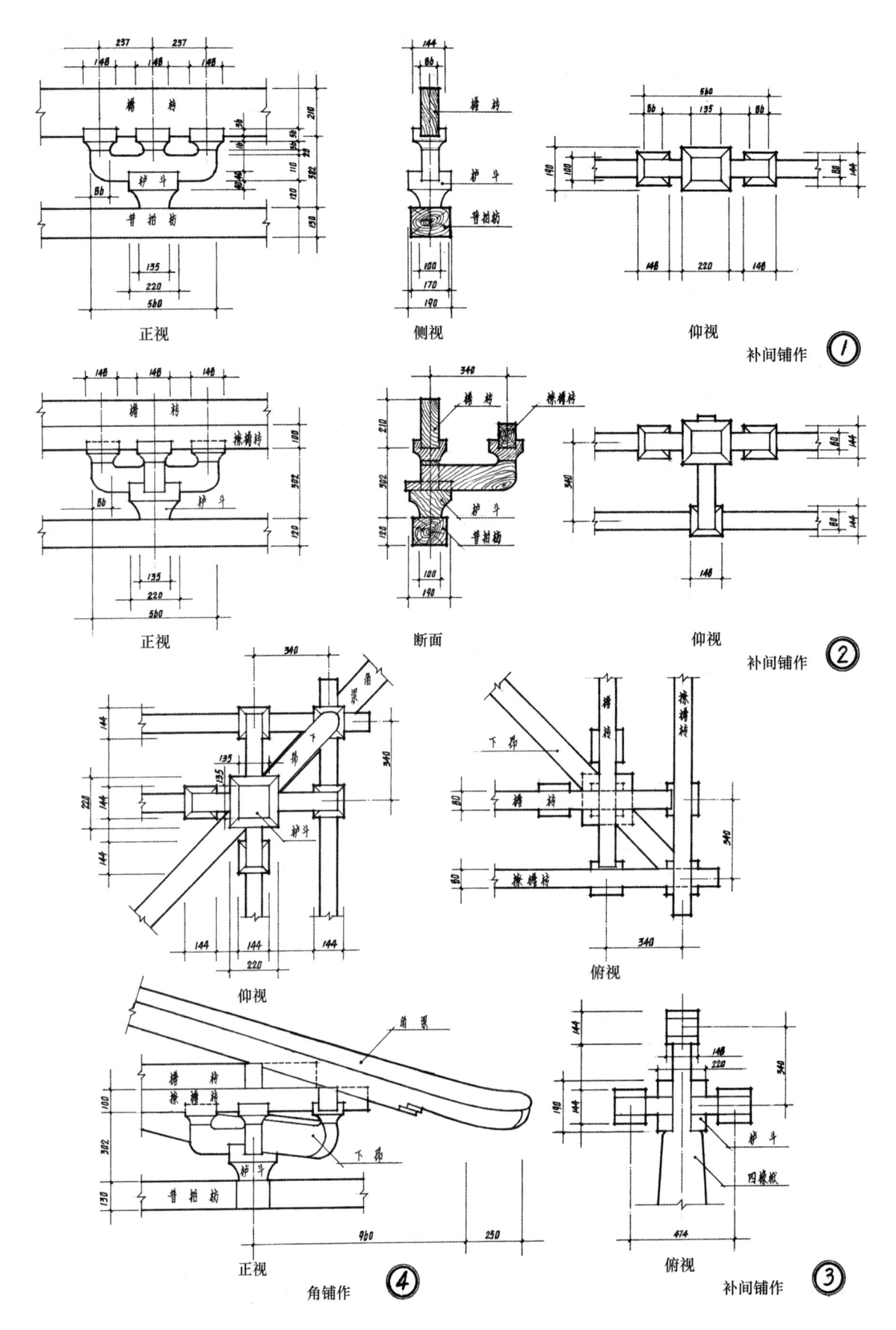

图4-20 善化亭实测图-斗拱详图

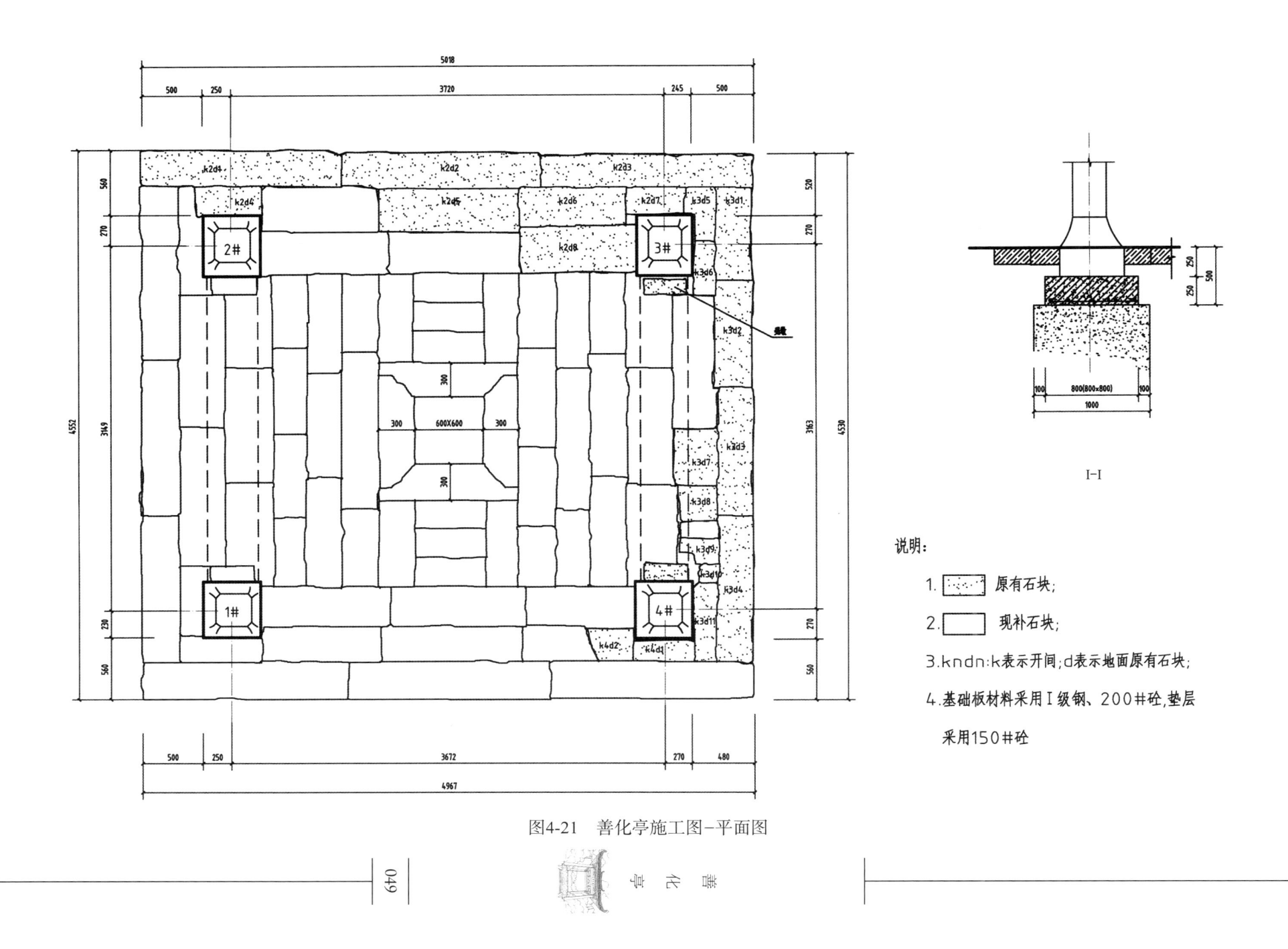

说明：
1. ▨ 原有石块；
2. ☐ 现补石块；
3. kn dn：k表示开间，d表示地面原有石块；
4. 基础板材料采用I级钢，200#砼，垫层采用150#砼

图4-21 善化亭施工图-平面图

善化亭

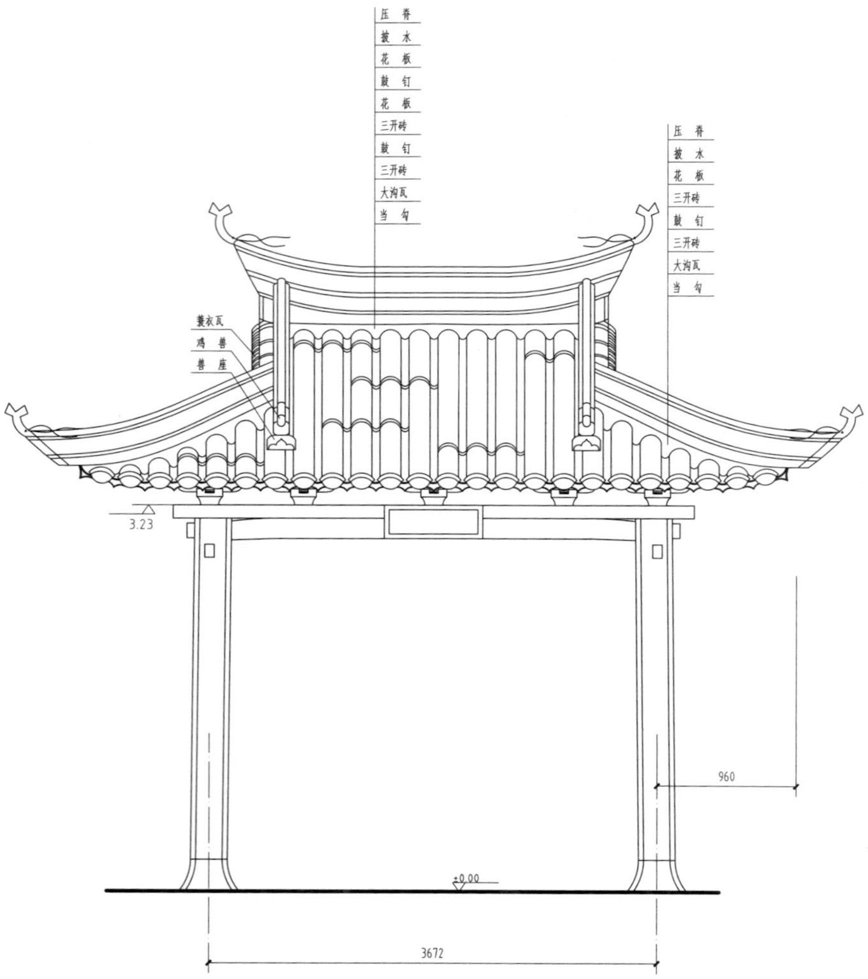

图4-22 善化亭施工图-立面图

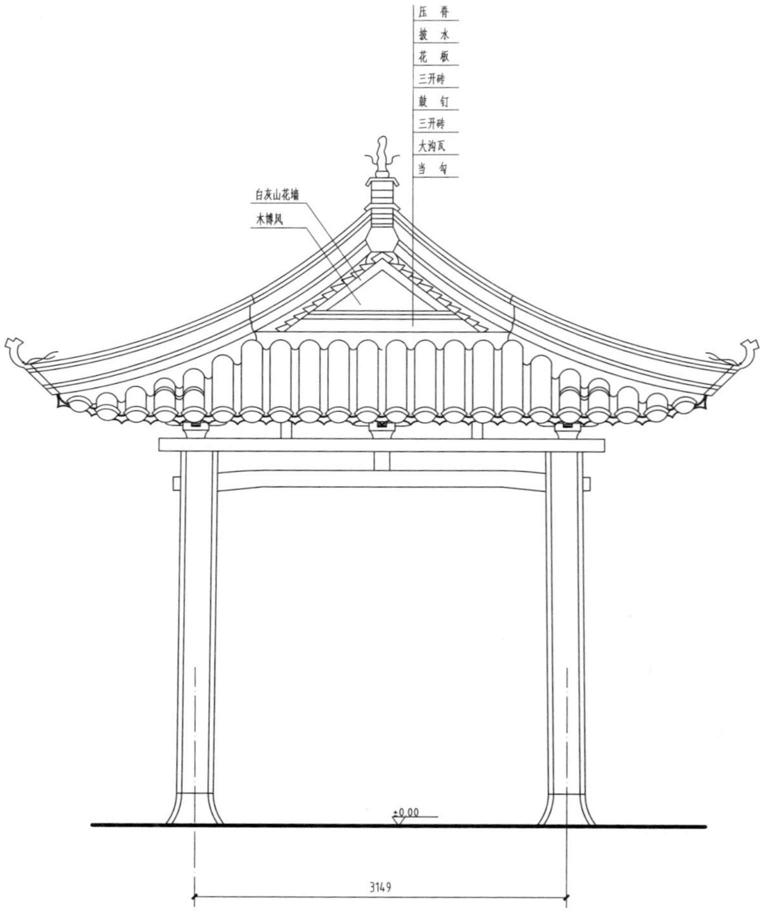

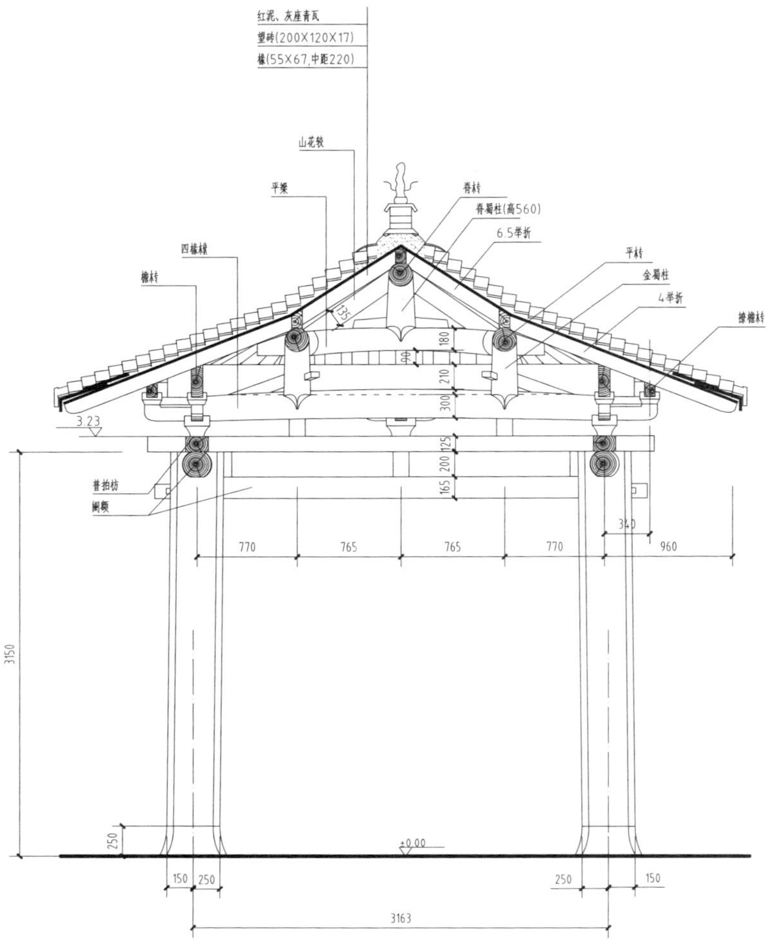

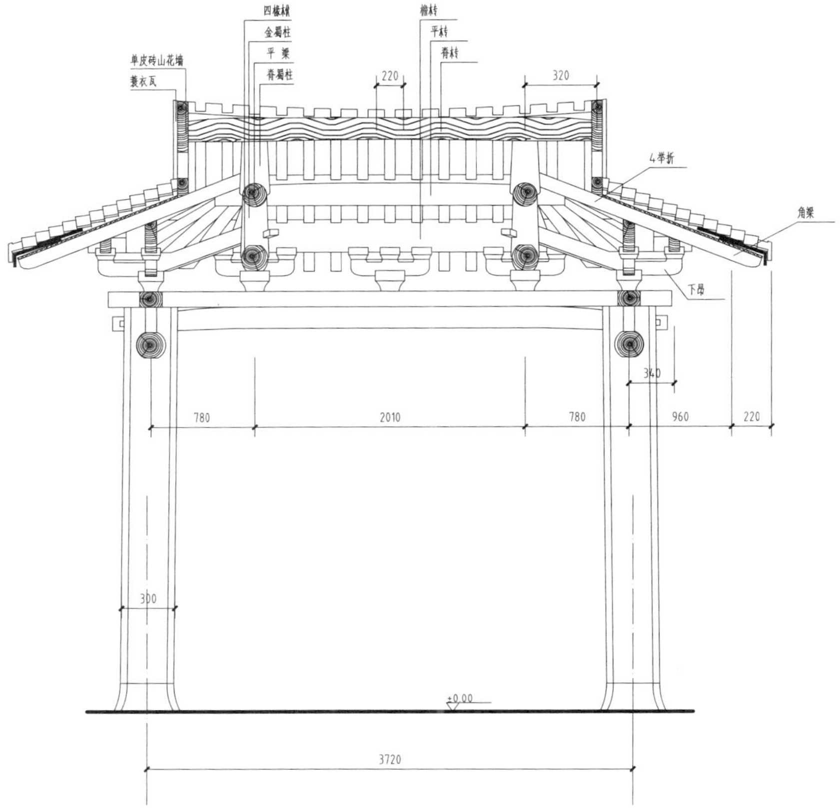

图4-23 善化亭施工图-剖面图

## 施工说明

善化亭位于歙县许村车沙堤下,为明代嘉靖辛亥年同里人许若所建,属县级文物保护单位。该亭清代、民国及解放后都有所修缮,其屋面装饰和亭内地面等现已改观,但星架部分仍保持原貌,结构特征颇具宋代遗制。一九八四年七月,我所对该亭进行了测绘,现根据"明村"设计总要求,对善化亭原拆原建工程补充以下修缮要求:

1. 柱础做法详见建施1,以现浇钢筋混凝土板为基础,上承柱磉石。露明部分表面呈干砌体,不得露浆。地面用花岗岩条石铺设。

2. 木构部分尽量使用原件,已朽部分用环氧树脂粘结加固,铁活紧束,实在无法修补者,用新料更换,但不必做旧,以示区别,所有木构部分均不加彩漆。

3. 屋面破损严重,按徽州明代建筑歇山正脊顶的传统做法进行复原。正、戗、垂脊做法详见建施6。

4. 该图以施工图出现,已做复原考虑,故不再另出复原图。

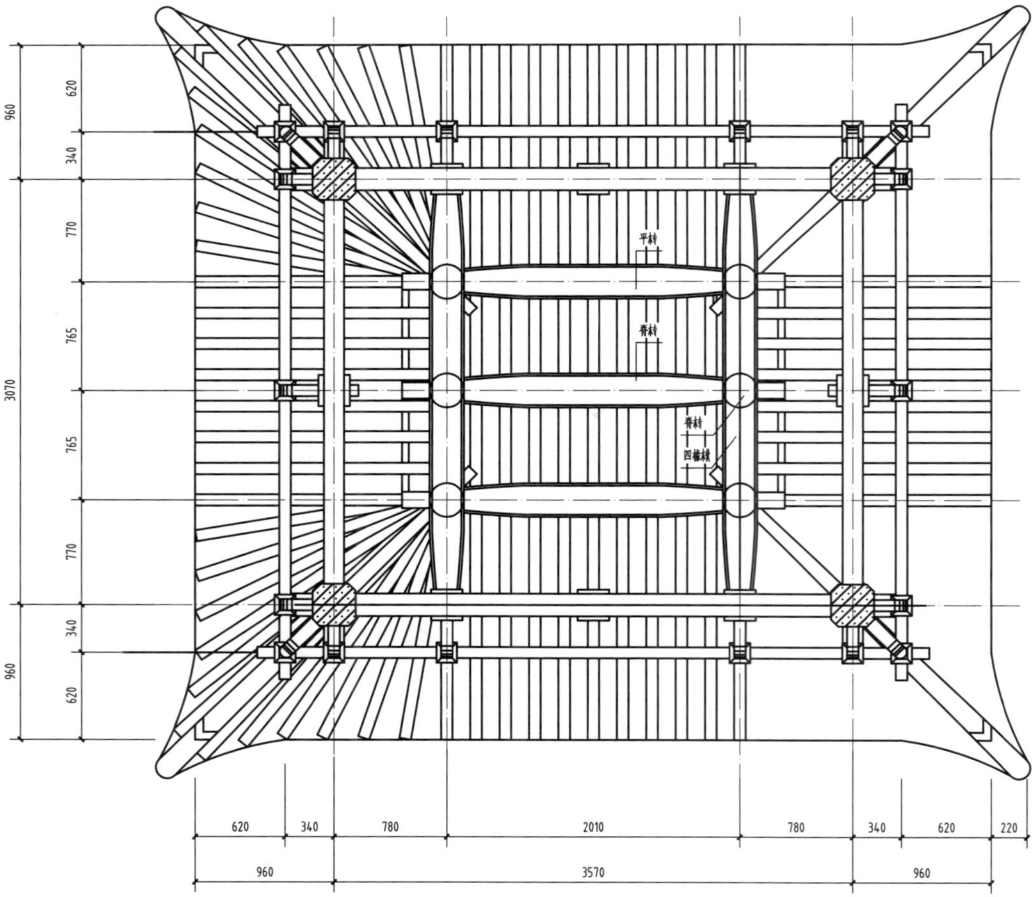

图4-24 善化亭施工图—梁架仰视图

# 乐 善 堂

## 一、概况

乐善堂位于潜口民宅明园。建于明代中期。两进五开间砖木结构四合式厅堂建筑。通面阔10.07、进深18.9米，建筑面积237.2平方米。

乐善堂原位于徽州区潜口乡潜口村中，是潜口汪氏宗族下汪分支的一个支祠堂。乐善既是祠堂名，也是这个宗族分支的称呼。该祠堂不仅承担着祭祀、议事的功能，同时作为宗族的公共建筑，也是族群长辈、老者娱乐、休息，族人教化启蒙的场所，乐善堂因此又称"耄耋厅"。

乐善堂由前进门屋、廊庑①和后进享堂围合成四合院落，中间为天井。建筑木构为彻上明造，采用穿斗、插梁减柱②相结合的做法。月梁③、梭柱④粗大浑圆，斗拱、鹰嘴榫、覆盆式柱础、异形插手、剳牵、出檐等构件和做法，极具地方特色，是徽州明代典型的厅堂建筑。

乐善堂搬迁前为歙县文物保护单位。因年久失修，加之不合理利用的持续损坏，综合考虑其建筑价值及原址保存状况，1985年将其迁入潜口民宅明代建筑群进行集中保护。

## 二、原址原貌

乐善堂，原位于徽州区潜口村唐鸭路15号，朝向西南，面街。左右均为民居，后为菜地。20世纪40年代前曾做私塾使用，60年代后被生产队辟为粮食加工场，安装了碾米机等粮食加工设备，村民还在门屋内堆放柴草杂物等，自然和人为损毁严重（图5-1、图5-2）。

为方便粮食运输，门前埋没原来石台阶改成斜坡。门厅次、梢间后人加砌砖墙隔成两个房间。二道门中门两侧墙体破损，门扇缺失。后人为增加使用空间，在两廊庑、天井内加盖支棚，两庑后檐两角柱，一根缺失，一根为后人维修新制。

---

① 周边连续建屋而围成一个内向的空间，周边长屋即是廊庑。
② 减柱造就是去掉部分柱子不用，其手法多样，是为了在不损坏建筑稳定性的基础上，能增室内使用空间。
③ 亦称冬瓜梁，断面多为圆形，两端圆混，雕月眉式斜项与丁头拱交接，形如冬瓜状，多见于皖南一带。
④ 断面圆形，上端或上下两端收小，形成卷杀，两端细、中间粗，形如织布用的梭子似的柱子，明代皖南建筑较多见。

图5-1 原址正立面　　　　　　　　图5-2 原址背立面

享堂木构保存较完整，局部有糟朽。前轩乳栿①霉烂，明间额栿②糟朽过半。次间和梢间隔断，原装有木制屏门，形成夹室，现屏门遗失。两夹室向后檐墙开有小门，通往后院，两门洞已封堵。享堂明间后金柱间，原有木照壁，已拆除。后檐墙开一门。

由于安装粮食加工机械的水泥基座，享堂地面大方砖破损严重。享堂硬山坡屋面，饰混水人字博风。檐口与屋脊瓦件缺损较多，两端哺鸡兽缺失。

## 三、现状特征

乐善堂现位于明园西南山麓，坐西向东。由门屋、天井及南北廊庑、享堂围合而成。

### （一）门屋

门屋五开间，由门厅与后檐廊连接组成。前后梁架相对独立，形成前后坡屋面。室内地坪较门前高45厘米，门前三级石踏步登临。木板外墙，设一大两小三门：大门居中为双开实拼板门，置60厘米高的门槛；两次间各置一单开扇边门。

明间、次间为过厅，石板铺地。两梢间是耳房，前檐砖墙砌筑，方砖铺地，为轿夫和下人休息之所。门屋使用草架③，草架柱子支于叉手之上。建造时间可能稍晚于享堂和廊院，但仍属明代建筑。

明间两立柱间均由月梁与枋连接，月梁下设丁头拱，枋间施芦苇墙。前檐柱上设插拱二跳

---

① 宋式大木作构件名称。置于前后檐柱与内柱之间。长达两椽的梁称为乳栿。梁首置于铺作上，梁尾一般插入内柱柱身，也有梁头都在铺作之上的情形。
② 宋式大木作构件名称。指用于柱头间的联系构件及承托斗拱的横向梁架，用以增强构架的稳定性。
③ 大木作构件名称。不曾细加工的构架称为草架。

承檐（图5-3、图5-4），前檐柱与前金柱之间月梁上施驼峰，上置栌斗[1]，栌斗与金柱间施剳牵，出头雕刻卷云，上施补间斗拱，上承下金檩。次间与梢间立柱间均施枋，枋上置栌斗，栌斗上施丁头拱，上承檩条。门屋前后均施覆水椽。

图5-3　享堂外檐斗拱（1）　　　图5-4　享堂外檐斗拱（2）

门屋在脊后砌筑砖墙，并设置二道门：明间在后金柱间砌墙，中间双开扇大门；次、梢间脊间缝砌墙，两次间各开一单扇小门洞。门屋脊后三开间，后檐留有回廊，与天井两侧廊屋形成合院。

门屋较后进厅堂低矮，开间亦小，后檐左右墙体各向外延出80～100厘米，接廊庑山墙。山面屏风墙，前三阶，后两阶，脊端饰哺鸡兽。

## （二）廊庑及天井

南、北两侧廊庑，均为三檩两步架，且架于享堂前檐柱与门屋后檐柱上。屋面单披水，铺望砖，覆瓦，并与门屋后檐水平交圈，形成合沟。廊下无装修。大方砖铺地。

脊柱间架设承椽枋，柱间均由月梁相连接。檐柱月梁下施丁头拱，上施补间铺作两朵，上承檐檩，其中檐柱上施插拱，出二跳承撩檐枋与罗汉枋，后施覆水椽。

天井平面长方形，红麻石砌筑，中间为甬道，将天井分割成南、北两个互通水池。池深43厘米，池壁侧塘石[2]雕琢成须弥座样式，上覆出檐的阶沿石[3]，束腰雕刻朴素雅致。池底当中略突起，四周为沟，沟底凿有排水壶门[4]。天井是徽州地区最为普遍的传统建筑构造，是建筑组群

---

[1] 宋式斗拱组合中斗形构件的一种，是一组斗拱中最下部的承托构件。多用于柱子上部、檐下补间铺作、梁架襻间铺作等斗拱组合，亦以其为起始构件。

[2] 基础石料名称。在土衬石上用石料侧砌而成，是建筑台基的主体部分。

[3] 阶基四周外沿平铺的面石，一般为长方形，宋称压阑石。

[4] 宋《营造法式》作"壸门"，装饰性拱门。

内部通风采光系统的构成主体，也是古建筑排水组织枢纽。其收集雨水的功能源于砖木建筑防火之需要，又契合了"四水归明堂"的说法。天井在古徽州又被称作"明堂"，所谓"四水归明堂"指民居四面屋顶斜坡向院内，雨水就会从四周屋面汇入院中天井。古人将水视为财气和福运，"四水归明堂"也寓意"肥水不流外人田"，聚气敛财。

## （三）享堂

享堂面阔[①]五间，八檩七步架，彻上明造。厅堂为抬梁式木构架，明间缝设五架梁，梁两端下用丁头拱承托，五架梁上用两只雕成莲花瓣式的平盘斗[②]承托蜀柱，两蜀柱架平梁，平梁再支蜀柱，三蜀柱头承檩，两叉手支撑。前轩乳栿上置雕刻卷云纹驼峰，支栌斗，承剳牵单步梁，梁外端雕饰云纹。享堂施补间铺作[③]。外檐插拱两跳，第一跳为乳栿梁头出柱的华拱，第二跳计心[④]，出瓜拱支罗汉枋、撩檐枋（图5-5～图5-7）。

图5-5　享堂内斗拱（1）　　图5-6　享堂内斗拱（2）　　图5-7　享堂内斗拱（3）

享堂明间后金柱间皮门装修，设太师壁，上枋有原置匾托，承后制堂名木匾额。两梢间[⑤]是夹室和通道，各向后檐墙开一单开扇板门门洞。地面大方砖斜铺。前檐廊地面低于厅堂16厘米。檐柱下有石櫍和覆盆柱础，与宋式柱础类似。

乐善堂采用了宋制"彻上明造"手法，木构件用材硕大，梭柱月梁，丁字拱拱眼刻槽内雕花，拱身卷杀明显。木雕主要集中在驼峰、蜀柱、替木等承重构件部位，不饰彩色，素净无华（图5-8～图5-11）。梁架结构和艺术装饰融为一体，并和其他部分保持完整的统一性。减柱做法增大了厅堂地面的空间，适应家族人多议事和娱乐的要求。享堂檐柱与金柱之间降一步，使

---

① 建筑物开间正面檐柱之间距离。
② 宋式大木作斗拱组合中斗形构件之一。由于它上承宝瓶或十字相交的拱底，故无需也无法设耳，宋代称之为平盘斗。
③ 宋式斗拱名称。两柱间额枋上施用的铺作，主要起支持屋檐重量和加大出檐深度的作用。
④ 《营造法式》卷四述，"凡铺作逐跳上，下昂之上亦同，按拱，谓之'计心'"。
⑤ 我国古代建筑房间中位于明、次间外侧的两间称为梢间。其尺寸比次间略小。

图5-8 享堂平盘斗、蜀柱　　图5-9 享堂剳牵

图5-10 享堂叉手　　图5-11 享堂栌斗、替木

享堂前轩与廊庑以及门屋围绕天井四周,形成一个完整的四合院落,满足明代厅堂建筑多功能用途的需求。

## 四、文物价值

乐善堂是徽州明代潜口汪氏一支祠堂建筑,是研究徽州古建筑、宗族文化的珍贵实例。四合院落布局,结构紧凑,营建考究。其参差错落的建筑外观,匀称和谐的造型比例,虚实相映的空间分割和繁简适宜的装饰处理,不仅满足了众厅集体议事、祭祀、娱乐等活动的多功能需求,也充分体现了徽州建筑的历史传承、美学理念和文化内涵。

乐善堂木构架古朴典雅、庄重大气,是明代徽州厅堂建筑的经典构造。建筑内梭柱、覆盆柱础、扁圆月梁、莲花托、雕花垫木及屋面起翘等建筑特征在做法上保留着宋、元营造古法的韵味。"彻上明造"而不做天棚,这样使平盘斗、蜀柱、叉手、替木、雀替等雕琢刻镂暴露于外,当人们进入殿堂时,全部梁架结构和木雕装饰一目了然。补间铺作、柱头铺作、斜插45°铺作、转角铺作出挑华拱支撑罗汉枋、撩檐枋出挑屋面,加大屋面出檐,既保护立柱减少雨水

回溅，减少阳光直射，又达到拓展厅堂进深，与廊庑、门屋更自然衔接的功能需求，具有很高的艺术和科学价值。

## 五、迁建工程

### （一）迁建过程

1985年5月17日，筹建组与设计公司签订合同；

1985年9月12日，开始下瓦拆迁；

1985年10月11日，屋架拆完；

迁建时在享堂后金柱卯孔中发现有开元、嘉靖、万历、天启、崇祯、顺治时期的铸钱，疑为历次修缮所置；

1985年10月15日，潜口民宅工地开始复原基础；

1985年10月22日，复原工地搭建脚手架；

1985年11月13日，开始竖装屋木构架；

1986年6月，复原工程竣工（图5-12～图5-15）。

图5-12 原址拆卸木构架（1）　　图5-13 原址拆卸木构架（2）

### （二）迁建新址

乐善堂迁建选址于潜口民宅西南山麓南向切坡形成的一片朝东的台地上。建筑坐西朝东，门前置石板广场，东下石阶梯转角可至善化亭；西靠山庄围墙，南为坡麓山林，北侧护磅并有石阶梯至曹门厅。

图5-14　原址屋椽编号拆卸　　　　　　　　图5-15　复原模型

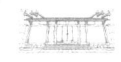

## （三）维修要点

（1）享堂梢间月梁、门厅次间中柱朽残严重，需依制更换；享堂明间额枋墩接修补；两庑廊后檐角柱新制；西廊人字轩朽残严重，按照东廊形制复原。

（2）享堂次间与梢间隔断缺失，依原制单面皮门装修复原；明间太师壁恢复四扇活动皮门装修；门屋内后砌墙体拆除后不恢复，恢复门屋明间前后金柱间板壁装修；依据明制及雕刻样式恢复大门木质门槛。

（3）恢复享堂人字混水博风山墙，门屋两侧屏风山墙，屋脊及马头墙头饰哺鸡兽。

（4）享堂后檐墙明间后置门洞不恢复，恢复两梢间后门。

（5）恢复建筑原"灌斗墙"砌筑。原砖较薄，原墙拆除及新墙砌筑均需谨慎操作，40厘米厚的墙体，中空部分填入砖土坯。

## （四）工程资料

主要有实测和施工图纸，无勘察维修方案文本和竣工资料（图5-16～图5-38）。

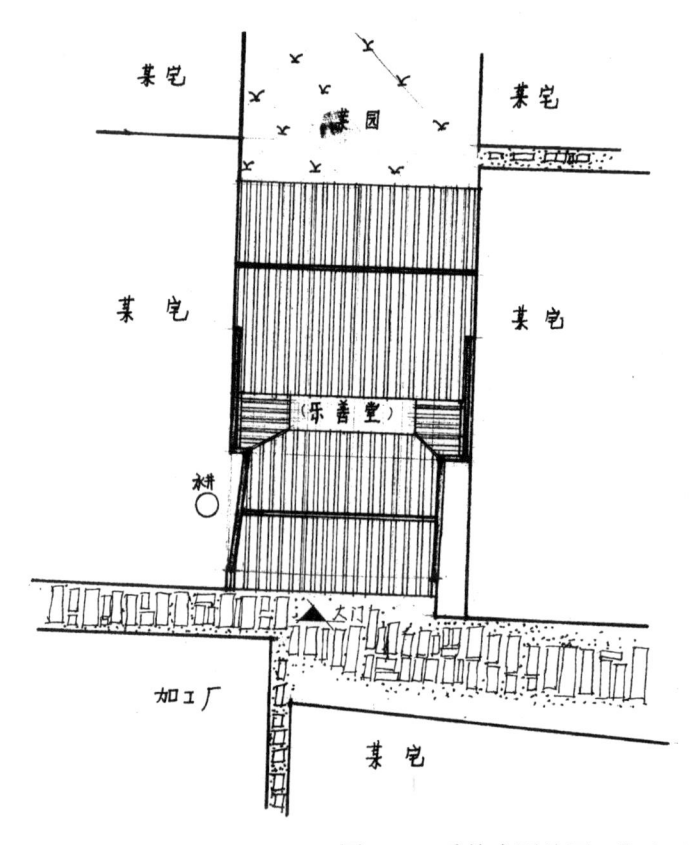

图5-16 乐善堂测绘图-总平面示意图

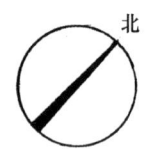

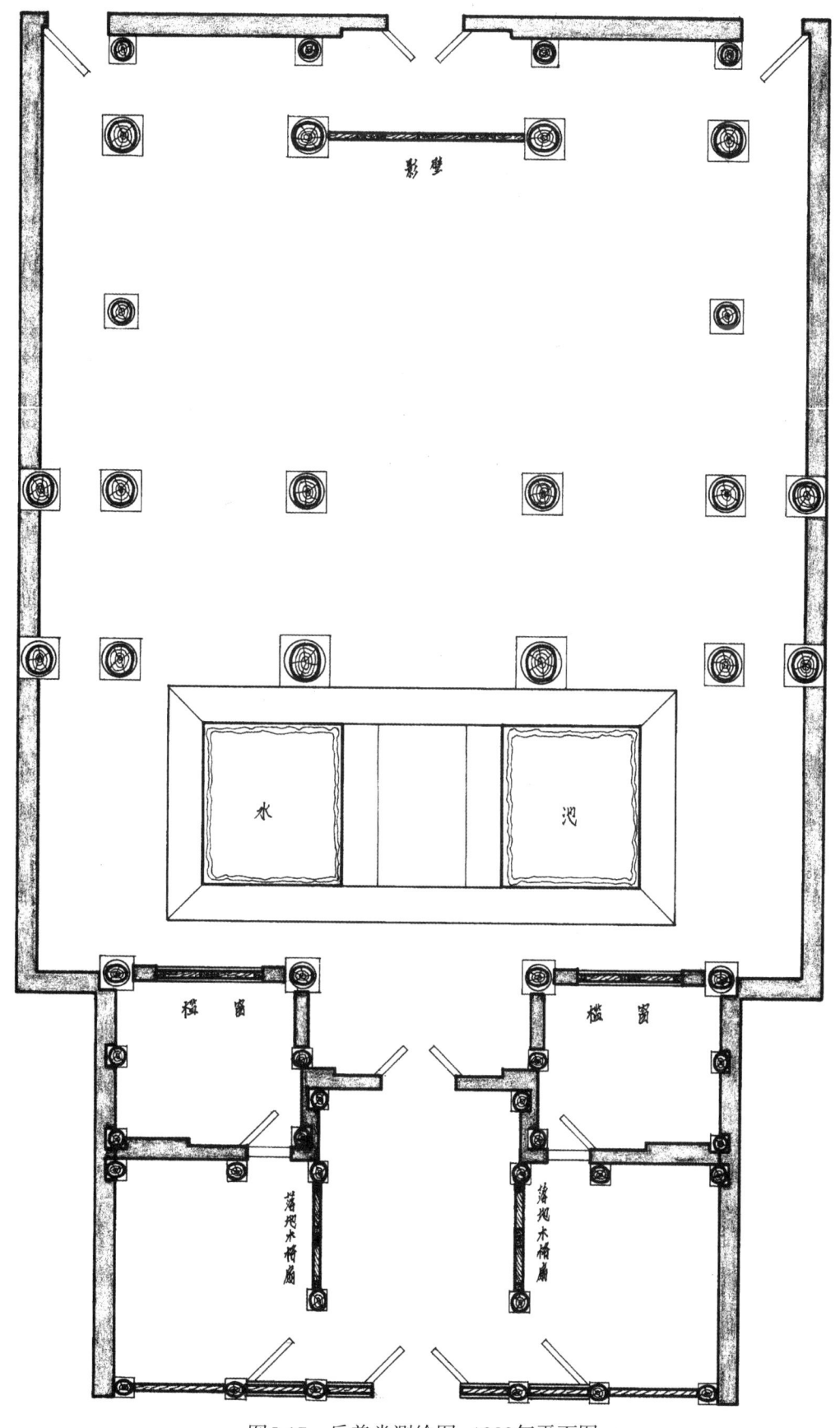

图5-17 乐善堂测绘图-1982年平面图

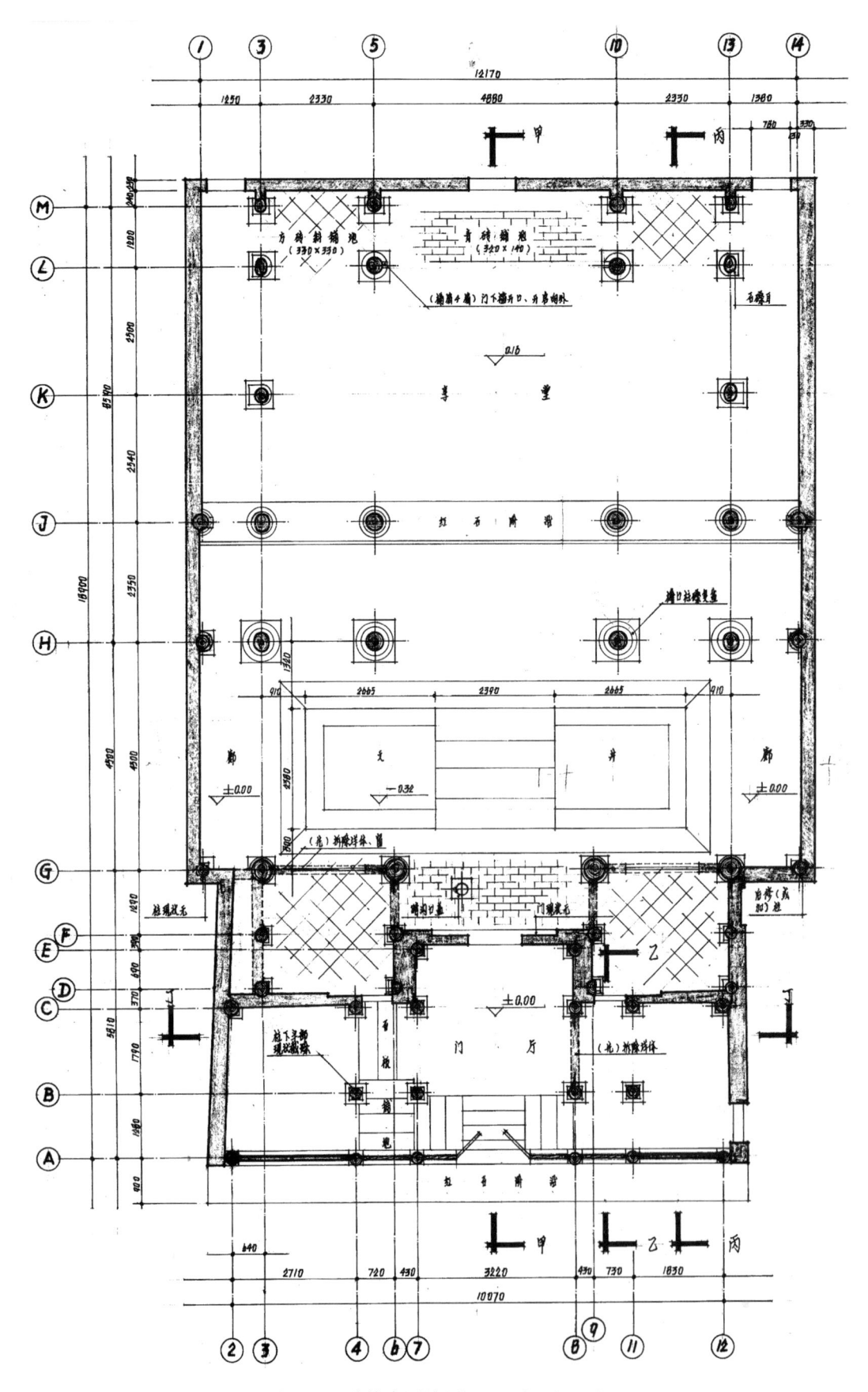

图5-18 乐善堂测绘图-1985年平面图

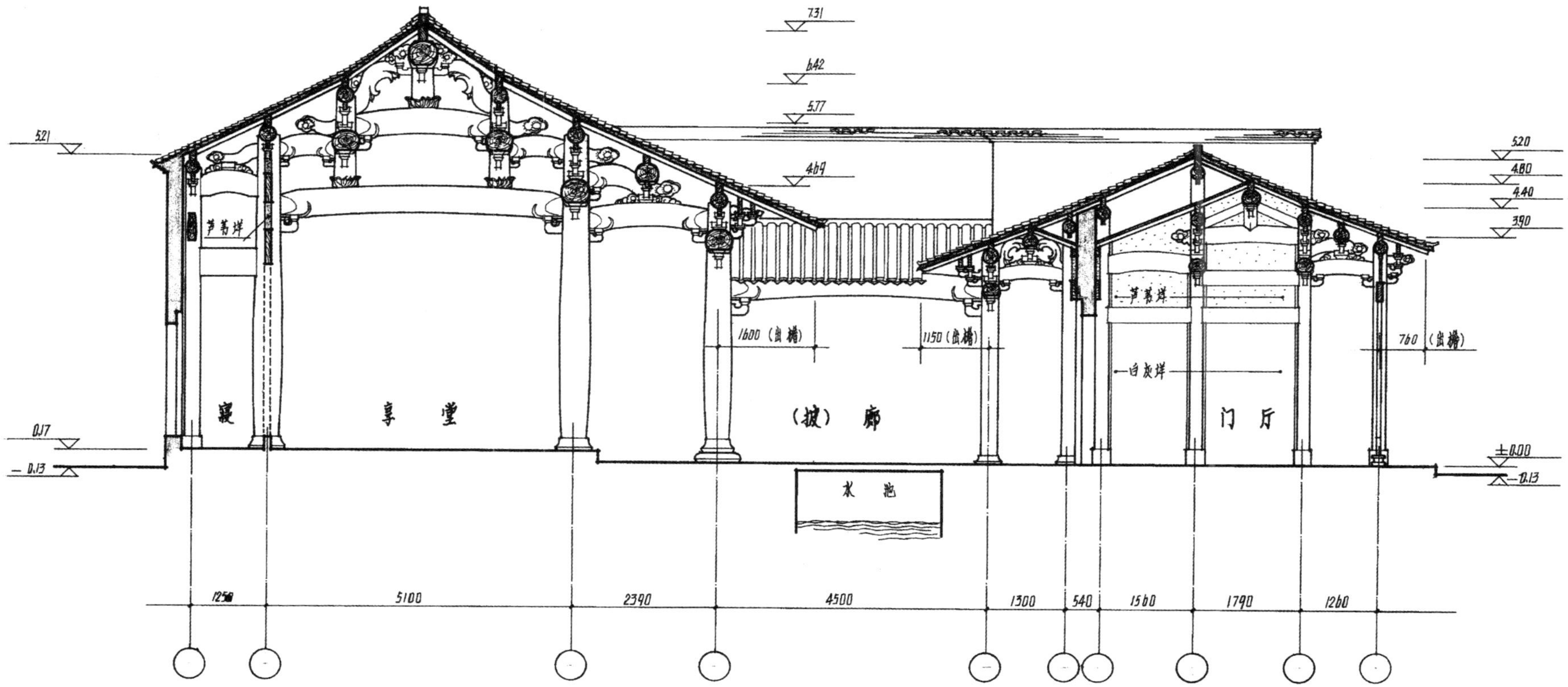

图5-19 乐善堂测绘图-明间横剖面图

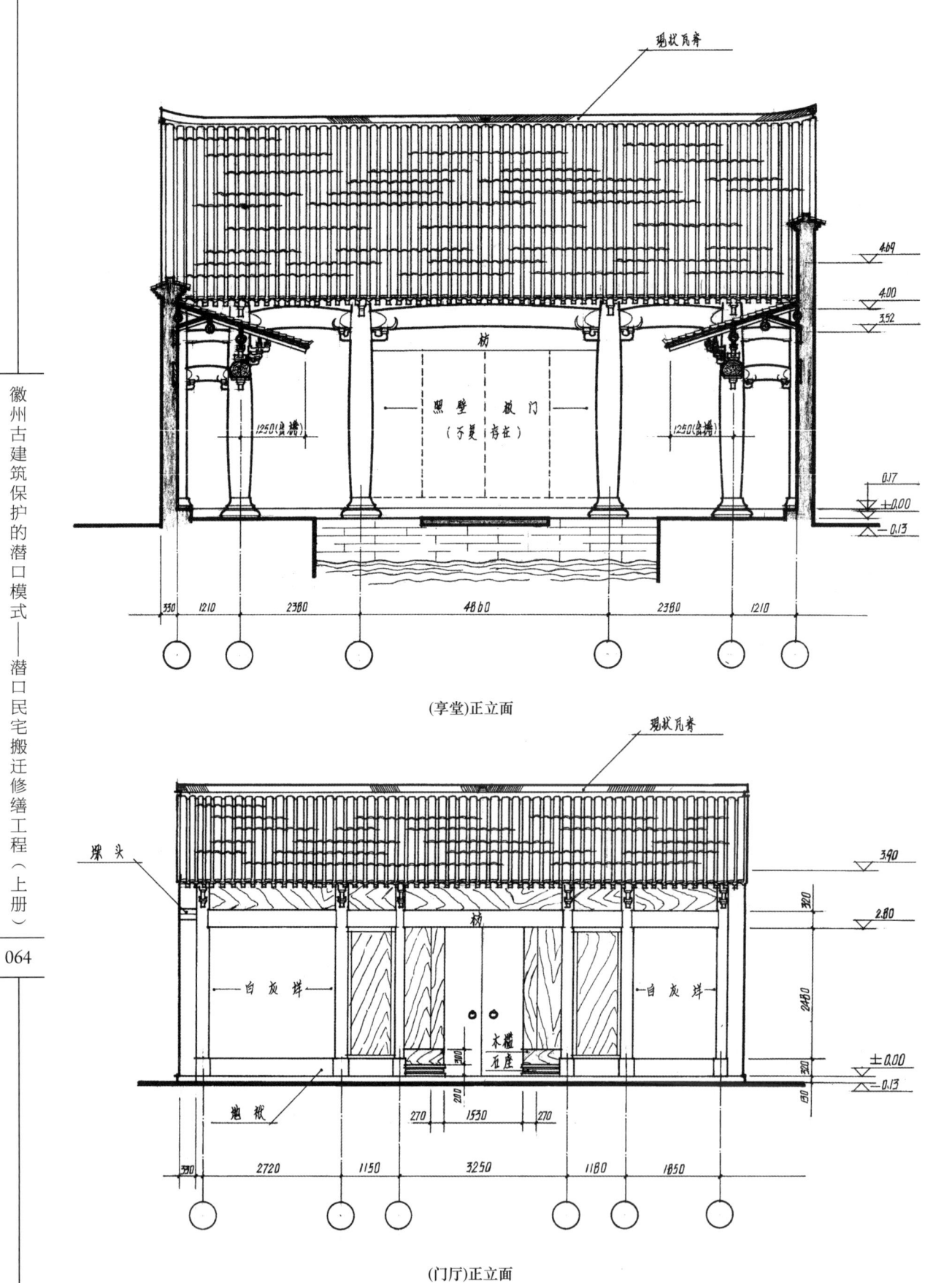

图5-20 乐善堂测绘图-享堂、门厅正立面图

(享堂次间缝)梁架

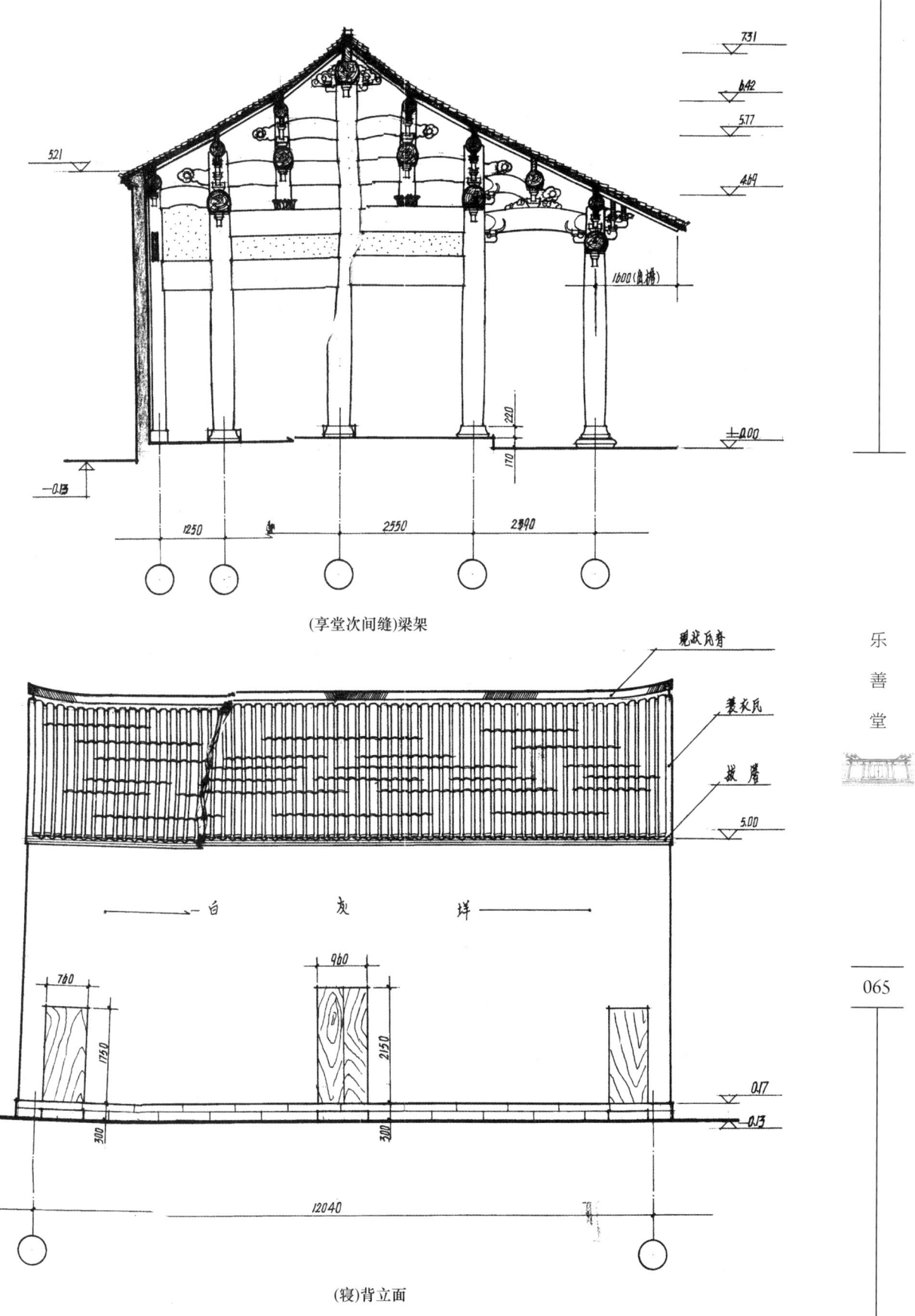

(寝)背立面

图5-21 乐善堂测绘图-享堂次间缝梁架、寝背立面图

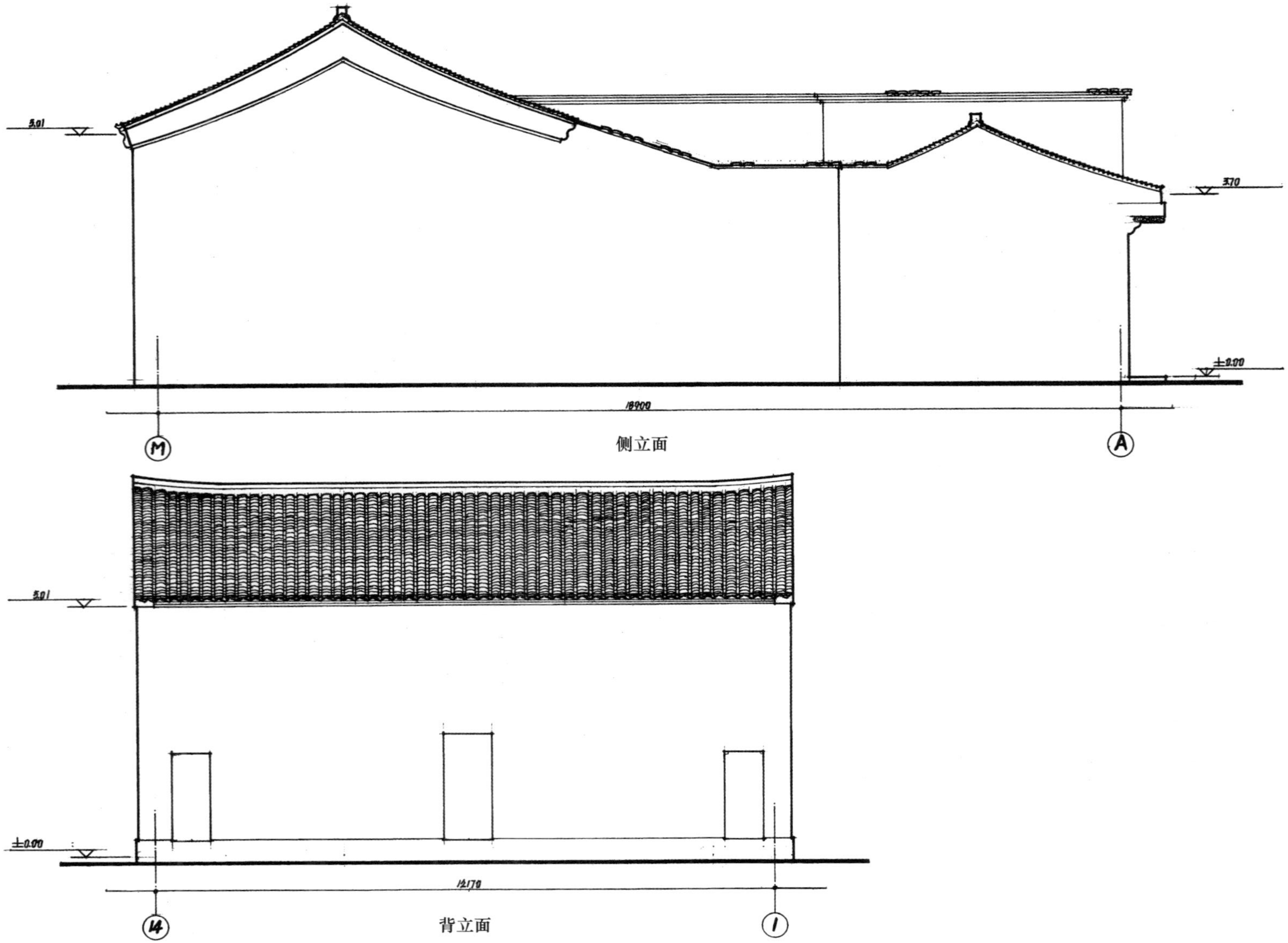

图5-22 乐善堂测绘图-背立面、侧立面图

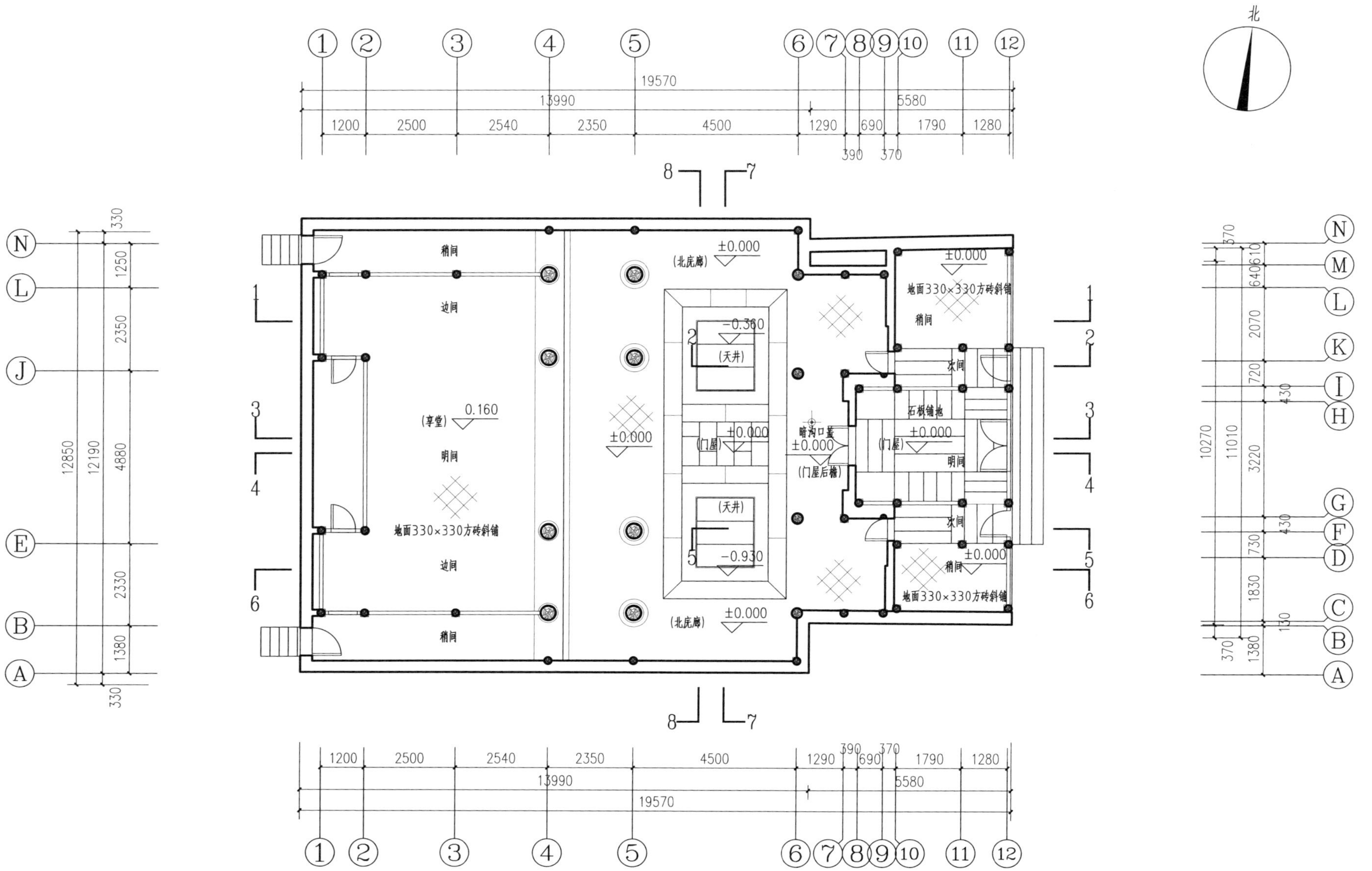

图5-23 乐善堂竣工图—平面图

乐善堂

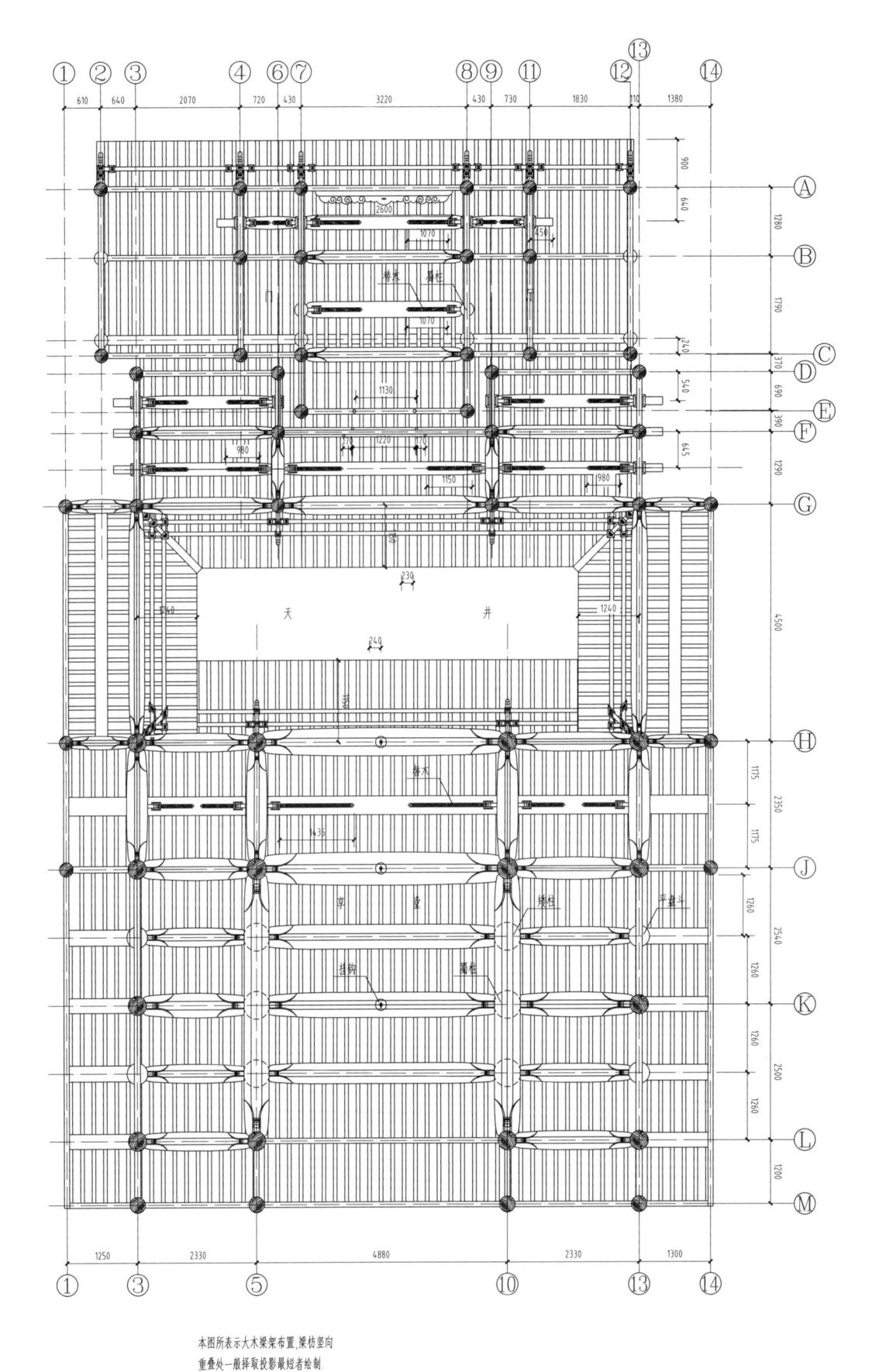

图5-24 乐善堂施工图-仰视平面图

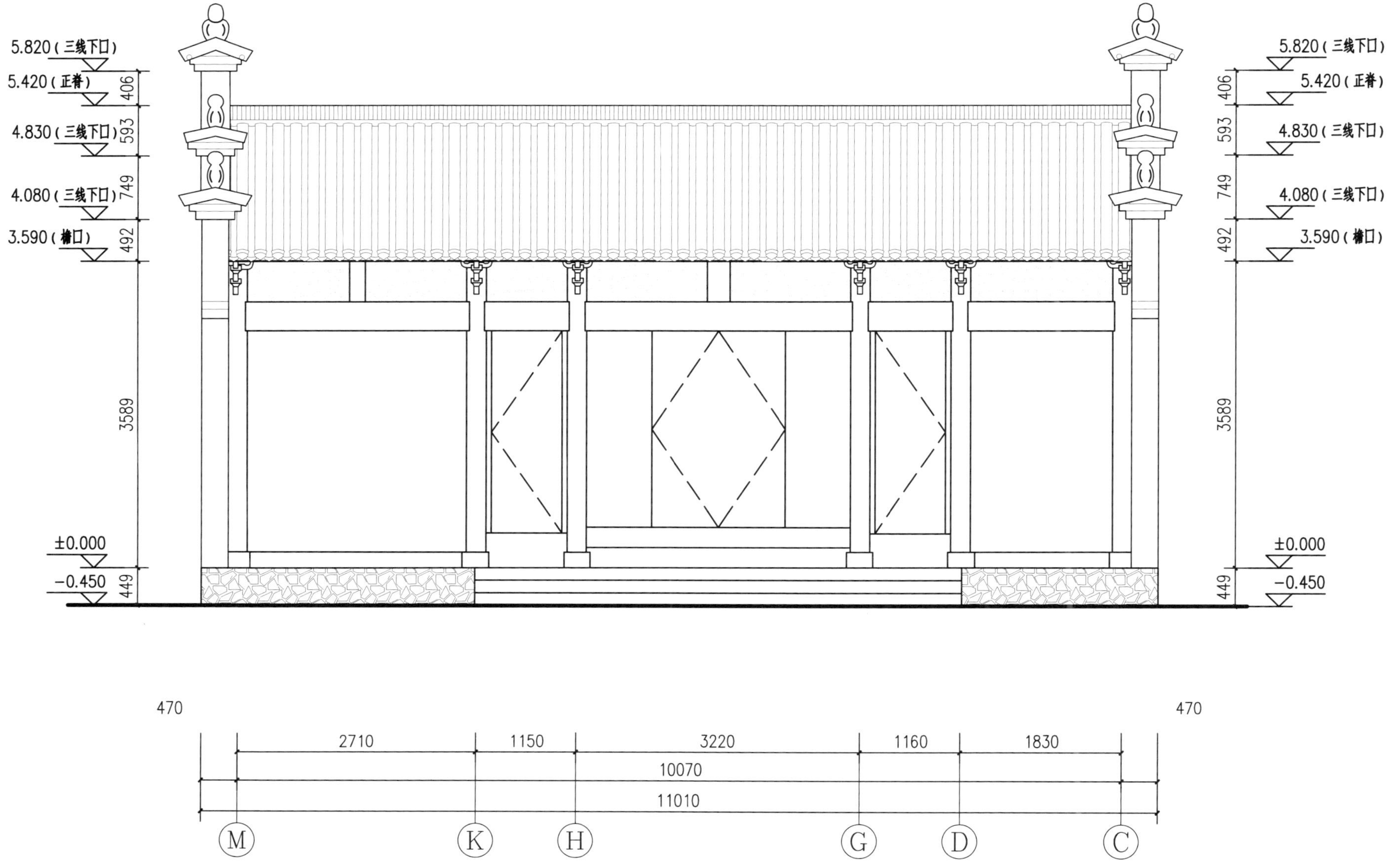

图5-25 乐善堂竣工图-门厅正立面图

乐 善 堂

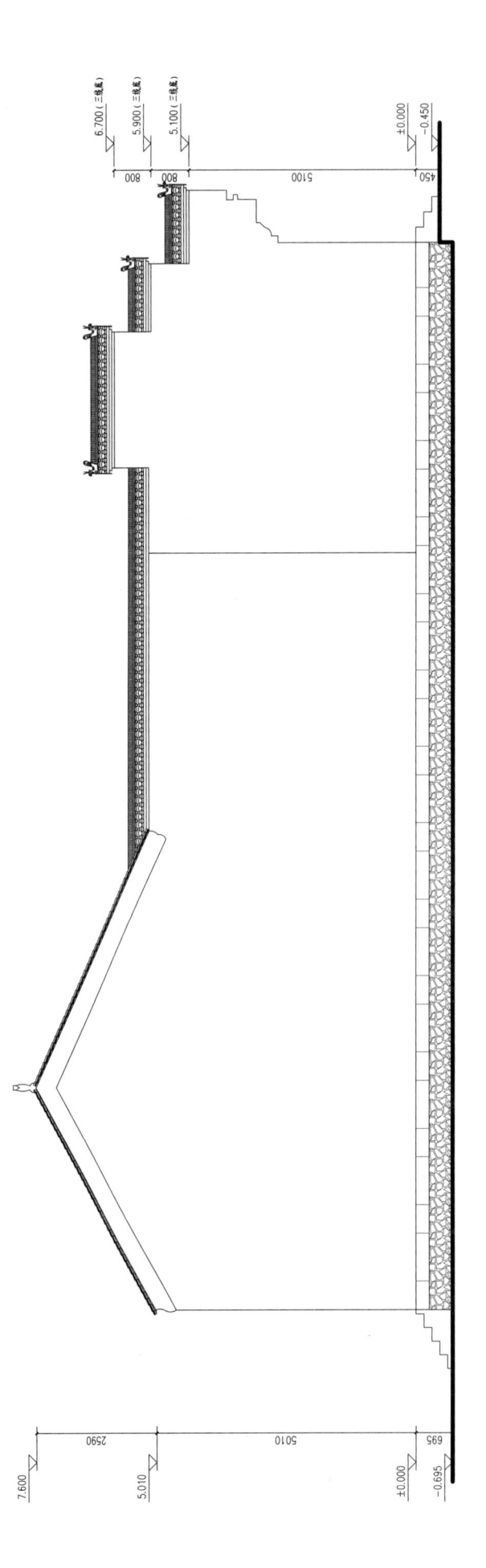

图5-26 乐善堂竣工图-侧立面图

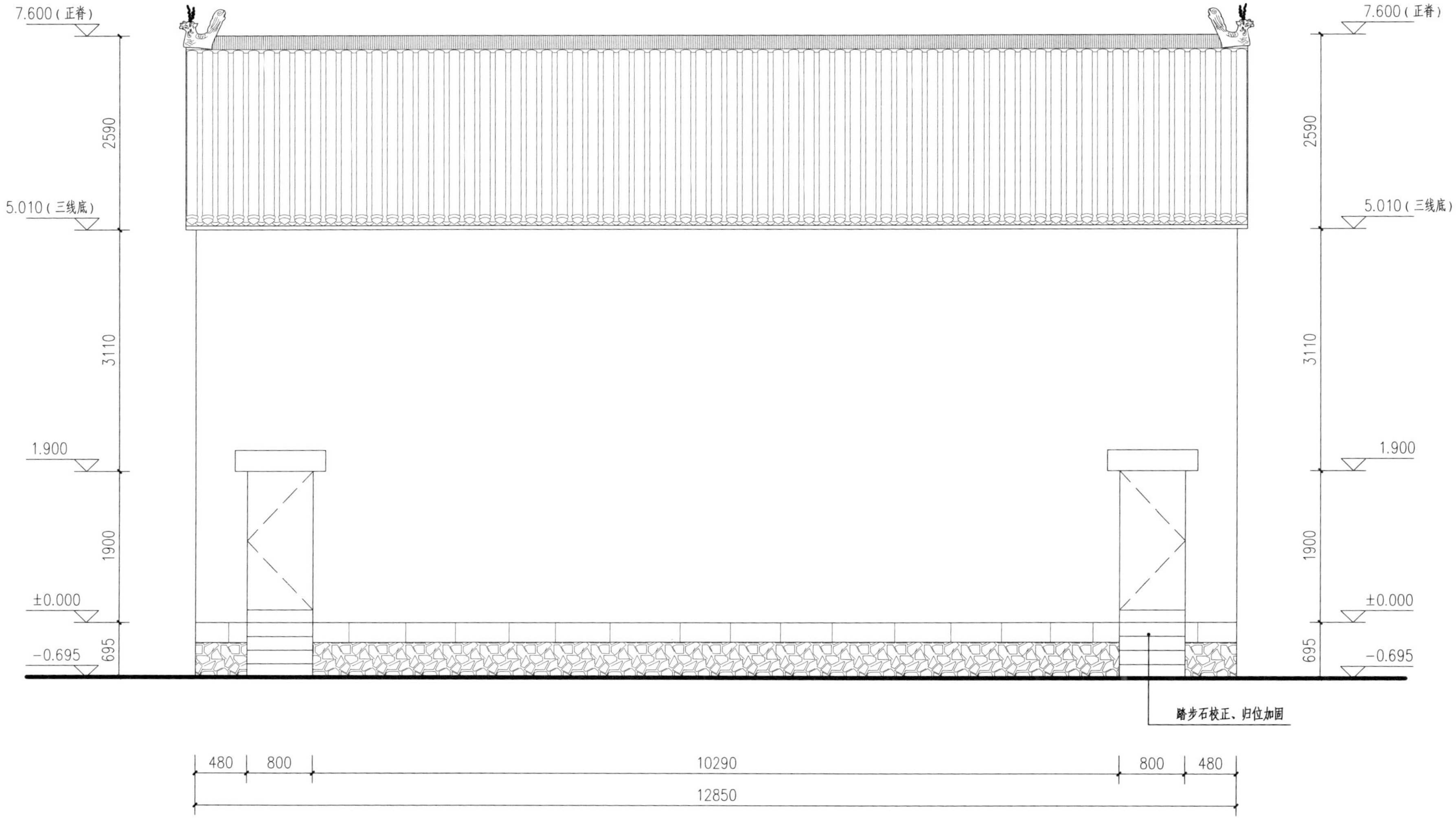

图5-27 乐善堂竣工图-背立面图

乐 善 堂

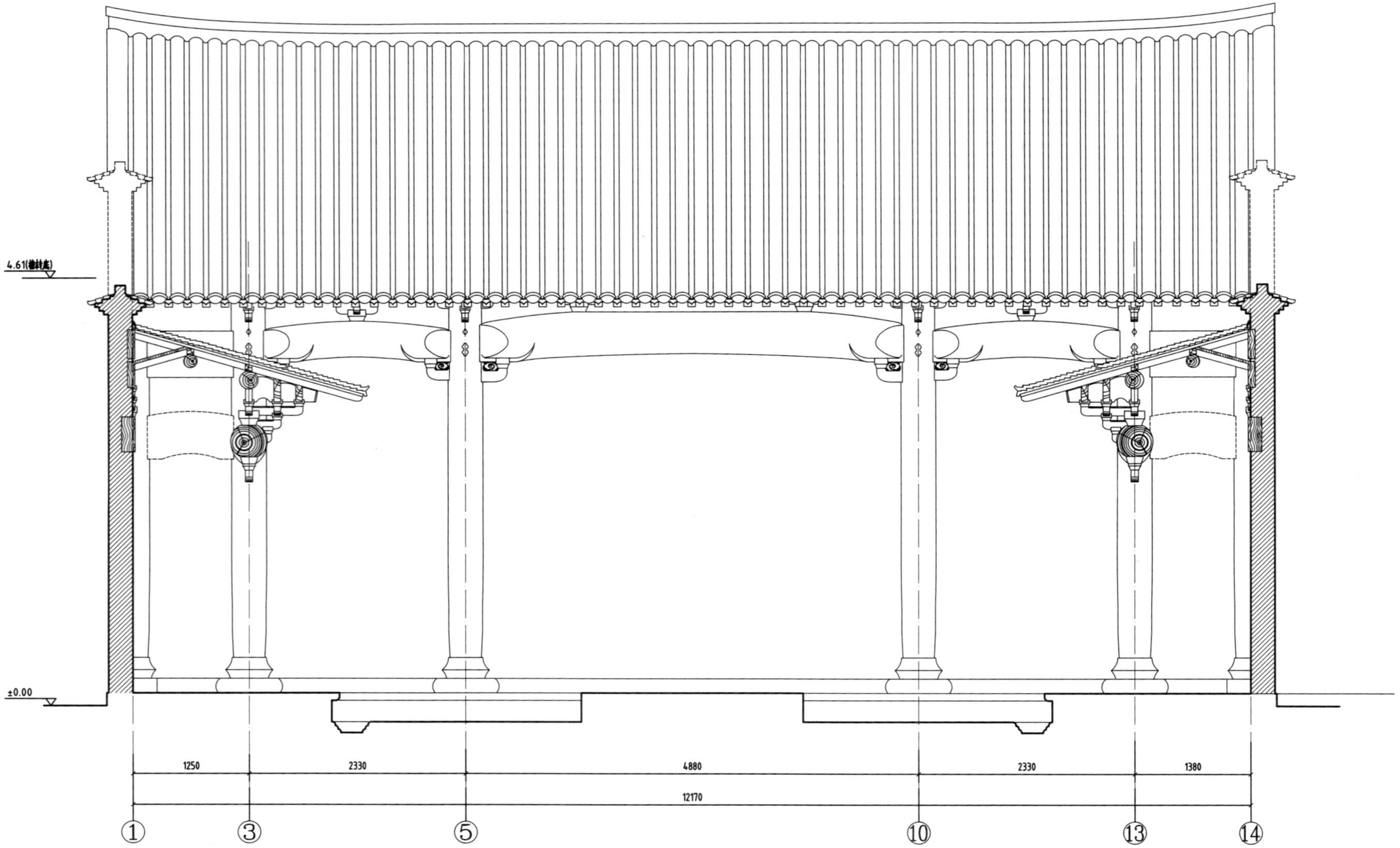

图5-28 乐善堂竣工图-享堂正面图

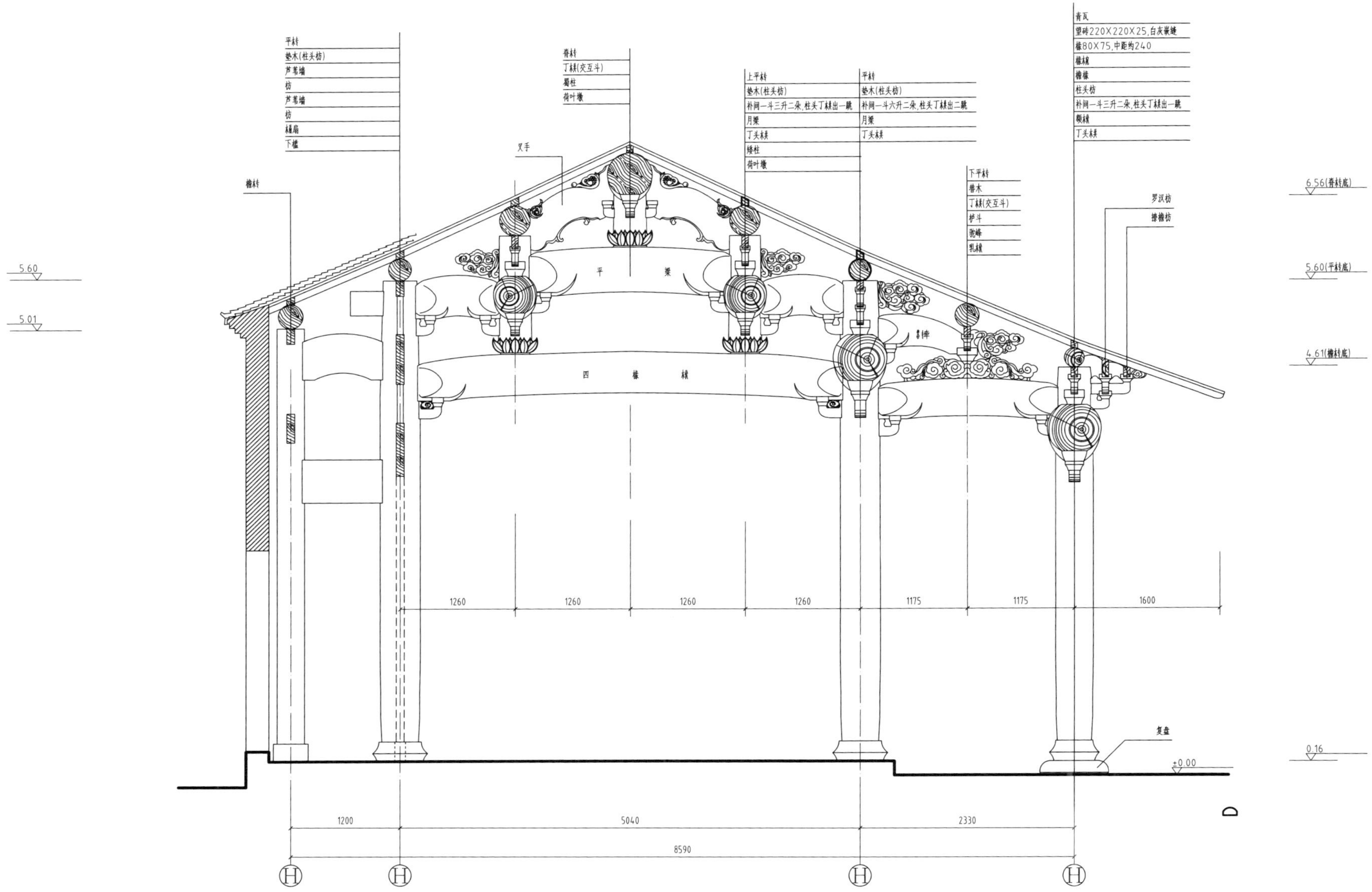

图 5-29 乐善堂竣工图-享堂明间缝剖面图

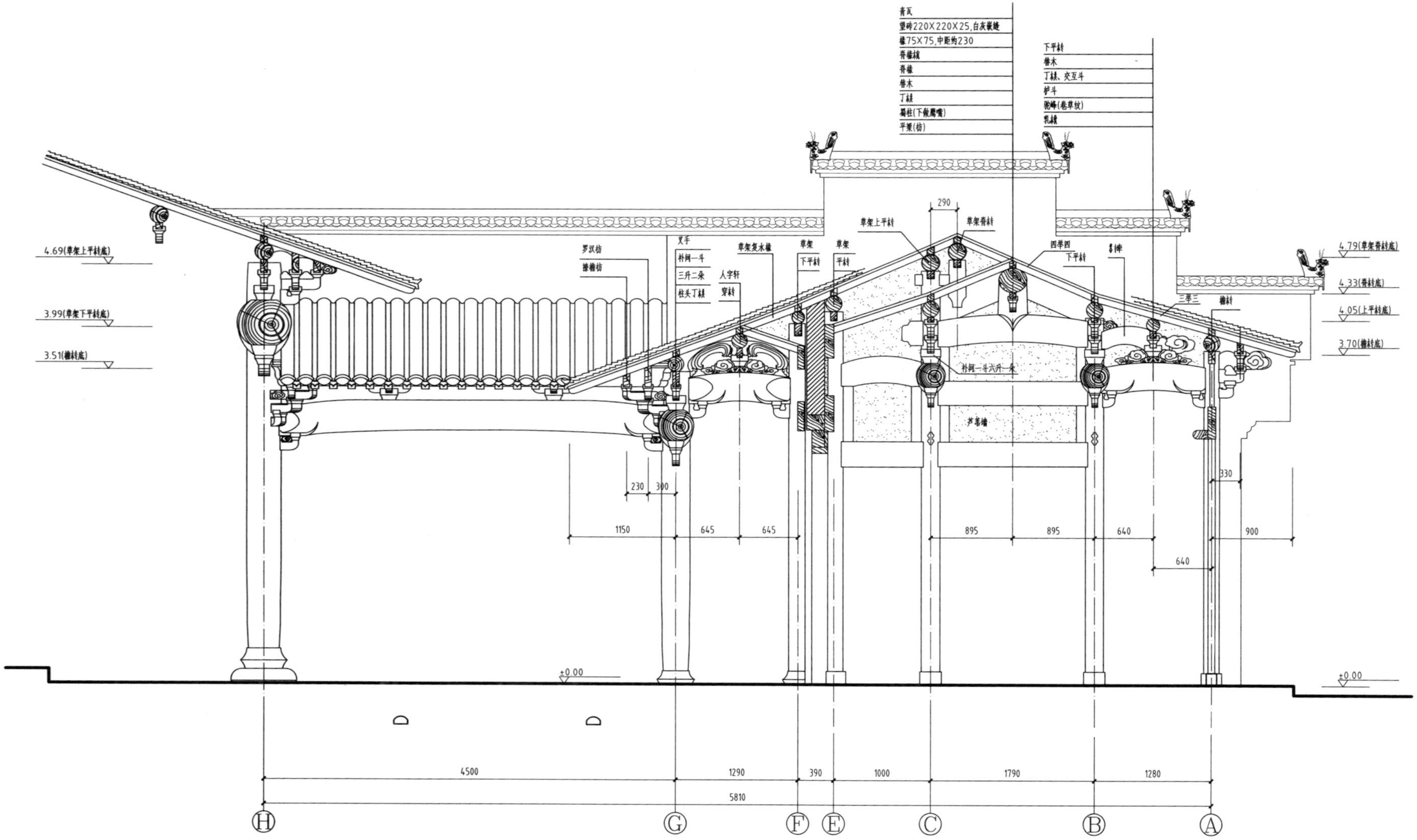

图5-30 乐善堂施工图-门厅明间缝剖面图

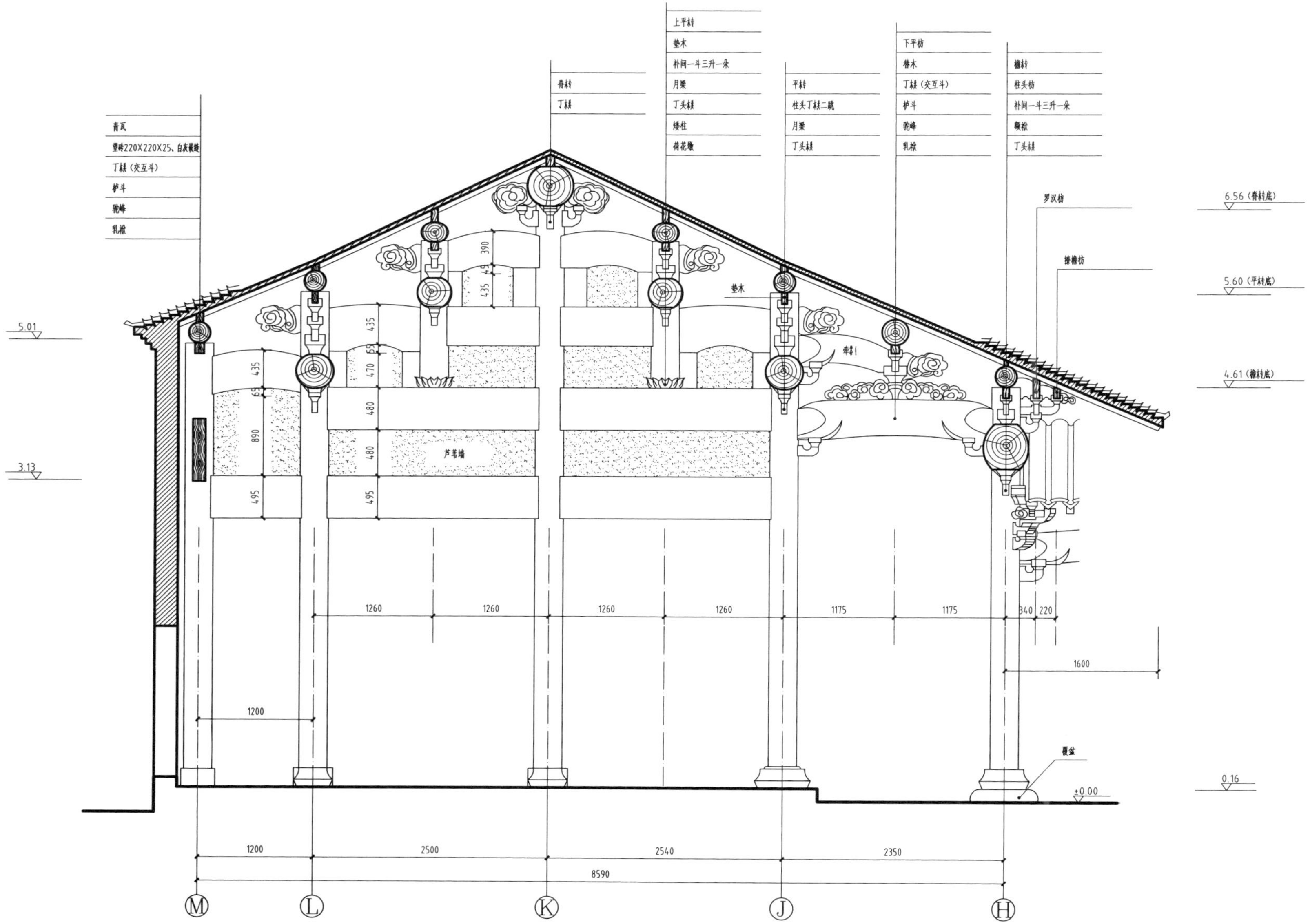

图5-31 乐善堂施工图-享堂次间缝剖面图

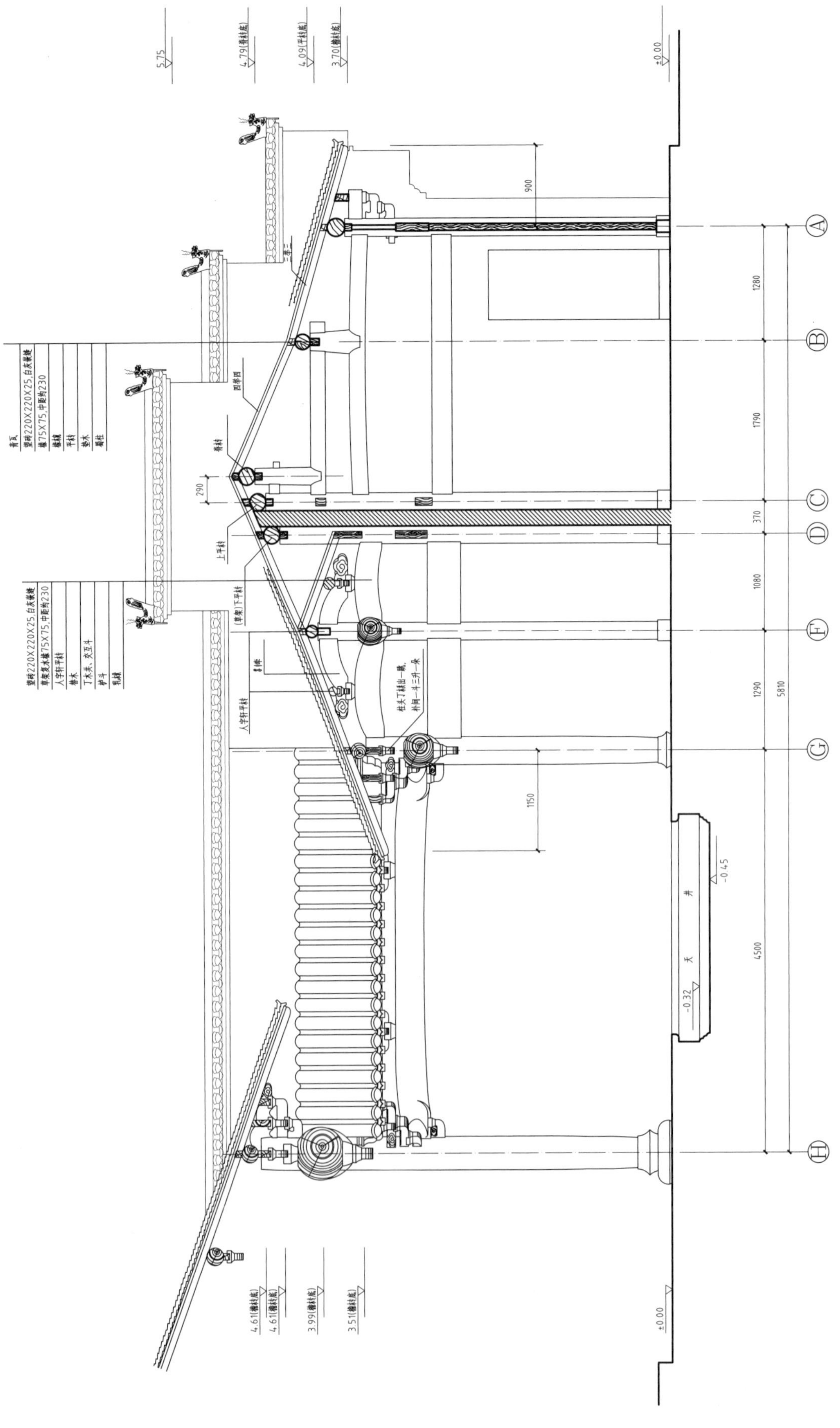

图5-32 乐善堂施工图-门厅梢间缝、廊正立面图

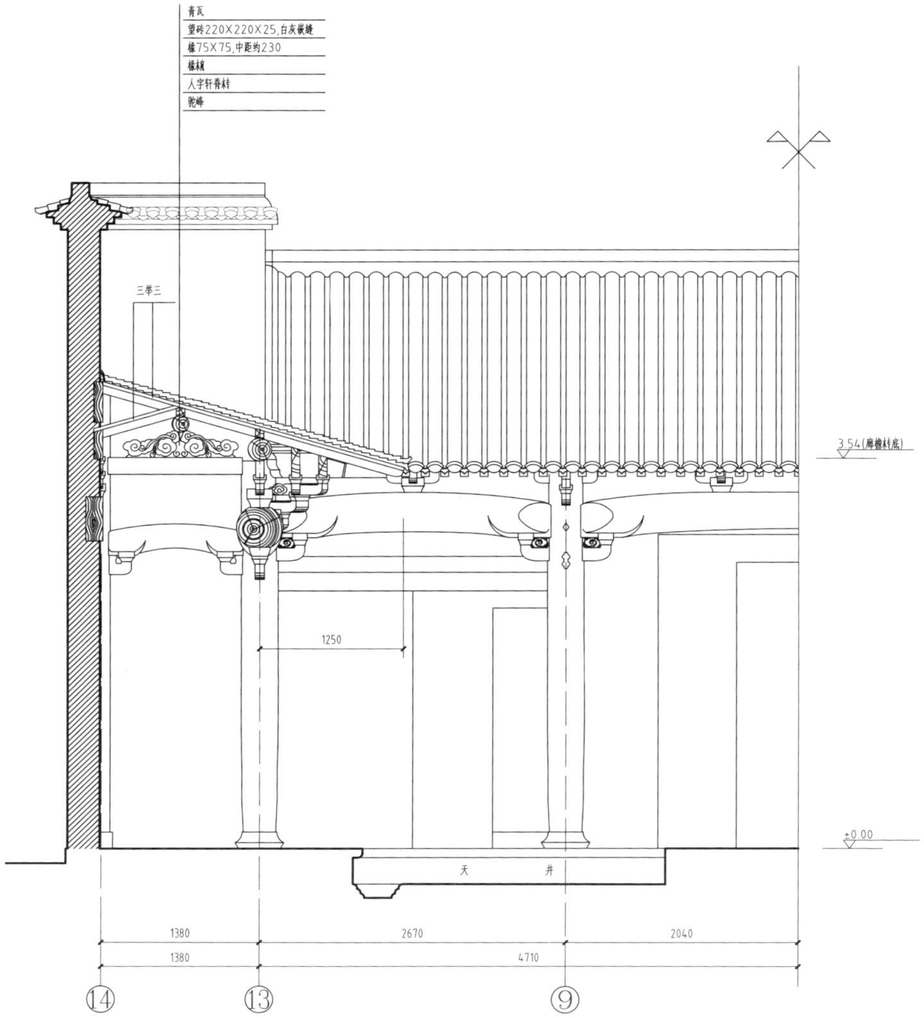

图5-33 乐善堂竣工图—门厅背立面、廊剖面、门厅次间缝剖面图

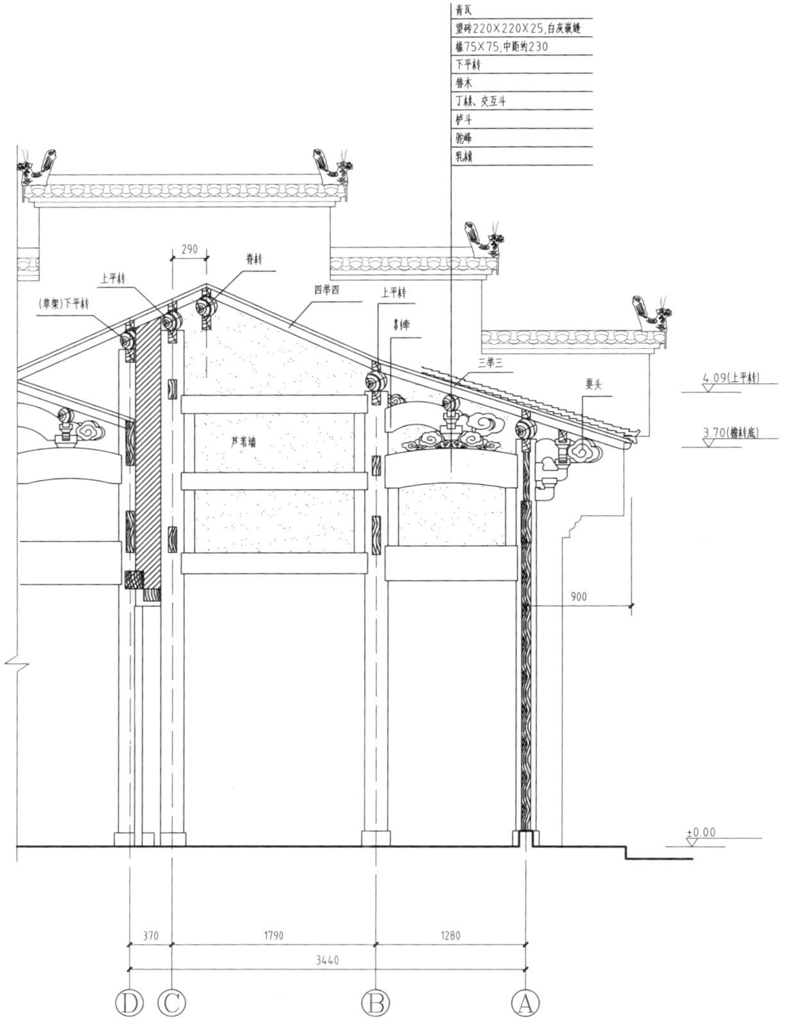

乐善堂

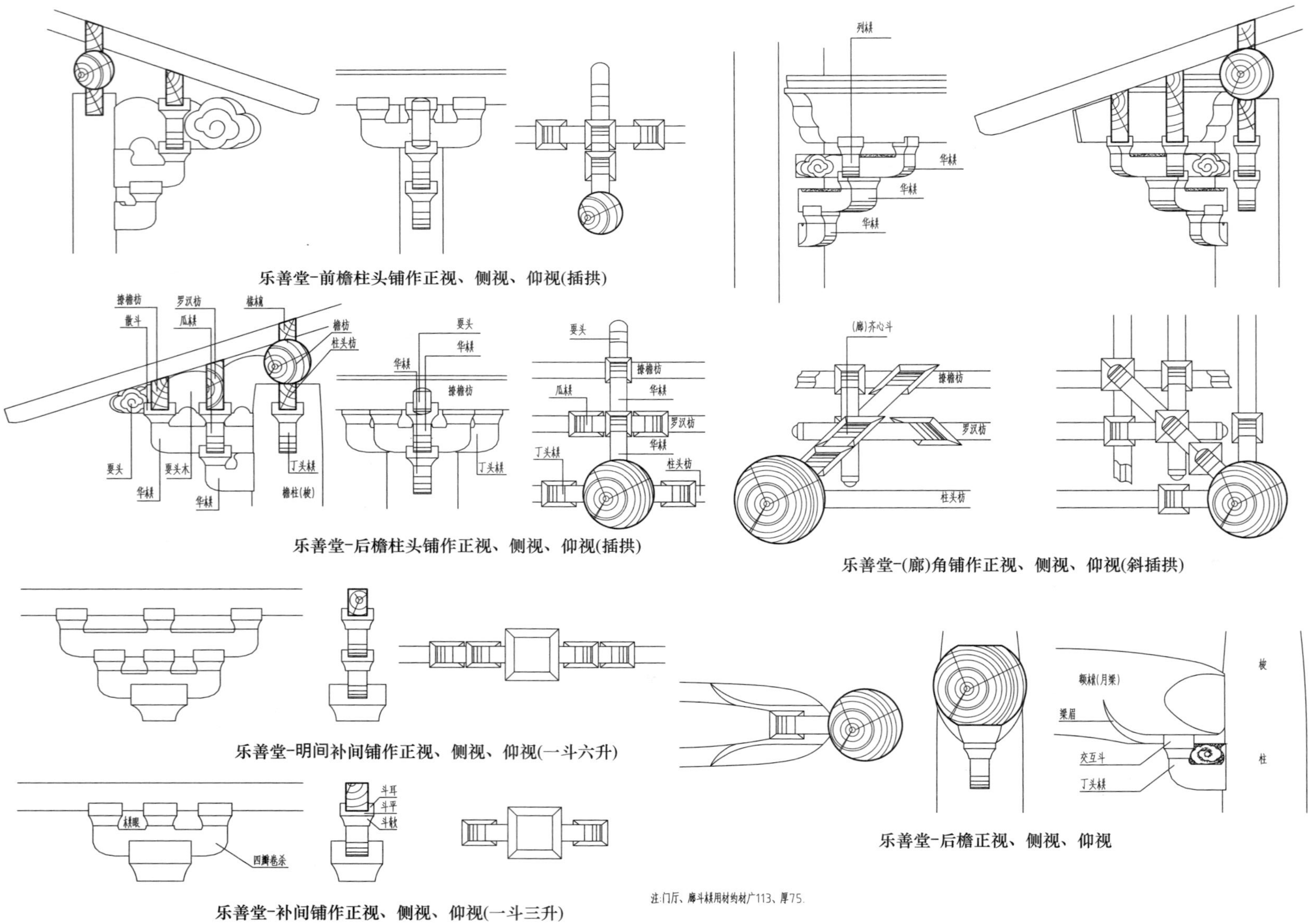

图5-34 乐善堂竣工图-斗拱大样图

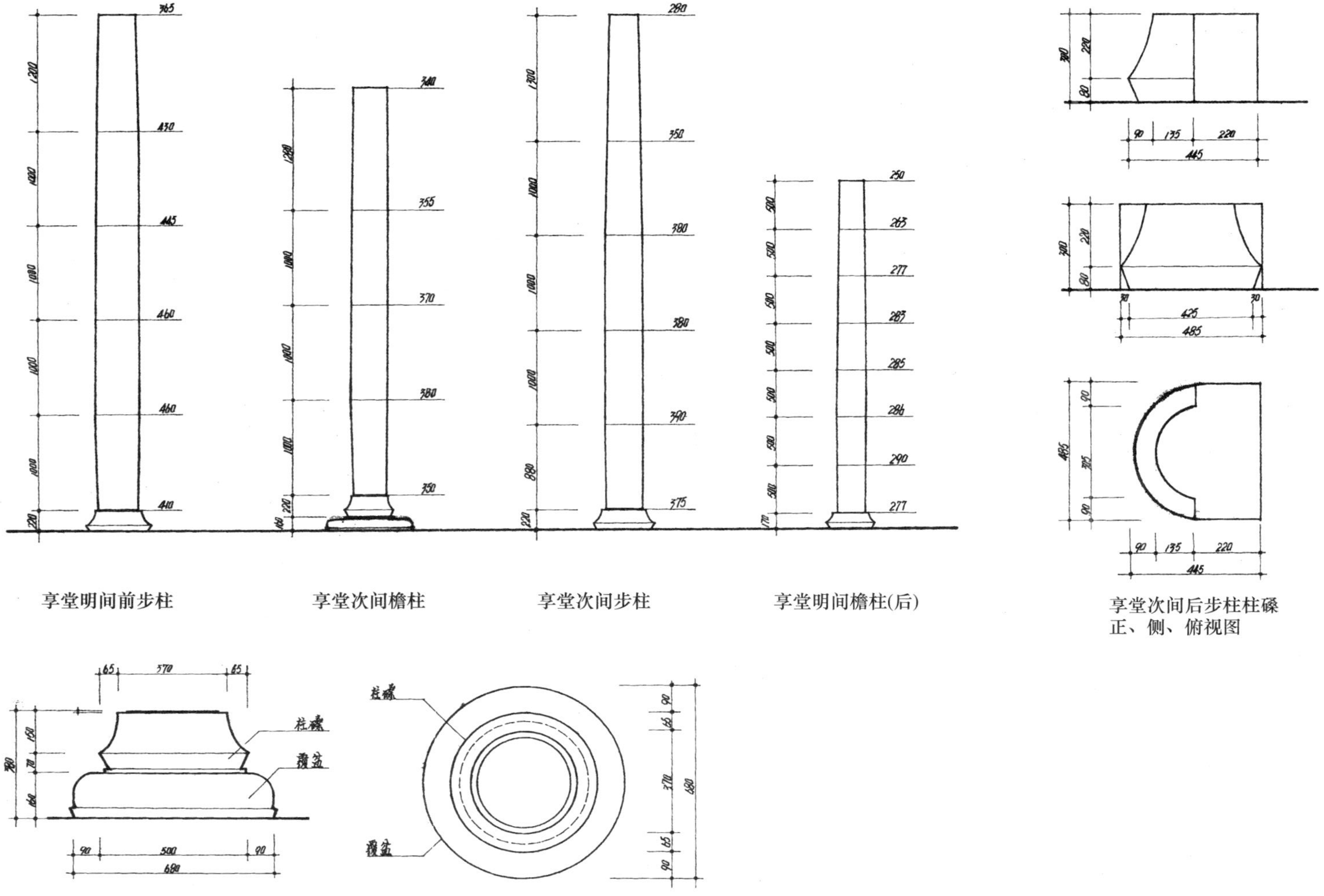

图5-35 乐善堂竣工图-柱及柱础大样图

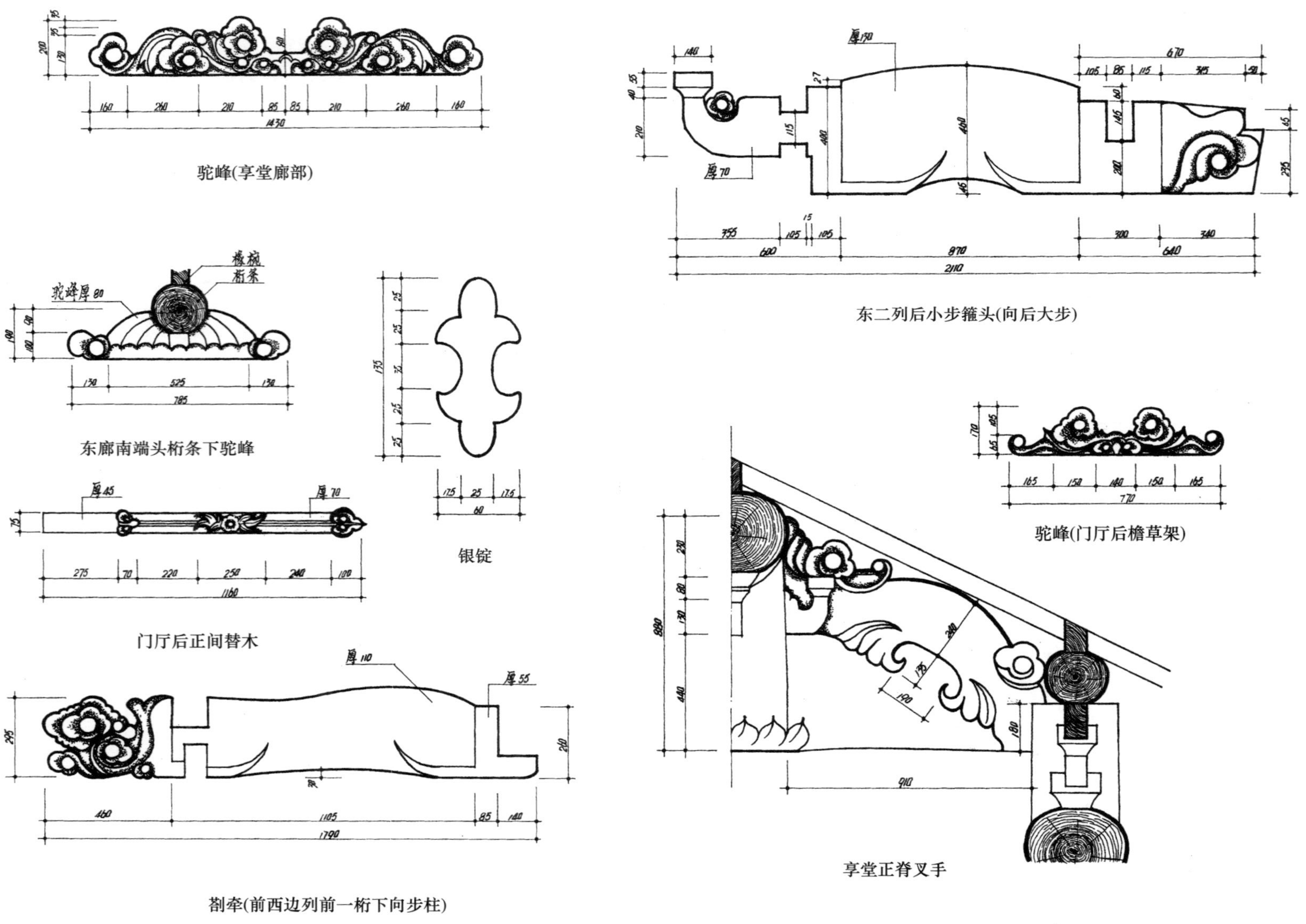

图5-36 乐善堂竣工图-驼峰、平盘斗、叉手、劄牵大样图

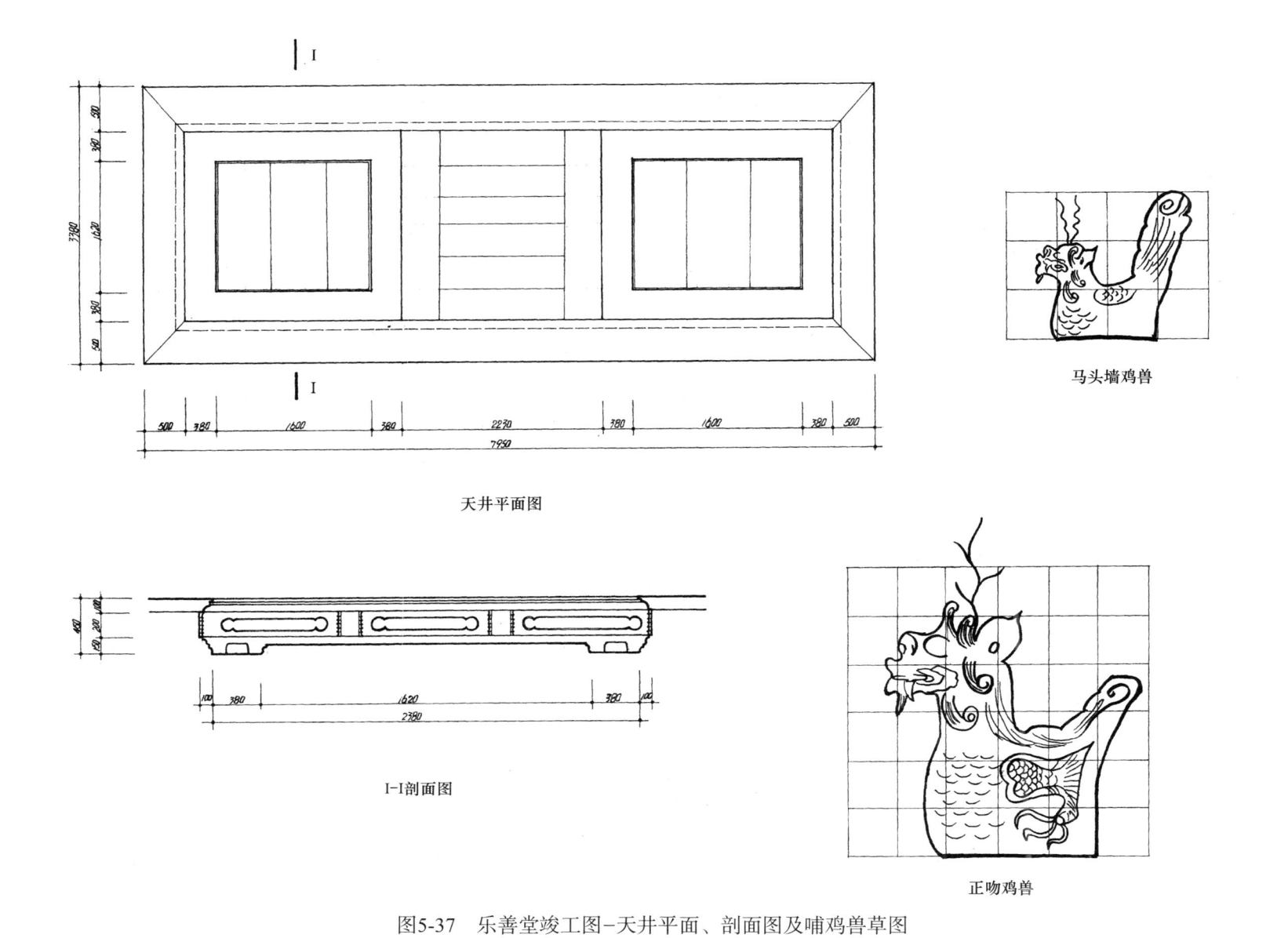

马头墙鸡兽

正吻鸡兽

天井平面图

1-1剖面图

图5-37 乐善堂竣工图-天井平面、剖面图及哺鸡鸡兽草图

乐善堂

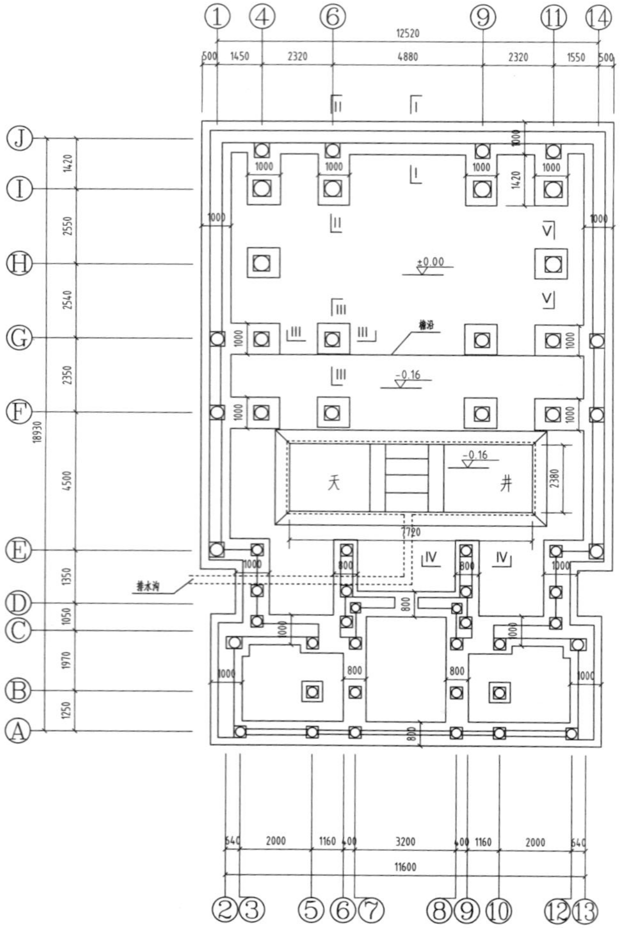

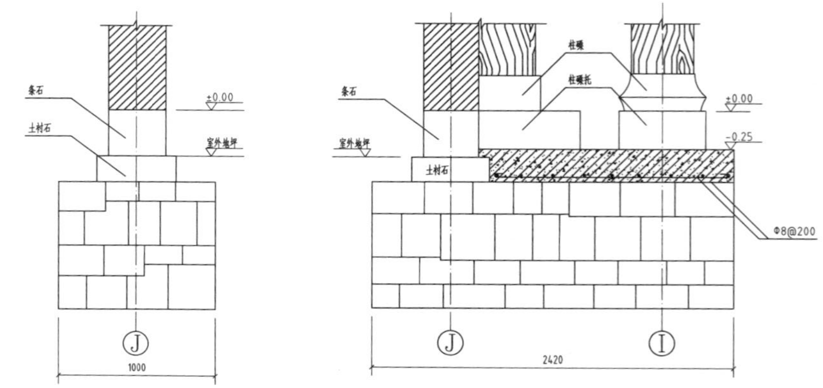

图5-38 乐善堂竣工图－基础平面、剖面图

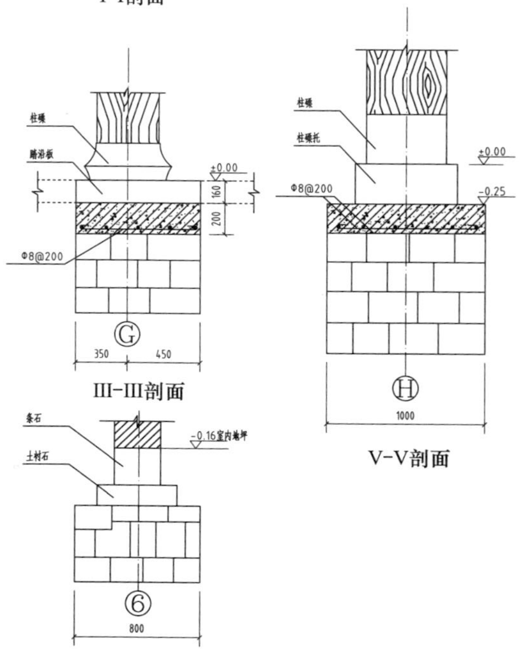

# 曹 门 厅

## 一、概况

曹门厅，现位于潜口民宅明园。建于明弘治年间。原为潜口村汪氏忠爱门支祠，享堂已毁，现存九开间一层砖木结构廊院。通面宽19.89米，进深12.47米，建筑面积246平方米。

潜口村为北方士族南迁徽州的重要聚居地。晋元兴间（402～404年）建村，宋代汪、胡、方、程四姓相继迁入，汪氏最为发达，逐渐为主姓。其中，汪姓分两支先后从邻近的唐模村迁入，宋元祐间（1086～1094年）六十六世祖汪叔敖迁入潜川下市，为下汪"金紫"派始祖；宋淳熙五年（1178年），六十八世祖汪时俊迁入潜川中市，为中汪"惇本"派始祖。惇本派一族后繁衍为春熙、西麓、忠爱、夔甫、善庆、余庆、善德、宝善、绳武、士通、士安、忠孟、斗南、仁安十四门，其中忠爱门支祖名曹，字彦实，系汪氏七十四世、惇本派七世祖，故当地村民习惯称该支派为"曹门"，称其祠为"曹门厅"（一说该支祖上曾任漕使，并因功诰敕"忠爱"，故称）。惇本祠《师善堂家谱》载："公即忠爱门之支祠祖，俗称'曹门'，从公字称也"。汪曹的具体生平履历无考，清代翰林院侍讲、丹徒人汪文治为汪曹撰写的像赞诗言语曰："道传邹鲁，学溯程朱。颂诗说礼，孝友名儒。"其四世孙汪道桓、汪道栻、汪道桢、汪道植兄弟四人于明嘉靖二年（1523年）捐巨资扩建惇本祠。汪道植于嘉靖二十三年（1544年）还独资建造了潜口村南水口处的巽峰塔，迄今470余年，依旧巍然耸立，成为潜口村的标志性建筑。

曹门厅虽仅存门厅、左右回廊、天井、享堂遗址，但其建制、沿革较明确，现存部分大木构架基本完整，时代特征显著，具有重要的文物价值。1981年被列为安徽省文物保护单位。

曹门厅原址内有多户村民居住使用，拆改严重，保护状况堪忧。明园也需要开间大的古建筑，提升建筑群气势，遂于1985年将其迁入潜口民宅明代建筑群集中保护。

## 二、原址原貌

曹门厅，原位于徽州区潜口村老街上段（现老街42、44号），坐东北朝西南，面向老街，与原乡政府大院相对。建筑两侧为村内巷，后为民居。

歙县档案馆存1964年中央文化部专家祁英涛先生来潜口村实地考察时随行人员对曹门厅

的记述：

  梁架：中五架，前（抱接）二架，后（金柱外）一架。

  悬山顶。斗拱两跳45°，斜拱后尾出秤杆。补间雀巢式二，有三幅云；丁字拱，拱眼雕花。

  地面：方砖斜铺，有小厅水池。

  匾额：正厅中额有"忠爱"二字，弘治七年；另一方署嘉靖十六年。左次间有一方署万历壬子，右次间有一方署乾隆二十二年。

由此可知，20世纪60年代曹门厅享堂尚存，并可推测明弘治七年（1494年）时，曹门厅已建成。

曹门厅在所拆迁项目中，属于比较破残的一幢建筑，现有的遗构仅剩门厅和两庑，以及天井发掘的构件（图6-1、图6-2）。

图6-1 原址外立面　　图6-2 享堂遗址

门厅脊间砌墙，形成前过道、后内廊与两廊庑相连的庭院格局。正面为九开间，3个三开间横排组成。享堂被拆毁后，村里安置几家无房户居住，为使用需要，廊柱外前檐加砌围护墙体，廊内砌墙或者板壁装修，分割成5个大小不一的房间，朝街向开有门洞。大门入口处的抱鼓石倾倒，放置在前廊地上，抱鼓下的石须弥座残缺不全，高门槛遗失，大门散落（图6-3、图6-4）。

内廊及天井左右两侧复廊木构架保存较完整。两侧廊被隔断成数家住房，享堂位置上搭建猪圈。天井被填平，但发掘后仍能分辨原形制和做法。两庑及内廊的格子门全部缺失，住户另砌墙分割成房间。享堂残存的檐柱柱础及阶沿石经清理发掘后大部分仍在原位，柱础较大，直径达86厘米。大方砖和条砖地面残破。外墙体为青砖实砌，混水博缝山墙，墙体粉灰剥落严重，靠前檐部位上段有开裂。

图6-3　内廊柱头斗拱　　图6-4　廊庑与享堂连接部位残存木构

## 三、现状特征

曹门厅现位于潜口民宅明园山庄西北端最高处。坐西朝东。曹门厅为徽州廊院式大型祠堂建筑，现仅存门厅和两廊庑，享堂阶沿石、覆盆柱础按原制作遗址复原，占地面积336平方米。

### （一）门厅

门厅九开间。明间、次间八檩七步架，梢间、边间七檩六步架，尽间五檩四步架。双披水青瓦屋面，两山墙上施混水博缝板。明间悬山式屋面，高于其他开间，形成参差错落的外观。边间硬山式屋面，前檐檐口低，后檐高。屋面、屋脊均有生起，正脊末端设哺鸡兽正吻，颇类《营造法原》所载的"哺鸡"和"铁绣花哺鸡"。

门厅台明[①]高92厘米，前檐明间、南北边间分别设三道五级红麻石踏步登临。前门廊红麻石铺地。明间檐柱均为梭柱，柱下设覆盆柱础。明间前檐柱左右悬挂木制楹联一副："文经武纬甲第，忠君爱国名家。"前金柱间设隔墙，将门厅分成两个空间，前为入口门廊，后与廊庑衔接，形成内院。

明间正中开门，两边红岩抱鼓石夹峙，门框内设活动木门槛，门槛高60厘米，镶水磨砖实拼双开板门。南、北边间各开宽68厘米的门洞，单扇实拼板门。明、次间前檐均设月梁，月梁的高宽比为9:10，截面为扁圆形，梁眉采用单线刻制，眉弯舒缓，呈半月牙状，月梁末端施梅花形插销。月梁下设丁头拱，四瓣卷杀，拱眼雕花一朵。厅内廊前檐皆施补间铺作，明间两朵，余一朵，插拱和补间铺作均为斜拱，在一跳华拱上出45°斜拱和慢拱[②]，俗称"喜鹊窠"，插拱第二跳计心支罗汉枋，三跳支撑罗汉枋、撩檐枋出挑屋面，无飞椽。

---

① 古建筑的基座中露出地面的部分。泛指古建筑柱子或墙体以下至地平以上的部位。
② 宋式建筑斗拱名称，施于泥道拱、瓜子拱上层的横拱。宋式建筑慢拱多为单材拱，抹头以四瓣卷杀。

前檐明间、次间设人字复水椽。明间前、后檐柱与金柱间设月梁二道，第二道扁月梁上设驼峰，槫下设雕花垫木、丁头拱。次间前檐柱与前金柱间设素面叉手，蜀柱底端雕成鹰嘴形直嵌列枋上。次间、梢间、边间后檐柱与后金柱间设扁圆形月梁，梁上施莲花托、蜀柱，蜀柱南北向出雕花垫木、丁头拱，东西向设异形叉手与檐柱、金柱相连。明间后金柱间设活动屏门四扇，次间、梢间、边间后金柱间设隔扇门[①]，抹头、隔心起通混压边线。前上金柱与后金柱间设列枋，枋间均施芦苇墙。

## （二）廊庑

南北廊庑为单层，单披水屋面，东面与门厅衔接，面阔三间6.85米，进深3米。檐柱、金柱为梭柱，下设覆盆柱础，廊内青砖铺地。檐口飞椽，椽头带卷杀，屋椽上铺设望砖[②]，上覆青瓦。

前檐柱间设扁圆形月梁，眉弯舒缓，呈半月牙状。廊前檐各间皆施补间铺作一朵，插拱和补间铺作均为斜拱，在一跳华拱上出斜拱和慢拱。廊庑与门厅衔接柱上，出转角铺作、西次间前檐柱上出45°斜插铺作，出三跳支撑罗汉枋[③]、撩檐枋[④]。

檐柱与金柱间设复水椽、月梁，梁下设丁头拱，梁上施莲花托、蜀柱梭形。蜀柱两侧设雕花垫木、丁头拱，南北向设叉手与檐柱、金柱相连。西次间檐柱与金柱间设列枋二道，枋间设芦苇夹泥墙。金柱间安装四扇活动六抹头直棂方格扇门，下设红麻石地栿。金柱与脊柱间设直枋与芦苇墙交错搭接，脊柱间设列枋，无装修。

## （三）天井

天井红麻石铺装，宽10.98米，进深4.87米，中间设3.37米宽甬道，将天井分割成南、北两个互通的水池。池底比室内地坪低46厘米，水池中平台略高出四面水沟。池壁采用须弥座做法，束腰雕刻简单大气，做工考究，古朴典雅。

享堂残存部分阶沿石及石柱础，按照原址陈列安置，作为遗址展示。

# 四、文物价值

曹门厅是潜口汪氏宗族明代精心营建的一座支祠。它建设年代明确，传承脉络清晰，历史信息翔实，和潜口村现存的金紫祠，搬迁到潜口民宅的乐善堂、司谏第等明代祠堂建筑一起，见证了封建宗族管制下乡村独特而宏伟的村落图景，它们盛衰变迁的历史轨迹，是徽州乡土历史、宗族文化研究珍贵的实例。

---

① 古建筑木作装修名称，又称"隔扇"。一般四扇为一间，每扇均由边框、抹头等构件组成。
② 黏土烧制薄砖，铺架在椽上，代替望板，其上铺瓦。其优点是不糟朽，缺点是增加屋顶重量。
③ 宋式大木作构件名称。在铺作中凡是瓜子拱、慢拱承托的枋子统称罗汉枋。
④ 宋式大木作构件名称。位于斗拱最外跳令拱之上，榫卯相接贯通各间，上承檐椽的方木。

曹门厅属于明代中期典型的廊院式建筑，在徽州明代古建筑中属于早期遗构，保留着宋、元营造方法的韵味，具有较高的历史和文物价值。根据堂内匾额"正厅中额有'忠爱'二字，落款为弘治七年"，可知曹门厅于明代弘治年间已建成。建筑内使用梭柱、覆盆柱础、梭形蜀柱；柱头不设栌斗，用插拱、斜拱；用扁圆月梁、莲花托、雕花垫木、榑等构件，屋面生起等建筑风格，保留着宋、元营造古法的韵味。而且在一些构件上沿袭了宋、元以来的"禅宗样"古法，如把大斗凹角，刻作凹入的海棠瓣，宋法称为"讹角斗"，有的在栌斗下端或柱头顶端加一木垫板，称为"皿板"，增加柱头面积，并使栌斗牢固。同时多种斗拱同时运用，达到实用功能与装饰的共同效果，加大屋面出檐，使雨水直落天井水池。

图6-5 原址拆卸木构架（1）

## 五、迁建工程

### （一）迁建过程

1985年5月17日，签订设计合同；

1985年9月14日，原址测绘、搭建脚手架；

1985年12月20日，开始拆卸屋架；

1986年1月，屋架和地面天井石作全部拆完；

1986年2月，潜口民宅工地开始维修、复原；

1986年6月，复原工程竣工（图6-5～图6-7）。

图6-6 原址拆卸木构架（2）

### （二）迁建新址

曹门厅迁建选址在明园山庄西北端最高处。坐西朝东，门前辟青石板广场，西为山庄围墙，南下二层台地石阶至乐善堂，北为坡麓，沿石板阶梯下至方观田宅。

曹门厅开间大，门前石板广场宽阔，置石条凳，可供参观者登临高处后休息，也可凭高俯视

图6-7 原址拆卸木构架（3）

山庄内景，远眺潜口村景色。

### （三）维修要点

（1）为改善建筑通风排水，更突显曹门厅大开间的建筑气势，提高建筑基础，尤其是门廊台明部分，高出广场90厘米，设三道五级石台阶登临。

（2）恢复门廊三门洞设置。大门抱鼓石恢复原制安装，须弥座缺失部分参照对称遗留构件修复；大门门槛，根据须弥座痕迹修复复原；门扇依照原样修补整理。

（3）根据原址发掘记录和遗存构件，绘制施工大样图，恢复天井水池原形制，缺失部分用同样质地的石料补全配齐。根据享堂原址内发掘记录，初步复原享堂阶沿石、部分柱础作为遗址陈列（图6-8～图6-10）。

图6-8　享堂遗址柱网

图6-9　复原现场竖木构架（1）

图6-10　复原现场竖木构架（2）

（4）墩接修补木构梁架，更换外廊部分缺损、朽烂木柱、拉枋；根据明代中期建筑的规制，恢复两庑和前廊、所有的格子扇门；地面大方砖、青条砖，依据原规格尺寸，到古建材料

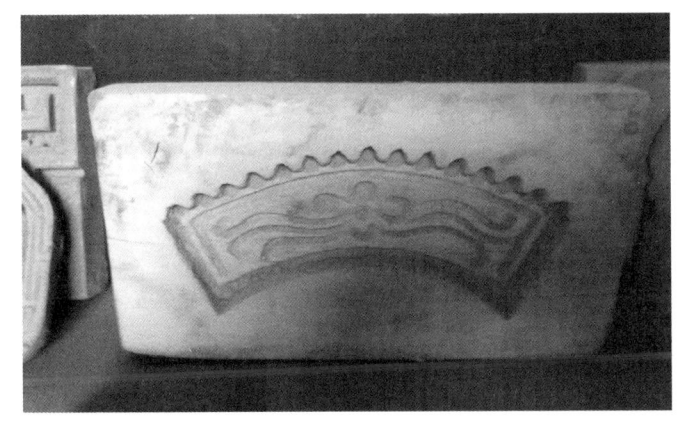

厂订制；屋面的饰件及勾滴瓦，依据原屋遗留饰件，制模订制复原（图6-11、图6-12）。

图6-11　木雕瓦模　　　　　　　　　　　图6-12　送窑场定制样瓦

（5）因享堂无存，导致两廊庑边间木构暴露，为防止风雨侵蚀，特在边廊外缘加盖了一披水屋面，并砌筑砖柱支撑保护。

（四）工程资料

主要有实测图和施工图，无维修勘察设计文本及竣工资料（图6-13～图6-33）。

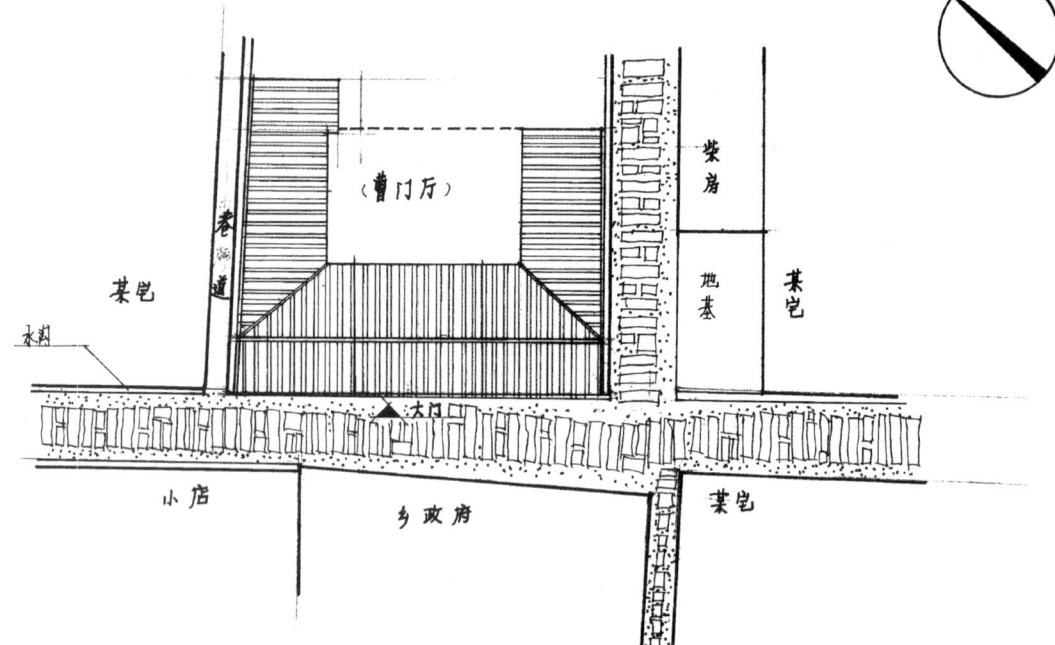

图6-13 曹门厅实测图-总平面示意图

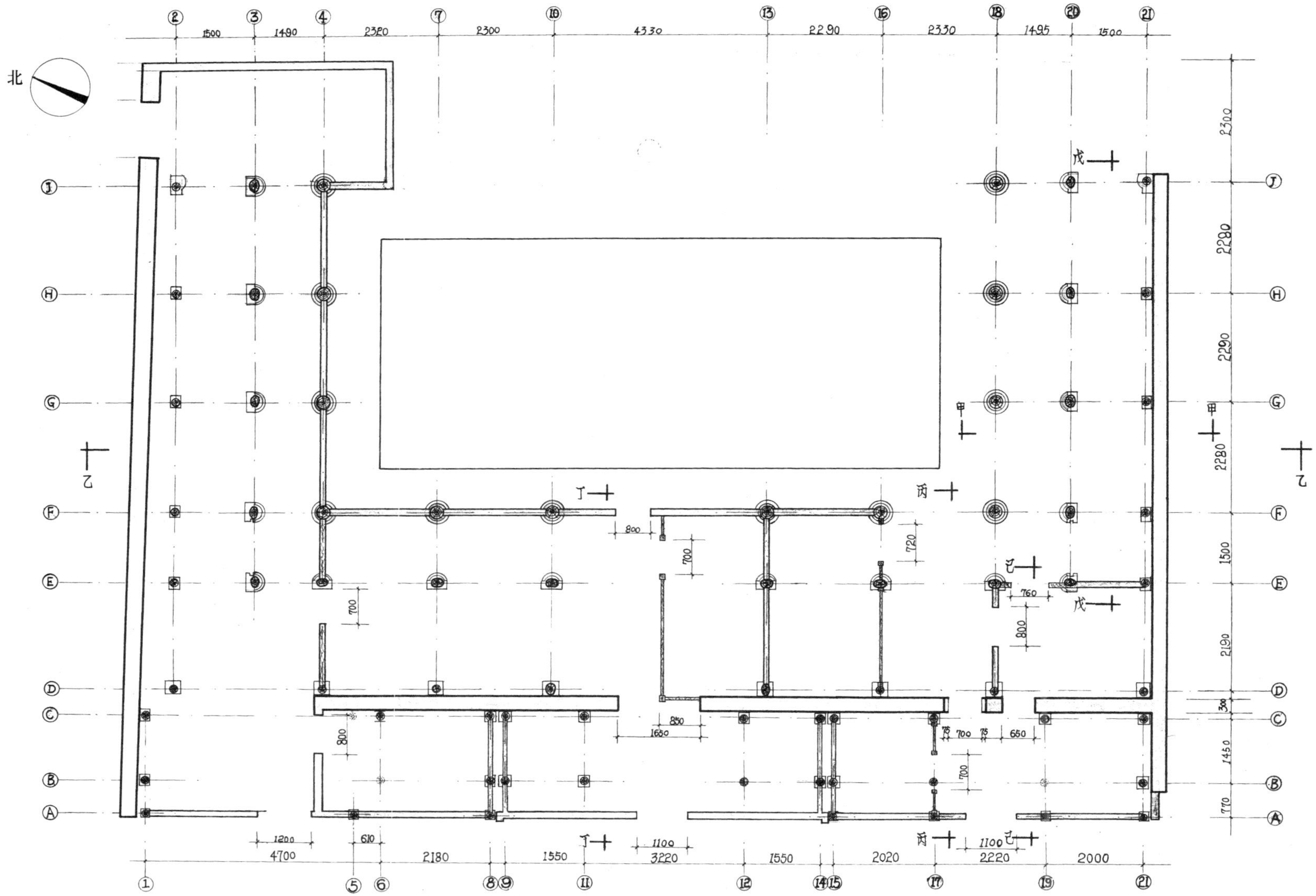

图6-14 曹门厅实测图-平面图

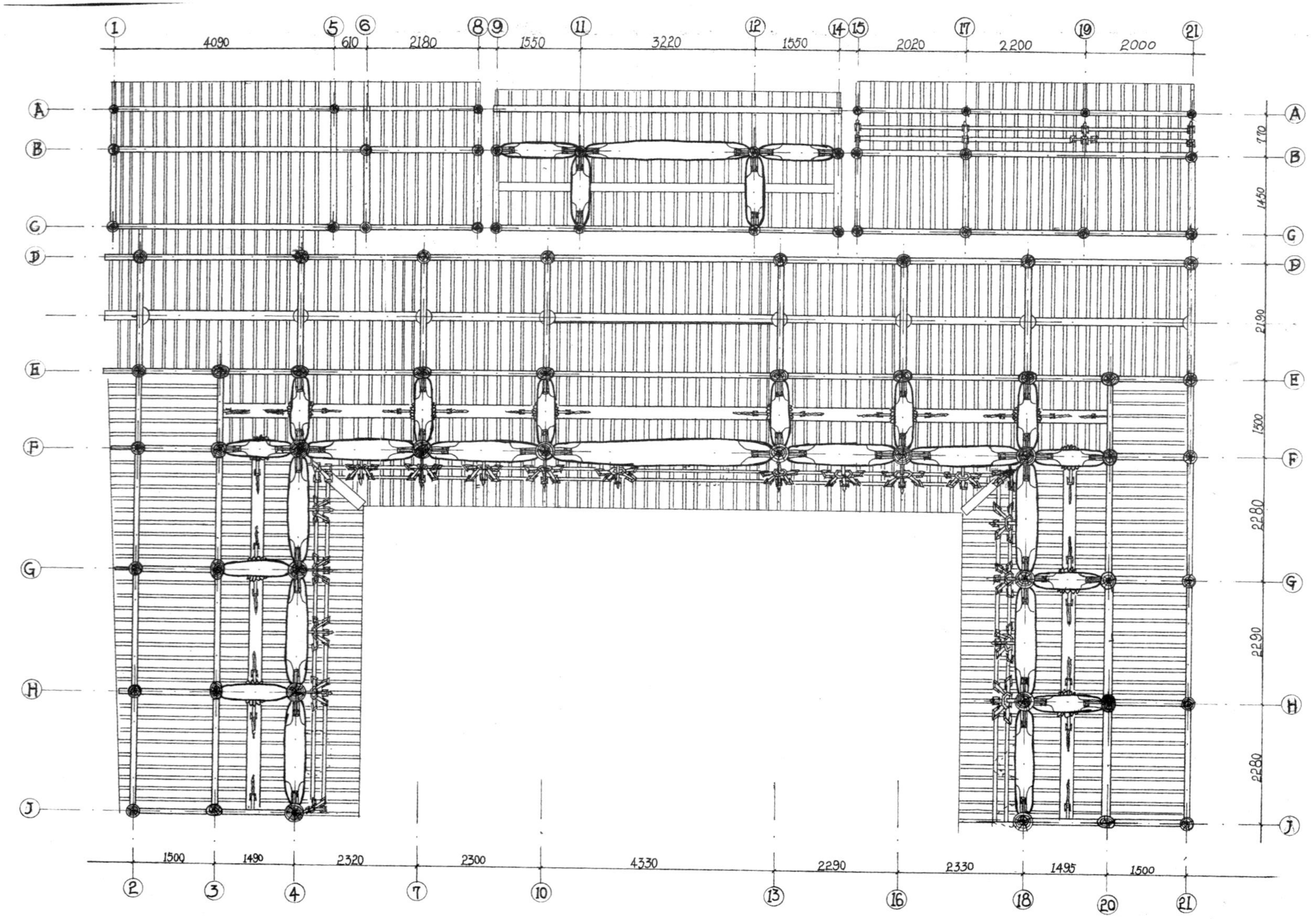

图6-15 曹门厅测绘图-仰视平面图

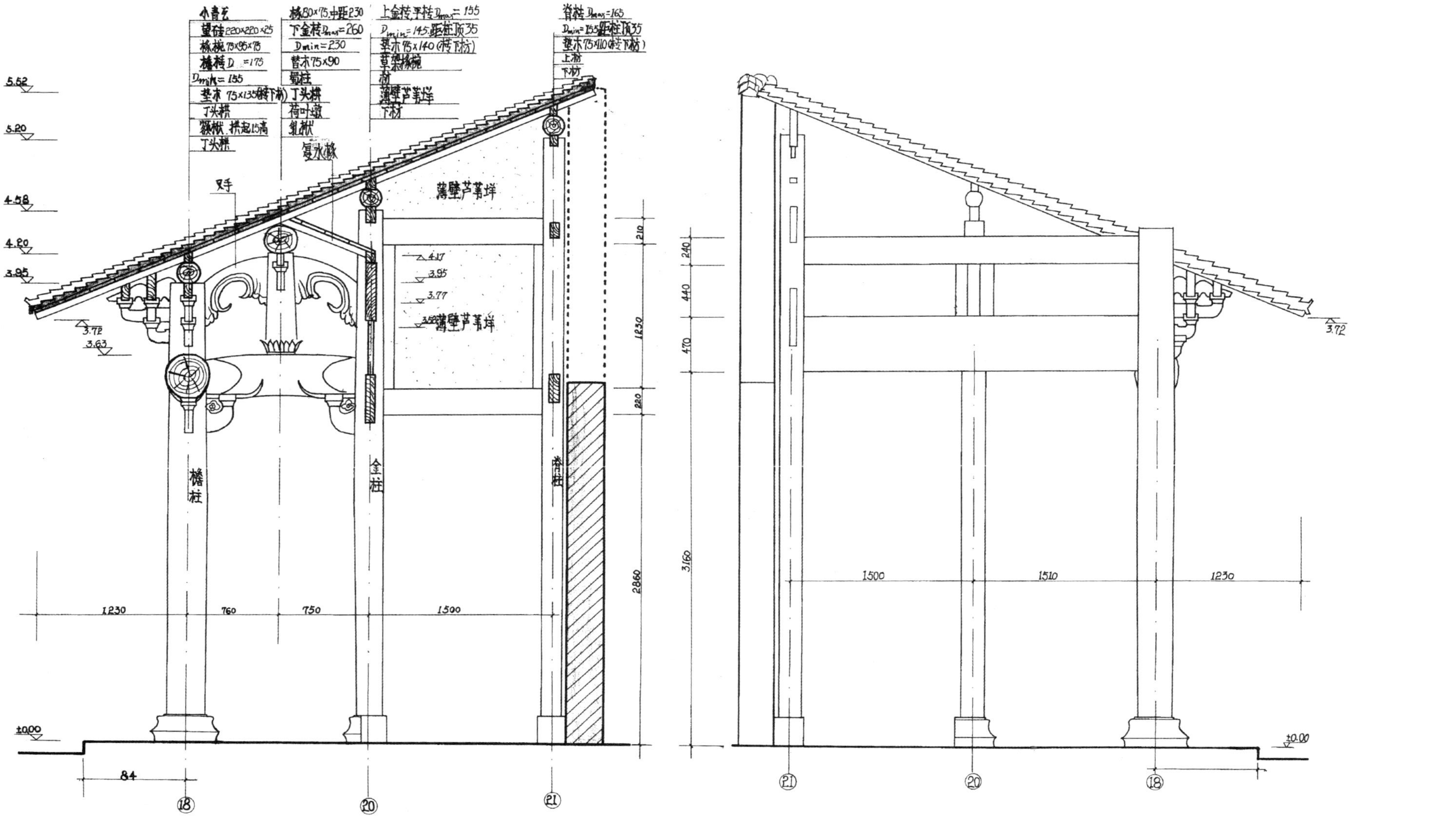

图6-16 曹门厅测绘图-廊庑明间缝及东廊立面图

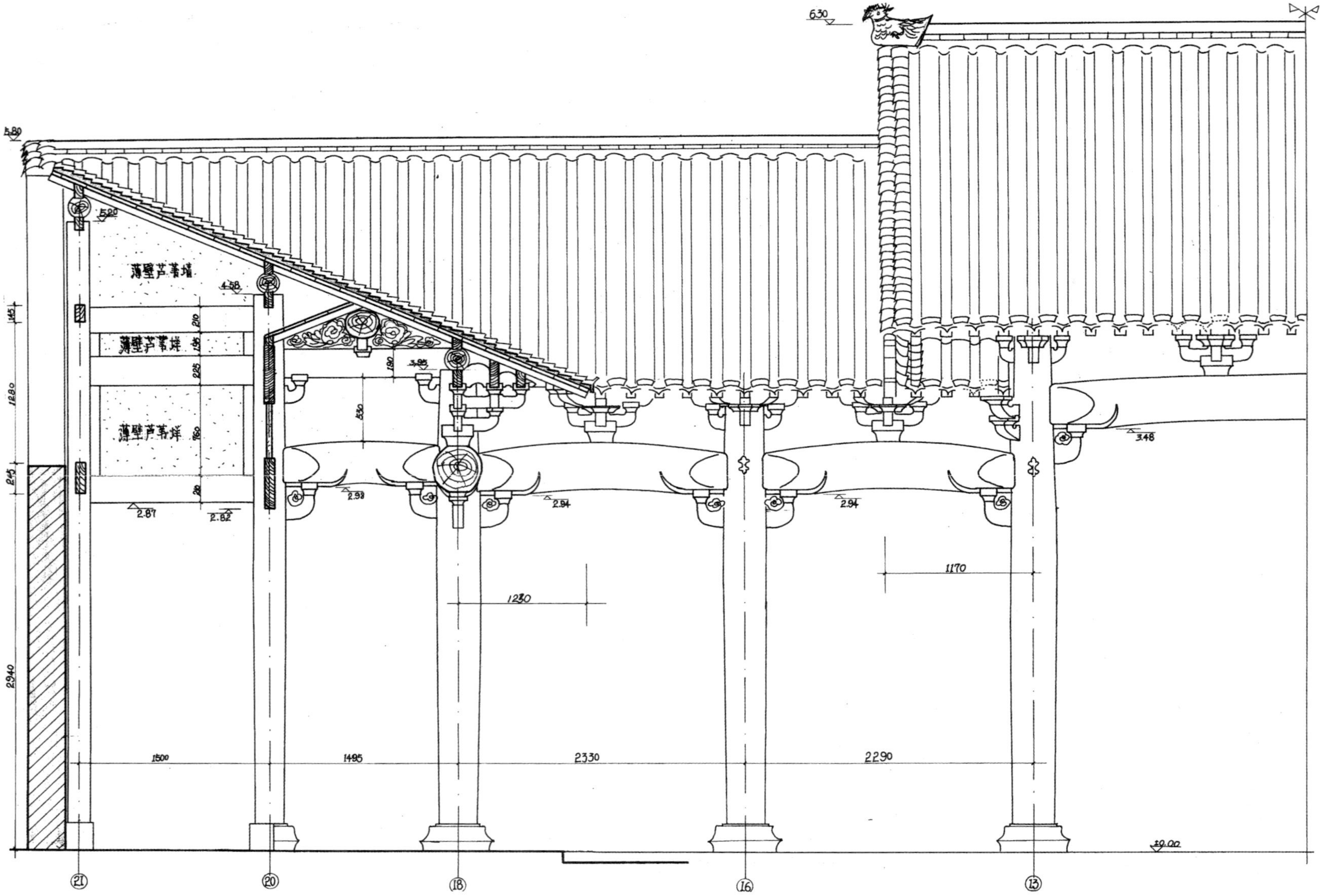

图6-17 曹门厅测绘图-廊庑次间缝图

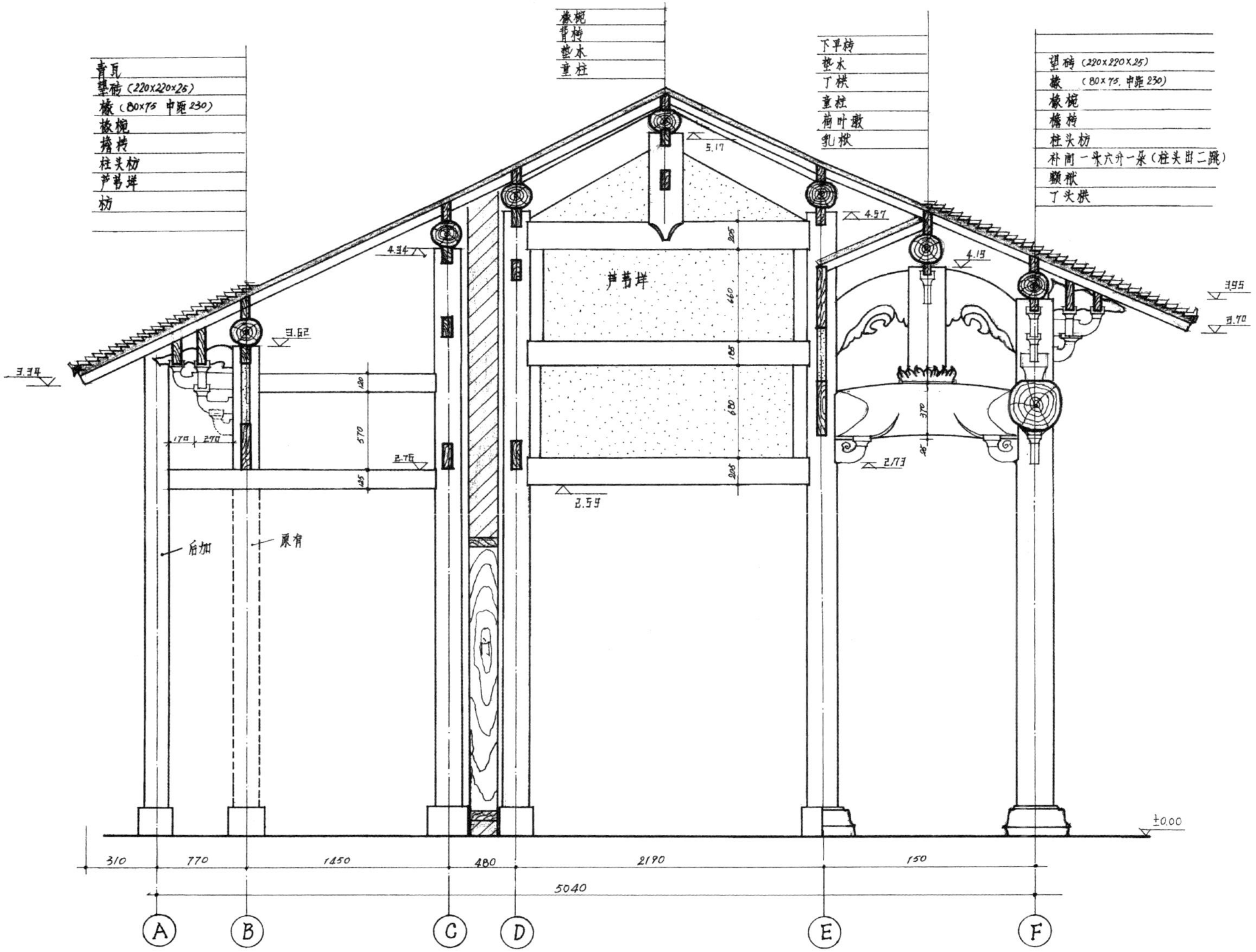

图6-18 曹门厅测绘图-门廊次间缝图

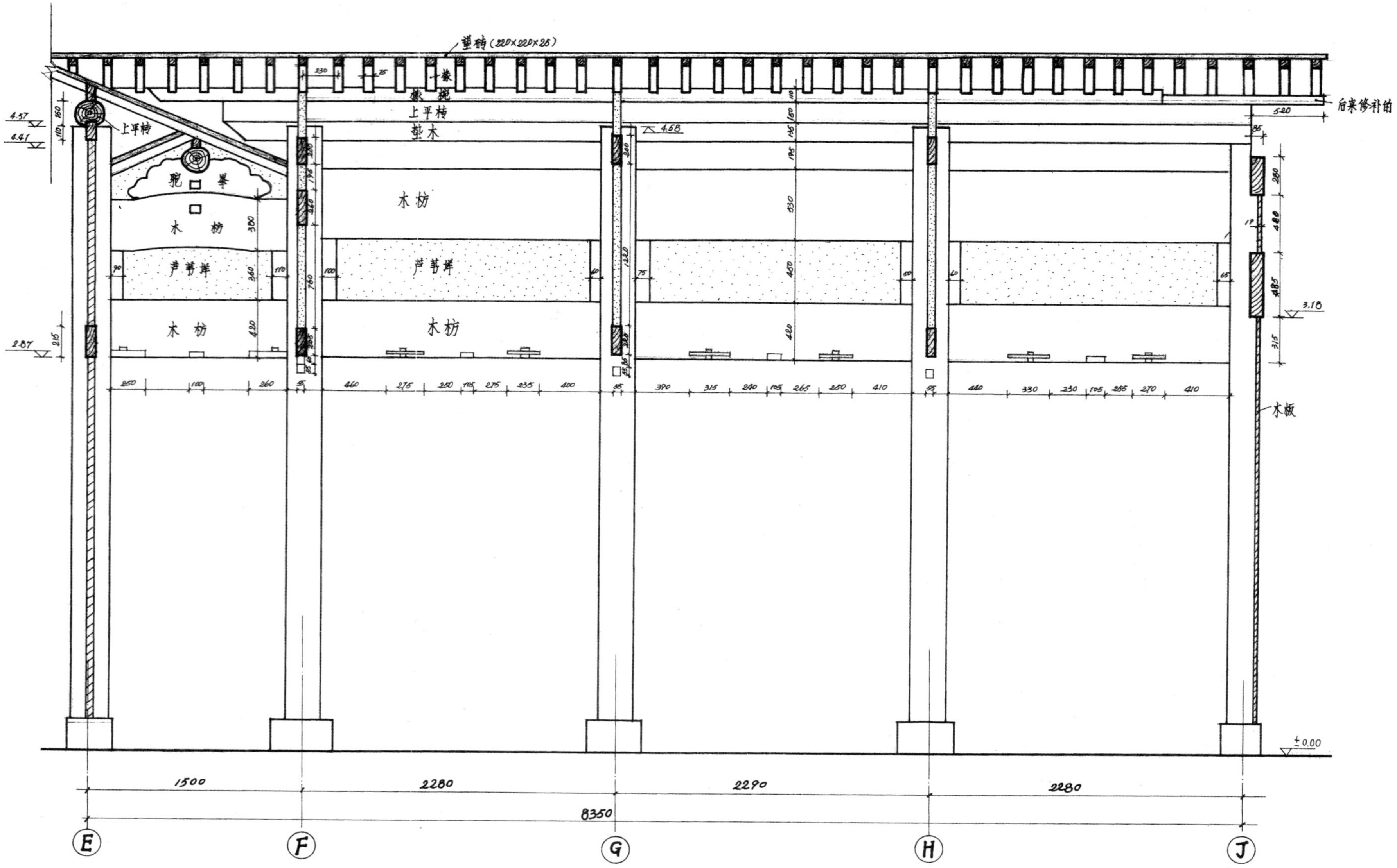

图6-19 曹门厅测绘图-廊无前金缝图

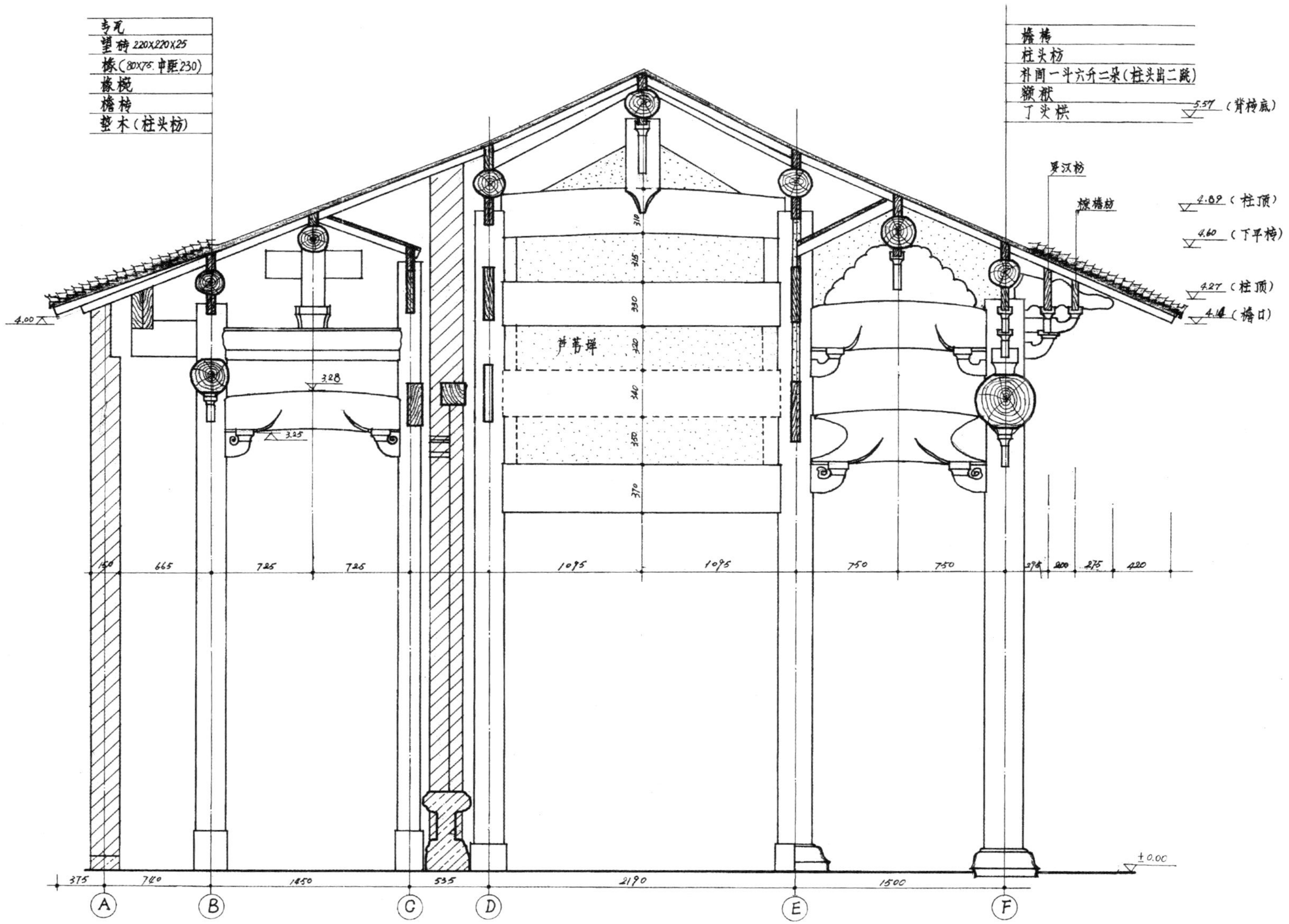

图6-20 曹门厅测绘图-门廊明间缝图

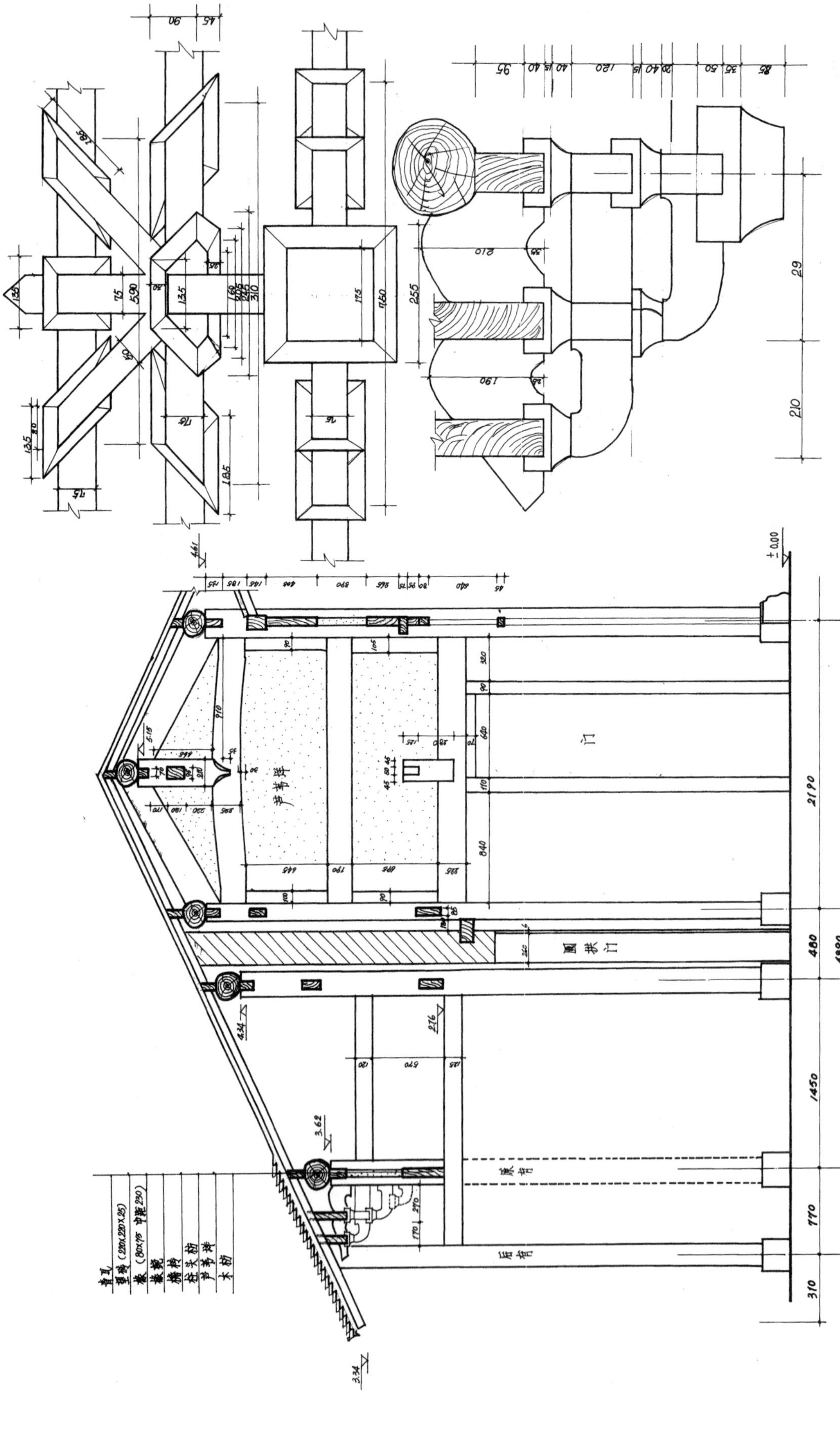

图6-21 曹门厅测绘图-门廊边间缝及斗拱大样图

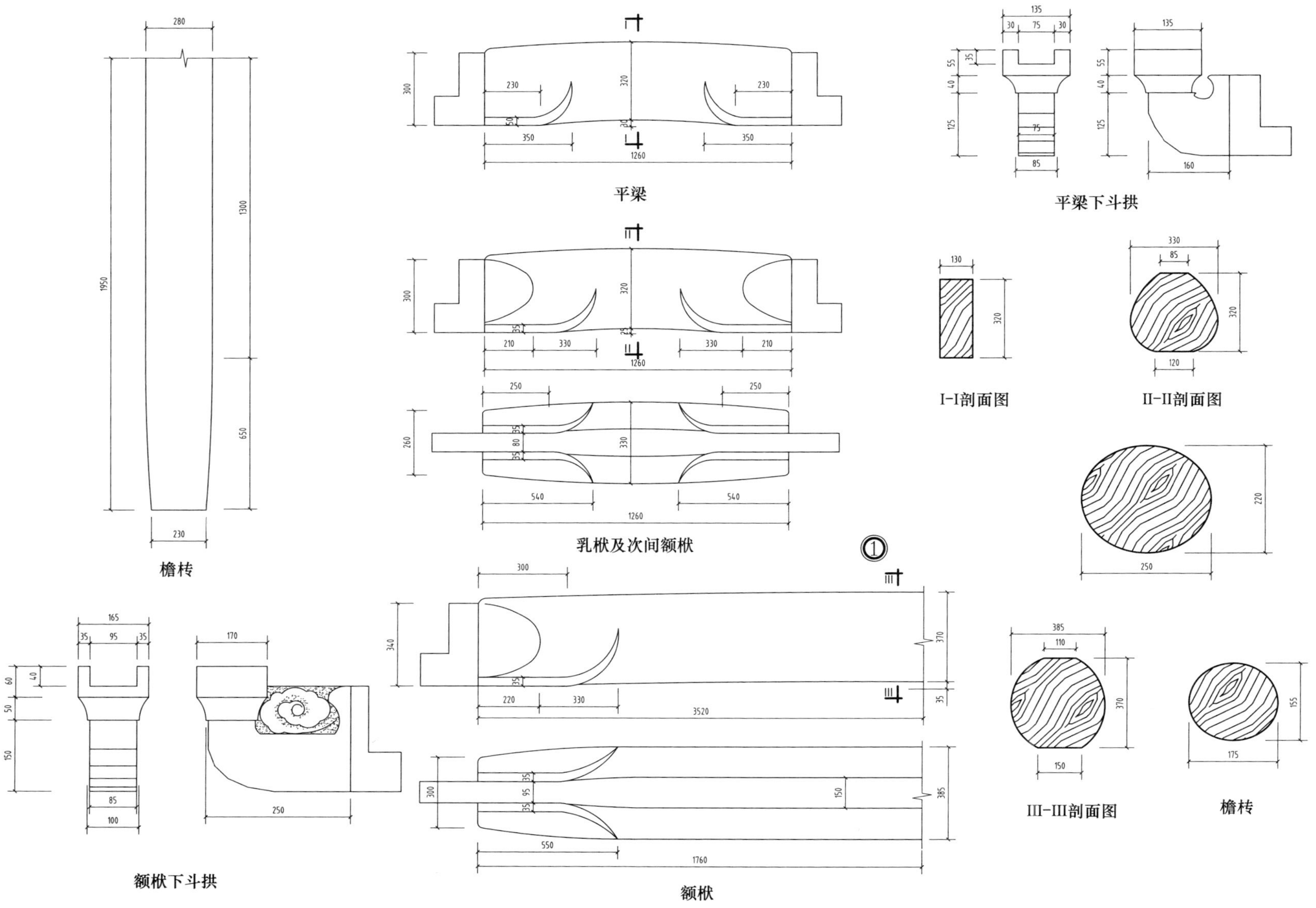

图6-22 曹门厅施工图-前廊明间构件大样图

曹 门 厅

099

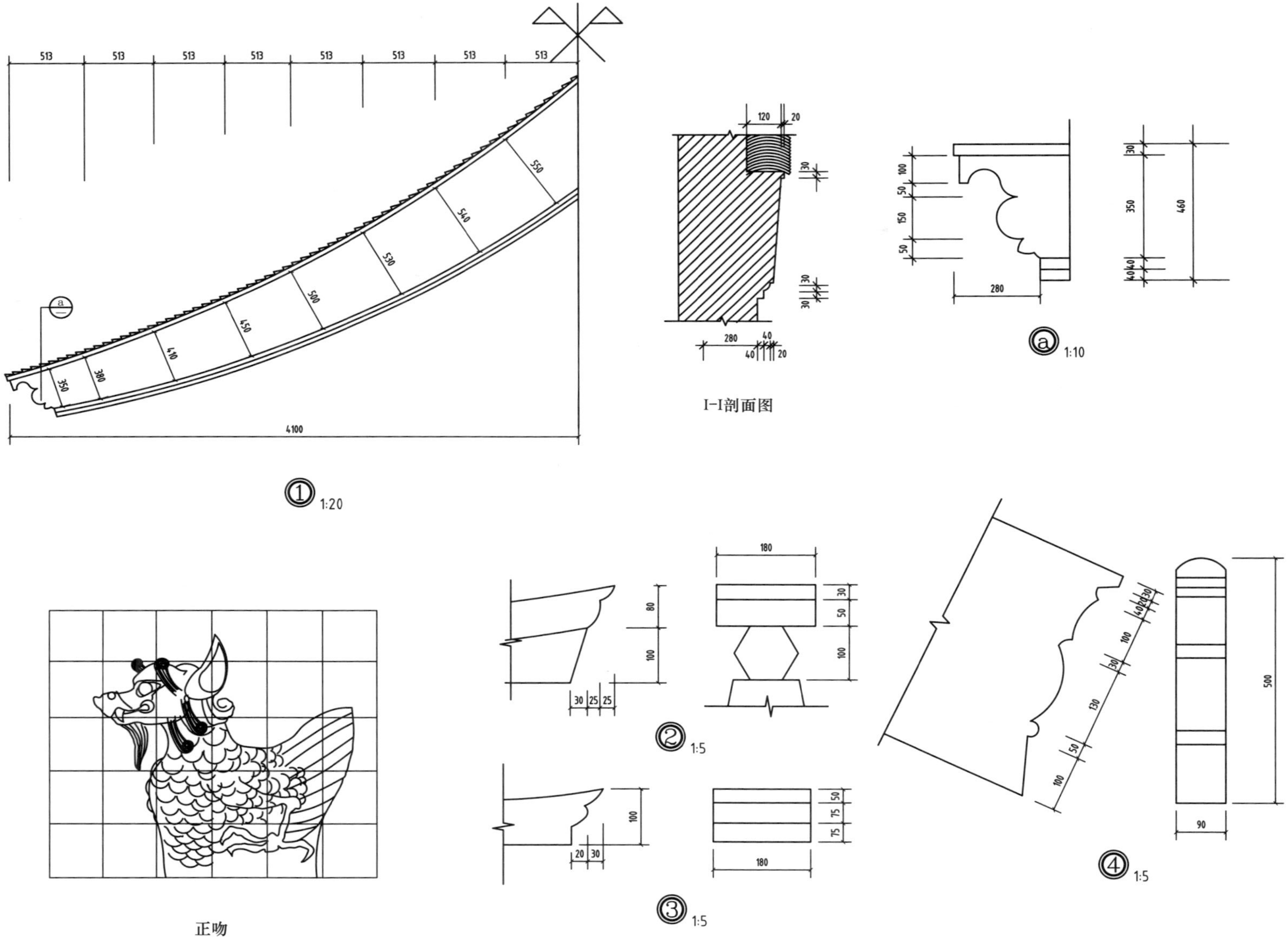

图6-23 曹门厅施工图-博风、山花脊饰大样图

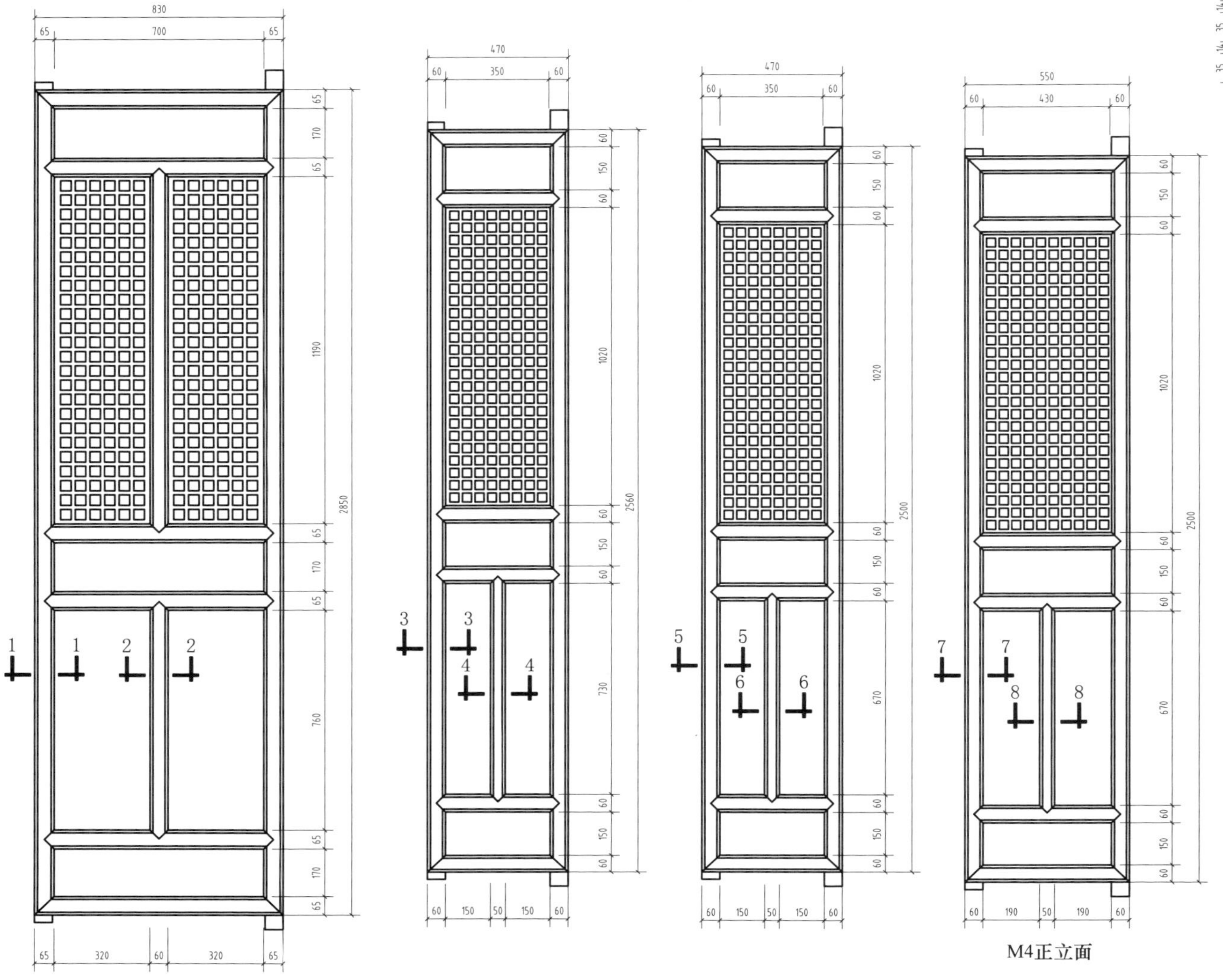

图6-24 曹门厅施工图-隔扇大样图

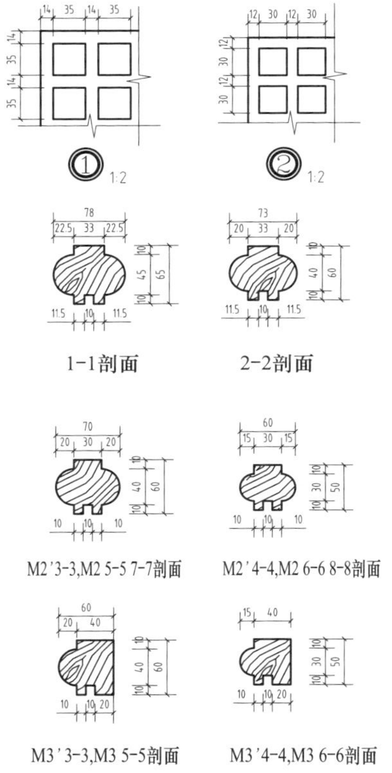

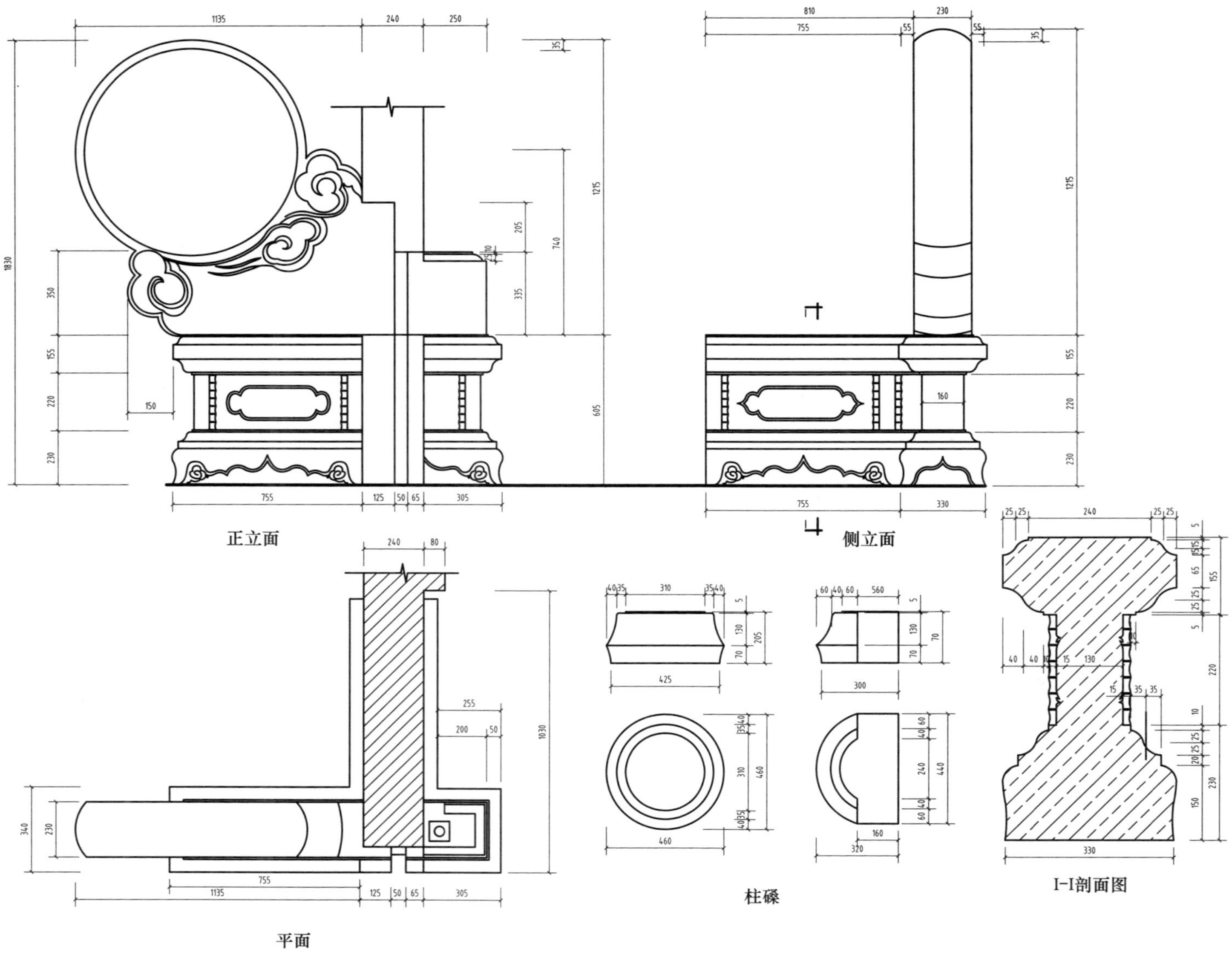

图6-25 曹门门厅施工图-抱鼓石基座及柱磉大样图

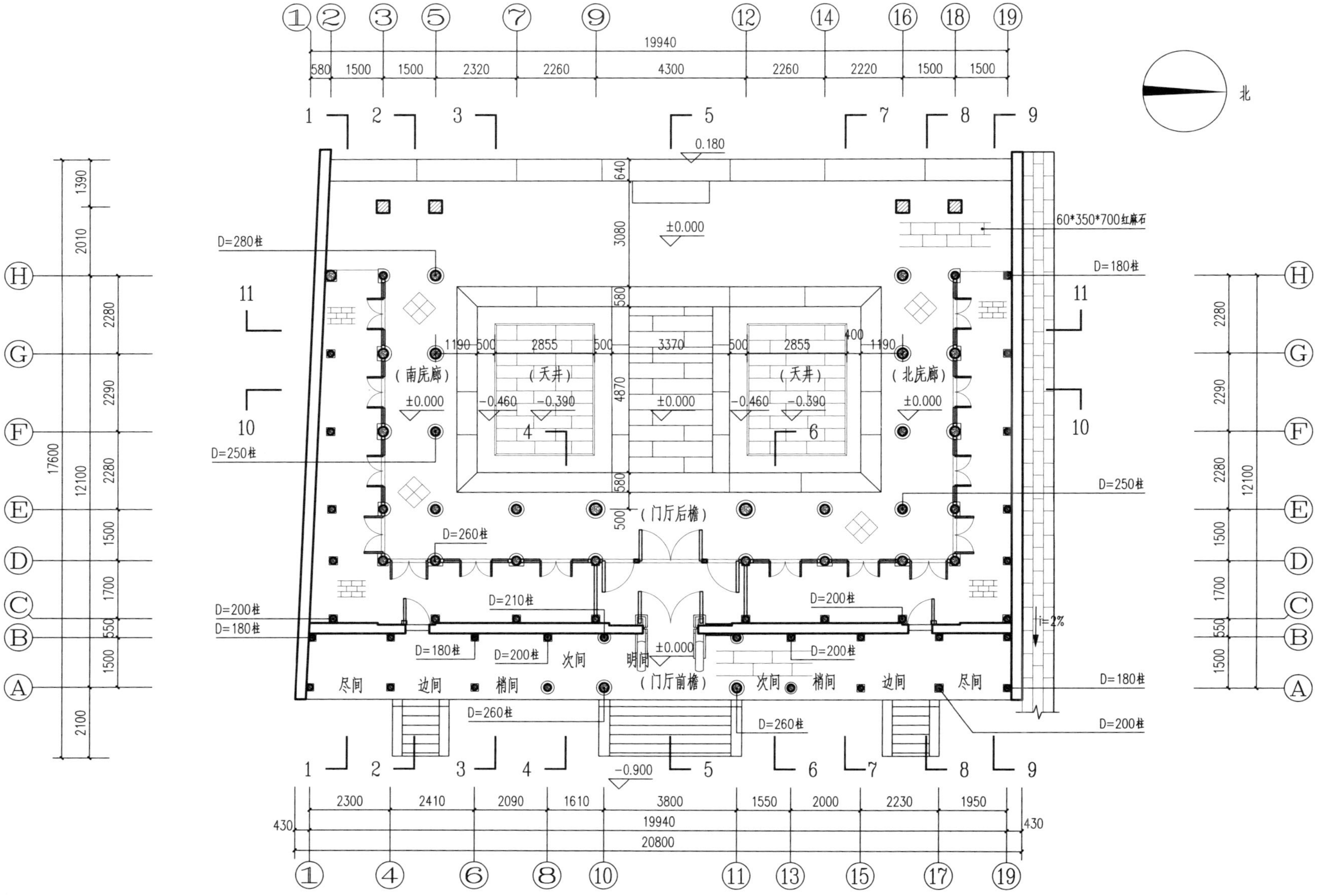

图6-26 曹门厅竣工图-平面图

曹门厅

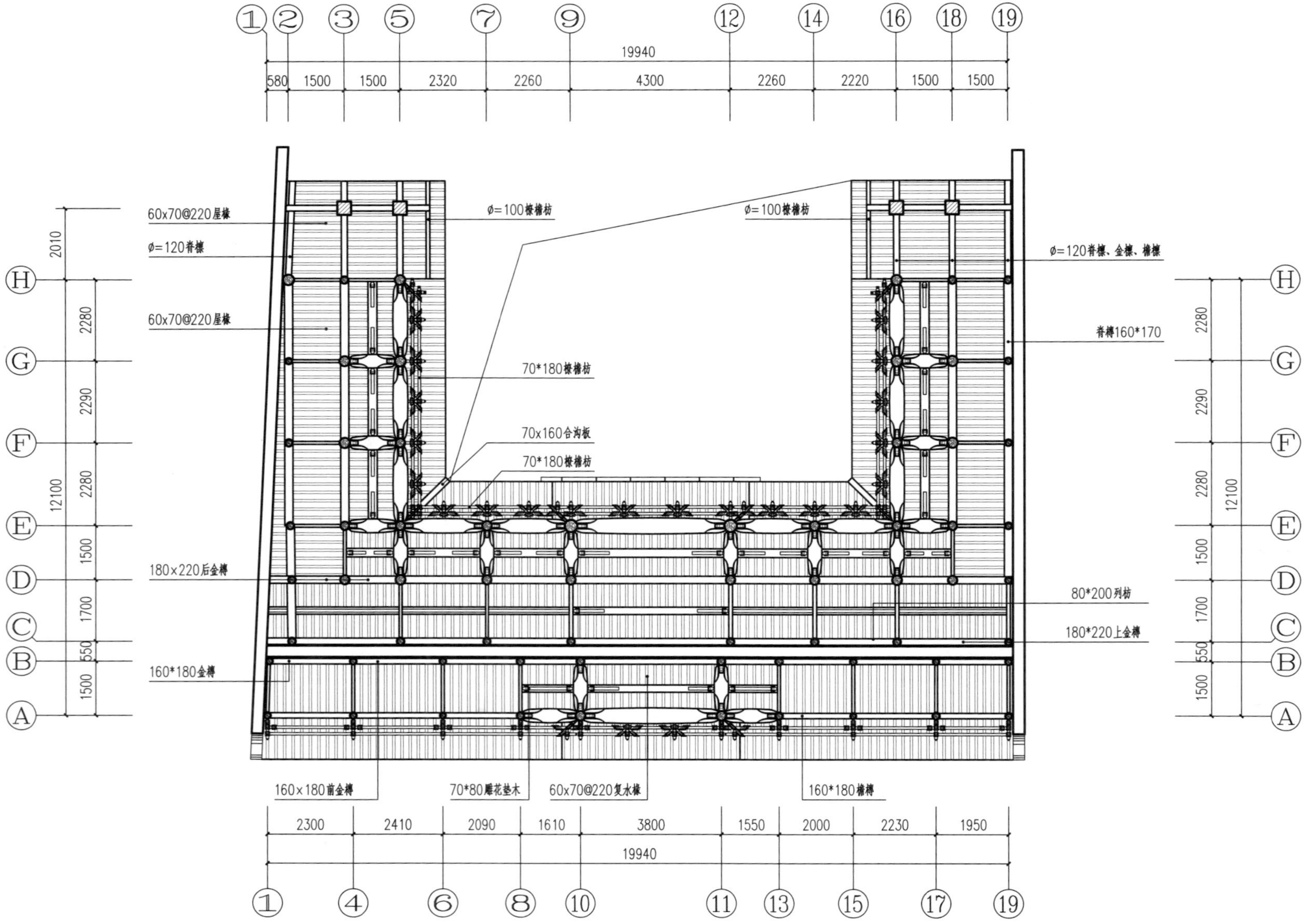

图6-27 曹门厅竣工图-仰视平面图

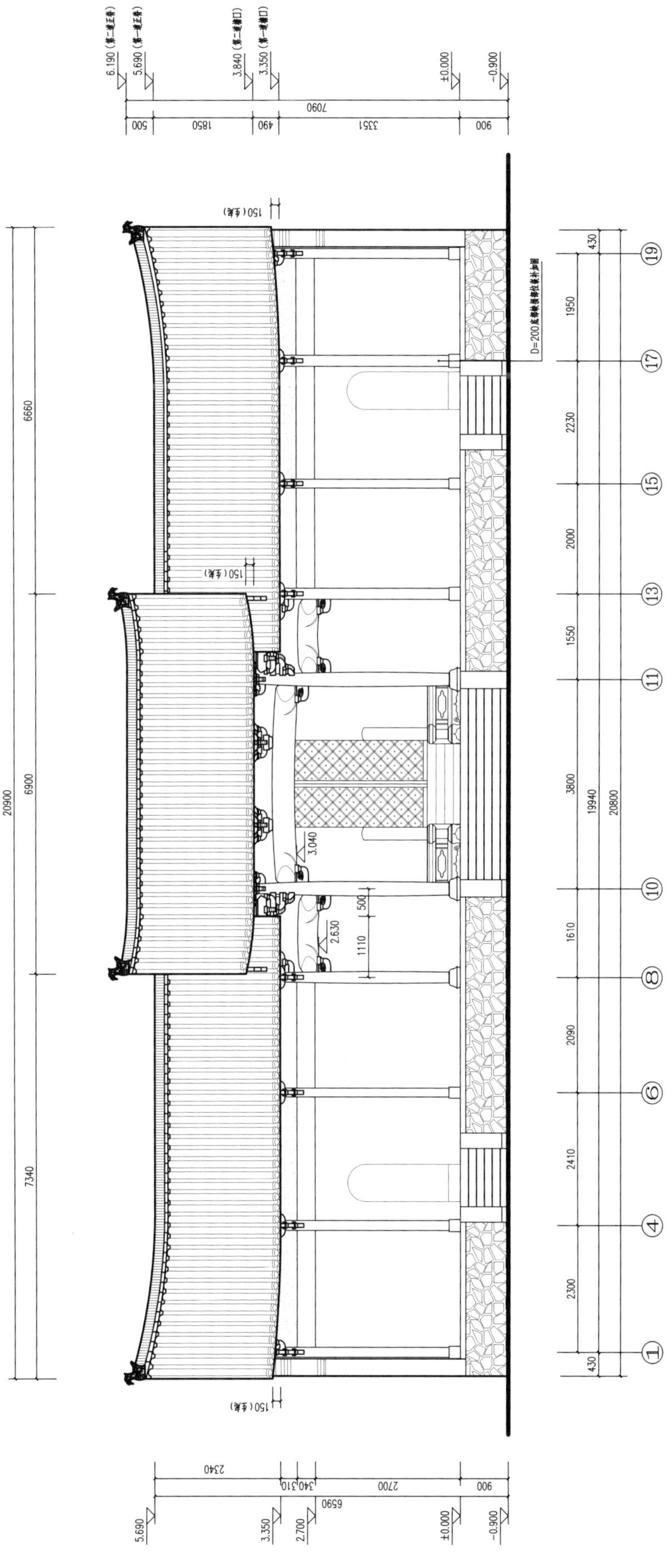

图6-28 曹门厅竣工图-东正立面图

曹门厅

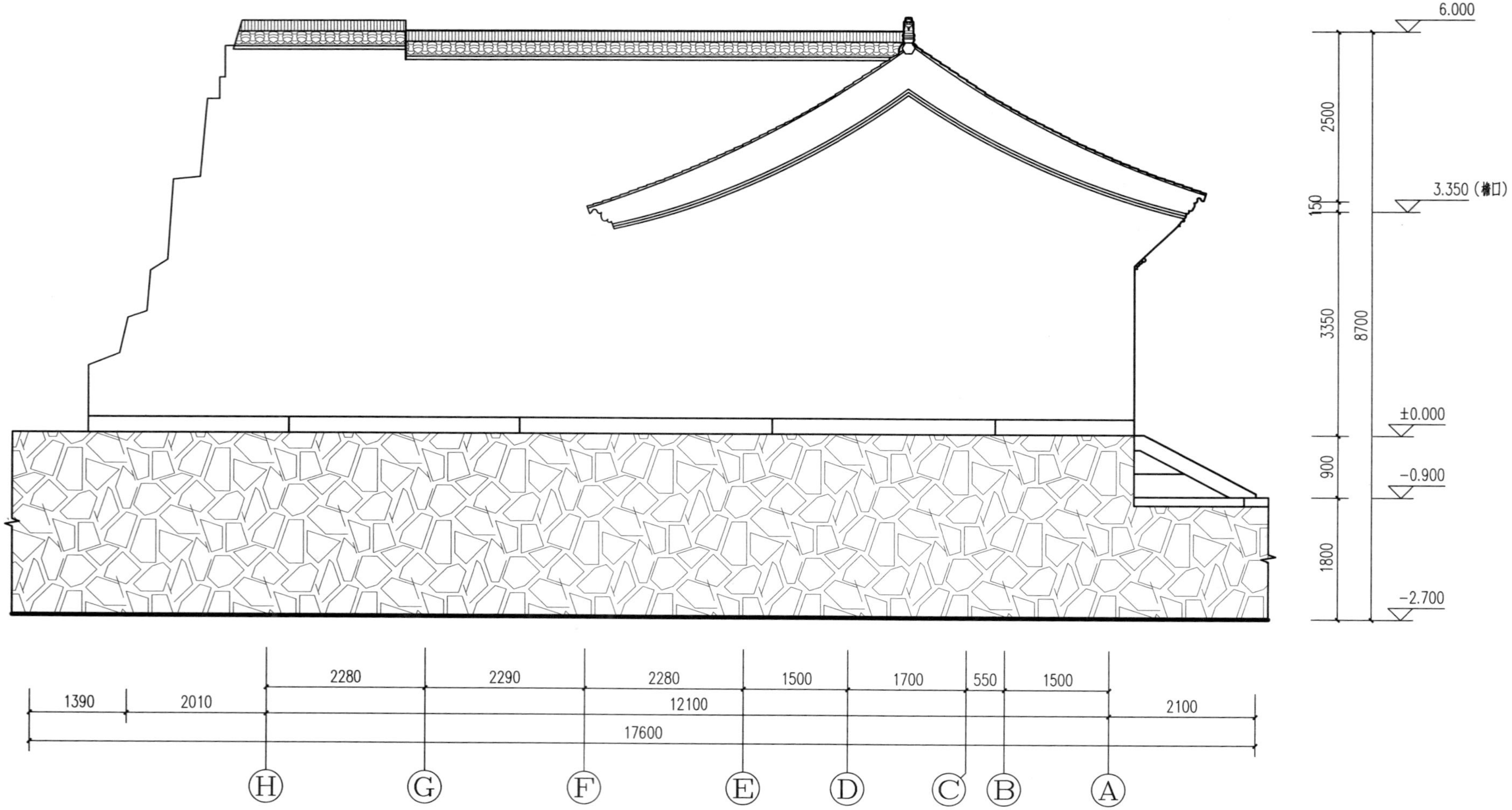

图6-29 曹门厅竣工图-南侧立面图

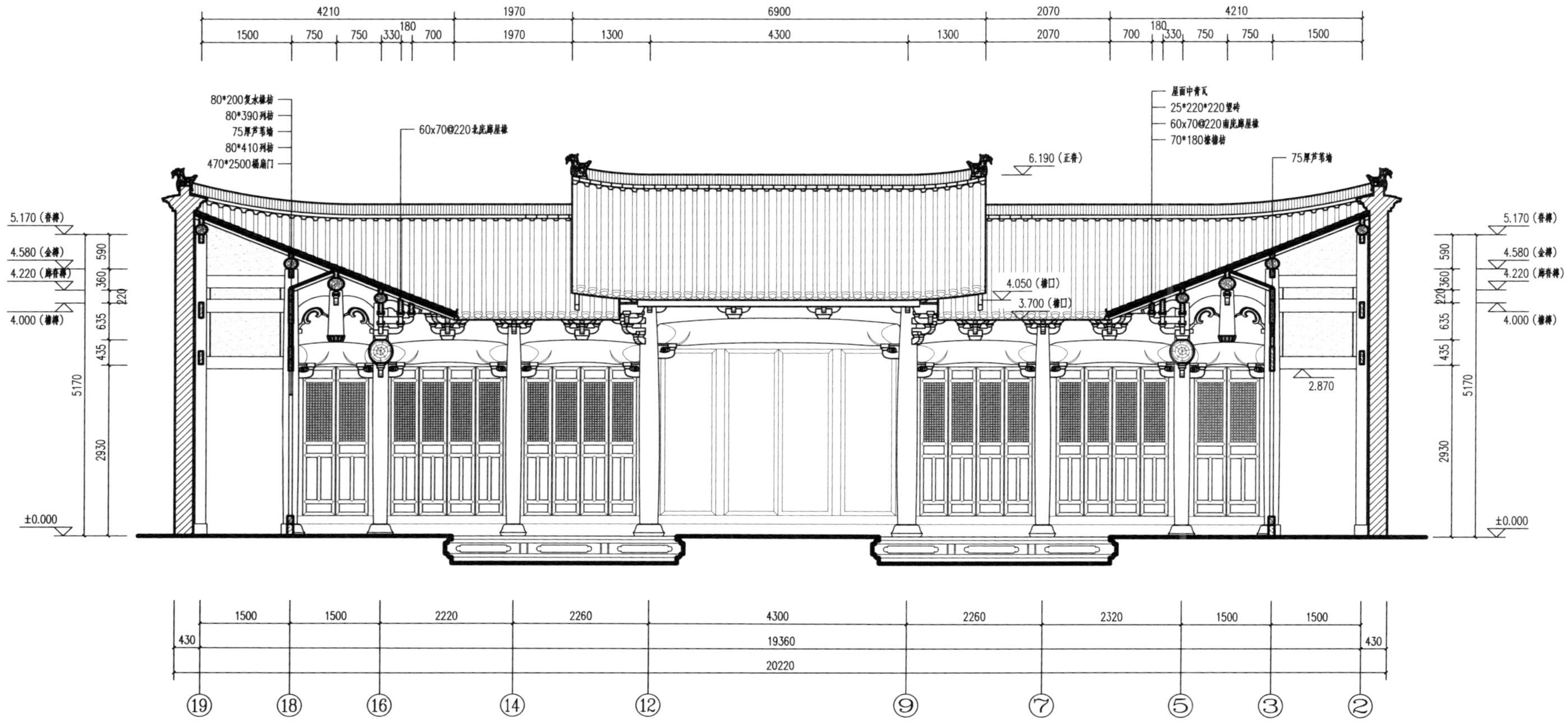

图6-30 曹门厅竣工图-门廊背立面图

曹门厅

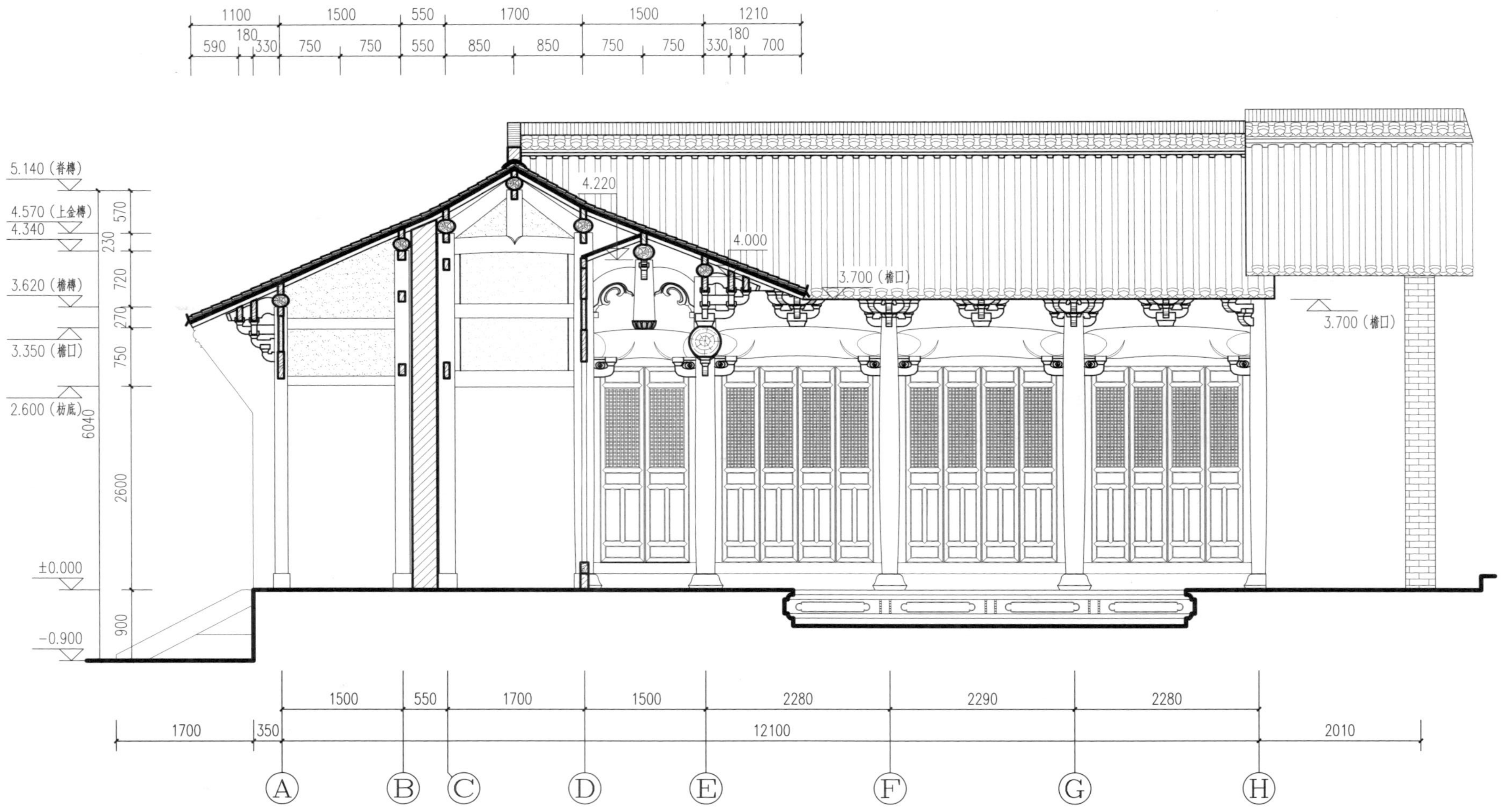

图6-31 曹门厅竣工图-门廊榀间缝剖面图

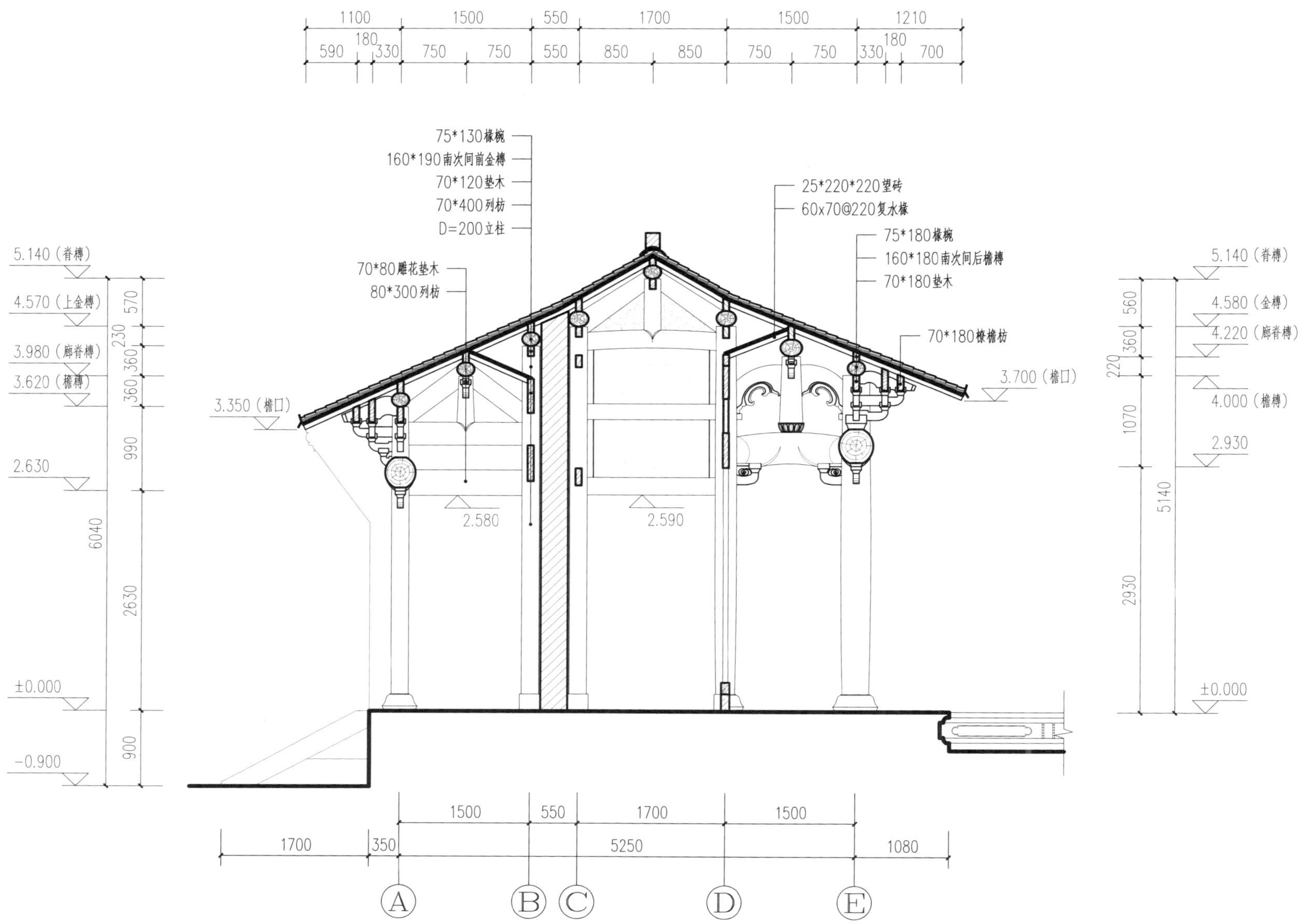

图6-32 曹门厅竣工图-门廊次间缝剖面图

曹 门 厅

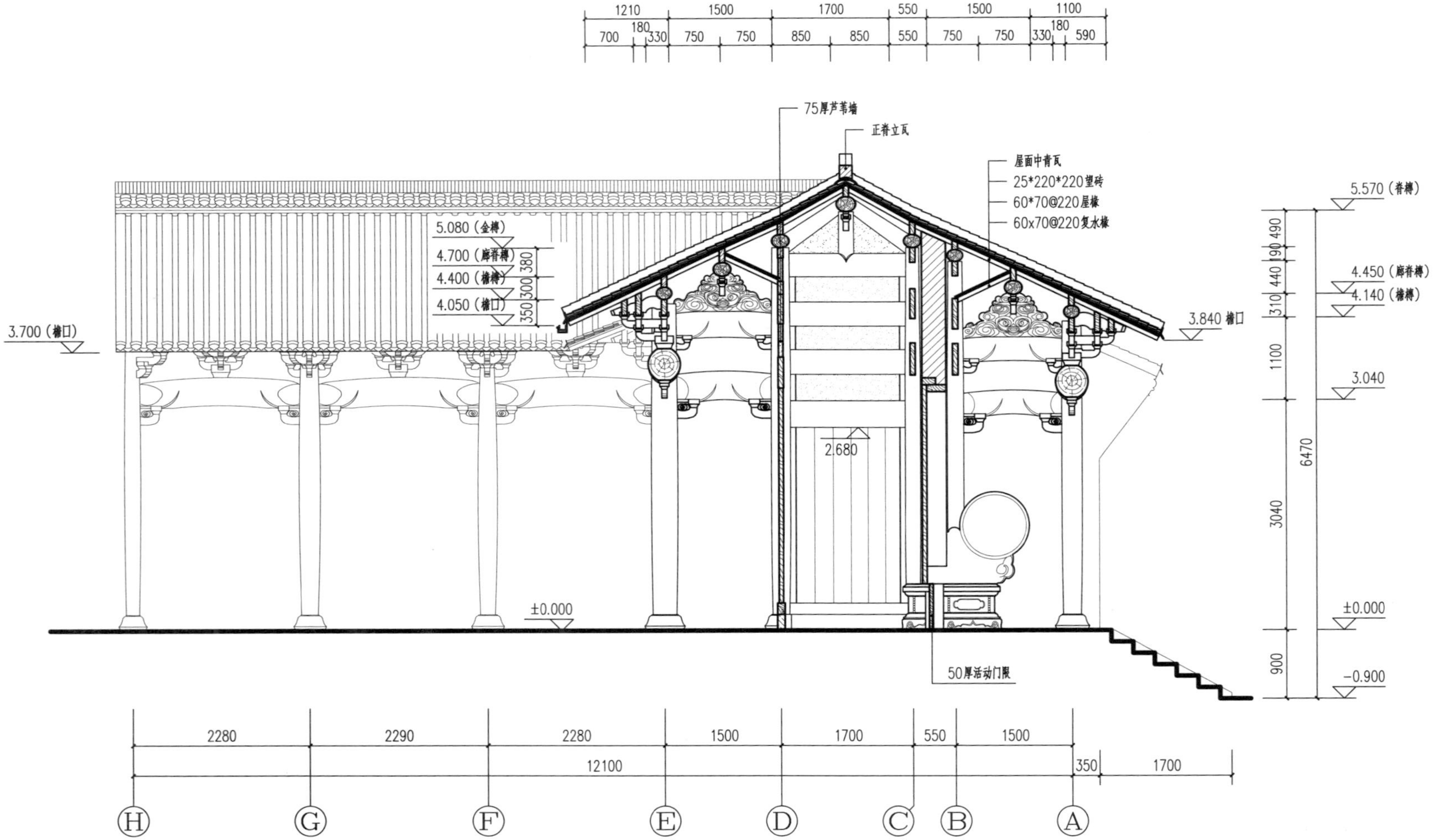

图6-33 曹门厅竣工图-门廊明间缝剖面图

# 方观田宅

## 一、概况

方观田宅，现位于潜口民宅明园。明代中后期普通民居。三间带两廊二层砖木结构楼屋，倒"凹"字形布局。面阔8米，进深7.41米。建筑面积128.43平方米。

方观田宅原位于歙县坑口乡瀹潭村。该村位于歙县中南部，濒临新安江。1956年3月，新安江水库建设调查水库区古建筑，发现瀹潭村方观田宅等明代建筑。新安江水库蓄水后，方观田宅仍在原址保护，村民方观田户居住生活使用。限于当地经济发展水平和保管条件，古民居保护状况每况愈下。20世纪80年代有关部门调查发现问题后，鉴于建筑本身具有徽州普通明代民居的代表性，遂于1984年将其搬迁至潜口民宅明代建筑群进行集中保护。

## 二、原址原貌

方观田宅原位于歙县坑口乡瀹潭村，该村距乡政府所在地坑口村北2千米，东临新安江妹滩之下，瀹水之口。瀹潭是新安江边的传统古村落，有600余年历史，为方姓家族世代居住之地，亦有汪、张、孙、胡、任诸姓。明清时期多出徽商。该村以生产枇杷、茶叶、毛竹、菊花等为主，是全国著名的"三潭"枇杷主产地之一。

方观田宅位于村中，坐西向东，南与一民宅相邻，门前及北侧均为巷道，屋后空地。该宅为小型三合院落民居，规模不大，原状保存较完整（图7-1、图7-2）。

大门居中设置，无石门框，外门罩残损严重（图7-3）。双开木板门扇，朝屋内开启，下半部分糟朽，全部开启贴墙，可完全罩于内门罩之下，防止被雨水淋湿霉烂（图7-4）。

天井红岩石铺面，多破损。临檐口原设三条水沟，两廊檐口两条水沟已填平。楼梯架设在东廊内，设有简易扶手，底部设两级石踏步登临一个木制转角平台，楼梯糟朽严重（图7-5）。西廊山墙后凿一双开木门通户外。

正屋三间，明间为厅，两次间为卧室。明间前檐两根柱子，底部糟朽。明间地面长条青砖横铺，多残缺。两次间为卧室，铺装木地板，明间缝枋下砌筑1.5米高的装修砖墙，枋上一板

图7-1　原址侧立面　　　　　　　　图7-2　原址背立面

图7-3　残损外门罩　　　　　　　　图7-4　残损内门罩

一枋①装修（图7-6）。房间向天井一面双开五抹头直棂方格扇窗，无窗栏板（图7-7）。明间后金柱间，原有木皮门隔断，壁前为堂，供接待客人和自家生活起居，现已经拆除，通间为厅。后墙居中原有宽90厘米的门洞，现已封堵。

东廊楼梯井口设有盖板。明间楼板，铺搭在两道梁和三道枋上。两次间楼板，铺在密楞栅②上，楞栅间距40厘米。楞栅接头处采用燕尾榫③的接法（图7-8、图7-9）。

楼上明间为厅，两次间装修为房。明间贴后檐柱木板壁装修。南次间与楼廊前后贯通形

---

① 建筑板壁由一长板和方木拼成，俗称一板一枋。
② 介于楼板和承重之间的木料构件，以支托楼板。
③ 燕尾榫因类似于燕子的尾巴而得名，相传为鲁班发明，被称为"万榫之母"，指两块平角或直角相接时，为了防止受力脱开，故而将榫头做成梯形，形似燕尾，使两个构件相互咬合，极为牢固。

图7-5 残毁楼梯

图7-6 护缝裙板

图7-7 楼层隔扇窗

图7-8 蜀柱

成一个房间。房间后墙和山墙,无内装修,北房山墙置一60厘米高、48厘米宽的砖推拉窗洞。楼城朝天井方向,三面安装六抹头方棂隔扇窗,共计12扇,缺3扇,其余较完整。窗上槛与罗汉枋间有用竹片作隔板。楼层裙板装修,部分破损。

屋顶两坡硬山式。屋面瓦件多有残损,檐口勾滴不全,屋面椽部分糟朽。

图7-9 楼板楣栅

## 三、现状特征

方观田宅现位于明园山庄中心地带。坐西朝东,建筑平面近方形。三间两厢三合院式二层砖木结构楼屋。

## （一）底层

正面墙呈凹字形，居中设大门，两级石踏步登临，室内地坪高出门前40厘米。门洞宽1.08米，上架一青石门枋过挡，无石门框。设内、外门罩，外门罩用三路青砖雕琢线脚横砌挑檐，檐上贴砖做脊，脊两头装饰砖雕如意云头。内门罩，贴墙三路青砖之下，装饰一路砖雕霸王拳，下承木门枋，枋两端支20厘米×18厘米砖柱落地。

入门为天井，天井阶沿均为红岩石板铺设，天井沟宽35、深30厘米，井壁为青石。天井两侧为厢廊，青条砖铺地，北侧廊内设楼梯，上二层。

主楼三开间，一层明间为厅，次间为房，房与正厅以一板一枨隔断。明间后金缝单皮门隔断设板壁，中间两扇固定，两边皮门可开启。后檐墙上居中开1米宽门洞，双开木门扇，通往室外。正厅地面为青条砖墁地，两侧房间为地笼木地板。一层无脊柱，所有立柱均为通柱。前两步架月梁，饰丁字拱。月梁用材不大，端径不足15厘米，上垫枋条支楼板。柱子偏细，底径15厘米。柱底部石磉之上，加一15厘米高木楯，起到防潮减震的作用。石磉四方形，素面无雕琢。

## （二）二层

明间为厅，两次间为房。北廊为楼梯间，南廊与次间连为通间房。明间后金柱间，设单面皮门四扇，中间固定，两边可开启。楼厅与厢房以屏门及芦苇墙隔断，次间房门朝厅开合。

楼层的木构架，除檐口外，与楼下一样同为四架。明间列向前后立柱间，施上下枋，脊柱为童柱，即下部不落地的短柱，其下端直接立于列枋之上，童柱上架脊檩，脊檩与金檩间施叉手。明间前檐列枋挑出檐柱尺许，挑起八角柱，支撑檐口重量。八角柱安装插拱，两挑计心，承橑檐枋。前檐柱间明间置木板长凳，两小八角柱间装饰横枋作为椅靠背。楼行裙板覆以护缝条，裙板之上置方格直棂六抹头隔扇。

屋面双坡，铺设望砖，上铺青瓦立筑为脊，檐口勾头滴水。廊屋面单坡，未与正屋交圈，檐口低于正屋。檐口不施飞椽，檐椽卷杀。三面均装有砖质水视槽，接到前围护墙上，下连陶质落水管，接屋面水直接引入天井沟。

## 四、文物价值

方观田宅建筑风格，体现了徽州明代普通民居典型的时代特征和地域特色。大门有内外门罩，脊头饰砖雕如意云头，内门罩嵌一路霸王拳；隔断多用一板一枨木装修和芦苇墙隔断；楼板铺在密榈栅上，榈栅接头用燕尾榫连接；楼墩的裙板采用宋、元时常用的护缝制装修等。

方观田宅独特的营建技艺和手法，将建筑条件的局限性和实用性完美结合，朴素而不失奇巧，富有创造性。三间带两厢的三合院落，占地面积不足70平方米，在徽州传统民居建筑中属于少有的"小户型"。建筑木构件包括月梁、立柱用材小;地面为普通条砖铺地;房间内靠墙无装修;窗扇不设窗栏板;建筑构配件朴素无雕琢等。但在建筑条件局限的情况下,建造者因地制宜,充分发挥聪明才智,精心营建,既符合建筑安全的需求,又满足了居住生活的实用性。一层二层高度相差不大,可无差别更充分利用室内空间;利用楼梯下转角平台设置,有效降低在浅进深的条件下,架设楼梯的坡度;二层檐柱上,出二跳斗拱,加大屋面出檐,既保护立柱减少雨水回溅,又丰富了天井立面视觉效果;特别是檐柱与柱础之间加一木楖,起到防潮、防腐、防震的作用,构思奇巧。

## 五、迁建工程

### (一)迁建过程

1984年9月,筹建组去瀹潭拆迁;

1984年12月,潜口民宅工地开始复原安装;

1985年冬,方观田宅整体复原工程竣工(图7-10~图7-15)。

图7-10　拆卸前芦苇墙编号　　　　图7-11　拆卸前木架编号

### (二)迁建新址

方观田宅选址于明园山庄中心地带。坐西朝东,背靠曹门厅广场前护磅,门前为石板铺筑的道路和绿植花木的小广场。左后方,石阶梯可登临曹门厅;左前方,下三级石阶梯至方文泰宅;右前方往南,石板小径通往司谏第;右后方,登临石阶可达乐善堂。

### (三)维修要点

(1)方观田宅规模不大,但地处歙县南乡,搬运路途较远,要经人力、船渡、汽车三种运输方式,才能抵达复原现场。该宅用就地出产的毛青石做基础,须全部编号拆迁搬运,为利建

图7-12 拆卸前一板一栿编号　　图7-13 原址拆卸屋架（1）

图7-14 原址拆卸屋架（2）　　图7-15 原址拆卸屋架（3）

筑防潮，原基础抬高30厘米。

（2）原南廊内后开的边门洞不复原；后檐墙居中设置的后门洞依原制复原。根据施工大样图，修复大门内外门罩。

（3）复原明间后金柱隔断皮门装修，一层为太师壁，二层为祭祀用。底层原砖墙装修、散板装修部分复原为一板一栿木装修。

（4）明间前檐柱底部采取墩接镶补方式维修；隔扇门缺失三扇，根据原制配齐；楼上芦苇墙少许破损，楼下缺失三片，依原制复原；楼上部分楼板霉烂，依原样、尺寸恢复；楼梯依原制新置。

## （四）工程资料

主要为实测和施工图纸，无维修勘察设计文本及竣工资料（图7-16～图7-33）。

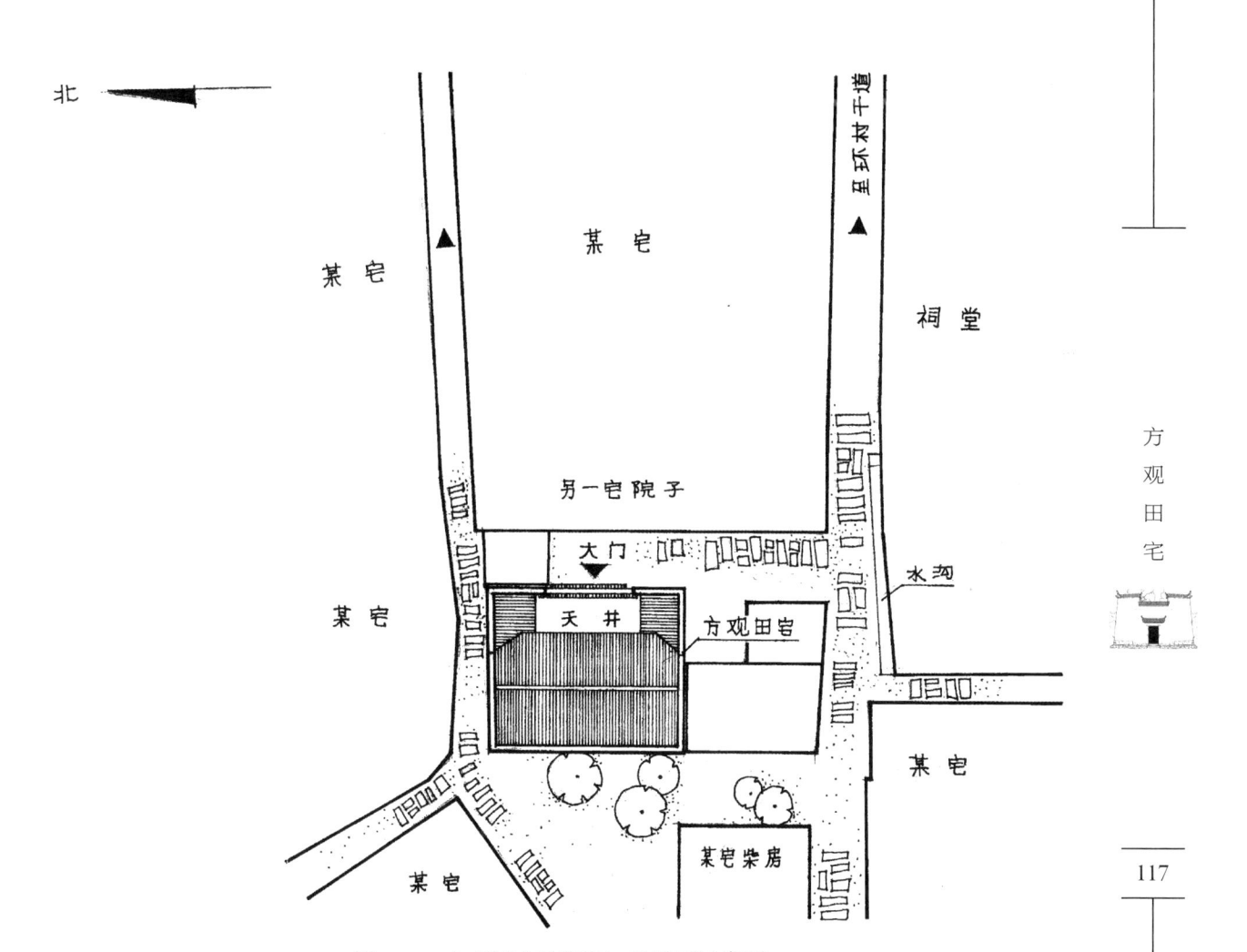

图7-16 方观田宅实测图-总平面示意图

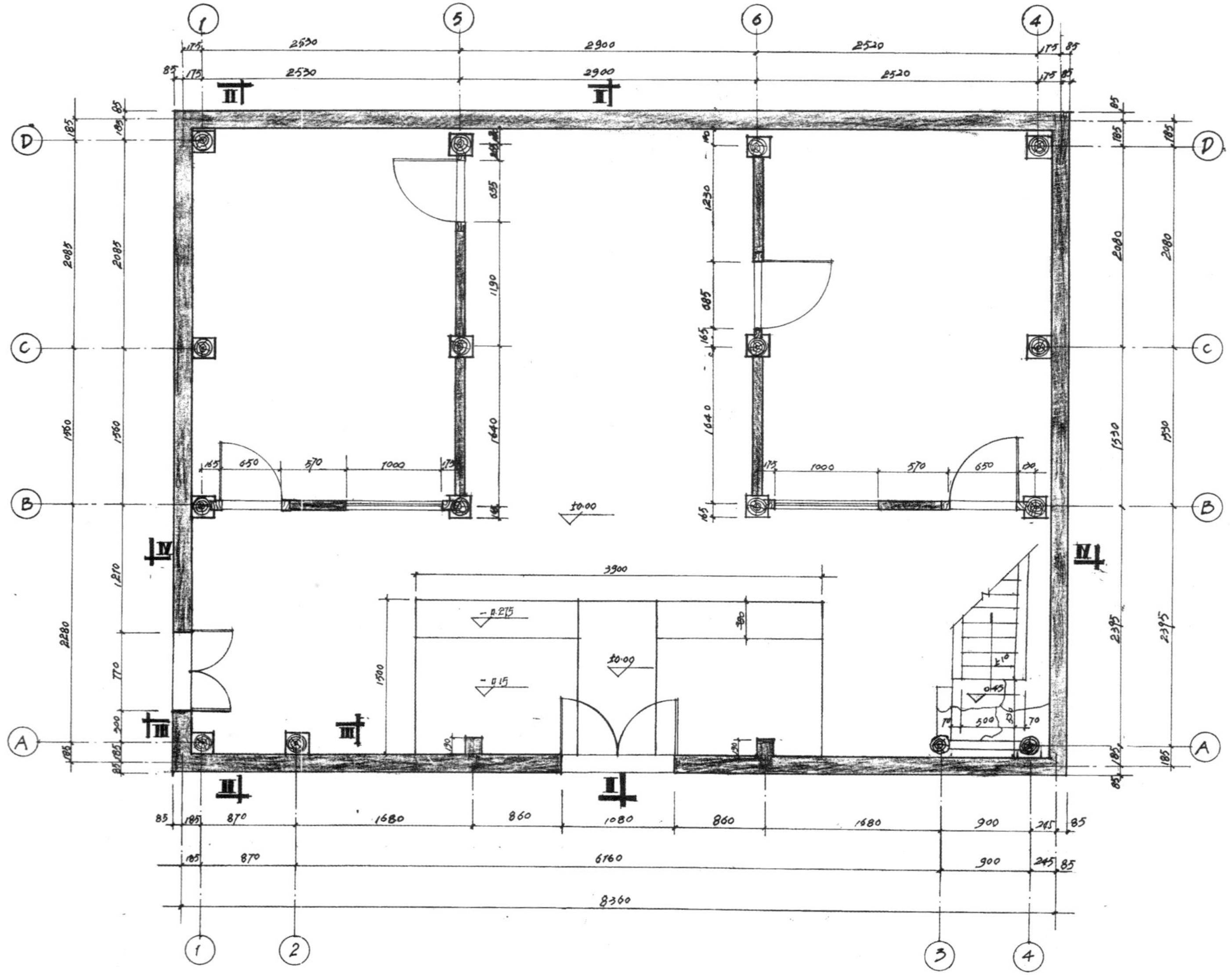

图7-17 方观田宅测绘图-底层平面图

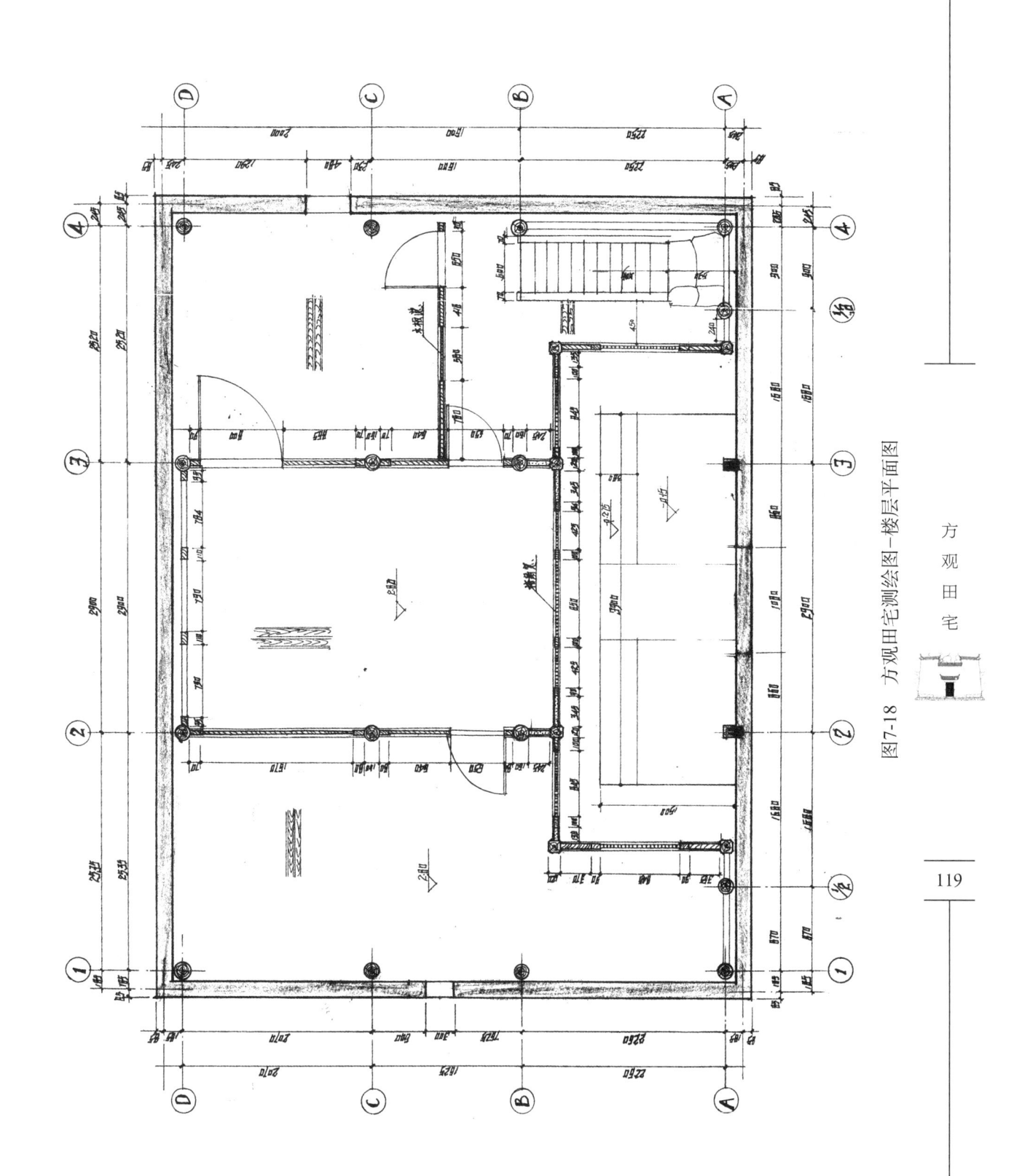

图7-18 方观田宅测绘图-楼层平面图

方观田宅

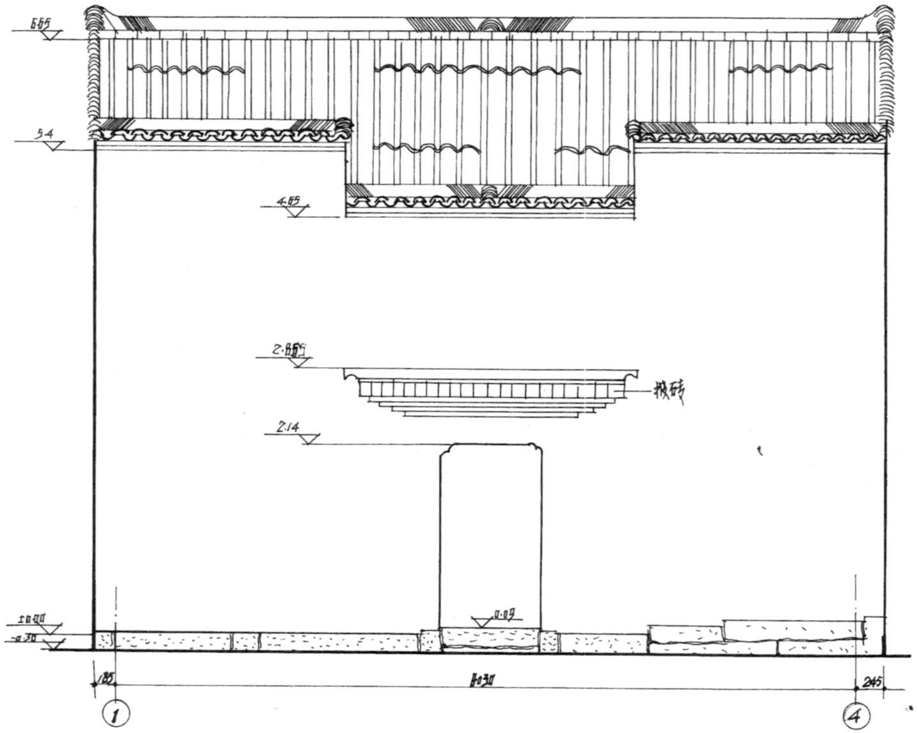

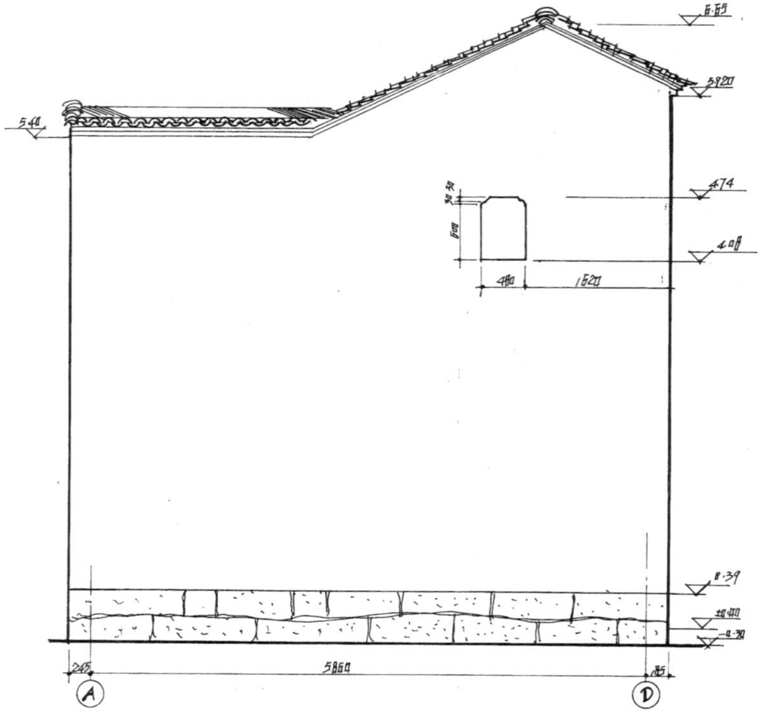

图7-19 方观田宅测绘图-正、侧立面图

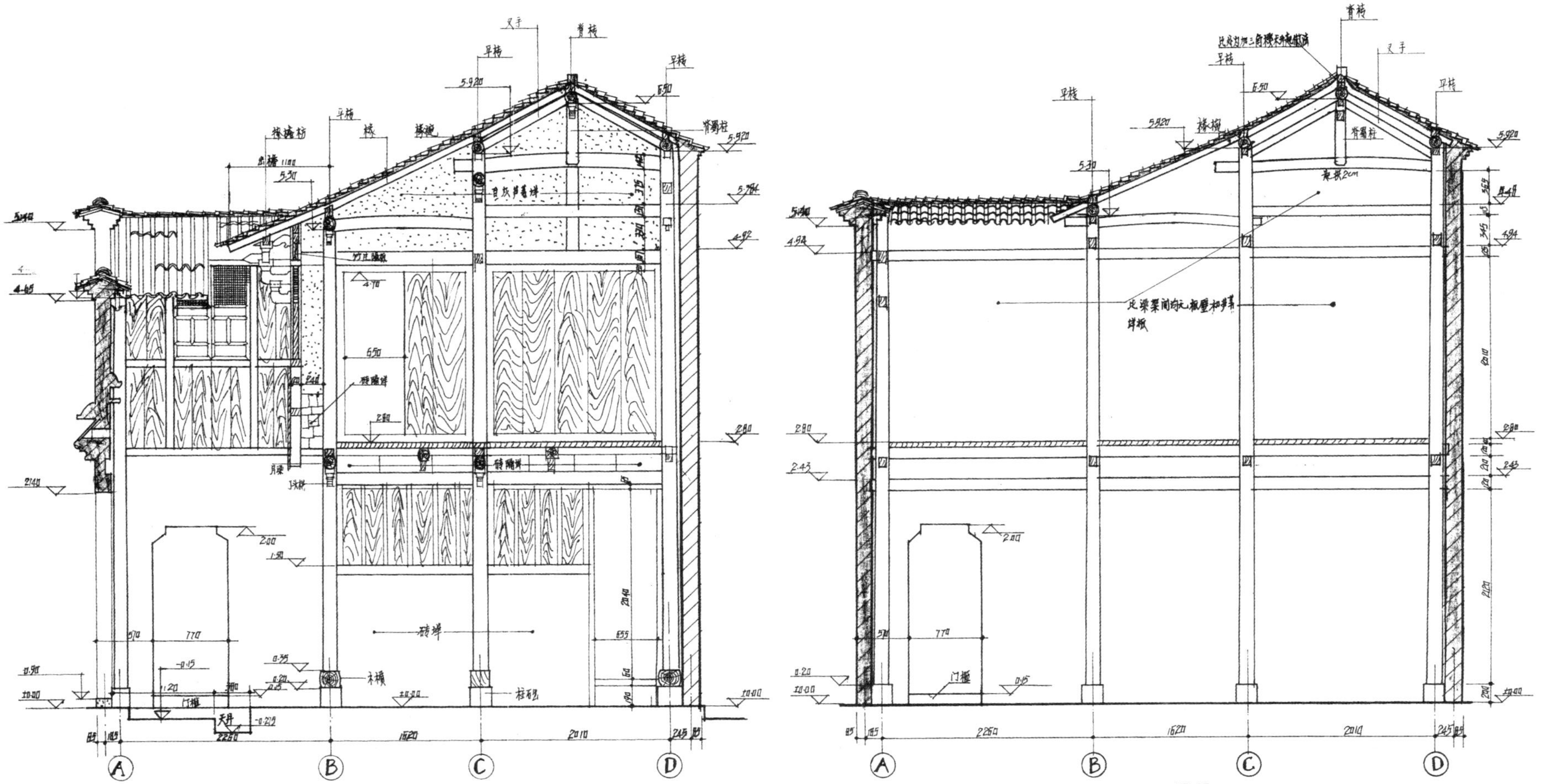

图7-20 方观田宅测绘图-明间次间剖面图

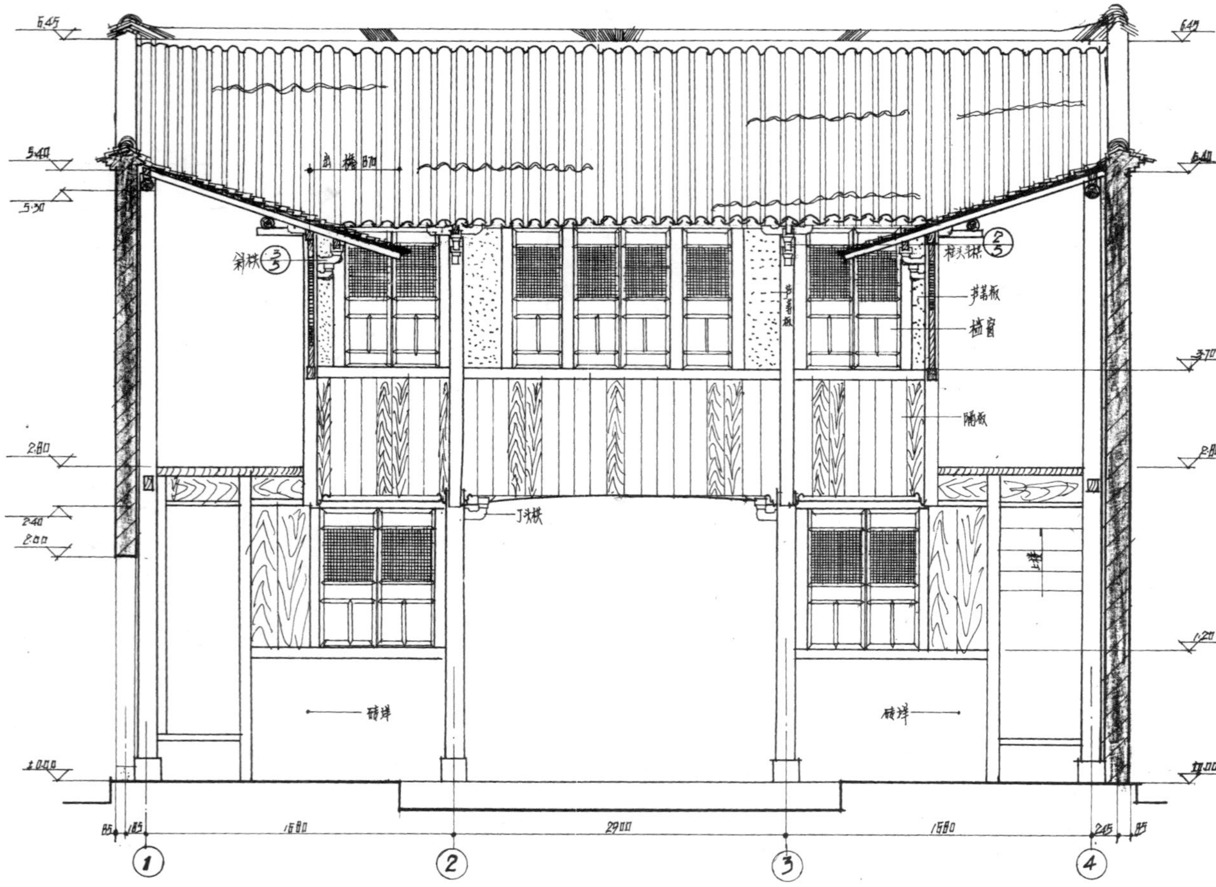

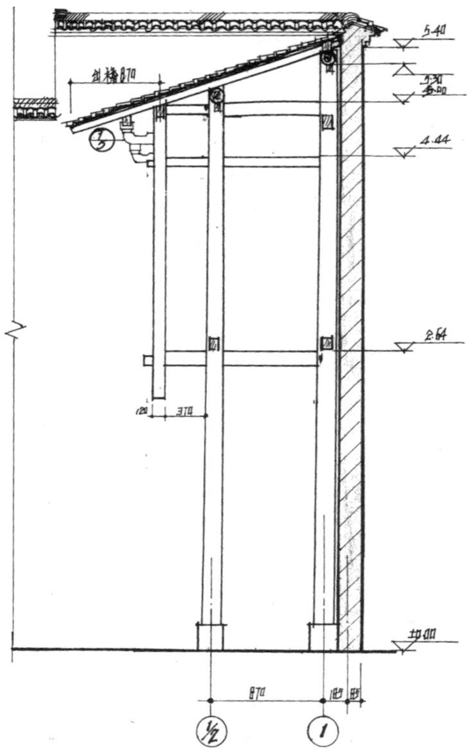

图7-21 方观田宅测绘图-正间及廊屋剖面图

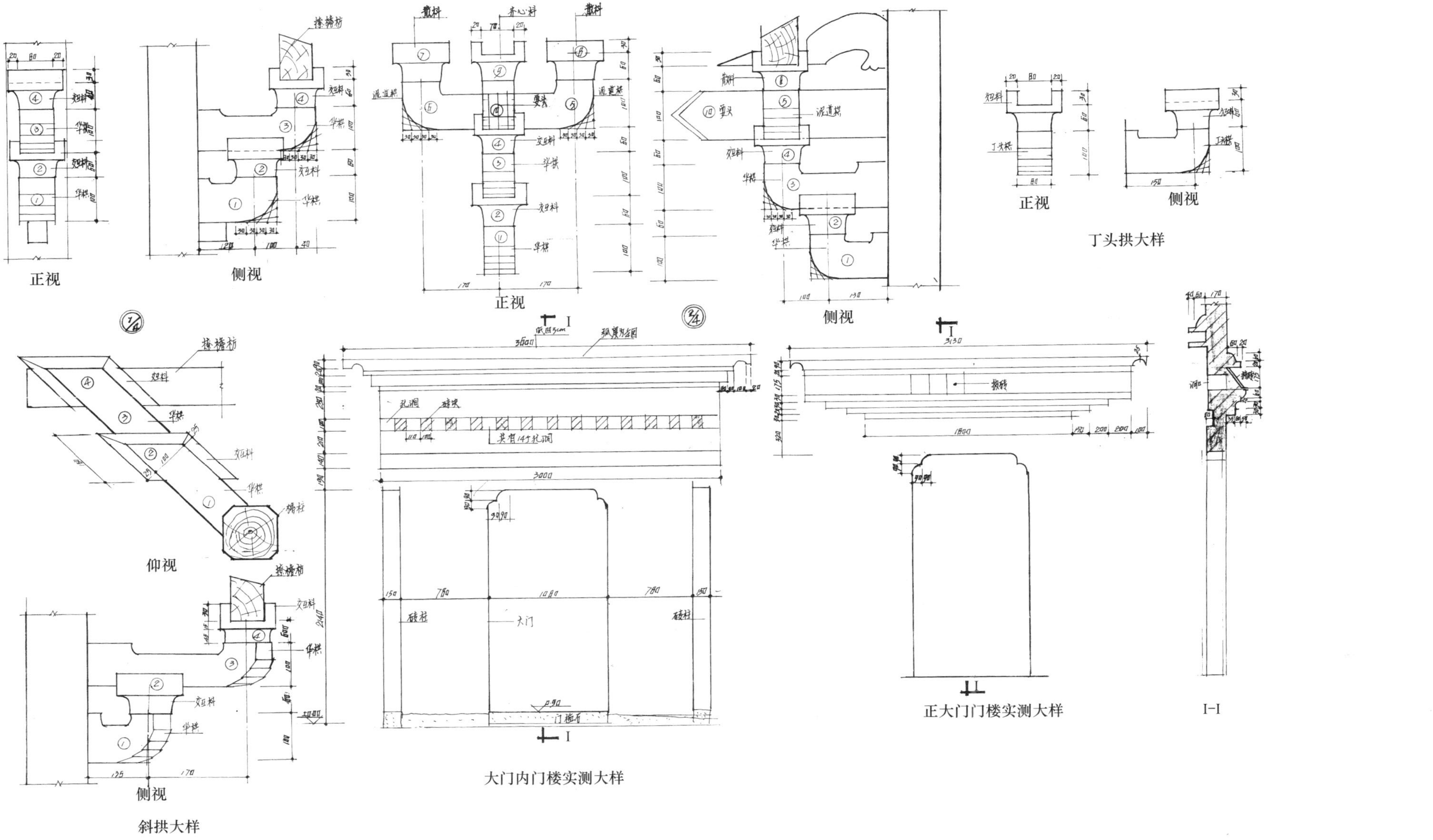

图7-22 方观田宅测绘图-构件及门楼大样图

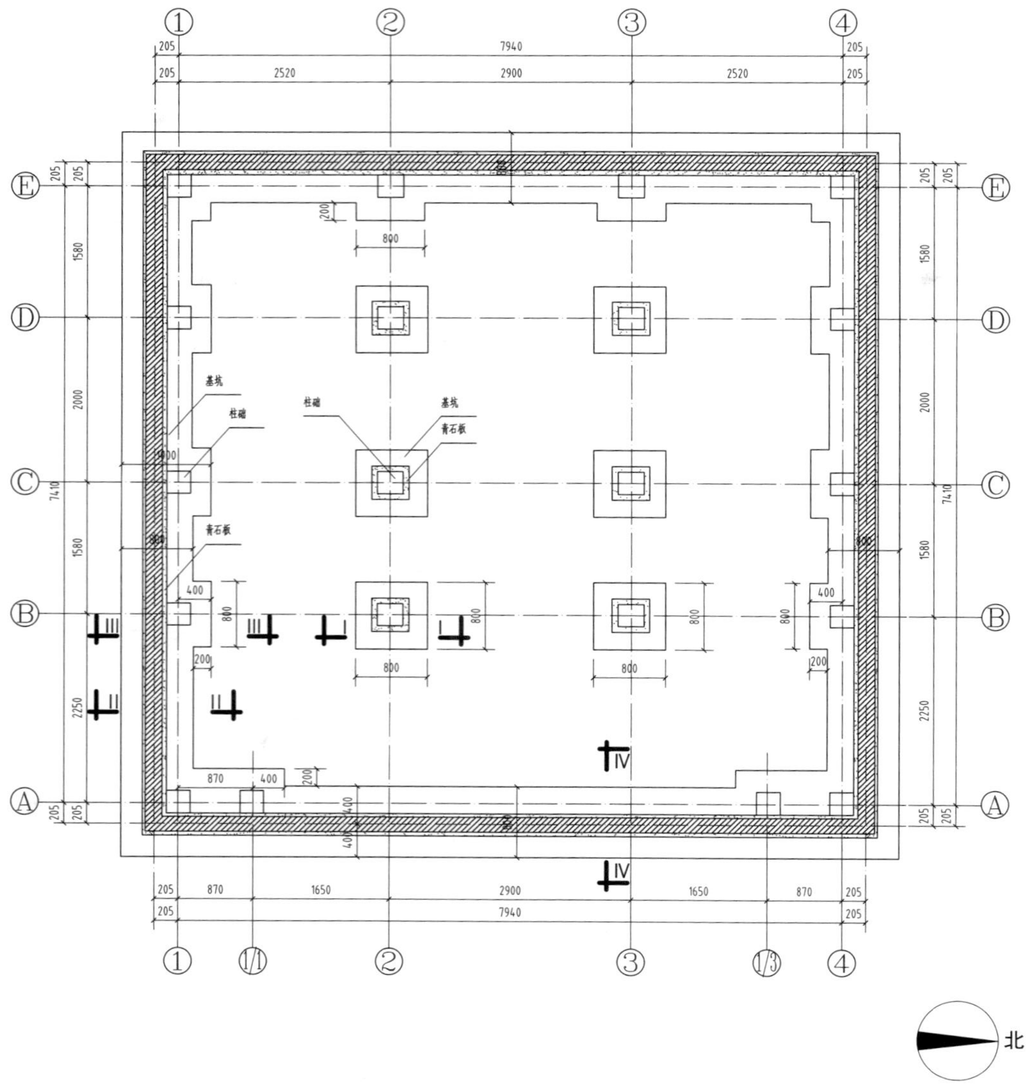


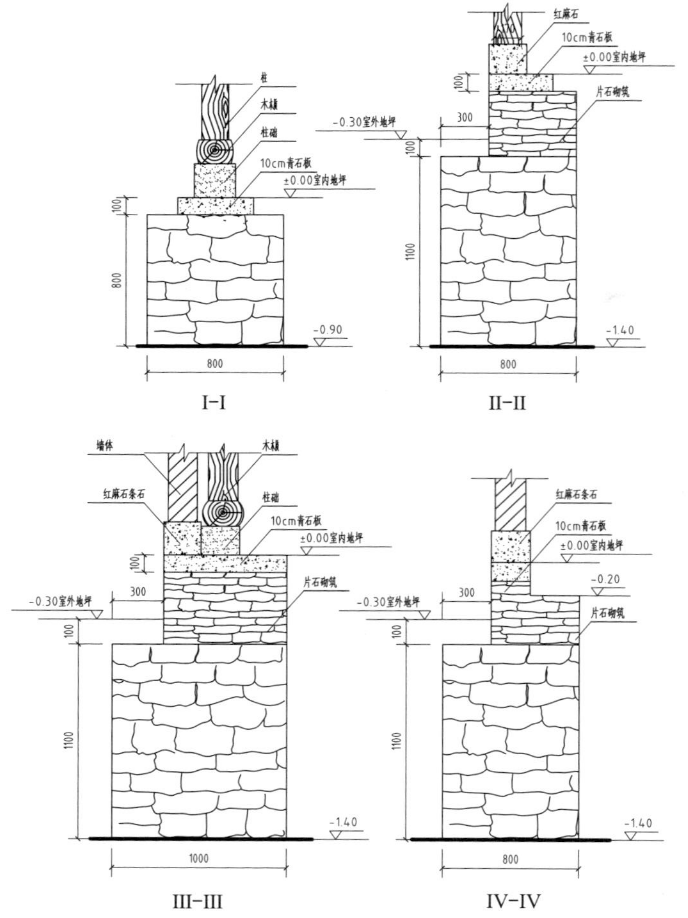


说明 材料：基础同毛石及片石采用75＃水泥砂浆砌筑，片石及毛石标号不低于100号.
屋基场地平整后，因各处土质均不相同，故施工时均应挖至老土且后进墙基可视土质情况，减小基础的埋置深度，但不得少于500.
注意天井部分的基础处理，如剖面IV—IV.
为满足基础的稳定性，东边墙基边缘离前拔边缘距离应大于3米.

图7-23　方观田宅施工图–基础平面及剖面图

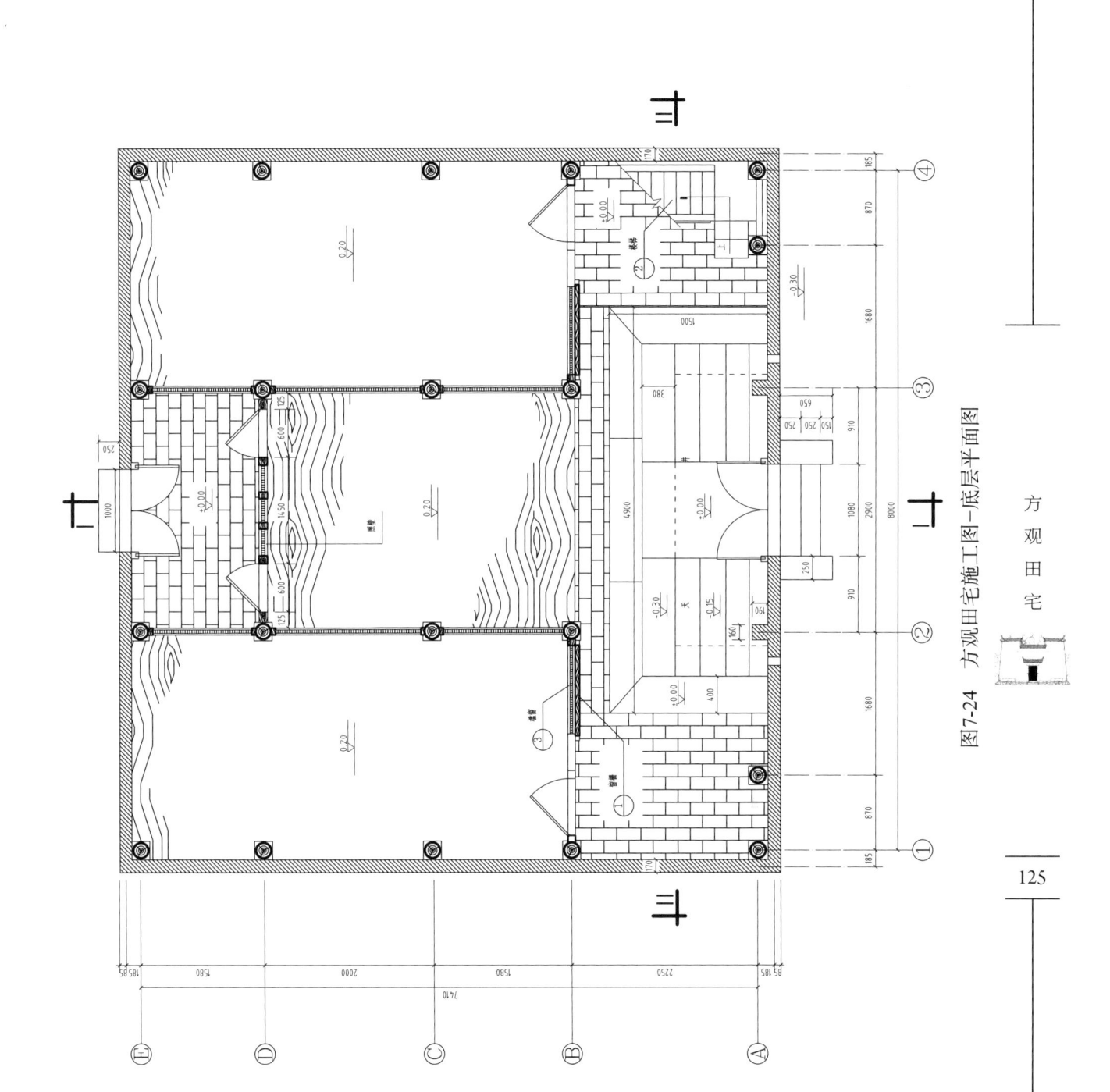

图7-24 方观田宅施工图-底层平面图

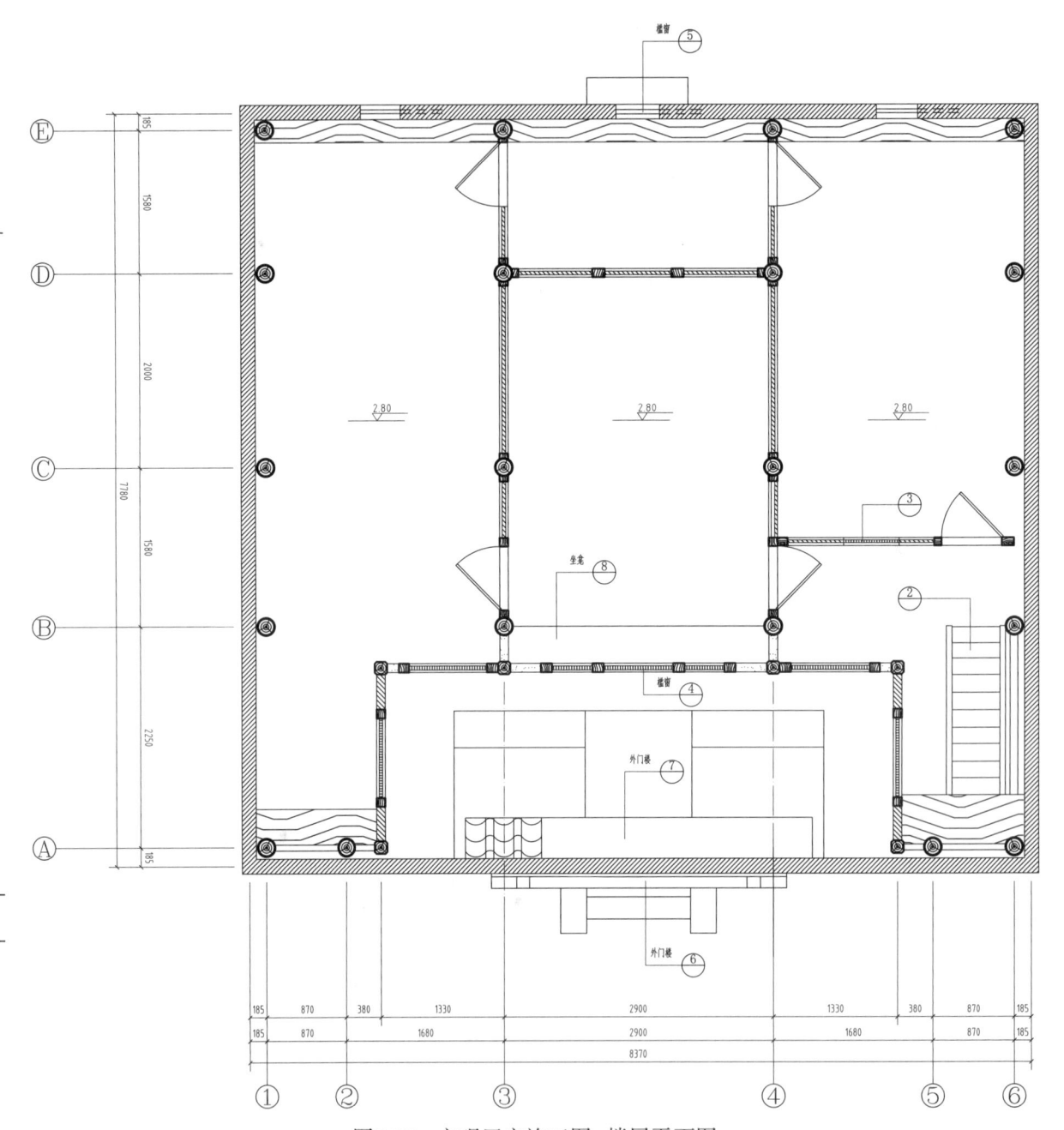

图7-25 方观田宅施工图-楼层平面图

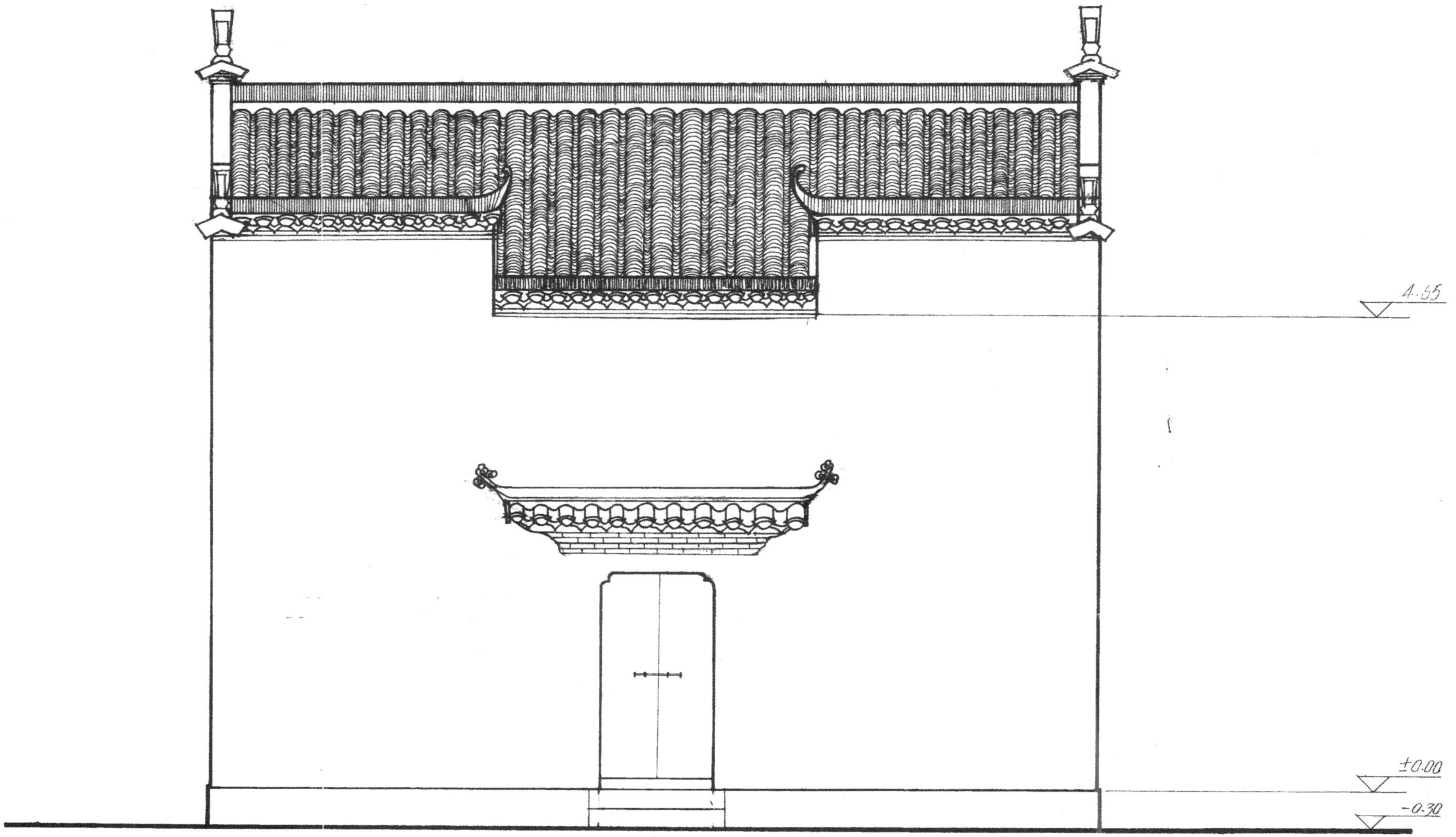

图7-26 方观田宅施工图-正立面图

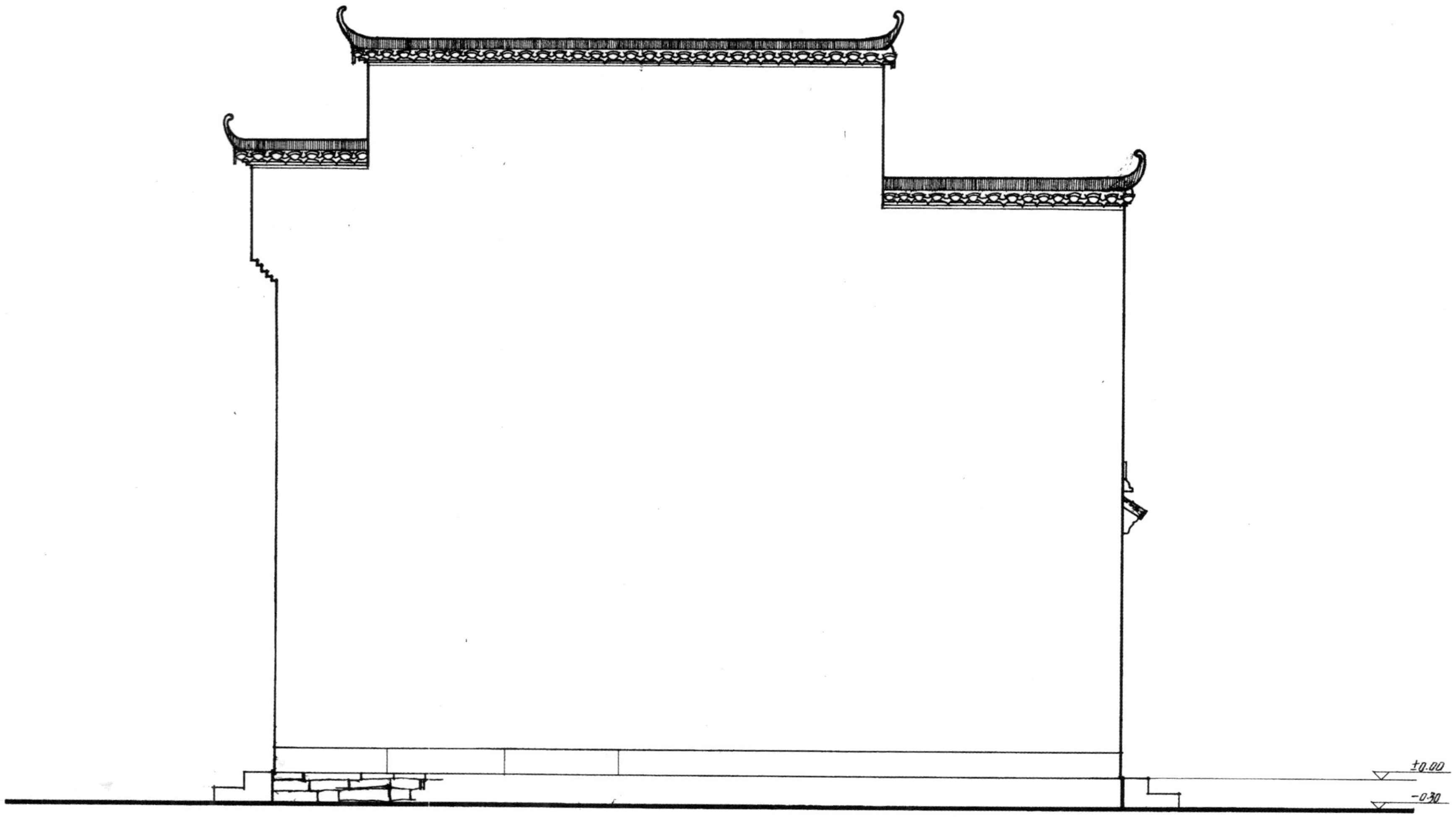

图7-27 方观田宅施工图-侧立面图

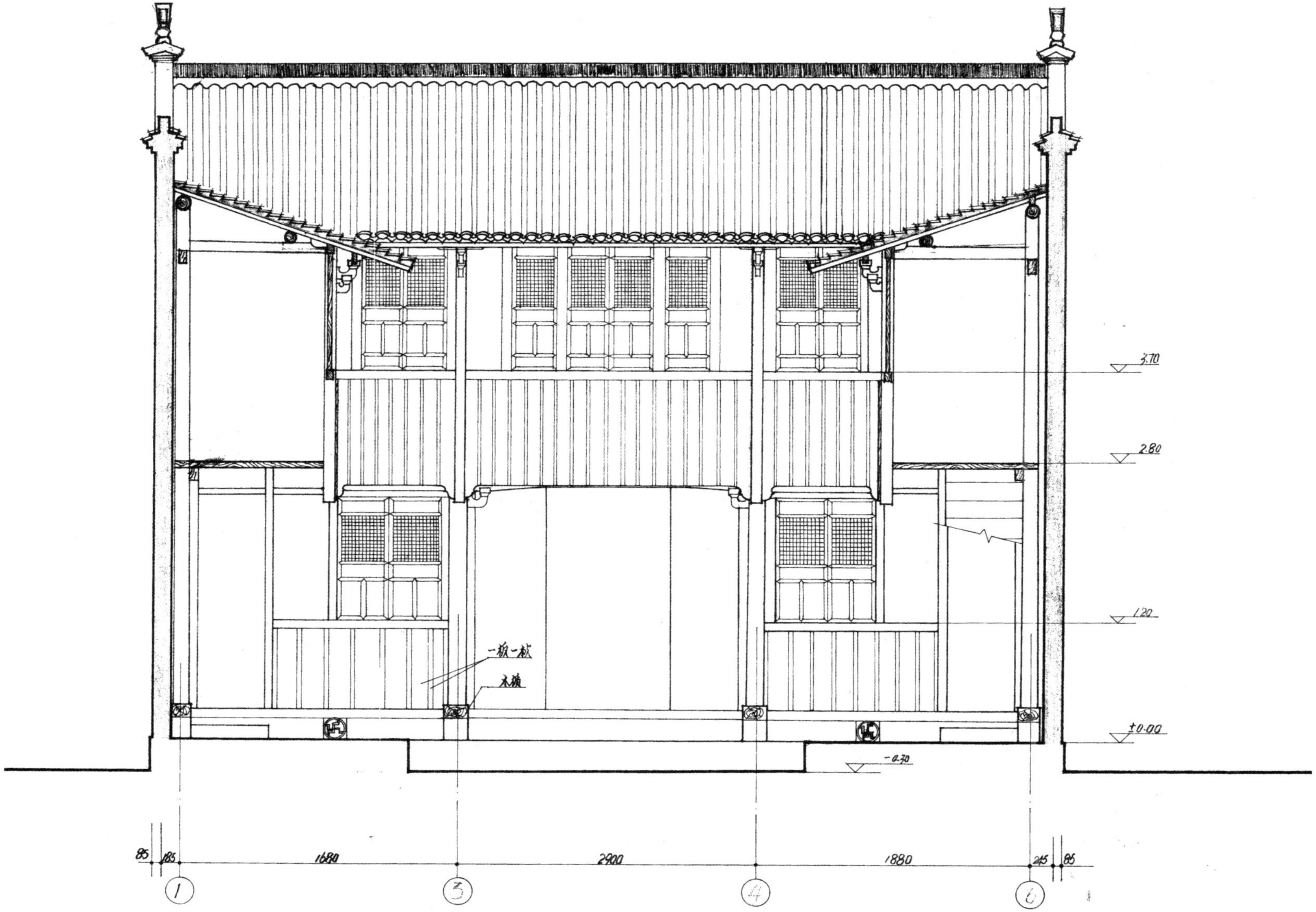

图7-28 方观田宅施工图-正屋前檐立面图

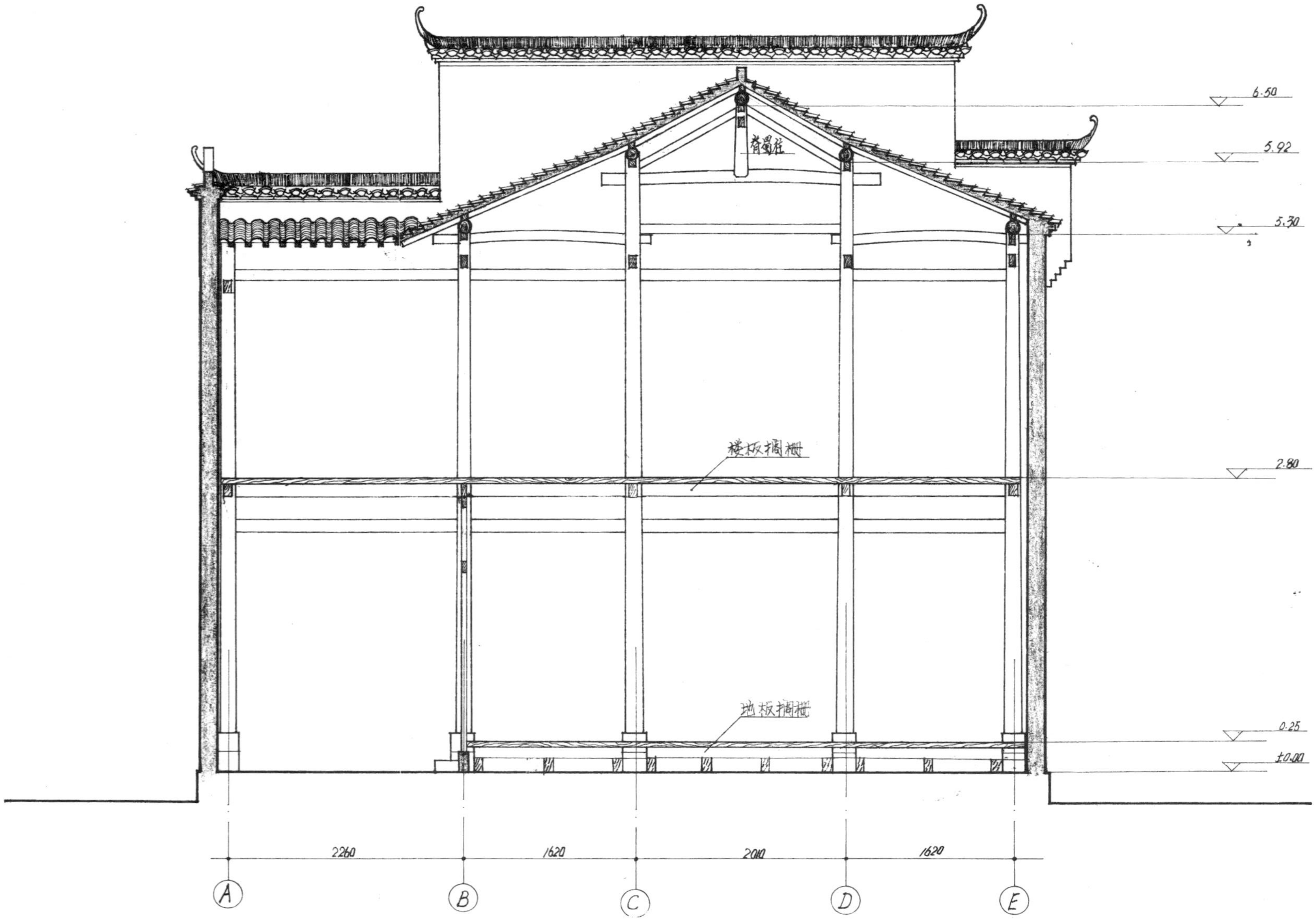

图7-29 方观田宅施工图-次间剖面图

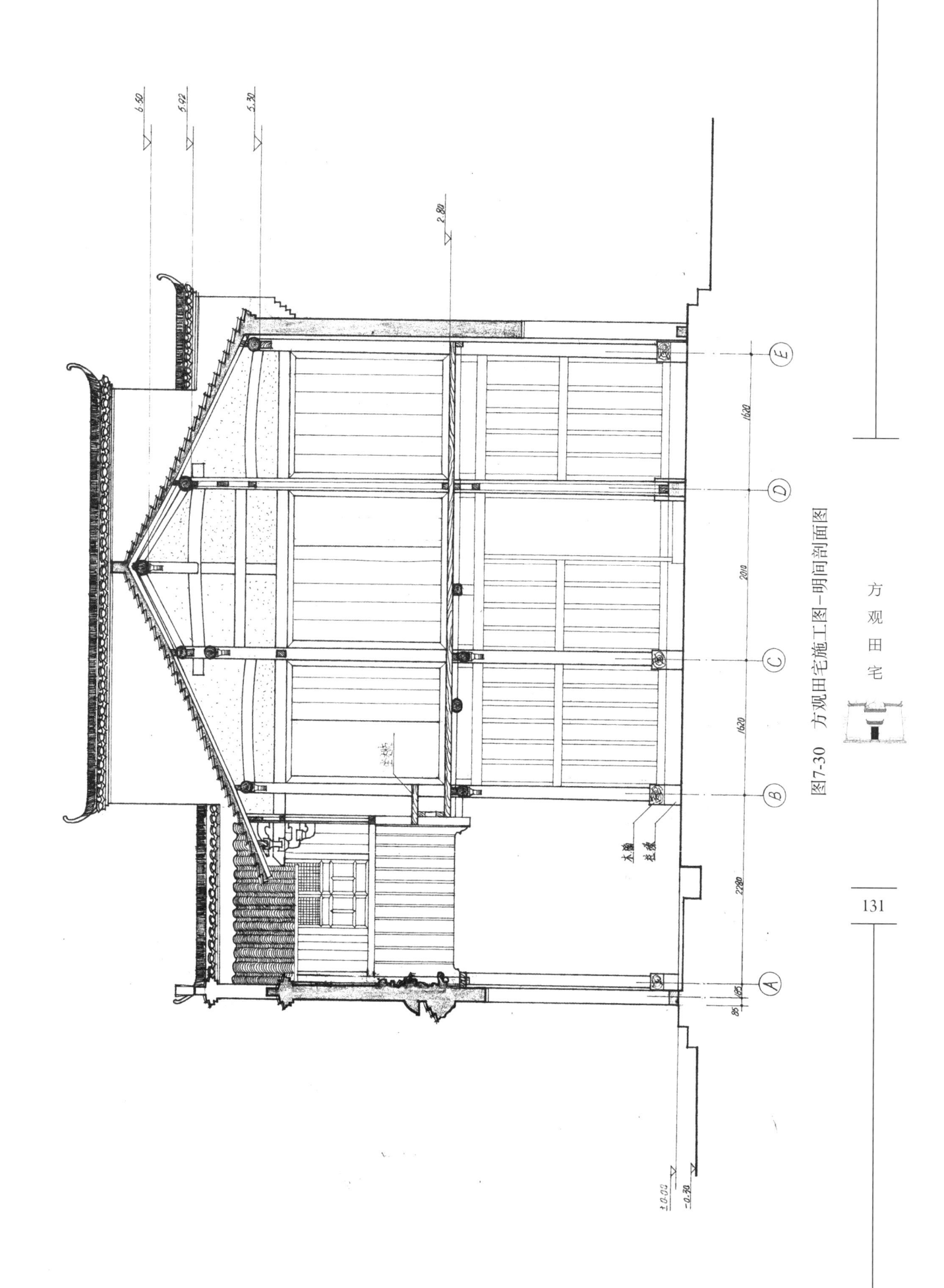

图7-30 方观田宅施工图-明间剖面图

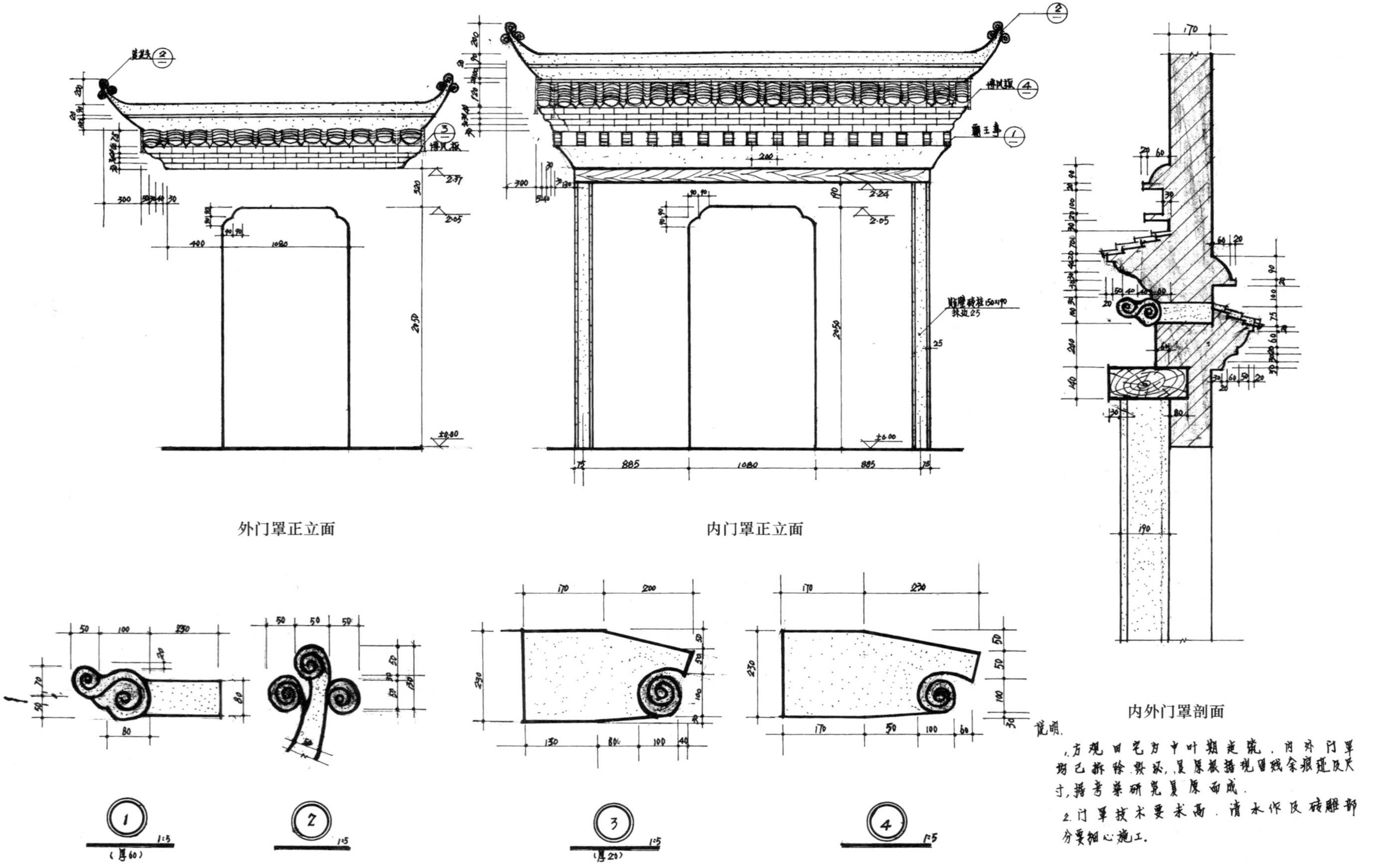

图7-31 方观田宅施工图-门罩大样图

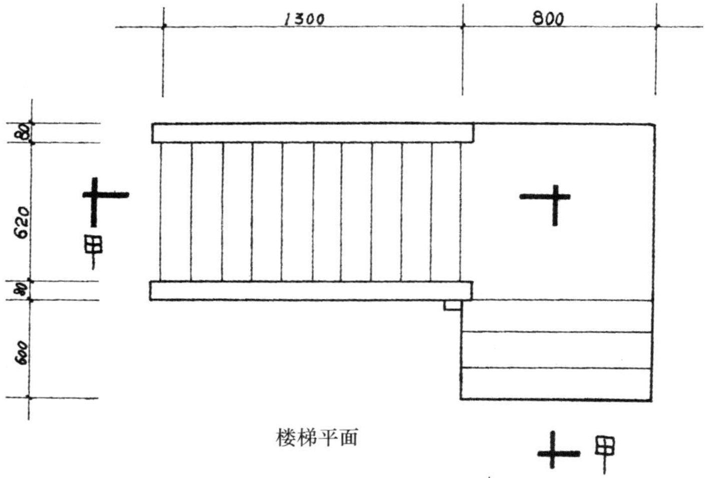

图7-32 方观田宅施工图-楼梯及墙头大样图

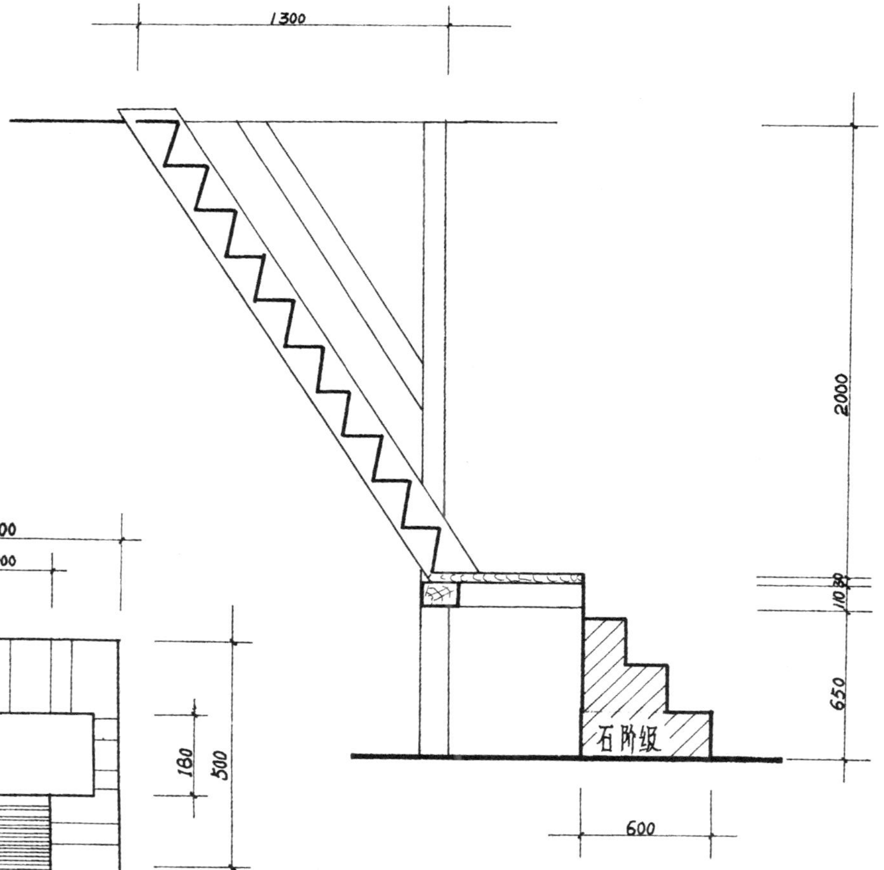

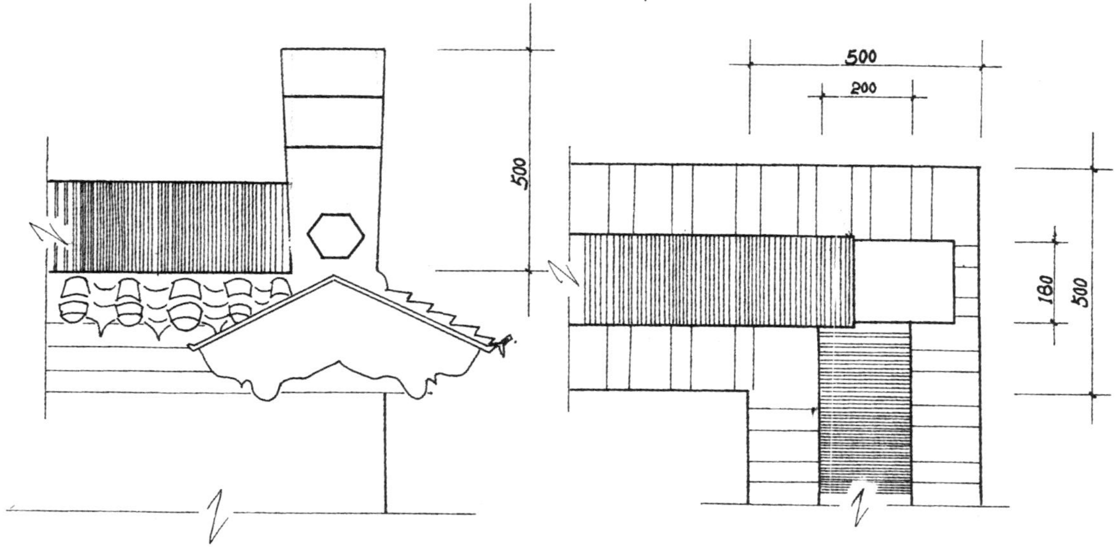

方观田宅

甲-甲剖面

楼梯平面

金花板雀尾

133

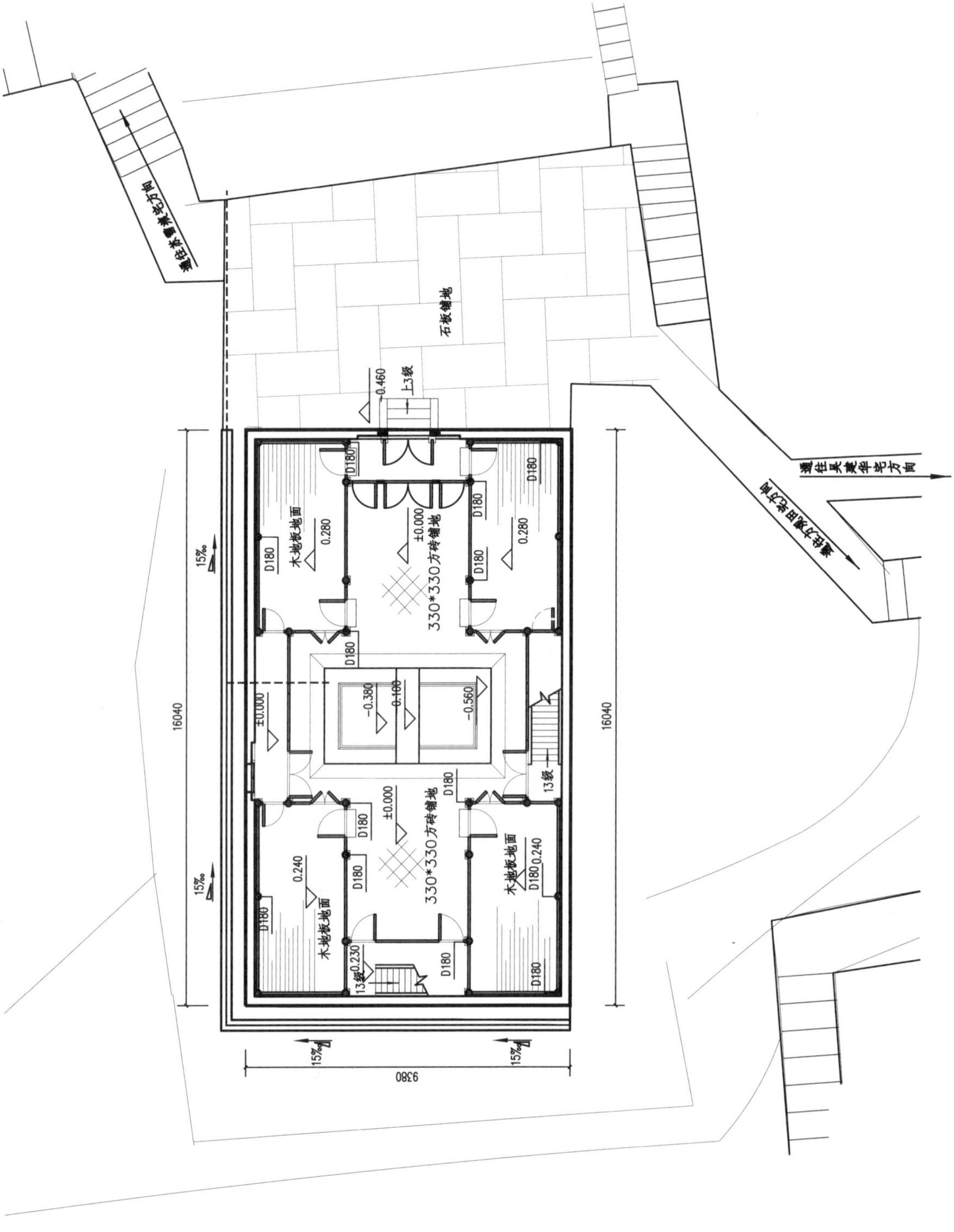

图7-33 方观田宅竣工图-总平面现状图

# 司 谏 第

## 一、概况

司谏第，现位于潜口民宅明园，是徽州潜川汪氏于明弘治八年（1495 年）为祭祀汪善所建的家祠。三间二进砖木结构四合院式厅堂建筑。面阔 8.56 米，进深 13.83 米，建筑面积 122.5 平方米。

汪善为潜川汪氏金紫族九世祖，明永乐四年（1406 年）进士。民国《歙县志》载："汪善，字存初，潜口人。由进士授吏科给事中，弹奏不避权贵，缙绅惮之。未几，出知夷陵州，累迁永州府同知，勤于抚字，有循良风。"明清时期，"吏科给事中"为吏科之谏官，"司谏第"得名应缘于此。

中华人民共和国成立后司谏第被登记为集体财产，20 世纪 60 年代以来，被村里作为粮食加工厂使用。门屋、两廊已被拆改，寝堂也面临多处险情和不合理使用造成的持续损坏。

建筑整体虽毁损严重，但寝堂部分，尤其是木构架保存较为完好。典型的明代厅堂梁架构造，保留着宋元建筑的遗风，也是研究宋、元以后徽州斗拱演化的珍贵实物。1981 年 9 月，司谏第被公布为安徽省文物保护单位。

司谏第碑记、族谱等相关史料留存较多。1986 年实施易地搬迁，复原至明代民居建筑群内集中保护。

## 二、原址原貌

司谏第原位于徽州区潜口镇潜口村中。潜口村为徽州区潜口镇镇政府所在地，是古来江、浙、沪、赣等地区南向进出黄山之入口，传因东晋大诗人陶潜曾隐居于此而得名。该村是一个有着千余年历史的文化古村，是古徽州汪姓大族的主要聚居村落之一。宋时汪氏迁入后，进入大发展时期，明清鼎盛一时。现村内有金紫祠、巽峰塔、恩褒四世坊、三眼井等众多古建筑遗存。潜口老街旧有"祠堂街"之称，包括金紫祠、惇本祠、司谏第在内的汪、胡、程等姓氏的各类祠堂共有 30 余座。

潜口汪氏主要分为下市、中市两支。宋元祐间（1086～1094 年），汪氏六十六世祖汪叔敖自唐模迁入潜口下市，为潜口下市（即金紫族）始祖。其后，汪氏六十八世祖汪时俊也从唐模迁入潜口中市，为潜口中市（即惇本族）始祖。汪善为潜川汪氏金紫族九世祖，明永乐四年（1406年）进士。享堂正中悬有永乐四年明成祖敕谕匾额（图8-1）。匾长154.5、宽82、厚9厘米，实木板，黑底描金字。文曰："皇帝敕谕进士汪善：朕惟圣贤之学，终始无间。德业大成，必资持久。尔绩学能文，克膺举荐。省览敷言，良深嘉叹。兹命尔归荣故乡，以成德业，副朕所期。毋自满而骄，毋自怠而纵。博学审问，慎思明辨。笃行未至，希圣希贤。俟朕有命，尔即来朝。钦哉！故谕。永乐四年三月二十五日。"汪善中进士当年即蒙恩"归荣故乡，以成德业"。后出仕无论是在京谏官，还是外放知州，都有嘉声。

图8-1 明成祖敕谕匾额（三级文物，现存于潜口民宅博物馆）

汪善曾在明永乐初年修葺金紫祠。今金紫祠碑亭中明代礼部尚书许国撰写的《潜川金紫祠记》中有"入国朝永乐初，公裔给事善一修葺之""永乐中，会司谏汪善戒子归修祀事"等文字记载。

司谏第是汪善的五个孙子皆丰盛后，为完成其父未竟之志而建"以奉大夫祀"的祀祖家祠。祠内原有红麻石刻碑《奉政大夫汪公祠堂记》一方，上面对此有明确记载："……遂于居第右洁地一方，构堂三间，翼以两庑，前为三门，而垣周之，以奉大夫祀……虽然此非汪氏通族之祠，一家之祠也，使有家者皆有祠，以祀其先，则小宗之法行矣……"明弘治十三年（1500年）建此屋所立碑记，为红麻石雕琢，后被邻家取石制作门沿石柱，文字凿损许多，无法修补。

司谏第坐落于潜口老街56号，朝向西南，面街。右侧及后方均有民居毗邻（图8-2、图8-3）。左为睦慈巷，紧邻吴建华宅。吴宅亦为明代民居建筑，根据碑记记载的方位，应为司谏第主人祖宅。

祠堂大门前，原悬挂有弘治十三年"司谏第"匾额一块；明间阑额上有"劲节高标"四字匾额。现已遗失不见。

为便利加工厂粮食运输和门户上锁，大门改成四开木板排门。门屋、廊庑除保存部分外墙

图8-2 原址鸟瞰图（1） 　　　　　图8-3 原址鸟瞰图（2）

体外，内部原构造基本拆除。门屋木构草架，廊庑及天井水池被填平后，支搭木棚，庭院成为粮食加工和临时存放物品的场所。天井水池护栏全部遗失，后发掘天井时，发现部分栏杆构件。

寝殿木构架整体保存较为完整。因为屋面渗漏和雨水侵蚀，局部有霉烂和糟朽，尤其西次间前檐柱缺失，屋檐朽烂，完全靠打木撑支持。后金缝间，原有装饰和隔扇屏风装修，现遗失。屏风后石砌神龛座基本完整（图8-4～图8-8）。

图8-4 原址享堂次间檐口仰视 　　图8-5 原址庑廊支搭木棚 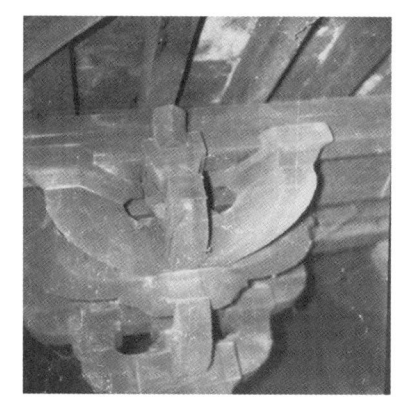　　图8-6 檐口斗拱

图8-7 柱头斗拱 　　图8-8 享堂神龛须弥座

寝堂部分摆放粮食加工机器的，被改成水泥地和支架机械的水泥墩。地面墁地大方砖毁损不见。

祠堂墙体，前门屋部分基本拆除，廊庑外墙也已拆毁大半，后半部寝殿墙体较完整。外墙为硬山，饰砖砌博风板。屋面勾滴残缺。屋脊及饰件毁损。

## 三、现状特征

司谏第位于明园山庄中心地带，坐西向东。由门厅、两庑及天井、享堂组成。

### （一）门厅

门厅三开间，三檩二步架，双披水，青瓦屋面，明间屋面，高于两次间悬出。次间硬山[①]，饰以混水博风。屋面、屋脊均有生起，形成参差错落的外观，正脊两道砖作花脊线，末端设鳌鱼[②]吻兽。

门前设三道红麻石五级踏步，地坪高出门外广场80厘米。建筑内立柱均为梭柱，柱下设覆盆式柱础。门厅脊柱间设隔墙，将前檐和后檐区分成两个空间，前为入口门廊，后为门厅。次间后檐与廊庑衔接，形成内天井；中轴线上设大门、红麻石抱鼓，座基为须弥座形式。大门，双开镶砖鼓钉实拼板门，两侧边门，为双开实拼木门。

门厅前檐、后檐柱间均设月梁，用料硕大。梁眉采用单线刻制，呈月牙状，梁头下施丁头拱，四瓣卷杀，拱眼雕花一朵，梁榫以梅花形关键销紧；月梁上施补间铺作，心间二朵，余一朵。檐柱上出二跳插拱，第二跳计心，支撑罗汉枋、撩檐枋出挑屋面，无飞椽。前、后廊均施复水椽，列向柱间以月梁、列枋连接，上背均施云浪纹驼峰，承金檩。

### （二）两庑及天井

两庑单间，一披水。门厅次间后檐月梁上立蜀柱，寝堂前檐次间月梁上亦立蜀柱，两蜀柱间设月梁，上承檐檩，蜀柱上出二跳插拱支撑罗汉枋、撩檐枋出挑屋面，形成南、北两侧廊庑。

天井居中，为红岩石砌筑长形水池，深1.26米，中设单孔拱桥甬道，形成两个矩形水池，四周围以石雕栏杆。栏杆施雕刻。

### （三）享堂

享堂三开间，彻上明造，明间抬梁式，两次间靠山墙梁架为穿斗式。梭柱披麻作灰，黑

---

① 硬山式屋顶有一条正脊和四条垂脊。这种屋顶造型的最大特点是比较简单、朴素，只有前后两面坡，而且屋顶在山墙墙头处与山墙齐平，没有伸出部分，山面裸露没有变化。

② 一种鱼尾兽吻脊饰，宋辽始见，徽州传统建筑普遍使用。具有灭火和祈愿丰收之意。

漆，覆盆形红石质柱础。丁字拱拱眼雕刻一朵花，卷刹明显。地面大方砖斜铺。

寝堂明间前檐柱间设月梁，梁上施补间铺作二朵，后出挑斡①斗拱承前下金檩。前檐柱上出二跳插拱、出耍头②，支撑罗汉枋、撩檐枋出挑屋面，无飞椽。插拱和补间铺作均为斜拱，一跳华拱上出45°斜拱和瓜子拱。斜拱是宋、辽、金时期建筑特征之一，在徽州明代住宅也常使用，俗称喜鹊巢。司谏第享堂前檐斗拱，还保存着宋代遗规，上昂骑在里跳华拱上，有枫拱③。

明间抬梁式五架梁上施雕花平盘斗一对，斗上立蜀柱，蜀柱与前金柱、后金柱间设单步梁，蜀柱之间以三架梁相连，梁上立平盘斗及蜀柱承脊檩，蜀柱两侧，设异形卷草叉手，梁头下设丁头拱。寝堂次间前步同明间，脊柱落地，边列各柱间均以列枋、剳牵连接，枋间饰以芦苇墙，下列枋与地栿石间施以板壁。寝堂前金柱间装饰斗拱及满天星围风窗，寝堂檐檩缝，丁头拱为重拱。后檐檩架于两侧山墙。

寝堂后金柱间设隔扇门，门后为红岩石砌筑神龛座，神龛座1.6米高，红麻石雕琢成的须弥座分上、下两层，有束莲和竹节图案，雕刻工艺精美。

屋面檩上施椽椀，椀支木椽，椽上铺方形望砖，望砖之上铺盖小青瓦。山墙为青砖实砌。围护墙内壁与东侧列柱架平，再用青砖竖砌装饰墙，墙面粉白石灰。

## 四、文物价值

司谏第是典型的明代民间祠类建筑，徽州家祠的经典实例，具有很高的历史文化价值。徽州祠堂一般分为总祠、支祠、家（房）祠。祭祀一世祖或者始迁祖的为宗祠，分支后，某支某堂另建的则为支祠，一家专为自己祖先建造的则为家祠，也称香火屋。司谏第建祠背景、内容等翔实可考，其碑记和匾额史料价值较高，是研究徽州家祠的珍贵实例。

司谏第明代建筑风格显著，宋元建筑遗风和韵律清晰在目，是研究徽州古建筑早期风格特征的代表性建筑之一。司谏第建造于明弘治初年，建筑内梭柱、覆盆柱础、月梁、45°铺作、莲花托、雕花垫木、榑等构件，在建筑风格上保留着宋、元营造古法的韵味；寝殿明间用五架梁加前进单步，设廊，未用卷棚，廊柱与檐柱之间加施乳栿、剳牵，同宋厅堂做法相仿。

斗拱式样古拙，具有鲜明的时代特征，是宋元以后斗拱演化的珍贵实物。外檐补间铺作外跳五铺作出双抄，斜拱承枋。一跳头横向施枫拱，里转用上昂，昂尾自栌斗心出，昂首翘起，直抵四跳交互斗，上承罗汉枋。交互斗十字开口，横向亦出瓜子拱；纵向四跳卷头，挑以单幅云"耍头"，耍头与四抄华拱尾部相交，一跳头横向出枫拱。枫拱是由横拱演化而来的翼形斗拱，向外倾斜，使用早在唐代，宋元沿用，都素无雕琢。司谏第枫拱，宛如流云飞卷，造型玲

---

① 宋代木构建筑大木作斗拱下昂后尾构造术语。指彻上明造下昂后尾上部的一种构造方法。
② 古建筑大木作斗拱构件名称。在翘、昂头上雕成折角形的木构件，因其形似蚂蚱头，故清式又作蚂蚱头。
③ 明清江南特有之拱，翼形拱类，由横拱退化演变而来，向外倾斜，造型玲珑，拱面雕镂纹样，甚具装饰性。

珑，雕琢纹饰剔透，显示出明代营造风尚。《营造法式》将斗拱组合中的主要部件昂分为两类，即下昂与上昂。从功能上看，上昂的作用与下昂相反，其专门应用于殿身槽内里跳及平座外檐外跳，适应于在较短的出跳距离内有效提高铺作总高度，以创造一定内部空间的特殊构造。出昂铺作在江南明代大木作中较为稀少，是研究宋元以后斗拱演化的珍贵实物。

## 五、迁建工程

### （一）迁建过程

1986年10月10日，拆除司谏第前进两廊；

1986年10月20日，潜口民宅工地开始下基础；

1987年3月16日，拆寝堂木构架；

1987年3月26日，发掘天井水池；

1987年4月16日，新址开始竖寝堂屋架；

1987年4月27日，屋架竖完；

1987年8月2日，前进及两庑竖屋架；

1988年5月，复原工程竣工（图8-9～图8-17）。

图8-9　拆卸华拱　　　　图8-10　拆卸梁头　　　　图8-11　拆卸叉手

### （二）迁建新址

司谏第迁建选址在潜口民宅明园山庄中部，处于古建筑群集中分布、地势较为平缓的核心地带。建筑坐西朝东，后靠护磅，门前辟石板广场，前方下石阶梯至前方吴建华宅。吴建华宅为司谏第主人住宅，同时搬迁两建筑至潜口民宅集中保护，并前后比邻而立，强化了徽州家祠的属性。

司谏第北有石板道路通方观田宅；南向小径转屋后，接善化亭、乐善堂上下石阶梯（图8-18～图8-20）。

图8-12 拆卸享堂前檐铺作

图8-13 拆卸檐口斗拱

图8-14 拆卸享堂屋面木结构

图8-15 木构架拆卸（1）

图8-16 木构架拆卸（2）

图8-17 发掘天井水池

图8-18　复原现场（1）

图8-19　复原现场（2）

图8-20　复原现场（3）

## （三）维修要点

（1）门厅已经拆改，但地基尚未变动，埋于现有地坪之下，发掘后弄清原基址的结构、形制，根据《奉政大夫汪公祠堂记》记述"构堂三间，翼以两庑，前为三门而垣周之"，结合现场遗址、遗构勘察，依据施工图纸，复原两庑和仪门。通过寻访相关地方人士，施工图曾作门廊外两八字墙设计，终因缺乏合理依据而最终放弃。有记载称中门前原有石狮、牌坊，因无实物，也无遗迹可考，不恢复。

（2）原天井水池已填平，遗址发掘知是深水池，过道为单孔拱桥，池周有石栏杆。根据发掘尺寸，石壁、池底、石拱桥、石栏杆等依据施工图纸复原。

（3）地基发掘中，在享堂神龛前沿和拐角处找到原墁地大方砖的残物，依据方砖规格尺寸，到古建材料厂订制。

（4）神龛前的屏风隔扇门，根据明代建筑呈坎罗东舒祠隔扇式样复原。

（5）屋面正脊采用花板脊做法，花板等构件参照善化亭花板式样烧制，吻兽按照善化亭正吻等比例放大。

## （四）工程资料

主要有原状测绘图、照片、施工图等，无勘察维修设计文本和竣工资料（图 8-21～图 8-45）。

《奉政大夫汪公祠堂记》碑文：

> 奉政大夫汪公祠堂记
>
> 赐进士及第朝议大夫南京国子监祭酒前春坊
>
> 谕德翰林院侍讲经筵官同修国史安诚　刘震　撰文
>
> 朝列大夫同知福建都监运使司事传桂里　吴绅　书册
>
> 赐进士出身奉训大夫署兵部车驾司员外郎行孝里　　黄华　篆额
>
> 古者大夫士皆有庙，庙制发之久矣。送儒始酌，古者为祠堂，而报本反始之义笃焉。知行重其思，忽之新安潜川。故奉政大夫同知永州府事汪公讳善，字存初，由进士任谏。坦历知夷陵万州升永州。宣德庚戌五月卒。子下葬于贵笋先茔之次，若干年，有孙五人：思积、思旻、思进、思浩、思桂皆丰盛。安豫以长，后人聚而叹：且谋吾家之昌，大夫府君之泽也。祠事当急，而况显者乎？吾父以继承之宗，有志未遂，而我辈可复谊乎？遂于居第右，洁地一方，构堂三间，翼以两庑，前三门，而垣周之，以奉大夫祀。弘治乙卯肇工，己未造完。思进兄特致兄命请于予记。惟礼莫大于祭死，因以报本亦所以生者知其本也。上有示，而下有承，则子孙继续知本也。同而亲睦罔闻，今大夫进则惠于民，退则福家。祠而祭之固其分也。然往者之心堂独贤以显子躬，而不有望其后乎。几时拜祀祭下，瞻望神像，能不惕然兴思。思之若何？思积以孙祭祖，本与从兄弟为宗，今无兄弟而有亲兄弟焉，必思亲睦无悉前其祖也。自是而下，以曾孙祭高祖者，无再兄弟而有从兄弟焉？宁必思亲睦无悉曾孙也。以玄孙祭高祖者有三，从兄弟而有再从兄弟焉！必思亲睦无悉于高祖，至玄孙之子而服始尽。诚思一本之分，递知其重，而孝不衰，则礼仪忠厚之裕，诗书道德之习，本深末茂而贤且显者，将世出焉。以光大夫无穷之泽，皆自兹睦祠始也，思积昆季之谋不亦远乎。虽然此非汪氏通族之祠，一家之祠也，使有家者皆有祠，以祖为先，则小宗之法行矣。而无不然盖知其重者，期一为之也。是祠既立，大夫当有祀，曾孙若报之诚，家声和而俗化美率比基焉。此古人立祠之意。故记之，以见祀事，有碑于名教也，岂徒岁月而已哉。
>
> 弘治十三年岁次庚申九月望日立

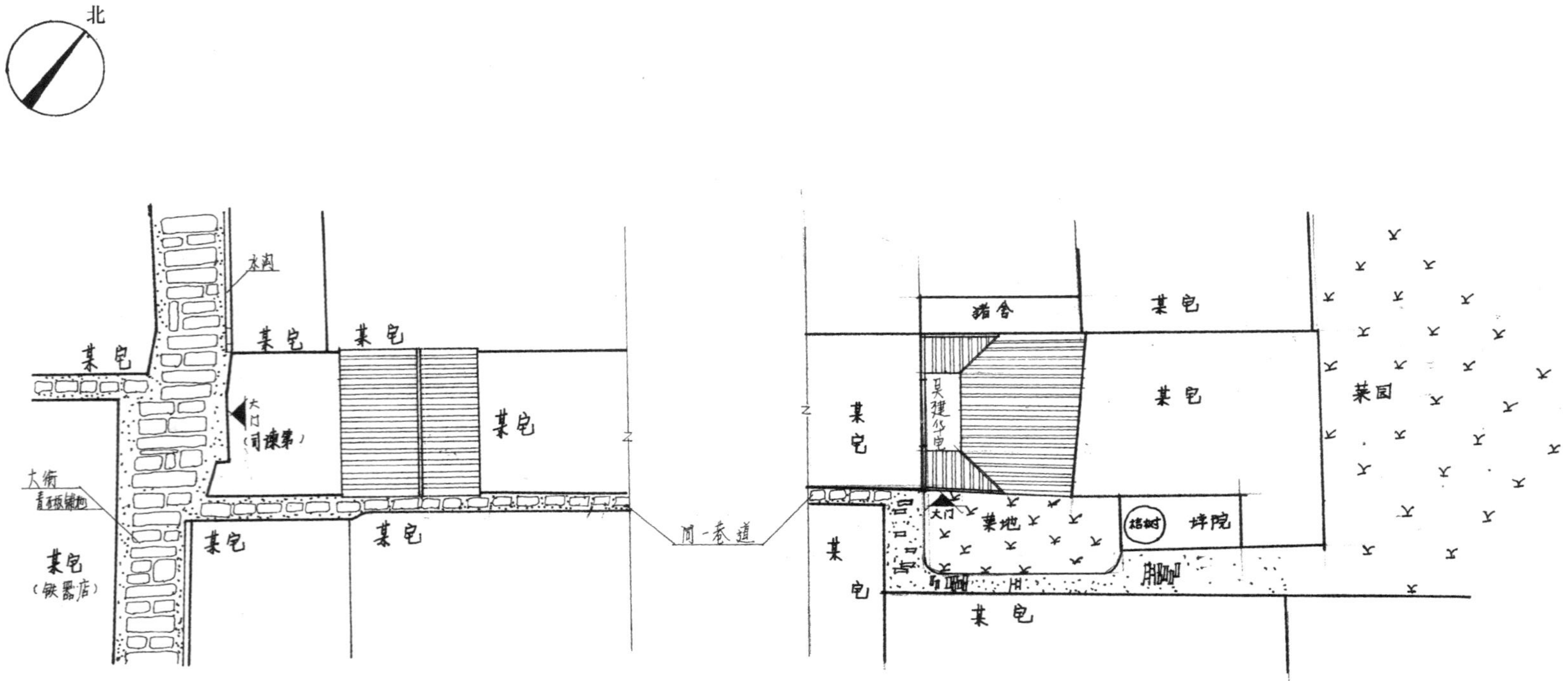

图8-21 司谏第吴建华宅实测图-位置示意图

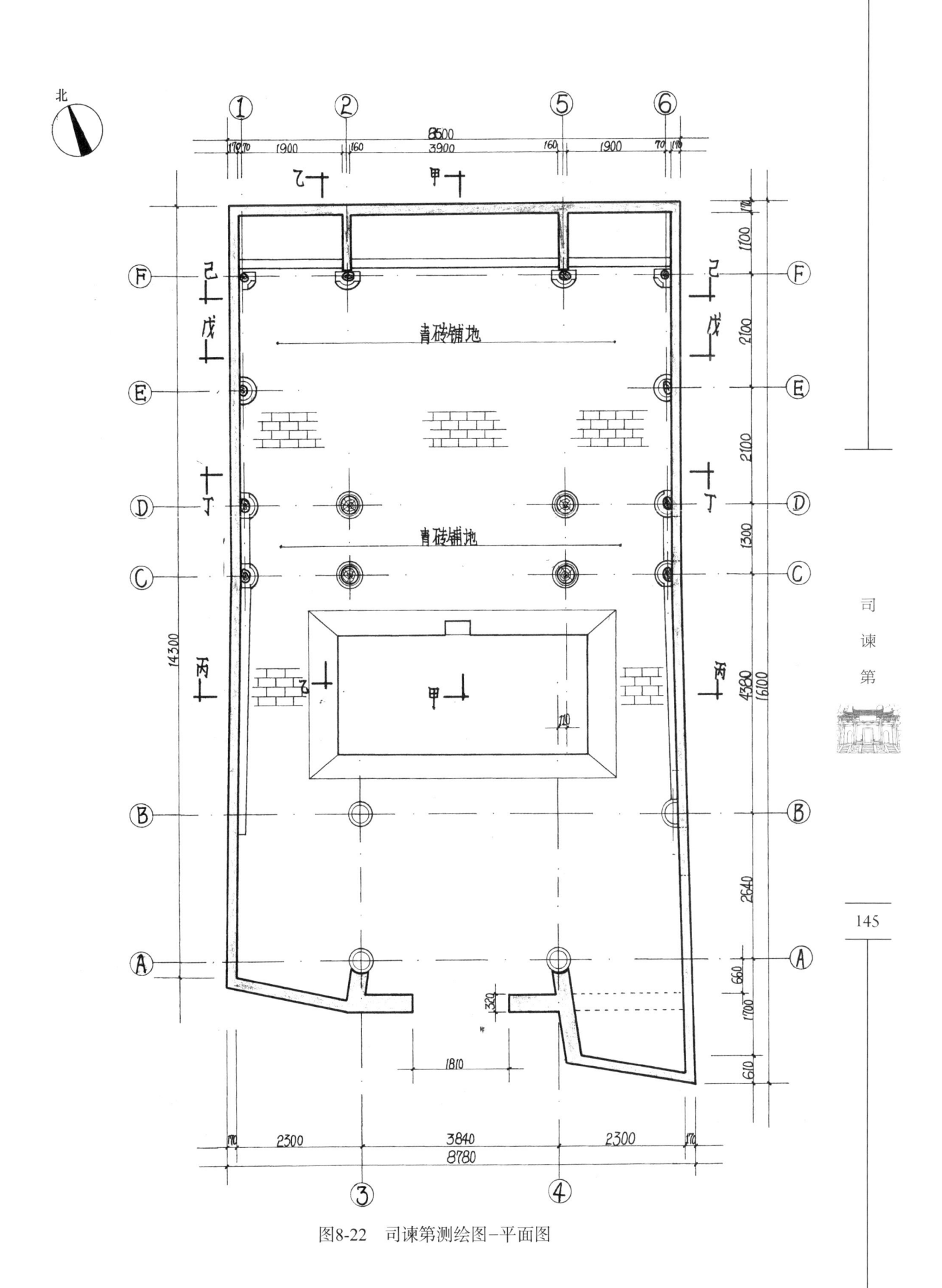

图8-22 司谏第测绘图-平面图

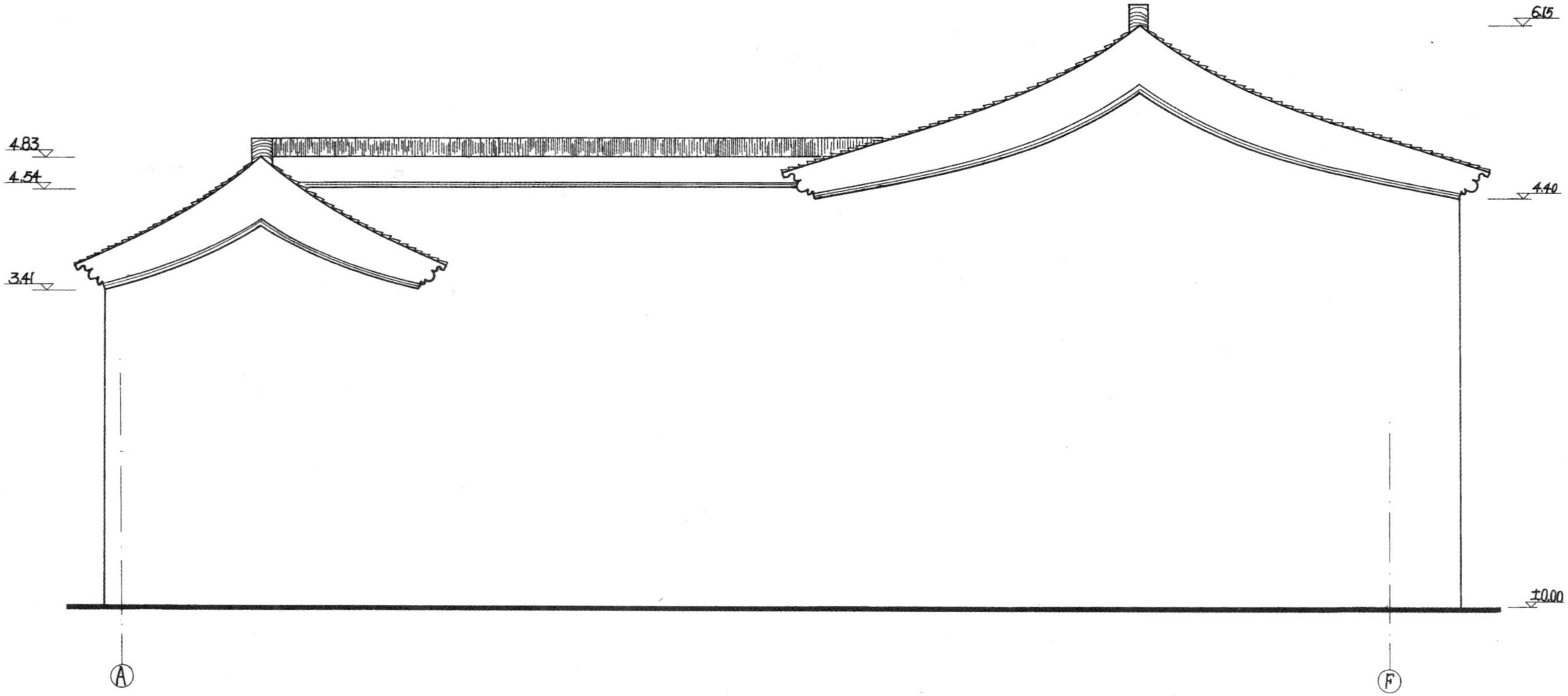

图8-23 司谏第测绘图-侧立面图

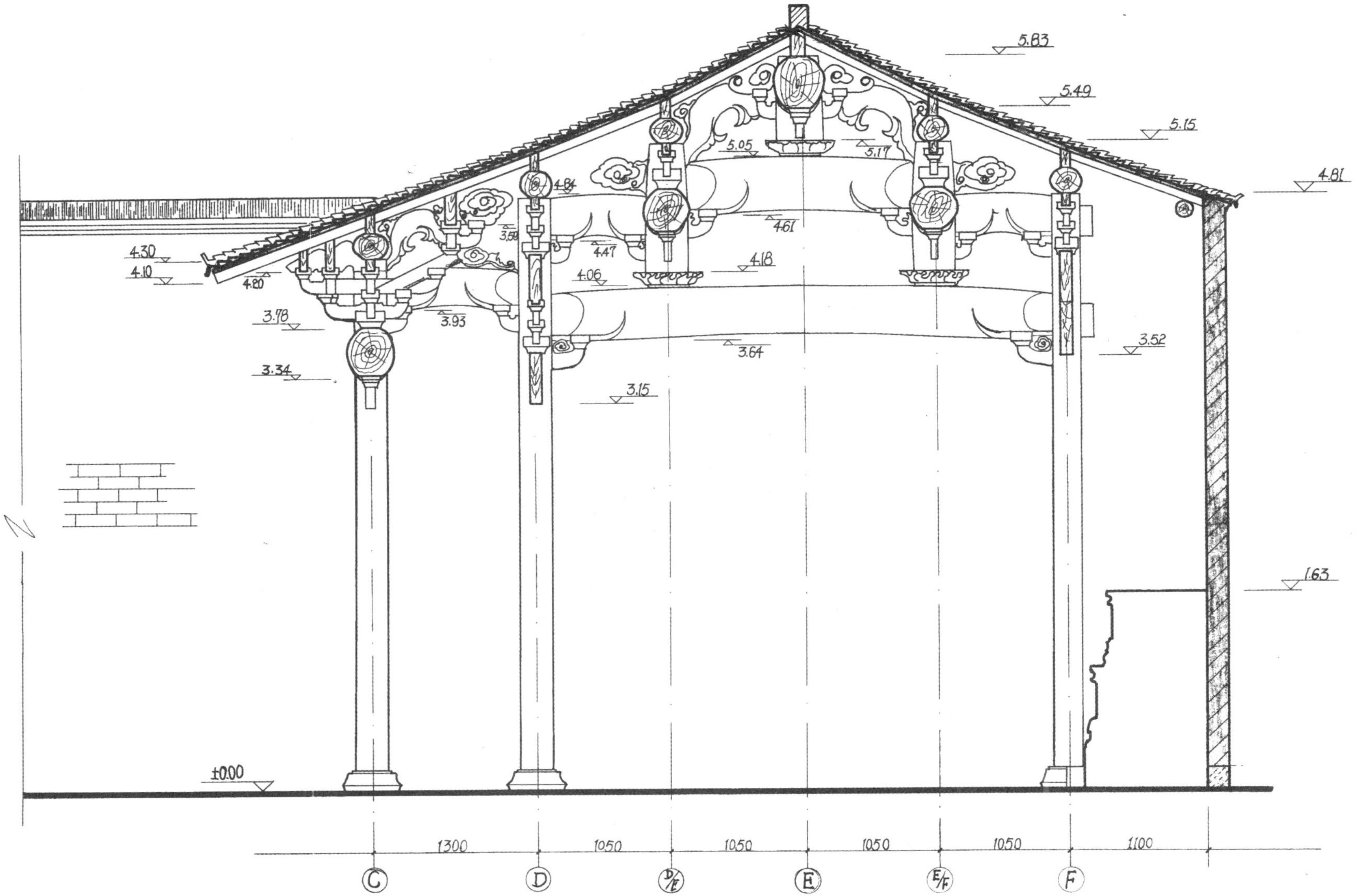

图8-24 司谏第测绘图-享堂明间剖面图

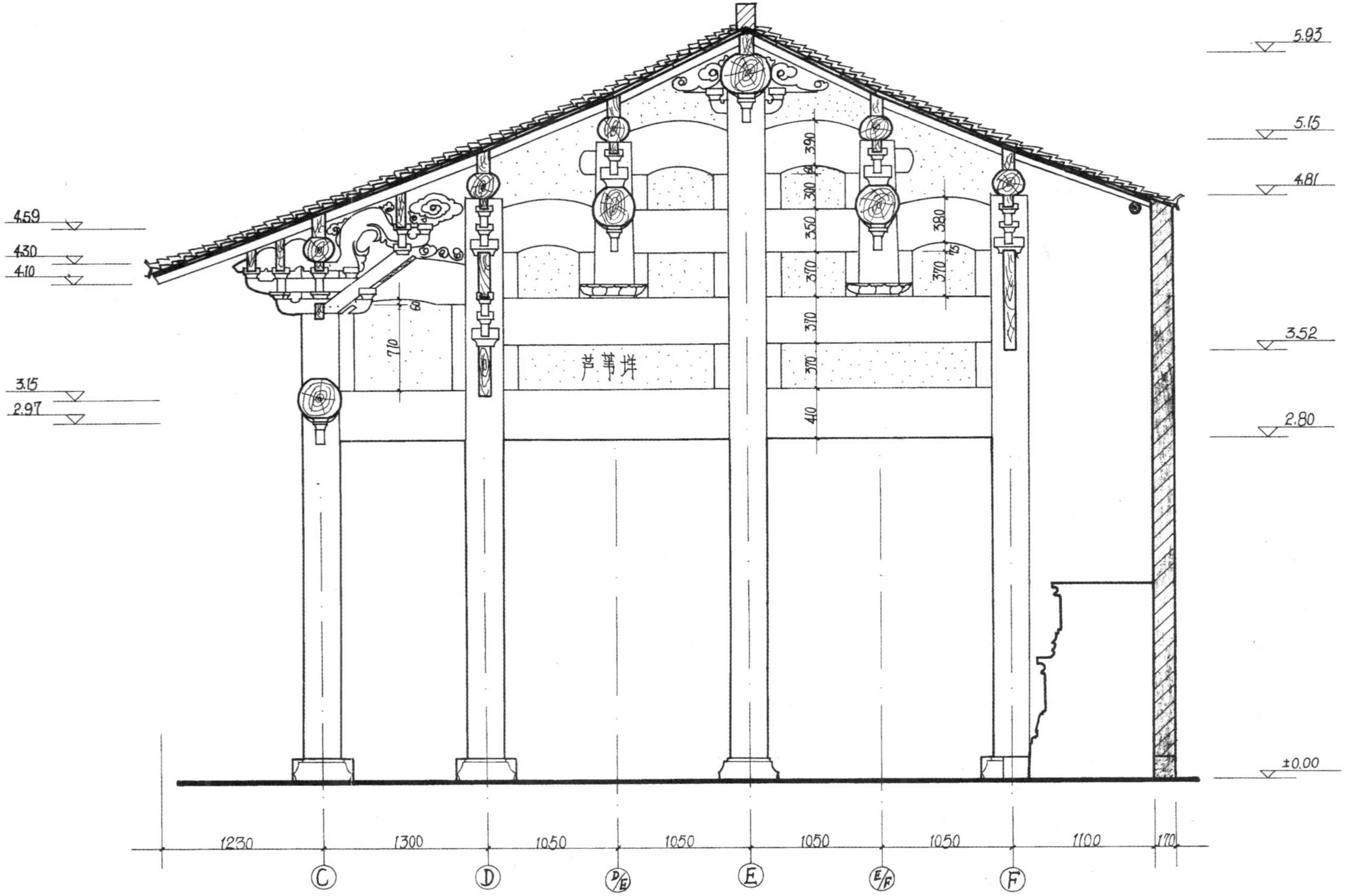

图 8-25 司谏第测绘图-享堂次间剖面图

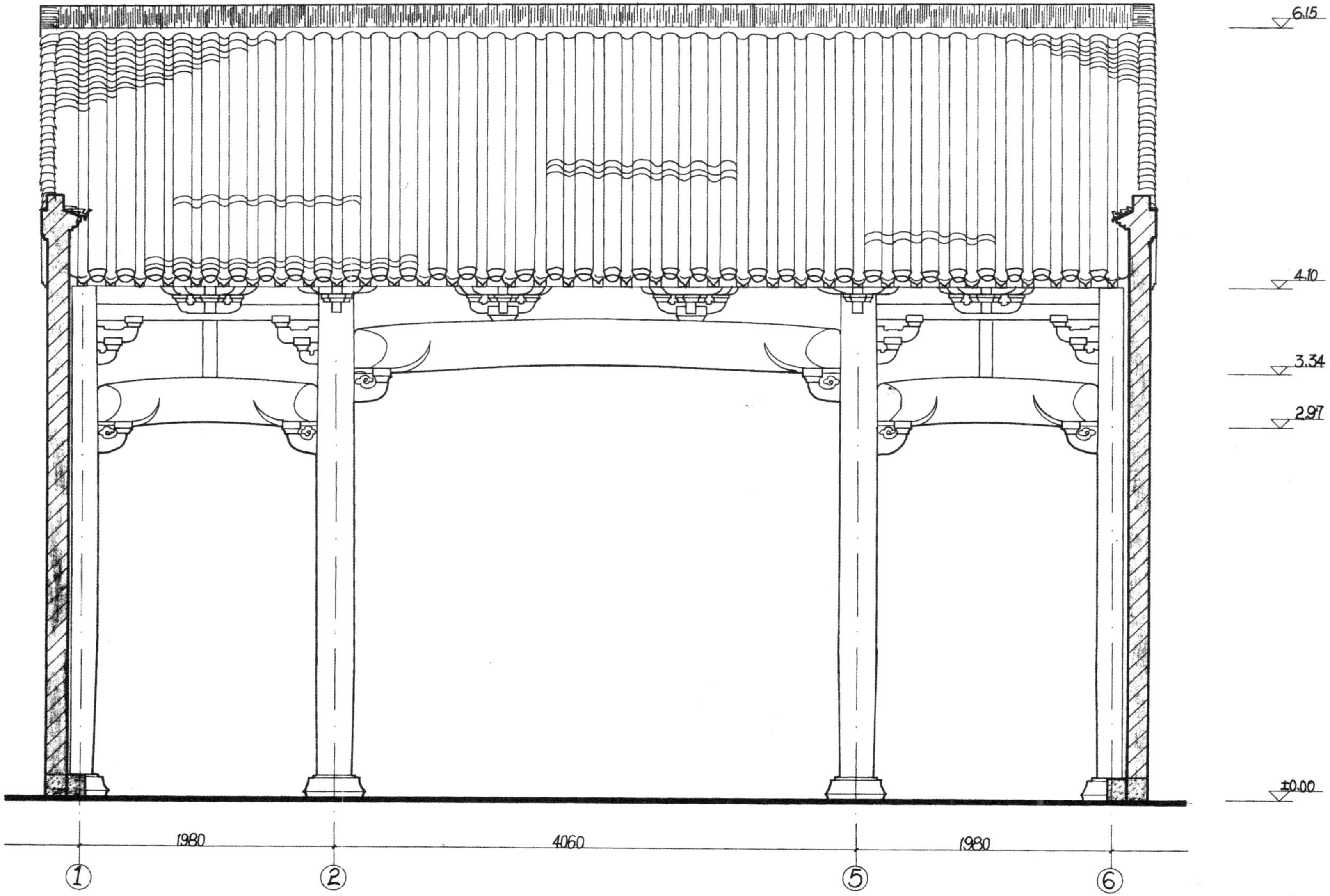

图8-26 司谏第测绘图—享堂前檐剖面图

图8-27 司谏第测绘图-享堂前金缝剖面图

图8-28 司谏第测绘图-享堂脊线剖面图

图 8-29 司谏第测绘图-享堂后金缝剖面图

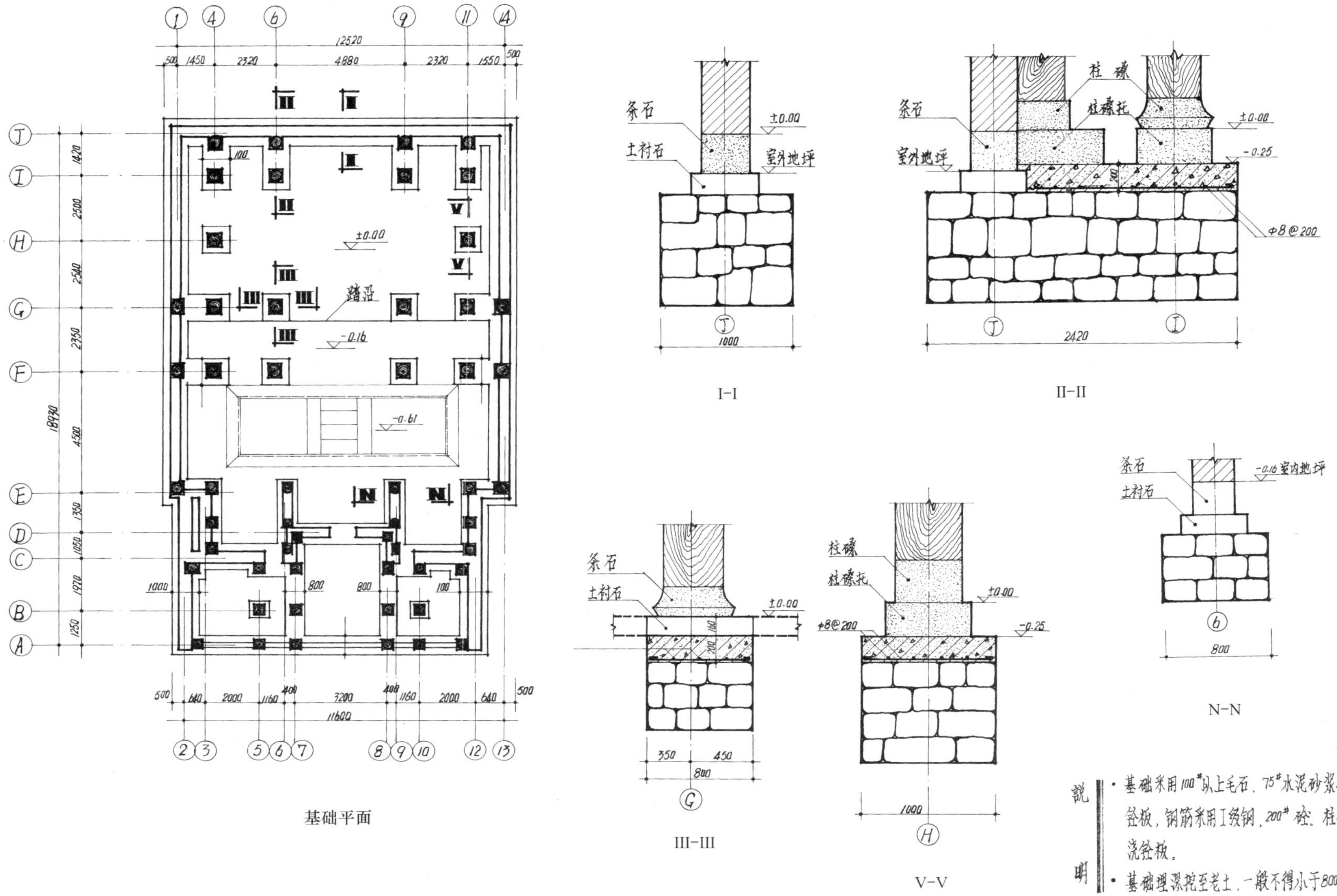

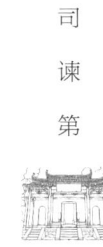

图8-30 司谏第复原施工图-基础图图纸

## 施工说明

一、司谏第原建于歙县潜口村，系明弘治八年间建潮湖又歙记
载。司谏第无存有享堂、前廊、石砌、滩坊等。结合"明将"工程，我所对该
建筑进行了测绘，落架拆迁，并搬至了文物保护区堡垫建址。根
据"明村"设计的要求，按明代徽州地方风俗进行复原设计。对"司
谏"明村忌设计过程中，谢徽州传统各司尼所，对木构进行
拆号。木树构支力挂拨地做用尼所，对已朽的部分用环氧树脂补
强加固。凝聚树梢县被后重置搬明代徽州地方风格构件式样原复
原。对外露树杆部搬旧，按照明时式做法采用桐油配合土朱树粉
漆置之树件，做旧弓否，待后的足。

二、墙垣拌建砖，南瓦，沟头滴水条用尼砌，正眷末用尼板眷拱做法，过龙眷拚构件，吻眷披省化样烧制，八字照片。尺寸复照
旧，砖砌见及仔墨缝，厚眸体下部眠开一丈，高达20 cm。
墙体用水江砌靛，迫加眷升，基础眠砌，眠坎以上眷，外地沿眠砖度。
地基恶妨潮困素。基础采用水泥砂聚瑟聚，木构件杨不潆汰。

三、内装掺落，现已荡照无差，根椐挂做菠复原。撂牖门参照呈
照片撂明代建筑的按椐构件。司谏第前石访及有木构件均蓡原出图。

四、

图8-31 司谏第复原施工图－施工说明及梁柱明细表

### 柱 明 细 表

（柱子收分按柱径6径自备收分）

| 名 称 | 抽榫位置 | 柱 径 | 柱长 | 数目 | 备 注 |
|---|---|---|---|---|---|
| 后檐角柱 | ②·ⓖ<br>⑦·ⓖ | D=260 | 4640 | 2 |  |
| 后檐柱 | ③·ⓖ<br>⑥·ⓖ | D₁=260<br>D₂=220 | 4640 | 2 | 此柱断面<br>为扁圆形 |
| 后眷步柱 | ②·ⓕ<br>⑦·ⓕ | D=260 | 5160 | 2 | 同上 |
| 中檐步柱 | ③·ⓕ<br>⑥·ⓕ | D₁=260<br>D₂=220 | 4640 | 2 | 同上 |
| 穿壁前檐青柱 | ②·ⓔ<br>⑦·ⓔ | D=320 | 4130 | 2 | 此柱断面<br>为扁圆形 |
| 穿壁前檐柱 | ③·ⓔ<br>⑥·ⓔ | D₁=260<br>D₂=220 | 4130 | 2 |  |
| 前廊檐柱 | ③·ⓓ<br>⑥·ⓓ | D=320 | 4130 | 4 |  |
| 前廊角柱 | ④·ⓐ·ⓒ<br>⑤·ⓐ·ⓒ | D=300 | 4150 | 2 |  |
| 前次间眷柱 | ①·ⓒ<br>⑧·ⓒ | D₁=250<br>D₂=220 | 4150 | 4 | 下承于青礅上 |
| 前明间眷柱 | ①·ⓑ<br>⑧·ⓑ | D₁=300<br>D₂=220 | 4130 | 4 | 下承于青礅上 |
| 外檐角柱 | ④·ⓐ<br>⑤·ⓐ | D=300 | 4640 | 2 | 下承于青礅上 |
| 穿壁前檐缝童柱 | ②·扇字<br>⑦·扇字 | D₁=280<br>D₂=260 | 3630 | 2 | 下部做定置暨<br>式，对椒垫棹 |
| 穿壁明间檐缝主柱 | ③·扇字<br>⑥·扇字 | D₁=290<br>D₂=320 | 1180 | 4 |  |
| 眷童柱 | ②·扇果<br>⑦·扇果 | D₁=290<br>D₂=320 | 975 | 4 |  |
| 穿壁眷缝童柱 | ③·扇果<br>⑥·扇果 | D₁=295<br>D₂=350 | 600 | 2 |  |
|  | ②·⑱<br>⑦·⑱ | D₁=280<br>D₂=320 | 520 | 2 |  |
| 前廊嘴缝童柱 | ⓒ·⑱<br>ⓕ·⑱ | D₁=280<br>D₂=320 | 700 | 2 | 同上 |

### 月梁明细表

| 名 称 | 抽榫位置 | 抽榫长度 | 中藏断面直径 | 琴面置宽 | 起翘 | 数目 |
|---|---|---|---|---|---|---|
| 穿壁次间随金棹梁 | ②·ⓑ·ⓖ<br>⑦·ⓑ·ⓖ | 1980 | 320 | 370 | 30 | 4 |
| 明 间 | ③·ⓕ·ⓖ<br>⑥·ⓕ·ⓖ | 4060 | 340 | 550 | 35 | 2 |
| 穿壁次间青棹 | ②·ⓔ·ⓕ<br>⑦·ⓔ·ⓕ | 1980 | 340 | 550 | 30 | 2 |
| 穿壁明间青棹 | ③·ⓔ·ⓕ | 4060 | 430 | 470 | 40 | 1 |
| 穿壁次间明棹 | ②·ⓓ·ⓔ<br>⑦·ⓓ·ⓔ | 1980 | 360 | 550 | 45 | 2 |
| 穿壁明间明棹 | ③·ⓓ·ⓔ<br>⑥·ⓓ·ⓔ | 4060 | 505 | 360 | 50 | 1 |
| 明 扎 梁 | ⓑ·ⓒ·ⓓ<br>⑧·ⓒ·ⓓ | 1500 | 300 | 280 | 30 | 2 |
| 四 棹 梁 | ④·ⓒ·ⓓ<br>⑤·ⓒ·ⓓ | 4200 | 410 | 435 | 40 | 2 |
| 三 棹 梁 | ④·ⓑ·ⓒ<br>⑤·ⓑ·ⓒ | 2100 | 410 | 410 | 35 | 2 |
| 廊 明 梁 | ①·ⓐ·ⓑ<br>⑧·ⓐ·ⓑ | 4350 | 520 | 350 | 40 | 2 |
| 前次间明棹 | ②·ⓑ·ⓒ<br>⑦·ⓑ·ⓒ | 3200 | 340 | 530 | 35 | 4 |
| 前明间明棹 | ③·ⓑ·ⓒ<br>⑥·ⓑ·ⓒ | 3840 | 360 | 550 | 45 | 2 |
| 前廊扎梁 | ④·ⓑ·⑱<br>⑤·ⓑ·⑱ | 1340 | 300 | 280 | 30 | 4 |

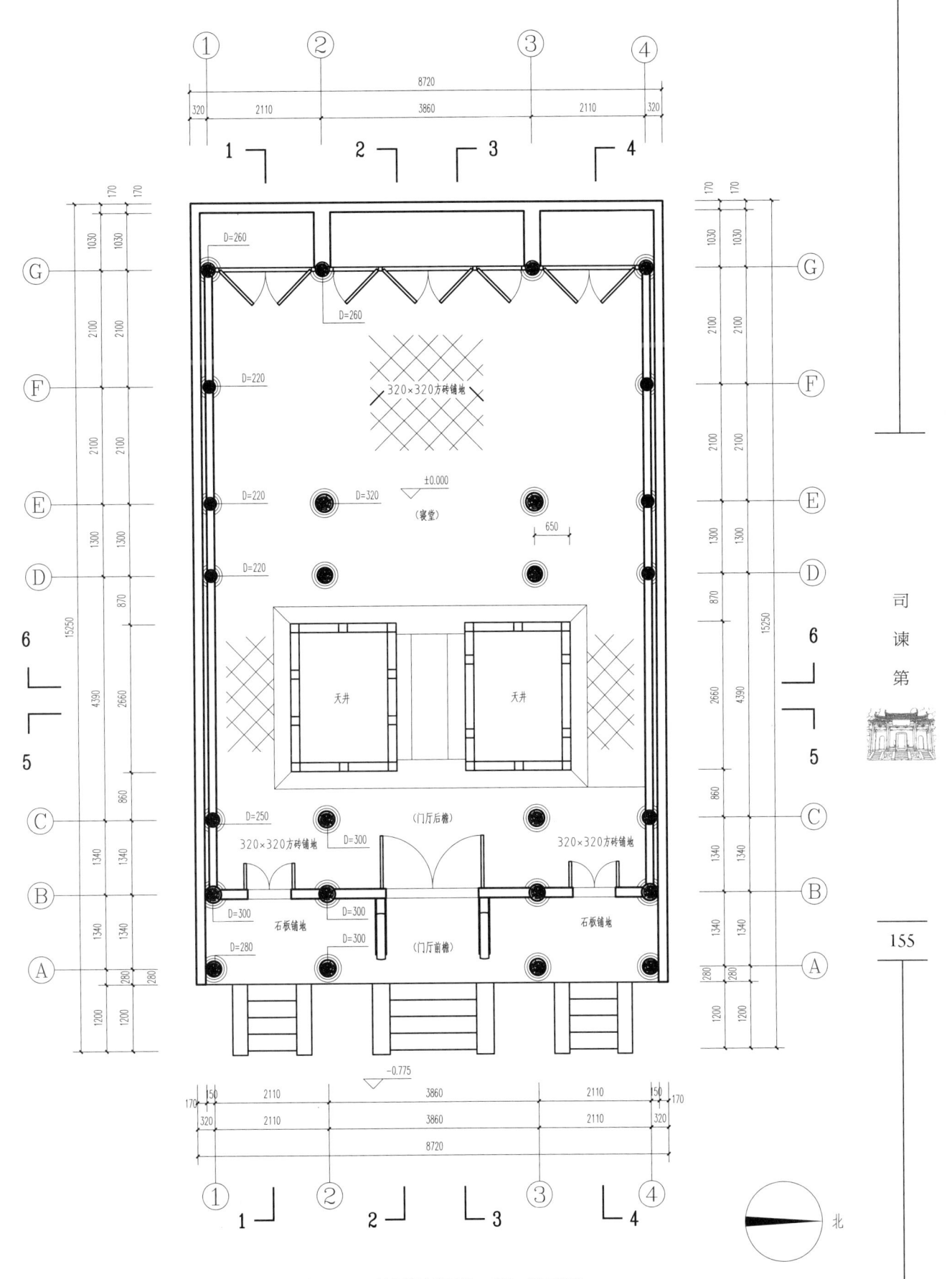

图8-32 司谏第复原施工图-平面图

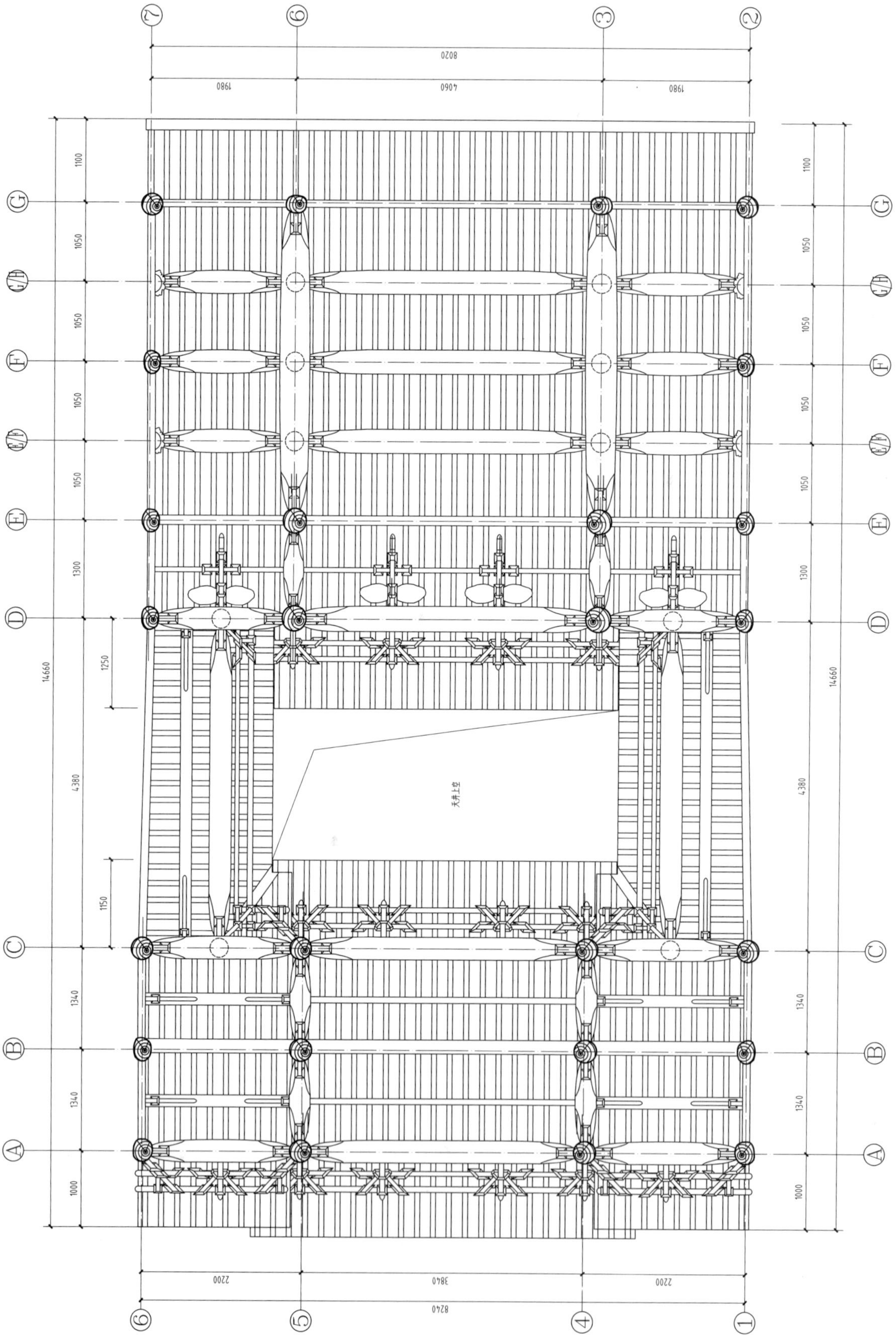

图8-33 司谏第复原施工图-仰视平面图

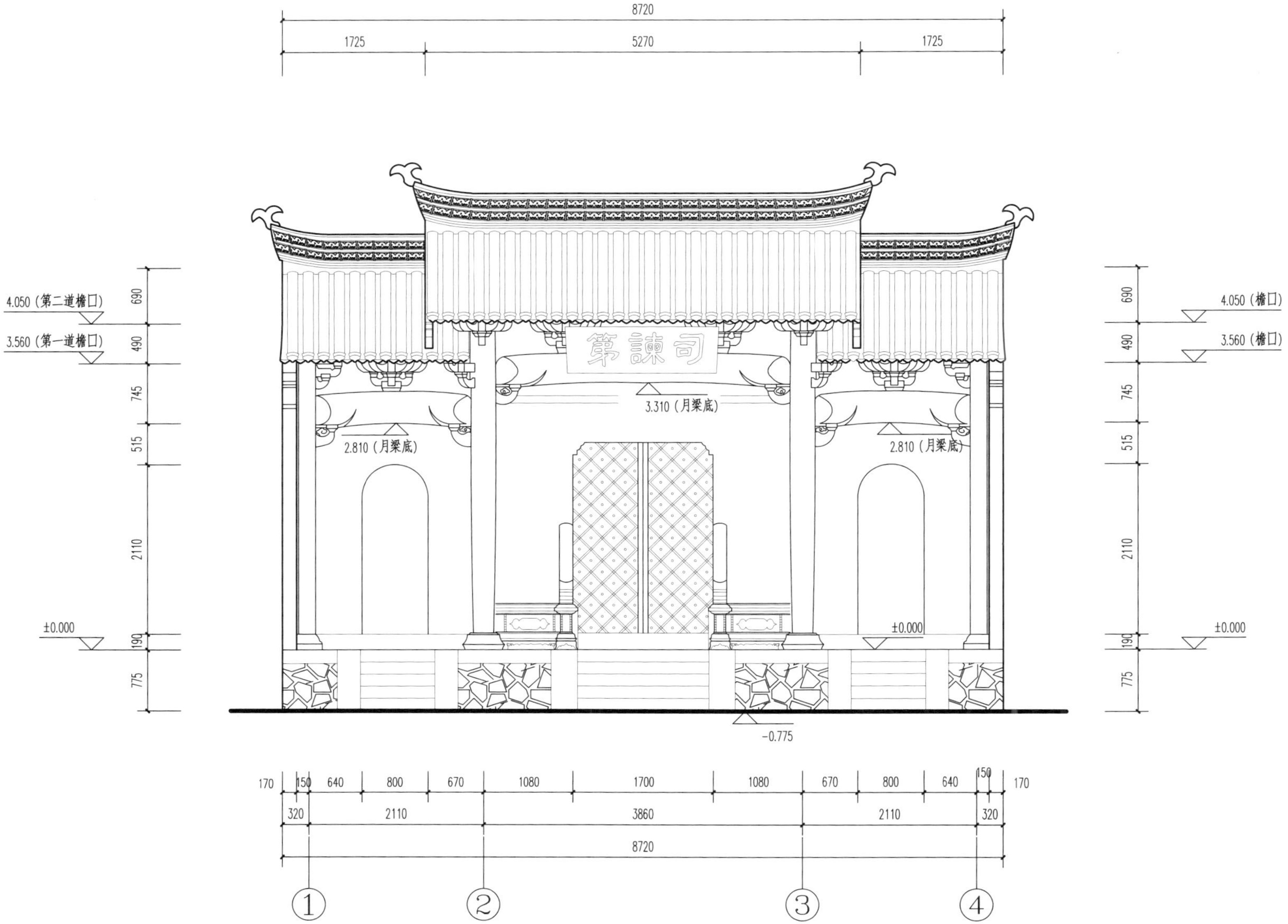

图8-34 司谏第复原施工图-正立面图

司 谏 第

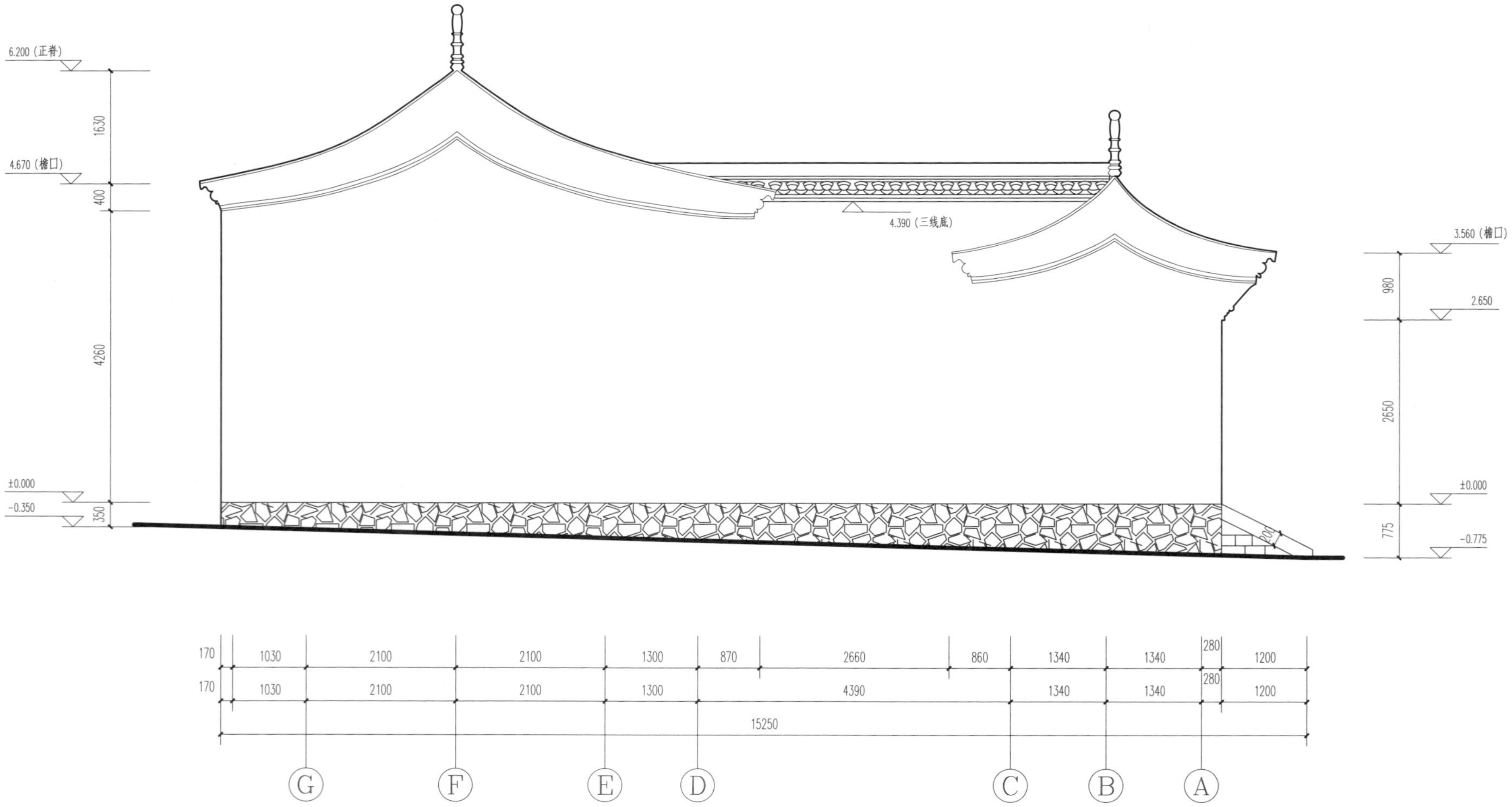

图8-35 司谏第复原施工图-侧立面图

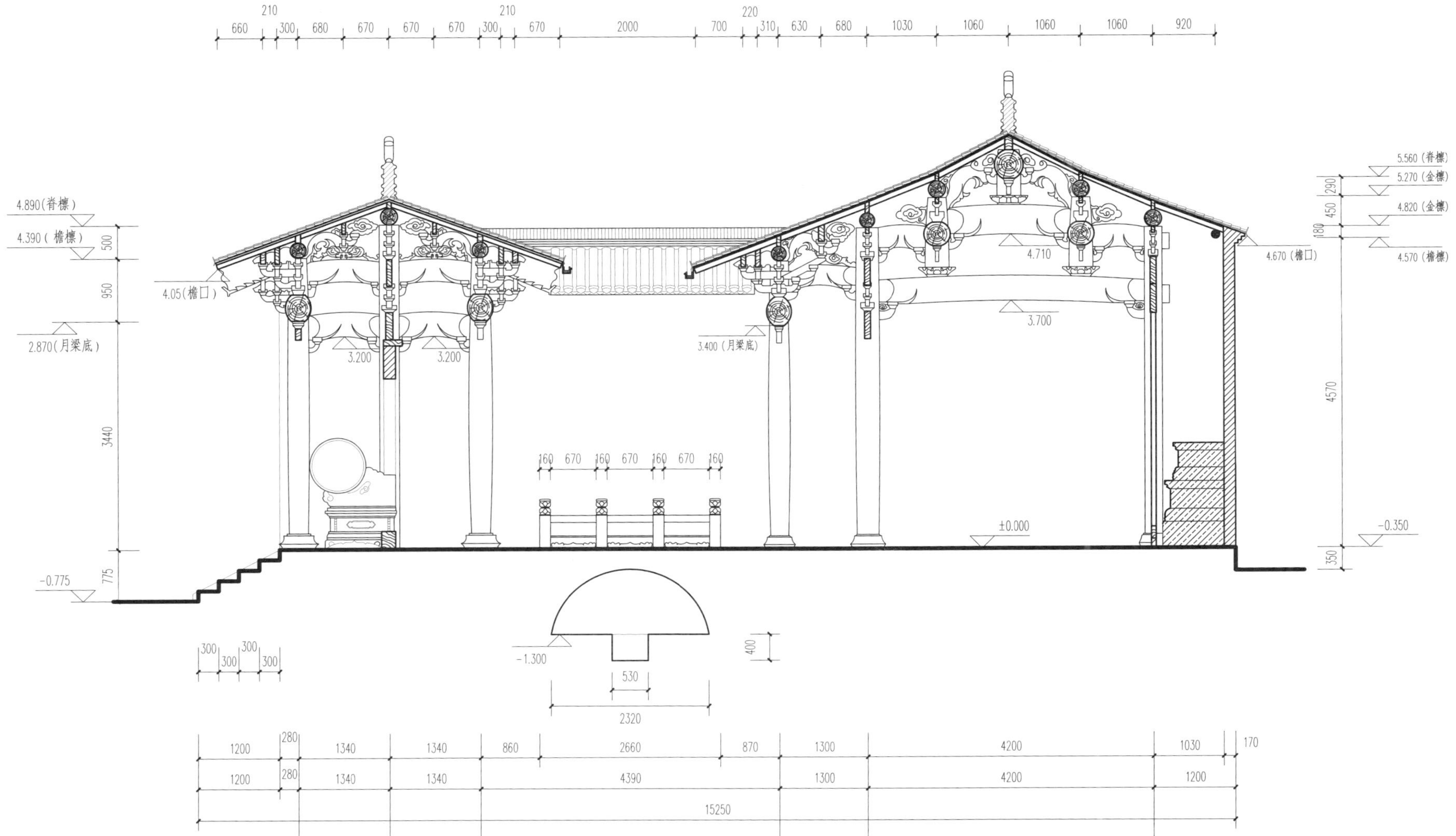

图8-36 司谏第复原施工图-门屋、享堂明间剖面图

司 谏 第

159

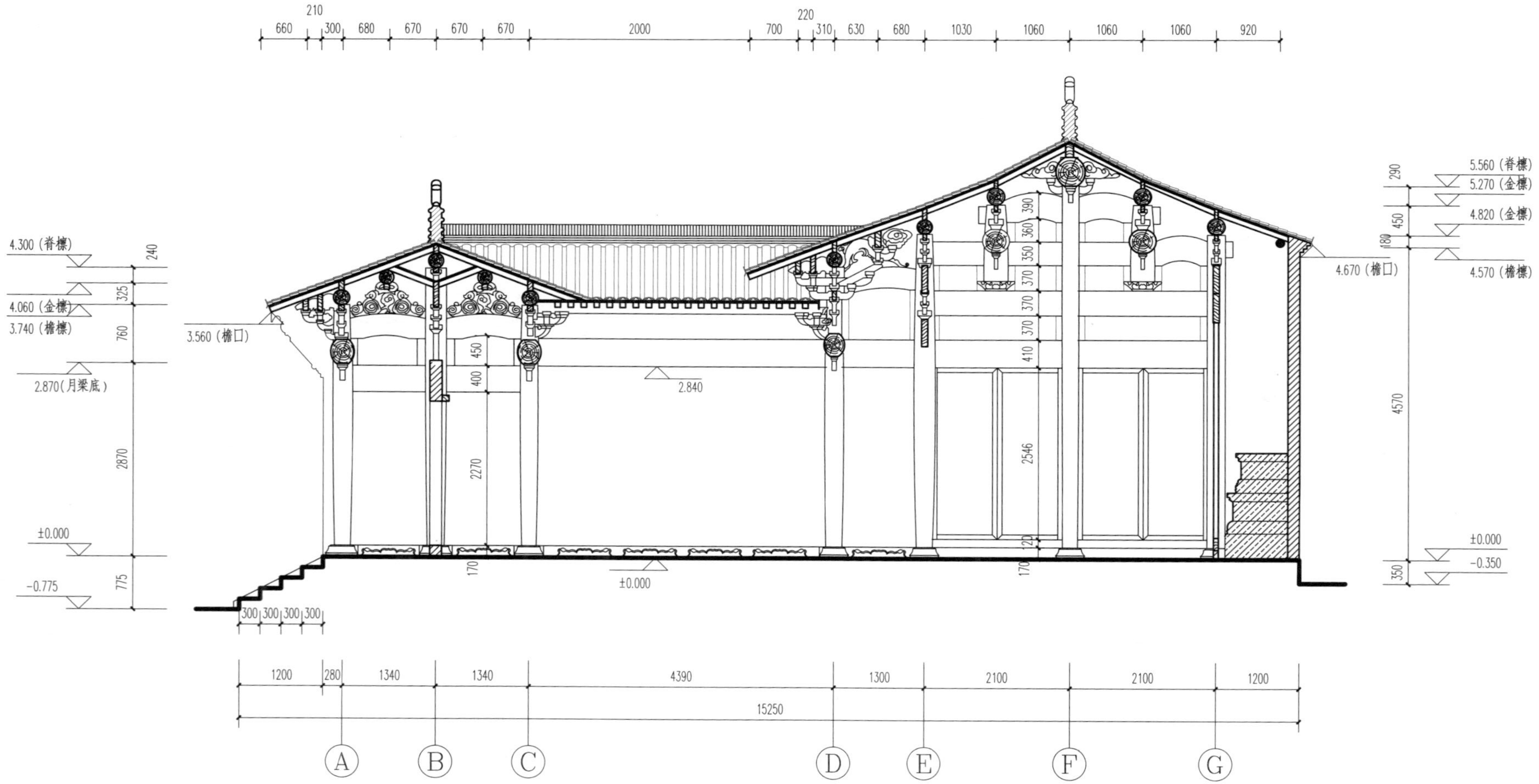

图8-37 司谏第复原施工图-门屋、享堂次间剖面图

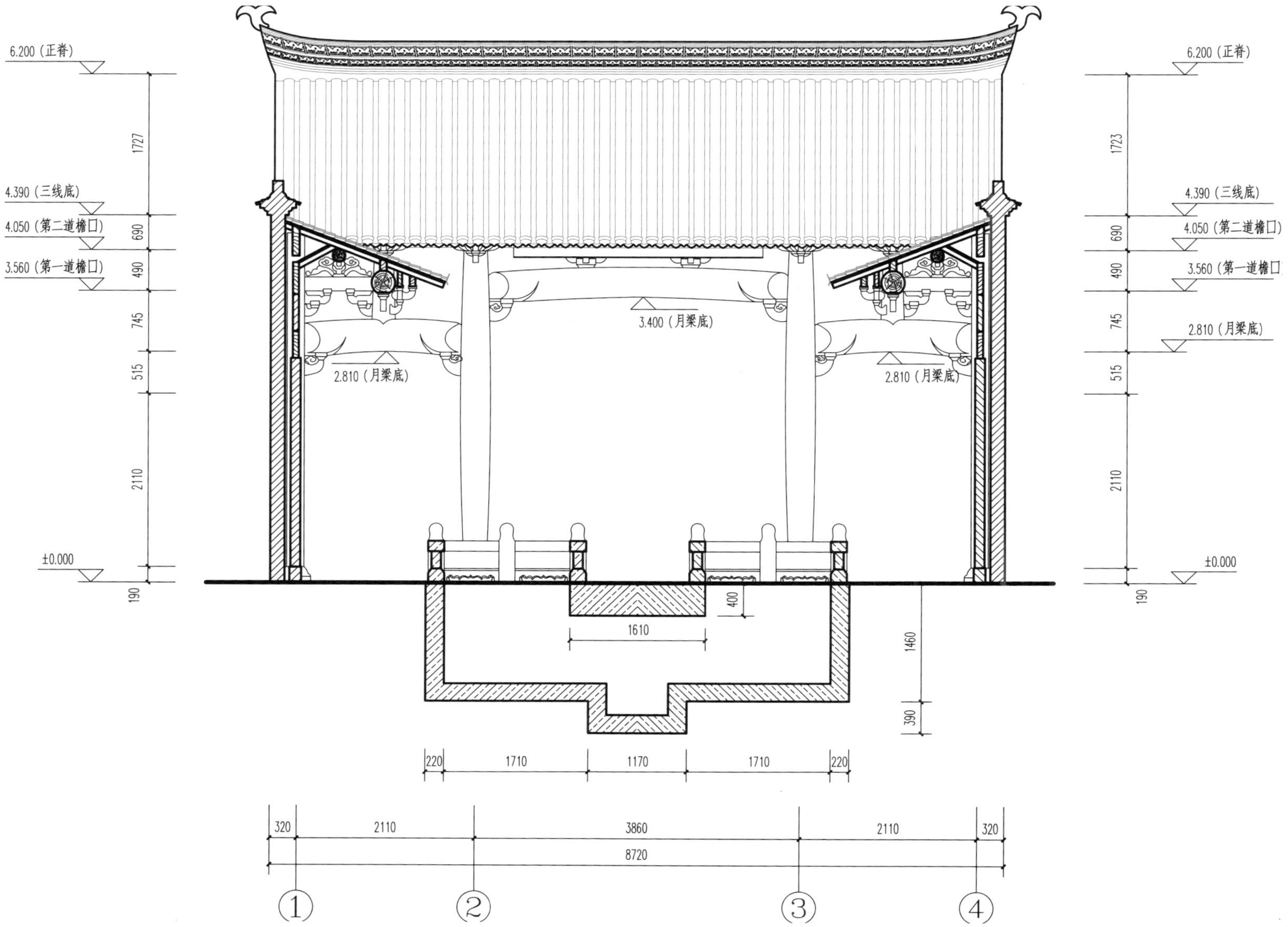

图8-38 司谏第复原施工图-享堂前檐及天井剖面图

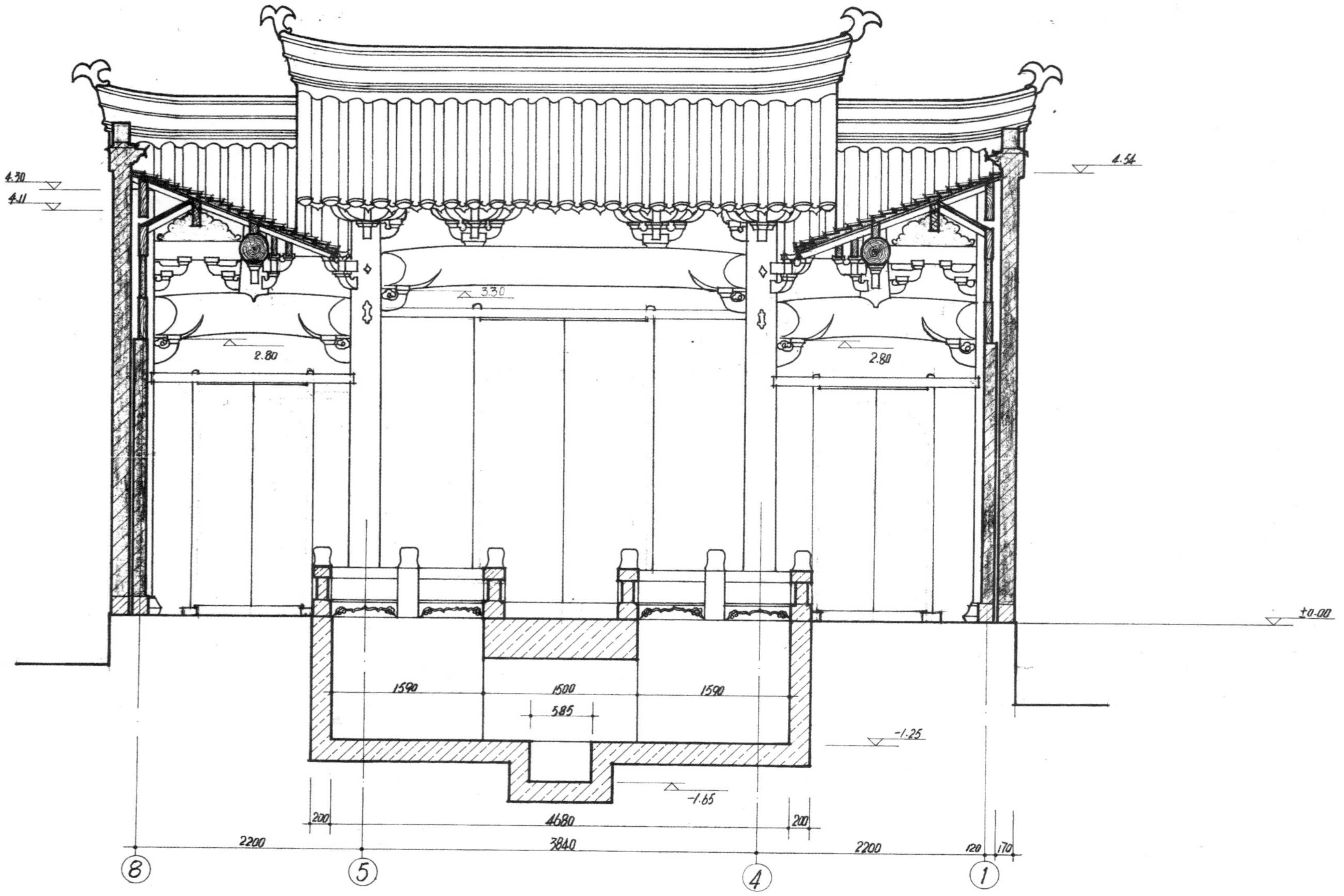

图8-39 司谏第复原施工图-门星后檐剖面图

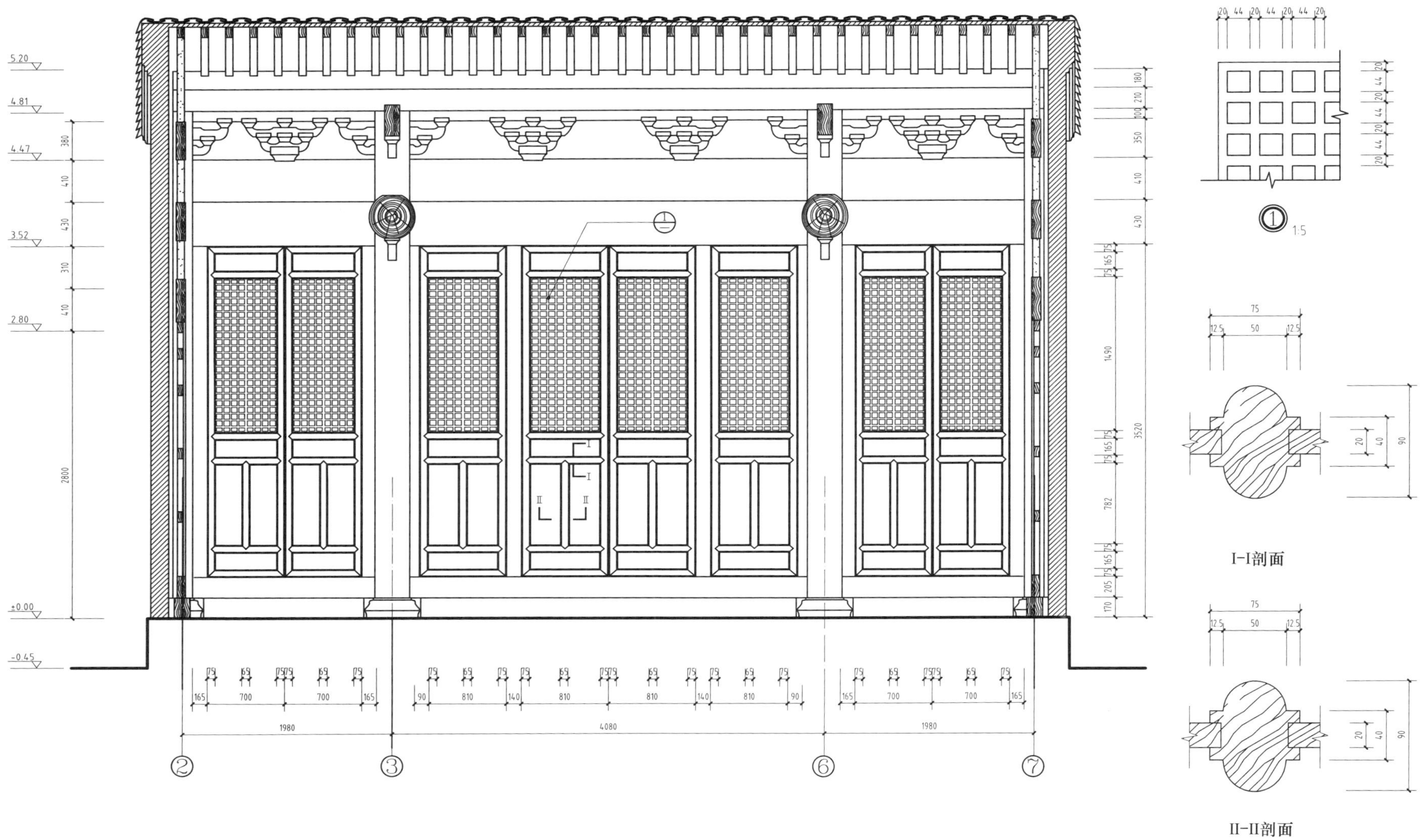

图8-40 司谏第复原施工图-享堂后金缝剖面图

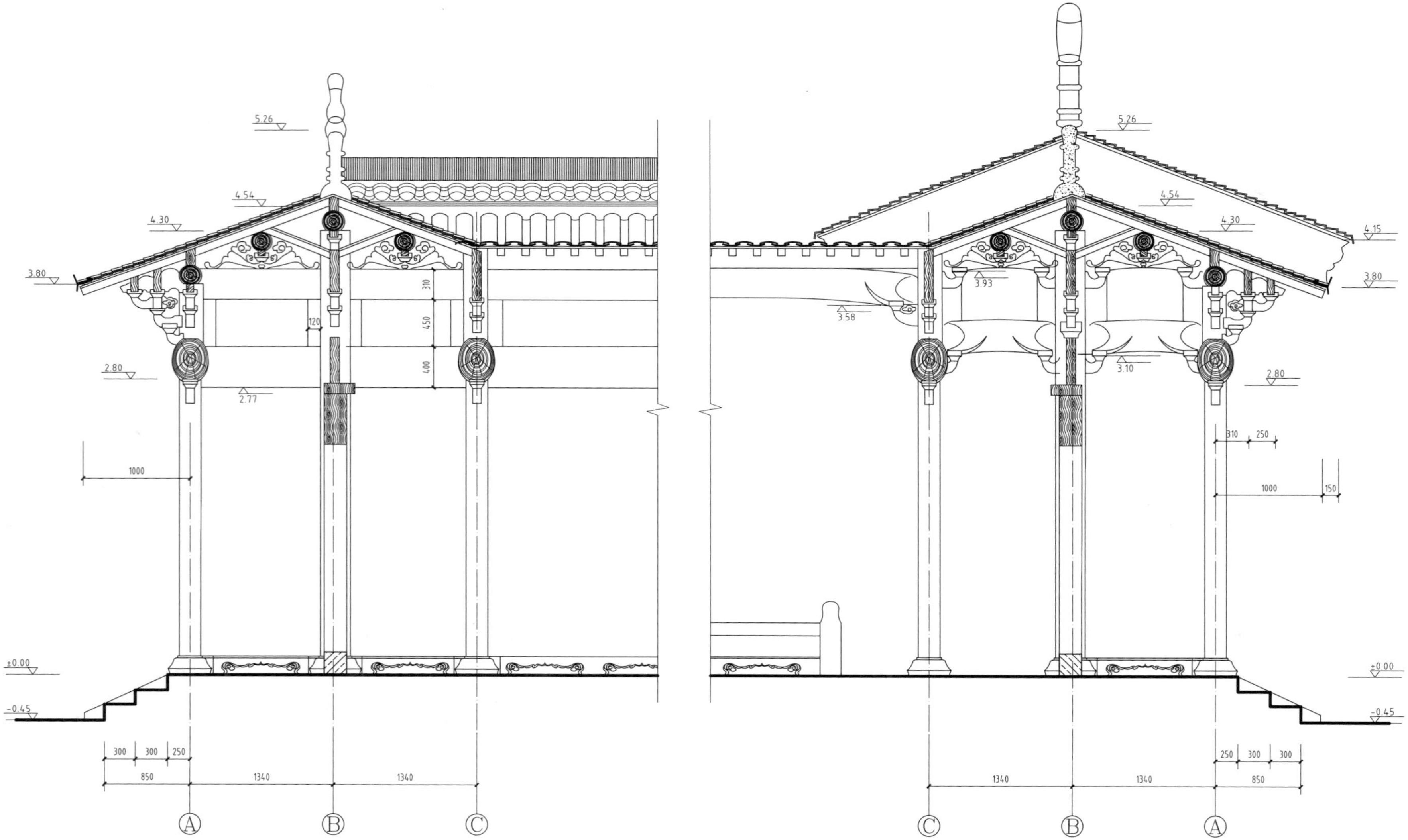

图8-41 司谏第复原施工图-门屋明间、次间剖面图

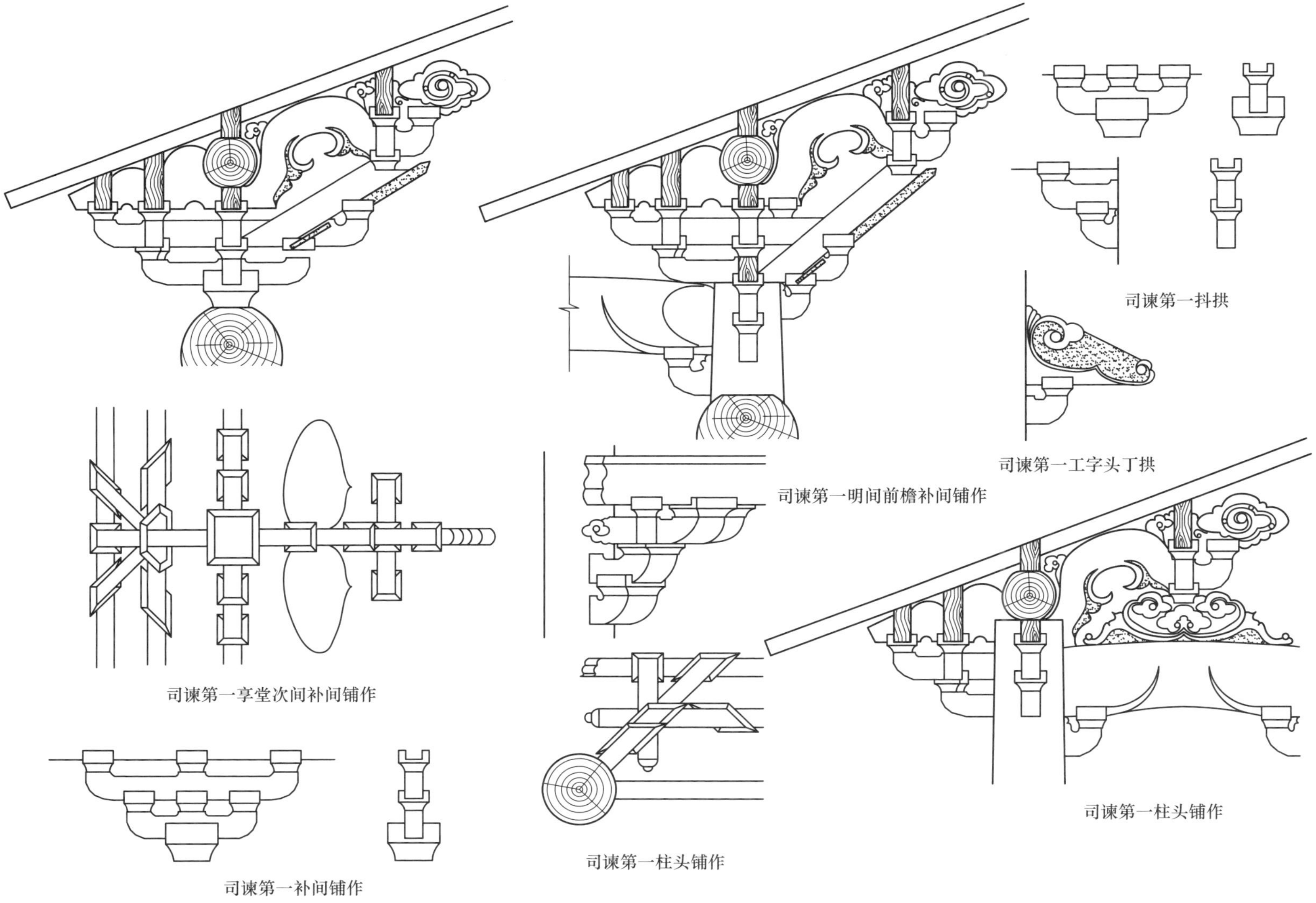

图8-42 司谏第复房施工图—斗拱铺作大样图

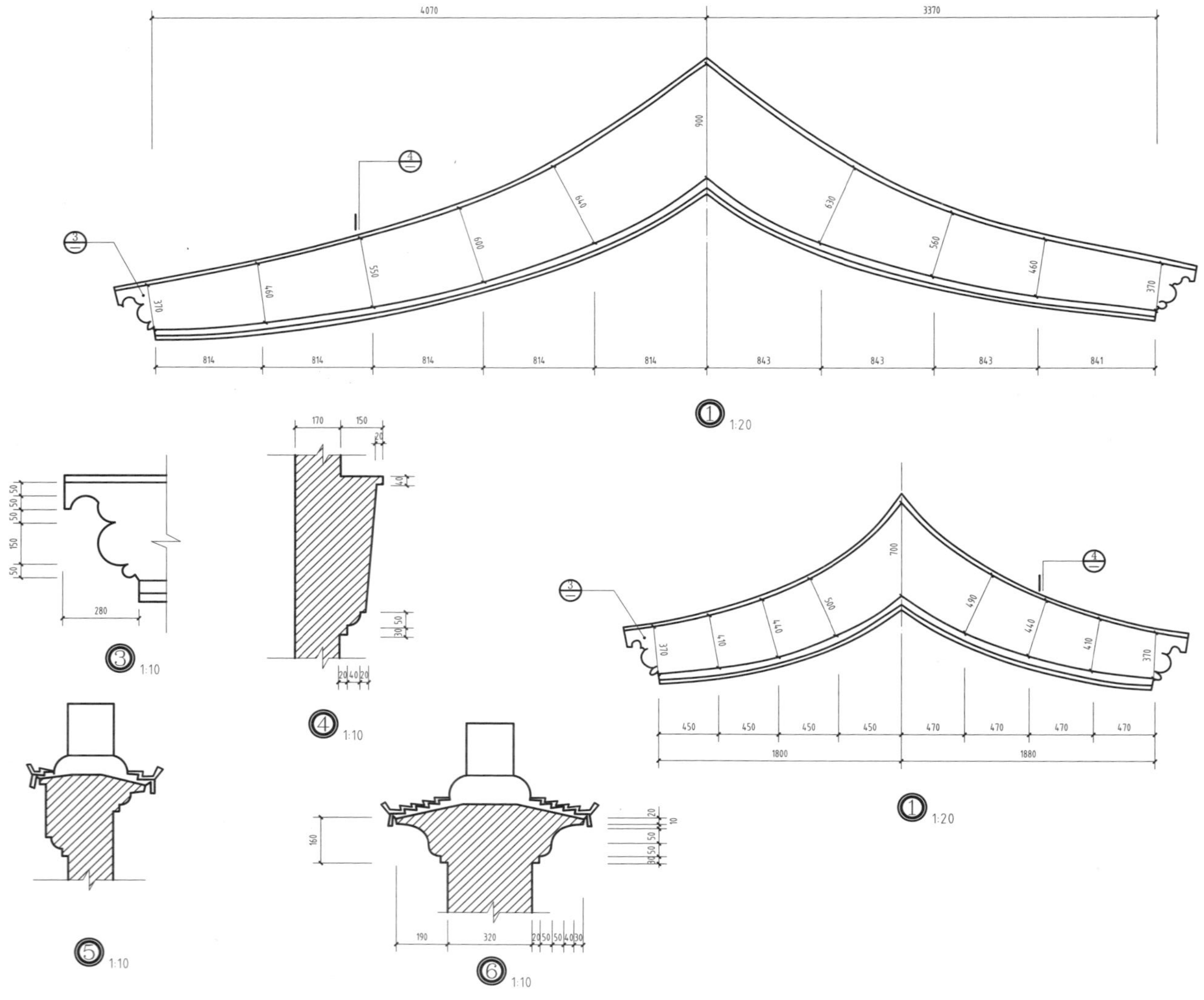

图8-43 司谏第复原施工图-砖作大样图

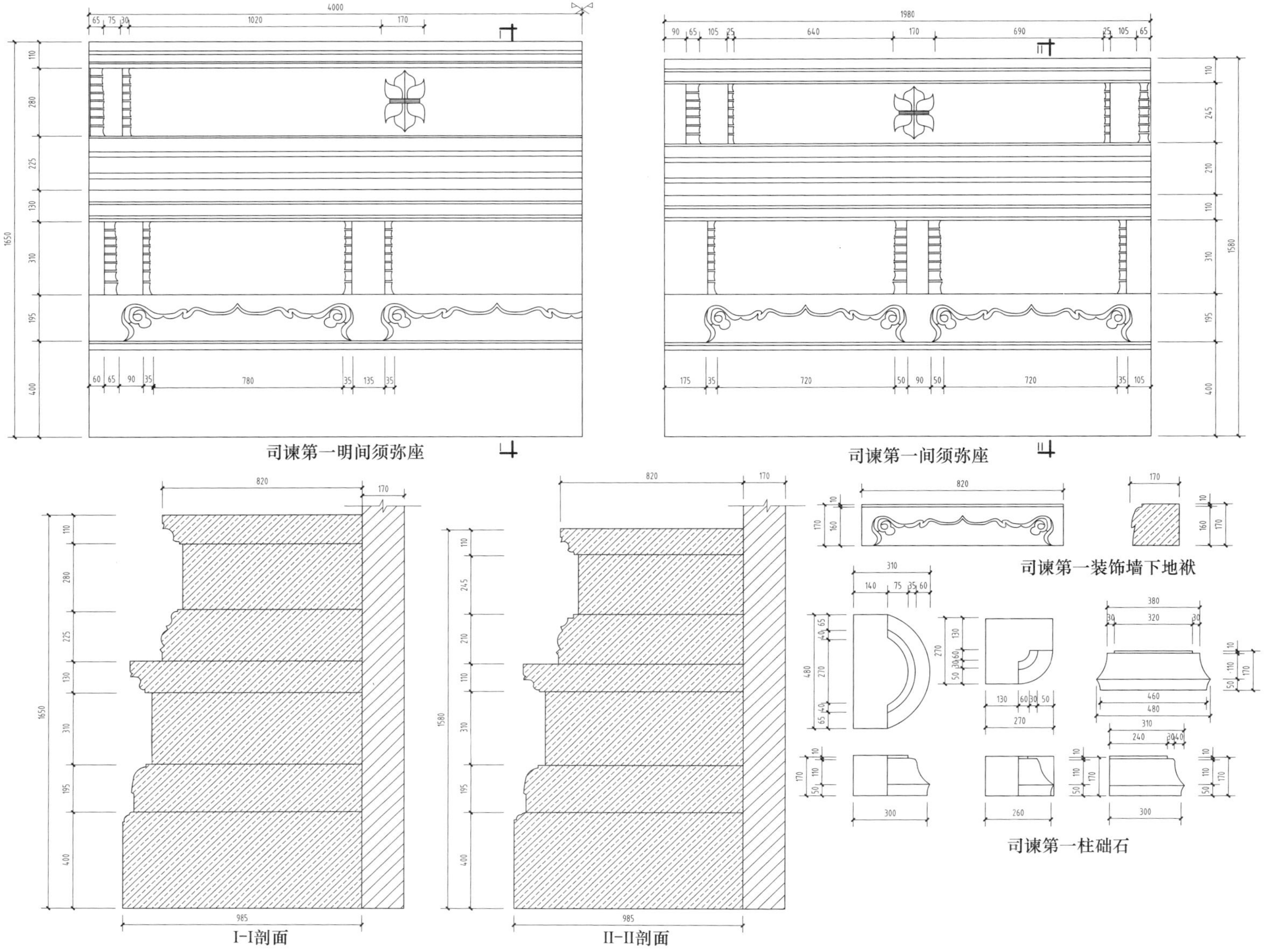

图8-44 司谏第复原施工图-石作大样图

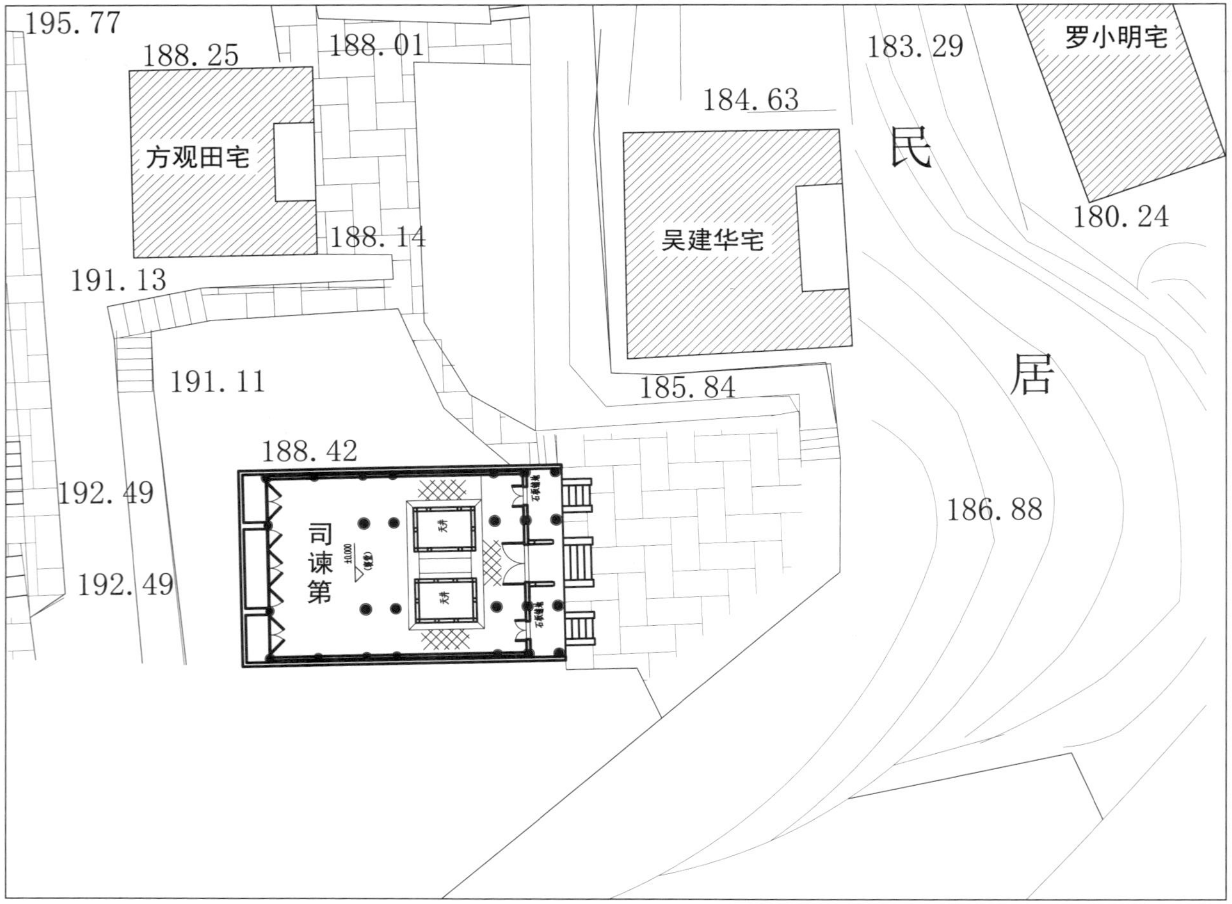

图8-45 司谏第竣工图-总平面现状图

# 吴建华宅

## 一、概况

吴建华宅现位于潜口民宅明园。明中期民居建筑，平面布局呈凹字形，三间带两廊砖木结构楼屋。建筑面积175.1平方米。

吴建华宅原位于徽州区潜口村中。司谏第碑记《奉政大夫汪公祠堂记》记载："……遂于居第之右，洁地一方，构堂三间，翼以两庑，前为三门，而垣周之，以奉大夫祀。"根据两建筑在原址之间的方位，可确定吴建华宅即为司谏第主人汪善后代"居第"，与司谏第为同一时期建筑。近代产权辗转至本村吴氏，吴建华为搬迁时该宅业主。

因地处村中，受用地限制，吴建华宅平面为不规则的梯形，后排柱架呈斜角，廊屋山面朝巷开大门。原建筑应为三层，后改为二层现状。

由于年久失修，搬迁前古建筑出现构架残损、墙体坍塌等险情。鉴于吴建华宅作为较早的徽州明代民居，保存着徽州明代建筑典型的风貌特征，价值颇高，同时该宅与司谏第家、祠同源，关联密切，遂于1986年将其迁入潜口民宅与司谏第一起集中保护。

## 二、原址原貌

吴建华宅，原坐落在徽州区潜口村睦慈巷。坐东朝西，南廊庑开边门通巷；北面为其他民居建筑；西面为一场院，场院西即为司谏第。场院朝巷开大门，紧邻吴建华宅原建筑已经倒塌，山墙与吴建华宅相连，吴建华宅正面围护墙为双方共用墙，有门洞相连，历史上应为同时期建筑，吴建华宅是该建筑最后一进。

建筑平面为凹字形，三间带两厢砖木结构二层楼屋，当地称"三间二阁厢"。搬迁前该宅已多年未有人居住使用，常年闭户，古建筑原貌改动较大，残损严重。

### （一）一层

大门开在南廊内，外门罩已毁，仅存三线砖脚痕迹。门框为砖砌混水作，门枋下皮贴清水砖。大门扇杉木实拼，外面用铁皮包护，当中镶嵌乳钉，保存较好（图9-1）。

由于夹在周围建筑当中，加之建筑年代较早，室内地坪低洼，建筑环境阴暗潮湿。进大门即是南廊庑，石板铺地。天井较宽敞，天井水池被填平。

正屋三开间，木构架保存基本完整。明间为厅，梭柱、月梁用料大，柱脚有残腐。明间缝用砖墙和板隔墙装修，枋间隔断用芦苇墙，后檐墙前1.2米处置木板照壁。南北两次间原皆为卧室。南厢房朝厅开门，朝天井向开窗，窗扇为四抹头柳条窗，无窗栏杆，窗槛以下清水墙，上为芦苇墙。北厢房已拆改。北次间靠东北角檐柱已毁，导致整个北次间脊后装修包括楼层板全无，仰视即可见屋面。明间缝原开向厅堂的门扇已封，朝天井向装修完全拆除，作为进出通道。靠山墙中脊位置架一木质楼梯，由东而西登临二楼。正屋地面除南厢房内铺木地板外，皆为青条砖墁地，大部残损。

图9-1 原址前檐一角

## （二）二层

楼上三间。明间前金步后添加了木装修，并设置了窗扇和可活动皮门，将明间厅隔成了房。明间缝屏门装修，枋间芦苇墙装修。北次间脊前为楼梯间，脊后无楼板，悬空。沿天井三面隔扇窗，原件毁失，后陆续有各时代的矩形棂格及直棂窗扇添补。槛窗以下裙板部分缺失。

二层前檐柱径29厘米，脊柱33.5厘米，较一层底径更大。柱端径超过25厘米，且有明显的截锯痕迹，是原三层拆改为现在二层的实据。拆改时间应较早。屋面檩椽虽为旧制，但尺度多不符规制。脊檩为大月梁，施丁头拱。

屋面硬山顶，残破严重。北次间脊后原木构坍塌，已经全部拆除，屋面后加盖了一披水。其他多处有渗漏，木构霉变，檩、椽、枋多朽烂。檐口勾头、滴水全失。四周檐口装有砖质水枧槽，前围护墙装有陶质落水管，将屋面水排入前天井水池，水管因年久失修，缺损残破严重，完全失去功能。

楼层板上残存有22.5厘米见方、3.5厘米厚的方砖，北廊为长34.5、宽15.5、厚6厘米的青条砖。

墙体为灌斗墙，檐墙厚41厘米，山墙38厘米。外饰白灰。墙面不开窗。南次间后檐墙顶部倒塌。

## 三、现状特征

吴建华宅，现位于潜口民宅明园中心地带，坐西朝东，三间带两廊砖木结构楼屋，由楼屋、两廊及天井组合而成。平面不规则，正面阔 8.55 米，后檐阔 9.06 米，南山面进深 9.07 米，北山面进深 8.27 米。

## （一）一层

两级石踏步进大门，室内台基高出巷道 30 厘米。大门双开，铁皮包镶木板扇。门上三线起檐，上贴脊，两端饰如意。

天井全红岩石铺筑。池深 53 厘米，侧塘石①砌成须弥座式样，上覆红石板，作为阶沿石。靠檐三面设 38 厘米宽水沟。正面墙两条陶质水管收集屋面雨水，由水沟内设的壶门排出室外。

正屋三开间。明间为厅，次间为房，全皮门装修。明间厅青条砖铺地，后檐斜置，无照壁。两次间厢房地面铺设木地板，临天井向砌筑清水砖槛墙，上设六抹头方格扇窗，窗前置勾栏式雕刻栏板②。明间厅设二道梁，额栿扁作梁做法，下施丁头拱，拱眼雕花一朵。梁上架天桥板，板下装置天花③防尘，天花用横挡隔成四个正方块，装饰一层镜面天花板，防止梁架挂灰落土。柱础，仅明间用覆盆础，其余柱础均为方形块石。

一层前檐柱，除边列外，出挑头梁 20 厘米承二层前檐角柱，角柱下垂楼面约 30 厘米。垂柱间置棂栅，上为裙板，栏板间缝施护缝条。垂柱端两边装饰花牙，卷草纹雕琢精美。

两廊庑六抹头方格隔扇门装修，北廊内架设楼梯由东向西登临二层。

## （二）二层

二层明间为楼厅，次间为房。梁架为六檩五步架穿斗式，上有童柱④，童柱下端收杀呈鹰嘴状。下为双步梁，双步梁上施编苇夹泥墙，双步梁下设屏门。楼上柱出两跳插拱，承撩檐枋，出耍头，天井一周均设六抹头方格扇窗。北侧房前置隔扇窗、遮羞板。

楼层地面为方砖斜铺。双披水小青瓦屋面，屋椽上铺设望砖。山面饰屏风墙，前后二级马头墙跌宕。

## 四、文物价值

吴建华宅为徽州现存较早的古民居建筑。作为司谏第的主屋，司谏第建于明弘治八年（1495 年），吴建华宅始建应不迟于这个时间节点。其梭柱、月梁、丁头拱、芦苇墙隔断装修和

---

① 基础石料名称。在土衬石上用塘石侧砌而成，是建筑台基的主体部分。
② 宋式小木作构件名称。多用于掩盖接缝等而设置的木板。徽州多设置在窗口下部，遮挡房间内的活动状况。
③ 宋式建筑中又称仰尘、平棋、平暗。位于室内或廊下的屋顶。其结构是在大梁上安装贴梁，贴梁内用纵横十字相交的支条搭成方形木格，木格上方盖木板，称天花板。
④ 指建筑中的一种小矮柱，其下脚常落在梁背之上，上端承载梁枋等木构件。

裙板的护缝制做法，反映了徽州明代建筑的典型特征风格，具有重要的文物价值。

吴建华宅平面呈不规则的梯形，后排柱梁呈斜角，反映了古徽州在地窄人稠的历史条件下，因地制宜、集约营建的居住理念。同时宅第与家祠毗邻而建，反映了古徽州聚族而居、姓各有祠、世袭罔替的历史传统，是研究徽州古建筑及宗族文化珍贵的历史参考。

## 五、迁建工程

### （一）迁建过程

1985年5月17日，与古建公司签订设计合同；

1986年10月8日，原址搭建拆迁脚手架；

1986年10月14日，开始下瓦、拆卸望砖；

1986年10月15日，拆卸屋木构架；

1986年11月21日，全部拆迁工作结束；

1987年5月13日，潜口民宅新址开始修理屋架；

1987年9月28日，新址竖大木屋架；

1988年2月5日，室内装修完毕竣工（图9-2～图9-6）。

图9-2 屋架拆卸

图9-3 复原现场竖屋架（1）

图9-4 复原现场竖屋架（2）

### （二）迁建新址

吴建华宅现位于明园山庄中心地带。建筑坐西向东，南廊山面开大门。门前巷道，向南，登临两道十二级石阶至司谏第门前广场；向西，转屋后北通方文泰宅，东为山体护磅。鉴于吴建华宅与司谏第两建筑特殊的历史渊源，在明园山庄搬迁复原，尽量保持两者毗邻相望的位置关系。

图9-5 复原现场砌筑墙体（1）　　　　图9-6 复原现场砌筑墙体（2）

## （三）维修要点

（1）原址低洼，新址内将基础地坪抬高30厘米，以利防潮排水。

（2）对原址填埋的天井水池和四周的基础进行科学发掘，寻找原始的建筑形制及构件遗迹，绘制大样图，于新址内复原。

（3）根据门罩的遗迹，参考明代早期的门罩式样，依据施工大样图复原外门罩。

（4）依照残留的地面砖的规格和铺法，恢复地面条砖、楼层方砖铺地；按照明代六抹头方棂隔扇式样复原所有的格子门、格子窗。

（5）由于该宅原址前围护墙系与他户建筑的共用墙，故无法拆迁墙体，新址按照原墙体样式恢复，灌斗墙需用之开片砖可收同规格老砖。恢复外观屏风墙和马头墙。根据发掘的勾头滴水瓦残件到古建材料厂订模烧制。修复檐口的砖质水枧槽及陶质落水管。

（6）考虑到搬迁后建筑所处的位置及线路安排，将大门位置由原东廊移至西廊。

## （四）工程资料

主要有实测和施工图纸，无勘察维修设计文本和竣工资料（图9-7～图9-22）。

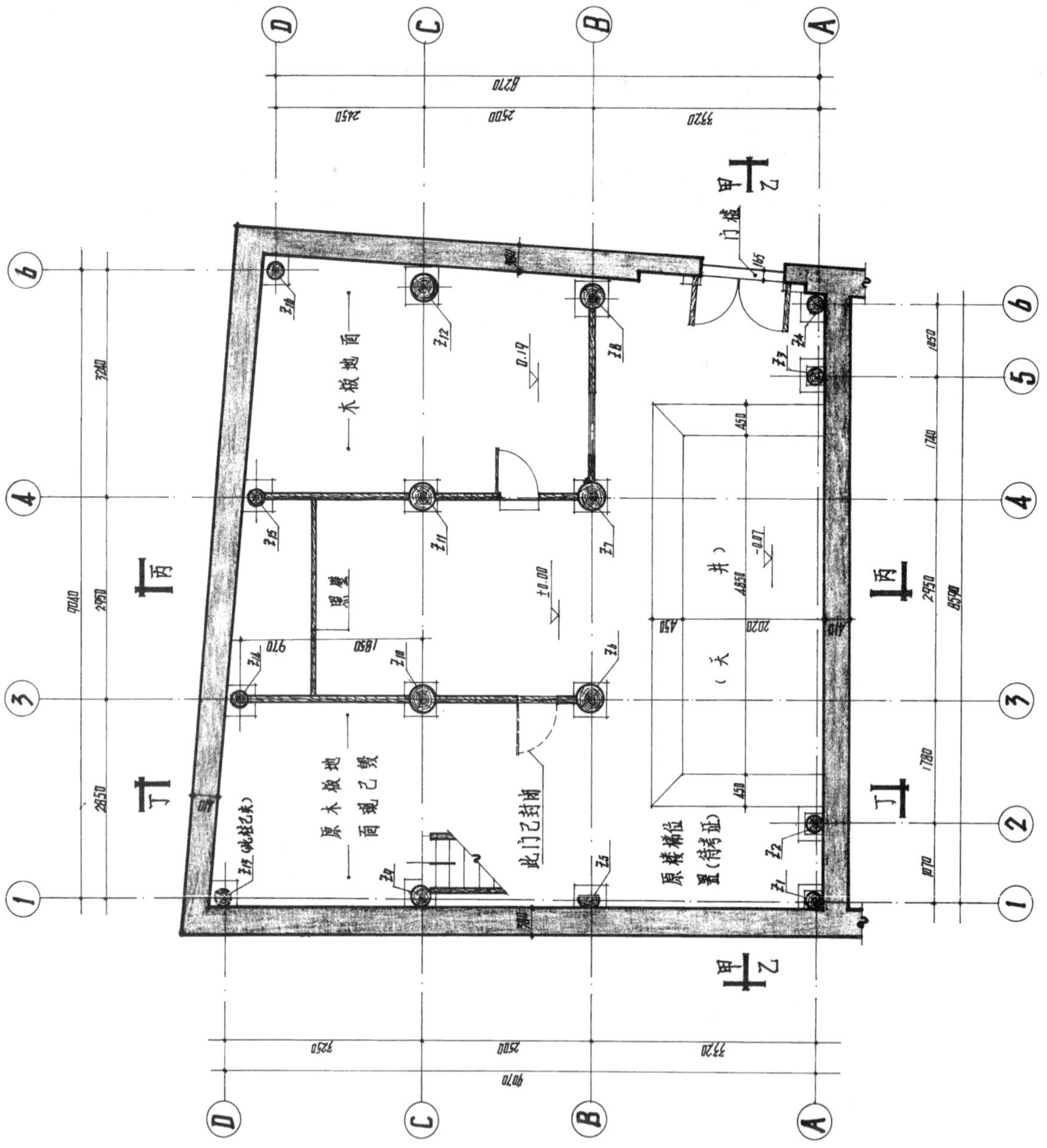

图9-7 吴建华宅实测图-底层平面图

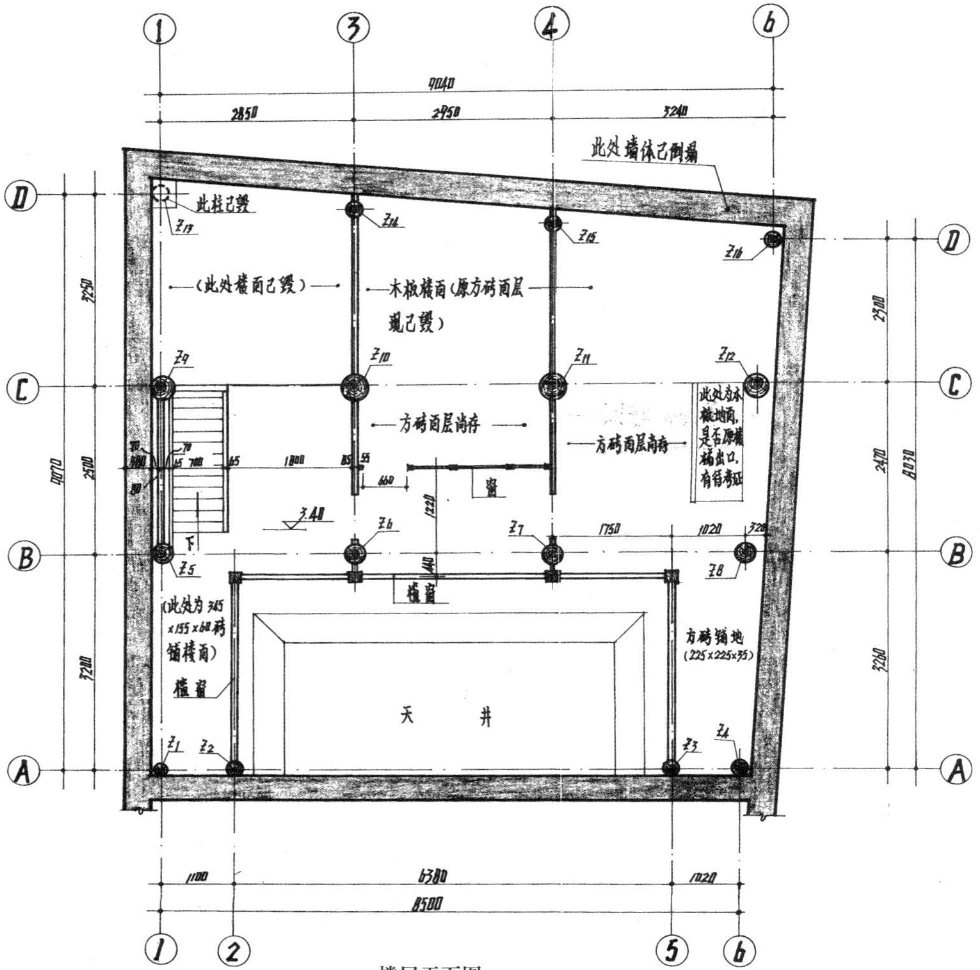

图9-8 吴建华宅实测图-楼层平面、南立面图

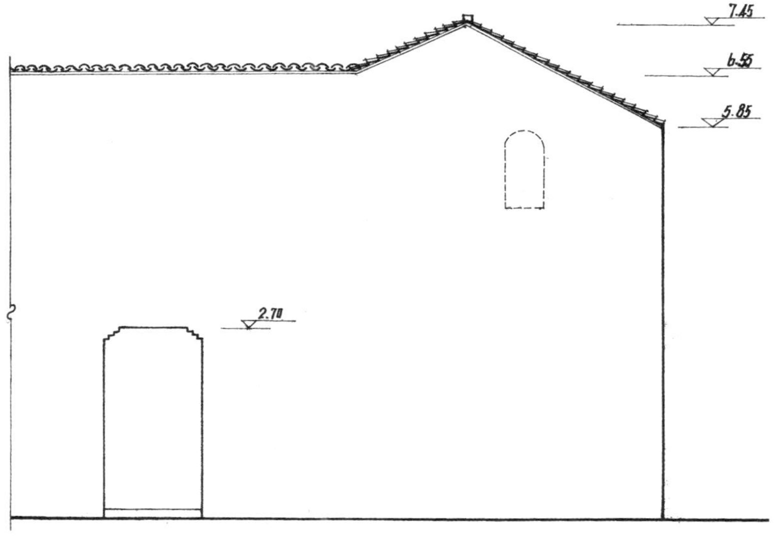

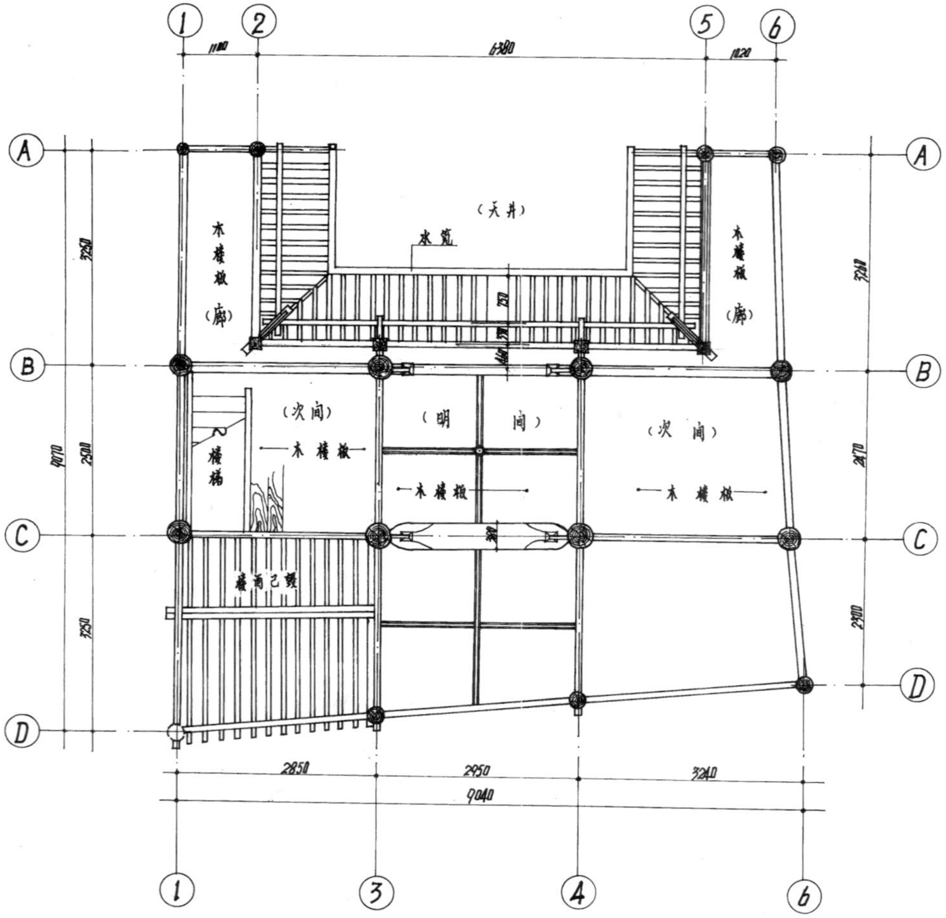

图9-9 吴建华宅实测图-底层、楼层仰视平面图

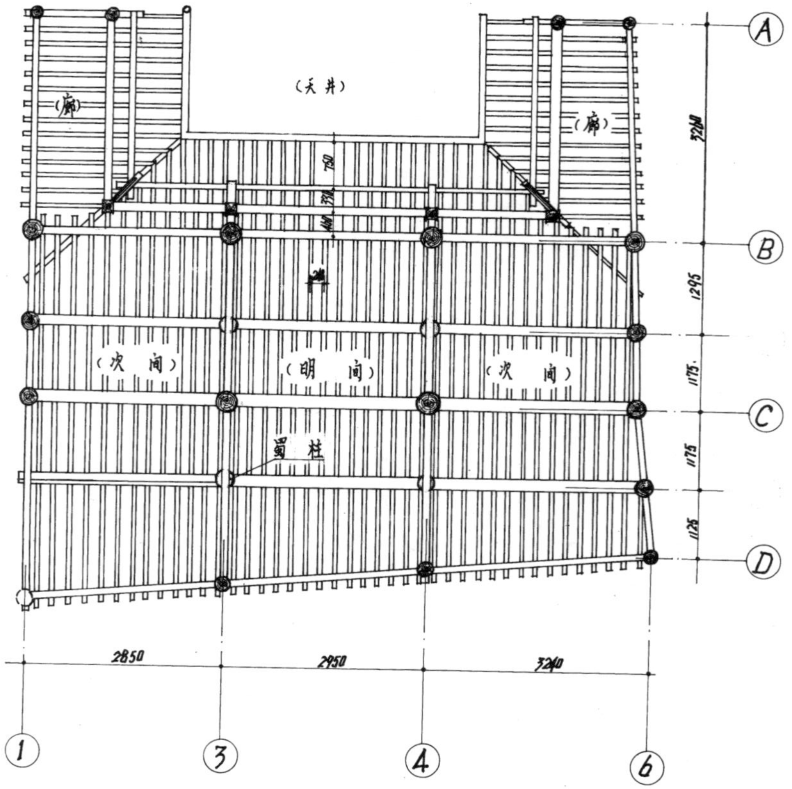

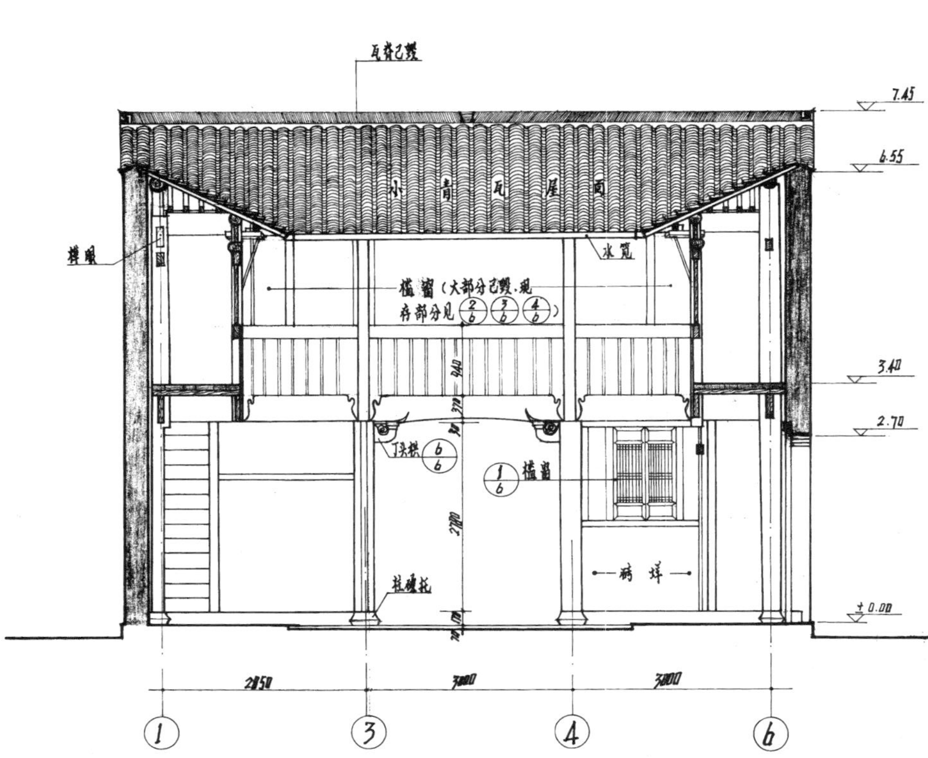

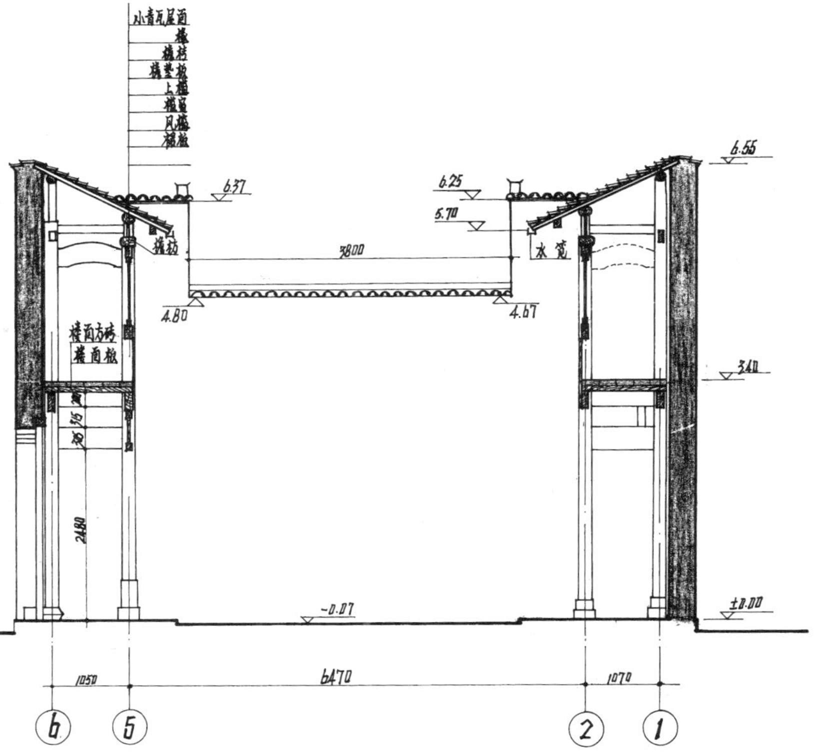

图9-10 吴建华宅实测图－正屋前檐、两廊剖面图

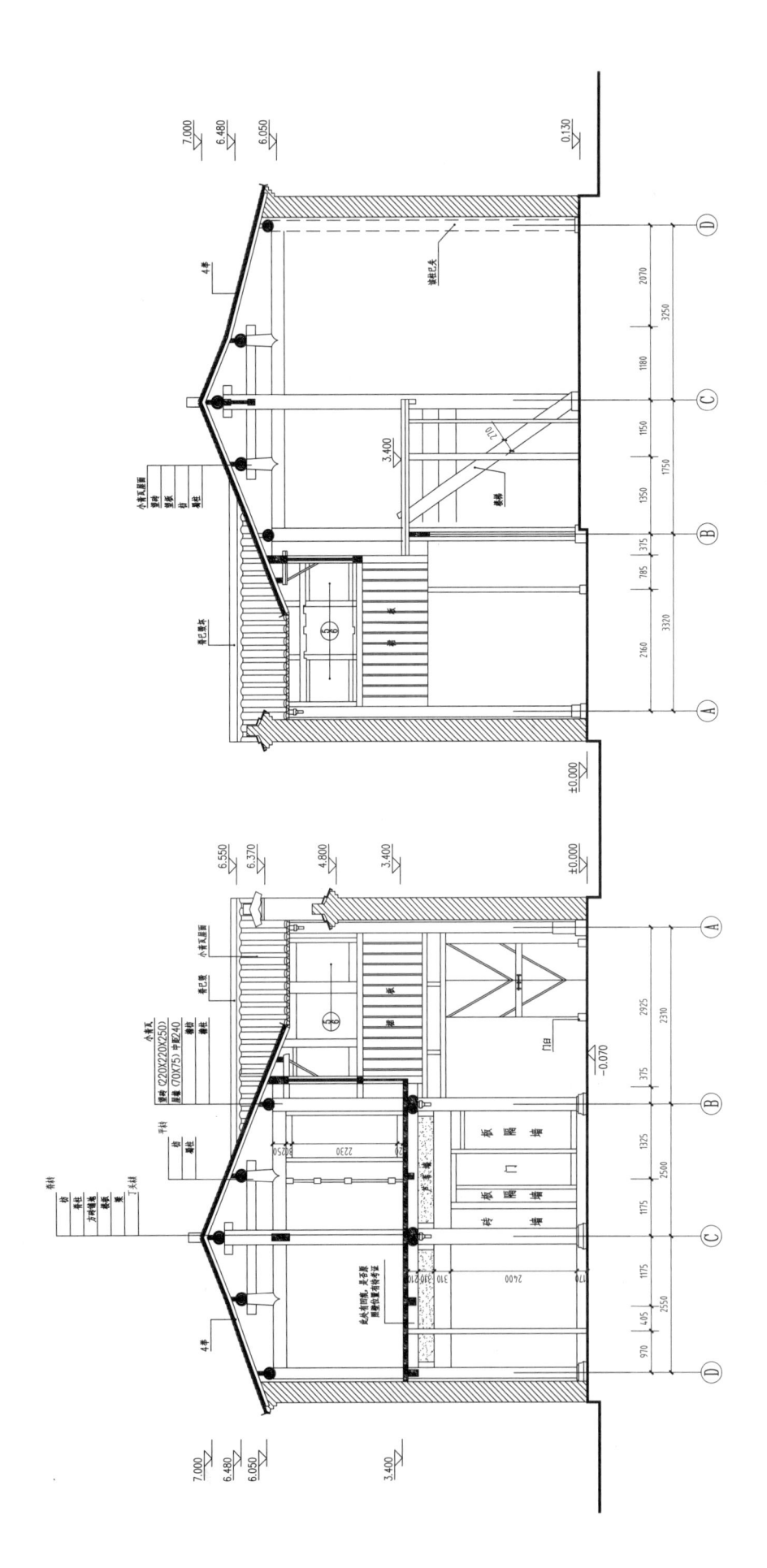

图9-11 吴建华宅实测图-明间、次间剖面图

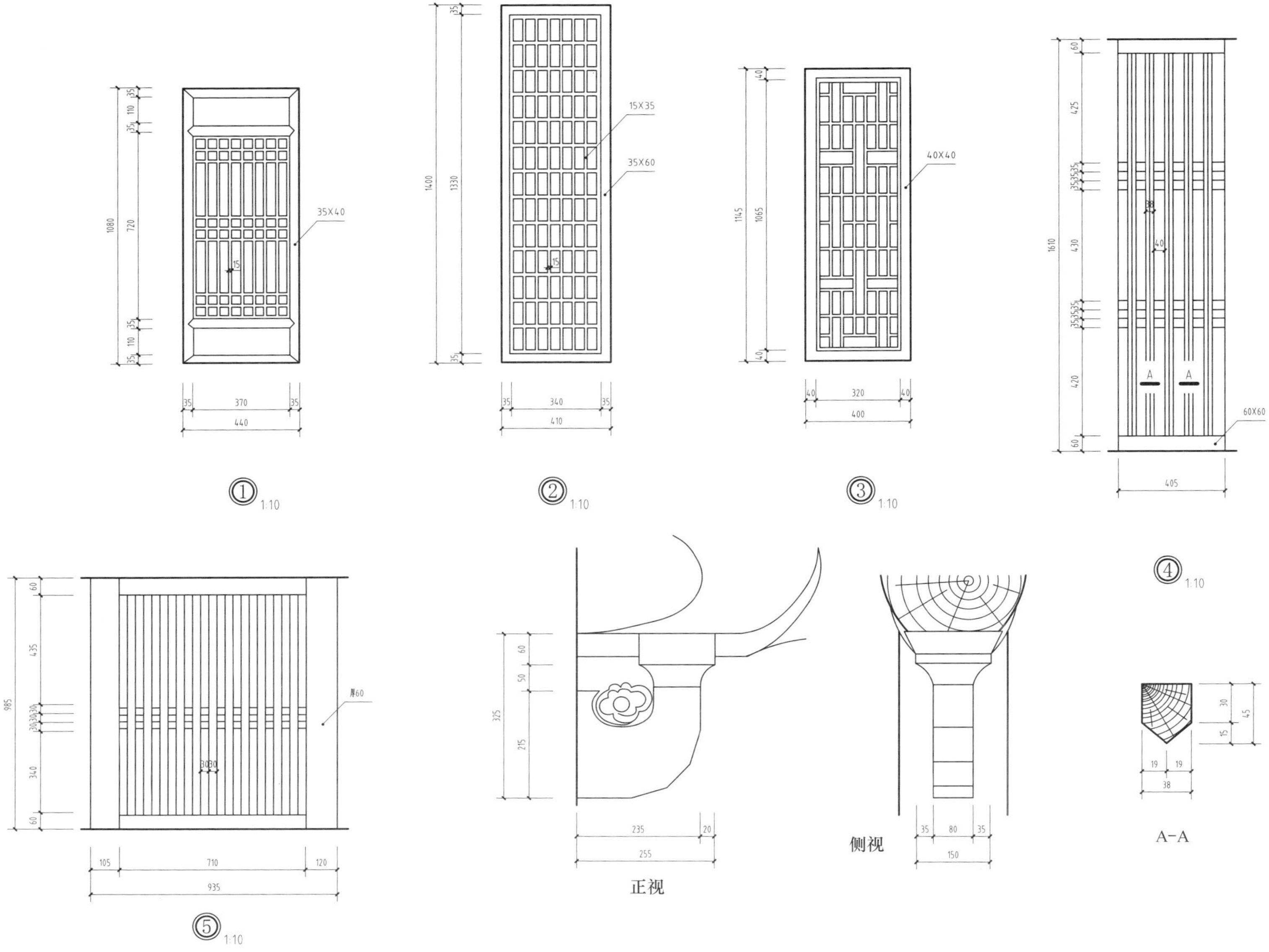

图9-12 吴建华宅实测图-隔窗、斗拱大样图

吴建华宅

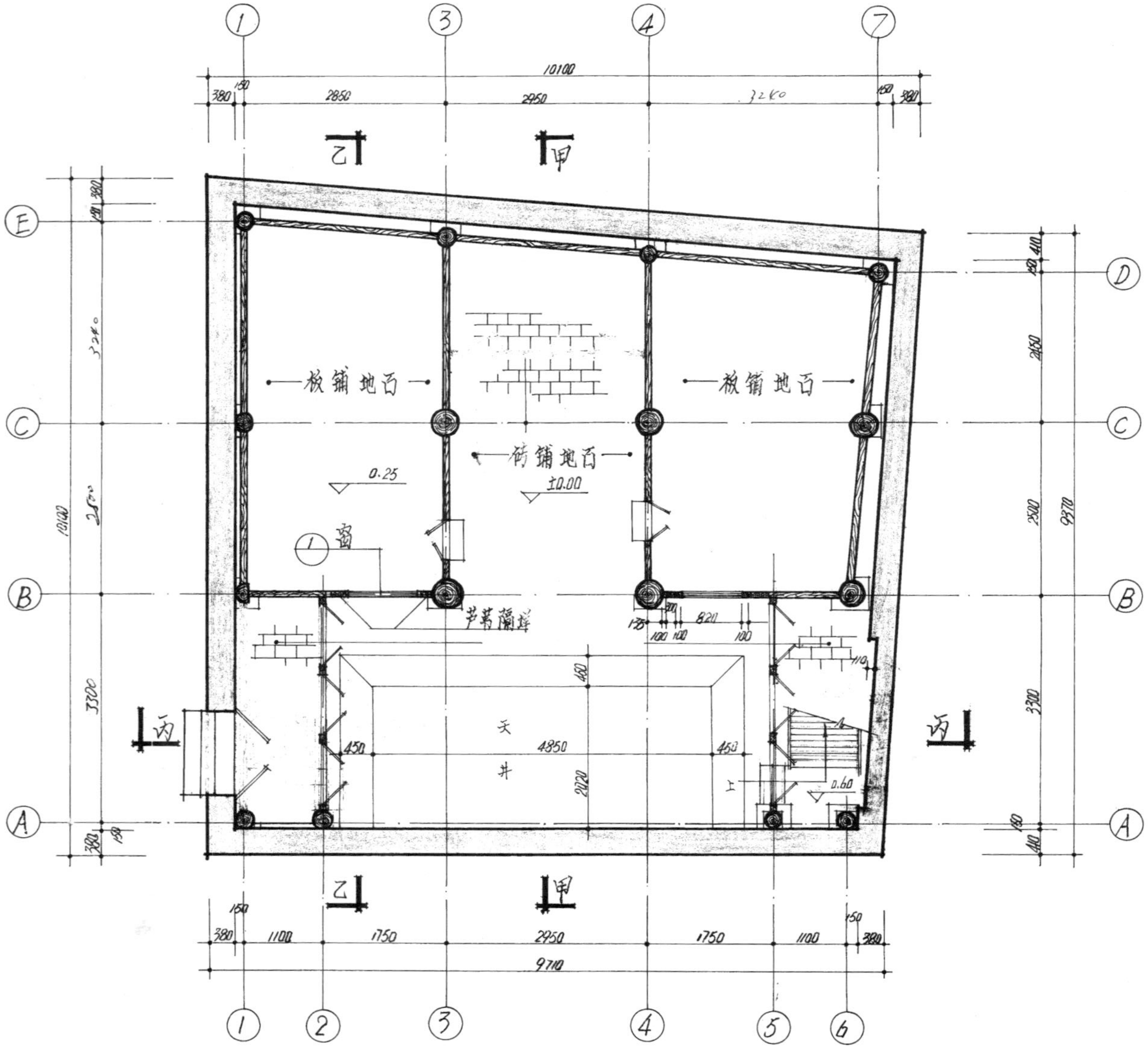

图9-13 吴建华宅竣工图-底层平面图

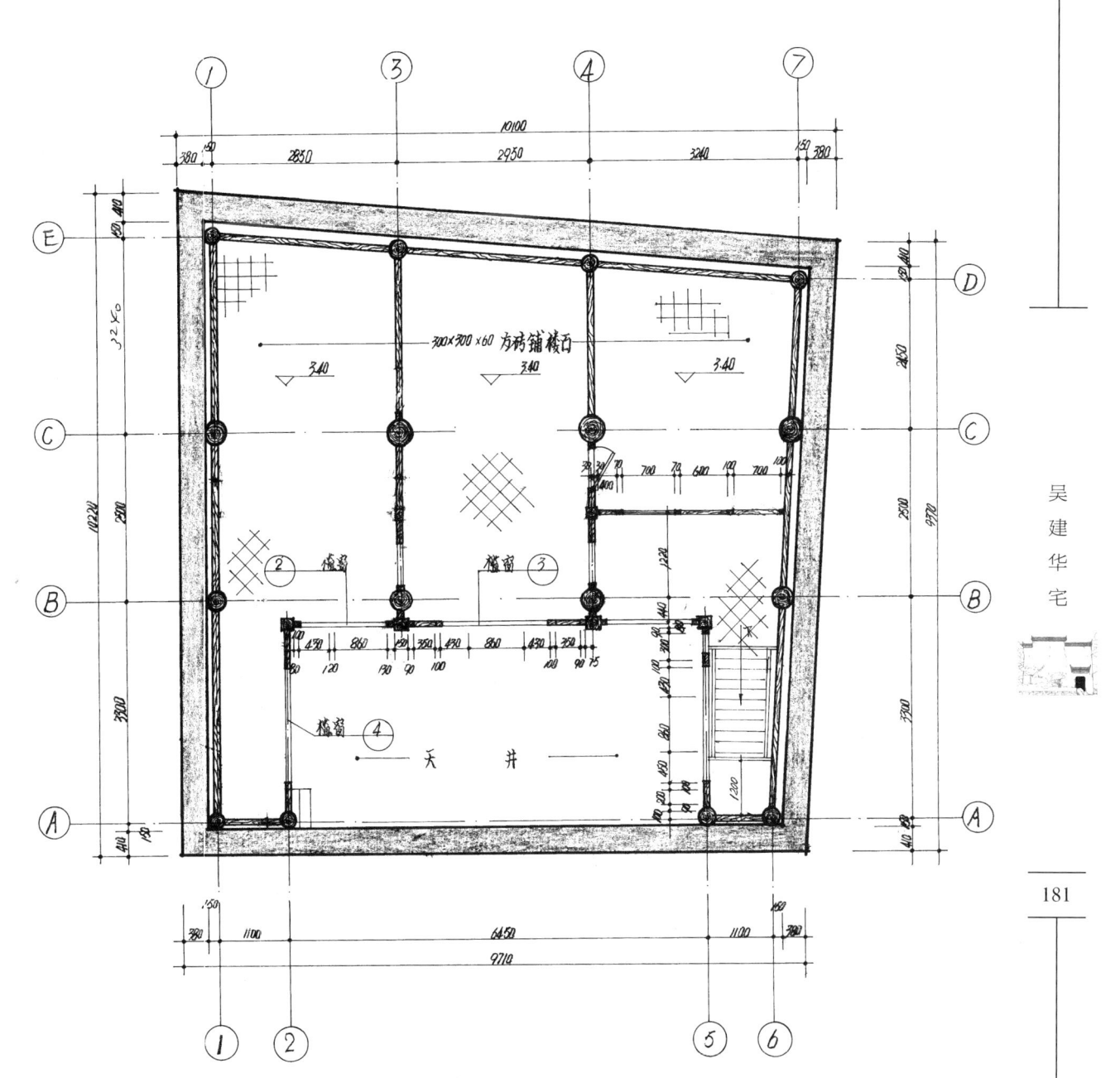

图9-14 吴建华宅竣工图-楼层平面图

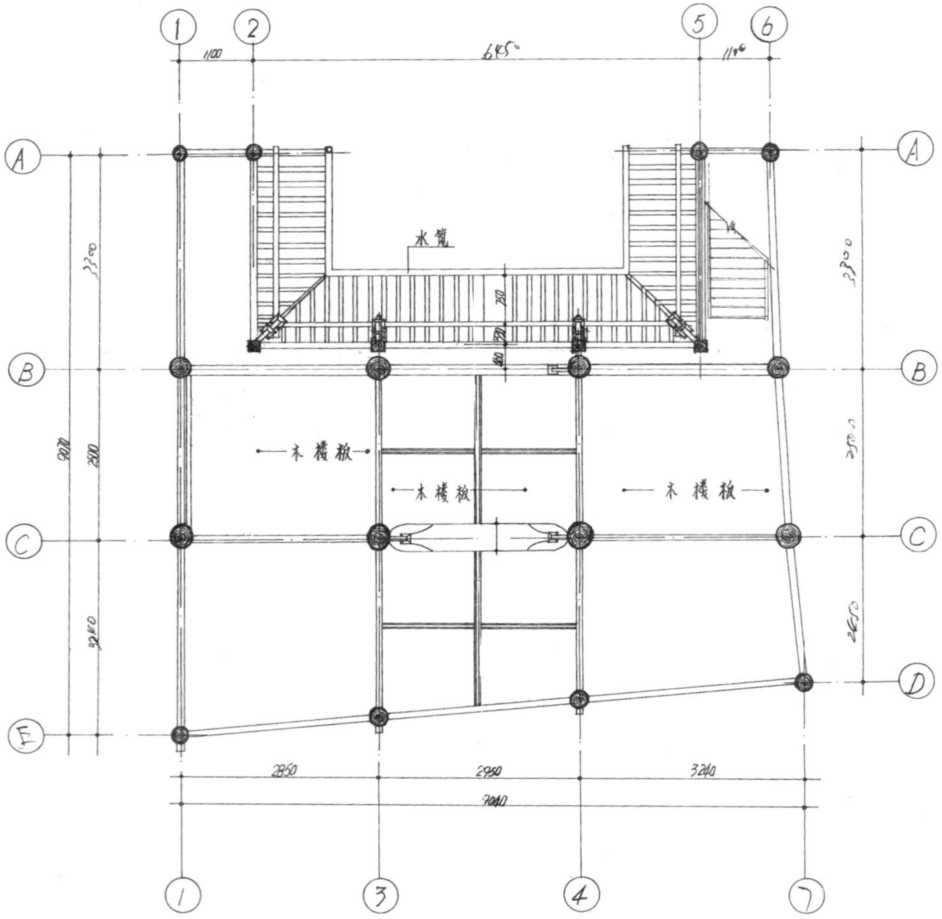

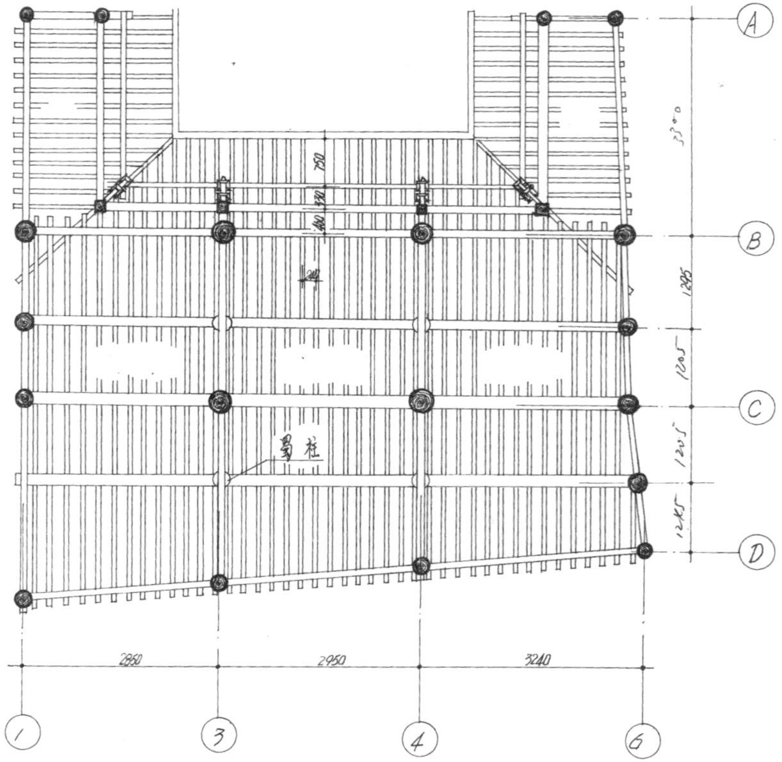

图9-15 吴建华宅竣工图-底层、楼层仰视平面图

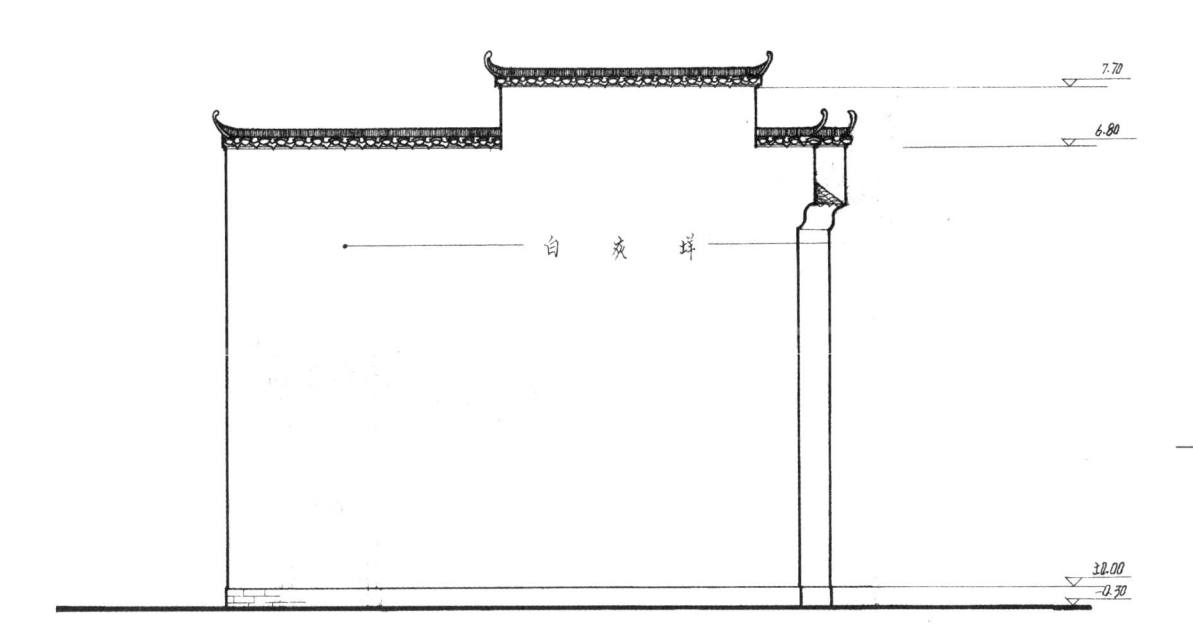

北立面图

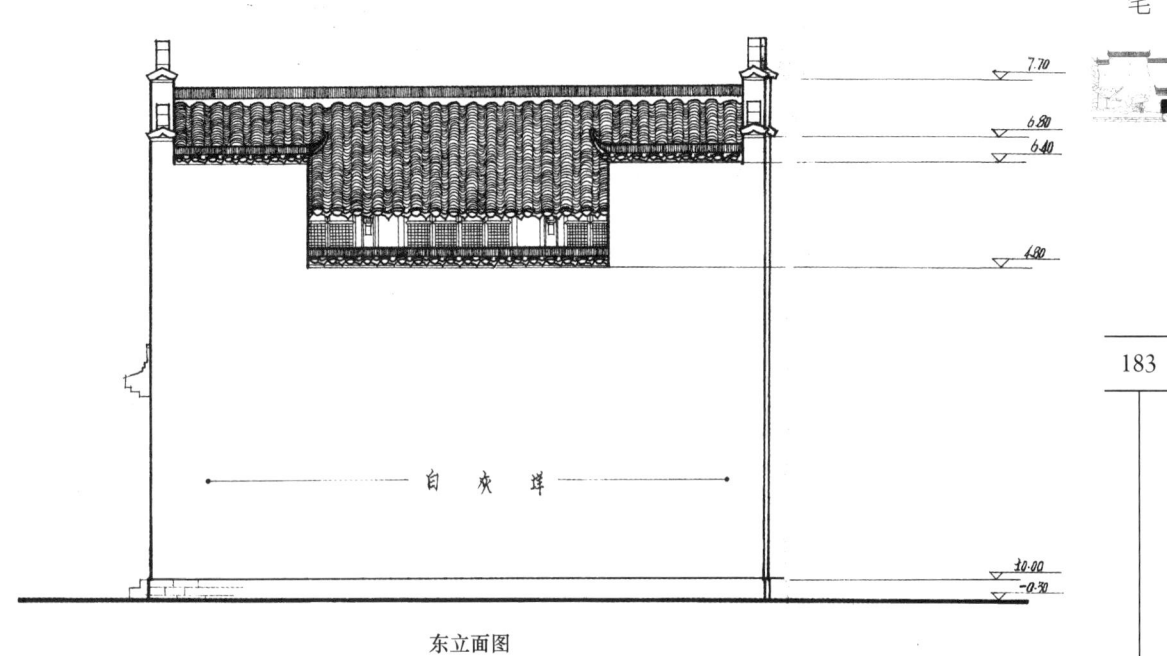

东立面图

图9-16 吴建华宅竣工图-北立面、东立面图

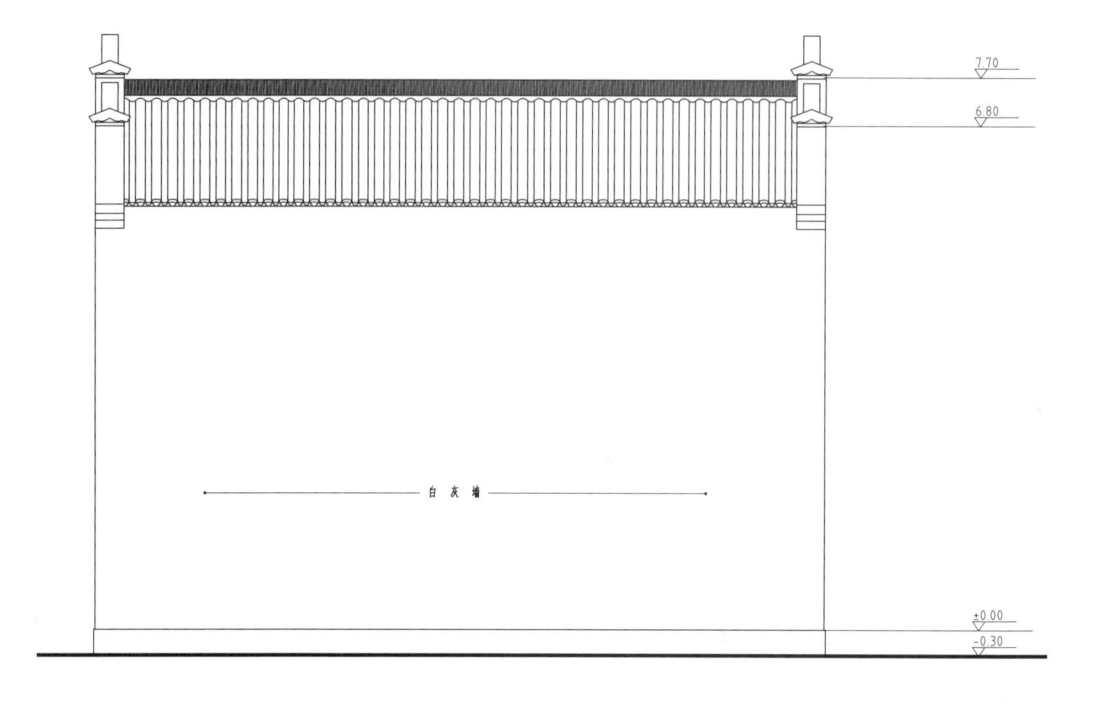

**西立面图**

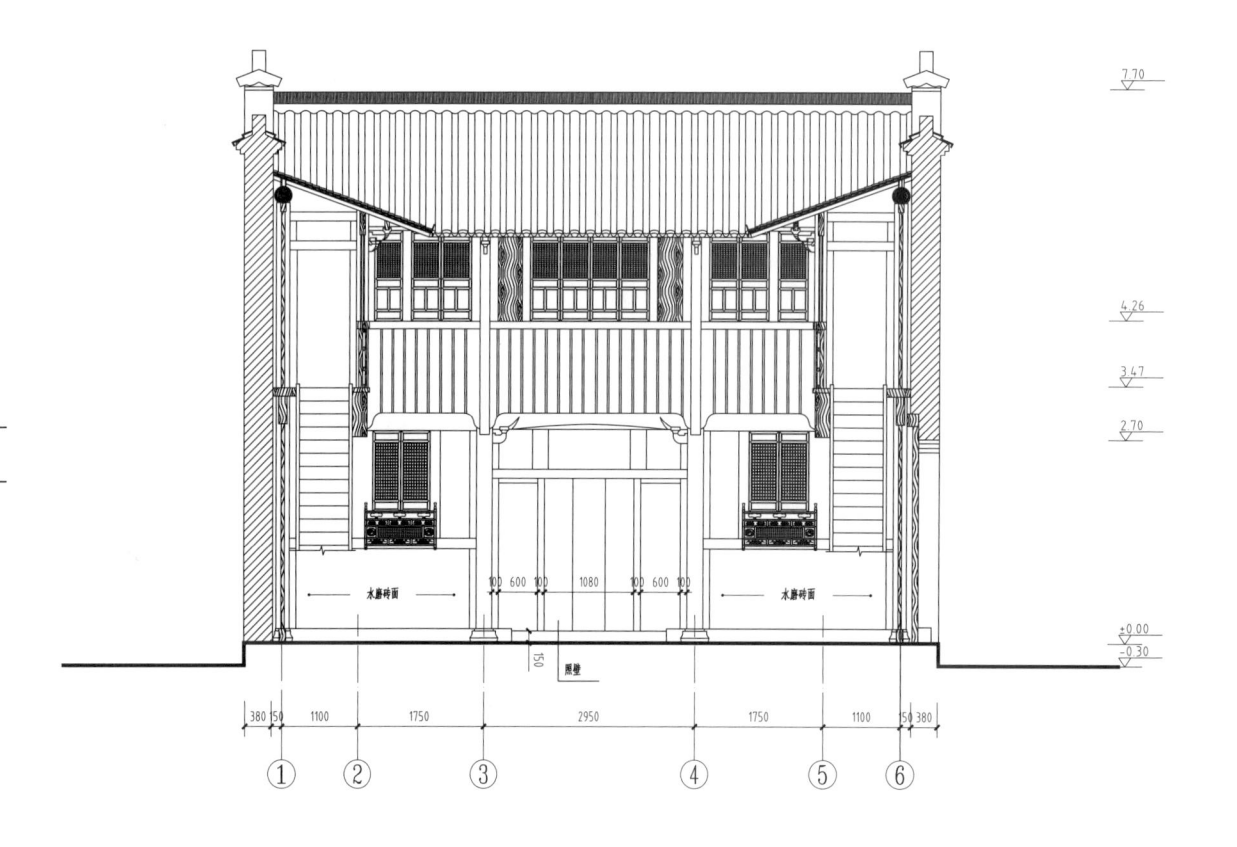

**正屋前檐剖面图**

图9-17 吴建华宅竣工图-西立面、正屋前檐剖面图

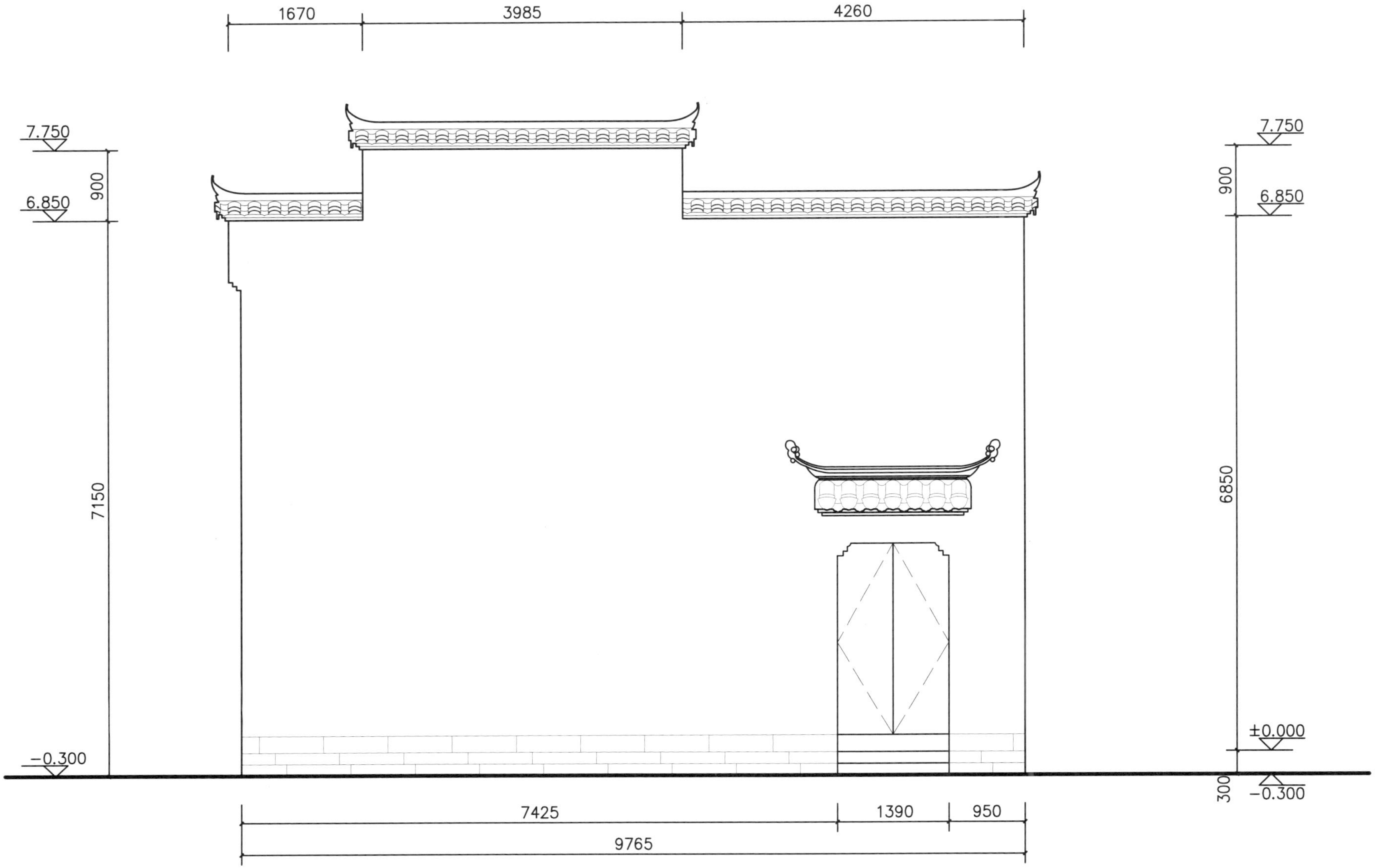

图9-18 吴建华宅竣工图-南立面图

甲-甲剖面图

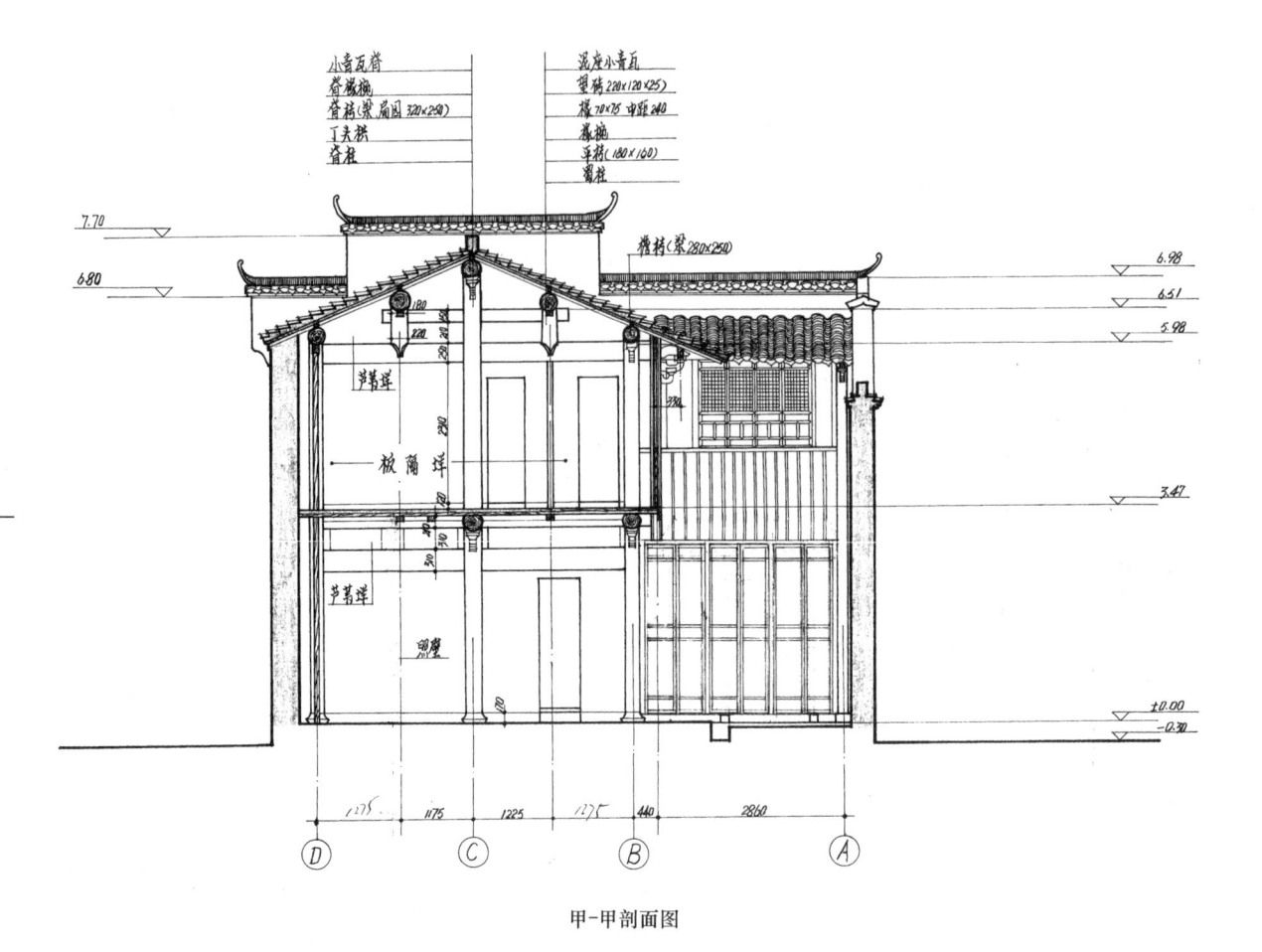

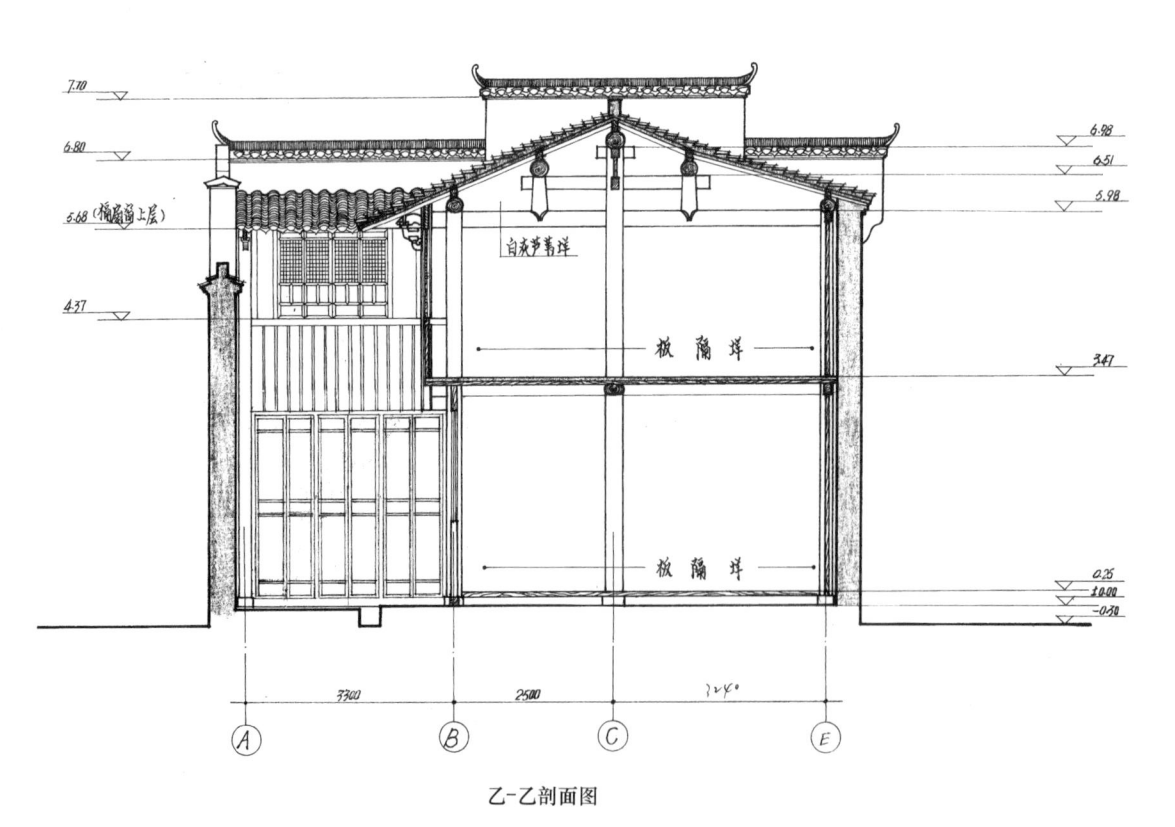

乙-乙剖面图

图9-19 吴建华宅竣工图-明间、次间剖面图

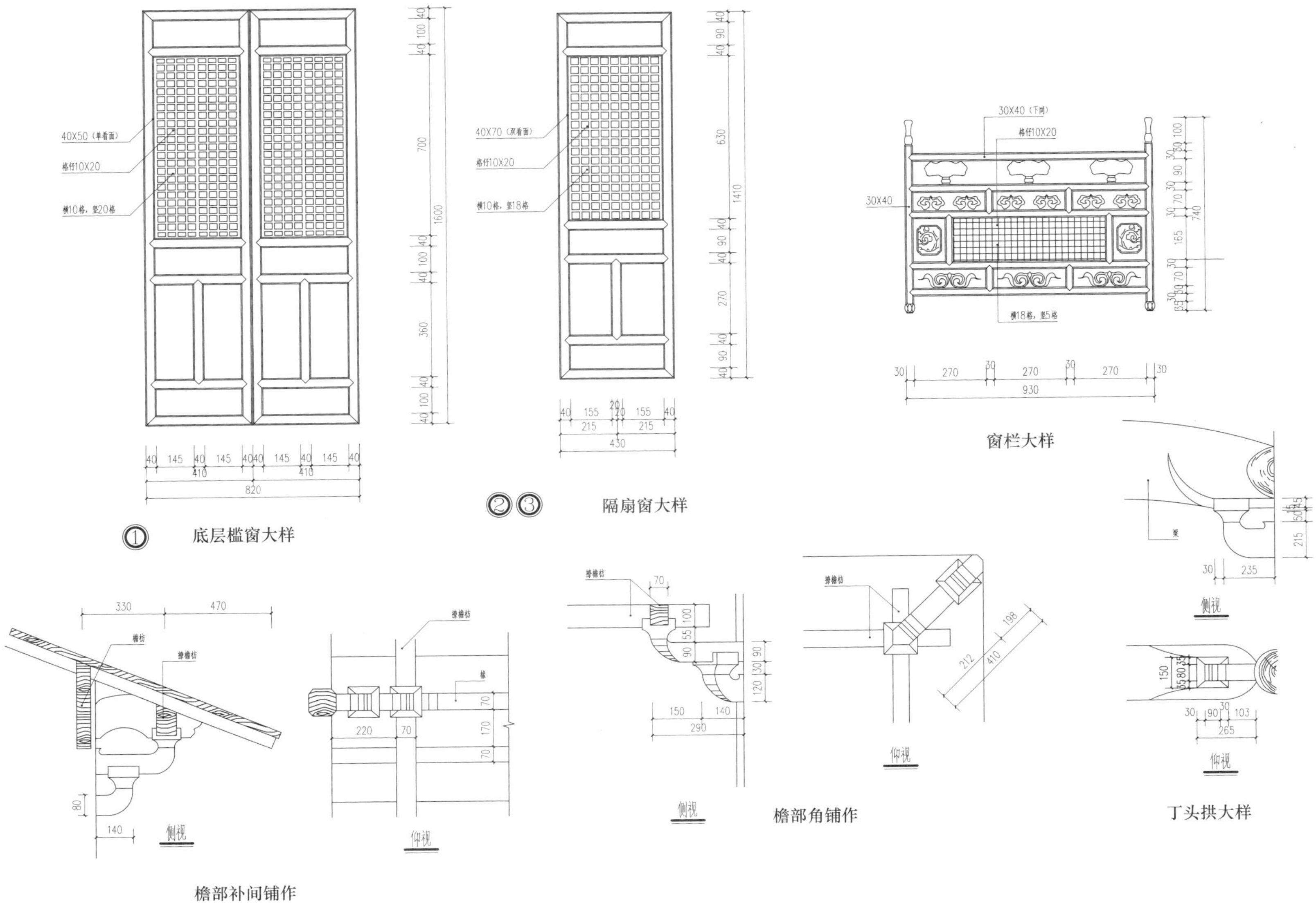

图9-20 吴建华宅竣工图-窗扇、斗拱大样图

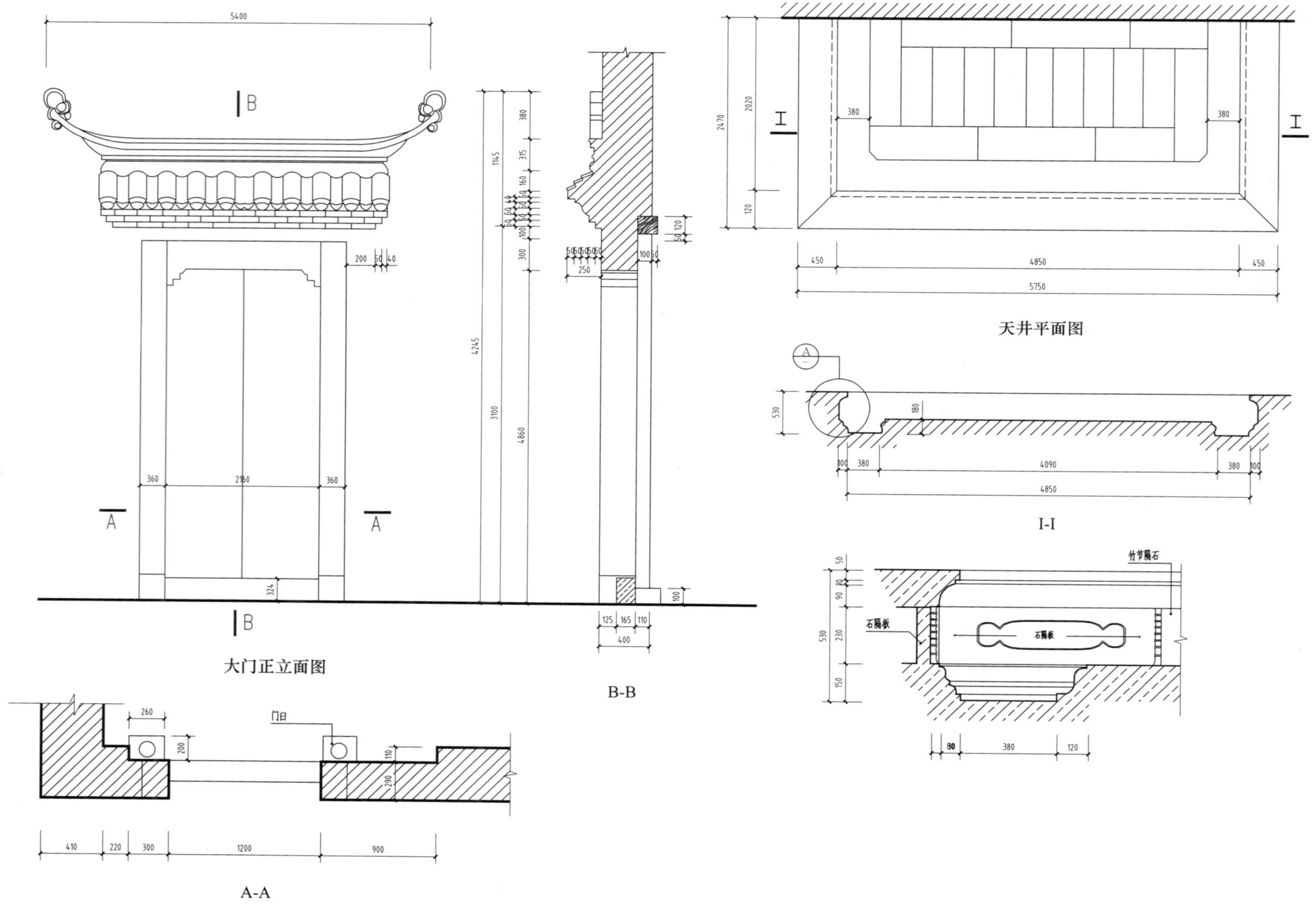

图9-21 吴建华宅竣工图-大门、天井大样图

图9-22 吴建华宅竣工图-总平面现状图

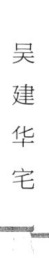

# 方文泰宅

## 一、概况

方文泰宅，位于潜口民宅明园。明代中叶民居建筑。三间两进的二层砖木结构楼房，口字形四合院。面阔9.35米，进深15.9米，建筑面积280平方米。

方文泰宅原位于歙县潜口乡坤沙村。根据《文物参考资料》1953年第3期记载："解放后由于人民政府保护文物，在1950年前后，歙县的西溪南乡就发现年代较古的住宅三处。1952年冬，南京工学院刘敦桢教授受前华东文化部的委托前往调查，知是明中叶遗构，并在附近乡村中发现了明代住宅和祠堂二十余处。"其中"二十余处"就包括位于歙县潜口乡的方文泰宅（以当时古建筑的业主命名）。1957年由张仲一等主编、建筑工程出版社的《徽州明代住宅》一书中，将方文泰宅作为"口字形四合院"平面的典型代表进行重点描述：

> 口字形四合院。三间二进。多为楼房，楼下前进明间为门厅，两旁是厢房，后进明间楼下是客厅，楼上明间一般都作供祀祖先牌位的地点。两进之间有狭长的天井。靠着两面墙壁建狭长的廊屋，廊内设楼梯，如歙县唐模乡方文泰宅，可作为这类住宅的代表。

方文泰宅在1981年被公布为安徽省文物保护单位。1982年歙县博物馆曾组织过小型维修。该宅搬迁前，一直为坤沙村方氏村民居住生活使用，部分装修改动，局部也面临险情。鉴于该建筑是徽州民居的典型代表，遂于1986年将其迁入潜口明代民居建筑群集中保护。

## 二、原址原貌

方文泰宅，原坐落在歙县潜口镇坤沙村中。坤沙村，地处黄山南麓，现隶属徽州区潜口镇。该村历史悠久，昔为胡、王两大姓氏聚族而居，是徽商重要的聚居地之一。坤沙曾走出过多位杰出的商人，如药材商人王端莆，其清光绪年间在湖北汉口经营的"王慎记"招牌闻名遐迩。其子王子良将生意发扬光大，是武汉三镇赫赫有名的商人。民国时期的胡文清，在上海经营德胜纺织厂，生意兴隆。坤沙村好贾传统代代相传，现在仍是远近有名的"徽匠村"。营商带来的财富也给乡村留下了丰厚的遗产，现村内保存明清古建筑10余处。

方文泰宅位于村东，朝向西北。西为自家场院，有后建自家厨房毗邻，东为空地，屋后为巷，屋前是一块平坦空地，用作晒场。因该宅一直由后人居住管理，建筑装修局部有改动和残损，但整体保存较完整（图10-1～图10-3）。

大门，外立面有简单门罩（图10-4），向外突出三线砖，底下饰一路砖雕霸王拳，多残破。大门杉木实拼，外包铁皮，将平面分成多个正方形，正方形当中镶乳钉，铁皮多已朽烂。

图10-1　原址正立面　　　　　　　图10-2　原址外门罩

图10-3　原址侧立面（1）　　　　　图10-4　原址侧立面（2）

进大门设有两道屏门。原在前金步，后移至明间居中位置。前后进四厢房窗栏杆仅一块较完整，其余三块都有损坏。

中天井已被红岩石板铺平。前后进地面大方砖斜铺地，破损严重。

廊庑原用落地隔扇门[①]装修，隔扇门已遗失，两廊后加装有皮门。西廊内设一楼梯，东廊内有一小门，通往厨房，现厨房为后新建。

---

① 隔扇门就是以隔扇作为门扇的门的形式，框架内即是隔扇，分为隔心、裙板、绦环板等几部分，门扇的多少根据开间的大小来定。有时为了将建筑内外空间连通，形成一个大的室内空间，还可将隔扇门取下。

后进西厢房后檐墙原有一后门洞，已被砌砖封堵。

楼层装修是该宅的特色部分。沿天井一周设置有带靠背的坐凳（图10-5），即飞来椅。四角加装有遮羞窗，窗下装置壁橱，可放置针线、梳妆用具。沿天井一周四面，装修六抹头方棂隔扇窗，后部分改为直棂柳条窗。飞来椅栏杆向外弯曲，超出檐柱，栏杆下部护板用框格装饰，栏杆面不加髹漆，曾有刷桐油痕迹，因年久日晒雨淋，光泽已失，木质外露，装饰的雕花栏板碰破、跌落许多（图10-6~图10-8）。

楼层地面皆为方砖铺地，破损缺失较多。

墙体前进硬山，后进两侧屏风墙。大门上方、二层楼廊山墙、楼厅后檐凿有三个小窗洞。现房主为采光需要，前进山面墙上又新开了两个较大的窗洞。后进西厢檐墙朝外原凿有一80厘米宽的门洞，现封堵，门洞上方仍存砖贴门楣。

屋面铺设望砖，勾头滴水瓦缺失较多，瓦脊，脊饰回纹印斗。因原通道排水不畅，现天井檐口新加装了白铁水枧，并通过前进东转角落水管引入地下排水沟（图10-9、图10-10）。

图10-5　飞来椅坐凳

图10-6　窗栏板

图10-7　天井楼层木雕刻（1）

图10-8　天井楼层木雕刻（2）

图10-9　后进立面　　　　　　　图10-10　前进楼层立面

## 三、现状特征

方文泰宅，现位于潜口民宅明园中心地带，坐西朝东。建筑由前后两进楼屋及中间天井、廊庑围合而成。

### （一）前进楼屋

屏门四扇，正中向内双开，左、右各一扇。明间大方砖斜铺地。两次间装修成房间，向明间开门。

正面水平高墙，大门居中，门罩砖贴瓦檐、起脊。大门门框、门槛均为红麻石。室内地坪较门前高45厘米，门前设两边垂带的三级石踏步登临。

前进三开间，六檩五步架。梁架穿斗式，檐柱上架月梁，用材断面小。一楼明间前金步装修四扇活动皮门，二道门设置。门前红岩石铺地，门后方砖铺地。两次间厢房内为木地板。明间两列柱间施上下枋，枋间施编芦苇墙，下枋至地栿间设皮门隔断。两房向天井开窗，窗口饰栏杆[①]，栏身上部雕刻云拱三朵，下部四周嵌有镂空花板，中央用镂空棂格，比例协调、雕工美观。

---

[①] 原作"阑杆"，是指用木料编织起来的遮挡物，后来渐渐发展变化，式样丰富、雕刻精美，成为重要的装饰设置，厅堂、居室、亭、楼、水榭等建筑均可设置栏杆，功能似漏窗，而形象类花墙。栏杆做成雏形勾栏形式，较为华丽。两旁望柱头上雕有莲花瓣。

## （二）后进楼屋

后进三开间，六檩五步架。明间为客厅，左、右次间为卧室。客厅靠后装太师壁，太师壁左、右开门。左门内，设木楼梯从东向西登楼，右边门内为储藏室。

客厅大方砖铺地，两次间房内铺木地板。柱础四方形，四边垂线内收，方形四角凿成下凹的弧线，上部四角斜削琢成不等边八角形，线凹再收为圆形，线条富有变化，手法简练，形态优美。

## （三）天井及廊庑

中天井为长方形水池，红岩石铺筑。四周由红岩石板围合形成一个"口"字。池深0.53米，井壁须弥座式样，肚版石间隔竹节柱石，池底贴壁一周排水渠。天井中间架一石板桥，方便前后进交通。天井形制规整，用料考究，做工精细，风格典雅。

天井左、右两侧为廊屋。廊屋三檩两步架，单披水屋面，方砖铺地。前半部为过道，后半部为回廊，中间各装置6扇六抹头方棂隔扇门。南廊内设楼梯，由西向东登临，楼梯井口设有盖板。北廊内开边门。

## （四）二层

与楼下格局大体相同，楼梯口设有盖板，关闭后，可将廊屋过道连为一体，构成"走马楼"。二楼前后两进，明间为楼厅，两次间为房，方砖铺地。后进明间作为享堂，辟供奉祖先牌位的神龛。脊檩下设月梁，梁下施丁头拱。两次间枋间置格栅，铺板，小阁楼设置。

二楼沿天井一周共有36片六抹头方隔扇窗装修，前后进楼屋内施飞来椅，楼沿四周外施雕刻花板。内装修由枋连接，枋间施编苇墙，枋下设皮门隔断。

## 四、文物价值

方文泰宅是徽州明代民居的代表性建筑之一，作为徽州民居"口字形四合院"的标准器，以形制规整、雕刻工丽著称，在搬迁保护之前即被确定为省级重点文物保护单位，具有较高的文物和研究价值。

方文泰宅作为徽商的住宅，建造考究，工艺精湛，尤其是民居内的木石雕刻，体现了民间高超的工艺水平。厢房窗栏杆做成华丽的雏形勾栏样式；楼面沿天井一周"美人靠"及弧形栏杆划分若干框格，内施壸门装饰，设计合理，图案精美、雕琢细腻，美不胜收。方形石柱础，雕琢多线条变化。

方文泰宅外观高墙耸峙，四面墙上只在高处开了三个很小的窗洞，大门及门罩简洁朴素，但建筑内部精雕细琢，风格华丽，内外风格巨大的反差，是当时徽州人财富不外露的传统思想在民居建筑中的生动体现。

## 五、迁建工程

### （一）迁建过程

1986年6月3日，筹建组开拆迁预备会；

1986年6月7日，搭建拆迁脚手架；

1986年6月17日，南京工学院与古建公司讨论复原方案；

1986年8月4日，基础石、天井挖掘；

1986年8月9日，拆迁工程全部结束；

1986年9月11日，合肥白蚁防治所对方文泰新址室内灭蚁、下药；

1986年9月20日，搭建复原脚手架；

1986年9月25日，木构架开始复原安装；

1986年11月1日，开始砌筑围护墙；

1987年5月，室内装修完毕，工程竣工；

1987年6月19日，外围护圈灭蚁施药（图10-11～图10-13）。

图10-11　原址拆卸（1）

图10-12　原址拆卸（2）

图10-13　原址拆卸（3）

### （二）迁建新址

方文泰宅迁建选址在明园山庄中心地带偏东北位置，坐西朝东，背靠护磅，北为山坡，门前为石板广场，南向石板道路通吴建华宅、方观田宅，东下石台阶至山脚道路，连接北侧苏雪痕宅，南侧罗小明宅（图10-14、图10-15）。

图10-14　拆卸构件

图10-15　拆卸梁柱

图10-16　原址地面基础

图10-17　天井石板标号

（三）维修要点

（1）根据大门罩残留构件，复原门罩上的清水作和霸王拳，修复外铁皮包裹大门扇及铁铺首。

恢复前进两山面屏风墙。

原西廊内通厨房的边门，予以恢复；原西厢后檐墙的后门，不恢复。

（2）下堂明间月梁因朽烂新制；天井四周的立柱，下半截霉烂、腐朽严重，采用同样的木材，墩接处理。

施工图曾根据东廊有楼梯口痕迹，做复原设计，因西廊内原有楼梯亦非新制，原状修复，予以保留，东廊楼梯设计暂不恢复。

（3）根据施工图隔扇门样式，复原天井两侧的廊屋隔扇门；修补、复制厢房、楼层沿天井一周窗扇及栏杆；根据楼上后进次间墙上格栅痕迹，恢复房内阁楼设置；恢复原房内靠壁木板装修；损坏的编苇夹泥墙，依原制复原。

（4）天井参照呈坎村"两罗宅"式样建造，为使明园内各建筑天井石作手法统一，又参照明园内乐善堂、吴建华宅的天井，将井壁稍加雕琢（图10-16～图10-19）。

图10-18 拆运石板　　　　　　　　图10-19 天井水池发掘

（四）工程资料

主要为实测和施工图纸，无勘察设计文本和竣工资料（图10-20～图10-41）。

1952年，南京工学院刘敦桢教授来徽州调查，发现的二十余处明代住宅和祠堂，名录如下（表2）：

表2　1952年徽州调查发现的明代住宅和祠堂一览表

| 县名 | 地点 | 宅名 |
| --- | --- | --- |
| 歙县 | 城区 | 方晴初宅 |
| 歙县 | 深度乡 | 柯锦文宅 |
| 歙县 | 郑村乡 | 苏雪痕宅 |
| 歙县 | 唐模乡 | 鲍锦芝（清）、方文泰宅、胡培福宅 |
| 歙县 | 潜口乡 | 徐庆拍宅、罗子玉宅 |
| 歙县 | 呈坎乡 | 罗炳基宅、罗耐庵宅、吴贤其宅 |
| 歙县 | 西溪南乡 | 武卓甫宅、吴息之宅、吴子良宅 |
| 歙县 | 岩寺镇 | 王九如宅 |
| 歙县 | 草市乡 | 孙叔顺宅 |
| 歙县 | 烟村乡 | 程志清宅 |
| 歙县 | 柘林乡 | 方有田宅、方新淦宅、程明德宅 |
| 歙县 | 雄村乡 | 曹庆祥宅、曹云才宅、曹顺莲宅 |
| 歙县 | 隆阜镇 | 藏荣美宅 |
| 休宁县 | 枧东乡 | 吴省初宅 |
| 休宁县 | 吴田乡 | 吴晓东宅 |
| 绩溪县 | 城区 | 张杜喜宅 |

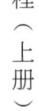

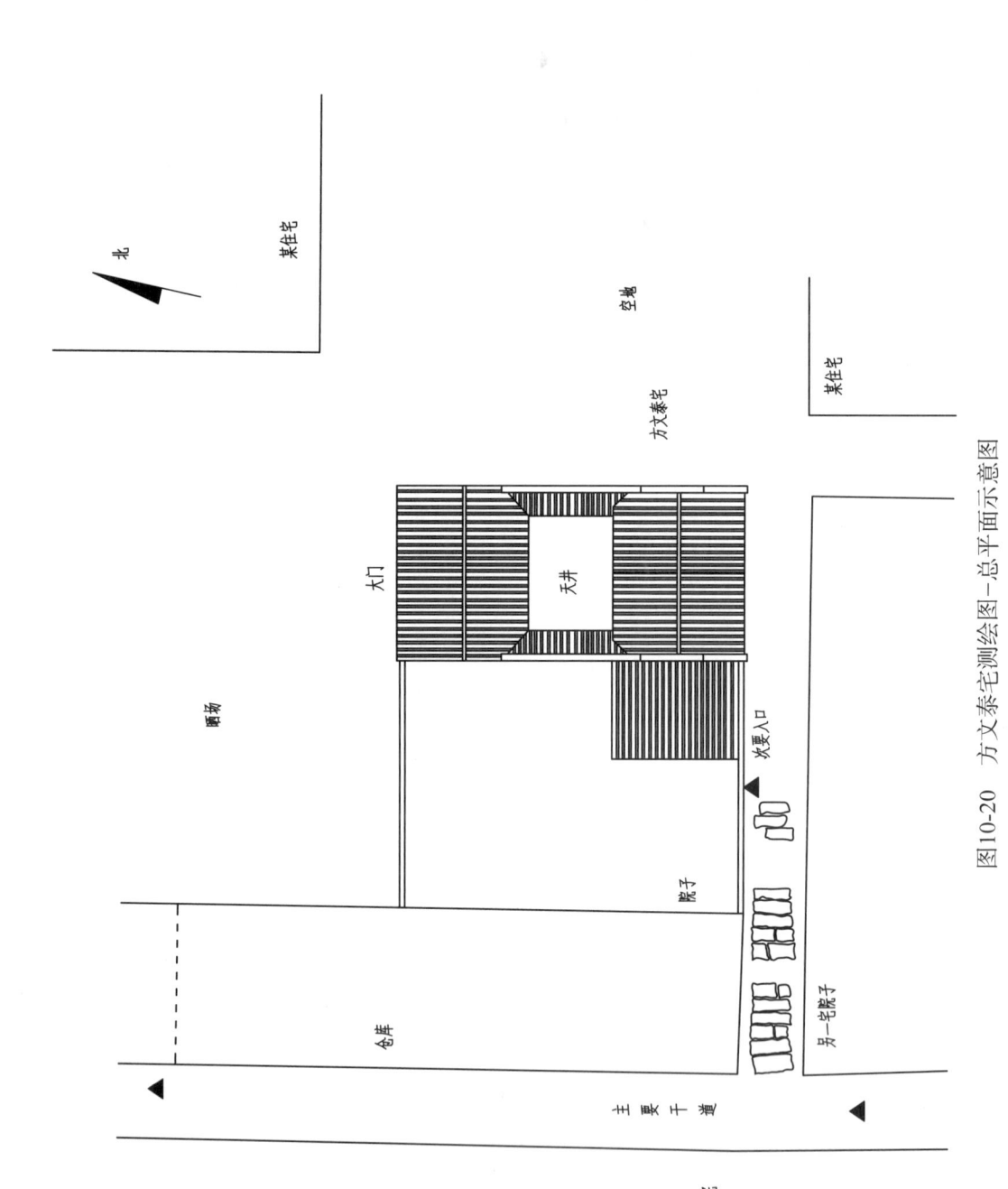

图10-20 方文泰宅测绘图-总平面示意图

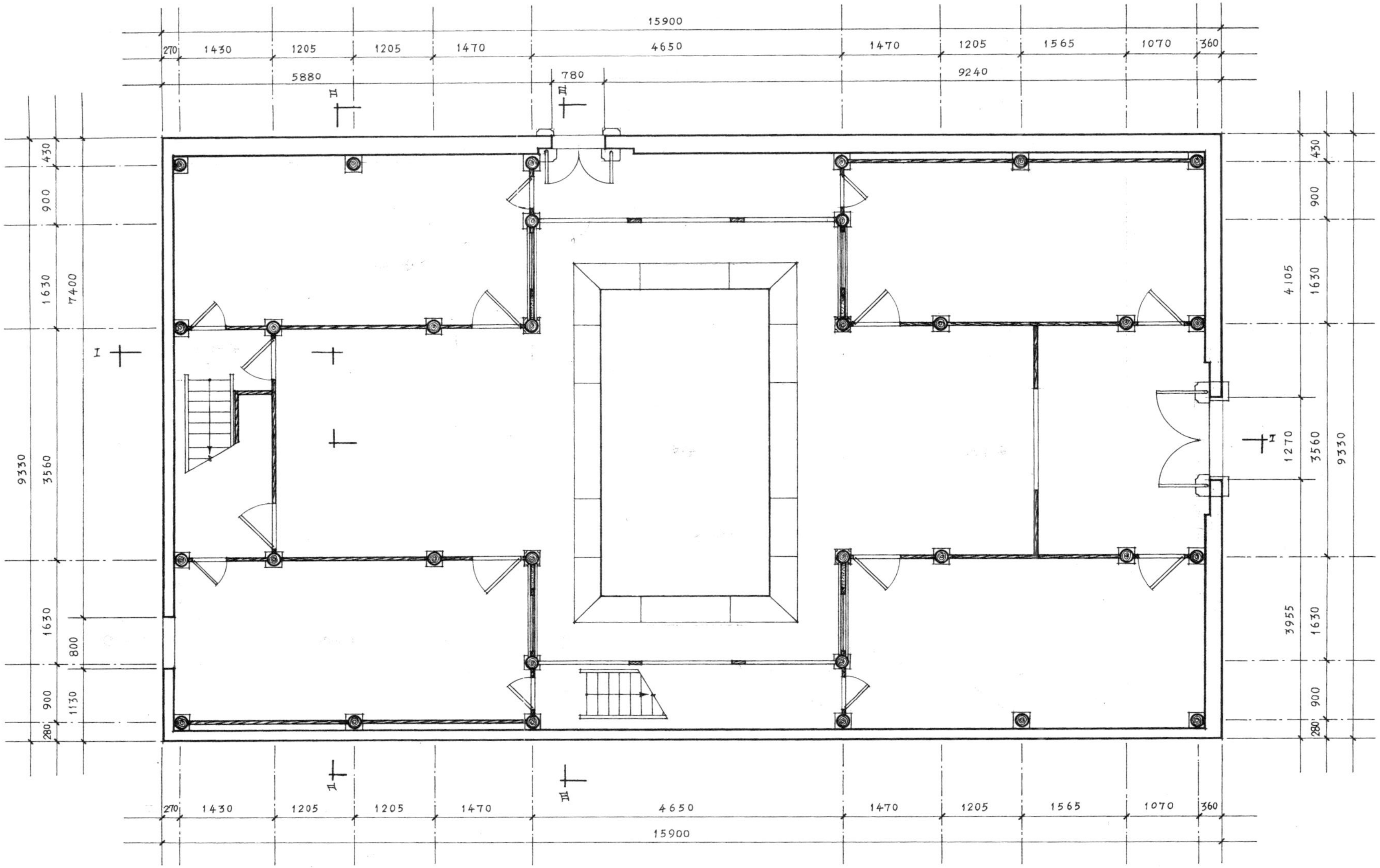

图10-21 方文泰宅测绘图——一层平面图

方文泰宅

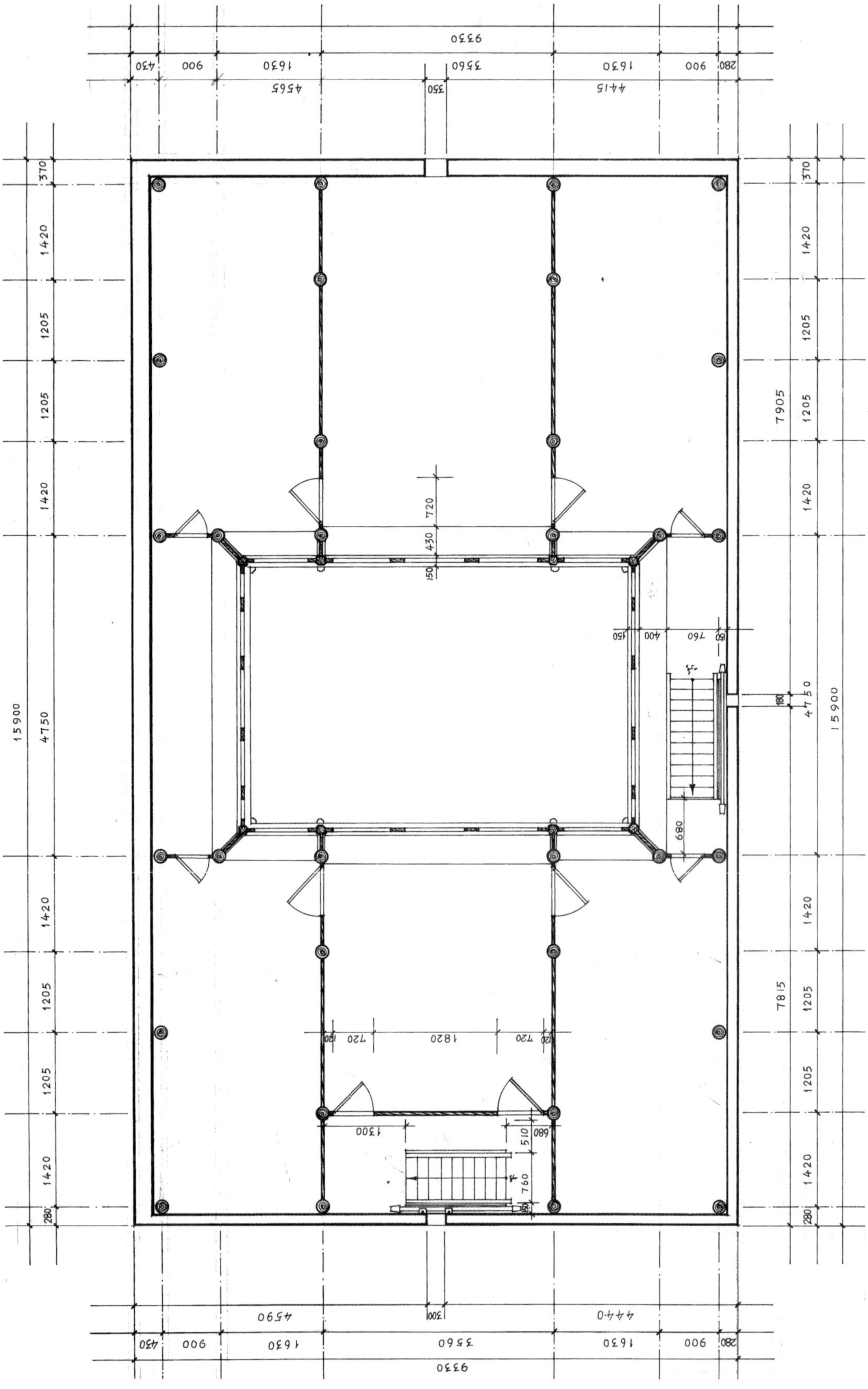

图10-22 方文泰宅测绘图-楼层平面图

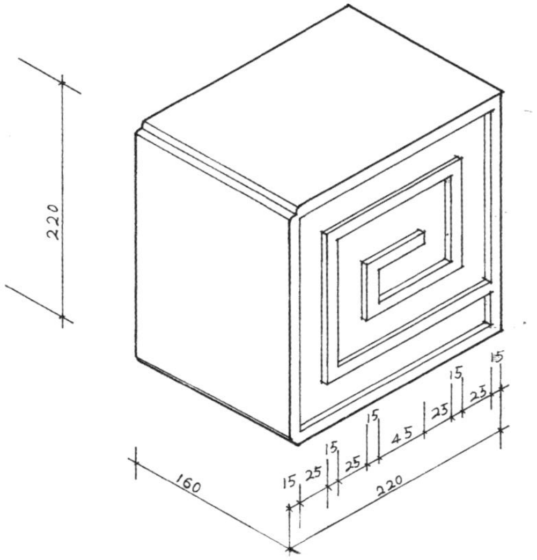

图10-23 方文泰宅测绘图-正立面图

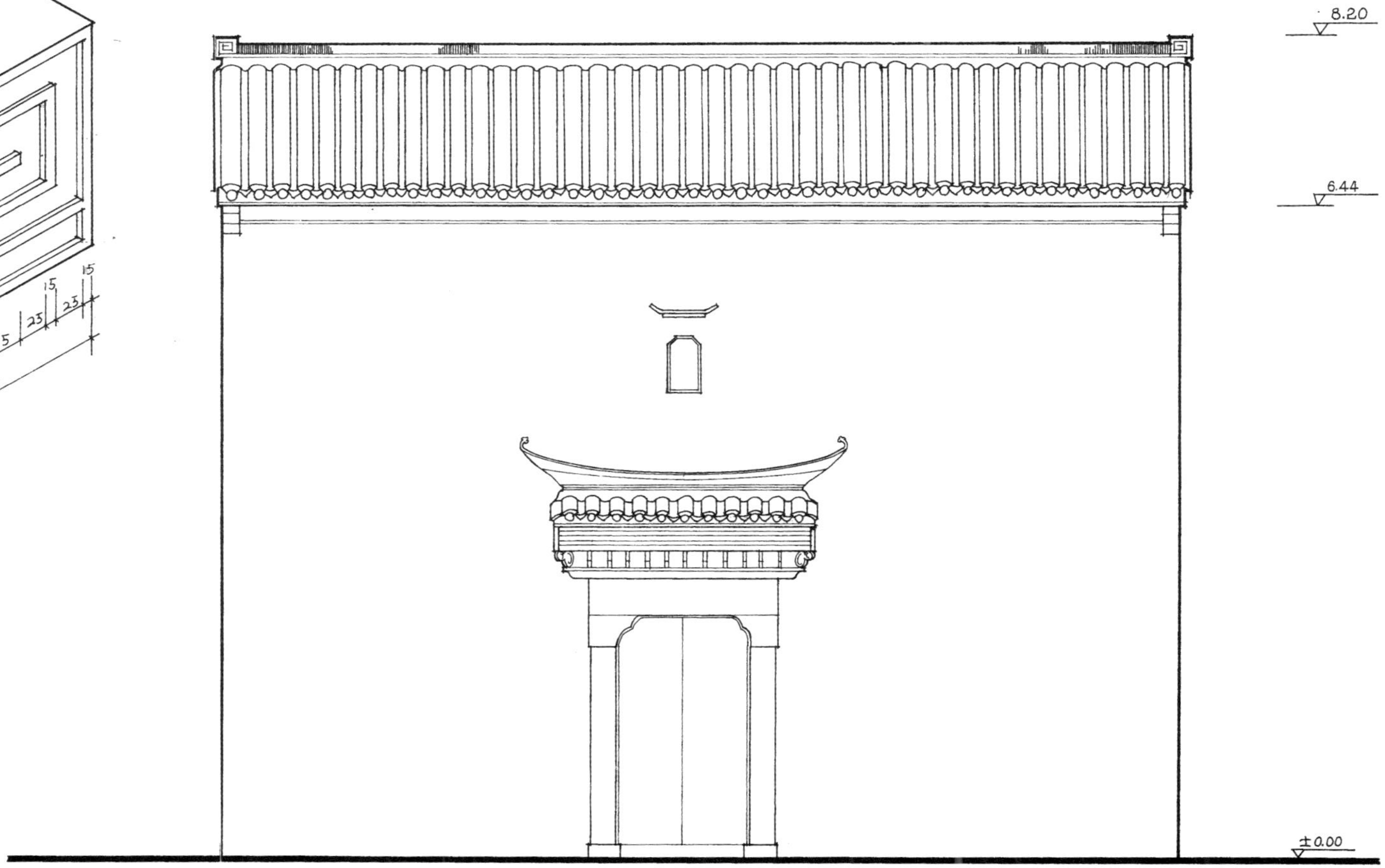

方 文 泰 宅

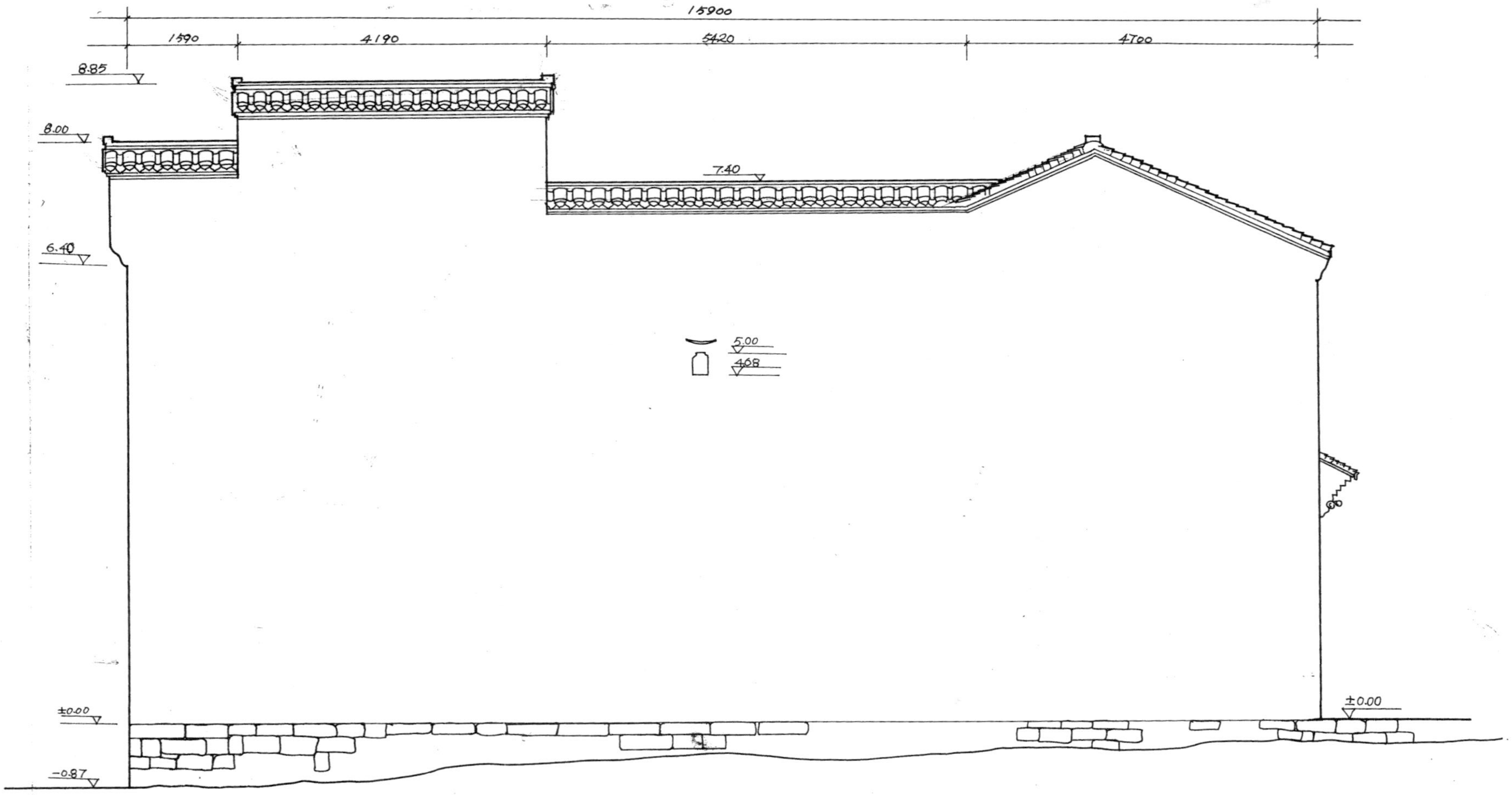

图10-24 方文泰宅测绘图-东立面图

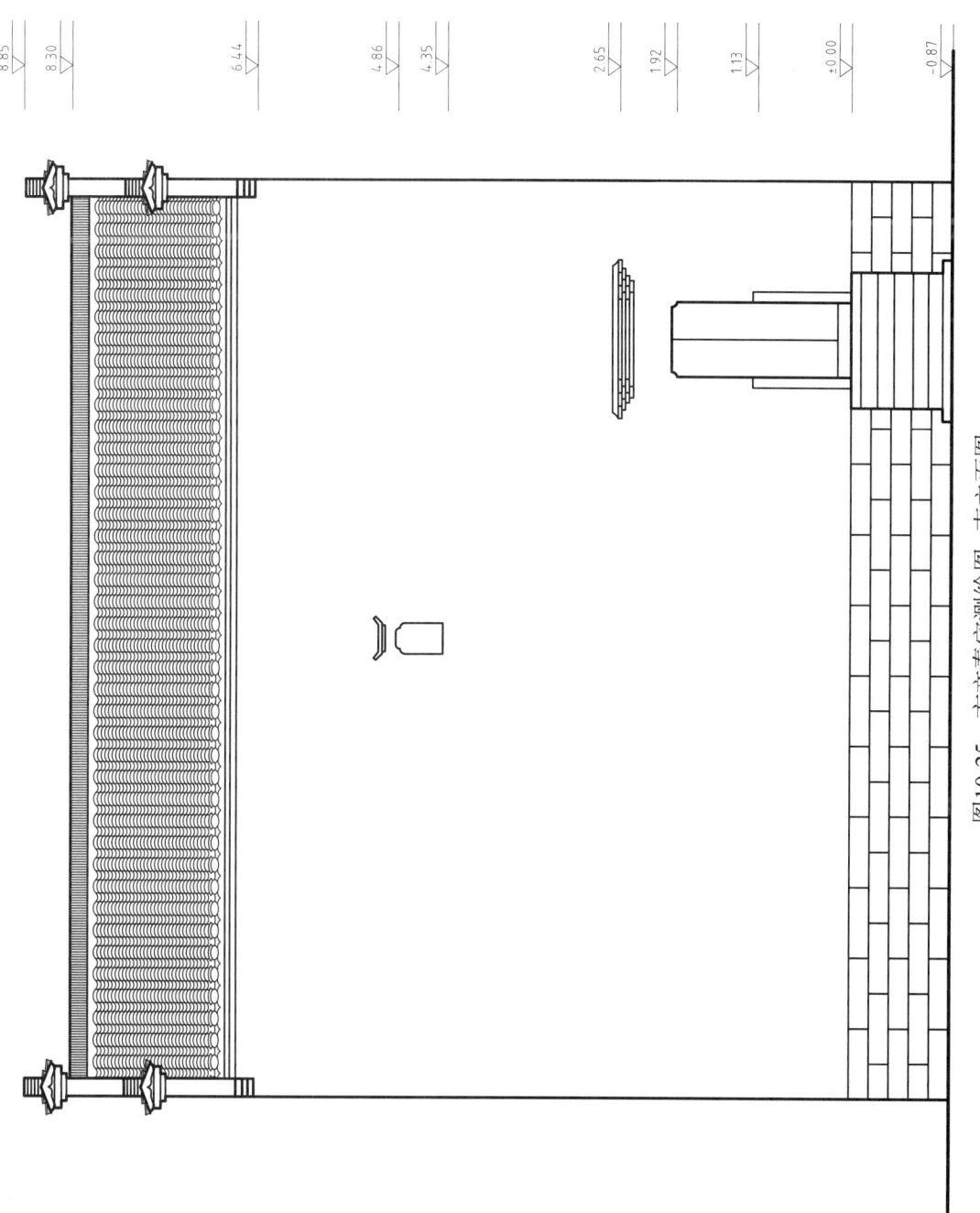

图10-25 方文泰宅测绘图-南立面图

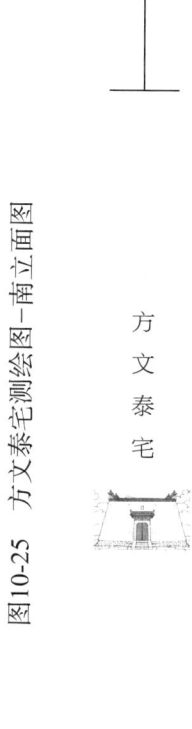

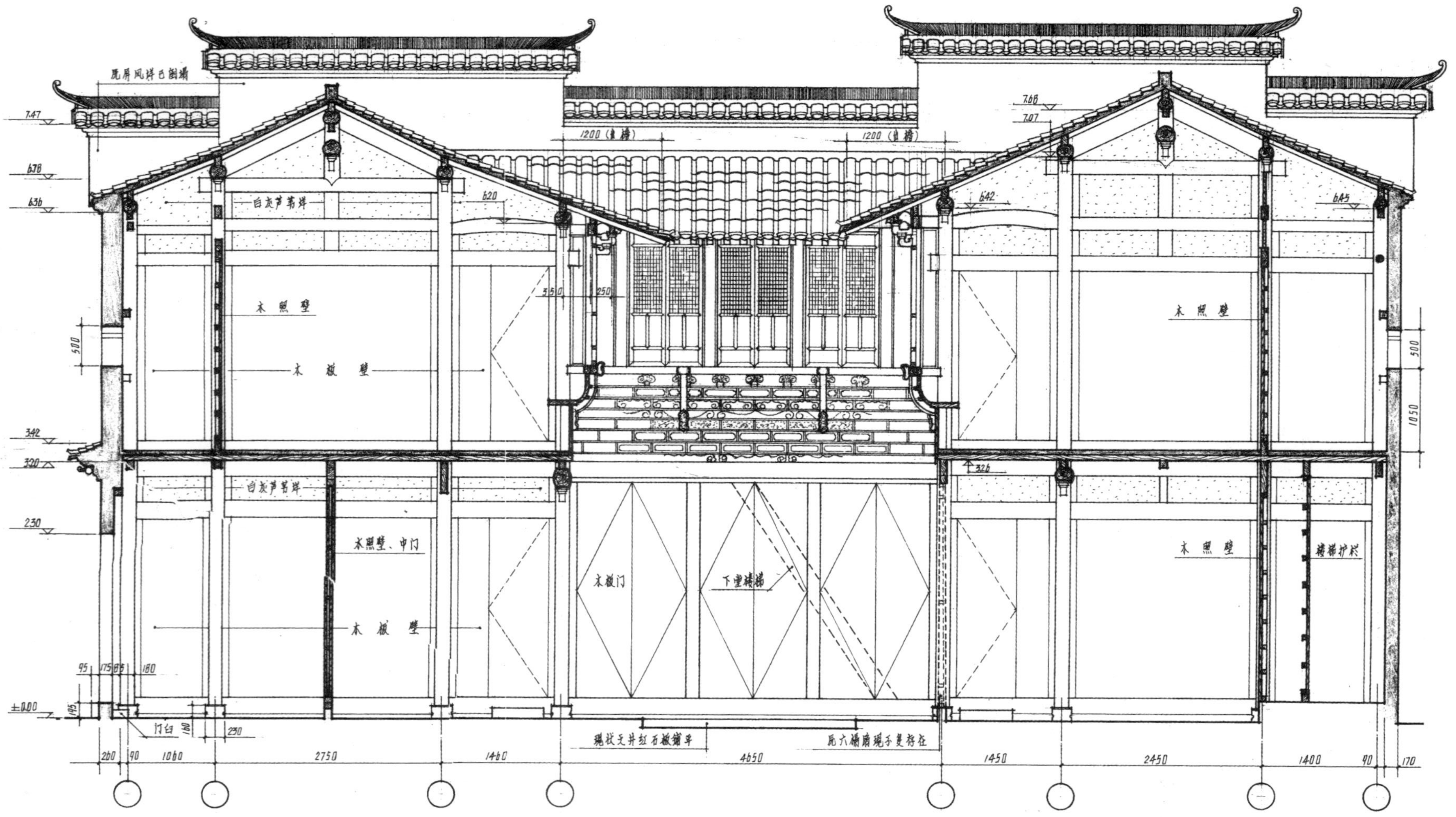

图10-26 方文泰宅测绘图-明间横剖面图

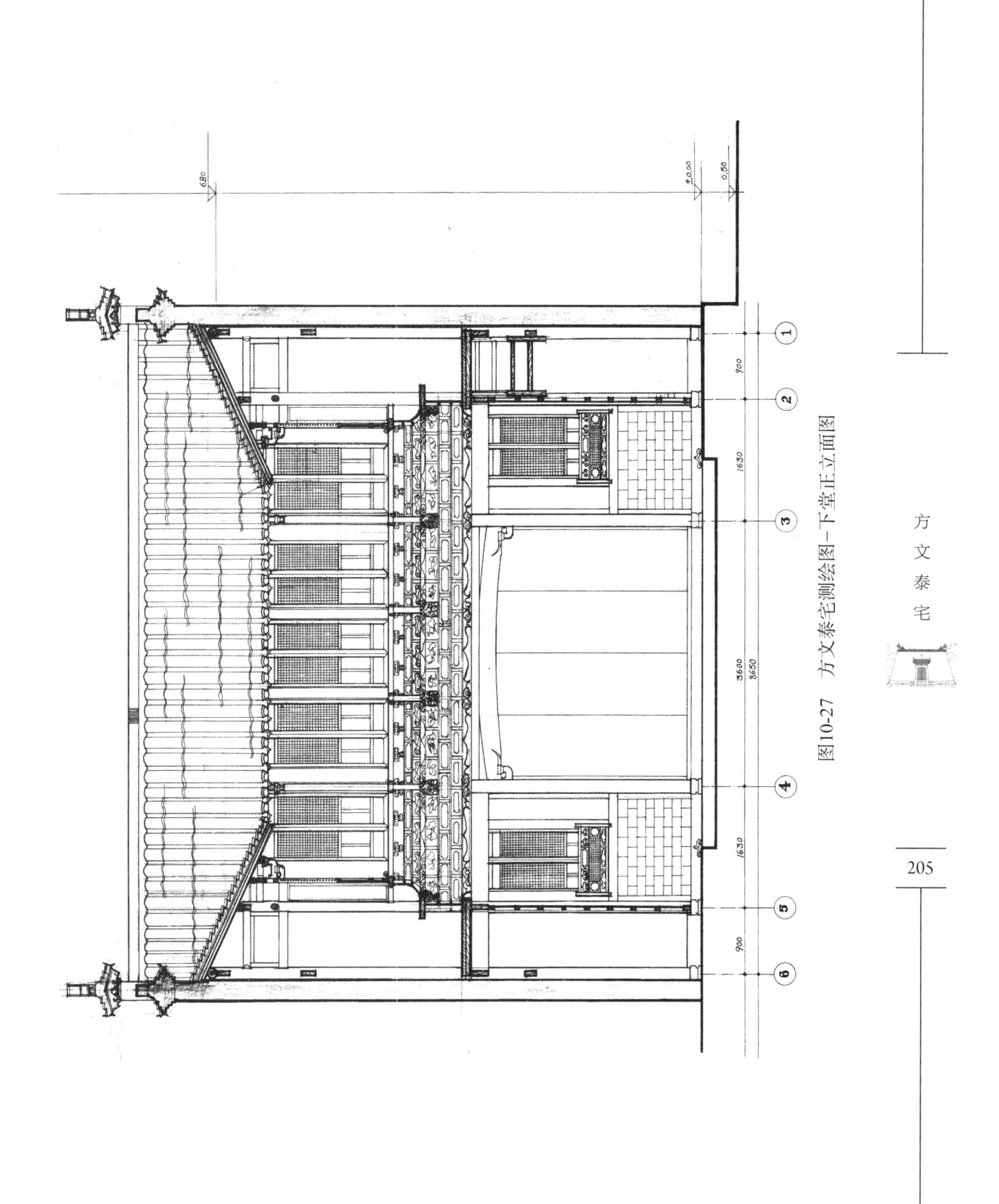

图10-27 方文泰宅测绘图-下堂正立面图

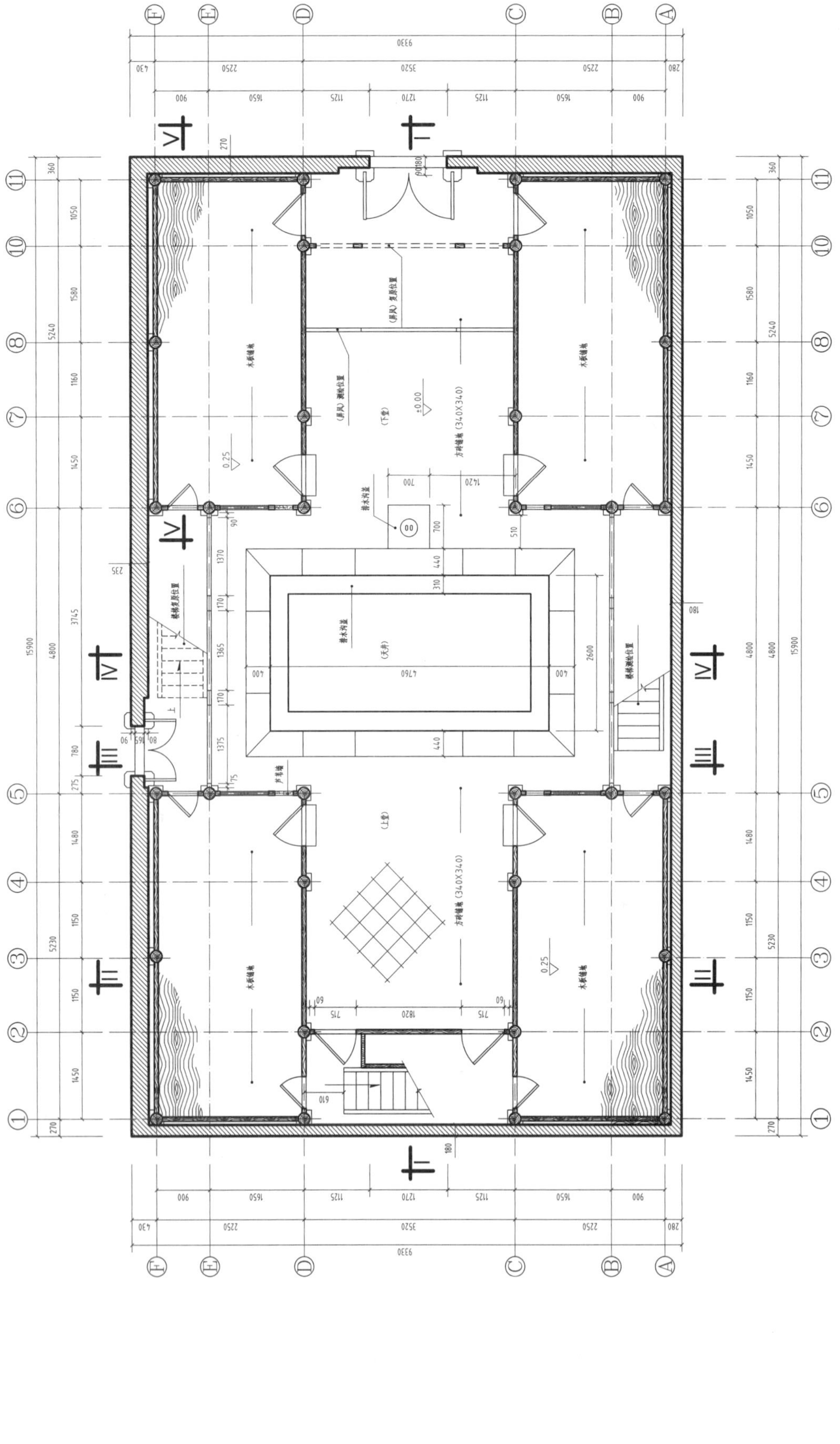

图10-28 方文泰宅施工图-底层平面图

图10-29 方文泰宅施工图-楼层平面图

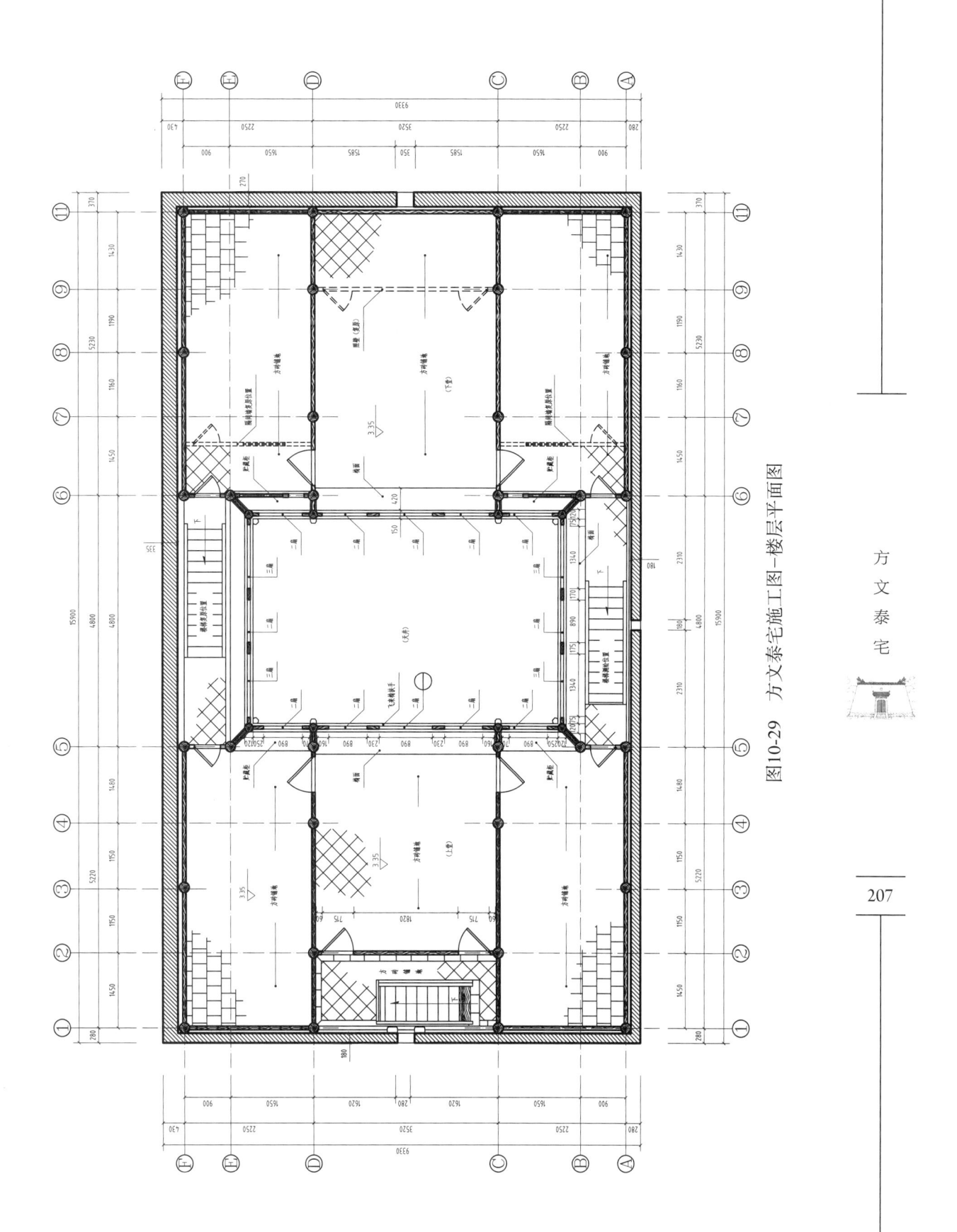

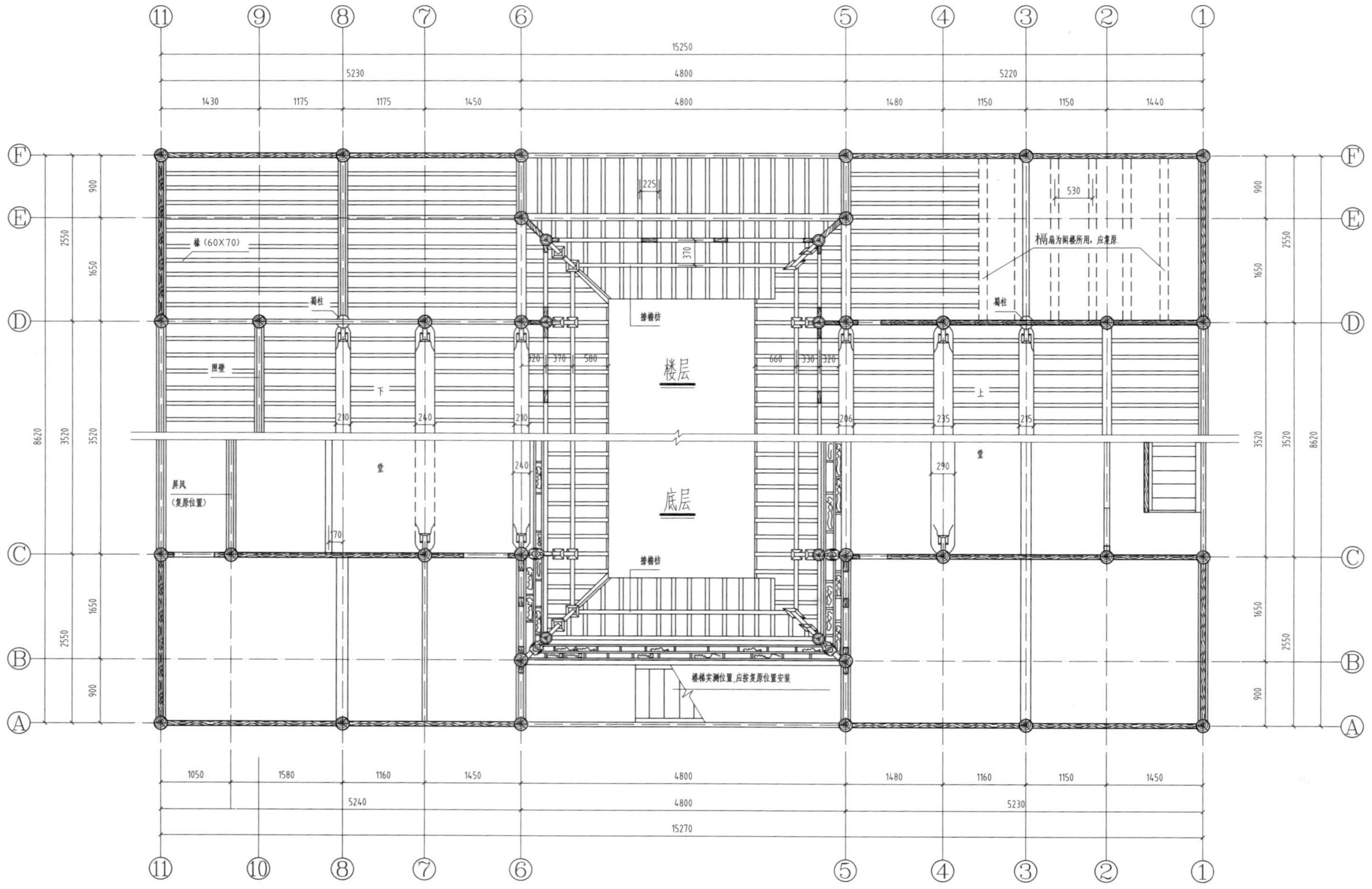

图10-30 方文泰宅施工图-底层、楼层仰视图

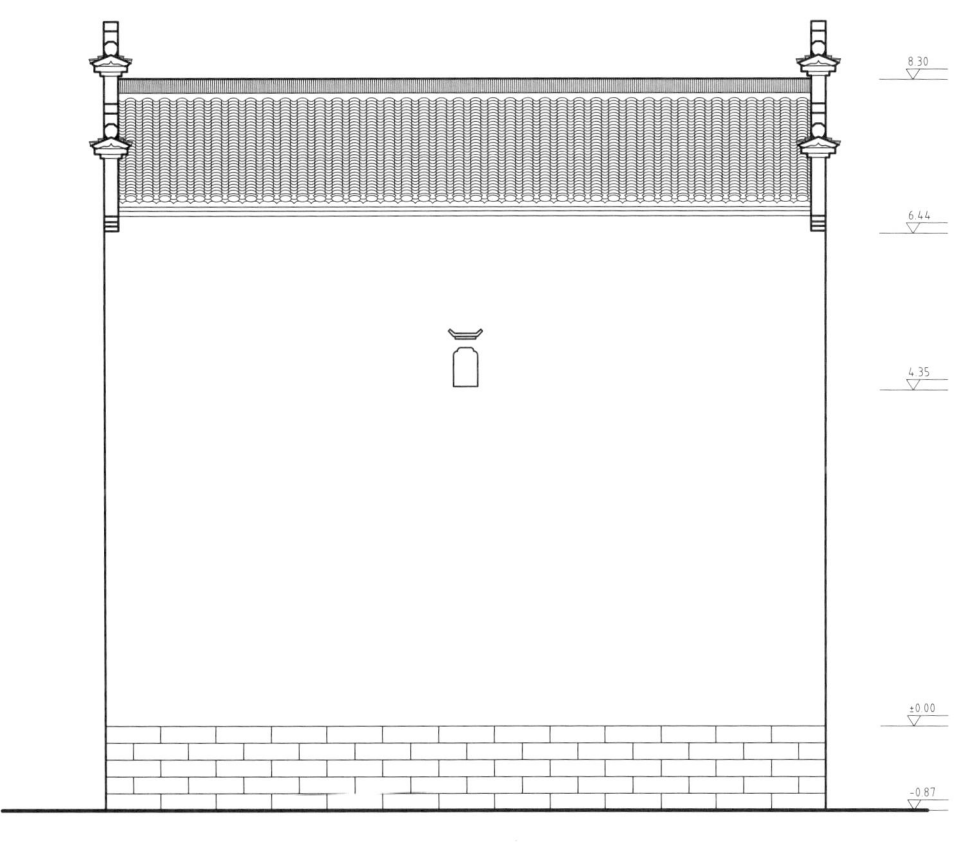

背立面图

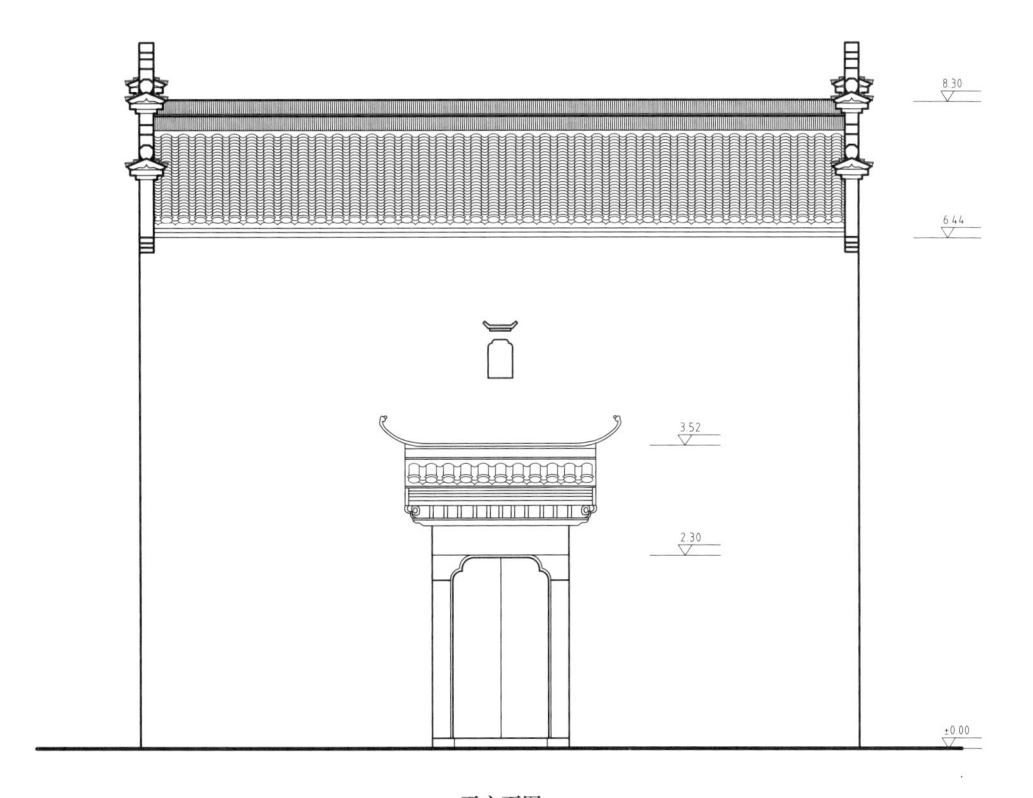

正立面图

图10-31 方文泰宅施工图-正立面、背立面图

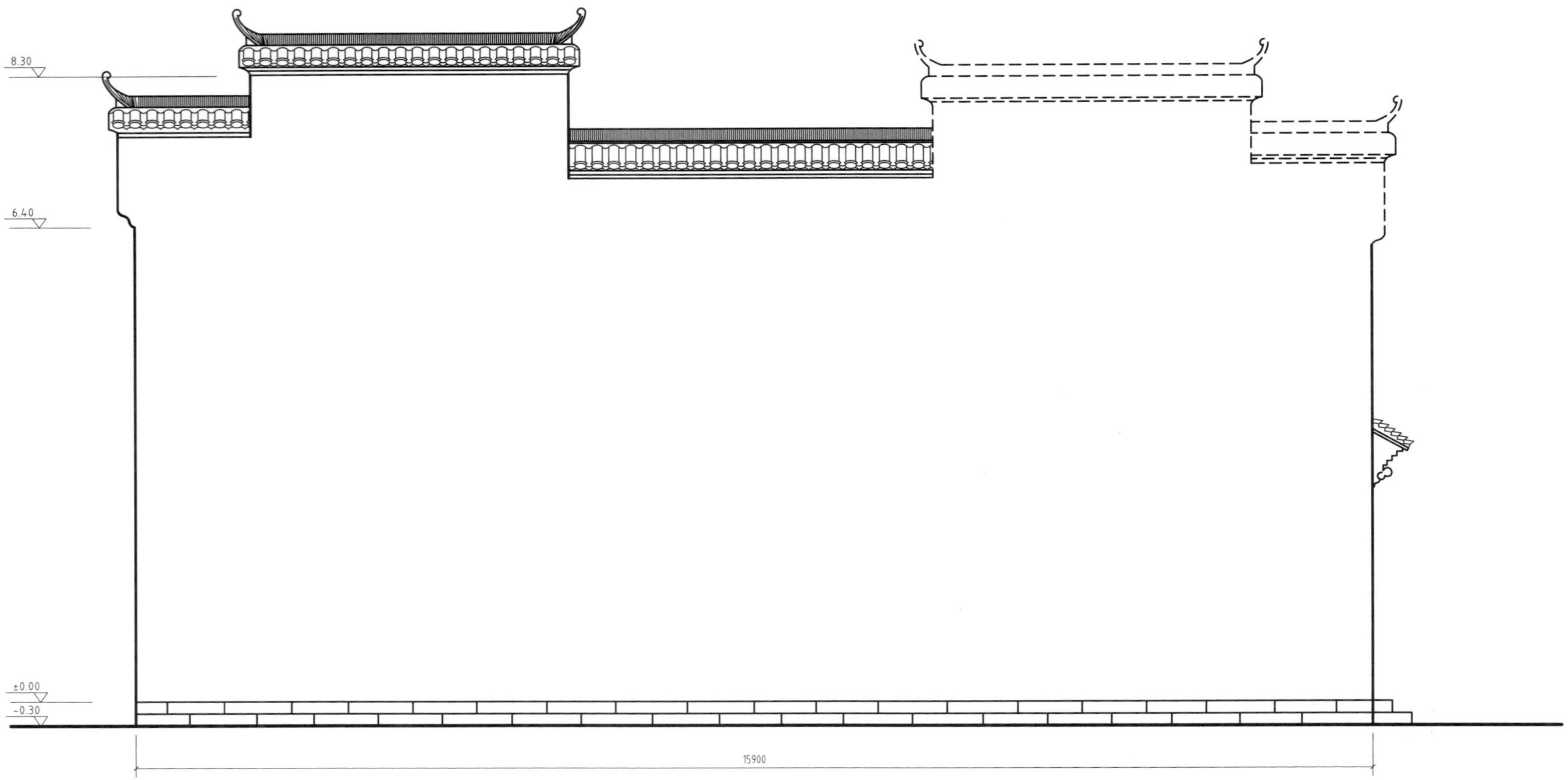

图10-32 方文泰宅施工图-侧立面图

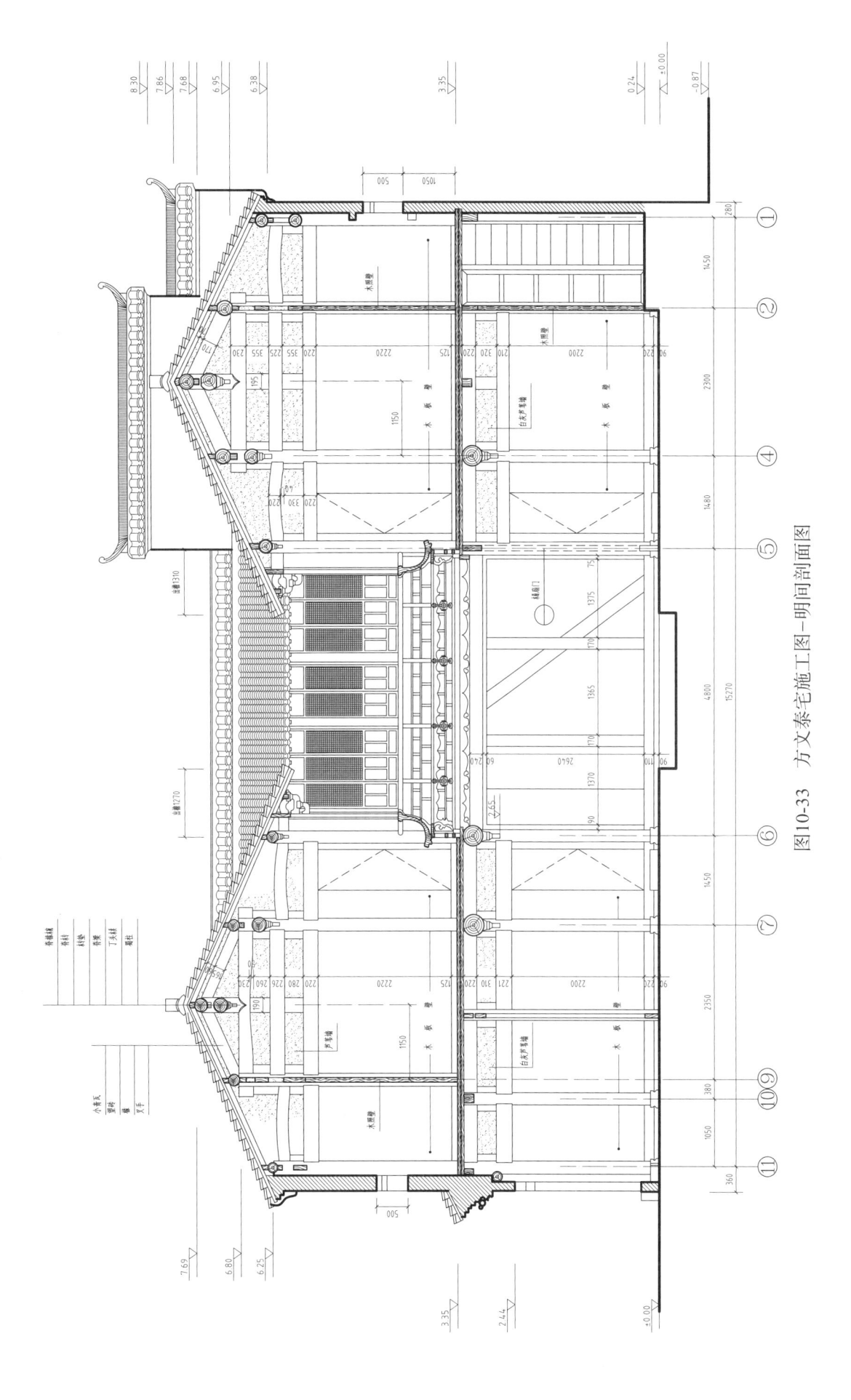

图10-33 方文泰宅施工图-明间剖面图

前进后檐剖面图

后进前檐剖面图

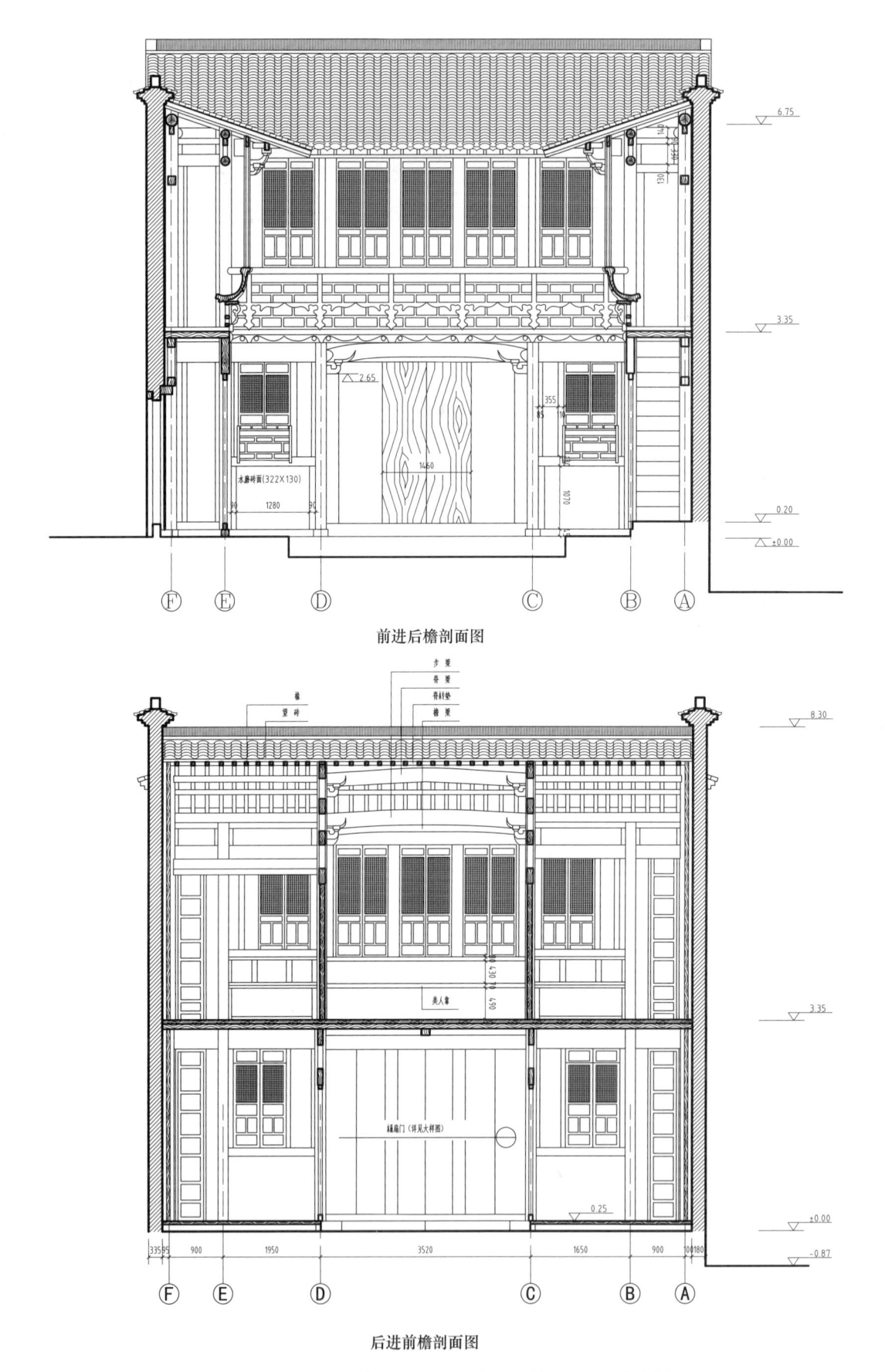

图10-34 方文泰宅施工图-前进后檐、后进前檐剖面图

图10-35 方文泰宅施工图-飞来椅木浮雕大样图（一）

图10-36 方文泰宅施工图-飞来椅木浮雕大样图（二）

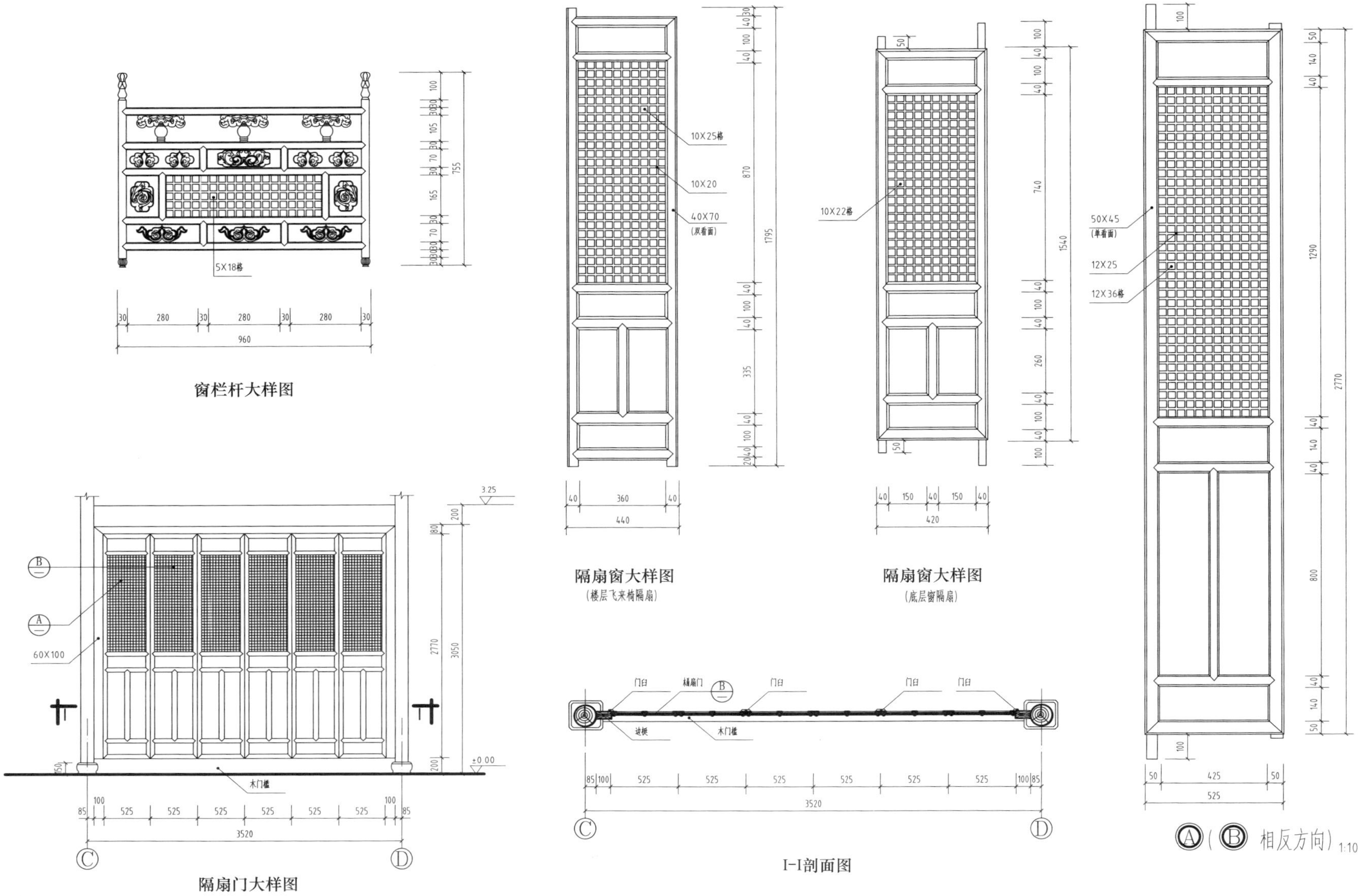

图10-37 方文泰宅施工图-窗栏杆、隔扇大样图

方文泰宅

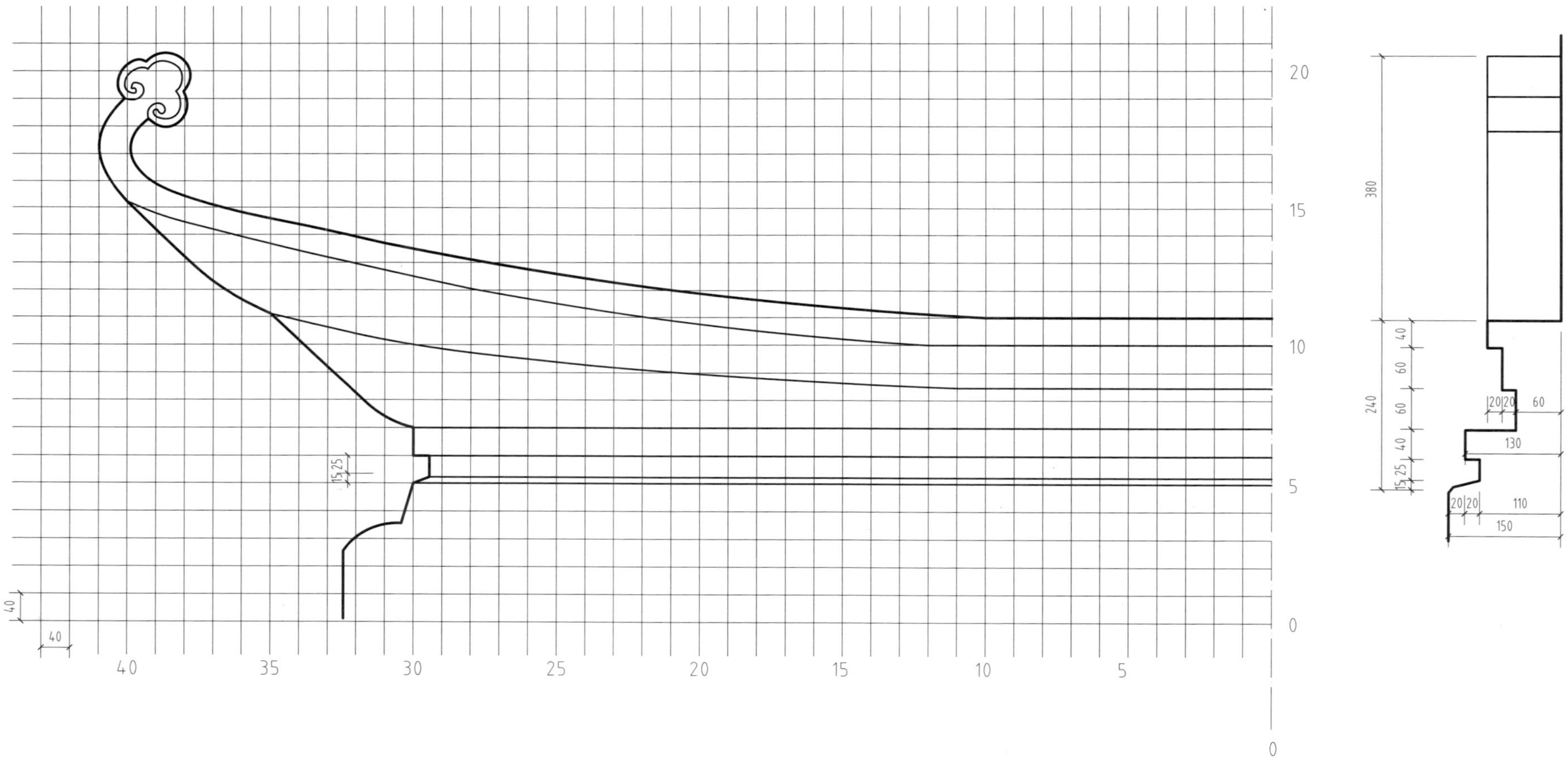

图10-38 方文泰宅施工图-门罩细部大样图

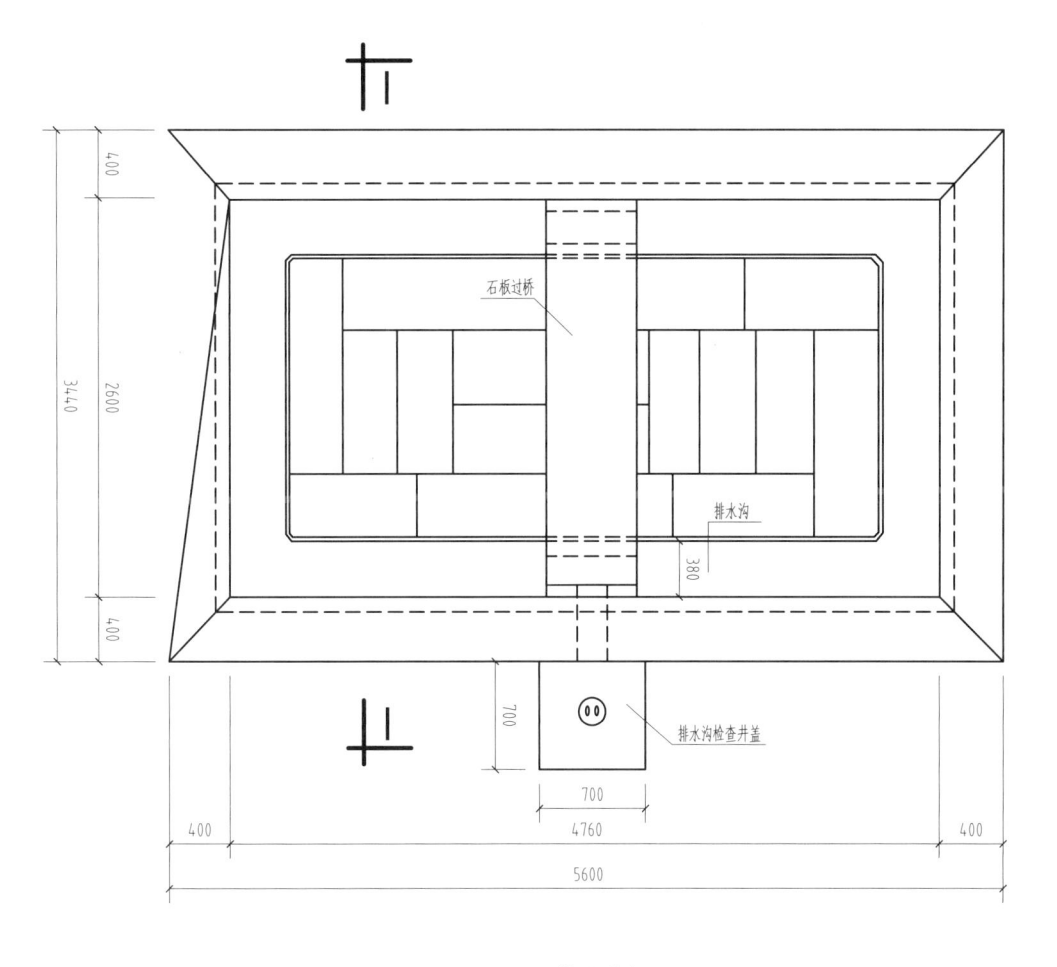

**天井平面图**

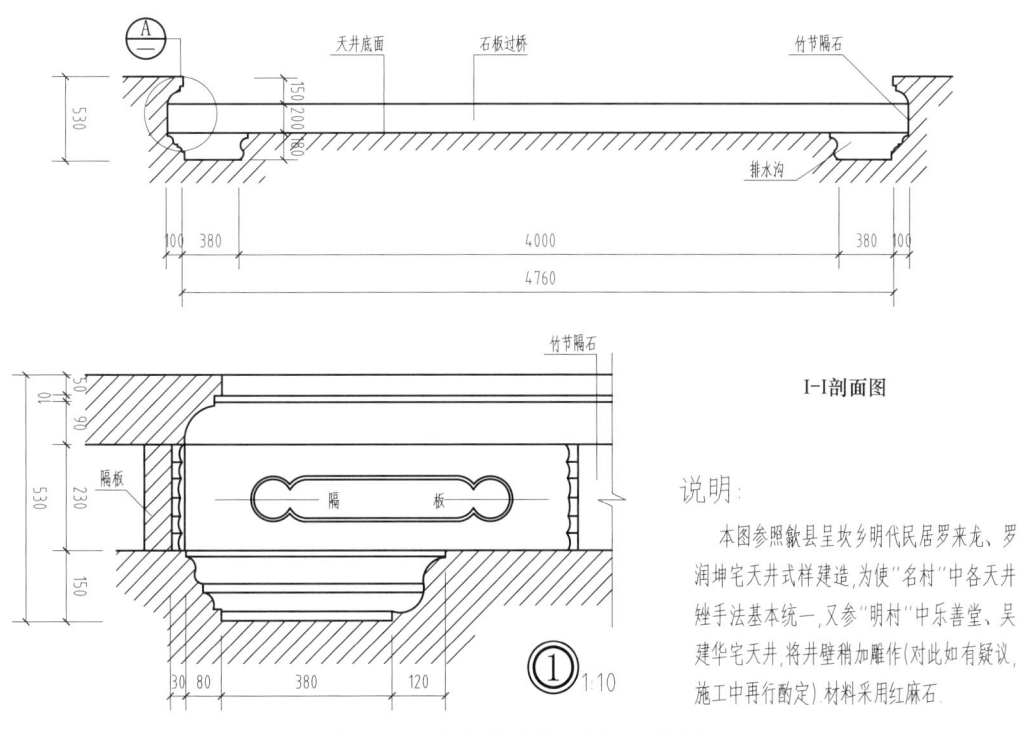

**I-I剖面图**

说明：

本图参照歙县呈坎乡明代民居罗来龙、罗润坤宅天井式样建造，为使"名村"中各天井做手法基本统一，又参"明村"中乐善堂、吴建华宅天井，将井壁稍加雕作（对此如有疑义，施工中再行酌定）。材料采用红麻石。

图10-39 方文泰宅施工图-天井图

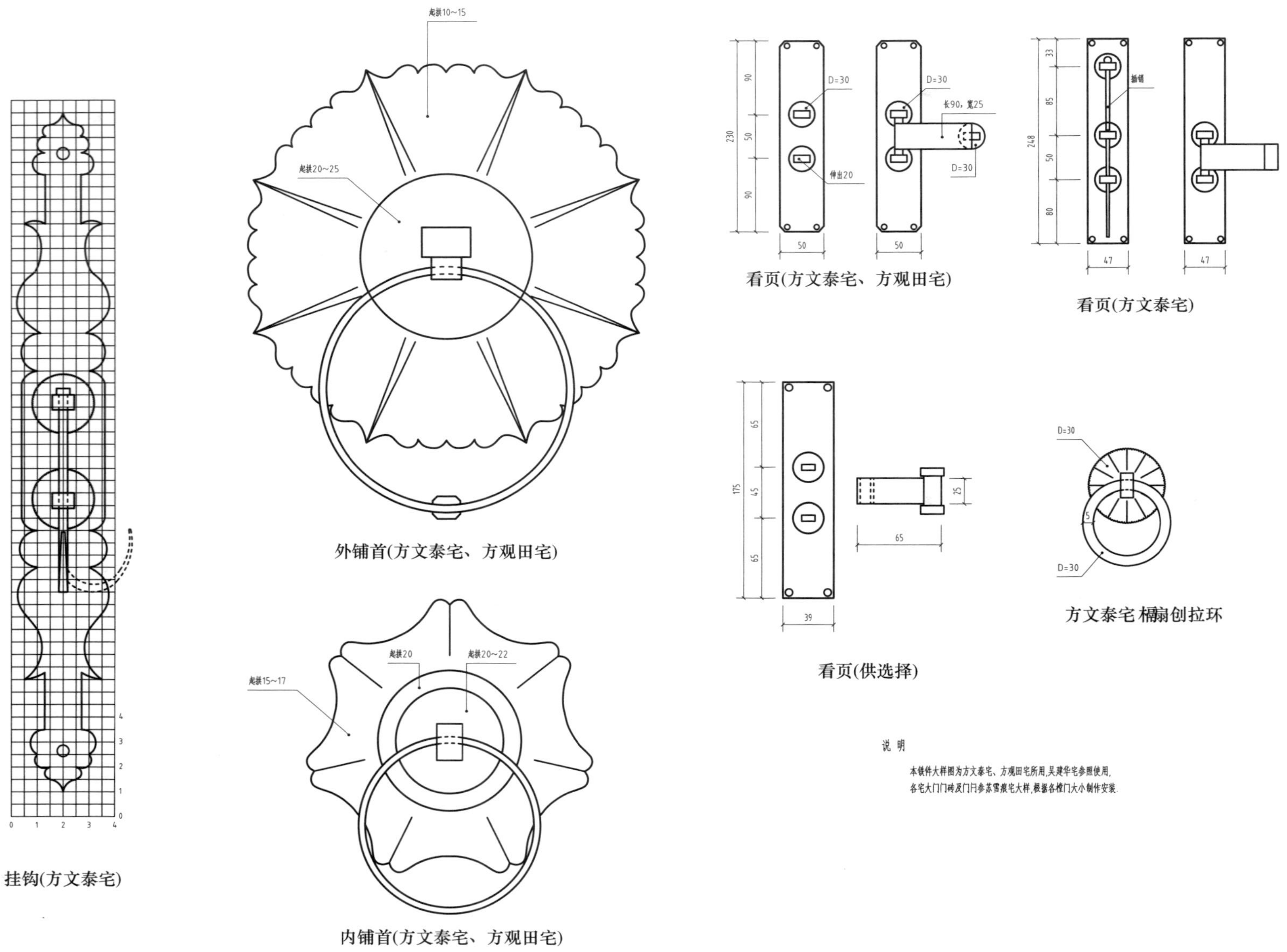


说 明

本铁件大样图为方文泰宅、方观田宅所用,吴建华宅参照使用,
各宅大门门砖及门臼参苏雪痕宅大样,根据各樘门大小制作安装.

图10-40　方文泰宅施工图-铁件大样图

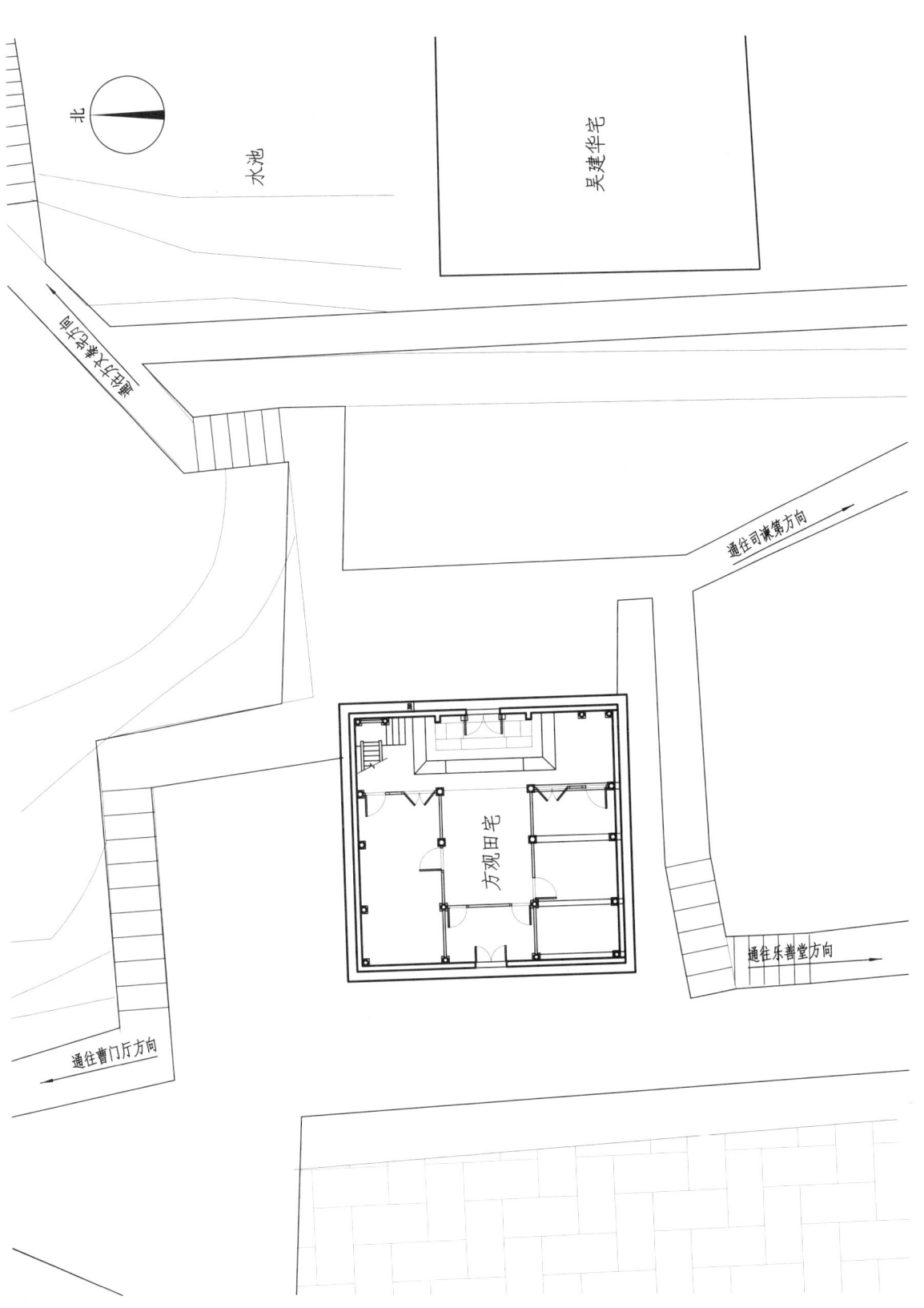

图10-41 方文泰宅施工图-总平面现状图

# 苏雪痕宅

## 一、概况

苏雪痕宅，现位于潜口民宅明园。明中期民居，三间两进二层砖木结构楼房。面阔 10.26 米，进深 15.28 米，建筑面积 287.41 平方米。

1954 年，南京工学院教授刘敦桢先生来徽州曾考察过此宅，当时该宅在原址歙县郑村，业主为苏雪痕。1957 年张仲一主编的《徽州明代住宅》一书中，将其作为徽州明代民居中"H"形平面布局的代表。"H"形平面布局，即由两个三合院背靠背组合而成，中间建筑厅堂分前后两部分，分别供两个院落使用，俗称"一脊翻两堂"，前后两天井。

苏雪痕宅具有徽州明代住宅的诸多特征。底层低，楼层高，上下柱网不对齐，楼梯设于一侧廊屋内，屋架采用穿斗式结构，一板一栿、编苇夹泥墙装修等，尤其是楼层挑出的弧形栏杆，造型古朴风雅。

苏雪痕宅于 1981 年被公布为省级文物保护单位。鉴于老宅内有多户村民居住生活，为破坏性使用，古建筑残破不堪，1987 年将其迁入潜口民宅明代建筑群集中保护。

## 二、原址原貌

苏雪痕宅，原坐落在歙县郑村。郑村位于歙县县城西 5 千米，北邻富褐镇，西、南与黄山市徽州区相毗邻，是一个有着悠久历史的古村落。宋时建村，明清发展繁荣，郑村郑氏成为古徽州的名门望族。现有棠樾牌坊群、郑氏宗祠、贞白里坊等知名文物建筑。2018 年 12 月，郑村被列入第五批中国传统村落名录（图 11-1）。

苏雪痕宅位于郑村古村落中间地段，朝向东南。左右都有清代民居，后边为空地竹园，西边为村内石板路。对面是一座明代小石桥——延龄桥。

图 11-1　原址侧立面

传百年前苏姓从太平县迁来，买下这幢郑氏老宅，开设"苏德和烟店"和作坊。中华人民共和国成立后归苏雪痕所有。20 世纪 50 年代，政府曾拨款进行过大修，但工匠错误地改变了传统做法。1958 年，村里安排五户困难户居住于此，乱搭乱建现象严重，导致房屋原貌毁损严重。

苏雪痕宅墙体原为封火墙，现为人字形屋顶。大门正面居中设置，门洞已被封堵。红麻石砌门框，大门内、外均有门罩（图 11-2、图 11-3）。外门罩已毁，仅留有砌砖痕迹；内门罩残存正脊。

前天井，原为三条沟，后为方便行走，被填平。

苏雪痕宅所处位置地势低洼，排水通风不畅，阴暗潮湿，木构霉烂残损严重（图 11-4）。楼下屋柱，有漫水痕迹，多半朽烂。正楼底层一脊翻两堂，居中的脊间缝板壁装修已被拆除，前后厅成为通间。明间缝板壁装修基本保留，但下槛地栿空缺。枋间装修编苇夹泥墙隔断，年久残破，芦苇秆多有外露（图 11-5）。前后四个房间朝向天井向的装修也基本无存。地面条砖多破碎、缺损。后天井已毁，紧靠后檐柱加砌了围护墙，廊步由于住户多，改搭四间小厨房。

图11-2　原址内门罩　　　　　　　　图11-3　原址大门封砌

图11-4　原址次间装修　　　　　　　图11-5　原址编苇夹泥墙

楼梯设在前进东廊庑内，朽残严重。楼上穿斗式梁架保存较为完整。楼板、木装修残损严重。楼层装修采取"一板一枕"的做法，裙板多处缺失不全。沿天井楼层隔扇全部缺失。

屋面因渗漏，檩、椽多处朽烂，望砖多缺失。脊饰、勾滴瓦多不见。

## 三、现状特征

苏雪痕宅，现位于明园北侧靠山脚位置。坐西向东，平面呈"H"形布局，为三间两进二层砖木结构楼屋。

### （一）一层

正面中间墙体向内后退80厘米，呈凹字形，大门居中设置，六级石踏步登临。镶砖木板双开扇，红麻石门框，上设内、外砖雕门罩。外门罩为垂花门式，施以砖雕斗拱；内门罩，水磨砖沿出线脚，上覆以瓦檐和贴砖正脊。

入门为天井，红麻石板铺筑，三面三条排水沟。天井两侧为廊，楼梯设在东廊内。木楼梯由东而西上二层，下设木制转角平台。

主楼三开间，明间为厅，两次间为卧室。一楼层高2.7米，楼下低，楼上高，甚为明显。

一层梁架，用料不大。明间设月梁，梁背上架楼板枋，梁头下施丁头拱。丁头拱眼内雕花。柱础为麻石凿成方形。

两卧室向天井开窗、开门。窗栏类勾栏，望柱头雕刻莲花瓣，施云拱，华板雕刻精巧。窗下水磨砖槛墙。明间两脊柱间增设立柱，立柱间施以太师壁，将明间分为前厅和后厅。两次间房内亦在脊间缝装板壁隔断，分成前、后两房。

后厅与后房正对后天井，后天井呈"一"字形，阶沿下为通长明沟。

厅堂及两廊地面为条形青砖墁地，厢房为地笼木地板。

### （二）二层

楼层在梁上架橺栅[①]，橺栅间距较密，约30厘米，橺栅与橺栅接头处，用燕尾榫[②]相接。橺栅上铺木板。

楼上明间为厅，脊间缝板壁装修，分成前、后两厅；两次间为卧室，脊间缝装修分割为前、后房。枋间隔断装修，大量使用芦苇墙。以木板为框，用芦苇编成篦状，表面涂泥，后披石灰膏，此种内装修，就地取材，造价低廉，且能达到保暖、隔音的效果，是徽州明代建筑的特色做法。

楼上梁架皆穿斗式。梁枋断面狭长，略带弓月形，穿插于柱子之间，表面素净无华。梁架上的蜀柱下端，收成鹰嘴榫。前天井挑出弧形木栏杆，栏杆内置长凳，为飞来椅。椅背向外弯

---

[①] 即楼板和承重之间的木料。
[②] 形同燕尾、银锭、榫端宽根窄，与之相应的卯口则里大外小，多用于拉接联系构件。

曲，似鹅颈。栏杆靠背柱雕刻云头卷草，上部弧形部分装有横挡；下部衬以素净裙板，拼接部分都用小扁圆木压缝，似宋代护缝制做法。屋面出檐部分均由立在栏杆上的八角柱承托，外檐斗拱插在八角柱上，符合明《鲁般营造正式》所载楼阁图式。前后檐口通设六抹头方棂隔扇窗，窗框的剖面，前、后两面都作扁圆形，接榫处都用"合角式"，平板部分则多用"T"形或"H"形线脚划分，密棂方格甚密，显示年代较早。

正屋屋面双坡，举折较平缓，椽子作矩形，椽头有卷杀，椽上铺望砖，上覆小青瓦，椽子在檩条处与椽椀的燕尾榫连接。山面鹊尾式①马头墙三跌宕，屋顶上铺青瓦立筑为脊，廊屋面单坡，未与正屋交圈，檐口低于正屋。

## 四、文物价值

苏雪痕宅是明代中期的徽州民居，因其有宋元以来的旧制做法，受到国内外专家学者的高度重视。1957年被收入建筑工程出版社出版的《徽州明代住宅》一书。建筑一层低二层高，高厅堂构造；不使用通柱，楼层出挑，以底层承重梁出挑插入二层悬挑檐柱中，檐柱上出二跳斗拱，加大屋面出檐；二楼山面穿斗式构架，月梁外观素雅，室内多用芦苇墙装修等，建筑特征及建筑风格都保留着宋、元营造古法的韵味，是研究徽州民居建筑艺术、构造的珍贵实例。

苏雪痕宅楼层挑出的弧形栏杆，出檐部分由直立在栏杆上的八角柱承托，外檐斗拱插在八角柱上，这与宁波天一阁所藏明《鲁般营造正式》图残本所载楼阁正式图样相符合。这一经典构造，奠定了苏雪痕宅在徽州古建筑史上的重要地位。

## 五、迁建工程

（一）迁建过程

1987年11月9日，原址搭架，开始拆迁；

1987年11月19日，屋架拆迁结束；

1988年2月3日，与古建公司商定复原方案；

1988年2月5日，新址挖基础地槽；

1988年8月24日，基础石安装、柱磉石、磉托安装；

1988年9月22日，复原施工竖屋架；

1988年12月12日，砌筑围护墙；

1989年4月，复原工程竣工（图11-6~图11-11）。

---

① 鹊尾式即马头墙脊式的一种，墙顶部瓦脊端头形似鹊尾的脊饰，鹊尾后瓦斜平铺，逐渐升起立砌，上为两坡，覆以青瓦。

图11-6　拆卸屋架（1）

图11-7　拆卸屋架（2）

图11-8　拆卸屋架（3）

图11-9　拆卸屋架（4）

图11-10　发掘后天井

图11-11　挖掘排水系统

## （二）迁建新址

苏雪痕宅选址于明园东北侧山脚，坐西向东。西、北两侧靠护磅，前为石板广场和明园围墙，北石板道通胡永基宅。为通风防潮，新址抬高了基础地坪，西北两侧护磅下都砌筑了排水明沟。

## （三）维修要点

（1）抬高新址地坪。原址低洼，木构件大多潮湿霉烂，新址加砌毛石基础，抬高地坪，强化防潮作用。

（2）原建筑前、后天井都已填平，原始面貌在地坪之下，发掘清理后，明确天井的做法及排水的走向，编制天井复原方案。恢复前天井三条沟、后天井一字排水沟样式，后天井内原址发掘大方砖铺地予以保留。

（3）根据原址墙上痕迹和徽州同时期门罩做法，设计复原大门内外门罩。恢复屏风墙和马头墙形制，山面为三叠鹊尾式马头墙。

（4）屋架朽烂严重，装修残损，是维修的重点部分：木构件的柱子朽烂严重，墩接修补，无法继续使用的，采用原材质的木料仿制修复；前天井裙板护缝，按照残件样式修复，后天井依照前天井护缝样式复原；空间隔断，根据原制恢复，芦苇墙采用传统做法复原；缺失的窗扇及窗栏杆，根据残件样式复原。

（5）该宅开间大，但木材用料偏小，导致局部受力出现问题。在尽量不改变原状的前提下，施工中对楼板橺栅梁、后檐上平檩采取增大料度重新制作，采取三面一体制作的方式，增大受力强度。

## （四）工程资料

主要有工程测绘和施工图纸，无维修勘察设计方案文本及竣工资料（图11-12～图11-28）。

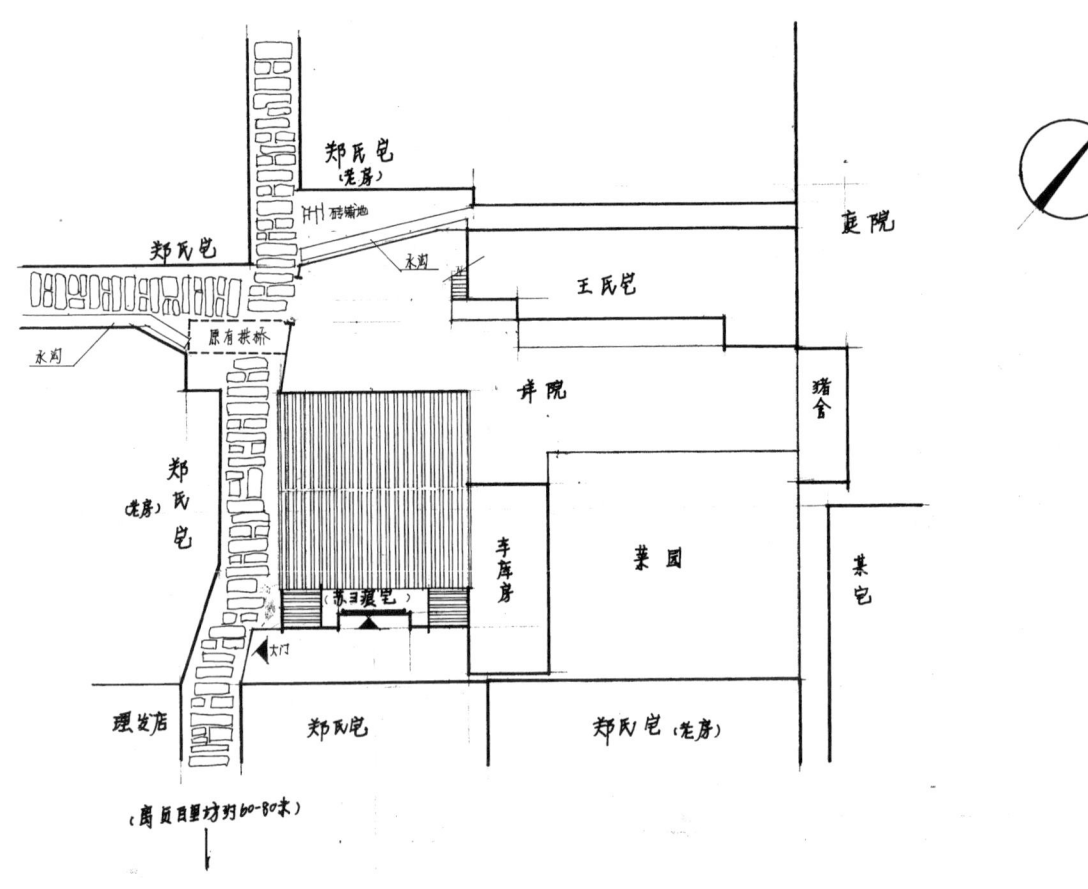

图11-12 苏雪痕宅测绘图-位置示意图

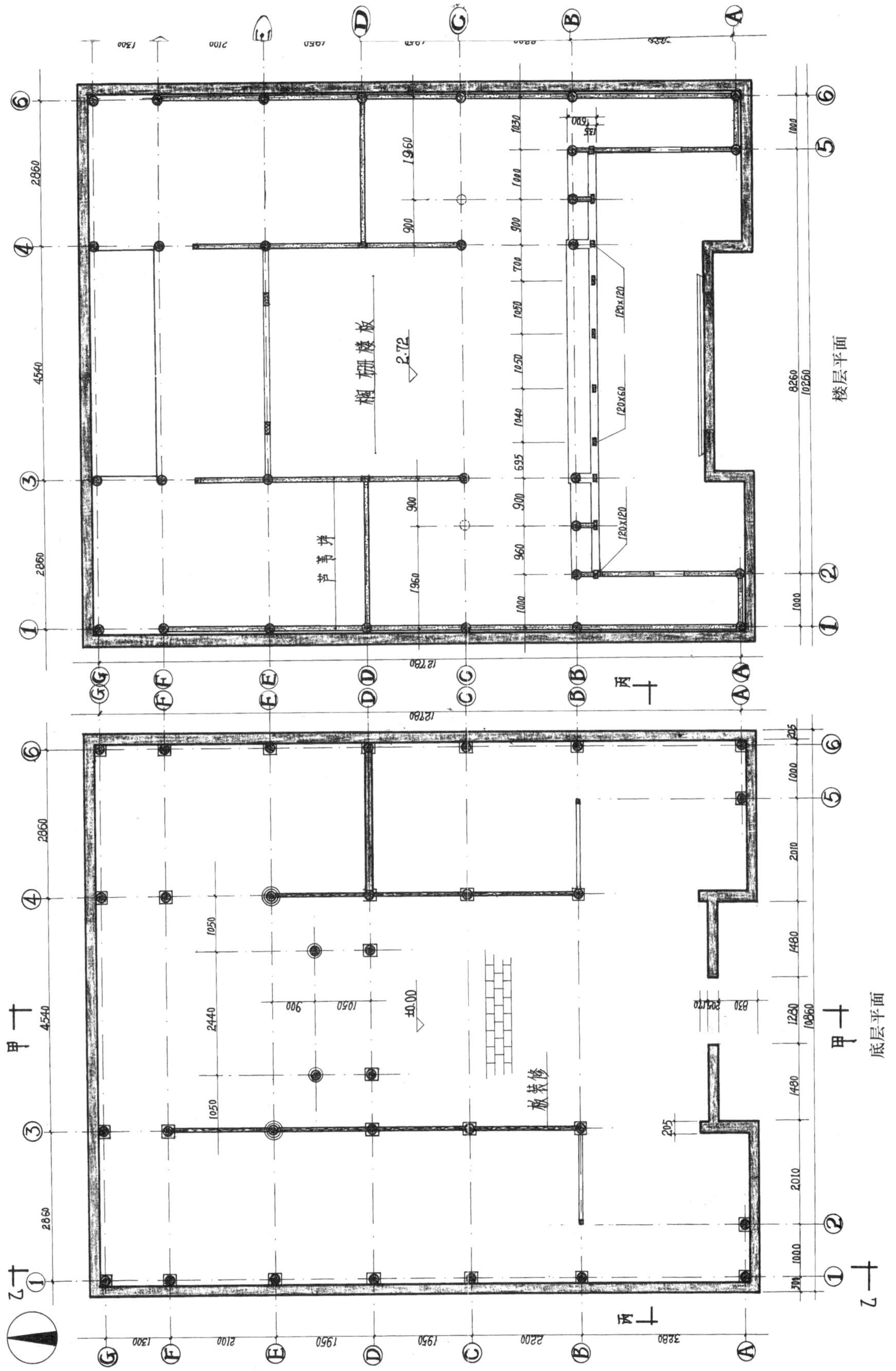

图11-13 苏雪痕宅测绘图-底层、楼层平面图

底层仰视　　　　　　　　　　　　楼层仰视

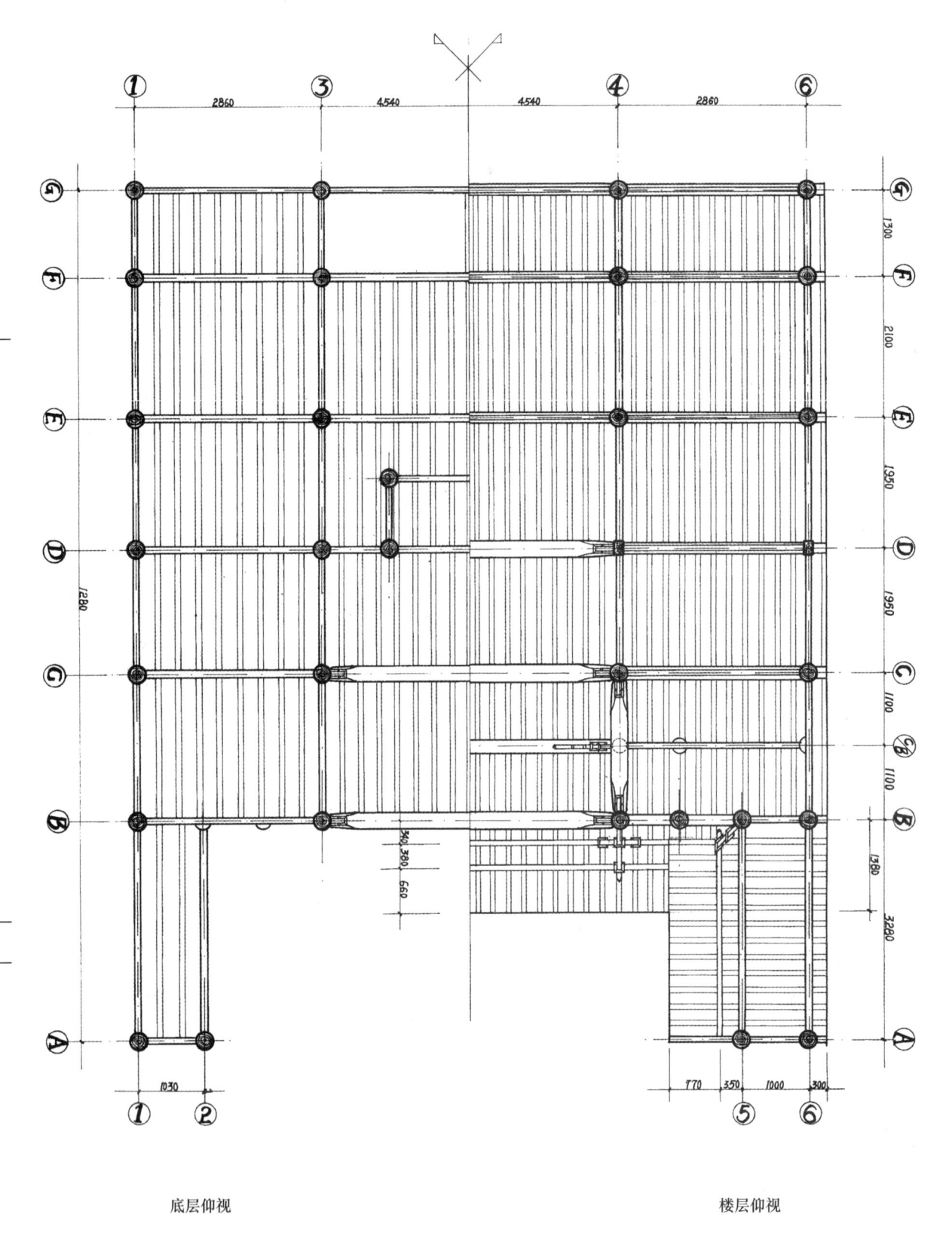

图11-14　苏雪痕宅测绘图-底层、楼层仰视平面图

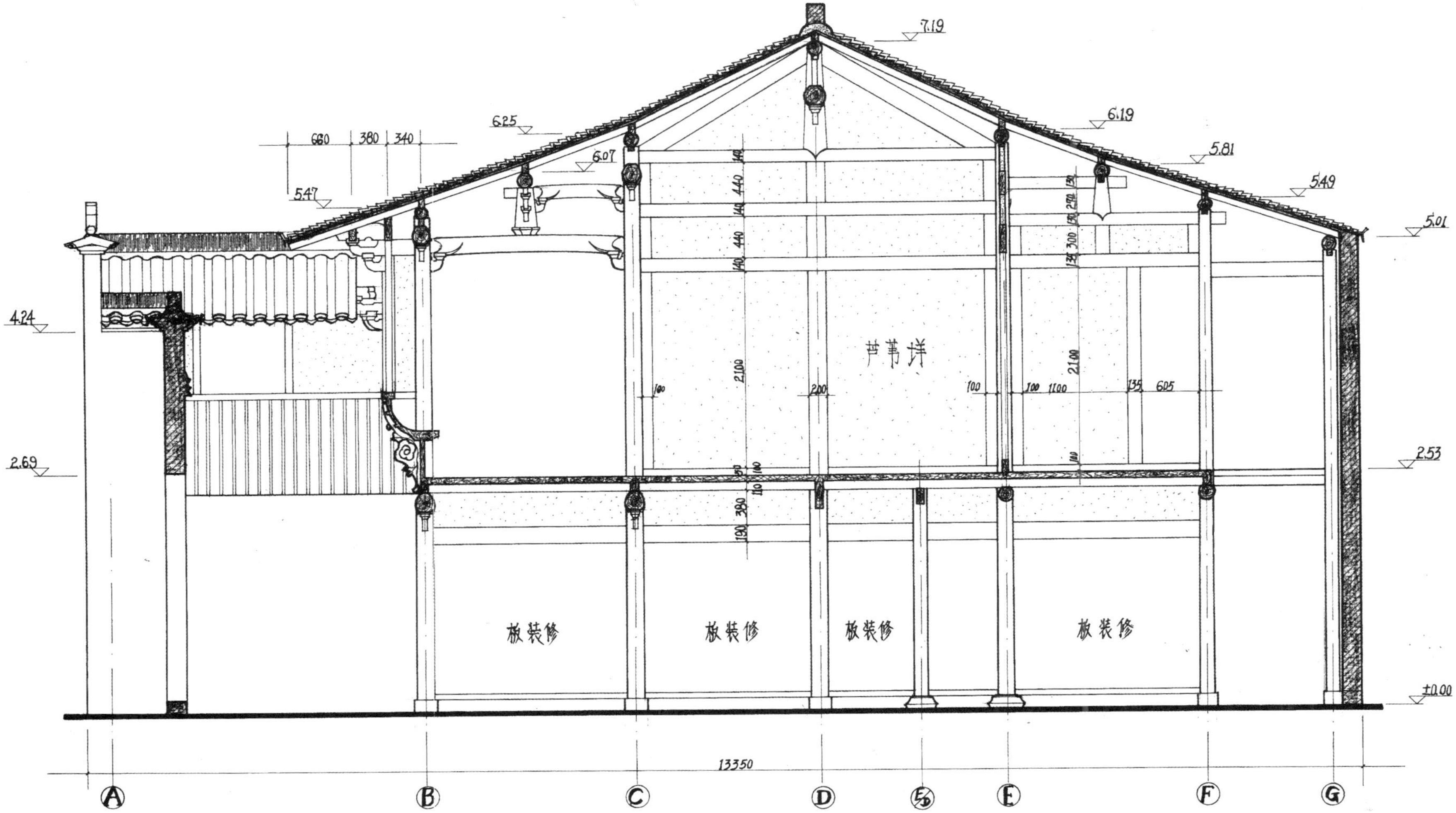

图11-15 苏雪痕宅测绘图-明间剖面图

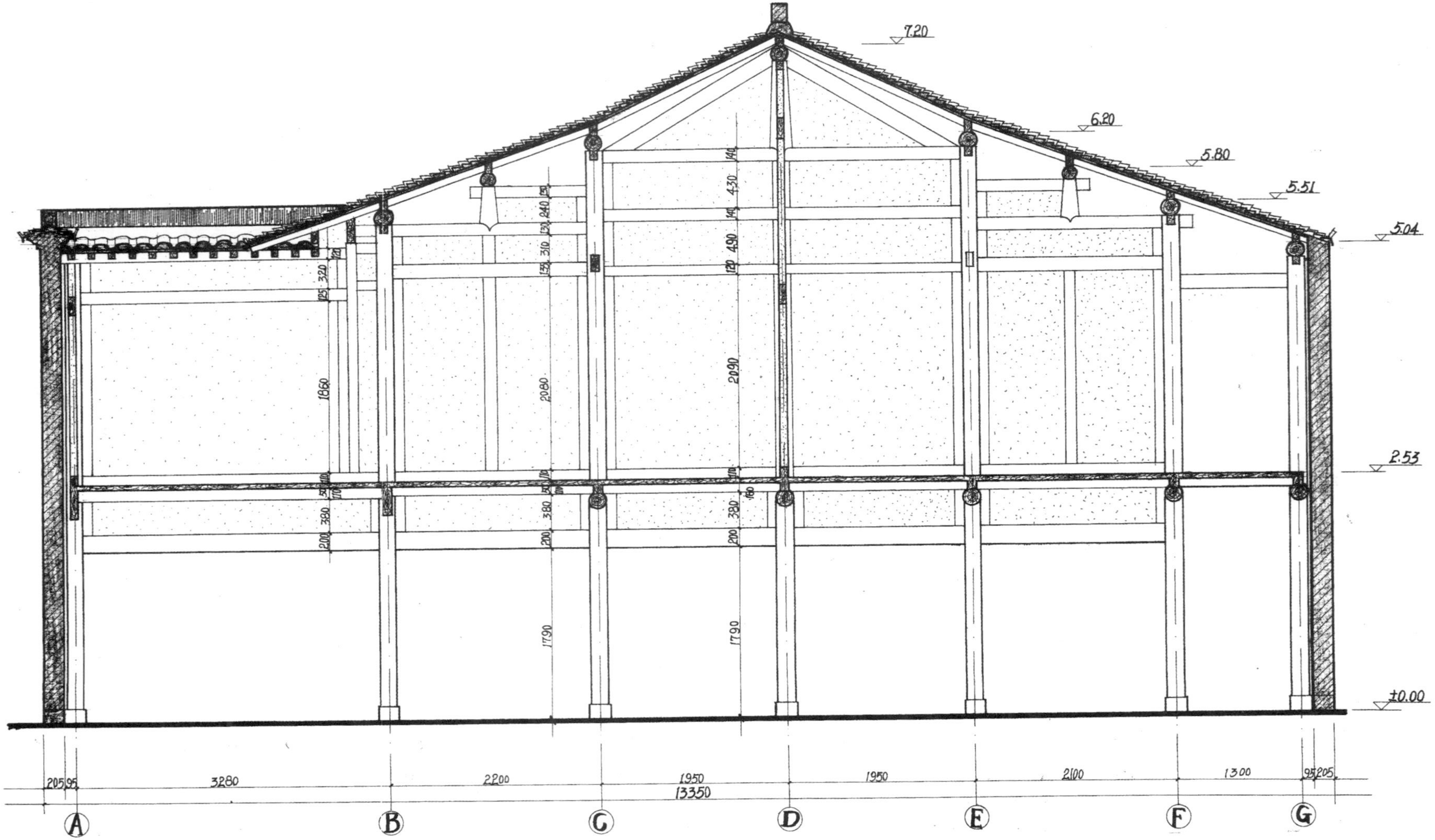

图11-16 苏雪痕宅测绘图-次间剖面图

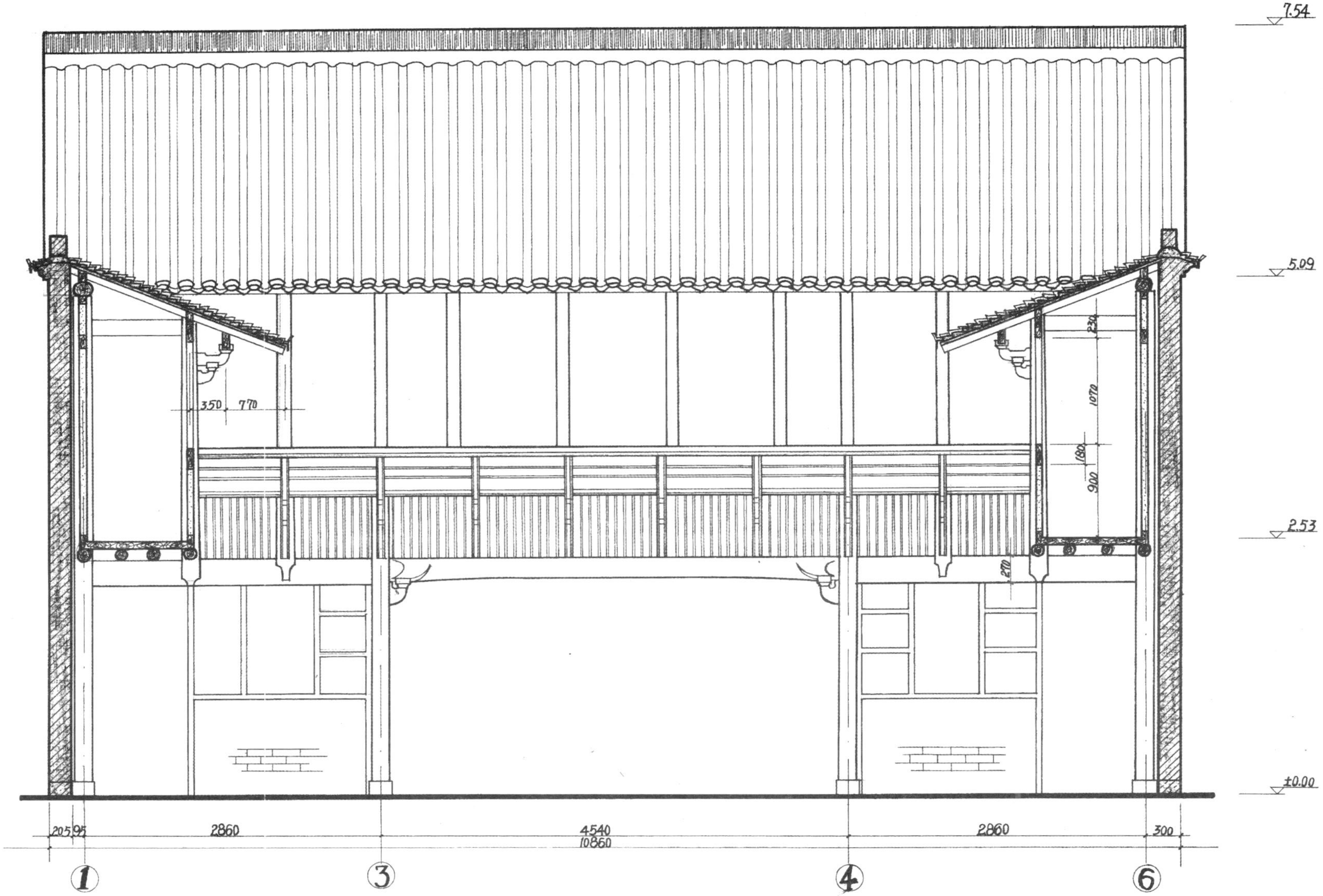

图11-17 苏雪痕宅测绘图-前檐剖面图

苏雪痕宅

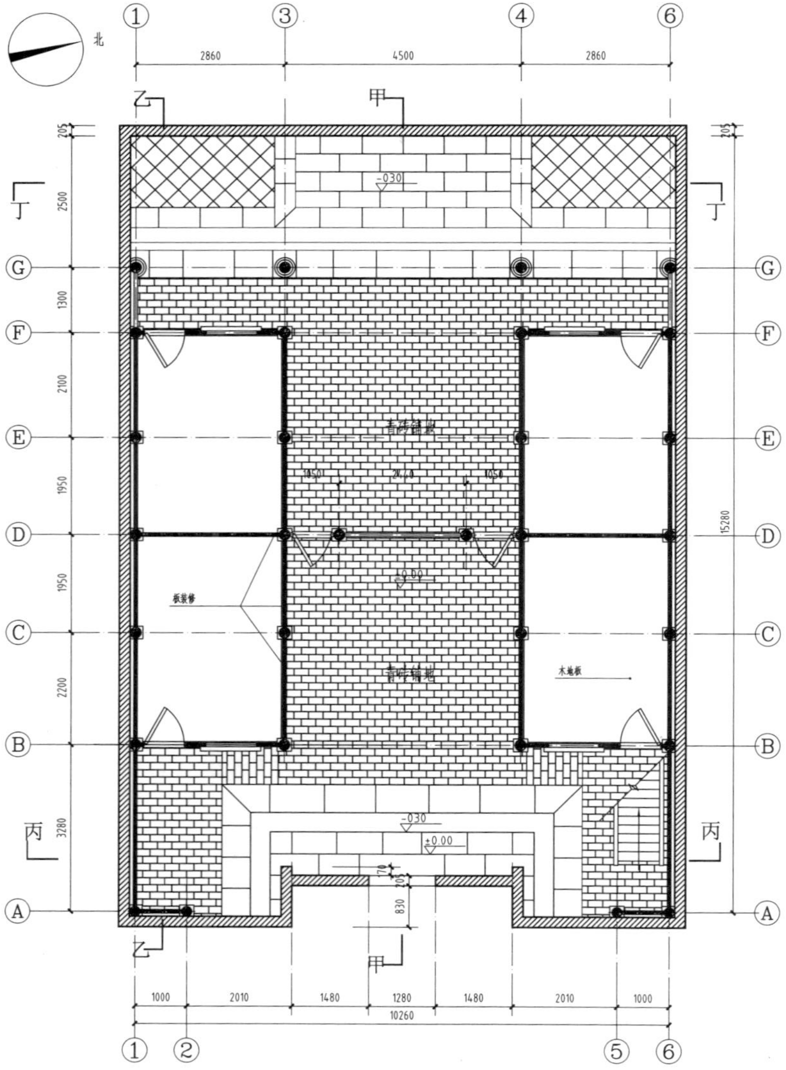

图11-18 苏雪痕宅施工图-底层、楼层平面图

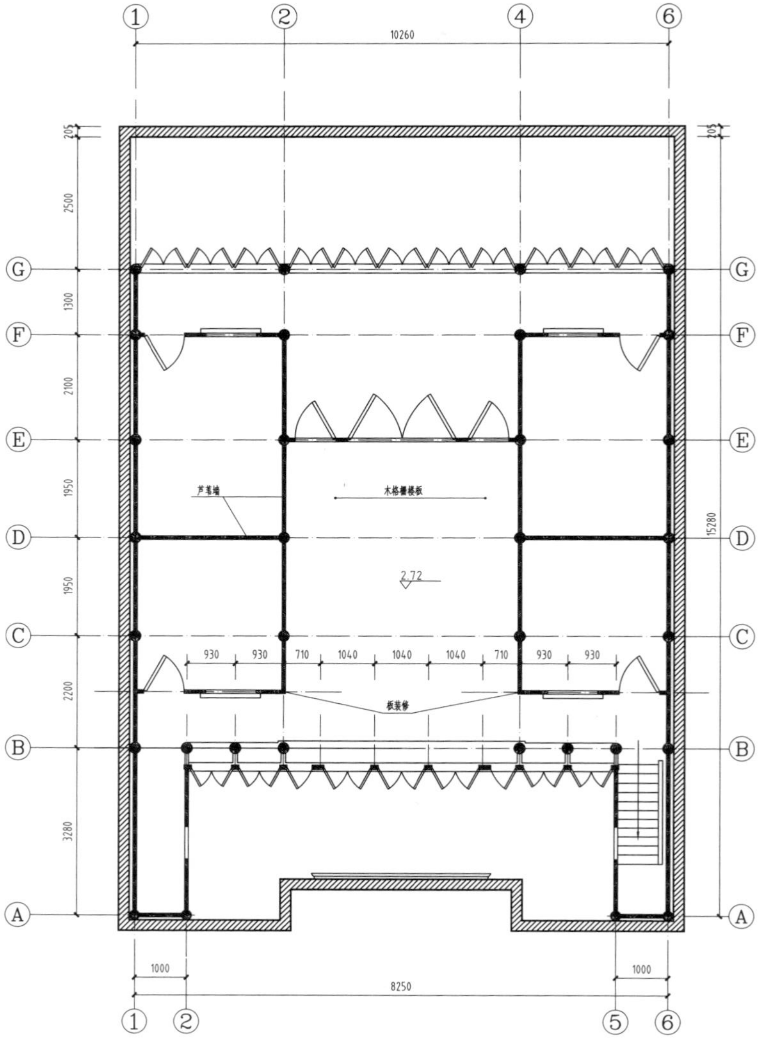

底层仰视平面图　　　　　楼层仰视平面图

图11-19　苏雪痕宅施工图-底层、楼层仰视平面图

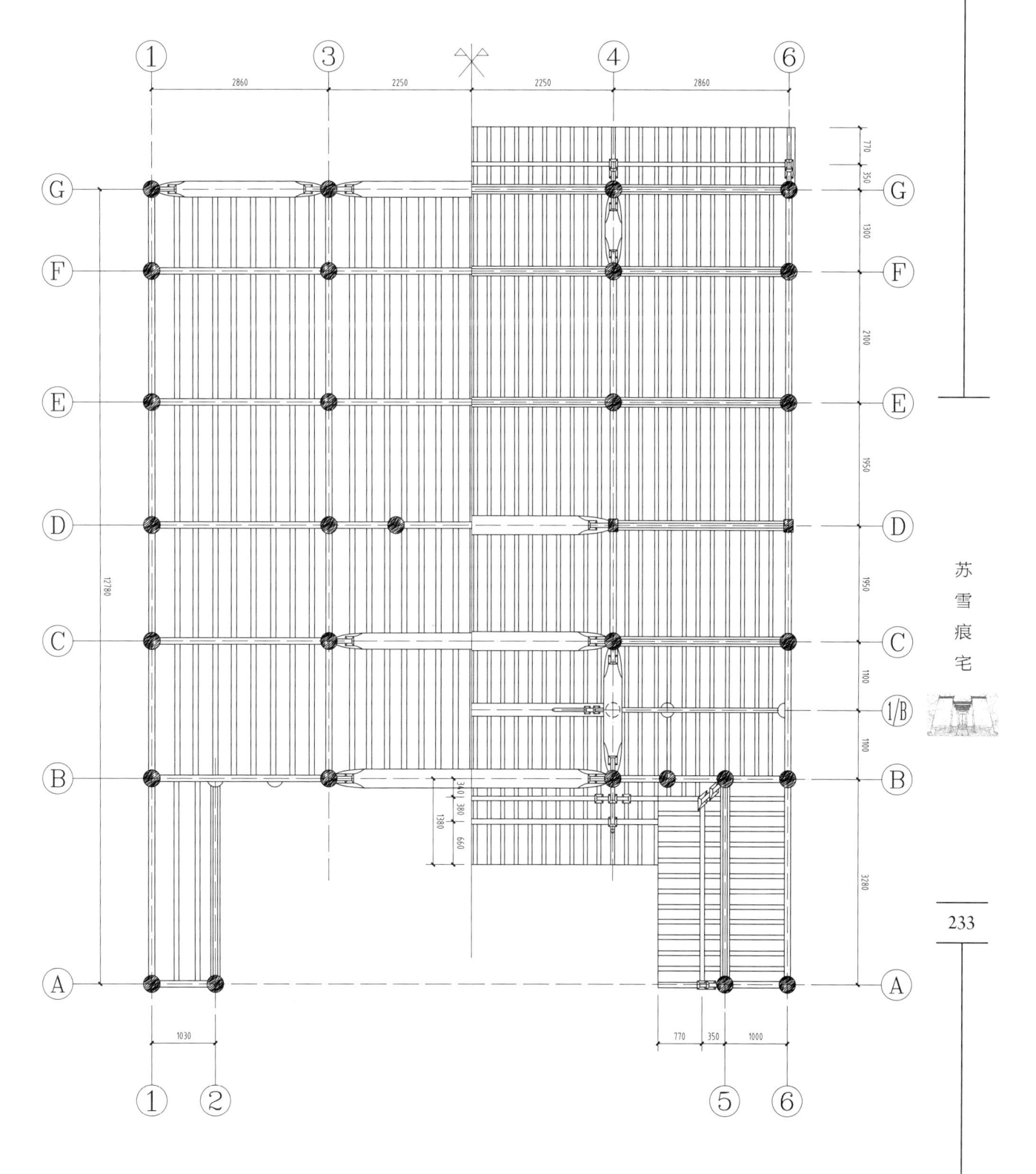

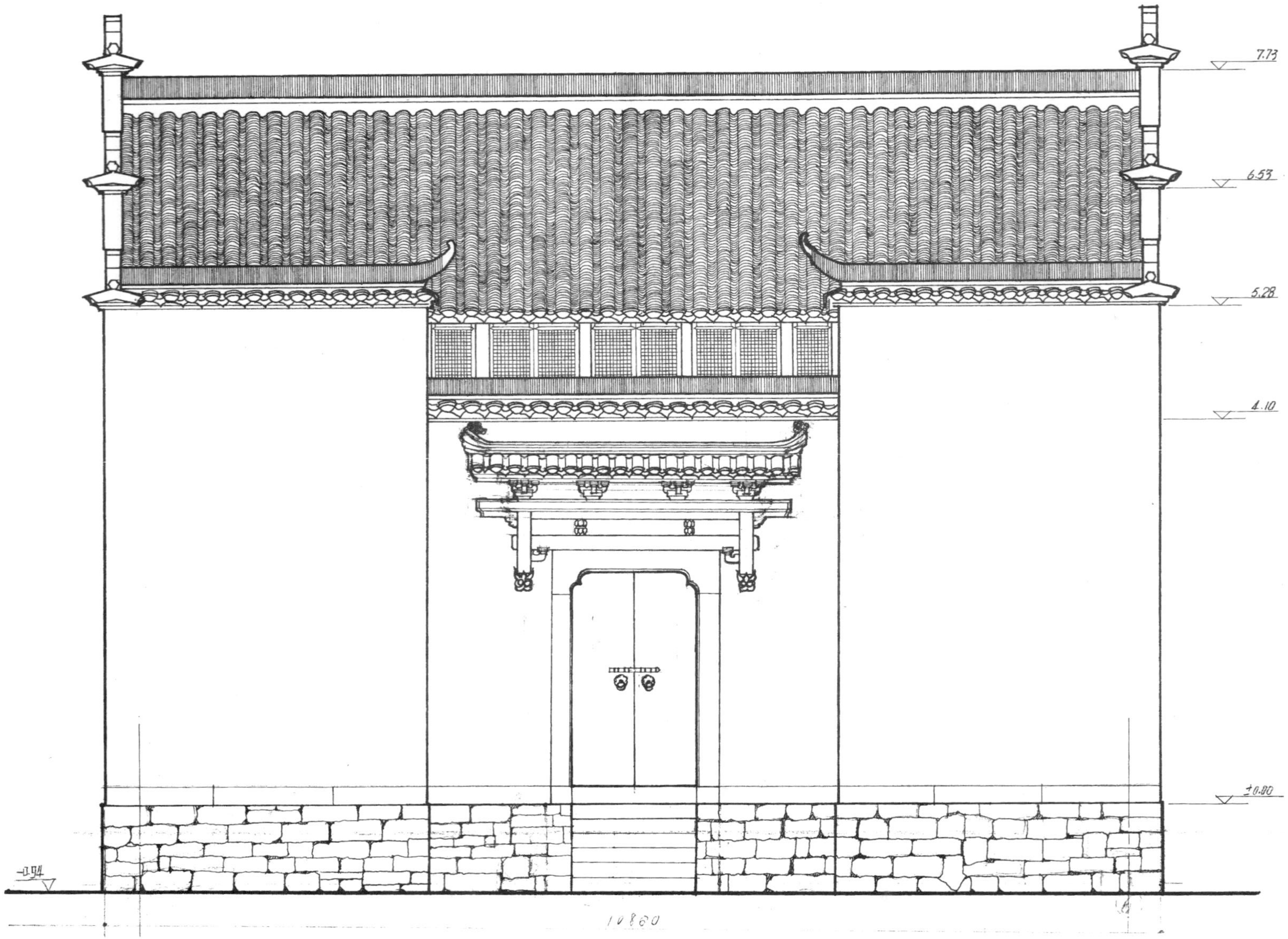

图11-20 苏雪痕宅竣工图-正立面图

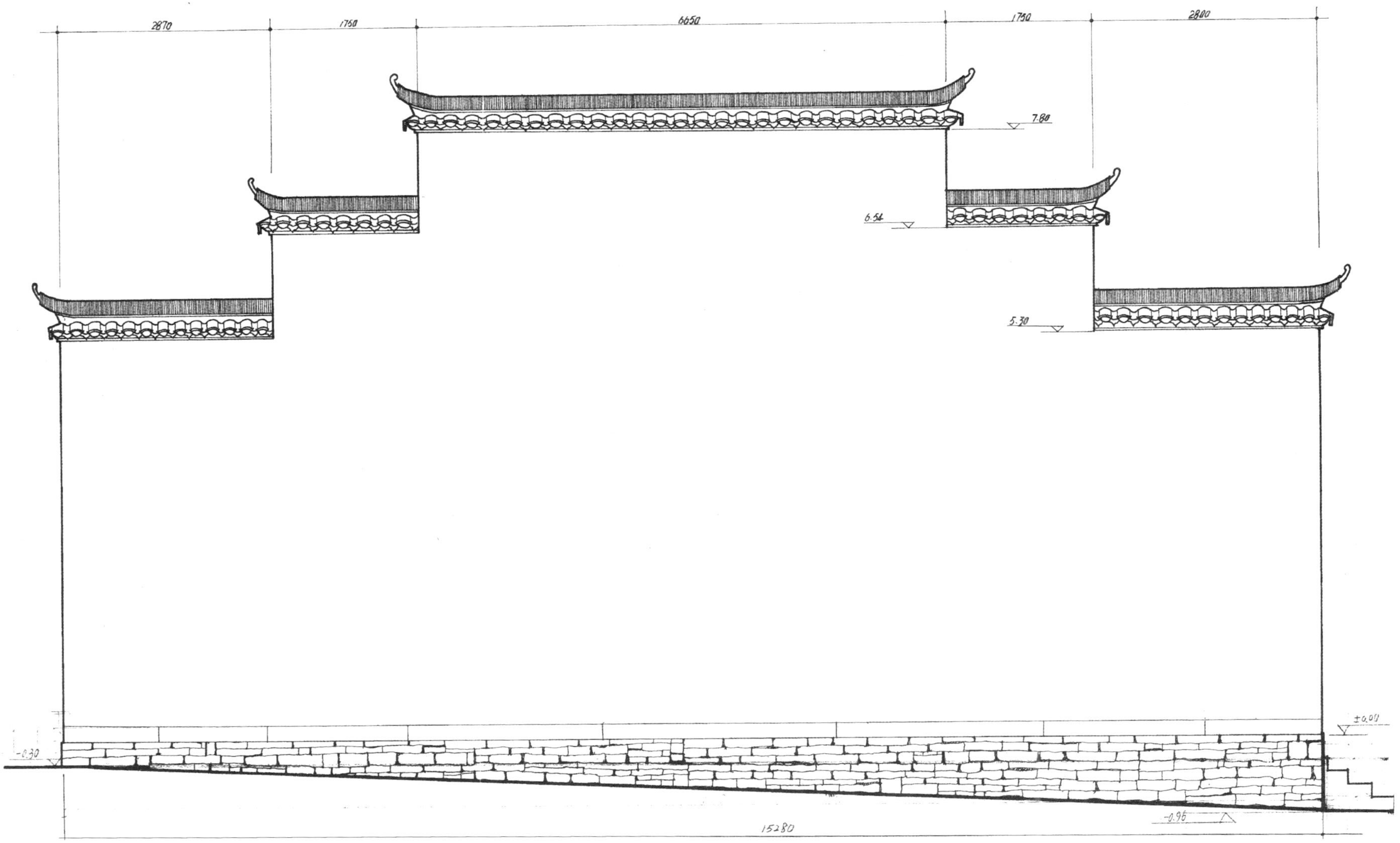

图11-21 苏雪痕宅竣工图-侧立面图

苏雪痕宅

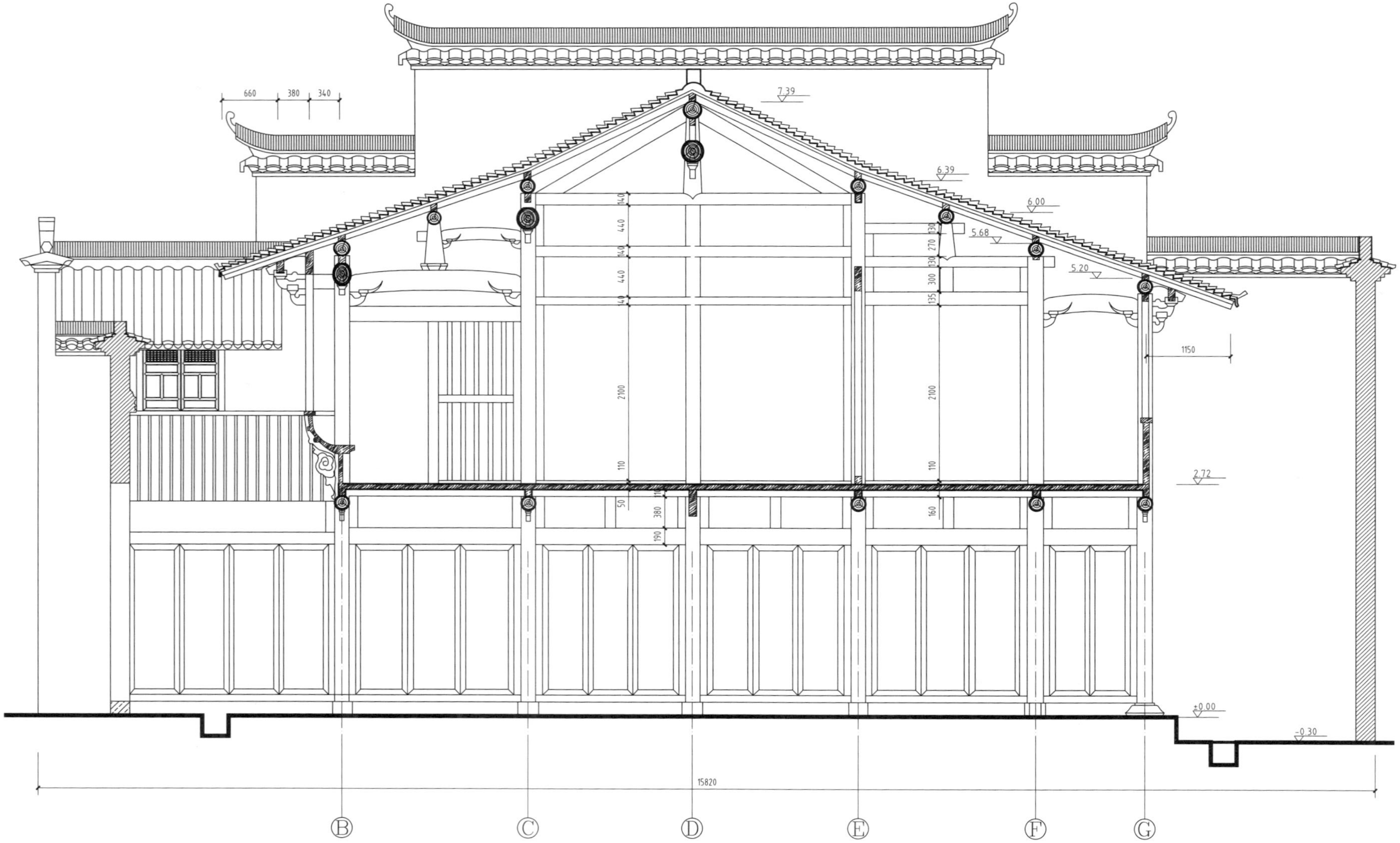

图11-22 苏雪痕宅施工图-明间剖面图

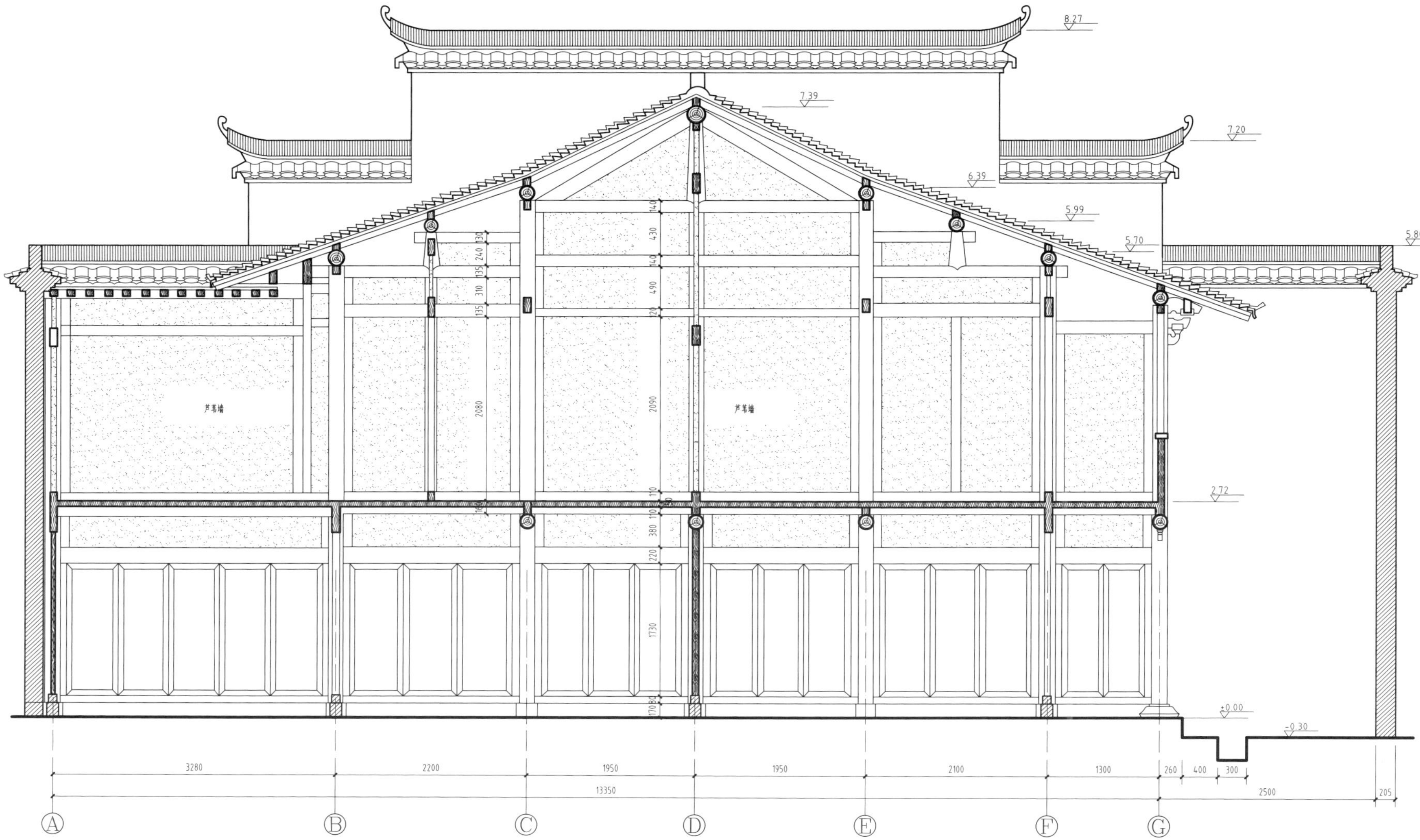

图11-23 苏雪痕宅施工图-次间剖面图

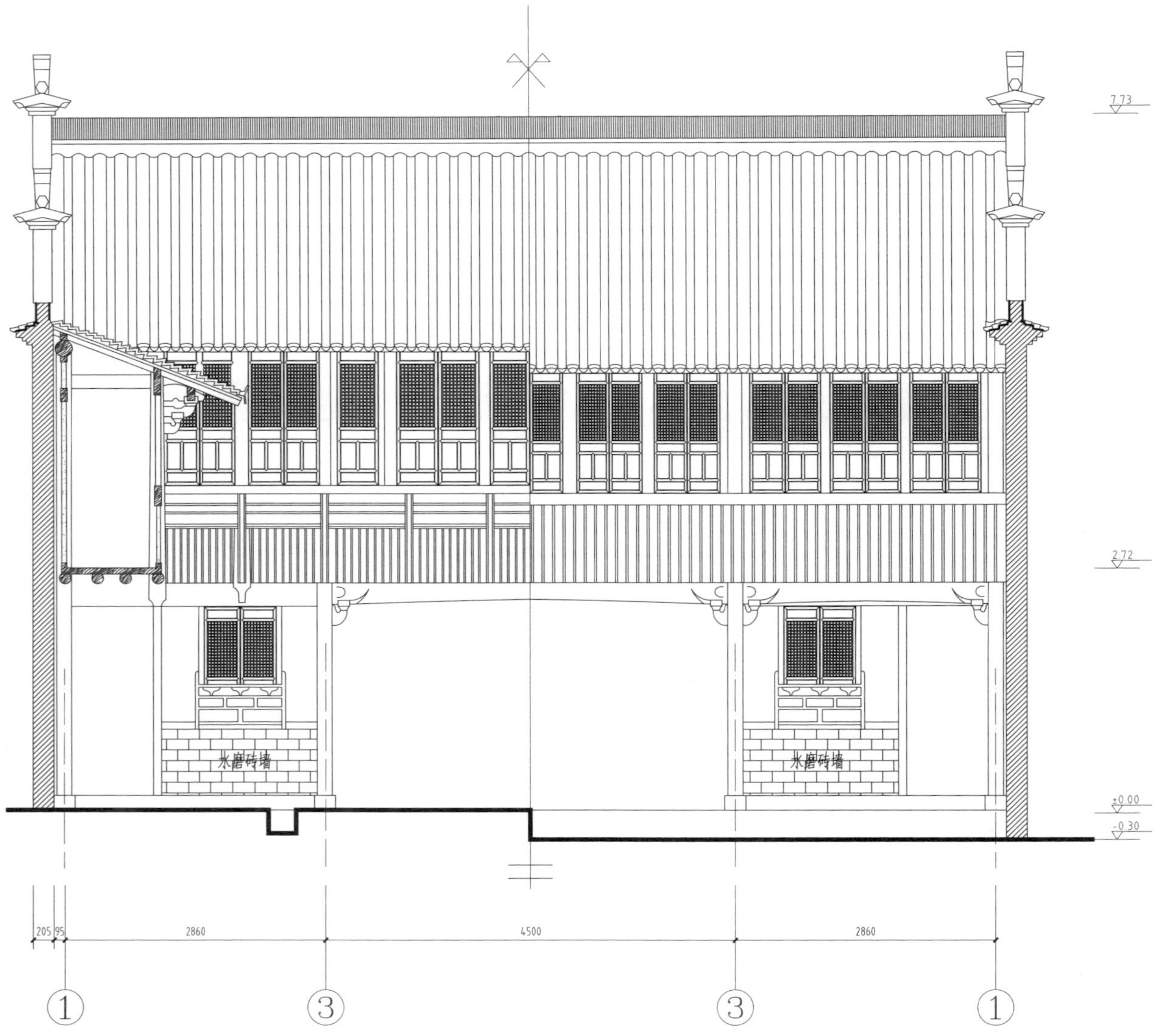

徽州古建筑保护的潜口模式——潜口民宅搬迁修缮工程（上册）

238

前檐剖面图　后檐剖面图

图11-24　苏雪痕宅施工图-前檐、后檐剖面图

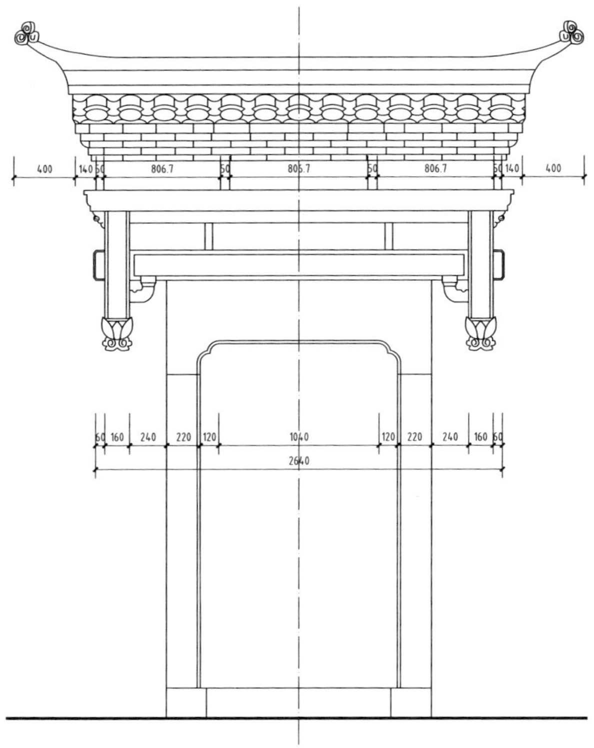

门罩正立面图

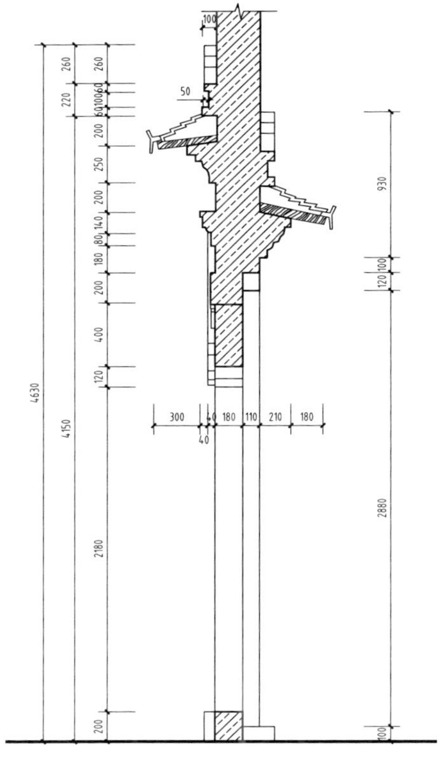

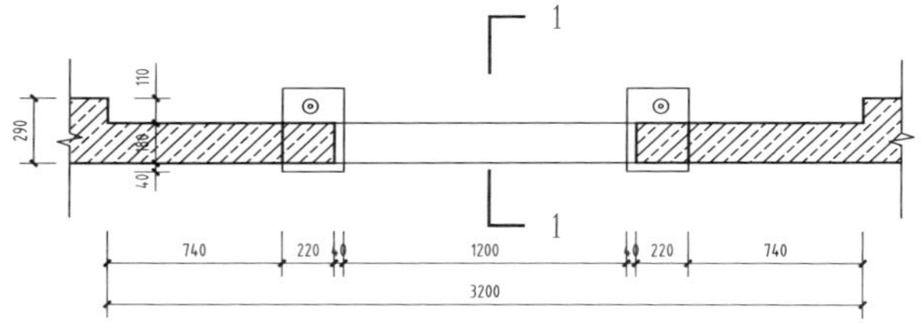

门罩平面图

说明：
1. 木门罩用水磨砖砌，门柱及门额石用当地材料（红茉石）。
2. 内门罩做法相同于外门罩上半部分。
3. 大门上部墙体标高改为同于大门两边墙体标高。

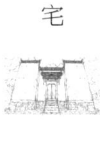

图11-25 苏雪痕宅施工图-门罩大样图

苏雪痕宅

# 苏雪痕宅加固方案说明

苏雪痕宅（以下简称苏宅），原坐落于歙县郑村乡，明住宅潜口明社，为明代建构，后经加固修缮平位。

在歙州明宅中，苏宅是徽州明代研究所及歙县文物公司在明村内或博物馆的指导下，1987年着手扩迁建的项目实例。复原设计和施工是经过专家研讨和考察工作，但经加固的设计起至普通未批明地的审议。破碎有文物局指示，名为"修旧如旧"的原则，采用古建改堂场地内安放，对苏宅加固要提出以下加固方案。

一、明间梁架用楚槲漆为本形，左地枕，断面呈圆状，现已干裂，经考查证，且看架有7头被截只，现拟是复后入添柱支柱，应再更改。湖湘架复后对其相貌对此，复后用头7头深长好，大小不变。

二、明间后檩之平椽不全，几经漆坏，因具有变改，另（墙内地）间缝漆末部分是明前建，上下椽本建身对改的平差差，经损架，此椽补对古人神案、现存建筑案、梁木、辞椁构件、平穿椽倚低取180mm，其下垄不超150mm，明间檐构以辅助结构的另墙漆墙间有基项大两承，大建项在屋屯门斜顺接线上。施工中对大置项与墙项结构按部位做法，加筋结。

三、明间椽枋接位下、上椽更改不全。考徽州明、清大明中、明间檐梁不暗梁与这一层外楼向斜梁小，苏宅平身向结构的内用升斜空，穿斜设用明介顺的侧面（苏宅明是二）"咸淡灵"，加之明介的斜接，孔孔多断梁较小，改加上述（二）的侧向结，硬直又适用了"成插云"，加之明间升斜顺，核大少斜梁，直接这个低层边用中下榫斜至变形著者。加固侧加弯顺是，加固固定（运）加固改文，有蜀径、不墙，上中下斜、放加以固定，以术形修但纹之称，行结构（运）加固改文，明证循证榜柱。

（底后）落地纺在同－錀锥枝上，陡证明证精柱为见。

四、明间没有楠枋羿上置项接枝建围，以两加椽柱挑柱，此地上进项（结构）作用阿間隔離。

苏宅加固方案实施后，仍然是保护和经普通的，以维持房身拙入承进行必要的陪炼，以确保安全。

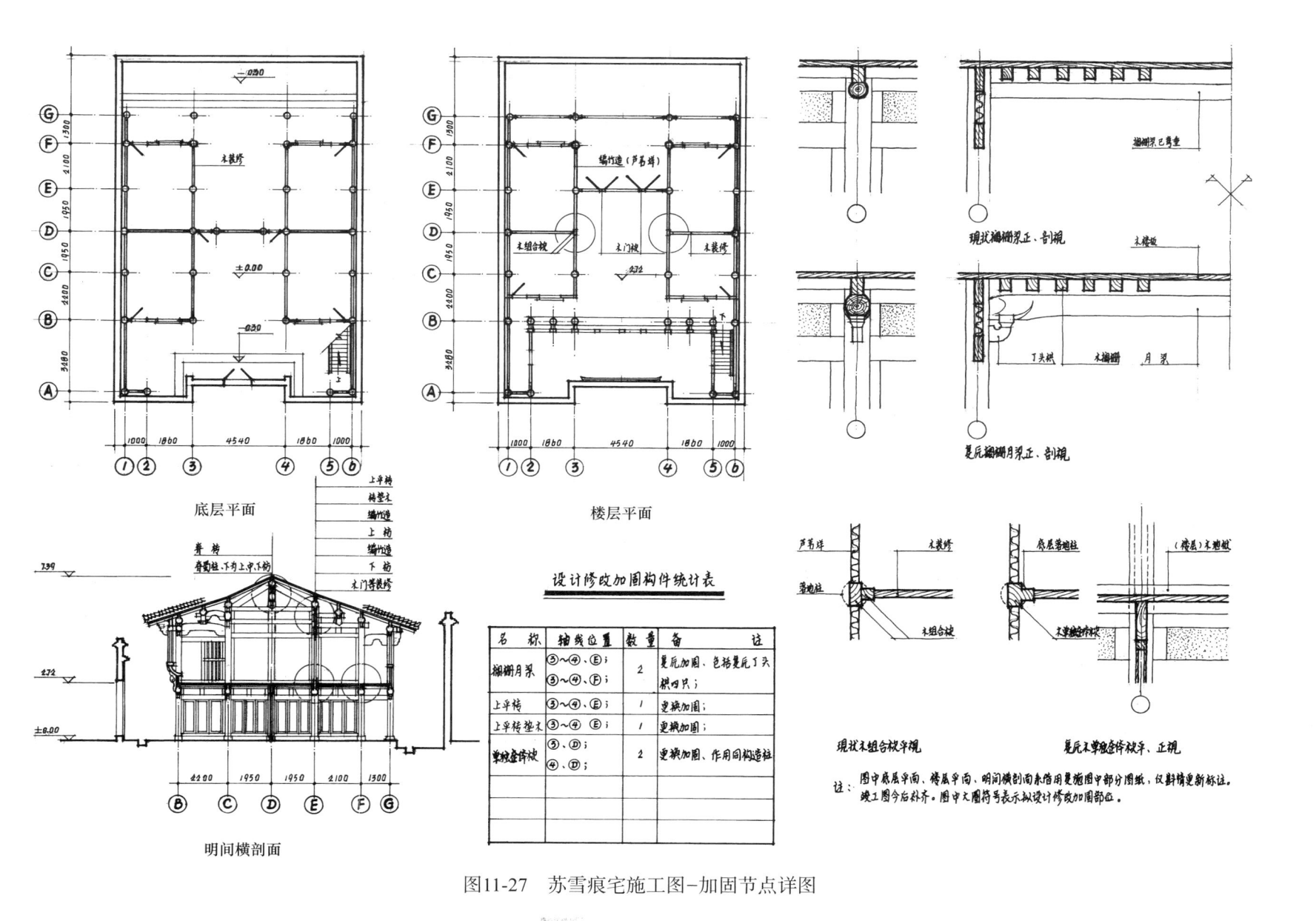

图11-27 苏雪痕宅施工图-加固节点详图

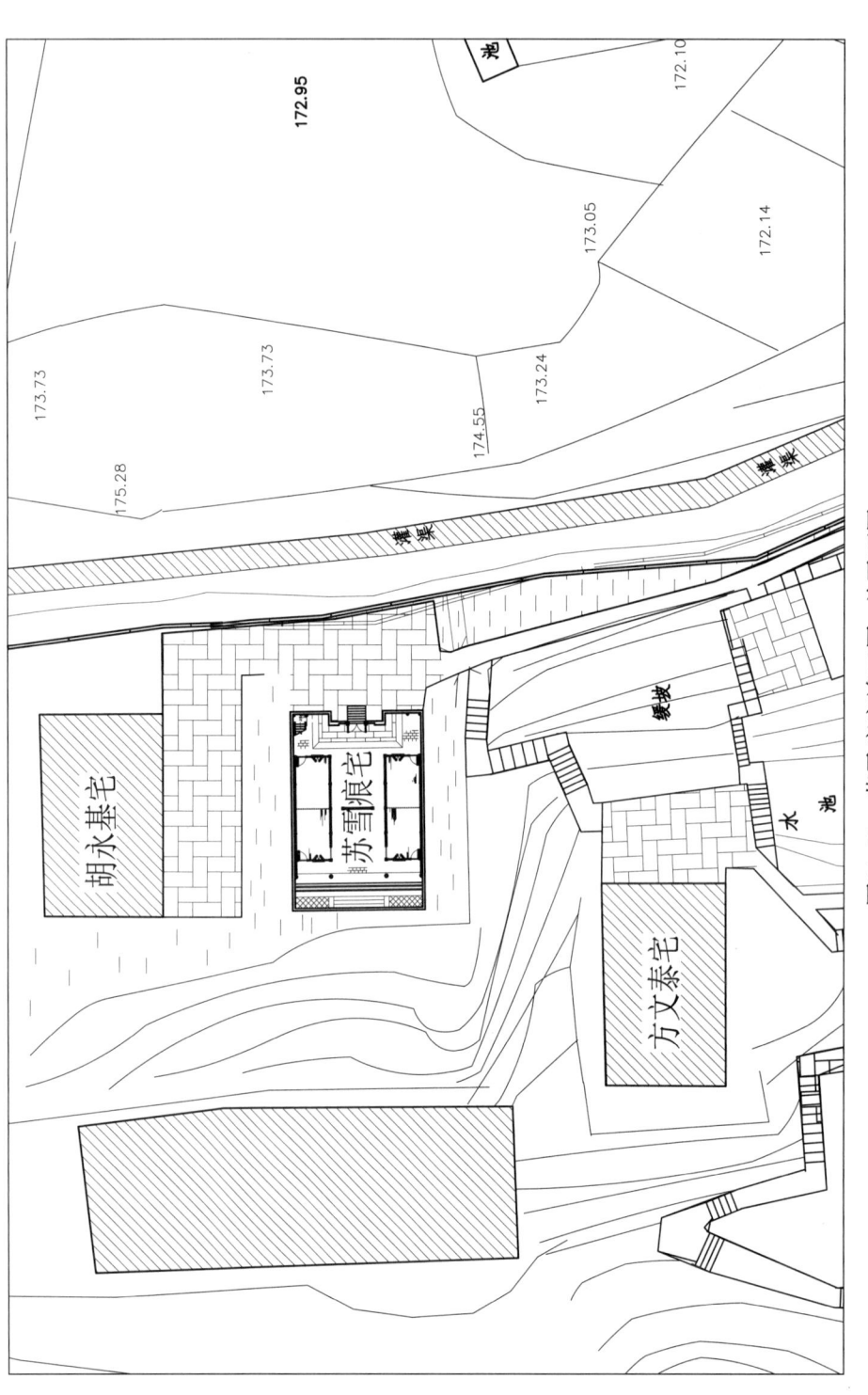

图11-28 苏雪痕宅竣工图-总平面图

# 胡永基宅

## 一、概况

胡永基宅，又名德庆堂，现位于潜口民宅明园内。建于明中期，砖木结构二层楼房。面阔11.25米，进深13.2米，建筑面积270平方米。

胡永基宅原位于徽州区西溪南镇琶塘村。胡永基为搬迁时该宅原业主。据传，该宅明代建造时主人曾任浙江桐庐知县，"德庆堂"为其回乡后建造的宅第堂号。

胡永基宅以屋脊为界，分前后两进，平面呈"H"形布局。楼下脊前正屋三开间，明间为客厅，两次间为卧室；脊后分割成四房间；东侧另设专门通道，连接前后进。楼上五开间，中三间为厅，抬梁式木构架具有典型的徽州明代建筑风格。楼层临前天井三面装修木雕刻栏杆，品类繁复，样式精美。

胡永基宅于1998年实施易地搬迁。当时潜口民宅明园已经建成开放多年，鉴于该宅具备徽州明代建筑的诸多特征，尤其"楼上厅"构造最为典型，加之原址保护面临诸多问题，户主也有转让的意愿，遂在安徽省文物局支持下，报请国家文物局批准，将其迁入潜口民宅集中保护。

## 二、原址原貌

胡永基宅原坐落在徽州区西溪南镇琶塘村中。琶塘村位于西溪南镇北，合屯黄高速徽州区出口处。该村背靠黄山余脉，左枕紫霞山，右枕金竺山，三面环山，朝南一片开阔地，整个村庄掩映在绿树花丛之中。琶塘主姓胡，宋时到琶塘定居，至明朝初年，琶塘胡氏已在商业上崭露头角，事业骎骎日上。胡氏经商发达后，在家乡大造宅第，兴建祠堂，并在村头凿水塘建水口，以水法聚财。该村还是1938年南方八省红军游击队来皖南岩寺集中时，新四军第二支队的驻扎地。现为第三批中国传统村落。

胡永基宅位于村中，坐东朝西稍偏南，门前是村中主要石板街道，左右两侧为巷，屋后为20世纪70年代后建两厨房。搬迁前，老宅已经无人居住，作堆放杂物使用（图12-1、图12-2）。

该宅正屋两层，上下柱网不对齐。一脊翻两堂，前后两天井，四厢廊。整幢建筑结构较完整，前天井及装修部分改动较大（图12-3、图12-4）。

图12-1　原址正立面

图12-2　原址侧立面

图12-3　原址前天井封护（1）

图12-4　原址前天井封护（2）

正面外墙因后来加盖屋面封护了前天井，故原凹形墙成了一字水平，墙面居中设水磨砖窗芯供采光。南侧原开有通道小门，已用砖封砌。

大门原有内（图12-5）、外门罩，仅存残破瓦檐及贴面水磨砖，内门罩尚存部分脊线及砖烧结构件，其余皆毁。门扇为后制实拼板门，石门框内装有半截矮木隔扇门。

原住户将前天井挑盖，从大屋顶一披水盖到前围护墙外，天井、内门罩、屋脊、檐口都有所改动。地面天井沟亦被填平。前天井楼层三面雕花栏杆（图12-6）、飞来椅以及隔扇窗，仅西边廊保留部分雕花栏板，其余皆拆毁。

图12-5 原址内门罩

图12-6 雕花栏杆

前进底层明间厅堂（图12-7）地面改成水泥地，前檐部位添有两根小四方柱及清式木栏杆。卧室向天井开门、窗，有两隔扇窗遗存，窗栏板无存。明间照壁原固定皮门装修，现被拆除，可直通后进。西廊内设楼梯，楼梯栏杆、盖板无存。东廊被改建一大木仓满塞满占。两廊原格子屏门装修，现全部缺失。

后进被分割成四个房间（图12-8），由南向北第三间改为厅，第四间改为厨房，第一、二间已残破不堪，满堆柴草。第一间临天井向砌筑清水砖槛墙，上开窗，有窗扇遗存，栏板缺失；其他三间临天井向装修已全部拆除。后天井正中央砌筑有水池，天井沟被填平。东廊后围护墙有边门痕迹，现已封堵。

图12-7 一层厅堂内部

图12-8 一层脊后房间

图12-9 二层明间梁架（1）

楼上正厅梁架为抬梁式（图12-9～图12-11），彻上明造，保存完好。原有的地面方砖铺地已毁。两梢间前后四个房间，装修仅到前金缝。前房很小，无法居住，后人扩大利用空间，将前房扩大，板壁装修将前廊及厢廊隔进房内（图12-12）。后房与后厢房连通为套间。前、后天井楼沿原有的隔扇窗全失。

图12-10　二层明间梁架（2）

图12-11　二层明间梁架（3）　　　图12-12　二层房间隔扇门

前檐口原装有砖质的横、竖水笕，只有竖笕仍砌在前围护墙内，横笕沟破损散失。屋面瓦、望砖多损耗。檐口、墙头原有勾滴，仅存十之一二。瓦脊饰物多残缺。围护墙青条砖砌筑，经过多次维修，规格较乱。

## 三、现状特征

胡永基宅，现坐落于潜口民宅明园北山脚处，坐北朝南，五开间二层砖木结构楼屋。

底层以屋脊为界，装置木皮门隔断，分成前后两进。楼下明间为厅，两次间为房。脊后分成四间房。前后围护墙东侧各开一边门，内设一狭长夹室作为通道（图12-13），贯通前后进。

大门居中偏东设置，双开扇镶砖板门。内外均安装有门罩。外门罩覆以瓦檐，檐上起脊，檐下贴磨砖。内门罩仿牌楼式，砖立柱，木斗拱，瓦檐，起脊。入门为前天井，红麻石铺砌三条排水沟。天井两侧为廊。西廊设楼梯由南向北登二层（图12-14）；廊向西开边门通户外，门为双开扇镶砖板门。东廊装修四扇可开启隔扇门，可进出东侧过道。过道宽不足1米，条砖铺地。前进明间厅设二道月梁，梁头下施丁头拱。厅为方砖铺地，房间为条砖铺墁。后进房间门窗朝天井开启，窗栏板望柱头雕刻莲花瓣，花板雕刻精巧。窗下水磨砖槛墙。后天井狭长，当中砌筑一蓄水池。

二层，明次间为楼厅，梢间为房。前檐安装雕刻的弧形栏杆，檐柱间施坐槛，弧形栏杆向外挑出，类似鹅颈，俗称"飞来椅"。飞来椅上立撑檐柱，出头插拱二跳（图12-15）。临天井安

图12-13　一层通往后天井过道 　　　图12-14　楼梯及侧门 　　　图12-15　二层檐口斗拱

装方格直棂窗扇。楼厅方砖铺地。梢间房后退至金柱①，让出楼上过道。明间前檐柱与前金柱间施双步梁，月梁雕刻梁眉，梁头下施丁头插拱②，梁中置平盘斗，斗上立童柱与单步梁并出卷云挑头；前金柱与后金柱间，设五架梁③，梁背雕刻莲花平盘斗一对，斗上立蜀柱④，蜀柱间为平梁，梁上施平盘斗，上立蜀柱承月梁式脊檩，蜀柱与前、后金柱间施以单步梁，卷云梁头。脊蜀柱两侧施异形卷云叉手。

楼上从后金缝进行木板壁装修，把明间隔断成前后两部分，前厅宽大，后厅较小。后厅为祭祀神龛间。两次间在脊下隔断分成前后两个房间，房内楼枋上架设榻栅，可援梯供人上下登临的出入口，为增加储物空间的阁楼。

屋面铺设望砖，天井檐口安装砖质水笕。

建筑正立面，凹字形围护墙，两山面鹊尾式马头墙，前后三级跌宕，顶檐出三线，覆以小青瓦，金花板斜置。东山墙凿有一小窗洞，有单开扇镶砖窗扇。

## 四、文物价值

胡永基宅具有明代早期建筑特征，文物价值较高。楼上木构架保存完好，构配件齐全，反映了明代中期民居特征。梁栿、平梁⑤、脊檩、截面扁平、梁眉截面内凹，起翘平缓。叉手、单步梁头雕琢极古朴，荷花墩雕琢手法简洁。整幢住宅不使用雀替和斜撑。除木构可看到较早的

---

① 指檐柱以内的柱子，用以承载檐头以上屋面的荷载。
② 插入柱内的半拱，一般位于檐柱上，用以承托出檐。
③ 古建筑大木构件名称。一般在柱头上或屋顶构架的中金部位，起着承托上部构架或中金檩的作用，其上承负檩子总和应为五根，故称五架梁。
④ 宋式大木作构件名称。本是平梁之上用于承托脊槫荷重的矮柱，现亦泛指梁架中梁栿之间的矮支柱。
⑤ 即承托脊蜀柱的横梁。

明代风格外，其装修上用了大量的芦苇墙，是芦苇墙在枋间一直装修到顶的实例。楼板上铺的地砖和屋面上满铺的望砖规格皆较大，砌墙用的砖规格亦大，这些都是该宅建筑年代较早的例证。

独特的平面布局，最大程度适应了当时的功能需要。楼上、楼下柱网布局灵活，最大程度利用了楼上空间，楼上厅这种布局在徽州明代民居中是大家庭聚议、礼宴、祭祀之所，是最重要的设置，也是古建筑构造之精华。二楼房内暗阁的设置，增大了储物空间，亦为徽州明代民宅的特色之一。徽州山区人多地少，伦理观念又要求人们几代同居，底层脊后及楼厅两侧为适应聚居需要，全部辟为厢房。夹室在民宅中的运用，也体现了徽州明构的特色。徽州被称为东南邹鲁，理学之故乡，封建礼仪重，妇女下人不见外客，住宅中夹室则应运而生，以便其进出。

梁架构造及前天井楼沿栏杆木雕，反映了徽州明代住宅装饰鲜明的时代风格。天井三面均有栏杆雕花板，雕满花、草、鱼、虫图案，充分反映了徽州明代建筑的工艺水平和时代特色。二楼梁枋截面扁平，梁眉起翘平缓、叉手、梁头、平盘斗雕刻十分精美，是徽州木作工艺的精品，具有较高的艺术价值。

# 五、迁建工程

## （一）迁建过程

1997年12月4日，征购胡永基宅；

1997年12月27日，原址拆卸屋面、木构架；

1998年1月19日，运输至潜口民宅明园内；

1998年3月，新址东边墙基外3米围墙挡水坝因雨水发生险情，在加固挡土坝基础、重砌围墙后，为确保新址建筑安全，将整个地基向西推移2米；

1998年5月27日，新址复原施工，竖屋架；

1999年6月，维修工程全面竣工（图12-16、图12-17）。

## （二）迁建新址

胡永基宅1998年迁建时，明园已建成多年，基本格局已经完备。新址选择在明园东北隅山脚处，苏雪痕宅北侧位置，主要考虑到当时山庄内仅有这一处尚有空地，且地势较为平坦。

现建筑坐北朝南，西、北侧为山体护磅，东侧为明园围墙，门前为青石板广场，南向通苏雪痕宅、罗小明宅。

## （三）修复要点

（1）前天井楼沿的三面雕花栏杆，原西廊部位遗存，缺失部分按其形制、风格进行仿制，

图12-16　木构件修复现场（1）　　　图12-17　木构件修复现场（2）

完善复原。其中，飞来椅雕花板装饰，缺失的花板大样参考屯溪程氏三宅七号宅楼沿花板。

（2）大门外门罩参考呈坎罗润坤宅门罩进行复原：外门罩覆以瓦檐，檐上贴砖线起脊，檐下贴水磨砖。

大门内门罩修复参照屯溪程氏三宅七号宅内门罩样式：两柱单间仿牌坊式，用青砖砌成双柱，木斗拱，瓦檐，起脊；清水砖砌两道枋，普柏枋用砖雕琢成荷花瓣式，普柏枋上承木结构斗拱，四铺作承檐枋，上覆小青瓦。

正面墙边门门罩参考西溪南老屋阁后边门式样，采用三线拨檐干披水门顶复原。

（3）底层的明间中脊缝装固定屏门，原制复原，最西端一扇为活动屏门，可开启通后进。

（4）整幢住宅仅残留隔扇窗四扇，缺失部分仿其形制复原。窗栏板全部缺失，根据底层脊前卧室窗口遗留卯眼及装修边挺痕迹，参照屯溪程氏三宅窗栏板式样和风格复原，雕花内容图样取自前天井楼桁栏板雕刻。底层脊后遮羞栏杆板按照施工大样图复原。

（5）青条砖叠砌单墙，厚仅18厘米，尤其前后两天井的围护墙，难以承受外力，故在复原施工中，在不改变原制的基础上，采取必要的加固措施，包括：多加木牵及铁牵拉结加固；在基础隐蔽部分添置30厘米厚的200#钢筋混凝土基础板；统开间的天井围护墙上，组砌两道钢筋砖圈梁。

原围护墙上有三个边门洞依据遗制、遗迹复原；前天井东西厢的檐口及一应木作，恢复被拆改前原制，依据图纸复原。

（四）工程资料

主要有勘察修复报告及补充说明，照片，施工、竣工资料，缺实测图纸（图12-18～图12-32）。

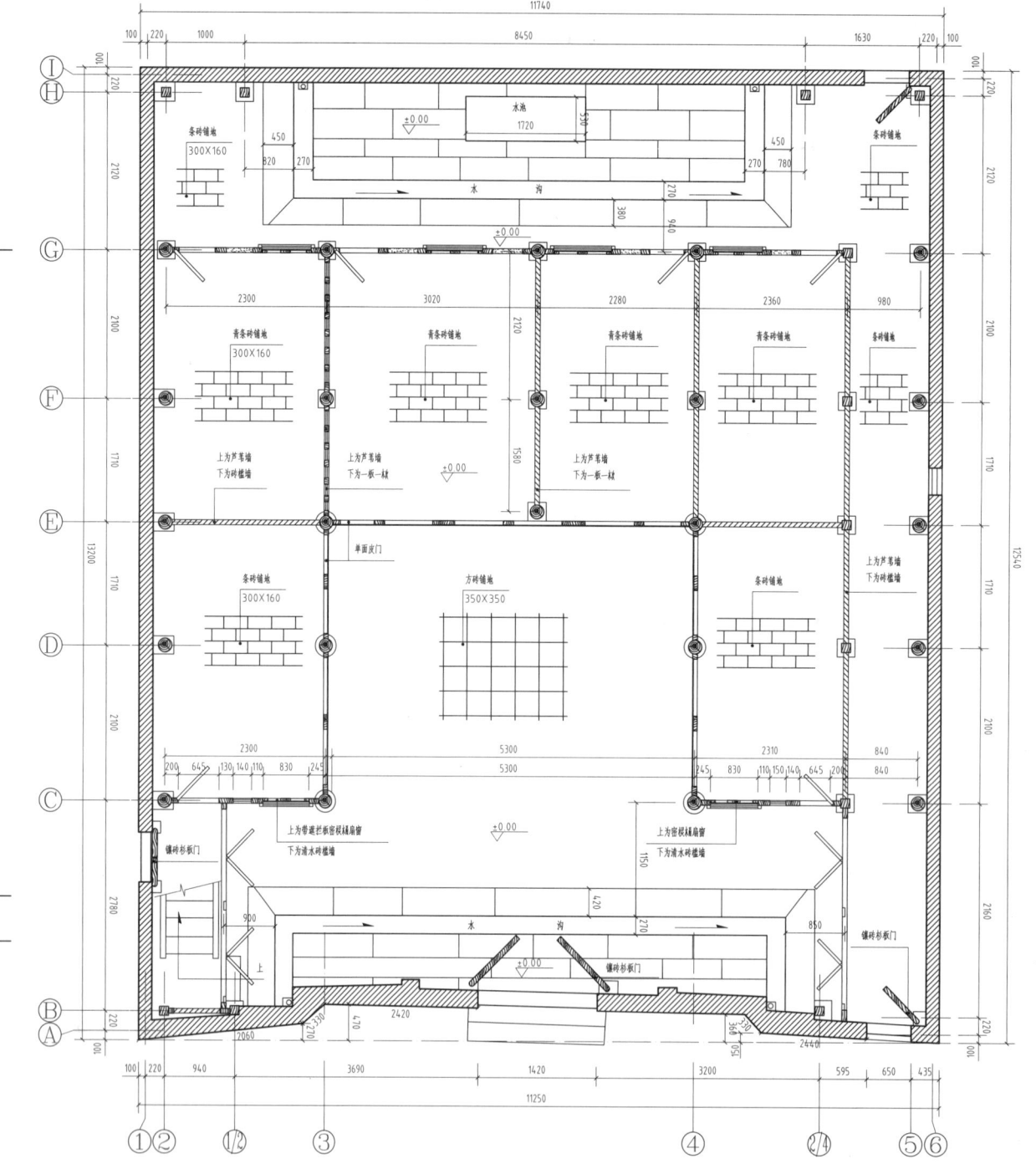

图12-18 胡永基宅竣工图-底层平面图

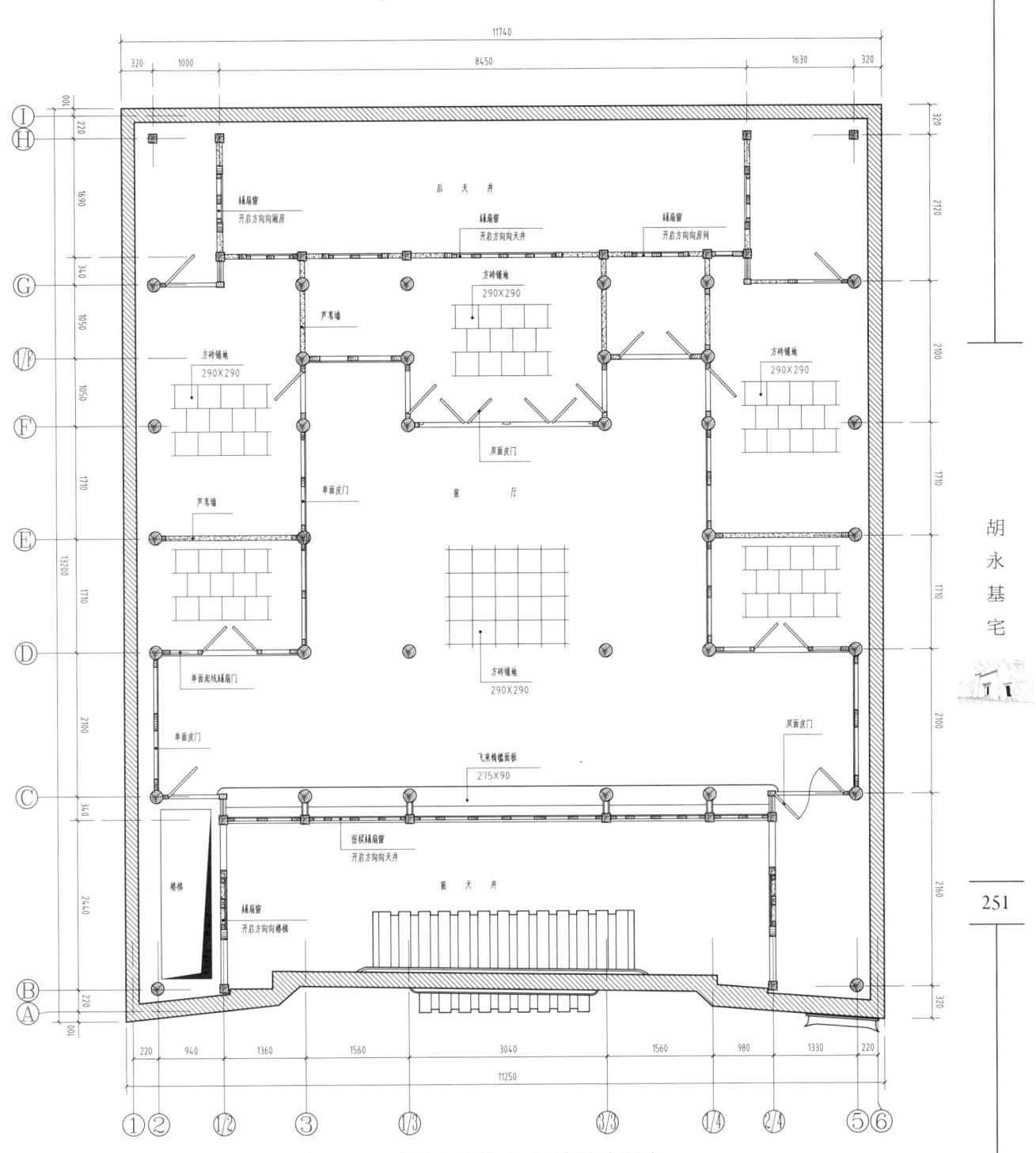

图12-19 胡永基宅竣工图-楼层平面图

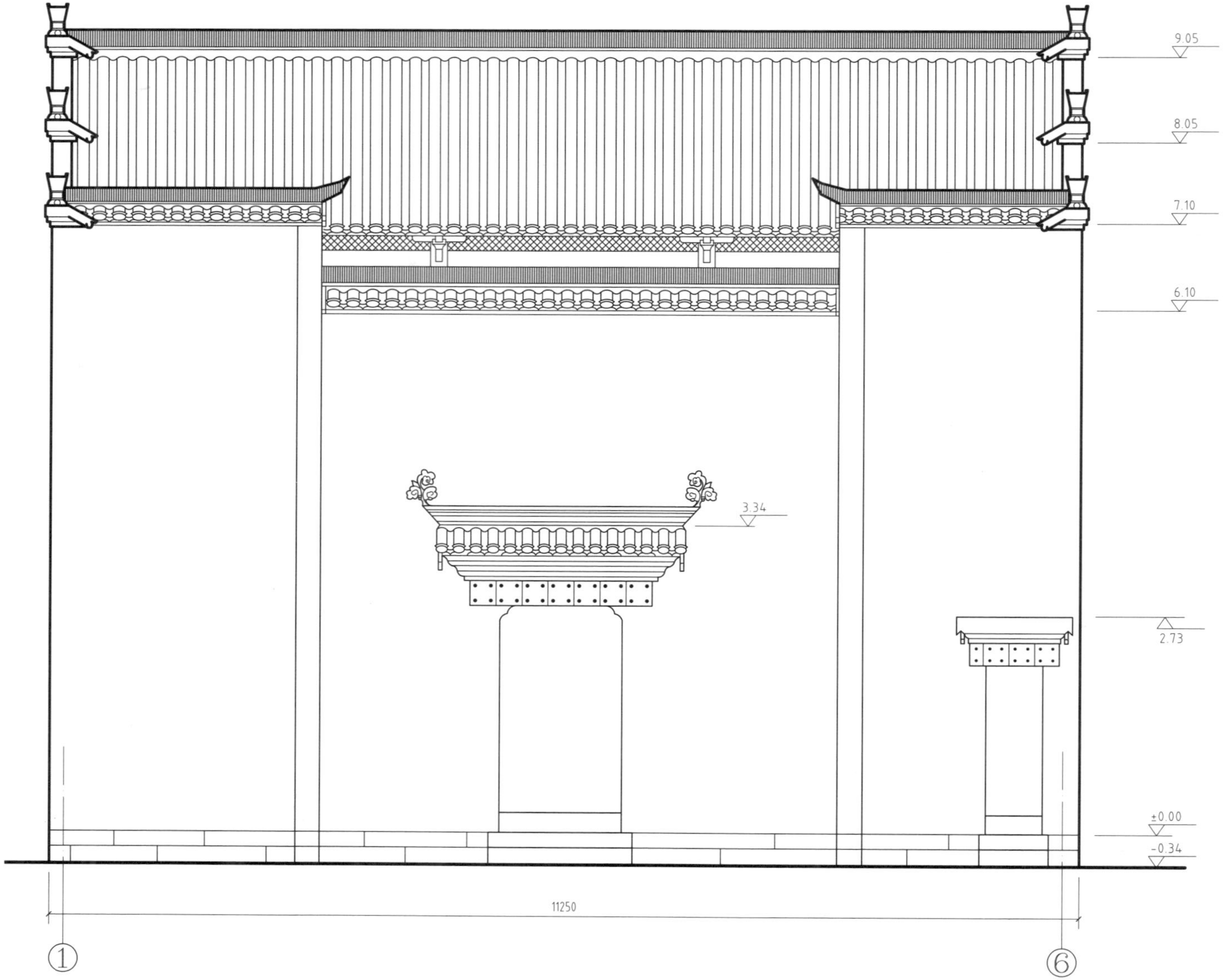

图12-20 胡永基宅竣工图-正立面图

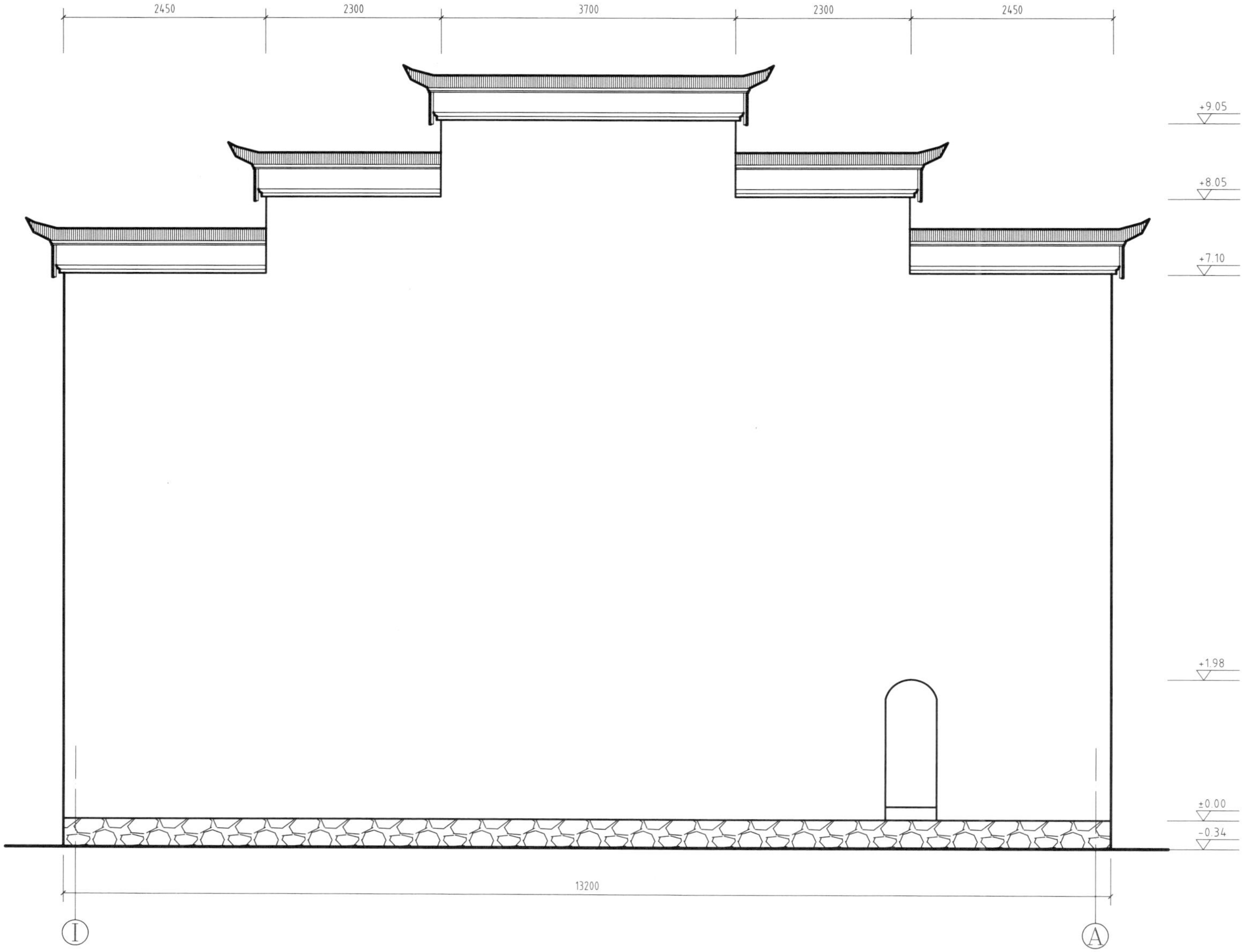

图12-21 胡永基宅竣工图-西立面图

胡永基宅

253

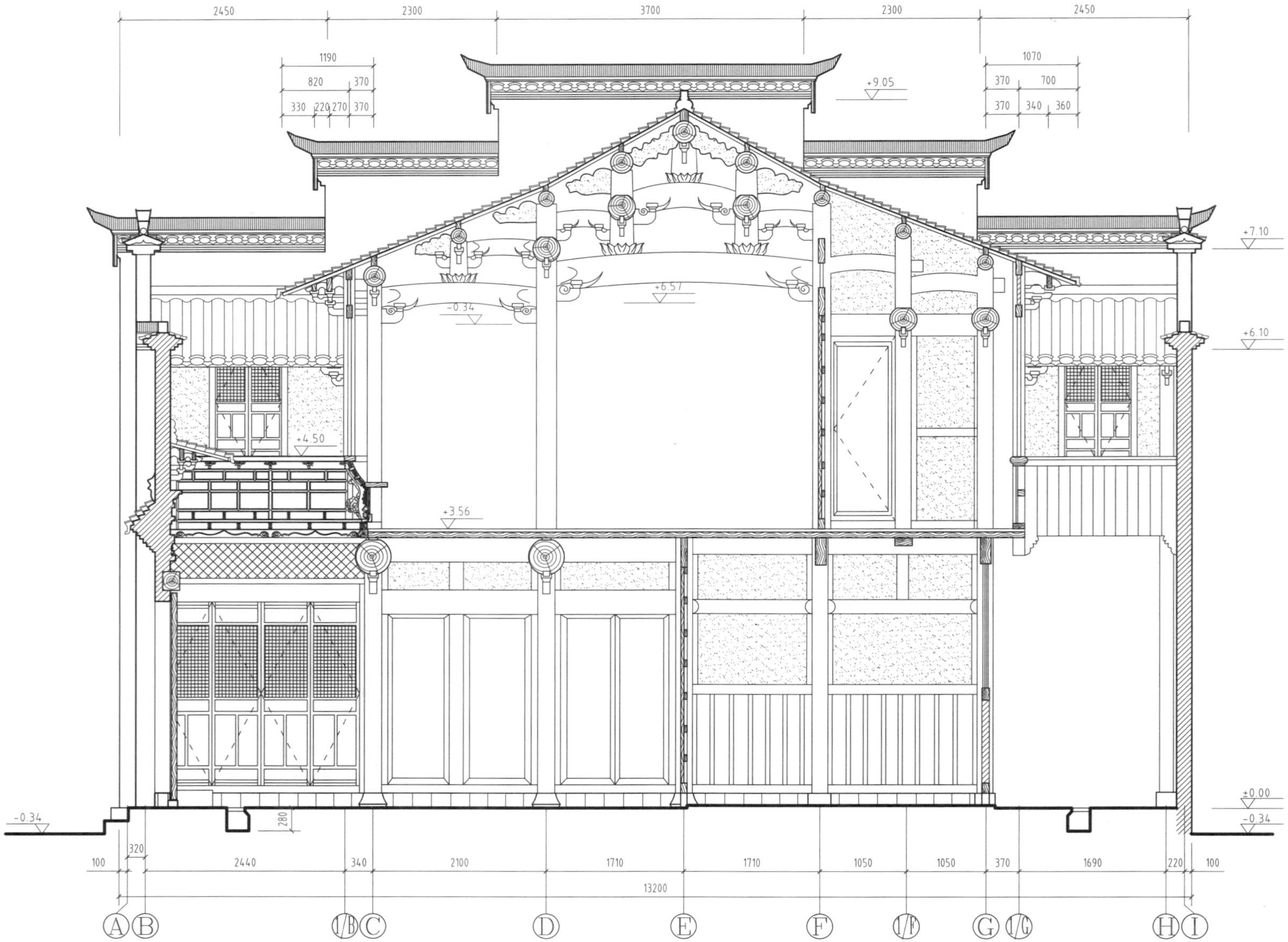

图12-22 胡永基宅竣工图-心间剖面图

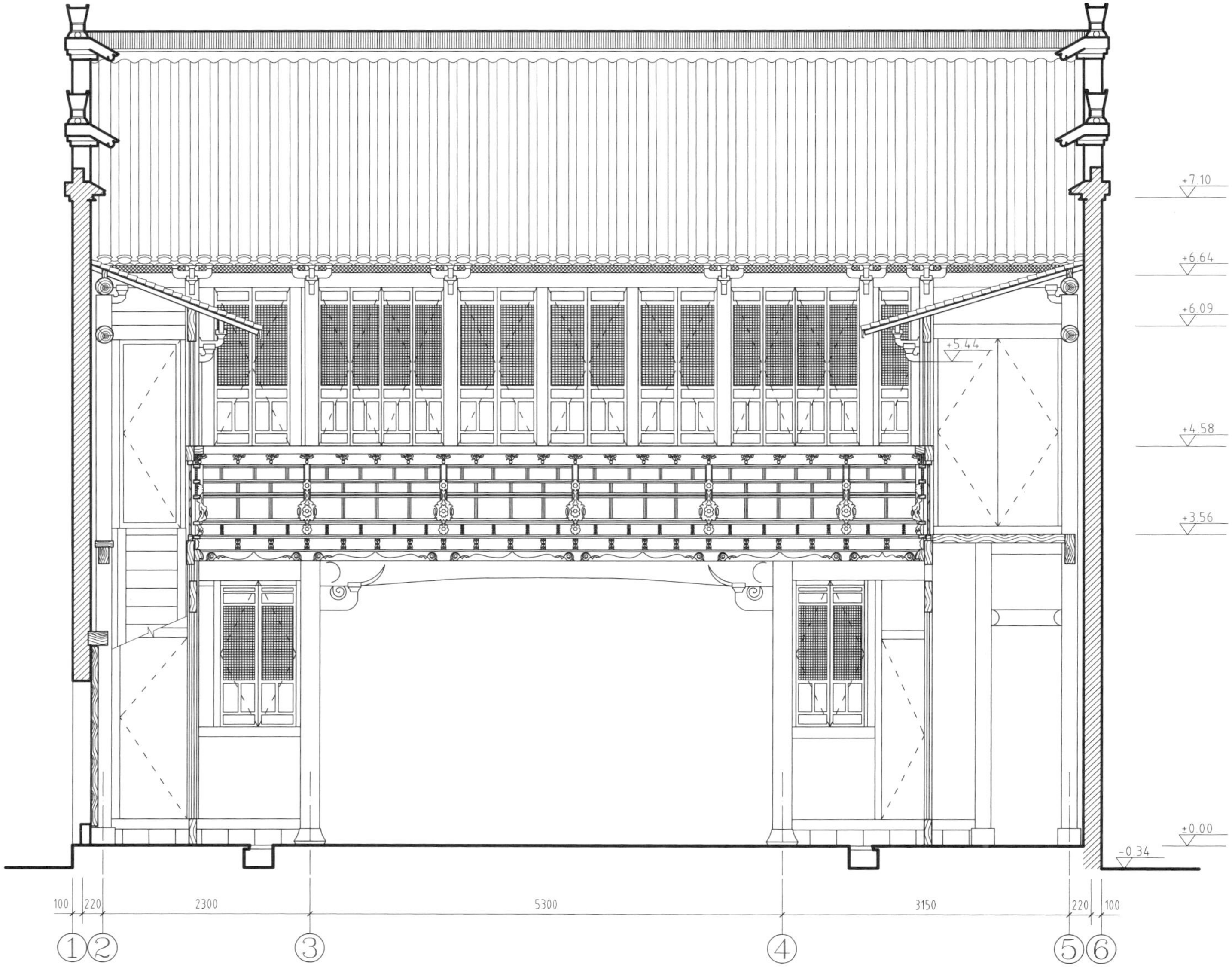

图12-23 胡永基宅竣工图-前天井纵剖面图

胡永基宅

图 12-24 胡永基宅竣工图-后天井纵剖面图

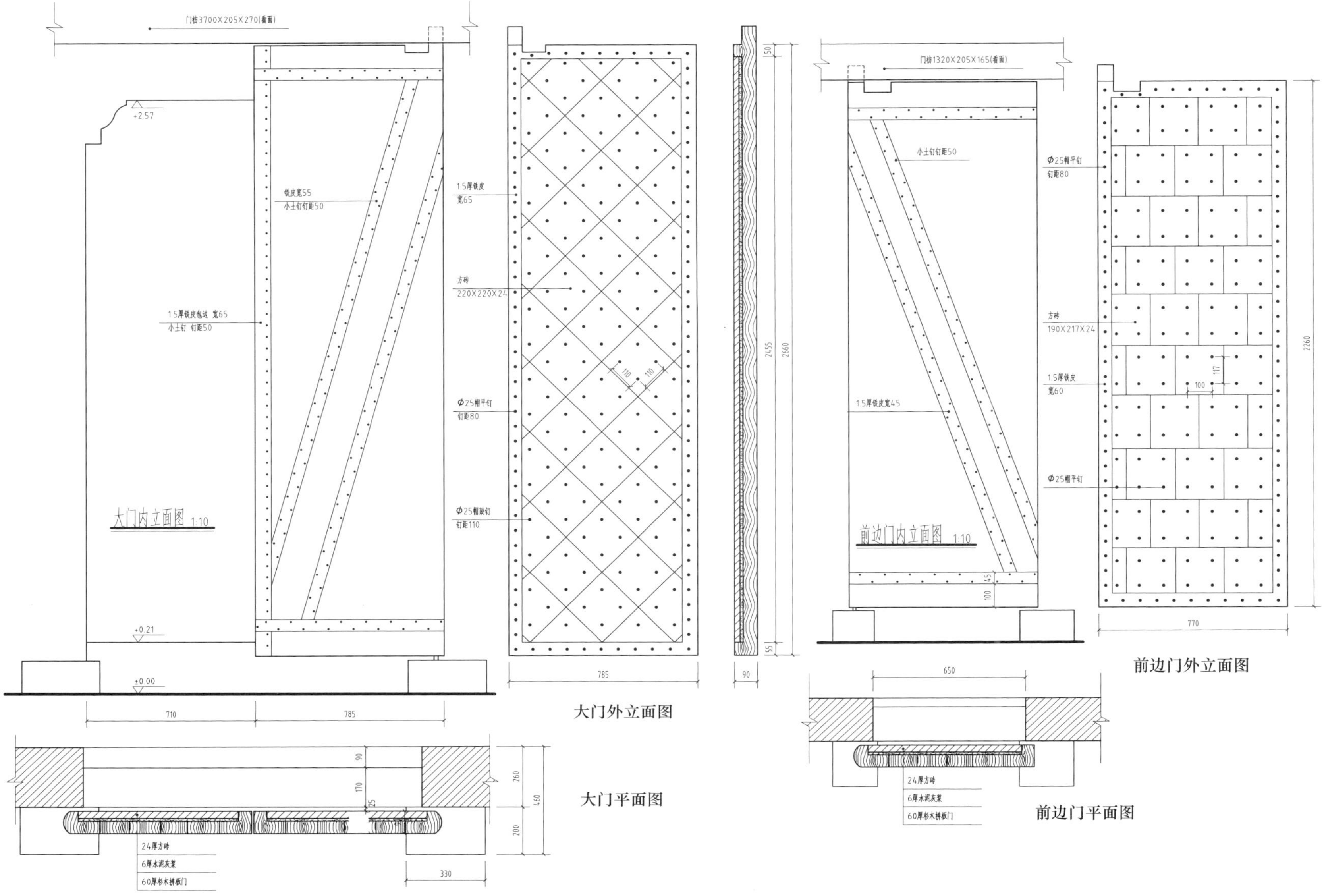

图12-25 胡永基宅竣工图-大门、前边门门扇大样图

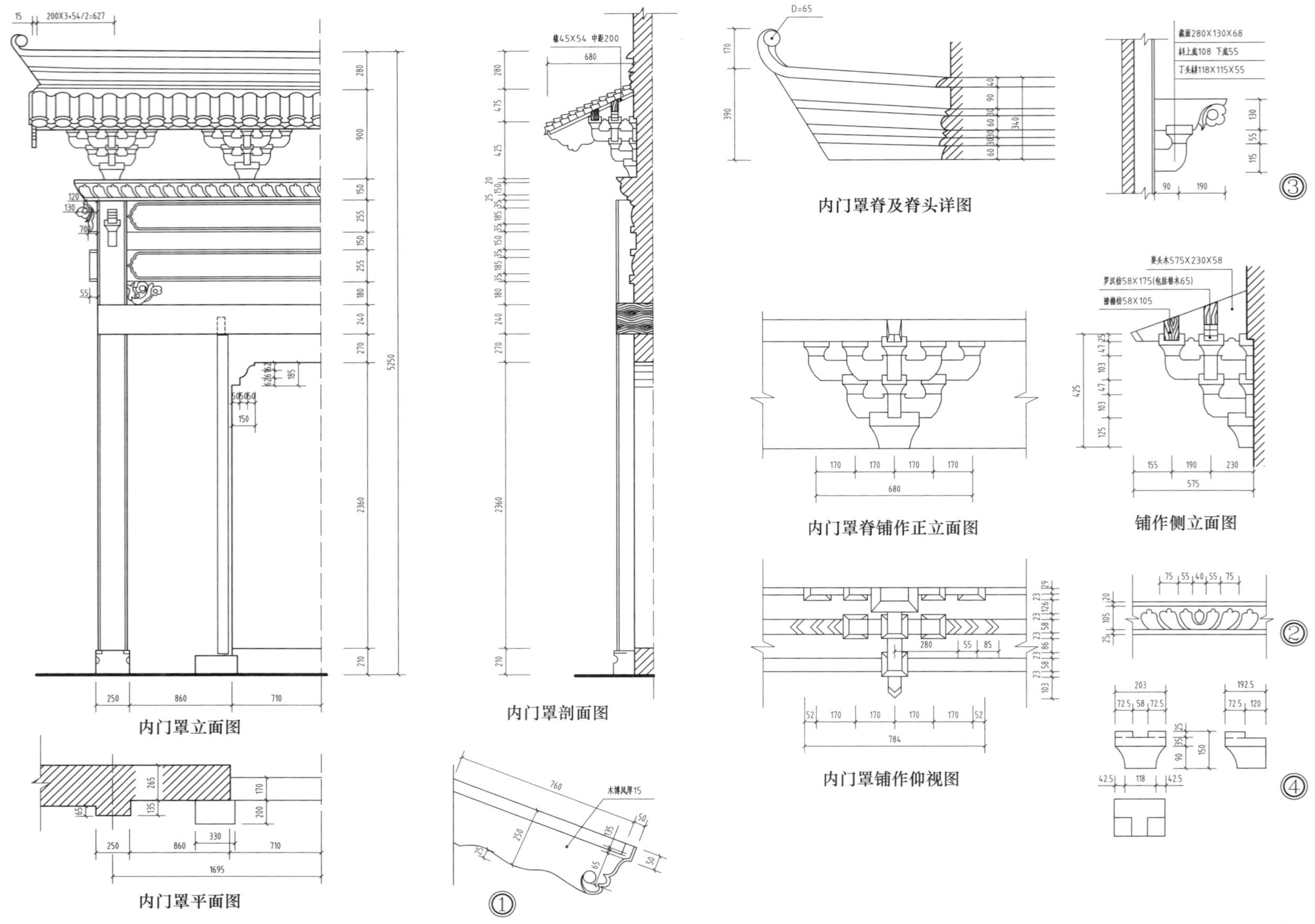

图12-26 胡永基宅竣工图-大门内门罩大样图

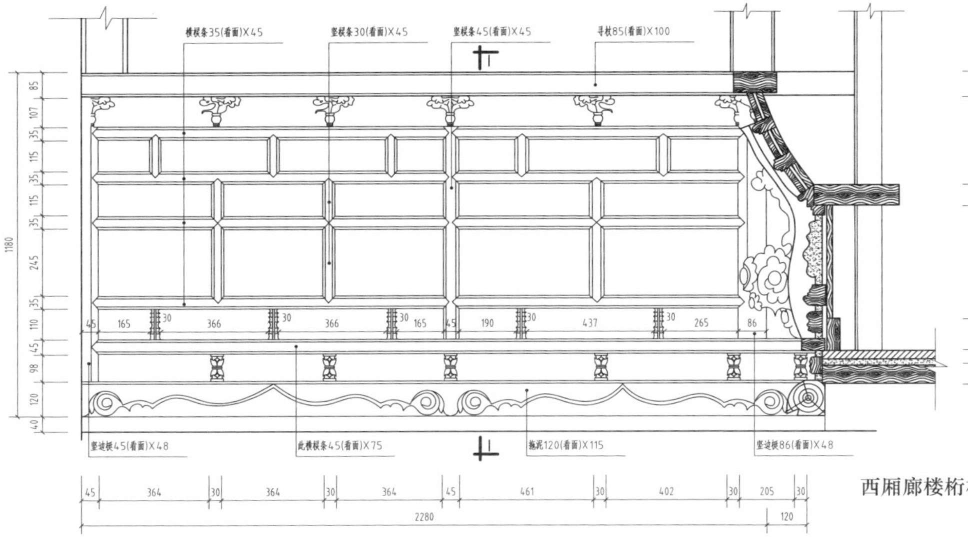

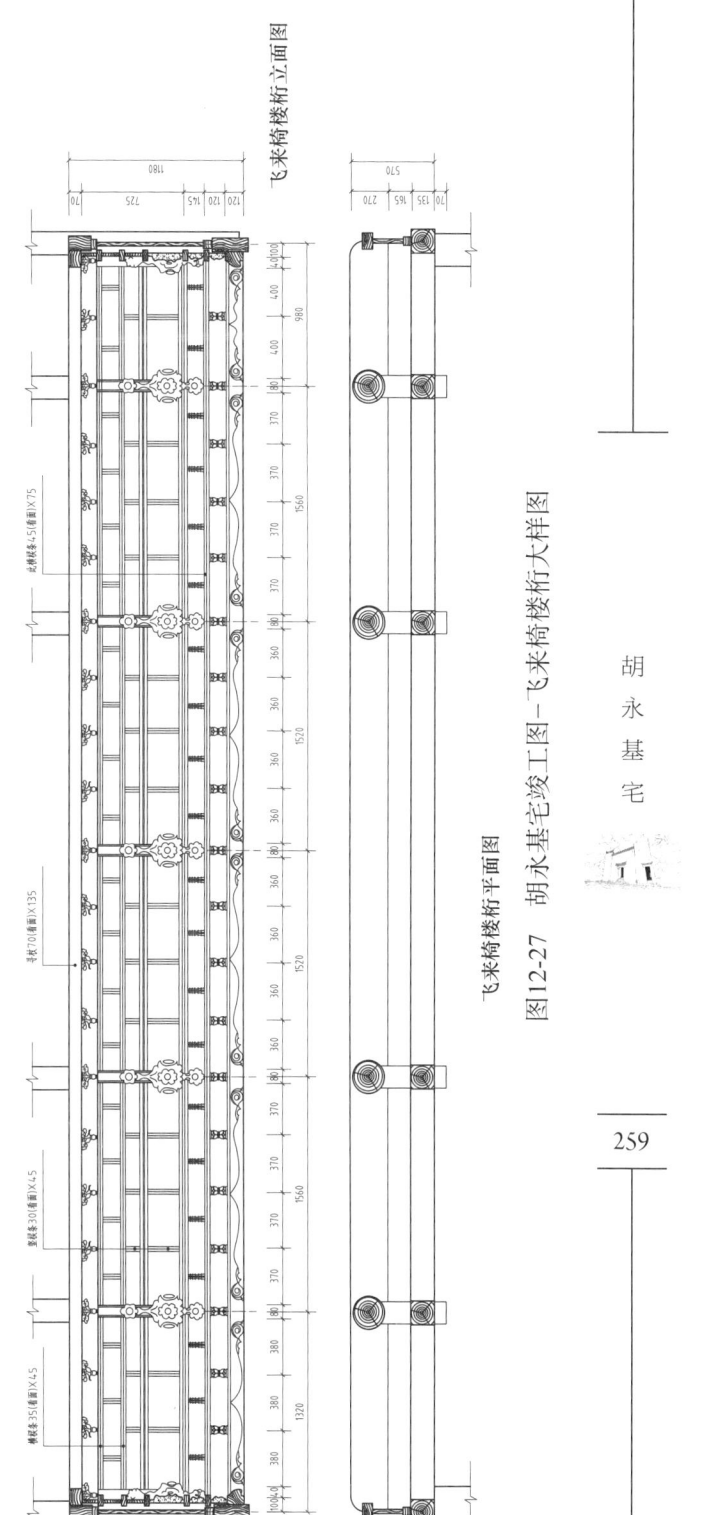

图12-27 胡永基宅竣工图-飞来椅楼桁大样图

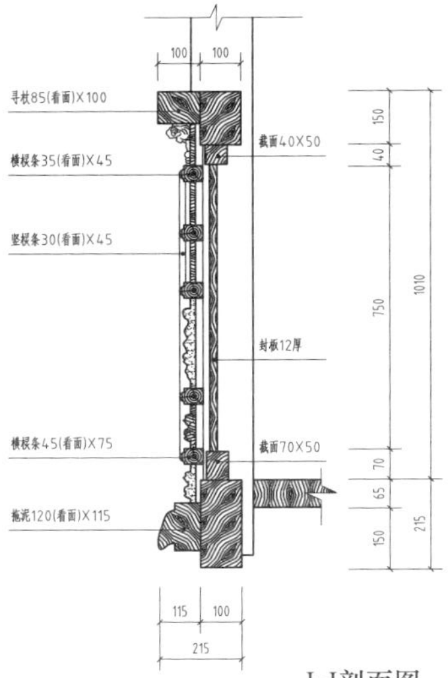

胡永基宅

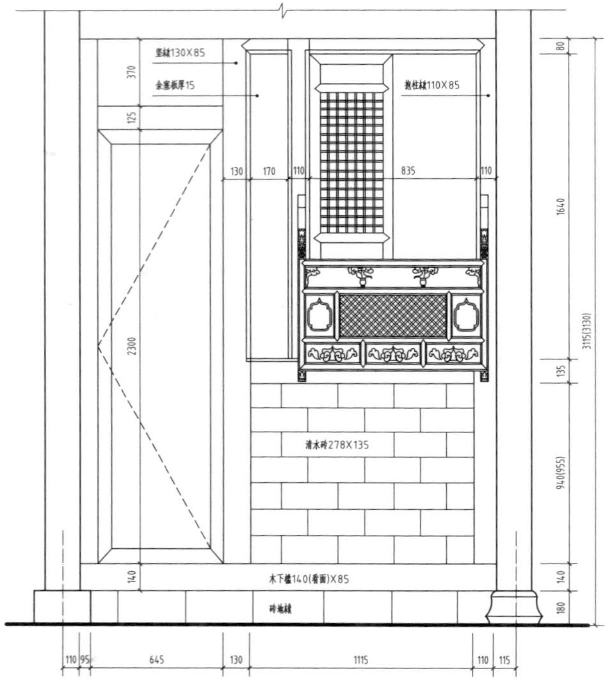

图12-28 胡永基宅竣工图-木装修大样图（一）

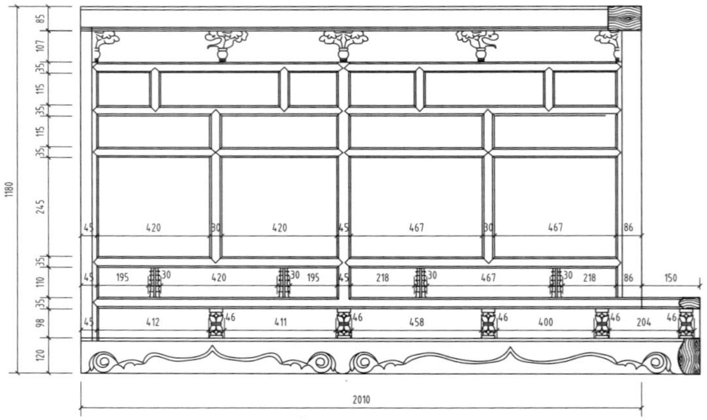

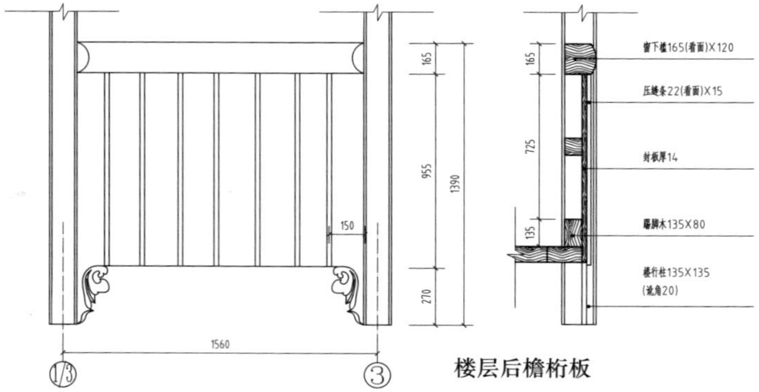

图12-29 胡永基宅竣工图-木装修大样图（二）

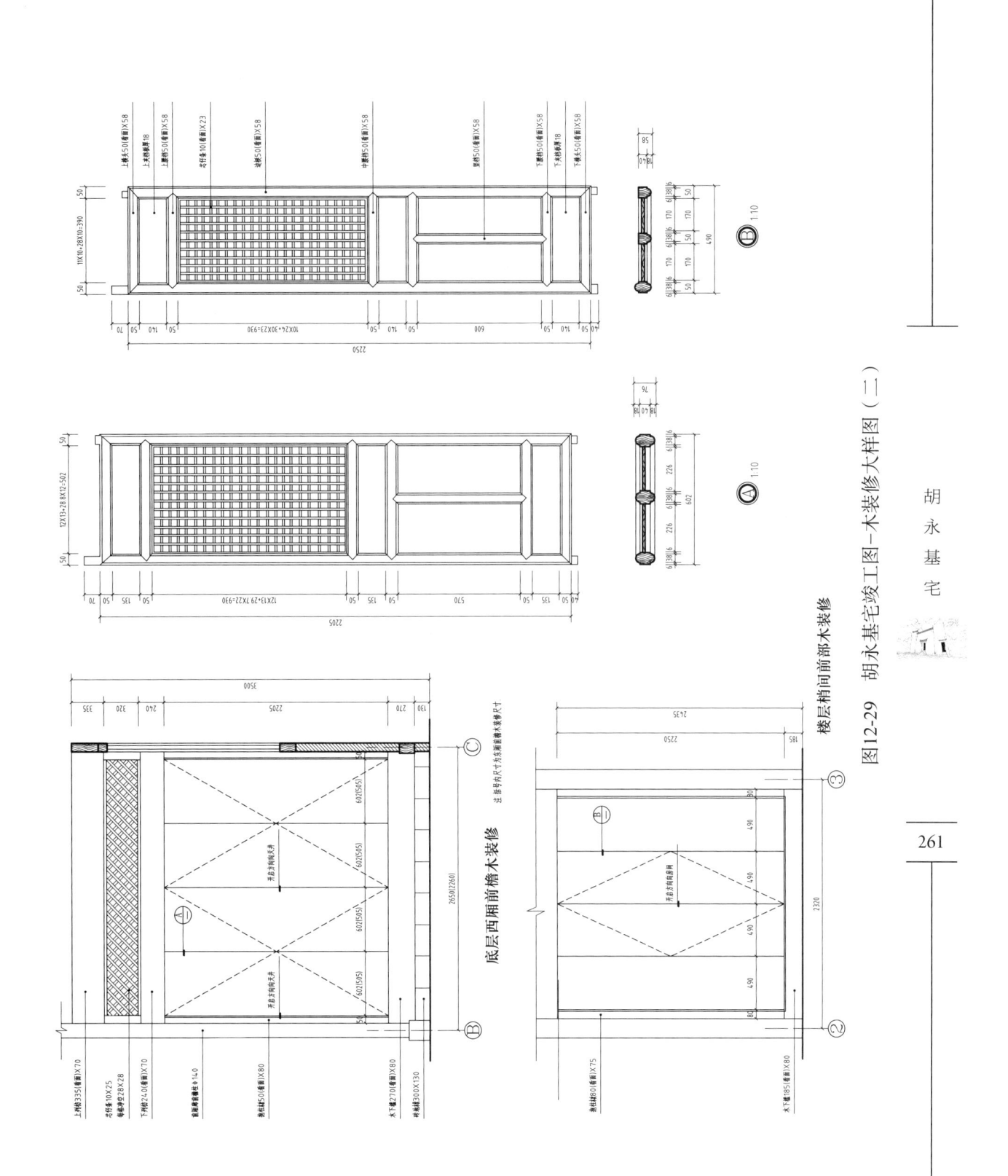

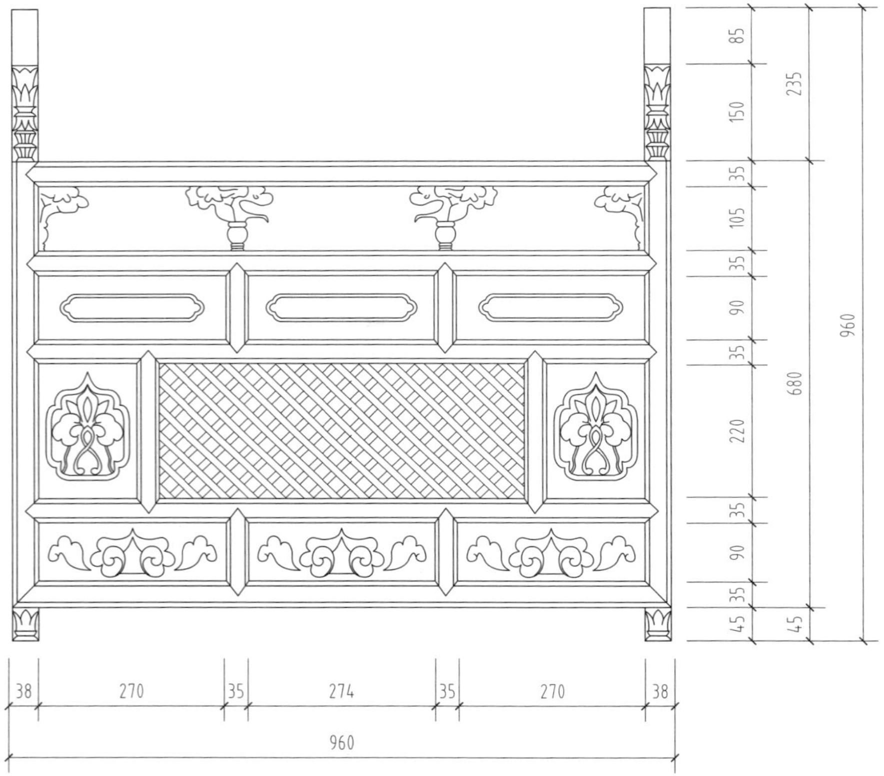

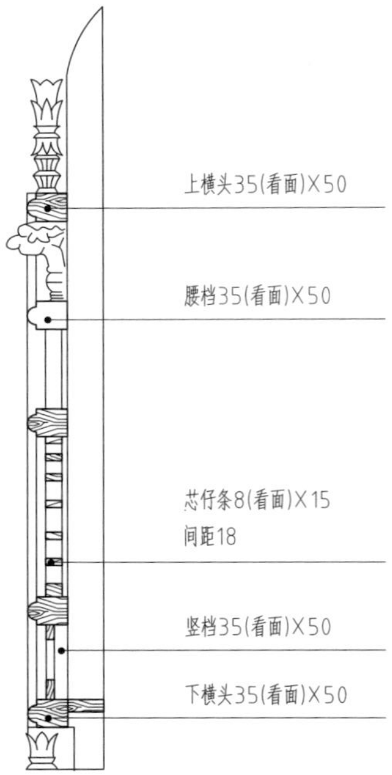

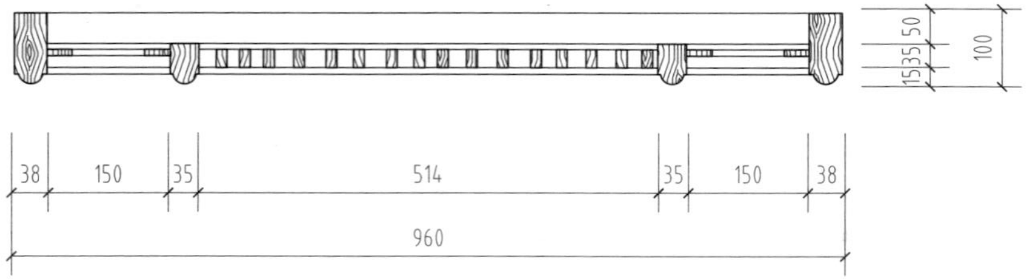

上横头35(看面)×50
遮档35(看面)×50
总仔条8(看面)×15 同距18
竖档35(看面)×50
下横头35(看面)×50

**底层脊后遮羞栏杆板大样图**

注:此遮羞板为底层脊后房间槛窗遮羞板大样,脊后房间遮羞板之肚版大样,参考楼前行图案。

图12-30 胡永基宅竣工图-底层脊后遮羞栏杆板大样图

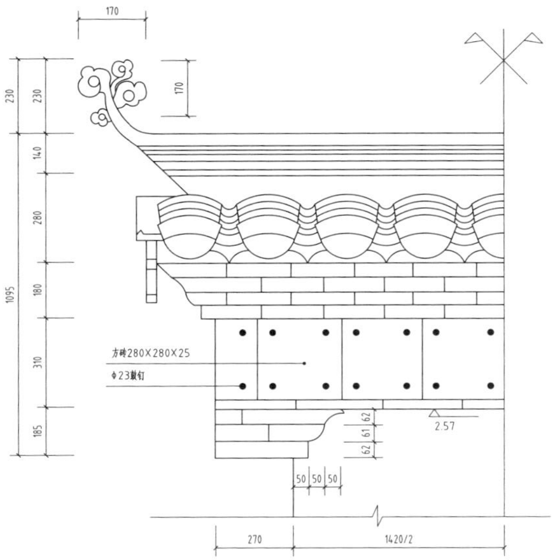

图12-31 胡永基宅竣工图-砖瓦作大样图

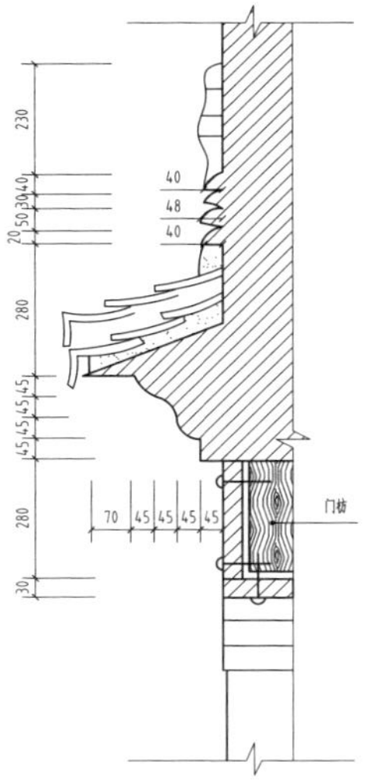

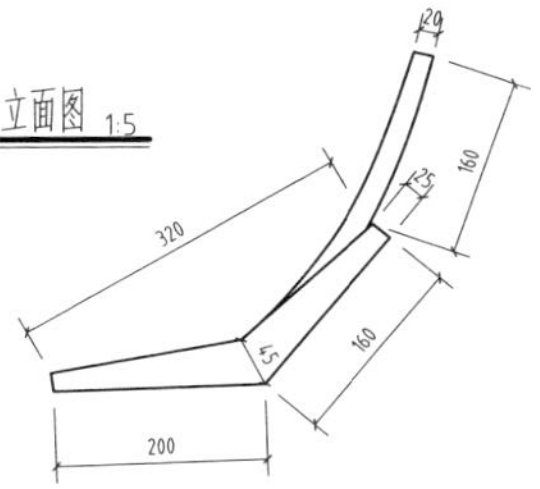

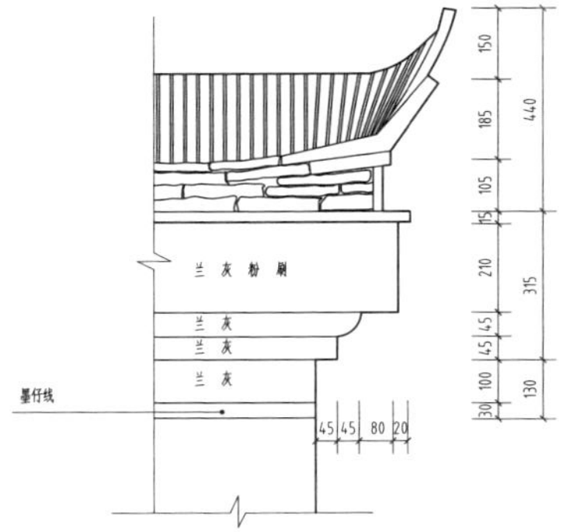

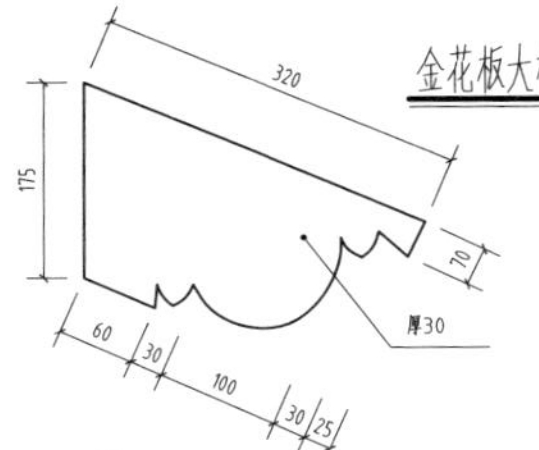

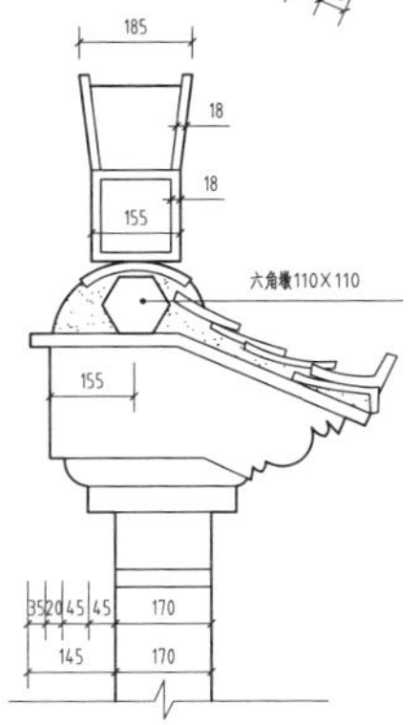

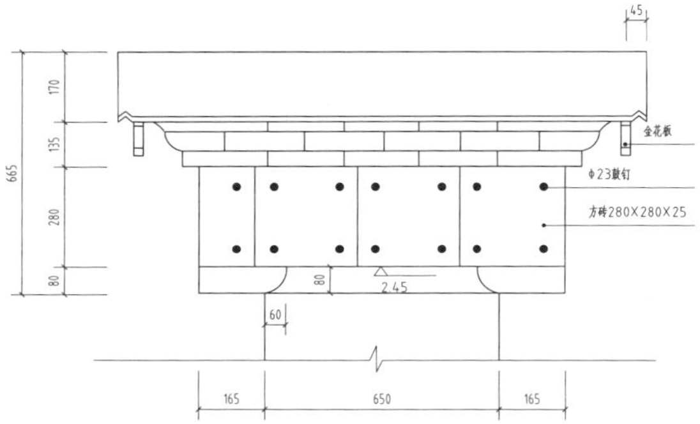

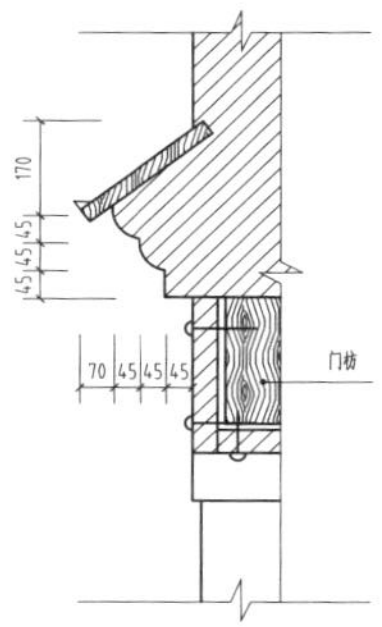

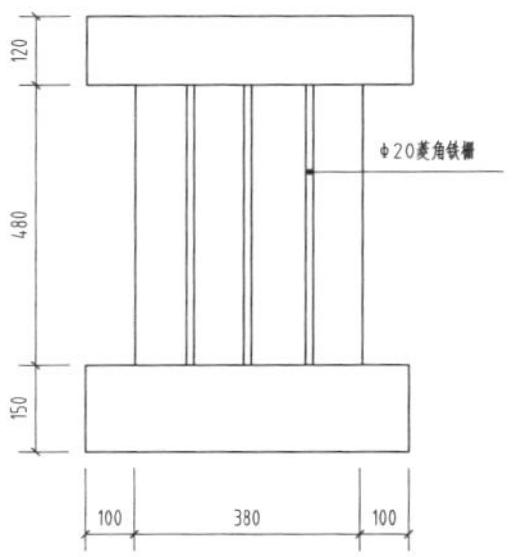

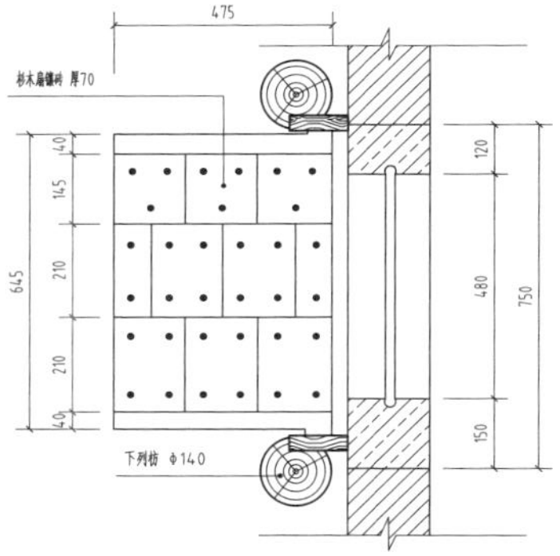

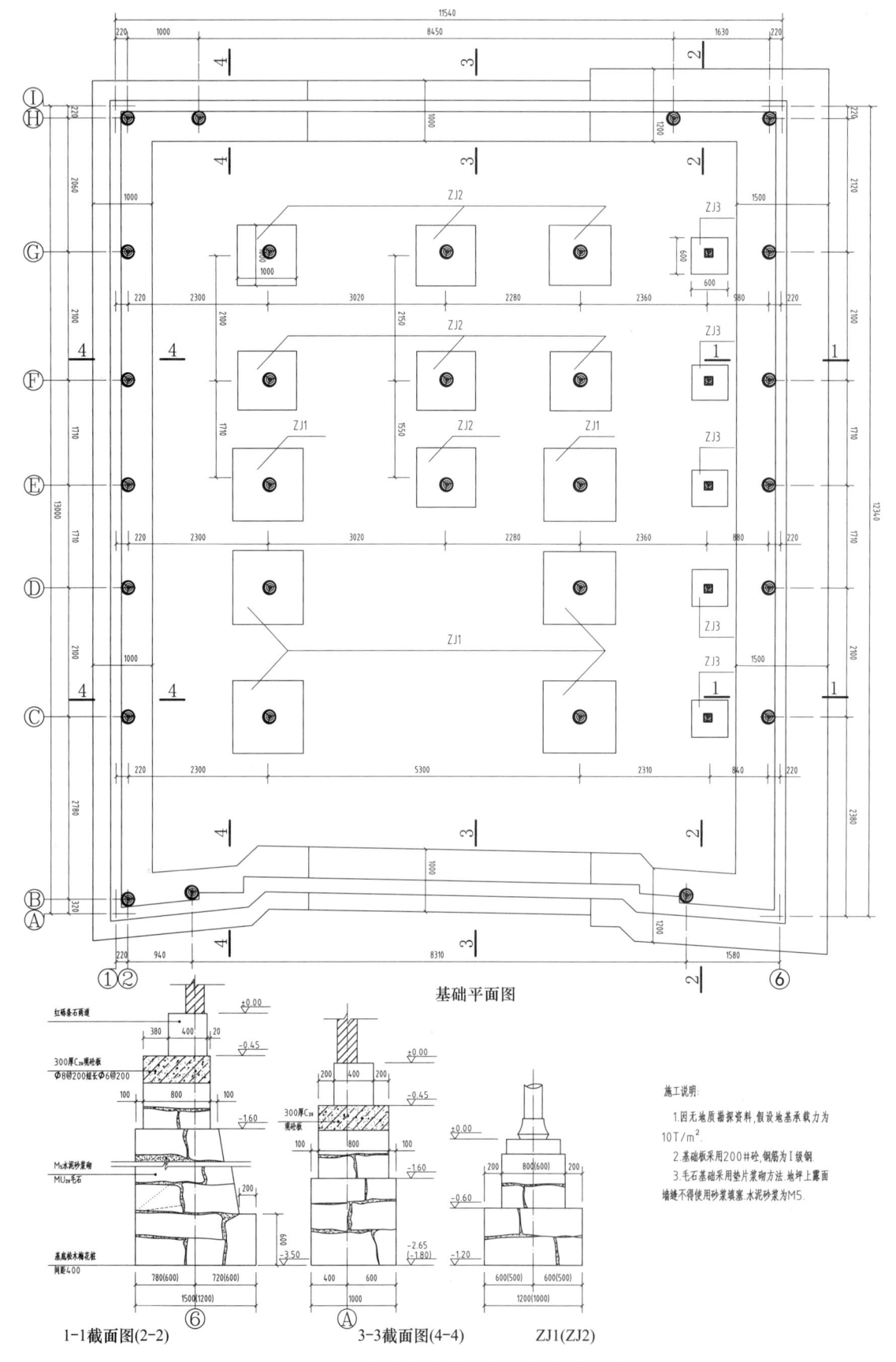

图12-32 胡永基宅竣工图-基础平面图

# 罗小明宅

## 一、概况

罗小明宅，现位于潜口民宅明园，明中后期住宅，三合院式三层砖木结构楼屋。面阔 11.9 米，进深 7.85 米，脊高 10.5 米，建筑面积 235.7 平方米。

罗小明宅原位于徽州区呈坎村中，罗小明为该宅搬迁时户主罗时金已故父亲的名字。老宅系原建筑群的一进，主楼为三层楼屋，前为天井，两侧为廊屋。底层中三间为厅堂，两梢间为卧室。二楼、三楼均为三开间，与底层柱网不对齐。三楼明间脊下装隔断，祭祀先祖。

潜口民宅集中保护一批明代不同类型的古建筑，拟选一幢三层明代建筑作为代表。1992年，呈坎村罗时金户欲拆除老宅，准备原址修建新房。经呈坎乡政府协调，潜口民宅与户主达成协议，1993年将罗小明宅迁入潜口民宅明代建筑群进行集中保护。

## 二、原址原貌

罗小明宅原坐落于徽州区呈坎村中。呈坎村是第一批中国传统村落、第四批中国历史文化名村、国家 5A 级景区（古徽州文化旅游区的重要组成部分）。唐末罗氏迁至呈坎，宋即发展，明清鼎盛，为徽州罗氏主要聚居村落。宋代理学家朱熹赞誉："呈坎双贤里，江南第一村。"该村以"前面河、中间圳、后面沟"的规划思想建设了一个完善的水利系统，以"枕山、环水、面屏"的风水理念构筑了五街九十九巷的总体框架。以此为基础，沿街铺设石板，架设更楼，村首修建祠堂，街巷布满了深宅大院，明代村落格局至今保存。村内现存有明清古民居建筑120 余处。1996 年 11 月、2001 年 6 月、2013 年 3 月，"罗东舒祠"和"呈坎村古建筑群"（含48 处古建筑，分 2001、2013 年两批公布）先后被国务院公布为全国重点文物保护单位。

罗小明宅位于呈坎村钟英街雪洞巷，坐西朝东，遥对潨溪水。据传此宅为呈坎明代罗应鹤家族住宅。"罗应鹤（1540～1630 年），明隆庆五年（1571 年）进士，曾任昌平知县、黄冈知县，后擢福建道监察御史、广东巡抚。后改任京畿学政、擢大理寺寺丞、大理寺左少卿、都察院佥都御史等职。万历十六年（1588 年），因父丧辞官归里。万历四十年（1612 年）主持续建罗东舒祠。其宅邸在呈坎村钟英街，坐西朝东，距罗小明宅不足三十米，砖雕门楼镌有'首善儒宗'四字"[①]。

罗小明宅四面围护墙体，除北侧临巷面，其他三面均为界墙，可知其最初应为原建筑群的一进楼屋。现在三面老房皆无，均为新建民居及场院（图13-1、图13-2）。

图13-1　原址正立面　　　　　　　　图13-2　原址侧立面

北侧廊内朝巷开门（图13-3），上有简易砖贴门罩，瓦檐残破；南廊朝东正面开一扇边门，作为原前后进出入使用。两门镶砖门扇保存较好。

因古建筑内无人生活居住，室内堆积柴草、生产生活用具、物品，杂乱无序且通风不畅。二、三层因为楼板残破，已经很难登临（图13-4、图13-5）。

一层中三间为厅堂，两梢间为卧室。明间太师壁及房间木装修缺失较多。房间窗扇为新制，原窗栏板仅存一片，稍残。东西两廊格子门装修缺失。廊内条砖、厅堂方砖多破损。楼梯架照壁后，后檐墙居中原有后门设置，已封堵。

二层三开间。空间分割形成三房格局，即东次间和东楼廊、西次间和西楼廊相通，为两个

图13-3　临巷开门　　　　　　　　图13-4　二层破损木地板

---

① 黄山市徽州区地方志编纂委员会：《徽州区志》，黄山书社，2012年。

大通间房；明间脊前隔断一个独立房间，与西房有门相通，形成一个实际的套间。明间脊后为楼梯，包括一层至二层的 17 踏步楼梯井口，以及靠近西次间的由西向东登临三层的 12 踏步楼梯（图 13-6）。隔断装修下部为一板一栿，上部装饰芦苇墙。楼层板原有砖铺地毁失。临天井向隔扇窗装修，原制仅存一扇，东西两廊栏杆保存较完整（图 13-7）。

图13-5　原楼梯井口

图13-6　二楼上三层楼梯局部

图13-7　二层楼廊临天井窗栏杆

三层三开间，明间为厅，两次间为房。隔断下部一板一栿装修，上半部用芦苇墙隔断装修，残破缺损严重。明间脊中缝有两竖栿，疑似原祭祖座设置遗留。楼沿槛下为护缝制装修，槛上方格小窗扇原制保留 6 扇。由于屋面渗漏，年久失修，檩、椽及楼层板朽残、缺损严重。屋面望砖缺失。

在正屋二、三层的三面墙上，凿有 8 个小窗洞（图 13-8、图 13-9）。窗洞框内四面开槽，

图13-8　三楼墙上的砖推拉窗（1）

图13-9　三楼墙上的砖推拉窗（2）

置大方砖于其中，可以推动开阖，窗洞上部用清水砖挑出外墙面，砌筑窗楣，以防雨水沿墙面浸渗。

## 三、现状特征

罗小明宅现位于明园山庄东山脚，坐西向东，由三层砖木结构主楼及两侧廊屋、前天井组成三合院落。

该宅南侧进深大于北侧进深 20 厘米，正屋平面斜置。四面围护墙青砖实砌，抹白石灰，山面以硬山贴砖博风板、蓑衣瓦进行封护。天井前围护墙上口做屏风墙，竖砌小青瓦脊，脊头用鹊尾及金花板装饰。

### （一）底层

南、北两廊各开一门。北廊朝北向双开大门扇，圆头铁钉镶砖木板门，铁皮包四边。门框青砖实砌，白石灰抹平，门顶压厚门枋。门框上部贴清水砖罩面，上青砖横砌五路，上覆小青瓦，两头砖脊起翘，饰砖雕如意卷草。南廊朝东正面开一扇边门，单扇，平头铁钉镶砖木板扇，铁皮包四边。

前天井由花岗岩石板铺筑，东西宽 1.96 米，南北长 6.92 米，三面三条水沟，宽度、深度均为 35 厘米。

主楼五开间，明、次三间敞厅，两梢间为房。厅地面方砖斜墁。明间抬梁式，施月梁，梁下设雀替，雕琢成倒挂的鲤鱼，嘴吐浪花，卷成如意状。梭柱上下收缩明显，檐柱披麻捉灰，黑漆髹饰。鼓墩式石柱础，枭混线雕琢，素面无华。明间太师壁及两房装修均施上下枋，枋间施编苇夹泥墙，下枋至地栿间设固定皮门隔断。房间朝廊开门、临天井向设槛窗①、窗栏杆。

楼上、楼下柱网不对齐，底层前檐柱仅达楼板。厅堂梁上承楼板枋，其中列向楼板枋出柱头作挑头梁，承二、三层的前檐柱，并将楼层挑出，增大楼层进深，上承卷草纹楼桁枋。北梢间前檐增设圆柱，南梢间前檐增设方柱，作厢廊檐柱，厢廊设前、后二柱，由上、下枋联结，承二层楼板欄栅，并延出挑头，增大二层进深，上承楼行栅与正屋水平围合成天井。

明间厅照壁后设楼梯，17 踏步由南至北登临二楼。

### （二）二层

三开间三房设置。两次间为房，两厢廊由房出入。明间脊中分隔，形成前厅后房两部分。前楼厅北侧置 12 踏步楼梯，供三楼上下。后设一板一栿隔断为房，朝楼厅开门窗。楼行裙板

---

① 古建筑窗式的一种，即立于槛墙之上的窗。常用在建筑心间，多向内开启。其线脚、格心的做法与格子门相似。

置于楼行栅与窗下槛间施护缝条。两厢廊临天井槛外，通间固定安装一片宽 2.38、高 1.8 米的巨幅窗栏杆，栏杆上部分为直棂方格，下部分三层，上下绦环板，中间芯为斜方格。上部直棂方格中间设一对可开启窗扇。

明间方砖铺地，两边房间条砖铺地，两厢内木板外露。

### （三）三层

三层较低矮。明间为厅，两次间脊中装修分前、后两房，前房连廊为通间，合计四房。明间脊缝居中装修一板一枋隔断，作为祀祖座维护装修。前檐临天井槛上设简易方格扇窗。檐柱上施插拱二跳，挑出撩檐枋承屋面，屋椽略带卷杀。屋面铺望砖，檐口设勾头滴水。置砖水笕，厢廊檐口略低于正屋。

## 四、文物价值

罗小明宅是徽州明代三层民居的珍贵实例。三层民居在古徽州较为少见，现存更是凤毛麟角。和普通二层明代民居相比较，底层更高，既是建筑安全稳固的需要，也是通风采光的实际需求。同时每层的柱网都不对齐，空间分割更加灵活，可更均衡地传递木构架的承重荷载，合理分解楼层的受力需求，保持结构稳固性。二楼层架 7 厘米厚的杉木实拼地板，上铺方砖，三楼不铺地面砖，采用密搁栅，承楼板。可探寻三层民居在营建上的相关技术安排和特色处理手法，具有较高的研究价值。

罗小明宅相传为明隆庆进士、万历都察院佥都御史罗应鹤的父亲罗灌宗的住宅，是一座与官宦相关的住宅。中国传统建筑有明确的等级与规制要求，在徽州古民居建筑中也有体现。明代在宅第等级制度方面有较严格的规定，庶民庐舍不逾三间五架，禁用斗拱、彩色。房屋可以多至一二十所，但间、架不容增加。徽州古民居中庶民住宅多为三开间，五开间的均属于官员宅邸。但不管是官宅还是庶民住宅，用斗拱都是很普遍的。因此，在遵循或者僭越规制这方面，徽州古民居不能一概而论。

罗小明宅是徽州明代古民居的精品。雀替雕琢成倒挂的鲤鱼吐水形状，构件全部镂空，此种形状的雀替同样出现在建于明嘉靖年间呈坎罗东舒祠的寝殿内，这对罗小明宅的建造年代是一个佐证（图 13-10）。大门镶砖实拼板门，要求砖块磨制，拼缝密实，钉眼准确，做工精密，且防火、防盗，同样体现着徽州建筑的砖作水平。门罩上的正吻、檐柱上的银锭榫、梁下鲤鱼吐水雀替、一板一枋木隔断、芦苇墙、密搁栅、围护墙上的砖窗，棂格槛窗组合等，都反映了徽州明代建筑的独特风格。尤其是二层楼廊临天井两面的巨幅窗栏杆设置，匠心独运，精巧美观。

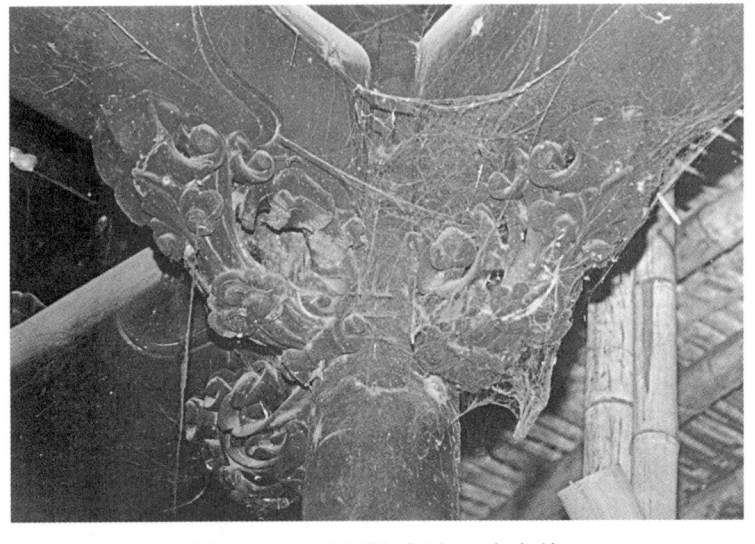

图13-10　一层明间鲤鱼吐水雀替

## 五、迁建工程

（一）迁建过程

1993年3月31日，新址地基平整工作动工；

1993年8月14日，罗小明宅原址下瓦、拆迁工作开始（图13-11、图13-12）；

图13-11　原址清理天井地面

图13-12　原址基础挖掘

1993年11月26日，新址复原工作开始、竖屋架；

1994年1月10日，外围护墙体砌筑完成；

1994年3月19日，开始芦苇墙等内部装修；

1994年6月12日，罗小明复原工程竣工。

## （二）迁建新址

罗小明宅选址位于潜口民宅明园东山脚位置，坐西朝东，背靠山体护磅，北门外辟一青石板小广场，门前为南北向山庄下山道路。

1993年罗小明搬迁时，明园山庄已经建成，考虑到山庄游览线路到最北处的苏雪痕宅，已是最后一幢建筑，一直到山庄出入口很长一段路程没有参观内容，故将罗小明宅迁建于此条线路当中，使明园旅游线路安排更加合理。

## （三）维修要点

（1）底层明间后檐墙原有门洞不恢复。建筑原墙体三面借他宅墙体，外饰面不平整、无粉刷部分，复原均作平整后粉刷处理。

（2）根据勘察遗痕，复原方案做了该宅三层共计5乘楼梯的设计，为尊重原貌，最后的复原仍旧维持了2乘楼梯的设置，一至二层的原楼梯不变，二至三层楼梯改动了架设的位置。二层的井口栏杆，复原设计的栏杆样式偏早，风格与明代中下叶不符，施工中改仿呈坎村内几幢明末清初的栏杆形制进行恢复。三层楼梯井口有盖板及井口吊钩遗痕，但未找到井口栏杆的存在遗迹，故复原未做栏杆。

（3）底层两卧室房门复原设计中调整至后金缝以后，拆迁中仔细考察，认为无痕迹佐证，原状房门予以保留。

二层西厢房复原设计中有加装脊间缝装修，因历史遗痕疑点较多，最后施工中未做装修。

复原方案曾对三层明间脊后做了祭祖神龛的设计，但终因依据不足而放弃；根据三层两次间脊间拉枋上卯眼痕迹，恢复芦苇墙和一板一枕隔断装修。

（4）由于该宅檐口没有设置飞椽及罗汉枋，全部檐口重量压在截面仅100厘米×70厘米的撩檐枋上，由斗口宽70厘米的两跳偷心插拱支撑，已出现严重下垂、弯曲、变形。复原时考虑到这个问题，在三层原有的明间前檐装修竖枕上，增加了同样形制规格的插拱两朵，将撩檐枋的跨度由4.2米缩小到2.3米，减轻了撩檐枋的承压力，达到檐口加固的目的。

（四）工程资料

主要有勘察维修设计文本、实测图、照片及竣工资料（图13-13～图13-39）。多数施工图与最后竣工复原存在较大出入，故部分施工图未收录。

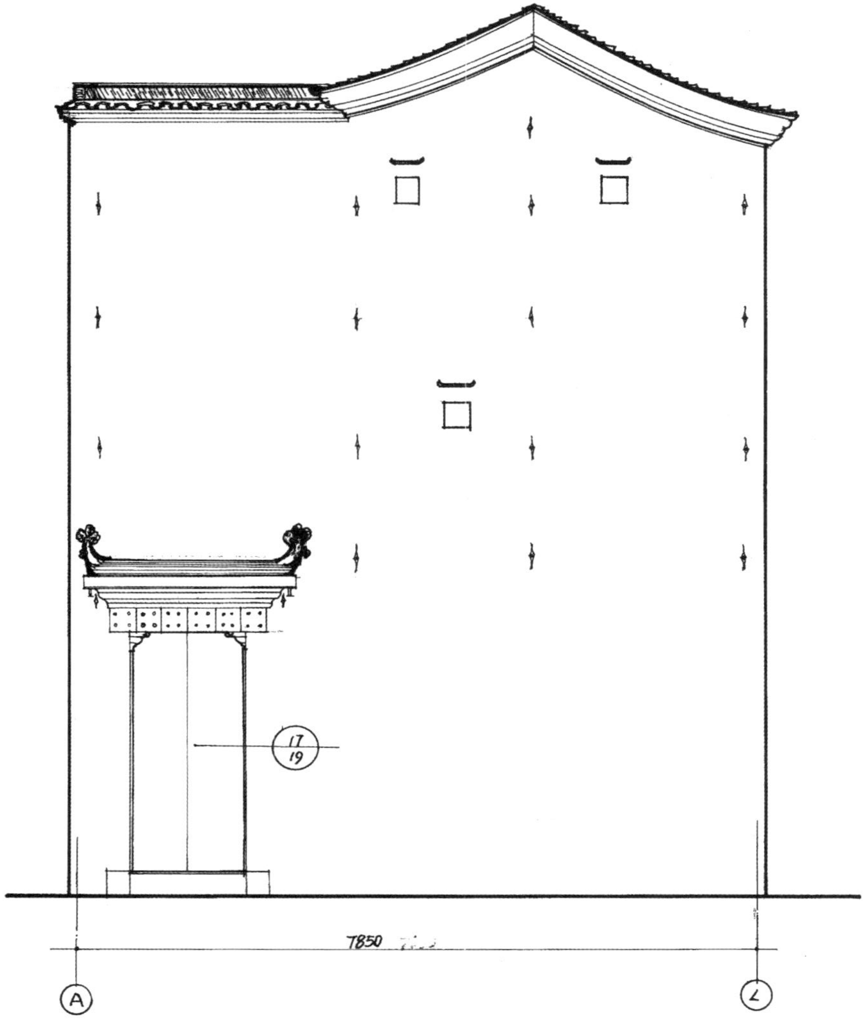

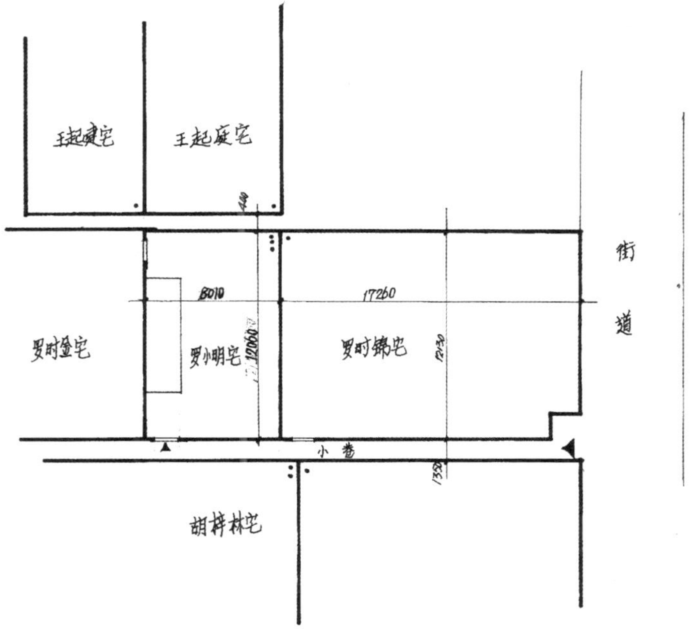

图13-13 罗小明宅测绘图-总平面、侧立面图

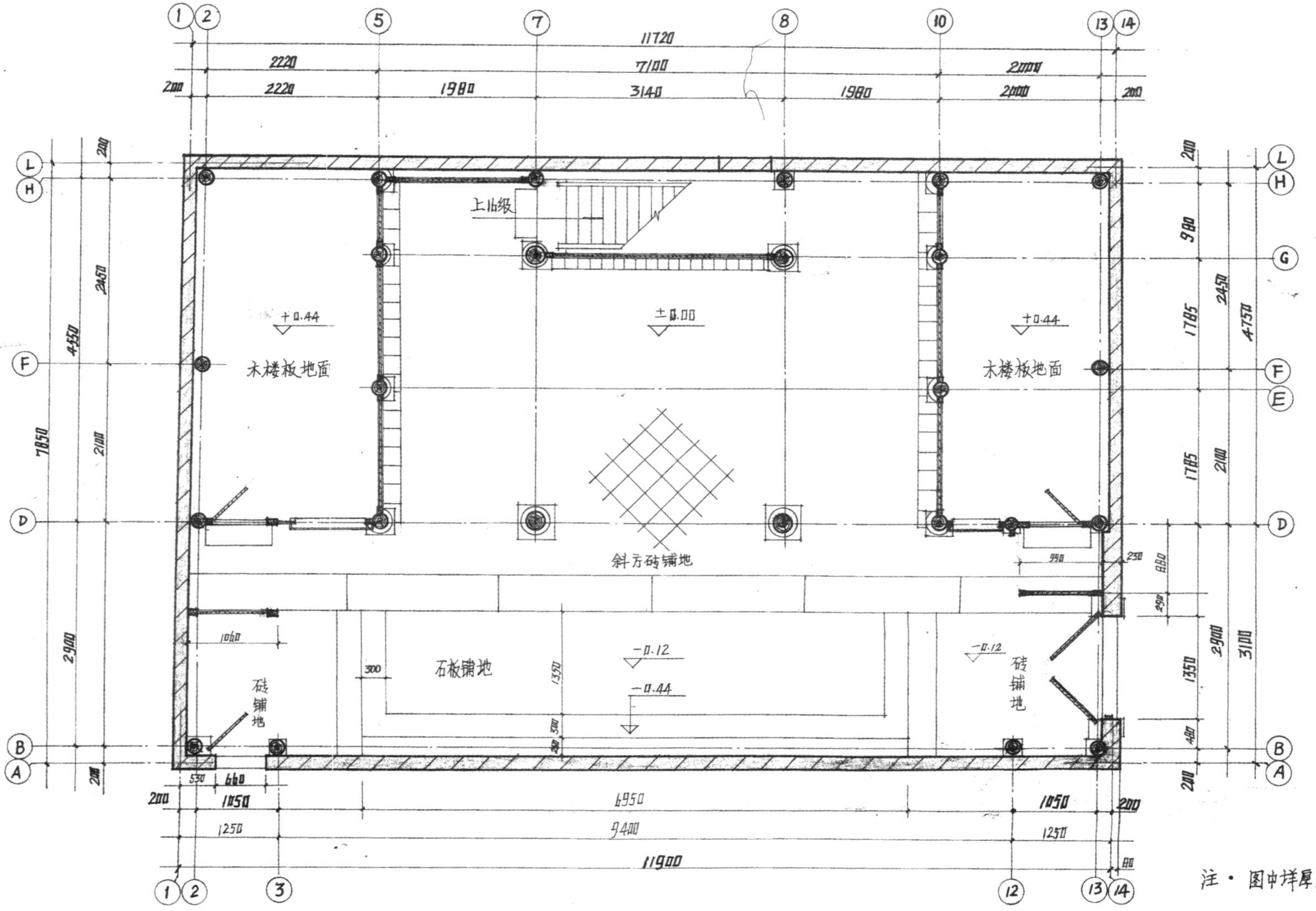

图13-14 罗小明宅测绘图-底层平面图

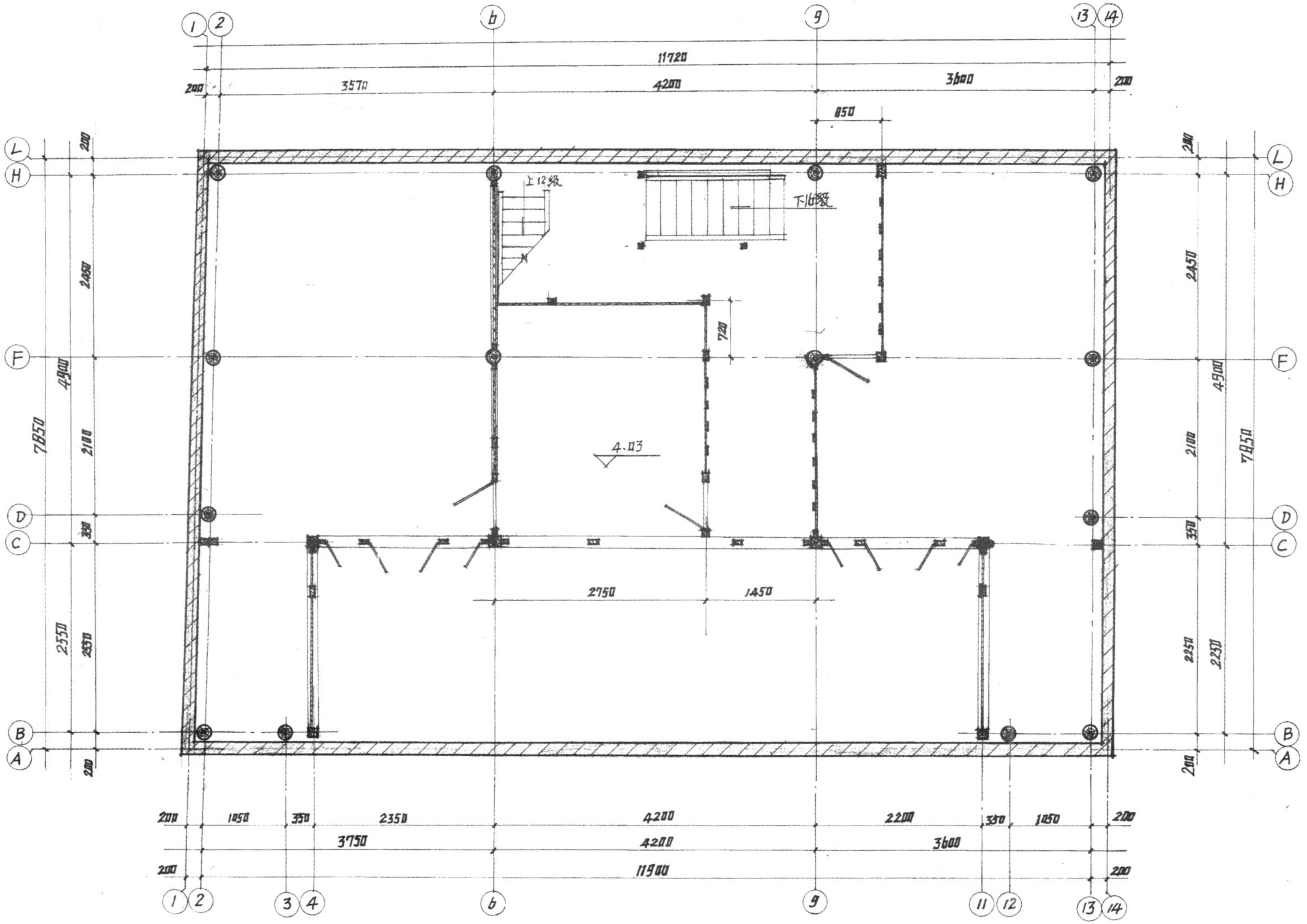

图13-15 罗小明宅测绘图—二层平面图

罗小明宅

275

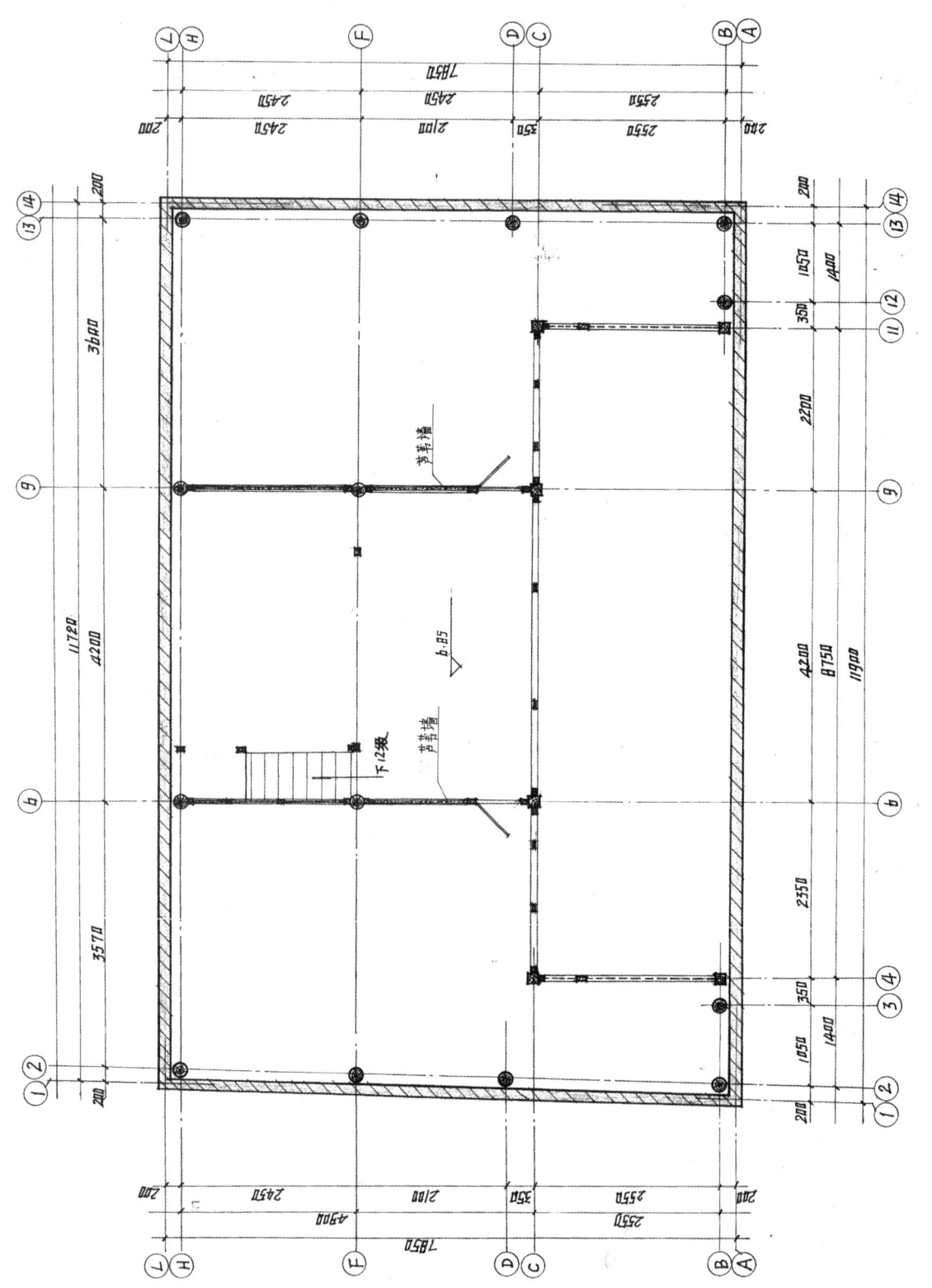

图13-16 罗小明宅测绘图-三层平面图

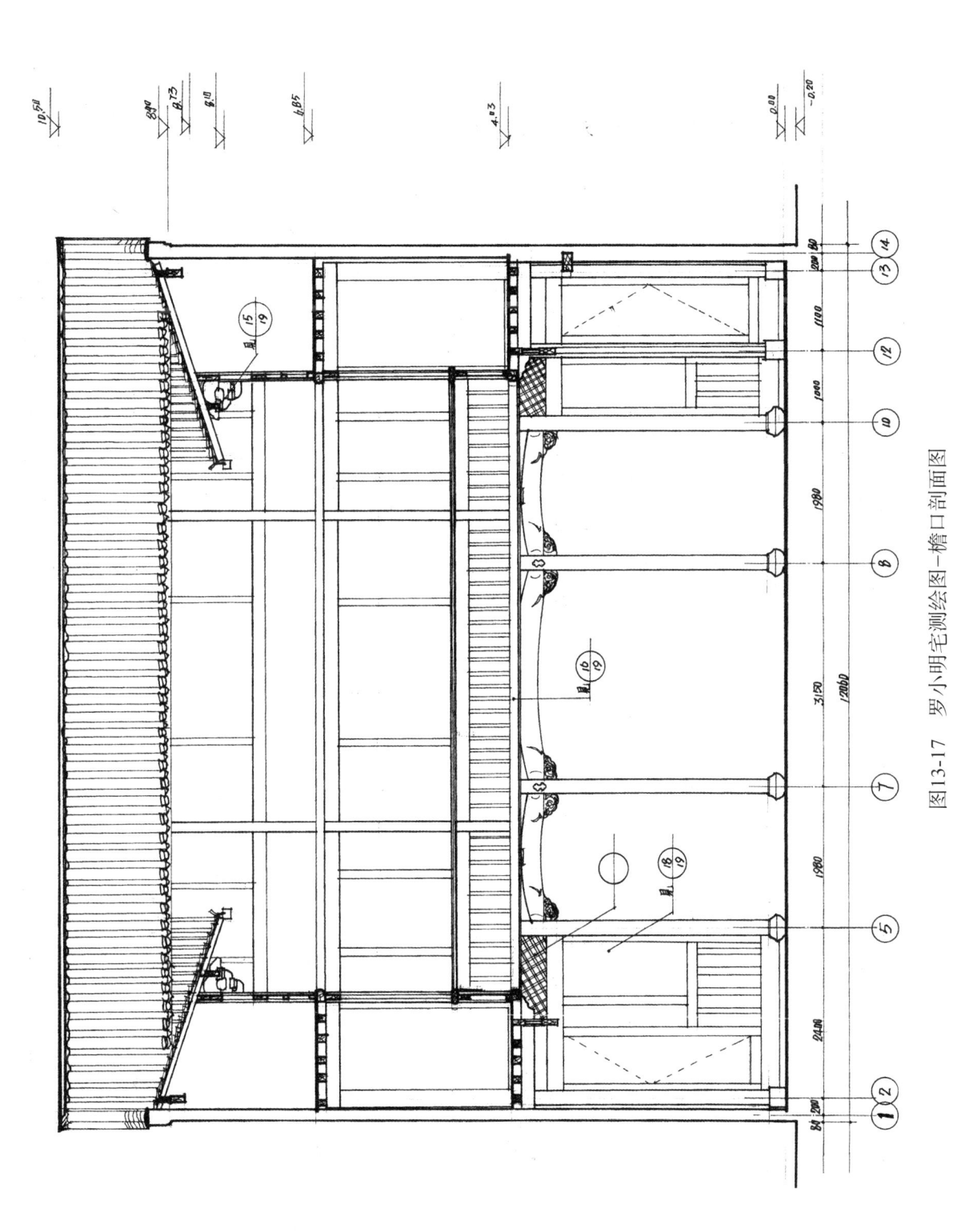

图13-17 罗小明宅测绘图-檐口剖面图

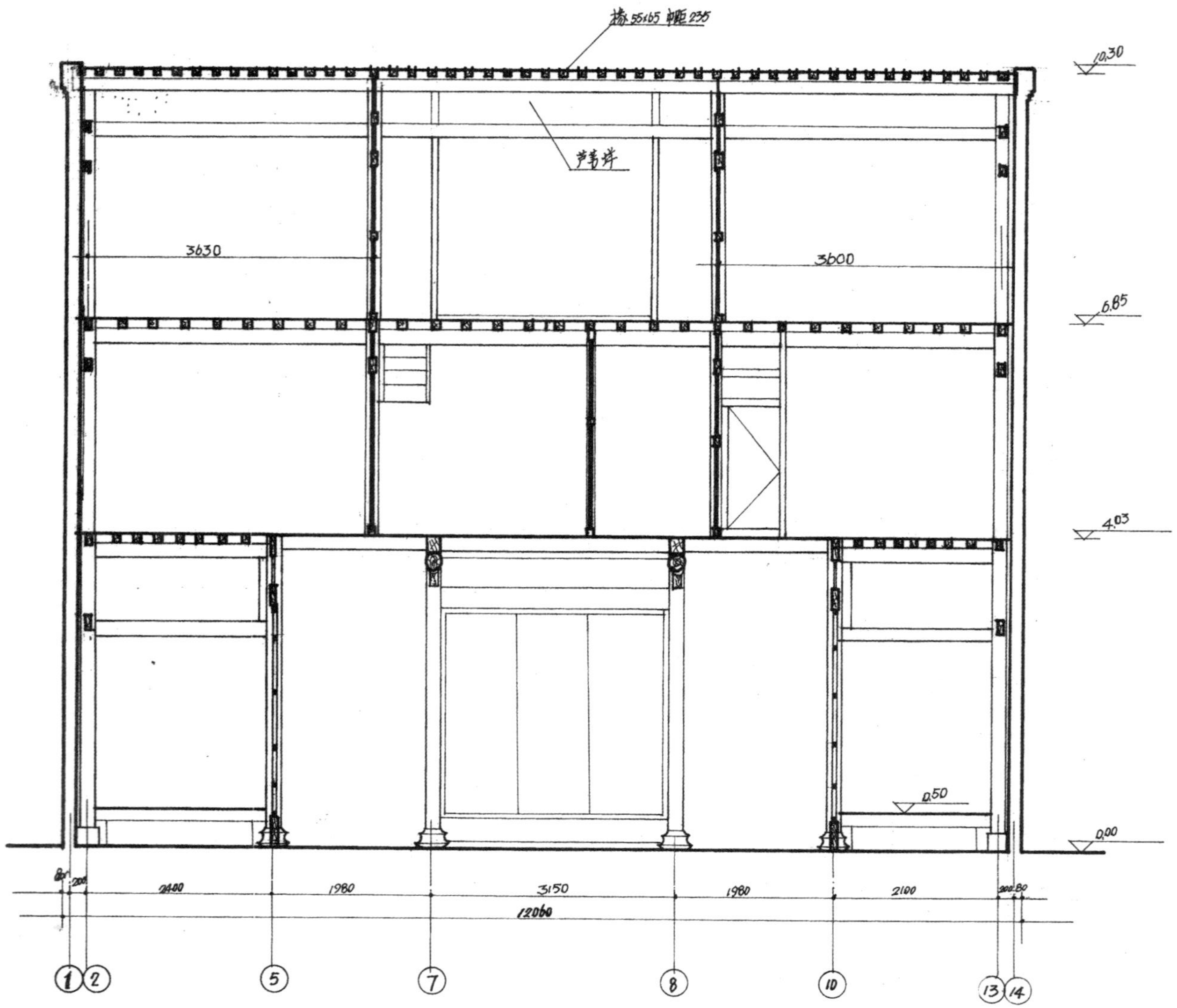

图13-18 罗小明宅测绘图-正脊剖面图

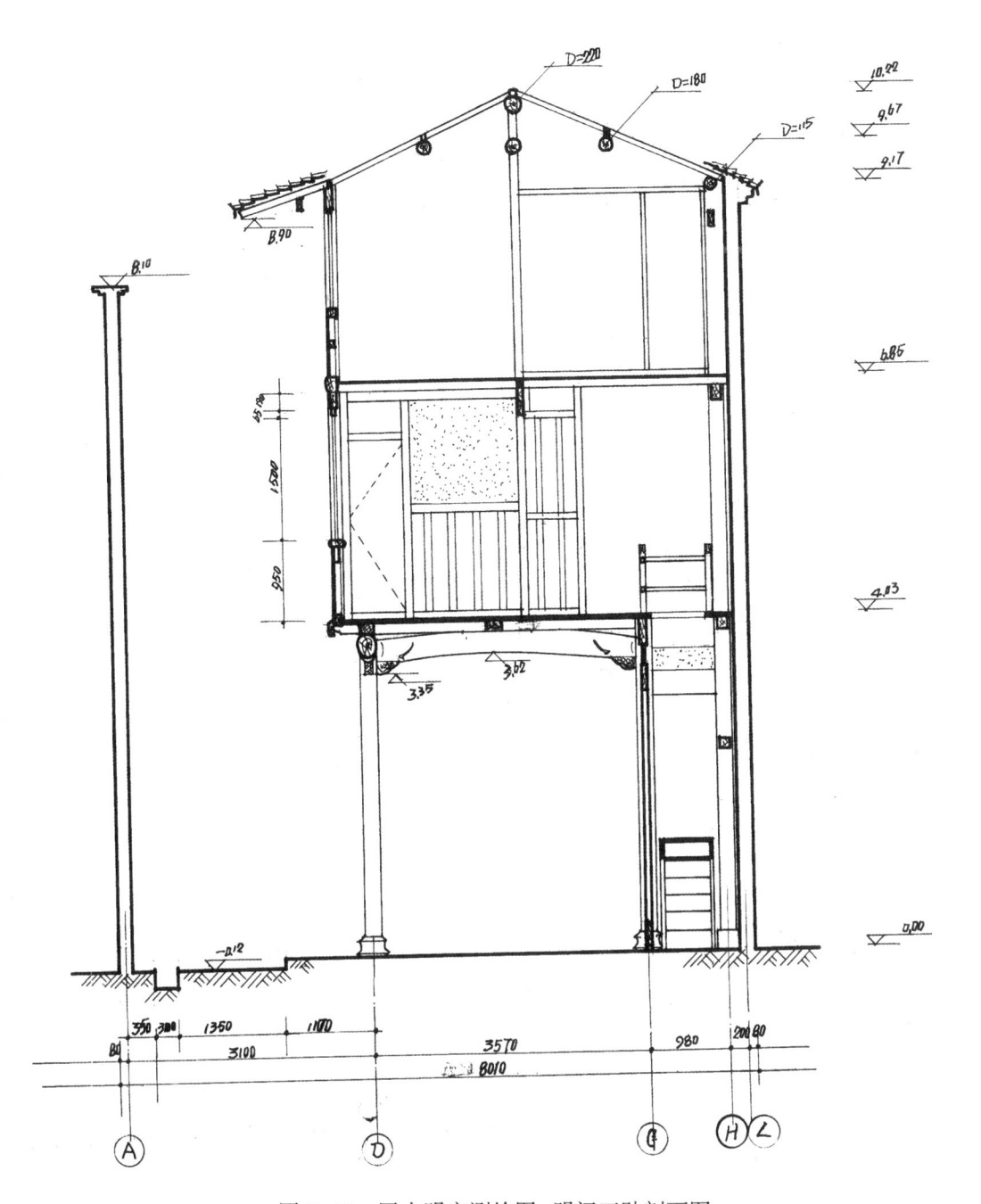

图13-19 罗小明宅测绘图-明间正贴剖面图

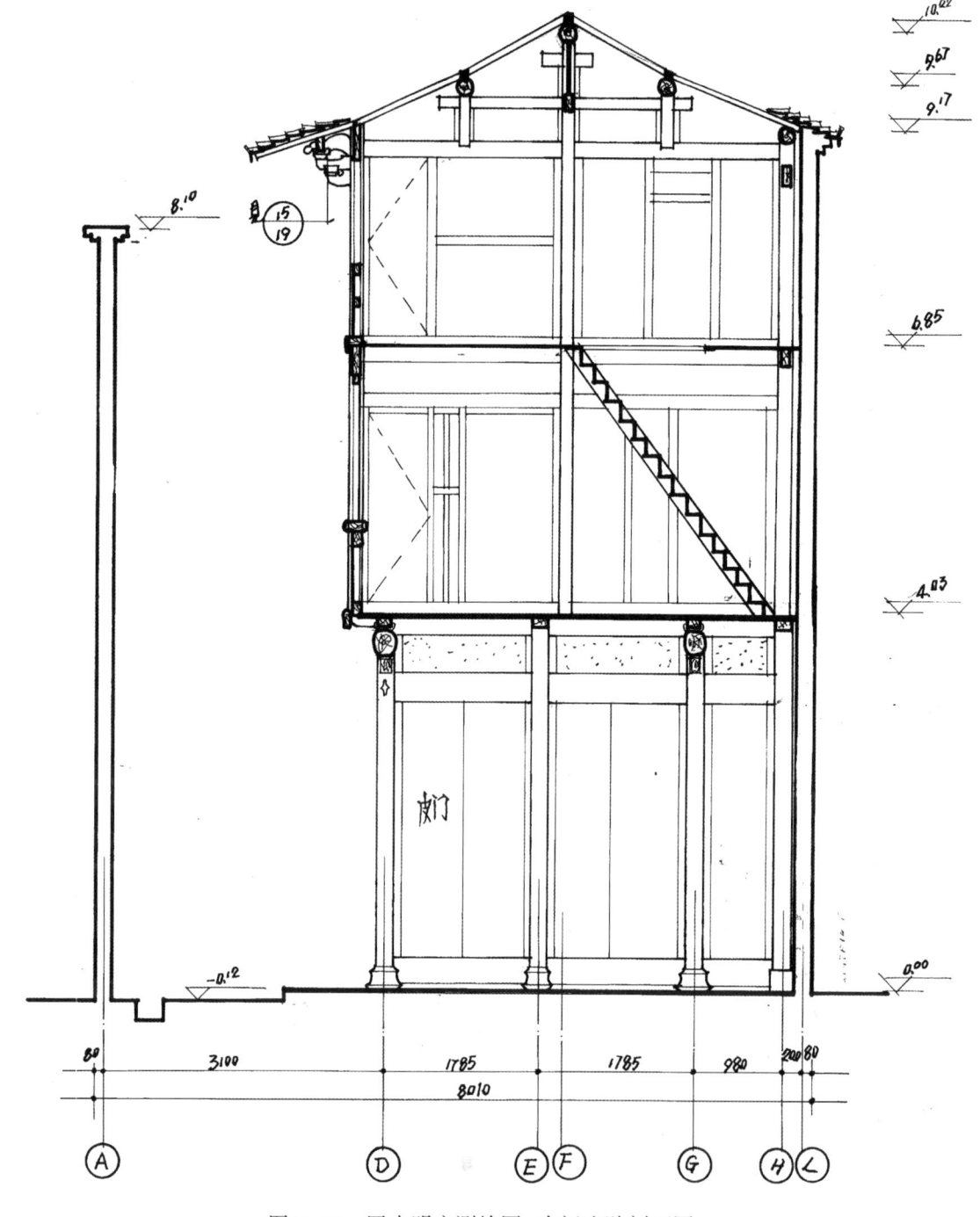

图13-20 罗小明宅测绘图-次间边贴剖面图

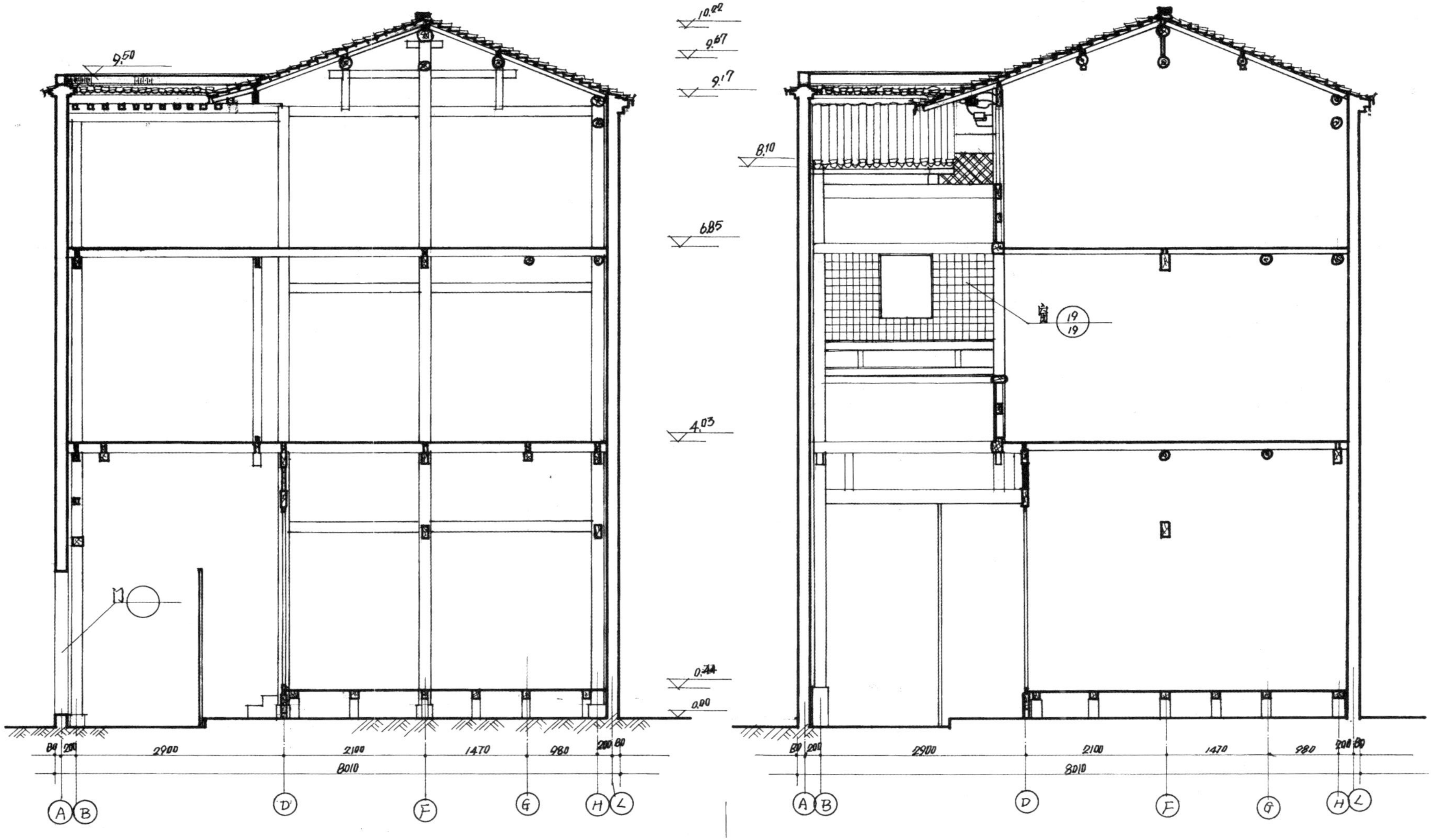

图13-21 罗小明宅测绘图—梢间边贴两廊檐口剖面图

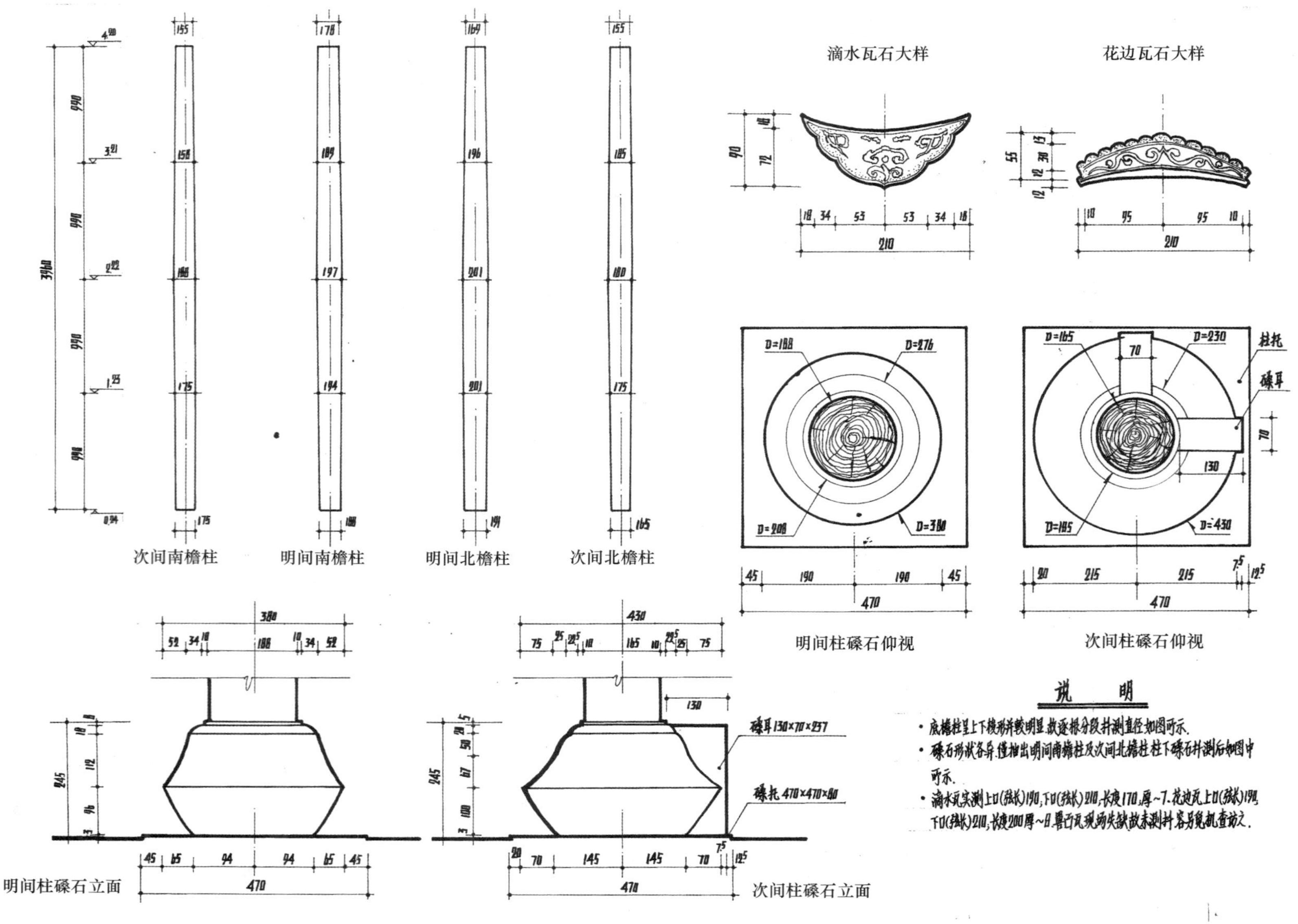

图13-22 罗小明宅测绘图—柱、檩、瓦样图

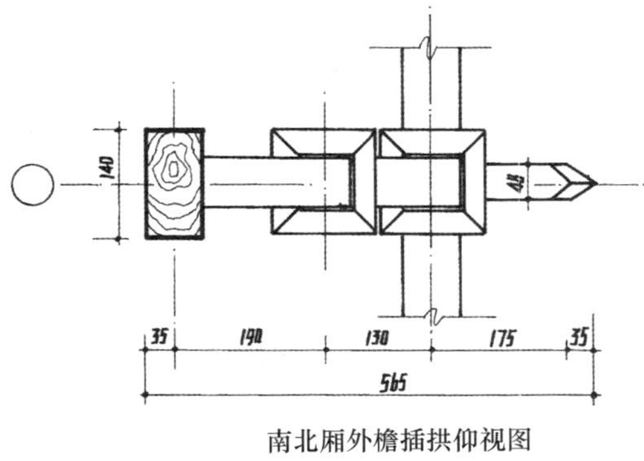

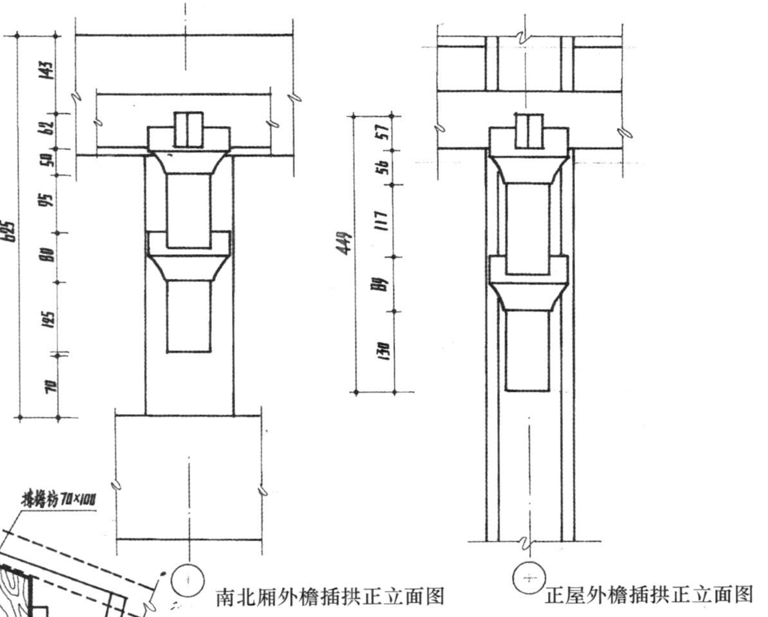

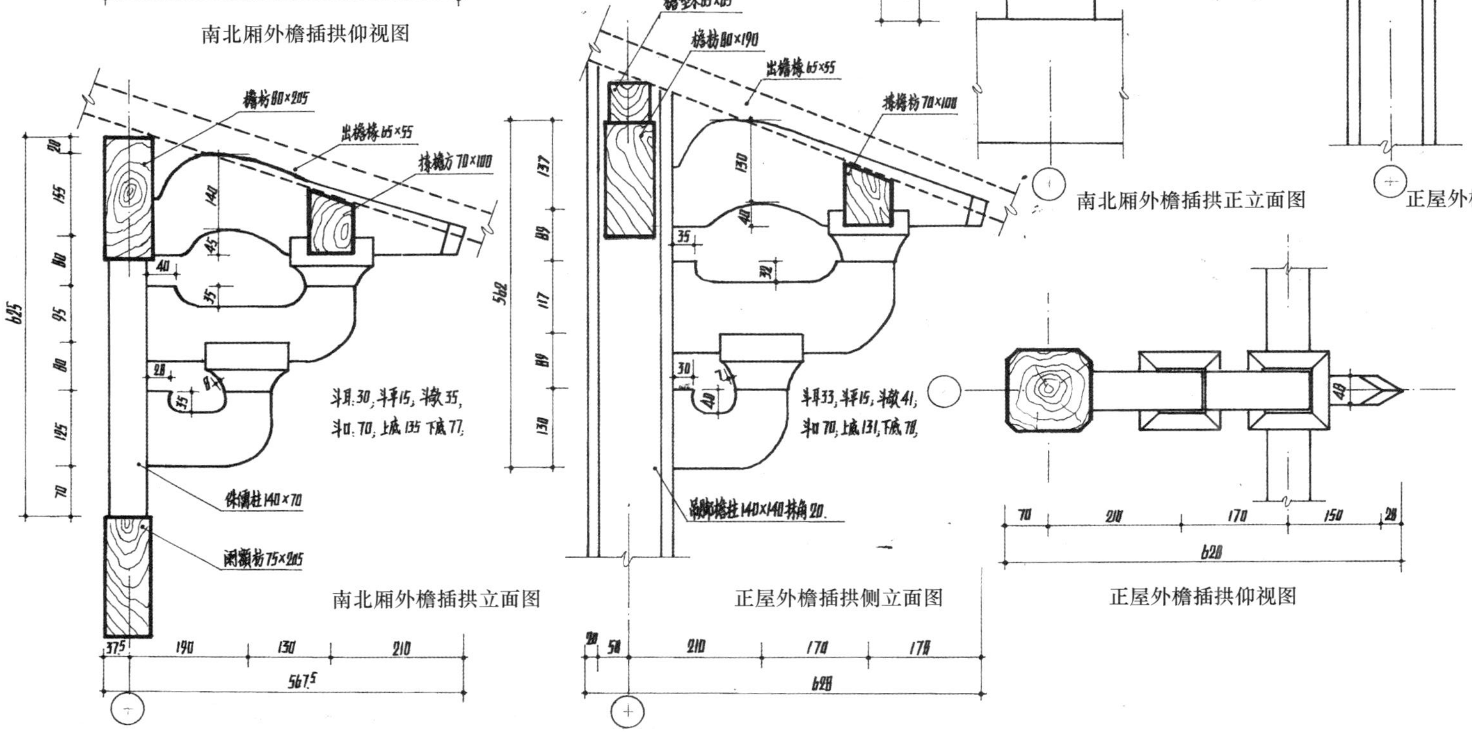

图13-23 罗小明宅测绘图-铺作大样图

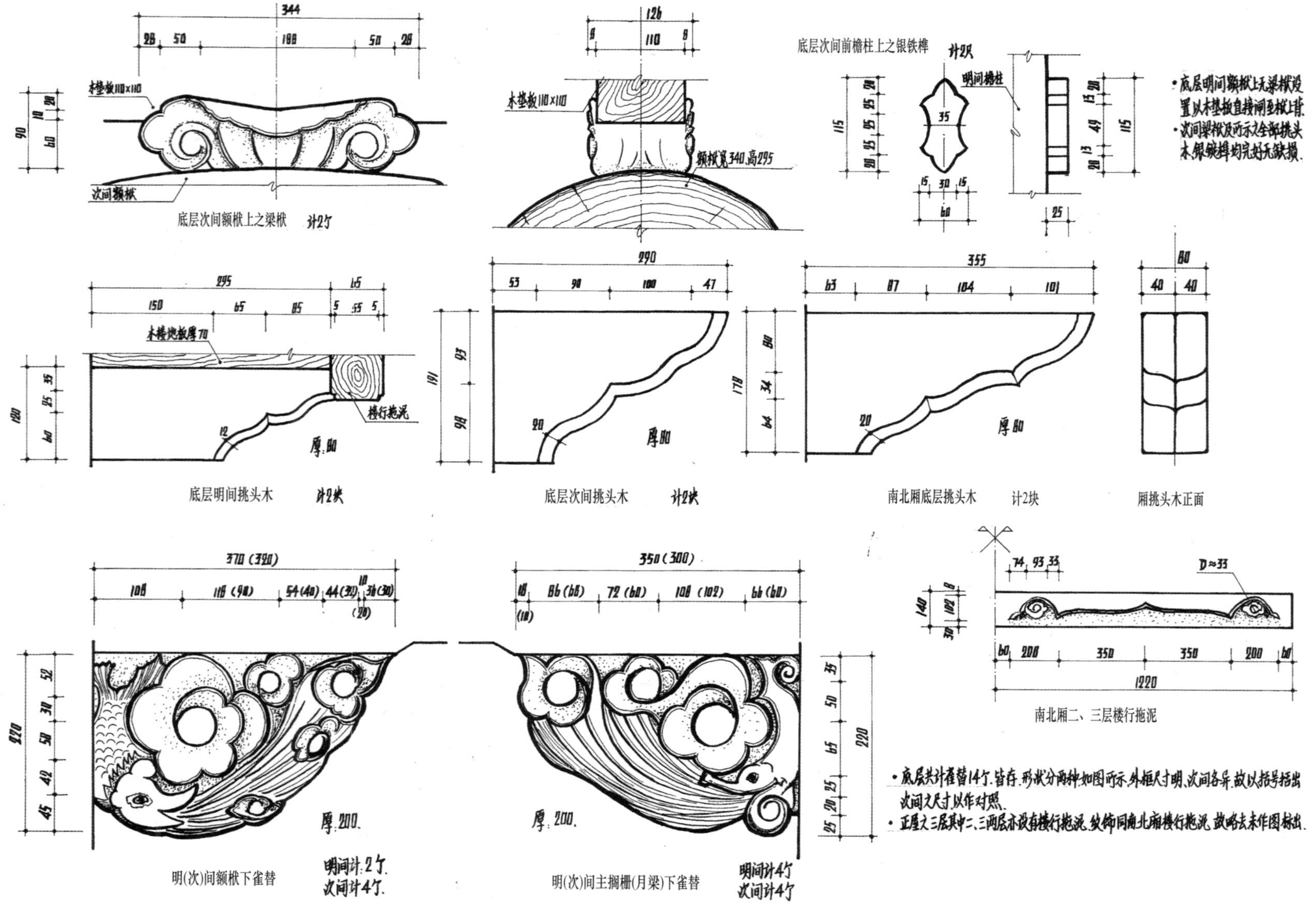

图13-24 罗小明宅测绘图-雀替梁等大样图

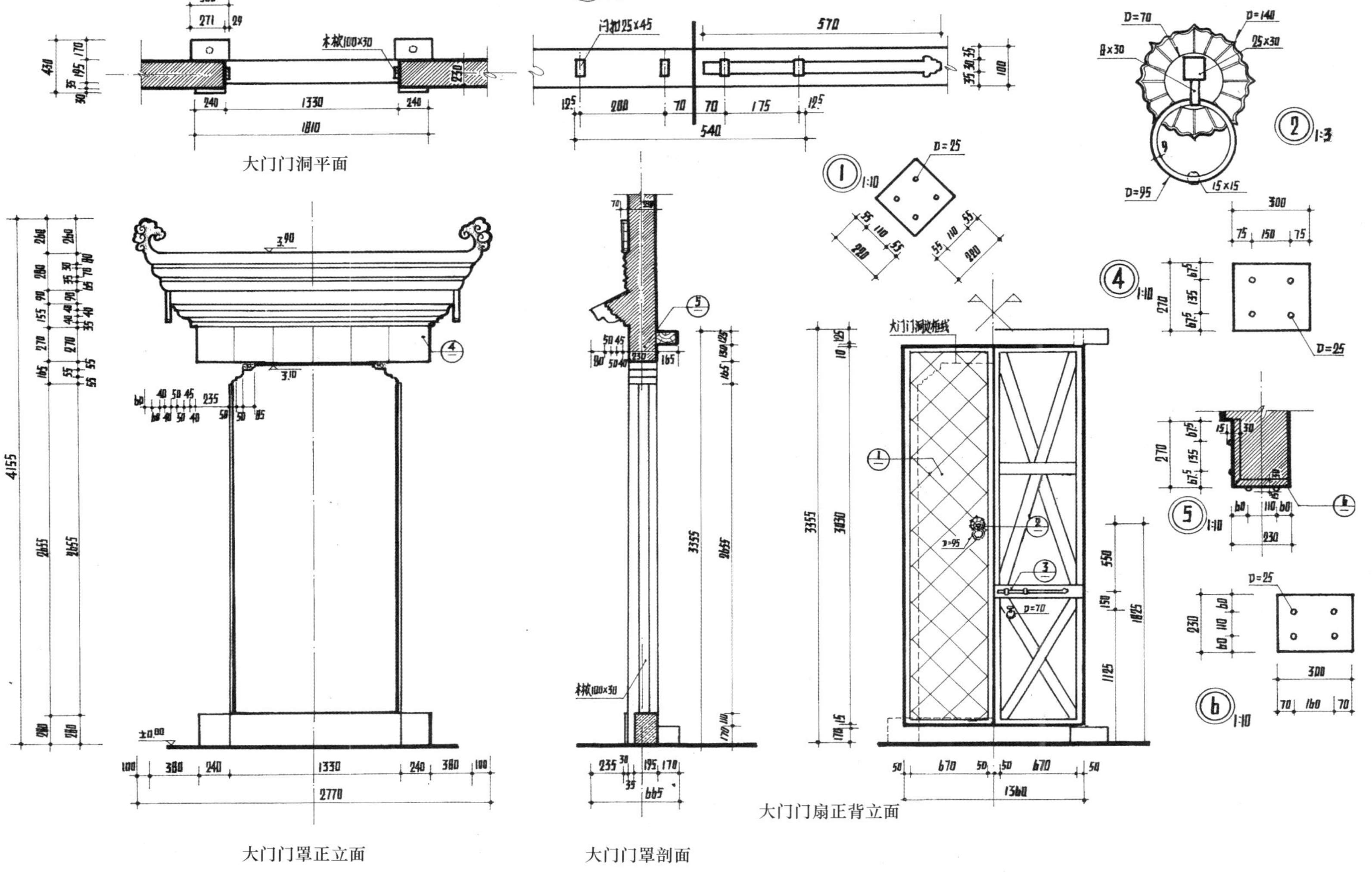

图13-25 罗小明宅测绘图—大门大样图

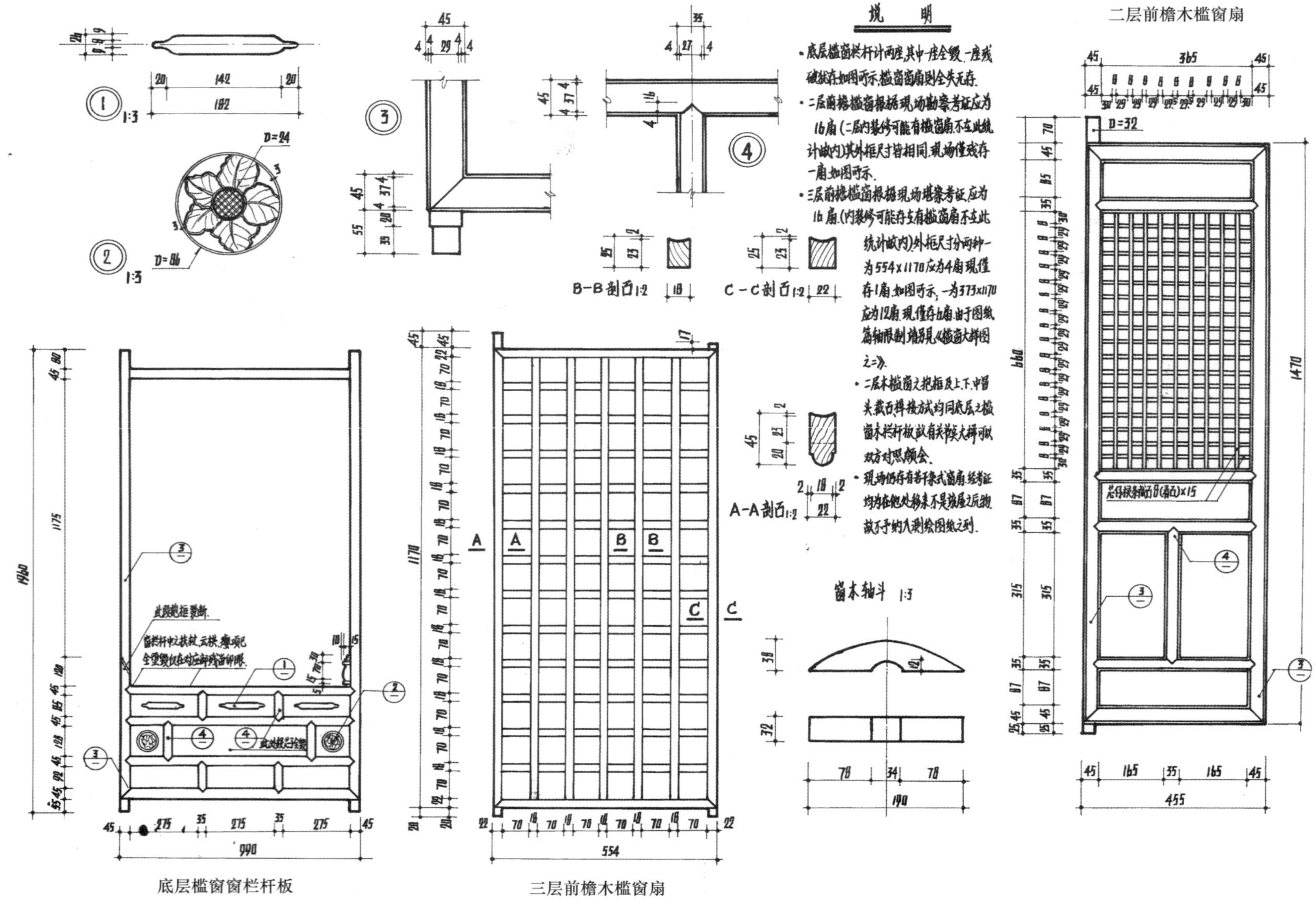

图13-26 罗小明宅测绘图-槛窗大样图（一）

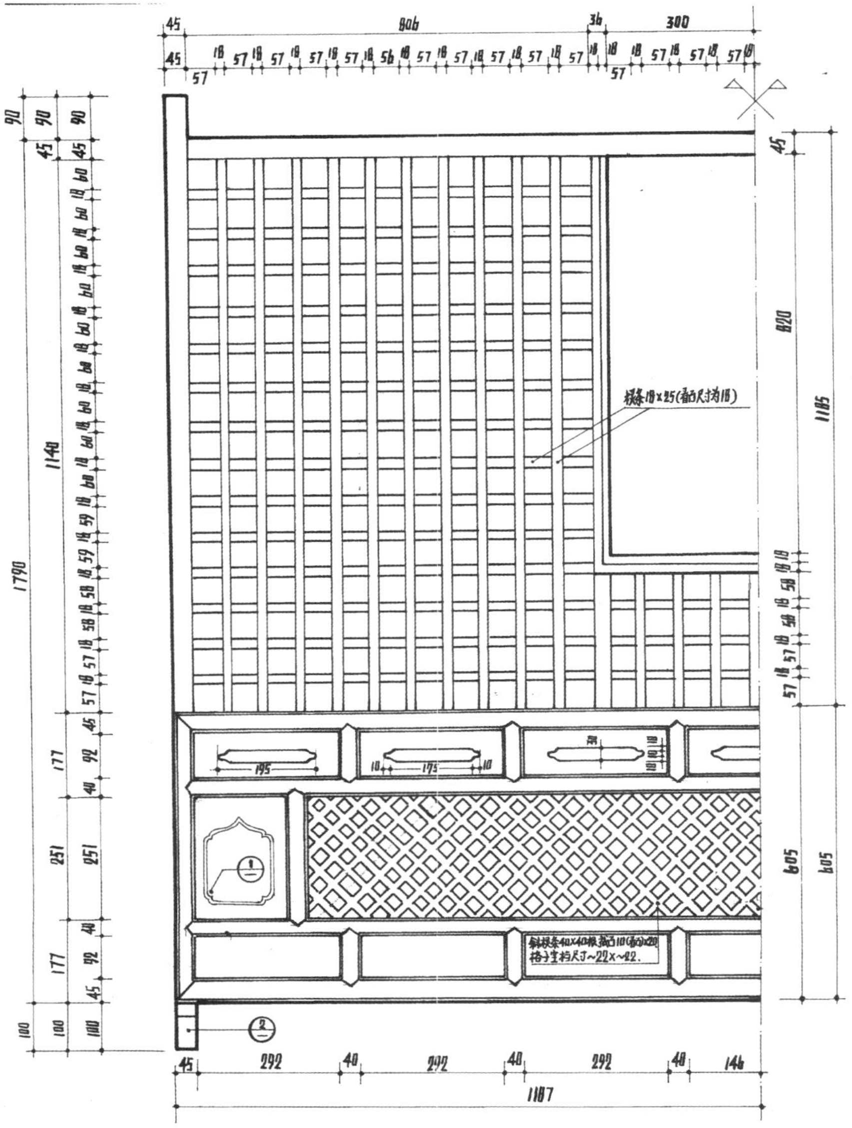

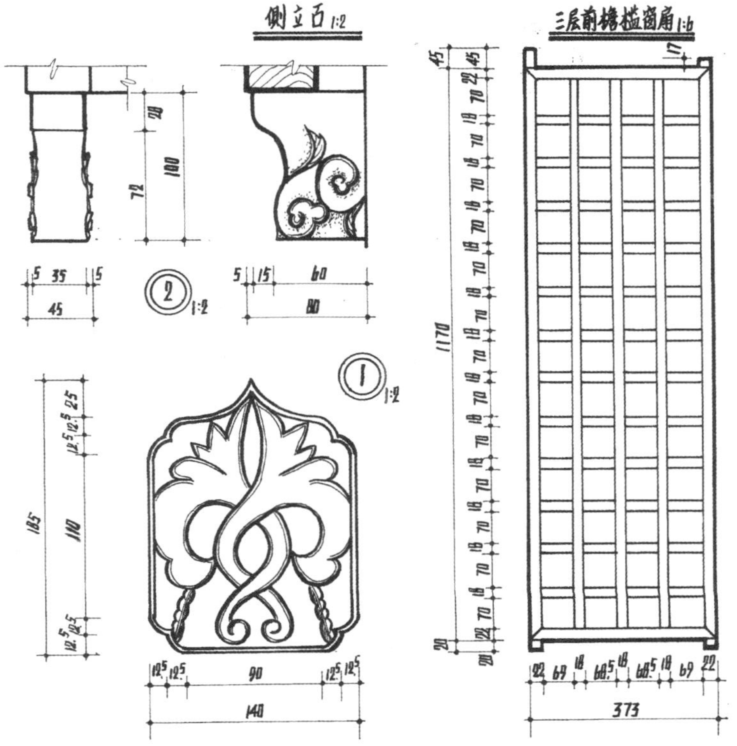

图13-27 罗小明宅测绘图-槛窗大样图(二)

图13-28 罗小明宅竣工图-总平面图

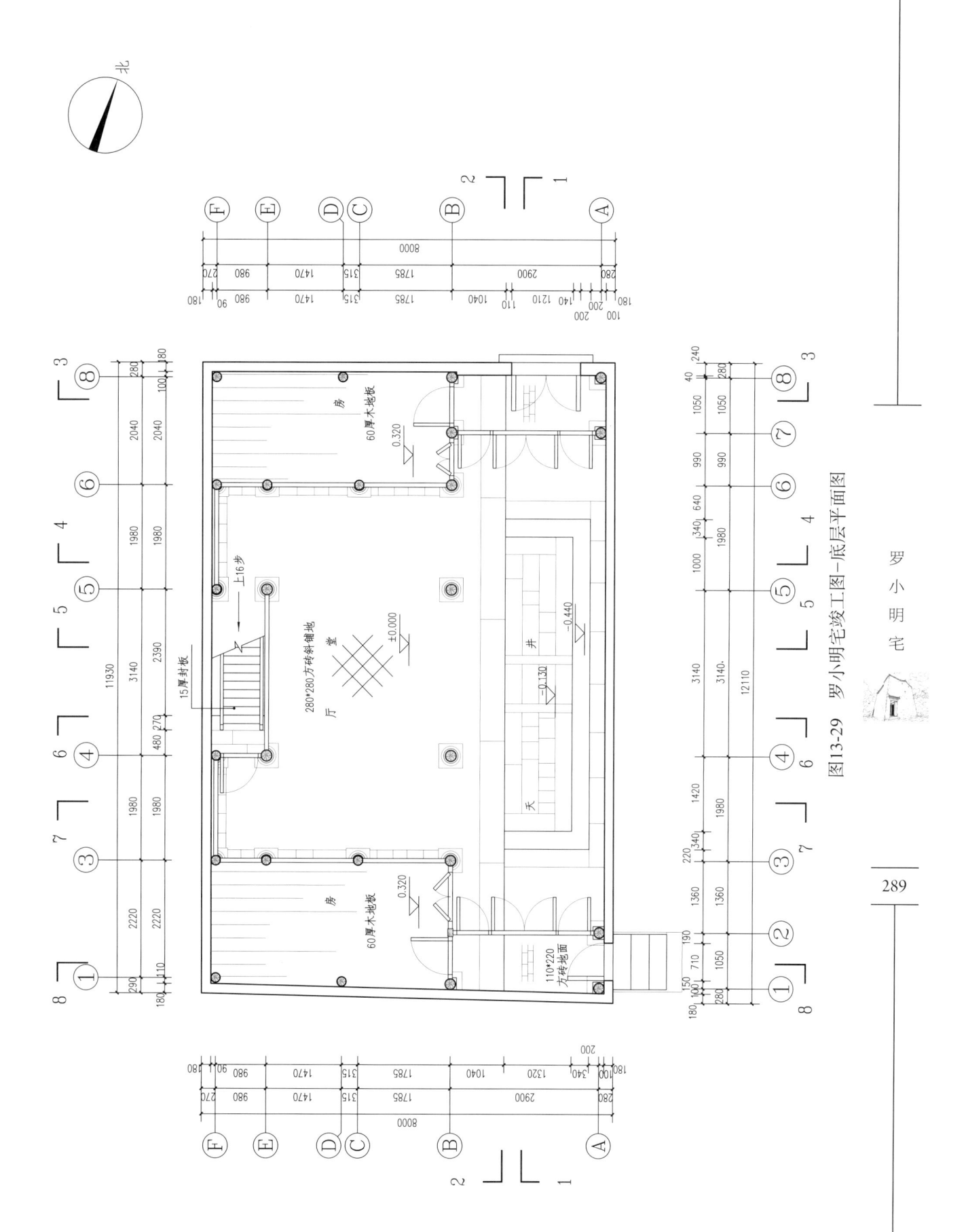

图13-29 罗小明宅竣工图-底层平面图

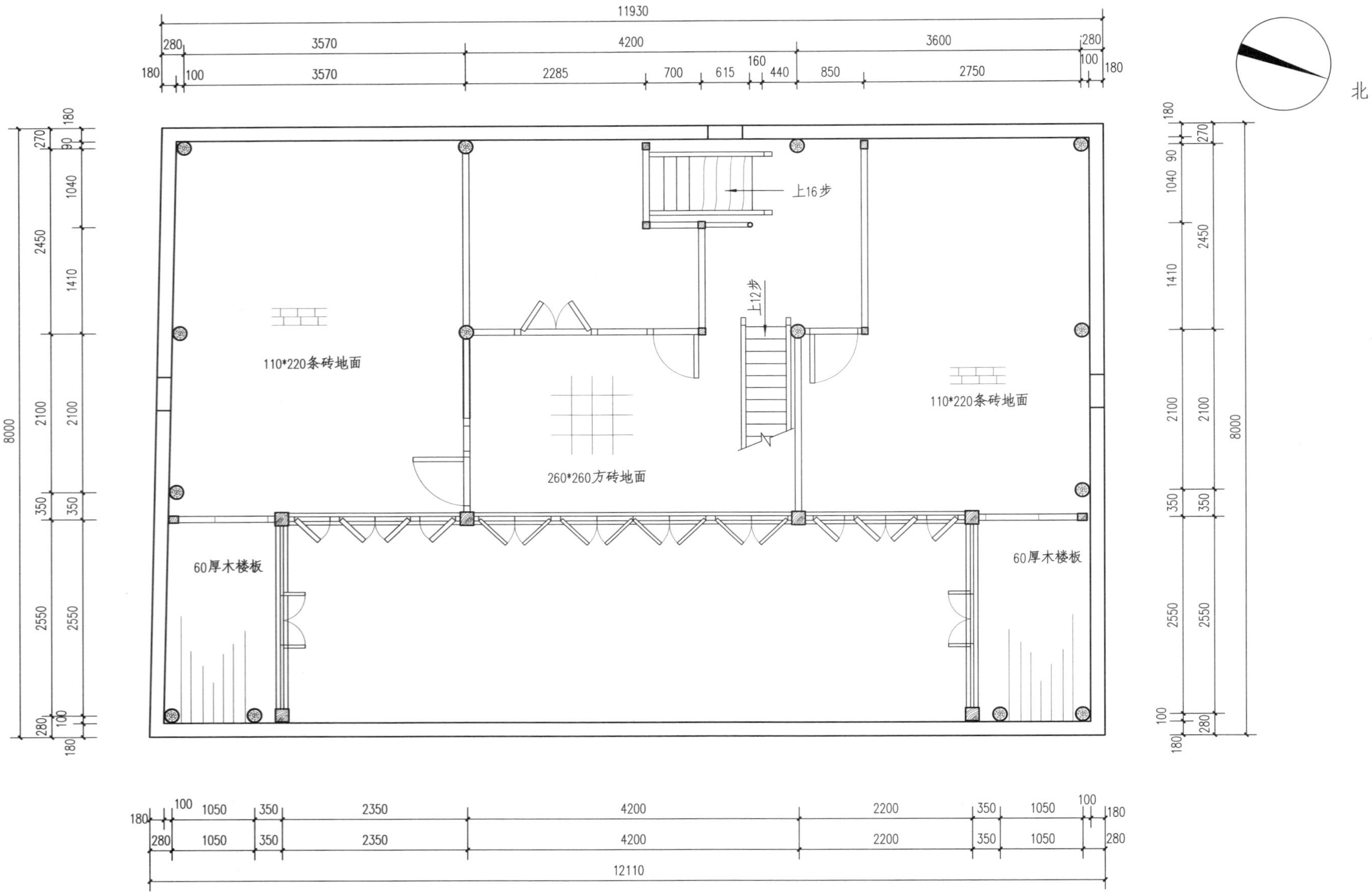

图13-30 罗小明宅竣工图—二层平面图

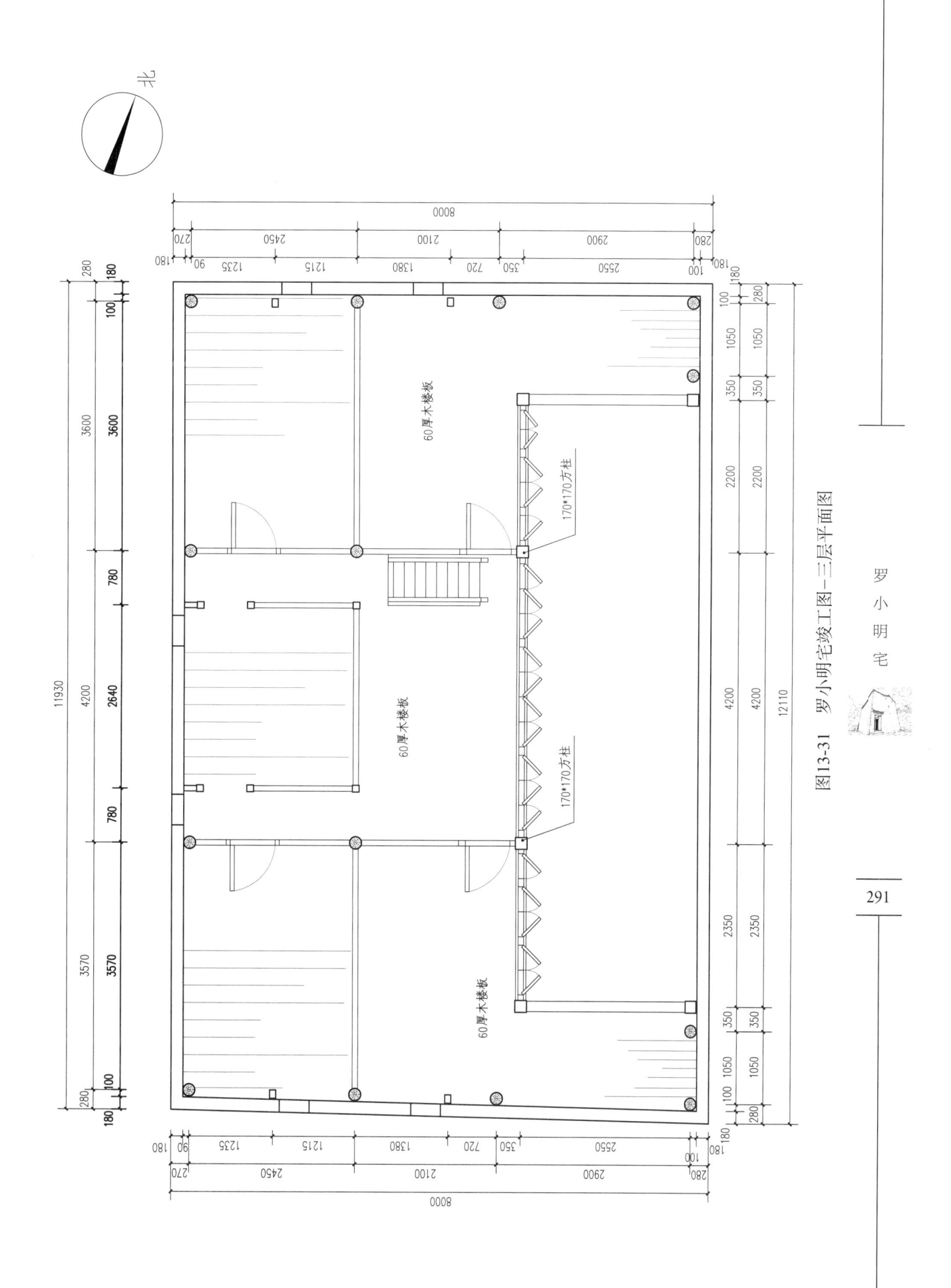

图13-31 罗小明宅竣工图-三层平面图

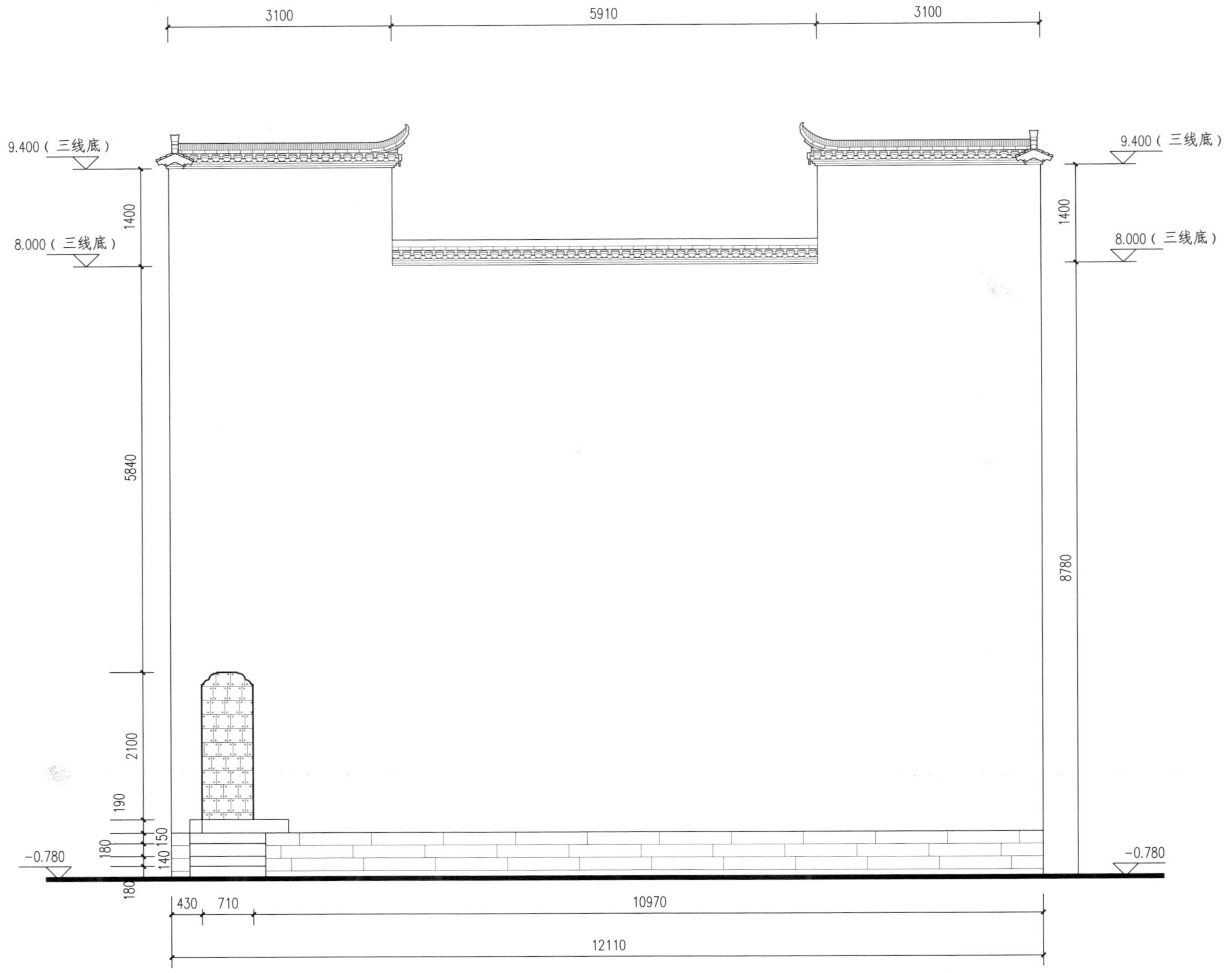

图13-32 罗小明宅竣工图-正立面图

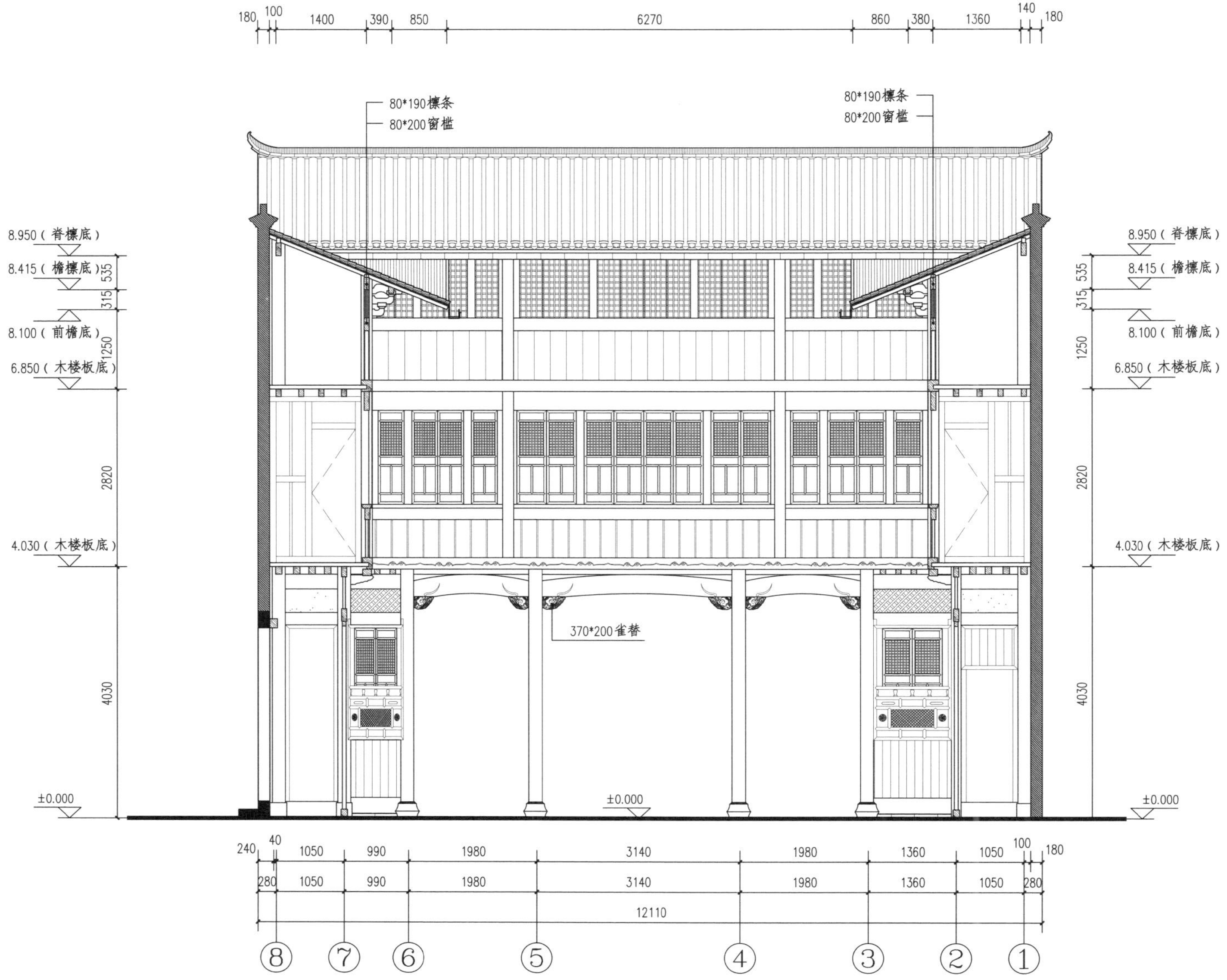

图13-33 罗小明宅竣工图-檐口剖面图

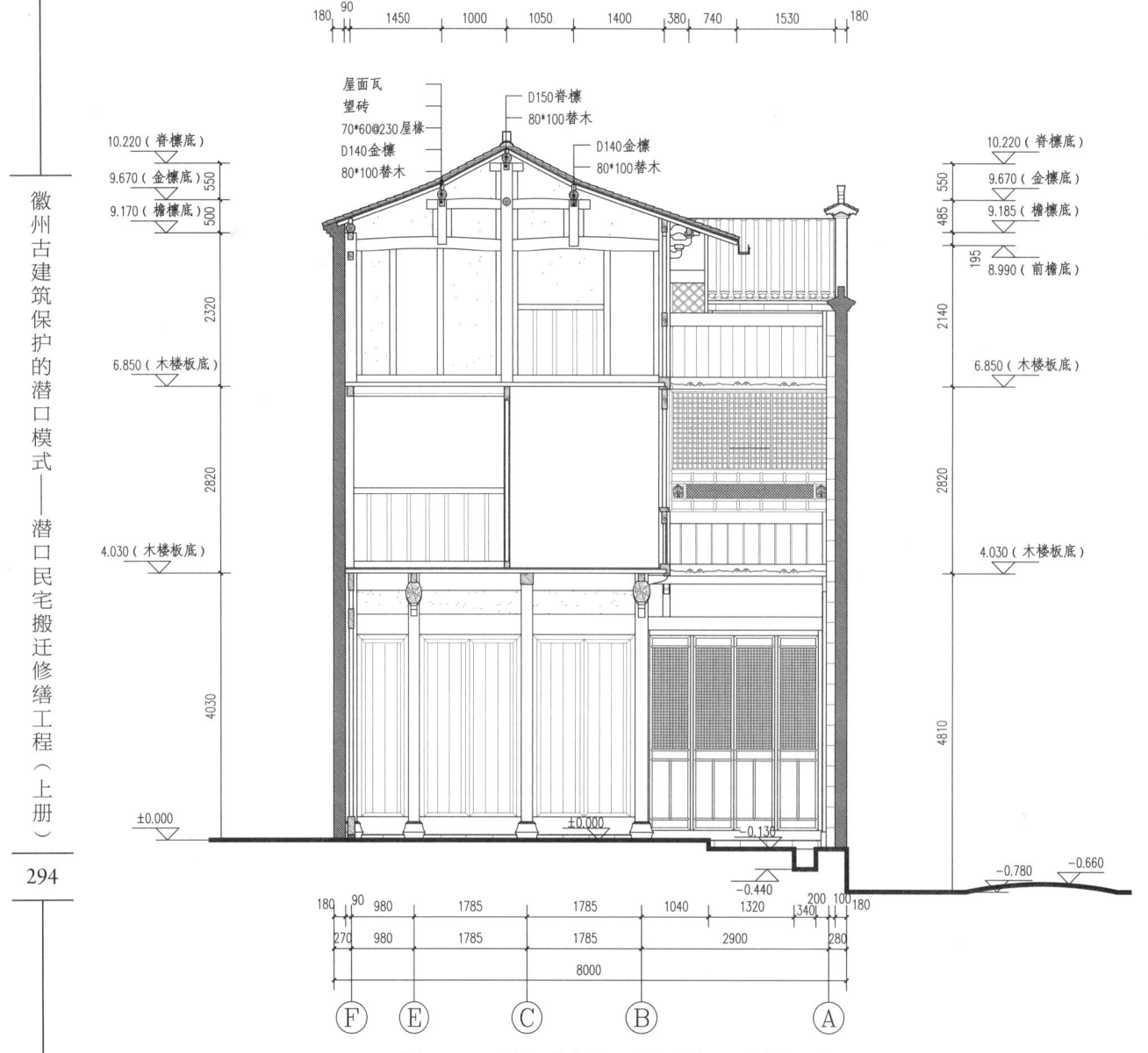

图13-34 罗小明宅竣工图-明间正贴剖面图

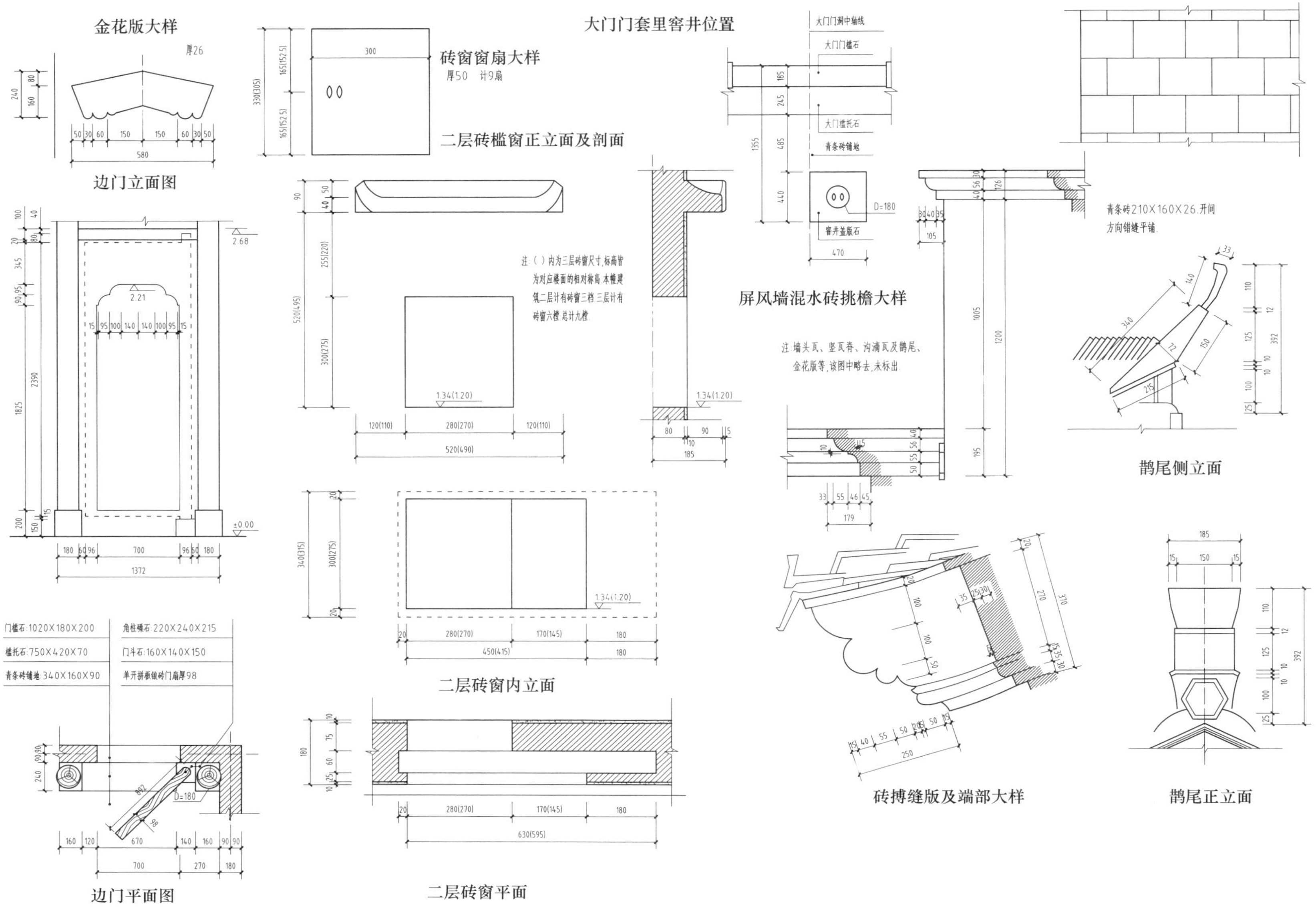

图13-35 罗小明宅竣工图-砖瓦作大样图

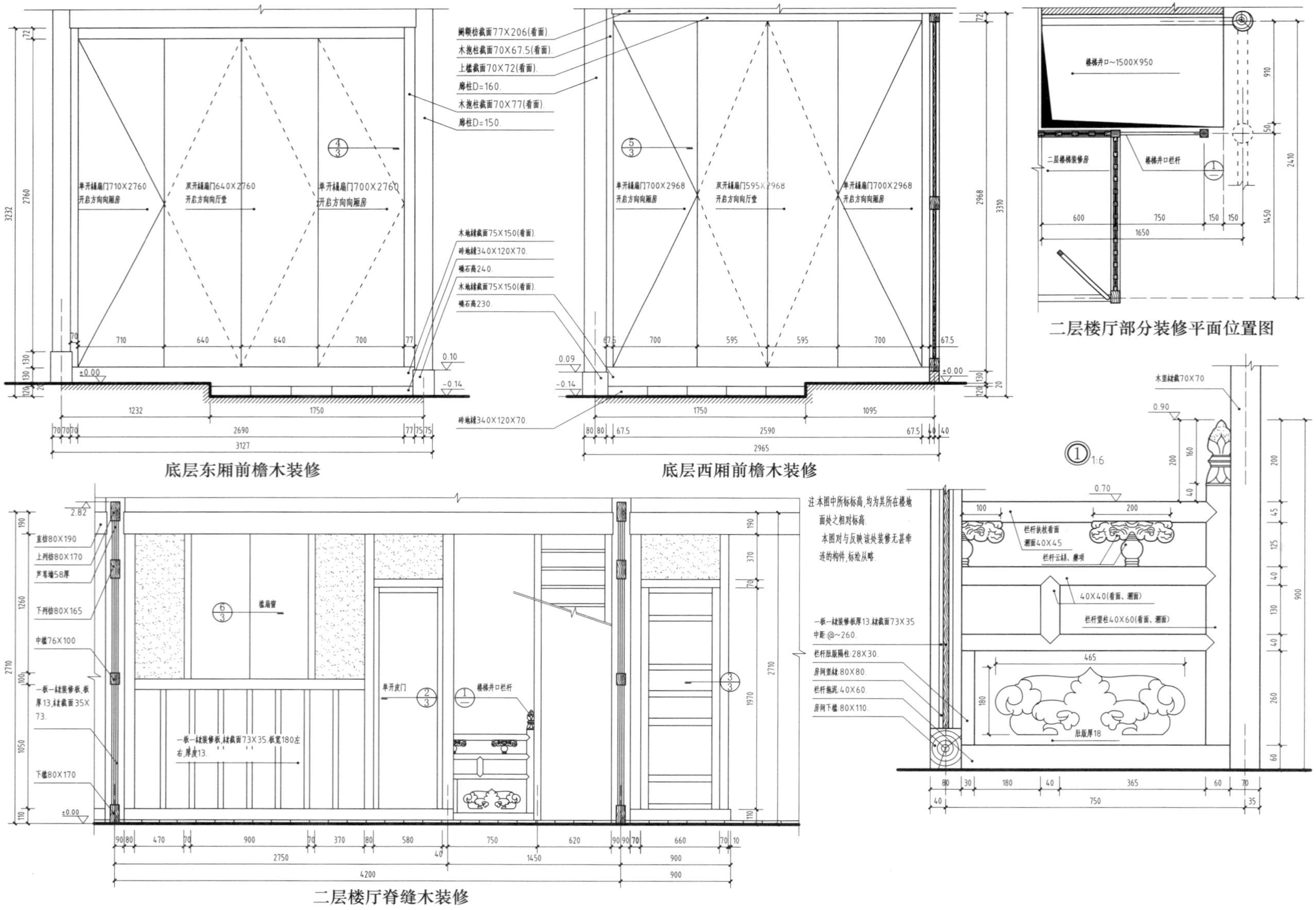

图13-36 罗小明宅竣工图-木装修大样图（一）

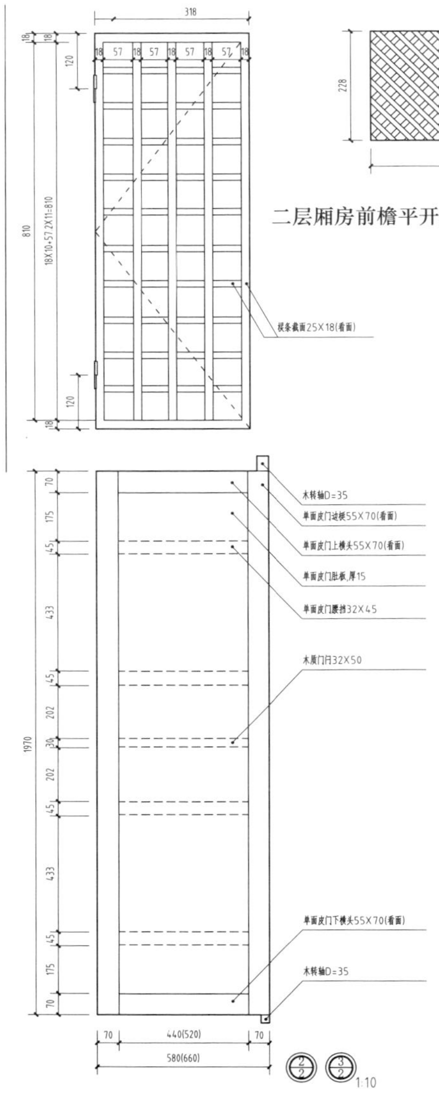

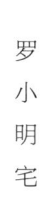

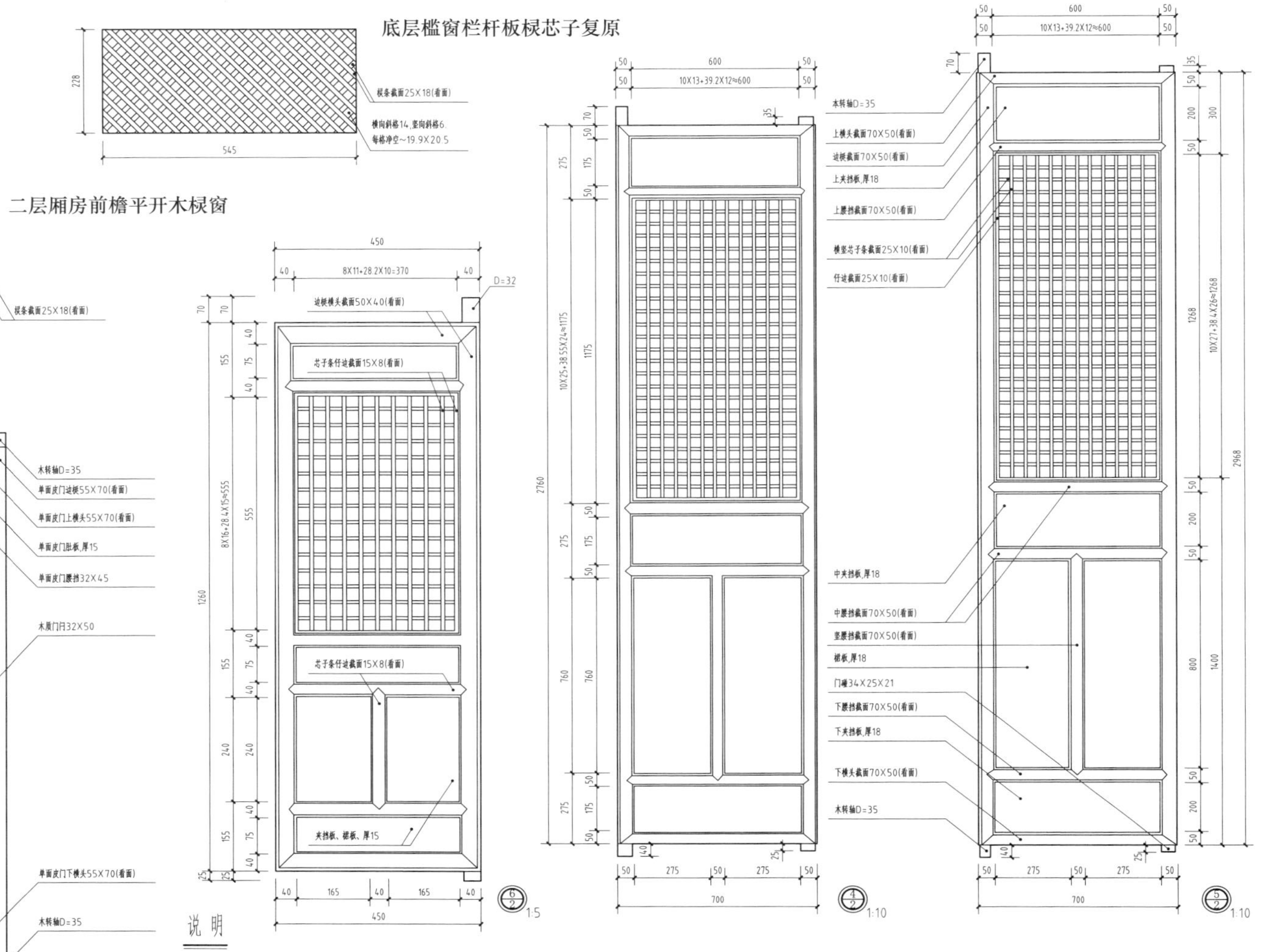

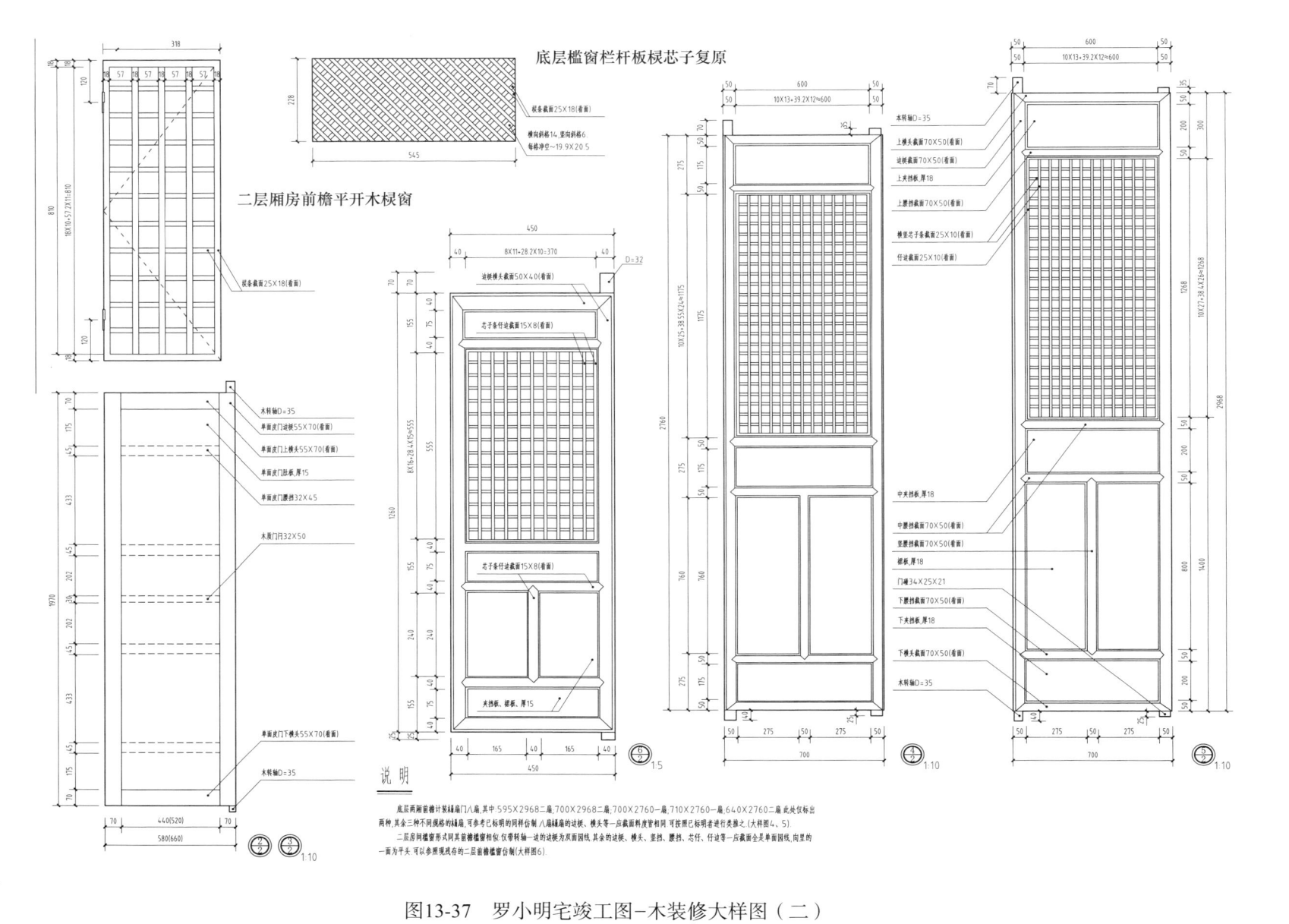

图13-37 罗小明宅竣工图-木装修大样图（二）

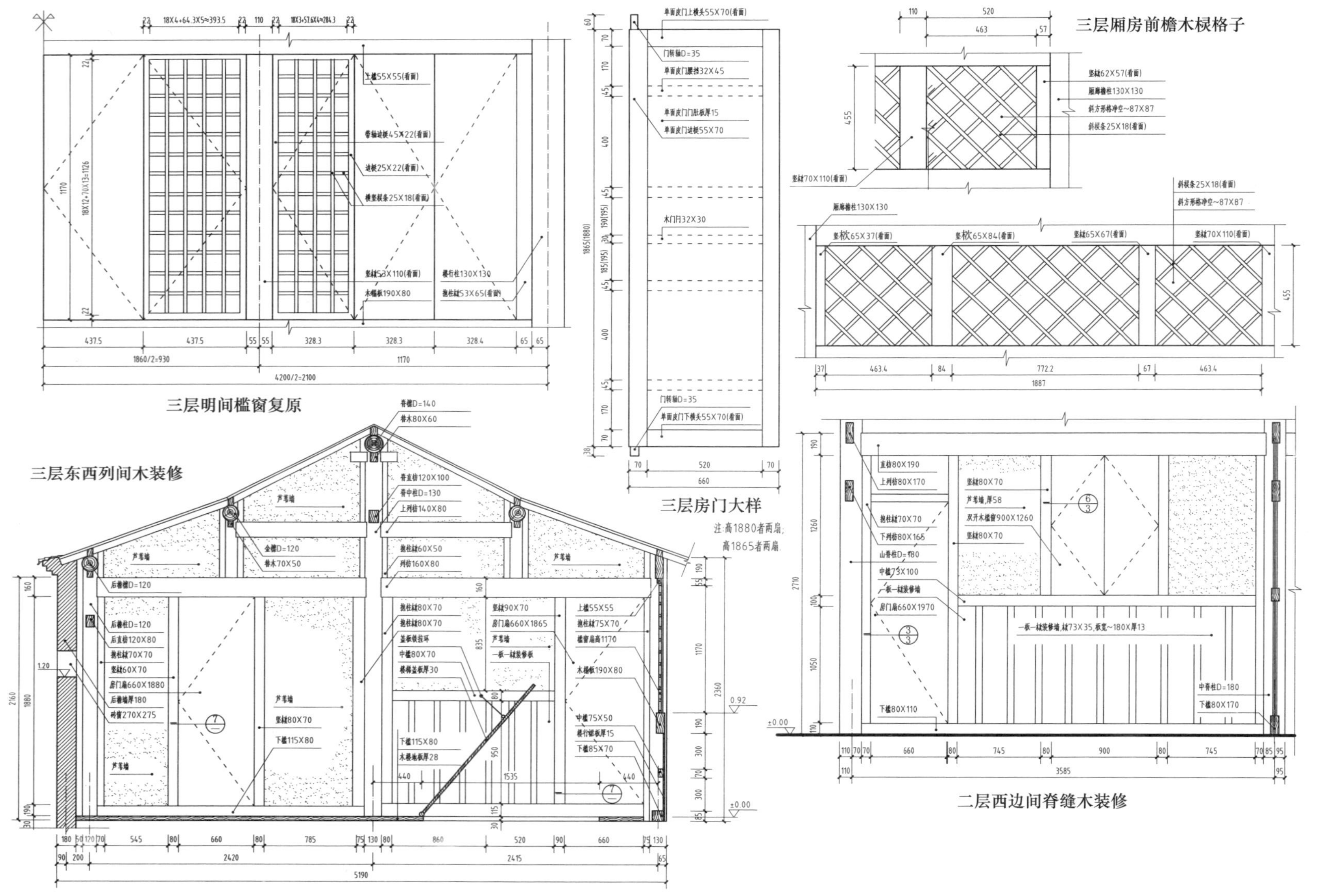

图13-38 罗小明宅竣工图-木装修大样图（三）

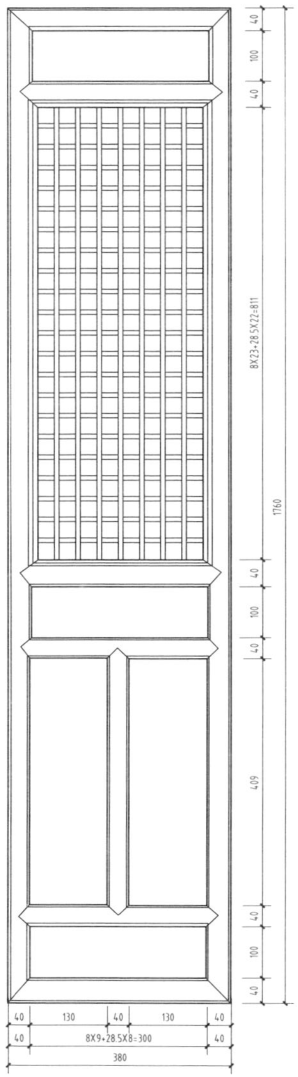

图13-39 罗小明宅竣工图-木装修大样图（四）

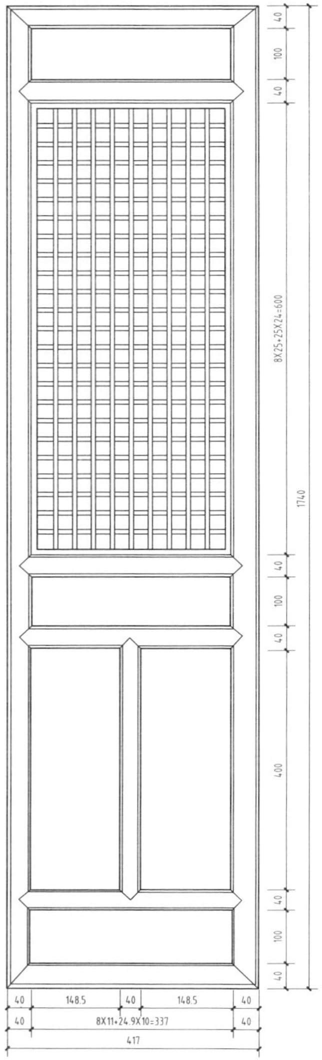

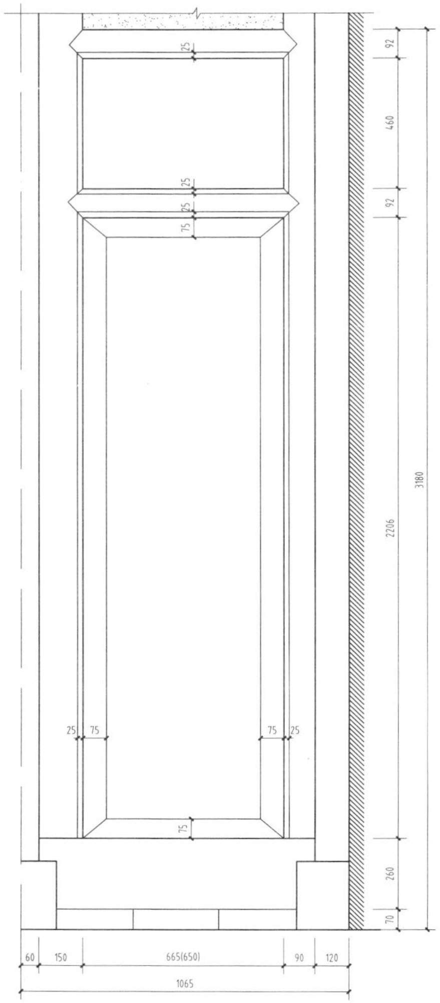

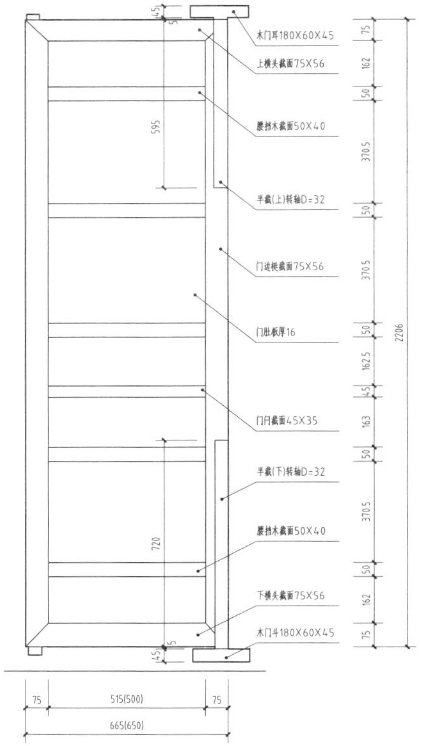

明园总平面图

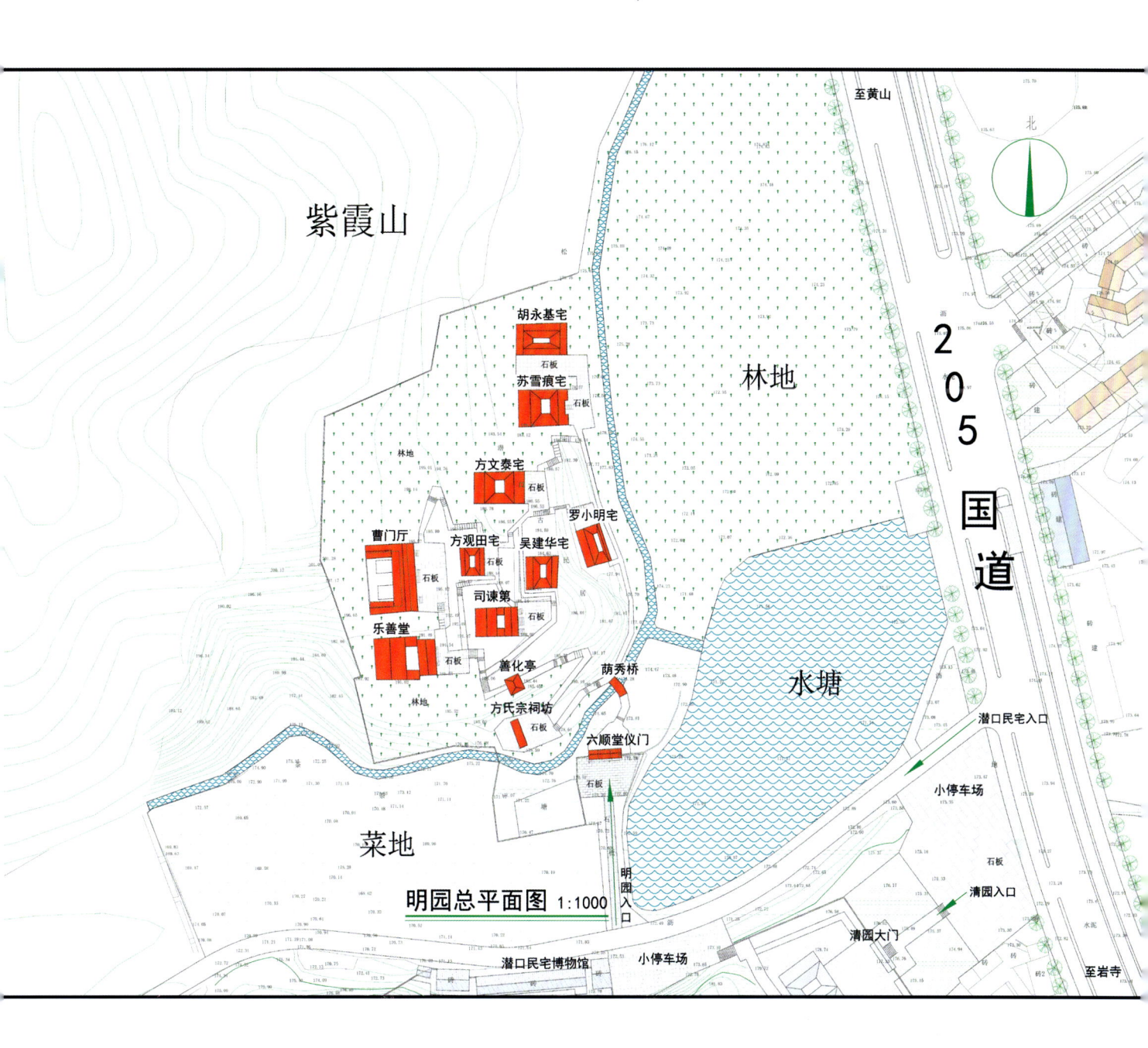

明园全景图

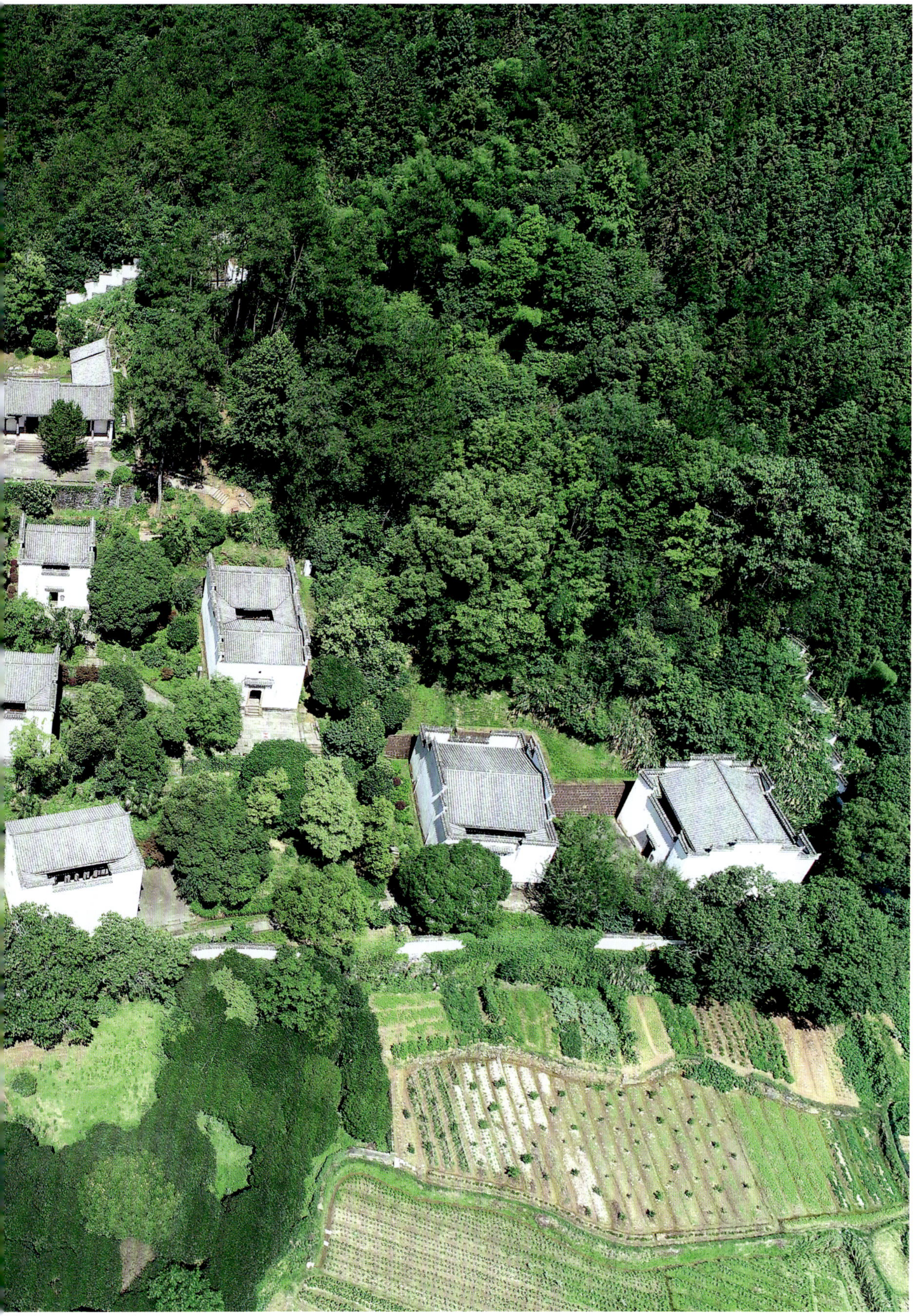

明园大门

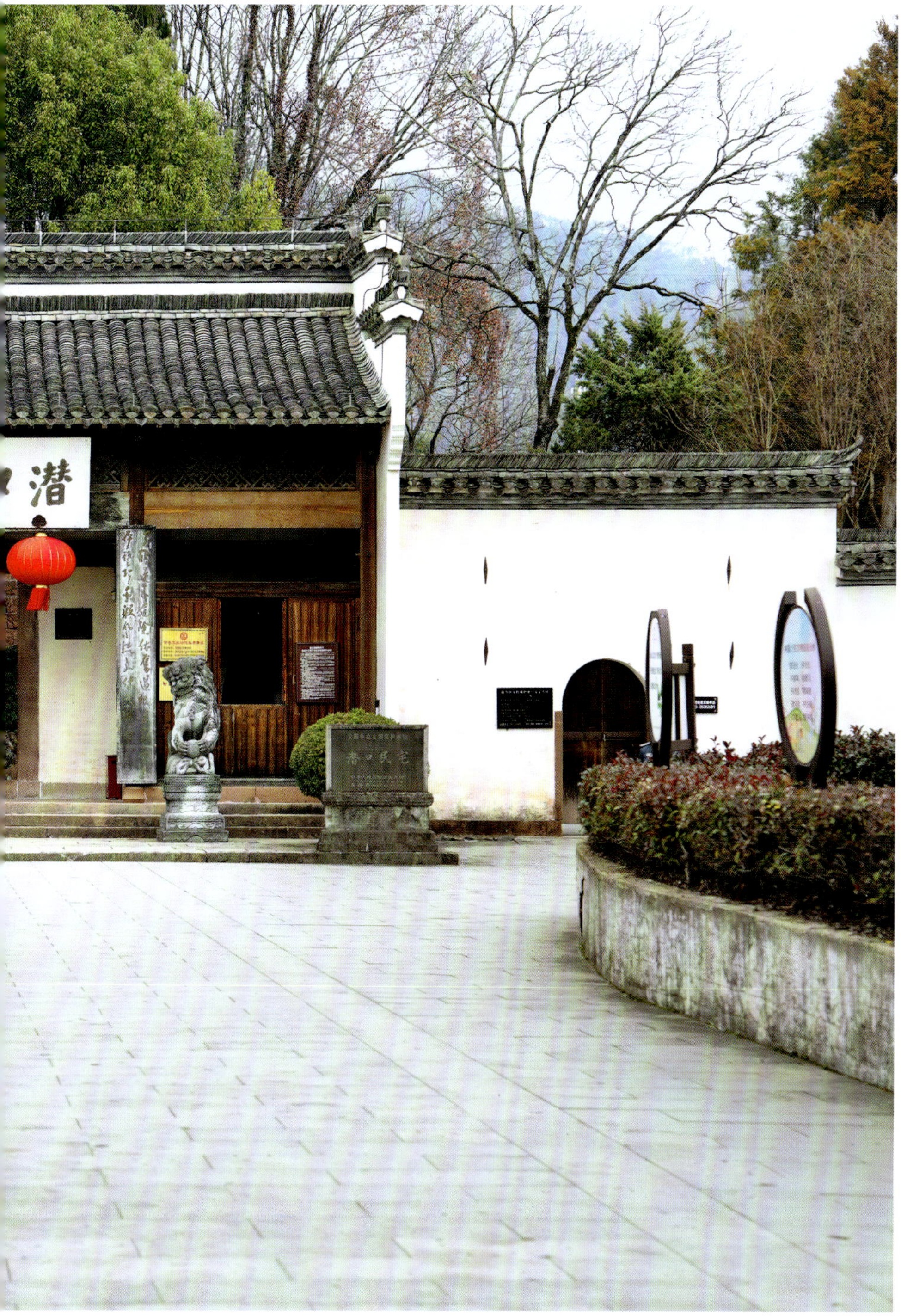
潜
潜口民宅

明园大门

荫秀桥

方氏宗祠坊

方氏宗祠坊

善化亭

善化亭

乐善堂

乐善堂

曹门厅

曹门厅

方观田宅

方观田宅

司谏第

司谏第

吴建华宅

吴建华宅

方文泰宅

方文泰宅

苏雪痕宅

胡永基宅

胡永基宅

罗小明宅

罗小明宅

# 徽州古建筑保护的潜口模式
## ——潜口民宅搬迁修缮工程（下册）

潜口民宅博物馆 组编
王洪明 胡顺治 主编

吴青 总策划

科学出版社
北京

## 内 容 简 介

本书是对徽州古建筑保护领域一项重要实践活动的全面记录与深入分析。着重介绍潜口民宅搬迁修缮工程的缘起、实施过程、技术细节及其在中国古建筑保护领域中的独特地位。详细描述了工程的实施过程，包括原建筑的测绘记录，拆卸、运输、重建等各个环节，以及在这一过程中所遇到的技术难题和解决方案。易地保护是在特定历史时期对古民居保护的一次探索，是结合徽州古民居保护利用实际的一次全新尝试。大胆创新和专业精神，给予了这项工程极大的延展空间和丰富内涵。实现古民居的"再生"和可持续利用，成为破解皖南古民居保护困局的成功典范，被业界誉为"潜口模式"。通过对具体案例的分析，展示了潜口模式在古建筑保护领域中的创新性和可行性。

本书适合文物保护、历史学、建筑学等方面的科研工作者、高等院校相关专业师生阅读参考。

---

**图书在版编目（CIP）数据**

徽州古建筑保护的潜口模式：潜口民宅搬迁修缮工程：全2册 / 潜口民宅博物馆组编；王洪明，胡顺治主编. —北京：科学出版社，2024.4
ISBN 978-7-03-078360-8

Ⅰ.①徽… Ⅱ.①潜… ②王… ③胡… Ⅲ.①古建筑－文物保护－研究－徽州地区 Ⅳ.①TU-87

中国版本图书馆CIP数据核字（2024）第070251号

责任编辑：雷 英 / 责任校对：邹慧卿
责任印制：肖 兴 / 封面设计：金舵手世纪

---

科学出版社 出版
北京东黄城根北街16号
邮政编码：100717
http://www.sciencep.com
北京汇瑞嘉合文化发展有限公司印刷
科学出版社发行 各地新华书店经销

\*

2024年4月第 一 版　开本：889×1194　1/16
2024年4月第一次印刷　印张：38.75　插页：24
字数：1200 000
**定价：508.00元（全2册）**
（如有印装质量问题，我社负责调换）

# 目　录

序························································································ 程极悦（ i ）

前言······································································································（ iii ）

## 明代民居建筑群

明代民居建筑群概述················································································（003）

六顺堂仪门····························································································（007）

荫秀桥··································································································（017）

方氏宗祠坊····························································································（026）

善化亭··································································································（038）

乐善堂··································································································（053）

曹门厅··································································································（083）

方观田宅·······························································································（111）

司谏第··································································································（135）

吴建华宅·······························································································（169）

方文泰宅·······························································································（190）

苏雪痕宅·······························································································（220）

胡永基宅·······························································································（243）

罗小明宅·······························································································（265）

## 清代民居建筑群

清代民居建筑群概述················································································（303）

清园大门·······························································································（307）

畔礼堂··································································································（314）

诚仁堂 ……………………………………………………………………………………（343）

古戏台 ……………………………………………………………………………………（370）

义仁堂 ……………………………………………………………………………………（391）

洪宅 ………………………………………………………………………………………（413）

谷懿堂 ……………………………………………………………………………………（435）

万盛记 ……………………………………………………………………………………（458）

程培本堂 …………………………………………………………………………………（480）

程培本堂收租房 …………………………………………………………………………（509）

汪顺昌宅 …………………………………………………………………………………（533）

潜口民宅迁建工程做法 …………………………………………………………………（553）

## 潜口民宅文物保护性设施建设

文物保护性设施建设概况 ………………………………………………………………（561）

潜口民宅消防安装工程 …………………………………………………………………（565）

潜口民宅消防提升（电气火灾智能防控）工程 ………………………………………（571）

潜口民宅安防设计施工一体化项目 ……………………………………………………（576）

潜口民宅古建筑防雷保护工程 …………………………………………………………（579）

潜口民宅方氏宗祠坊石质文物修缮工程 ………………………………………………（584）

潜口民宅白蚁、粉蠹、木蜂综合防治项目 ……………………………………………（589）

潜口民宅明园加固与环境整治工程 ……………………………………………………（594）

潜口民宅古建筑维护修缮工程 …………………………………………………………（601）

编后记 ……………………………………………………………………………………（604）

# 清代民居建筑群

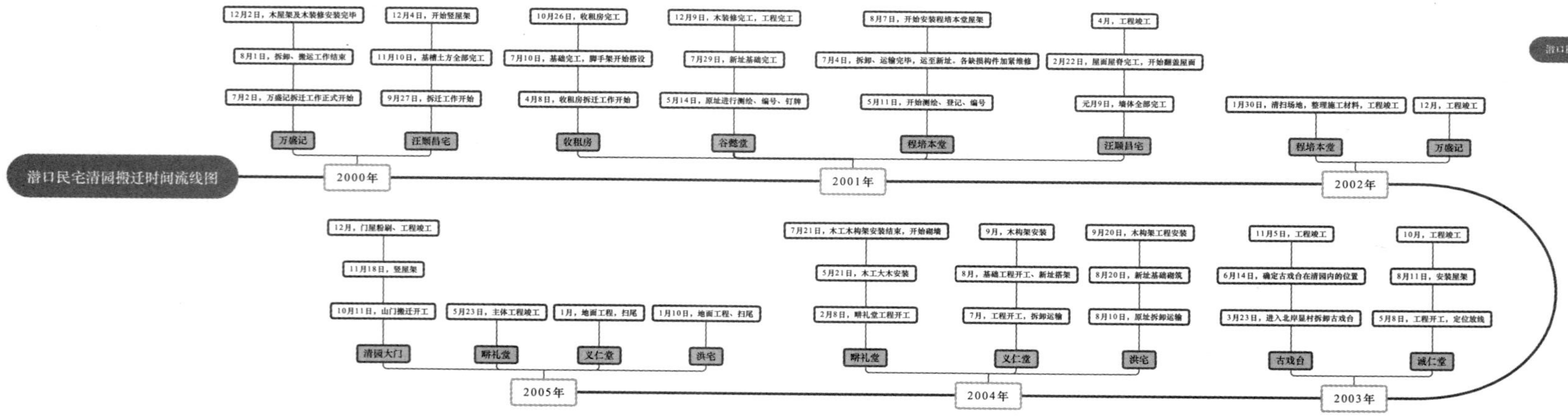

潜口民宅清园搬迁时间流线图
2000年
万盛记
7月2日，万盛记拆迁工作正式开始
8月1日，拆卸、搬运工作结束
12月2日，木屋架及木装修安装完毕
汪顺昌宅
9月27日，拆迁工作开始
11月10日，基槽土方全部完工
12月4日，开始竖屋架
2001年
收租房
4月8日，收租房拆迁工作开始
7月10日，基础完工，脚手架开始搭设
10月26日，收租房完工
谷懿堂
5月14日，原址进行测绘、编号、钉牌
7月29日，新址基础完工
12月9日，木装修完工，工程完工
程培本堂
5月11日，开始测绘、登记、编号
7月4日，拆卸、运输完毕，运至新址。各缺损构件加紧维修
8月7日，开始安装程培本堂屋架
汪顺昌宅
元月9日，墙体全部完工
2月22日，屋面屋脊完工，开始翻盖屋面
4月，工程竣工
2002年
程培本堂
1月30日，清扫场地，整理施工材料，工程竣工
万盛记
12月，工程竣工
2003年
古戏台
3月23日，进入北岸显村拆卸古戏台
6月14日，确定古戏台在清园内的位置
11月5日，工程竣工
诚仁堂
5月8日，工程开工，定位放线
8月11日，安装屋架
10月，工程竣工
2004年
畊礼堂
2月8日，畊礼堂工程开工
5月21日，木工大木安装
7月21日，木工木构架安装结束，开始砌墙
义仁堂
7月，工程开工，拆卸运输
8月，基础工程开工、新址搭架
9月，木构架安装
洪宅
8月10日，原址拆卸运输
8月20日，新址基础砌筑
9月20日，木构架工程安装
2005年
清园大门
10月11日，山门搬迁开工
11月18日，竖屋架
12月，门屋粉刷、工程竣工
畊礼堂
5月23日，主体工程竣工
义仁堂
1月，地面工程，扫尾
洪宅
1月10日，地面工程、扫尾


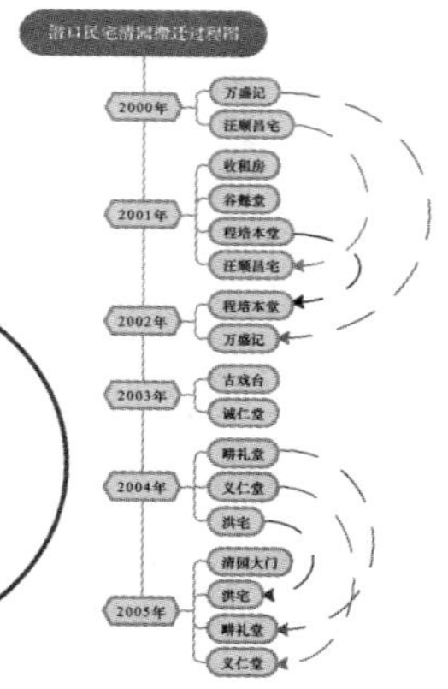

潜口民宅清园搬迁过程图
2000年
万盛记
汪顺昌宅
2001年
收租房
谷懿堂
程培本堂
汪顺昌宅
2002年
程培本堂
万盛记
2003年
古戏台
诚仁堂
2004年
畊礼堂
义仁堂
洪宅
2005年
清园大门
洪宅
畊礼堂
义仁堂

# 清代民居建筑群概述

潜口民宅明园 1990 年建成后，徽州区政府成立潜口民宅博物馆作为专门的保护管理机构，并对外开放。随着黄山旅游不断升温，潜口民宅作为黄山脚下一个富有吸引力的古民居旅游景点，年接待来自国内外游客二三十万人次，对外影响力和美誉度迅速提升，取得了显著的社会效益和一定的经济效益。

## 一、清园缘续

明园古民居保护的"潜口模式"得到文物部门的认可和专家学者的好评，潜口民宅作为景区景点创建上的成功，极大地激发了当地保护古民居的热情。徽州区委、区政府决定借鉴明园的成功经验和做法，依托潜口民宅国保资金渠道，进一步拓展潜口民宅古民居保护内涵，抢救域内濒危的清代民居建筑，使潜口民宅乃至徽州区成为荟萃徽州明、清两代古建筑精品的集中保护和展示利用基地。有关全区清代古民居的调查工作于 1996 年全面展开，规划编制、对上汇报争取工作也紧锣密鼓地开展。

经过两年的不懈努力，1998 年，经国家文物局立项批准，决定搬迁清代民居建筑群（以下称清园）。

如果说，潜口民宅明园工程更多的是由国家文物部门主导的自上而下的一次古民居保护的探索和试点，那么清园工程就是由当地政府争取的自下而上的一次古民居保护的延续和拓展。

20 世纪 90 年代，黄山脚下古民居旅游逐渐形成热潮，市内西递、棠樾等古村落旅游方兴未艾，除潜口民宅外，徽州区内呈坎、唐模等古村落旅游也渐成气候。为了带动徽州区政府所在地岩寺古镇的旅游经济发展，徽州区委、区政府希望能将潜口民宅清代建筑群的搬迁地点选在岩寺文峰塔下。

1999 年，徽州区领导带领文物部门同志会同安徽省文物局领导进京汇报，国家文物局明确表态：随着社会经济的发展，当地政府应创造条件原址保护古民居，国家层面已不再支持古建筑的主动搬迁项目；潜口清园被批准主要考虑的是当地古建筑保护的积极性和潜口民宅维修的高质量；清园是此类中唯一被批准的项目，也是国家批准主动搬迁古建筑的最后一个项目。

最终，潜口观音山和岩寺文峰塔两个选址方案，国家文物局同意清园选址在明园的对面观音山，作为国保单位潜口民宅的拓展项目实施，建成后两园统一管理。

## 二、清园地址

观音山位于潜口村西北，明园所在的紫霞山南侧，两山相隔最近处不足百米，中间为平缓的谷地，阮溪依绕观音山北侧山脚，自东向西流经山谷。

观音山是个地势较为平缓的山丘，清园选址观音山东北坡麓，地势高程在96～116米之间，其山体多被垦为地势平缓的层层梯田，村民广植茶树。选址山脚下即为205国道，明园入口。

潜口民宅的办公管理和宿舍区即在观音山西北一个切坡下两园的结合衔接部。历史上这里曾是潜口的保安院旧址。根据留存古籍图示，该院前隔阮溪，有灵官桥与水香园连。上有龙王亭、八角亭，院内有弥陀佛、韦驮菩萨，供24诸天、28宿，有地藏王室、法镜台及观音岩洞、玉皇阁楼、长生殿等。龙王亭下就是阮公泉，这口水井至今仍在，被围砌在办公区的厨房内。旧说院内的观音大士祈雨祷禾十分灵验，每年都做三次观音会，香火十分旺盛。该院始建于吴天祐五年（908年），清咸丰年间遭兵毁，同治间重修，民国毁。现存水井一口及几颗古枫树。

## 三、工程实施

清园工程前期古建筑搬迁主要由徽州区文化主管部门主持，潜口民宅博物馆参与，后期配套附属设施由潜口民宅博物馆组织实施。

1998年立项批准后，围绕创建一个更有创意的文物景点，由东南大学重新设计，形成最终被批准的方案，即以徽州传统村落聚居一条街的格局设计。搬迁古建筑兼顾不同时期，不同建筑类别，在建筑的格局、式样上更加丰富，能反映清代徽派建筑的典型风貌。根据山势垒砌护坡石坝，形成上下参差多个建筑平台，沿中线规划一条石板街，两边建筑沿街相对而立，中心为祠堂和戏台组成的大广场，最高处为一处二层八角亭，大门前是个开放式的园林，有牌坊、小桥、池塘等。

2000～2001年，作为前店后宅的万盛记，住宅带私塾的汪顺昌宅，以及地主程培本堂的宅第和收租房，第一批搬迁至清园。2002年后，随着古民居市场价值的抬升，以及涉及村集体利益的古建筑利益纠葛，清园古建筑搬迁难度越来越大，尤其涉及村集体的公共性建筑，比如祠堂、牌坊等搬迁更加困难。规划搬迁的古建筑几经调整，工程最后搬迁了畔礼堂、诚仁堂等一些体量相对较大的宅院，个别室内做了髹饰，目的是方便今后可以作为游客的接待住房利用。这些方案调整，都是经过层层上报，得到上级文物部门批准同意的。至2005年底，最终完成了10幢古建筑的搬迁复原。规划中清园最高处一座八角亭和门口的牌坊没有搬迁到位。

2007年4月28日，在完成围墙、广场、停车场、绿化、水电等配套设施建设后，举办了隆重的开园仪式。2008年3月起，潜口民宅明、清两园免费向社会开放。至此，总投资近3000万元的潜口民宅清园搬迁工程全部结束。

## 四、建筑概况

清园主朝向为坐西向东稍偏北。园内各单体建筑朝向以南北为主。清园占地面积10600平方米，园内10幢古建筑总建筑面积4032.43平方米，园前广场面积1200平方米，停车场面积1600平方米。

清园搬迁的10处古建筑，从清初到晚清，时间跨度近300年。含宅第5处、祠堂1处、古戏台1处、收租房1处、店堂1处、私塾1处，类型丰富。有一层的厅堂建筑，也有二层、三层的楼屋，有典型的四合院落，也有多个三合、四合院落组成的建筑群，还有厨房、侧厅等附属建筑，以及专司演剧、收租之用的特色功能性建筑，建筑形制丰富，风貌多样。徜徉清园，既能领略官宦宅邸、徽商之家、地主豪宅的显赫和阔绰，也能体会书香门第、平民屋舍的雅致和朴素，还能体悟街市店铺曾经的繁华、收租纳粮淳厚的民俗，以及乡间戏台响遏行云的粉墨喧嚣。每幢建筑既有典型的营造特色，又有深厚的文化内涵（表3）。

表3 潜口民宅清园搬迁古建筑一览表

| 序号 | 建筑名称 | 年代 | 类型 | 原址 | 迁建时间 | 层数 | 建筑面积（m²） | 建筑形制 | 建筑特色 |
| --- | --- | --- | --- | --- | --- | --- | --- | --- | --- |
| 1 | 万盛记 | 清·光绪 | 民居 | 徽州区西溪南镇西溪南村中 | 2000.7~2002.8 | 二层 | 238.9 | 三进三开间二层前店后宅楼屋 | 清末徽州前店后宅商居两用建筑 |
| 2 | 汪顺昌宅 | 清·道光 | 民居 | 徽州区西溪南镇竦塘村 | 2000.9~2001.4 | 二层 | 405 | 前、后两个三合院及南侧厅、北厨房组成 | 清后期附属私塾建筑民居 |
| 3 | 收租房 | 清·光绪 | 其他 | 徽州区西溪南镇竦塘村横山自然村 | 2001.4~2001.10 | 二层 | 296.9 | 八间头建筑由两三间楼屋带左右各一间 | 清末徽州地主收租房 |
| 4 | 程培本堂 | 清·光绪（1906年） | 民居 | 徽州区西溪南镇竦塘村横山自然村 | 2001.5~2002.1 | 二层 | 332 | 两进三间带两廊主楼及厨房、侧厅组合而成 | 清末徽州地主宅第 |
| 5 | 谷懿堂 | 清·道光（1821~1850年） | 民居 | 歙县北岸镇大阜阜西村 | 2001.5~2001.12 | 二层 | 236.4 | 三间两进二层砖木结构楼房 | 清后期徽商住宅 |
| 6 | 戏台 | 清代 | 亭台 | 歙县北岸镇显村 | 2003.3~2003.11 | 二层 | 320.46 | 三间砖木结构单体建筑 | 清代徽州乡村古戏台 |
| 7 | 诚仁堂 | 清·嘉道年间（1815~1840年） | 民居 | 休宁县渭桥乡棠源村 | 2003.5~2004.1 | 二层 | 568 | 五开间三进砖木结构二层楼房 | 清后期徽州家族聚居古民居 |

续表

| 序号 | 建筑名称 | 年代 | 类型 | 原址 | 迁建时间 | 层数 | 建筑面积（m²） | 建筑形制 | 建筑特色 |
|---|---|---|---|---|---|---|---|---|---|
| 8 | 畔礼堂 | 清代 | 民居 | 宣城市旌德县玉溪村 | 2004.2~2005.5 | 二层 | 880 | 三进五开间砖木结构二层民居 | 清后期徽派大型古民居建筑 |
| 9 | 义仁堂 | 清·康熙年间 | 祠堂 | 歙县溪头镇洪村口村湖岔村 | 2004.7~2005.1 | 一层 | 232 | 二进五开间砖木结构堂屋 | 清早期徽州宗族祠堂 |
| 10 | 洪宅 | 清·光绪（1897年） | 民居 | 歙县三阳镇竹铺行政村珠川村 | 2004.8~2005.1 | 三层 | 257.44 | 两进三开间砖木结构楼屋 | 清末徽州东乡典型民居，楼层设阁楼是特色 |

清园工程实施，不但抢救保护了一批岌岌可危的古建筑，同时也拓展了潜口民宅的保护内涵，丰富了作为一个专题民居博物馆的馆藏，使潜口民宅成为一个时间跨度500余年，越明、清两代的徽州古民居建筑精品的集中保护展示地，而且通过完善旅游接待配套设施，优化美化环境，丰富陈列和展览，创建成一个优质的古民居旅游景区。2015年，潜口民宅作为"古徽州文化旅游区"的重要组成部分，被评为国家5A级旅游景区。

# 清园大门

## 一、概况

清园大门，位于潜口民宅清园东围护墙居中偏北位置，主体建筑为仿歙县渔岸村清代汪氏宗祠仪门。五开间砖木结构五凤楼式单层建筑。面阔14.02米，进深7.39米，建筑面积103.6平方米。

潜口民宅清代建筑群，选址潜口村西观音山东片坡麓，搬迁保护10幢具有代表性的徽州清代古建筑，按照"一条街"的形式布局，四周随地势围以矮墙，形成园内街格局。主朝向坐西向东，园外广场东60米为进出黄山205国道，公路对面即为潜口古村落。

由于清园东围墙外南侧有部分潜口村民住宅，能够作为门前广场部分的场地并不十分开阔，故清园大门不适宜大开间的建筑，考虑到清园围墙大门地坪高出公路进入停车处约有3.5米，且两者有四五十米的距离，建筑太低矮又不彰显。

歙县渔岸村汪氏宗祠原是前后三进的一组建筑，20世纪六七十年代宗祠的享堂、寝堂就已倾圮，仅祠堂仪门保存，被生产队改为仓库使用，后仪门长期处于无人管护状态，建筑多处出现险情，亟待抢修。

清园大门选择开间14、脊高7.2米的汪氏宗祠门屋，建筑大小体量基本合适，而且该门屋为徽州清代祠堂最普遍采用的五凤楼式样，不仅具有代表性，翘脚如飞翼，更增加了大门庄重威严的气势。

经过多地走访、反复斟酌，认为渔岸汪氏宗祠仪门形制、体量适当、风貌协调，更符合潜口清园大门的功能需求，经与当地反复协商不果，无法将原建筑迁入潜口民宅集中保护，特于2005年按照一比一仿制，作为清园大门使用。

## 二、现状特征

位于清园东围墙正面，坐西向东。地坪高出门前广场近2米，12级石台阶登临。

门屋以屋脊为中心，脊前，双步架，一轩棚；脊后，双步架，一轩棚。明、次三间为门厅，明间为正门，左右门柱悬挂山门楹联一副："陶令有遗踪此处原即洞天府第；徽州多胜迹斯园独具明韵清辉。"左、右装置抱鼓石。高门槛，可拆卸。脊缝三间，均采用屏门装修。两梢间，从脊前金柱一直装修到后金柱。梢间前檐部分，装饰八字清水墙[①]，水磨砖无雕饰，墙角为青石琢成的须弥座。

前檐柱，除两山靠墙的为木柱以外，明、次间一排四根方形石柱，石柱上架月梁，其特征是梁的两端下弯，梁面弧起，形如月牙，月梁截面，近于圆形，平缓优美，承受屋顶荷载的同时又能体现一定的艺术效果。梁架上，装置轩棚，上置覆水椽，椽上铺望板。双步梁[②]架上，小梁头雕刻象头。明间，前、后金柱柱头，装饰倒爬狮斜撑；次间柱头，饰夔龙斜撑。歇山顶前、后檐的垂檐头上，饰木博风板，雕刻花纹，博风板上装清水砖垂脊。

屋面上，正脊与垂脊均用万字砖和如意砖，脊背饰有瑞兽，脊头饰鳌鱼脊吻；两头山墙，屏风墙跌宕三级，屏风上竖瓦脊，三级的脊头饰哺鸡兽；墙头及门屋的前后檐，均装置勾头滴水瓦。

地面茶园石[③]铺砌，前后阶沿[④]条石铺砌较宽厚。前、后檐柱础方形作抹角，成八面。

# 三、建设工程

2005 年 10 月 17 日，门屋放线，挖基槽；
2005 年 10 月 24 日，浇砼基础垫层；
2005 年 10 月 25 日，砌砖基础；
2005 年 10 月 31 日，回填土；
2005 年 11 月 18 日，竖屋架；
2005 年 11 月 26 日，钉屋面板；
2005 年 12 月 13 日，屋面瓦作；
2005 年 12 月 18 日，门屋粉刷（图 14-1～图 14-7）。

---

① 泛指不加任何抹面和装饰的墙面，特指采用色泽、规格一致的黏土烧制砖砌成灰缝整齐的墙面。
② 清式建筑大木构件名称。与单步梁位置相同，只是因廊子进深超过一步架，梁上面需加一根瓜柱与一根檩子，才称双步梁。
③ 茶园石地质学上称凝灰岩，质地均匀，石质韧而柔，细而有序，开采时质软，施工较易，可随意造型，开采后经风吹日晒、雨淋、氧化等理化作用，质地变硬，经久耐用。据史料记载南宋迁都临安时，宫殿、御道、碑亭、牌坊等建筑所需石质构件都是在现如今的石林镇境内的茶园村一带取石。古时就有商人专营茶园石，以供筑御道、碑亭、碑坊、风景名胜刻碑及家庭石磨、石臼之用，因此，在沪杭宁有"美石出茶园"之誉。
④ 又称踏步，即今之台阶。江南建筑称阶沿。明清官式建筑中称之为踏跺。

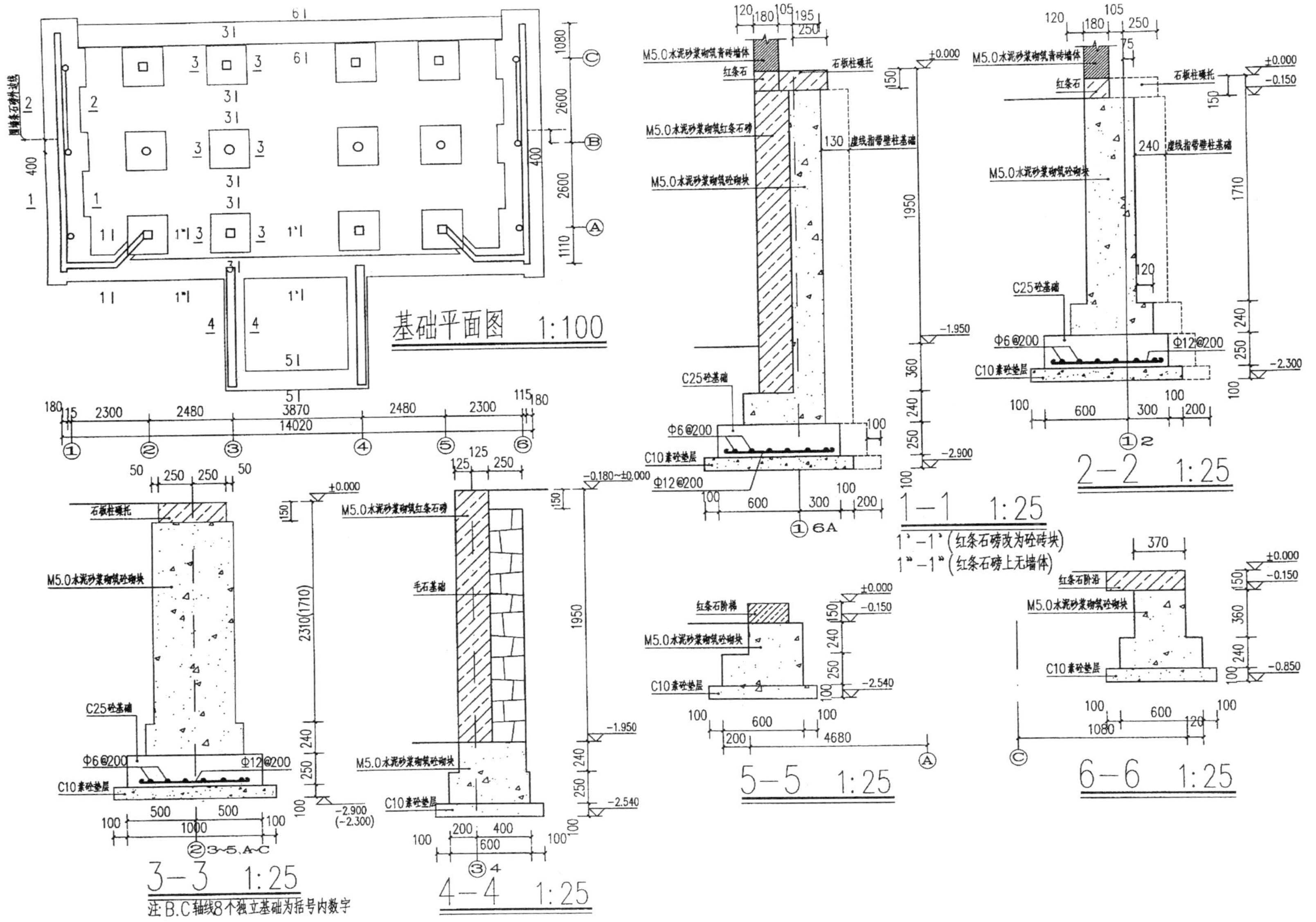

图14-1 清园大门基础平面图

图14-2 清园大门平面图

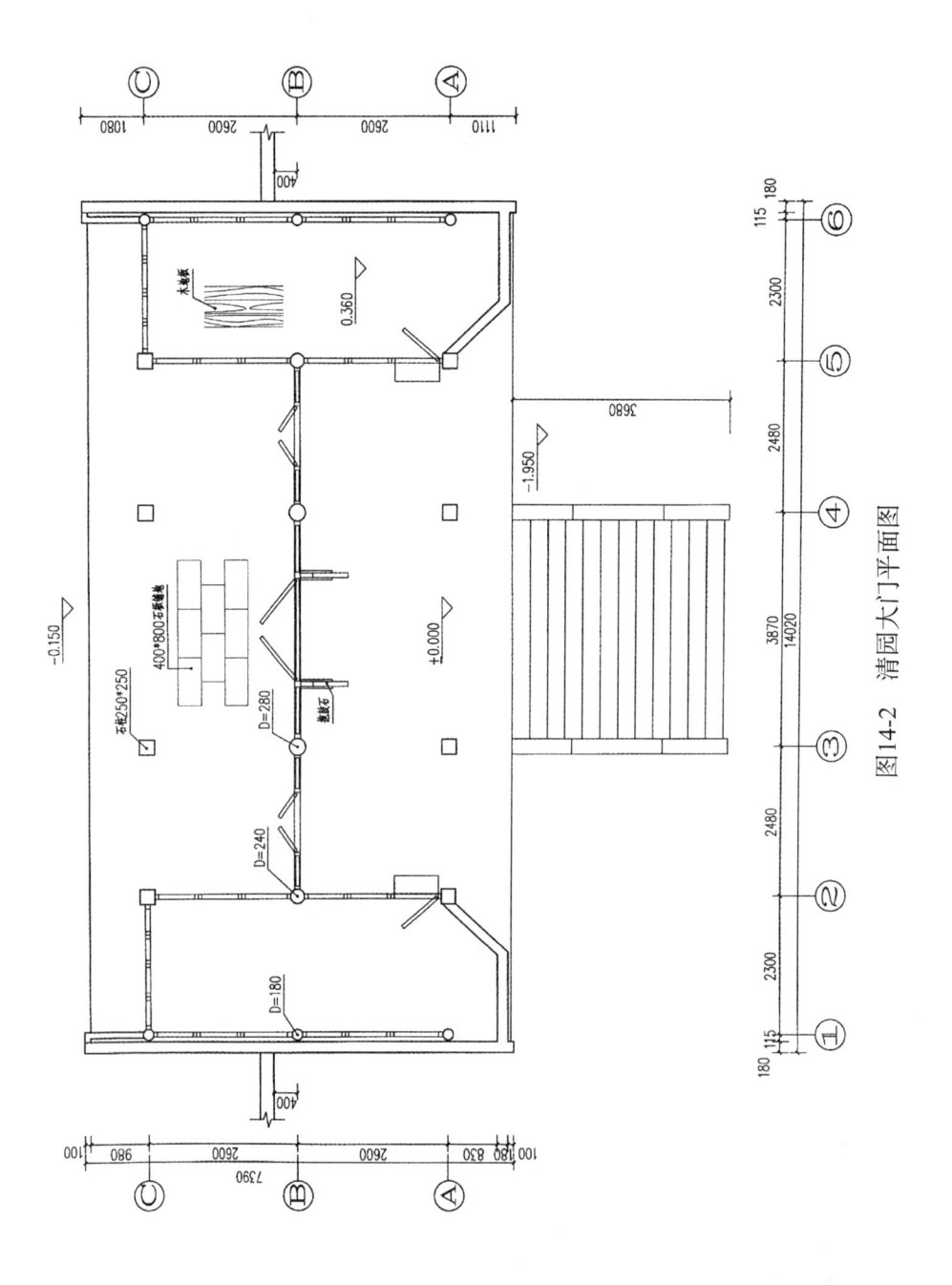

图14-3 清园大门正立面图

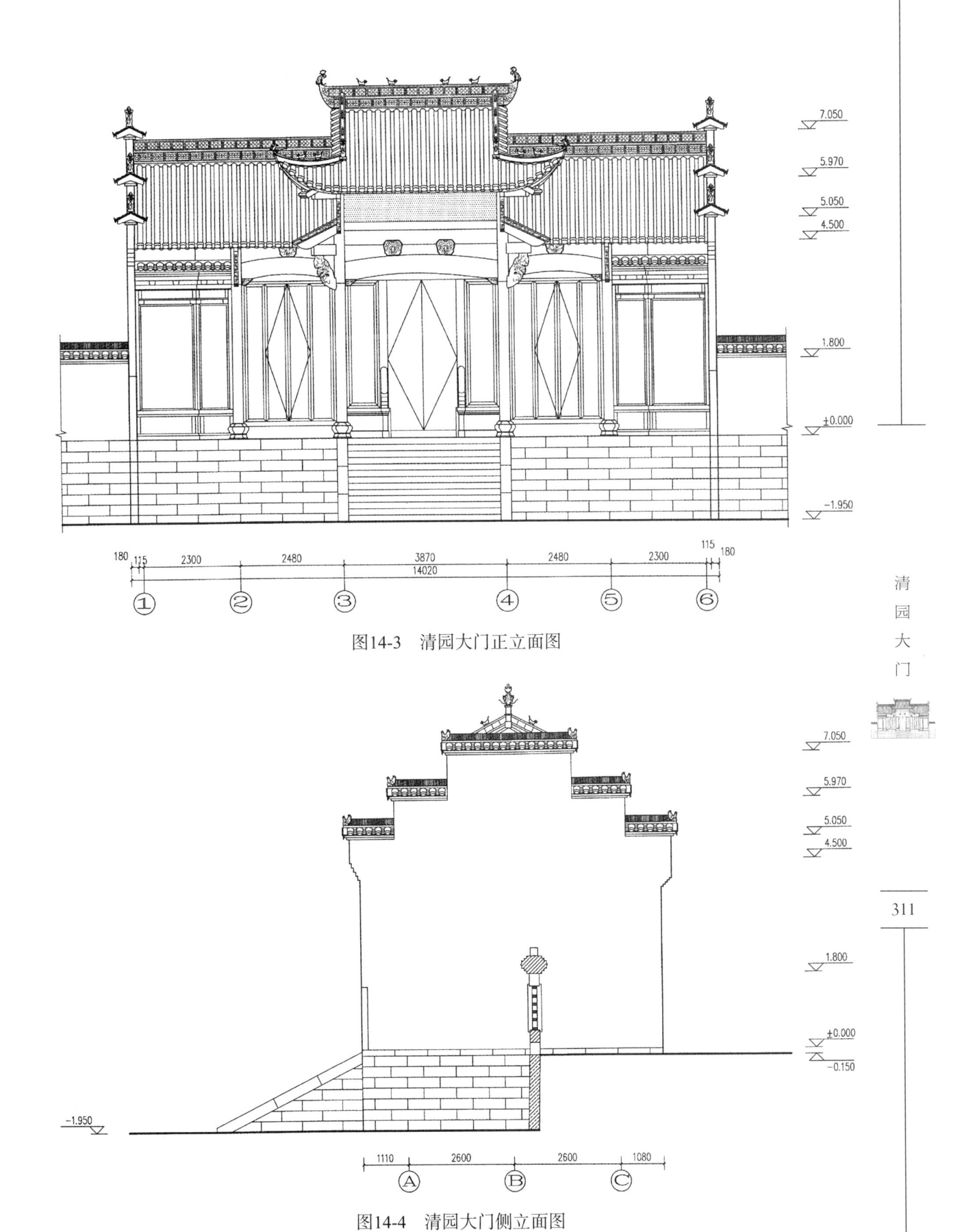

图14-4 清园大门侧立面图

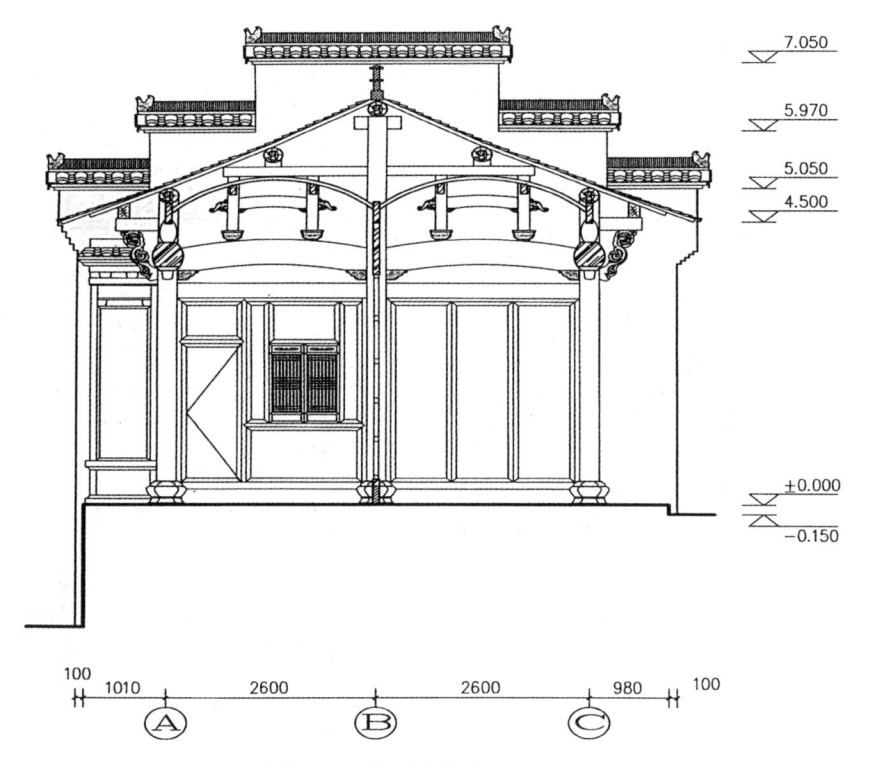

图14-5　清园大门次间剖面图

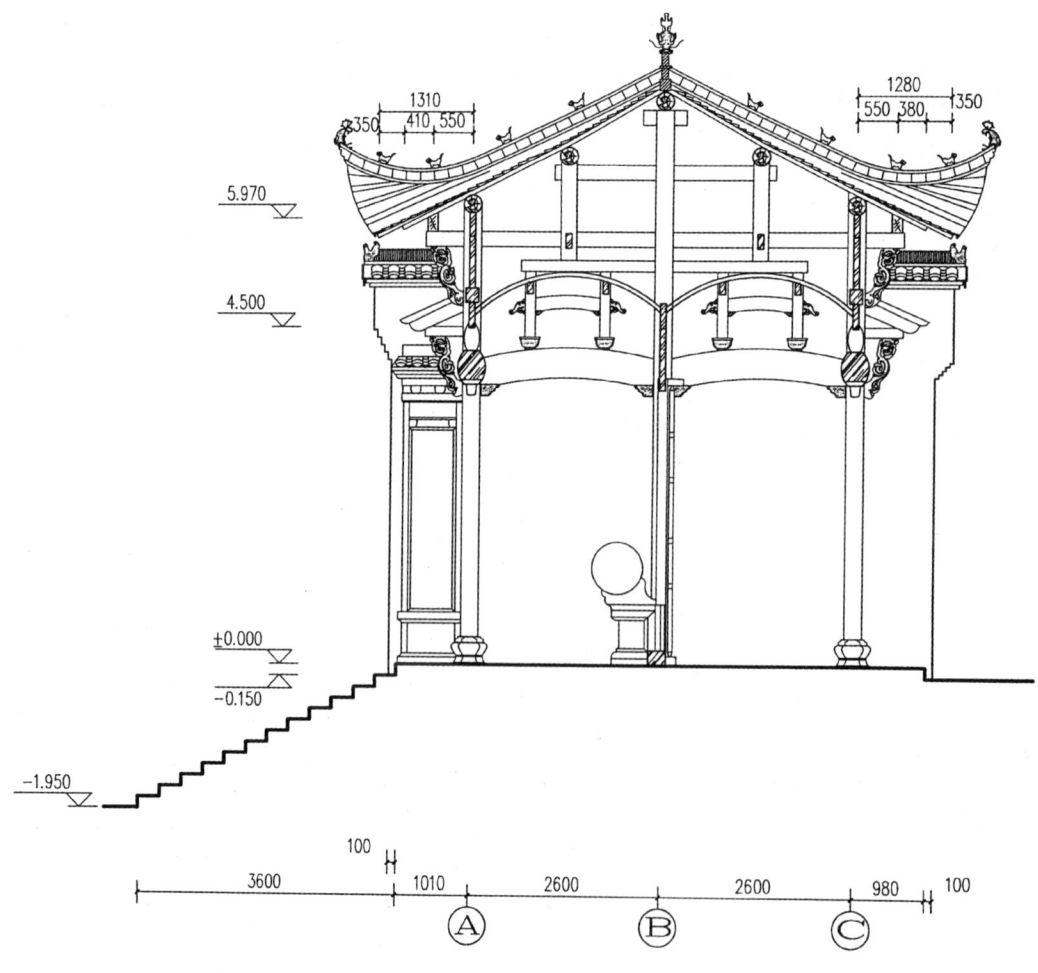

图14-6　清园大门明间剖面图

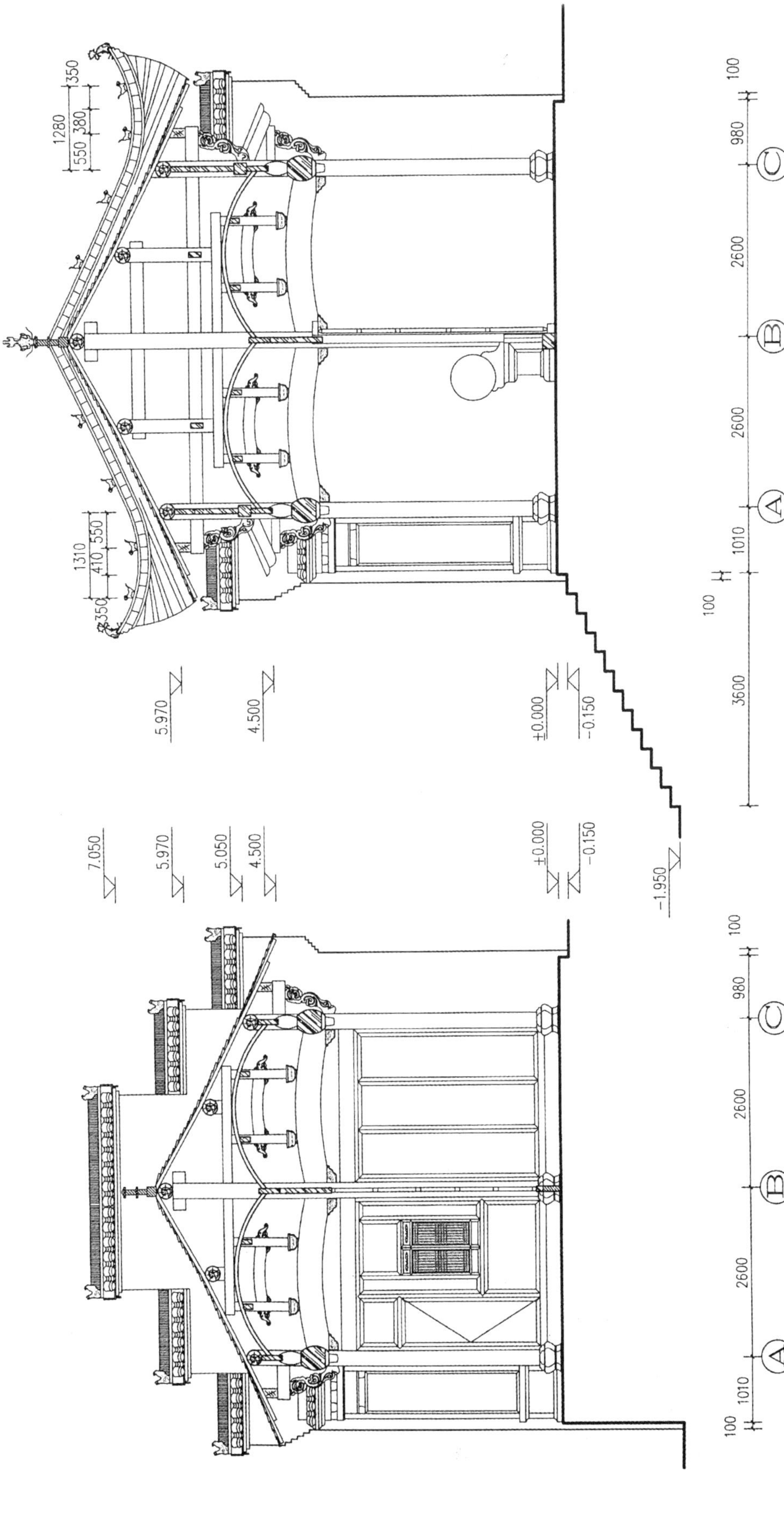

图14-7 清园大门明间、次间剖面图

清 园 大 门

# 畊礼堂

## 一、概况

畊礼堂现位于潜口民宅清园。建于清代后期。坐南朝北，三进五开间砖木结构二层民居。通面阔 19.8 米，进深 22.7 米，建筑面积 880 平方米，是目前潜口民宅体量最大的一幢古建筑。

原位于宣城市旌德县玉溪村，据该宅原主人吕锡贵介绍，畊礼堂先祖曾在清道光十二年（1832 年）任朝廷户部四品官员，主管军粮及京城的粮食供应，回乡后置办产业，建成畊礼堂。

该宅前后共有 5 门洞、6 天井、4 楼梯，大小 32 个房间，规模宏大，结构紧凑，布局大方得体，且营建考究，工艺精湛，地方特色浓郁，是清后期徽派大型古民居的精品之作。

根据清园调整后的方案，园内需要一幢形制完整、建筑体量大的古建筑，便利搬迁后开发利用。经多地寻访，慎重遴选，畊礼堂符合此需求，遂于 2004 年将其迁入潜口民宅清园进行集中保护。

## 二、原址原貌及形制特征

畊礼堂原位于宣城市旌德县孙村乡玉溪村（图 15-1、图 15-2）。旌德县处于皖南山区，紧邻黄山，距黄山风景区仅 30 千米，地理上是东面出入黄山的重要门户。中华人民共和国成立后直至 1987 年黄山市成立前，属徽州专区、徽州地区管辖。历史上与徽州文化联系紧密，基本同属一个类型，传统建筑风格相同。玉溪村东南为平地田川，十分开阔，有一条小溪穿村而

图15-1　原址正立面　　　　　　　　图15-2　原址侧立面

过，村西北正对高耸的丁家山，山脚下有河流过，故又称"双溪村"。

畔礼堂位于玉溪村东北隅。大门外是宽阔的石板广场，过广场便是玉溪村南北走向村道。该建筑是原吕氏民居建筑群中的主屋，左侧原建有厨房，现已毁圮，右侧建有一座储藏性质的楼房，现主人将此楼房截为一层平房居住使用。

畔礼堂朝向西南，前、中、后三进五开间砖木结构楼屋。墙体、屋面及石作部分保存基本完好，木构架腐朽不多，保存较为完整，室内装修部分损坏较为严重。

## （一）前进

正面水平高墙，大门居中设置。花岗岩门框，双开杂木实拼大门，门框与前檐墙偏斜而置。石门框两侧水磨花砖贴面，向外是清水门楼砖砌立柱。门罩雕琢细腻，不少雕饰花砖为烧结品。门楼顶部瓦檐，用嵌入围护墙中的披水砖收口，戗脊残缺严重，脊头饰物已失。

前进五开间。明间为门厅，前金部设二道门，居中原装双面活动皮门4扇，两边各装有雕花隔扇门2扇，现仅存隔扇门2扇。明间、次间隔成房间4部。东次间前檐置有单面皮门和槛窗4扇，现存3扇，槛窗[①]框上有窗栏板安装痕迹。西次间前檐缝置有房门和槛窗框架，门窗扇已失。东、西梢间，前檐缝装修遗失殆尽（图15-3～图15-7）。两次间边贴装修几无存。东次间、梢间泥土地面，残留有楞栅和木地板痕迹。西次间、梢间为后浇筑的水泥地面。

门屋楼上，明间为杉木穿销楼板厚50厘米，次、梢间为松木楼板厚28厘米。其中东次、

图15-3　正门砖雕门楼　　　　　　　图15-4　前进东廊

---

① 古建筑中窗式的一种，即位于槛墙之上的窗。常用在殿堂的当心间两侧，与隔扇配合使用，多向内开启。

图15-5　前进东次间

图15-6　前进东侧楼板缺失

梢间楼板全部毁失，仅剩栏栅和承重枋；西次间、梢间楼板残朽严重。楼上通间仅西梢间部分装修尚存。次间、梢间为房间采光，在前檐墙上各设置小木窗一樘。

楼层为穿斗式屋架，料度较小，灵巧简约，屋面有椽椀。桁条下无替木[①]，屋面起伏不平，局部沉降严重，屋面原铺设望板，多已腐朽。前进上檐出120厘米。天井井口交圈，有飞椽建制，整个檐口朽烂严重。与楼廊联结处

图15-7　前进天井楼檐

的4条天沟底木已腐烂，檐口水笕已被拆换。撩檐枋下托有挑头木，由楼行槛窗竖枨支撑，无梁撑。楼行挑出38厘米，楼行窗榻板向前天井悬挑38厘米，上置雕花栏杆板，设置槛窗。雕花栏杆板设置为2道，底道花板为回纹图案，顶道花板为花卉、卷草纹，保存基本完好。前天井井口槛窗扇仅存一扇。悬挑窗塌板下，装置有各种动物、人物图案的木雕斜撑，缺失较多。

天井井口及屏风墙上，安装勾头滴水瓦，呈多种型号，为各时期修缮时添加补配。墙脊竖瓦损失较多，端部所置雀尾，残缺不全。

## （二）中进

中进五开间，楼下为一明四暗，通面阔与前进相同，进深7米，前檐立柱根部大都霉烂受损（图15-8～图15-12）。

图15-8　中进太师壁

---

① 木构件名称。位于榑缝下、跳头上承托榑枋的长条形构件。

图15-9　中进花瓶图案斜撑 　　　　　　　图15-10　中进前檐倒爬狮斜撑

图15-11　中进两侧通道上雕刻额花板 　　　图15-12　中进西次间地板残缺现状

明间为厅，三合土地面。面层涂上了一层黑色的釉料，厚1~2毫米，黏结牢固。面层按照斜方格画线分格，用桐油石灰膏嵌缝，做工精细。太师壁原装有活动双面皮门4扇，现仅存2扇。两侧通道各置活动皮门2扇。

次、梢间为房。脊缝处置有砖隔间墙，将中进次间、梢间隔成8个房间。前后檐单面皮门装修，朝天井向开门窗。槛窗及窗栏杆缺失较多，次间、梢间的窗扇格式不一，次间窗扇为密棂雕花芯子，造型烦琐；梢间窗隔扇为竖直棂格子，式样简洁。次间和梢间有活动皮门相互贯通。东边脊前房间地板毁失，脊后房间改为水泥地面。西边脊前、脊后房间为木地板，朽烂严重。梢间四个房间靠山墙均无木装修。

中进与前进以东、西楼廊作衔接，并围合成前天井、东小天井、西小天井，花岗岩铺地。屋面水落地处设置浅水沟做法，低于天井地面30厘米，直通暗沟。该宅的排水系统从后向前，由暗沟、窨井接出。前天井的地坪标高同前进门厅，前东、西小天井地坪标高同中进大堂。

东、西楼廊，东楼廊前檐布置有楼梯间，木楼梯朽烂严重，踏21步可达二楼。西楼廊前檐步现残存楼梯井口，木楼梯已毁失。门额上方置有花板，不同程度破损。东楼廊脊缝中间置有固定皮门2扇，以此围合成楼梯下储物间。脊后廊下地面，为三合土地面。西楼廊，木楼梯和脊缝处装修已毁，脊后廊下已改为水泥地面。

中进楼层，较前进高。五开间一明四暗，房间分隔与底层相同。楼上房间铺设木楼板，东次间、梢间脊前的楼板全无，现仅存梁枋和櫊栅。

前、后楼行均挑出38厘米。后檐栏杆雕刻花板三层，底部为回纹图案，中间为寿字、夔龙环绕图案，顶部为花卉卷草。

梁架穿斗式，形制简约。屋面覆有望板，椽距21厘米，有椽椀建制，料度偏小。飞椽朽烂严重，屋面起伏不平，局部沉降严重。

## （三）后进

后进通面宽与中进相同，一明四暗，地坪较中进高17厘米。楼下明间为厅，明间缝置固定单面皮门4扇，次间、梢间脊后部为砖砌隔间墙，脊前为散板板壁装修（图15-13～图15-18）。

次间、梢间前檐缝处均有装修，上置4开槛窗，下为裙板，东次间窗扇雕花芯；东梢间窗扇竖直棂格子。东梢间的槛窗前，装置雕刻窗栏杆花板，其上横头被锯掉。

楼层上檐出115厘米。挑头木支撑出挑，下边置倒爬狮斜撑。后堂前楼同中进后楼做法一样，悬挑三道雕花栏杆花板，栏杆板上装有隔扇窗，窗扇全失。悬挑栏杆下设置有动物、人物图案的斜撑。

图15-13 后进斜撑

图15-14 后进楼层仰视

图15-15 后进楼层明间梁架

图15-16　后进底层东次间雕花芯仔槛窗扇 　　　图15-17　后进底层东梢间直棂窗扇及栏板 　　　图15-18　楼廊楼梯及井口栏杆

楼上梁架为穿斗式，形制简约，屋面覆望板。东、西小天井檐口无飞椽。撩檐枋下托有挑头木，挑头木由楼行槛窗的竖枕支撑，撩檐枋至出檐椽头45厘米。檐口木结构朽烂严重。装修同前进门屋，明间缝各置有单面皮门4扇，缺失2扇。次间边贴散板装修至顶。

后进东、西楼廊与中进围合成三个天井。天井石板铺砌，东小天井浇注了砼地面，整个天井井口进行了拆改，用木椽、瓦将楼廊的半坡屋面水，接伸至山墙排水。两侧通道原装有活动皮门2扇，门上装设雕花横风扇。楼梯有毁损。

前后东、西四个小天井，均朝户外开有侧门。

畔礼堂的围护墙体颇为考究。次、梢间的前后檐及两侧山墙，自基础顶至1.85米处为30厘米厚的墙体，之上为14.5厘米厚的墙体；明间前、后檐墙体自下而上用24厘米厚的墙体；前后东、西4个小天井处的山墙用30厘米厚的墙体砌至屏风底。

## 三、文物价值

畔礼堂是清代晚期徽派大型民居的代表性建筑。原屋先祖系户部四品官员，畔礼堂花费巨额钱财建造。建筑开间和进深大体相当，恰似一颗方形官印。畔礼堂东西楼廊与前、中、后三进围合成6个大小天井，辟有32个房间，架设四道楼梯，前、后楼行均为跑马楼，除大门外，左、右山墙各开两道边门，与左侧厨房和右边侧屋相通。整体建筑呈现大开间、大进深、大厅堂、高楼层以及多天井、多房间、多楼梯、多边门的格局设置，规模宏大，结构紧凑，布局大方得体。其中，天井作为组织单元的作用尤其突出，有效串联整个建筑的上下、前后、内外交通，每个房间采光、通风也合理兼顾，处理得十分科学，对现代住宅设计能起借鉴作用。

畔礼堂营建考究、特色浓郁，是清代徽派民居建筑的精品。前、中、后三进地坪层层抬高，外观高耸，气势煊赫。明间开间大，厅堂宽敞，且三进厅堂相通；天井高敞开阔，前后一大两小设置，确保了建筑群在纵横两个轴线上的空间通透明亮。房间窗扇采用对开可折叠四扇设置，最大限度地满足采光通风的需求。围护墙体在不同高度、不同部位间不同厚度的砌筑手法，不同材料和不同厚度的处理，在满足建筑的功能和安全需求基础上，灵活变通，达到集约精简的营建效果。房间内铺筑的木地板，地栿设置高达32厘米，更有利于防潮。大堂的雀替、花机、双步梁以及天井四面的斜撑、花版、花窗的木雕刻，层层分布，布局疏朗有序，雕刻内容寓意吉祥，雕刻技艺精湛，突出了建筑核心部位的观感体验，提升了建筑的文化品位。大门罩砖雕刻纤细精致，八字墙上水磨花纹砖系当地砖窑的特殊材料和工艺烧制而成，地面为独特的三合土黑色釉料罩面，柱磉、石板、地栿均采用地方出产的花岗岩，均具有浓郁的徽郡北乡营建特色。

## 四、迁建工程

### （一）迁建过程

2004年2月8日，畔礼堂工程开工；

2004年2月14日，工程放线、土方开挖；

2004年3月6日，由施工技术负责人进行技术交底；

2004年5月21日，木工大木安装；

2004年6月23日，安装望板；

2004年7月21日，木工木构架安装结束，开始砌墙；

2004年9月23日，安装石门；

2005年5月23日，主体工程竣工。

### （二）迁建选址

畔礼堂位于清园东南大门入口左侧方位置，是顺山势拾级而上的清园主街道第一层台面建筑。朝向西北，与诚仁堂相对而立。畔礼堂是潜口民宅体量最大、房间最多的单体建筑，作为清园入门后首座与观众见面的古建筑，可以让观众第一时间领略徽州清代古民居建筑的典型时代特征，雄伟的建筑气势，精致的营建工艺，让人印象深刻。

### （三）维修要点

（1）木作：畔礼堂大木构架缺毁较少，残痕遗构明确，故可依旧制恢复。屋面檩条料度小，为防止拔榫、弯垂，在檩条安装、榫归位时，在接头处两侧各用一枚铁钉骑加固。明间开间大，前后檐额枋与柱相交的榫头，按原位归安后，在柱头上用铁活联结额枋头，防止拔榫。

楼上、楼下的装修隔断、门窗缺毁甚多，从相对应部位找出遗物遗痕，按照原有形制进行恢复。

（2）砖瓦作：由于屋面、墙体拆卸，砖瓦损耗较大，砖质水筧、勾头滴水瓦，阴隔沟的沟底瓦，鹊尾及金花板等构配件，缺失较多，均按原规格订制。大门砖门罩的砖雕配件，局部残破者不作镶补弃换，保持原貌，确保原工艺做法得以留存，缺失或全毁配件，则依制复原。原侧门通向毗邻的自家房子，侧门洞外墙上没有设置门罩，考虑到迁建复原后没有邻近建筑遮蔽，拼板门扇容易受风雨侵蚀，故参照邻近江村祠堂边门罩的做法予以添置小门罩。

（3）地面：厅堂原为三合土地面，在新址恢复时，改用徽州古民居普遍运用的大方砖墁地，确保室内地面平整美观耐用。

（4）排水系统：沿用传统方式，采用铝制水筧和落水管收集屋面雨水，在天井楼层位置加木枋予以支撑，由天井暗沟排出室外，进入清园内部统一设置的地下排水网络。其原制的排水沟、窨井、地漏等则须依原样布置，保持原貌。

（5）油漆及白蚁防治：考虑到畔礼堂复原后的利用需要，古建筑示外木构配件都按照传统古法，统一做了油漆髹饰。

现场踏勘发现白蚁蛀食木构严重，在修复木构架之前，需逐件对木构件涂刷灭蚁药物进行防治处理。新址的白蚁防治工作结合工程施工实施。

消防设施、室外排水系统根据清园规划统一实施。

## （四）工程资料

主要有勘察维修设计文本、实测图、照片，以及施工图、竣工资料等（图15-19～图15-39）。

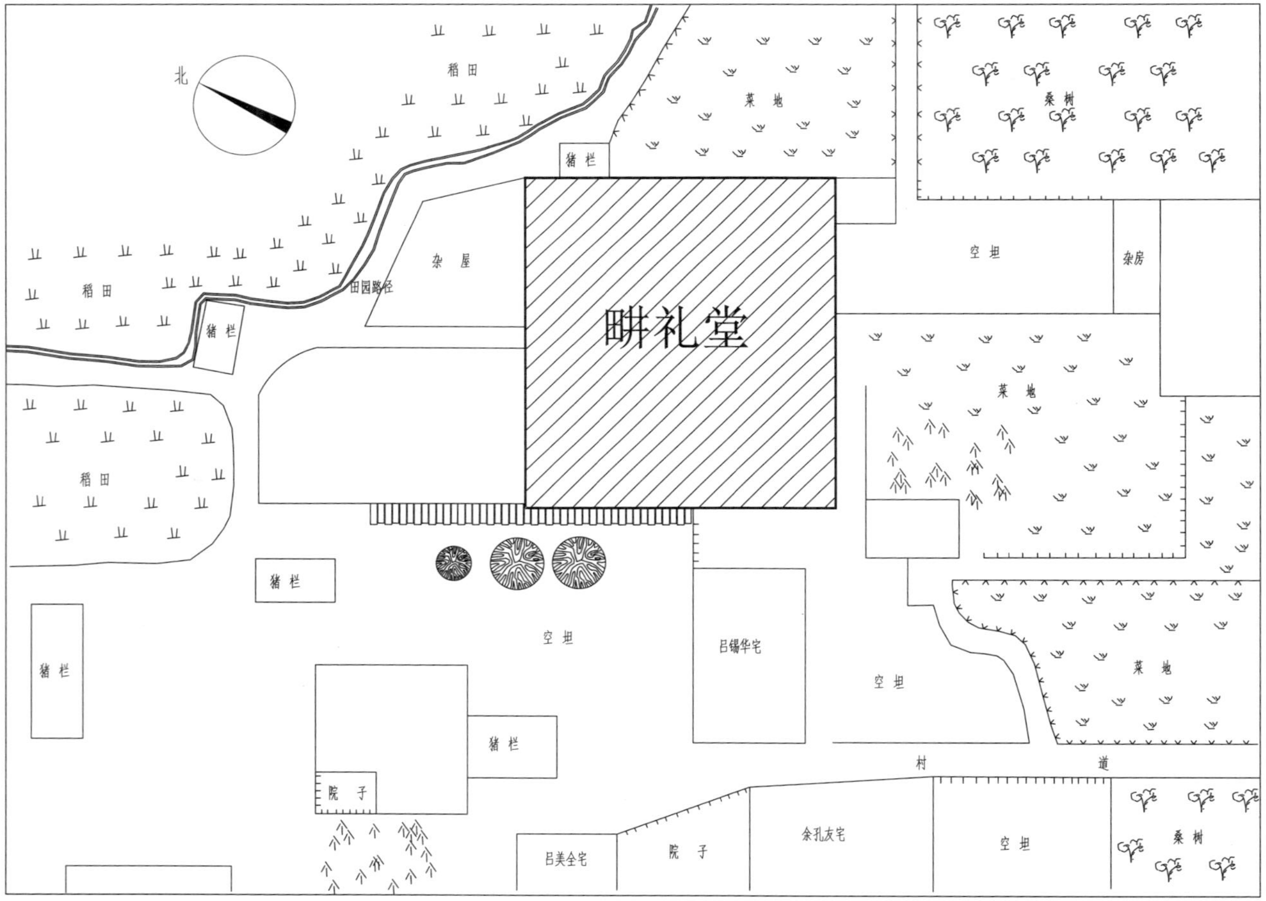

图15-19 畔礼堂测绘图-四邻关系图

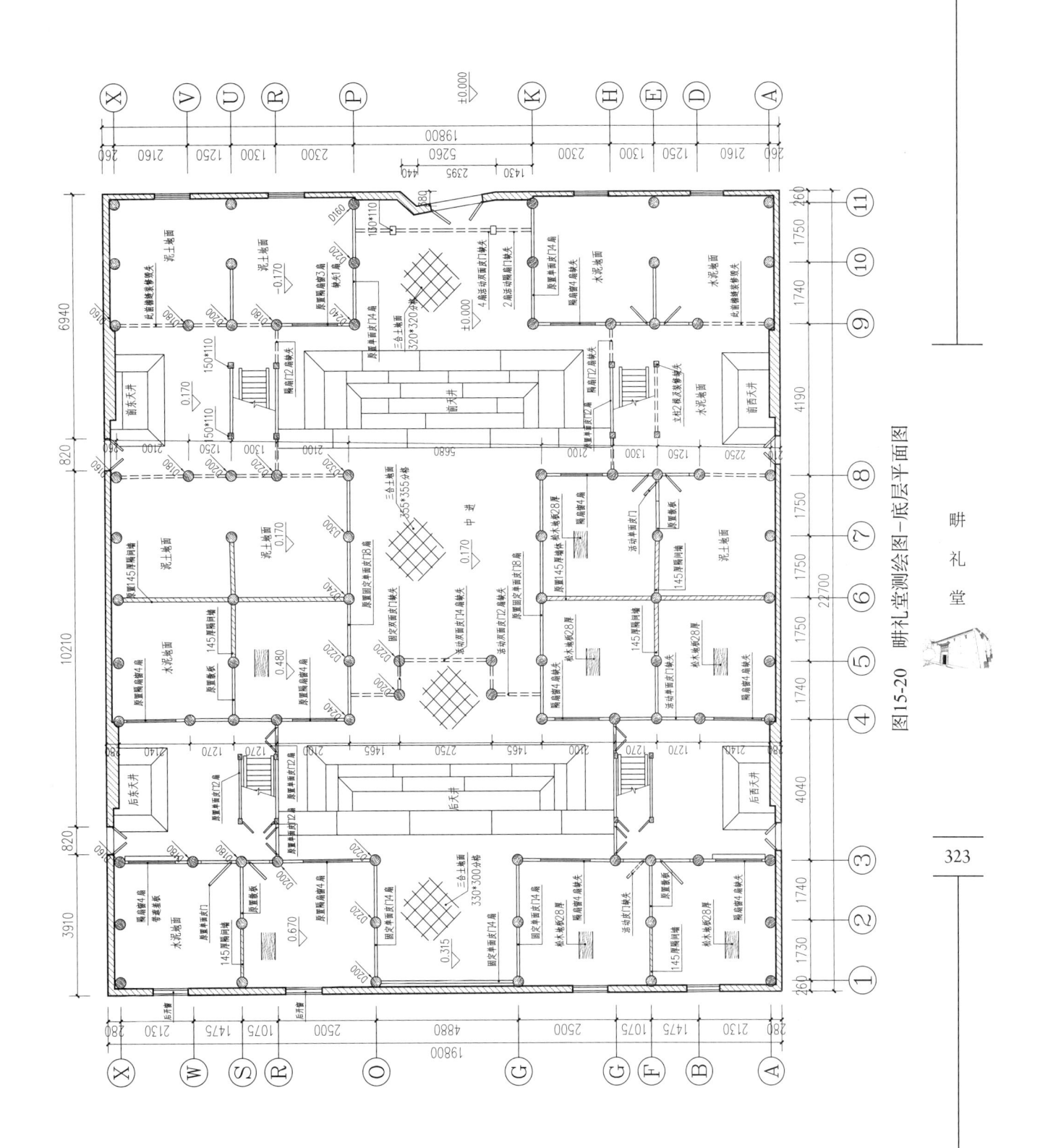

图15-20 畔礼堂测绘图-底层平面图

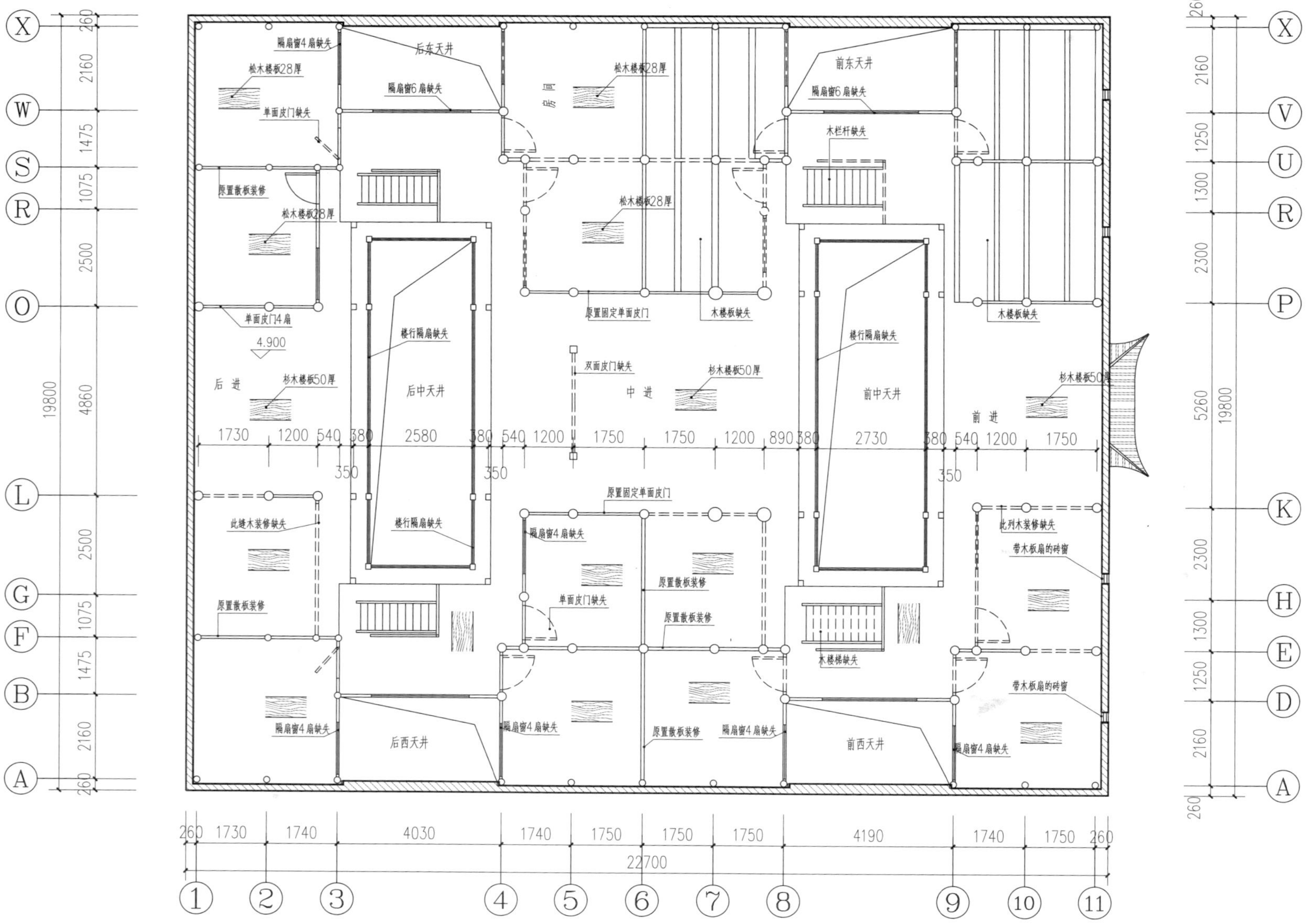

图15-21 畔礼堂测绘图-二层平面图

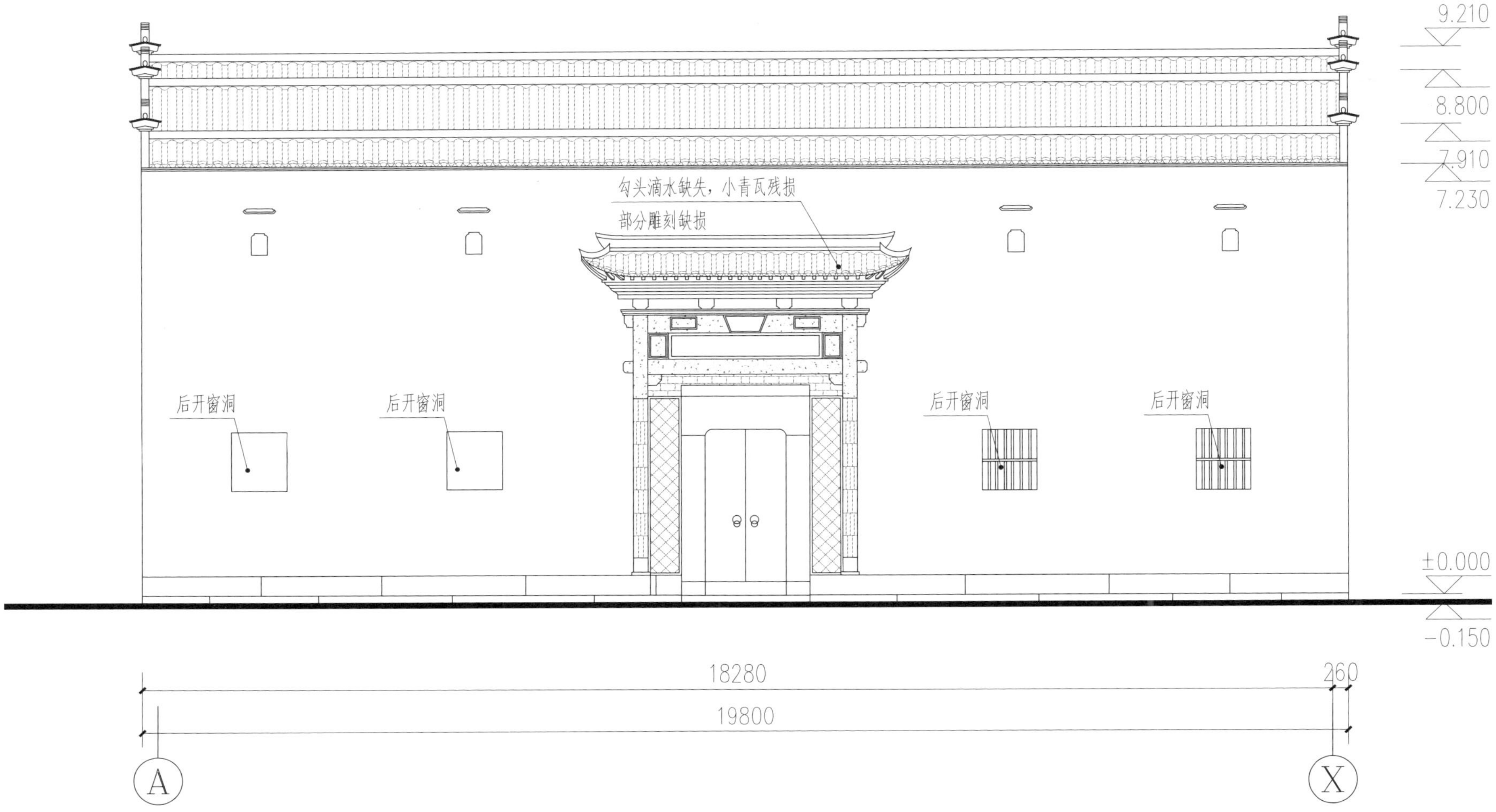

图15-22 畔礼堂测绘图-正立面图

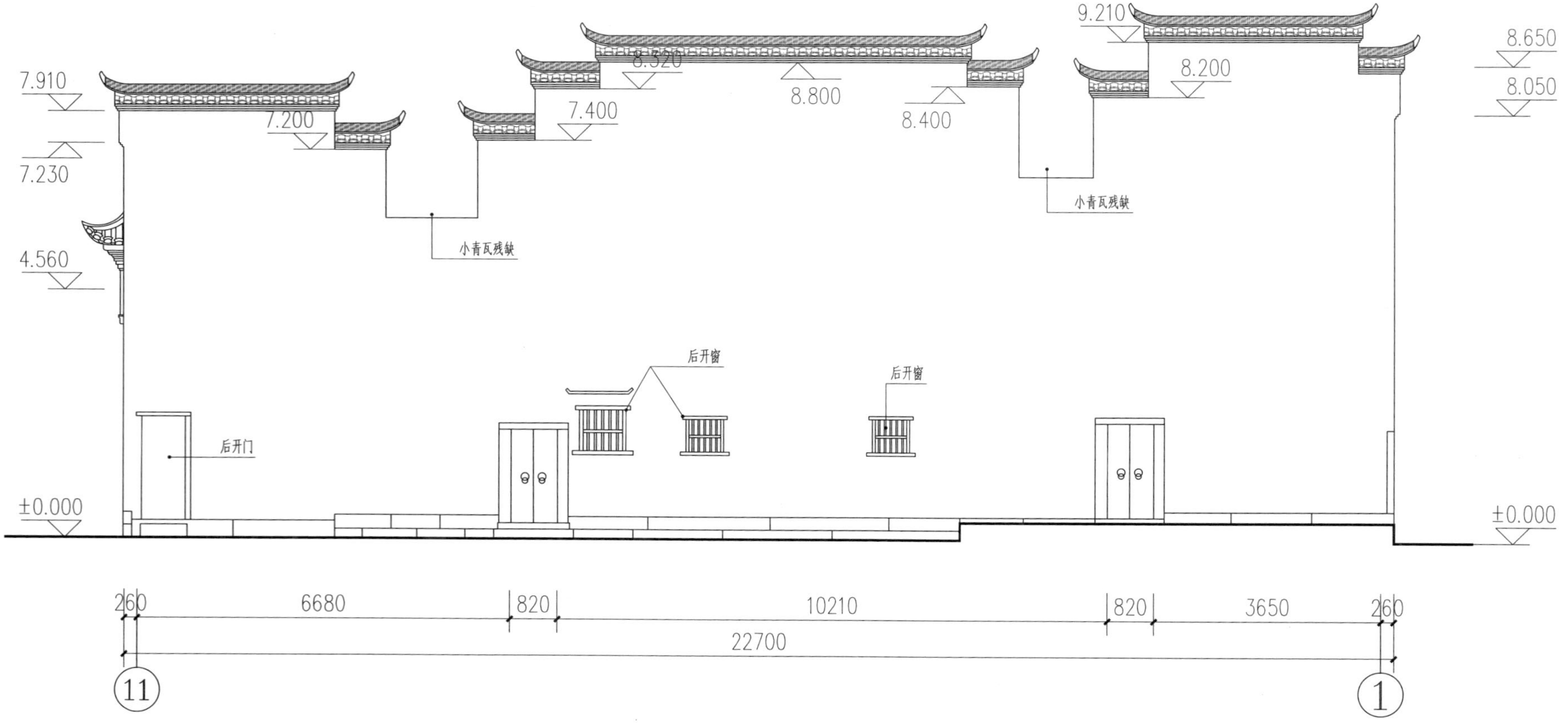

图15-23 畔礼堂测绘图-侧立面图

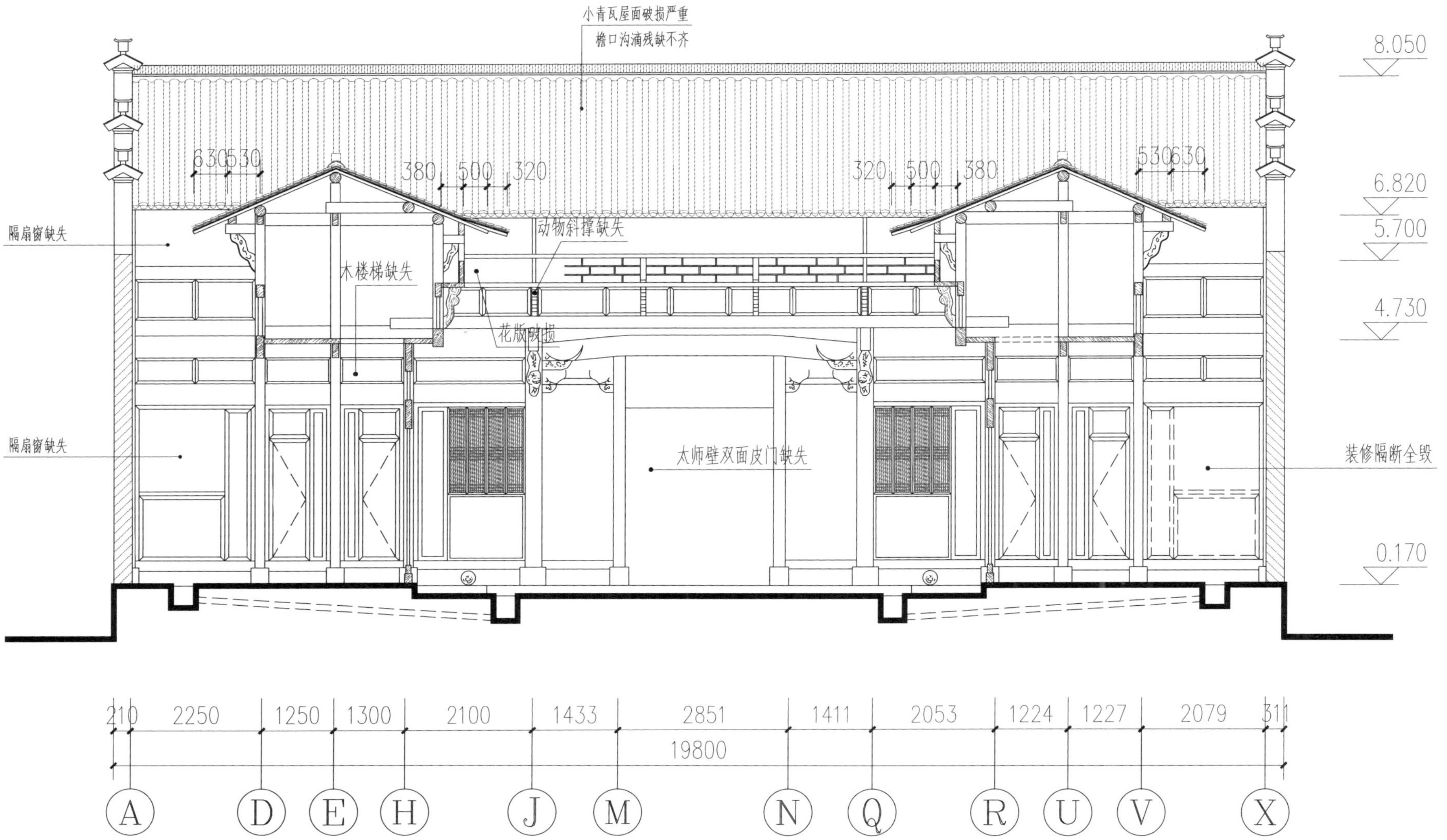

图15-24 畔礼堂测绘图-中进前檐立面图

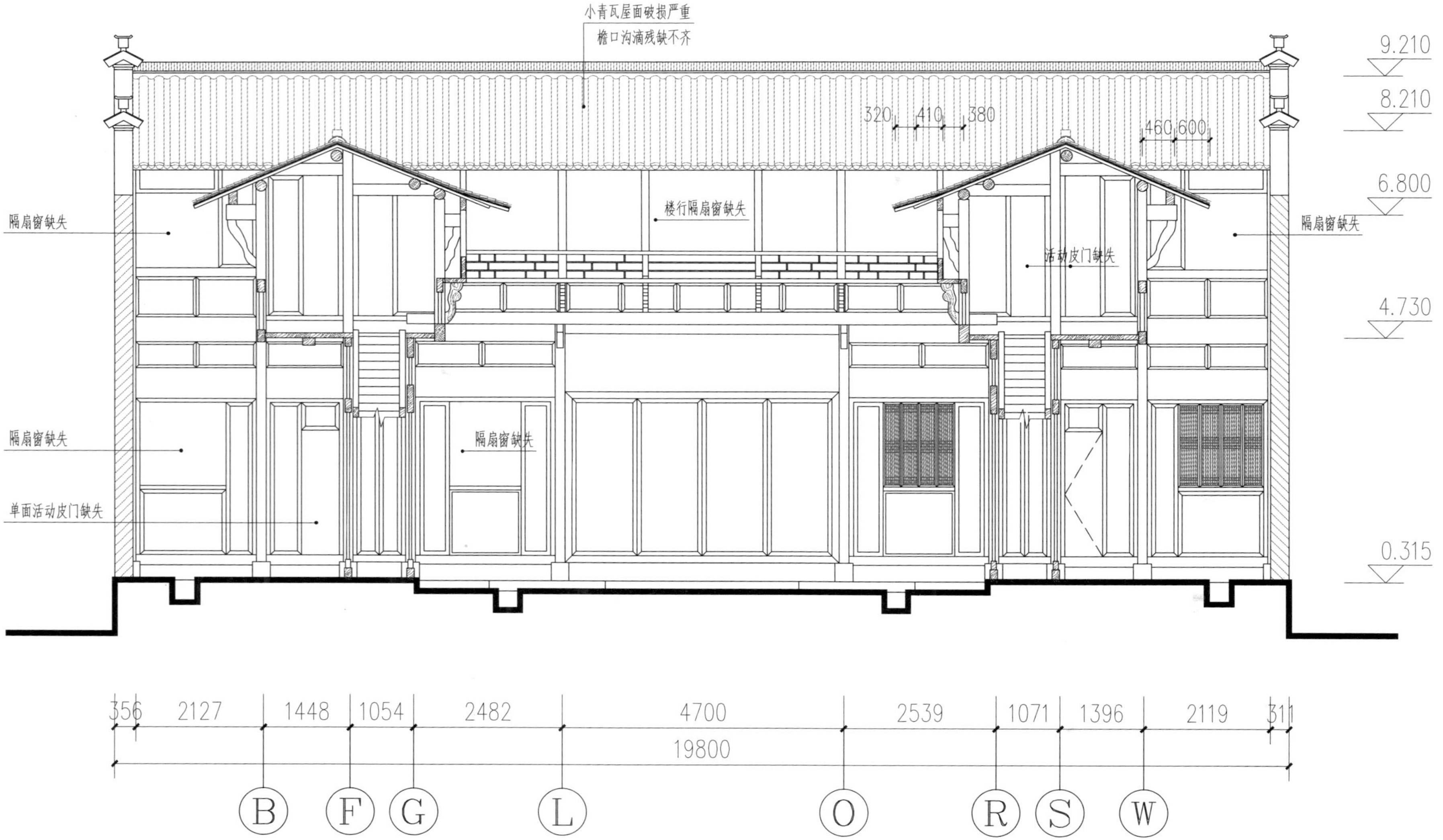

图15-25 畔礼堂测绘图-后进前檐立面图

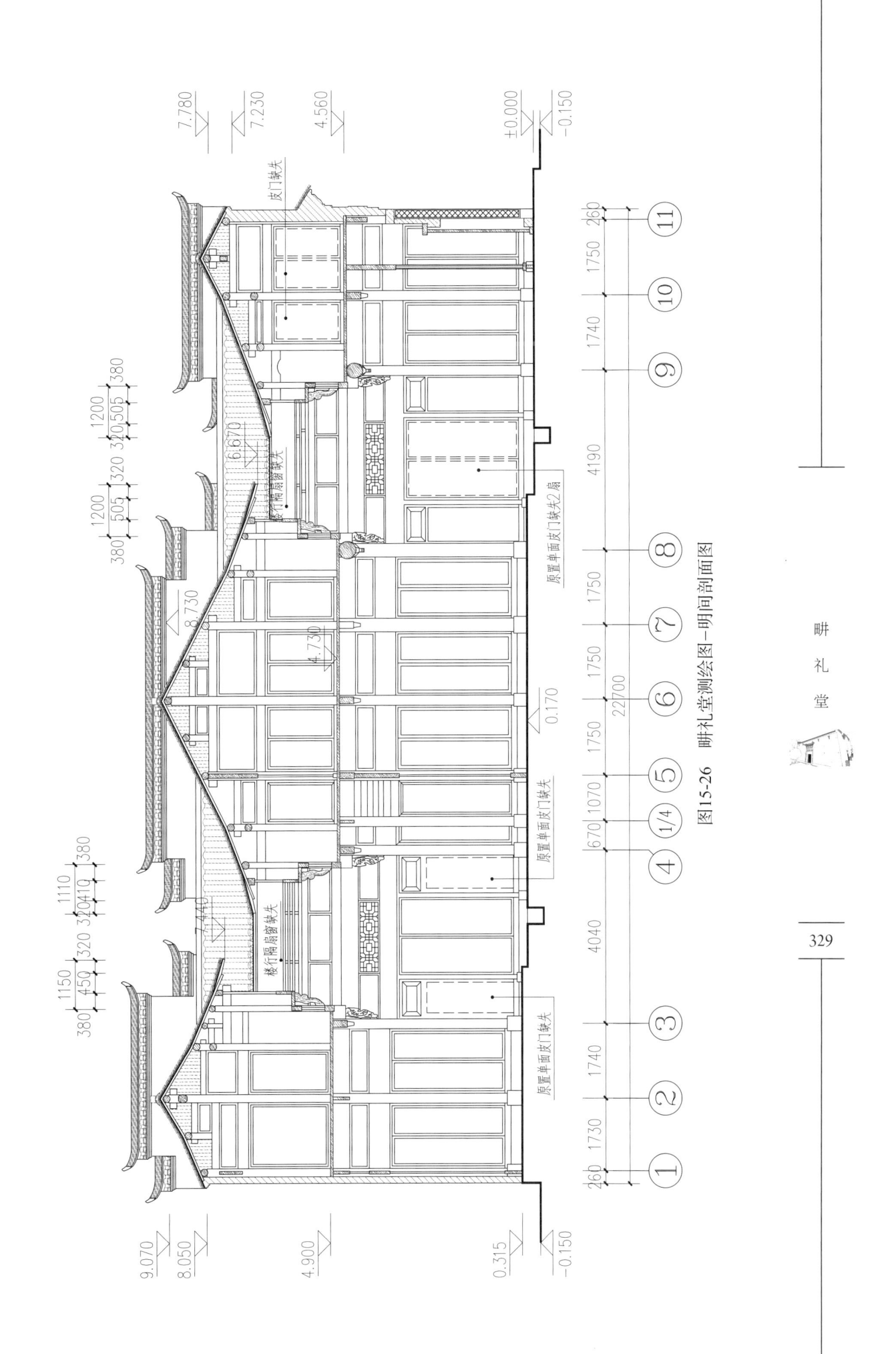

图15-26 畊礼堂测绘图-明间剖面图

畊礼堂

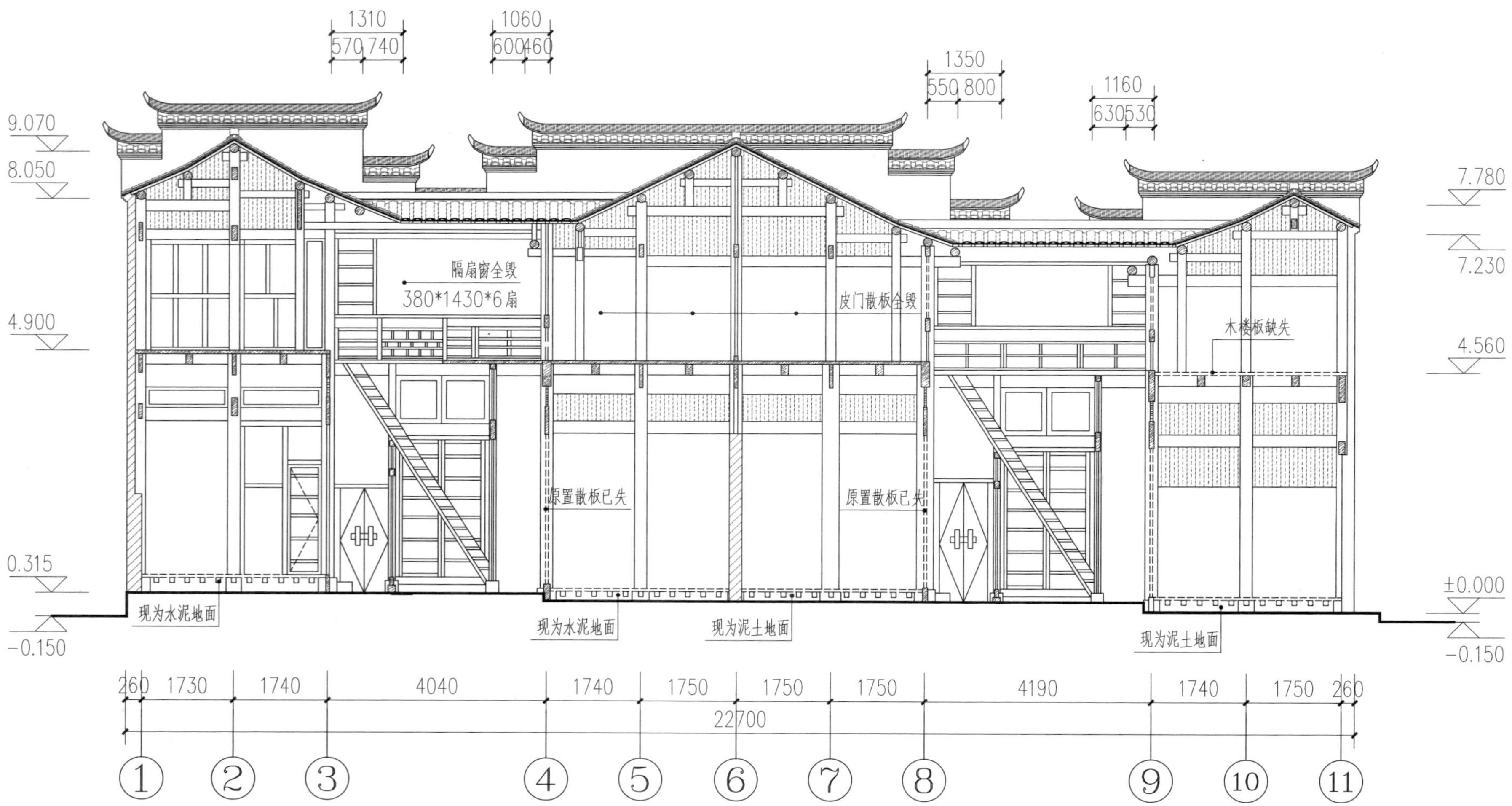

图15-27 眺礼堂测绘图-次间剖面图

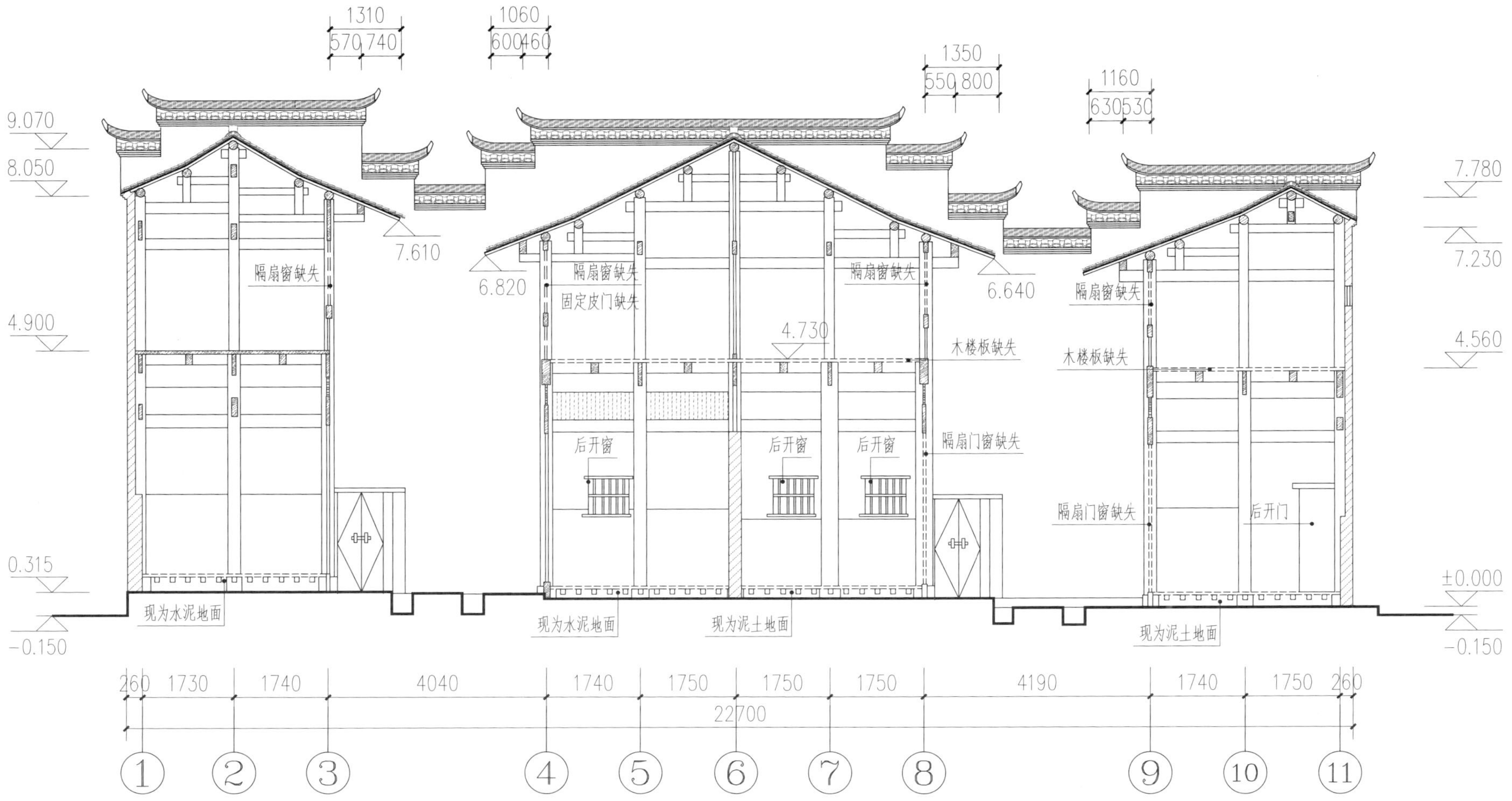

图15-28 畔礼堂测绘图-梢间剖面图

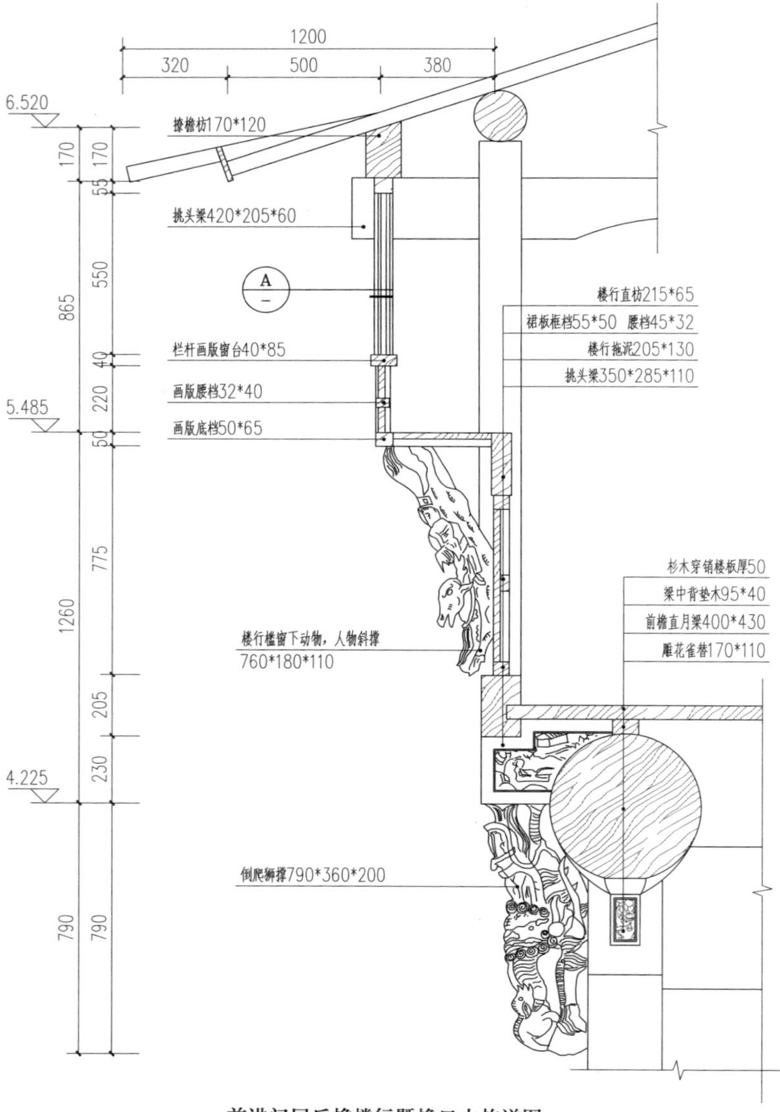

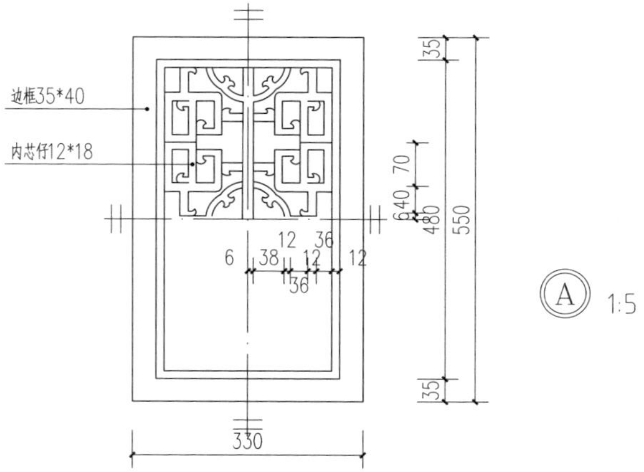

图15-29 畊礼堂测绘图-木构雕刻大样图

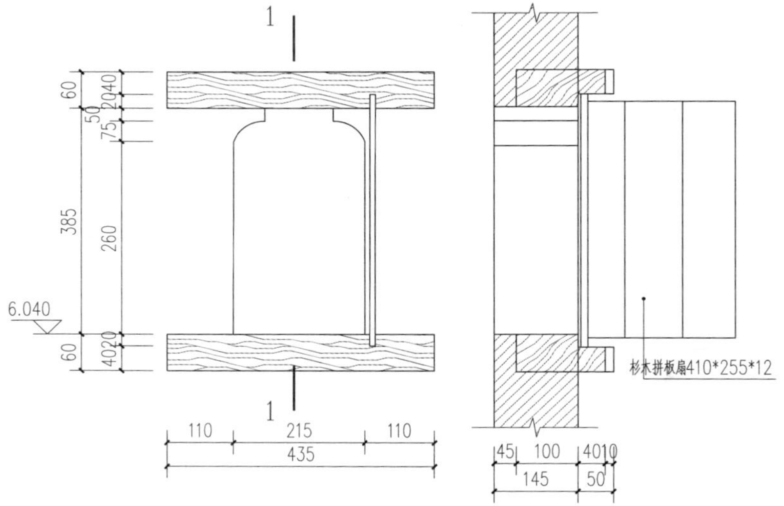

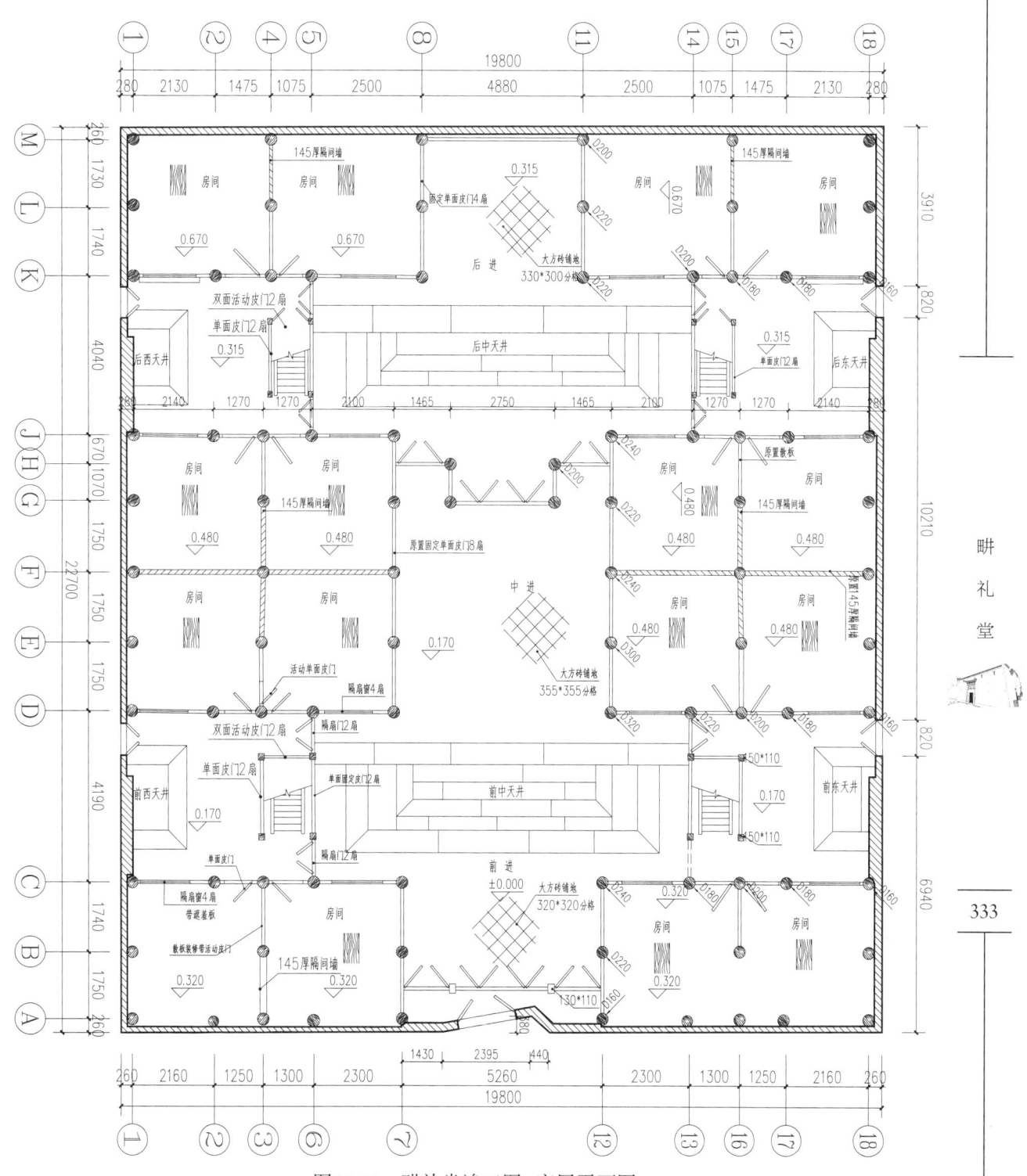

图15-30 畔礼堂竣工图-底层平面图

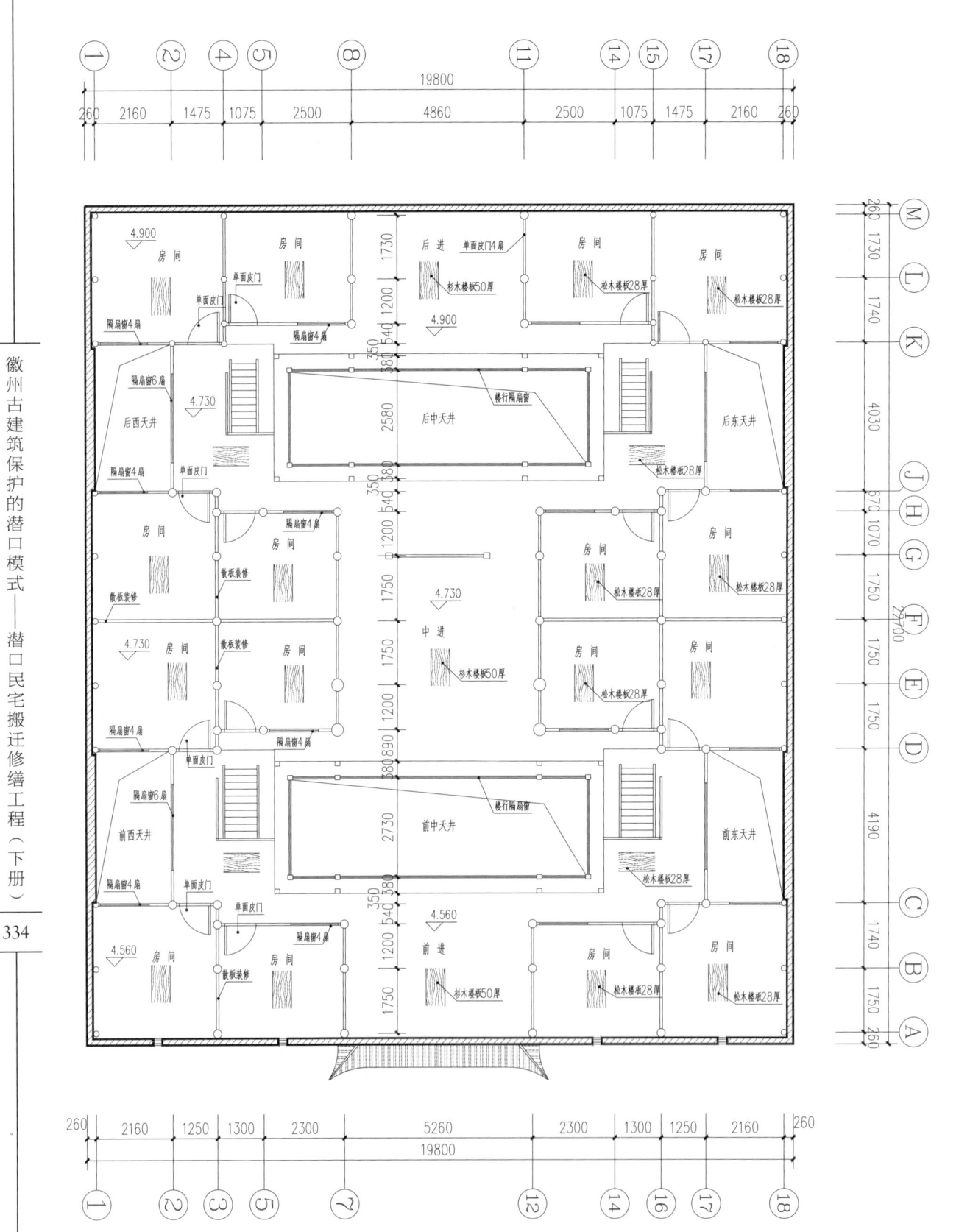

图15-31 畊礼堂竣工图-二层平面图

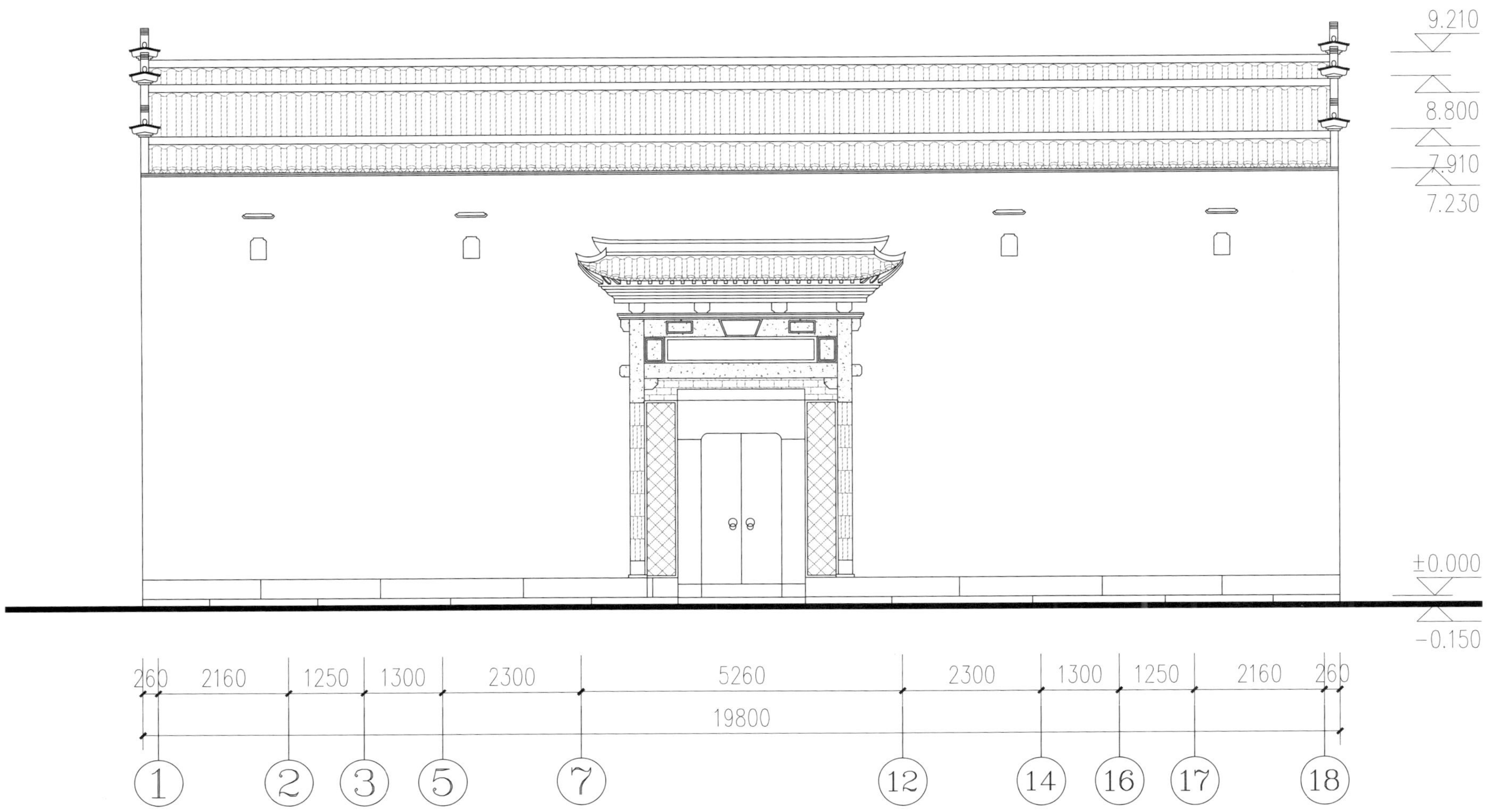

图15-32 畔礼堂竣工图-正立面图

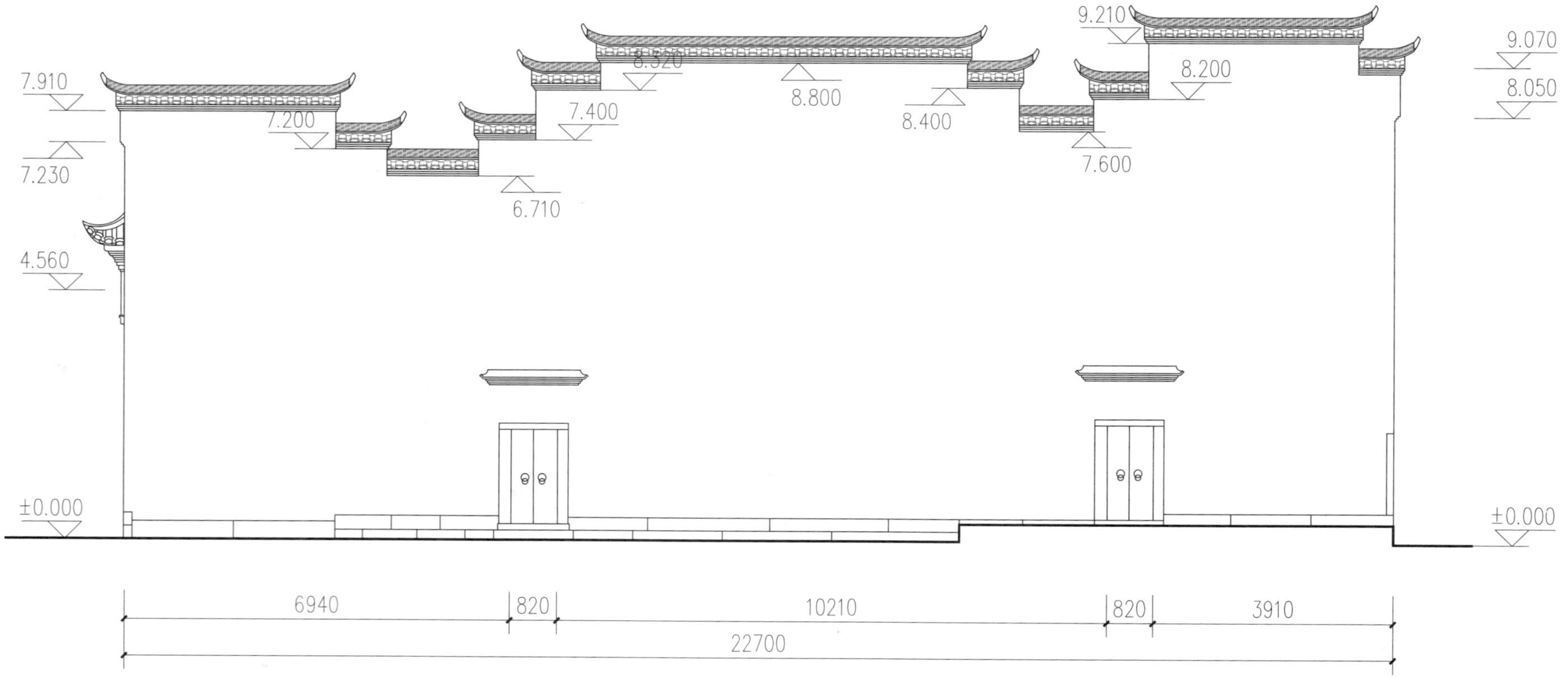

图15-33 畔礼堂竣工图-侧立面图

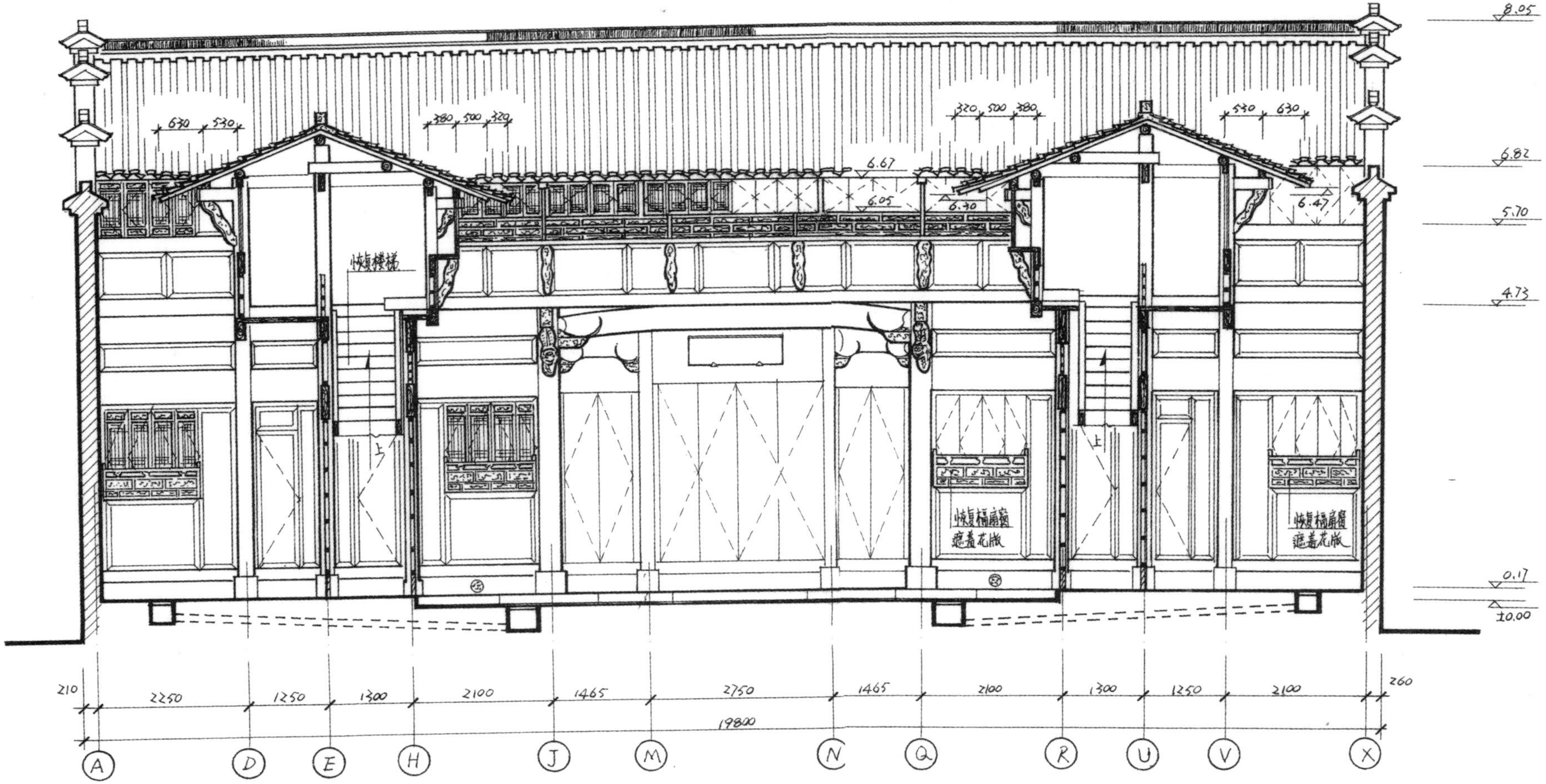

图15-34 畊礼堂复原施工图-中进前檐立面图

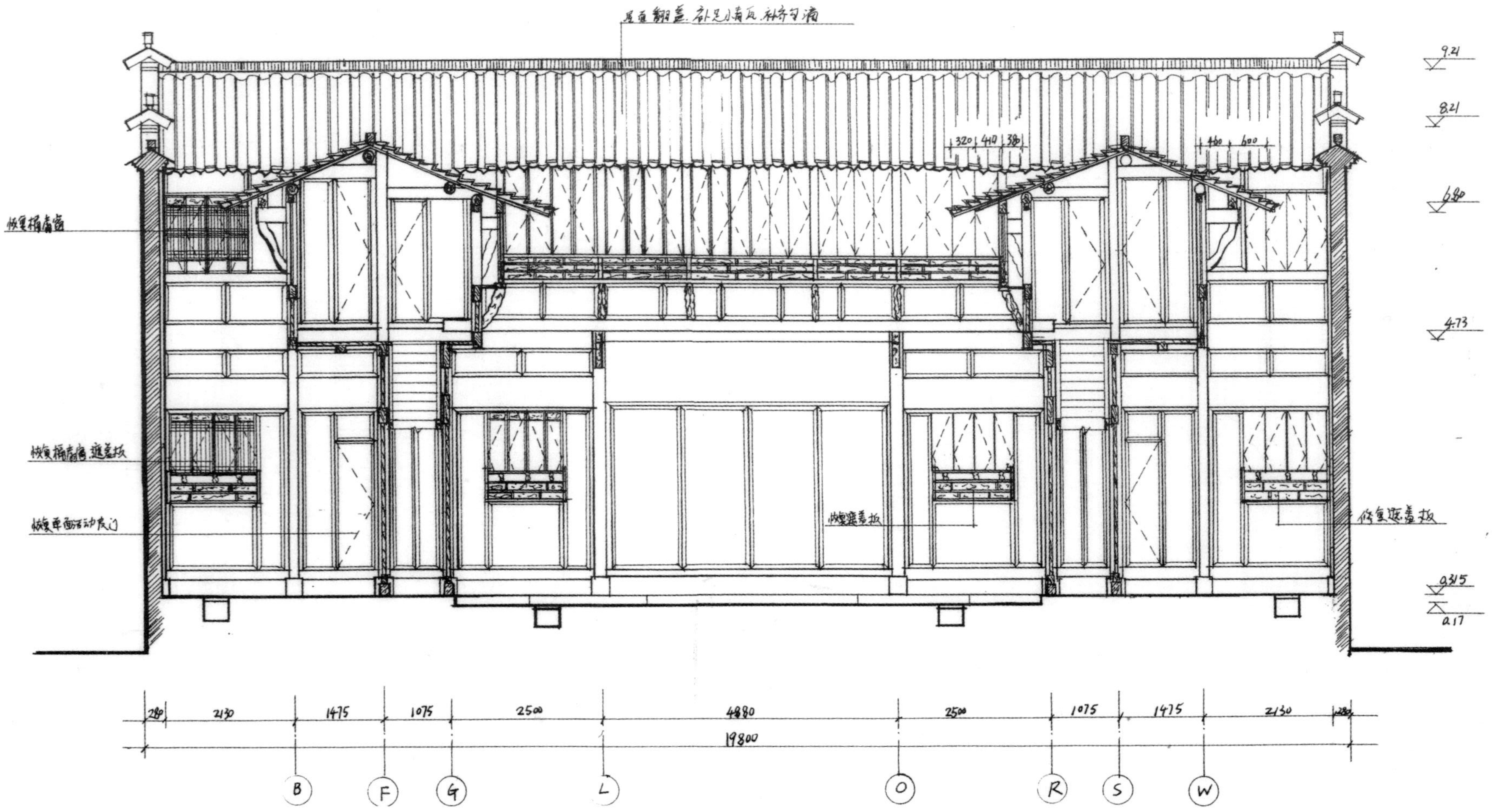

图15-35 畔礼堂复原施工图-后进前檐立面图

图15-36 畊礼堂竣工图-明间剖面图

畊礼堂

339

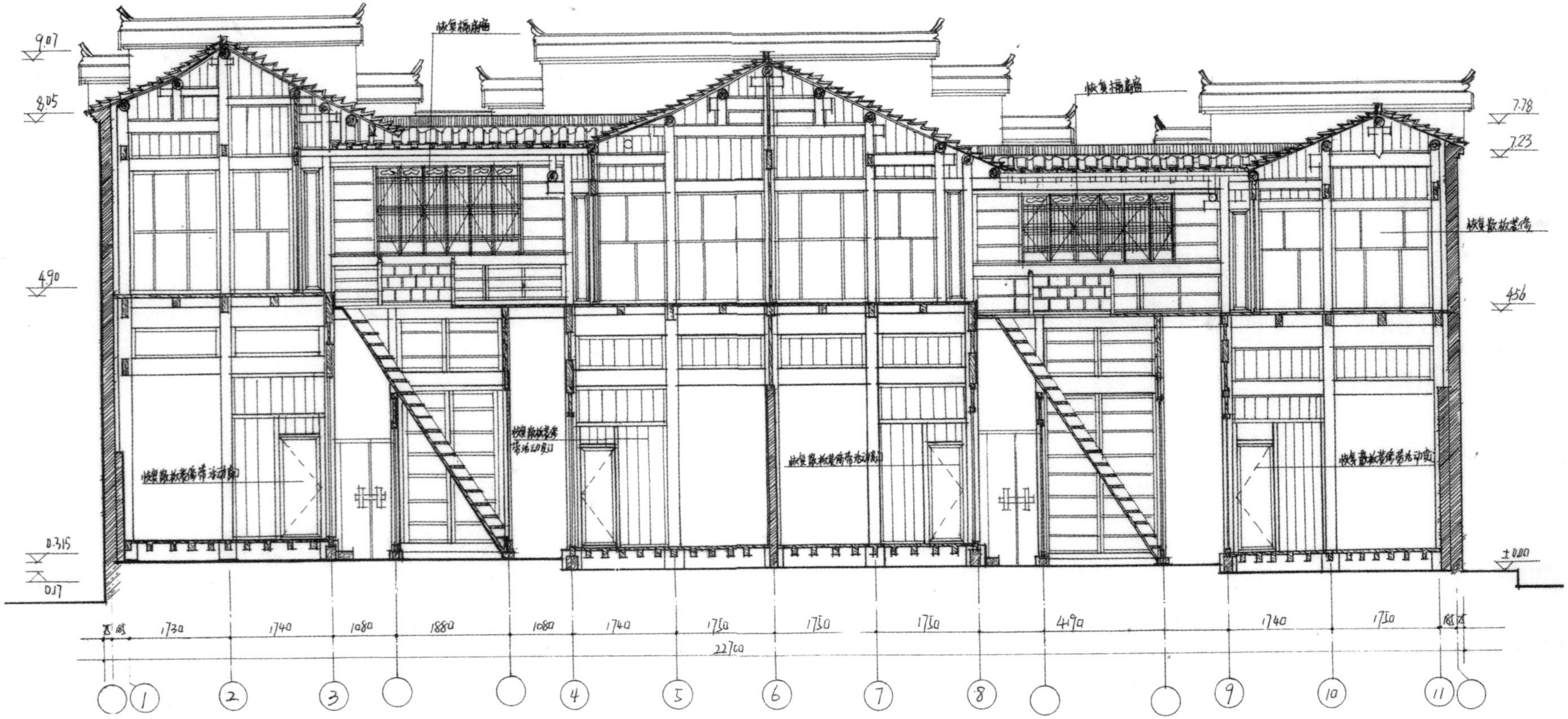

图15-37 畊礼堂复原施工图-次间剖面图

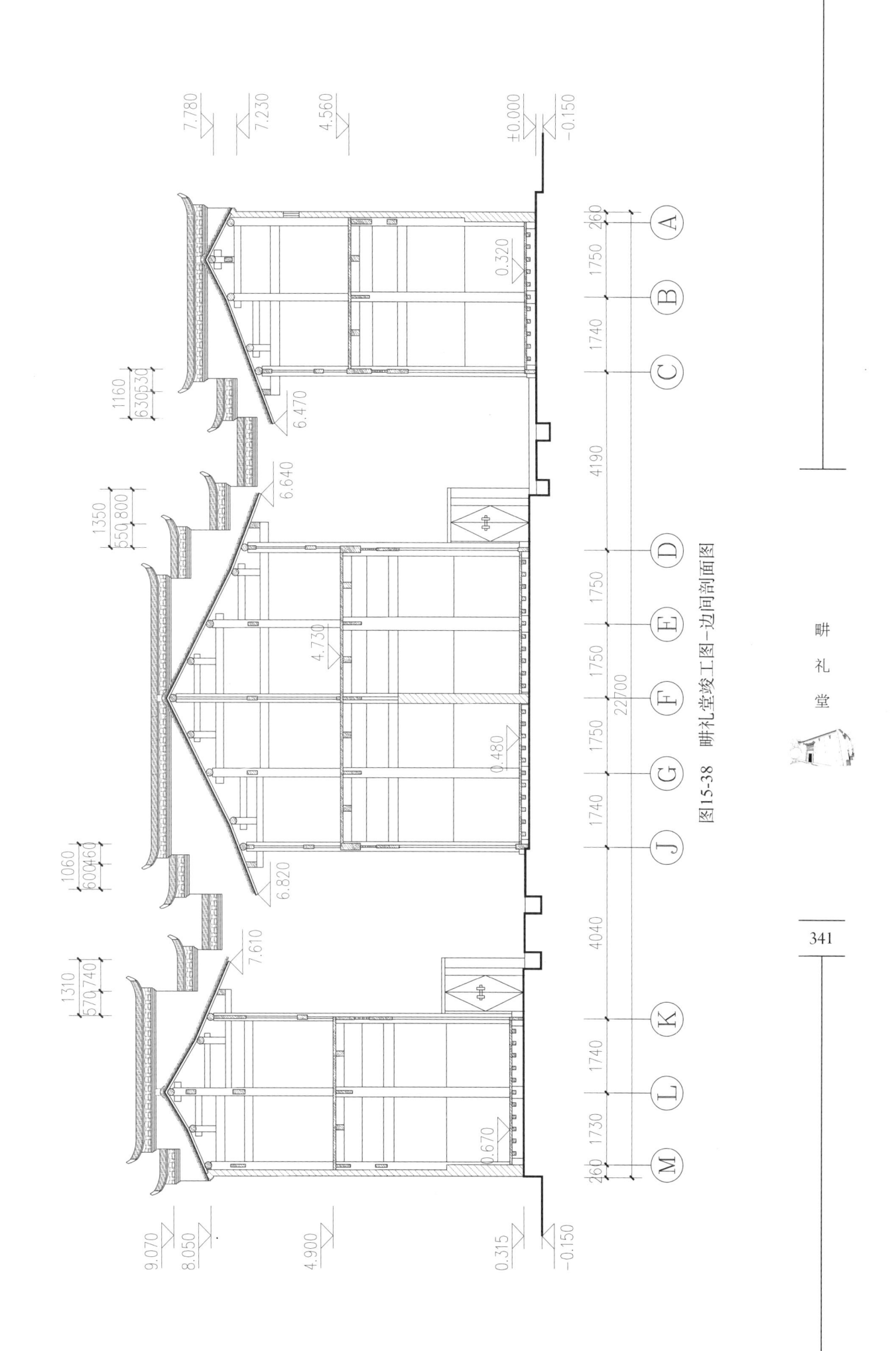

图15-38 畔礼堂竣工图-边间剖面图

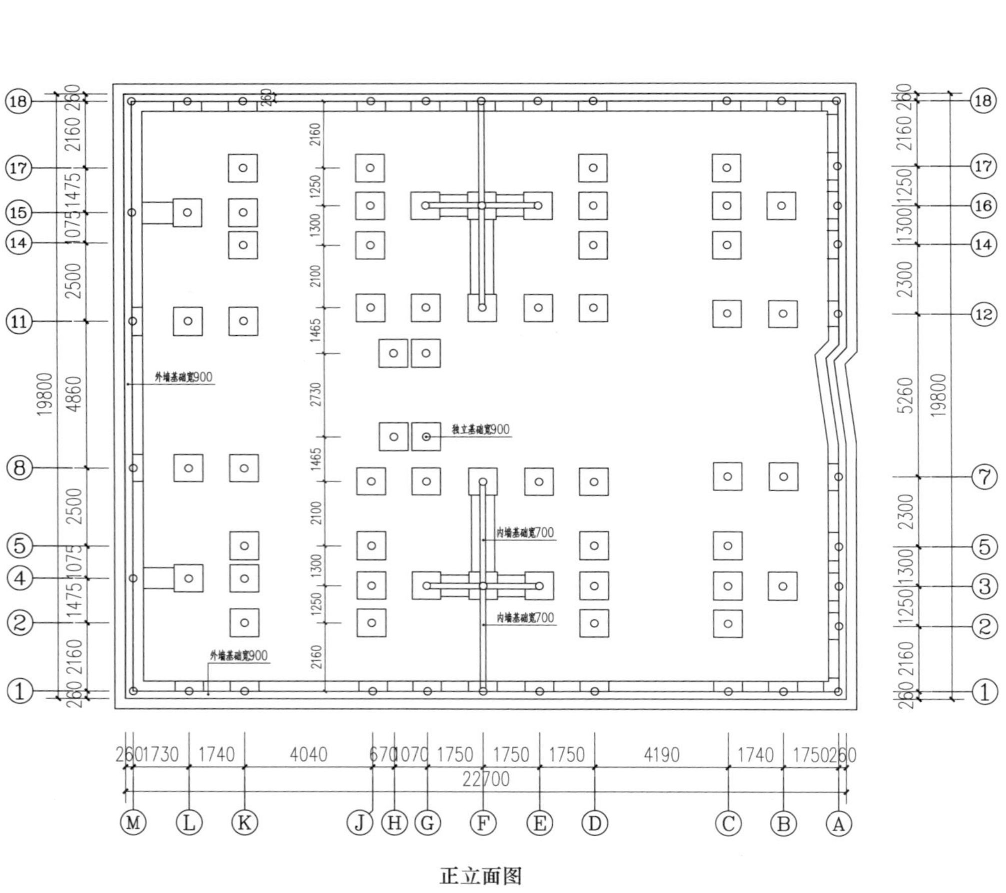


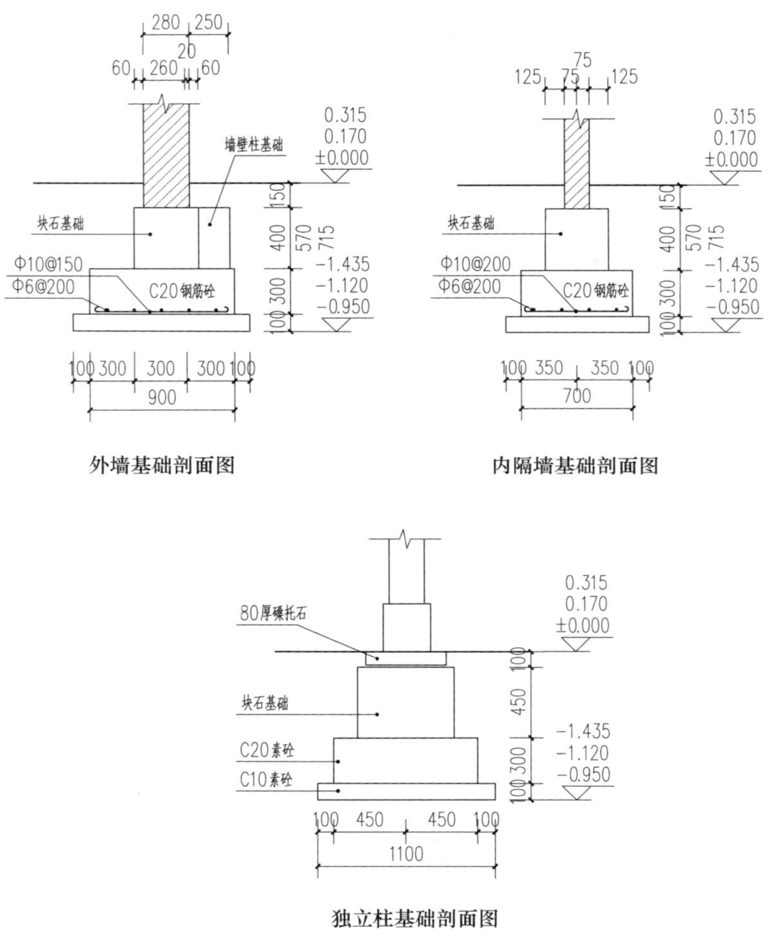


说明
1.图内尺寸以毫米为单位，标高以米计。
2.k块石基础用M5.0水泥砂浆砌筑；
3、钢筋砼基础用C20砼现浇捣，基础垫层用从C10，独立柱基础用砼C20
4.地基承载力按150KN/M$^2$基础埋深至地下300处

图15-39　畊礼堂竣工图-基础图

# 诚 仁 堂

## 一、概况

诚仁堂，现位于潜口民宅清园。清中后期民居住宅，五开间三进砖木结构二层楼房。通面阔13.66米，通井深26.21米，占地358.02平方米，总建筑面积568平方米。

诚仁堂是潜口民宅明、清两园中建筑进深最大的单体建筑，形制规整，布局合理，营建考究。整幢建筑沿中轴线对称布局，前后左右各开一门，前进为厅堂，中、后进为居室，围合三天井组成三个三合院落，中进、后进照壁后各设一架楼梯上二层。三进共分隔出20个房间，适合大家族合族而居。

诚仁堂原位于休宁县渭桥乡棠源村，为该村金氏祖传民居。因年久失修，且无人居住，木构霉烂朽坏严重，且存在人为损坏情况，建筑多处出现险情。该宅具备徽州清代大型民居的基本特征，砖、木、石雕代表当时的营造水平，铅锡合金的横竖笕、山墙所凿门洞、防盗窗等，均是徽州清代民居的独特做法。遂于2003年将其迁入清代建筑群集中保护。

## 二、原址原貌及形制特征

诚仁堂原位于休宁县渭桥乡棠源村。渭桥乡位于休宁县西南，与浙源乡、段莘乡、溪口镇、汪村镇、陈霞乡相邻。境内至今保留着休宁通往婺源的古驿道。文化旅游资源丰富，与婺源交界的高湖山，是有名的风景名胜区，山上有明代古刹和龙虎岩等景观（图16-1、图16-2）。

据诚仁堂原业主金志民介绍：祖上前六代金文台、金北台两兄弟在上海开当铺经商发迹，清嘉道年间（1815～1840年）在家乡建成诚仁堂，俗称"金家大屋"。

诚仁堂位于棠源村中地段。坐北朝南，东、南面为村道，西、北为后建之民居、厨房、猪栏以及广场。门前隔村道立有砖砌筑照壁，照壁位置不与正屋平行，偏东5°。

诚仁堂由门廊、前进大厅、中进、后进楼屋及三个天井及两廊组成。

### （一）门廊及两庑

单层一披水，坐南朝北倒插设置。三开间，进深仅一步架。外围护墙上居中开大门，青石

图16-1 原址正立面

图16-2 原址侧立面

图16-3 左廊庑转角檐口梁架

图16-4 右廊庑转角梁架

图16-5 前进卷棚轩梁架

门框，杂木实拼双开门扇，门环、铺首和铁门闩等铁件部分缺损。门上方原有清水砖雕门罩，惜被户主拆卸出卖，现仅存瓦檐（图16-3～图16-5）。

明间列向及前檐缝，有双面活动皮门装修，形成内门套，现皮门缺失。两次间靠壁及两廊庑靠壁，均有单面固定皮门装修，大体完好。

门廊和廊庑外围护墙完好。三面檐口构

成水平交圈，低于前进大厅，形成跌宕，山面以木博风①和清水砖砌垂脊进行封山，木博风板雕镂精细。门廊两次间和左、右廊庑前檐四根大月梁已朽烂。屋面望板腐朽，飞椽、连檐木及撩檐枋、挑头、斜撑等一应俱全。檐口设有勾头②滴水③瓦和铅锡合金的横竖水笕、漏斗构件，勾滴瓦保留少许，水笕及漏斗残朽（图16-6、图16-7）。

门廊、两庑及天井地面皆红石板满铺，天井三面设排水暗沟。

图16-6　明间梁架　　　　　图16-7　明间梁架

## （二）前进

前进四步架。楼下一明两暗，中为大厅，施腰檐。前檐设置卷棚轩，双步梁上置木雕荷花墩，承轩童柱架轩枋，弓形椽上覆望砖。明间无前檐柱，前檐大额枋长 8.15 米，与廊额枋同架在边檐柱上，此种传递承重的做法在徽州清后期建筑中较常用。挑头木上撩檐枋朽烂，挑头木下为雕琢精致的倒爬狮斜撑。厅堂内梁下花机木、雀替、梁驮等雕刻构件均为绿色油漆髹饰。

明间后金缝装修四扇双面皮门为照壁，照壁正中上额枋悬"诚仁堂"木匾，字样已涂改。两次间前金缝双皮门装修为房，贴两山为固定单面皮门装修，两房朝中天井一侧开房门和隔扇窗。窗上原装有栏杆板，现已毁。房内木地板铺设，东间为 5 厘米厚的杉木板，西间为 3.5 厘米厚的松木板，朽烂大半。

明间大厅大方砖铺设，大部分已破碎。红料石雕琢柱础，多数为方形，厅堂显面处设 10 个圆形花瓶柱础，基本完好（图16-8～图16-10）。

图16-8　前进楼层后檐

---

① 亦称"博缝""博风板"，古建筑木作构件名称，是悬山、歇山式屋顶两际槫梢外缘斜向钉置的人字形木板，起封护装饰双重作用。
② 即瓦当，覆盖在垄缝上的筒瓦最下一块有半圆形或圆形的头。
③ 屋面瓦沟最下面的一块特制的瓦，向下曲成如意形，雨水顺着如意尖头下滴。

图16-9　前进木雕梁栿、雀替 　　　　　　　图16-10　前进与中进跑马楼

楼层杉木穿销楼板，厚5.5厘米。楼上明间为厅，次梢间为房。梁架穿斗式，列枋、直枋及桁条、垫木大致完好。房间散板木装修，房门和隔扇窗已毁失。前楼行因底层设双步轩棚，上覆腰檐，故退至前金缝。原有直棂矮木栏杆，基本毁失。前进、中进楼层标高一致，后楼行向中天井挑出16厘米，沿中天井一周，形成相互贯通的跑马楼。屋面瓦、屋脊竖瓦局部缺损，飞椽、横竖水笕毁失。

## （三）中进

中进由五开间二层楼房及中天井组成。主楼底层明间为厅，次间、梢间为房。照壁后设楼梯，从东往西登临。后檐墙居中开后门通后进。西廊山墙上开边门，外通小巷。边门扇杂木实拼双开，混水墨绘门罩，门罩瓦檐为半个歇山顶，无翼角出翘。

中进地坪比前进高18厘米。天井及明间厅均红岩石铺地。地栿石上雕刻圆形通气孔（图16-11～图16-13）。次间房向厅开房门，梢间房向廊开房门，两房内有活动皮门相通。前檐缝装置隔扇窗及栏板，隔扇窗以直棂条为主，栏板上部为雕刻吉祥花草瑞兽的花板，中下部一体为素面板。

楼上放出前廊步作过道，明间为楼厅，次间、梢间为房。房内后檐及两山墙无装修，东西山墙各开一窗，上边挑三道砖线，在窗楣与窗之间的外墙皮上，画有墨绘图案。

图16-11　中进明间前檐正立面 　　　　　　图16-12　中进底层西侧梢间

楼层标高同前进，楼板做法同前进。穿斗式屋架，桁、枋构架大体完好。楼行裙板上面安装带花板栏杆，现已毁失。

屋面瓦与正脊竖瓦有缺损，前檐设飞椽，屋面高于东西两厢屋面，形成屋面跌宕。

### （四）后进

后进为一独立的五开间二层楼屋带两廊的三合院落，借中进后檐中大门相通。后天井狭长。东、西廊庑有格子屏门装修。东边廊山墙开一双开扇小门，外通小巷。门现用砖封砌。门楣为混水墨绘门罩，拔檐，翼角出翘，戗兽正吻。

图16-13 中进挑头梁下狮子斜撑

后进地坪同中进平齐。主楼五开间，五步架进深，楼下明间为厅，红石板铺地；次间和梢间隔成房间，木地板。红石地栿上雕刻方形图案通气孔（图16-14～图16-17）。明间照壁后设楼梯，并通户外的后门。后门红石门框套，无门罩。

楼上前檐设飞椽，檐出102厘米。屋面高于东西两厢，三面楼层隔扇窗合计34扇，现已毁。

图16-14 后进二层房间

图16-15 天井内墙墨绘图案

图16-16 后进明间地面

图16-17 后进明间前檐

## 三、文物价值

诚仁堂由门廊、前、中、后三进及三天井组成，建筑沿中轴线左右对称，3个厅堂，20个房间，体例完备、形制规范、结构紧凑，是清代徽州大型民居的典型示例。天井具有通风、采光、排水等功能，以其为中心，沿纵、横两个方向，将厅堂、厢房、门屋、廊等基本建筑单元聚合形成封闭式院落。反映了徽州地狭人稠、几世同堂的传统居住方式和浓厚的家族融合氛围。

诚仁堂的营建构造，反映了徽州清代后期古民居建筑的典型特征。大门居中作为入口，两旁以高大的屏风墙围护，高低跌宕的马头墙立面，是徽州清代大型民居的典型外观特征。建筑底层高，天井浅，厅堂高敞，房间多。楼梯多设于厅堂太师壁后，楼层沿天井圈形成环行通廊，即跑马楼。前进大厅两层之间设腰檐，双步梁上架卷棚轩，前檐设一大通梁，减去落地檐柱，以挑廊承传前轩载重的结构方式，增大厅堂活动空间的设置手法，是徽州清后期民居厅堂做法的显著特征。

诚仁堂营建考究、工艺精湛，展现了徽州民居浓郁的地方特色和深厚的文化内涵。砖雕门罩、木雕斜撑、博风板、荷叶墩、梁枕、雀替、地栿石、柱础等遍施砖、木、石雕饰，蕴艺术匠心于营建构造之中，代表了徽州清代民间的雕刻工艺水平。铅锡合金的横竖水笕、山墙简易的砖窗洞口、木板防盗窗等做法使建筑地方特色更加丰富。前进厅堂梁下花机木、雀替等雕刻构件上填油彩，在民居中较为罕见。墙面及门罩上的墨绘彩画，色彩绚丽，文化内涵丰富。楼层"福禄寿喜"主题花版组合木雕刻，石地栿通风口雕刻，图案美，式样多，都是研究徽州建筑的珍贵实例。

## 四、迁建工程

### （一）迁建选址

诚仁堂位于清园东，清园大门入口正前方位置。坐落在顺山势拾级而上的清园主街道的第一层台面上。坐北朝南，与畔礼堂相对而立。

诚仁堂是潜口民宅体量较大、进深最大的单体建筑。清园入门后，耸立在面前的即是该建筑的东面山墙，高7~9米许，长26米多，气势煊赫，如一道高高的屏风，遮挡了清园内部场景，避免入园后一览无遗，起到"障景法"的园林营建效果。

### （二）迁建过程

2003年5月8日，工程开工，定位放线；

2003年5月17日，土方工程完毕，进行白蚁防治；

2003年5月25日，清点、整理已到工地构件；

2003年8月11日，安装木架；

2003年10月20日，诚仁堂砌墙结束，开始外内粉刷；

2004年元月，完成内装修，撤场。

## （三）修复要点

（1）大木构架：除廊庑前檐直梁、门廊左右次间前檐直梁、前进撩檐枋已朽烂需要重做以外，其他大体完好，可对局部朽烂处进行墩接、镶补，榫卯加固即可。

（2）木构配件：斜撑、雀替、梁枕、童柱及荷叶墩等缺毁较少，整理重新安装，个别缺损依制复原。

（3）屋面木基层：椽条局部缺损；飞椽、连檐木、椽闸板大部分重做。桁条、檐枋、挑头木等，因屋面渗漏，有下沉和朽烂，视情况修补、加固或撤换。

（4）木地板：楼面杉木板损伤不大，稍整复装。中进楼梯朽烂，更换。楼下前、中、后进左、右房间木地板朽烂，用杉木穿销复原。

（5）木装修：前进后檐、中进前檐及东、西两厢楼层的花板栏杆全部复原；后进东西两厢楼下隔扇屏风恢复；后进楼层前之隔扇窗依制恢复；后进东侧实拼杂木板门扇恢复。门廊左、右间缝双面活动皮门重做复原。前进大厅明间照壁及左、右间缝双面活动皮门6扇重做复原。楼下窗口窗栏板按原样复原。

（6）墙体：外围护墙用砖规格相同，拆卸后原砖重砌，不足部分购同型号砖添补。前门墙上清水砖门楼，按照施工图纸，以垂花门式砖雕刻门罩复原。东西门墙上和后进门墙上的砖雕门罩，依旧制安装，构件缺失者不重添。

（7）屋面：屋面及轩棚上均加望砖（板），残缺多处，订制补齐。屋面青瓦缺损较多，同规格添置。竖瓦、当沟瓦、沟底瓦有破损，檐口及屏风墙上的勾滴瓦、瓦脊、印斗、金花板残缺较多，出大样图到窑厂定制。

（8）排水：铅锡合金横笕、竖笕、漏斗，形制明确，按原制安装；前天井斜置装修墙至地面，置石漏斗导入下边暗沟；后天井垂直而下，经地漏导入暗沟。

（9）墨绘：中进屏风墙头、前天井井口内墙面及马头墙垛头处原有墨绘，边、后门罩，东、西山墙的四个窗洞上亦有墨绘彩画，对照图纸和照片依样复原。

（10）地面：铺地红石破碎较多，用同质石料重装；铺地大方砖破损较多，到古建窑厂订制同型号方砖恢复。地栿石损伤少许，酌情添补。天井水沟石雕地漏及排水孔均依原制恢复。门洞的石框套较完好，原物安装。

白蚁防治结合工程建设穿插实施，供排水、石板道路等按总体规划分步实施。

## （四）工程资料

主要为勘察设计文本、实测图和照片，以及施工图、竣工资料等（图16-18～图16-37）。

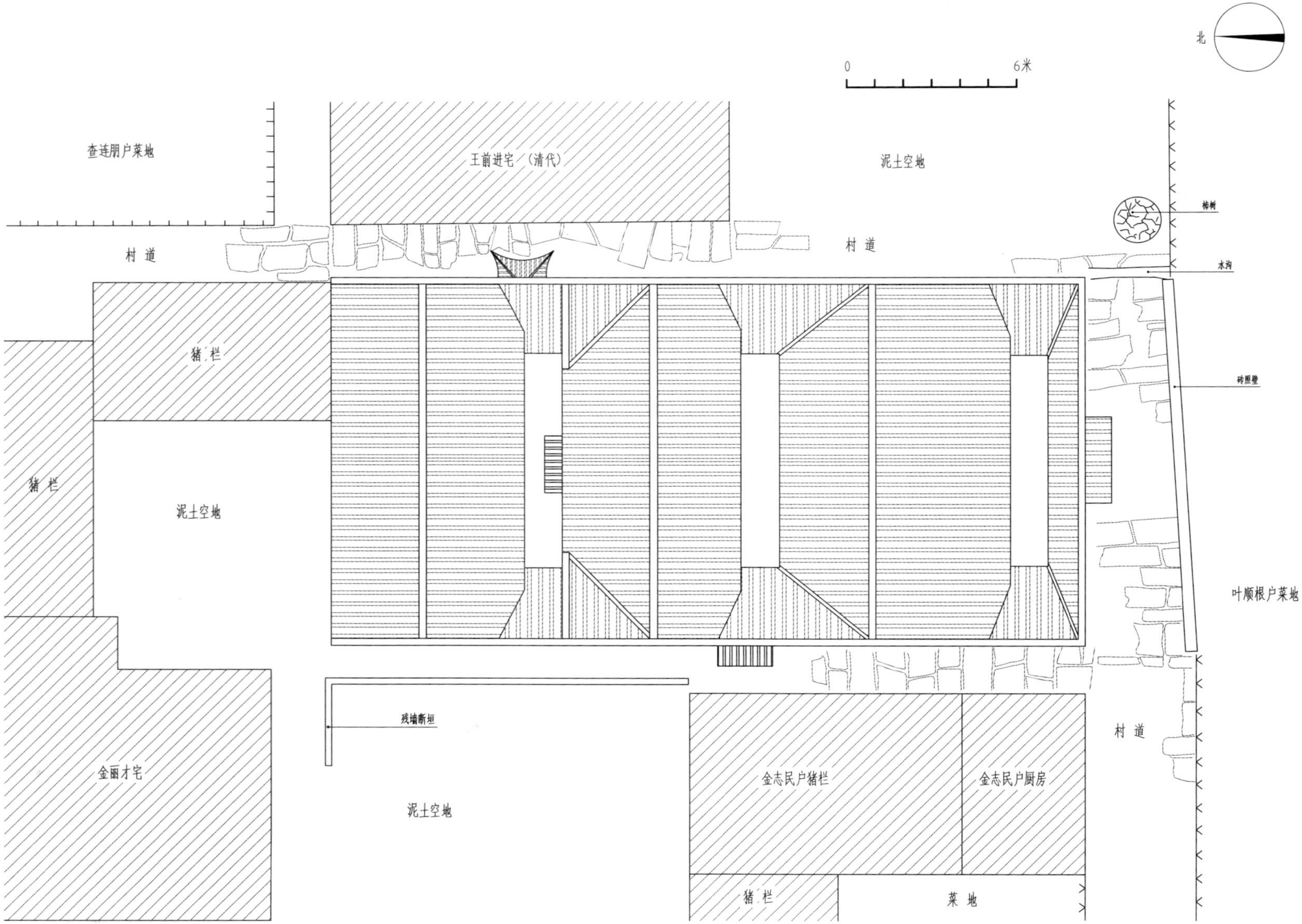

图16-18 诚仁堂测绘图-四邻关系图

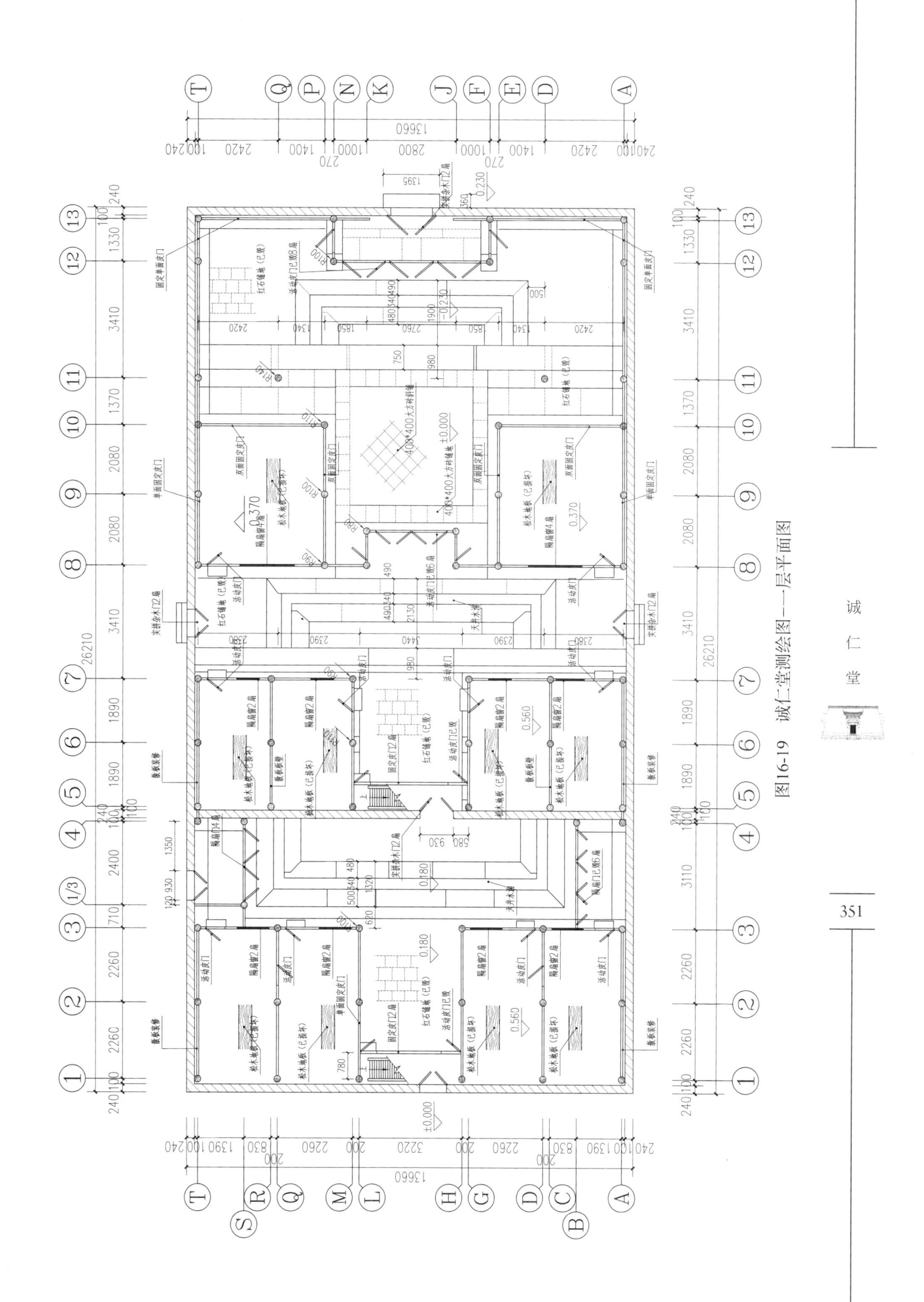

图16-19 诚仁堂测绘图——层平面图

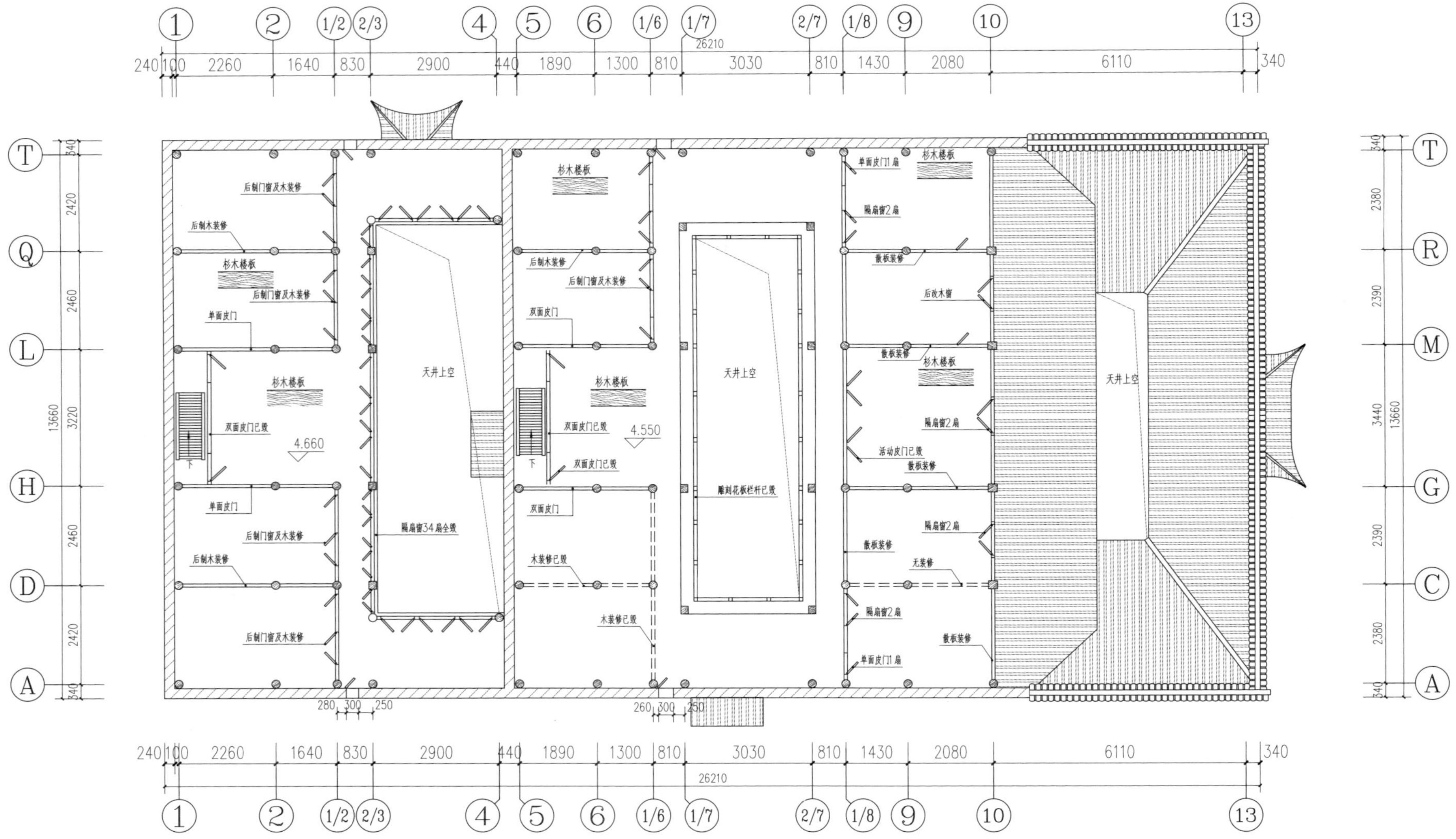

图16-20 诚仁堂测绘图—二层平面图

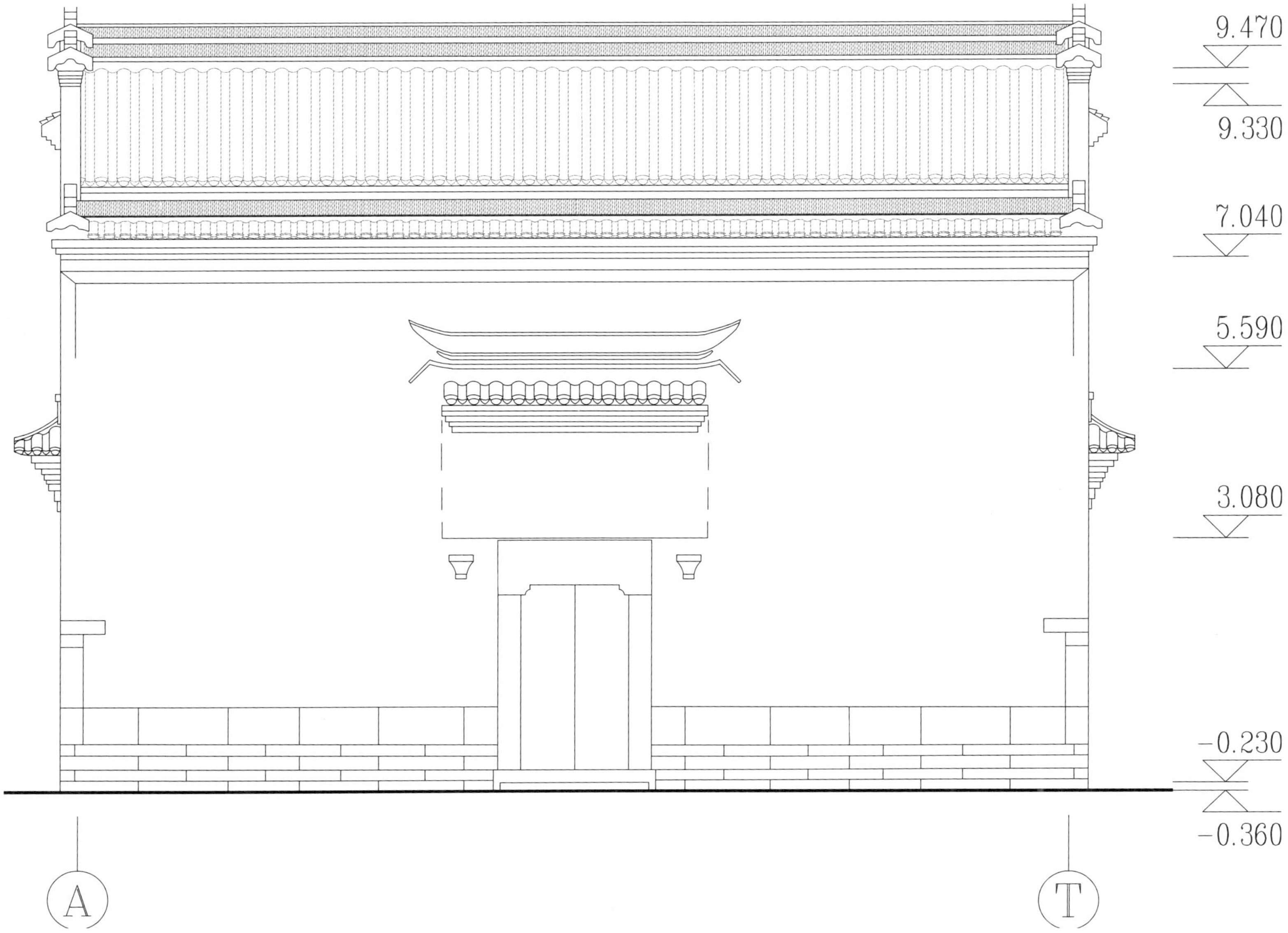

图16-21 诚仁堂测绘图-正立面图

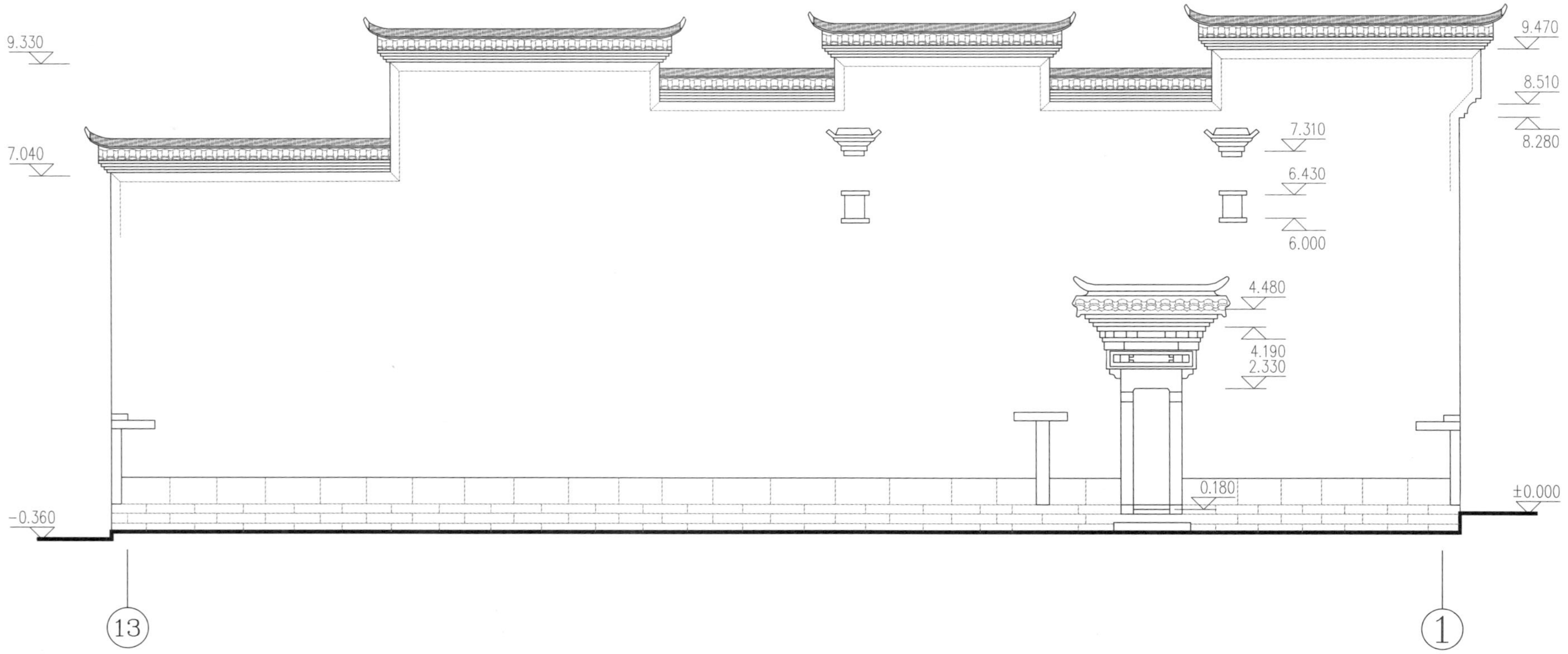

图16-22 诚仁堂测绘图-东立面图

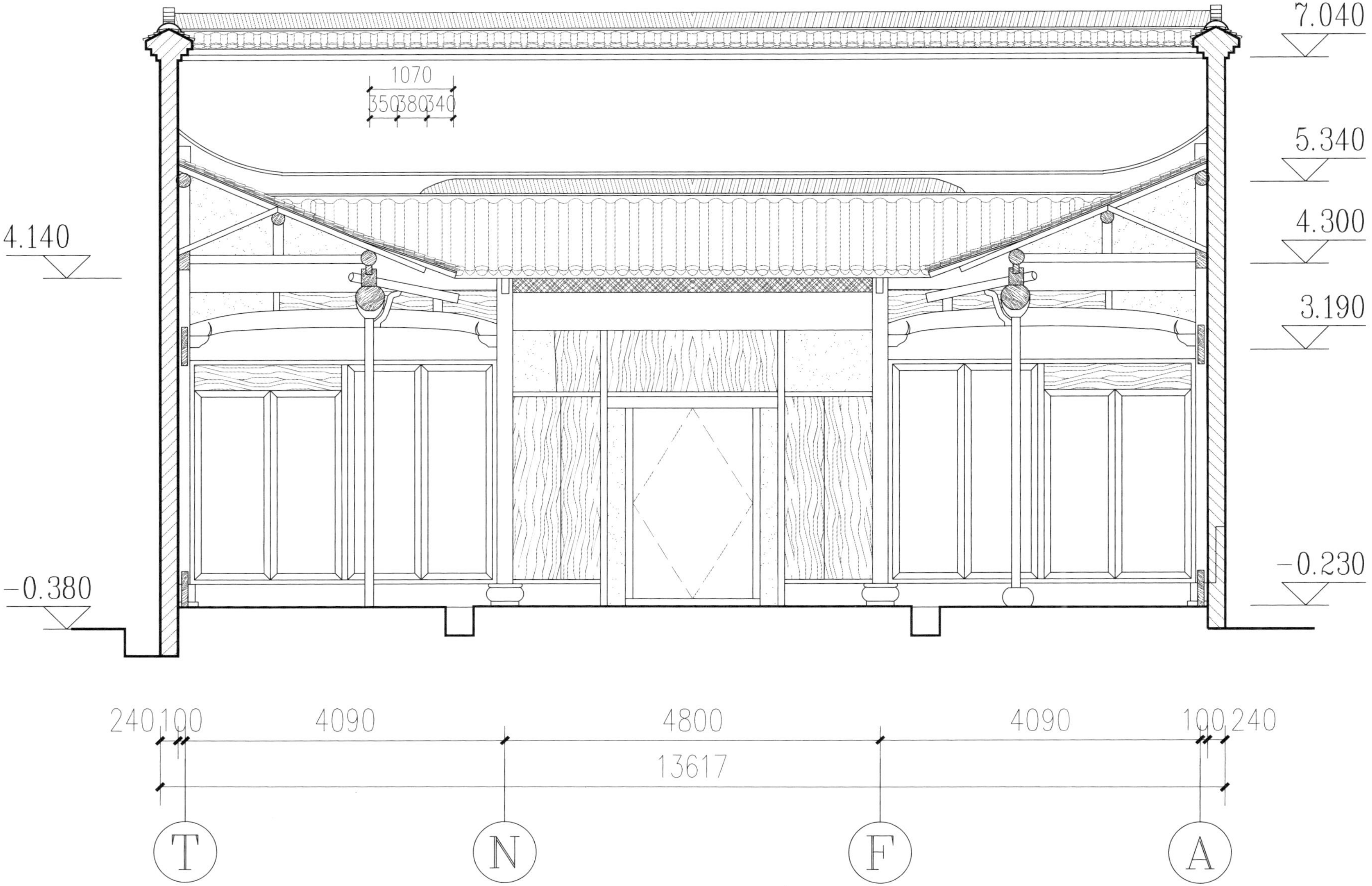

图16-23 诚仁堂测绘图-门廊前檐剖面图

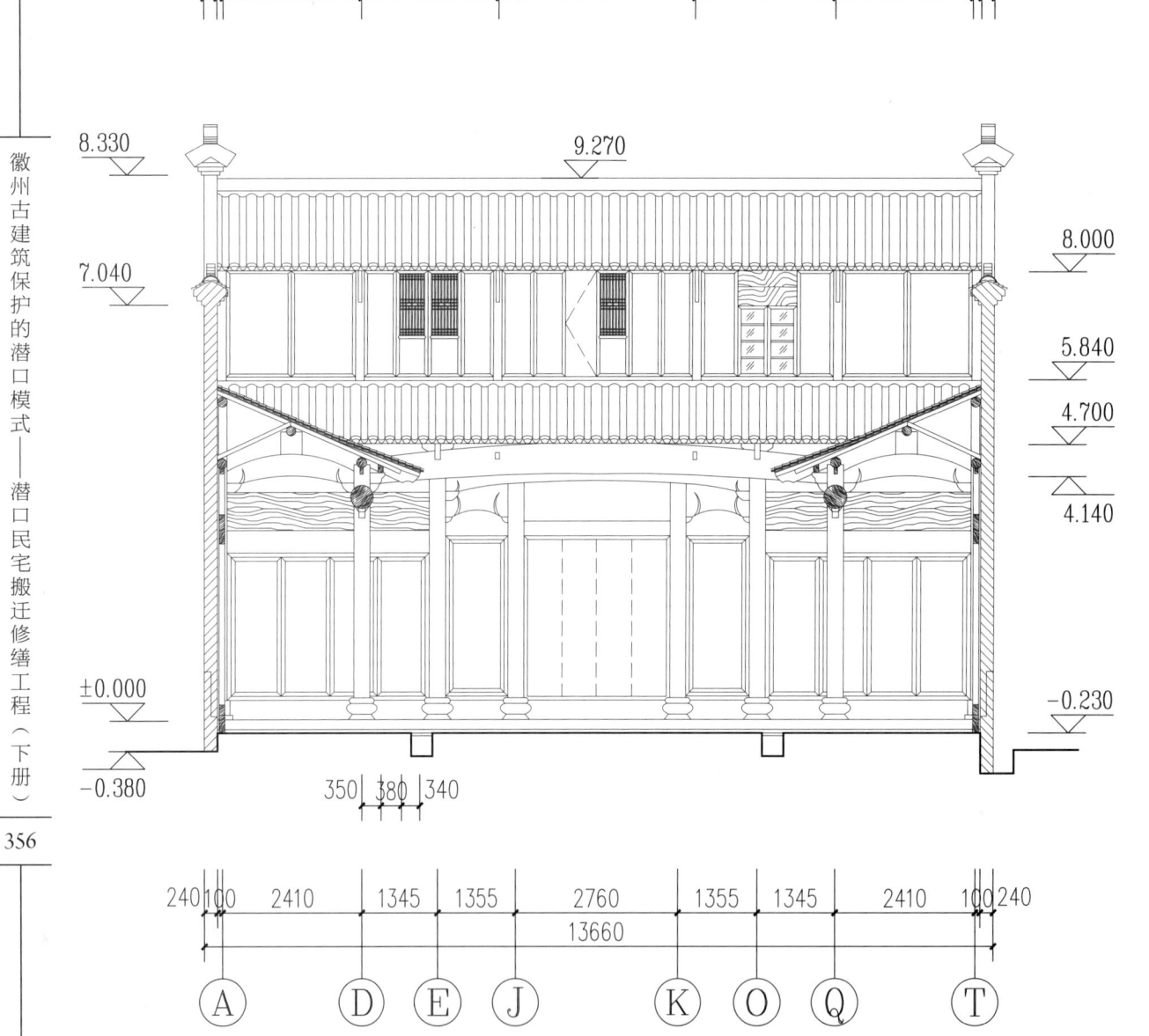

图16-24 诚仁堂测绘图-前进前檐剖面图

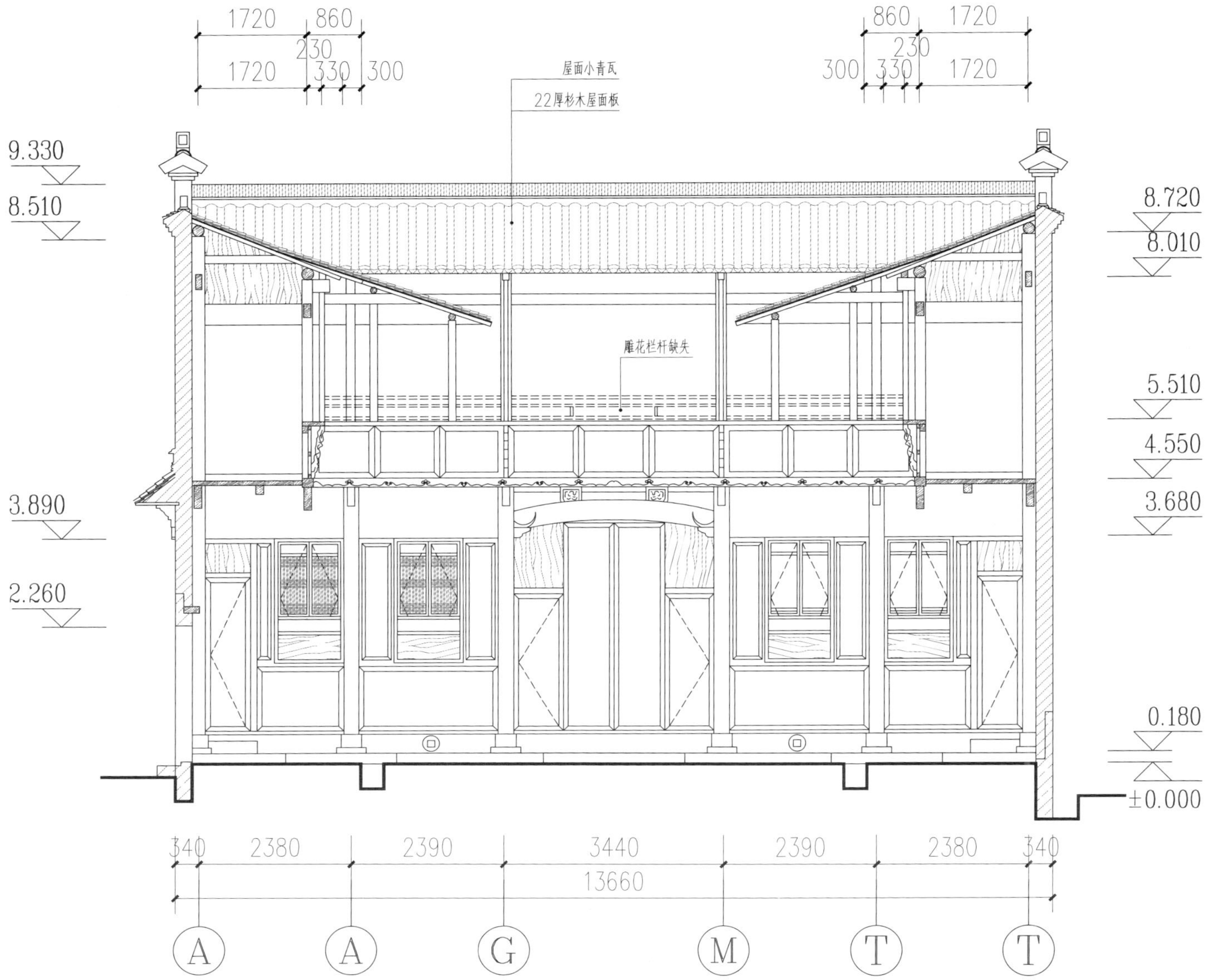

图16-25 诚仁堂测绘图-中进前檐剖面图

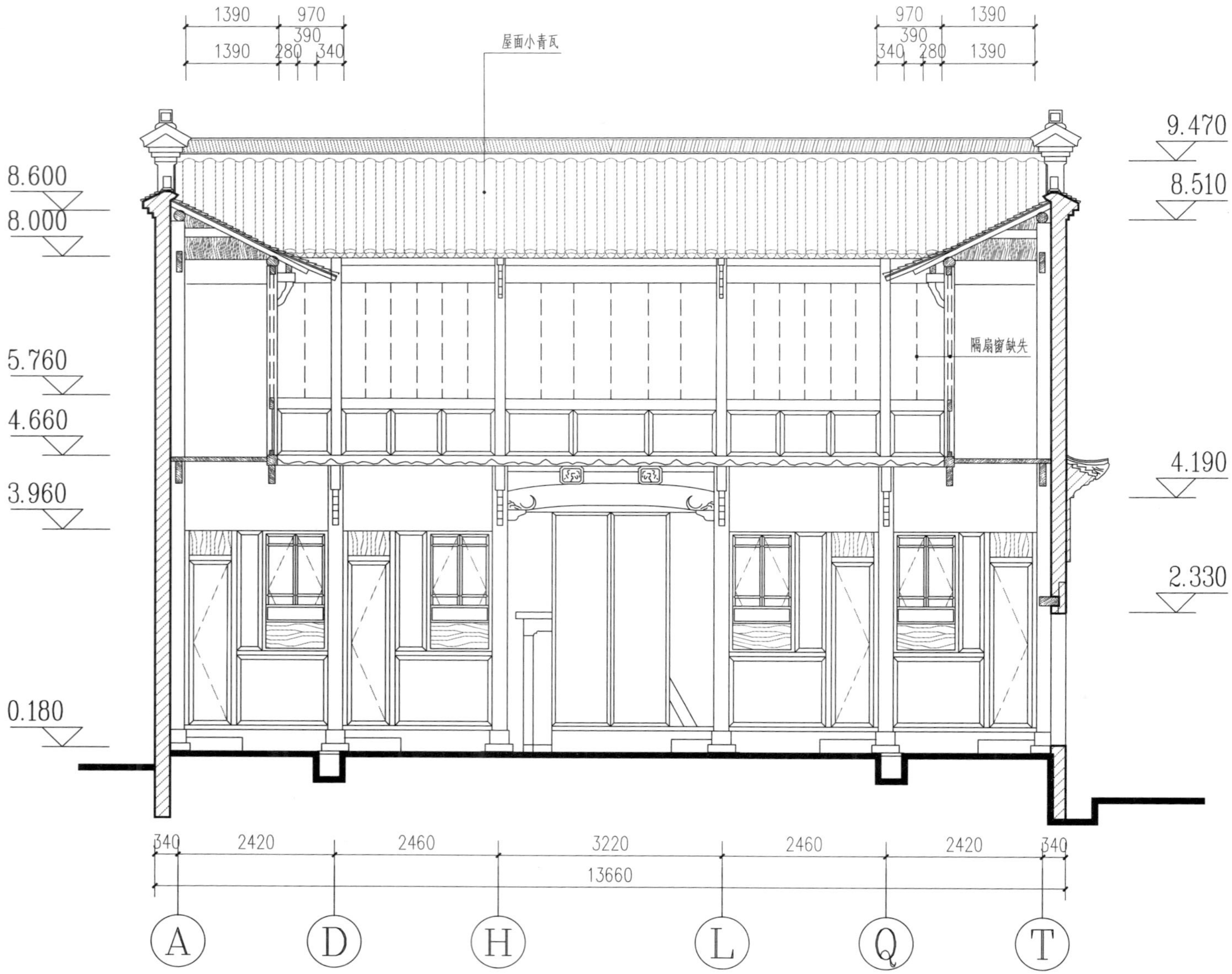

图16-26 诚仁堂测绘图-后进前檐剖面图

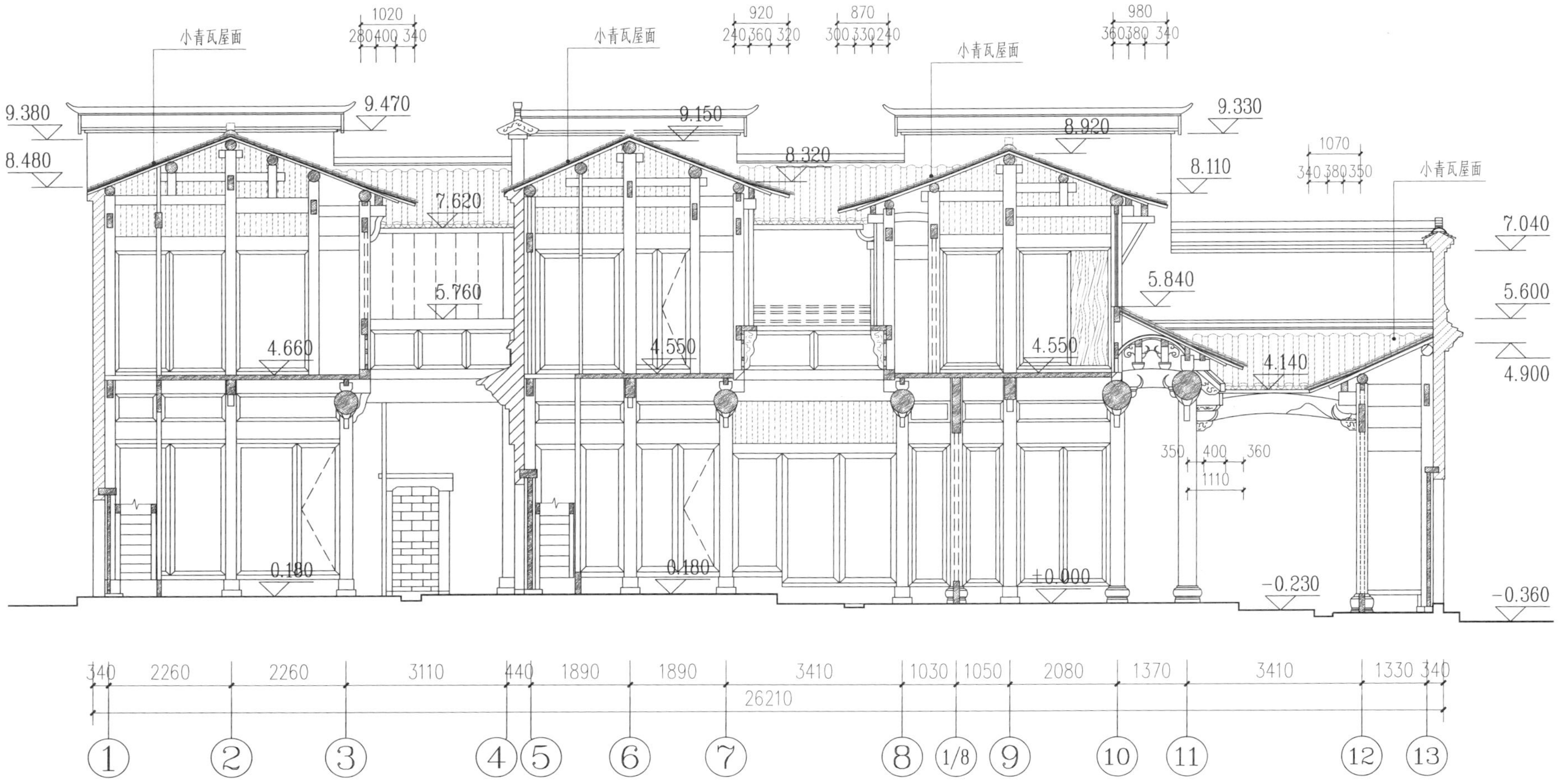

图16-27 诚仁堂测绘图-明间纵剖面图

诚 仁 堂

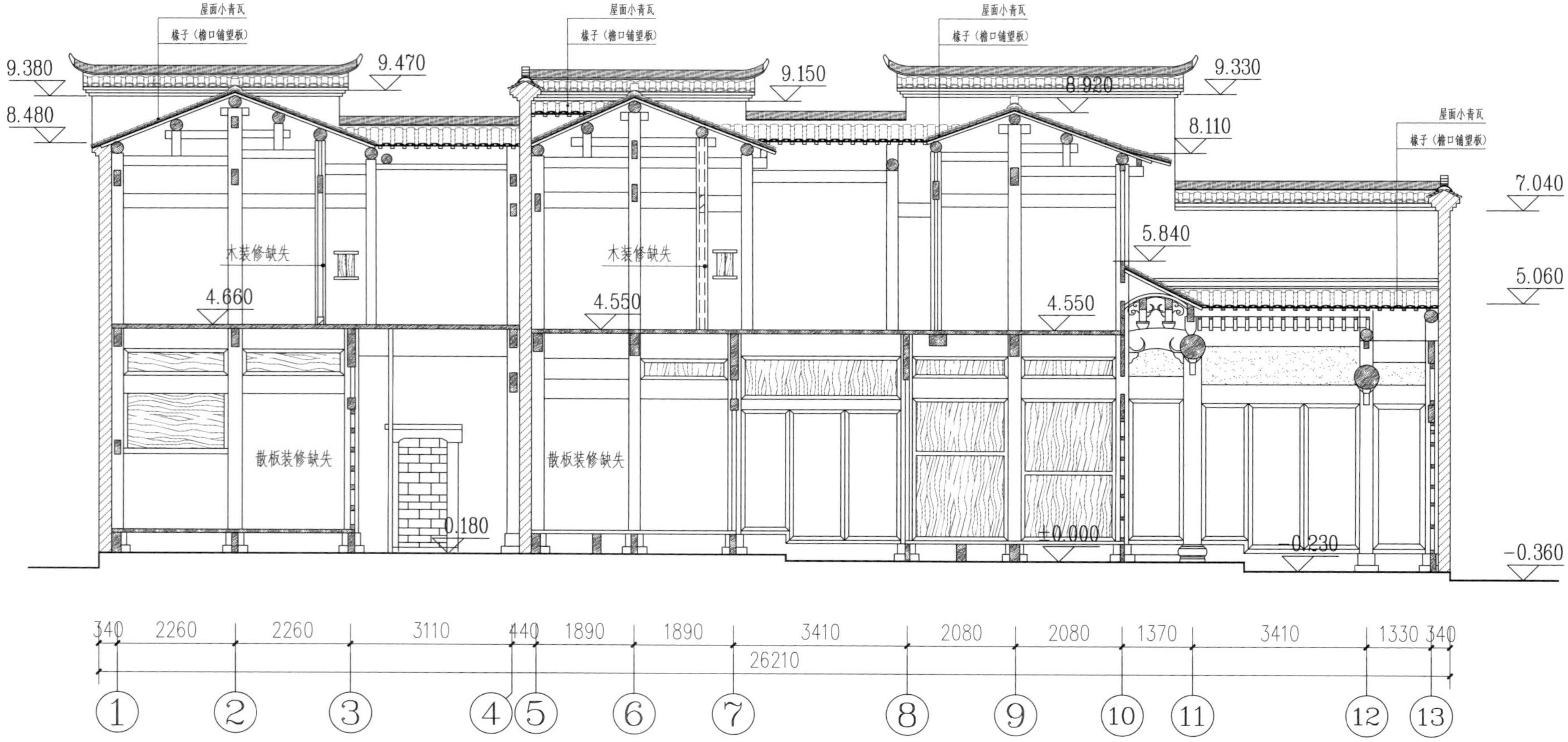

图16-28 诚仁堂测绘图-梢间纵剖面图

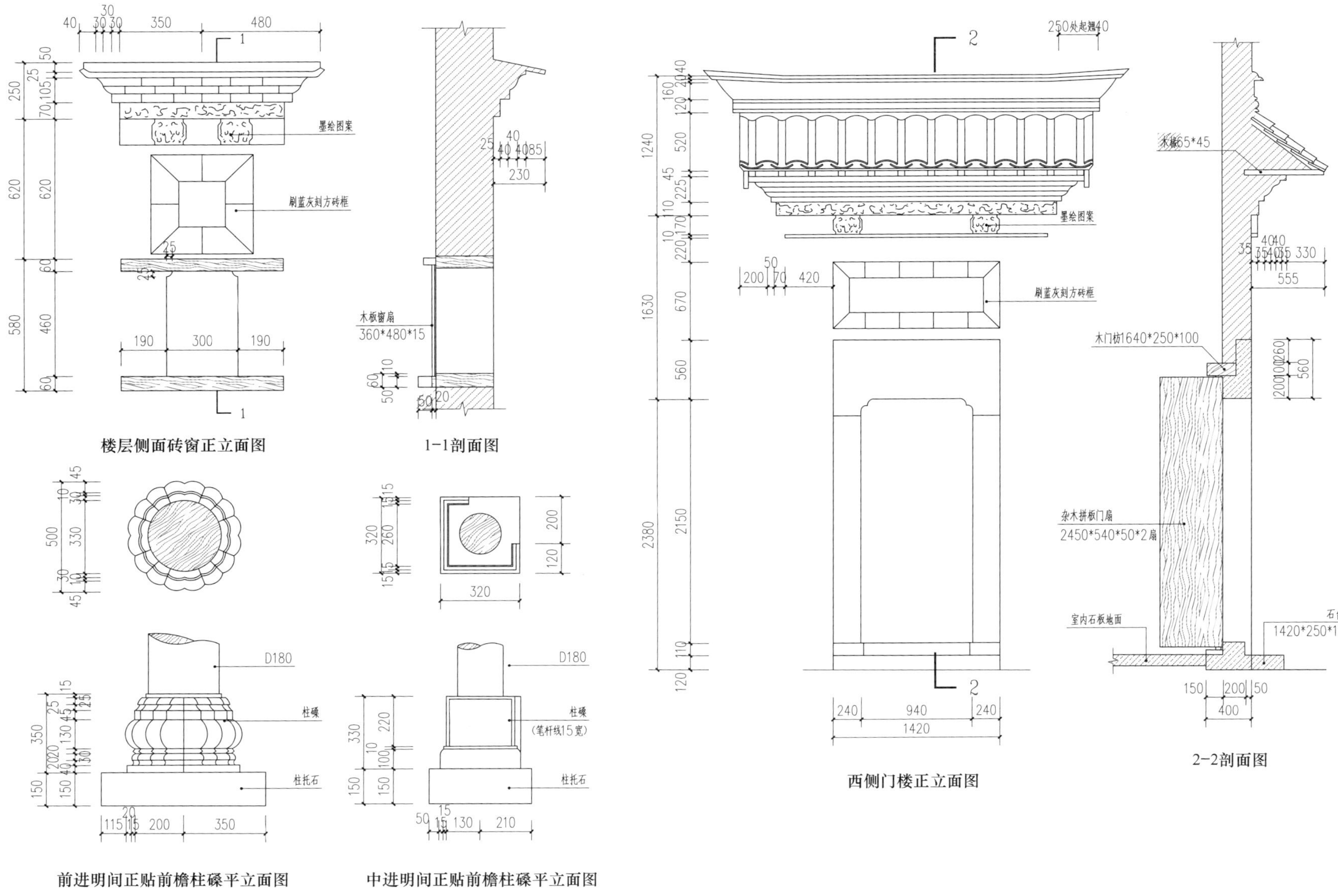

图16-29 诚仁堂测绘图-门窗大样图

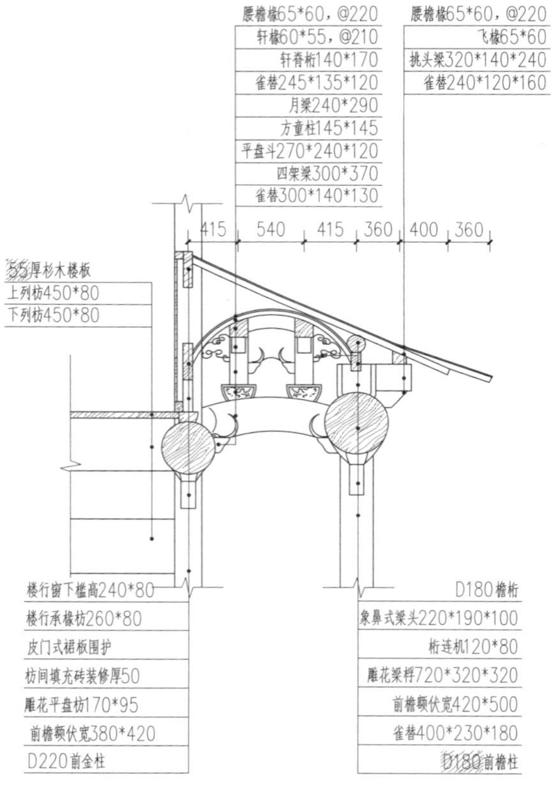

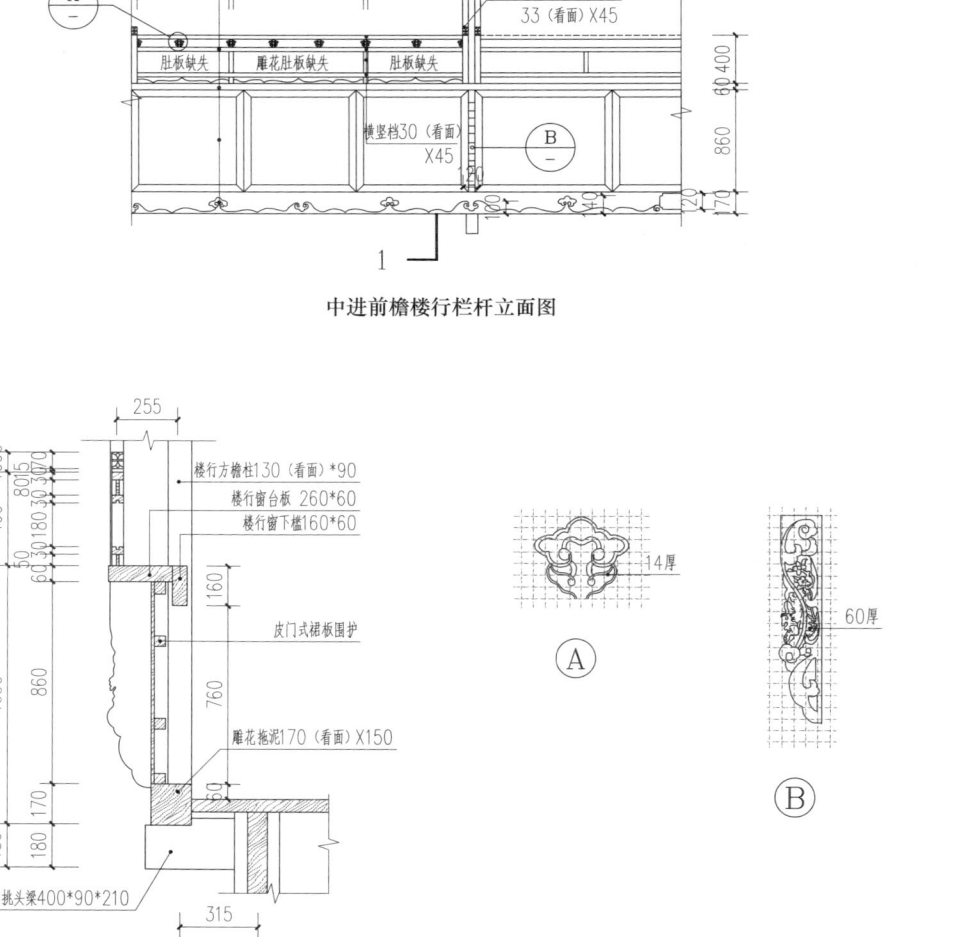

图16-30 诚仁堂测绘图-木构大样图

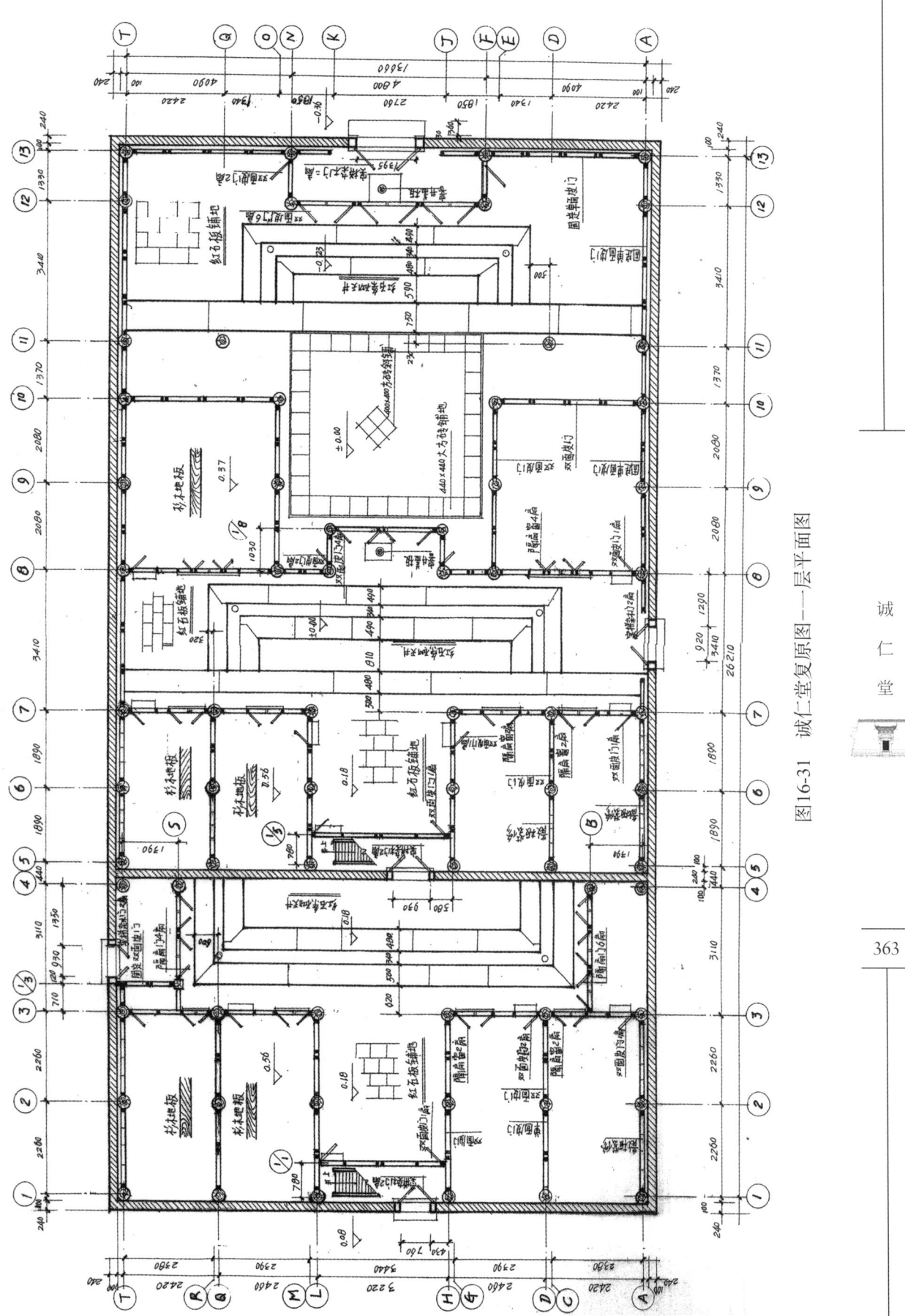

图16-31 诚仁堂复原图——层平面图

诚仁堂

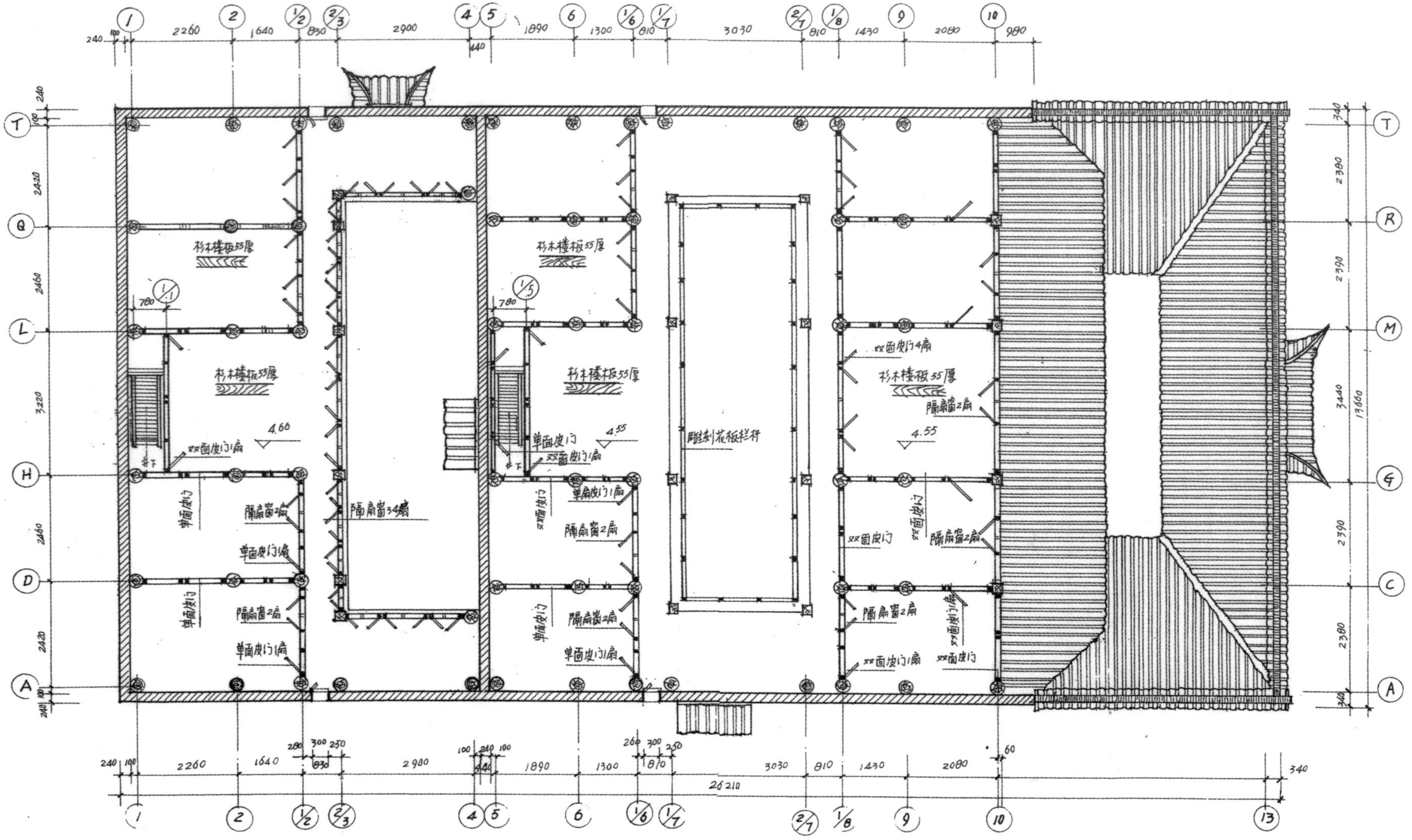

图16-32 诚仁堂复原图—二层平面图

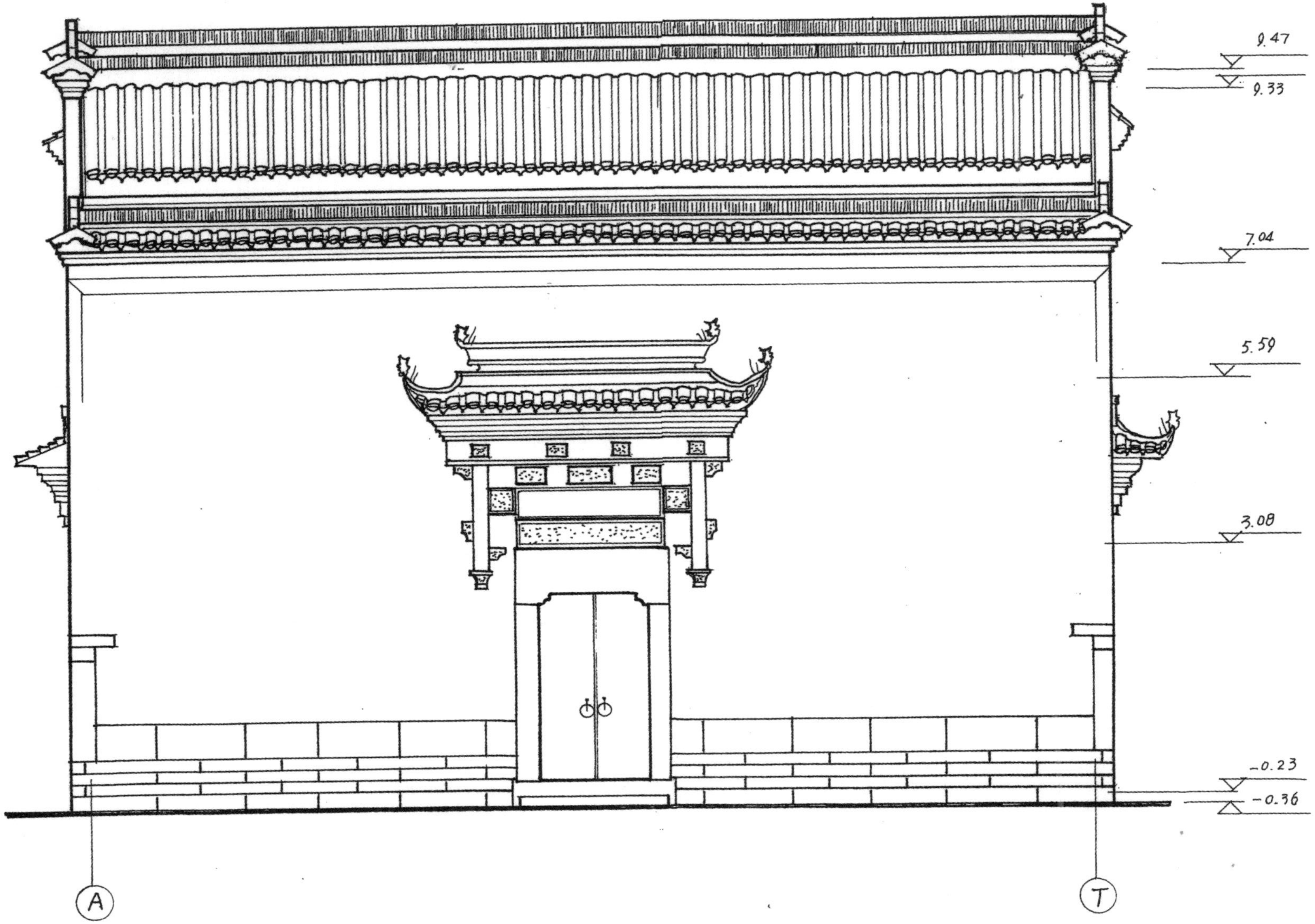

图16-33 诚仁堂复原图-正立面图

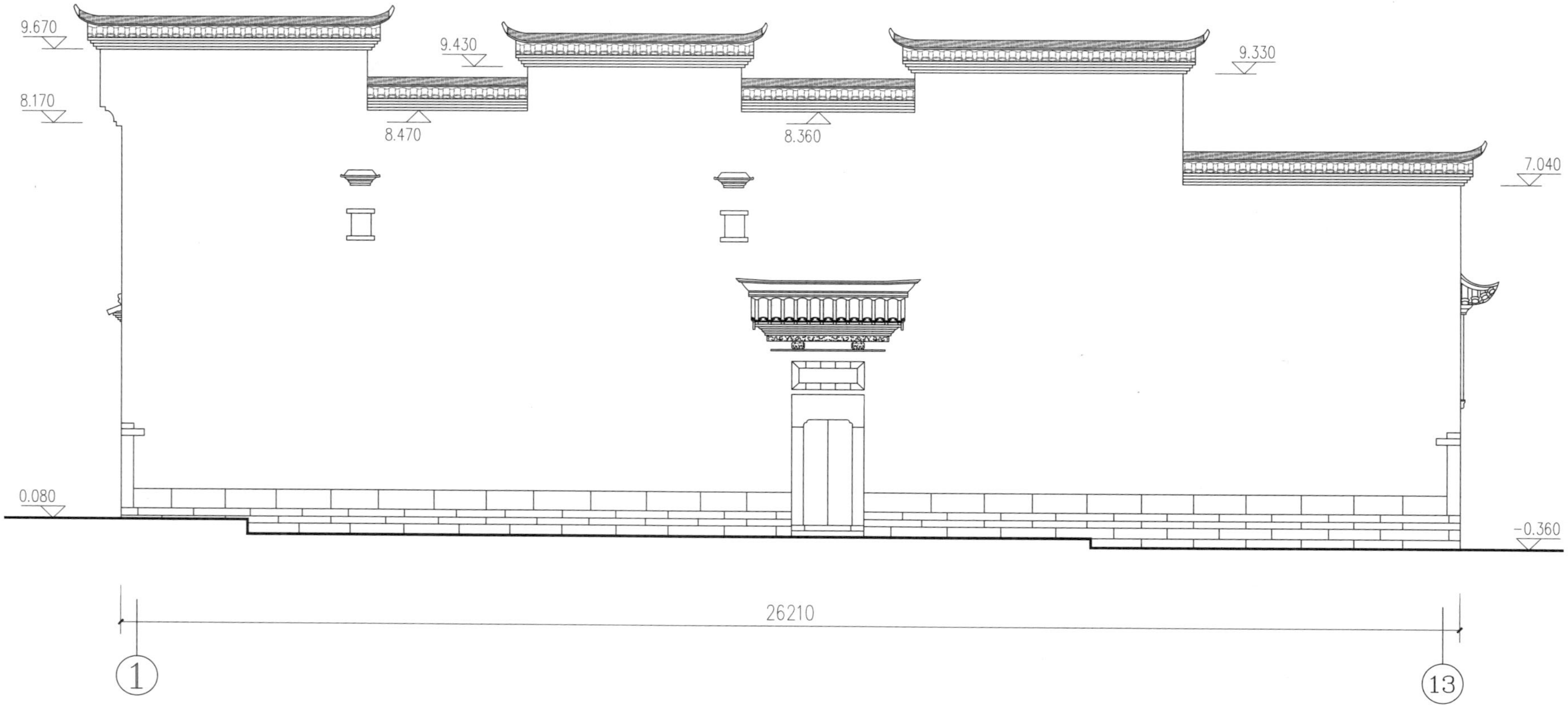

图16-34 诚仁堂竣工图-西立面图

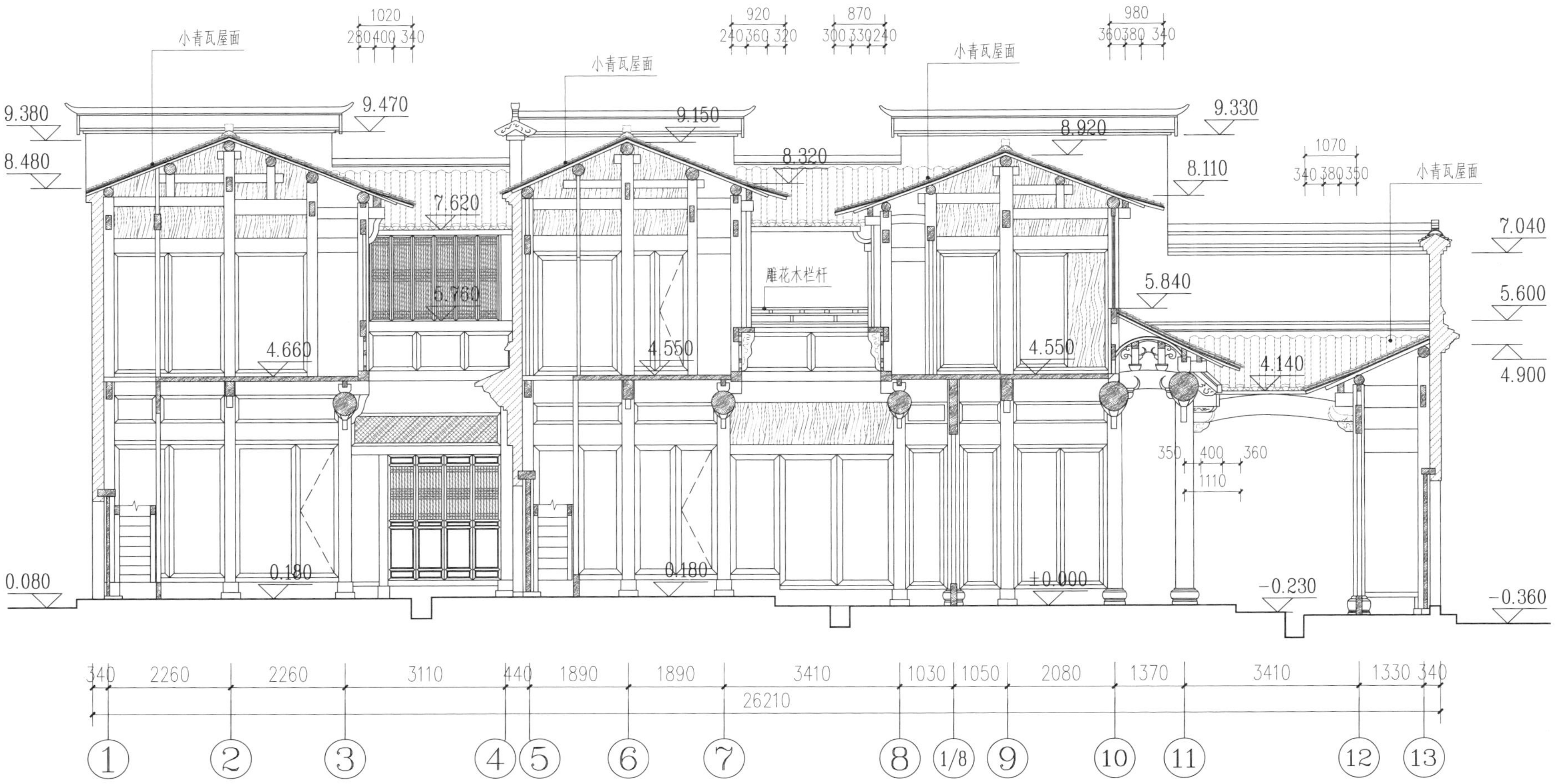

图16-35 诚仁堂竣工图-明间剖面图

诚 仁 堂

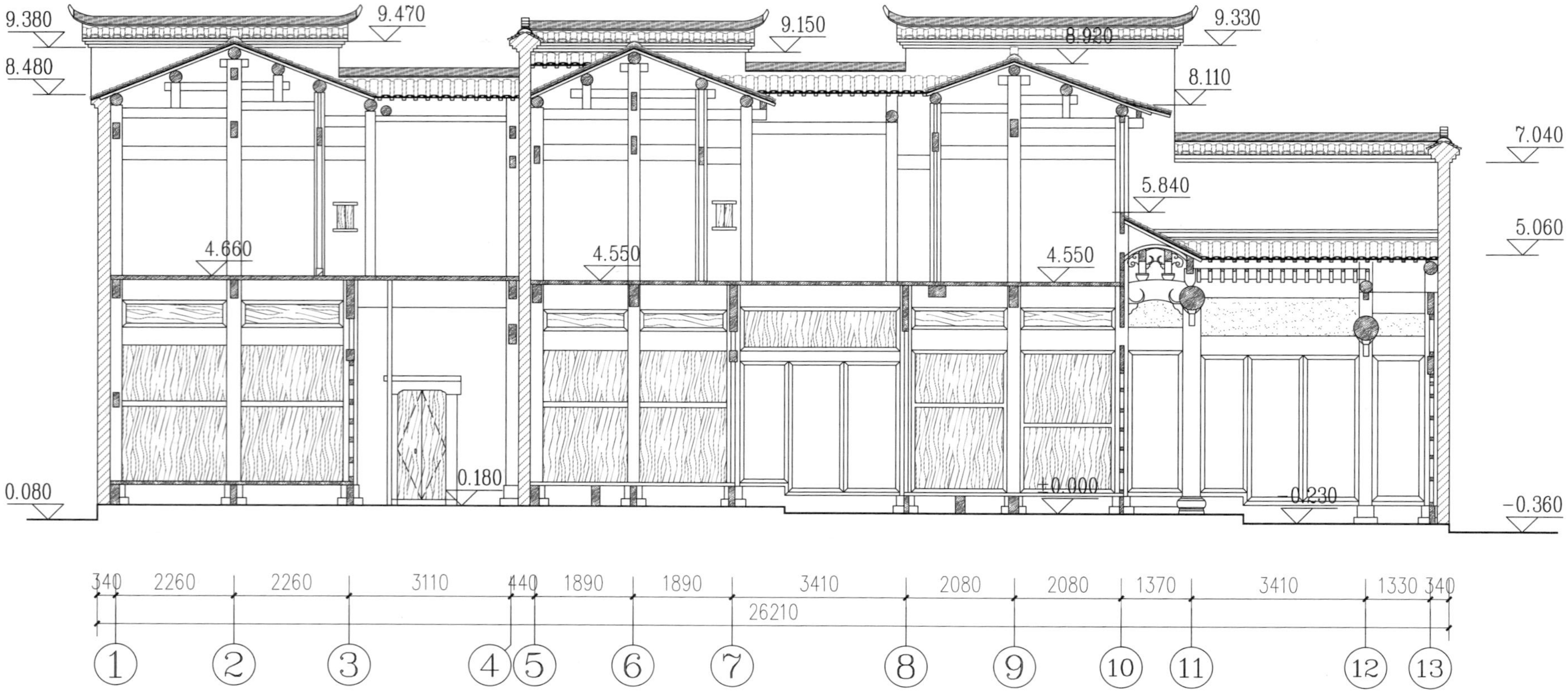

图16-36 诚仁堂竣工图-梢边向剖面图

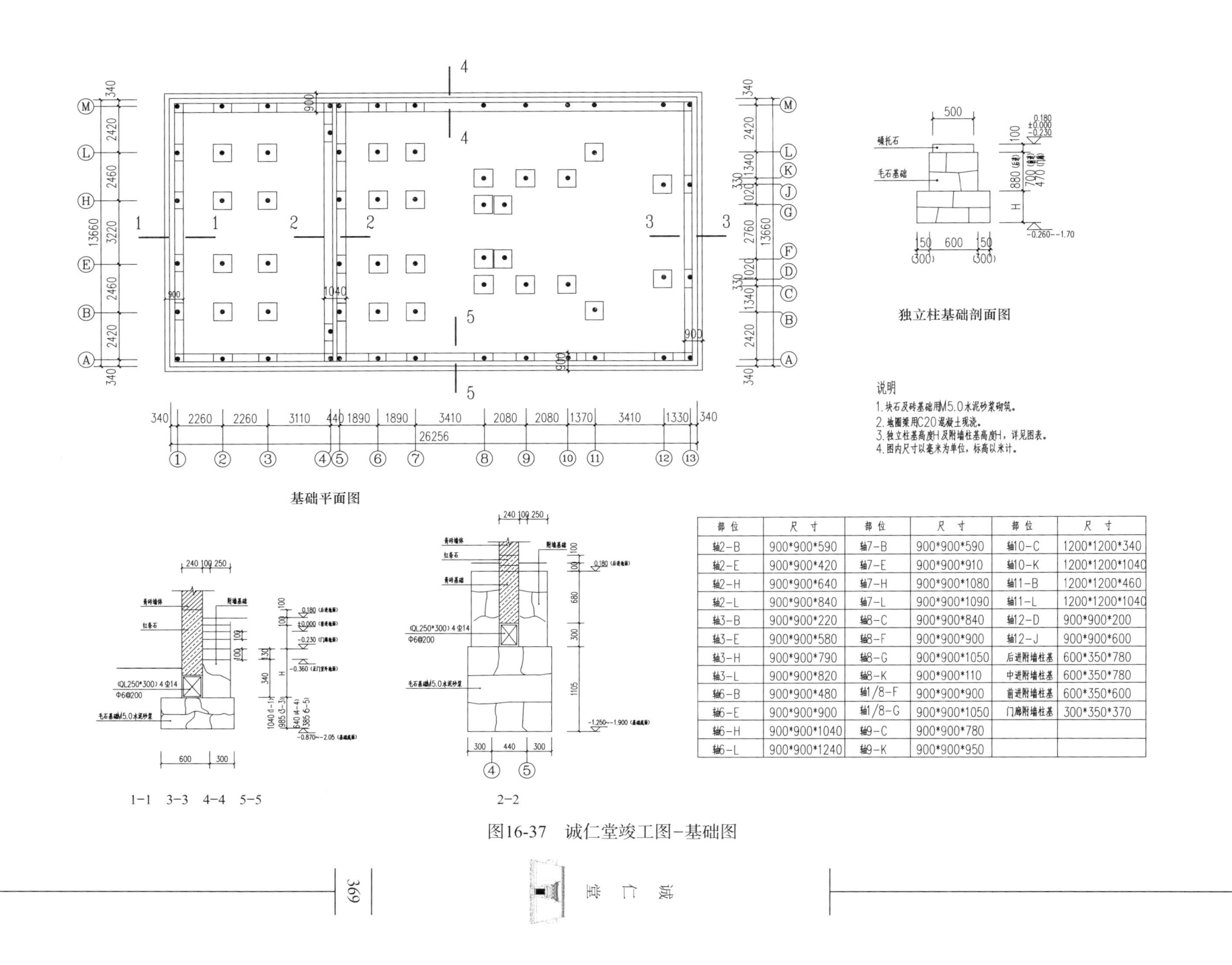

## 说明

1. 块石及砖基础用M5.0水泥砂浆砌筑。
2. 地圈梁用C20混凝土现浇。
3. 独立柱基高度H及附墙柱基高度H，详见图表。
4. 图内尺寸以毫米为单位，标高以米计。

| 部位 | 尺寸 | 部位 | 尺寸 | 部位 | 尺寸 |
|---|---|---|---|---|---|
| 轴2-B | 900*900*590 | 轴7-B | 900*900*590 | 轴10-C | 1200*1200*340 |
| 轴2-E | 900*900*420 | 轴7-E | 900*900*910 | 轴10-K | 1200*1200*1040 |
| 轴2-H | 900*900*640 | 轴7-H | 900*900*1080 | 轴11-B | 1200*1200*460 |
| 轴2-L | 900*900*840 | 轴7-L | 900*900*1090 | 轴11-L | 1200*1200*1040 |
| 轴3-B | 900*900*220 | 轴8-C | 900*900*840 | 轴12-D | 900*900*200 |
| 轴3-E | 900*900*580 | 轴8-F | 900*900*900 | 轴12-J | 900*900*600 |
| 轴3-H | 900*900*790 | 轴8-K | 900*900*1050 | 后进附墙柱基 | 600*350*780 |
| 轴3-L | 900*900*820 | 轴/8-F | 900*900*110 | 中进附墙柱基 | 600*350*780 |
| 轴6-B | 900*900*480 | 轴/8-G | 900*900*900 | 前进附墙柱基 | 600*350*600 |
| 轴6-E | 900*900*1040 | 轴10-C | 900*900*1050 | 门廊附墙柱基 | 300*350*370 |
| 轴6-H | 900*900*1240 | 轴10-K | 900*900*950 | | |

独立柱基础剖面图

基础平面图

1-1  3-3  4-4  5-5  2-2

图16-37 诚仁堂竣工图-基础图

诚仁堂

# 古 戏 台

## 一、概况

古戏台现位于潜口民宅清园。建于清代中后期,砖木结构,二层单体建筑,为乡村戏台。开间 11.94 米,进深 13.42 米,占地面积 160.23 平方米,建筑面积 320.46 平方米。

自明代万历年起,直至民国年间,徽州本土的徽戏演出经历了由盛而衰的发展过程,前后时间长达 370 多年。明万历年间傅岩在《歙纪》中说:"徽俗最喜搭台看戏。"到了清代乾隆年间,涌现了庆升、彩庆、同庆、阳春的"京外四大徽班",新彩庆、二阳春、凤舞台、柯长春,俗称为"新四大徽班"。戏曲演出活动在徽州民间十分盛行,"前村佛会还未歇,后村又唱春台戏"。到清后期,随着京剧兴起,徽戏艺人纷纷改学新腔,徽戏走向衰落。但在广大徽州农村,仍然盛行徽戏,凡庙会、祭祀等场合,都请来徽班演出。至 20 世纪 30 年代初期,徽州当地仍有徽戏班社一二十个。

徽戏的昌盛也随之衍生出众多的戏台。徽州稍大一点的村落都有一个或几个戏台,俗称"呆台",意为不可移动的演出场所。一般家族均有祠堂,戏台就伴随着祠堂而建,大部分戏台建在祠堂的对面。祠堂的广场,也就是百姓俗称的戏坦。

原位于歙县北岸镇显村洪氏宗祠门前的古戏台,历经 200 年喧嚣和沉寂,已风雨飘摇,残破不堪。它是徽州戏曲繁荣的历史见证,为还原乡村演戏习俗,保留徽州戏台的传统功能和宗族社会属性,再现徽州村落内戏台与祠堂的历史渊源,遂于 2003 年将其迁入潜口民宅清园内进行集中保护。

## 二、原址原貌及形制特征

古戏台原坐落在歙县北岸镇显村西南角。显村位于北岸镇的北部、大阜至白杨的公路边,原名小阜坑村。该村山环水绕、环境优美,汪、洪、吴为该村三大主姓。该村现保存有吴氏宗祠、汪氏祠堂、洪氏宗祠以及世华堂等清代古建筑。2019 年 6 月,显村被列入第五批中国传统村落名录。

古戏台建于清代嘉庆、道光年间,坐北朝南,两层砖木结构楼屋,与洪氏宗祠相对而立,两者相距 60 米,中为观戏广场(图 17-1～图 17-3)。

图17-1 原址正立面

图17-2 原址背立面

中华人民共和国成立后，宗族管理功能削弱，戏台由村委会集体管理，群众堆放柴草、杂物。加上年久失修，现状十分残破，大部分木装修毁失，后台屋面乃至台面皆已朽塌，底层淤泥堆积达30厘米，门窗全失，外墙裂隙，四壁洞穿，濒临圮毁。

古戏台建筑形制与徽州同时期民居建筑相仿，但为满足特殊功能需求，在平面布置、空间分隔及装修、装饰及营建手法上与徽州同时期的民居有所区别。建筑没有天井院落，为一单体建筑，由上层台面和底层构筑而成。上层台面又分前台和后台两部分。前台为主要功能区，是演出场所，前台又分正台和两厢，正台为表演区，两厢为乐队锣鼓伴奏的地方。后台是演员化妆、候场和休息的场所。底层是接待戏班，供其置放"行头"和道具的仓库，同时可以住宿。

图17-3 山墙

## （一）上层台面

上层台面与广场高差为2.12米，设计有上场门、下场门，两门前是乐队演奏之所，舞台正顶用天花板装饰，而乐池顶则不装修，任其空旷，以利音响效果扩散，不留回音。

戏台台面，以脊缝为界，前面分为五间，后面分为三间，脊后一披水直到后檐，彻上明造。后金缝以后的穿斗式柱架倒塌，西边间屋架，加盖椤栅，架在后檐墙上，架上桁、椽、瓦大都毁坏（图17-4～图17-7）。

图17-4　台面脊前挂落　　　　　　　　　图17-5　台面脊前梁架

图17-6　台面前檐卷棚轩　　　　　　　　图17-7　前檐屋面檐口

脊前有立柱18根，山列全为由底层延伸而上的通天柱。明间前檐柱和前金柱皆减柱做法，在靠脊缝前的一步架上，增加了两根立柱，此间装修了前台的太师壁。直向装修次间，自此向后退到脊前，梢间自此向前到前金缝，太师壁和梢间以前，形成整个戏台的前台。

前台，梁架在前廊部设置了统开间卷棚轩，后边以天花板覆之。轩棚内平盘斗、童柱，承托轩直枋，上为弓形椽，下边象鼻头平梁。轩棚列梁由前、后金柱上架设的列梁延伸挑出，搁置于前檐的大额枋[①]上。前檐缝统开间较大，仅两山有檐柱支撑，故大额枋下加置柱两根，以承托屋架。

檐口，由轩梁挑出的撩檐枋挑承，有飞椽[②]和望砖设置，挑头下安置木雕梁撑。挑头多已朽烂，撩檐枋等皆已残破。

脊前明间顶部的天花板，没有作平棋格压条，现仅剩1平方米左右的残构。天花板以上的草

---

① 清制大、小额枋是用在有斗拱的建筑上，"大额枋"是位于两檐柱间的平板枋上加强平板枋作用的木枋。

② 飞椽是为增加屋檐冲出和起翘，在檐椽之上加钉的檐口椽子。宋称为"飞子"，清《营造法原》称为"飞椽"。

架、枋、童柱虽在，但料度较小。金柱间的列枋和明次间的额枋下，安装有花牙子①，现较完整。

两次间的脊缝下为前后台的分界，原安装有隔扇门两扇，现已缺失。次间与梢间的脊缝，原为固定皮门。两侧梢间的金缝处原有镂空木雕围屏装饰，中开门洞，西边为秋叶，东边为花瓶，现已毁损（图17-8~图17-12）。

图17-8　台面楼板　　　　　　　　　　　　图17-9　门框遗痕

戏台前檐，阑额上拖泥开凿凹槽，装有12扇活动屏门，现存6扇。演出时拆卸，无演出活动时安装，有专人管理，不让随意攀爬出入。

## （二）底层

底层原是给戏班放置道具的仓库，采取了统开间不装修分隔的设置。由于低矮，列间只在两边列向设有两道列枋，其余列向仅置一道列枋，以替代楼板枋。前檐缝安装有统开间的大额枋，其上搁置拖泥，其余仅安装直枋一道，且截面偏小，已损伤、断裂、变形者较多。

图17-10　火笼灯设置遗痕

图17-11　台面下混水墙　　　　　　　　　图17-12　西山墙漏窗

---

① 是木挂落的装饰配件，用半榫与挂落外框连接，有木板雕刻和棂条拼接两种。

底层脊前现存梁架六列，立柱18根，截面径23厘米。边列上的楼板枋跨度较大，变形弯曲。西边列的前檐柱朽烂、脊柱被白蚁蛀蚀；底层脊后屋架毁塌两列，12根立柱，现存7根，可墩接、镶补继续使用的3根。

底层四面皆有外围护墙封护，单砖叠砌，厚15厘米。前檐外墙面饰混水抹灰、画墨线，绘砖花图案。前檐内墙下砌30厘米砖地栿，上端是通栏的额枋，额枋上即前台。前檐内墙加砌三根砖柱，砖柱距地面1.6米处，内设置有14厘米宽、32厘米高、20厘米深的龛洞三个，其功能为夜间放置照明灯。

其他三面围护墙，砌到屋顶。底层入口门洞开在东山墙的脊前。前山墙1米高处设置清水砖作的方形、扇形景窗各一。半圆拱形门洞，镶门框套，门宽94厘米，原制双开拼板门，现已缺失。底层围护墙上有清水砖漏窗七樘，其中后檐墙三樘，山墙四樘（一樘改为门洞）。每樘的上、下部留有安装木板窗扇的痕迹。底层地面淤积污垢达30厘米以上。经勘察，原地坪系用红黏土、石灰浆掺砾石的三合土地坪，现已毁坏严重（图17-13～图17-17）。

屋面、檐口及墙头瓦作及墙头脊的竖瓦已大量缺失。正脊原安装花砖，大部分圮倒；脊端安置哺鸡兽，现缺失两只。两面山墙以蓑衣瓦和混水博风板封山，用墨绘画。四个梁头亦有墨绘图案。

图17-13 底层后檐墙上漏窗

图17-14 底层前檐开门洞、置木楼梯

图17-15 底层前檐砖柱上置灯龛

图17-16 东山墙向外开边门

戏台东侧原有一幢三合院，从三合院后楼通过楼廊可以下到后台。三合院现已无存，重建新居。墙上仍留有旧门框痕迹。外墙石灰剥落殆尽，裂隙遍布。因周边环境的变化，原排水暗涵失去了排水功能。

## 三、文物价值

古戏台建造的清嘉靖、道光年代，正是徽剧发展的鼎盛时期。徽剧是京剧的主要渊源所在，古戏台的保护，将对徽剧的发展历史乃至京剧溯源研究，提供重要的实物参考。

作为徽州乡村演出的舞台，同时也是徽州宗族所有的公共文化设施，古戏台的建成和使用管理的历史，是研究清代宗族文化、乡村治理的珍贵实例。

图17-17　东山墙二层门洞痕迹

古戏台的独特构造，是徽州古建筑丰富而精彩的类型建筑的杰出示例。戏台为洪氏合族所建，建筑主体构造、装修均围绕戏台功能而设置，是具有特定功能的类型建筑。该戏台做法独特，一是利用了地形的高度差，将建筑安排在坝下，底层地坪与广场地坪相差80厘米，解决了观看视线和底层使用高度问题；二是减去了明、次间的前檐柱和明间的前金柱，将列梁挑搁到直向的阑额大梁上，保证了表演区的舞台面积，又解决了观戏看面的宽度问题。另外，它以脊缝为中，大致分出了前、后台，并于明间正贴加置了两根脊前立柱进行装修，建造"太师壁"作为前台的背景，两梢间前金缝装饰两个落地的雕花园罩，作为上场门和下场门，这样的装修设置，与戏台表演完美融合，更显美轮美奂、摇曳生姿。

## 四、迁建工程

### （一）迁建过程

2003年3月23日，进入北岸显村拆卸古戏台；

2003年6月14日，确定古戏台在清园内的位置；

2003年6月17日，工程开工；

2003年8月13日，安装木架；

2003年9月11日，开始砌筑墙体；

2003年11月5日，工程竣工。

### （二）迁建选址

古戏台迁建后选址在清园中街广场的核心地带，坐南朝北，面向广场，与清代祠堂义仁堂建筑南北相对而立，布局上恢复了祠堂前戏台的原貌设置。

新址安置，合理利用坡地高差，低处安置戏台建筑，高处为看戏广场，广场占地面积400平方米，全石板铺筑，有充足的看戏赏剧空间，也是开放后潜口民宅进行民俗表演和广场演出的理想场所。

### （三）维修要点

（1）木构架：一些糟朽但不影响受力的构件，经过墩接、镶嵌、加固以后可复原使用。戏台木架的脊后部分，为穿斗式屋架，料度偏小，现已大部分圮塌，复原时适当增大了料度。西边列的脊中柱、前檐柱等已整根朽毁，更换。

（2）木作构配件：前台木构配件如轩内平盘斗、童柱和额枋间的梁栿，挑头木下的斜撑及小月梁下的雀替，柱下的木托等构件大部分残缺，前金缝上的两只倒爬狮斜撑已被偷盗，一应构配件皆给予原样复原。其他的雀替、梁撑、梁架[①]等参照残存的旧构件，依样仿制、添置。

（3）木装修：二层戏台台面的木装修毁失部分是维修重点。前金缝大额枋下挂落式花牙子，落地式门，左为秋叶，右为花瓶，仅存遗痕，参照同时代遗构样式进行设计，出施工大样图，予以修复；其上额间花板仅存一两片，参考遗物，绘制设计图纸进行添补修复。脊前明间缺少固定皮门两扇，此处遗制清楚，依痕迹尺寸添置齐全；上边两侧雕花额板，有残破，可修补恢复。前金步列梁下，原置有挂落式的花牙子，两两相对，较为完好，整修安装。台面前檐原有可拆卸的12扇活动皮门装修，考虑到搬迁后的展示效果，暂不完全恢复。

楼梯按施工图位置恢复，木楼梯破残严重，整体仿制，楼梯栏杆和井口栏杆按原形制修复。脊后台面楼板剩余极少，采用同材质、同规格的木板，按原铺设方式恢复。

（4）屋面及檐口：屋面脊后部分由于大面积渗漏和倒塌，桁条和屋椽几乎无存，脊前靠西边一截已塌坏，飞椽、出檐椽及连檐木等大部分朽烂，屋面椽多有朽烂，均去朽添新。

屋面望砖大部分缺失残破，按原规格订制复原；正脊缺失一截，按原制恢复，脊头上两只鳌鱼，小有残缺，镶补复用；四个垛头瓦脊残损，端部哺鸡兽仅剩两只，依原制补齐、恢复；补齐檐口墙头所有勾滴瓦。

（5）墙体与门窗：外围护墙为单砖叠砌，用砖较杂，原砖多有破碎，加之运输过程的损耗，选购原规格的旧砖加以补充。

东侧原建筑不存，东山墙二层门洞不再复原。东面山墙脊前底层的拱形门洞，原为进出的唯一通道，因置于东边建筑的回廊内，故未做门罩，现东侧建筑无存，参照同时期建筑门罩风格，予以添置。门左边有方形和扇形景窗各一樘，予以恢复。

---

① 屋架梁是指承受屋面荷载的主要横梁，对于主横梁的名称，宋《营造法式》称为"椽栿"，清《工程做法则例》称为"梁架"。

西边山墙和后檐墙墙上，底层原有漏窗七樘，二层开窗六扇，依原制恢复，并根据遗痕配齐窗扇和铁件。

（6）基础、排水及其他：古戏台外围护墙很单薄，仅为15厘米厚，墙体长度为11米，新址基础的隐蔽部分采取钢筋砼地圈梁和带形基础浇筑。

无室内排水系统，屋面两坡雨水自地面进入清园排水管网。结合工程施工，同步实施白蚁等虫害防治处理。

（四）工程资料

主要有维修勘察设计文本、实测图及原状照片、施工图及竣工资料（图17-18～图17-30）。

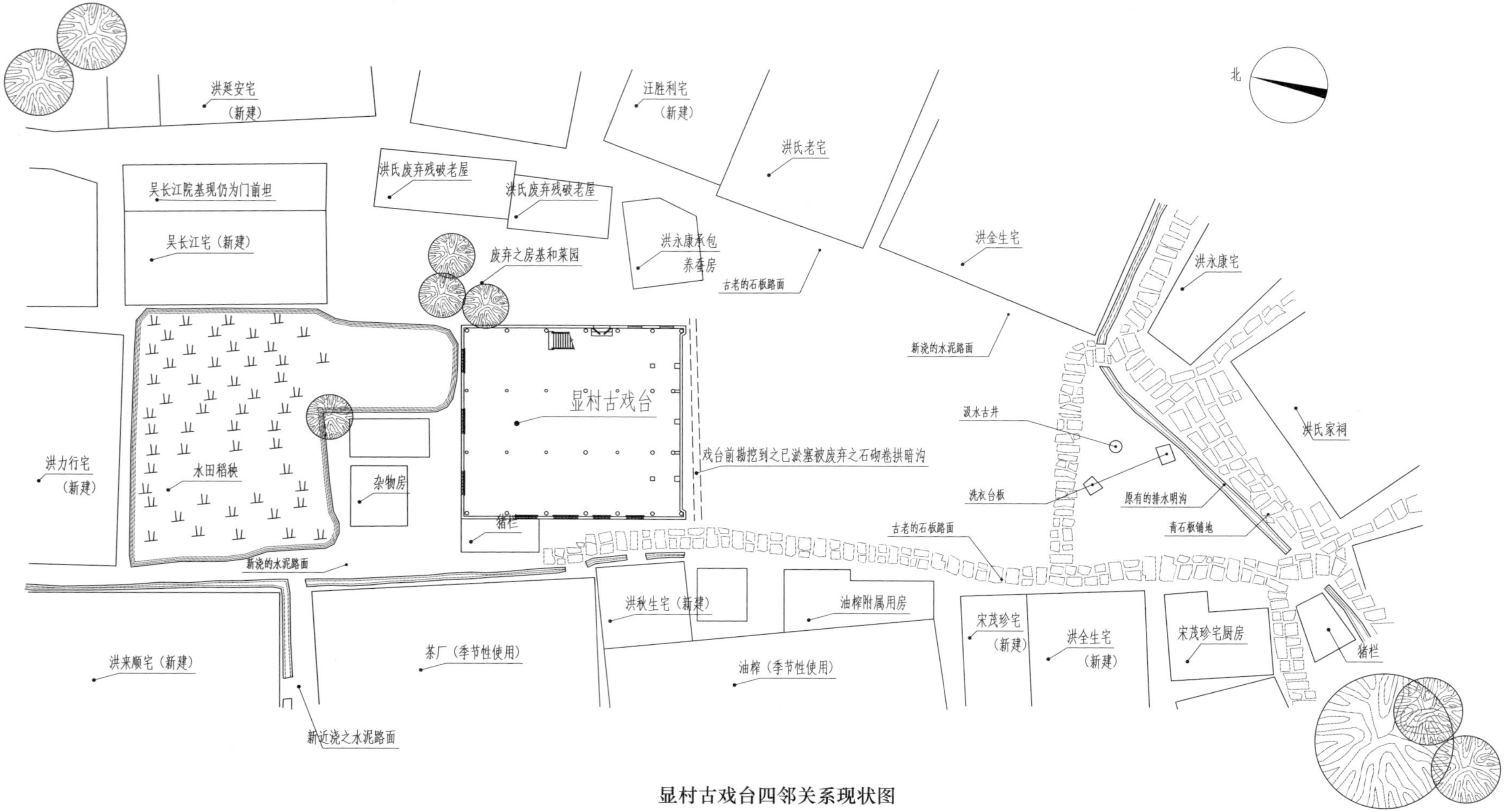

图17-18 古戏台测绘图-四邻关系图

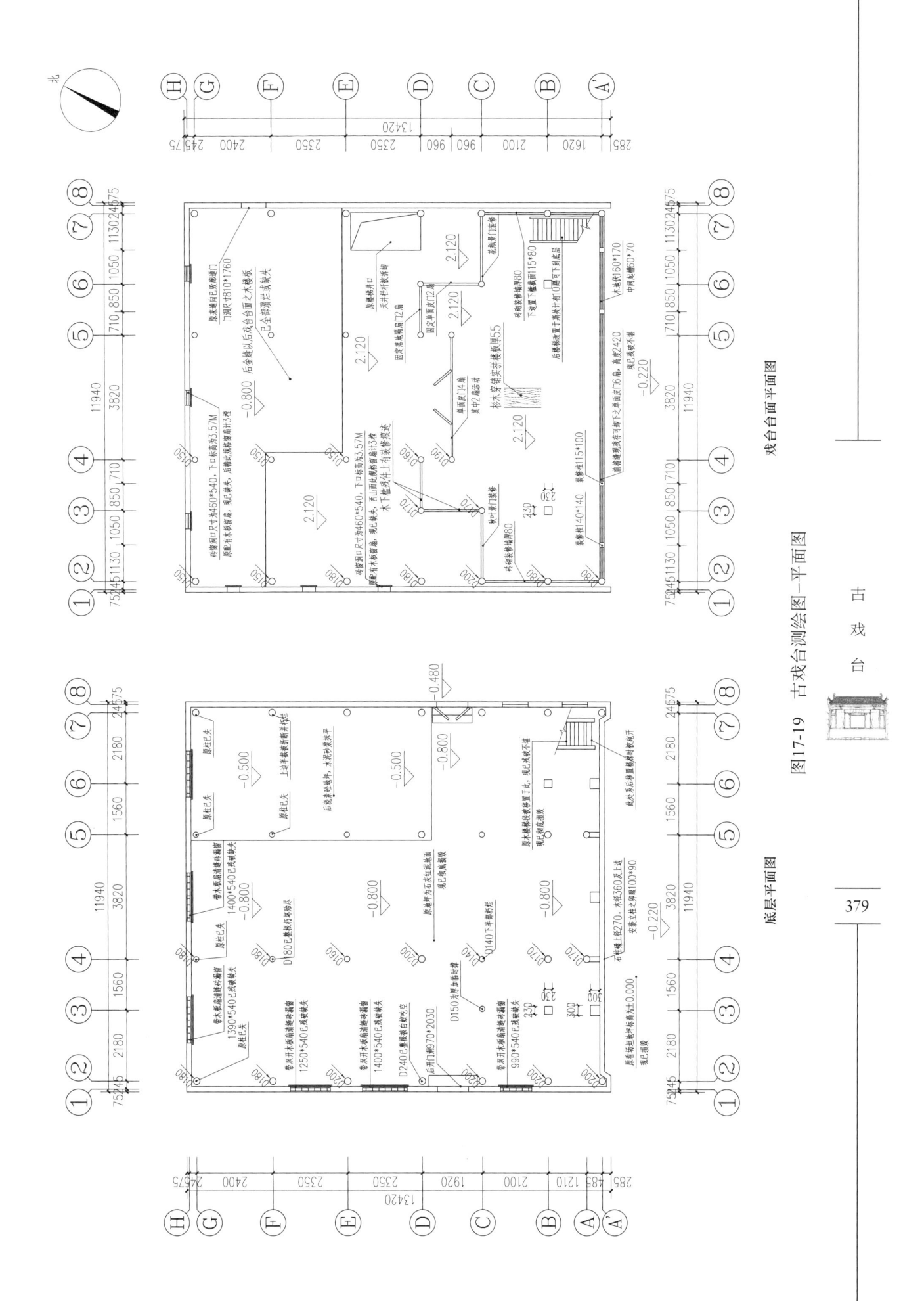

图17-19 古戏台测绘图—平面图

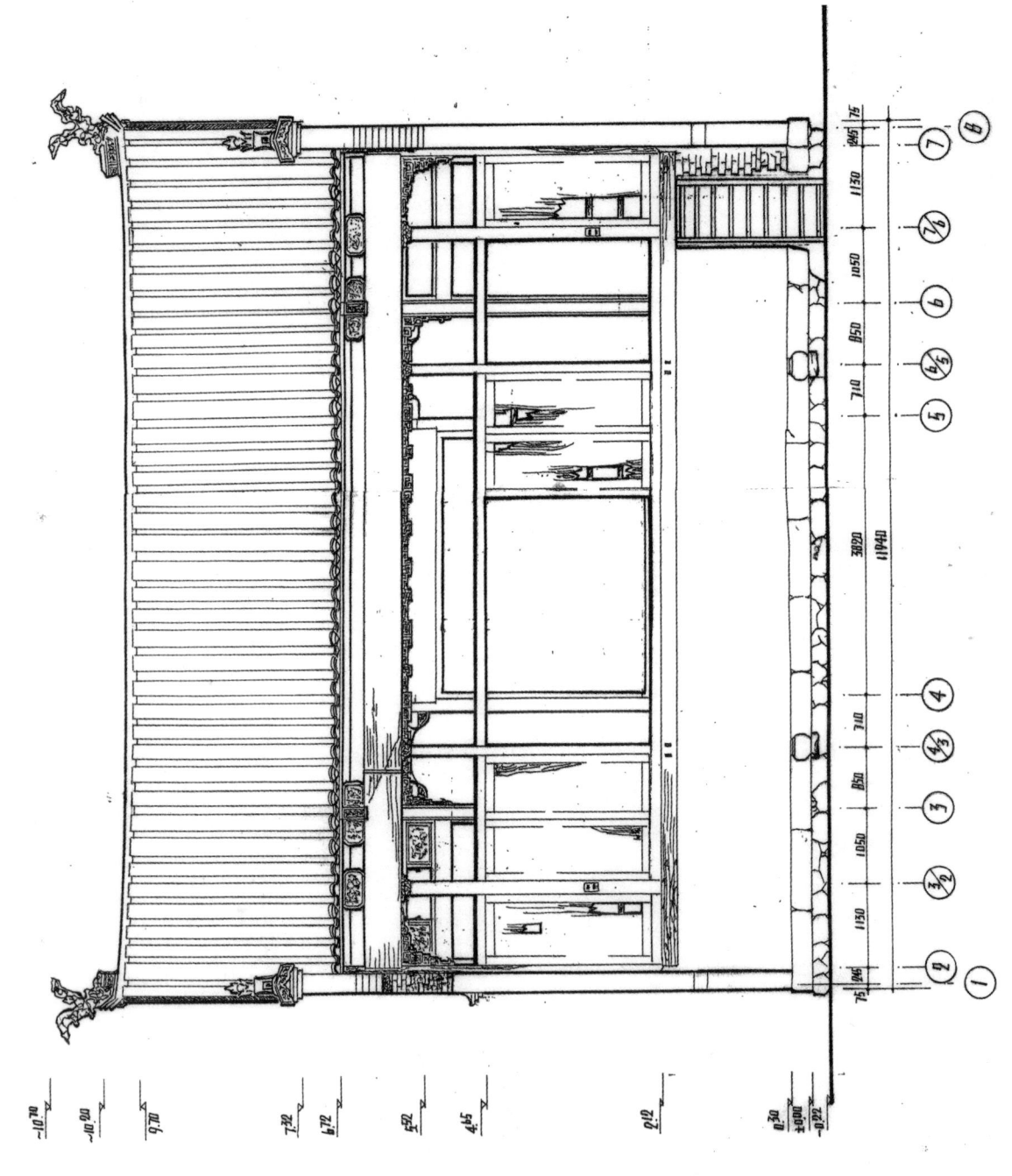

图17-20 古戏台测绘图-正立面图

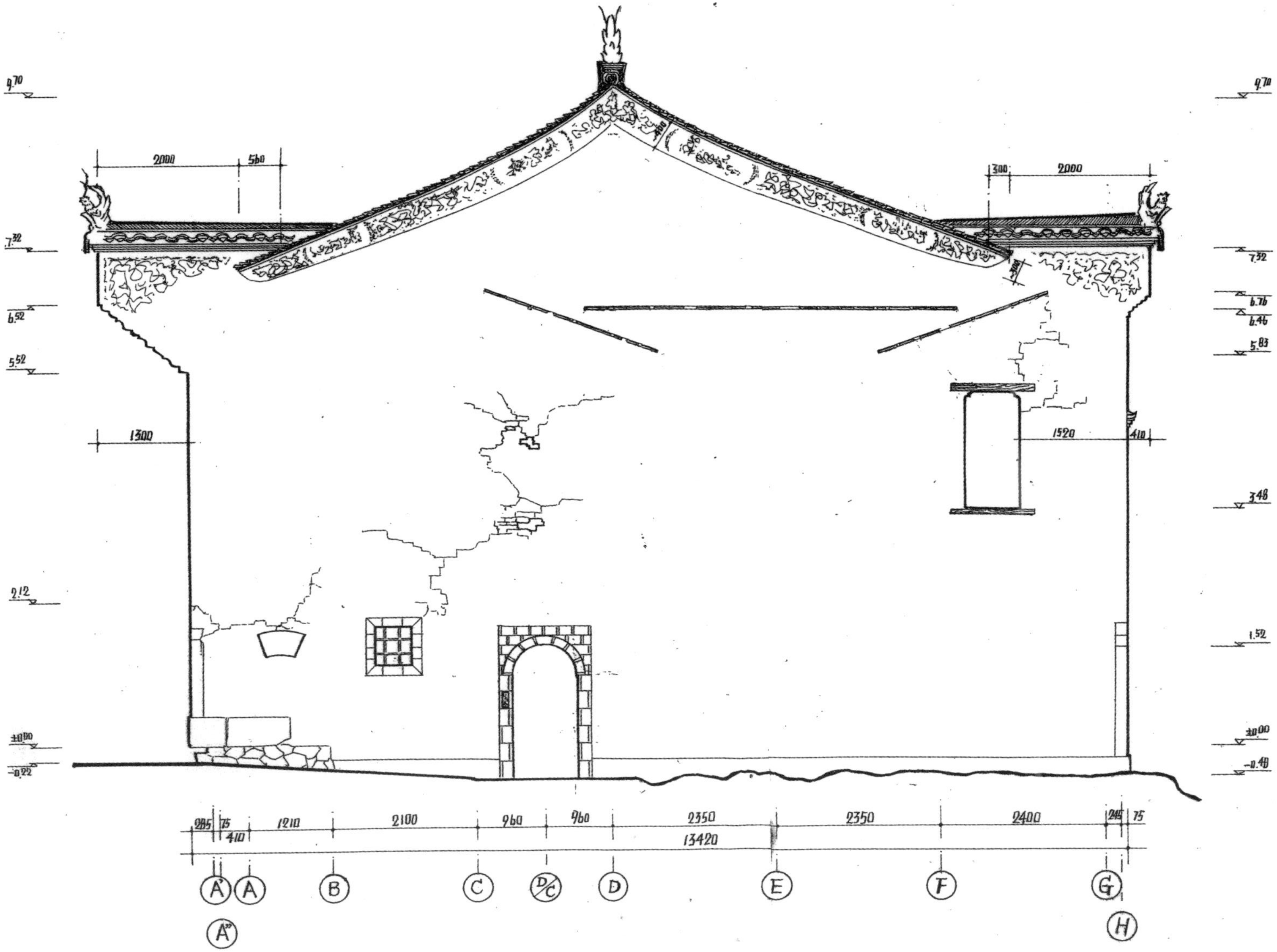

图17-21 古戏台测绘图-侧立面图

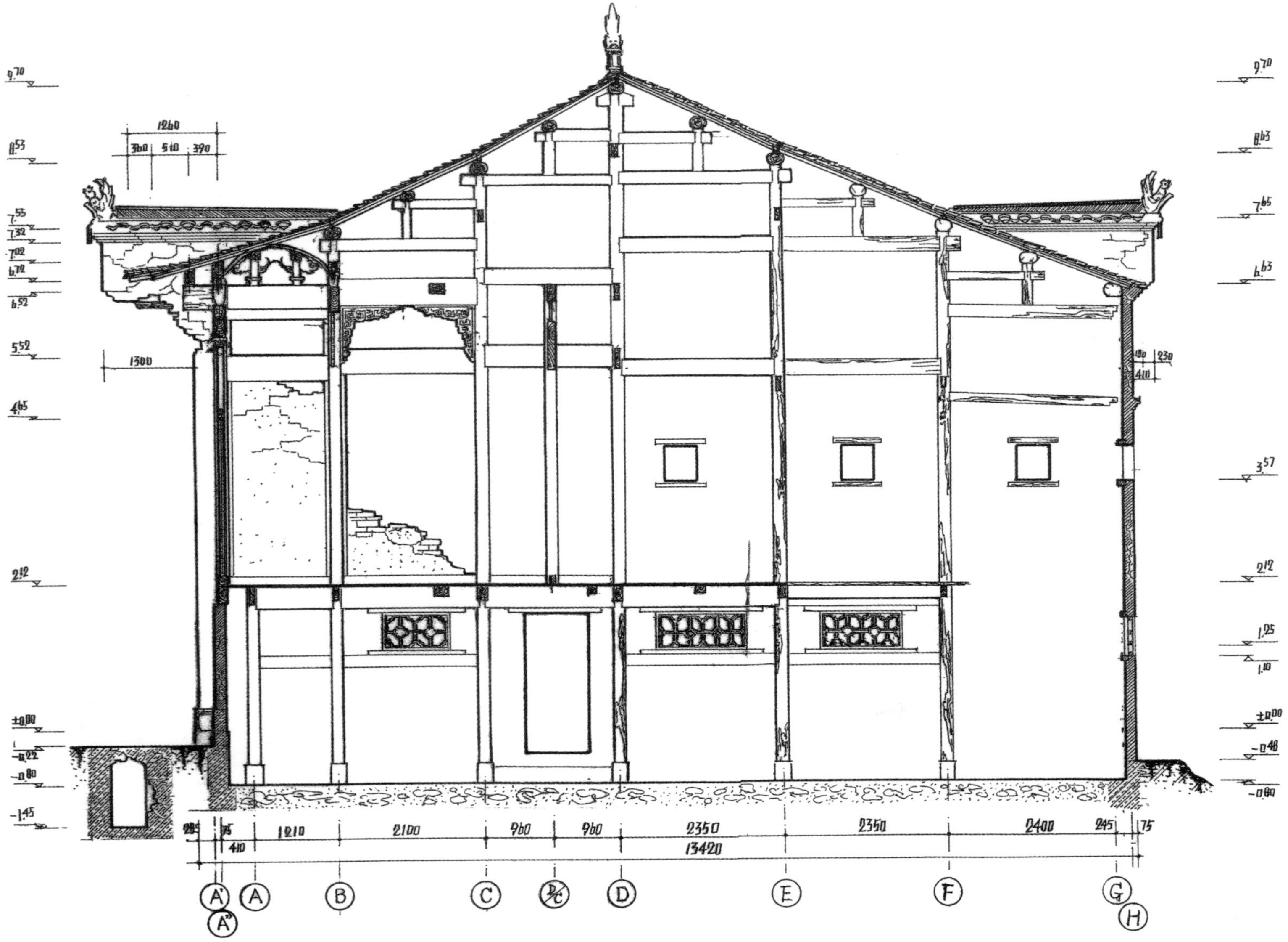

图17-22 古戏台测绘图-明间剖面图

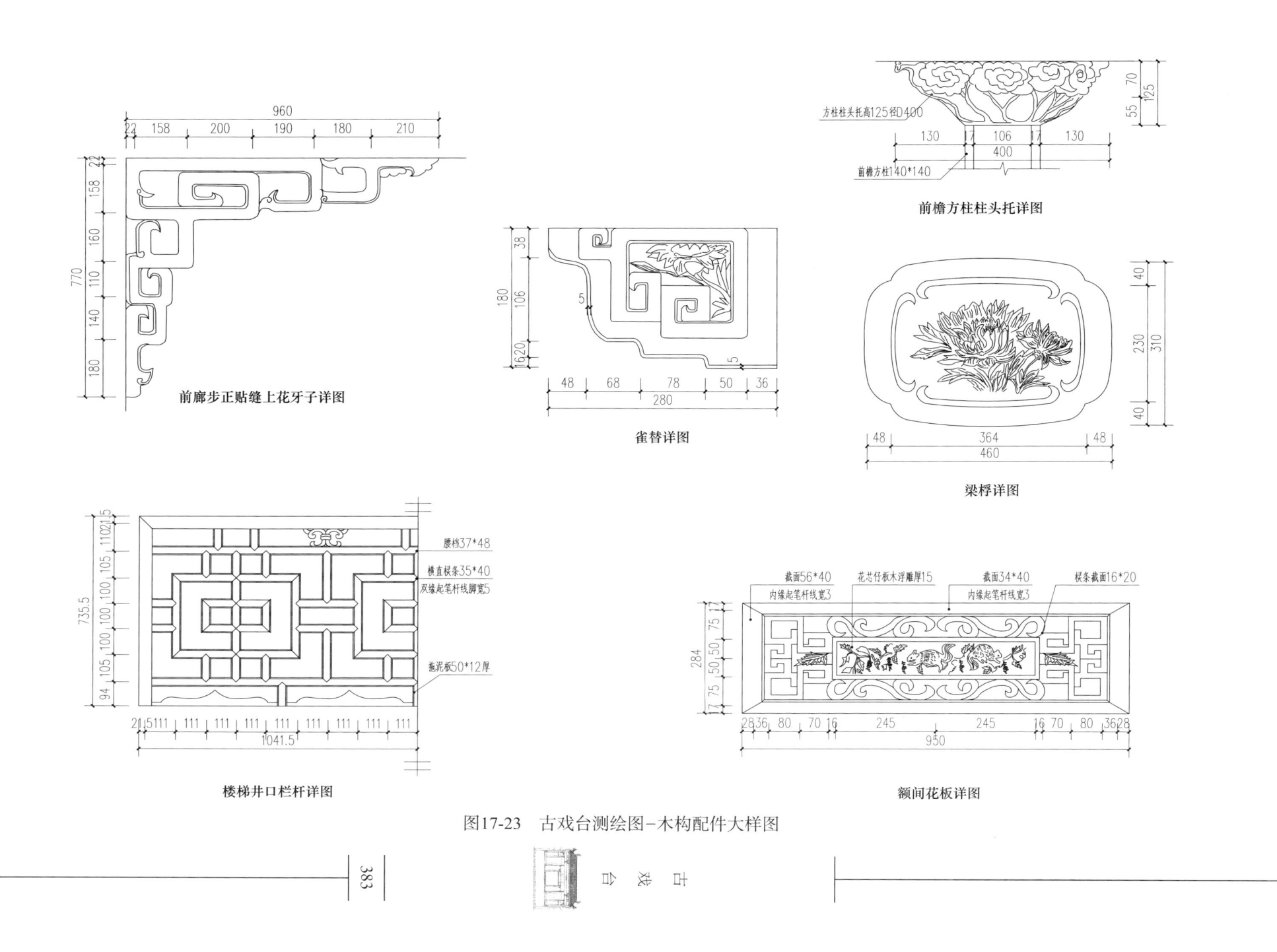

图17-23 古戏台测绘图-木构配件大样图

古戏台

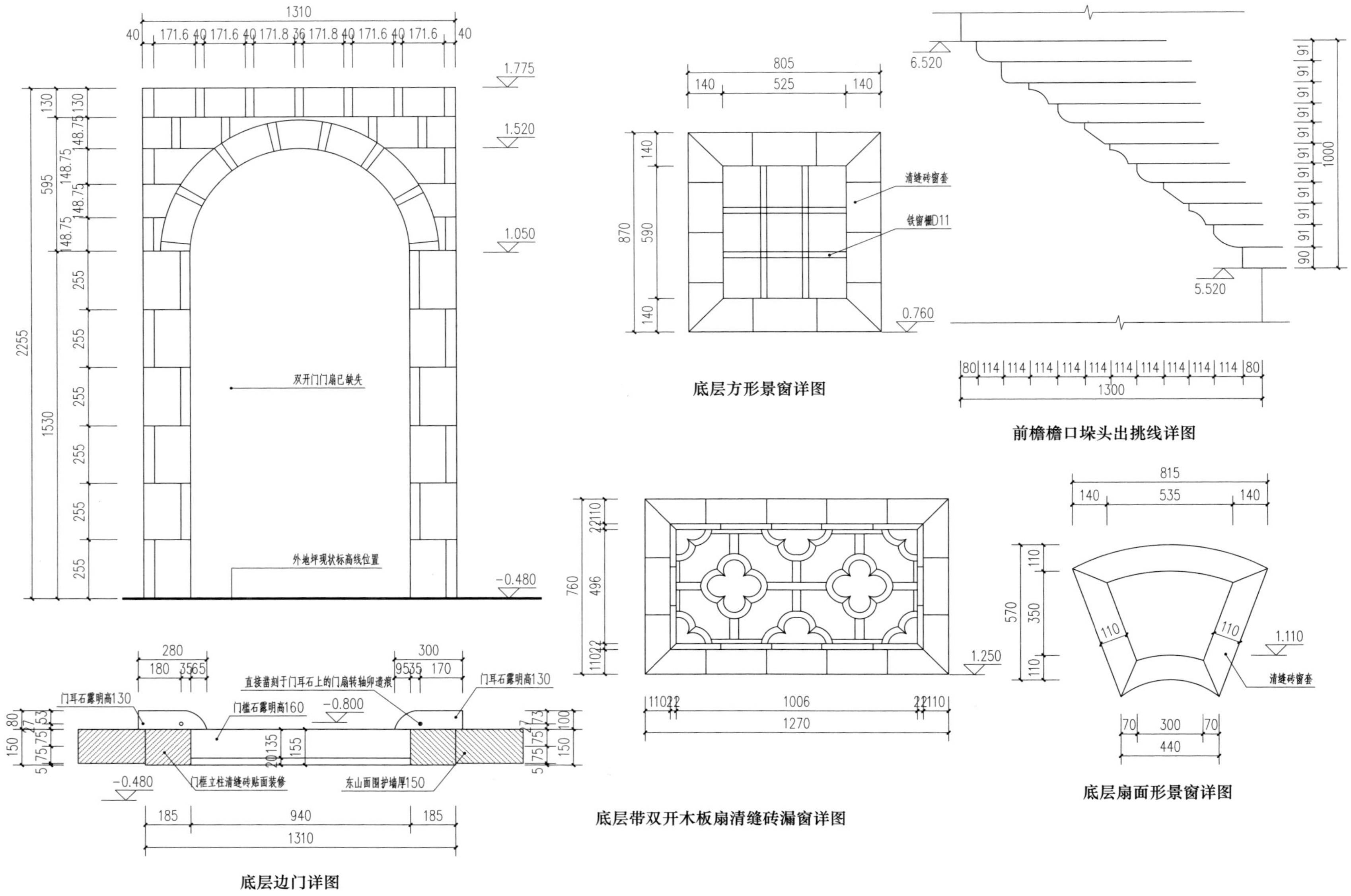

图17-24 古戏台测绘图-门窗洞大样图

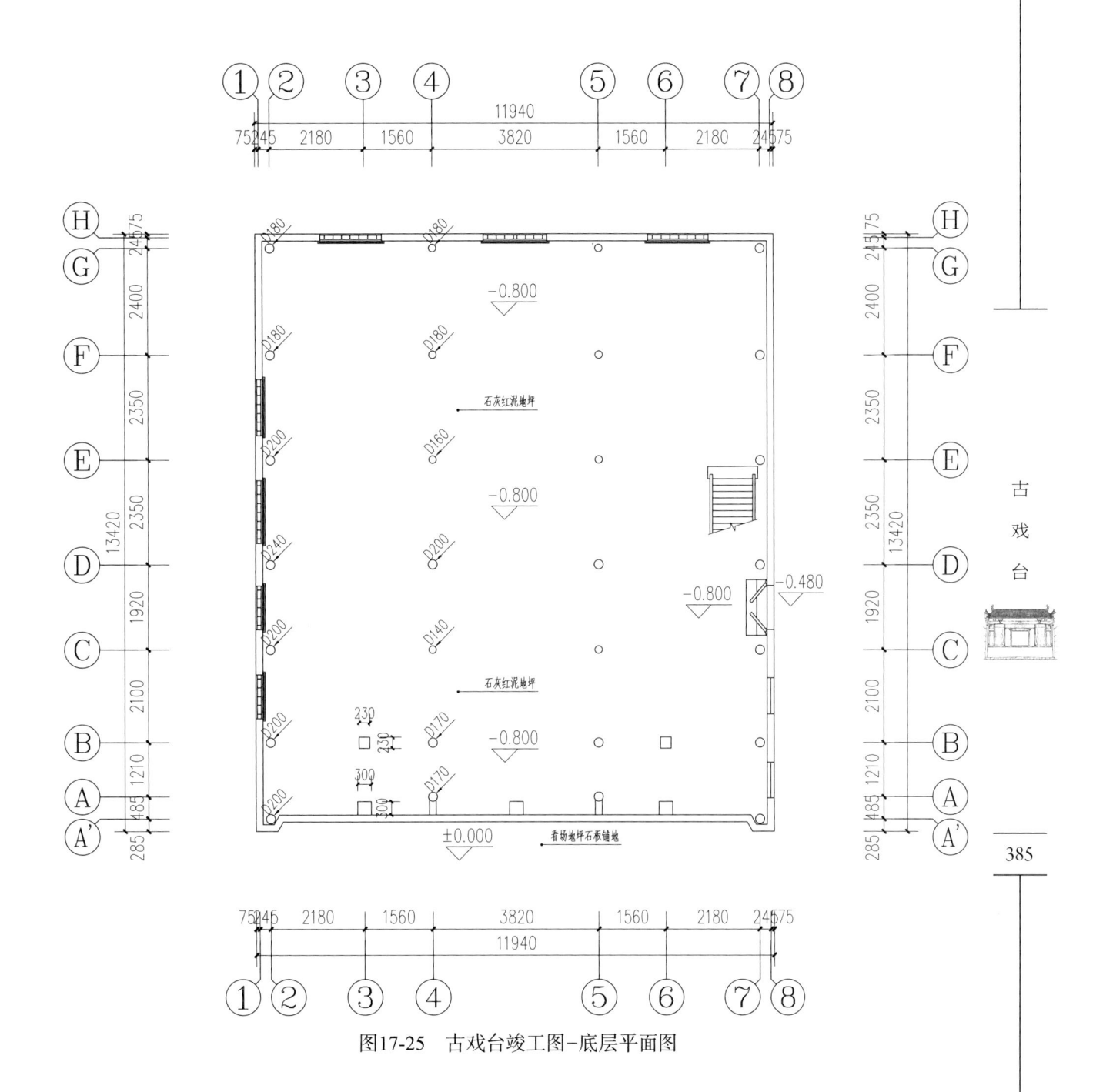

图17-25 古戏台竣工图-底层平面图

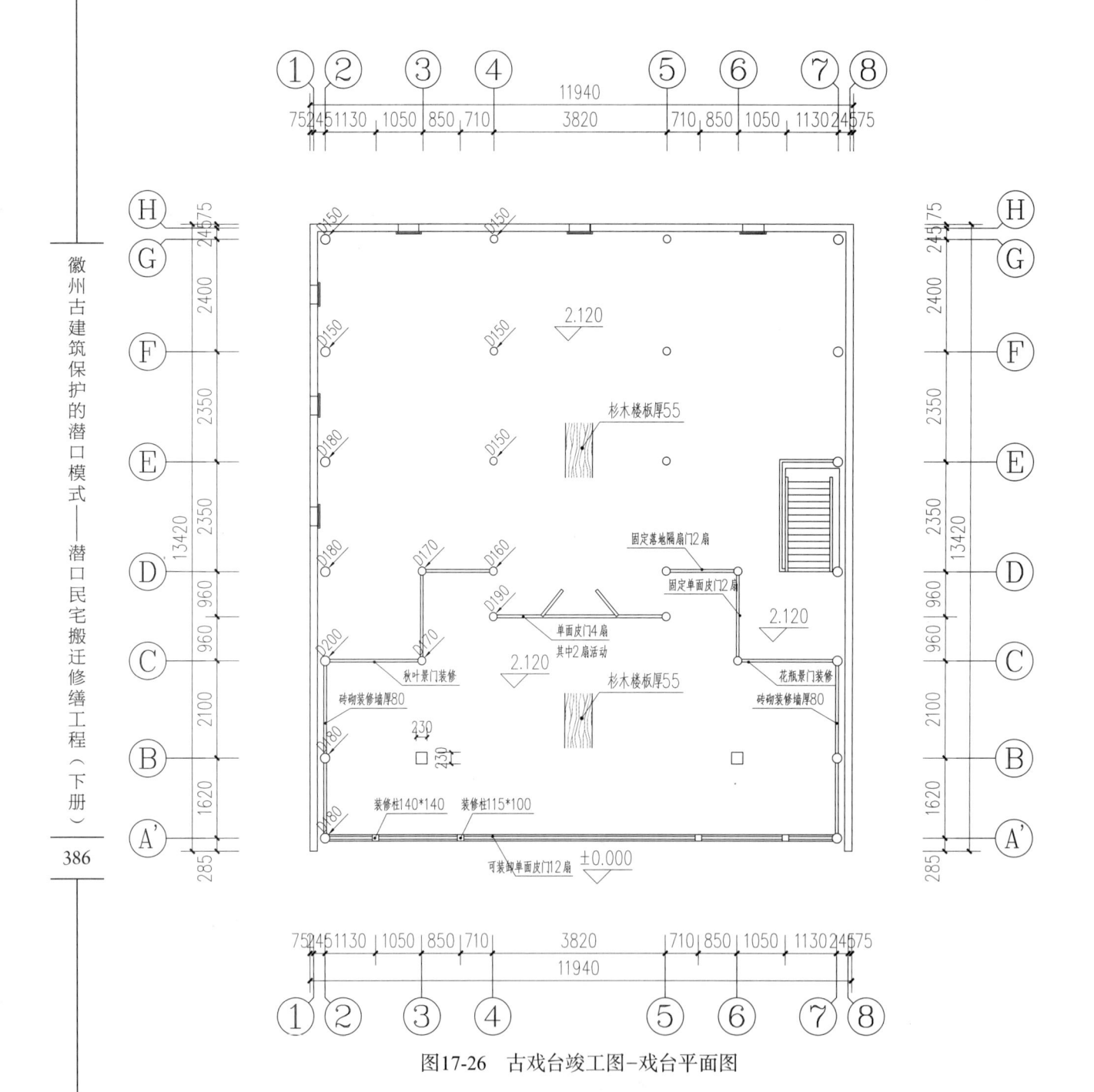

图17-26 古戏台竣工图-戏台平面图

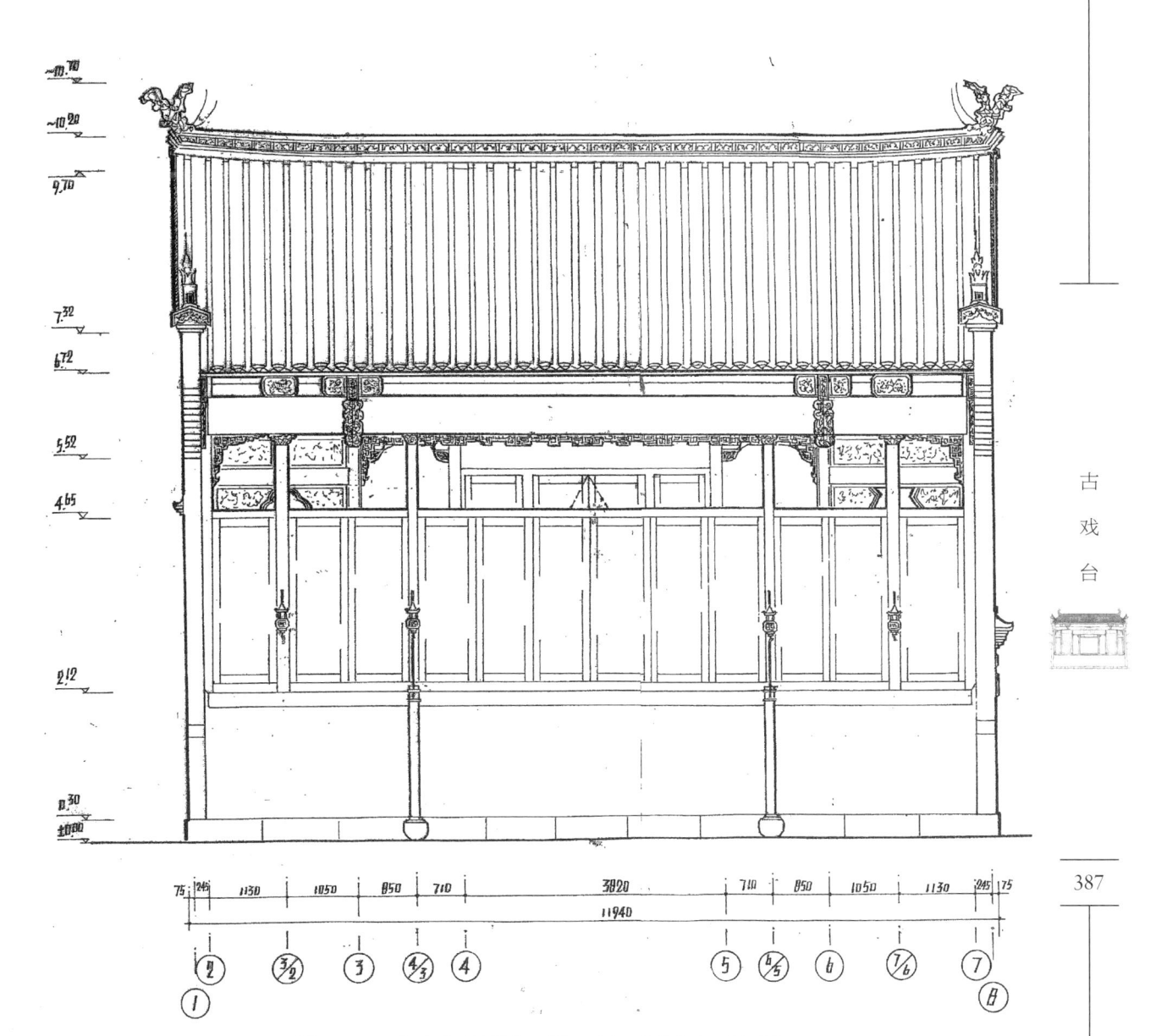

图17-27 古戏台复原施工图-正立面（南立面）图

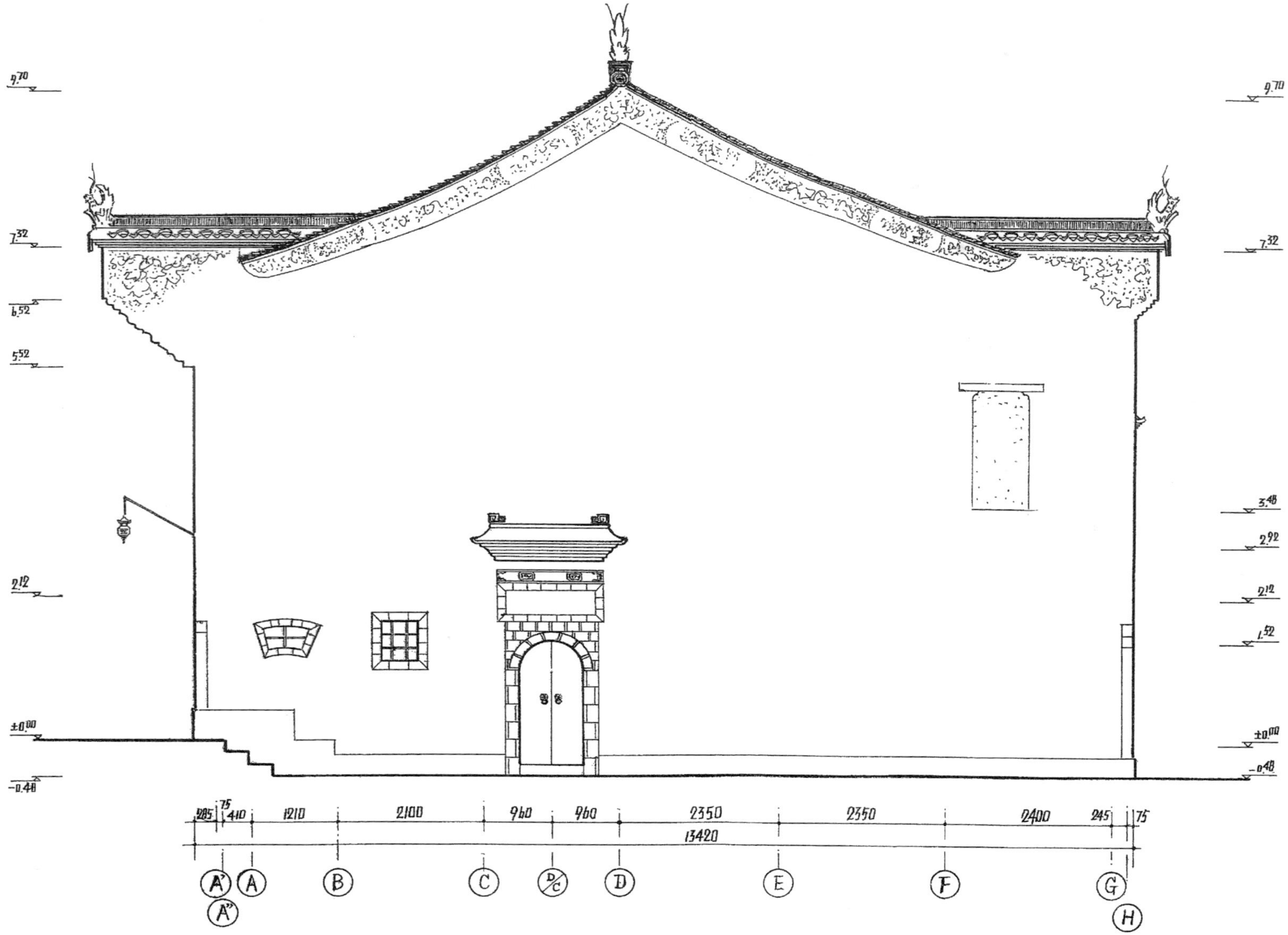

徽州古建筑保护的潜口模式——潜口民宅搬迁修缮工程（下册）

388

图17-28 古戏台复原施工图-侧立面图

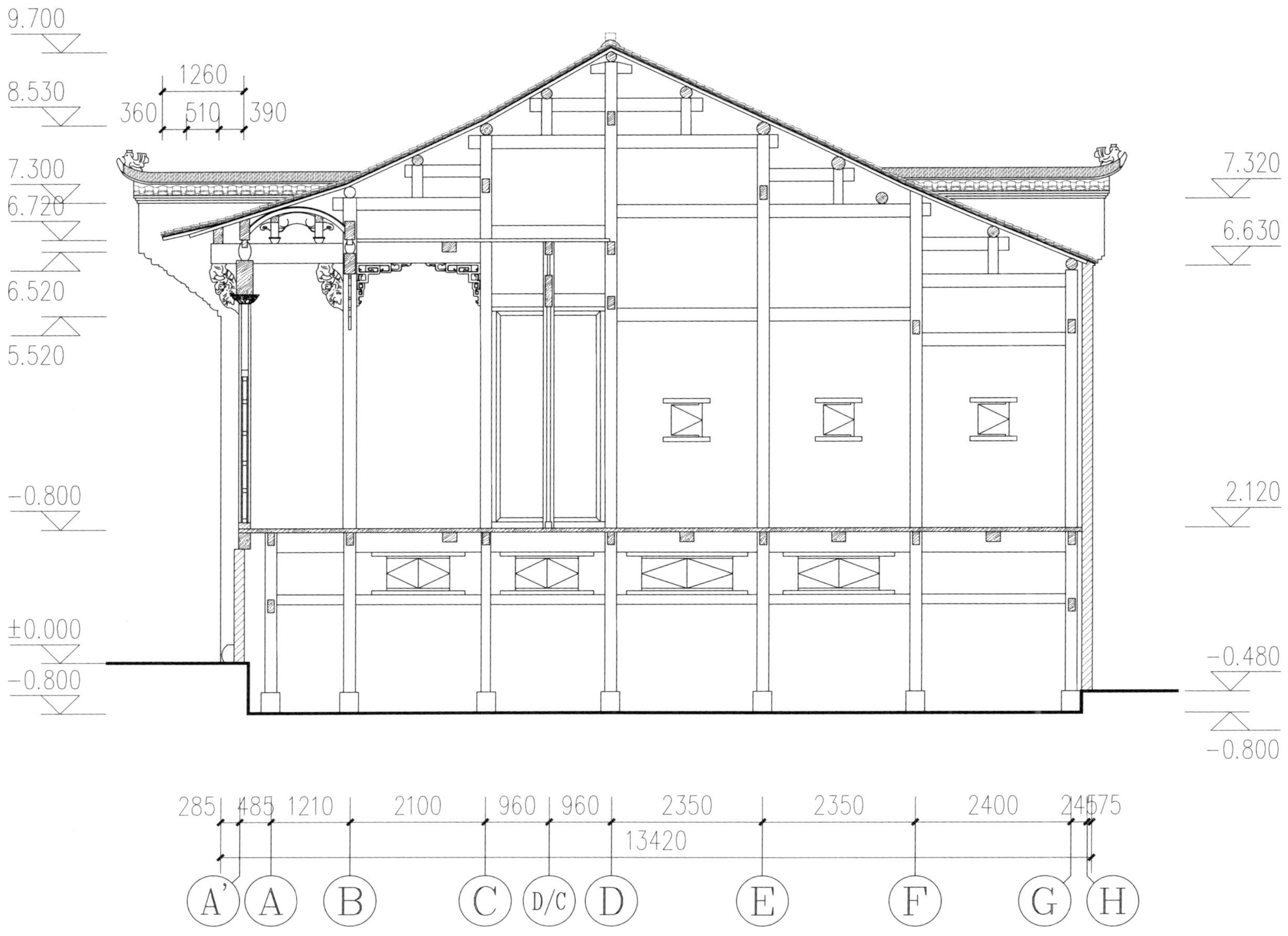

图17-29 古戏台竣工图-明间剖面图

古 戏 台

389

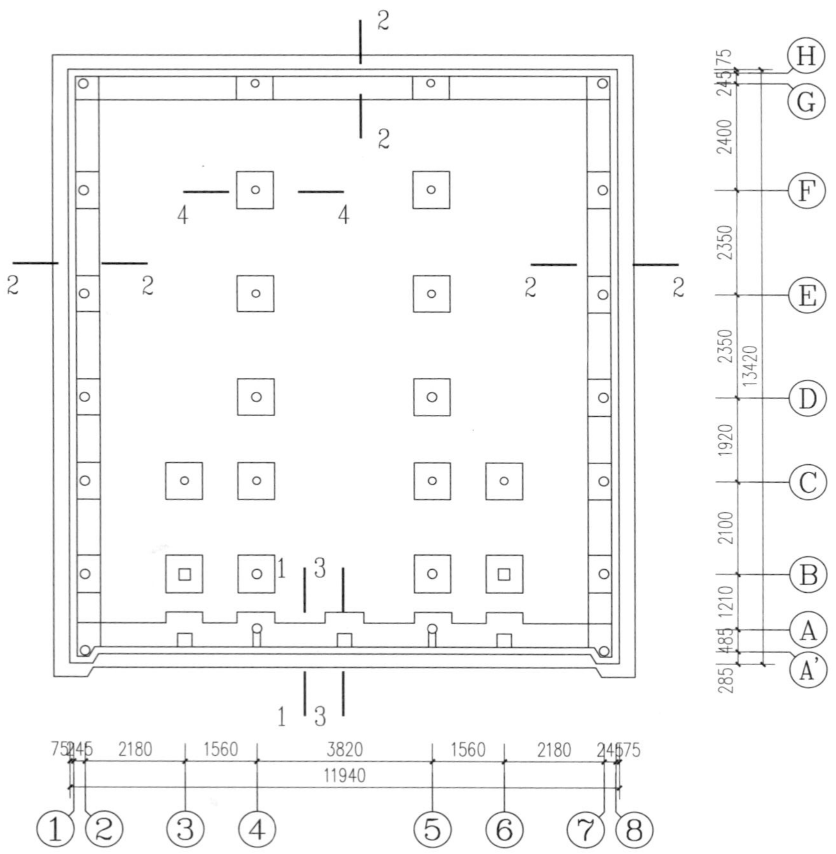


基础平面图

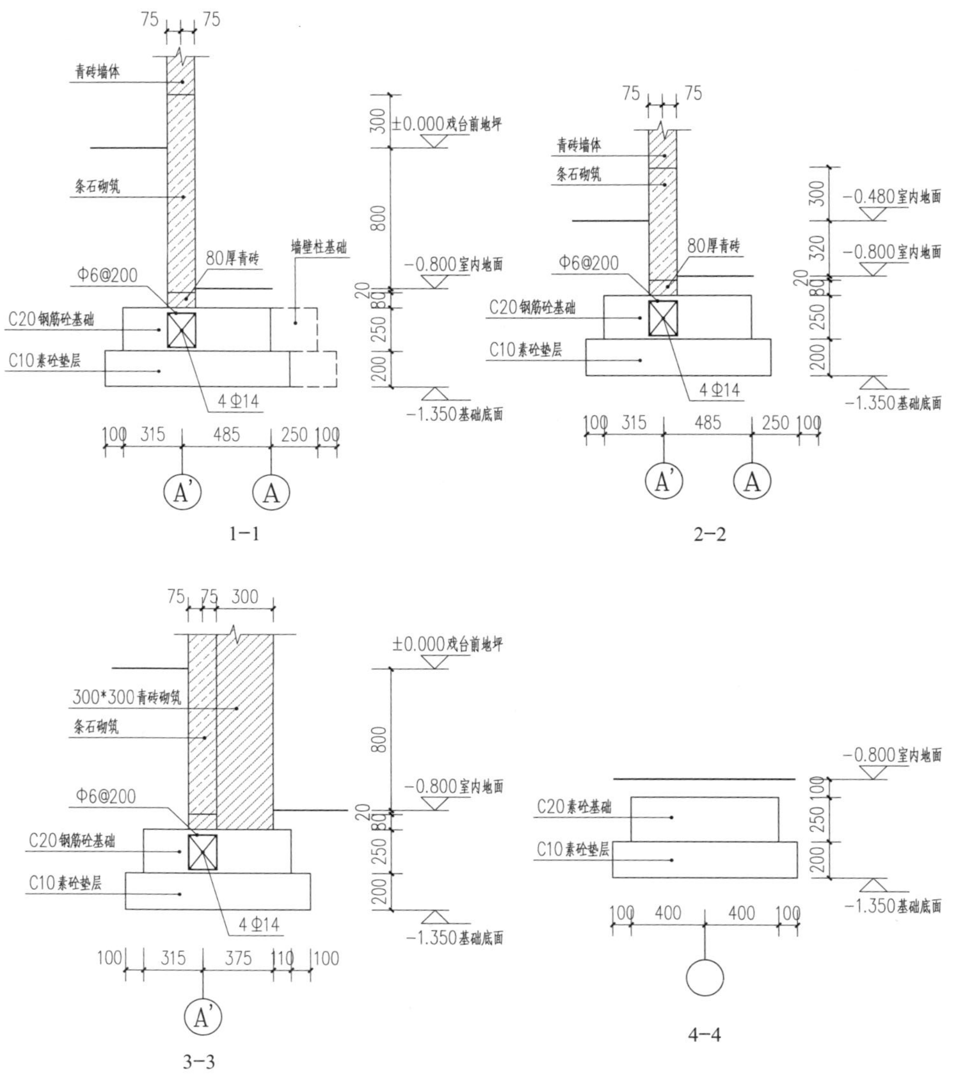


说明

1. 图内所指尺寸以毫米为单位，标高以米计算
2. 地基承载力按150KN/M² 计算；
3. 基础埋深至老土下300处

图17-30　古戏台竣工图-基础图

# 义 仁 堂

## 一、概况

义仁堂现位于潜口民宅清园。建于清早期，二进五开间砖木结构堂屋，为湖岔村程氏祠堂。面阔11.8米，进深19.6米，建筑面积232平方米。

根据祠堂遗存文字记载，义仁堂始建于清康熙七年（1668年）之前，其建筑也体现了徽州清早期的营建特征和地方风格，如石柱、柱础和局部大木构配件、门屋木装修、脊兽、山墙的暗悬山处理等。

义仁堂延至现代，因长期无人管理，年久失修，多处出现圮塌。2002年10月文物管理部门普查时，其门屋八字墙还未倒塌，前檐的四根石檐柱还支撑着前檐檐口（图18-1），到2004年7月再踏勘时，整个门屋的脊前部分已倒塌无存。

义仁堂是清代早期建造的宗族祠堂，具备这一时期徽州祠堂建筑的一些典型特征，具有一定的代表性。为抢救保护这一濒临消失的文化遗产，遂于2004年将其迁入潜口民宅清园集中保护。

图18-1　2002年10月时的门屋八字墙

## 二、原址原貌及形制特征

义仁堂原位于歙县溪头镇洪村口村湖岔村。溪头镇位于歙县北部山区，北与宣城市绩溪县接壤。洪村口行政村含金锅岭、汪岔、洪村口、湖岔、眭岔、梓坑自然村。当地富石灰石、石煤矿产，采石烧灰历史悠久，上可追溯至南宋，至清末民初，有二十八股名灰灶，满足周边村镇和临县建筑房屋及耘田除虫用。湖岔村又名东溪里，紧邻洪村口村，原为胡姓聚居村落，后程氏迁入遂为主姓。现村内仍有清代民居、古亭等古建筑（图18-2）。

义仁堂位于村庄靠后山的一个高台地上。其天井东边山墙上有两块镌字填墨的刻字条砖，其中一块曰："康熙七年六月十七众修祠，将墙移出贰尺，此墙地系程凤公已墙地，勒砖永远照。"由此得知，程家祠堂在清康熙七年即已存在，并在当年进行了扩建工程。后经历年数次维修，枋、檩、梁都有拆换的痕迹，屋面、墙体更有较大拆改。

义仁堂前为门屋，后为享堂，两庑廊相联，中为天井。

## （一）门屋

门屋五开间，分为脊前、脊后两部分。脊前部分已被拆毁，并在前檐处加砌了围墙（图18-3、图18-4）。

图18-2 祠堂背立面

图18-3 拆迁时门屋正面原状

门屋被拆毁的木构架、石檐柱及屋面木构、柱础、石板等构件，缺失三分之二有余，门、窗缺失多扇；屋面瓦作损失殆尽；脊后部分仅存半边屋架支撑，下部装修，全部毁失，上部残存有卷棚轩。轩由立在列梁上背的荷叶墩[①]向上伸出的童柱支撑两根梁构成。两童柱间安装有两端带象鼻的小梁连接。轩上的弯弓椽，同后檐口的飞椽截面、椽中距皆相近，轩椽上铺盖望砖，轩棚及整个后檐檐口残朽，椽、枋等木作皆大量毁失（图18-5）。

图18-4 享堂木构架

图18-5 门屋脊后卷棚轩左半部现状

---

① 侧面轮廓略呈S形。因其表面可雕凿花饰，图案以荷叶、莲花为主，故名，用于梁架中的垫墩。

门屋两侧山墙部分倒塌，脊后两边列为木板装修，现已缺失。明间现存有木制高门槛、抱鼓石、须弥座等遗痕。根据遗痕可知：木门槛可拆卸，下有石门槛，现皆缺失；两次间为两扇双面皮门；左梢间尚有上槛，为两扇向脊前开的单面皮门。次间、梢间之间，原砌有装修墙和前檐两侧的八字墙，共同封护分隔成左、右厢房。门屋内原置的阶沿石、里衬石、柱托石、地栿石等皆为花岗岩，毁失达七成以上（图18-6～图18-12）。

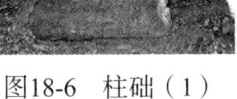

图18-6 柱础（1） 　　图18-7 柱础（2） 　　图18-8 柱础（3） 　　图18-9 柱础（4）

图18-10 脱落的木雕雀替 　　图18-11 木雕梁枕　　图18-12 八字墙须弥座石构件

## （二）左、右廊

门屋后檐两侧接出左、右廊，以抱合天井。廊的列向仅一柱落地，用梁枕、梁撑、挑头木挑承屋檩及撩檐枋，进而承撑屋面，完成荷载承递。左、右两廊及屋面檐口与门屋水平交圈形成排水沟，与后面享堂前檐存在高低跌宕。现右廊屋面已无片瓦，左廊屋面瓦、望砖堕之过半。左廊与享堂屋面交接处残留砖垂脊及脊头；右廊垂脊毁失。两廊的屋面椽、檐口木构朽烂严重。左、右两廊装修墙内砌有壁炉，以供焚烧香纸祭品，炉口呈六边形，高29厘米，以清缝砖贴砌（图18-13～图18-15）。

左、右廊地面原为石砌，现已毁。天井地坪，比门屋略低，天井石构件残裂缺失，排水沟淤塞。

## （三）享堂

享堂五开间，前轩后卷，木构架保存较完整。经多次修缮拆换，许多构件已非初建时原件。

图18-13 门屋右山墙内墨书"此墙于民国三十年杏月重砌"字样

图18-14　墙上刻字砖上书"康熙七年六月十七日众修祠堂"字样

享堂的承重木构架，清早期建筑形制特征明显。减柱做法形成大开间，具体做法为两山列的柱、枋架全部减柱作，而檩条仍随垫木直接由两次间的边贴上挑出，再搁置山墙，形成大开间。这种做法与呈坎的长春社相似，在徽州古民居大木作构架演变中，占有极为重要的环节，是自悬山结构过渡到硬山乃至屏风马头墙结构的一个重要过程。享堂两次间边贴脊柱和后金柱截面仍为半圆形，略去了木装修遮掩的后半部分，这种半圆形的立柱截面在徽州民居遗构中是相应年代中较早的做法（图18-16~图18-20）。

享堂后部，原为神龛，在后期修缮中将后檐墙拆改后移，檐椽接长，直接搁置于后移的檐墙上。此处原墙的基础仍在，接出的后檐椽及两山墙接茬痕迹明显，同时残留有木装修痕迹。根据装修痕迹推定，有向内（神龛）开启的落地隔扇门8扇，内设安置牌位的九阶级木立架。

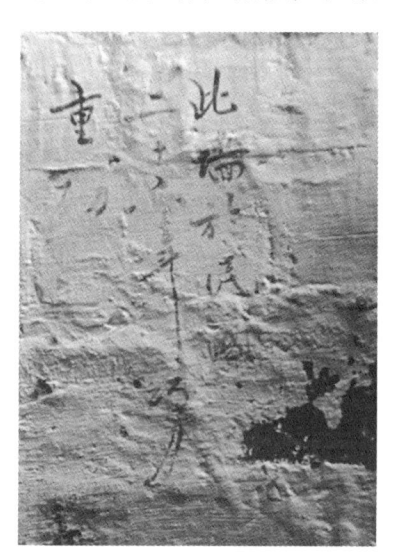

图18-15　享堂内墙面墨书"此墙于民国二十六年巧月重建"字样

图18-16　享堂原置神龛（1）

图18-17　享堂原置神龛（2）

享堂前阶沿两边山墙上各开一边门，双开木板门扇。外墙上遗存有砖砌的简易门罩和亭树虫鱼传统着色墨绘。

阶沿石、柱托石、地栿石大部分残破，内地坪为三合土地坪，已残破。

屋面现仅有脊前瓦、望砖，脊后屋瓦及望砖已毁之八九。正脊原为青瓦竖脊，已毁之八九。两山屏风、垛头封山面，屏风墙顶，原安置有墙脊，三线拨檐上安装有双面两套头的勾头滴水瓦，现已大量缺失。脊端头及屏风墙哺鸡兽，两山对应，各安装有5只，现两侧共存5只（图18-21~图18-23）。

图18-18　神主牌位构架

图18-19　享堂原状

图18-20　享堂前檐檐口

图18-21　右廊

图18-22　天井

图18-23　侧门墨绘门罩

## 三、文物价值

义仁堂是徽州清代中等规模的祠堂建筑。湖岔村是一个程氏宗族合族而居的偏僻山村，祠堂在村中具有重要作用。族众自出生、三朝洗礼、从师学艺、谈婚论嫁、生儿育女到养老所终、丧葬祭奠等，人生的大小事宜无一不在宗族法规的执护之内。这在义仁堂现存的历代修缮记载（存有康熙七年、戊辰年两次修缮刻字砖，1937年、1941年两次墙体重砌的墙面墨书有关文字记录）、建筑遗存（享堂后檐为扩大神座而后移）中可见一斑。随着家族的繁衍，祠堂至少经过了两次较大的扩建，三次外围护墙体重砌。从清代早期到民国，近300年时间，这个乡间祠堂一直是宗族的圣地而备受呵护。研究义仁堂历史，对于研究徽州宗族和祠堂文化以及乡村建设具有较高的参考价值。

义仁堂建于清早期，断代特征和地域风格明显。自清康熙七年大规模改建以来距今有300多年历史，虽经多次修缮，但其主体承重大构架及大木作配件，乃至柱下之磉石，少数木装修遗构（如木栅栏门）和墙脊端部的脊兽等仍保留了清早期的建筑形制特征。徽州民居建筑风格，在清乾隆之际有风格性的演进。乾隆以前的建筑，受浓郁的"明风"影响，难以醒目地显示出其个性，从而引导出"明末清初"难定之说。义仁堂有明确的时间记载，其建筑特点和形制特征，对这一说法起到了认证的作用。这对研究徽州古建筑历史，甚至江南大木作演变史，皆是十分重要的珍贵实例。

## 四、迁建工程

### （一）迁建过程

2004年7月，工程开工，拆卸运输；

2004年8月，构件维修；

2004年7~8月，基础工程开工、新址搭架；

2004年9月，木构架安装；

2004年10月，屋面盖瓦；

2004年11月，墙体砌筑；

2004年12月，墙体粉刷，木装修；

2005年元月，地面工程，扫尾。

### （二）迁建选址

义仁堂选址位于清园中心地带。徽州祠堂建筑按照传统村落布局，祠堂往往在村庄的中心或者重要节点位置上。故搬迁后将其选址在清园古建筑群中心地带街道中间地段，坐北朝南，面向中心广场，与古戏台南北相对而立，形成清园中的主体景观。新址还原了徽州祠堂与戏台文化相联的属性，并通过祠堂台基升高，正面八字墙外延伸围护墙体，延伸墙上各砌一拱券园门的设计，外观上大大提升了祠堂的建筑体量和建筑气势，与清园整体建筑风貌更相契合。

### （三）维修要点

（1）大木构：恢复门屋已被拆除的脊前卷棚轩架构，除前檐石檐柱4根保持完好外，卷棚轩内的梁、枋、桁等构件，朽烂及缺失甚多，参照实物并根据施工图纸设计要求修复；享堂后撤之檐墙部位无木构架，为确保整体建筑稳固，增添享堂后檐柱及梁枋构造；对左、右廊及享堂的承重架朽烂、残缺之梁、枋、柱、檩进行墩接、剜补、包镶、加固等措施，谨慎撤换。

（2）大木构配件、屋面檐口木作：依原样修补、新制缺失梁陀、雀替、斜撑等木雕刻构件，木雕构件主看面缺损不做镶补雕镂。包括门屋脊前被拆部分需全部新制，其他部位屋面及檐口木作能回收利用的也很少，需按照所遗留之材质规格仿制重安。

（3）屋面、檐口、墙头瓦脊饰：蝴蝶瓦大面积缺损，以现场所遗中之常见者作为瓦样，瓦窑仿制订购；檐口残留勾滴瓦当，不是传统的三件套，而是以两套头的形制出现，没有花边瓦，复原没有按照设计要求遵循此形制，仍旧三件套；满铺屋面以及卷轩的望砖大部分遗失，需同规格新购复原；墙脊端部哺鸡兽缺失5只，取样绘图订制。

（4）墙体及门窗洞套：恢复两侧24厘米厚的屏风山墙；后檐墙原为乱砖叠砌，按照山墙规格复砌；恢复门屋前檐两侧的八字墙；重新制安享堂前廊两侧边门各一樘，包括简易门罩及划墨彩绘，新绘图案与原来不一致；恢复两廊装修墙内烧祭炉；恢复东廊庑内有关清代维修的两块文字雕刻砖。

（5）装修和装饰：①石装修：恢复门槛石和门槛两侧抱鼓石及须弥座；添补残损缺失之天井石作、石地栿、柱磉石等石作构件。②砖装修：恢复享堂两次间后金缝混水砖槛墙、两廊柱间装修墙、门屋八字墙上清水砖雕刻以及次间边贴装修墙。③木装修：恢复享堂木作神龛及隔扇门8扇、隔扇窗8扇；恢复门屋前檐缝上的横风窗、栅栏门以及各处固定的、活动的单、双面皮门34扇；修补、新制双开实拼杉板、木屏门扇及大门木门槛。④门窗上铁件铜活原则上不恢复，三门为锁钥需用，另制。⑤建筑木构主看面曾油漆过，经设计、建设、施工方商定，暂不恢复。

（6）地面：享堂地面原是油灰三合土地面，本次复原享堂大方砖满铺；享堂两梢间铺条砖；天井、门屋和两廊地面恢复青石板地面。

（7）防潮、防虫及其他：为利防水，迁建后台基升高，室内外高差0.54米；新铺大方砖内加铺油毡一层，以利地面防潮；白蚁防治结合工程实施；室外排水系统、消防、防雷设施按照清园统一规划设置。

（四）工程资料

主要有维修勘察设计文本、实测图、原状照片，以及施工图纸、竣工资料等（图18-24～图18-37）。

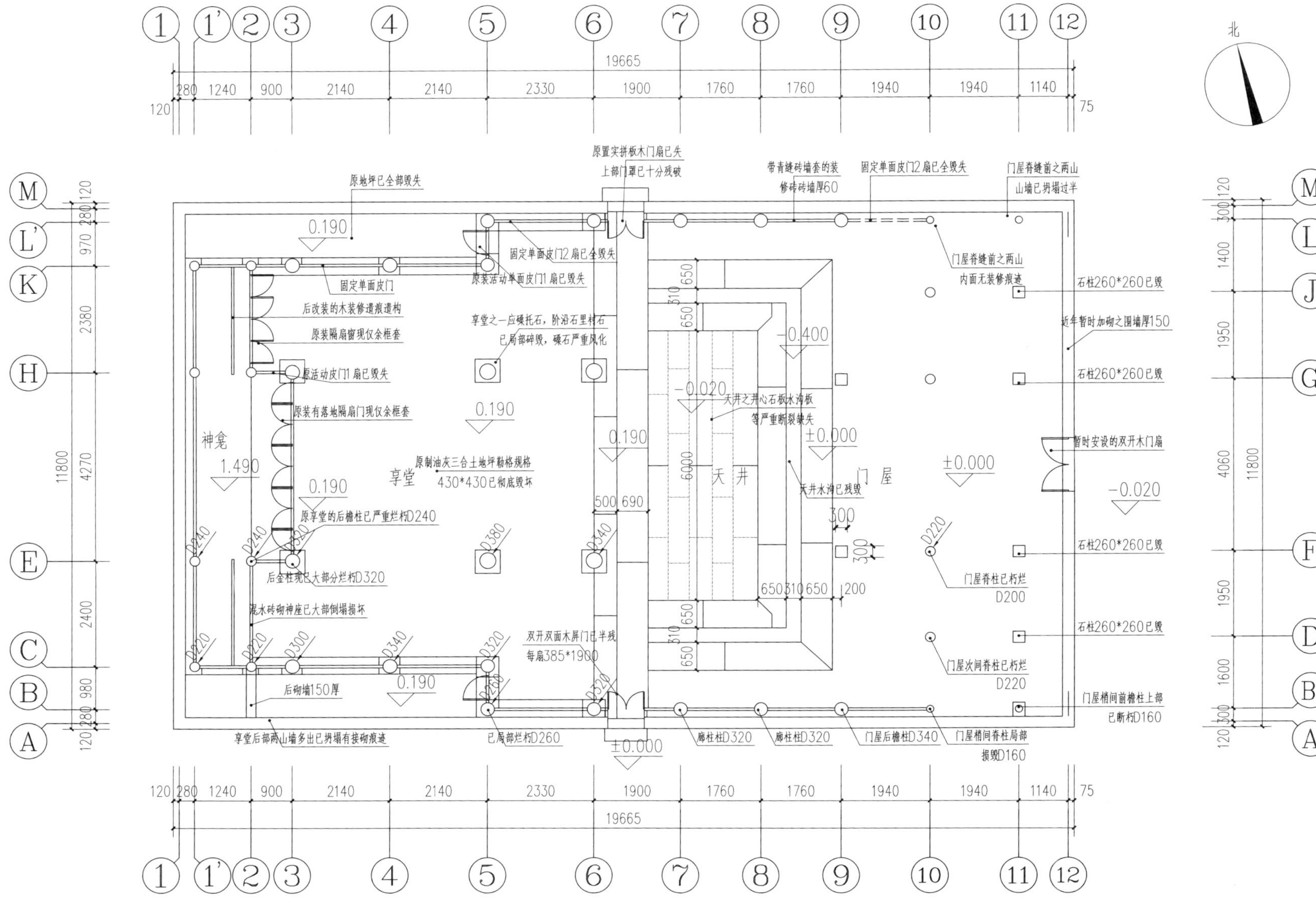

图18-24 义仁堂测绘图-平面图

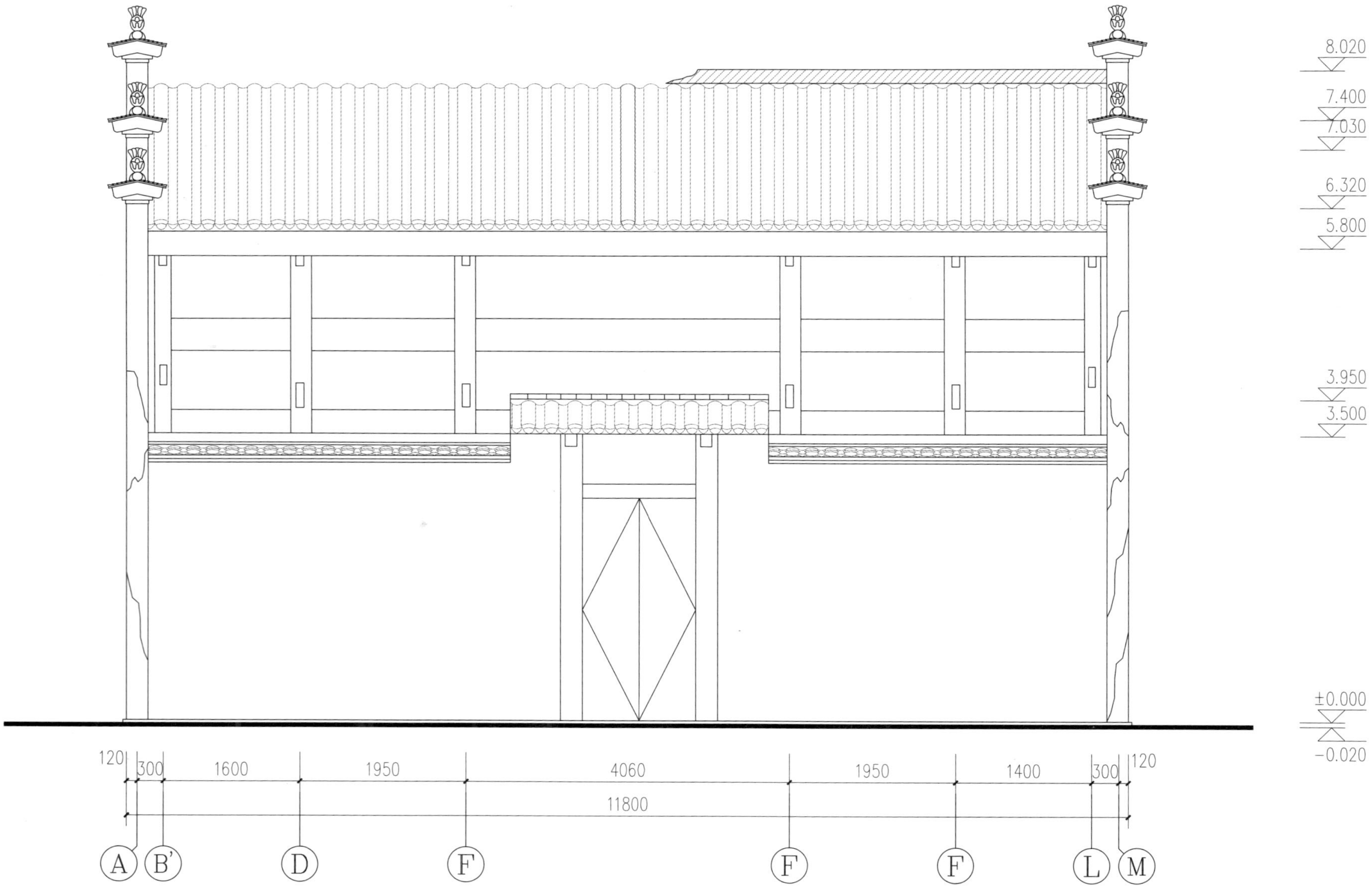

图18-25 义仁堂测绘图-正立面图

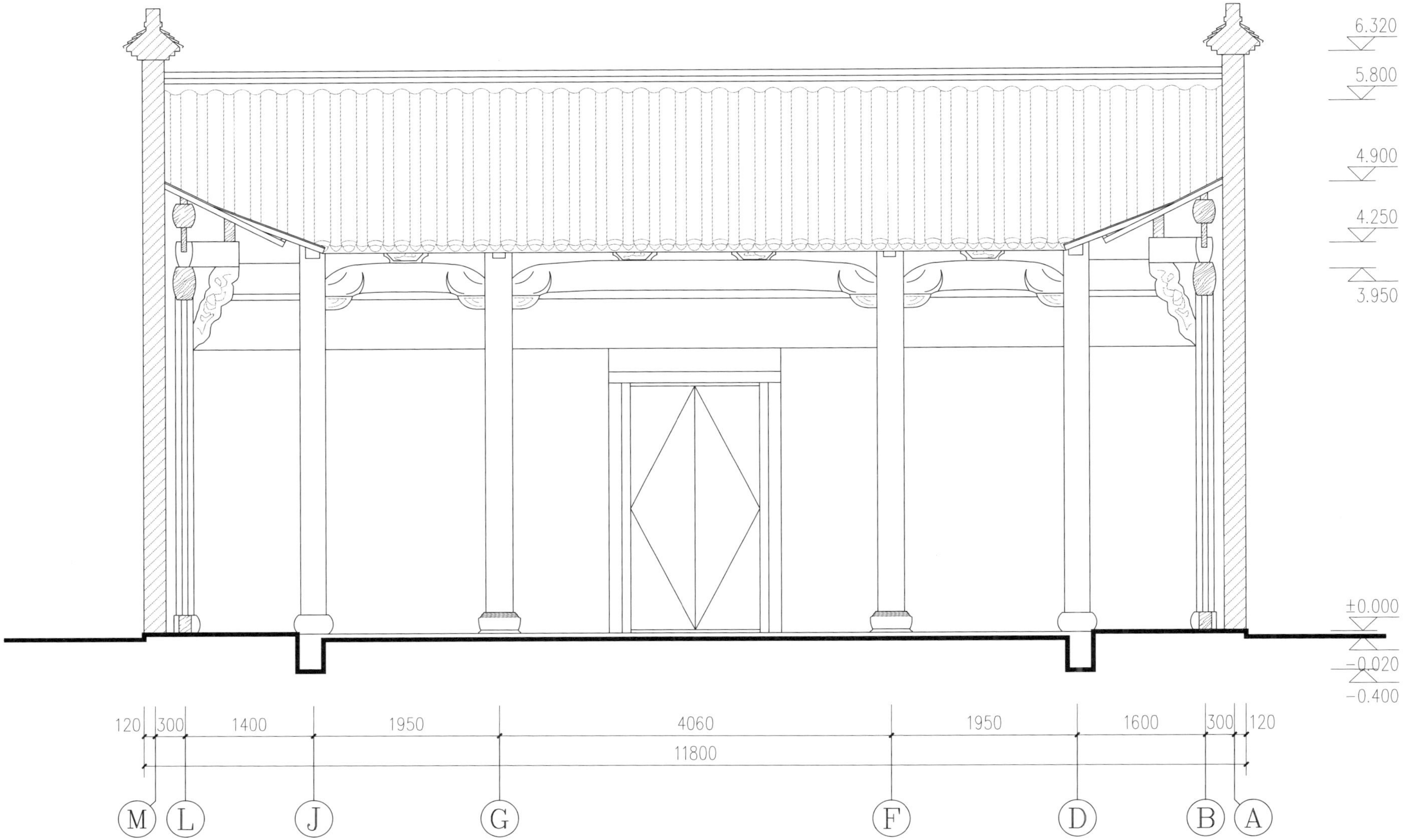

图18-26 义仁堂测绘图-门屋后檐剖面图

义 仁 堂

401

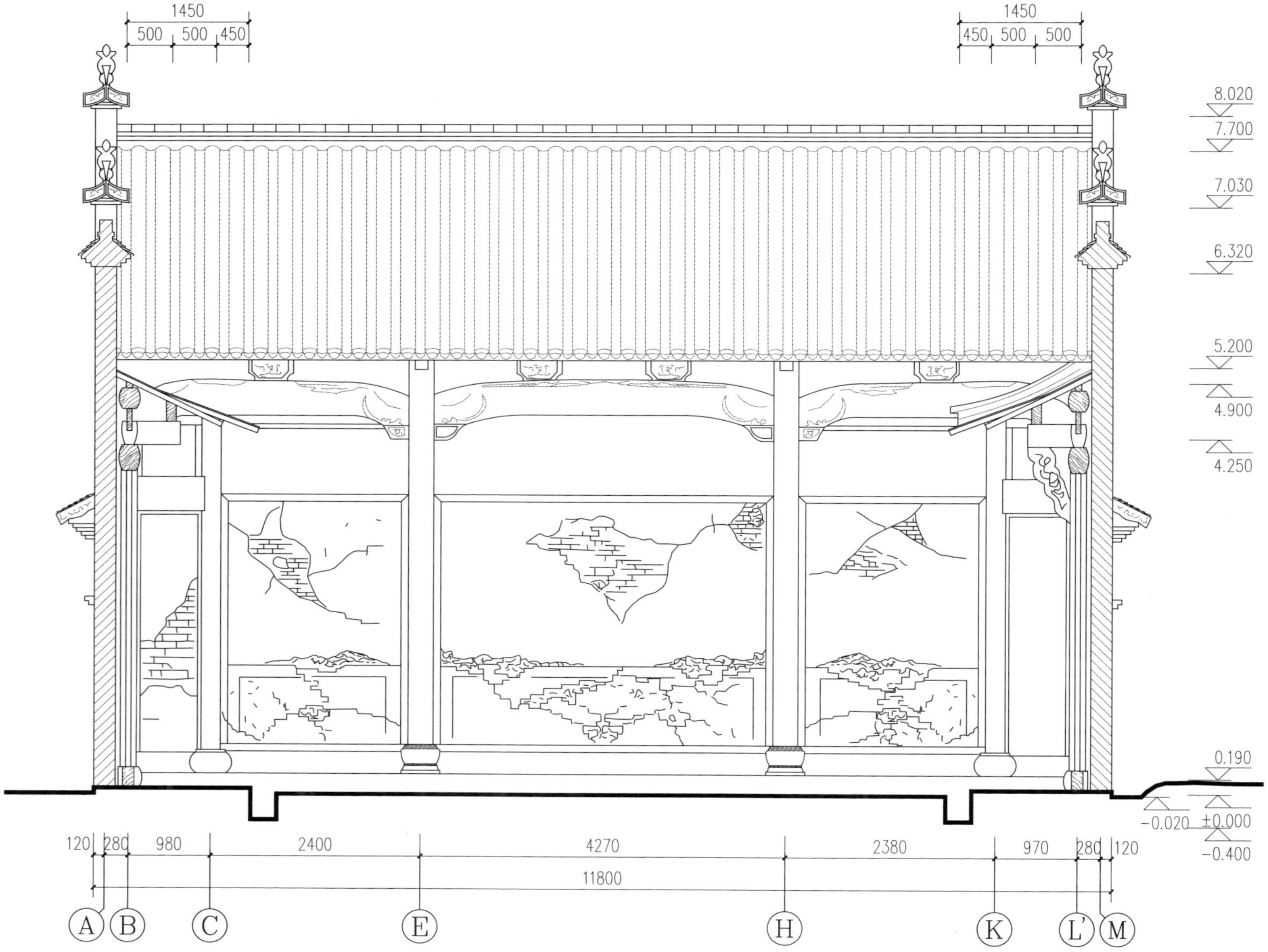

图18-27 义仁堂测绘图-享堂前檐剖面图

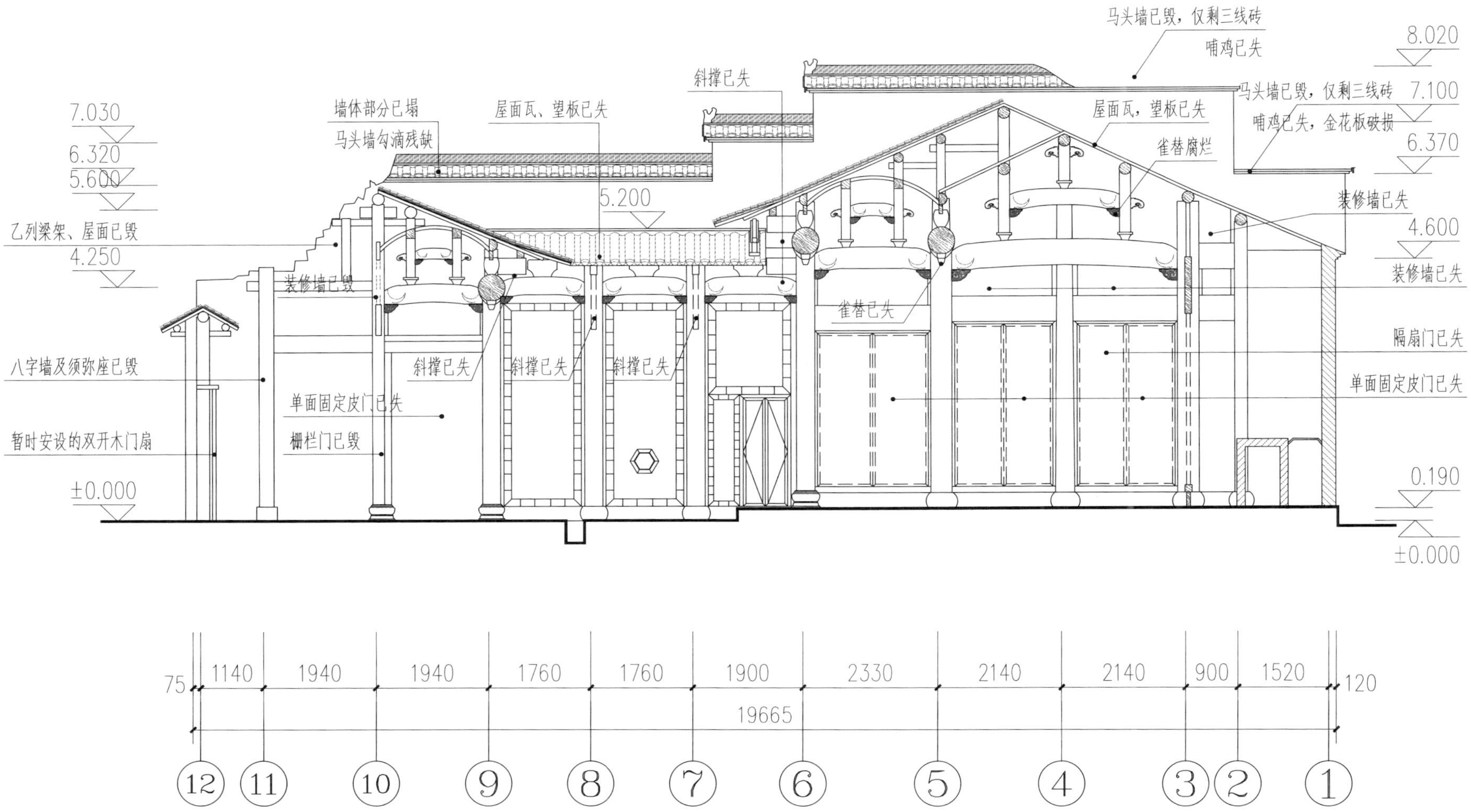

图18-28 义仁堂测绘图-明间纵向剖面图

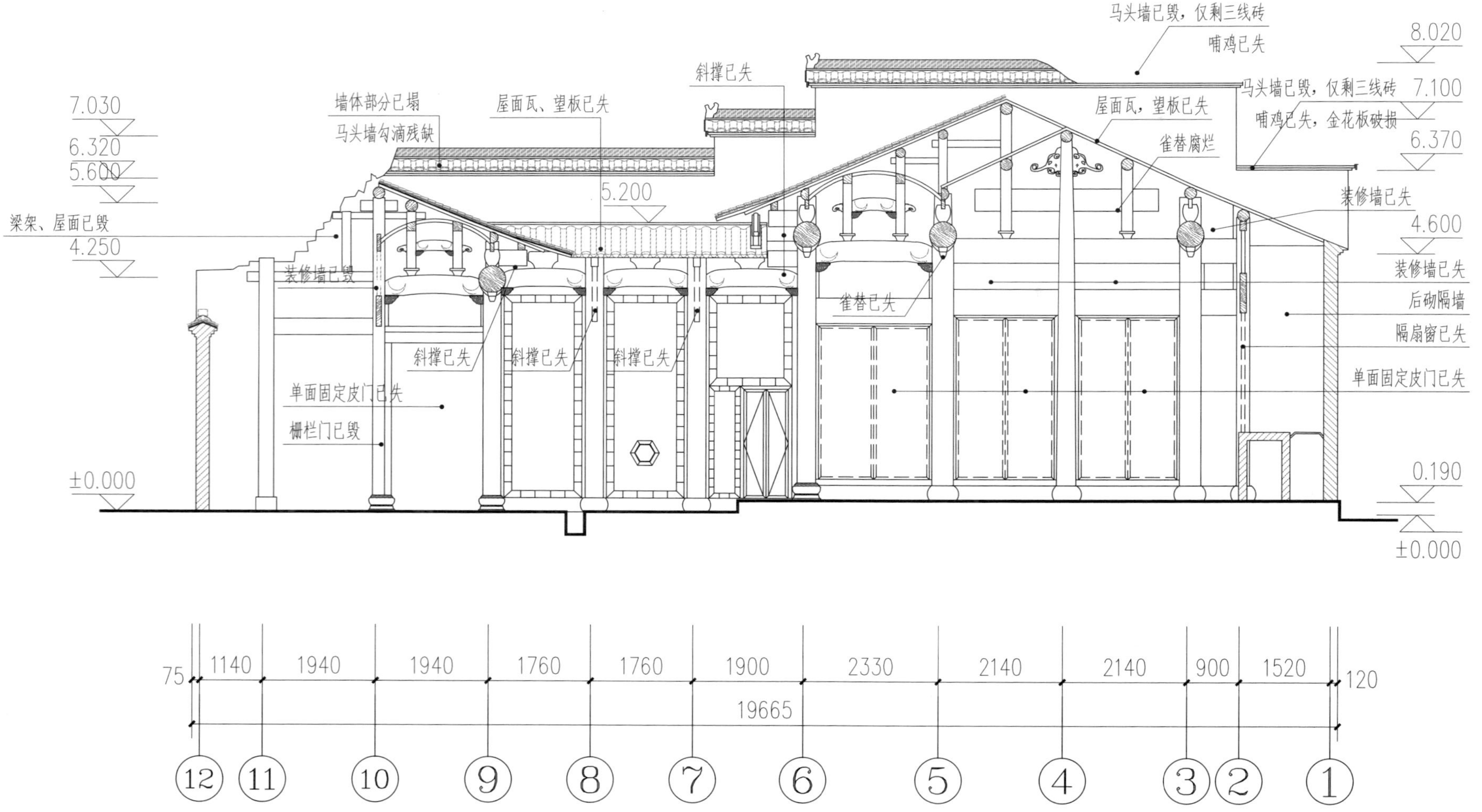

图18-29 义仁堂测绘图-次间纵向剖面图

前进前轩平盘斗　　　　　　　　　西庑廊前檐梁撑

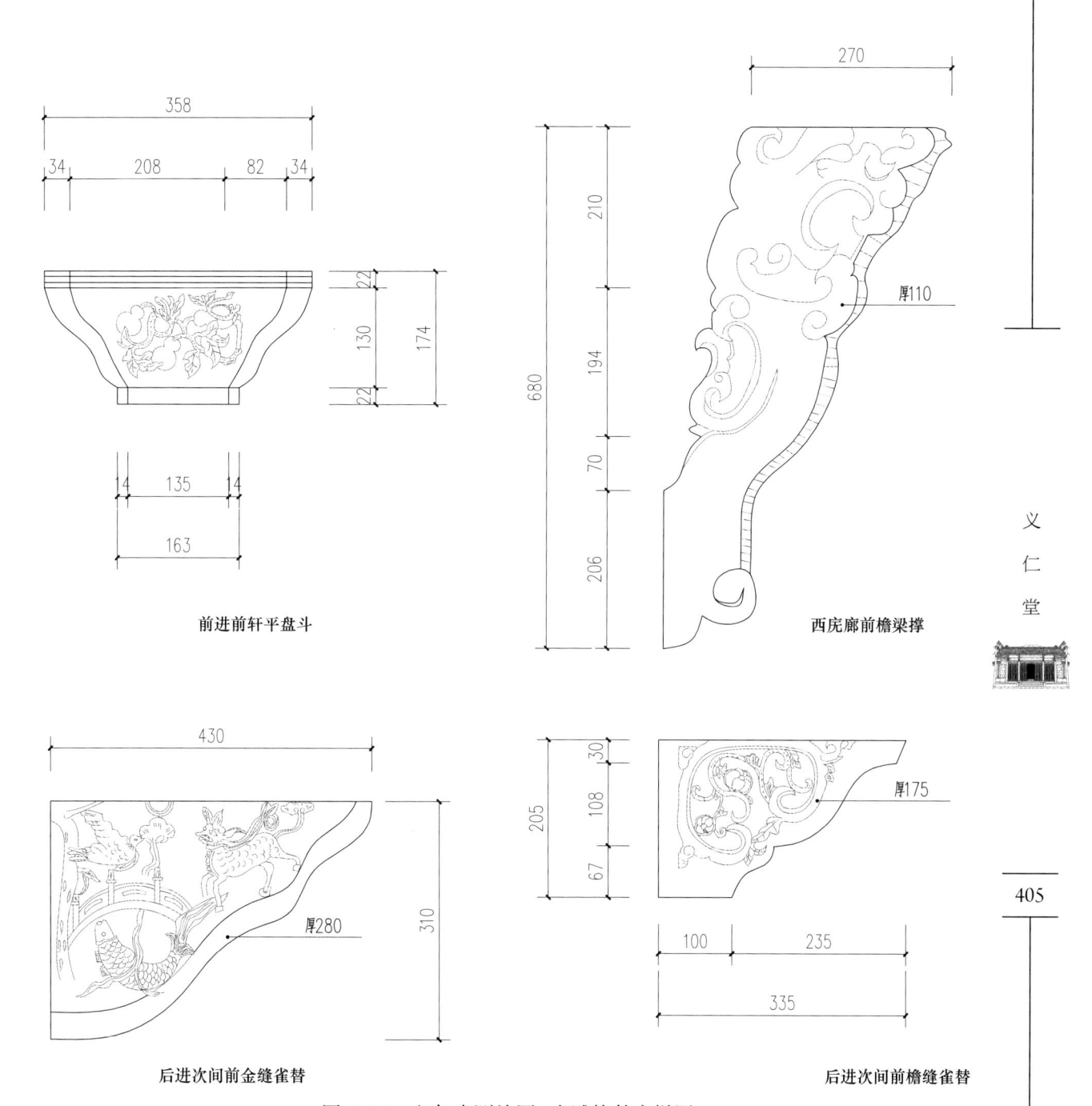

后进次间前金缝雀替　　　　　　后进次间前檐缝雀替

**图18-30　义仁堂测绘图-木雕构件大样图**

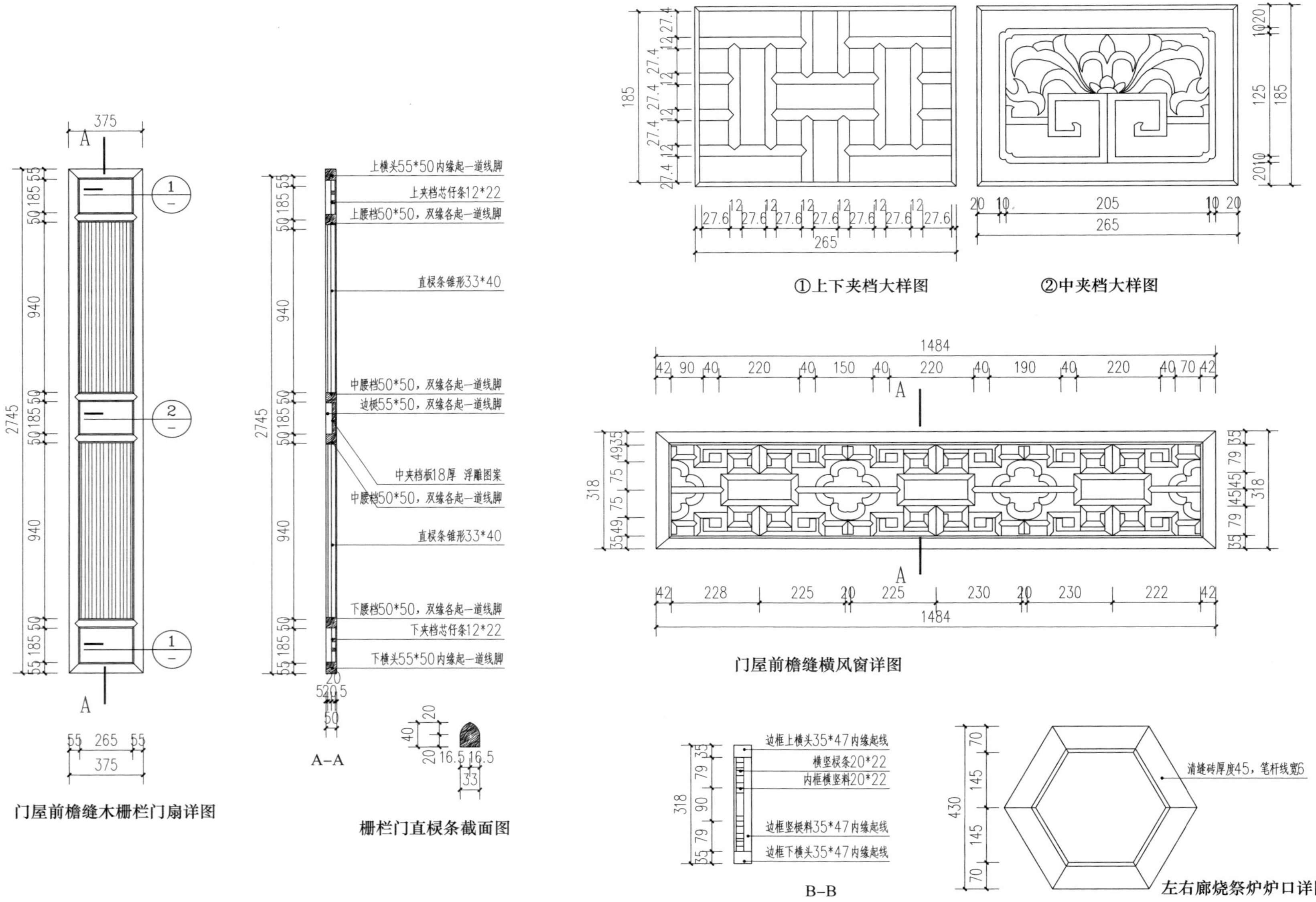

图18-31 义仁堂测绘图-部分装修详图

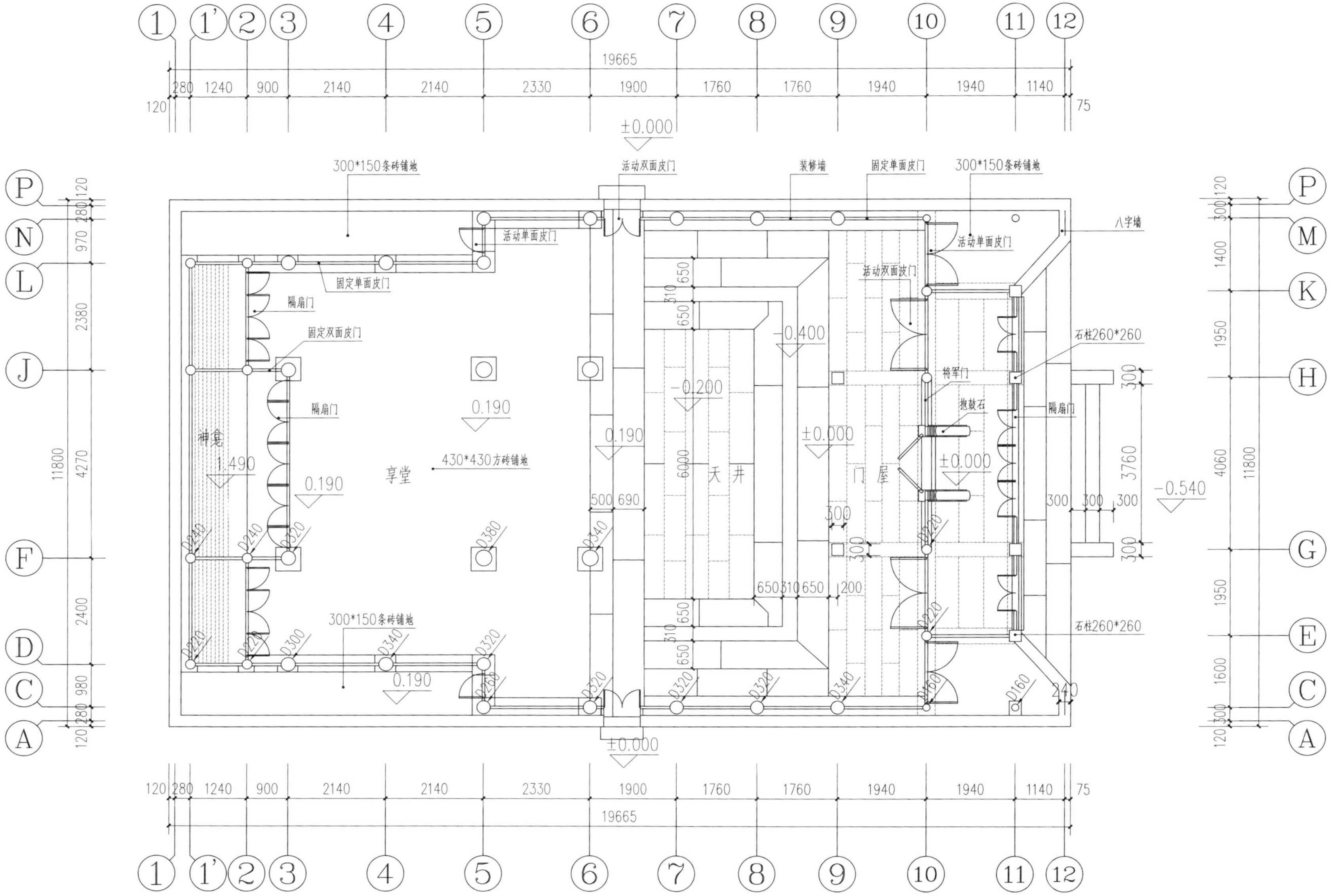

图18-32 义仁堂竣工图-平面图

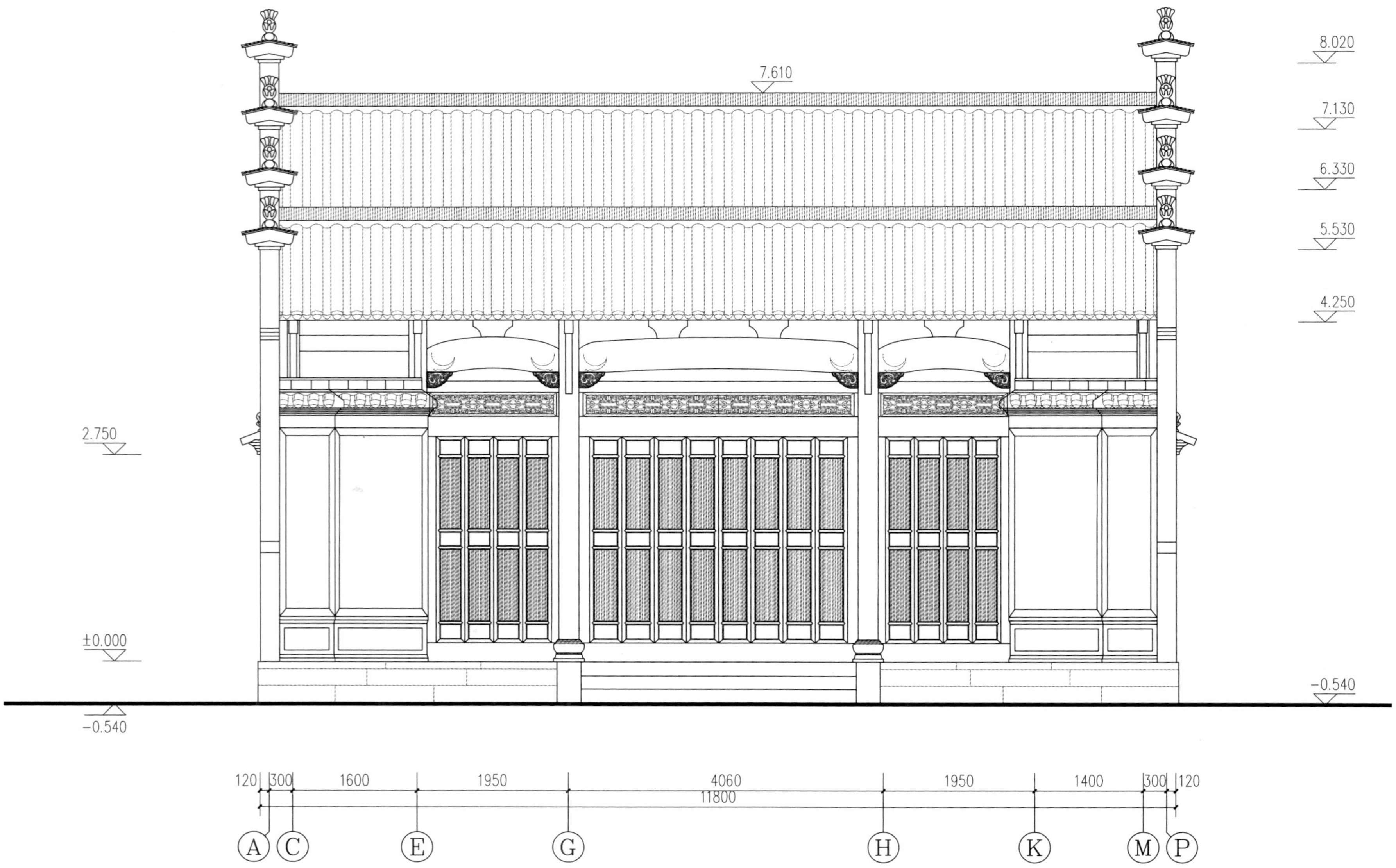

图18-33 义仁堂竣工图-正立面图

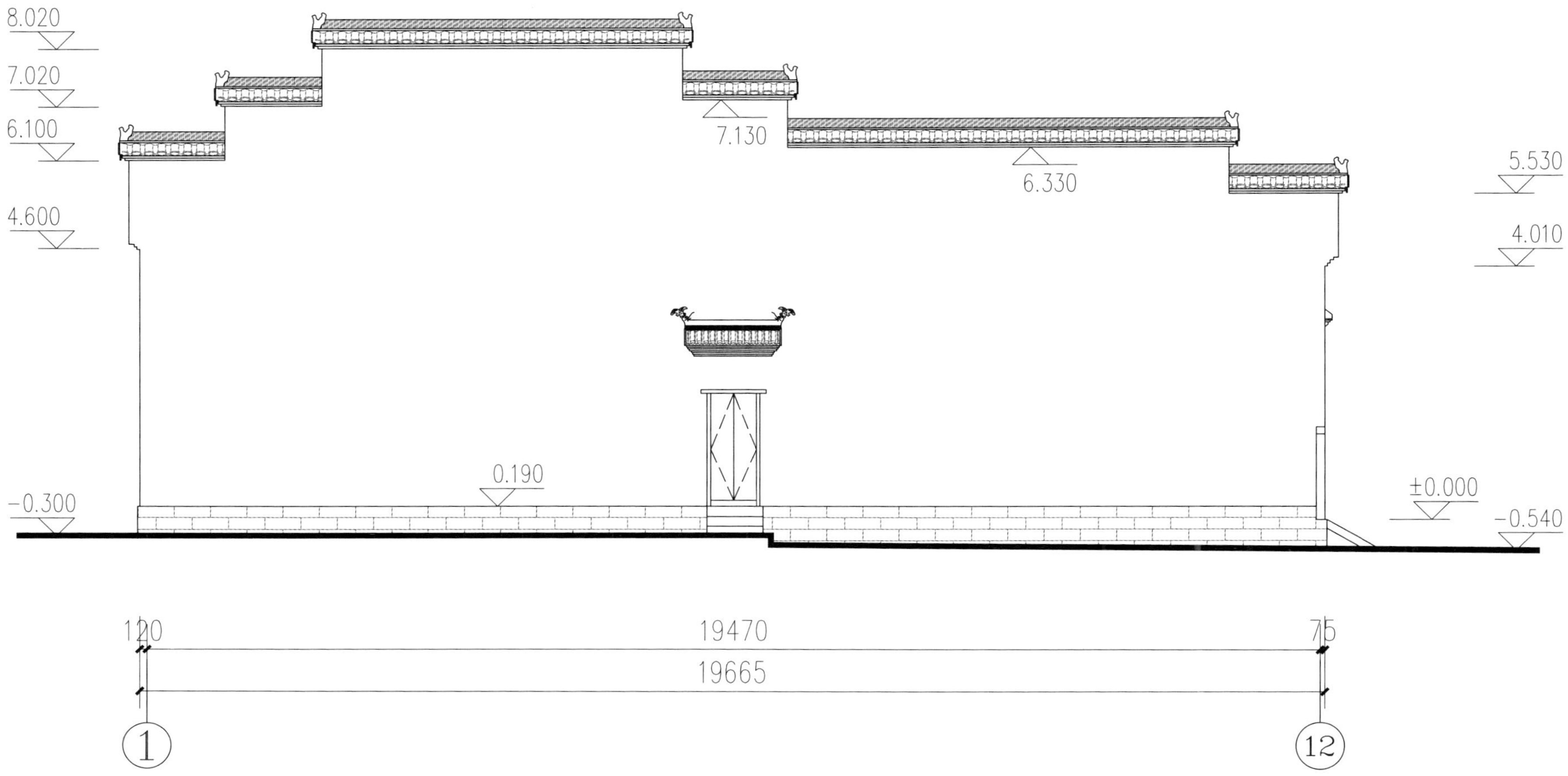

图18-34 义仁堂竣工图-侧立面图

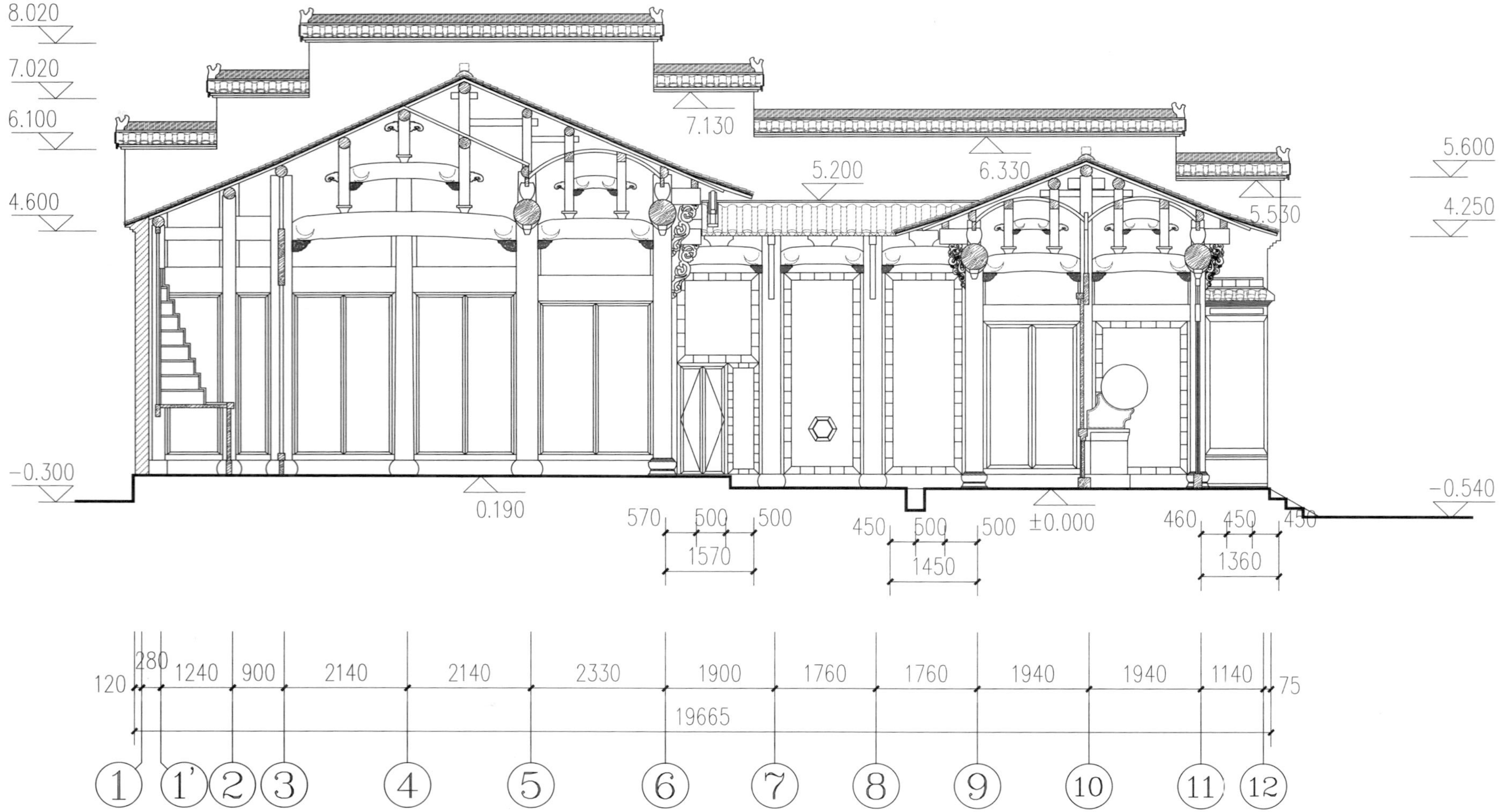

图18-35 义仁堂竣工图-明间剖面图

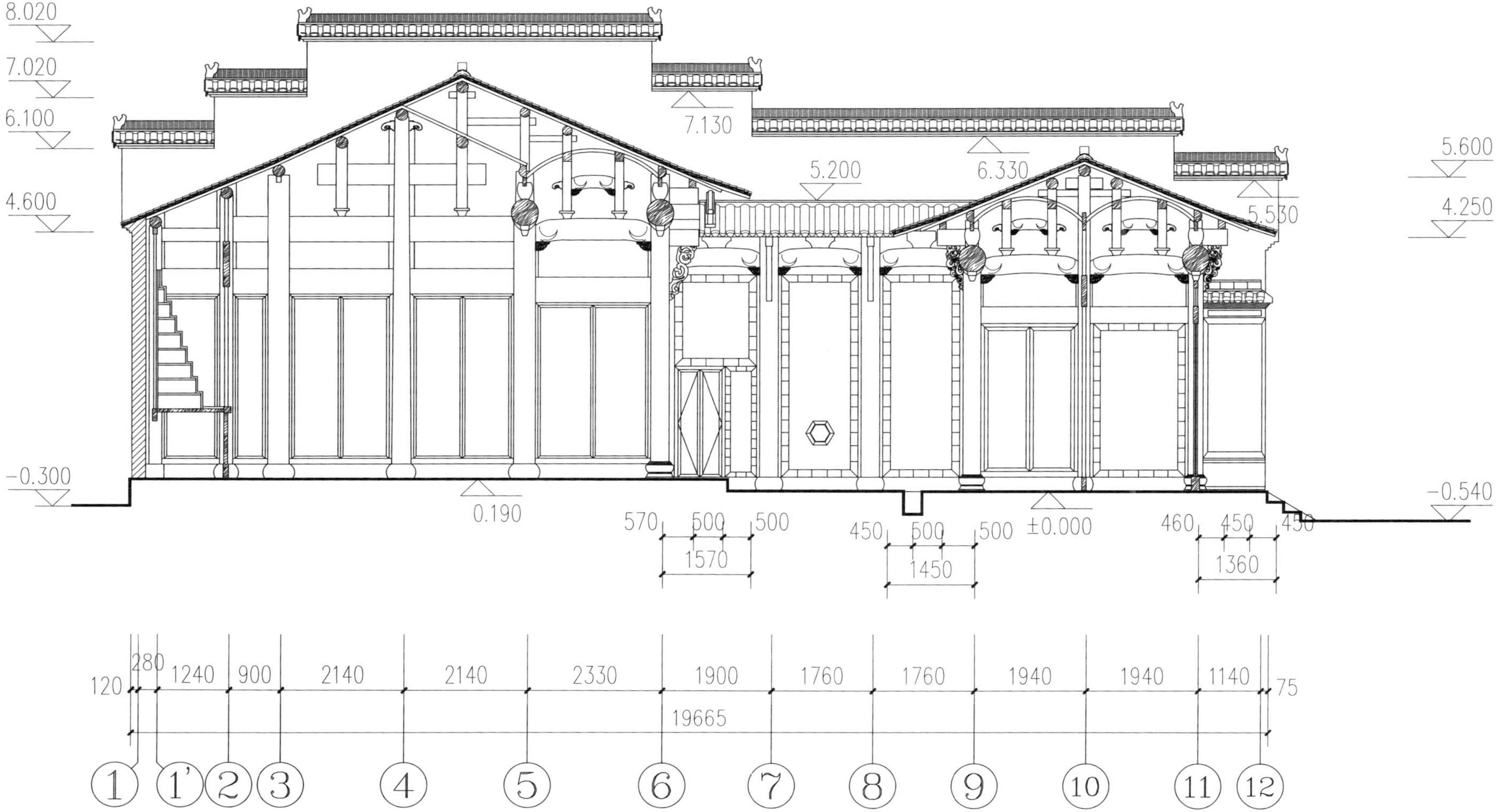

图18-36 义仁堂竣工图-次间剖面图

义 仁 堂

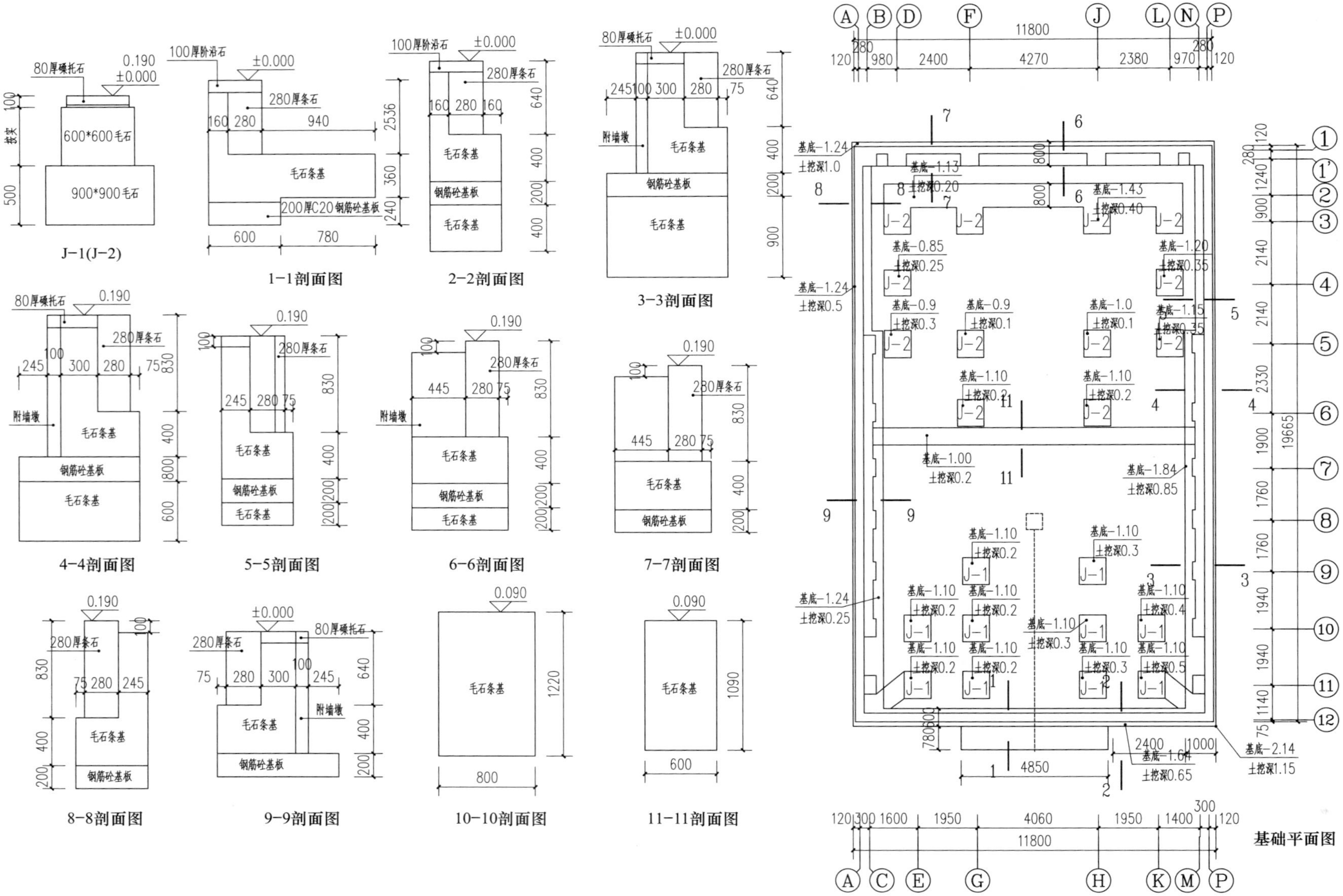

图18-37 义仁堂竣工图-基础图

# 洪 宅

## 一、概况

洪宅现位于潜口民宅清园。建于清光绪二十三年（1897年），为晚清时期的徽州普通民居。两进三开间砖木结构楼屋。开间8.6米，进深14.23米，占地面积122.38平方米，建筑面积257.44平方米。

民居是徽州建筑中留存数量最多的一类，是村落形态的主要构成单元。其外观朴雅，外墙高而窗小，山墙高出屋面，如梯状封火墙夹峙。前厅堂，后居室。明间为厅，次间为房。住宅临天井的前檐是木装修的集中部位，门窗、隔扇、楣罩、撑拱、栏杆等处都精心处理，展现出徽雕工艺水平和文化品位。这些都是徽州古民居的普遍特征，但古徽州一府六县，地域广阔，山川阻隔，不同地域，由于环境条件不同，经济文化发展、传统习俗各异，反映到各县不同地域，古民居也呈现出彼此不同的地域特色。徽州古民居也因此更加丰富而精彩。

洪宅位于歙县东乡，地近浙江，山多而地少，历史上主要靠山林经济和外出经商为生。体现在民居上，就是用地更加局促，建筑更倾向紧凑和向上追求空间利用。洪宅最显著的特征，就是在底层上增置夹层暗阁，形成三层结构，这样使房间增多，增加了居住和储物空间。

鉴于洪宅的建筑特色具有歙县东乡清代民居的代表性，2004年将其迁入潜口民宅清园内进行集中保护。

## 二、原址原貌及形制特征

洪宅，原位于歙县竹铺乡（现为三阳镇竹铺行政村）珠川村。竹铺村共有4个自然村，分别为竹铺、竹源、珠川、浩川。该村始建于明朝洪武年间，地处皖浙交界山区，东临昱岭关，北依清凉峰，南靠搁船尖，徽杭古官道穿村而过，昌源河绕村而流，周边植被茂密，空气清新，环境优美。2019年入选第五批中国传统古村落。

洪宅坐落于珠川村东北隅。坐南朝北，门口是石板街道，对面是洪氏自家三幢毗邻的祖屋，两幢已毁，仅存东侧一幢。东30米是村内小溪。背面南侧为村中主要道路，道路对面是潘氏祠堂（图19-1、图19-2）。

图19-1　原址正立面　　　　　　图19-2　原址背立面

据该宅房主洪承社介绍：洪宅为他高祖父洪兆根建造，为在外面学堂学习的小儿子假期回家的住所，选址面向祖屋，为的是平时好照应。该宅原址拆卸后在底层明间梁枋的插销上，发现有建造时间记载："大清光绪二十三年十月初二大吉……"历经100多年，该宅木构架保存较为完整，墙体、石作和室内木装修部分损坏较少，拆改不多，大部分保持原来的格局。

洪宅由前、后两进楼屋围合中天井组成。

## （一）前进

大门居中开设，门前两级石踏步阶。麻石门框，双开实拼木板扇大门。两侧水磨砖砌清水墙[1]，双楣式砖雕刻门罩，枋上雕刻历史人物故事，有松石垂柳，亭台楼阁，舟桥人物，层次繁复，雕琢细腻生动。上框和下挂落为连续卷草内嵌蝙蝠、松鼠、蟠桃以及暗八仙图案，门正上方清水墙，砖雕刻边框，居中嵌一八卦图。

前进三开间。明间辟为门套，安装双面活动皮门2扇，下置可拆卸门槛，两侧为过道。两次间为房，两房后檐装单面活动皮门和双开隔扇窗，窗扇棂条繁密，窗下为木板装修。地面采用灰砂地面，房间标高比明间高12厘米。

底层两房间内距地面2.2米处均设置夹层暗阁，暗阁高1.93米，上铺30厘米厚的楼板，留有供出入的开口，上下用活动矮梯攀临。暗阁主要用于储藏，平时闲置物品。底层和暗阁在前檐墙上均设有小砖窗，带有窗楣和墨绘（图19-3、图19-4）。

## （二）后进

前进与后进以两廊衔接，共同围合成室内天井，左侧廊山墙开边门，通往原厨房。廊及天

---

[1] 泛指不加任何抹面和装饰的墙面。特指采用色泽、规格一致的黏土烧制砖砌成灰缝整齐的墙面。

图19-3　右廊前檐　　　　　　　　　图19-4　前进后檐立面

井地坪石板铺砌。天井四边设浅水沟，低于地面2厘米，设地漏直通暗沟，排出室外。

后进为三开间二层楼房。前轩为廊，形成"品"字形厅堂。前檐及轩部施硕大月梁，梁驮、雀替精细雕琢。明间脊缝处增设方柱两根，中间装固定皮门2扇形成照壁，两侧为过道，通向脊后房间和楼梯。照壁后设楼梯，通往夹层阁楼。后金步至后檐墙用散板隔断成3个房间，两次间前后金柱间又装修2个房间，各房间相互独立。两次间前房向厅堂面皆为单面皮门装修，前金单面活动皮门和槛窗，槛窗为双开格子窗扇，保存较完整。厅堂和房间皆为灰砂地面。

一层照壁后，楼梯十三踏步，由西向东登临夹层阁楼。楼梯两侧栏杆缺失。夹层高2.3米，明间后部辟为过道，次间散板装修与底层相同，左、右各两个房间。在明间金柱处开设前后房门，前房朝天井向开窗两扇。脊后房间及明间过道在后檐墙开设小砖窗，以利于采光。在楼梯平台处，开两扇隔扇门。目的一是补充采光，二是便利大件物品由此吊运。

阁楼同一层相同位置架十二踏步木楼梯上二层。二层明间为厅。后金缝散板装修，前后分别与两次间前金缝、后檐墙装修分隔成4个房间。房内无仰尘板、靠墙无装修痕迹。

前廊通过两侧厢廊与前进相通，前后进有90厘米落差，楼廊内设置一乘五踏步木楼梯。天井四周均无槛窗。楼层有夔龙、倒爬狮、人物雕刻斜撑[①]。

二层穿斗式屋架，料度较小。屋面椽距21厘米，无望板，椽椀[②]，在老椽头上覆置飞椽、小连檐[③]及椽闸板。整个檐口少许朽烂。合沟沟底木已随右楼廊屋面霉烂坍塌。檐口安装有白铁水笕。

屏风墙上，安有勾头滴水瓦，缺40%左右，由于各时期修缮添加，呈多种型号。前进前

---

① 清式斗拱构件名称。常位于由昂之上，与撩檐枋和角拱等构件相交。
② 清式木作术语。在桁檩之上，用一根木料做成，按椽子的排列距离，做成略大于椽径的椀洞，用以固定屋椽。
③ 清式木装修构件名称。位于檐椽及飞椽椽头之上，是连接各椽头的通长构件。根据位置不同又分为大连檐与小连檐。处在正身椽上的称为正身连檐，处在翼角椽上的称为翼角连檐。

檐墙转角处置印斗[①]，山墙屏风置鹊尾[②]。

## 三、文物价值

洪宅反映了古徽州歙县东乡地区民居建筑的地方风格和形制特征，作为徽州晚清平民建筑的典型之一，具有很强的地域特色以及代表性。这一带不少古民居建筑都采用底层设置夹层阁楼的结构形式，房间分隔较多，这与山区人多地少，经济欠发达的社会发展状况存在密切关系。

洪宅砖门楼精雕细镂，内厅堂又高又敞，天井四周悬挑的木雕刻斜撑，在体现这一时期建筑风格的同时，也在显示房主家境殷实。但该宅石勒脚杂乱，阶沿石不整齐划一，厅堂灰砂地面，室内散板隔断，楼行没有设置栏杆和隔扇，又说明了建造者财力匮乏，家境一般。这前后的反差，是当时民间建筑理念"千金门楼四两屋"的真实体现。印证了流传徽郡的一句老话"这户人家是有门楼的人家"，指该户在村中家境不错，让人瞧得起。

## 四、迁建工程

### （一）迁建过程

2004年8月10～20日，拆卸运输；

2004年8月20日～9月20日，木构架维修；

2004年8月20日～9月10日，新址基础砌筑；

2004年8月30日～10月20日，脚手架搭设；

2004年9月20日～11月20日，木构架安装；

2004年9月30日～11月30日，屋面盖瓦；

2004年10月20日～12月20日，墙体砌筑；

2004年12月10日～30日，墙面装饰、木装修；

2005年1月10日～30日，地面工程、收尾。

### （二）迁建选址

洪宅迁建选址在清园中部偏南，坐南朝北，东临古戏台，处在清园建筑群的核心地带。门前小广场与中心广场相连，与义仁堂南北相望。

在清园东西向延伸的古街道布局中，因中心戏台大广场的设置，其南北两侧建筑的用地相

---

[①] 墙顶部瓦脊端形似方斗的脊饰，印斗后瓦立砌。

[②] 墙顶部瓦脊端头形似鹊尾的脊饰，鹊尾后瓦斜平铺，逐渐升起立砌。

对有限，洪宅属于清园建筑群中体量较小的单体建筑，因地制宜，选址于广场南侧更为合理。

## （三）维修要点

洪宅缺毁较少，且残痕遗构明确，依始建形制恢复。

（1）复原右楼廊。原已圮塌的右楼廊是修复的重点之一，利用残存的部分原件，对照左厢廊形制，添料制作整体复原。

（2）木构：后进边贴柱脚有霉烂，进行墩接、镶补；悬挑楼行槛窗枋进行节点接榫、加固；檐口飞椽、连檐木等木基层损毁较多，用同质木材，按同一规格进行添置补齐，楼板亦然。

（3）木装修：恢复楼层右次间装修至前金缝；沿天井楼行的栏杆板补全；恢复夹层楼梯栏杆及二层楼梯口平身栏杆、直向栏杆；依制修复二楼左次间槛窗。

（4）墙体：不恢复前檐墙后凿之铁栅大窗洞；修复补齐大门罩上砖雕四栱陀和戗脊头；后进屋顶人字坡恢复为屏风山墙。

（5）屋面檐口：无望板设置，恢复冷摊瓦屋面；勾头滴水瓦、阴隔沟沟底瓦、鹊尾及金花板[①]等缺失较多，需在工程开工前按原规格订制；白铁水笕依原制打造安装。

部分木构表面蠹虫蛀蚀，拆卸后逐件涂药进行防治，按照统一要求迁建新址做好蜂蚁虫害的预防工作。消防及排水网络均按照总体规划实施。

## （四）工程资料

主要为维修勘察设计文本、实测图和照片，以及施工图及竣工资料（图19-5～图19-21）。

---

① 墙端部拔檐处的博风板，安装于印斗或鹊尾下。

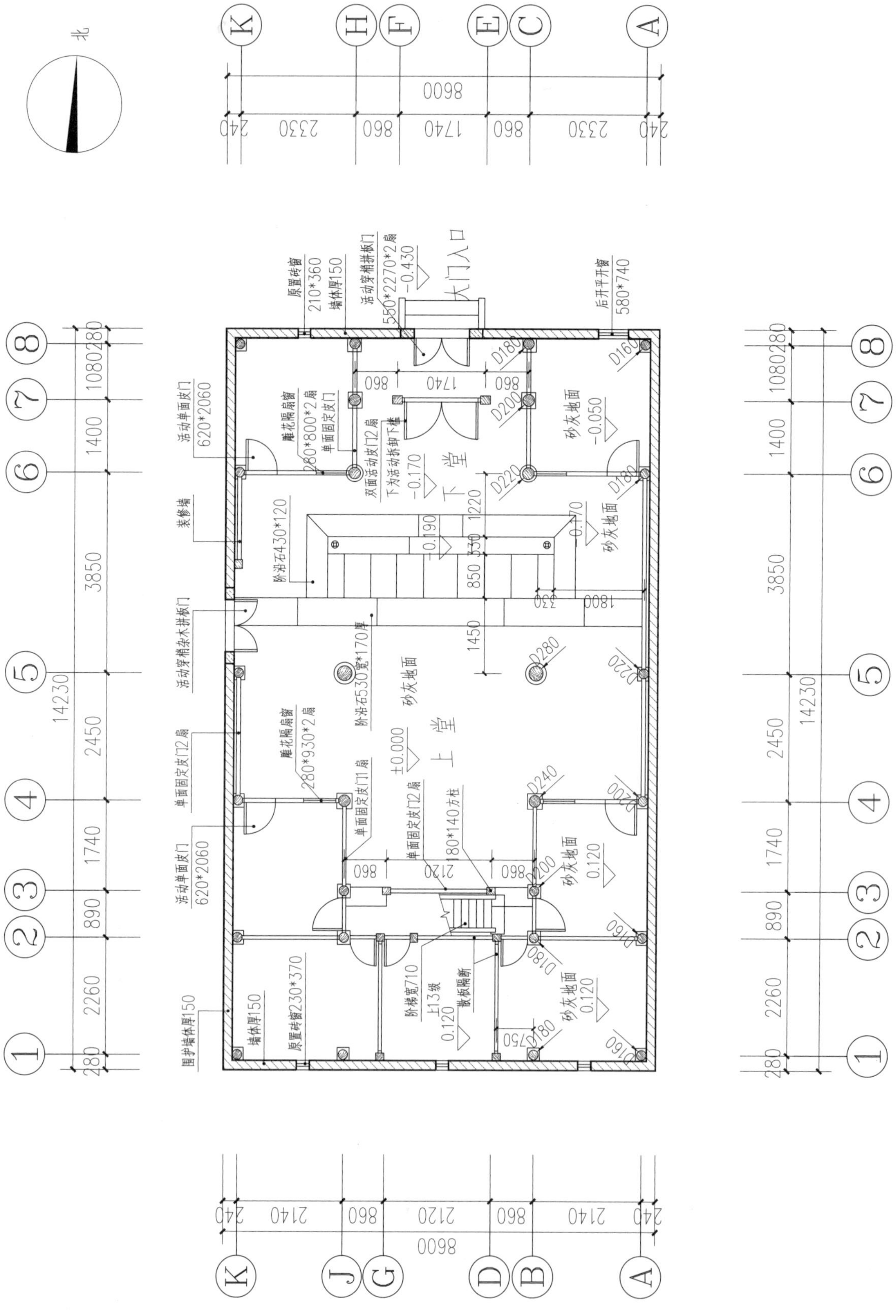

图19-5 洪宅测绘图-底层平面图

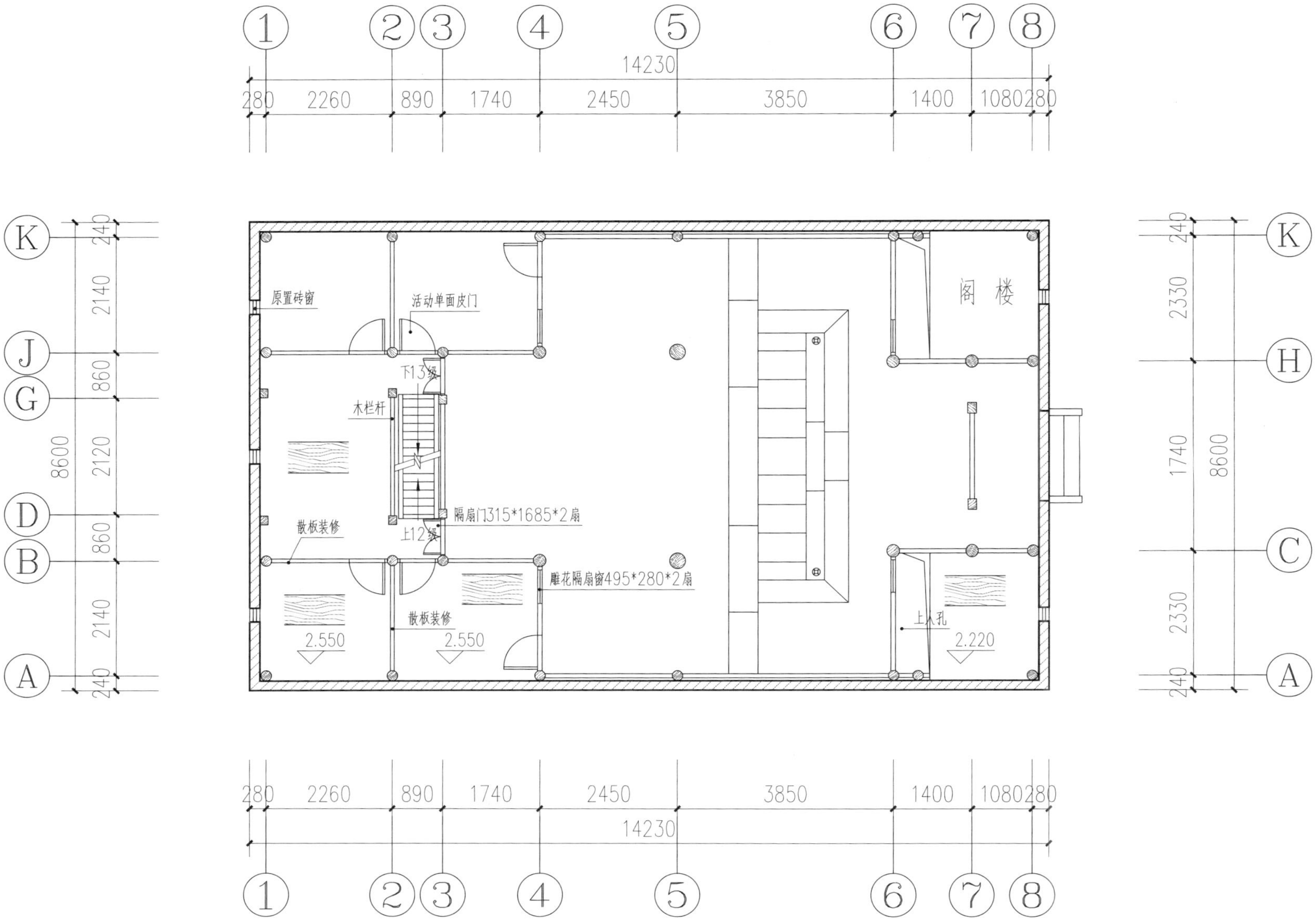

图19-6 洪宅测绘图-夹层平面图

洪 宅

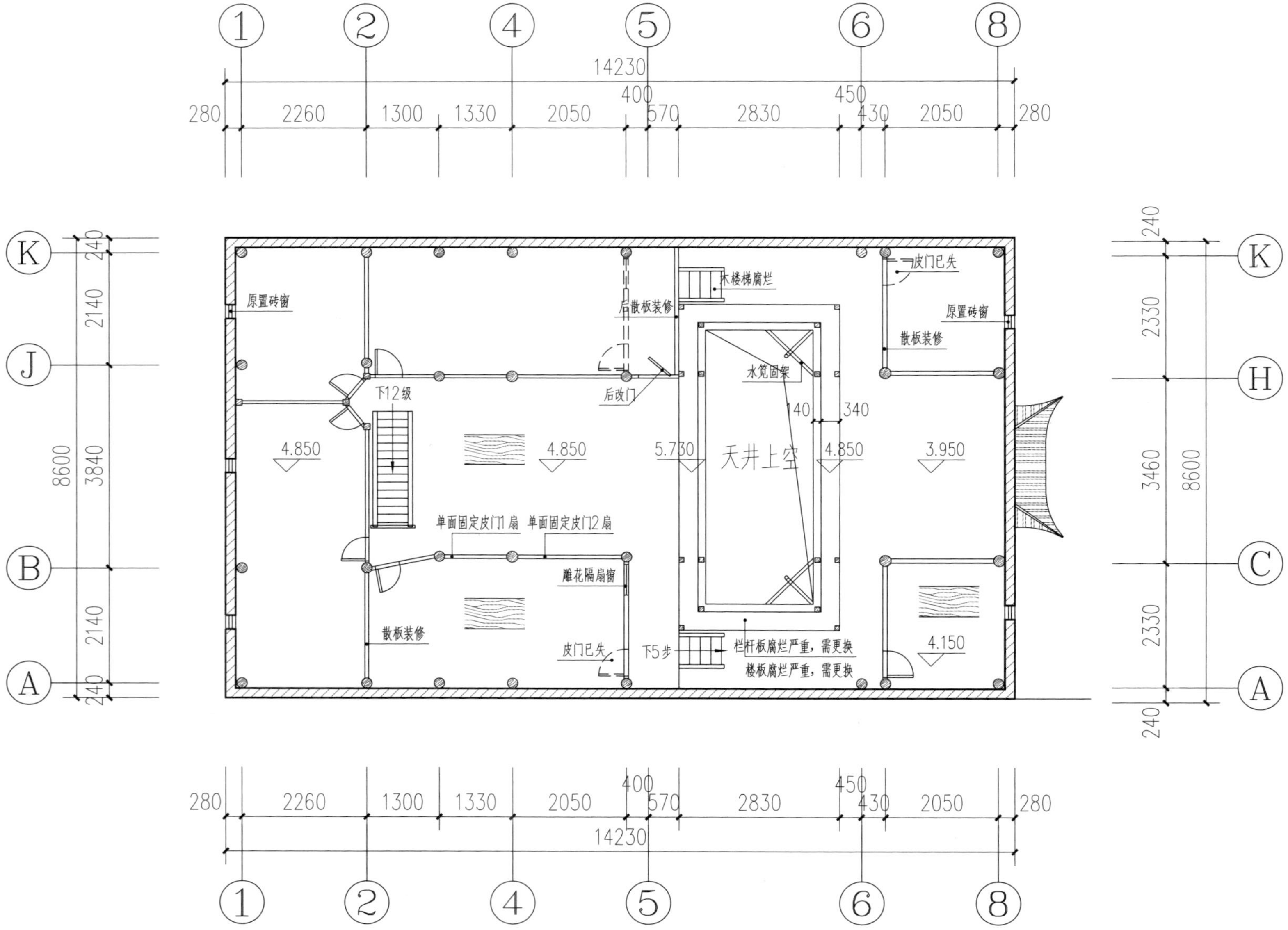

图19-7 洪宅测绘图—二层平面图

屏风墙已失

后开窗洞

洪宅

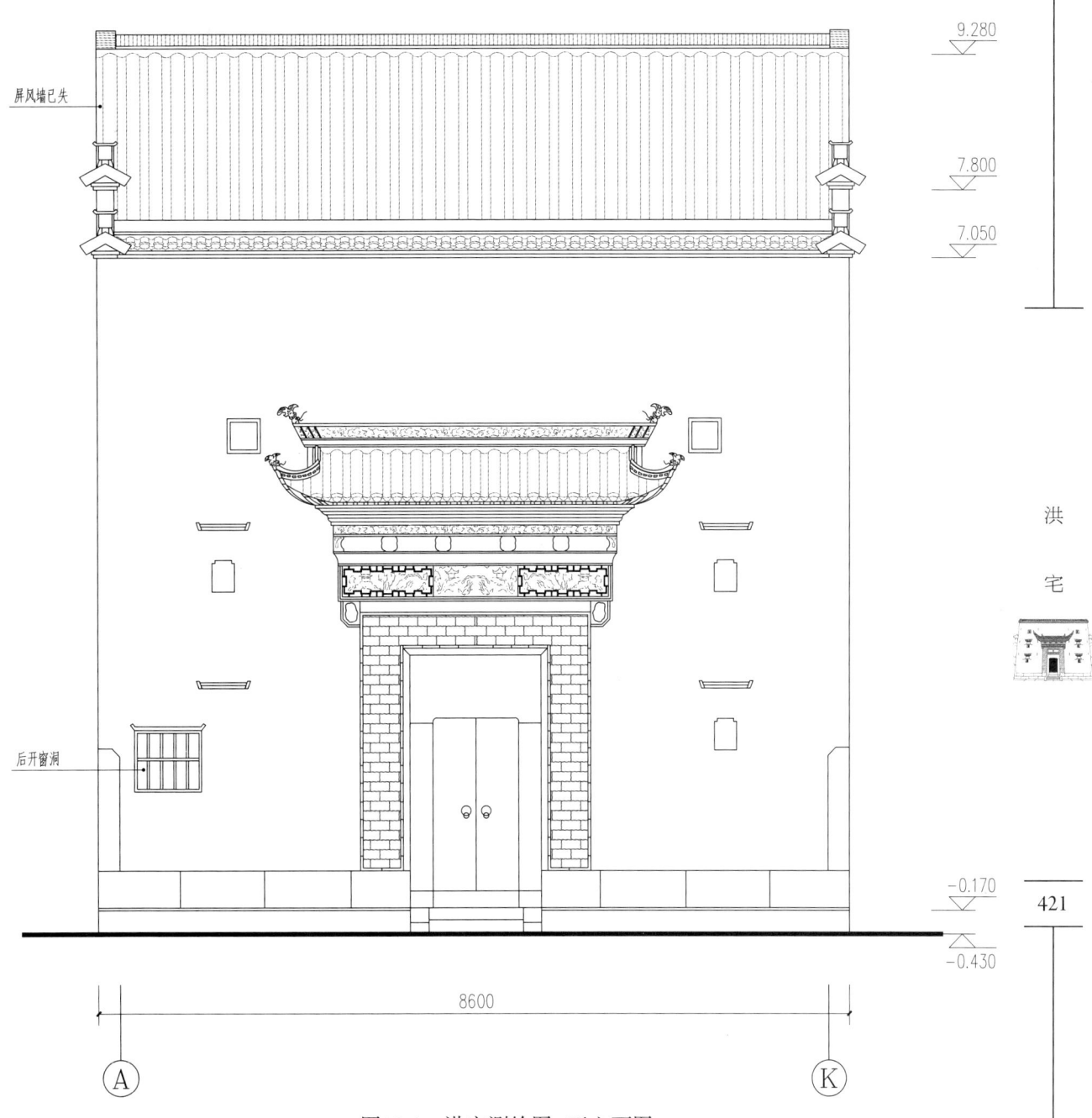

图19-8 洪宅测绘图-正立面图

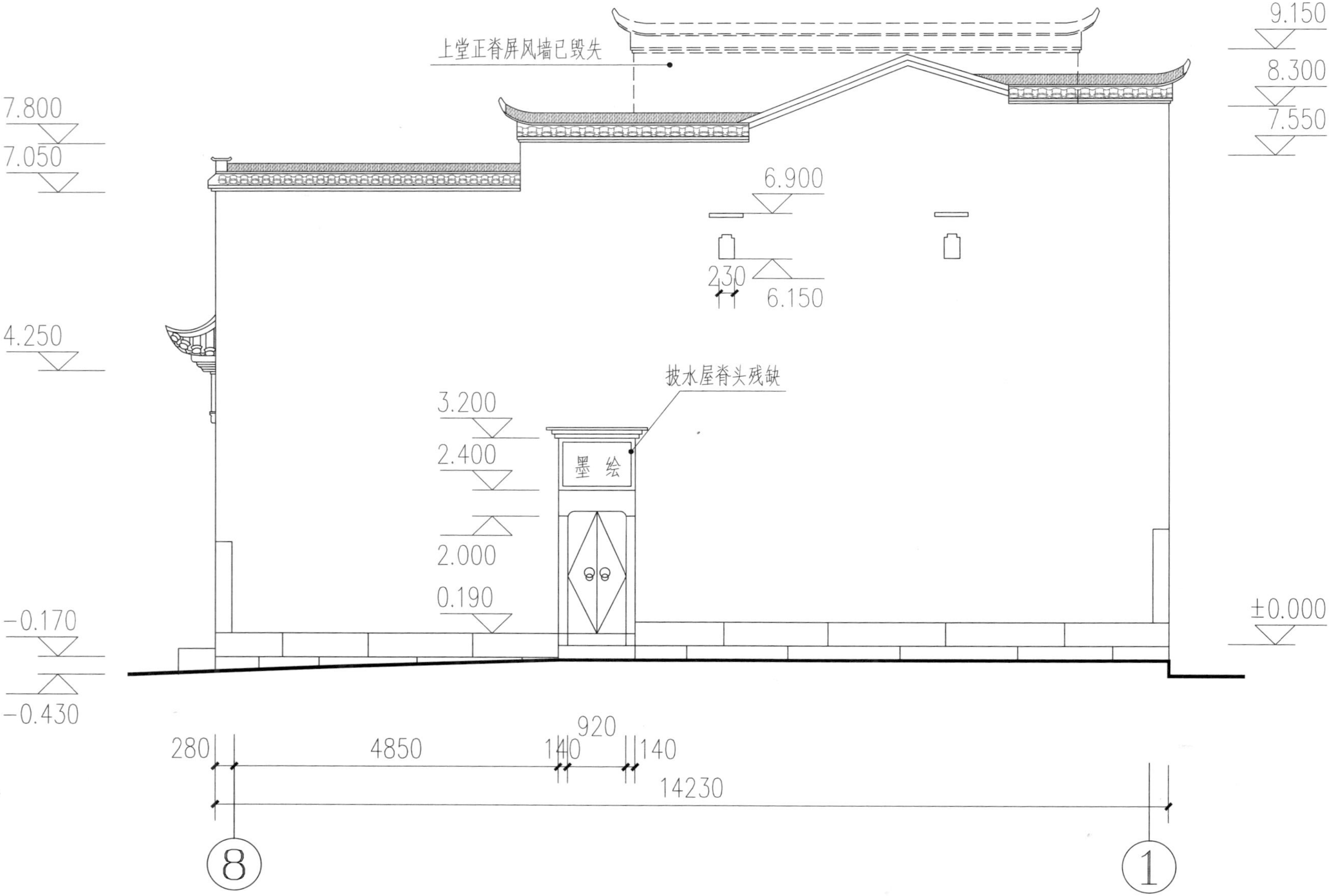

图19-9 洪宅测绘图－侧立面图

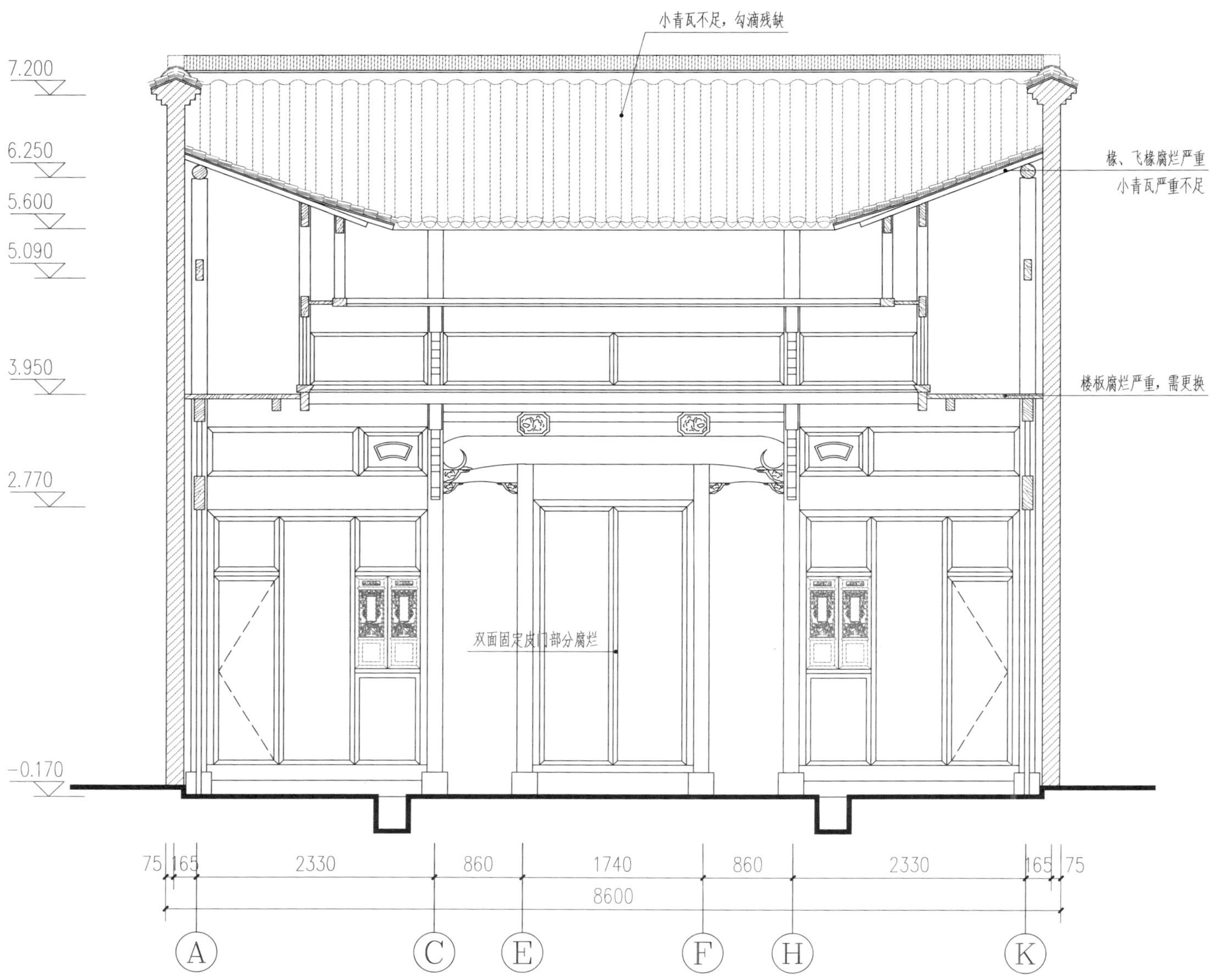

图19-10 洪宅测绘图-下堂后檐立面图

洪宅

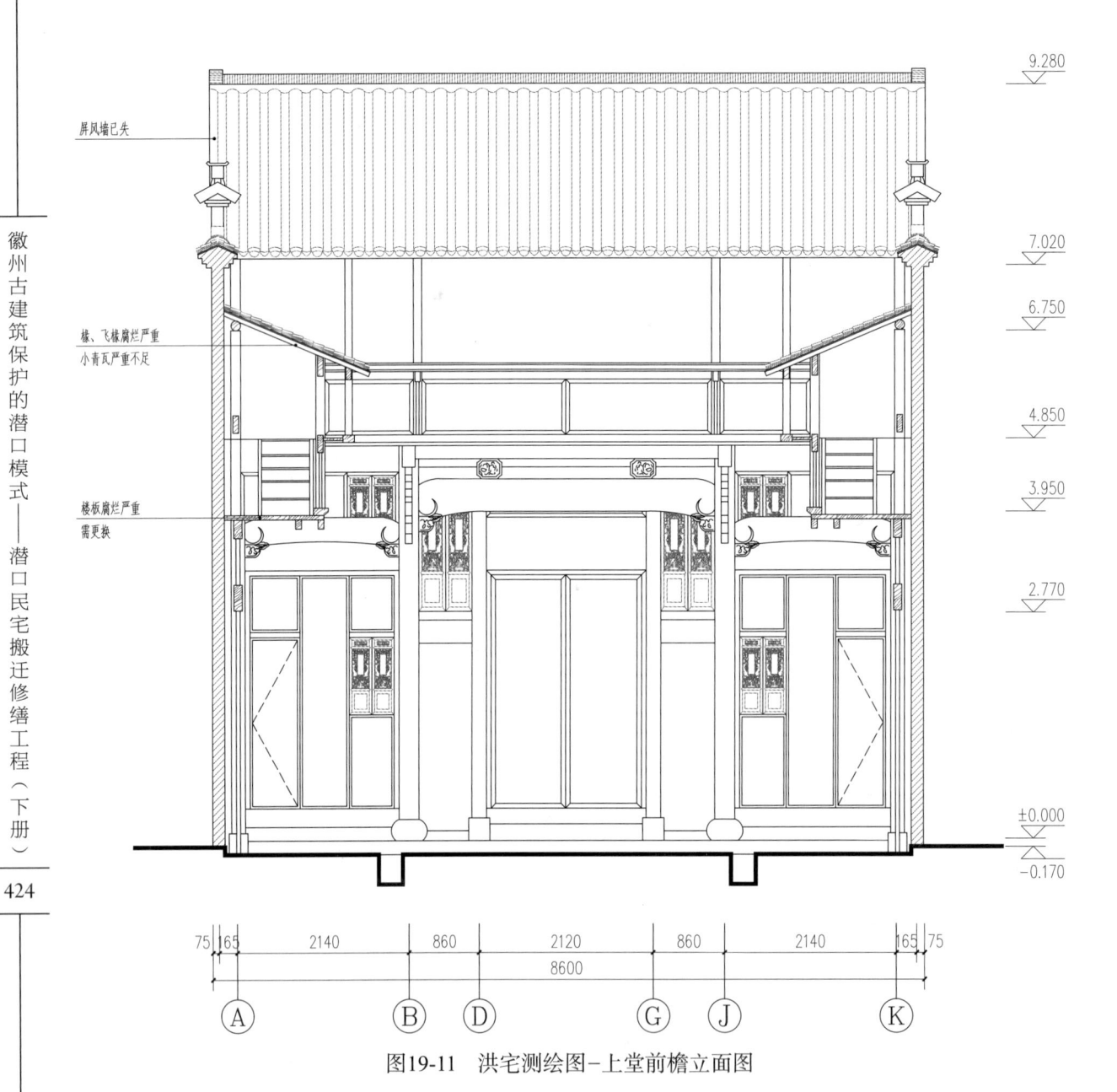

图19-11 洪宅测绘图-上堂前檐立面图

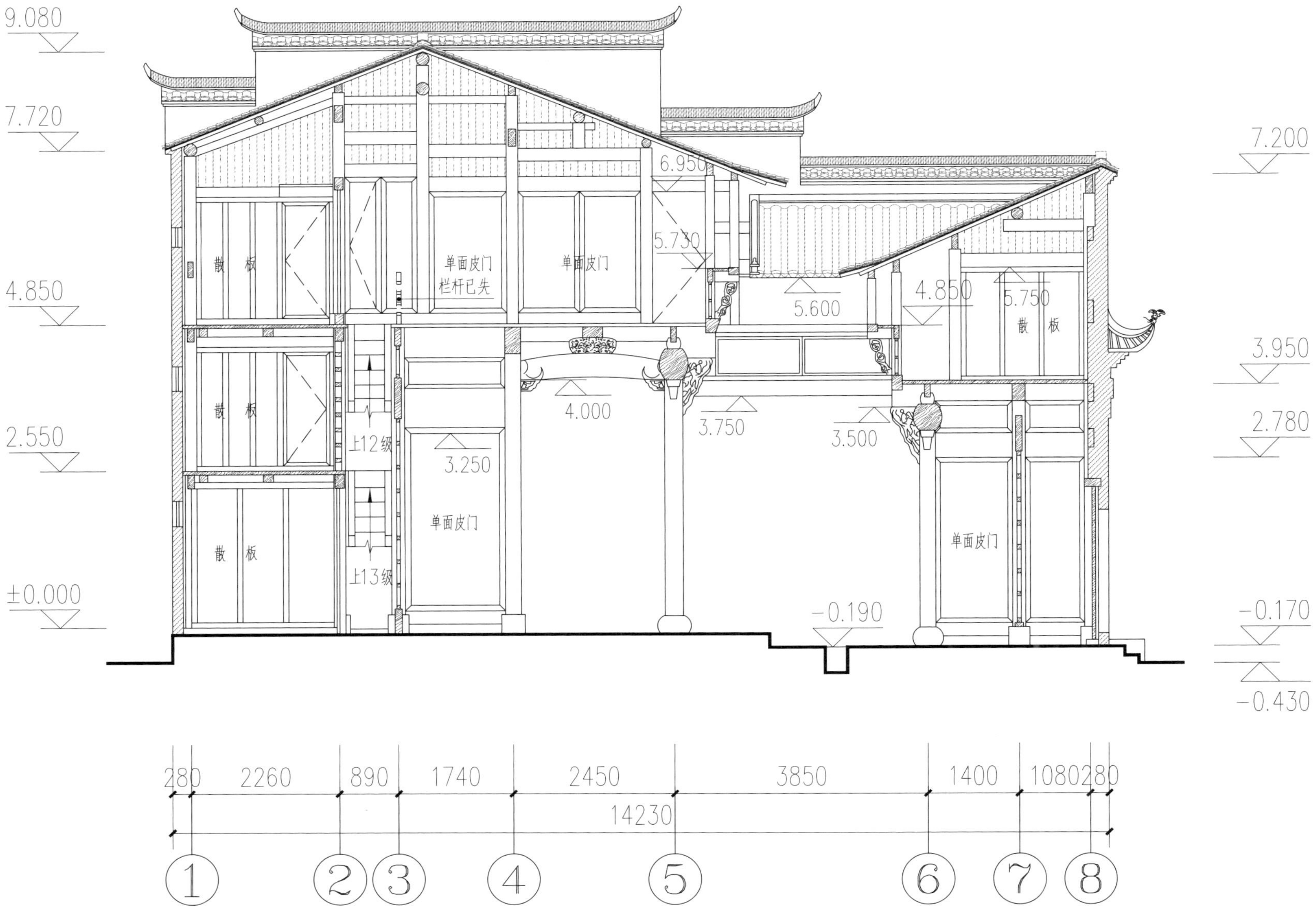

图19-12 洪宅测绘图-明间纵剖面图

洪 宅

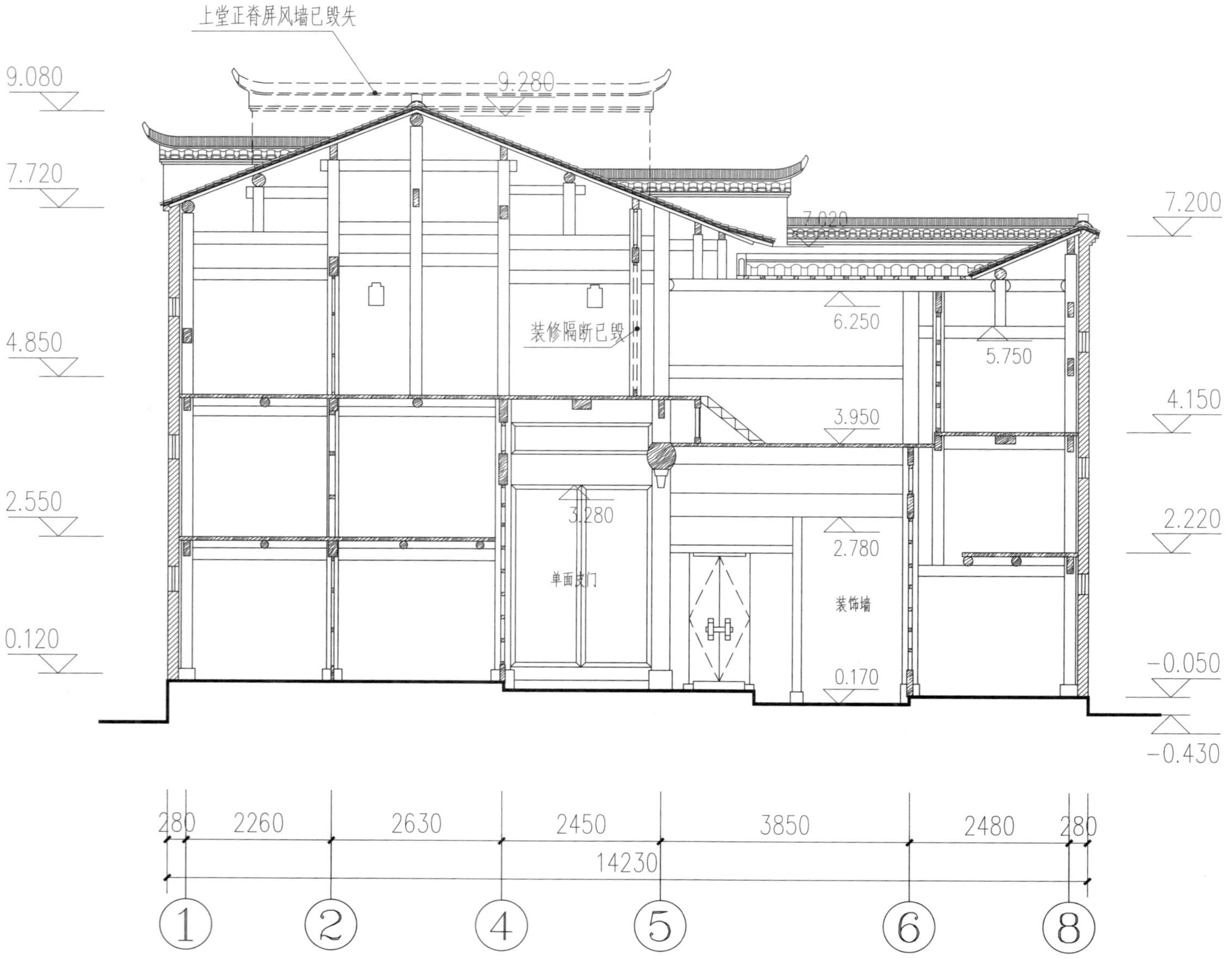

图19-13 洪宅测绘图-次间纵剖面图

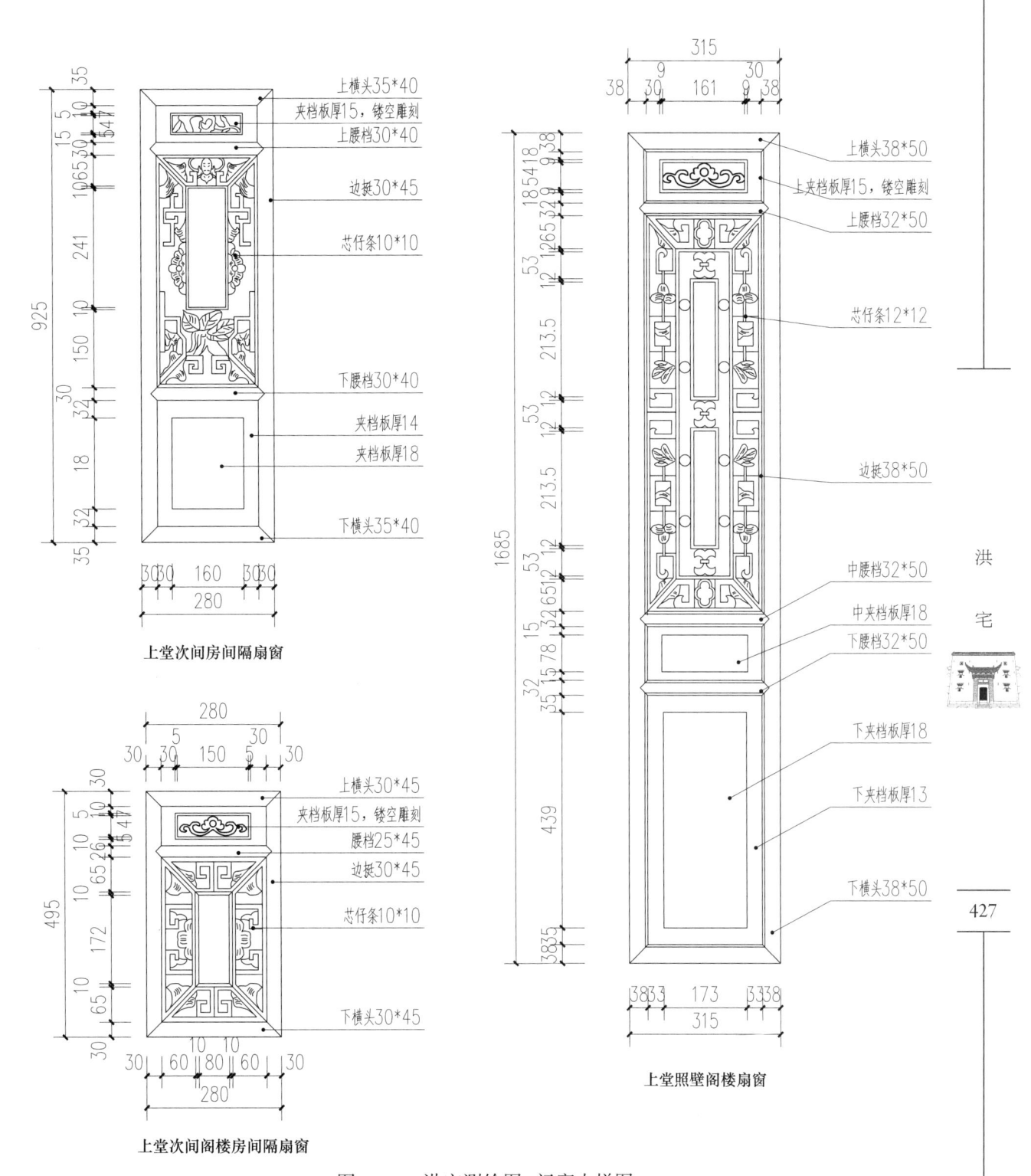

图19-14 洪宅测绘图-门窗大样图

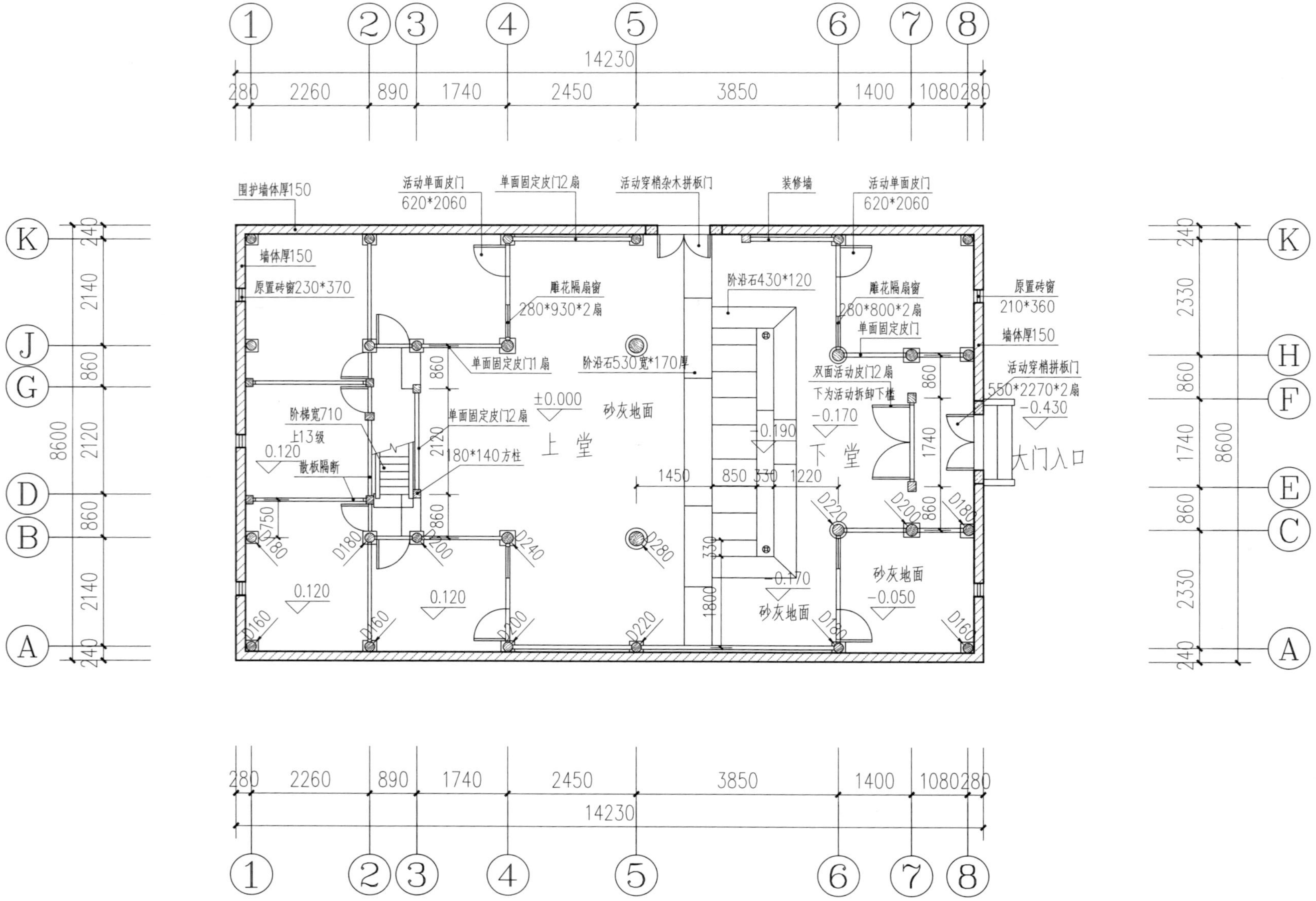

图19-15 洪宅竣工图-底层平面图

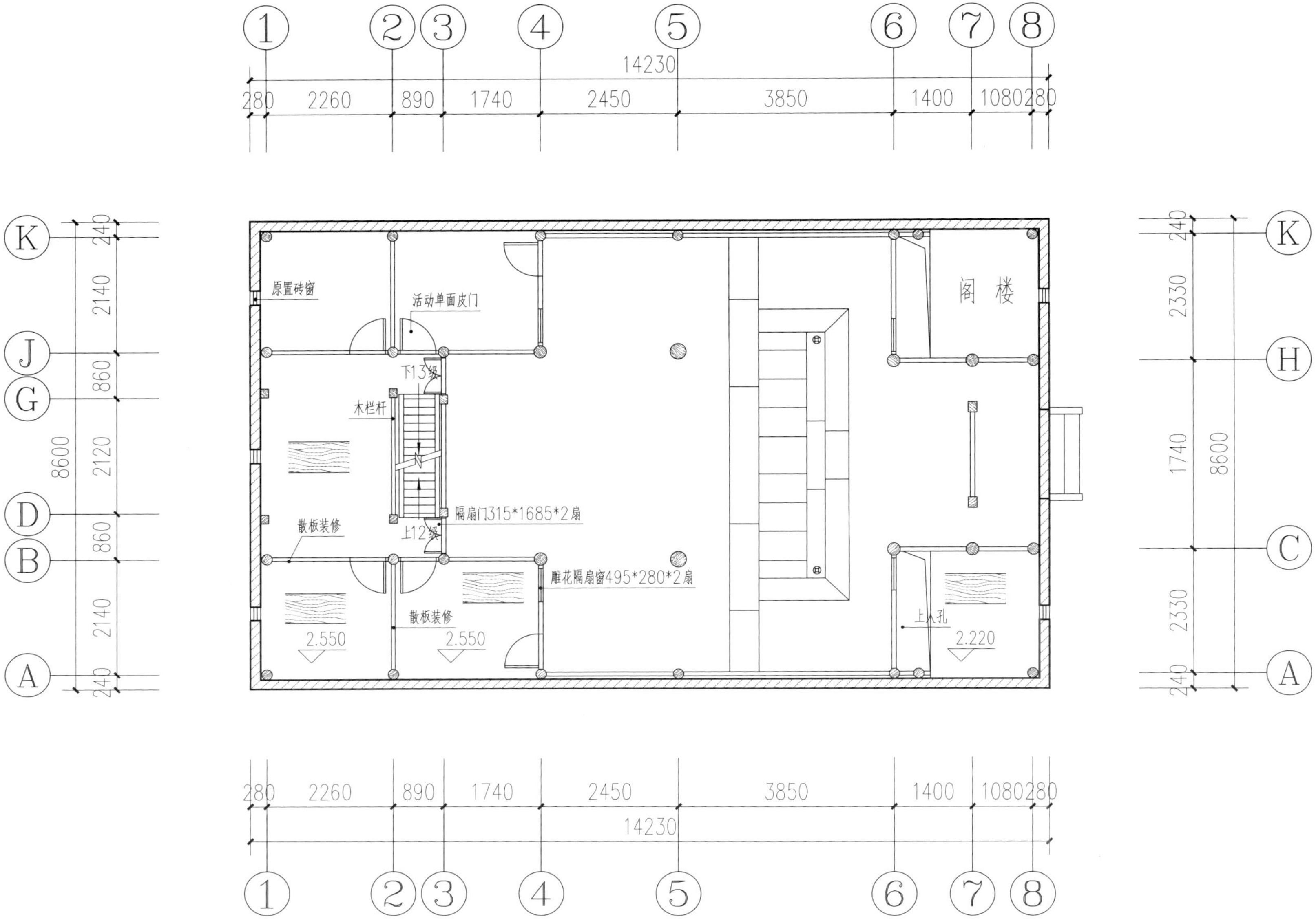

图19-16 洪宅竣工图-夹层平面图

洪宅

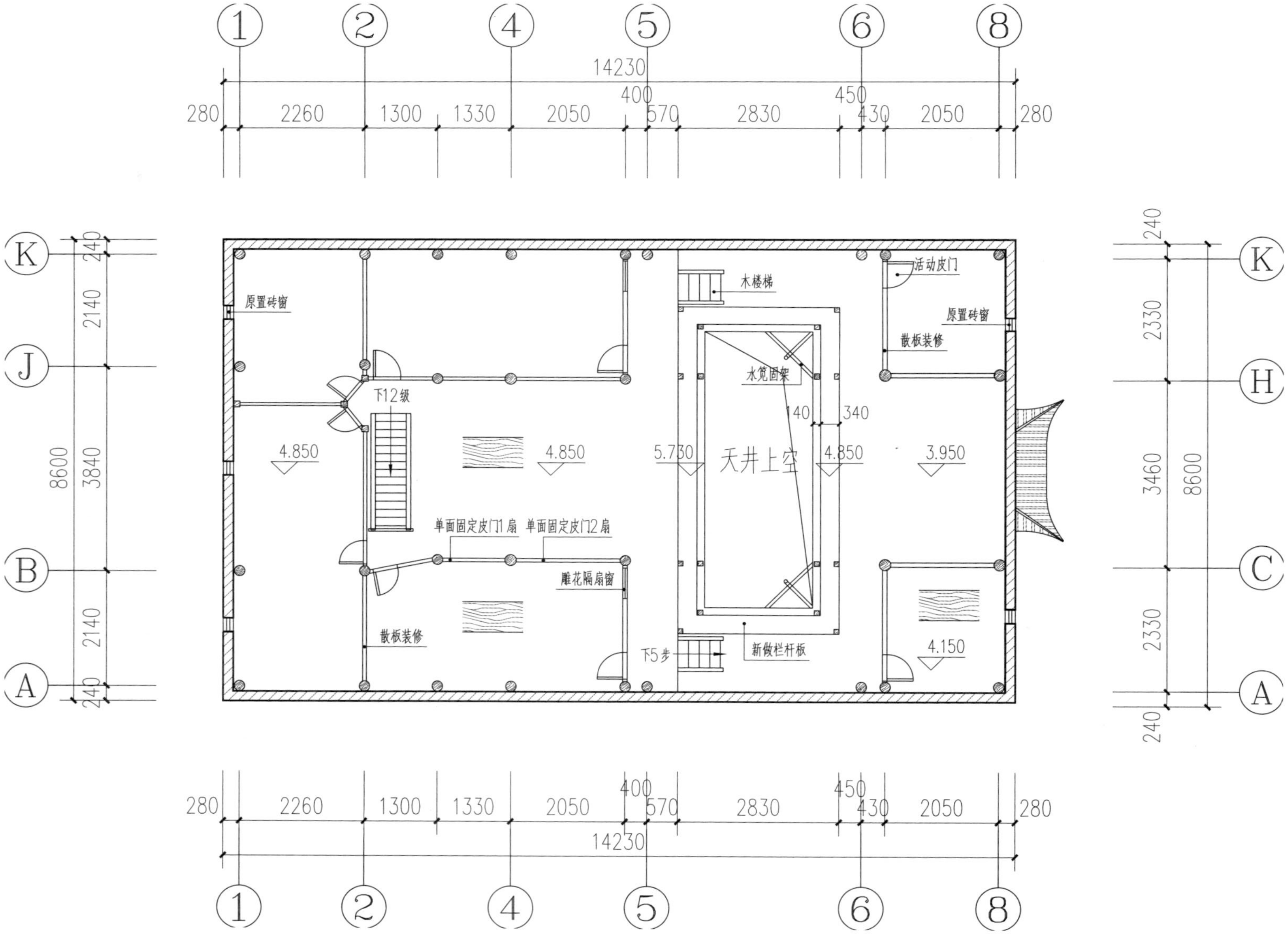

图19-17 洪宅竣工图—二层平面图

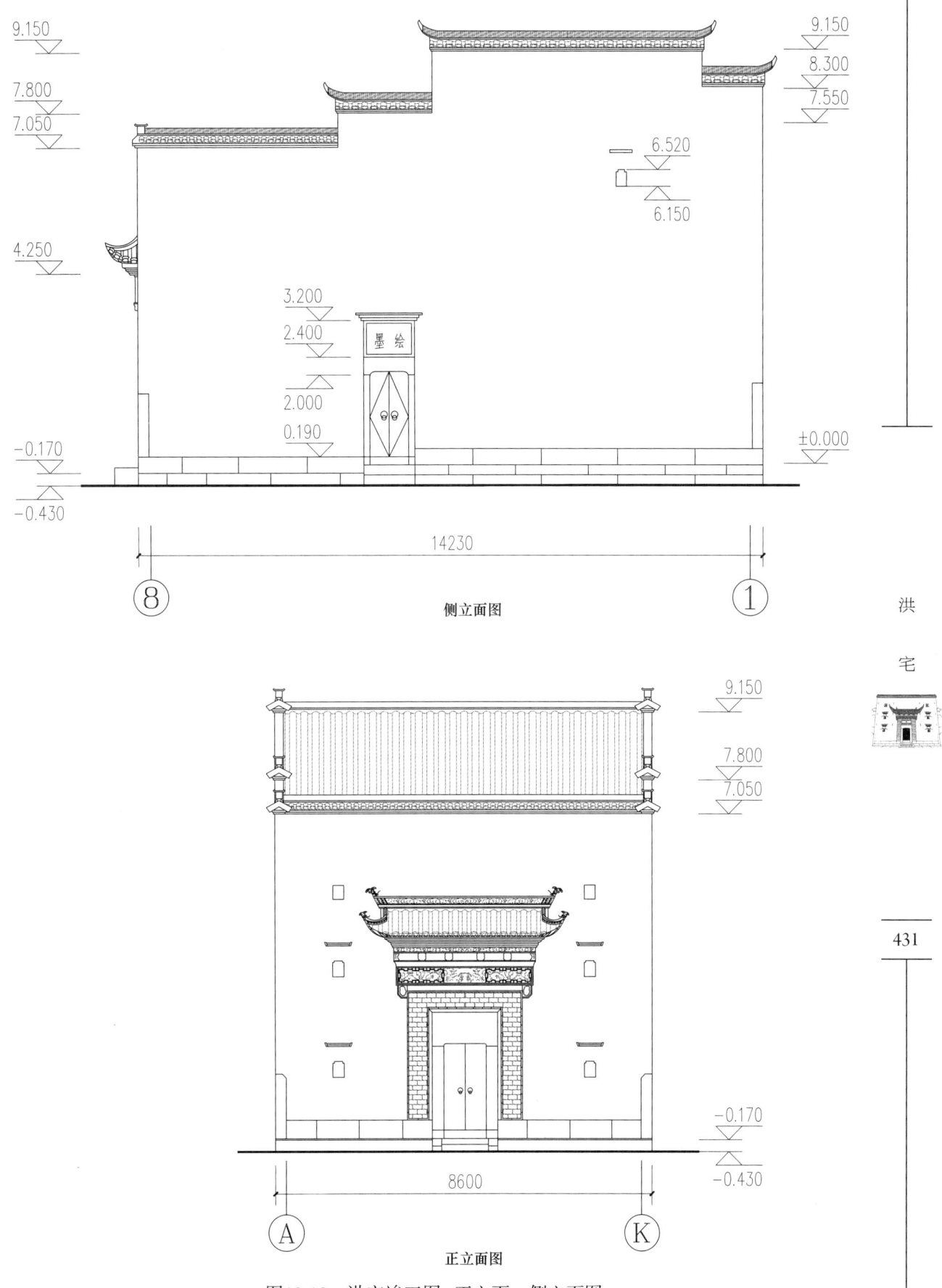

图19-18 洪宅竣工图-正立面、侧立面图

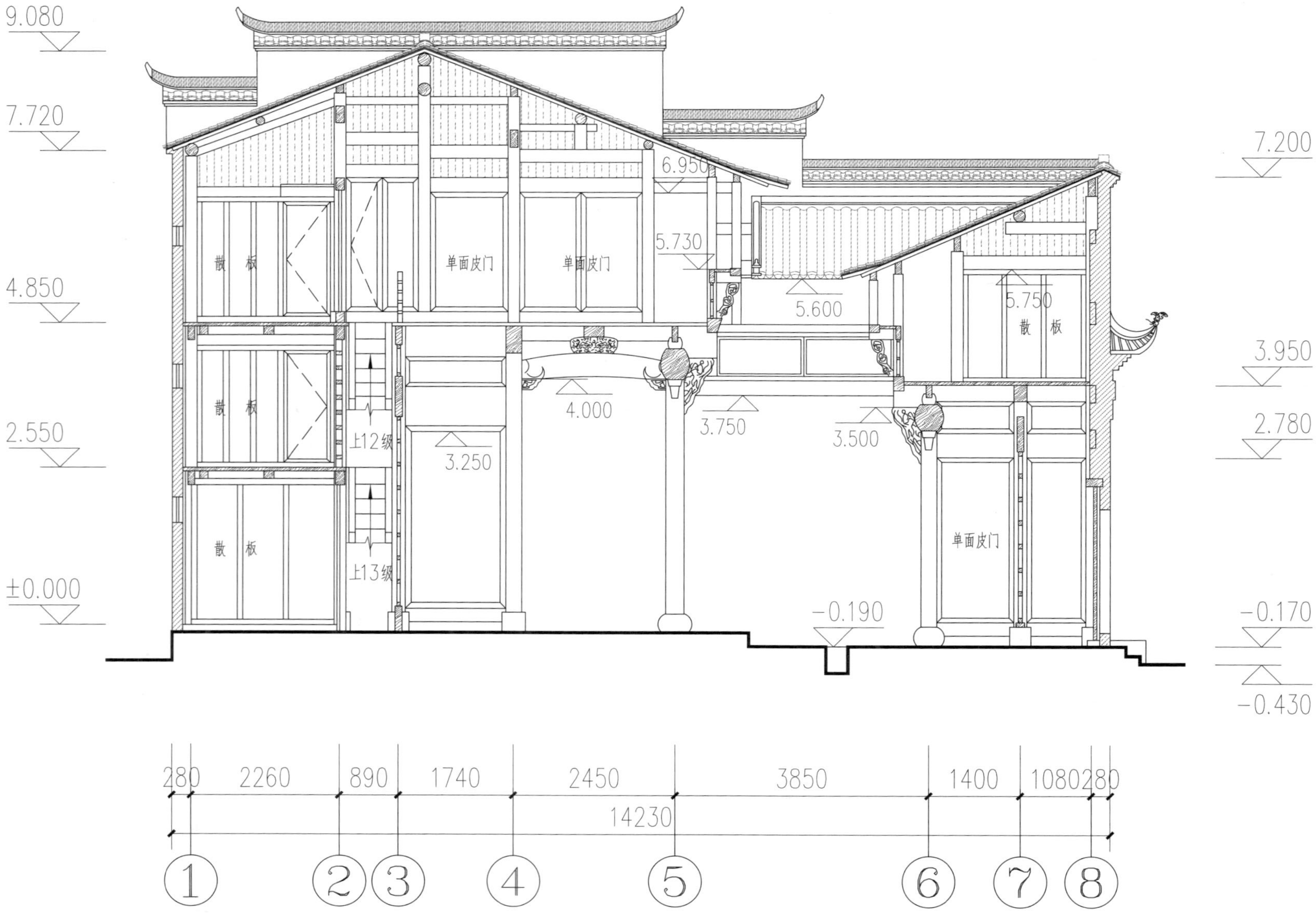

图19-19 洪宅竣工图-明间纵剖面图

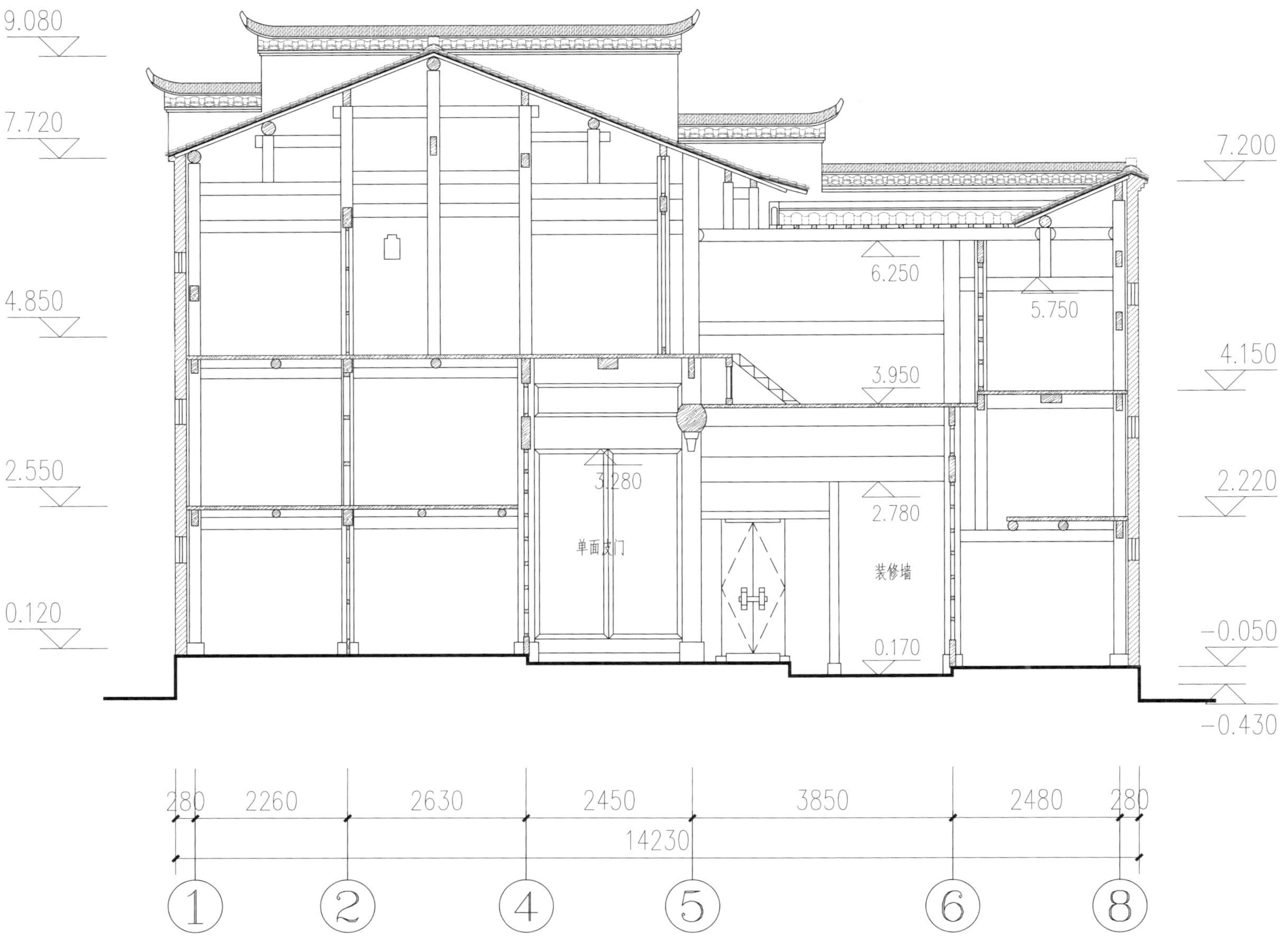

图19-20　洪宅竣工图-边间纵剖面图

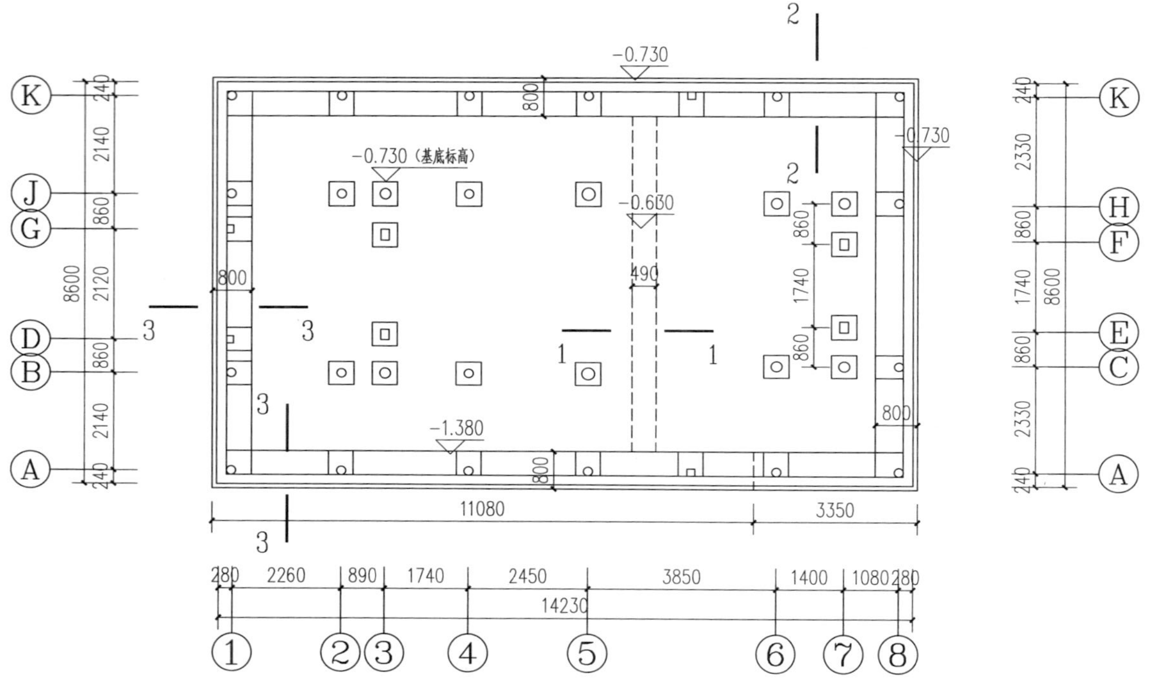


基础平面图

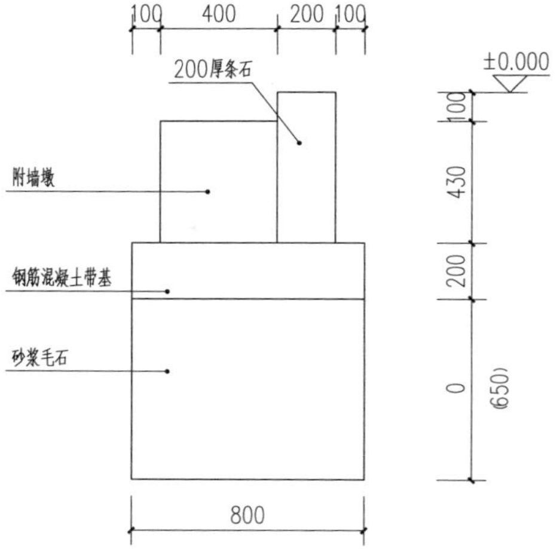


2-2(3-3)剖面图

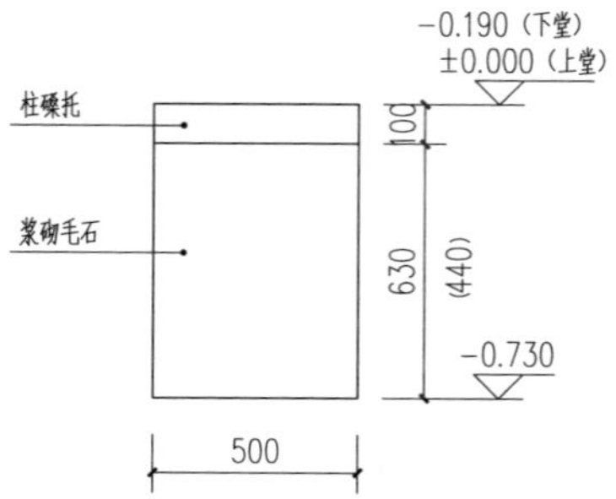


独立基础剖面图

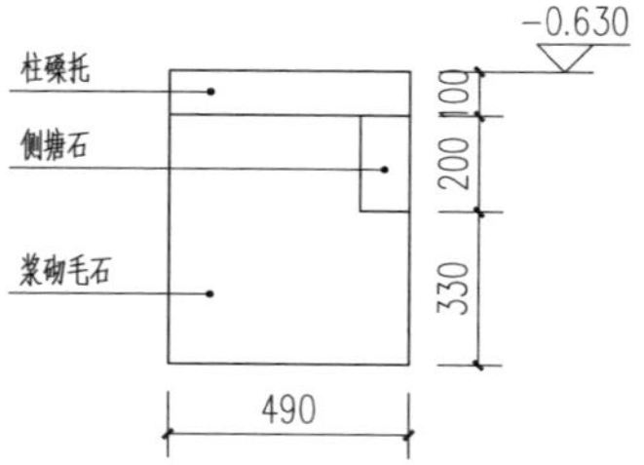


1-1剖面图

说　明

1. 本图所标注高为相对室内±0.000之标高。
2. 毛石基础（仅四周）砌到−1.24米标高时，浇捣200厚C20钢筋砼基础板，内配Φ8@200（双向），其上用M5.0水泥砂浆砌毛石及条石。

图19-21　洪宅竣工图–基础平面图

# 谷 懿 堂

## 一、概况

谷懿堂现位于潜口民宅清园。建于清道光年间（1821~1850年），三间两进二层砖木结构楼房，系清代徽商住宅。通面阔8.79米，进深17.75米，占地面积156平方米，建筑面积236.38平方米。

徽州商人在明清两代经营范围广、涉及行业多，以盐、典、茶、木为最著。盐业在当时中国经济社会中占有重要地位。清嘉庆年间，两淮盐业每年缴纳的各类税费超过八百万两，而当时清政府全年的收入也不过四千万两左右。民国《歙县志》回顾康雍乾时徽州盐商的盛况，称："两淮八总商，邑人恒占其四。……彼时盐业集中淮扬，全国金融几可操纵，致富极易，故多以此起家，席丰履厚，闾里相望。"足以说明徽州盐商实力之强。谷懿堂原位于歙县北岸镇大阜村，谷懿堂主人潘德叙祖孙三代原在苏州经营盐业。清嘉庆、道光年间潘德叙在大阜建成此宅。1951年土改分房，谷懿堂分属俞、郭、潘三姓所有。改革开放后，各户另建新宅迁出，搬迁前已经无人居住，室内堆放杂物。

鉴于该宅保存着清后期徽州民居的典型特色，且整体保存较为完好，遂于2001年迁入潜口民宅清园内，作为清下叶徽州中等规模民居、徽商住宅代表进行集中保护。

## 二、原址原貌及形制特征

谷懿堂，原位于歙县北岸大阜阜西村西南隅。大阜村位于歙县北岸镇，距县城约15千米，是北岸镇政府所在地，也是该镇经济、文化、政治中心。潘氏是村中大姓，其中迁苏州的一支涌现了潘祖荫等进士八人。村中现有明清古建筑多处，其中潘氏宗祠为全国重点文物保护单位。2019年，大阜村被列入中国传统村落名录。

原房主潘德叙，祖孙三代在苏州经商，经营盐业、开设酱坊，在大阜先后建成四宅，分别为华德堂、延庆堂、谷懿堂、议政堂，占地面积达2500平方米。华德堂、延庆堂、谷懿堂由东向西次第排开，坐北朝南。议政堂位于更西侧，与谷懿堂有一巷之隔。华德堂建于清嘉庆年间，其余三座均建于清道光年间（图20-1）。

谷懿堂由门屋、主楼大厅和后进楼屋及两个天井组合而成。

## （一）门屋及左右挑廊

单层一披水，三开间一步架①门屋。正面水平围护墙，居中开大门，朝南偏西5°。门扇杉木板实拼，厚5.5厘米，门环②、铺首、铁门闩等配件齐全。门套青石料竖砌，清水砖雕门罩，以历史人物故事为主题，"福、禄、寿、喜"为装饰图案，雕琢手法娴熟，细腻生动。四只砖雕刻枕陀、两只砖雕斜撑缺失（图20-2、图20-3）。

门屋一步架上，有简易卷棚轩，上边铺望砖，较完整。明间为门套，装修6扇活动皮门。门屋与主楼大厅的左、右挑廊连接，地面铺青石板，三边阶沿石和主楼前阶沿围合成天井。前天井水沟比门屋阶沿低2厘米。上述石构件除小有断裂外皆齐全。

图20-1　大门立面

图20-2　大门及铺首　　　　图20-3　门上的铜质构件

门屋与左、右挑廊三面檐口构成水平交圈，中间设天沟排水。左、右挑廊低于屋面主楼腰檐，形成起伏，山面以木博风、蓑衣瓦和清水砖砌垂脊进行封山。木博风板雕刻精细，清水砖垂脊脊头，雕成坐狮，表情生动活泼。檐口设金属水笕、漏斗，由竖笕斜接到靠墙漏斗，横笕少许损毁，竖笕损毁较多，仅剩残件。

## （二）厅堂及东西厢廊

三间二层。楼下三间为敞厅。明间后金缝，设有活动的双面皮门，额枋上有两个木雕匾

---

① 梁架上桁与桁之间的水平距离，表示房屋进深。
② 门钹上的环状物，是可以活动的，主要作用是叩门和作为推拉门扇时的拉手。

托，悬挂"谷懿堂"大木匾，现木匾已失，下方太师壁整体完好。明间后廊步左、右间缝各设有双面皮门一扇，由此进出后进。两次间后檐缝，为散板装修的木板壁。以上装修基本完好。

楼下两山墙原有单面皮门装修，下边为木下槛及青石地栿。近代户主为增加用房，将大厅的两次间分隔成房间，将原置于山面的单面皮门，拆改移至两明间金缝处。

楼下四列屋架，明间减去了两根前檐柱，架设大月梁，截面近似椭圆形，硕大厚实，前廊明间的挑头木架于阑额[①]上，此种承重方式，是徽州地区较为常见的一种梁架架设方式。廊轩[②]构架简单，上覆弓形椽，下置轩梁、童柱及荷花墩。轩梁两端做成象鼻状（图20-4～图20-9），双步梁下安木雕雀替，挑头木下为倒爬狮斜撑，以上木结构较完好。正间月梁上置厚实栿陀，楼下中缝大直枋，直枋扁形，弧状梁眉，下方雀替雕琢精致。

图20-4　二层明间山列梁架　　　　图20-5　正厅后天井斜撑

图20-6　前天井檐口　　　　　　　图20-7　正厅斜撑

---

①　阑额是连接檐柱并直接承托补间铺作的枋木。
②　轩是《营造法原》中厅堂屋贴式所常用的一种结构，南方厅堂及房屋的布置，一进门就是轩厅，称为"廊轩"，再进去才是正厅，厅之后设廊，称为"前轩后廊"。廊轩是在廊柱与步柱之间屋顶瓦面基层之下，上搁置"轩梁"，梁端安装轩桁，再在轩桁上安装弯椽做成弧形顶棚。

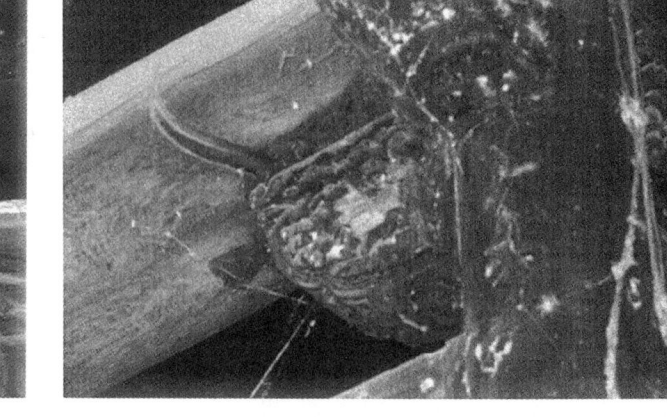

图20-8　正厅月梁铜挂钩　　　　　图20-9　正厅梁角雀替

　　前、后阶沿皆用青石料，均厚实完好。厅内地面大方砖斜铺，碎裂较多，柱础用青石料雕琢成圆鼓形。

　　楼梯设在后天井东厢廊内，井口有盖板和井口栏杆，楼梯栏杆做成横直格形棂条，楼梯十九级，石砌台阶三级，共二十二级。

　　东、西两厢廊楼下前檐缝，各装有6扇落地隔扇门。西厢廊楼下，后围护墙上有边门，门扇实拼杉木双开，门套上有清水砖雕门罩，门罩屋面为半个歇山顶，翼角出翘。西厢廊6扇隔扇门为独特的双层绦环板[1]。西厢廊内楼层板，其中两块装有铁拉环，可掀起，宽度74厘米，应为吊运大型物品上下楼的设施。东厢地面方砖铺砌，西厢地面青料石铺就。

　　楼上列架穿斗式，直枋、桁条、垫木大体完好，两次间后廊留作通道，其余部分隔成房间，明间缝装四扇固定单皮门、一扇房门。两次间后金缝装置散板板壁。连接主楼和后进楼房的东、西两厢，与主楼层高一致。

　　前檐置有窗台，宽63厘米，标高为6.28米，窗台前装有高度为34厘米的直棂栏杆[2]，残存1米，其余全毁。窗台上装直棂窗22扇，规格为33.5厘米×125厘米，其中明间10扇被拆卸。后檐及东、西两厢所围合的后天井，有窗26扇，仅存8扇。

　　楼上东、西山墙各开有一小窗洞，规格30厘米×41.5厘米，外砌三道挑线窗楣，窗楣与窗洞之间墙面上绘有图案，已褪色。

　　屋面瓦因多次添修，瓦层较厚。檐口木作及天沟底木部分有朽烂。檐口安有铅锡合金横竖笕沟，竖笕垂直而下，直接后天井地漏中，入暗沟排出，水笕大部损毁。

---

[1] 也称套环板。根据建筑物的不同等级，雕刻成各种花纹。
[2] 由靠背和坐凳组成，以长靠背椅的形式代替栏杆，一般称为"吴王靠""鹅颈靠""美人靠"。常用于作为房屋廊道，建筑在二层前檐及亭廊走道上。

## （三）后进

二层三间，进深四步架。明间为厅，两次间为房。后进地坪高出大厅地坪0.17米。明间后檐贴墙单面皮门装修，大方砖铺地，毁损较多。两次间皮门装修，朝厅开房门，朝天井开槛窗，装有直棂条窗及雕花窗栏杆。两房贴墙无装修。西山墙新凿窗洞，安装玻璃窗。两房脊后部位设有暗阁，暗阁木构大部损毁。房内原铺设木地板，后被改为水泥地面。

后进楼层标高5.08米，楼板用杉木穿销，厚5.5厘米。楼上屋架穿斗，桁、枋构架大部完好。楼上放出前廊步作为过道，后为三房间。西次间将房门板壁装修由前金缝移至前檐，并在前廊步增添隔板，扩大房间。明间楼厅前金缝添加了板壁装修，将楼厅改成房间。东次间未变动，房门及槛窗皆在前金缝处。东、西两房山墙各开有30厘米×44厘米的窗洞，木板窗扇，外墙窗楣有彩绘（图20-10、图20-11）。

图20-10　后进厢房隔扇窗　　　　图20-11　后廊隔扇门

屋面高出东、西厢廊，覆青瓦，正脊竖瓦，两侧山墙与主楼、门屋连成一体，呈高低起伏状。屋面椽及望砖规格与前进相同。檐口挑檐桁[1]挑承撩檐枋，有里口木[2]和连檐[3]。后进前檐临后天井隔扇窗14扇，仅存6扇，规格为159厘米×34厘米。

## 三、文物价值

谷懿堂具有典型的地域和时代特征，是徽州清下叶民居建筑的代表。建筑由门屋、大厅和后进楼屋围合二个天井组合而成，布局平直方正，严格对称。高高的门墙，居中置以大门和砖

---

[1] 大木作构件桁之一种，位于撩檐枋之上，是清式建筑中木构架最外端的桁子。
[2] 清式建筑檐部构件名称。位于小连檐上面，将椽子之间空挡堵住的木板。
[3] 清式大木构件名称。位于檐椽及飞椽椽头之上，是连接各椽头的通长构件。

雕门罩，作为整栋建筑的出入口，两边高低起伏的马头墙封山，具有高低跌宕的韵律观感。高大的底层，宽敞的大厅，轩卷的前檐，带有隔扇门和额花板的厢廊，狭长的天井，陡峭的木楼梯，四面围合的楼行隔扇等建筑特征都符合徽州清中期所建民居的基本形制特征。用减柱法形成的统开间月梁，以挑承左右挑廊及前轩的承重结构，进一步集中了清代徽州民居的显著特征。

谷懿堂营建考究，技艺精湛，风格独具，是徽州清代中等规模的民居建筑精品。房主徽商有着较为雄厚的财力保障，地方徽匠经过几百年的营建积累，这幢古民居无论是间架结构的合理性、家居生活的适用性，还是用料制作的品位、装饰文化的美感度上，都达到了很高的建筑成就。细腻砖雕和精致木雕，技艺精湛，繁简适宜。西厢廊楼下双层绦环板的隔扇门，边门外看是双面皮门，天井里面看是雕花隔扇门。为了方便上下运输，楼层设置带拉环可以掀起的活动楼板，都是该宅独具匠心的独特做法。

谷懿堂历史遗存较为完好，少改造、小破损、无翻新，历史信息完整清晰，建筑装饰细节丰富，是潜口民宅古建筑群中原状保存最为完好的建筑之一。大木构无残损，装修构配件少有缺失，原样都有留存，砖木雕刻较完好，墙体除脊部屏风外均未改动，屋顶、地面都保持原貌。尤为难得的是易损耗的铅锡合金的原制横竖笕及漏斗仍有遗存，大梁下的镀铜挂钩、门窗扇的铁件铜活都有不少完好保留。原状的高度完整性，不仅增加了古建筑文物价值的真实性，也是研究徽州乡土生活风俗的珍贵实物。

# 四、迁建工程

## （一）迁建过程

2001年5月14日，到谷懿堂原址开始进行测绘、编号；

2001年6月5日，进行木装修拆卸、包装，开始运输；

2001年6月28日，在新址进行定位放线，基础施工；

2001年7月29日，基础完工；

2001年8月28日，墙体开始砌筑；

2001年9月20日，墙体完工；

2001年10月18日，墙体粉刷完毕；

2001年11月14日，地面铺设方砖；

2001年12月9日，木装修完工。

## （二）迁建选址

谷懿堂迁建选址位于清园中部偏北，古建筑群核心地带。坐北朝南，西与同为徽商的宅邸——万盛记毗邻，与清末建筑程培本堂隔街相对而立。建筑周边还保留了门前石板广场、西廊侧门通巷的原址环境，地势高敞，采光通风防潮条件良好。

（三）维修要点

（1）大木作构配件：①部门柱、枋因受潮有局部朽烂，采取墩接、镶补、榫卯加固，无需更换新制。②对屋面连檐木、椽闸板，阴合沟的沟底木等朽烂构件，选择更换重做；桁条、檐枋、椽条等由于屋面荷载和雨水渗漏故，下沉和局部朽烂，优先选择镶补、墩接，谨慎更换。③恢复后进楼下两房内55厘米厚的穿销杉木地板。

（2）木装修：①依制恢复主楼局部损坏的窗台面板、直棂栏杆及后天井楼行所缺的隔扇窗。②后进楼层西次间厢房恢复前金缝装修和门窗设置，楼厅明间后改的房间装修予以保留。③该宅主要木构露明面均曾施过油漆，但年深日久，油漆基本剥落，痕迹不显现，基于原来木构观感尚好，暂不恢复。

（3）屋面瓦作：屋面中青瓦依制添配，檐口及屏风墙之勾滴瓦、印斗、金花板等缺损部分，需绘制出大样图，到窑厂依原制订做。

（4）外围护墙：①西山面厅堂和后进围护墙上后开的窗洞封护，不保留。②依顺序重新组装砖雕门罩，对损伤轻微者稍作整理，不做修补、添置。③恢复西山面主楼脊前部分已拆改的屏风墙。

（5）砖石作：以同种型号砖恢复正厅、后进明间及东厢廊（楼梯间）内方砖铺地。

（6）室内排水及其他：原存的铅锡合金的横竖笕及漏斗，因朽烂无法使用，需新制，且按照原状恢复：前天井竖笕斜置沿装修墙下至墙根，至石漏斗托，导入下边窨井；后天井竖笕垂直而下，经天井阴沟上石雕地漏，导入暗沟。

结合谷懿堂修复，实施防蚁、蜂、蠹虫害处理；防火、用电、防雷等方面，根据清园总体规划实施。

（四）工程资料

主要为维修勘察设计文本、实测图、原状照片，以及施工图和竣工资料（图20-12～图20-27）。

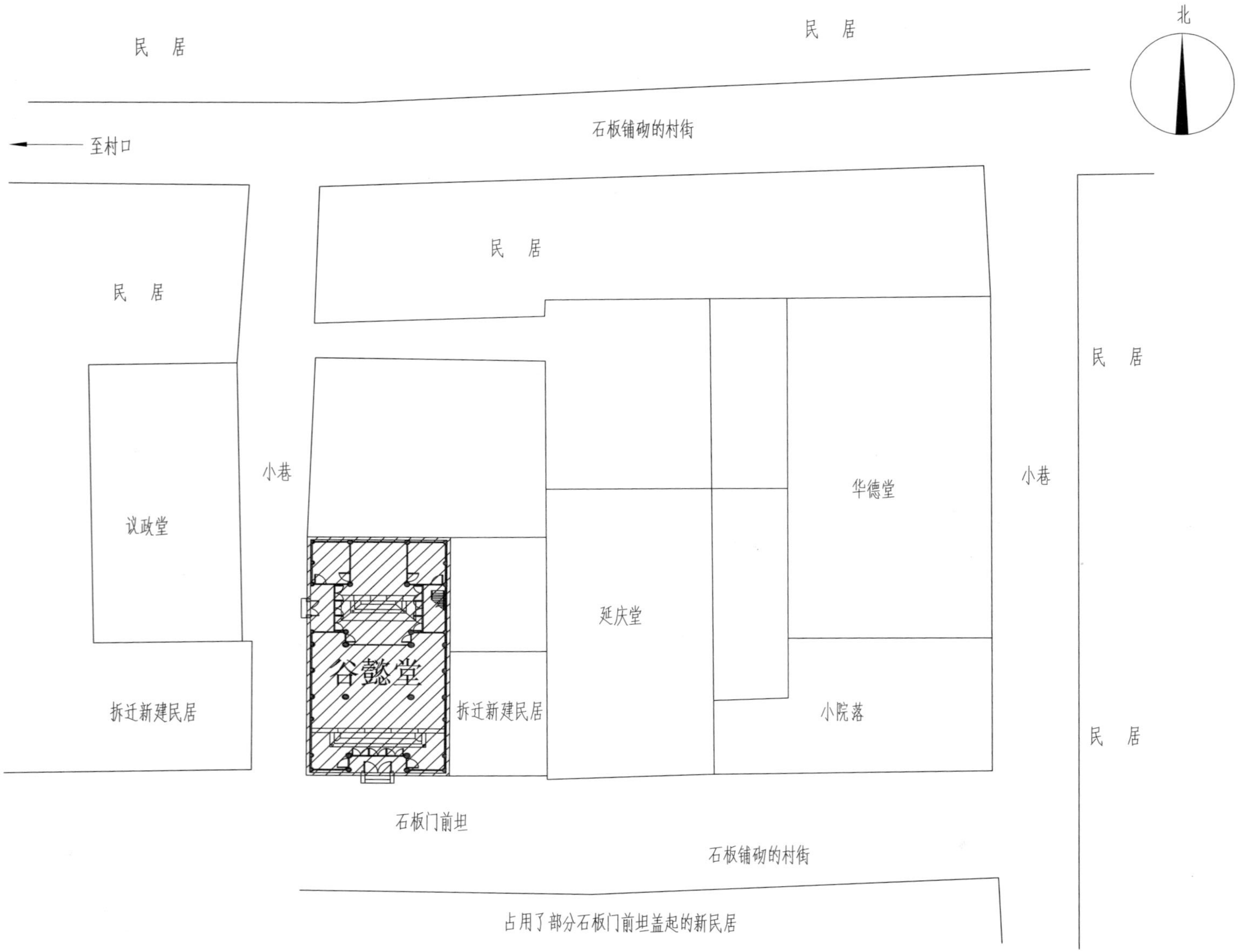

图20-12 合懿堂测绘图-四邻关系示意图

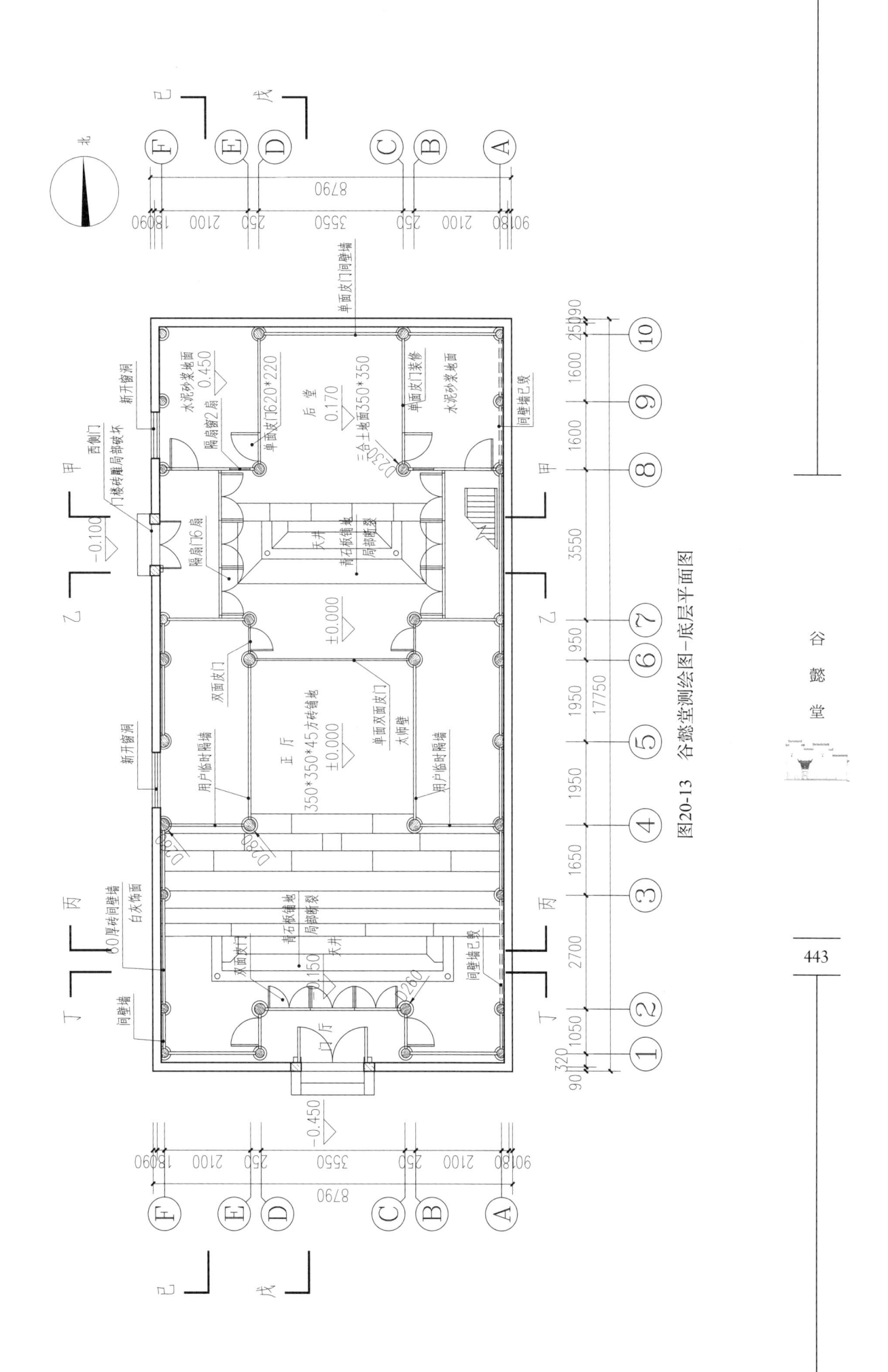

图20-13 谷懿堂测绘图-底层平面图

谷懿堂

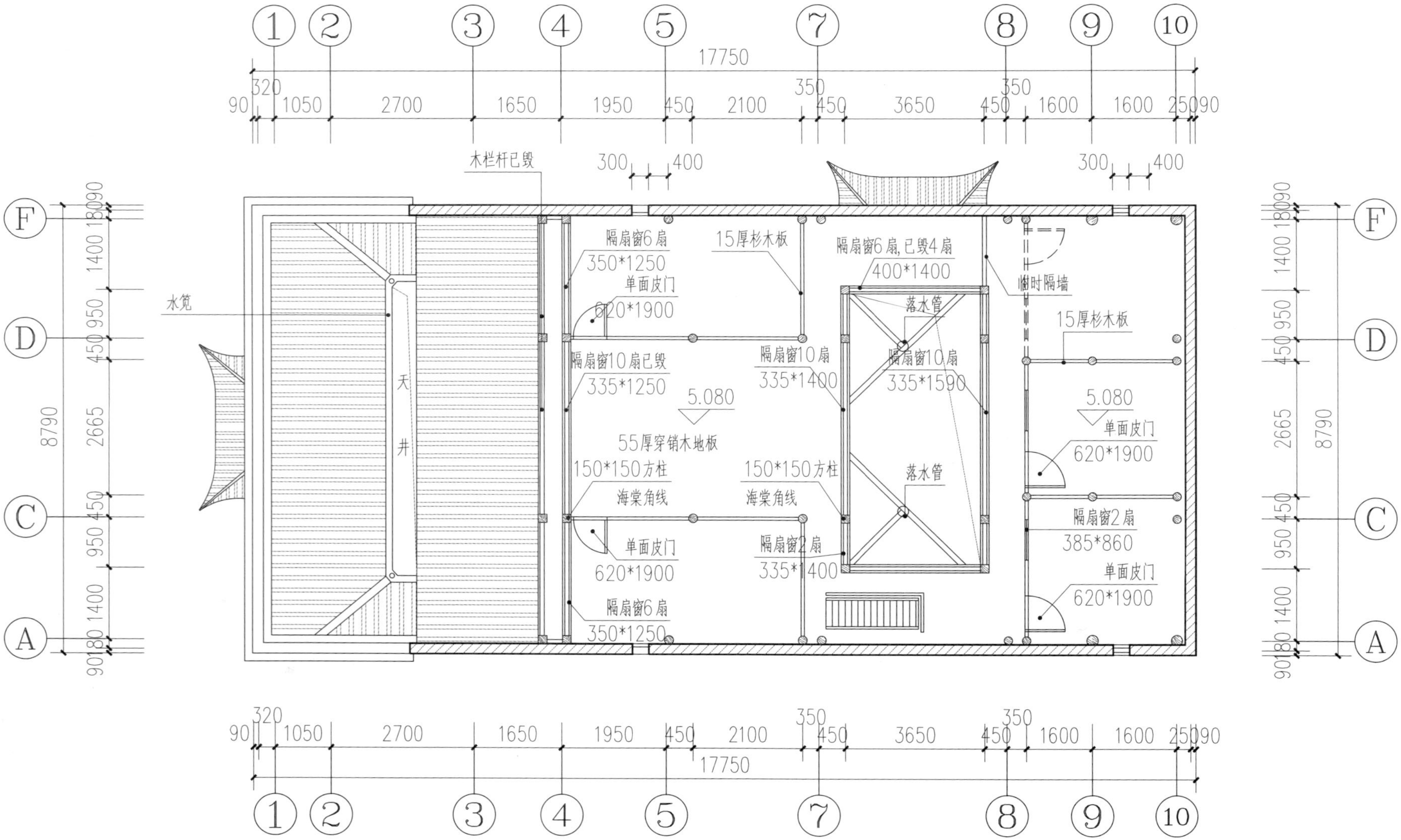

图20-14 谷懿堂测绘图—二层平面图

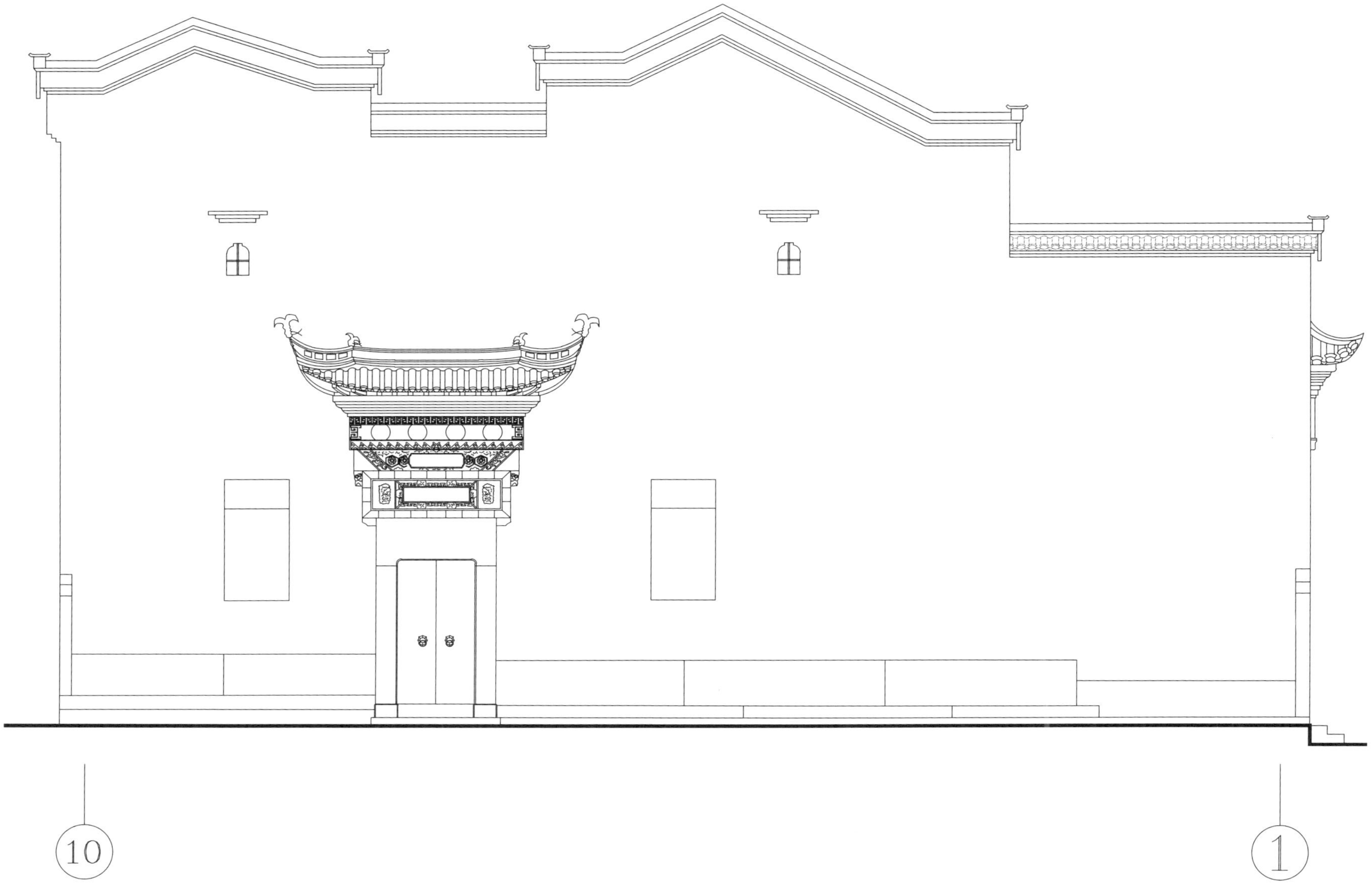

图20-15 谷懿堂测绘图-侧立面图

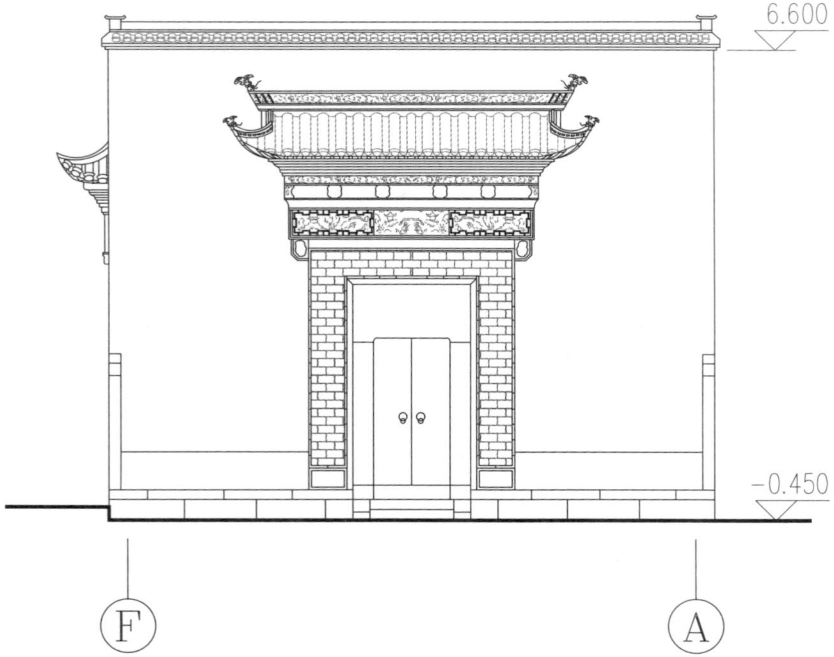

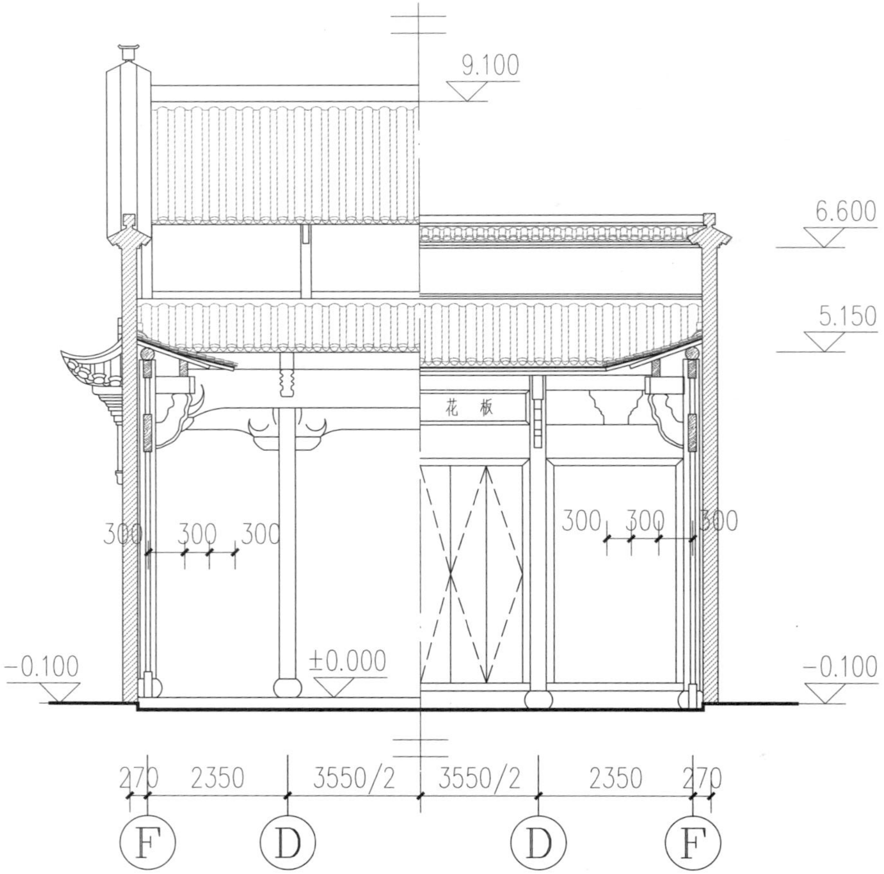

图20-16 合懿堂测绘图-正立面、门屋后檐、厅堂前檐剖面图

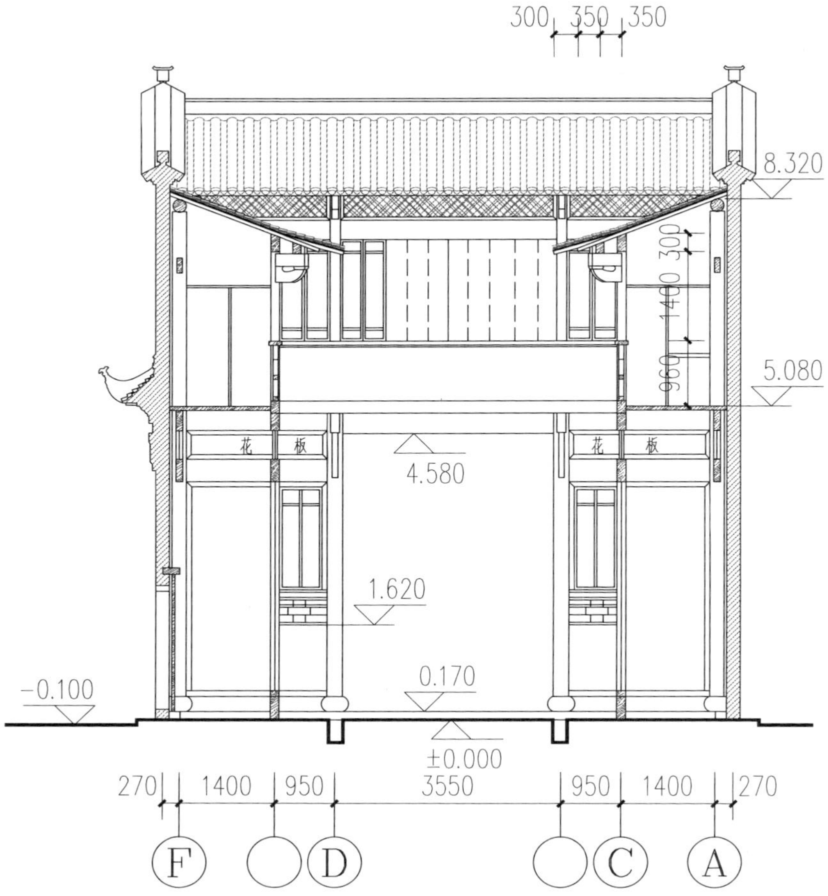

图20-17 谷懿堂测绘图-后进前檐、厅堂后檐剖面图

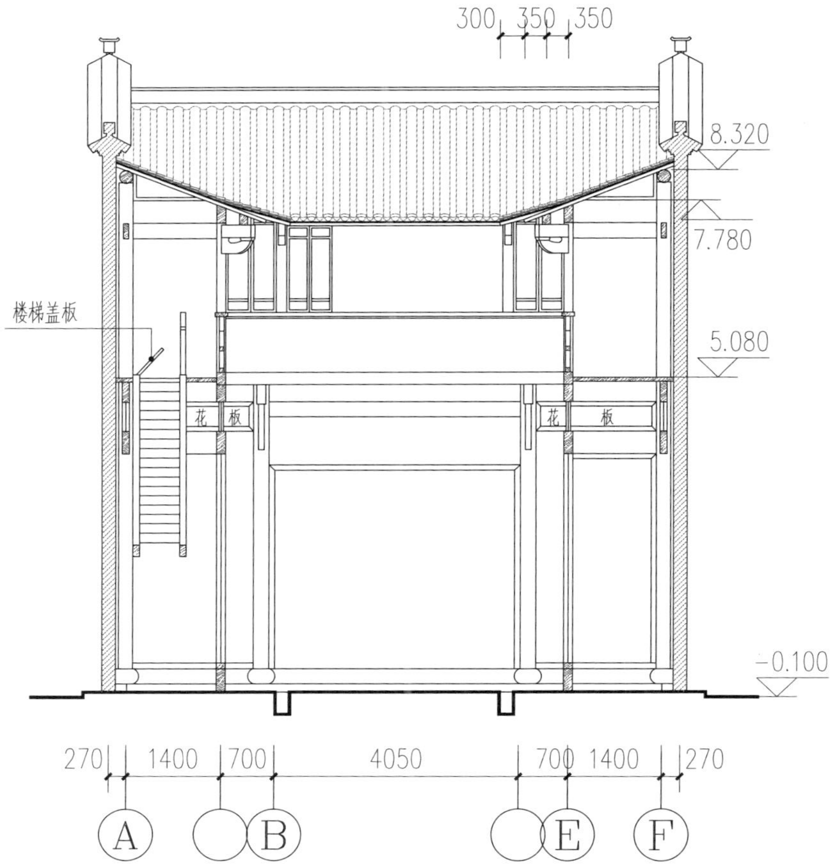

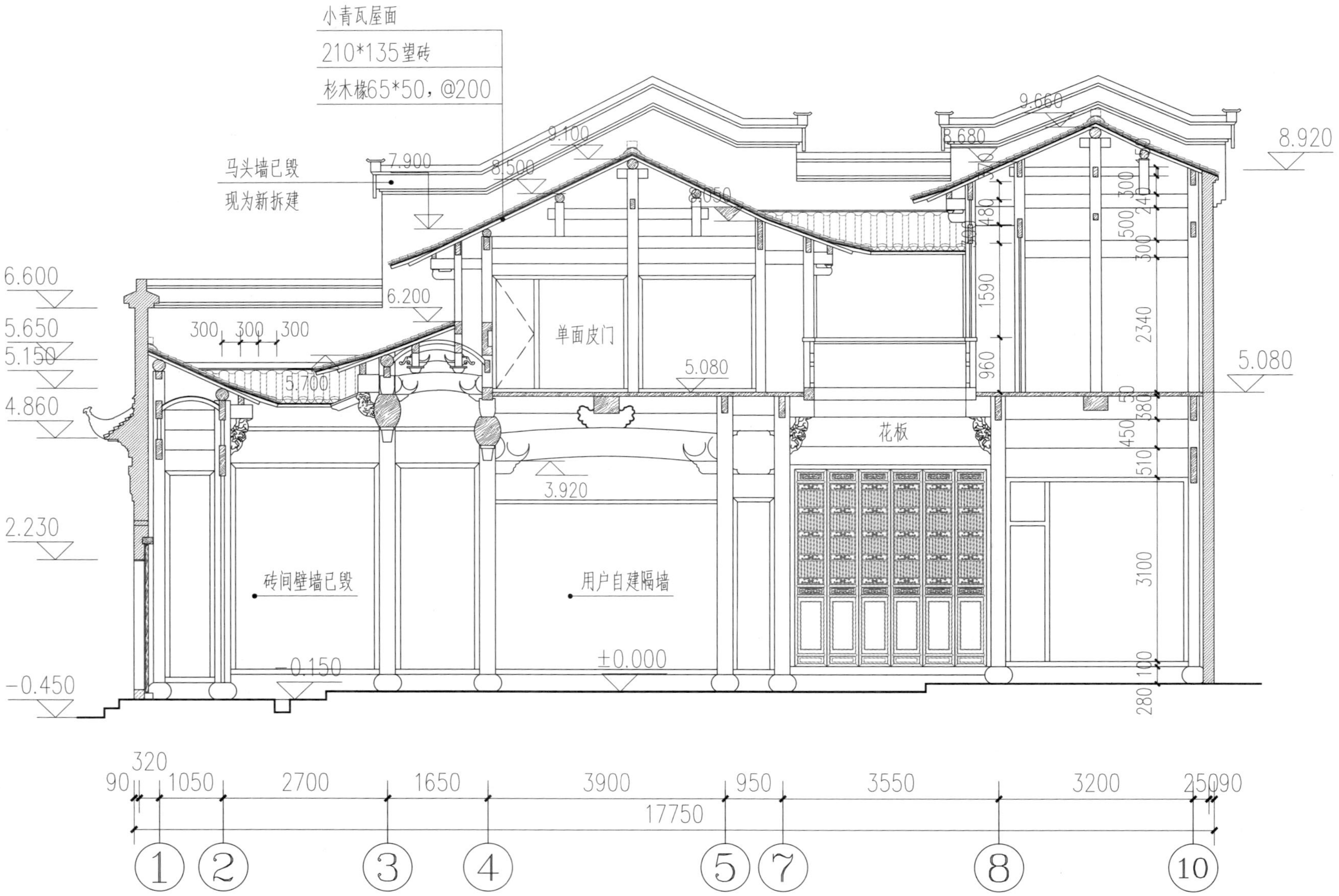

图20-18 谷懿堂测绘图-明间纵剖面图

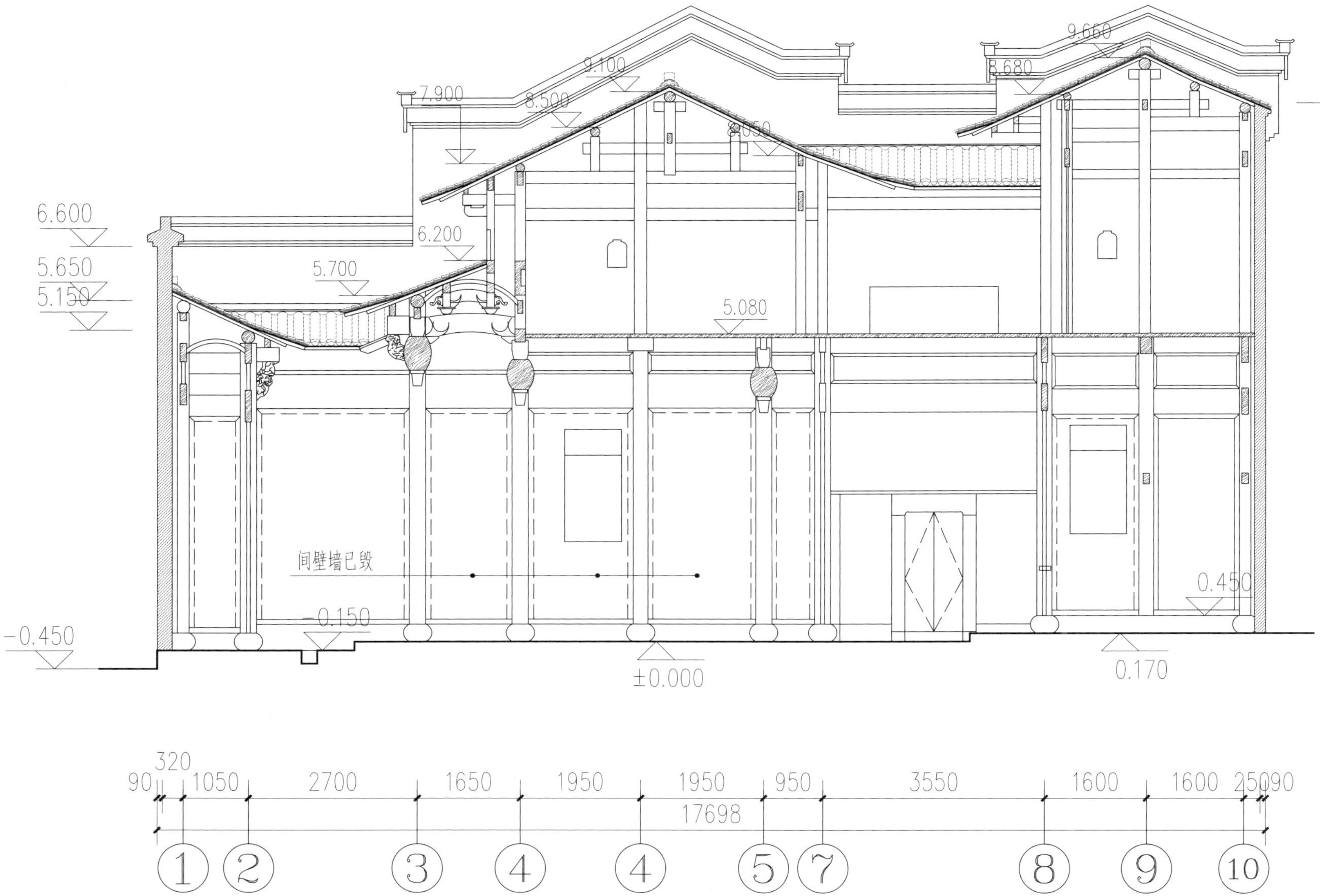

图20-19 谷懿堂测绘图-次间纵剖面图

谷懿堂

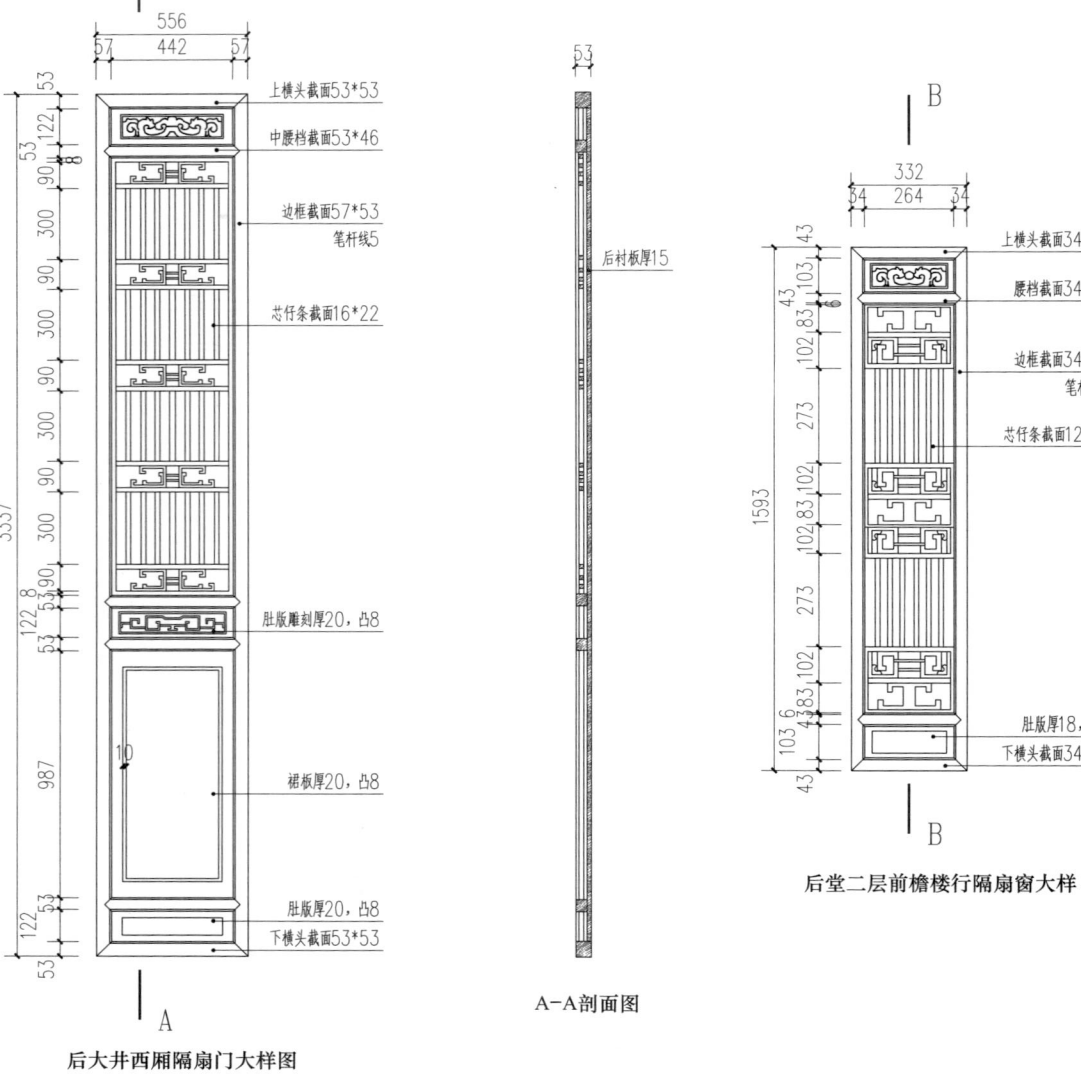

图20-20 合懿堂测绘图-隔扇大样图

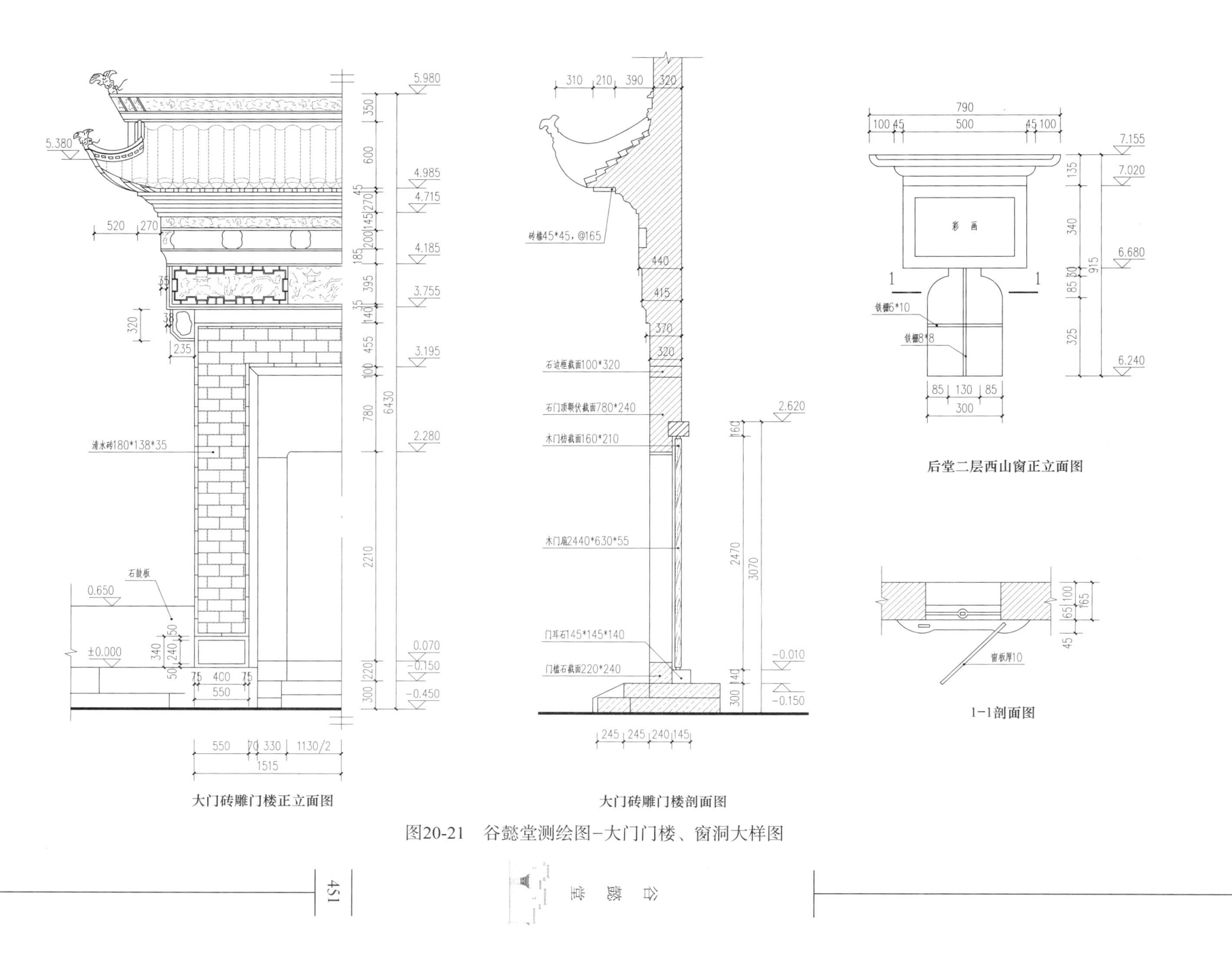

图20-21 合懿堂测绘图-大门门楼、窗洞大样图

谷懿堂

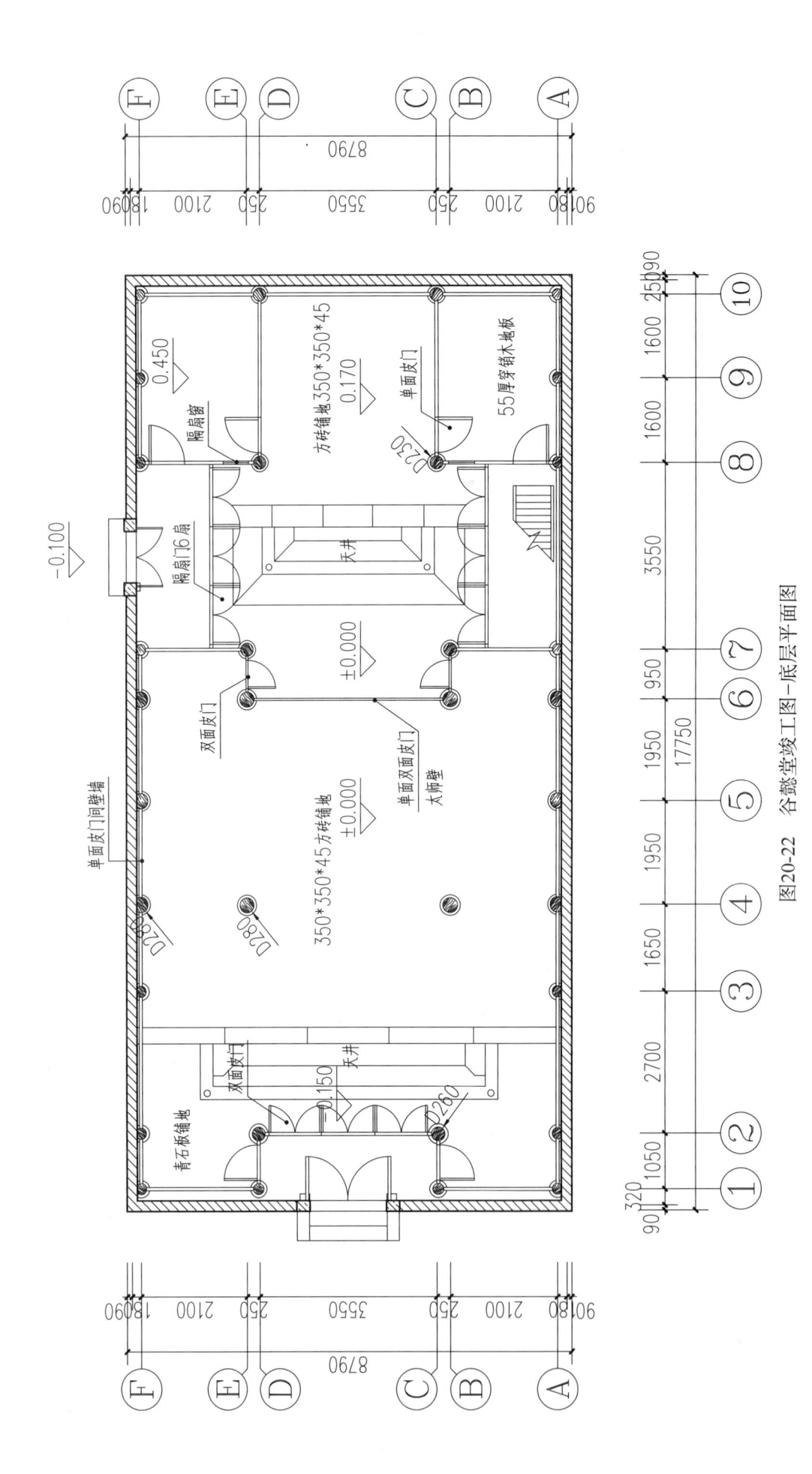

图20-22 谷懿堂竣工图-底层平面图

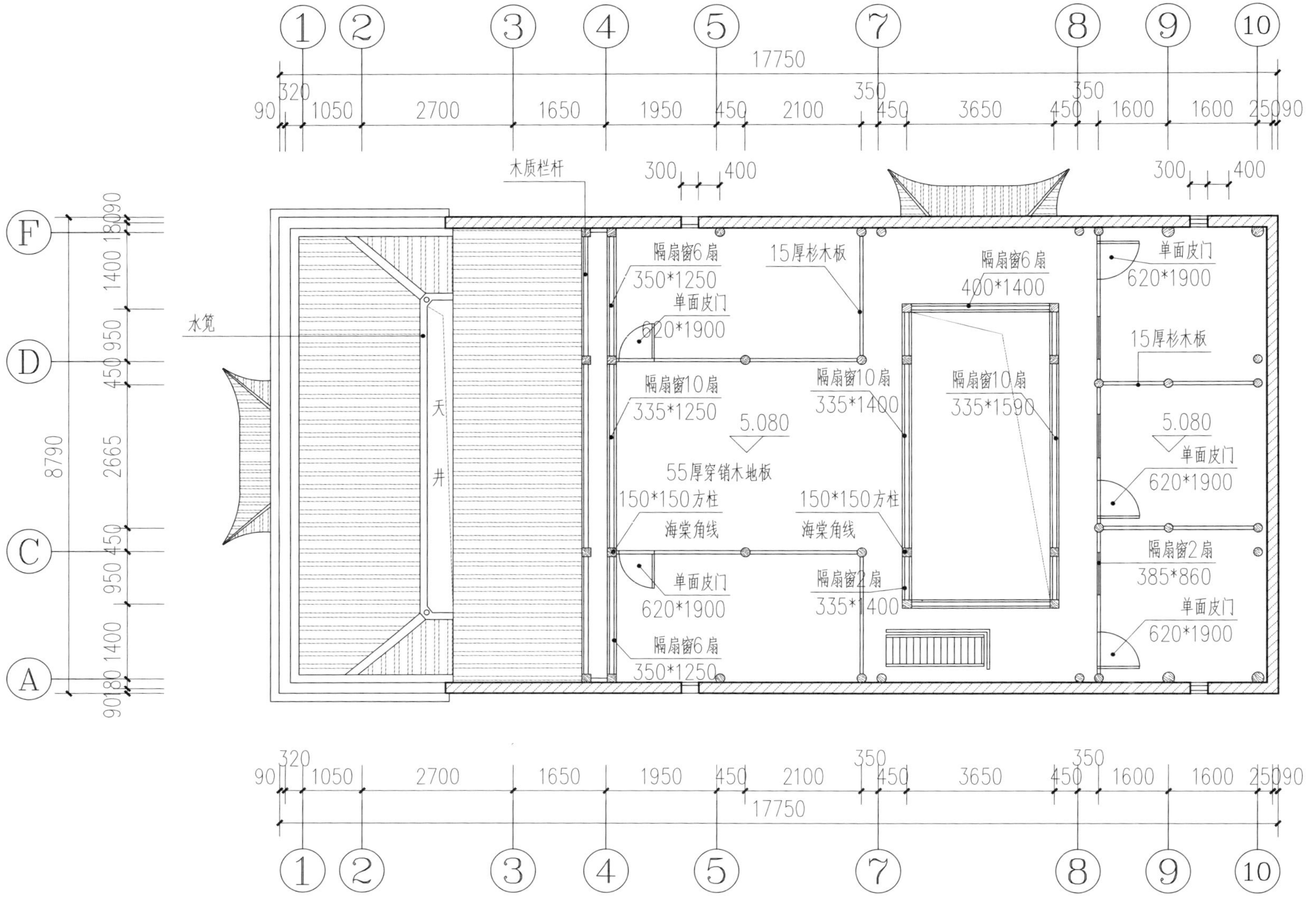

图20-23 谷懿堂竣工图—二层平面图

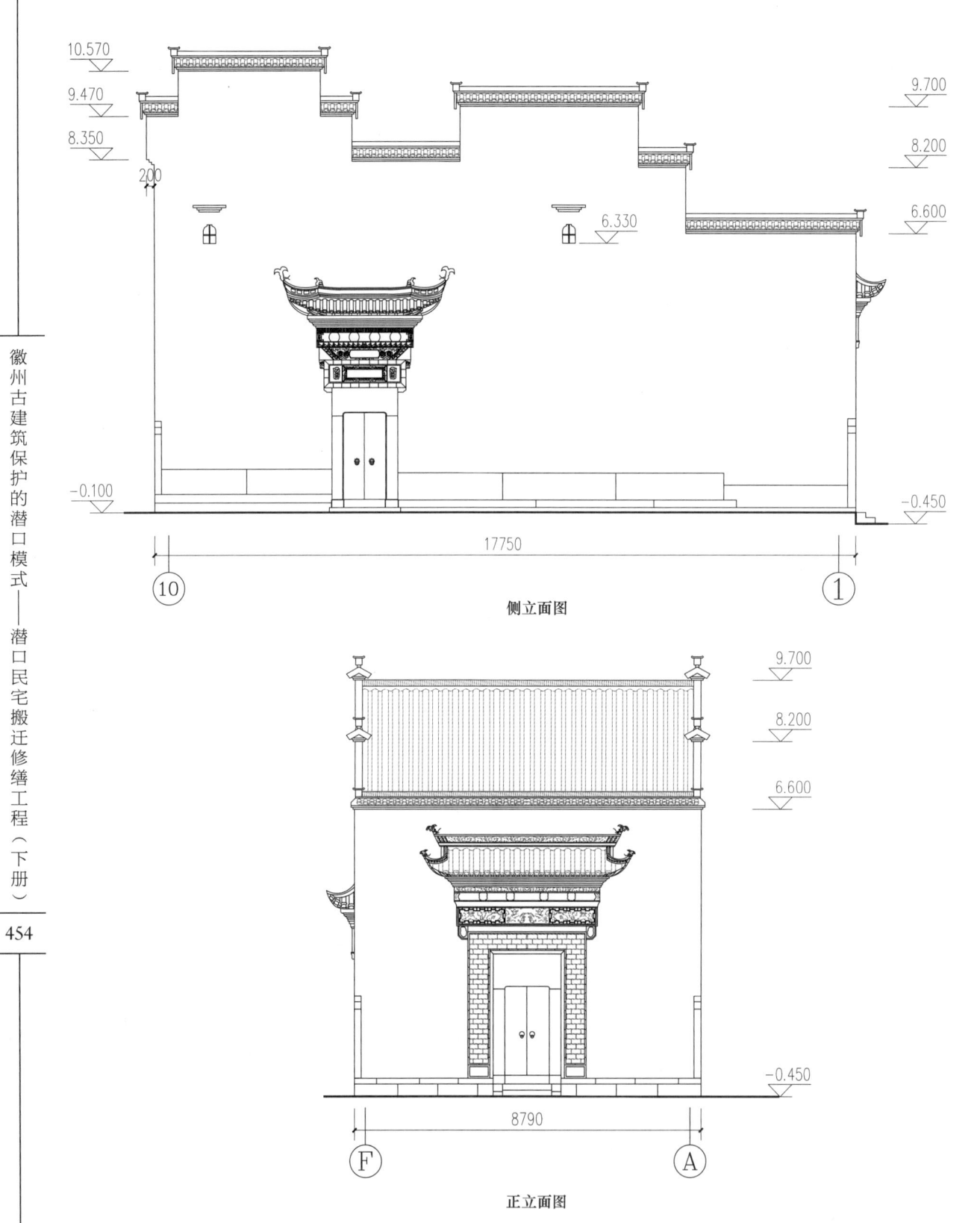

图20-24 谷懿堂竣工图-正立面、侧立面图

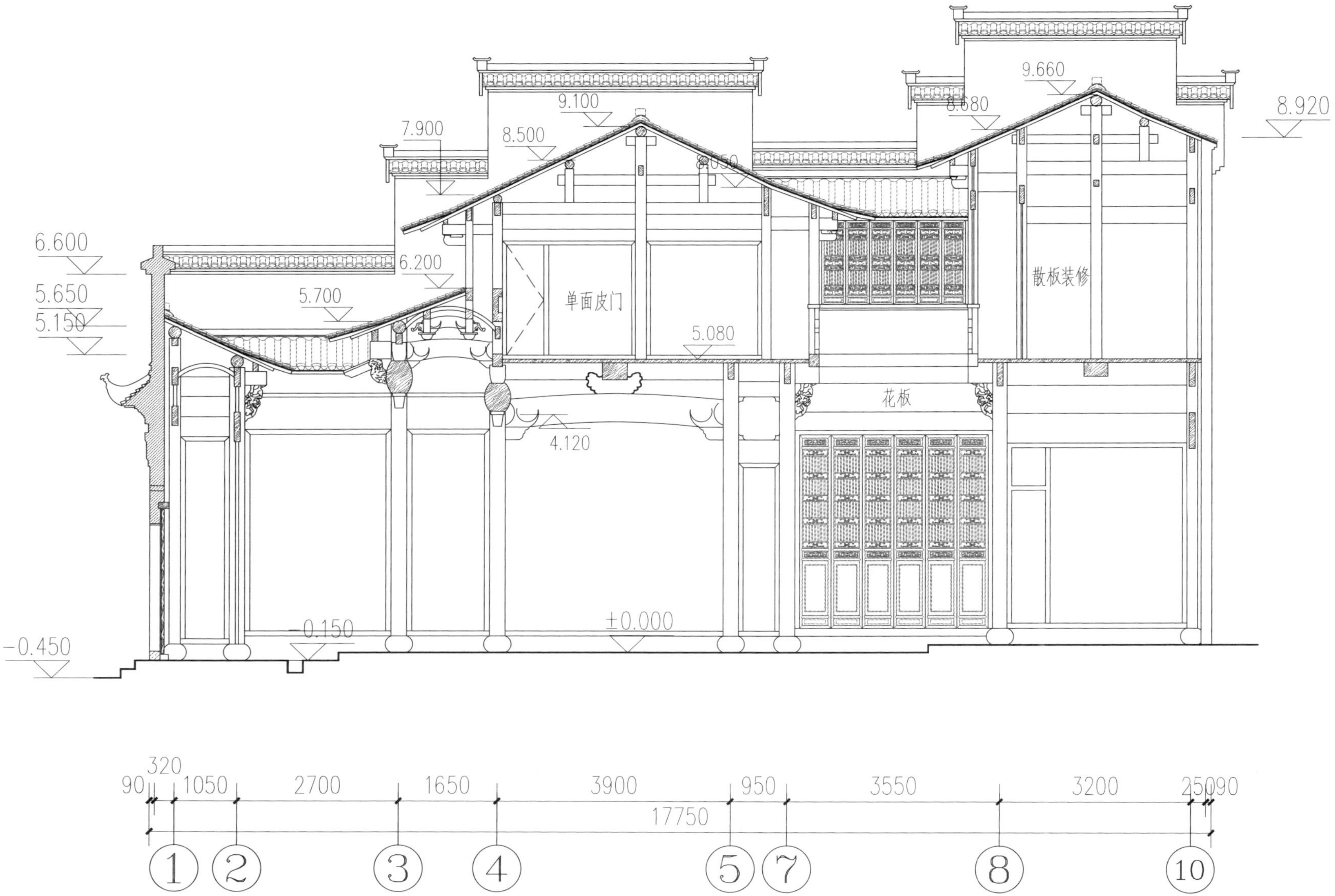

图20-25 谷懿堂竣工图-明间纵剖面图

谷懿堂

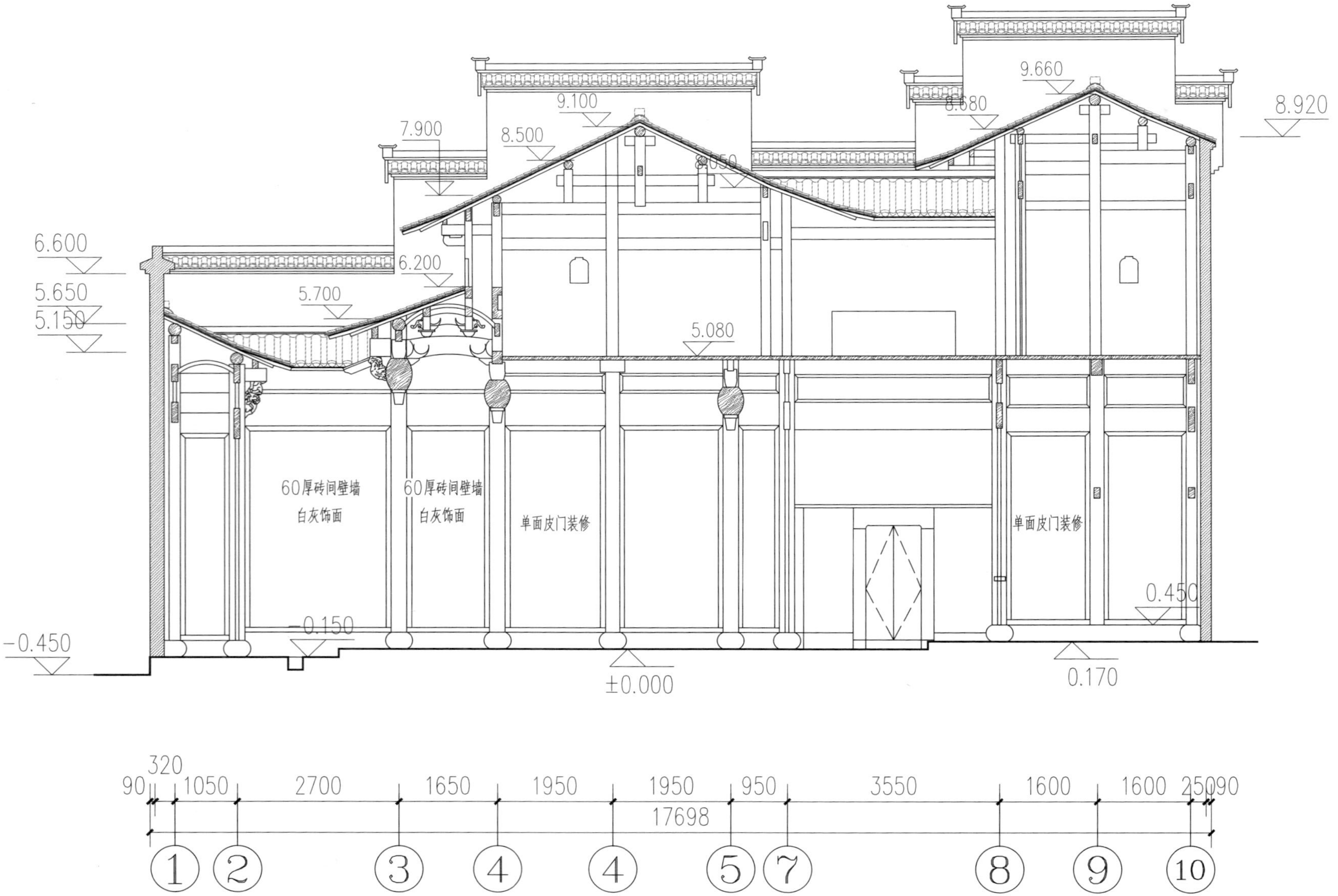

图20-26 谷懿堂竣工图-次间纵剖面图

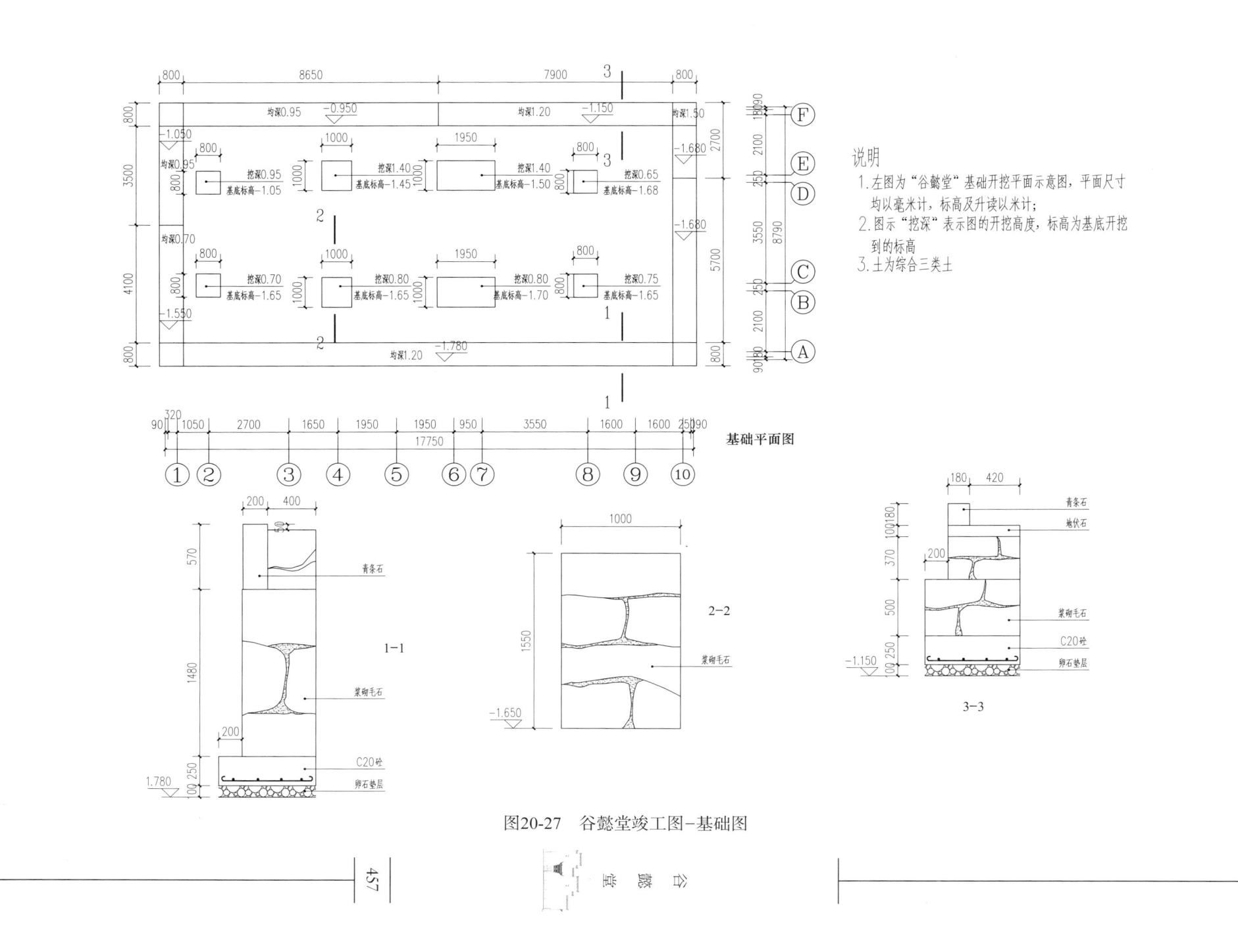

图20-27 合懿堂竣工图-基础图

# 万 盛 记

## 一、概况

万盛记现位于潜口民宅清园。建于清光绪丁丑年（1877年），三进三开间二层前店后宅民居建筑。通面阔10.64米，进深22.46米，占地面积238.97平方米，建筑面积460.34平方米。

万盛记原位于徽州区西溪南村中。据房主吴氏介绍，祖上习农、植桑、养蚕，兼营家庭纺织、水碓作坊粮食加工，家业始丰。清光绪年间，于老宅（早年已毁）东侧兴建该组建筑，同时大力扩辟茶园，进行茶叶产、制、销，"万盛记"店面则于此时开始经营。其后，继承者又在村中创辟了养蜂行业，经营"花留别业"养蜂场，万盛记店堂改售蜂蜜。

万盛记前进是三间带两廊的临街店面房，中、后进二层楼屋与两边楼廊组成的四合院为住宅楼，中有隔间墙并开大门相通。这种前店后宅的功能布局，是徽商本地经营较经典的模式。

后因各方面原因，店面不再经营，而作为杂物间使用。房主吴氏三兄弟亦先后另建新宅迁出，老屋无人居住，保护管理面临诸多问题。鉴于该建筑具有前店后宅的特殊的功能属性，且具有一定的代表性，遂于2000年将其迁入潜口民宅清园内集中保护。

## 二、原址原貌及形制特征

万盛记原坐落在徽州区西溪南镇西溪南村中街（图21-1）。西溪南镇是中国历史文化名镇，西溪南村为该镇中心，因傍丰乐河南岸，故又称丰南、溪南。该村是古徽州吴氏聚居的主要村落之一。历史上处在徽州府通往安徽休宁、江西的要道上，区位交通便利，历史底蕴深厚。后唐始建，经五代、两宋，鼎盛于明清。务农为本，农外经商，商富兴儒，因儒致仕。经商者遍布扬州、南京、杭州及沿淮一带，以盐商为主，兼营茶、木材、典当等行业。徽商近代没落后，该村除传统农耕及种植产业外，养蜂业一直传承有序，现享有"安徽养蜂第一乡"的美誉。

古村落布局呈不规则长方形，宽1、长2.5千米，以前、中、后三街为经，以巷为纬，古人凿条塥、陇塥、雷塥三条人工河渠入村，街依溪行，屋缘溪建，东西贯通，南北畅达。明时即有"千灶万丁"之称。村中旧有十大名楼，十大名园，二十处名馆阁，二十四名堂、院，十

图21-1 原址沿街立面　　　　　　　　图21-2 门前石板广场及石阶

大寺庵，十大社屋，十大牌坊。现存老屋阁、绿绕亭、祥里祠、果园等古建筑遗存36处。

万盛记位于村落中街下段。门前为宽5米的青石板街道。原四邻古建筑已无存，其临街两侧为新建住房，有厨房、猪栏、柴房，保护环境较差（图21-2）。

古建筑现存前进店堂及四合院住宅。店堂损坏较严重，四合院保护得较好，圮毁较少，残失构配件不多。

## （一）前进店堂

店堂三间，大门朝北偏东，临街。门外阶级石为青料石制成，残件犹存。前檐为砖墙全封护，两次间及楼层居中墙上凿有三个大小窗洞。明间开敞的大店门已经封砌改成双开门扇，原门枋、门板及活动木门槛已遗失。

店堂右次间，正贴向原装有柜台，应为店内交易之所。现柜台无存，改为砌筑砖墙隔成房间。根据遗痕残件，原柜台装于离内地坪1.22米处，平服的木柜台长约3.45米，宽48厘米，高90厘米。房内地面，满铺杉木地板。

明间厅与左次间连通，构成大店堂，用以陈列缸、坛、货架等。长条青砖幔地，现已大部分残破。

左厢廊已被拆除，右廊厢保存完好。临天井向前檐上部装有横风窗及隔扇窗，下部装有固定皮门式木槛下板。朝次间方向有单扇皮门开启供进出，两厢应为账房、店员居住之所。

左次间贴墙处，安装有楼梯痕迹，并装楼梯栏杆和盖板。

楼上通间无装修，应为当初堆放店内货品、杂物的仓库。东山墙上置有一砖推拉的小窗。临天井向三面装有槛窗，现仅剩一半。窗下楼行裙板为散板，为装门面，镶贴假的楼行拖泥[①]。

内天井装有砖质横竖水笕，现大部已缺失。屋面瓦局部残损，渗漏严重。檐口勾滴瓦大部

---

① 原为明清家具部件名称，传统家具上承接腿足的部件。明清家具中有的腿足不直接着地，另有横木或木框在下承托，此木框即称为"托泥"，建筑中也引用此名称。

缺失。硬山山墙以蓑衣瓦封护，后檐墙部分改立屏风墙，起三线，安勾滴瓦，竖瓦做脊，安装雀尾①和金花板②（图21-3～图21-6）。

## （二）四合院住宅

由前后两幢三间二层楼屋围合天井，两廊相接而形成独立的四合院落，是家庭居住生活之所（图21-7、图21-8）。

图21-3　木板扇砖推拉窗

图21-4　前进天井地面　　图21-5　原陈设于店堂内盛蜂蜜的陶缸　　图21-6　连接店堂和居室大门及天井

前进店堂三合院靠四合院前围护墙竖架。前围护墙高达7米，正中安置青石门框，门上有砖雕门罩，局部缺损，两只鸱吻已失。双开杉木实拼大门，门扇完好，构配件齐全。

主屋前、后两进，皆为三间，楼上、楼下空间分隔相同，均为一明两暗，分成四个厅堂八个房间。联结前后进的左、右连廊，作为通道。当中为狭长的内天井，青石铺地，阶沿石宽厚。天井内置有地漏、窨井、水窖，以暗沟排水。

前进六檩五步架③，后进七檩六步架。

楼下前厅，前金缝安装皮门，形成门套，地面铺青石板；后厅后金缝安装皮门，形成太师壁。前厅地面，大方砖斜铺，局部残破。后厅堂前地面已改为砼地坪。

---

① 墙顶部瓦脊端头形似鹊尾的脊饰，鹊尾后瓦斜平铺，逐渐升起立砌。
② 墙端部拔檐处的博风板，安装于印斗或鹊尾。
③ 步架又称步距，清《工程做法则例》指屋架上两桁檩之间的水平距离。

图21-7　后进前檐　　　　　　　　　　　　　　图21-8　居室东廊

前、后进底层四房间皆皮门装修，槛下茶源石地栿，地栿各有圆形通气孔，石雕刻图案，前厅为古钱形，后厅为寿字和夔龙图案。每个房间朝厅和天井各开一房门，朝天井向开窗，隔扇窗及窗栏杆皆有精致木雕刻，且保存完好。房内靠墙皆有木散板装修，地面铺60厘米厚的杉木地板，后进两房后改成砼地面，且墙上改装玻璃窗。

后进太师壁后设楼梯，西向登临二层，井口原有盖板，已失。楼梯间内的后檐墙上，开有半圆拱小门，通后院。后进前檐东山墙开一边门通往厨房，门洞被拆改放大。

楼上前、后楼厅，由两楼廊连结，后楼厅与左、右廊结合部装有单面皮门门扇。前、后四房间均向天井开窗、开门。槛窗棂条为横直棂，后厅两窗安有细竹篾精编的窗栏杆。房内靠山墙面装置有散板板壁，靠前、后檐墙部位无装修。每个房间内山墙上，向外开有砖推拉窗，后厅楼梯井口边开有推拉窗一个。推拉窗扇计有三道：最里面为木板平开窗，中间为推拉玻璃窗扇，最外边是方砖推拉扇。

屋面檐口铺望板，设有飞椽，楼上满覆仰尘板。前、后厅及楼廊檐口木构，除左廊与前厅隔沟屋面渗漏塌沉外，其余木构件基本完好。前厅檐口与两楼廊檐口水平交接，形成天沟[①]排水。后厅檐口高于前。楼行裙板单面皮门装修，裙板上水平交圈，置一周木中槛，槛上置围合式槛窗，总计36扇，大半犹存。天井四周斜撑出挑，楼下斜撑，雕刻考究，山水、人物、阁楼层次分明；楼上斜撑，仅用浮雕夔龙，图案简单。楼廊前檐以斜置木博风板封山，博风板亦用浮雕。天井檐口装有锡质横、竖、斜筧及漏斗，将屋面水接入围护墙体的砖质竖筧中排出。

外围护墙厚22厘米，青砖两扁一竖鸳鸯墙砌筑法。双面白灰粉护。

---

① 出现在两座建筑并列相交的屋面上。两座屋面相交时，前面建筑后坡与后面建筑前坡交汇处，两坡雨水也汇于此。为将雨水排走，需在这个部位做出通道，即所谓天沟。

## 三、文物价值

万盛记为前店后宅商住两用建筑，研究万盛记店号创业史，探索清晚期徽州民间自给自足的自然经济转变为自产自销的半商品经济，到产、供、销一体化商品经济的过程意义重大，对研究晚清徽州农村经济结构和产业发展具有较高价值。

徽州地区清代建筑遗构虽多，但有实据可考的店铺并不多见，这种有明确纪年、含有特殊文化内涵的前店后宅式的建筑群组，实属难得。研究万盛记，可以进一步了解徽州古建筑在历史发展进程中因其具有自适应多功能组合的兼容特性，故能呈现建筑多样式多业态的历史风貌。

万盛记充分体现了清代晚期徽派建筑的时代风格和建筑特征。无论在大木作构配件、屋顶及檐口构配件，还是从墙体、门扇出入口、楼地面、木装修等方面，皆可以反映徽州晚期的形制特征。纤细的砖雕、细腻的石地栿、精美的木雕在万盛记上都有体现。

## 四、迁建工程

### （一）迁建过程

2000 年 7 月 2 日，万盛记拆迁工作开始；

2000 年 8 月 1 日，拆迁、搬运工作开始；

2000 年 9 月 15 日，转运砖瓦、木料；

2000 年 11 月 1 日，修理屋架，开始竖屋架；

2001 年 3 月 2 日，后进墙体开始砌筑；

2001 年 6 月 19 日，前进木屋架安装完毕；

2001 年 10 月 10 日，后进木装修全部完毕；

2002 年 3 月 8 日，二楼隔扇门窗安装；

2002 年 8 月 9 日，开始铺设地面方砖。

### （二）迁建选址

万盛记选址在清园西北部。坐北朝南，临街。门前有近 200 平方米的石板广场，便利店面经营；宅后为种植果蔬的园地，可放养蜂群。特定小环境的营建，尽量贴近古建筑的历史功能，以期达到迁建保护中的文化传承和深度拓展。

### （三）维修要点

（1）店堂：①前檐门脸参照潜口村老街杨涛老店面设计恢复：楼层加木质腰檐，檐内拱轩构造，施垂莲柱、挂落、额花板；底层明间可拆卸排门装修，两次间下为混水槛墙，上为小排门装修；楼层明间6扇、次间各2扇居中设置可开启隔扇窗，两边余塞板。②参照右廊厢，恢复已被拆除的左廊厢。③店面房西次间内柜台暂不制作；次间地面条砖上铺筑木地板；东次间内恢复上二层木楼梯及栏杆。④硬坡屋面恢复为屏风墙，两级马头墙跌宕。

（2）四合院住宅：①修补门罩残损，补齐两只戗吻；封堵后进房内后开的玻璃窗；恢复后进边门原制。②后进原来为水泥地面，厅地面恢复为大方砖铺地，房内铺木地板；地板为增加防潮，先铺一层油毡，再夯筑3厘米厚的三合土压实，地楞木用杉木条。③为增强观赏性，两廊前檐增添同时代风格木雕刻装修，包括通廊额花板，雕花隔扇门以及门挂落。

（3）木构：局部朽烂构件，可进行墩接、镶补或榫卯加固。檐口飞椽、望板、连檐木等用同质地木材按原残件规格进行添置补齐，楼板亦然。

（4）砖瓦作：横竖水笕、勾头滴水瓦、隔沟底瓦、鹊尾及金花板等在复原前，按原规格和形制订制。方砖、条砖提前出样订制。

（5）排水及其他：新址基础隐蔽部分采取加固处理，重新组织安排地下排水网络，但该屋始建时的排水沟、窨井、地漏仍依原样复原保留。

结合工程施工，进行白蚁等虫害防治。消防、排水设施根据清园总体规划统一实施。

（四）工程资料

主要有维修勘察设计文本、实测图，以及施工图、竣工资料（图21-9～图21-24）。

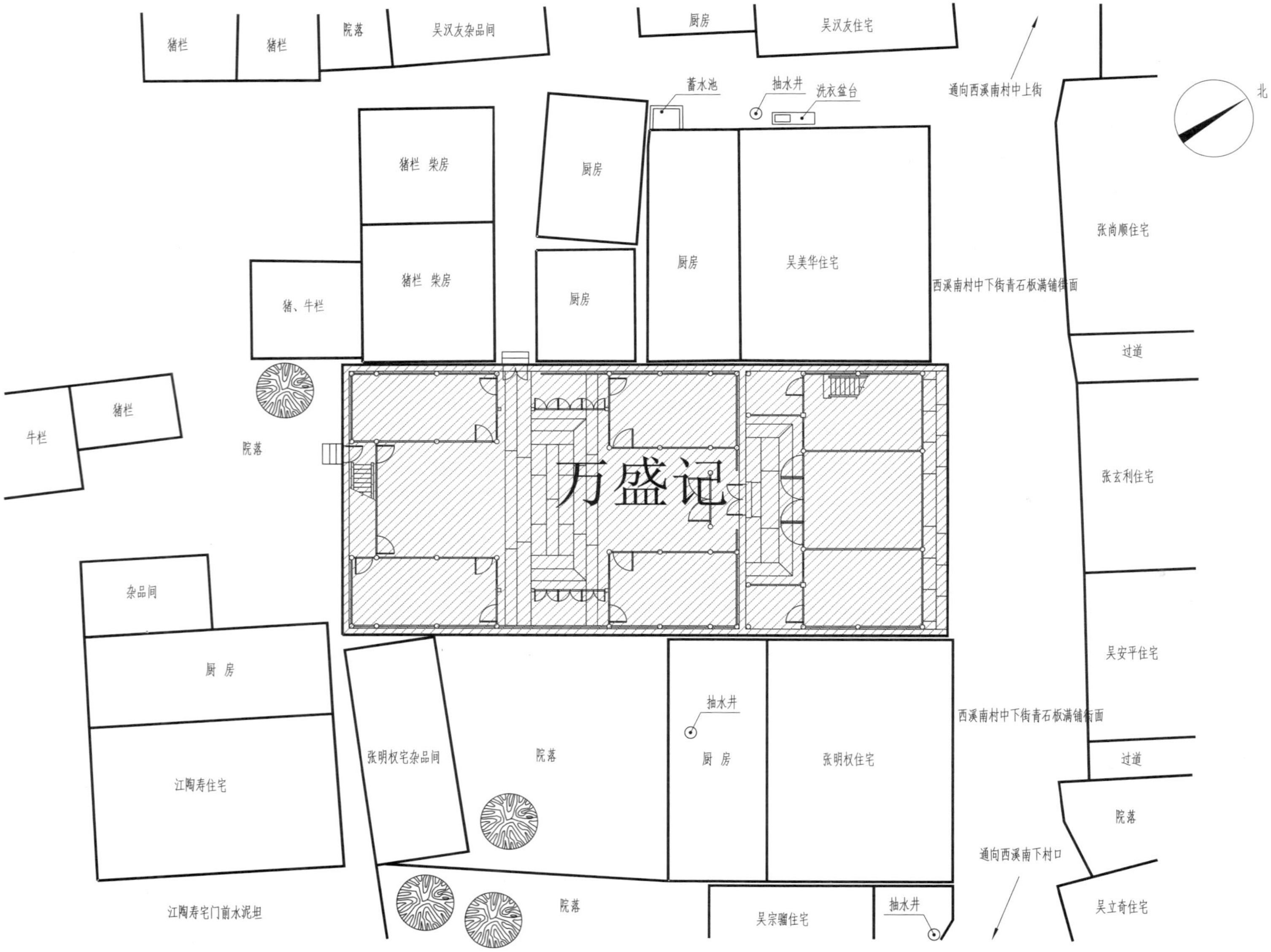

图21-9 万盛记测绘图-四邻关系示意图

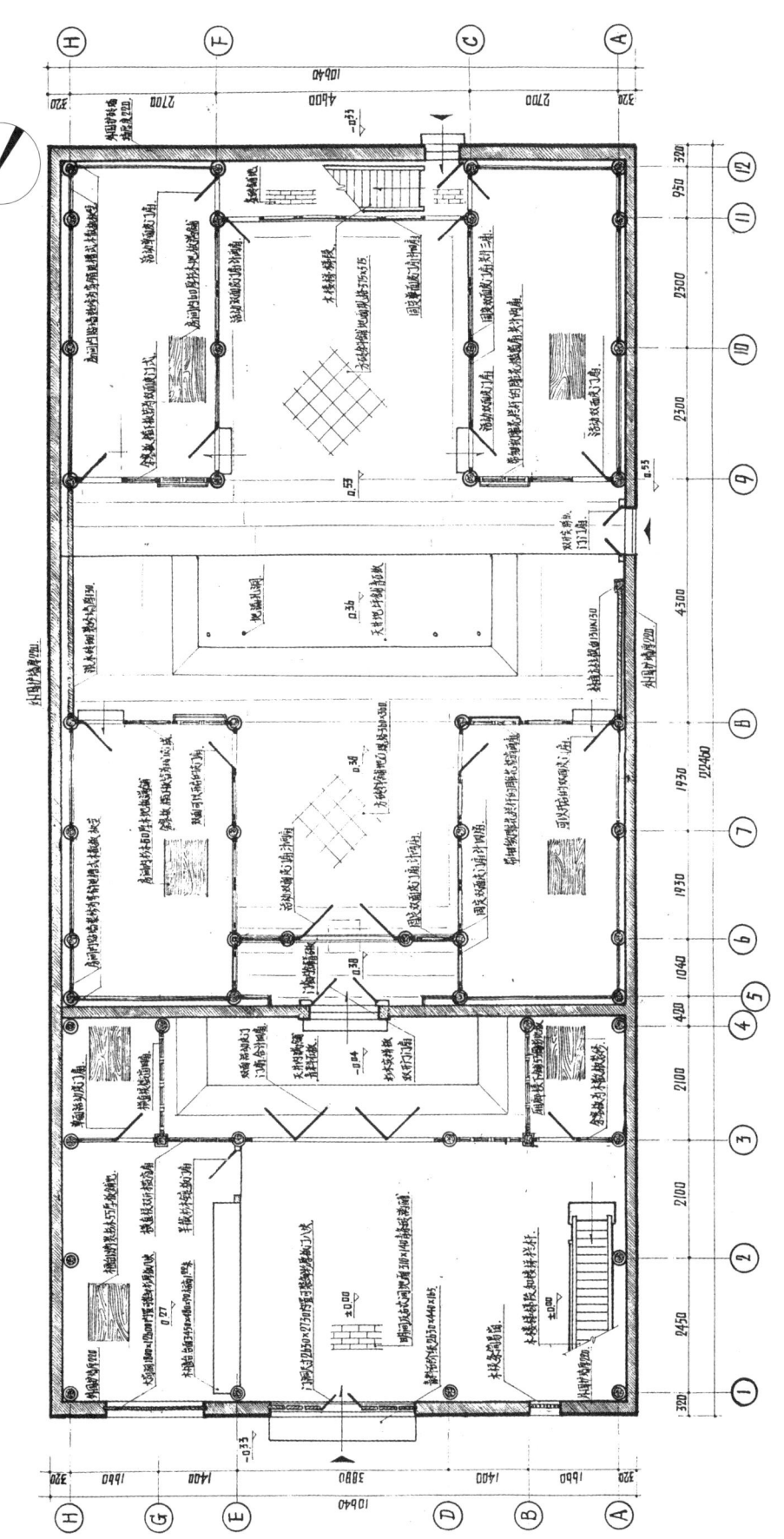

图21-10 万盛记测绘图-底层平面图

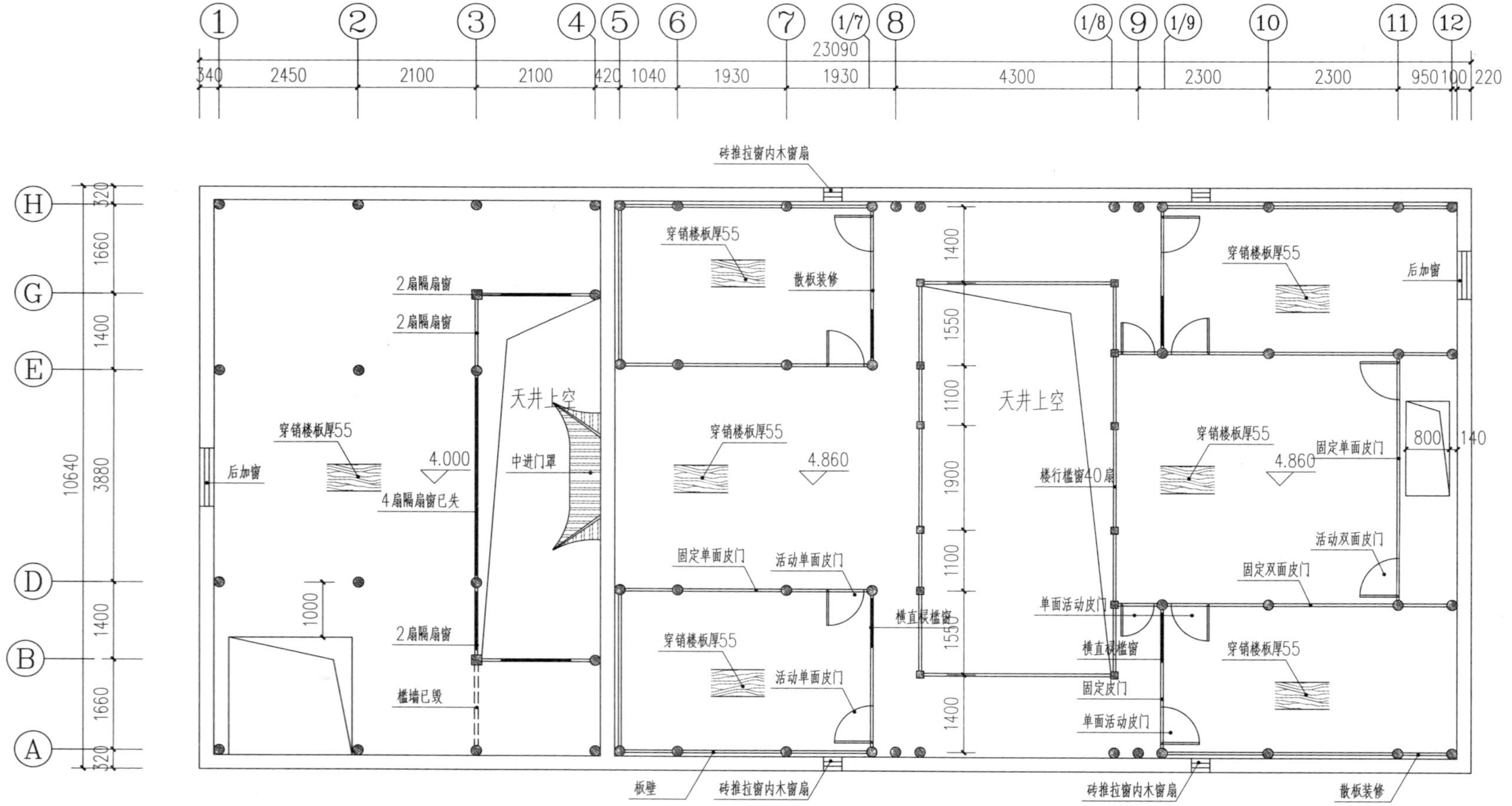

图21-11 万盛记测绘图—二层平面图

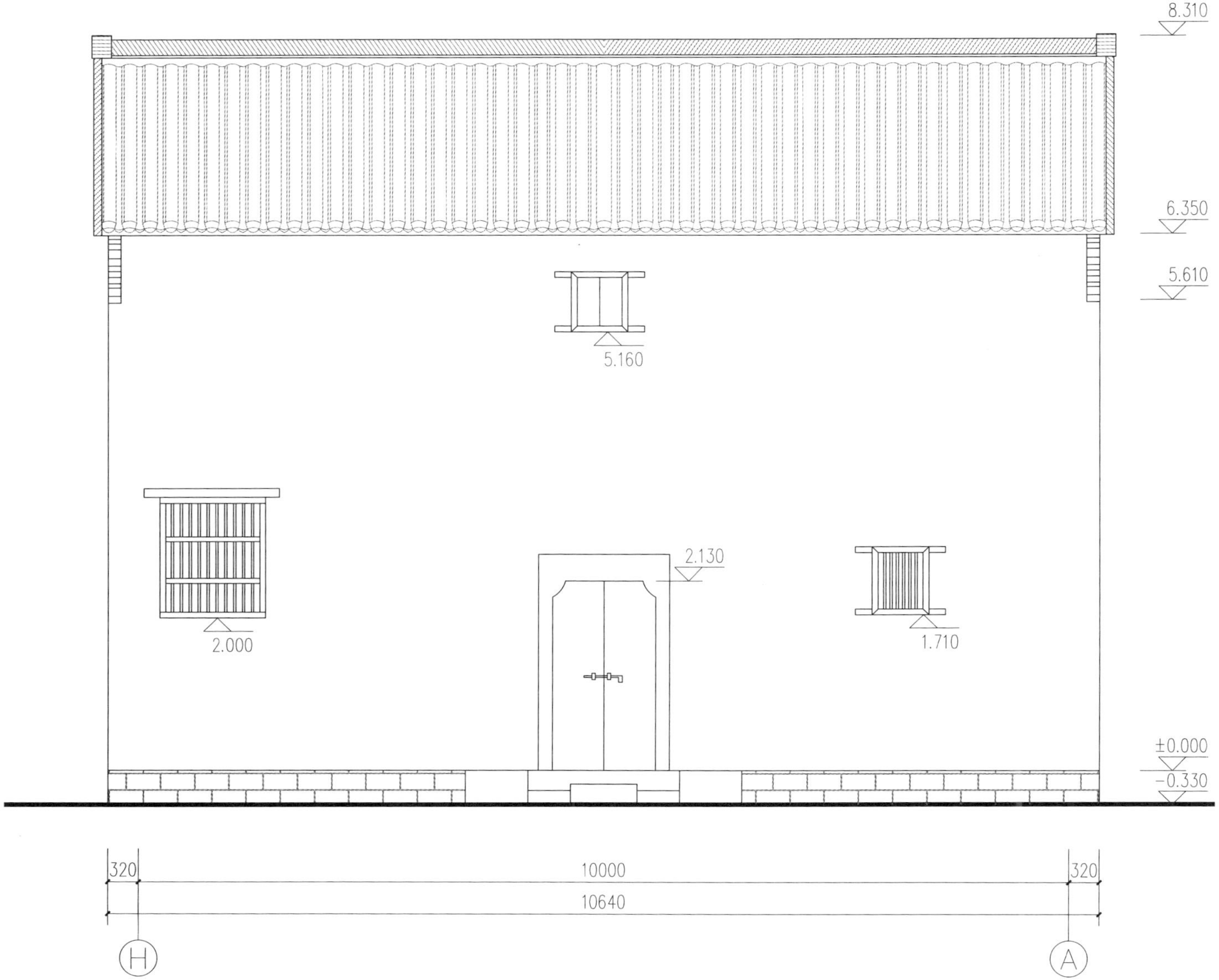

图21-12 万盛记测绘图-正立面图

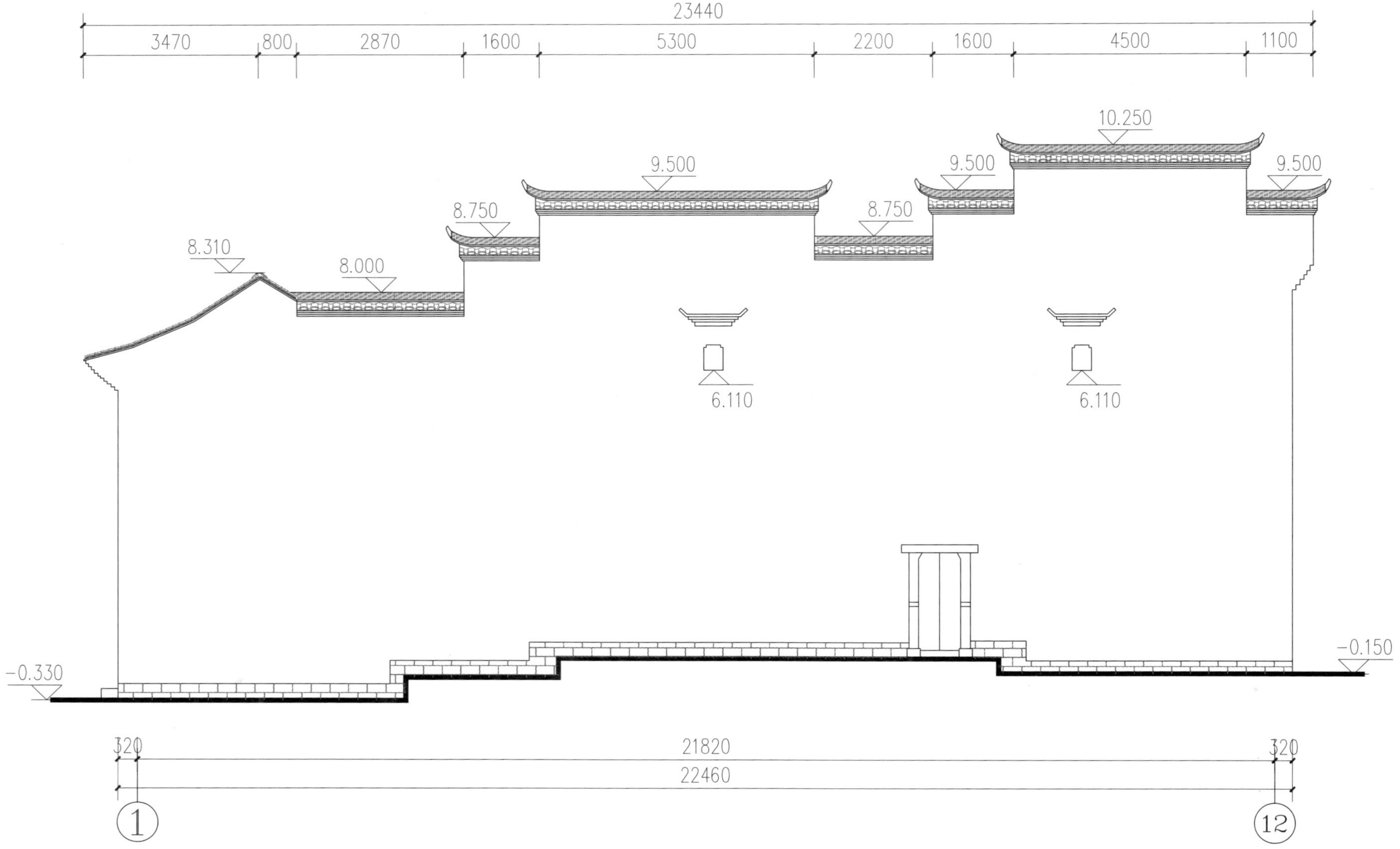

图21-13 万盛记测绘图-侧立面图

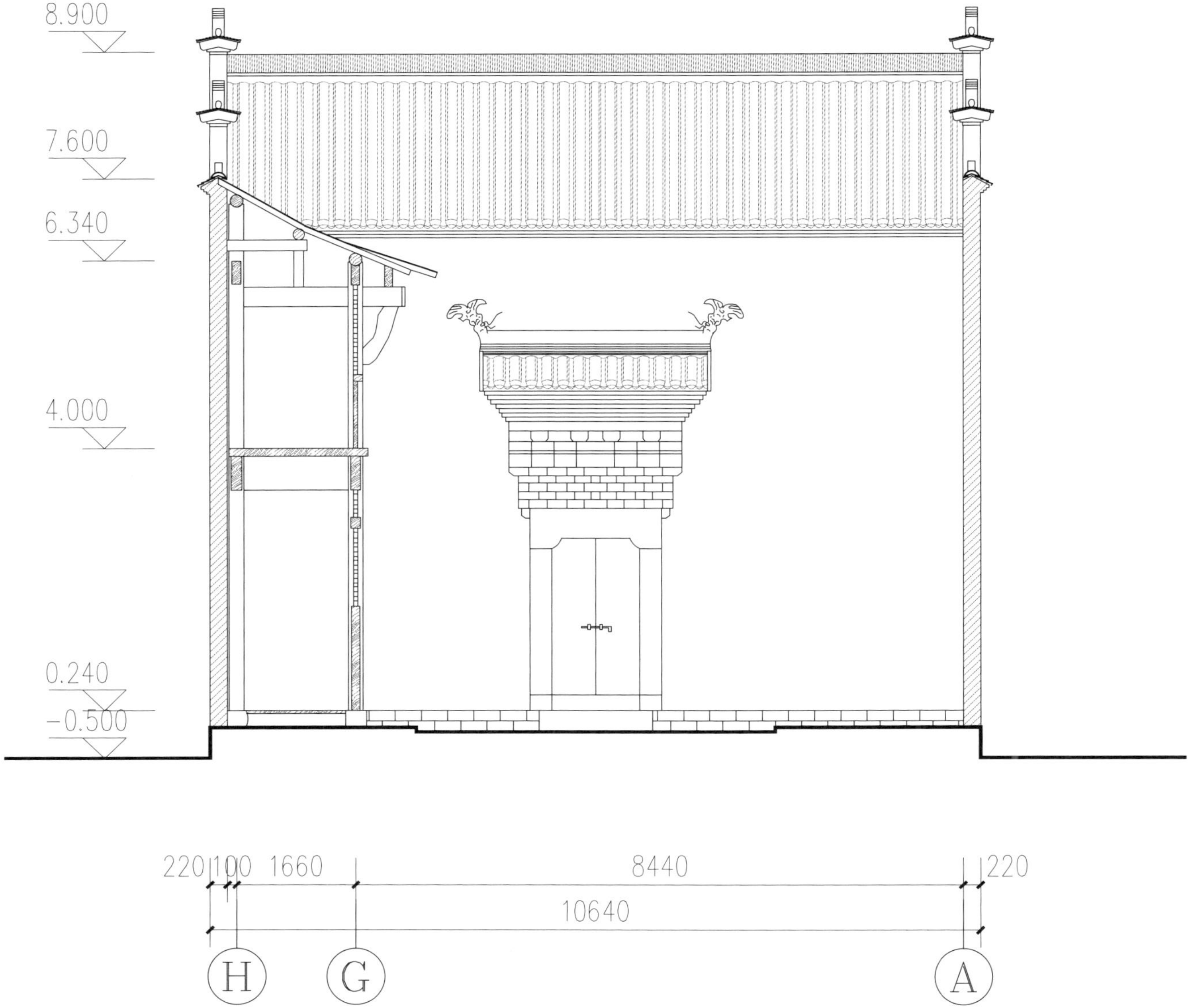

图21-14 万盛记测绘图-住宅楼正立面图

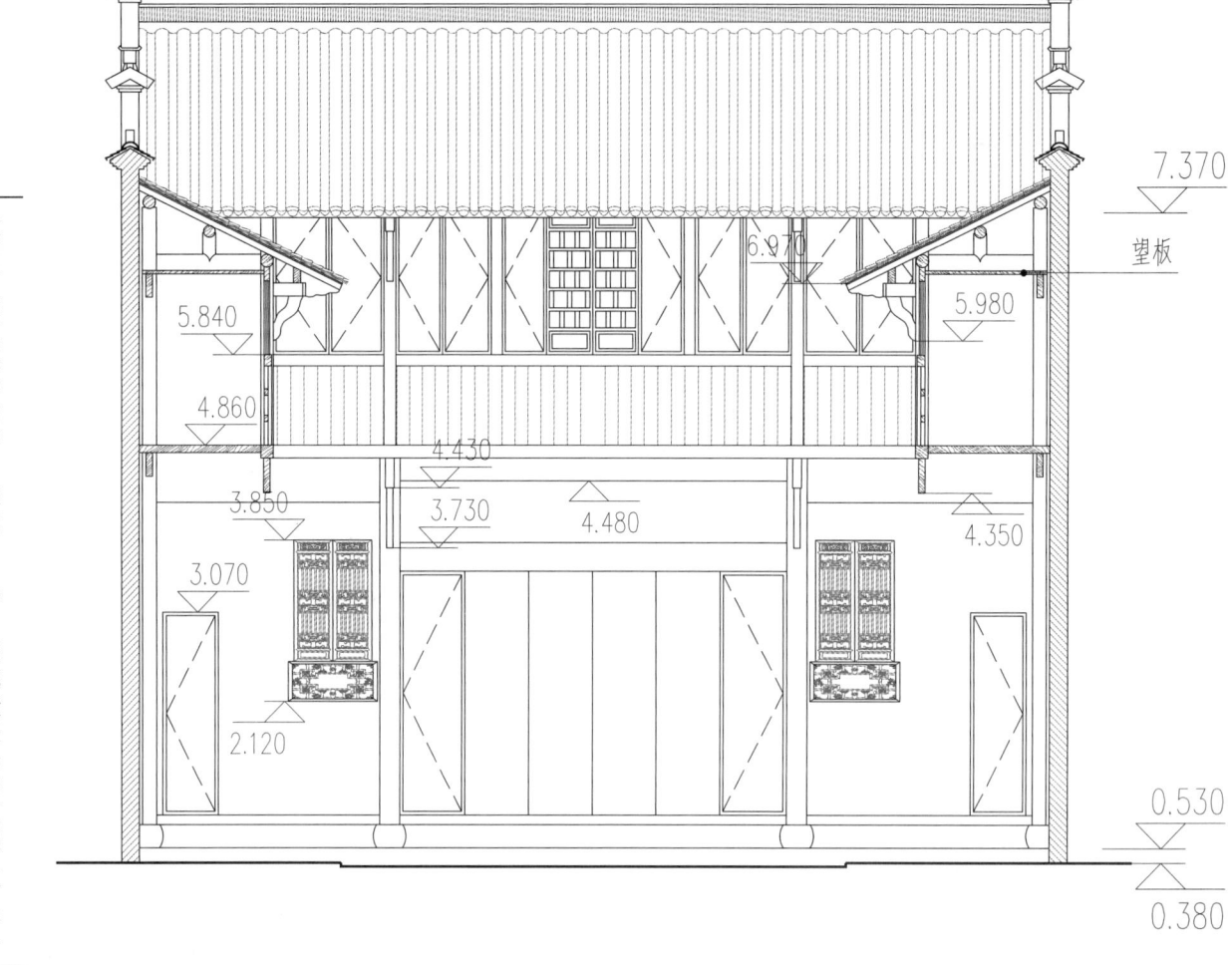

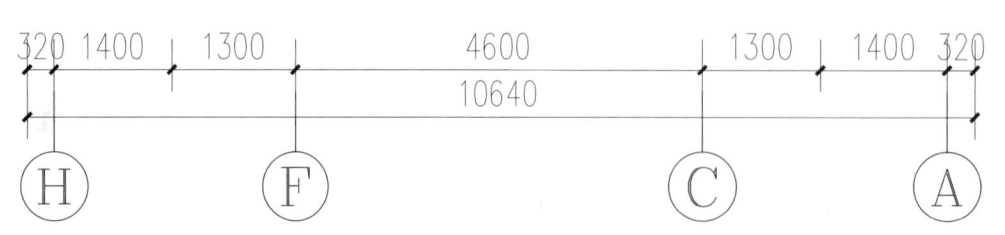

图21-15 万盛记测绘图-后厅前檐剖面图

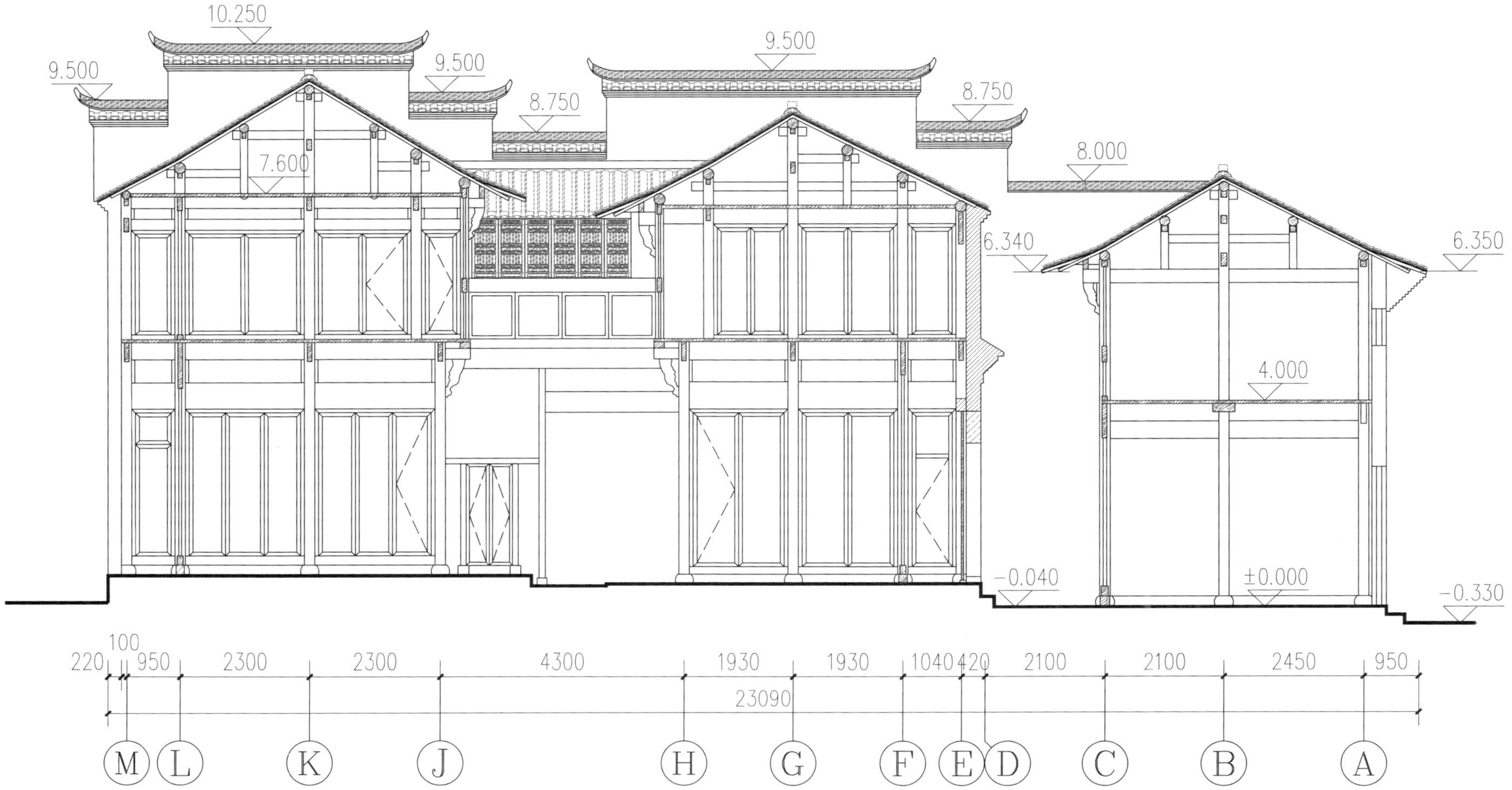

图21-16 万盛记测绘图-明间纵剖面图

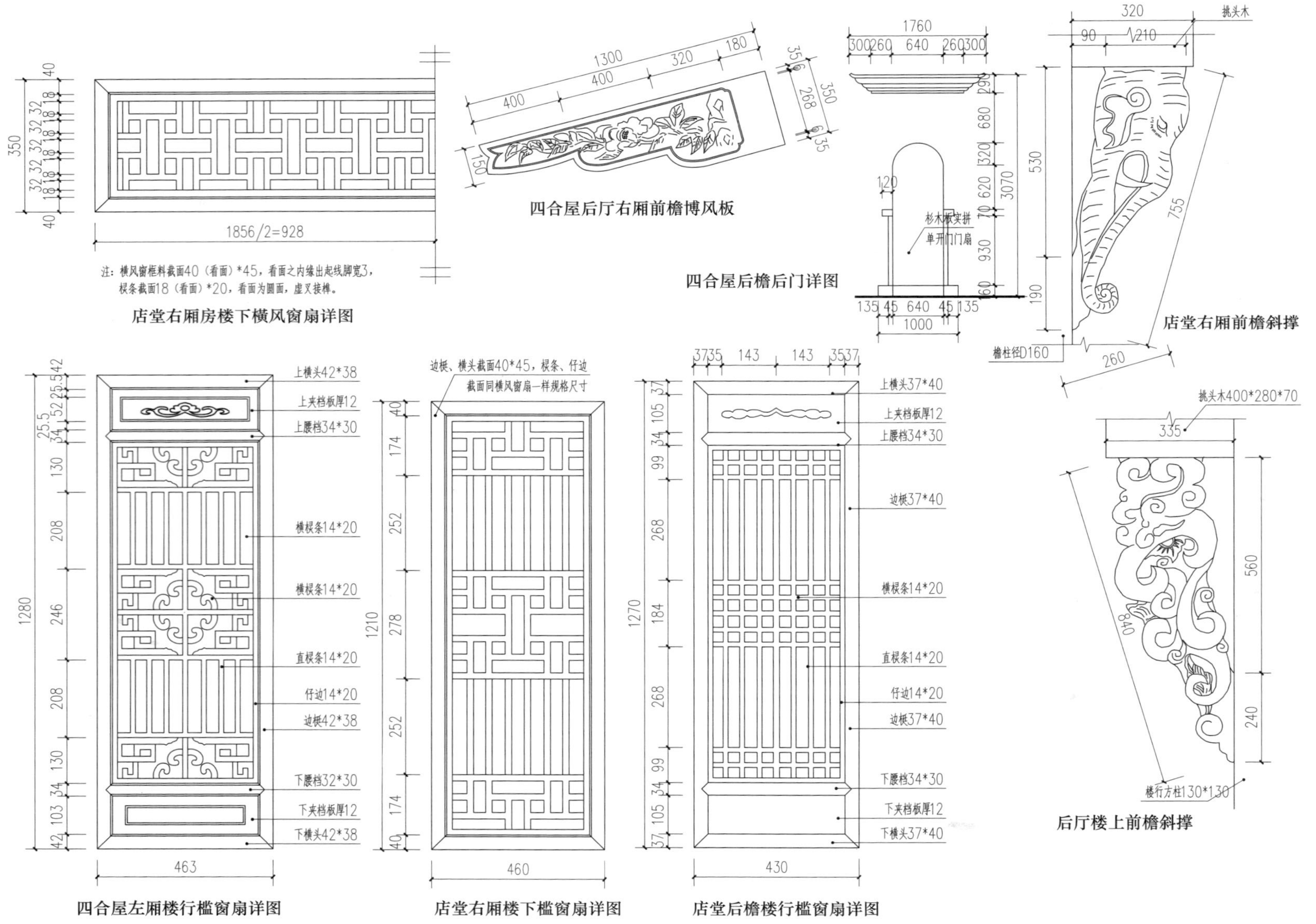

图21-17 万盛记测绘图-门窗及木雕大样图

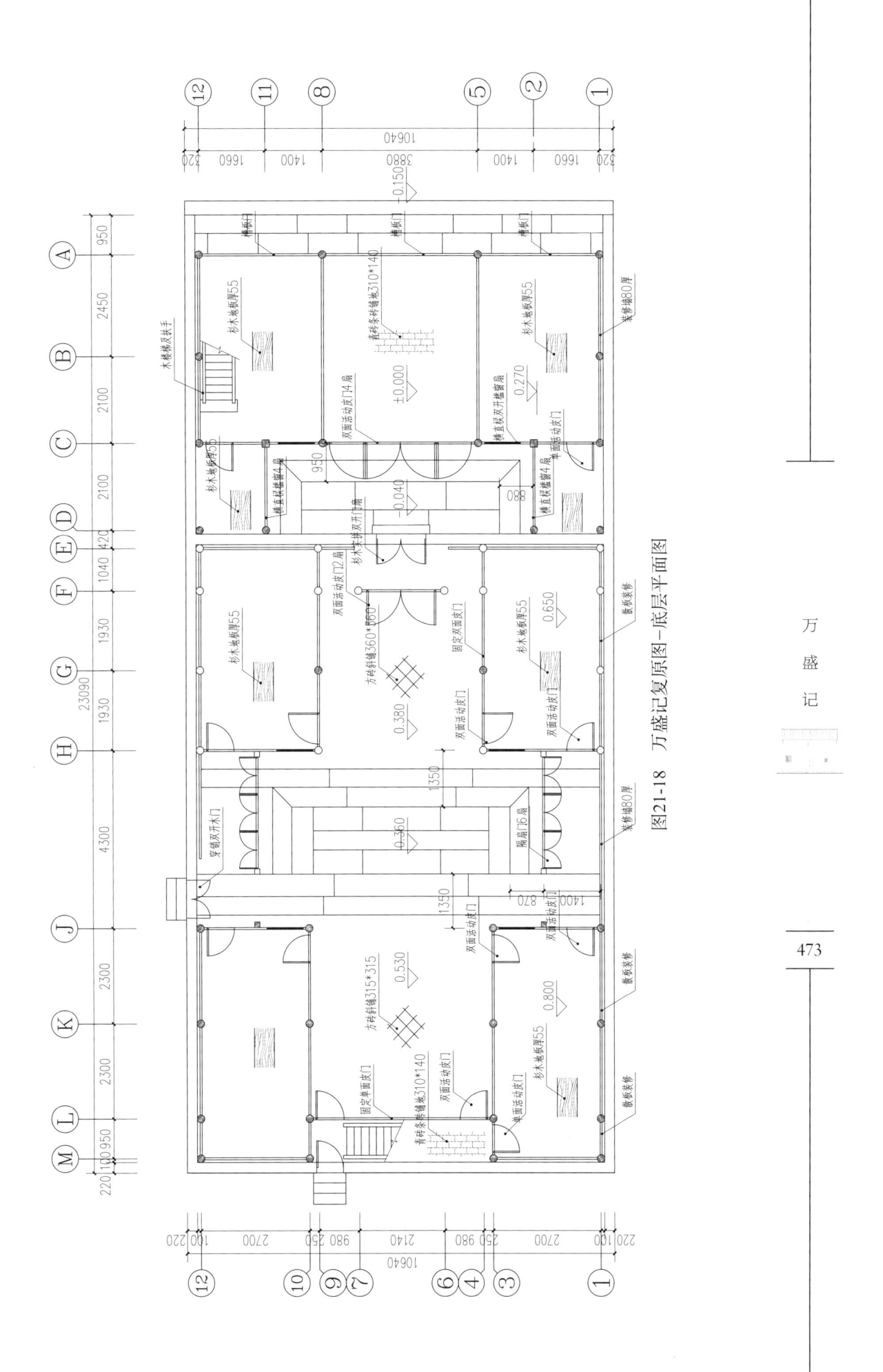

图21-18 万盛记复原图-底层平面图

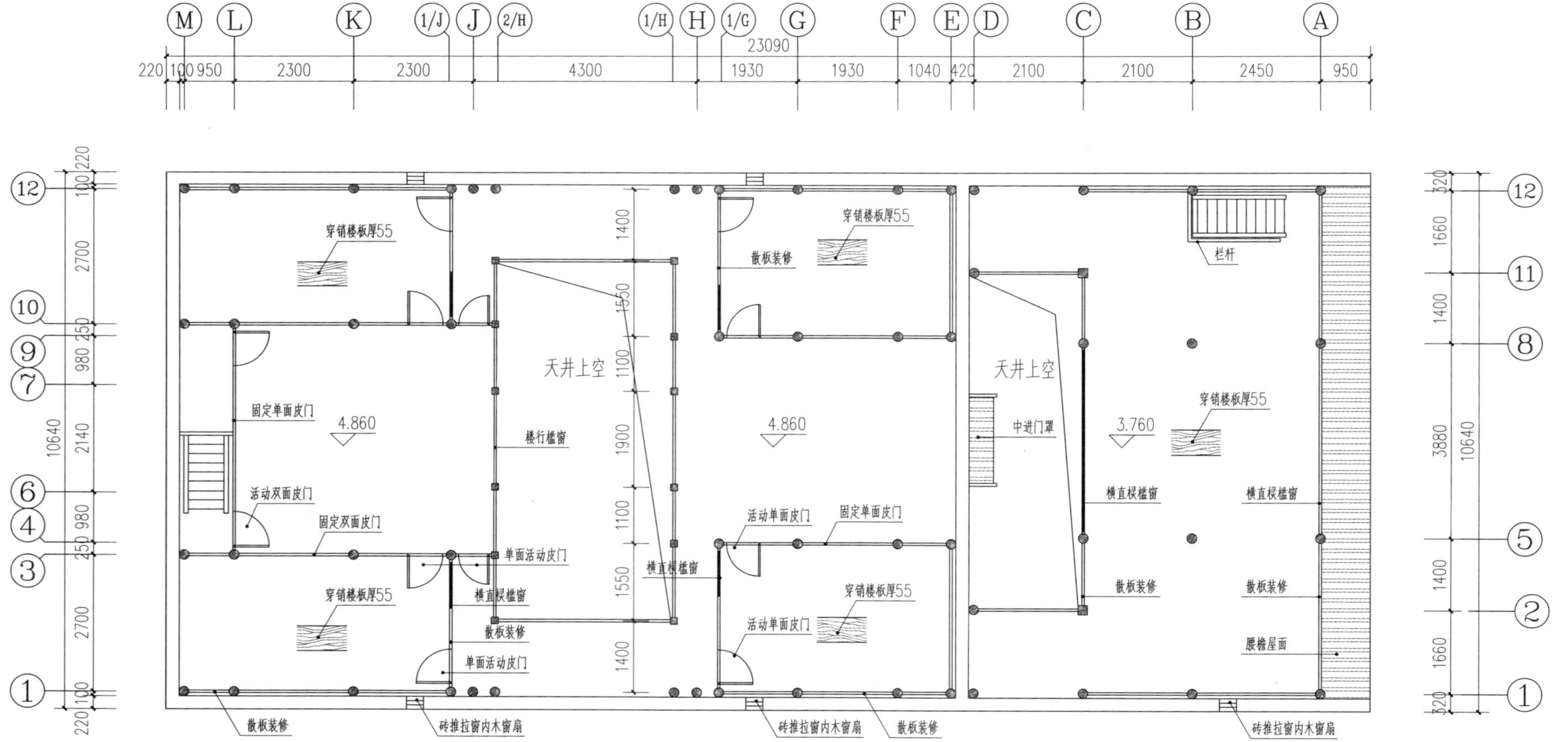

图21-19 万盛记复原图—二层平面图

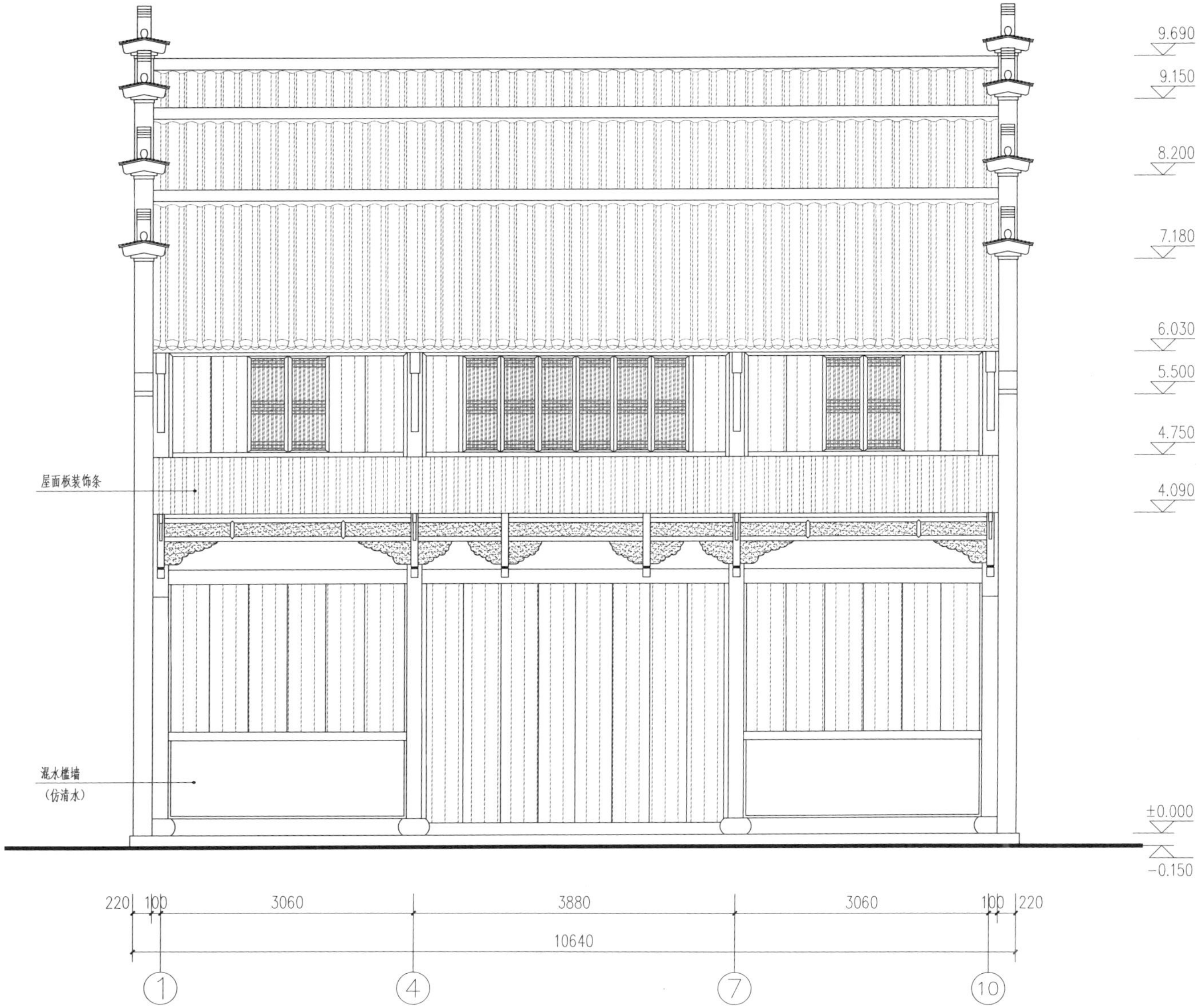

图21-20 万盛记复原图-正立面图

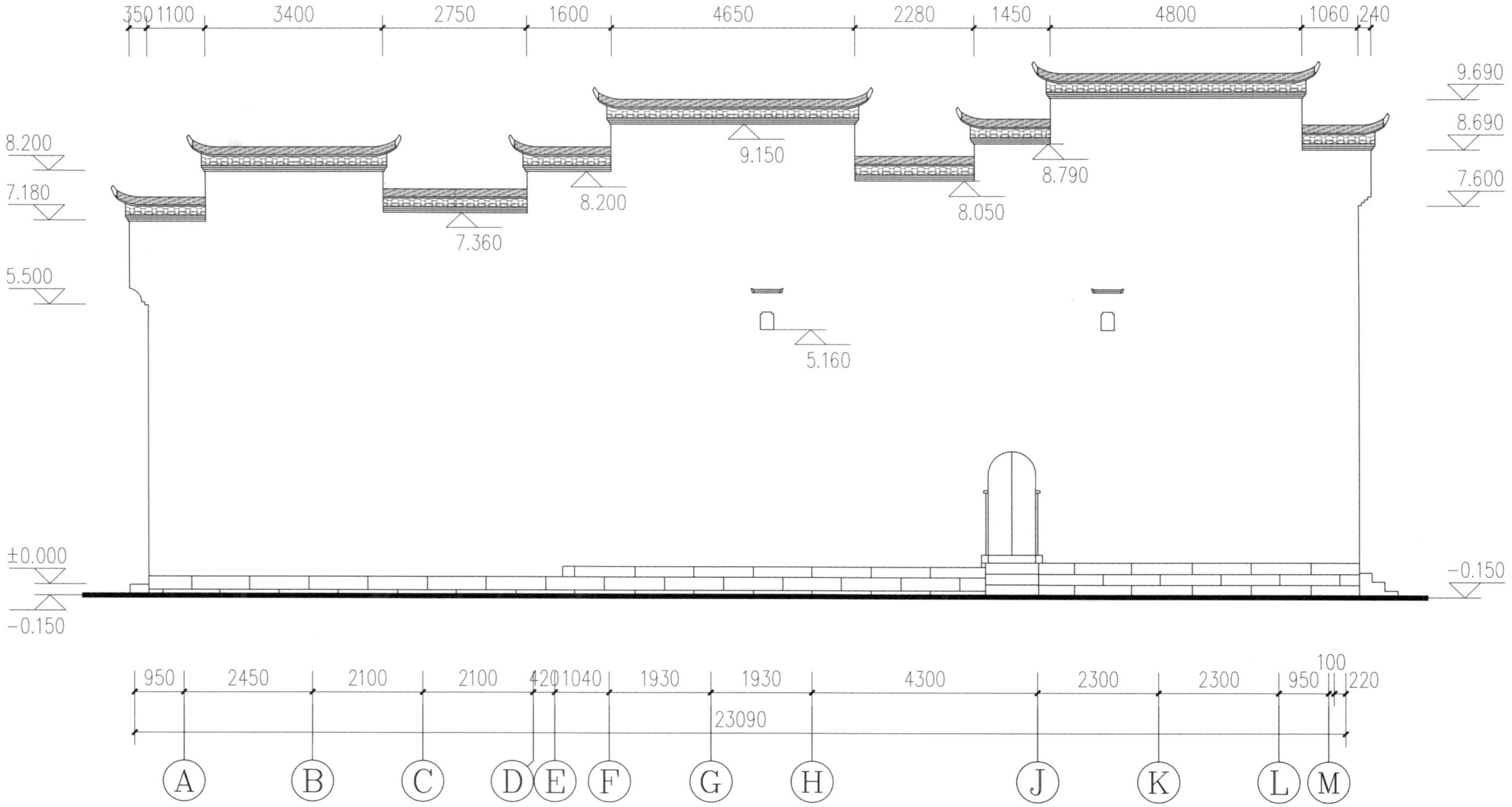

图21-21 万盛记复原图-侧立面图

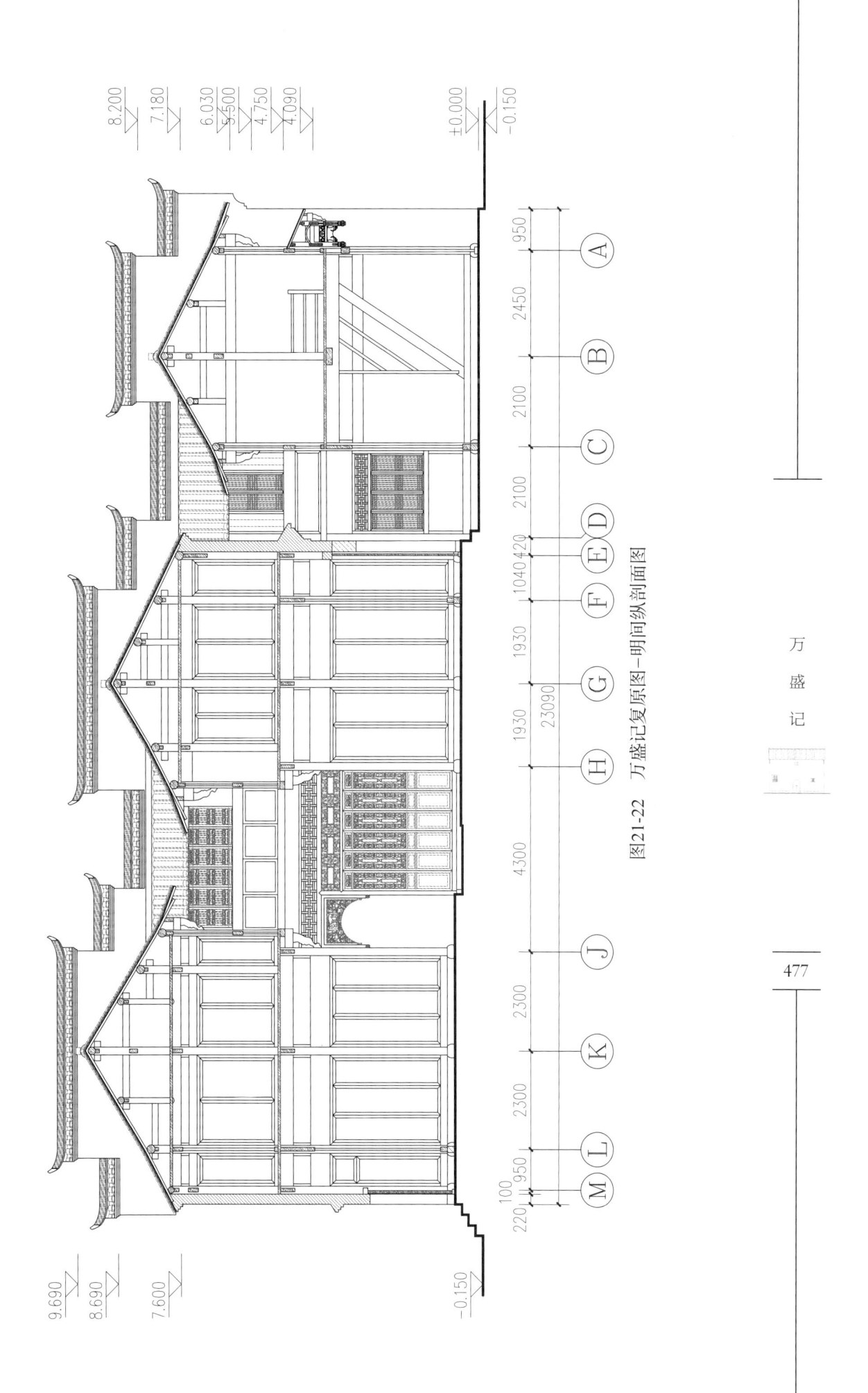

图21-22 万盛记复原图-明间纵剖面图

万盛记

477

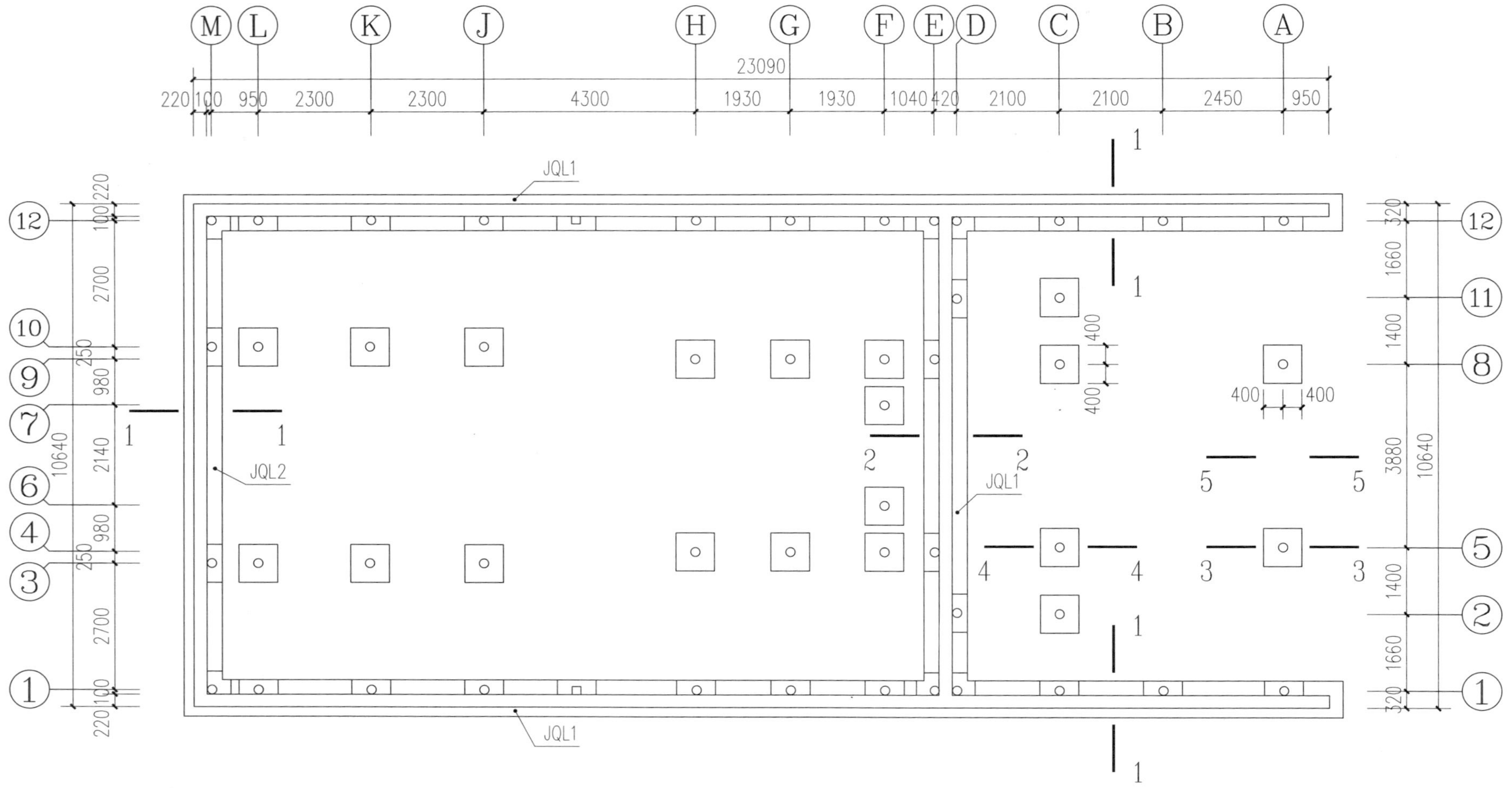

图21-23 万盛记复原图-基础图（一）

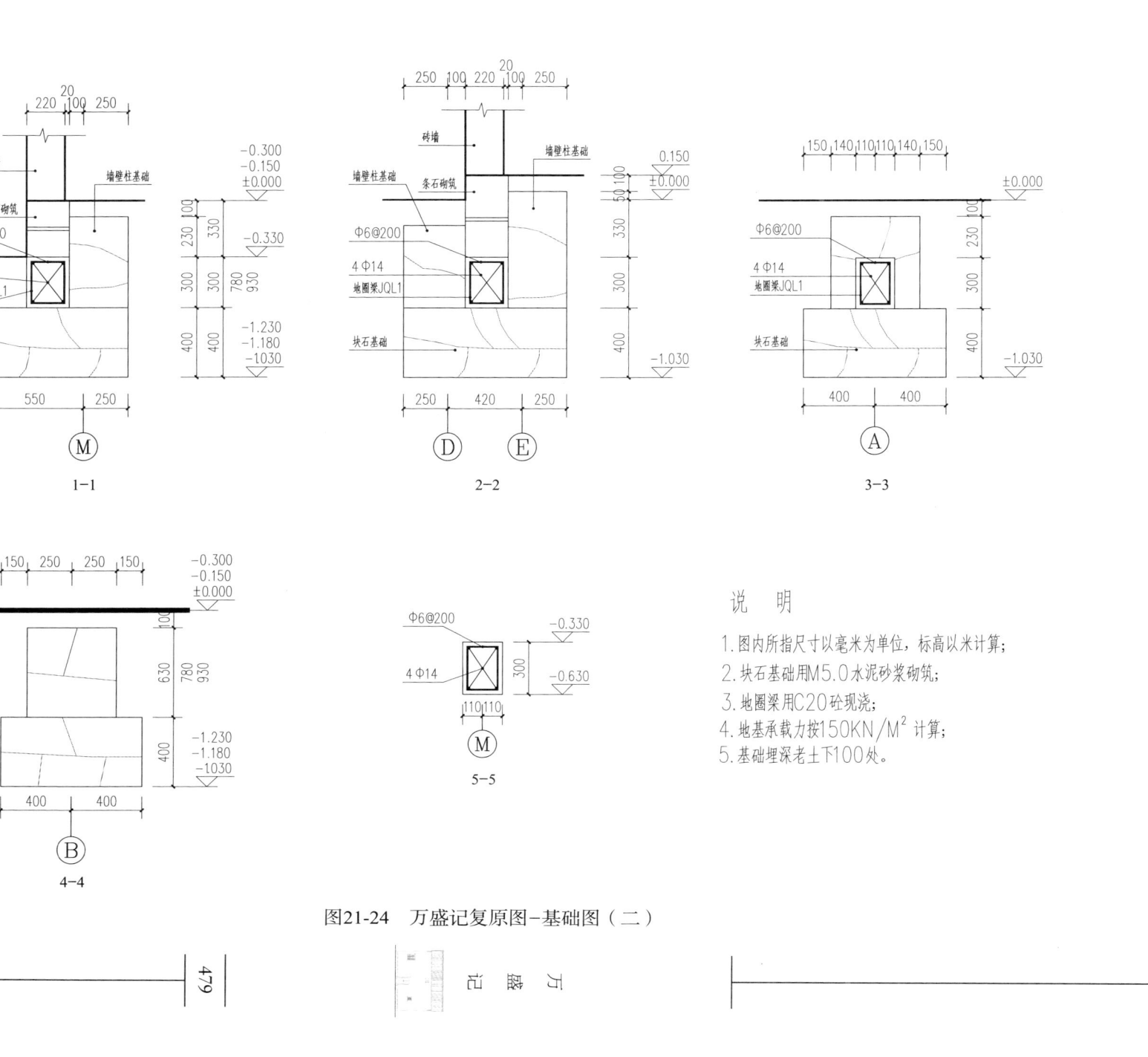

说 明

1. 图内所指尺寸以毫米为单位，标高以米计算；
2. 块石基础用M5.0水泥砂浆砌筑；
3. 地圈梁用C20砼现浇；
4. 地基承载力按150KN/M² 计算；
5. 基础埋深老土下100处。

图21-24 万盛记复原图-基础图（二）

# 程培本堂

## 一、概况

程培本堂现位于潜口民宅清园。为西溪南乡横山村程云卿于清光绪三十二年（1906年）建造的宅第。由前后两进主楼及厨房、侧厅组合而成。南北最长22米，东西最阔13.5米，占地面积198平方米，建筑面积332平方米。

程培本堂，因西山墙上嵌有一方"程培本堂"界石匾而得名。住宅南侧隔1.8米巷道房主同时期建有收租房，故该宅系清末徽州乡间地主宅第。

程培本堂因地制宜，充分利用宅基地皮，采取不规整的平面布局，结构紧凑，富于变化。采用石材、木材十分精细，木材用量多，材质较好。砖、石装修细腻，木雕工艺精致，内装修中多使用玻璃窗，且保留有铜质灯钩、铜钳、铜铺首[①]等大量铜构配件。

该宅后因家道中落，维护管理不善，且多处拆改使用，门廊、后进楼层出现坍塌险情。为抢救保护程培本堂这幢具有晚清地域特色的民居建筑，且与其收租房建筑进行整体保护，于2001年搬迁至潜口民宅清园内集中保护。

## 二、原址原貌及形制特征

程培本堂原坐落在徽州区西溪南镇竦塘村横山自然村。该村地处徽州区西端与休宁县交界地带，古徽州歙西方向通往安徽休宁、江西的主要通道上，东连歙西岩镇、西溪南，西接休宁万安、海阳等古徽州重镇，是古徽州历史悠久、文化积淀深厚的核心区域。村域内除竦塘外，尚有褒村、郑村、谢村巷、竺川、悟竺源、珠光里、横山等大大小小古村落十余处。

程培本堂位于横山村南隅，坐南朝北。大门朝北置于正面墙东段，大门外为宽2米的石板广场，广场北下一级，为宽绰的泥土场，据说泥土场原先满铺石板，正对着大门安有石阶，以利上下。宅西侧为宽2.5米的巷道，连通该宅的后门和大门。东侧为他户民宅及猪栏贴墙而建。该宅后门下七级石阶即为1.8米宽的小巷，小巷南侧即为收租房（图22-1～图22-3）。

---

[①] 建筑上门构件名称，即门扇上的拉手饰件。因以兽首铺设之，故名。是从青铜器上的兽面衔环耳演变而来。

图22-1　原址正立面　　　　　图22-2　背立面及后门　　　　　图22-3　侧立面

程培本堂由前、后两进正屋及侧厅、后厨房组成。建筑整体毁损较严重。前进雕刻几乎全毁、屏门遗失殆尽；后进天花、楼板无存；屋面瓦件残缺不全，严重渗漏；地面铺设残损严重。整幢房子，多处出现险情，局部摇摇欲坠，随时可能倒塌。

## （一）前进

前进由三间带两厢楼房和一倒插单层单披水门廊组成。

正门开在前围护墙东侧，青石门套，双开黑色油漆杉木实拼大门，门扇配件不全。门上砖雕门罩，砖雕构件缺失过半，门罩瓦脊凋残（图22-4、图22-5）。

图22-4　大门砖雕门罩　　　　　图22-5　门廊残损现状

进门即一披水倒插门廊，门廊三间已半圮，横直拉枋多缺失，装修拆卸殆尽，整个屋架摇摇欲坠。

正屋和两厢以及门廊围合成前天井。天井地面，青石板铺砌。天井圆形窨井盖以及暗沟盖板，中间安有用来可掀起盖板的活络套杆状铁拉手，为方便平日清理疏通暗沟之用（图22-6～图22-10）。

图22-6　前进二层楼面

图22-7　前天井可掀起的排水盖板 　　　图22-8　前进后檐墙上的石框套小窗

右厢廊前檐，装修拆卸殆尽。左厢廊前檐，装修精细。贴楼行枋，通廊安装固定的横风窗；靠正屋阶沿位置，窗下为木飞罩[①]，飞罩下为雕镂精细的双开隔扇门；临天井向，横风窗下

---

① 是比较简单的透空花罩隔断，主要用于起装饰作用，是分隔室内空间的装饰构件。多用于对分隔要求不太明显的室内空间。

图22-9 前进楼上斜撑、隔扇窗　　　　图22-10 前进楼下隔扇门、窗

边为四扇满雕的隔扇窗，窗下接有阑槛钩窗[①]，钩窗下为木雕栏杆。

正楼明间为厅堂，次间为住房，双面木皮门隔断。明间大方砖直铺地。正楼立柱多为银杏树，黟县青柱础，制成圆鼓状。地栿石上，圆形通气孔琢成万字图案，右边的已残破（图22-11）。

图22-11 地栿石上圆形通气孔

房间分别向厅和廊厢开门，木地板铺地，左、右房贴壁木板装修较完好。临天井向为带有横风窗和木雕刻窗台栏杆板的双开木雕隔扇窗。在隔扇窗和通廊房门之间，安有一直装到楼层枋的固定单层玻璃窗，这种罕见的特殊设置为的是房间更好的采光。左房外邻小巷，向外开玻璃窗，窗内壁木板装镶。

太师壁后设楼梯，由东而西上二层，楼梯置扶手栏杆和井口盖板。

楼上明间脊缝正中，增添两根方形脊柱。梁、柱、架间皆有装修痕迹，探知明间为厅，两次间与厢廊连通为套间。前金部有装修，隔房一间。前金部的横风窗[②]形制规格与楼下、楼上隔扇窗相同。列间枋以上山填板直装至顶，枋下为新制的木板壁。

---

① 外檐装修之一种。在走廊外侧距地二尺设有可供坐憩的槛面板，下用障水板。槛面上每间多作钩窗。
② 横风窗也叫"横披窗""横坡窗"，用在较为高大的房屋墙体上，装在上槛和中槛之间。一般是做成三扇不能开启的窗子，每个窗扇都呈扁长方形，上面饰有各种花纹。

前檐用斜撑和挑头出挑。楼行三面置有隔扇窗，从遗痕可知，正面14扇，两侧计16扇，现仅正面存3扇。样式为单面玻璃窗形式，框间饰有边花。

屋面满铺望板。瓦、脊饰遗失、伤损较多。檐口勾滴瓦、屏风墙[①]、脊瓦及印斗[②]等缺失将尽，白铁水笕、檐沟多朽烂。檐口底板、飞椽、望板、连檐木等全部朽烂。

左厢毗邻小巷，外墙上开一石框套窗洞，窗扇在始建时与贴壁木装修结合在一起，后装修被拆，窗扇亦随之被弃。

左右次间后檐墙上各开有一门洞，现都被封堵。考证左门洞为通向后进侧厅的初始门洞，后侧厅降层，门洞被封，另从右侧开门洞通后进东廊。

## （二）后进及侧厅

由三间带两厢二层楼房、中天井和左边单层的侧厅组成。平面不规整，四角不通尺，左边大、右边小。天井及两边厢房地面皆为青料石铺砌，较完整。两边厢房后被封砌成谷仓和卫生间。

后进主楼三间，面阔、进深均较小，四面封护墙较高，屋面渗漏，故潮湿阴暗，梁、柱、枋朽烂严重，多数立柱根部朽烂，两边厢房屋面下坠（图22-12、图22-13）。

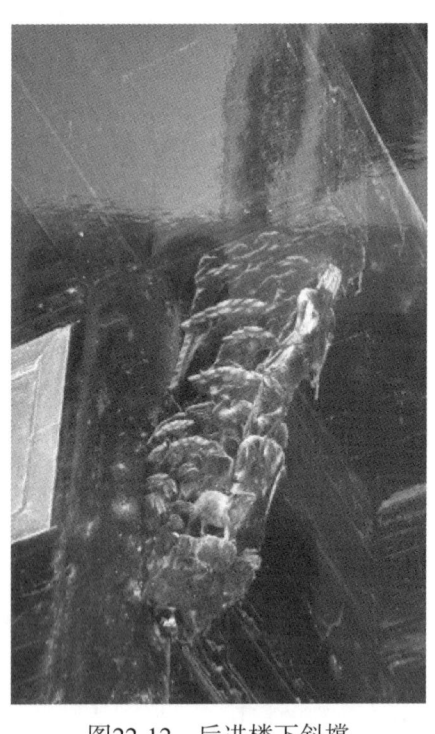

图22-12 后进楼下斜撑　　　　图22-13 后进楼下隔扇窗及窗栏杆

---

① 防火山墙的一种，房屋左右山墙高出屋面，随坡叠落，如屏风状，一般有三山屏风和五山屏风，以及弓形墙等。

② 墙顶部瓦脊端头形似方斗的脊饰，鹊尾后瓦斜平铺，逐渐升起立砌。

楼下一明两暗两个房间，房间内杉木地板，局部缺损。明间地面大方砖斜铺，多已残破。前后檐墙不通尺，为了扯直在右前方、后檐柱前65厘米处安装立柱，以装单面皮门，作为太师壁。现板壁被拆除，墙中开有门洞通后厨房。后进楼下左、右房间，双开隔扇窗，窗台栏杆板同前进，雕琢细腻，局部残缺。木雕斜撑，局部毁坏。

楼上杉木楼板全部拆毁，仅存底层天花板。楼上一应装修俱失，仅剩屋架。屋面和檐口瓦、勾头滴水、脊和印斗大量缺失，水笕、屋檐木构有倾圮趋势。天沟底板和飞椽毁坏严重，里口板①、连檐木②朽烂，楼层上裙板亦破损，多处缺失。

楼上原装有隔扇窗10扇，两厢各有隔扇窗4扇，计18扇，全部缺失。后檐和两山面原作贴壁装修，列间及明间中脊缝处有明显的装修痕迹。

左廊开边门，进侧厅；侧厅南边开门进后厨房。两门皆有门套，双开门扇。左侧厅四面贴墙装修杉木板壁，地面铺木地板，厚3厘米，方格刻线；棚顶杉木板天花，厚1.2厘米，为采光，居中位置开一玻璃明瓦天窗（图22-14、图22-15）。

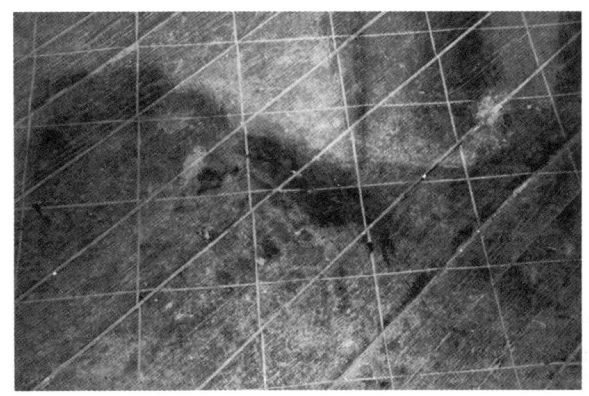

图22-14　左侧厅玻璃天窗　　　　　　图22-15　左侧厅斜纹木地板

左侧厅现有玻璃窗三樘，均有石窗套，尺寸相同，标高不一，中置者低于左右。中列两根立柱，柱脚不落地，立在挑出墙面的料石墩上。屋顶木构架凌乱，有明显的拆改痕迹。屋面瓦缺失较多。屏风墙、马头墙脊局部圮毁。北侧围护墙上有通往户外巷道的边门，现已封砌，圆拱形石门框依然完好，门框上清水砖门罩保留。

## （三）厨房

侧厅后檐墙开门洞至厨房西边间。厨房四间，平面不规则，靠西侧的边间较小，形成了门套，其一披水向西的屋面全靠屏风墙上所砌的百鸽笼进行屋面排水。其他三间形成三间带两厢的形制，中天井狭小，置窨沟排水，现挖砌有水池蓄水。

---

① 清式建筑檐口部构件名称。位于小连檐上面，将椽子之间的空档堵住的木板，其宽为一椽径。
② 清式大木构件名称。位于檐椽及飞椽椽头之上，是连接各椽头的通长构件。

西侧两间毁损严重，木构架料度偏小。其中四根立柱不落地，撑在砌入墙体的石墩上，应为灶膛防火之需要。西次间砌有灶台，明间作为小厅使用，两间料石铺砌，大部碎毁，列向无装修。后檐墙上开窗两樘，窗口镶石框套，两窗高低不一致。东次间无铺地痕迹，列向及前檐有装修遗痕，应为原房间隔断。东次间朝东向新开边门通猪栏（图22-16）。

西边间朝南开后门，双开实拼板门扇，后门上有垂花门式门罩。门边脚有一宽17、高25厘米的石框套锥形洞口，应为便利家禽及猫狗等出入。

## 三、文物价值

程培本堂作为徽州晚清民居遗构的典型，集中反映了清末徽州建筑风格演变的历史趋势和时代特色。

图22-16 厨房灶后角柱不落地

为适应山区起伏的地形和用地的限制，其布局和结构特征做到偏正相间，正置的主屋建筑与偏置的功能建筑，统筹规划，合理布局，做到最大限度地利用场地资源。偏斜的后进堂前和厨房小厅，利用加置板壁来扯直厅堂的做法，更是灵活变化布局手法的代表性应用。这种因地制宜、灵活多样、富有变化的布局方式，在进一步满足建筑功能需要的同时，也让建筑的外观参差错落、更具美感。另外，砖石装修已趋细腻，木雕工艺尤为精致。内装修中大量使用了当时相对稀罕昂贵的玻璃装潢，大量铜构配件运用至梁枋下的灯钩、柱脚铜箍以及门窗看叶、拉手等多方面，墨绘墙画更多出现在墙壁装饰和门罩替代中等。

程培本堂与收租房紧密结合在一起，反映了徽州农村当时租赁经济的现实状况。质高价昂的建筑材料，繁缛铺张的装修、装潢，从另一角度反映了当时农村经济的两极分化和整个社会的动荡不安。其在徽州经济文化发展史研究中具有重要意义。

程培本堂展示的精湛工艺，是徽州建筑工艺高质量发展的例证。采用的石材、木材十分精细，石材除大量运用红料石外，还在局部铺设青石，柱础用琢面光滑细腻的黟县青；木材用量多，材质较好，正厅用白果木、樟木、柏木等优质硬杂木料。勒脚石基础上，加砌更高的陡版石，更有利于墙体防雨防潮；墙体窗洞的高低设置，更贴近灶台及餐厅的实际采光需求；窨井和暗沟的盖板上加装拉杆，更便于日常维护；后门墙边专门设置的供禽畜进出的孔洞，更是这种实用和美观兼顾、关注建筑细节处理的典型示例。

## 四、迁建工程

### （一）迁建过程

2001年5月11日，开始测绘、登记、编号；

2001年6月12日，拆卸屋架，并开始运输；

2001年7月4日，运输新址，维修缺损构件；

2001年8月7日，安装中进屋架；

2001年9月24日，安装右侧厅屋架；

2001年10月26日，马头墙座瓦、粉刷、划墨开始；

2001年11月4日，铺设地面石板、阶沿；

2001年12月27日，铺设地面大方砖；

2002年1月30日，整理施工材料，工程全部完工。

### （二）迁建选址

程培本堂新址位于清园西南方位，清园建筑群主街道的上段，坐南朝北，面街。在迁建新址时综合考虑现有场地、程培本堂与收租房及附属晒谷场的紧密关系，保持原址朝向、间距、位置相近等。

### （三）维修要点

（1）运输：因横山村距离潜口民宅10千米，大多数路段是没有硬化的机耕山路，路面坑洼不平，为确保运输安全，防范颠簸风险，运输前对全程山路进行了一次全面的检查养护，坑洼之处以土石填垫。采取小四轮货车和人力板车相结合，禁用安全性能偏低的拖拉机运输。

（2）大木作：补齐门廊缺失的承重构件。后进立柱根部朽烂的需以同材质进行墩接。厨房立柱与梁枋缺失者依形制补齐，部分朽烂严重者更换。前后进所有失掉铜箍的立柱、立柱墩接处，均按照原有式样新制铜箍补齐。木雕斜撑，三进皆不同，应按照原样修补齐全。

（3）装修：拆除后进两边厢后置的谷仓和卫生间墙体，依据图纸恢复隔扇门、横风窗装修。恢复厨房东次间房间装修。按照前进楼板规格恢复后进楼层板。恢复前进楼梯间地面青条砖铺地。拆除厨房天井内后砌筑的水池，补齐地面缺失的石构件和砖墁地。补齐房间的木地板。

暂不恢复前后厅木构的髹饰。恢复前进西山墙墙头处原"程培本堂"界石字匾。

（4）木雕构件：现存局部伤损的木雕构件，用同样的工艺手法进行补缺、修理，恢复原貌；缺失的构件，根据遗存绘制大样图，依图纸复原。参照前进左廊厢样式，恢复前进右廊厢

木雕刻和门廊大飞罩；参照前进隔扇样式，修补、恢复后进廊厢隔扇门、横风窗、双开隔扇窗及窗台栏杆；修补前进楼行隔扇窗 5 扇，依制恢复前后进楼行缺失的 43 扇。

（5）屋面：前、中两天井后加装的玻璃棚架予以拆除。屋面瓦、合沟瓦、瓦脊、勾头滴水瓦、印斗、金花板缺失较多，按原形制订制补齐。按原制恢复侧厅及厨房西边间两处屋面百鸽笼排水。屋面桁条料度偏小，考虑局部撤换。三个天井木构、飞椽、连檐木、椽闸板、望板多已全部朽烂，须重新制作。阴合沟因举折平缓，为防止渗漏，在合沟底板上加钉镀锌铁板进行防护。

（6）墙体：大门门罩砖雕构件仿制复原，后门垂花门罩依原制修补。恢复前进楼上东厢通后进门洞、侧厅朝北向边门洞及门罩，封堵后进后檐墙居中后开的门洞、厨房朝东向新开的门洞。

根据新址位置，为方便参观线路安排，大门由原来正面墙右边位置调整至正面墙左边位置。

（7）排水设施及其他。三天井檐沟、竖笕、漏斗等绝大部分朽烂，按原制复原补全；地面暗沟和窨井依原制恢复，并入清园总体规划室外排水系统。

结合工程同步实施白蚁等虫害防治处理。防雷、消防系统按照总体规划统一实施。

（四）工程资料

主要有勘察维修设计文本、实测图、照片，以及施工图、竣工资料等（图 22-17～图 22-36）。

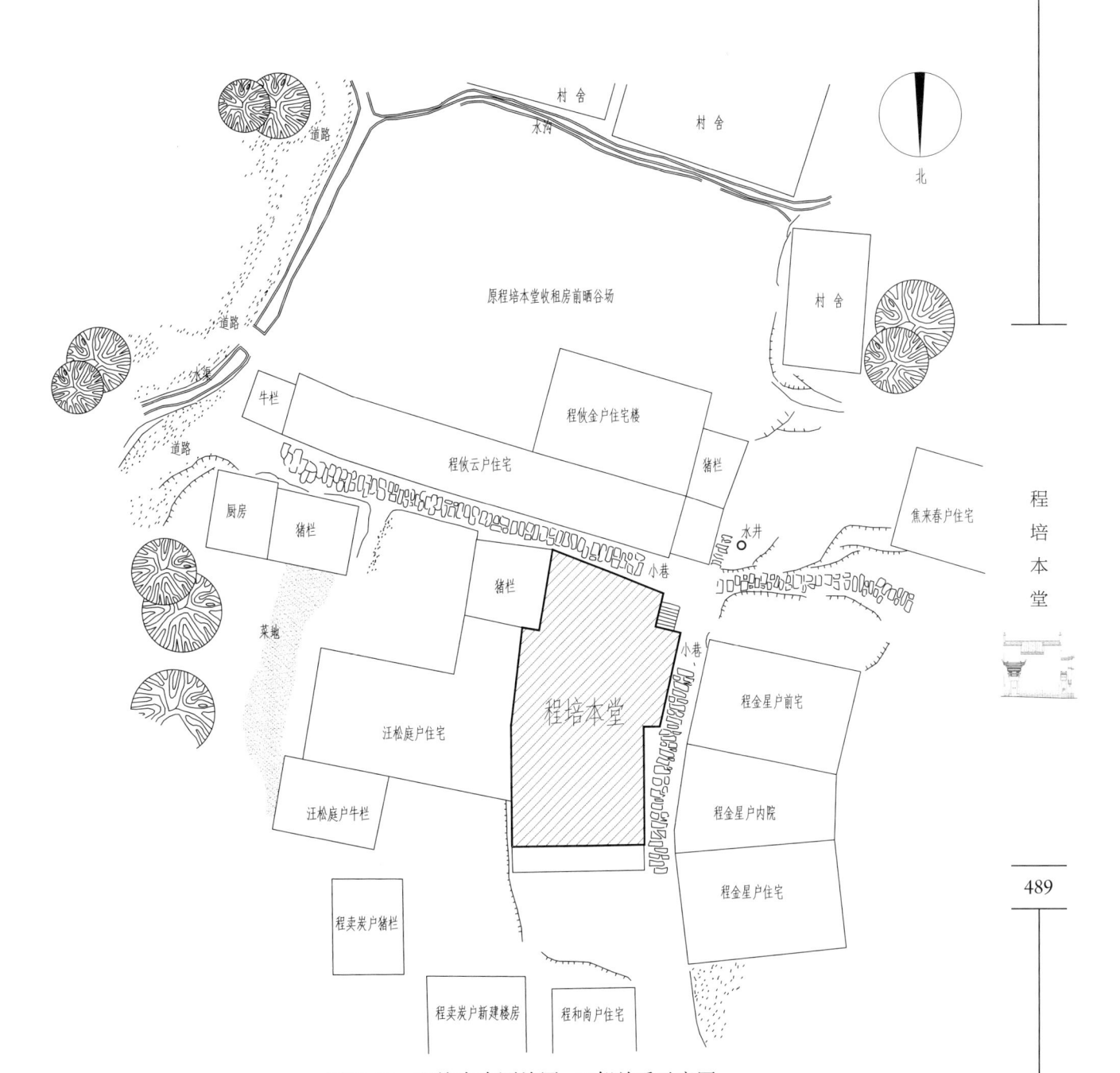

图22-17 程培本堂测绘图-四邻关系示意图

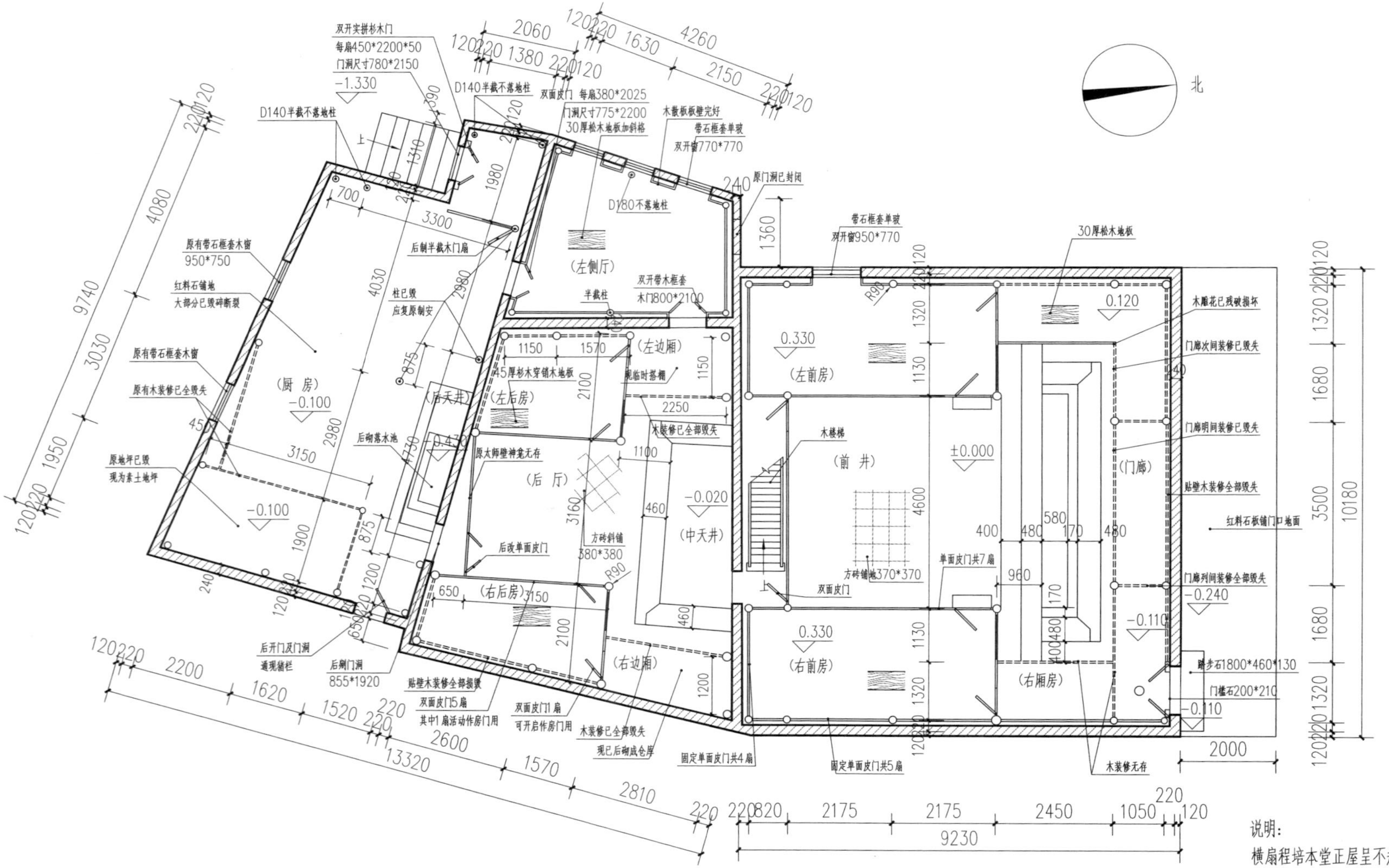

图22-18 程培本堂测绘图-底层平面图

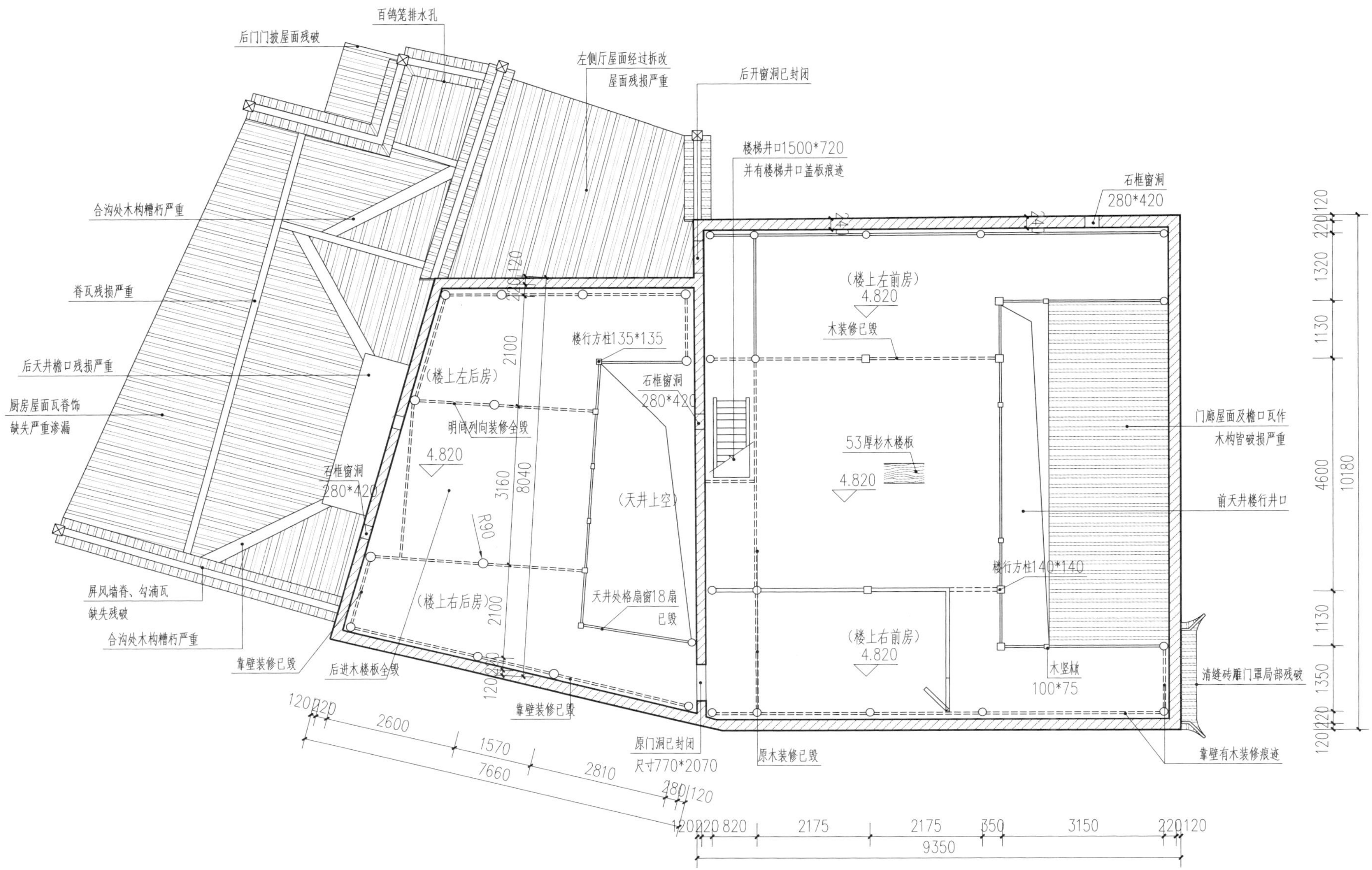

图22-19 程培本堂测绘图—二层平面图

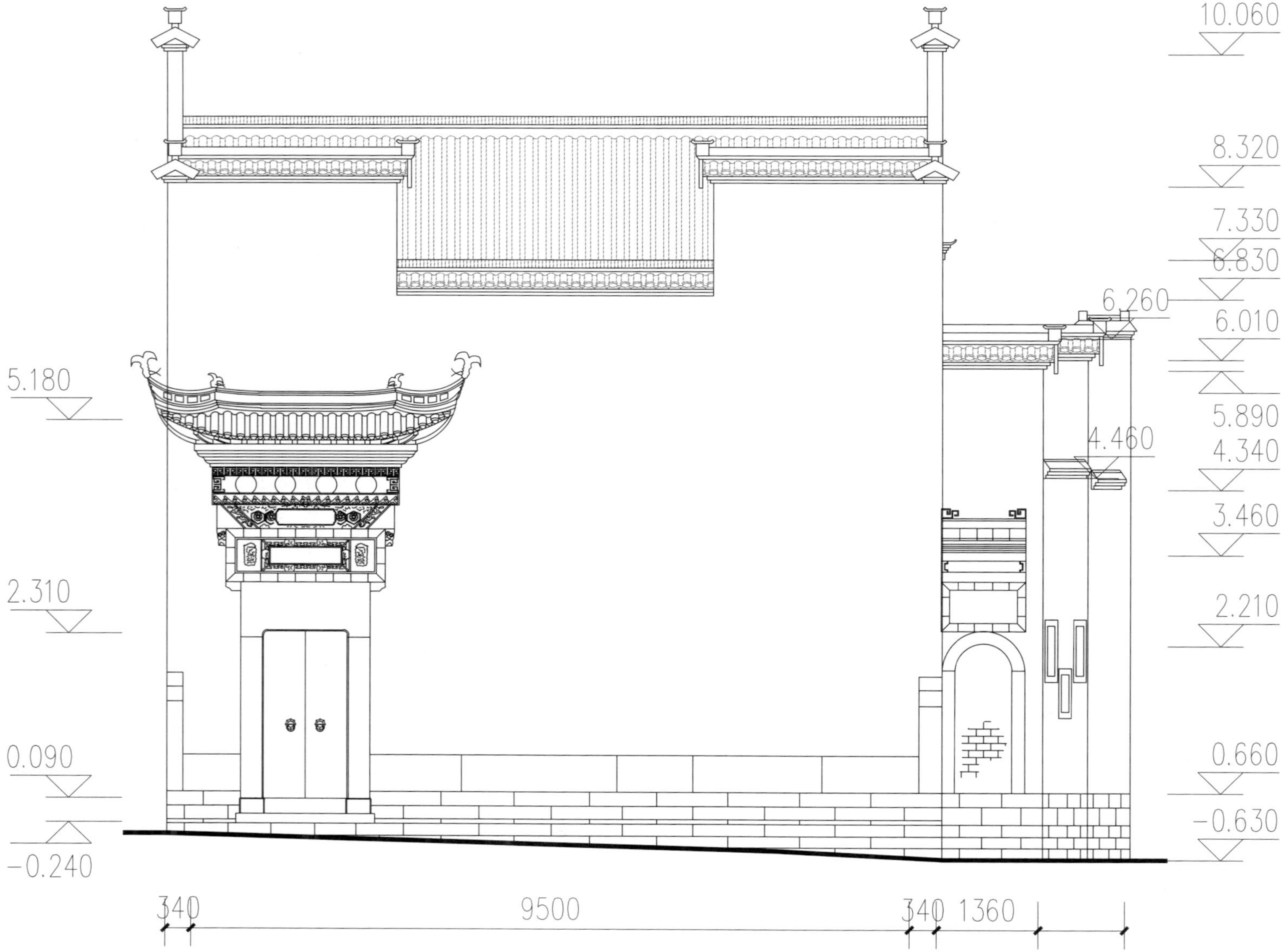

图22-20 程培本堂测绘图－正立面图

徽州古建筑保护的潜口模式——潜口民宅搬迁修缮工程（下册）

492

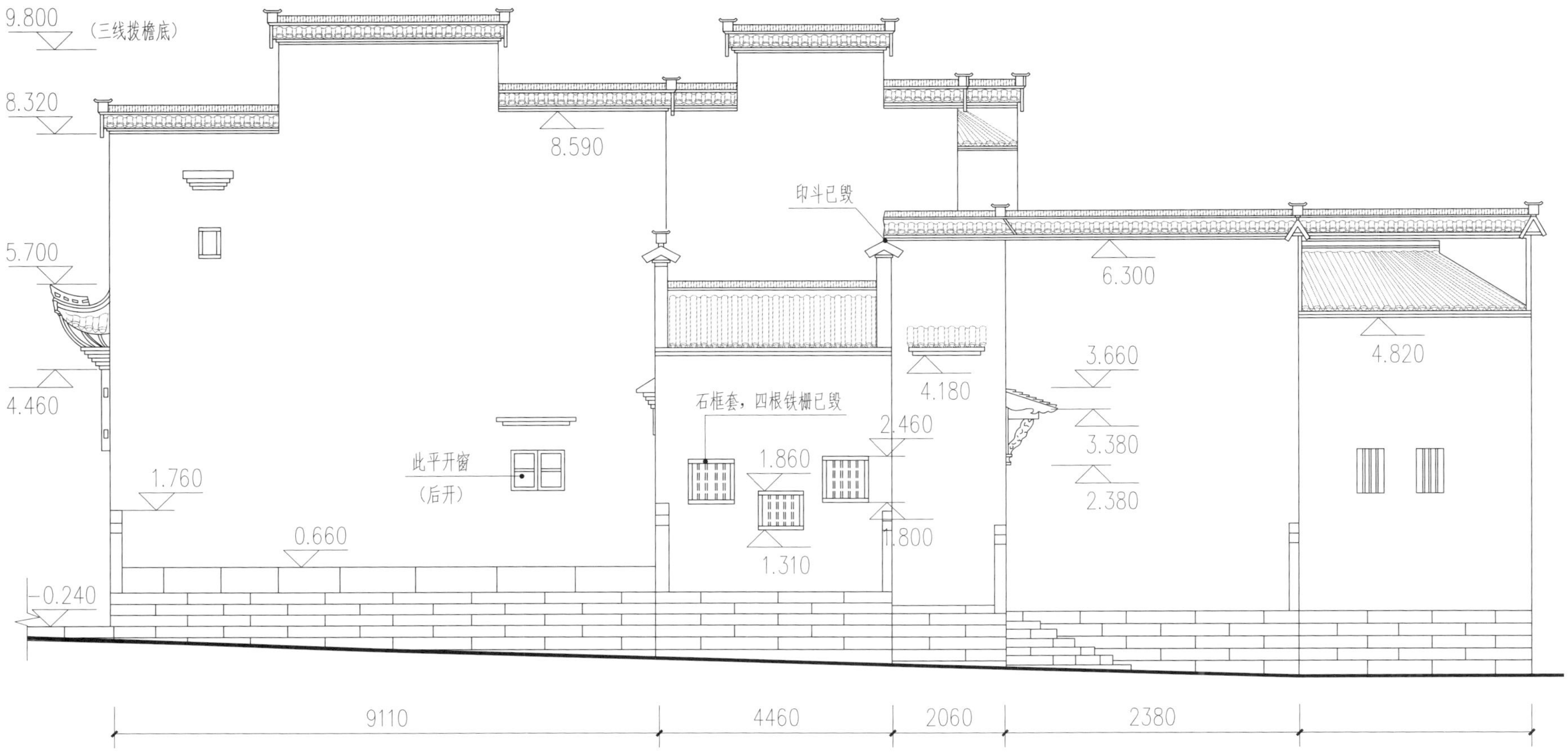

图22-21 程培本堂测绘图-侧立面图

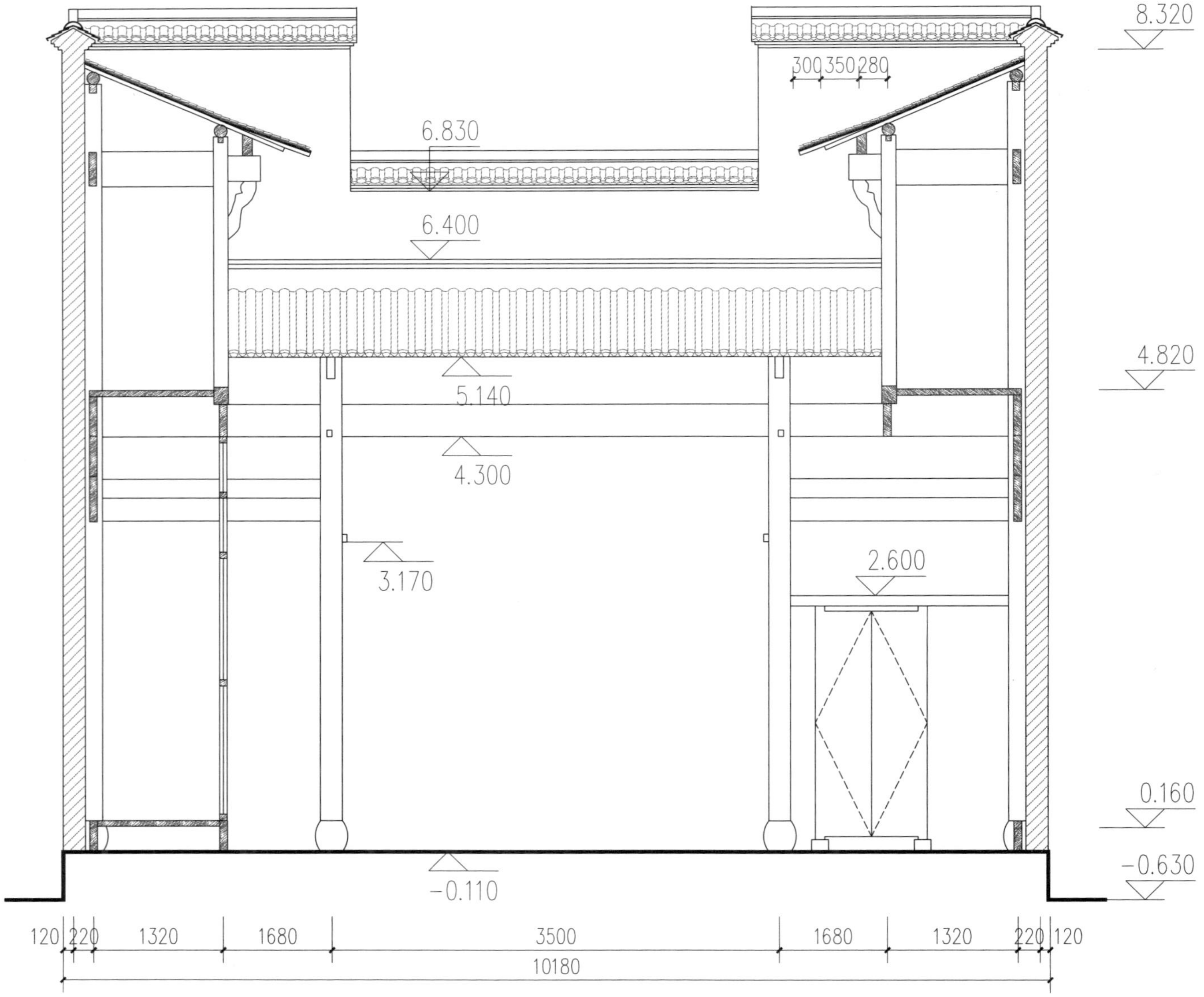

图22-22 程培本堂测绘图-门廊前檐剖面图

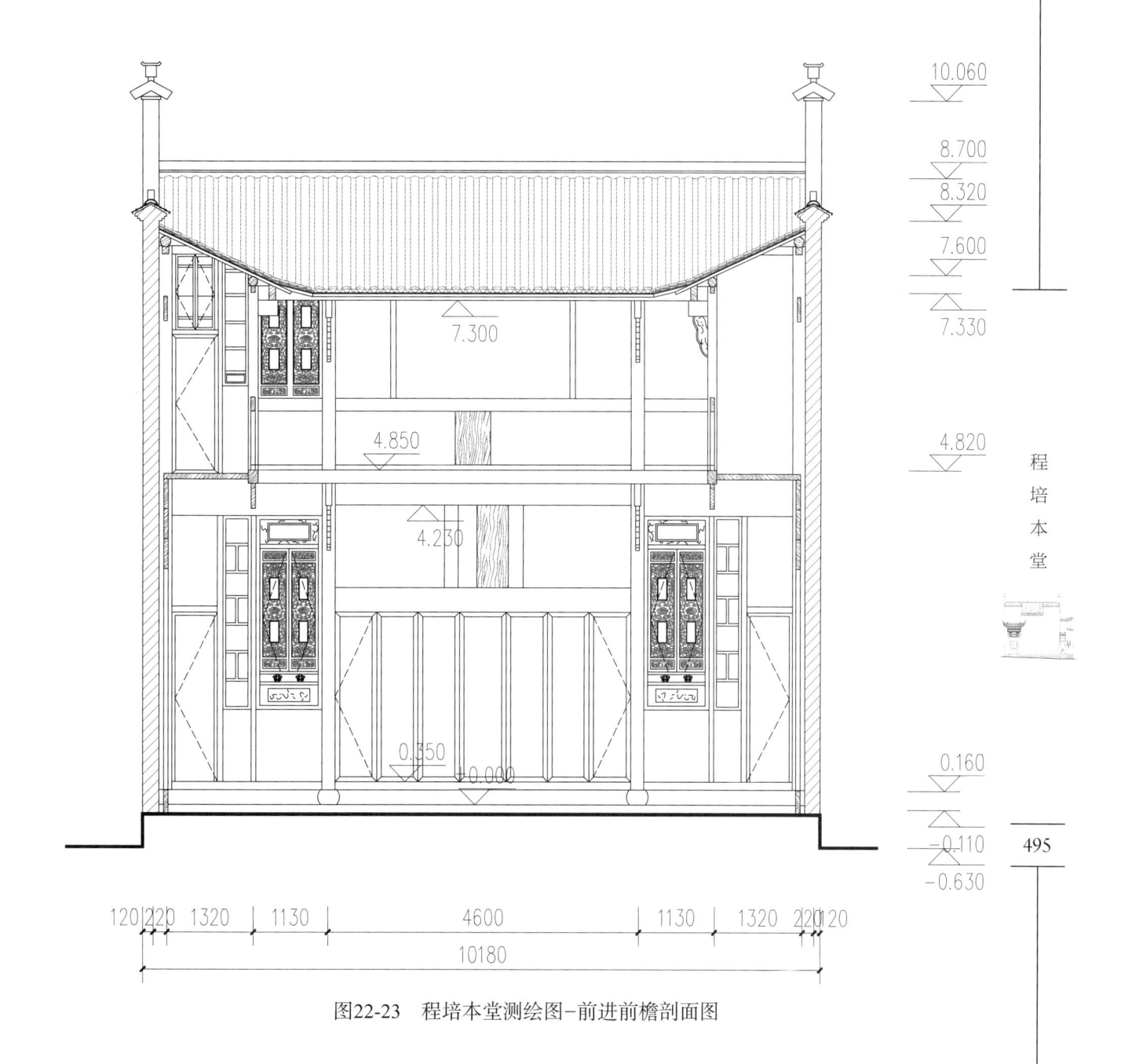

图22-23 程培本堂测绘图-前进前檐剖面图

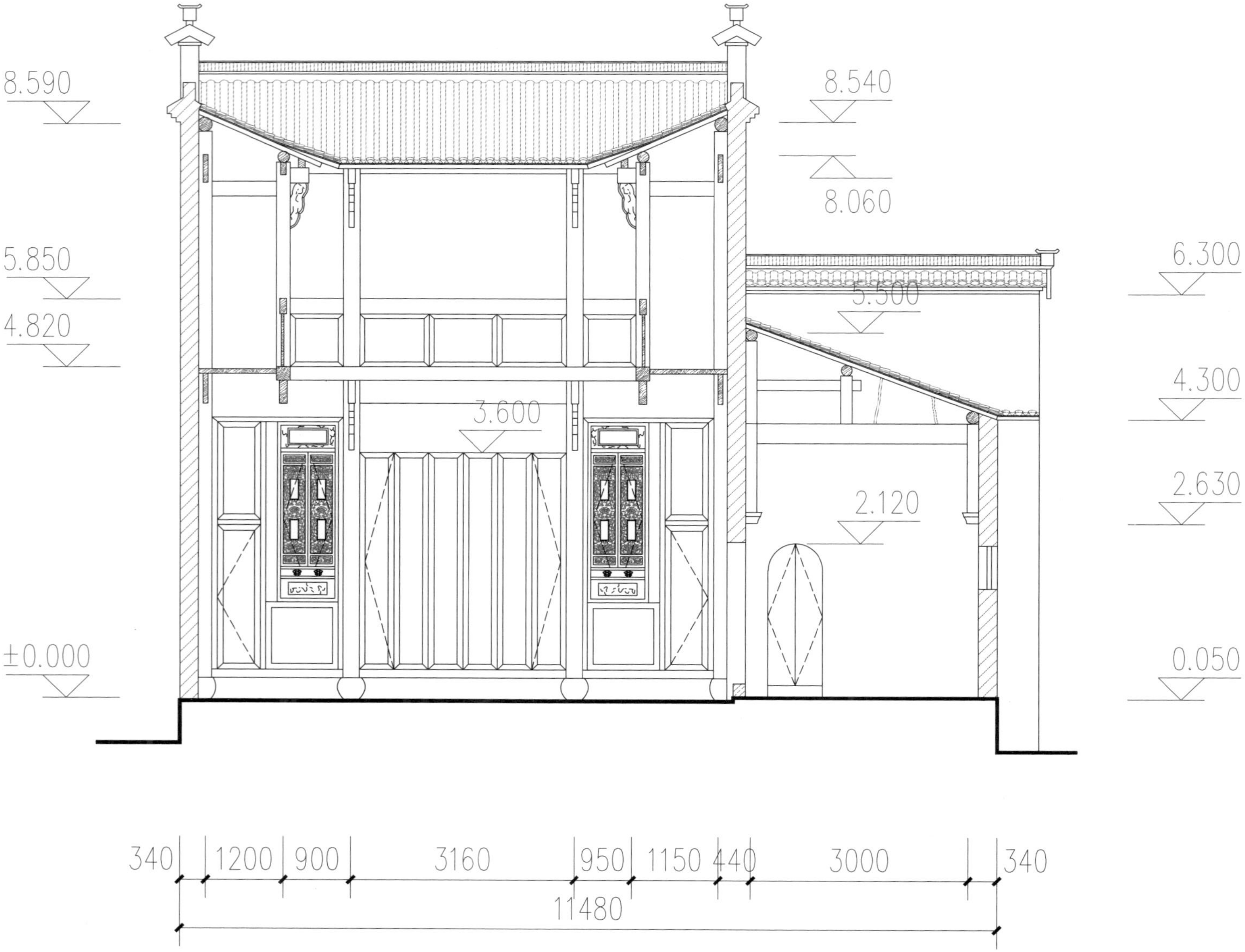

图22-24 程培本堂测绘图-后进前檐剖面图

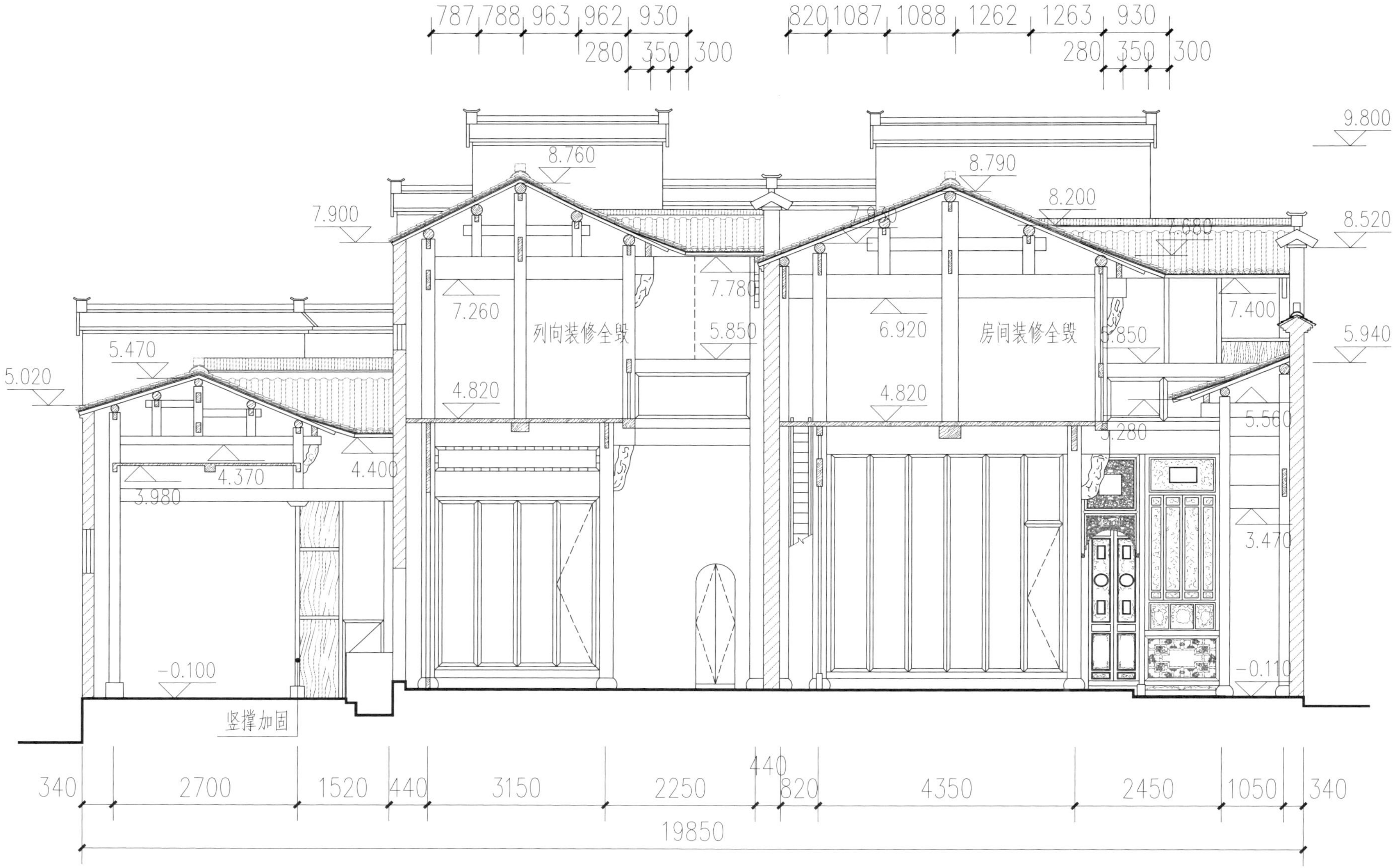

图22-25 程培本堂测绘图—明间纵剖面图

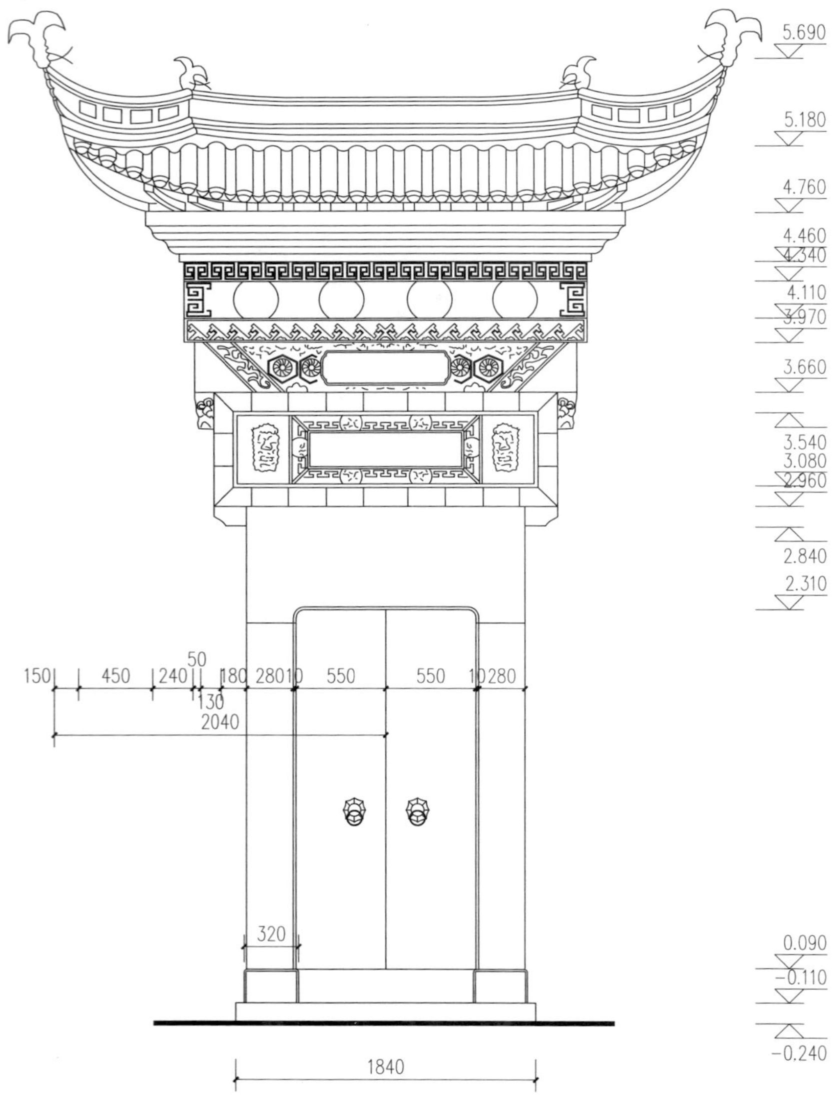

图22-26 程培本堂测绘图-门楼、隔扇大样图

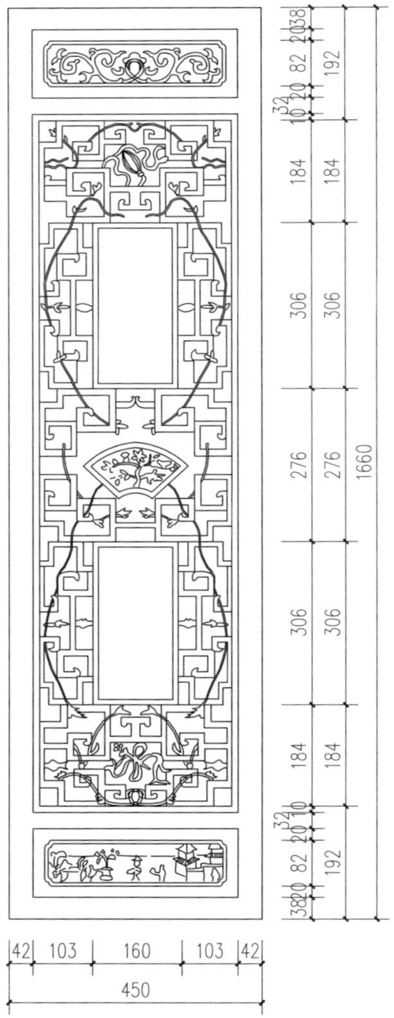

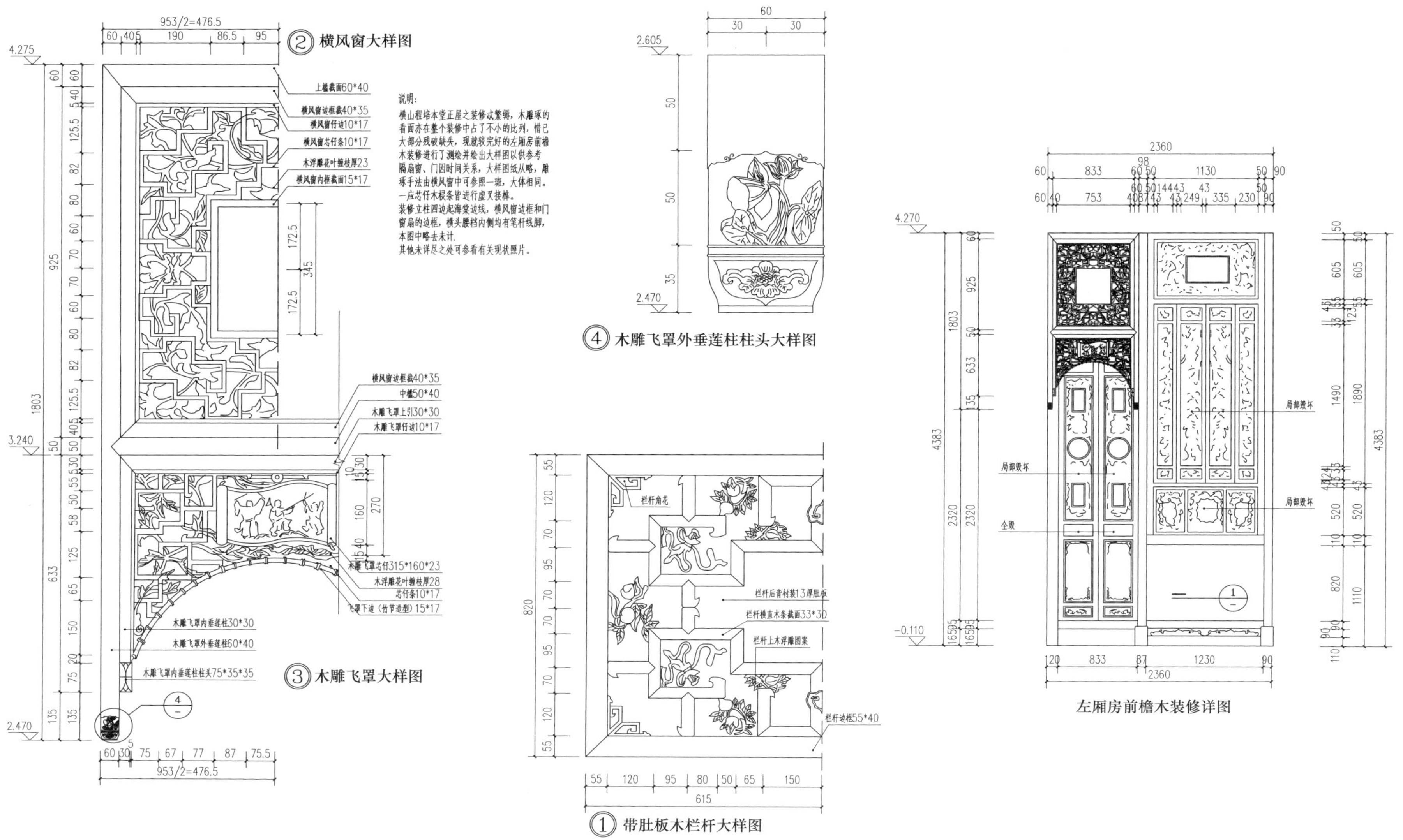

图22-27 程培本堂测绘图-木雕大样图

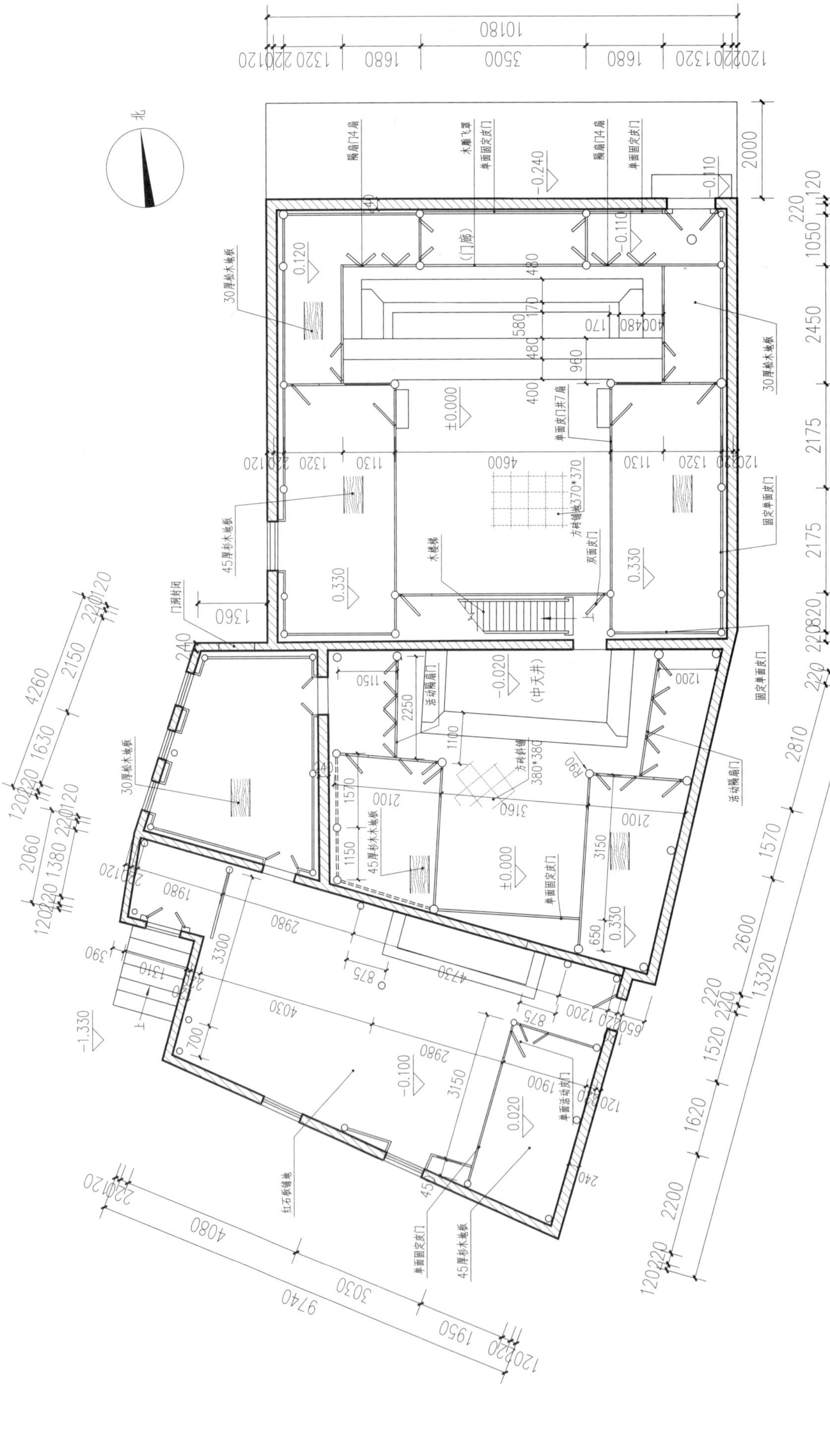

图22-28 程培本堂施工图-底层平面图

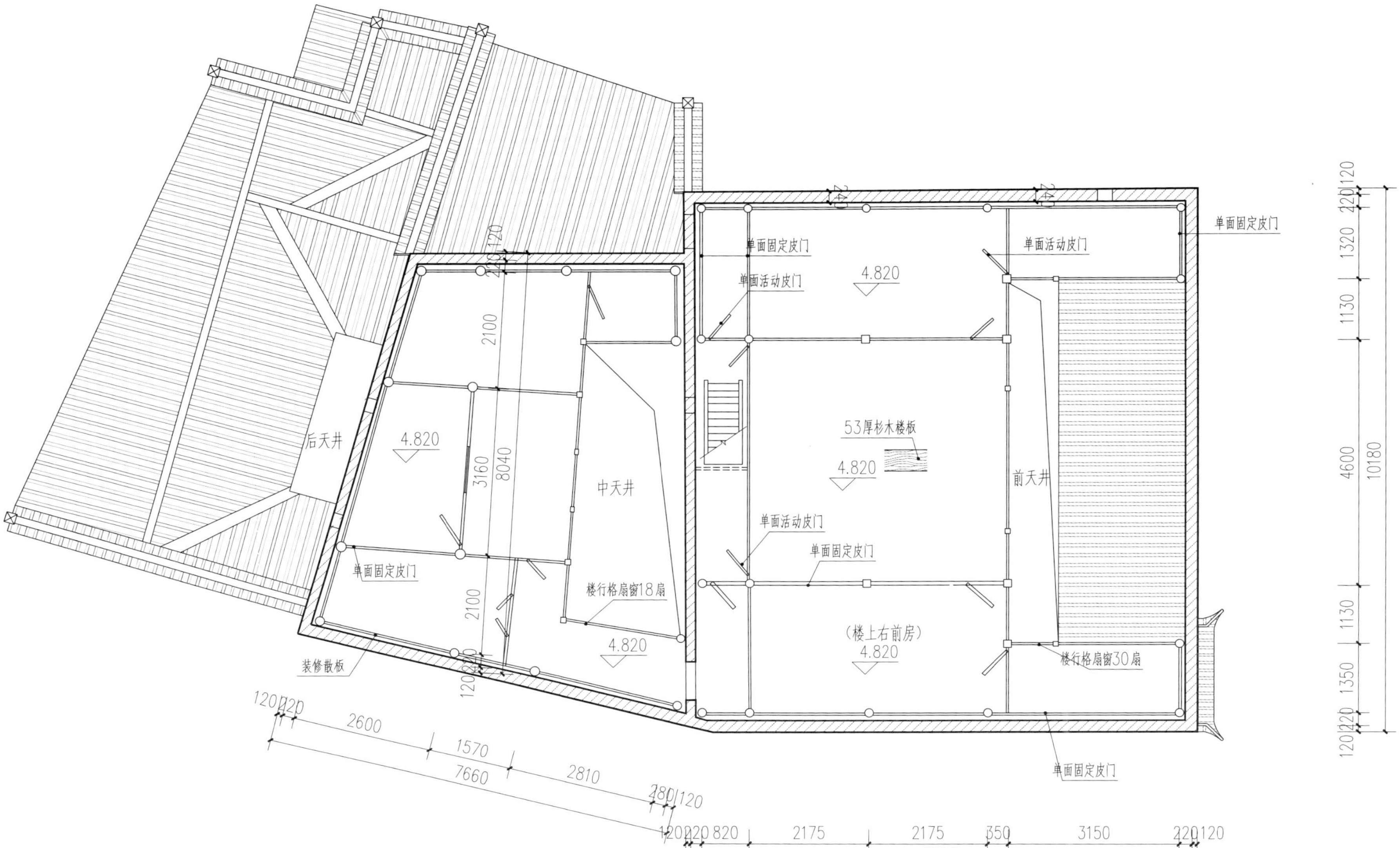

图22-29 程培本堂施工图二层平面图

程 培 本 堂

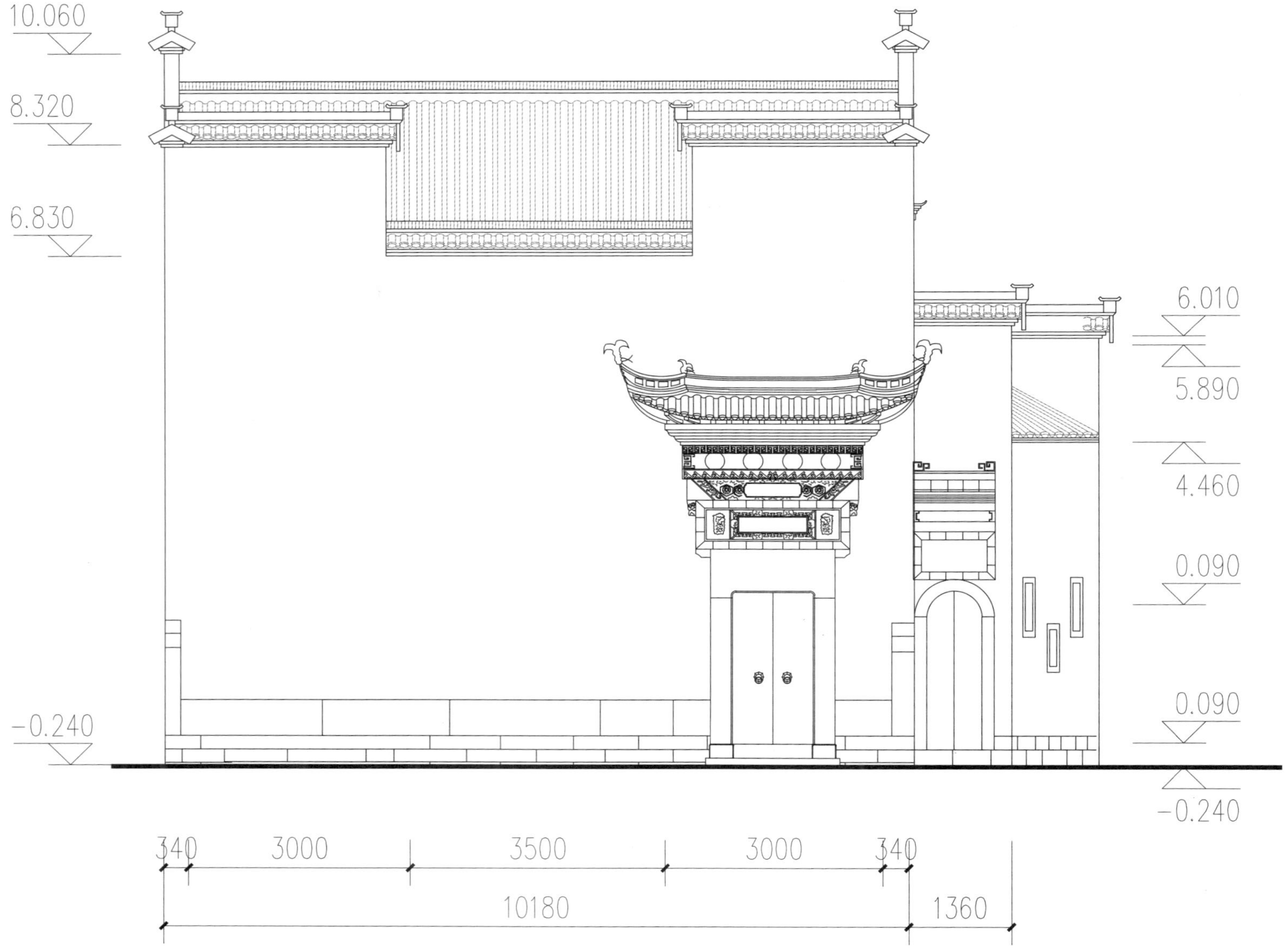

图22-30 程培本堂竣工图-正立面图

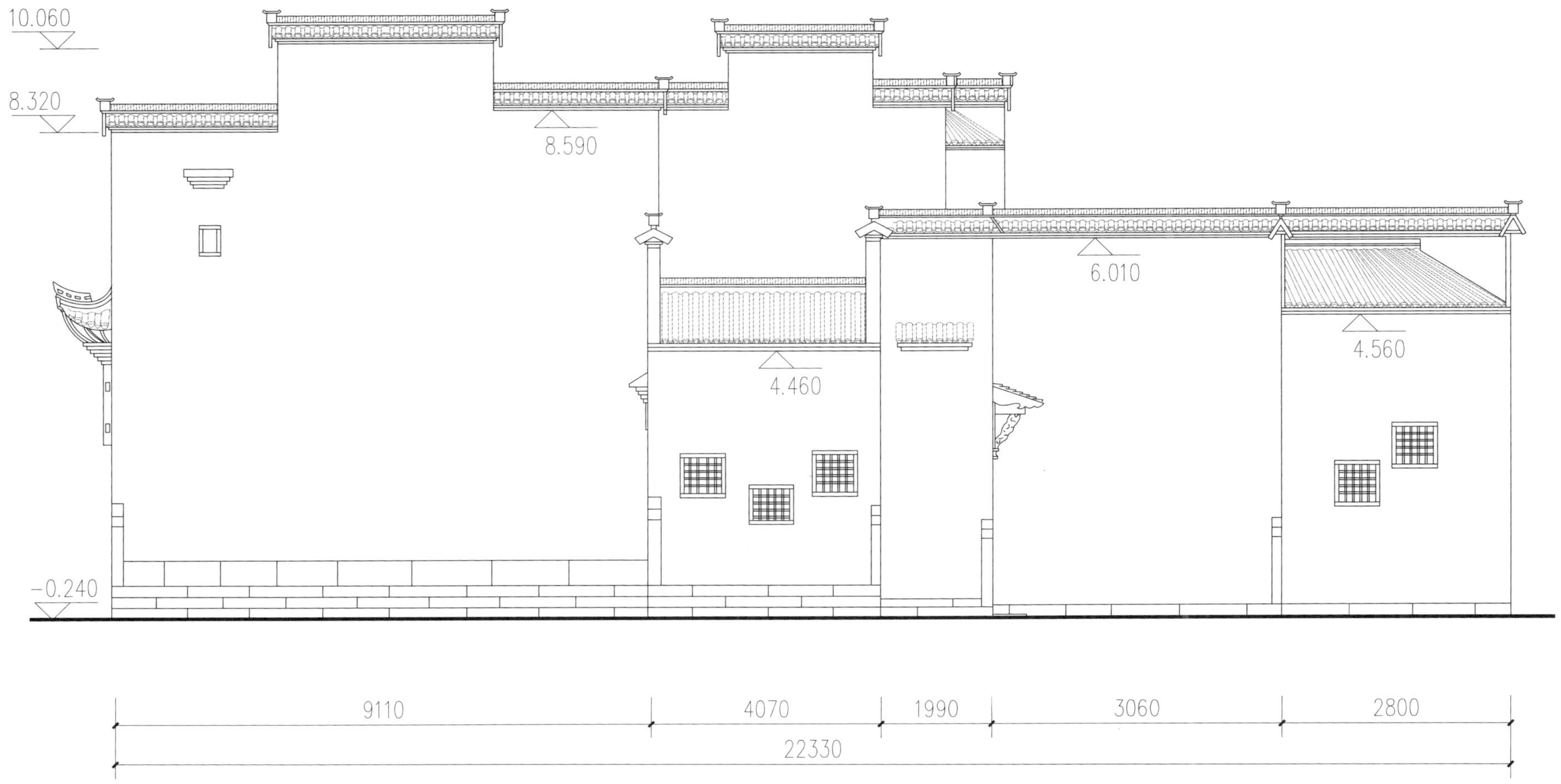

图22-31 程培本堂竣工图-侧立面图

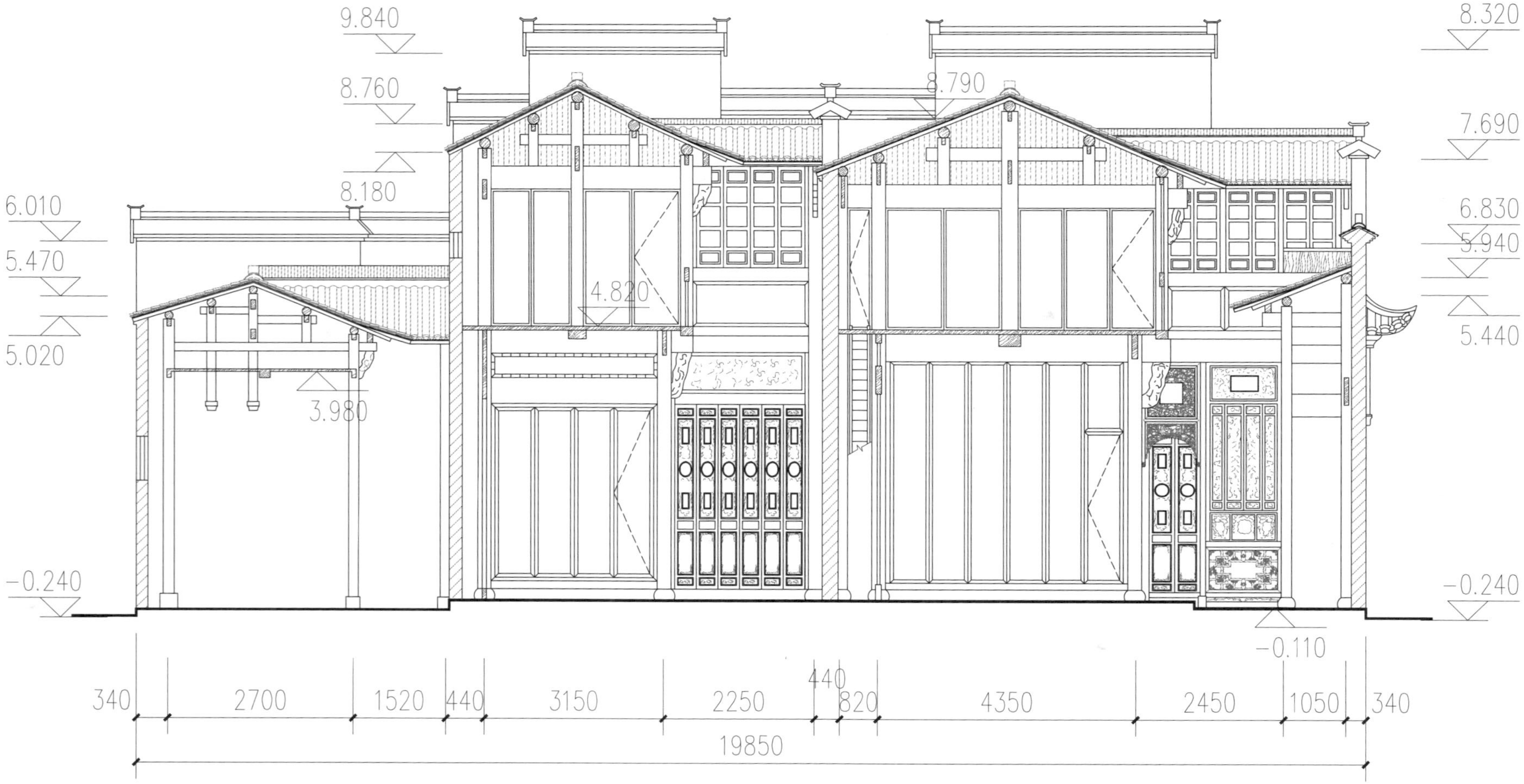

图22-32 程培本堂竣工图-明间纵剖面图

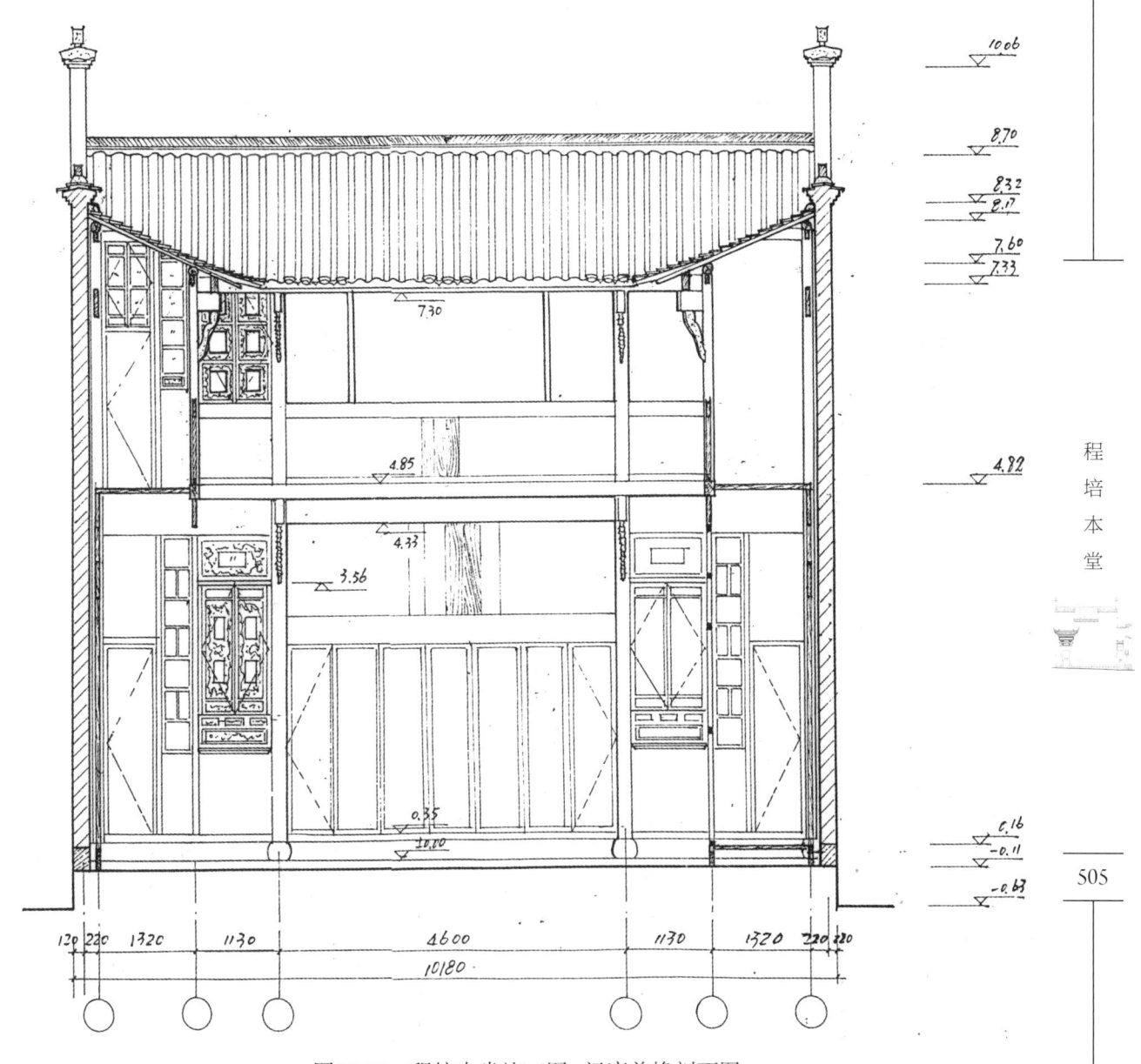

图22-33 程培本堂施工图-门廊前檐剖面图

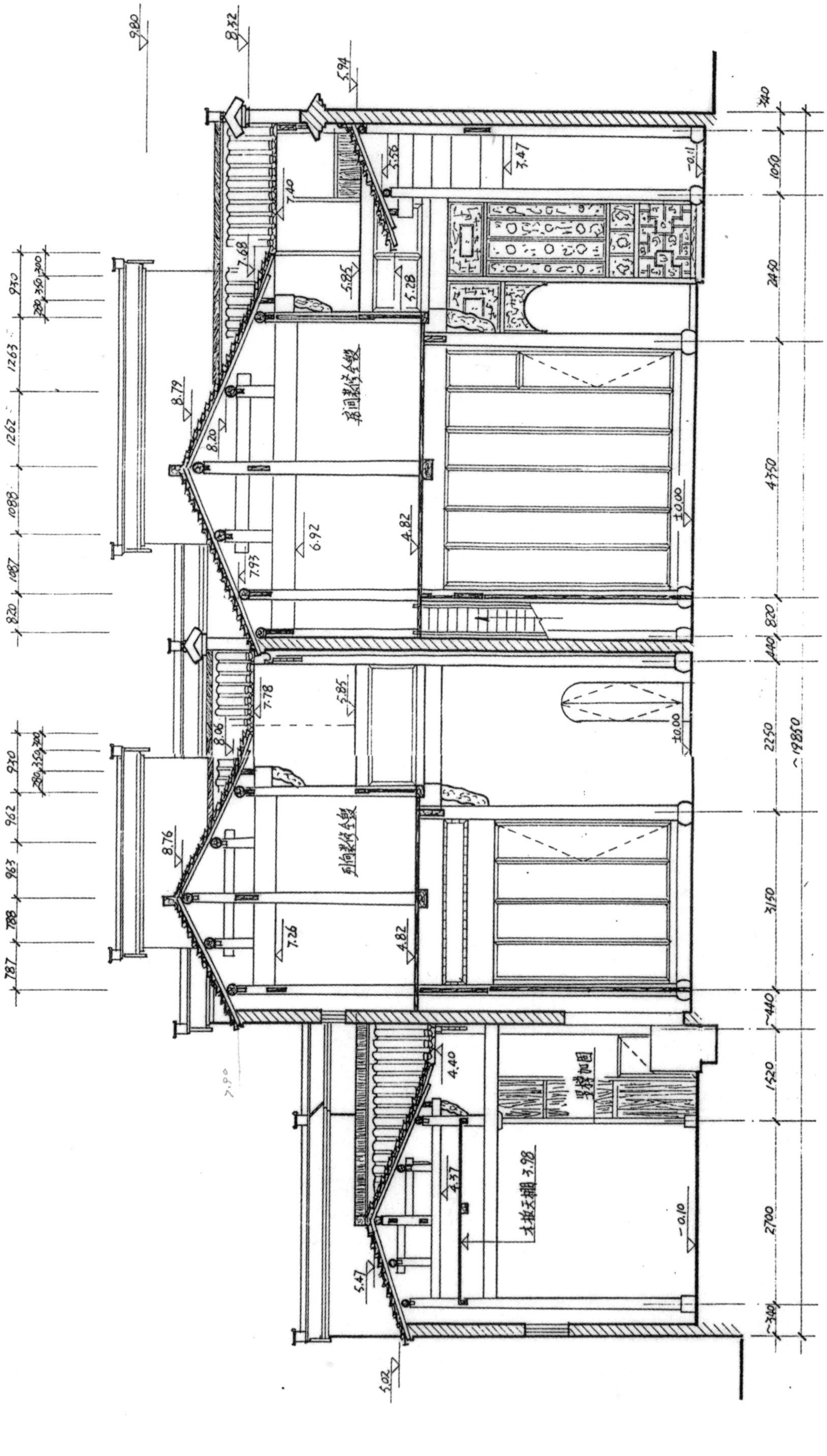

图22-34 程培本堂施工图－前进前檐剖面图

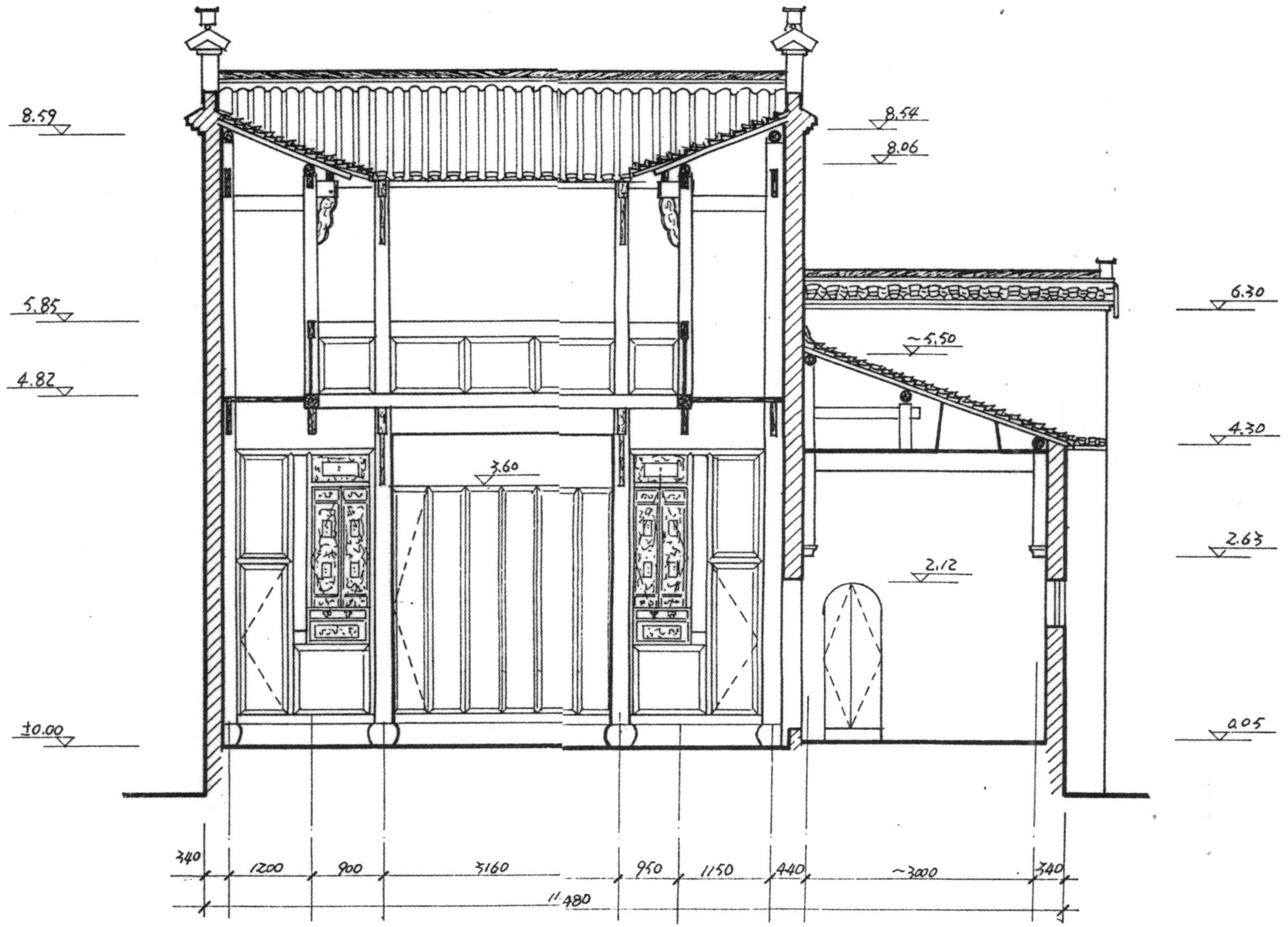

图22-35 程培本堂施工图—后进前檐剖面图

程 培 本 堂

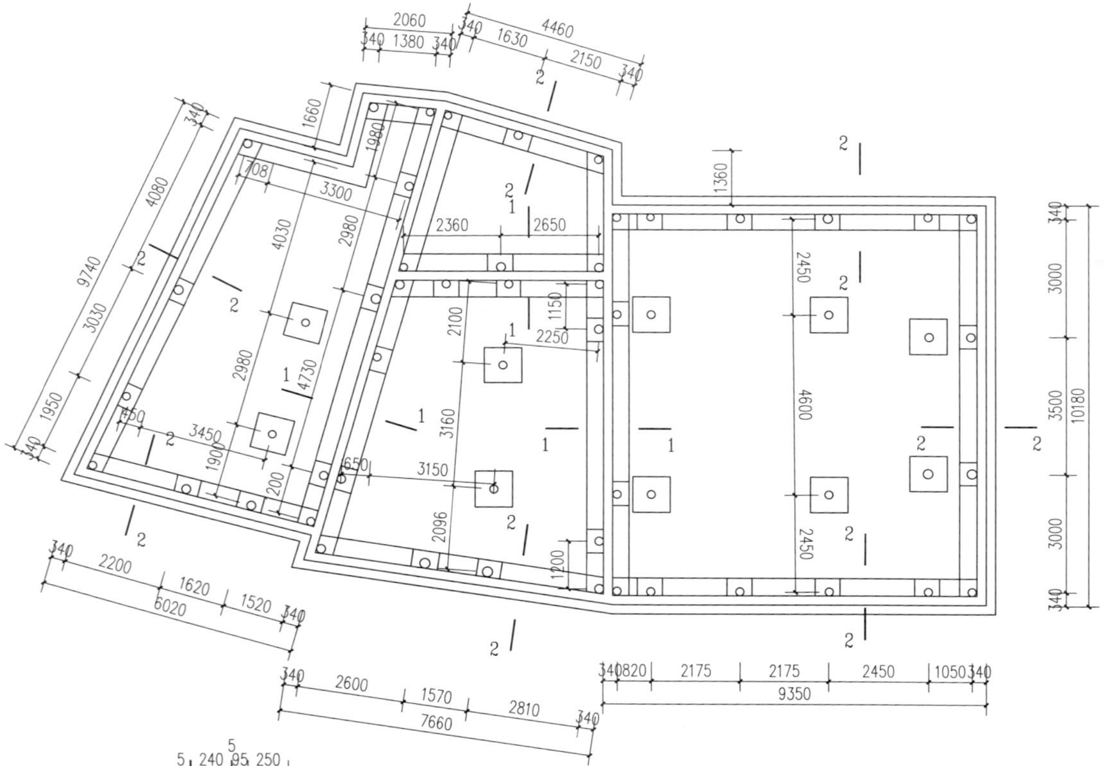

图22-36 程培本堂竣工图-基础图

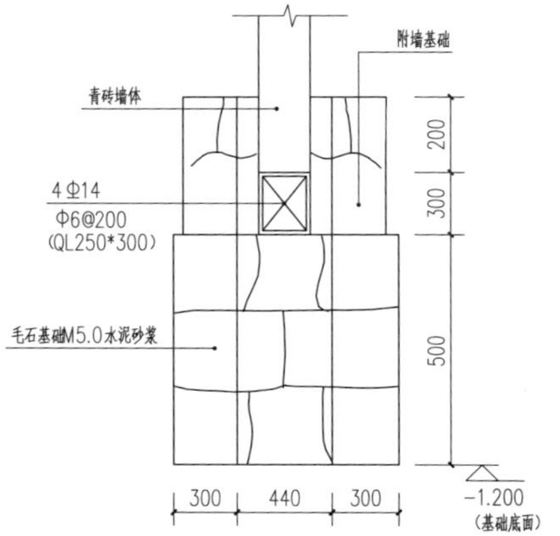

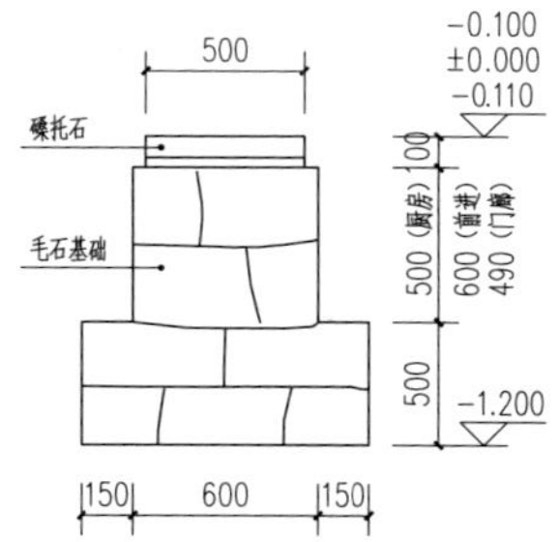

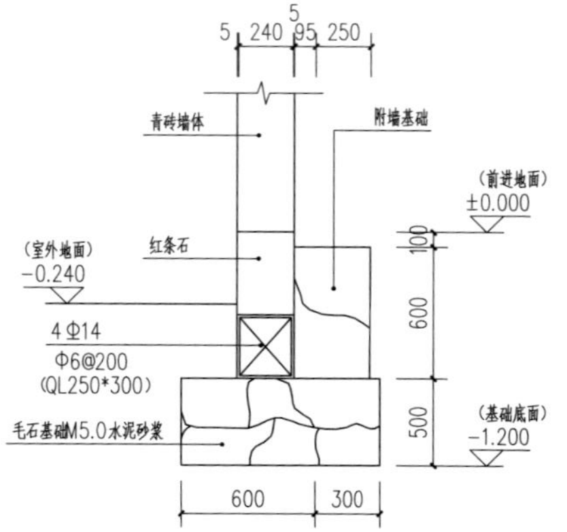

# 程培本堂收租房

## 一、概况

程培本堂收租房现位于潜口民宅清园。原系清末西溪南横山村地主程培本为收纳佃户租谷而建，故名收租房。收租房布局狭长，进深不足5米，八间头呈一字长龙形排开，统开间33.67米，占地面积154.18平方米，建筑面积296.87平方米。

收租房与主屋（程培本堂）为同一时期建筑，是程培本堂专为收租纳粮所置产业，功能性特征十分明显。停车、系马、侯号、晒干、扇净、量斗、司秤、划码、过账、吊篓、转运、上仓、储存之陈设场景一一俱备，操作流水线分明，管事、账房还配属专门办公、休寝的场所，是古徽州域内反映农村租佃经济的特色建筑，保存至今，殊为难得。

中华人民共和国成立后土地改革，收租房为程、胡、吴多户所有，成为家庭生活居住用房。紧靠老房陆续有新建、添建的构筑物，内部装修多处被拆改。为抢救保护这一珍贵的特色古建筑，遂于2001年将其和主屋程培本堂同时搬迁至清园内集中保护。

## 二、原址原貌及形制特征

程培本堂收租房原位于西溪南镇竦塘村横山自然村。该村位于徽州区西端与休宁县交界地带，处在歙县、休屯古徽州两大核心区域的连接带，历史悠久、文化积淀深厚。这一带地形为徽州盆地的低山丘陵区，也是古徽州的粮食主产区之一。

程培本堂收租房位于村西南首，坐北朝南。面对占地约亩余的晒谷场，再往南即为沃野平畴，稻垅、麦丘一览无余；北则隔巷与程培本堂老宅及鳞次栉比的村舍连成一片；西端首间为晒谷场、村舍的连接点，村落道路入口节点位置有东西向石板路通向村内；东侧厨房边有水井，厨房背后隔巷即为程培本堂（图23-1~图23-3）。

收租房平面呈长条形一字排开，共八间，开间各不相同，进深也有所差别。首间在主朝向上，与其他七间形成角度倾斜。除东侧厨房外，七间皆为二层楼屋。西端首间山墙上用拱形屏

图23-1 首间正立面

图23-2 侧立面    图23-3 首间后檐局部

风墙[①]封护，独立隔成一间，正面开门，后檐装置排门，腰檐施挂落；中六间后檐墙全部封护，前檐亦筑墙，明间开门，其余则开窗；厨房为一层单间，东山墙亦为拱形屏风墙封护。正面三门洞上有造型优雅、雕琢精致的悬挑垂花门罩。

## （一）首间

面阔4.88米，进深4.91米，占地23.96平方米。朝向与其他七间有偏斜，其他七间朝南偏

---

① 防火山墙的一种，房屋左右山墙高出屋面，随坡叠落，如屏风状，一般有三山屏风和五山屏风，以及弓形墙等。

西，首间则更趋正南方向。首间前后檐及东山墙均置有门及通道，形成类似过街楼[①]的形式。

前檐居中开门，南通晒谷场，西去村内石板路。门扇白铁皮包镶。门上悬挑木雕门罩，是三个门罩中唯一原状保存完整的。门罩为歇山顶做法，置有卷棚轩、鹅颈轩，老戗承重，嫩戗[②]起翘，用9厘米×9厘米小方柱拉结，以砌在前檐墙上的石质垂莲柱头承重。上部自外墙皮挑出139厘米，出檐62.5厘米，出翘14厘米，起翘18厘米。木雕门罩完整，比例适中，雕刻精美。门罩下方门楣墙上绘有戏曲人物彩画。

现后檐底层加砌围护墙，厚25厘米，直顶楼板，墙上开有小门。据主人介绍，后檐楼下原装置有门扇，可拆卸，同前檐墙和西山墙上的大门，构成三面通达的过街楼以便纳租者等候。后檐楼层施腰檐，挑出91.5厘米，有木雕花板、挂落，上覆钉有顺水条的薄木板，无瓦、椽、望板等设置。腰檐上的楼行直棂隔扇窗现仅存两扇。屋面檐口从楼行柱上出挑，做成象鼻形，檐下安装有鹅颈轩及垂莲柱[③]。

地面红料石铺砌，局部破损。西山墙上开窗，因现业主靠此墙后砌筑有一披水的牛棚，窗户封堵。前檐和西山墙上1.05米处安装有青石雕琢的系马栓3个，供运米驮谷者系驴马之用（图23-4、图23-5）。

东山墙上通正屋的双开门扇毁坏，门楣上悬挂的木匾遗失，匾托犹在，匾托雕刻弥陀佛图案，据知情者回忆，木匾额题字"全真别业"。

首间承重构架两列，每列立前后檐柱。楼上、楼下皆构架简单，后檐楼下直枋缺失，挑头出35厘米，形成了楼上的出挑，挑头木下木雕斜撑缺失。楼上减去后檐柱，仅在挑头木及枋上四步架屋。楼上原系住房，室内贴壁散板装修至顶，前檐置有窗户，石框套。楼上东壁开门，通向主房楼上，门扇遗失。列向承重枋残缺（图23-6）。

屋面椽截面5.3厘米×4.2厘米，中距19.5厘米，有飞椽、望板建制。两山为拱形屏风墙，以减缓进深较浅的屏风墙跨比失调带来的反差影响。后檐屏风墙上的垛头由多道枭混线组成，线条柔美，婀娜多姿。

图23-4 首间外墙上的系马栓

---

① 过街楼，是徽州建筑的一种特殊建筑样式，一般建在房屋正厅之外的街道上空，依托街道或巷弄两旁的屋架，架木铺设楼板筑成。纵向街道两侧，楼的下半段砖墙砌在楼板上，上半段为可装可拆的槽板。在建筑形制上属于大屋的附属建筑，起点缀群居作用。

② 多与老戗配合使用，老戗是受力构件，嫩戗是起翘构件，两者紧密地形成互补和分工。

③ 用于额枋下部垂花门或垂花牌坊门的四角上，顶部承托着平板枋，分别与面阔、山面两个方向的额枋、由额垫板、小额枋相交，下部悬空并在柱头上做成莲花，故叫垂莲柱，是装饰性构件。

图23-5　悬挑木雕门罩　　　　　　　　　图23-6　首间楼上组合窗

## （二）纳谷点与储粮库

收租房主楼六间二层，由并列的两个三开间组成。西边间前后檐不等长，统六间面阔 24.4 米，后檐长 25.67 米，进深 4.68 米，建筑面积 231.36 平方米。根据始建时的功能区分，现称贴近首间建造的西三间为"纳谷点"，东端三间为"储粮库"。

纳谷点前檐墙居中开门。双开白铁皮包镶门扇。门上木雕垂花门罩毁损，仅剩残痕和个别木构件。

纳谷点三间，两明一暗。明间及西次间无隔断装修，地面全红料石铺砌，为收租时净谷、量斗、司秤、划码、过账、吊篓、转运之所。后胡姓屋主为方便家居，西次间正贴增设了装修，并在前廊步新辟了登临二层的木楼梯，在明间石板地面上又浇筑了水泥。西次间地面现残留四个卯眼，为当时固定净谷木风车所凿，尺寸为 6.5 厘米 ×6 厘米 ×2.5 厘米。东次间装修为一个房间，地面铺有木地板，收租时作为账房使用，原状基本保持。明间缝板壁中间装置有嵌玻璃的四扇组合窗，高 1.56 米，总宽 1.8 米，现仅剩框架。框架下又设一组四片横排的单层玻璃扇窗，方便开启，以利量斗、司秤者递码报账。房间与储粮库边间缝隙板壁上，亦设置有一个上下两片的玻璃窗口，账房先生关门坐于房内，也可以同时观察储粮库的操作情况（图23-7～图23-11）。

图23-7　地面固定风车的卯眼

纳谷点楼下贴墙皆有板壁装修。前檐墙上两次间有石制门框套、铁窗栅、木板窗扇，木板窗扇正面镂空雕"暗八仙"图案，背面安装小块玻璃。"暗八仙"是指八仙所持的八种兵器，用其代表八仙，既指吉祥如意，也代表万能的法术。"暗八仙"在长期的民间流传及演绎中，被赋予了特定的功能与作用：渔鼓，张果老所持宝物，"渔鼓频敲有梵

图23-8　可开启的楼板　　　　　　　　图23-9　墙边楼梯口遗痕

图23-10　谷仓入谷口　　　　　　　　图23-11　储粮库楼上梁架

音",能占卜人生;宝剑,吕洞宾所持宝物,"剑现灵光魑魅惊",可镇邪驱魔;笛子,韩湘子所持宝物,"紫箫吹度千波静",使万物滋生;荷花,何仙姑所持宝物,"手执荷花不染尘",能修身养性;葫芦,铁拐李所持宝物,"葫芦岂只存五福",可救济众生;扇子,钟离权所持宝物,"轻摇小扇乐陶然",能起死回生;玉板,曹国舅所持宝物,"玉板和声万籁清",可净化环境;花篮,蓝采和所持宝物,"花篮内蓄无凡品",能神通广大[①]。

纳谷点以东为储粮库,亦为三间。明间开大门,因吴姓屋主在晒谷场紧靠储粮库新建了二层新居,故门扇及木门罩皆拆毁。储粮库楼下为一统开间,贴壁及缝间无装修。后吴姓屋主将西次间改装成房间,东次间砌锅灶,后檐墙上剜洞开门通北巷。储粮库东墙上置有边门通厨房,现门扇遗失。东边墙上有木楼梯架设上二层遗痕,对应楼板上放有楼梯井口,尺寸为65厘米×142厘米,无井口盖板和栏杆痕迹。

储粮库底层三间原安置两座大谷仓,仓边板直顶楼板。明间楼板脊后部位留有两个200厘

---
① 杨永生、翟屯建主编:《徽州文化三百题》,安徽人民出版社,2019年。

米×143厘米大小的谷仓口，现谷仓无存，空洞依然。纳谷点明间正中楼层板，有65厘米宽的楼板可掀起，且楼板上有拉环，以便掀起木板。谷物在纳谷点的明间过斗、司秤后用木绞车直吊楼上，然后抬至储粮库的谷仓口倾倒入仓。

纳谷点、储粮库二层六间为一统开间，原无装修，后屋主为了各自使用多处加装了散板隔断。楼板厚5厘米，杉木穿销。楼层低矮，楼板到檐口2.3米。吴姓屋主为了便利储量库与新居交通，前檐墙改开有门洞。

纳谷点和储粮库的木构承重架与首间相同，四步架楼上加置中脊柱，列枋及直向攀间料度较小。纳谷点楼上局部构架有火烧炭化痕迹。

屋面上铺望板，大部朽烂。屋面瓦、檐口及屏风墙上的脊、饰、勾滴瓦等残缺严重。

## （三）厨房

储粮库东山墙有门洞通厨房。厨房位于整个收租房的最东端，单层，一间头，无立柱，以砖围护墙搁桁承重。前后不通尺，面阔2.74米，后檐长2.83米，进深4.06米，建筑面积11.3平方米。

厨房外山面开窗，形制亦为带石框套、铁窗栅的木板扇。现铁栅已失，改木栅。正面双开实拼杉板门通宅外，门楣上施墨彩绘。室内改为三合土地坪，有原铺红料石痕迹。外山面为拱形屏风墙。山墙三线垛头下残留有举折极平缓的白铁皮和杉木板钉安痕迹，初始屋面用杉木板上加白铁皮覆盖，后来才改为钉椽盖瓦。

# 三、文物价值

收租房是反映徽州清末农村社会经济状况的特色建筑，具有特定的使用功能，匠心构造，风貌独特，是此类古建筑中难得的珍贵遗存。有效保护并对其进行更深入的考察、剖析，对研究徽州农村经济史、封建租佃制发展，乃至农村民俗史都具有重要的参考价值和积极意义，是徽州文化研究的珍贵实例。

收租房布局构造和特定功能紧密相连，科学、合理、适用，反映了建造者高超的规划设计水平和民间智慧创意，给后来者以深刻启迪，具有重要的科学价值。一层高、楼上低、开间大、进深小的整体构造，便利租谷收纳、扬晒和搬运等经营操作；长方形一字排开布局，满足纳租者停车、系马、候号，收租时净谷、司秤、过账、转运、上仓，储存时翻晒等一系列流程，从外到内再到外，从下到上再到下，从东到西依次转场，程序有条不紊，场地设置紧凑合理，设施设备一应俱全，建筑结构与功能协调统一。

收租房匠心独运，工艺精湛，达到了功能性与艺术性相结合、实用性与美观性相统一，是清末徽州古建筑的精品。墙上系列窗套设置，有石框套、铁窗栅、玻璃推拉窗、双开木雕板扇，以及可支摘盖板扇，集安全防护功能、通风采光功能、遮蔽风雨侵袭以及内外观赏性于一体，布局合理，组合得当，令人激赏。木雕悬挑门罩，造型独特，形态风雅。雕镂精致的檐口木雕、曲线柔美的砖砌垛头、丰富多彩的墙上彩画等，展现了鲜明的时代特色和文化艺术感染力。

# 四、迁建工程

## （一）迁建过程

2001年4月8日，拆迁工作正式开始；

2001年4月26日，基槽土方开挖；

2001年7月10日，基础完工，搭设脚手架；

2001年7月25日，大木构架安装完毕，并理正柱子；

2001年8月30日，屋面瓦翻盖，外墙粉刷；

2001年10月19日，木装修完成；

2001年10月26日，迁建工程完工。

## （二）迁建选址

收租房搬迁后选址位于清园西南隅，清园中街南端西尽头。坐西朝东。门前2米宽石板道路与程培本堂相邻，相隔最近处为3米；西有石阶梯登临汪顺昌宅。

收租房储粮库前向阳场地被辟为晒谷场。晒谷场地东西宽12.5米，长25米，三合土夯筑，缘四边石条围护。地坪高出四面13厘米，以利排水。

收租房厨房东原址有水井一口，方便程培本堂和收租房生活使用。为最大程度地还原历史环境，在现收租房首间西北角，也就是清园中街的尽头，掘有汲水井一口，青石井圈，地面石板洒水沟。

因清园整体规划原因，收租房与程培本堂现状布局与两建筑在横山村原址有差异。但两宅仍保留着相互紧邻，来往便利，收租房前开阔向阳以利摊晒、取水井方便生活使用等基本要素，最大限度地满足这两个建筑群既能合理融入清园街区，又不失为一个独立组团的效果。

## （三）维修要点

（1）木构架：整幢房子木构架简约、料度较小，楼上后檐直枋缺失，楼下列枋因安装门框而拆除，中间纳谷点楼上因过火而炭化，更换新料。局部立柱霉烂，进行墩接。

（2）屋顶檐口木构：屋顶望板较薄，已大部腐朽，依原制修复；桁条、撩檐枋依具体损坏情况更换；后腰檐的雕花额板、挂落已残缺，垂莲柱及柱头亦有损坏，木博风板残缺，依制修残补缺，部分重新置换；雕花悬挑门罩仅首间完整，残缺两个，对照原样、按施工图进行复原，原有残存的构件尽量使用。

（3）楼梯及地面：拆除纳谷点后安的楼梯，恢复储粮库靠东边山墙的楼梯设置。楼层及房间地板安5厘米厚的杉木穿销板修复。储粮库脊后根据痕迹留放两个谷仓的仓口洞、纳谷点明间脊前可掀起的活动楼板，均依原状复原。一层地面全部用红料石铺砌，账房为石料地面上再铺设木地板。

（4）木装修：一层的纳谷点四壁及储量库前檐贴墙散板装修，楼上除首间外，贴壁及列间缝无装修。首间楼上房门有拆改，按照图纸复原。纳谷点账房列向按现状复原，已毁的组合窗扇，式样按照残件绘制大样图后复原。首间后檐楼行上原有的十扇隔扇窗，依现存遗件补齐；楼下则依徽州晚清店面门装修，安装可下卸的实拼板门，下边安装留槽的可下卸的木门槛，方便安装闭合和开启下卸。

（5）门窗：储粮库大门拆改，已找回原来的门扇，修整复原。厨房边门门框现存，门扇遗失，按原制补齐。

收租房外墙上共有窗15樘，按原尺寸分三种形制复原。第一种为首间楼上2个，纳谷点账房内1个，总计3个，有石框套、铁栅、玻璃推窗、木窗扇组合，木窗扇雕刻镂空背部嵌玻璃，是完整的四件套；第二种是楼下除房间外有另5个窗洞，石框套、铁栅、木板窗扇，木窗扇有镂空雕刻但无玻璃装置；第三种是楼上纳谷点和储量库前檐6个，厨房1个，计7个，石框套、铁栅，无木板窗扇，现有木窗框痕迹保留。另外，三种窗洞外墙上皆加设翻板支窗扇，楼上原有安装支窗扇的木雕转轴托，残构修复后，其他依制复原。

（6）屋面瓦作：屋面、檐口及屏风墙的天沟、脊饰、勾滴、瓦当残缺严重，依原规格形制订购。

（7）墙体：外围护墙墙体厚25厘米的空心灌斗墙，首间后墙壁为后垒砌，复原时拆除，恢复排门原貌；储粮库的前后檐、上下层，门洞、窗洞多有拆改，依图纸封堵后剜洞口、恢复原制门窗洞。4个半圆拱形的屏风墙和首间后檐垛头，依施工大样图及拆卸前照片复原，墙壁上的门框、窗套、系马栓、角柱石依原制度、原规格复原。

（8）饰面及其他：局部木构表面有髹漆，暂不恢复。墙壁表面为白灰罩面，前后檐砖挑檐及垛头、屏风墙，墙头处有划墨、彩绘图案，依样复原。

按照徽州传统式样恢复储粮库两个大谷仓。净谷的风车、木质绞车、量斗、杆秤等收租用具以及盛、摊晒稻谷的竹篓、畚箕、谷把房等生产用具，可适时在民间收集，充实展陈，更形象地诠释收租房的运营场景。

房屋无天井、室内无窨井，屋面排水仅在首间屋面后檐檐口安装横竖水筧，其他则直接屋檐水落地。

结合工程实施，同步进行白蚁、木蜂、粉蠹等虫害防治处理。室外排水、消防、避雷设施按照清园规划统一实施。

（四）工程资料

主要有勘察设计文本、实测图及照片，以及施工图、竣工资料等（图23-12～图23-26）。

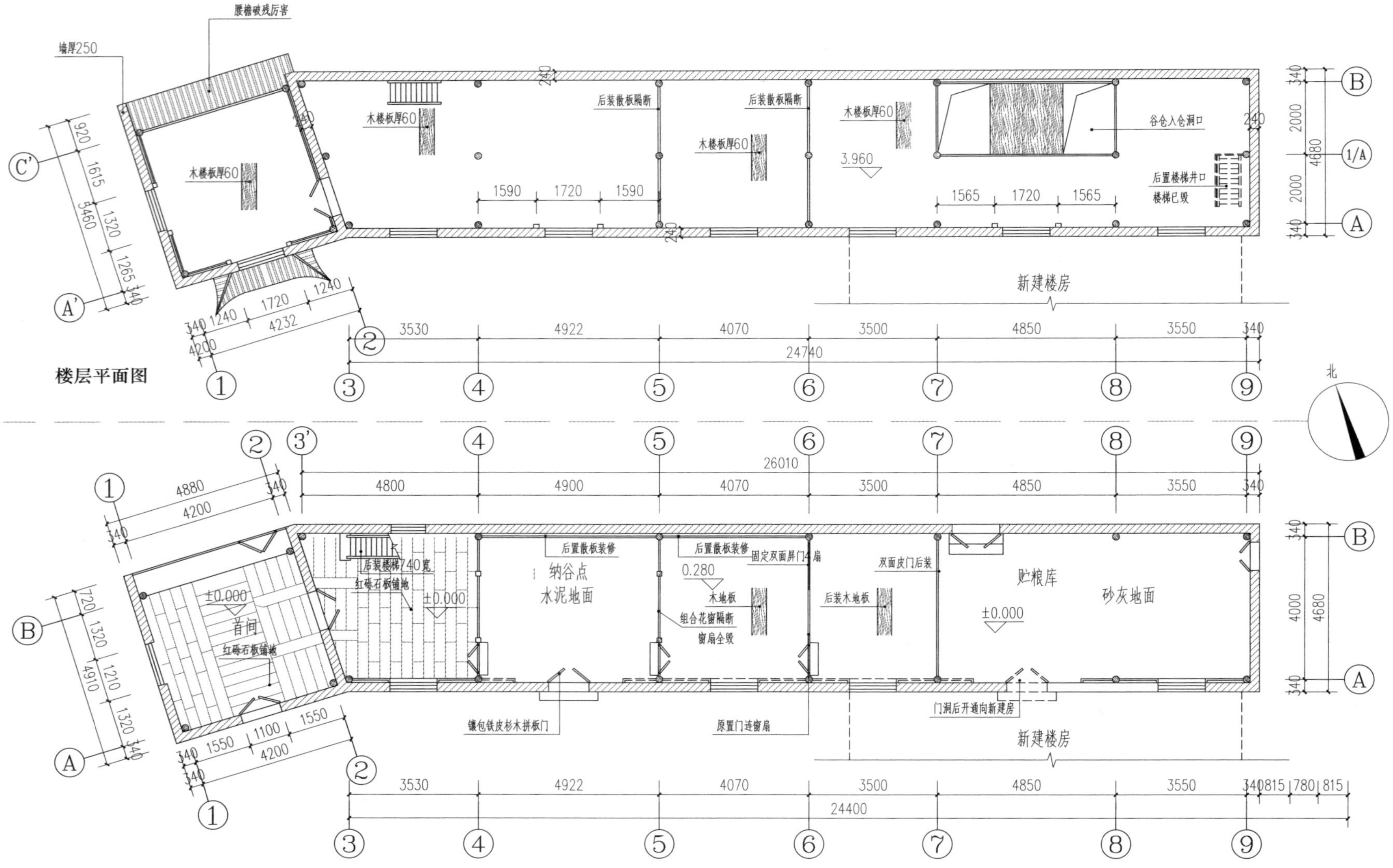


底层平面图

图23-12　程培本堂收租房测绘图-底层、二层平面图

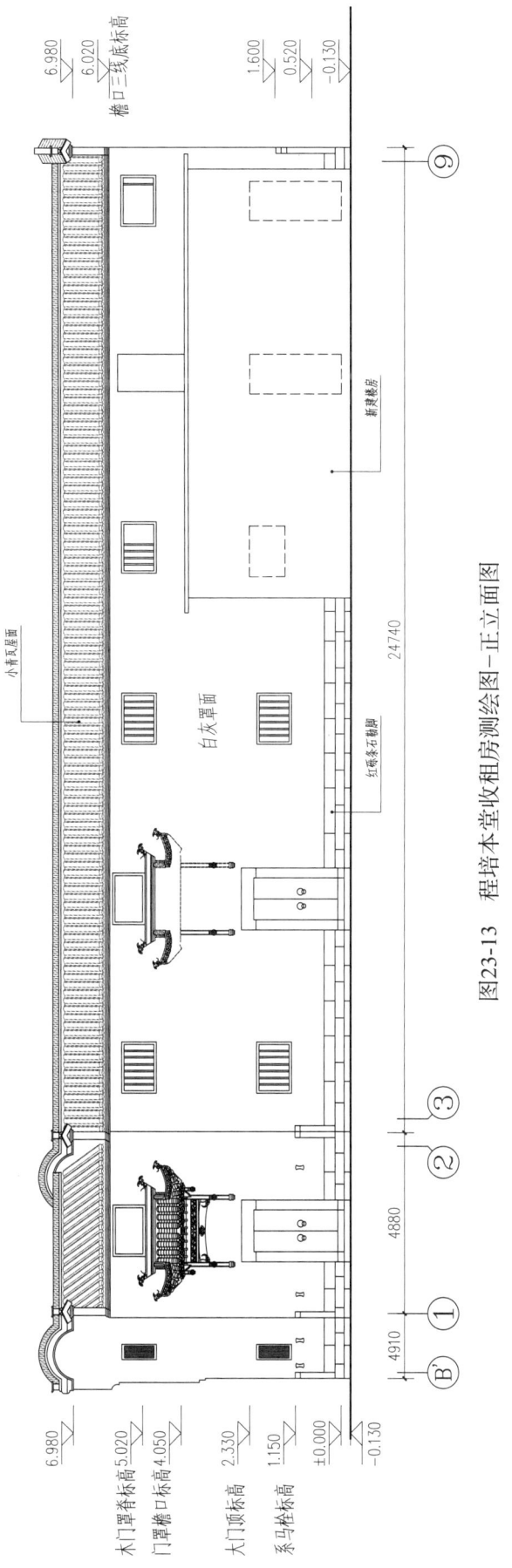

图23-13 程培本堂收租房测绘图-正立面图

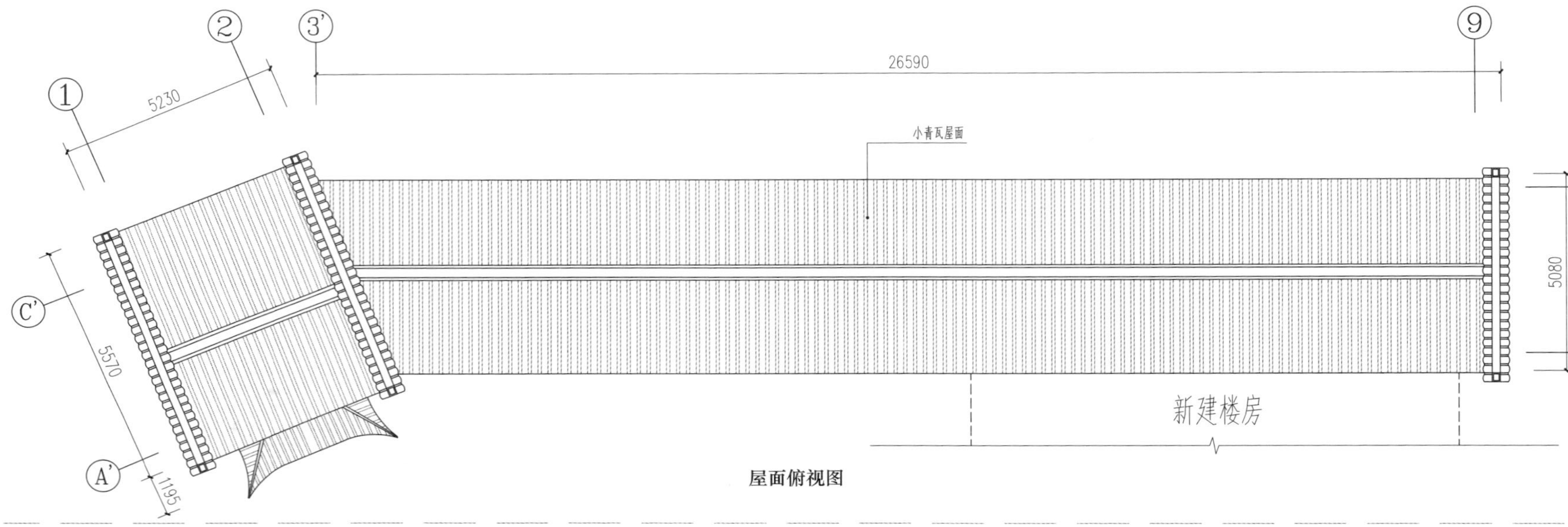

图23-14 程培本堂收租房测绘图-背立面、仰视图

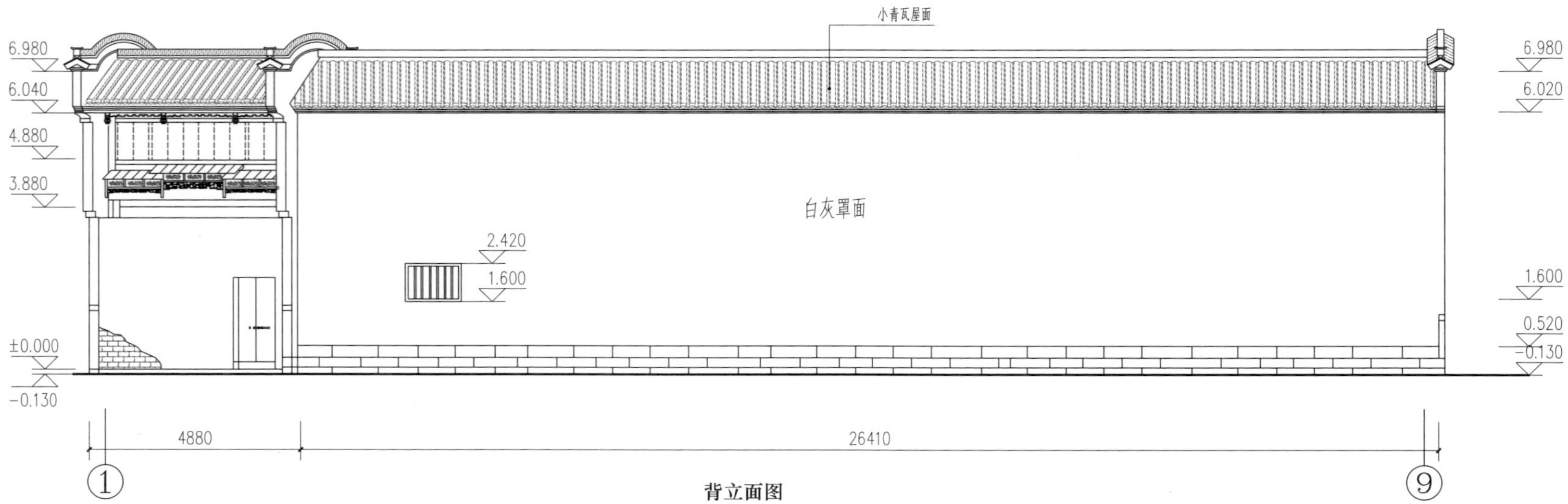

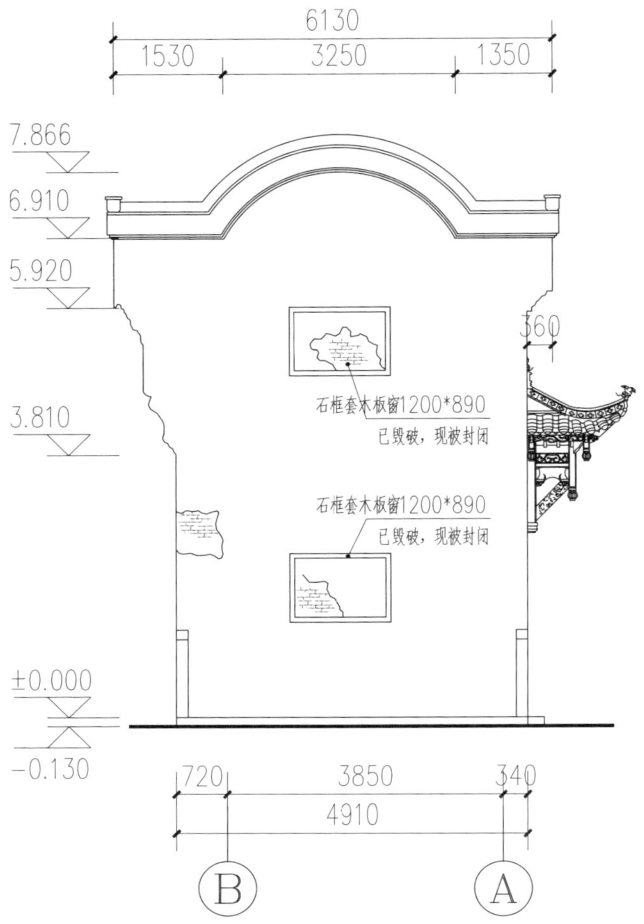

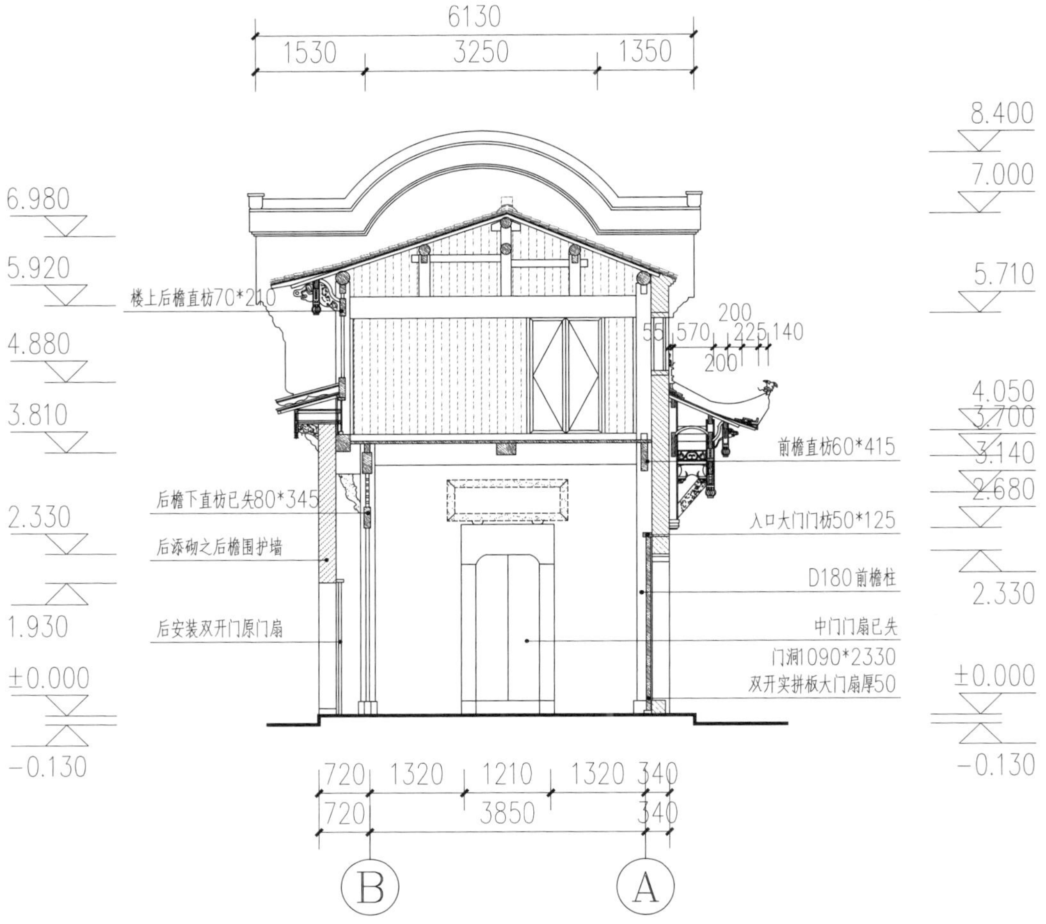

图23-15 程培本堂收租房测绘图-首间侧立面、剖面图

程培本堂收租房

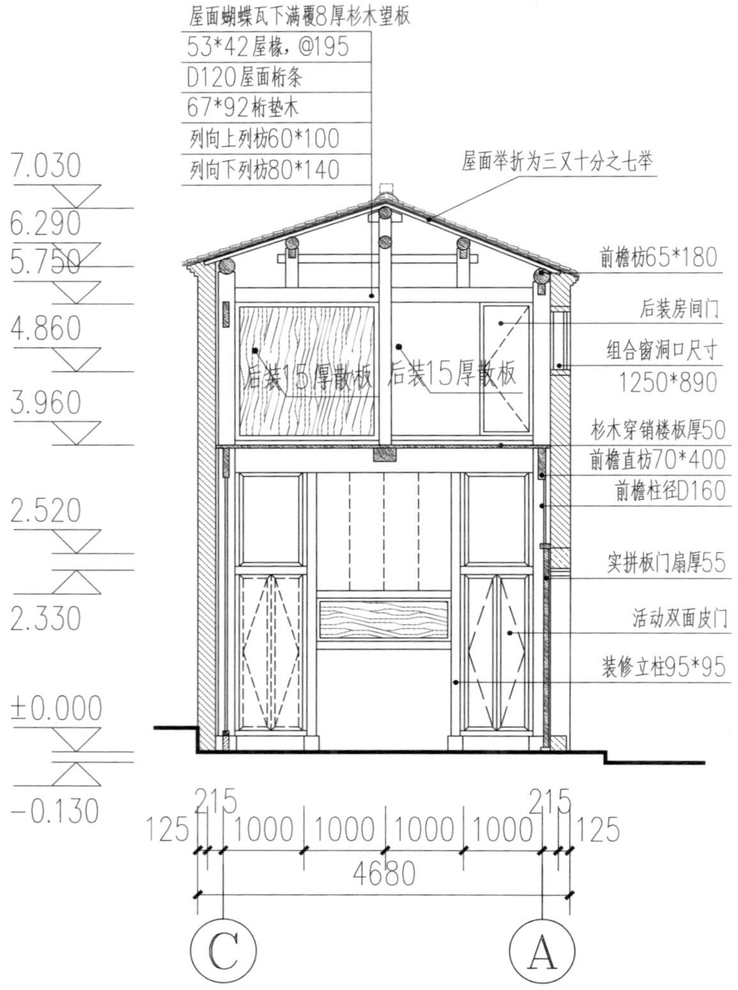

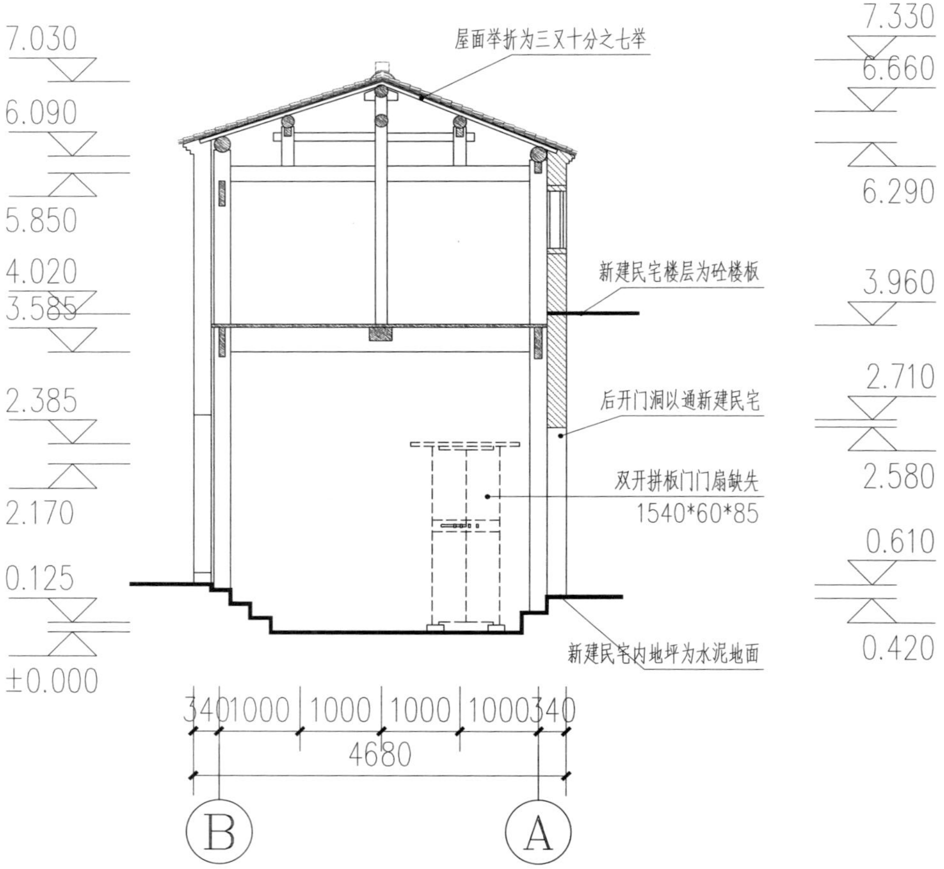

图23-16 程培本堂收租房测绘图-纳谷点、储粮库明间剖面图

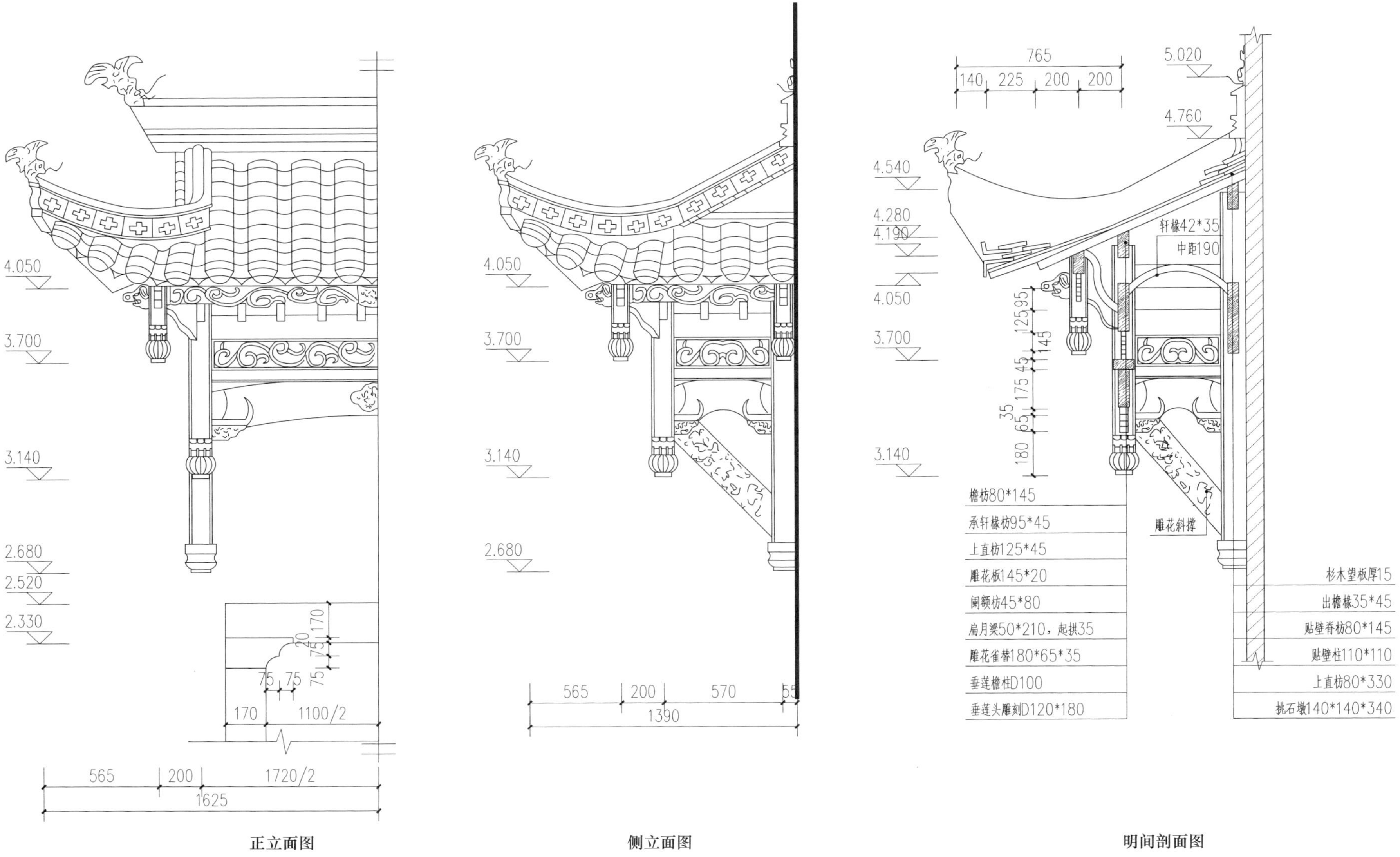

图23-17 程培本堂收租房测绘图—木门罩详图

程培本堂收租房

徽州古建筑保护的潜口模式——潜口民宅搬迁修缮工程（下册）

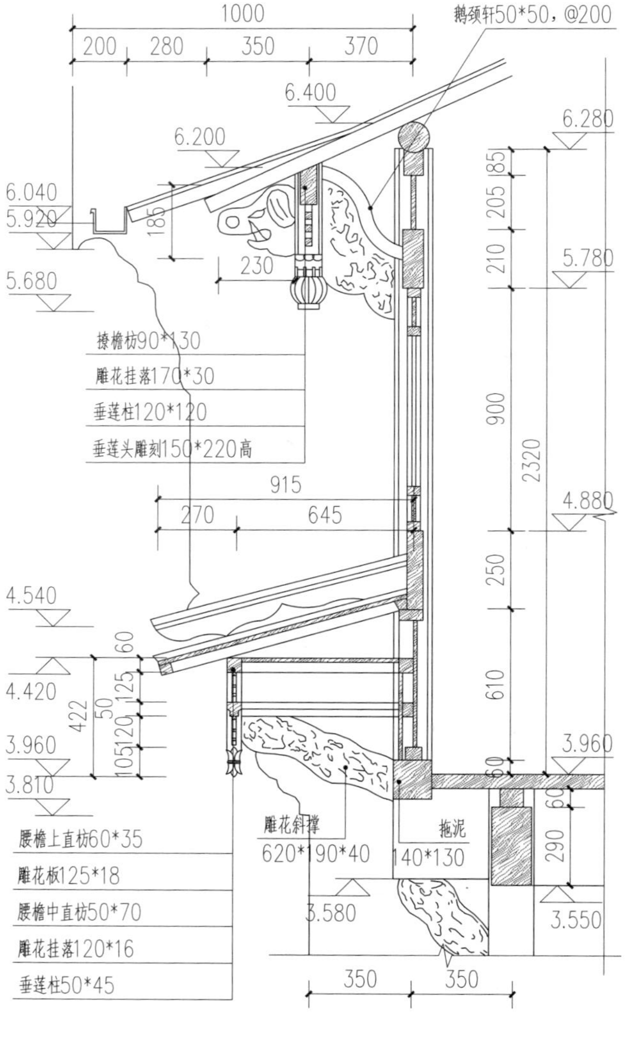

图23-18 程培本堂收租房测绘图-首间后檐木构详图

## 说 明

1. 经考察得知横山程培本堂收租房的前、后檐和山墙上皆有原置有石框套带铁窗栅和垂带坡挂拉窗的木板窗，底层共有6扇，楼层共有8扇，芥形制规格尺寸略有不同，且大都残缺、毁损，多有封闭拆改者。
2. 首间楼上后檐原有隔扇窗10扇，现仅存2扇，详细大样见右图。
3. 楼下房间原表有隔扇窗4扇，现安装浪速框套无存，而窗扇已失，现仅存一残扇具有原规格特征，特将测绘图附上，以供复原时参照。
4. 首间石库门之上原悬挂有额以"全真别业"的木匾，木匾托扰在原处，详见右图所示。

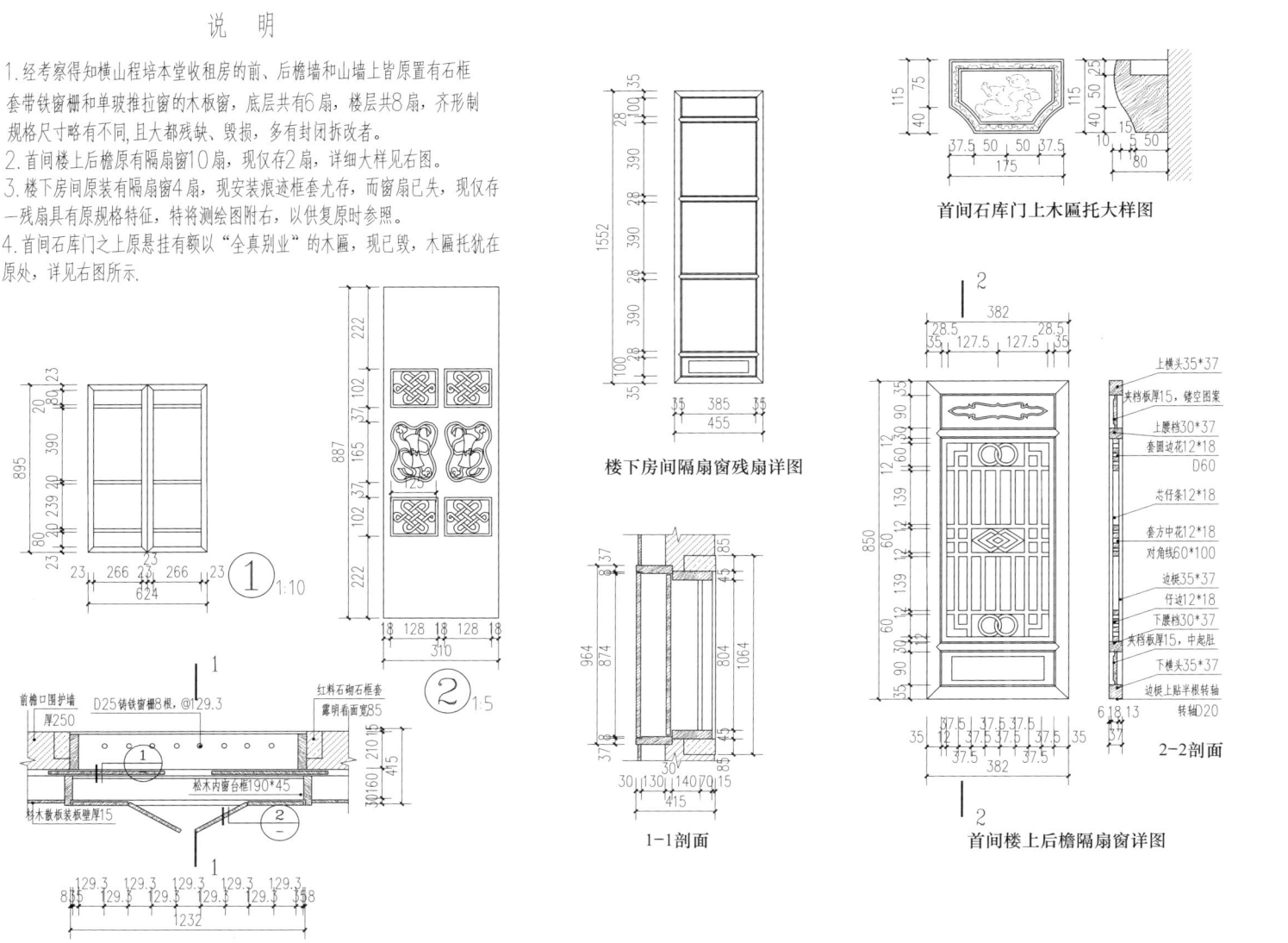

图23-19 程培本堂收租房测绘图－窗扇大样图

程培本堂收租房

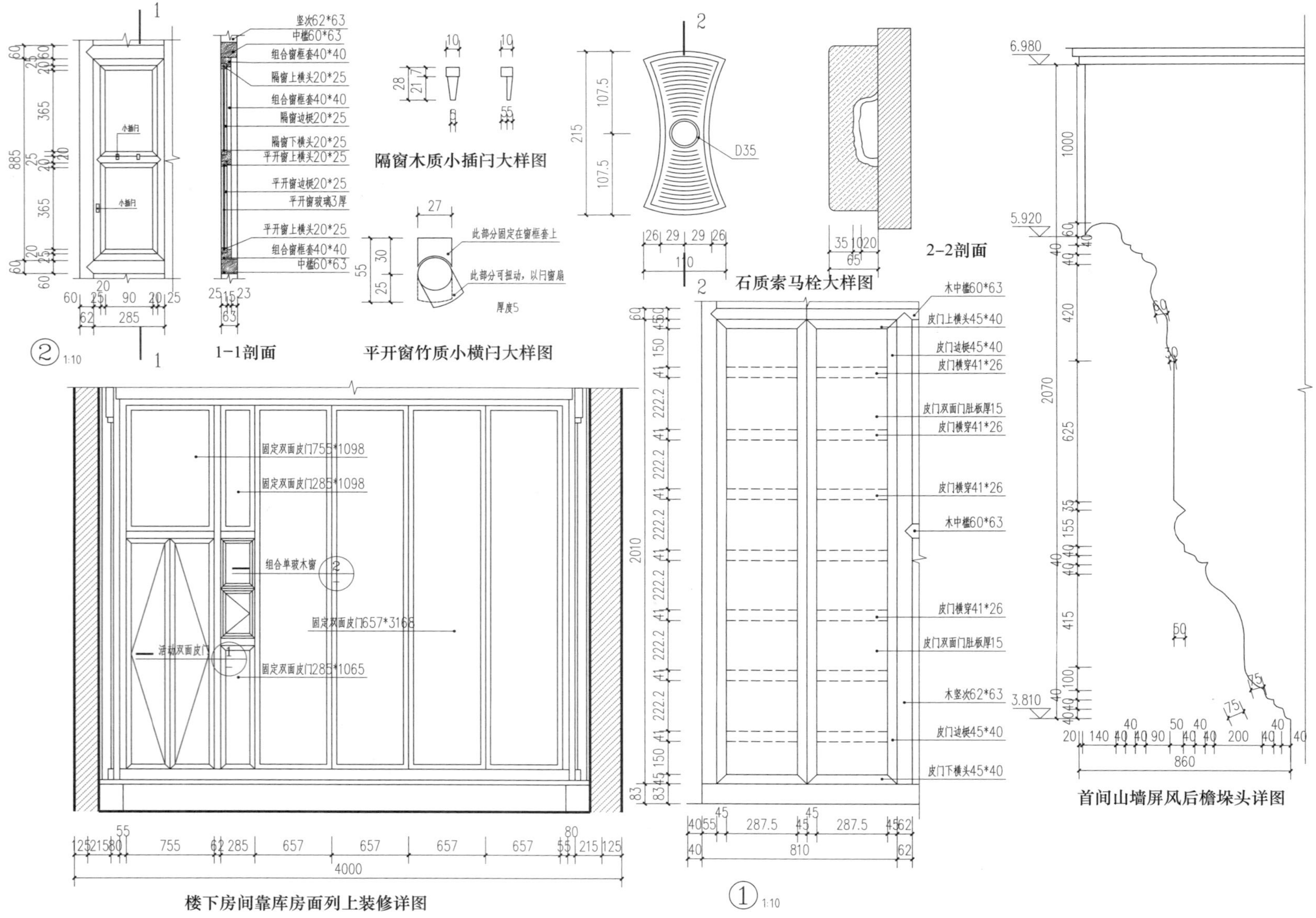

图23-20 程培本堂收租房测绘图—木装修及系马桩、垛头大样图

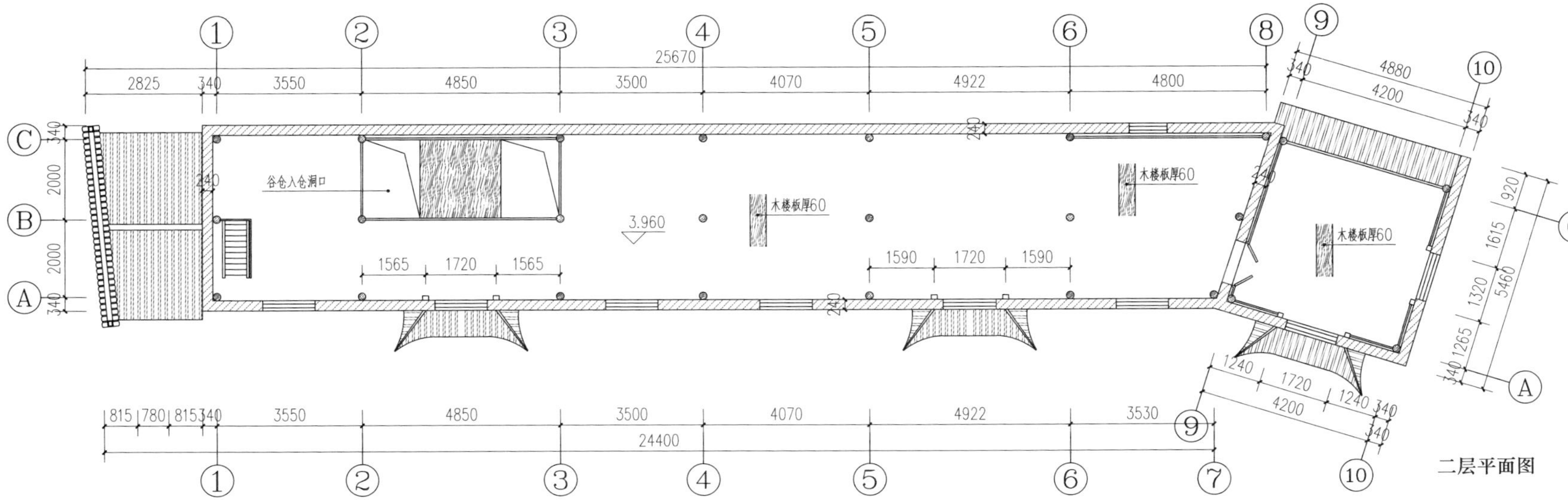

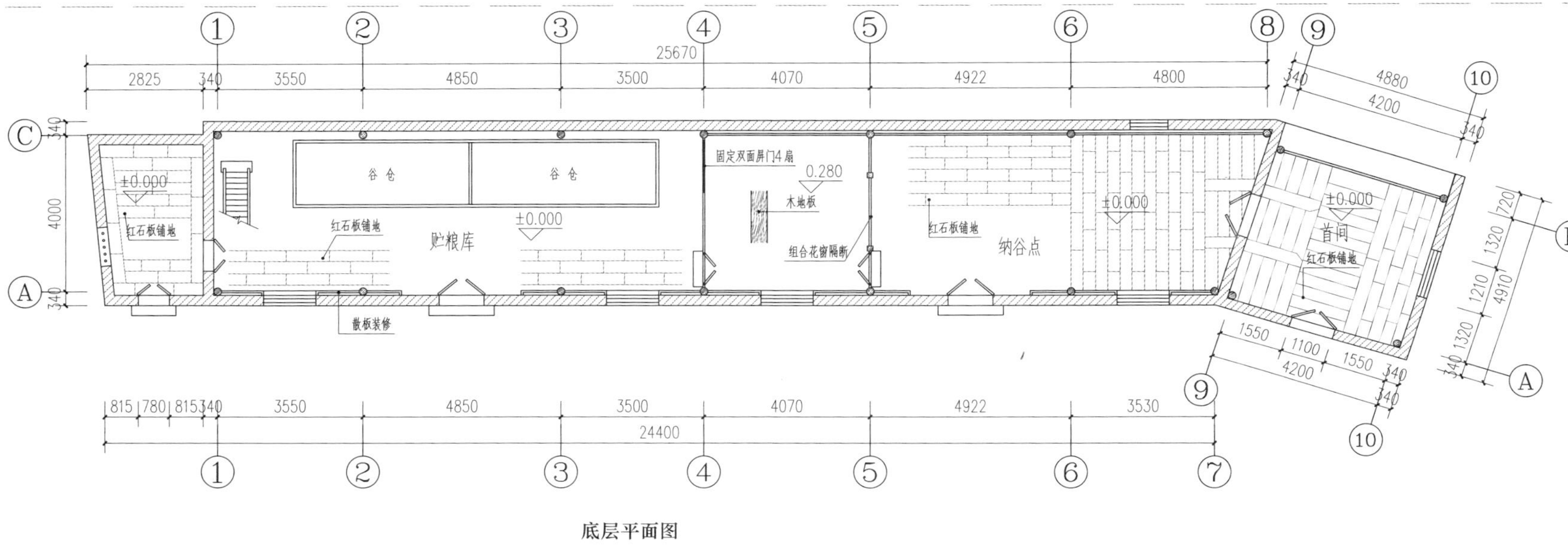

图23-21 程培本堂收租房施工图-底层、二层平面图

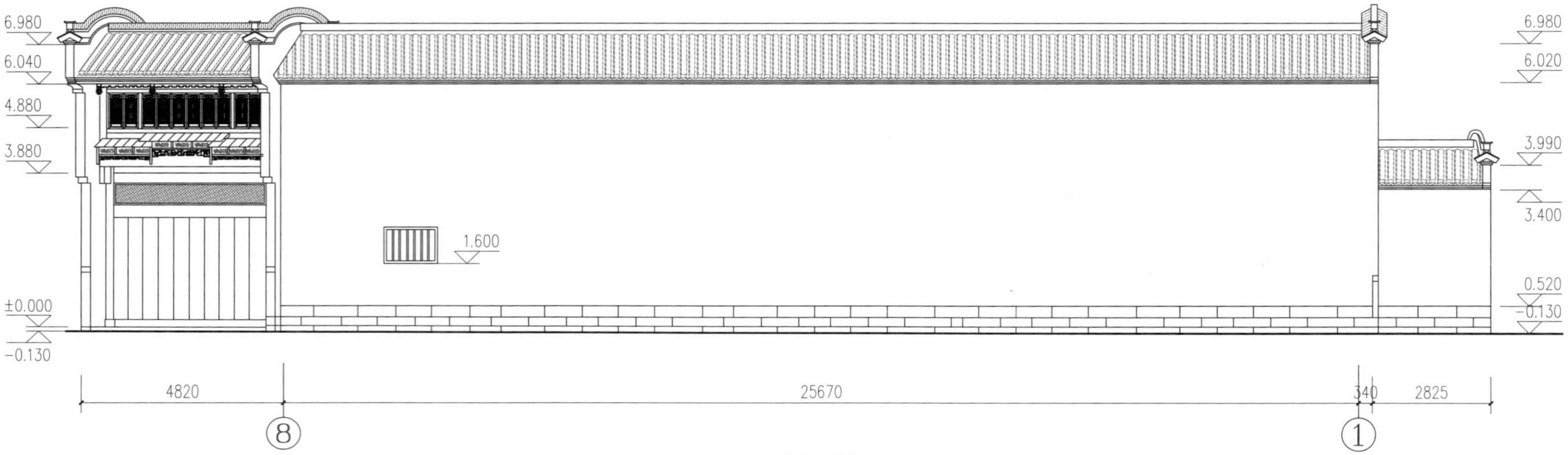

图23-22 程培本堂收租房施工图-正立面、背立面图

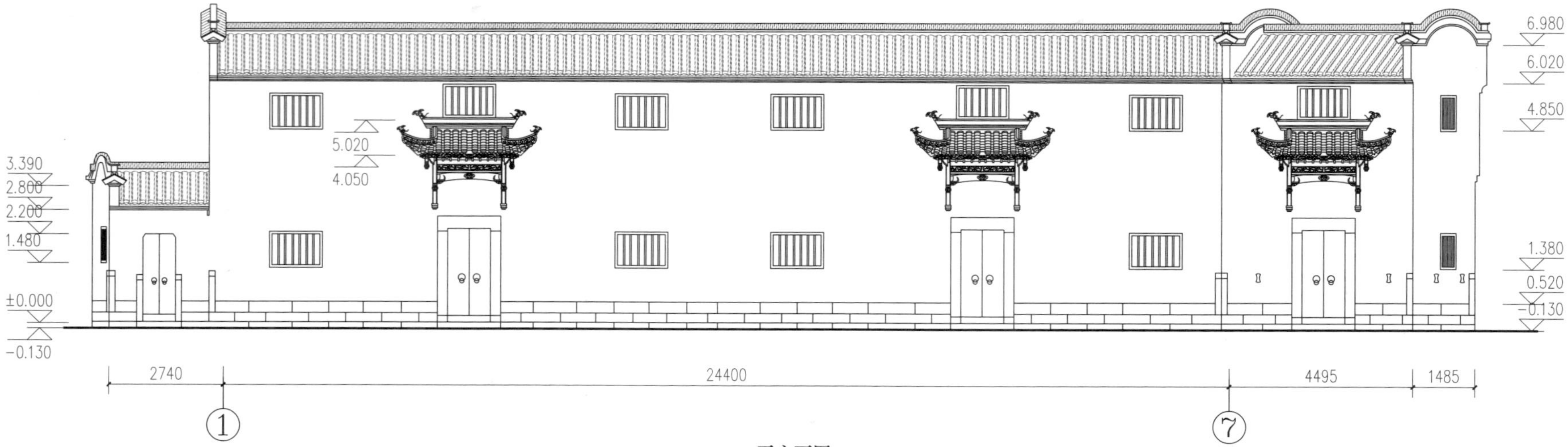

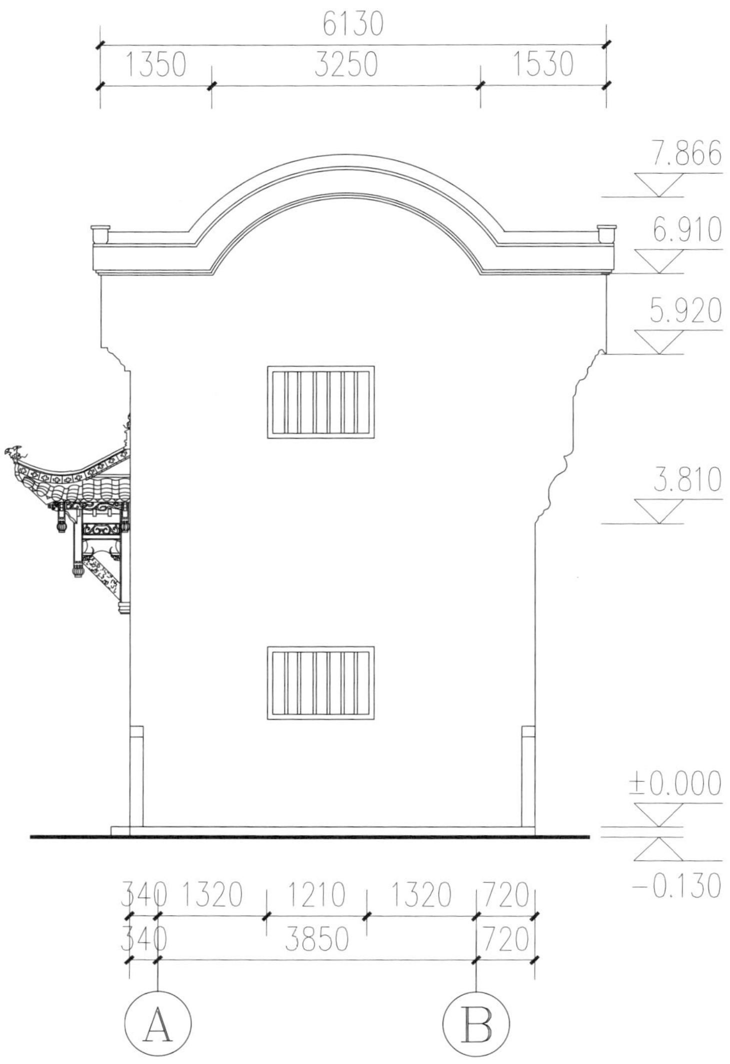

首间剖面图

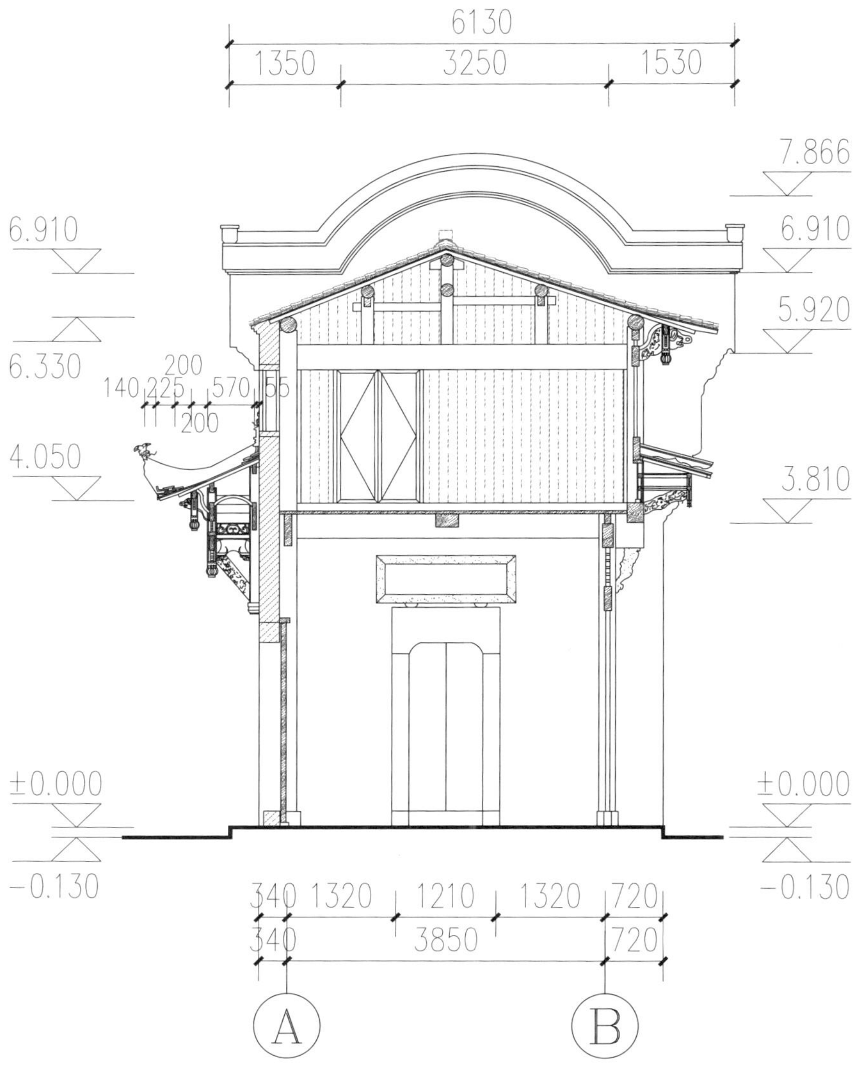

侧立面图

图23-23 程培本堂收租房竣工图-首间侧立面及剖面图

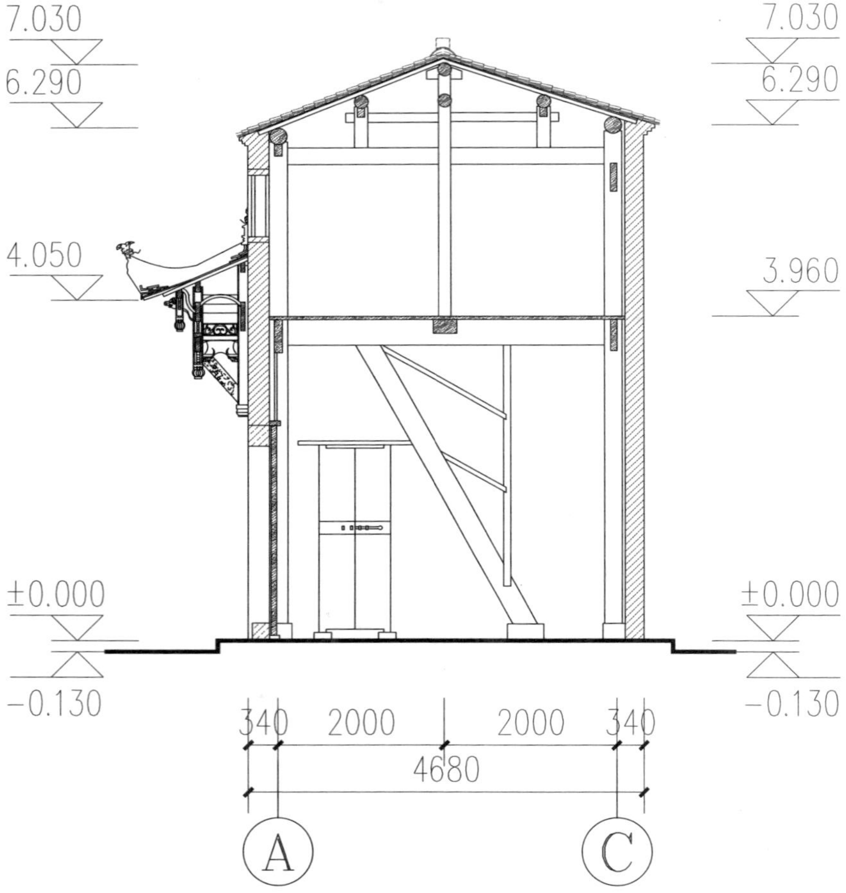

图23-24 程培本堂收租房竣工图-储粮车次间、纳谷点明间剖面图

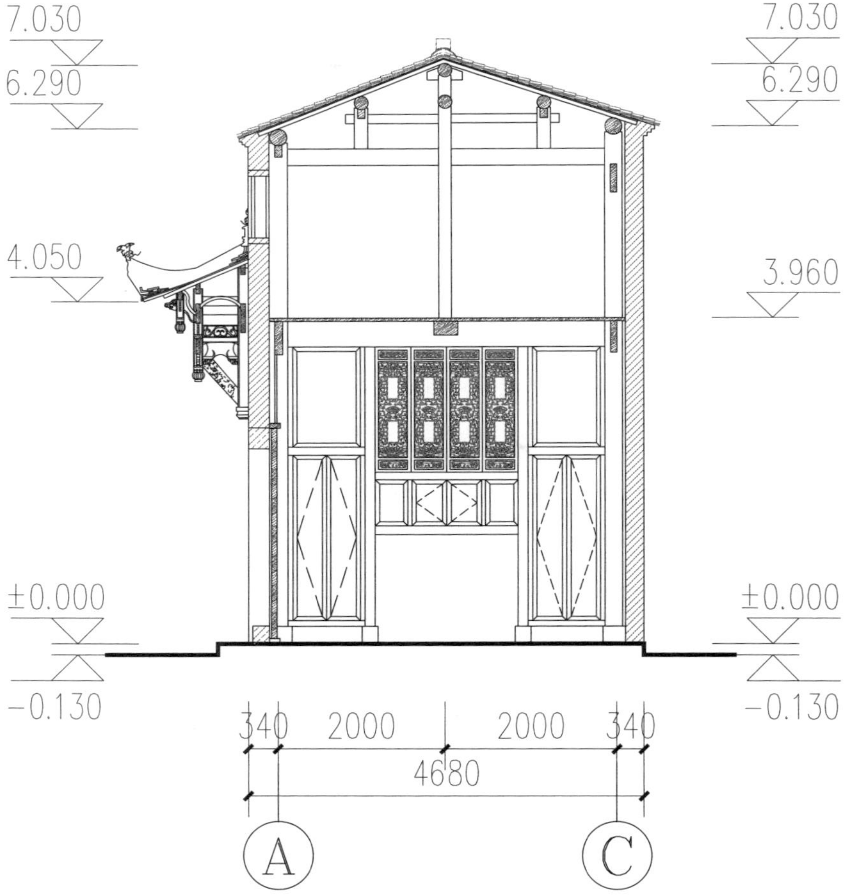

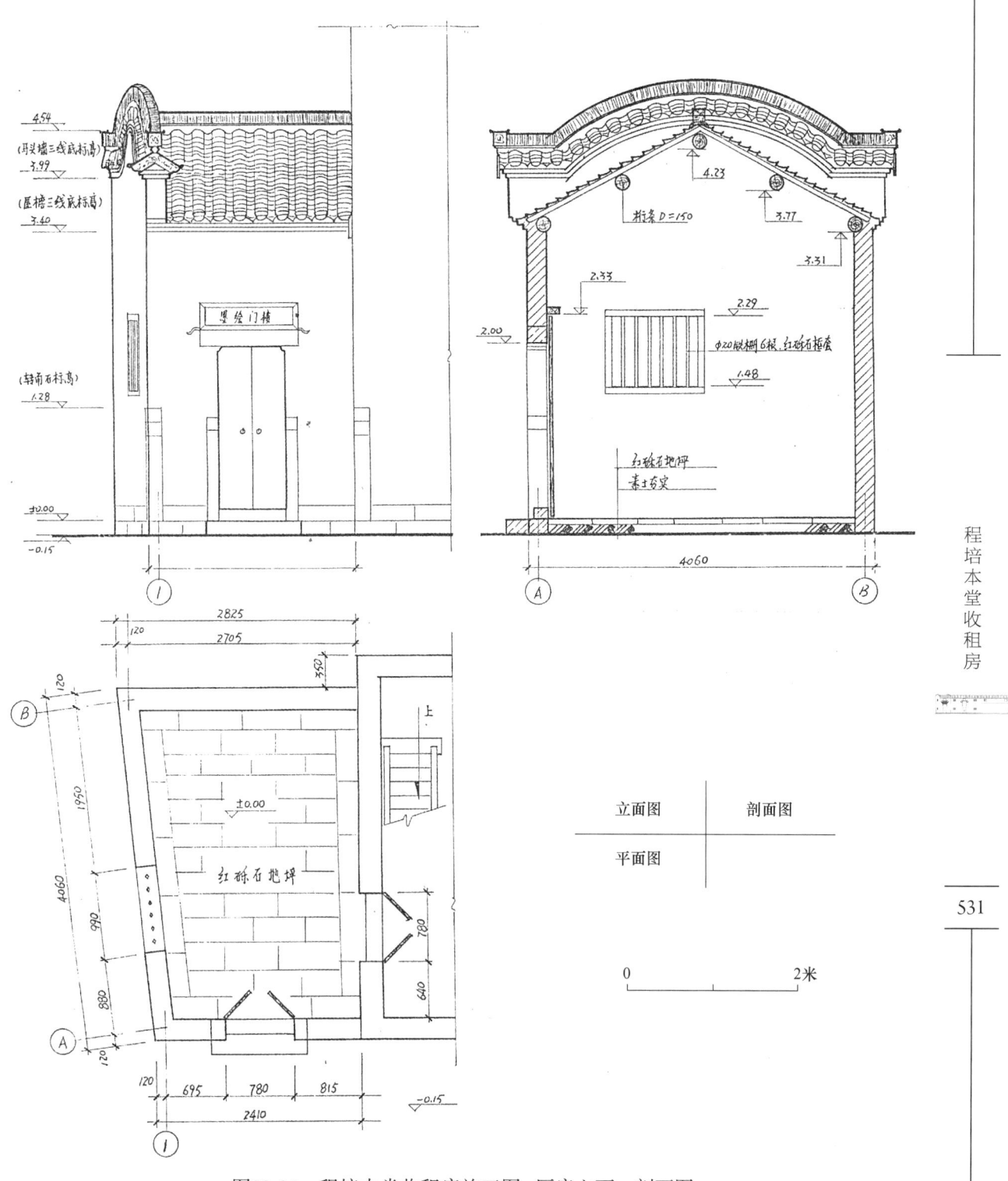

图23-25 程培本堂收租房施工图-厨房立面、剖面图

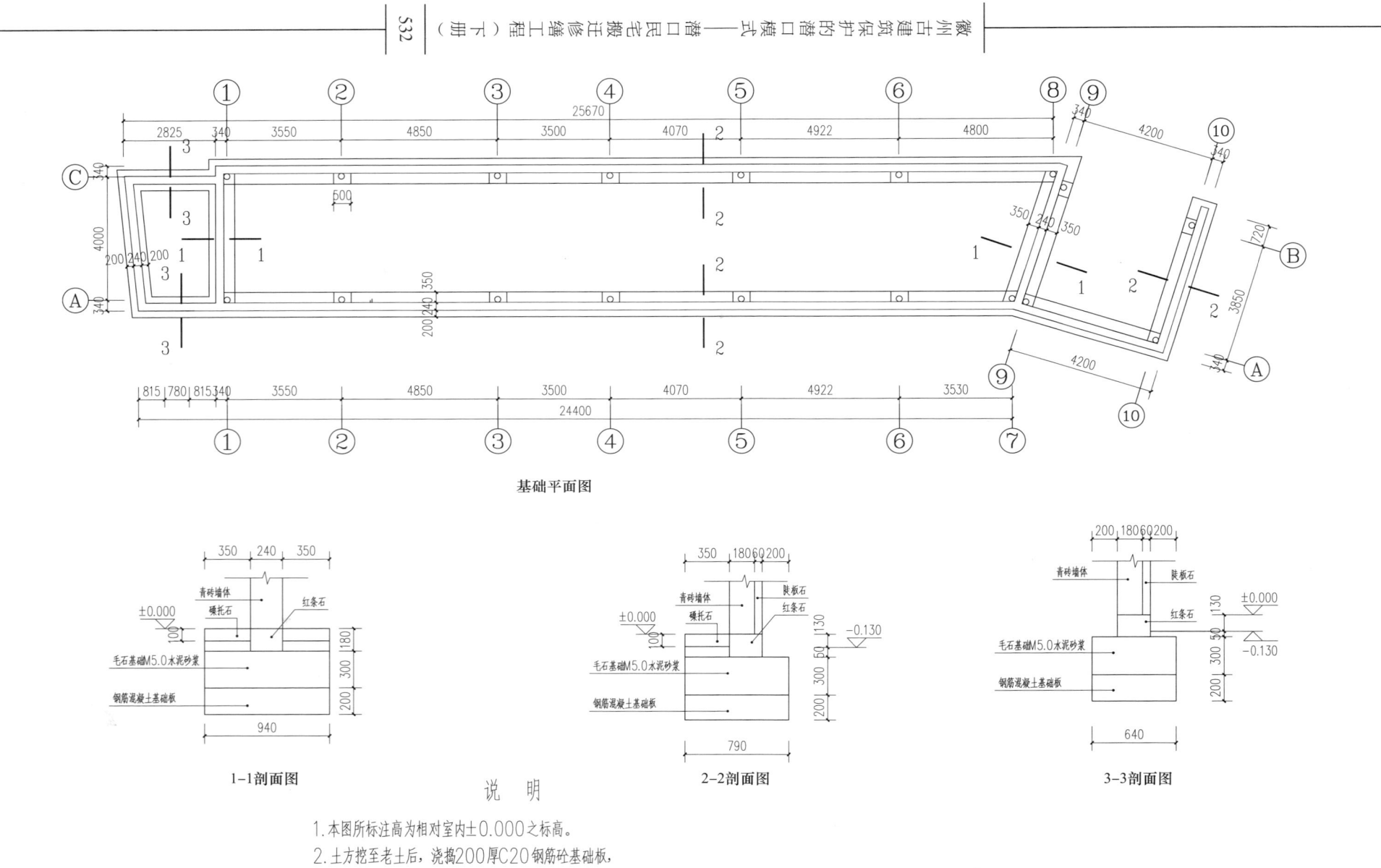

## 说 明

1. 本图所标注高为相对室内±0.000之标高。
2. 土方挖至老土后，浇捣200C20钢筋砼基础板，内配Φ8@200（双向），其上用M5.0水泥砂浆砌毛石及条石。

图23-26 程培本堂收租房施工图-基础图

# 汪顺昌宅

## 一、概况

汪顺昌宅现位于潜口民宅清园。始建于清道光年间，为潜口镇竦塘村汪氏祖宅。由前、后两个三合院落及南侧厅、北厨房组成。主屋通面阔9.8米，通进深17.6米，建筑群占地面积约235平方米，建筑面积405平方米。

汪顺昌宅建筑年代跨度较大，后进、厨房与前进、南侧厅为不同年代先后建设，时间跨度达50年以上，各部建筑风格也有差异。房主因地制宜，建筑顺坡而建，呈现参差错落的外观风貌。南侧厅辟为私塾，是徽派建筑中难得的建筑样式。

20世纪80年代以来，该宅住户陆续另建新居迁出老宅。房内无人居住，杂物堆积，又因年久失修，多处出现险情，局部出现坍塌。为抢救保护徽州古建筑，更加丰富潜口清代建筑群建筑类型，体现徽州"十户之村，不废诵读"的历史传统，于2000年将该宅整体搬迁至潜口民宅集中复原保护。

## 二、原址原貌及形制特征

原位于徽州区西溪南镇竦塘村。该村因水口之"竦塘"而得名，与休宁县万安镇交界，距西溪南镇政府所在地西溪南村3千米。合铜黄公路从村口经过，交通便捷，生态良好。该村历史悠久，是徽州黄氏、汪氏的主要聚居村落之一，村内现存明清古建筑20余处。2016年入选中国第四批传统村落名录。

汪顺昌宅为汪氏祖宅，其祖辈多经商，现后裔多散居于上海、杭州等地。该宅坐落在村西北一处面向东南的山坡地上，西北高，东南低。整个建筑群体的室内地坪高差2.3米左右（后进较前进高出1.2米，南侧厅较前进低1.1米）。汪顺昌宅的西、南两侧已荒芜，无邻近建筑。北侧与多幢民居相连。前进大门和南侧厅边门，均向东开。门前高低两个青石板广场与建筑等齐，宽5.8米，地坪高差0.98米，由四级台阶上下相连，并通向南侧青石板路，到竦塘村正街（图24-1）。

汪顺昌宅由前后两进两个三合院落及南侧三间侧厅、北侧三间厨房组成。经现场勘察，后进门墙上原有门罩、砖窗等构建痕迹，前进是在后进建成以后扩建而成；南侧厅从墙体的处理可以判断，时间晚于前进，为建筑群的最晚部分。

### （一）前进

前进居中开大门，室内地坪高出门外广场53厘米，门前设置垂带三级石踏步，两边各有一石鼓。双开实拼杉板门扇，钉镶铁皮，青石大门框内原安装有带花板的隔扇门，现仅剩遗痕。砖雕门罩为垂花门贴壁式样，雕刻花卉等吉祥图案。

门屋为单层一披水倒插设置，三间一明两暗，进深2.25米。明间原置6扇双面皮门，形成门套，门扇已无存。地面铺方砖，大部有损。两次间卧房内铺木地板，前檐缝置有房门和槛墙、槛窗[1]。槛窗双开隔扇，棂条精细。槛墙下石地栿高24厘米，中有直径15厘米的圆形通气孔，雕有鱼跃图、马到图案。

图24-1 原址正门

前进楼下，通开间9.58米，进深4.5米，前阶沿出1.2米。柱根部大多霉烂，明间方砖铺地，全部毁损。太师壁后原置后进大门台级。楼下将两次间隔成卧室，室内杉木地板较为完好。内靠墙散板装修毁损。两房的前檐部辟有房门，槛墙、槛窗封护。槛窗有窗栏杆设置，有不同程度的毁损。槛墙清水砖作，刻划万字回纹[2]图案。青石地栿上，左、右两侧各镌有卷草图案的圆形通气孔一个。

两廊庑与门屋相连接，北廊内置有楼梯；南廊为南侧厅入口。两廊前檐各装有6扇隔扇门，上边安有额花板；北廊隔扇无存，额花板残破，南廊大部完好。

楼上一厅两房。木地板大部完好。楼行三面计24扇隔扇窗，现存12扇。两廊靠正门围护墙壁上，各辟有砖推拉窗一个，有窗楣保存完好。

屋架穿斗式，料度较小，椽距21厘米，无椽椀及连机装置，整个屋面仅檐口部分铺有望板，其余部分直接铺设屋面瓦，层面起伏，局部沉降严重。

上檐出99厘米，檐口朽烂严重，飞椽头、连檐木和两隔沟底木大部霉烂，砖笕全失，白铁水笕亦腐烂，撩檐枋下置挑头木，下部为木雕斜撑。

---

[1] 古代建筑中窗式的一种，即立于槛墙之上的窗。常用在殿堂的当心间两侧，与当心间的隔扇配合使用，每间装2~6扇，多开启向内。其线脚、格心的做法与格子门相同。

[2] 横竖短线折绕相接而成的几何图案，回纹最早出现在古代青铜器、陶器上，由雷纹演化而来，成为一种回环状花纹，就像回字，寓意"富贵不断头"，民间称为回纹。回纹应用十分广泛，主要用作边饰或者底纹，给人整齐富有韵律的效果。

## （二）后进

后进与前进在同一轴线上，开间尺寸相同，三间带两厢楼屋。后建的前进堂屋后檐，借用后进前围护墙，故后进大门原门罩、原砖窗及窗楣都被装修遮蔽，门前三级石阶被套进了前进室内。

门内一披水倒插门廊，已坍塌。根据遗构，形制为进深一步架①，脊、檐、檩、枋等木构架设于两厢的承重木构架上。檐出70厘米，有撩檐枋、屋面置有望板②，檐枋下悬挂横直棂条额花板。

天井及两厢地面皆为青石板铺砌，大部完好，两厢及门廊后檐砌筑有装修墙。

后进开间9.6米，进深3.6米，由于立柱多残损，整个木构架向前檐倾斜。三间前檐均有装修。明间前檐置额花板，隔扇门全失。两次间砌筑水磨砖槛墙③，槛墙上置有双开槛窗，现已无存。槛墙下部为青石地栿④，高22.5厘米，地栿上置有石雕方形通气孔，雕刻图案左为狮，右为象。

两次间卧室贴墙装有散板，残缺较多。三间地面木地板皆残损。明间太师壁后置狭窄木楼梯由南而北登二层。

楼层板厚5厘米，保存完好。楼行出挑38厘米，上檐出106厘米，挑头木支撑，下置雕花斜撑，图案为花草纹。梁架穿斗式，形制简约，檐口覆望板，其余屋面铺望砖⑤。天井井口隔扇窗原24扇，现存3扇。楼上厢廊与次间相连通，形成套房。两廊前檐围护墙上置有砖窗，修建前进时封闭。南侧山墙上，有一砖推拉窗，尺寸为36厘米×36厘米。天井井口前檐墙内侧绘有花卉和人物故事壁画。

## （三）南侧厅（私塾）

前进南廊内开边门，下5踏步木阶梯进入南侧厅。南侧厅地坪较前进低110厘米，为三间小厅堂带两廊三合院落，曾长期作为私塾，为塾师课徒授业之所（图24-2、图24-3）。

---

① 清式建筑的木构架中，相邻两条桁（檩）之间的水平距离称为"步架"。步架依据位置的不同可分为廊步、金步、脊步等。

② 又称屋面板。是铺设于椽飞之上的薄板，厚度一般为2~3厘米。北方建筑上多覆苫背层，南方建筑多在望板上直接覆瓦。

③ 指建筑前檐或后檐木装修榻板之下的墙体。其做法，一是满用青砖干摆；二是贴面。

④ 古建筑构件名称，分为木、石等不同材质。置于两柱柱脚，仰天石之上、栏板望柱之间的构件。

⑤ 又称"笆砖"。系泥土烧制，用来代替望板使用。若用"望砖"铺墁屋顶，凡圆椽子都要做出金盘线，以扩大望砖的支撑面。与望板比较，优点是不糟朽，缺点是增加了屋面的重量。

图24-2 正屋与侧厅相通之边门及木梯

图24-3 正屋与南侧厅侧立面

立柱截面呈方形，并置有海棠花边。侧厅地面方砖直铺，25厘米×25厘米，破碎较多。屋面覆望板，曾因失火，后檐柱全毁，用砖垛承搁。庑廊地坪低于厅堂8厘米，屋面较正堂跌一宕，三面围合成小天井。天井地坪低于廊庑5厘米，内砌筑有花台，花台及天井皆料石铺砌，较为完整。南廊东墙辟有边门，双开杉木门扇，下两台阶即为门前石板广场。

南侧厅三间内没有分隔，贴墙砌筑有厚8厘米的装修砖墙。明间及庑廊前檐置有雕花板和木挂落[①]，残损较多。两庑廊前檐装置有飞来椅。

### （四）北厨房

后进北廊内开有小门，通向厨房。厨房三间，面阔8.54米，进深4.6米。厨房后檐墙上，开有边门通向室外，因改做猪栏，此门现已封砌，在明间另开门，以便出入。屋面已拆改，现为一披水形式，厨房的木构架仍原样矗立。

## 三、文物价值

汪顺昌宅建筑各部分陆续建设，地坪递进抬高，俗称"步步升高"。每一个院落都有一个正堂，每进一堂便升高一级，风水上谓"前低后高，子孙英豪"。后进、厨房始建年代可推至清道光年间，而前进应在同治之后，南侧厅建造更晚。其木构架、檐出及砖、木、石的细部装修，充分反映了徽州清代建筑风格的历史变迁和年代风格的变化，对徽州古建筑研究有着重要的参考价值。

古徽州教育形式，主要有学宫、书院和塾学。塾学盛行于明清，是以儒家思想为中心的民

---

① 又称倒挂楣子，用于木构架枋木之下的装饰构件，常用于门窗洞口上方，作为门窗过梁的外观装饰。

间教育形式。徽州私塾遍布城乡，"十户之村，不废诵读""远山深谷，居民之处莫不有学有师"。汪顺昌宅南侧私塾的保存，反映了古徽州"东南邹鲁"礼仪之邦、崇文重教的传统思想，在乡村社会深度普及并付诸实践，蔚成风气。这是程朱理学发祥地的重要体现，也是灿如星河的徽州文化得以滋养和发展、永续传承的根。

## 四、迁建工程

### （一）迁建过程

2000 年 9 月 27 日，拆迁工作开始；

2000 年 11 月 3 日，毛石基础开始施工；

2000 年 11 月 10 日，基槽土方完工；

2000 年 11 月 15 日，旧址所有材料运输完毕；

2000 年 12 月 4 日，后进开始竖屋架；

2001 年 1 月 2 日，私塾墙体砌筑，厨房盖瓦；

2001 年 1 月 9 日，墙体砌筑完工；

2001 年 2 月 13 日，室内地面铺砌石板；

2001 年 2 月 22 日，屋面屋脊完工，开始翻盖屋面；

2001 年 3 月 4 日，粉刷外墙；

2001 年 3 月 25 日，外架拆除；

2001 年 4 月 13 日，铺设室内大方砖。

### （二）迁建选址

汪顺昌宅选址在清园西端，建筑群地势最高处，利用坡地自然高差，完全复原前、后进及厨房、私塾参差错落的外观风貌。建筑坐西向东，朝向中街，门前依原制恢复两个青石板广场，且南下台阶至清园正街，与原址交通环境相吻合。

### （三）维修要点

除厨房和后进一披水倒插门廊须进行整体复原外，其余部分皆有不同程度的残缺，须分项进行修复。

（1）砖瓦石作：砖、瓦局部缺损，在拆迁过程中，又会增添残缺，以原型号砖瓦订烧添补，檐口及墙脊上的勾头滴水在历次维修中进行过添补，型号不一，应按各部位始建时式样仿制，更换添补齐全。南侧厅边门门罩上所缺饕兽、前天井改装的白铁水笕，按原制复原。槛墙、门罩、门楣上的清水砖作、砖雕构件缺失部分，依样添置，稍有残损者整理修补后原样组装。铺地方砖断裂、破损的，依上述方法进行复原。

（2）大木构架及其配件：南侧厅脊柱及后檐柱整根新做，补齐南廊立柱；后进立柱，根部存在不同程度的朽烂，墩接镶补；部分檩、枋需进行镶补加固，按照榫接方法进行，接触面根据需要加涂黏合剂，加铁箍固定，接榫部位根据需要在隐蔽部分进行铁件加固处理。挑头木及木梁撑两端朽坏部分，亦按上述办法镶补、更换。木雕梁撑仅局部残破，稍加修补。

（3）屋面檐口木构：屋面、檐口大量朽残，大部分飞椽、望板、连檐木、里口木均按其原有规格补齐；前进楼上，原椽条截面较小、椽距偏大，瓦面直接承于椽上，不够稳定，另加望板固定，以确保屋面安全。更换前、后两进腐烂的屋面隔沟底木。

（4）门窗橕扇及木装修：木门窗残损严重。入口大门扇包镶铁皮，门框内双开花板隔扇门暂不恢复。前进门屋、前进明间太师壁处、后进金缝所缺失的皮门，按原制恢复。后进明间前檐原有隔扇门痕迹，暂不恢复。后进房间槛窗栏杆缺失，根据遗存的卯眼位置，确定规格尺寸后依置补做。前进槛窗缺失33扇，按现存式样补齐。大部分散板装修，残缺严重，后进朽烂裙板，添补更换。前进两廊及南侧厅所缺额花板及木挂落，参照残件进行修复。

后进左、右厢廊安装有隔扇门、额花板等装饰构件，由建设方市场上选购同时代形制的构件制安。

（5）楼板和楼梯：木地板和楼板，采用杉木穿销，局部残损，按原厚度做法添补。因后进明间地板全部缺失，为方便今后利用，暂不恢复。后进楼梯井口栏杆，按原置复原。

（6）复原后进门廊和北厨房：门廊开间、进深遵照现场遗迹测定。恢复立柱和檩、枋等木构，椽上覆以瓦，立脊，檐口安装勾头滴水。两次间装隔扇门，由此转入两厢廊，再上阶沿以抵后进。明间前檐敞开，直通天井，额花板下安置挂落和花牙子。北厨房为三间带两厢、中为天井的小三合院楼屋。明间为"餐厅"，无装修；炉灶间安置在东次间和东厢，有隔扇装修，后檐墙恢复原有窗洞；西次间为后门门套，朝西北向开后门，西厢为楼梯间。楼上通间不做装修，以供堆放杂物，临天井隔扇装修。青石墁天井，青条砖铺地。

（7）排水及其他：屋面、地面原露明排水设施按样恢复。地下及室外排水重新组织，并和建筑群的总体排水系统相连接。白蚁及粉蠹虫害防治工作结合工程实施。消防、防雷等设施根据清园整体规划统一实施。

（四）工程资料

主要有维修勘察设计文本、实测图，以及施工图、竣工资料等（图24-4～图24-17）。

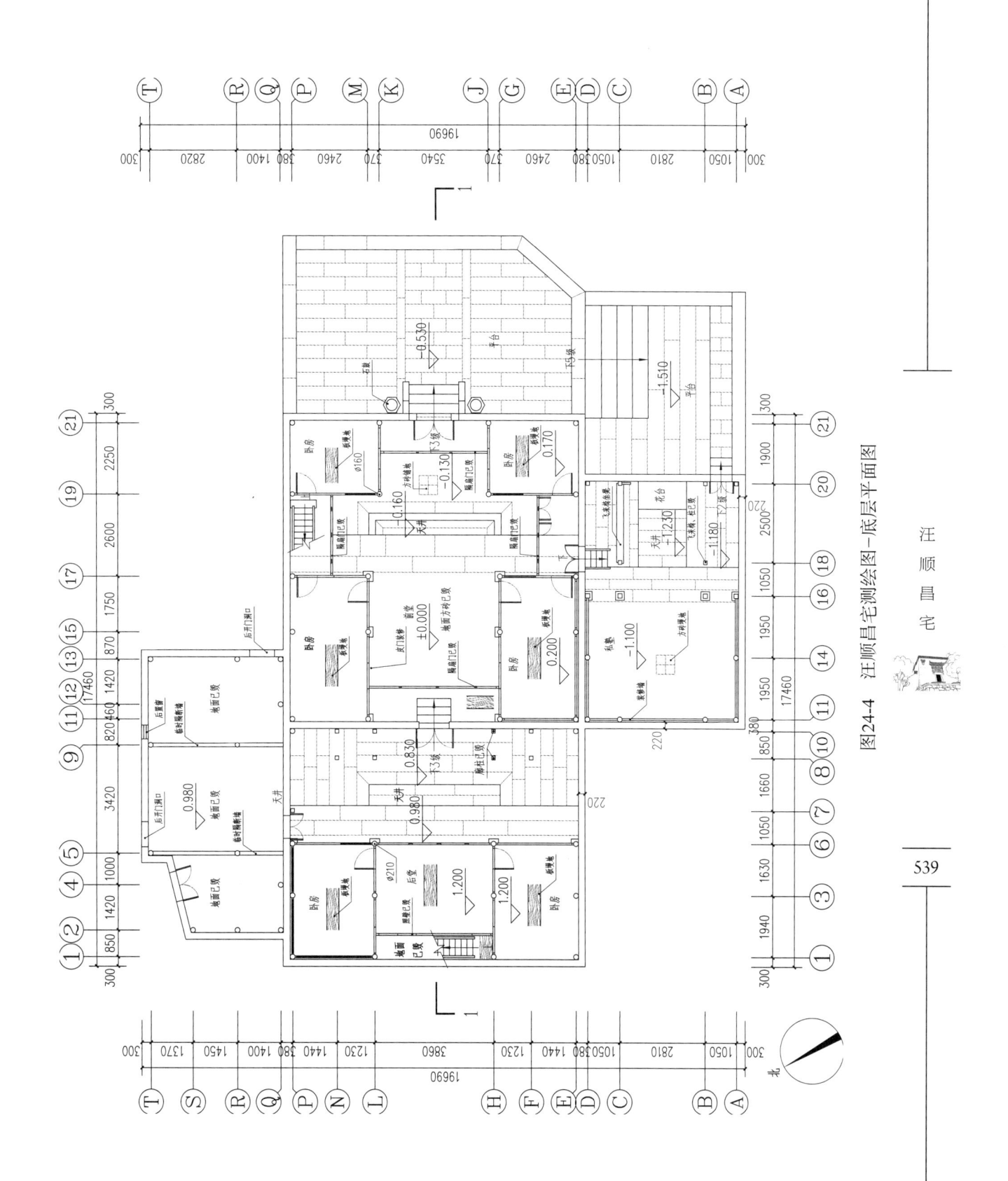

图24-4 汪顺昌宅测绘图-底层平面图

汪顺昌宅

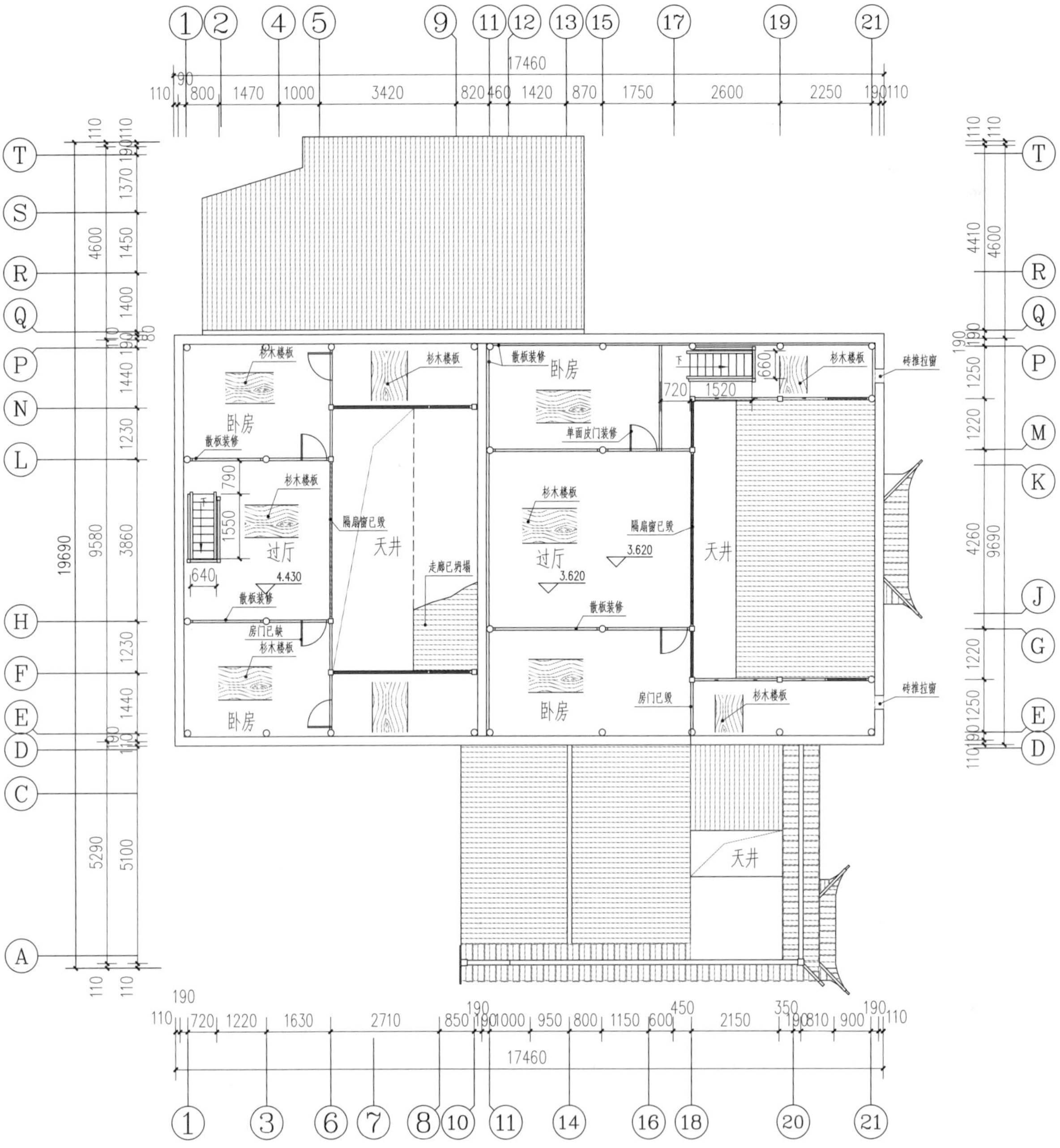

图24-5 汪顺昌宅测绘图-二层平面图

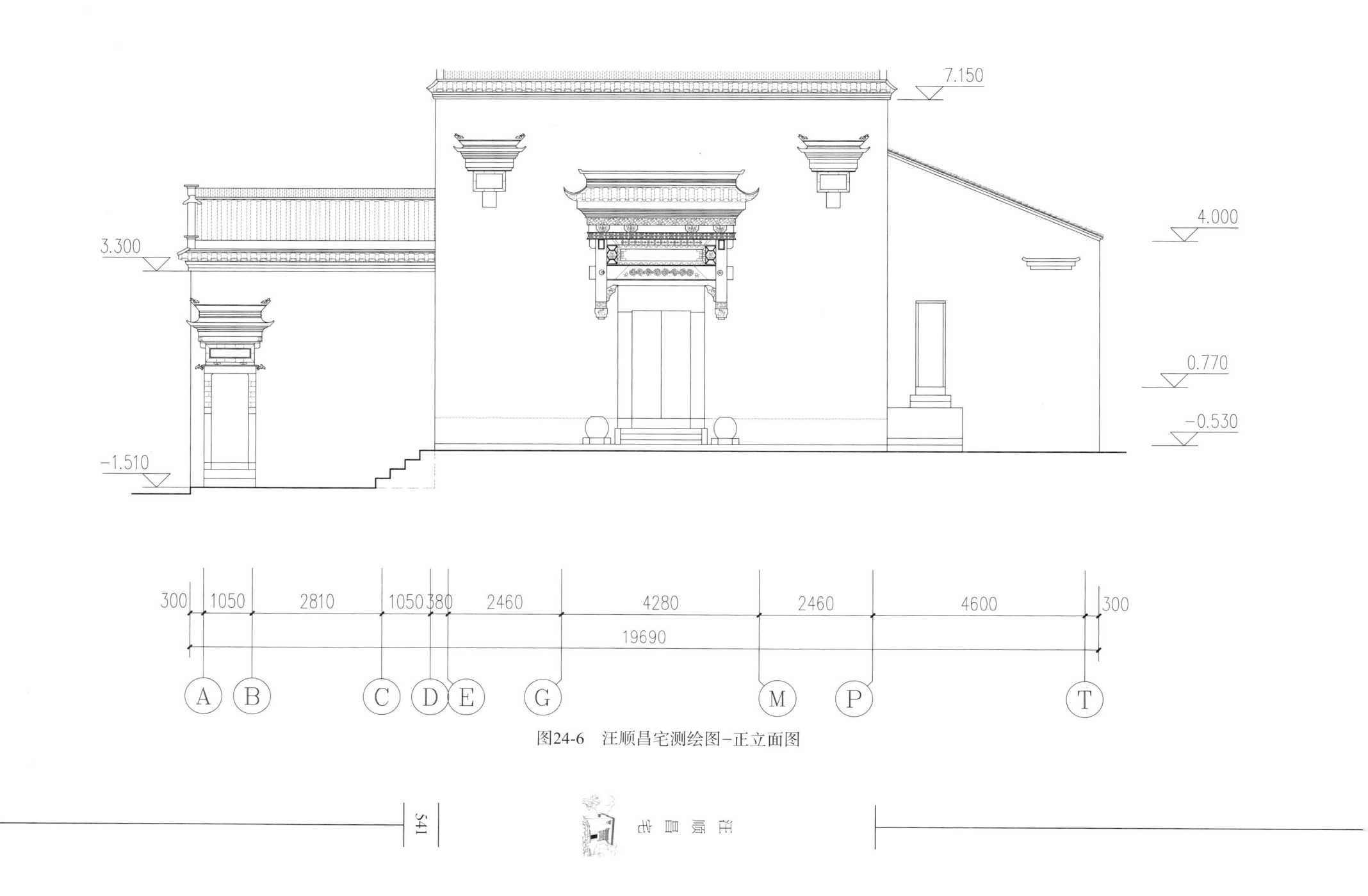

图24-6 汪顺昌宅测绘图-正立面图

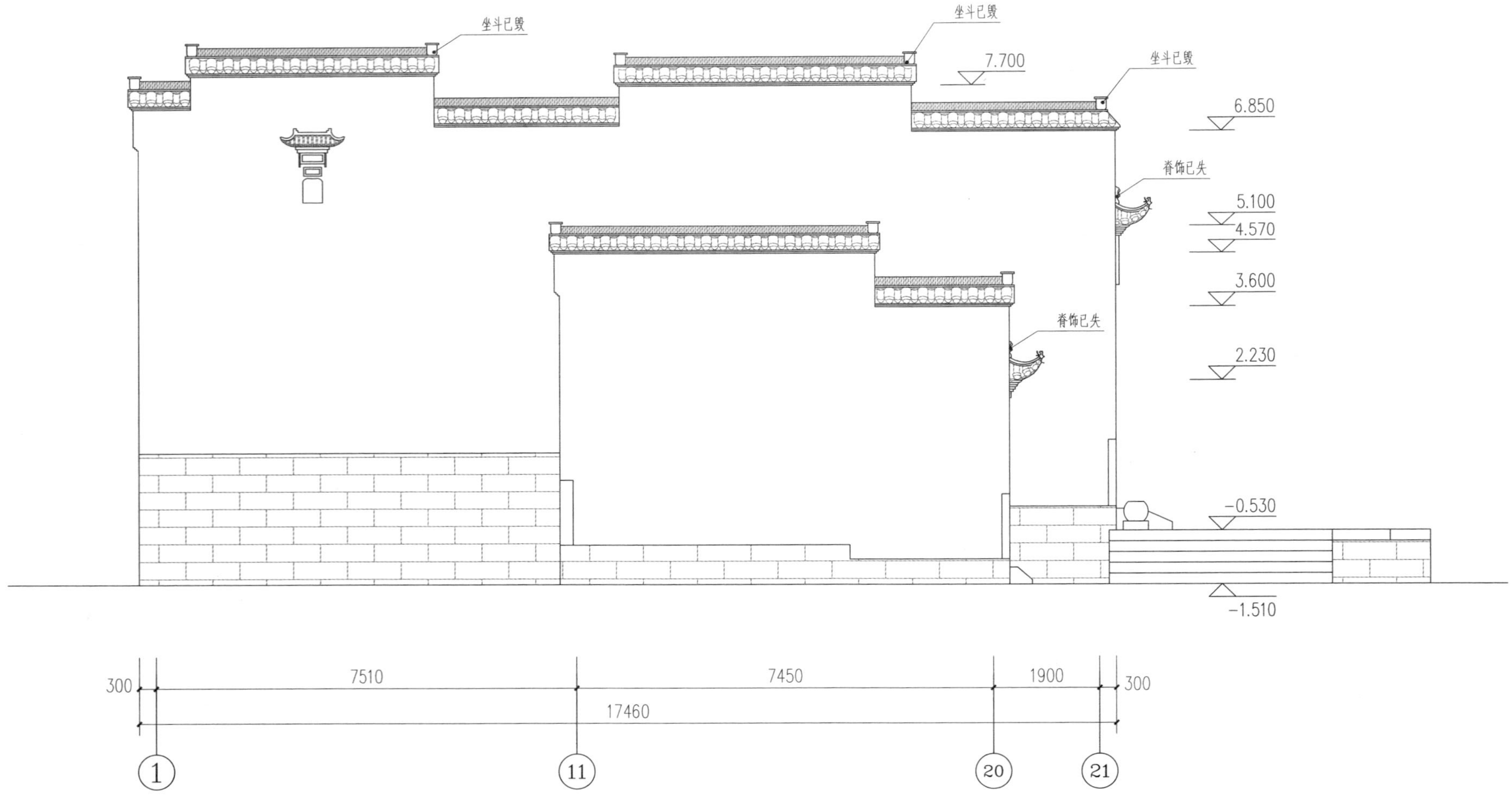

图24-7 汪顺昌宅测绘图-侧立面图

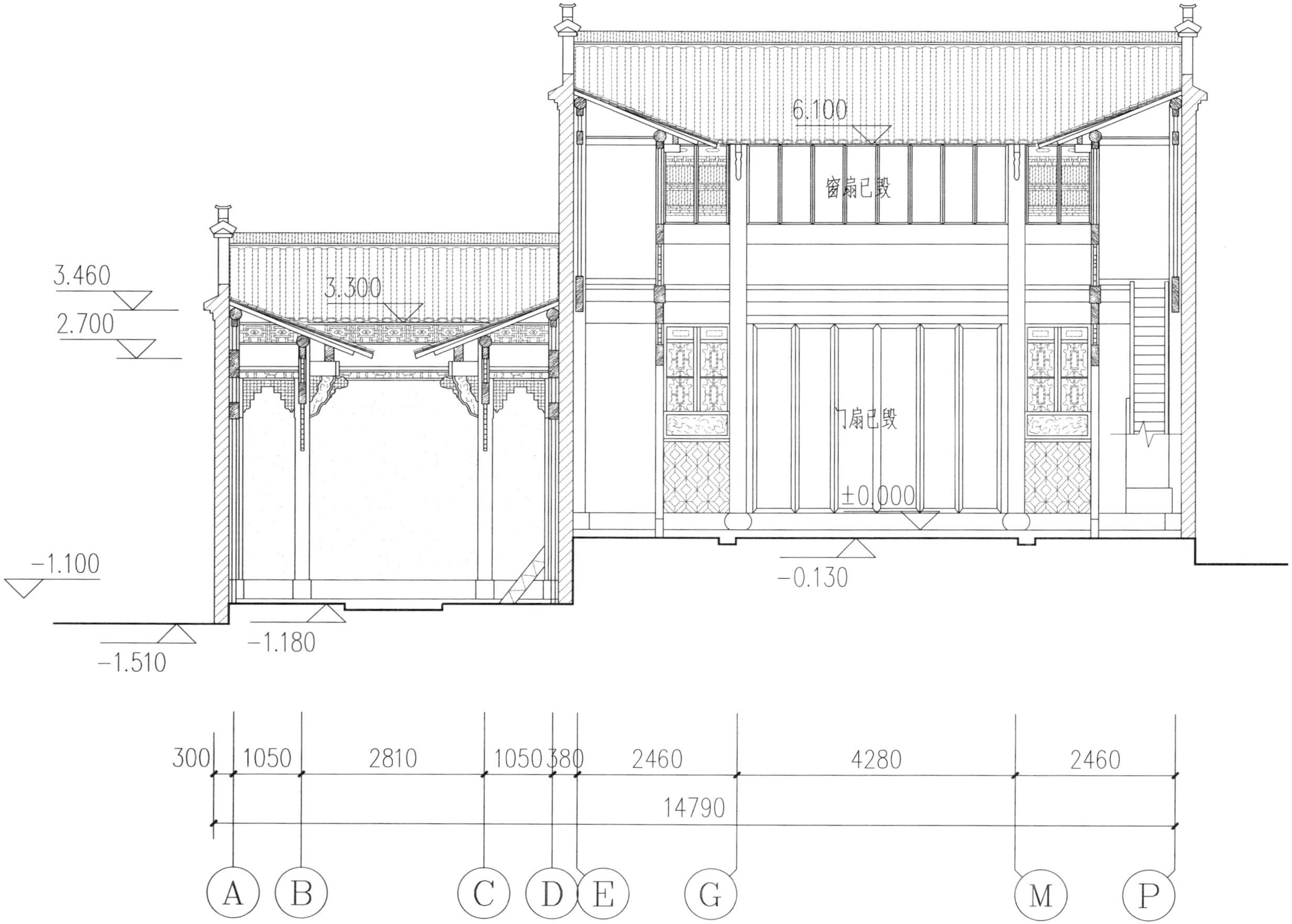

图24-8 汪顺昌宅测绘图-正堂、南侧厅檐口剖面图

汪顺昌宅

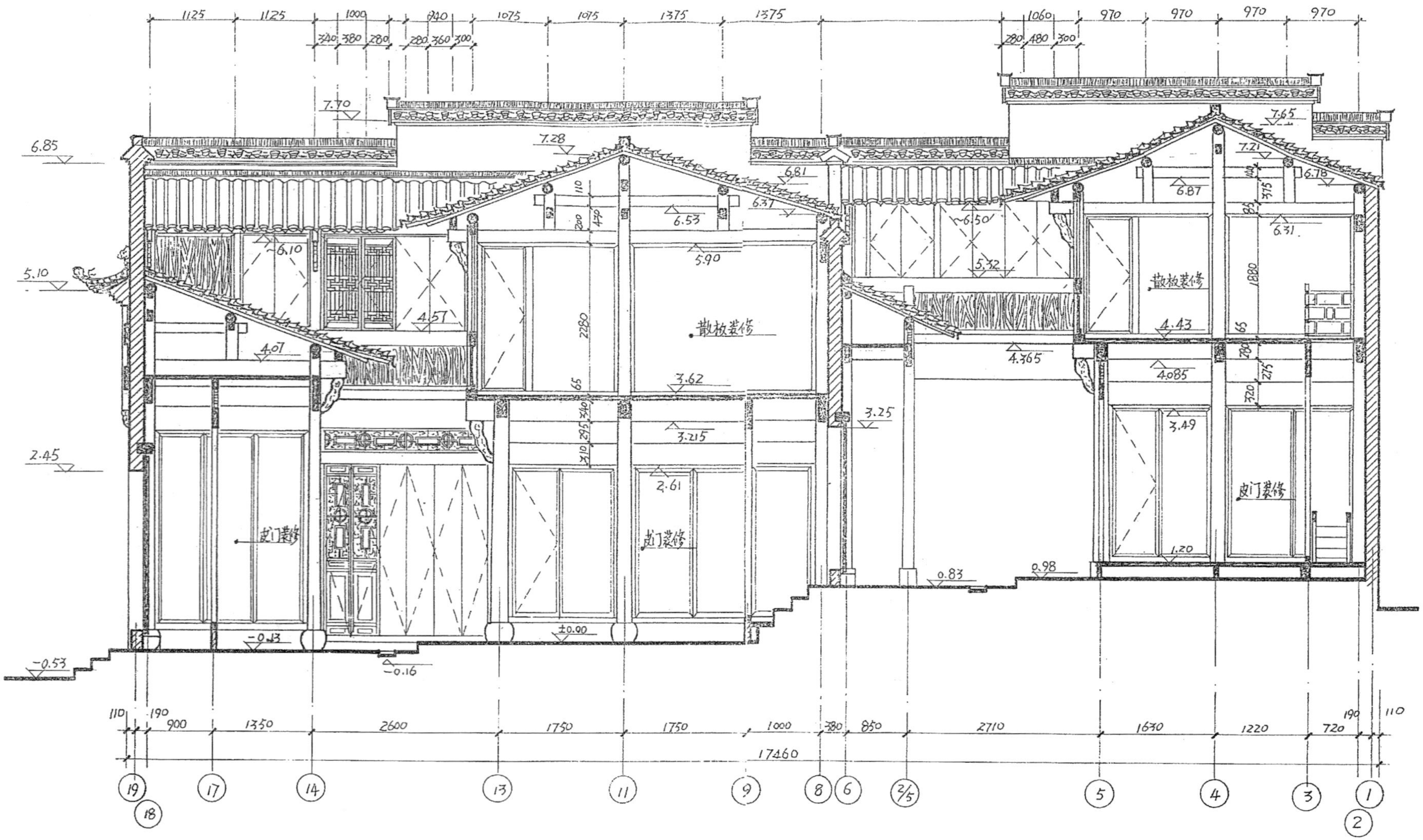

图24-9 汪顺昌宅测绘图-明间纵剖面图

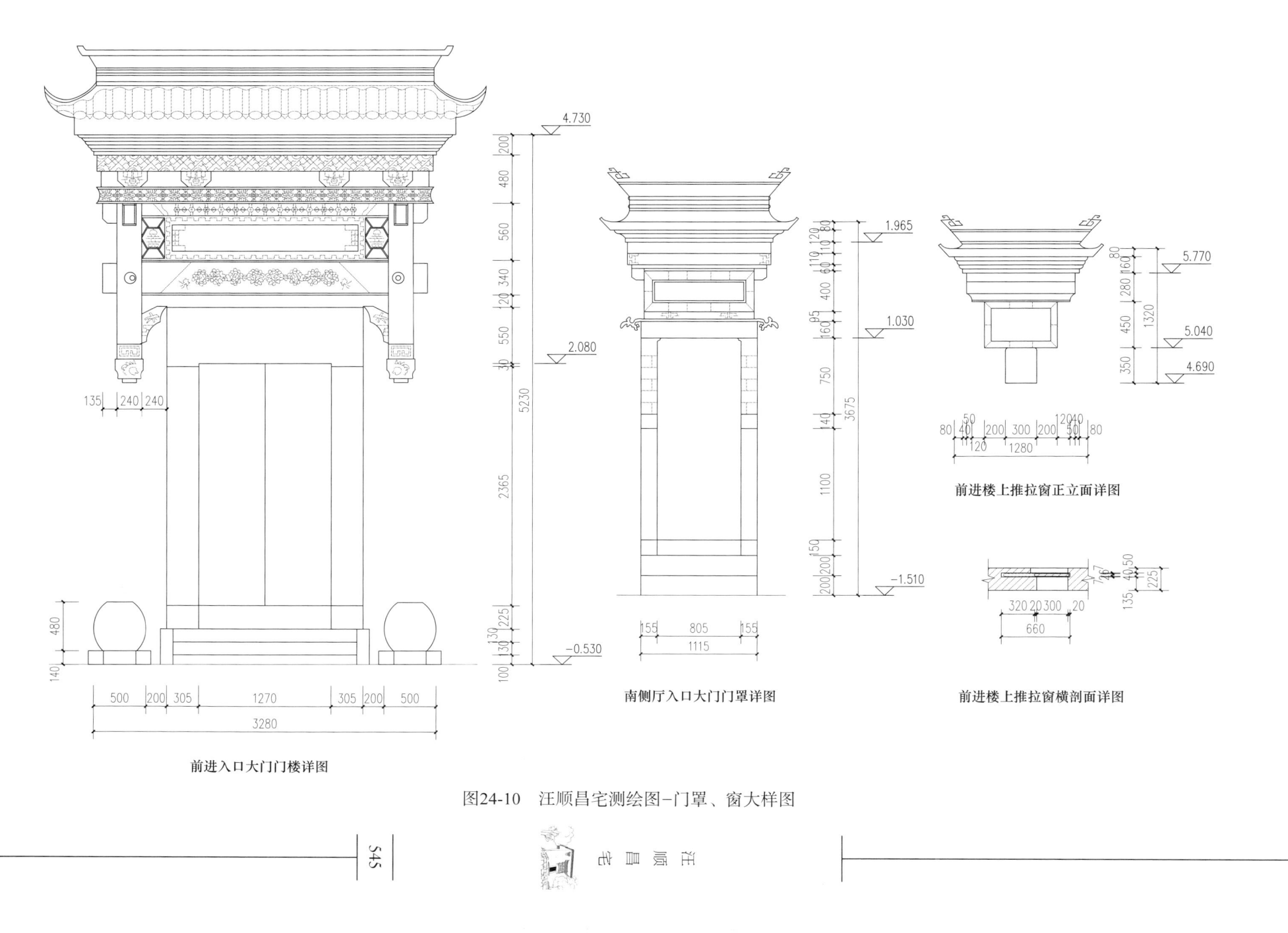

前进楼上推拉窗正面详图

前进楼上推拉窗横剖面详图

南侧厅入口大门罩详图

前进入口大门门楼详图

图24-10 汪顺昌宅测绘图-门罩、窗大样图

汪顺昌宅

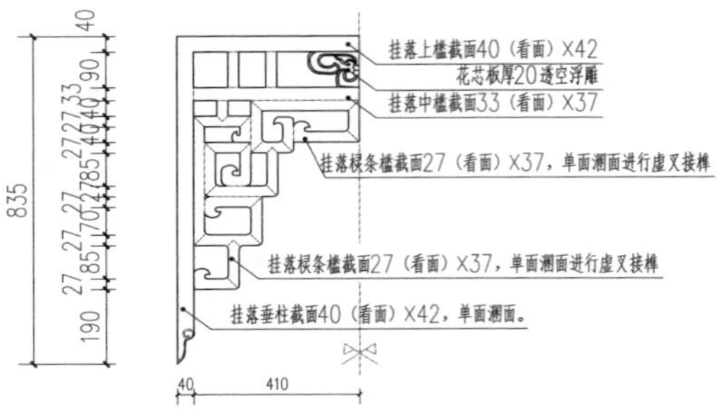

## 说 明

后檐楼上正出桃梁椽四个，斜出桃梁椽两个，除因斜出桃距较近显得略矮外，其它均完好。

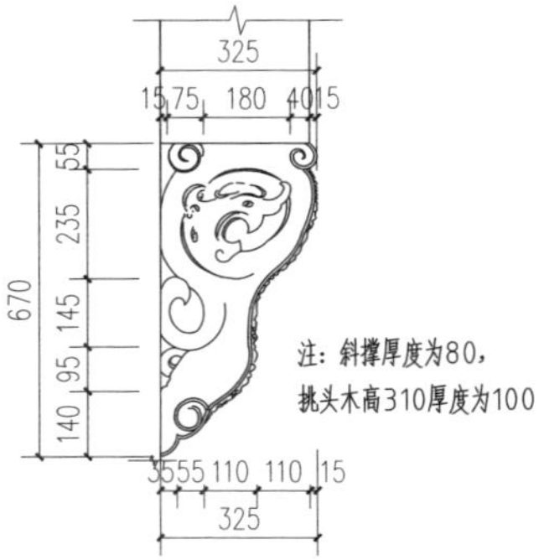

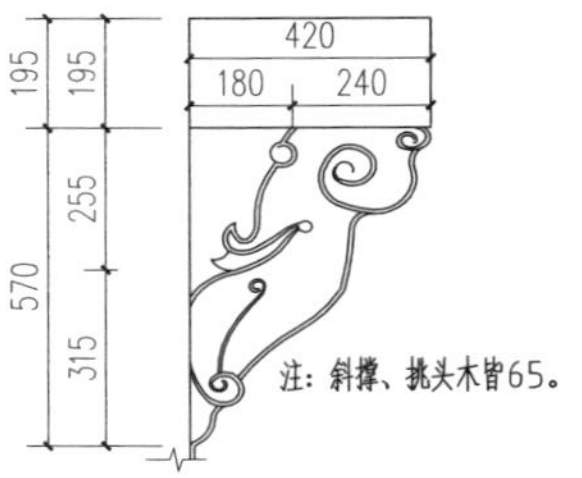

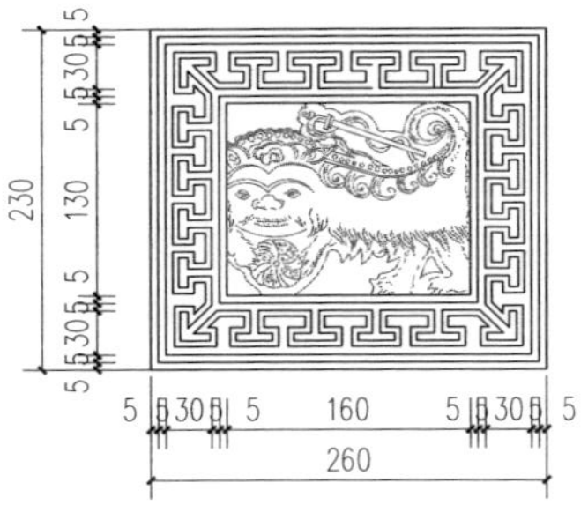

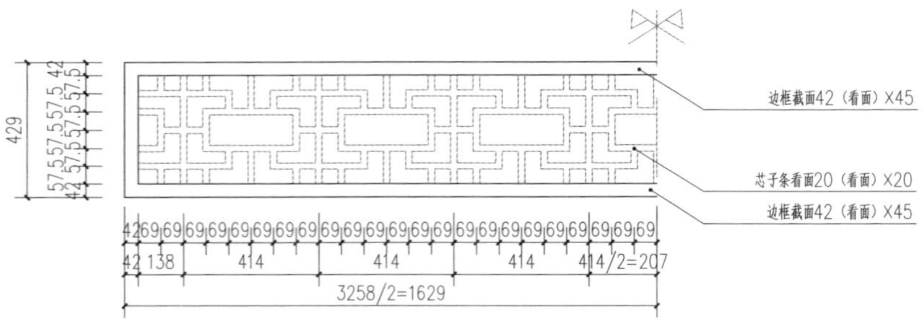

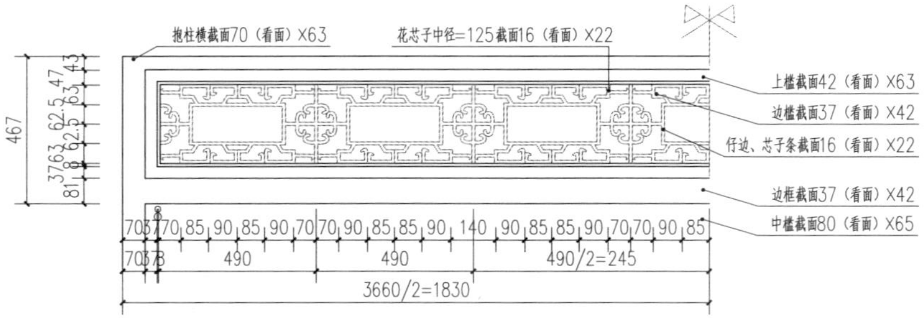

前后楼下之正出桃梁椽之见方亦略小，下檐各置有雕饰着卷草纹图案，此绘图纸从略。

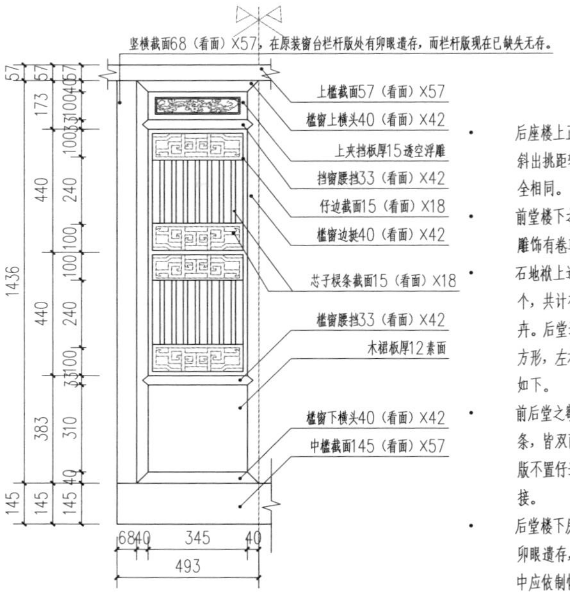

石地栿上通气孔雕凿，共计四个，为圆形，置堂屋的上、下厢各各有两个，后堂通气孔后右各一扑两个，外形成长方形，左右为狮子和蝴蝶，左边的通气孔详图如下。

前后堂之额同花板形式相同，内有径寸、芯子，置双面雕面，座又棒、两侧厅的额花板置仔边，芯子条单面面、雕面。

后堂楼下房间槛窗有栏杆花板，两栏杆版现在缺失不见，复原工程中均依制恢复之。

图24-11 汪顺昌宅测绘图－雕刻构件大样图

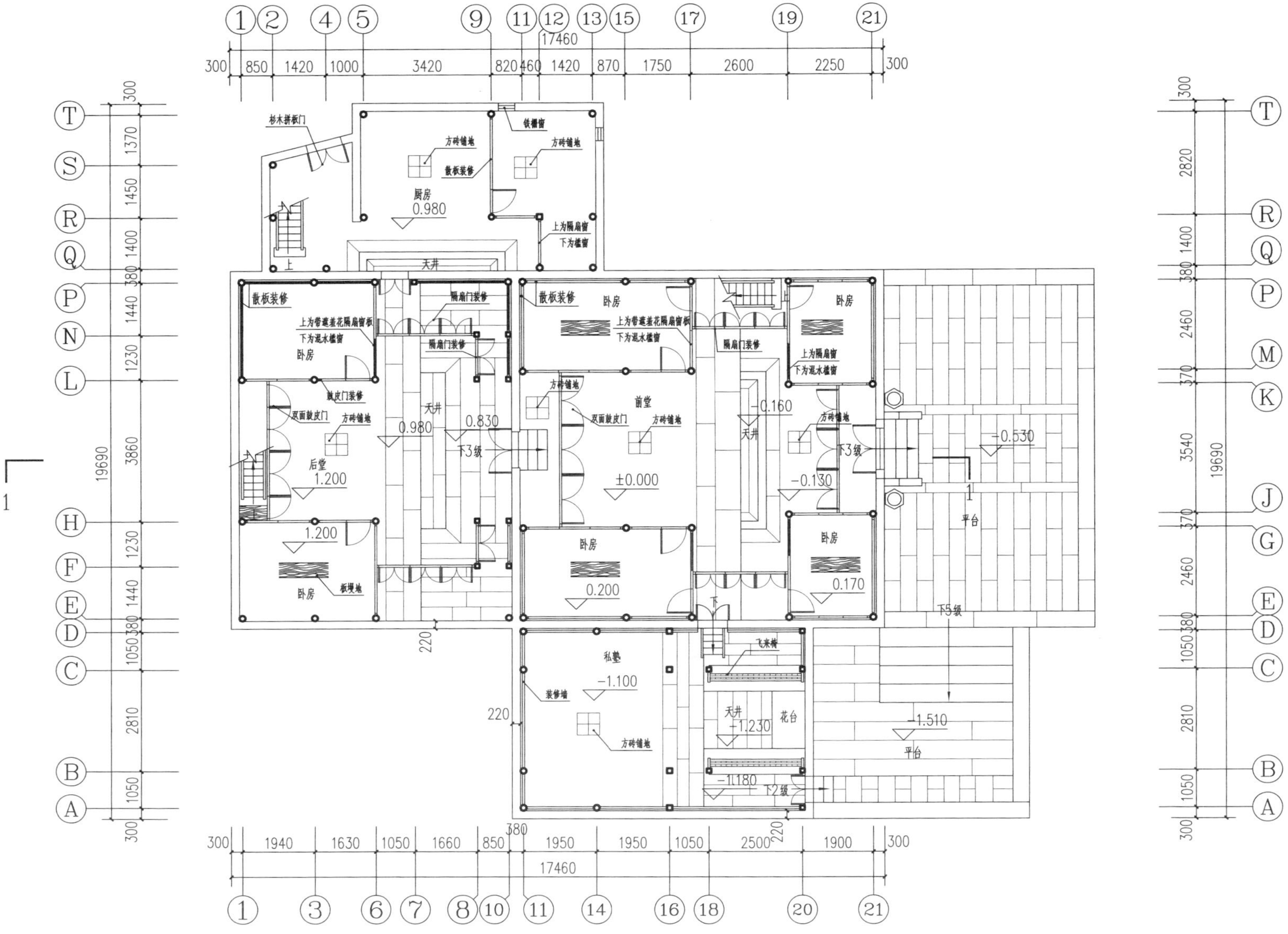

图24-12 汪顺昌宅竣工图-底层平面图

汪顺昌宅

547

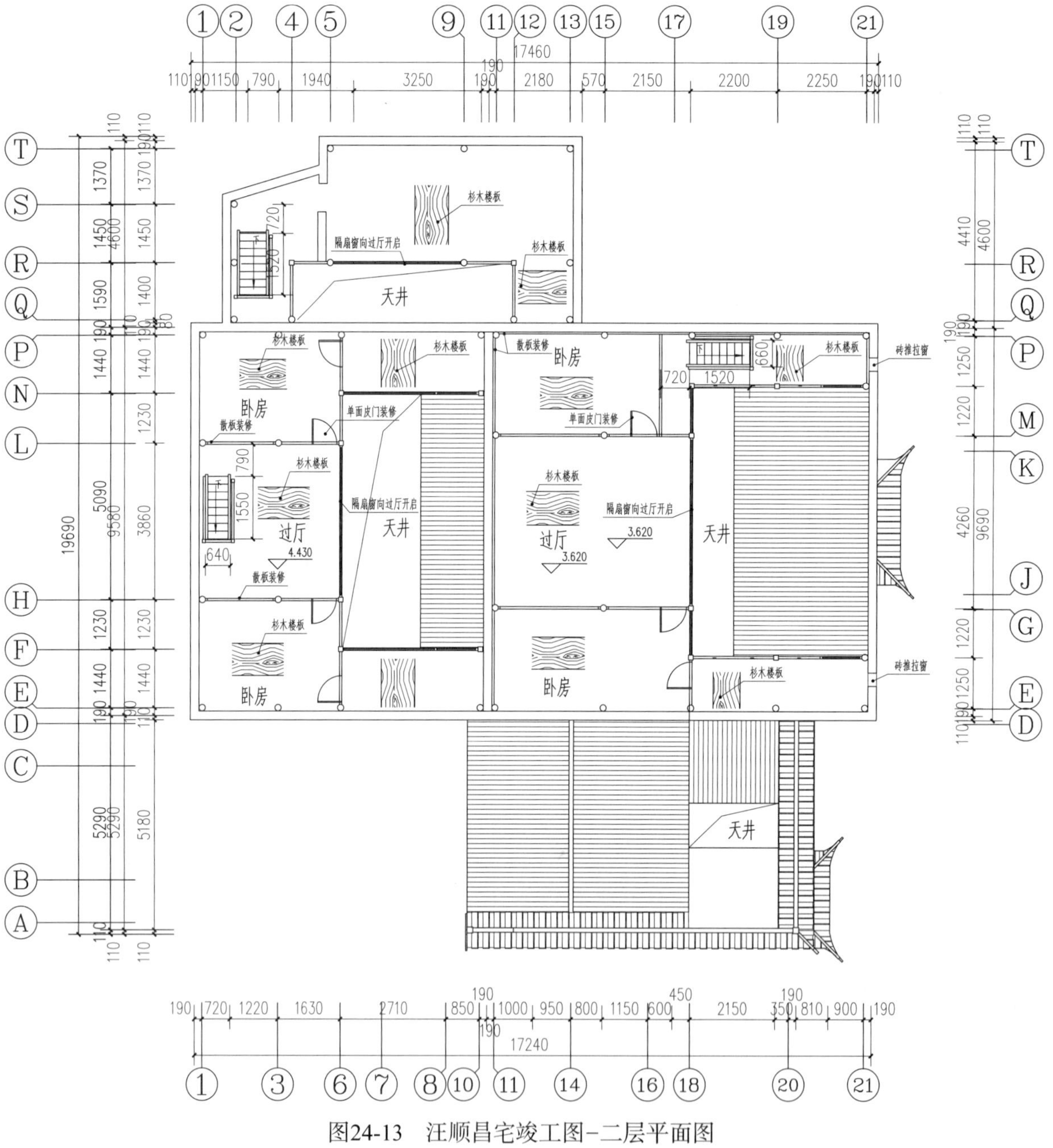

图24-13 汪顺昌宅竣工图-二层平面图

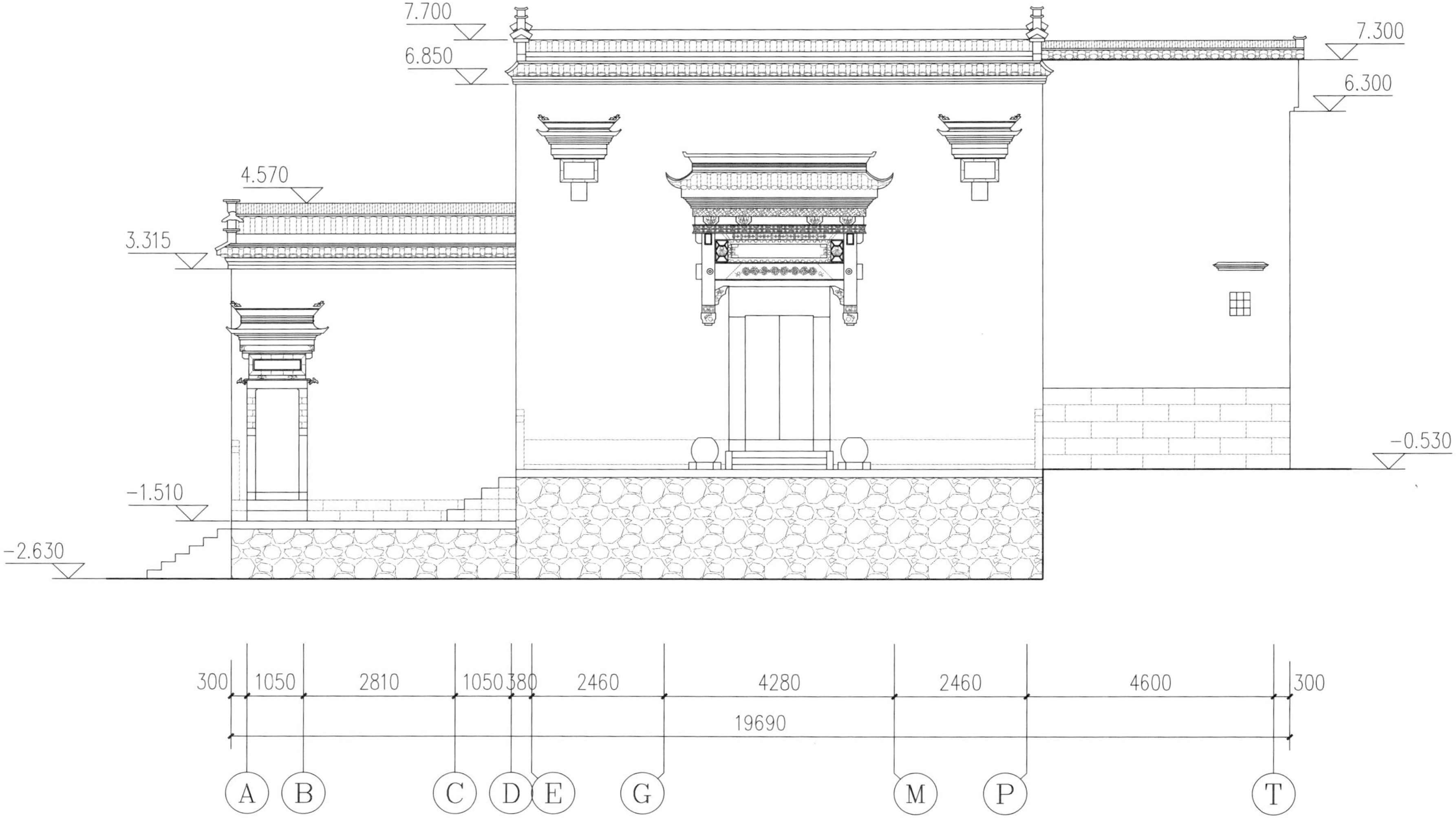

图 24-14 汪顺昌宅竣工图-正立面图

汪顺昌宅

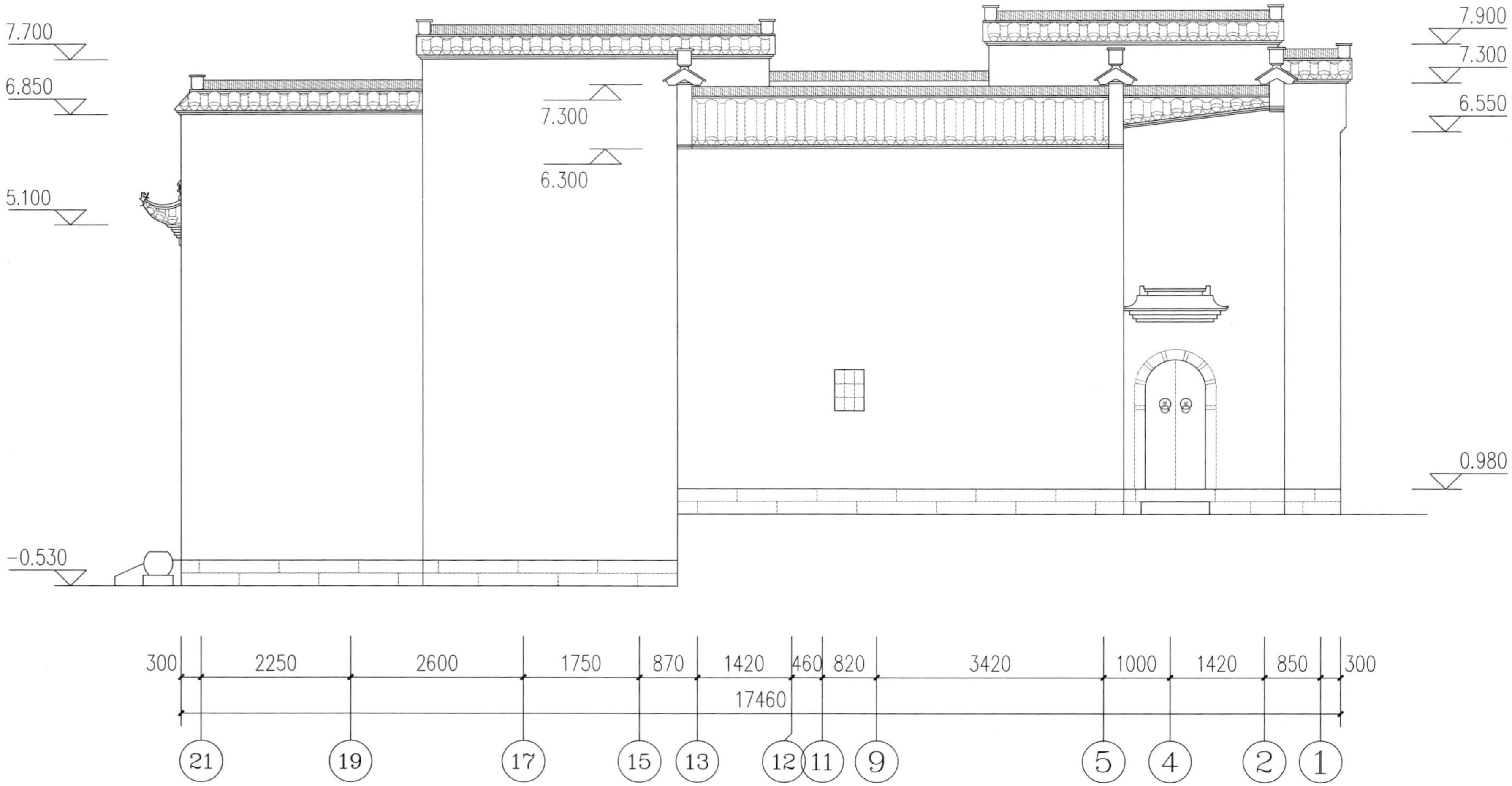

图24-15 汪顺昌宅竣工图-侧立面图

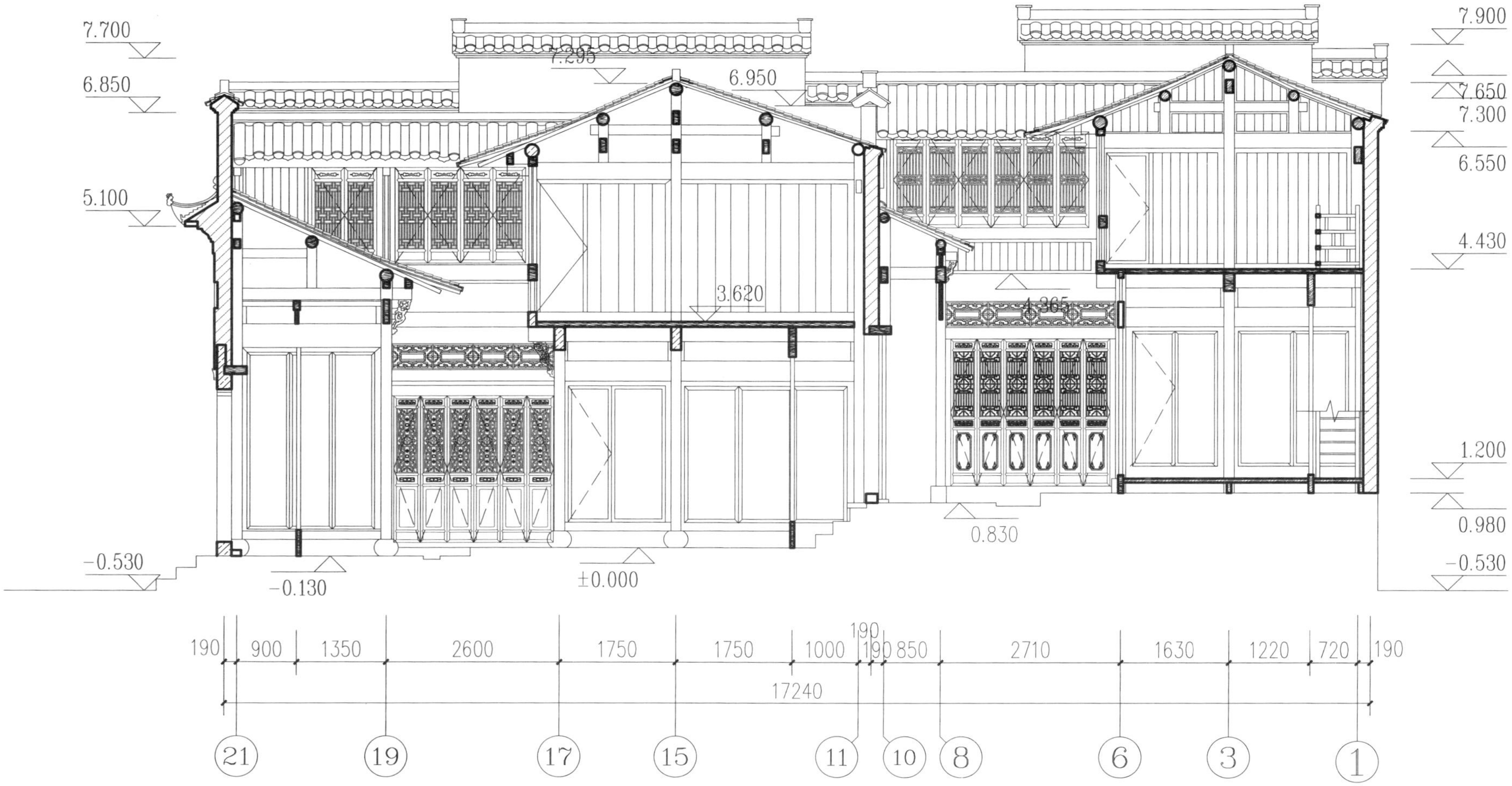

图24-16 汪顺昌宅竣工图-明间纵剖面图

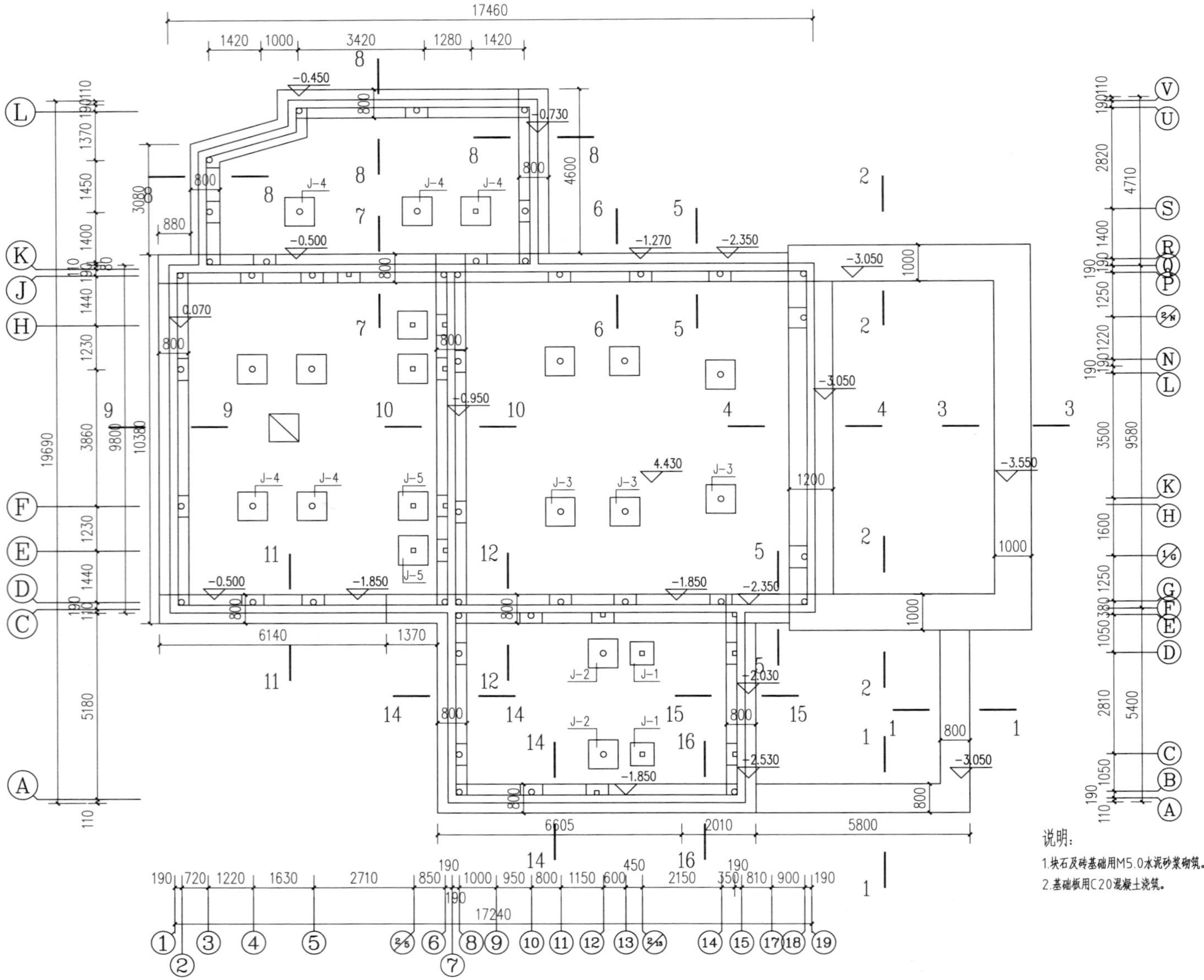

图24-17 汪顺昌宅竣工图－基础图

# 潜口民宅迁建工程做法

工程做法直接关系文物维修质量以及文物工程的特性需求。潜口民宅迁建工程是国家较早实施的大型古民居保护工程，其经验总结意义深远。

古民居的迁建保护，在 20 世纪 80 年代尚处在无经验可以借鉴的摸索阶段。工程在上级主管部门指导下，由当地政府主持，地方文化文物部门具体实施。建设者们本着对历史负责、对文物负责、对子孙后代负责的态度，兢兢业业、筚路蓝缕，严格遵照文物维修"不改变原状"的原则，精心组织，严格把关每一道施工工序，每一种材料取舍，确保了文物维修的高质量，探索出了一条行之有效的工程做法。

## 一、工程组织

上级文物主管部门十分关心关注潜口民宅迁建工程，给予了悉心指导和大力支持，这是工程能够取得成功的关键。国家文物局及时立项，拨付工程经费，多次派出国家级专家现场指导，严格把关规划论证和项目设计，确保工程高标准、高起点、高水平推进。安徽省文物局和筹建组一直保持着密切的工作联系，全程指导项目技术论证和质量监管，协调解决相关疑难问题，保证了工程高要求实施、高品质修缮。

当地党委、政府的高度重视和强力领导，是工程能够取得成功的重要保证。歙县、徽州区历届领导都十分重视潜口民宅工程建设，主要领导亲自过问，带队向上汇报，成立区县一级的工程领导组，统筹推进工程实施。领导组协调各相关部门和有关乡镇，通力协作，解决项目实施中的人员抽调、土地征收、古民居征购、基础设施建设等重点问题，确保了工程平稳顺利实施。

筹建组（建设方）高度的责任心和兢兢业业的工作作风是工程能够取得成功的重要基础。明园建设最初由歙县文化局负责，歙县建委参与。文化局从歙县各地抽调人员专门成立了潜口明村博物馆筹建组，驻地潜口，负责工程实施的具体事宜。筹建组人员有的来自歙县博物馆，有的来自中小学校，有的来自乡镇文化站，都是年富力强、有高度工作责任感和事业心的公职人员，常年吃住在工地，边学边干边成长，后多人成为徽州区文物战线的中坚力量。

1988 年徽州区成立后，明园建设由徽州区文化局负责，筹建组人员保持不变，直至一期工程结束，转为1990年潜口民宅博物馆正式成立后的职工。2000年后的清园建设，由徽州区文化局负责实施，徽州区文物管理所、潜口民宅博物馆抽调专门人员全程参与。

植根本土、深耕专业的设计施工队伍，秉承精益求精的工匠精神，是工程取得成功的重要保障。明园工程设计和施工主要由歙县建委具体实施。建委下属的安徽省徽州古建筑研究所负责工程勘察设计，歙县古典园林建筑公司负责工程施工。两单位是当时徽州地区少有的专业从事古建筑保护的设计施工团队，有着悠久的历史和良好的口碑。精挑细选一批长期从事徽州古建筑保护研究、设计和施工，富有经验的骨干力量参与明园建设。通过工程历练和成长，后多人成为徽州古建筑保护方面的领导、专家、业界权威。歙县古典园林建筑公司是歙县建委下属集体所有制的施工企业，专业技术力量雄厚，施工负责人及工人都是本地相关艺匠出身的老师傅，以及来自歙县各地的传统匠人。

清园工程由安徽省徽州古典园林建设有限公司负责设计和施工，2002年后由安徽省文物保护中心负责勘察设计。安徽省徽州古典园林建设有限公司也就是明园施工单位歙县徽州古典园林建筑公司2003年改制前的称呼，安徽省文物保护中心主要技术骨干也是由歙县徽州古典园林建筑公司改制后分流过去的。现两家公司都是国家文物保护工程勘察设计和施工的一级（甲级）资质单位。

另外，1993年实施的方氏宗祠牌坊搬迁项目，委托对石质文物保护更专业的屯溪石雕工艺厂施工，项目负责人现今是徽州石雕技艺的国家级非遗传承人。

## 二、工程施工

潜口民宅迁建工程每一幢建筑的迁建修缮，都是各时期独立实施的工程子项目，其施工工序基本相同，施工方法存在逐步改进提升、逐渐完善的一个过程。

### （一）施工工序

施工工序主要包括拆运和复原两个阶段：

（1）拆运：测绘→编号→拆木装修→下瓦→拆墙体→木构架拆除→包装→运输→分类堆放。

（2）复原：新址基础砌筑→整修梁架→竖架→屋面木基层→盖瓦→砌墙→木装修→内外粉刷→地面铺装。

总体按照上述工序逐项推进，具体实施中一些工序存在交叉施工的情况，比如原建筑拆卸的同时，新址内基础也已经施工了，砌墙、内外粉刷和木装修一般都会同时进行，等等。

## （二）施工方法

遵照一般建筑工程通常做法，为保护文物，确保"不改变原状"文物维修原则的贯彻落实，施工方法结合工序，承袭传统工艺，逐项落实质量保证措施。

（1）原建筑腾空清理。①在与原业主达成产权转让协议后，就必须迅速开展建筑内腾空。②在专业人员指导下，将原建筑内物品搬移，装修构造不得拆除，原建筑内散落的构件注意收留。③谨防原业主乘腾空搬运之机，将古建筑构件有意无意夹带走。④与古建筑相关、有一定保护收藏价值的民俗物品、陈设、家具等，可与业主协商另行征购。

（2）在原址支搭满堂防雨棚。确保拆卸、记录、研究过程中，古建筑构件免遭日晒雨淋，再受损坏。

（3）做好原始资料收集工作。实地踏勘测绘，做好各部位完残情况记录，绘制实测图，拍摄细部照片，访问住户和当地老年人，收集原始资料，为编制勘察设计方案以及修复方案提供基础材料。

（4）科学组织拆卸。①拆卸是一个分解和研究的过程，技术人员全程参与，掌握一手资料，作为编制复原方案的参考。②拆卸由上到下，由内到外，以非承重到承重的具体顺序进行，边拆卸边编号边钉牌。③拆除屋面木基层，需将所有梁架绘出每层、每间、每榀具体草图，草图编号与构件编号必须相符，经施工负责人检查无误后方可落架拆除。④如在拆卸时发现有特殊构件或图纸中未注明的隐蔽部位及时记录，以供设计人员参考。

（5）开展原址发掘。原址基础、地下排水、建筑毁损部分，需认真组织科学勘探和发掘，做好发掘记录和研究，清理保管残构件。尤其是建筑天井部分的发掘，埋藏的历史遗存和信息至关重要，是迁建新址后复原的主要依据。

（6）做好构件包装转运工作。拆卸下的构件，及时包装转运。①榫卯部位用木板夹牢捆绑，防止折损、劈裂；易碎、易裂、易变形、易折损构件，以及雕刻构件、细部构件，需分别包装，用箱装好，用报纸、木屑等细软物填实，轻装轻放，防止磕碰、叠压。②装车时注意防压、防震、防颠簸，做到下重上轻分层装置，层间用刨花、锯屑、稻草等填充，以防范挤压。③在运至工地后按指定地点分类堆放，木构件注意防潮、防火。

（7）新址基础做法。采用板型基础做法。①基础埋深，挖至老土，根据土质情况深度不等，一般不小于60厘米。②基础采用毛石，用M7.5水泥砂浆砌筑，其下现浇钢筋混凝土基础板。钢筋采用二级钢，C20砼。露明部分砂浆不外露，呈干砌外貌。所有柱磉托下均现浇钢筋混凝土板。③预埋排水沟，标高-0.6米以下。④为防水防潮，有利排水，所有砖木建筑楼屋基础地坪都做了抬升30～90厘米处理。⑤钢筋混凝土基础施工前，基槽、坑要进行白蚁防治处理。

（8）构件维修。承重构件严格检测，采取必要的加固措施，尽量多保留原构件，慎重撤换新构件。①局部糟朽尚能使用的，进行剜补、墩接。剜补部位用环氧树脂黏连；糟朽小于 1/4 的立柱，选用同质木材墩接（榫接），榫头不得短于 500 毫米，并加置宽 40、厚 3 毫米的铁箍箍牢，墩接梁枋用螺栓拴牢。②木雕、砖雕、石雕刻构件，整件缺失的，在有原件参照的前提下，可依制修复；原件上有局部缺损的，为保持原真性，一般不做复原。③构件维修需小心谨慎，应由具三年以上古建筑维修经验的师傅操作，避免文物二次损坏。

（9）梁架竖立：①木构竖架应选择晴好天气，防范雨淋受潮。②竖架前对柱础轴线位置进行验收，无误后方可进行。③以列为单位，由西到东，逐排竖立，榫卯归位。④竖架必须与脚手架同步进行，确保竖架全过程的构件及作业人员的安全，梁架随时加固加撑。⑤竖立后，即需在四边角端柱上由柱顶安上垂直线吊到柱根，用来观察盖瓦开始到砌围护墙前这一时间段的梁架垂直状况，且天天观察记录，以便及时牮正。边柱有侧脚形式的应根据原始尺寸放线。

（10）屋面铺盖。①为了使木构架不受雨淋，梁架安装后及时制安屋面木基层、摊瓦铺盖，因为是临时性的，在屏风内粉刷结束后再次翻盖。②原有瓦件可以集中在一片屋面覆盖，后添置的需保持原屋面盖瓦做法。③墙顶瓦作，灰浆进行砌筑，竖立脊瓦时力求青瓦竖直，达到 95～100 片/米标准做法。④屋面蝴蝶瓦覆盖，严格遵照"一搭三""搭七露三"的规格铺排，剔除开裂缺损瓦片，保证瓦垄平整、顺直。⑤为保持古建筑原貌，潜口民宅内所有古建筑屋面均未做现代防水处理，包括采用"SBS"改性沥青防水卷材的柔性防水做法。

（11）墙体砌筑。砌墙前将木构架理正，确保轴线垂直。①旧砖在砌前应进行清理、刮净铲除黏合附着物，浇水湿润，并根据设计要求，按原砌法砌筑。②墙体砖缝不大于 1 厘米，砂浆密实饱满，外墙转角处严禁留直槎。③缺损砖，有 1/2 以上保存的原砖都应该保留使用，选择合适部位分散砌筑。④原建筑一些单薄的围护墙，为确保墙体安全，复原时按现行砌筑工程规范增设钢筋砼圈梁构造。⑤附墙的石作、砖细如石门框、陡板、门窗罩，以及梁架和墙体联结构件木楔砖、钯钉等应提前清理、补配，随墙体同时安装。⑥外墙大多有收分构造，即墙体顶部向内倾斜一定的尺寸，紧靠木构架，增加墙体稳定性。

（12）墙体粉刷。①墙面为白灰罩面，所用石灰应充分浸水熟化 15 天以上。②粉刷前确保墙面平整度达到要求，表面无污迹。墙面应提前一天充分淋水湿润，第二日再对欠湿墙面补浇水分，但不宜过湿。③墙面一般不用石灰砂浆打底，直接用白灰膏饰面，厚 3～4 毫米保持潮状，多次抹压成型，俗称"抹甲灰"。④灰膏面干后刷二道白灰浆罩面，待到墙面白灰干燥，再刷蓝灰、墨绘彩画。⑤为防止冻伤，粉刷尤其是外粉刷，严禁在严寒冰冻天气条件下施工。⑥潜口民宅所有古建筑外粉刷墙面，均未做旧处理。

（13）装修复原。①采用同质原材料，传统工艺，手工制作，拒绝验收机械裁锯后不加人工倒楞打磨等二次加工的装修件和制成品。②隔扇、皮门等装修构件制作，应对照大样图，先做样品，经验收合格后，依样制作。③木装修材料必须确保含水率达到质量要求，必要时进行烘干处理。④采用当地材料和传统工艺，现场制作安装芦苇夹泥墙。

（14）地面铺装。①按传统做法墁砖，一般采用中粗砂垫层，厚100毫米，方砖铺贴前要浸水湿润，铺贴时根据控制线定位，地面中部根据尺寸大小适当抬高5～10毫米，按初摆—浇石灰浆—背面刮灰膏—摆放槌实顺序依次进行，砖缝间用白灰膏黏结，灰缝不得超过2毫米。②木地板铺设前，做好地面防潮处理，整平地面，铺设油毡（清园内部分建筑使用），再夯筑50毫米厚的三合土。③天井等石板铺筑部位，原回填土要经过充分的沉降。清园洪宅等建筑在天井部位采取挖基槽，加砌砖基础等加固做法。

## 三、工程材料

严格尊重古建筑原貌，维修尽量保留使用原有材料。修补和缺失构配件新制所需材料，坚持与原材料材质相同，规格符合要求，品质优良，本地产材料优先的原则。

（1）木材。徽州建筑常用木材主要有松木、杉木、柏木、梓木、银杏木等本地木材。①古建筑维修往往所需木材规格大、用量多，市场一时无法满足需求，加之为保护黄山松，禁止一切外来松木入境，维修用材一直存在一定的困难。经多年应用和观察对比，山樟木材质适中，易于采购，维修工程在最大可能使用同材质木材的前提下，不足部分使用山樟木替代。②明园维修项目所用木材皆为原木新料，清园维修项目部分选用了从本地民间收集来的其他古建筑上品质尚好的老料（主要为楼桥板），二次加工后再使用。③为与原建筑材料区分，明、清两园所有古建筑内新用材料均未做旧处理。

（2）砖瓦。①添补的砖、瓦，以及勾头滴水、金花板、吻兽等装饰件，参照原物尺寸规格，到使用传统材料和工艺的古建窑厂定烧。②装饰件需绘制大样图，连同原件，一起交古建窑厂制模，烧制成样品经审核同意后，订制按量生产。③明园、清园古建筑屋面也大量使用了从民间收集来的老砖和老瓦，只要规格匹配、品相好，把好质量关，也是价廉物美的选择。

（3）石作。徽州古建筑所用石材，大多为本地产的红岩石、花岗岩、青石以及少数产自浙江的茶源石。①用于基础部分用量较多的料石、片石，以及石门框、踏步石、阶沿石等有严格规制的石材，可在本地的采石场选用石材加工。②少量零星需求以及地面铺装的石板，可选择从民间收集同材质老料，进行适当加工后使用。③石材出坯、切割等半成品可用现代机械处理，但成型后的表面处理还需按照传统工艺人工完成。

（4）金属件。①门窗上看叶、铺首、门铰、插销等小五金、窗洞铁栅、门扇镶砖需用的铁钉、包边的铁皮，梁下挂钩、墙上钯钉、椽上平头钉，以及檐口铜锡合金、铝质、白铁水笕，等等，缺失的部分构件，拿原件样品到本地铁匠铺依样订制打造。②构件加固需用的铁件、螺栓、钢板、金属箍按照实际需要规格尺寸制作。③基础以及其他部位加固需用的钢筋、铁丝，按照设计规格采购。

（5）黏合剂。砌筑墙体黏合剂为石灰、黄土、细砂经过筛选、充分搅拌混合制成的灰浆（俗称过塘泥）；屋面瓦、檐口勾滴铺装、坐瓦立脊也用过塘泥，灰浆成分比例与砖墙有所差别；脊饰安装、石料砌筑、铺装用桐油石灰膏；砖细砌筑、铺装多为熟石灰膏；木构件修补明园通常使用环氧树脂；石构件修补，多用云石胶掺石粉末黏结。

（6）油漆及其他。①清园畔礼堂恢复了油漆髹饰，主要为传统土漆工艺，主要配料为生漆、麻布、熟桐油、颜料粉、松香水、砖灰等。②芦苇墙主要材料为木板条、芦苇秆、黄土和石灰。③墙面墨绘彩画材料为墨汁、矿物质颜料粉，包括赭石、石青、石绿、丁黄等。④为防止风化，明园部分古建筑维修新构件外露部分表面刷清水漆。⑤为了防潮，清园部分建筑内嵌入墙体内的柱子表面刷了水柏油。⑥木装修构件修复及加固，部分使用竹签固定。为防开裂，立柱上端曾用竹编的圆箍捆扎，修复时改用铁箍。方观田宅前檐、万盛记窗栏杆原状也有局部竹片、竹编装修，因非原制，维修时未做复原。

潜口民宅迁建工程做法，就是在政府主导下，严格遵照文物维修原则，精心组织实施，由传统匠师使用传统材料、采用传统工艺维修保护传统古建筑。不仅成功保护了一批徽州古民居的代表性建筑，文物维修的高质量也得到了专家和业界的一致好评，被誉为古民居保护的"潜口模式"，而且这个迁延20多年的文物保护工程，一以贯之的科学严谨的工作作风和专业务实、深耕细作的工程做法，锻炼和培养了一批又一批当地文物保护的专业人才，成为今后徽州古民居保护的中坚力量，意义更加深远。

潜口民宅文物保护性设施建设

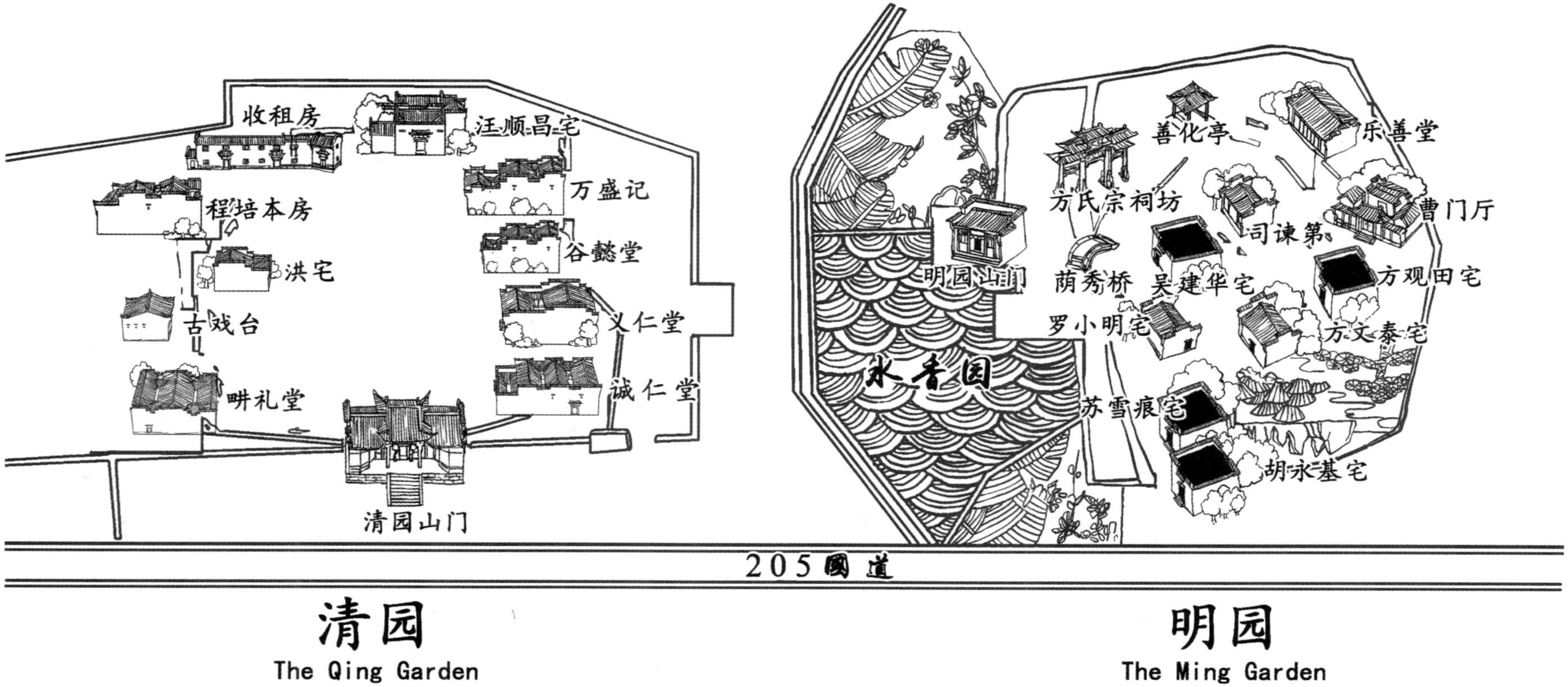

明 园
The Ming Garden

清 园
The Qing Garden

205国道

# 文物保护性设施建设概况

潜口民宅完成明、清两个古建筑群的搬迁，仅仅是古建筑保护工作的开始，在新址上怎样确保古建筑的安全，防范人为损坏，防范火灾、雷击、地质灾害以及白蚁等虫害威胁，让古建筑在潜口民宅得到永久的保护利用，将是一个更加复杂更加系统的工程。

## 一、建设背景

从1984年明园开工建设起，有关文物的保护性设施建设就已经开始。筹建组清理紫霞山脚下一处水塘，作为消防水源，建设泵房，将消防用水抽至明园最高处构筑一个蓄水20吨的高位水塔，在明园各建筑外缘布置消防栓。清园建成后，将明清两园之间的林地田畴，开挖为700平方米的水塘作为消防补充供水点。在条件有限的情况下，潜口民宅坚持死看硬守策略，工地安排专人日夜看护；开放时间安全员全天候巡查；下班前，组织多人上山开展全面巡查；每晚安排不少于3人夜班值守等。为防止山体滑坡危及古建筑，多次清理加固曹门厅后山体以及明园围护墙。1984年下半年明园建设伊始，发现有白蚁危害，立即联系相关科研单位，组织开展馆址内及搬迁古建筑的白蚁防治。

潜口民宅当初更侧重"人防"的措施和办法，行之有效，维持了这些年来潜口民宅的文物安全无事故。但随着清园建成后，保护任务的加重，参观游客的增多，开放利用的不断拓展，安全隐患日益增多，很多措施已经跟不上实际需求，难以为继。按照国家有关古建筑保护的安全防范等级和标准，在"人防"基础上，切实提升"技防"水平，建立健全潜口民宅文物保护性设施建设迫在眉睫。

## 二、项目实施

从2012年起至2019年底，潜口民宅先后实施消防安装工程、电气火灾智能防控项目、安防设计施工一体化项目、古建筑防雷工程、白蚁木蜂粉蠹综合防治项目，以及明园加固环境整治工程、古建筑维护修缮工程、方氏宗祠坊科技保护项目等8项重点保护性设施工程，涉及明、清两园及周边70余亩保护范围内的建筑、场地，总投资近4000万元。

所有项目通过对上争取，报批立项，国家文物保护专项资金支持，严格按规范程序开展招投标，组织专家验收合格后投入使用。

## 三、工程特点

（1）覆盖面广、针对性强。潜口民宅保护性设施建设针对古建筑的"三防"需求，重点实施消防设施提升、安防设计施工一体化项目、古建筑防雷工程，筑牢文物安全屏障。为切实保障用电安全，还在全国范围内率先实施电气火灾智能防控项目。针对山区虫害威胁，配合古建筑搬迁实施白蚁、木蜂、粉蠹防治综合处理，以每年跟踪监测和集中重点防治相结合。明、清两园坐落山麓，为防范山体滑坡和塌方等地质灾害发生，实施明园加固和环境整治工程，及时排除险情。针对明园搬迁的古建筑在年深日久后屋面层病况增多，组织实施古建筑维护修缮工程，重点解决屋面防雨防潮问题。针对石质文物风化开裂等问题，实施方氏宗祠坊石质文物科学保护项目，去除病害，强化防护水平。

（2）建设标准高、科技运用水平强。潜口民宅保护性设施建设重点实施消防、安防、防雷设施建设，严格执行国家有关国保文物古建筑的技术规范标准和要求，邀请安徽省内，甚至国内高资质水平的单位组织勘察设计和施工。其设计思想和理念，实施效果和水平，都达到了国内业界先进水平。尤其是为解决用电安全问题实施的电气火灾智能防控项目，在全国文物系统尚属第一批试点项目，智能化水平高。由于保护技术水平所限，当初搬迁至明园的方氏宗祠坊仅是在结构上进行了加固，对于石质文物本身未采取针对性保护等措施，导致文物风化残损日甚。潜口民宅邀请北京国文琰文物保护发展有限公司，结合实验室结果，采用现代科技材料和手段，去除石质文物表面病害，防风化开裂措施，以减缓文物在自然条件下的退化衰变速度，保证古建筑延年益寿。

（3）对文物干扰小，可持续性强。文物保护性设施建设，在确保工程质量和成效的基础上，尽量减少对文物本体乃至周边环境的影响，是勘察设计乃至施工的应有之义。为此，相关的附属设施建设用房都选择在博物馆管理区或者园内较隐蔽的位置，管道电缆采用地埋，室内设备选择在古建筑安全隐蔽处，线路套管在梁枋背面敷设，尽量不影响外观。对于园内地面、道路的修补开挖，严格执行文物"不改变原状"的原则，护坡、石磅等露明部分采用传统材料砌筑，保持风貌协调统一。

保护性设施建成后的日常管理和维护，是决定工程最终成效的关键。为此，潜口民宅通过持续开展专项技能培训，培养了一批富有实际工作经验的同志熟悉岗位操作，明确岗位责任，全年做好值班值守。每年定期邀请相关专家对白蚁活动密度、防雷设施进行专项检测，确保项目成效稳定。

## 四、实施意义

潜口民宅保护性设施建设，是新时期我国文物保护工作向广度和深度发展的必然。是从被动向主动发展，从抢救性保护向预防性保护发展，由注重文物本体保护向文物本体与周边环境整体保护并重转变，由"人防"为主向"人防""技防"并重的转变，是文物保护思想理念的进一步提升。

项目的实施，大大提升潜口民宅科学化规范化管理水平。通过现代科技手段，视频监控、自动报警、智能配电、数字化呈现等运用，提升了科学保护的水平，提高了管理工作效率，也为潜口民宅新时期更好向文物有效利用深入拓展提供了坚实保障（表4）。

表4 潜口民宅保护性设施建设工程一览表

| 序号 | 项目名称 | 建设时间 | 建设内容 | 设计单位 | 施工单位 | 项目成效 |
|---|---|---|---|---|---|---|
| 1 | 潜口民宅消防安装工程 | 2013.6~2016.1 | 建设消防供水及消火栓系统、自动报警及电气系统，完善消防设施设备等 | 安徽省建筑科学研究设计院 | 安徽省消防工程有限公司 | 提升潜口民宅博物馆消防基础设施，有效预防文物古建筑火灾的发生，减少火灾危害性，为及时有效扑灭火情火险提供保障 |
| 2 | 潜口民宅消防提升（电气火灾智能防控）工程 | 2016.3~2017.12 | 建设中心室监控系统、网络传输系统、智能配电箱防控子系统、箱式变电站防控子系统、户外开关箱防控子系统、智能开关分接箱防控子系统，完成整个配电系统的信息化、数字化、自动化、互动化 | 西安华瑞网电设备有限公司 | 西安华瑞网电设备有限公司、安徽省消防工程有限公司 | 切实提高潜口民宅科学用电水平，提升电气火灾预警与防控能力 |
| 3 | 潜口民宅安防设计施工一体化项目 | 2016.7~2019.9 | 建立入侵报警系统、视频复核与视频监控系统、出入口控制系统、声音复核系统、电子巡查系统、广播与对讲系统、传输系统、系统供电与备用电源系统、防雷和接地系统、综合管理平台、安检系统、停车场管理系统、监控中心等安全技术防范系统 | 合肥光信科技发展有限公司 | 合肥光信科技发展有限公司 | 提升博物馆展区及文物库房的安全防范技术水平 |
| 4 | 潜口民宅古建筑防雷保护工程 | 2014.5~2016.7 | 为22幢单体建筑屋面正脊、屋檐、封火墙敷设避雷带，引下线入地，地下安装接地装置，以及监测雷击计数器等 | 湖南义盟克防雷技术有限公司 | 石家庄华友电子有限公司 | 提升馆内古建筑防雷击能力，避免雷击致灾，确保古建筑以及景区内参观游客的生命财产安全 |
| 5 | 潜口民宅方氏宗祠坊石质文物修缮工程 | 2017.12~2019.12 | 对牌坊表面苔藓、积尘进行清洗、脱盐处理；表面裂隙进行灌浆加固处理；针对风化、空鼓部位进行黏结以及灌浆加固处理等 | 建设综合勘察研究设计院有限公司 | 北京国文琰文物保护发展有限公司 | 消除了病害的腐蚀，增加了牌坊的稳定性和强度，有效防止日晒雨淋对文物的直接威胁 |

续表

| 序号 | 项目名称 | 建设时间 | 建设内容 | 设计单位 | 施工单位 | 项目成效 |
|---|---|---|---|---|---|---|
| 6 | 潜口民宅白蚁、粉蠹、木蜂综合防治项目 | 1985.10~2017.12 | 对馆址内场地进行白蚁灭治和监测，对搬迁古建筑虫害进行灭治处理以及预防处置，达到不构成再次侵害的目的 | 合肥白蚁防治研究所、潜口民宅防治研究所、黄山保绿有害生物防治有限公司 | 合肥白蚁防治研究所、潜口民宅防治研究所、黄山保绿有害生物防治有限公司 | 有效灭治和长期监测结合，确保建馆30多年来从未有白蚁侵蚀馆内古建筑的情况发生 |
| 7 | 潜口民宅明园加固与环境整治工程 | 2013.8~2016.12 | 对明园内方氏宗祠坊、六顺堂-荫秀桥、曹门厅-乐善堂、苏雪痕宅-胡永基宅4处地表和地质风险点进行排险加固 | 安徽省文物保护中心 | 安徽省徽州古典园林建设有限公司 | 最大程度减缓并制止了山体滑坡、古建筑地基下陷等潜在地质隐患，有效改善了古建筑外部环境，确保古建筑安全 |
| 8 | 潜口民宅古建筑维护修缮工程 | 2018.3~2018.12 | 对馆内单体建筑13幢（明园11幢，清园2幢）开展现状维修，即屋面揭瓦重铺，修补加固或更换残损木构件等 | 安徽徽州文物工程勘察设计有限公司 | 安徽省徽州古典园林建设有限公司 | 排除建筑内存在的渗漏、残损、开裂等险情和安全隐患 |

# 潜口民宅消防安装工程

## 一、建设背景

潜口民宅集中保护了明清时期最典型的古民居、古祠堂、古牌坊、古亭、古戏台、古桥等24幢珍贵文物古建筑，其中大多为砖木结构，耐火等级低（四级）。整个古建筑群地处山区，馆内绿化、周边植被丰富，尤其是秋冬季，枯枝落叶较多，火险隐患大。博物馆年均接待观众40万人次，存在一定的人为失火可能性。因此，无论是古建筑本身的易燃特性还是外部潜在的不确定因素，都给博物馆带来巨大消防压力。潜口民宅原有的消防系统因设施陈旧、建设标准不高，已无法满足古建筑的实际消防需求。潜口民宅消防安全设施提升迫在眉睫。

## 二、工程实施

潜口民宅消防安装工程设计方案由安徽省建筑科学研究设计院编制，2013年6月获得国家文物局批复。2014年3月28日开工建设，安徽省消防工程有限公司负责施工，总投资534万元，2016年1月通过验收后投入使用。

## 三、建设内容

工程施工主要内容为：建设消防供水及消火栓系统、自动报警及电气系统，完善消防设施设备等。

馆域划分明园、清园及办公区域两个防火分区，在明园大门西南侧挖掘深水井，构筑蓄水量500吨的消防水池，建设消防泵房，由两套消防泵供水，分别满足两个分区内的消防用水。两个防护区共设立26处室内消火栓箱，可同时满足4支消防水枪2小时的持续用水。

在博物馆建设的变压器独立引一组380/220V三相四线制电源作为专用的消防电源，并且在泵房处配置柴油发电机组，以备自动切换（图25-1、图25-2）。

在潜口民宅博物馆办公区域设置消防集中控制中心。安装报警联动一体机，设置消防电话主机，分机分布到每个消防保护古建筑控制点（图25-3、图25-4）。

工程建设还包括因地制宜，改造利用原有的蓄水20吨的高位水池，满足火情初期的应急

图25-1　管网安装

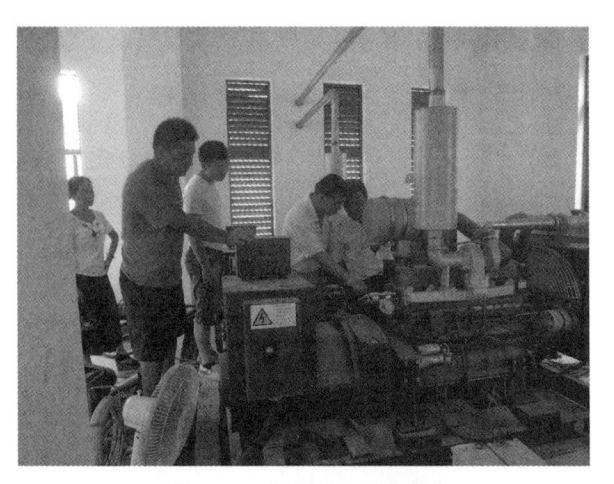

图25-2　备用发电机调试

图25-3　消防控制泵房

图25-4　消防泵控制柜

处置。配备2台手抬水泵，古建筑室内按照规范要求配备干粉灭火器，以及清园消防车通道的设置等。

## 四、建设意义

工程建设提升了潜口民宅博物馆的消防基础设施，有效预防文物古建筑火灾的发生，减少火灾的危害性，为及时有效扑灭火情火险提供保障，对于整体保护馆内文物古建筑及环境要素，以及游客的人身财产安全具有重要意义（图25-5~图25-8）。

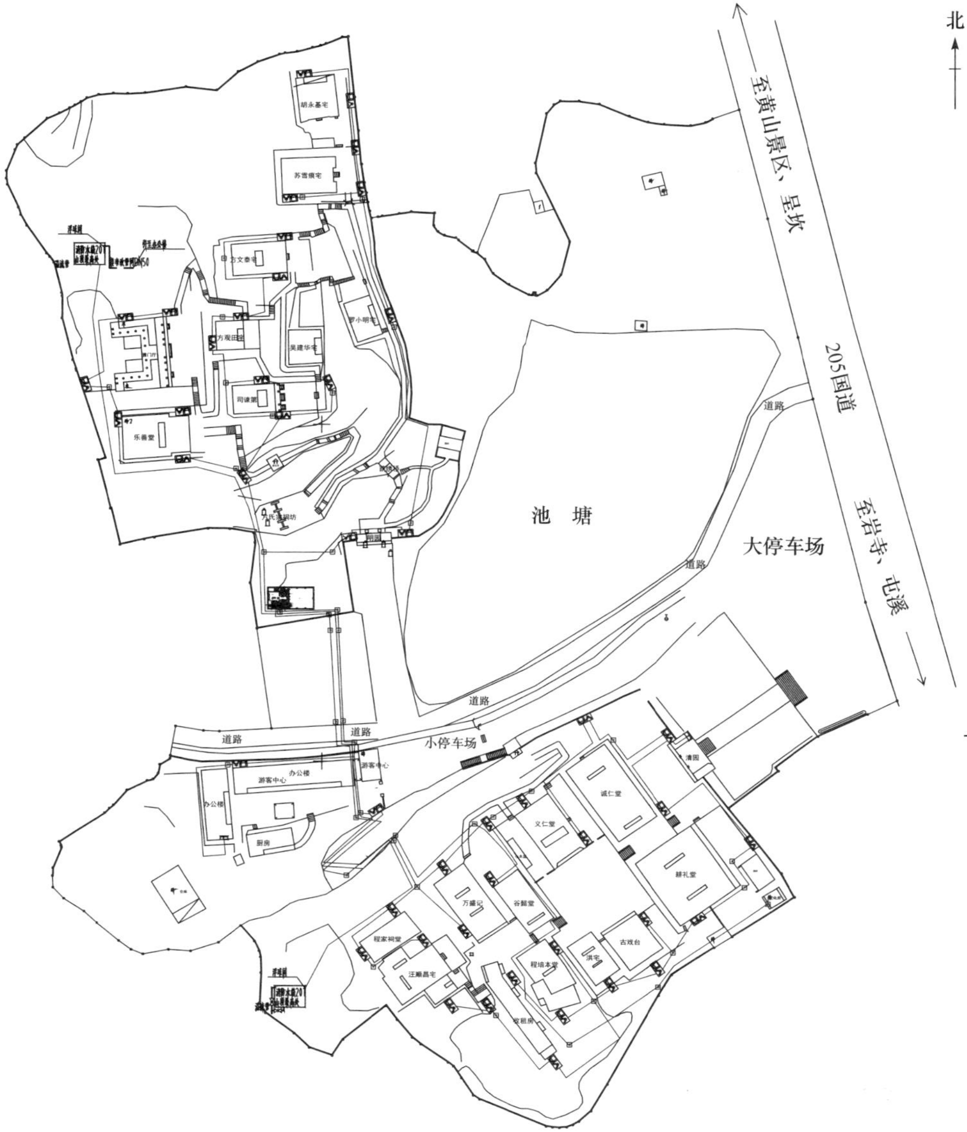

说明：
在消火栓箱内布置带消防电话的消火栓启泵按钮。
消防控制中心内配置报警联动主机。消防控制中心设置在办公楼一层。区域主机设置在明园、清园入口处。

室外电缆：
消防电话线：NH-RVVP-2*2.5mm² PE25
消火栓启泵线：NH-KVV-4*2.5mm² PE32
信号总线：NH-KVV-2*2.5mm² PE25
PE管埋地敷设

北 ↑

至黄山景区、呈坎 ← 205国道 → 至岩寺、屯溪

大停车场
池塘
小停车场

图25-5 消防报警联动平面布置图

潜口民宅消防安装工程

567

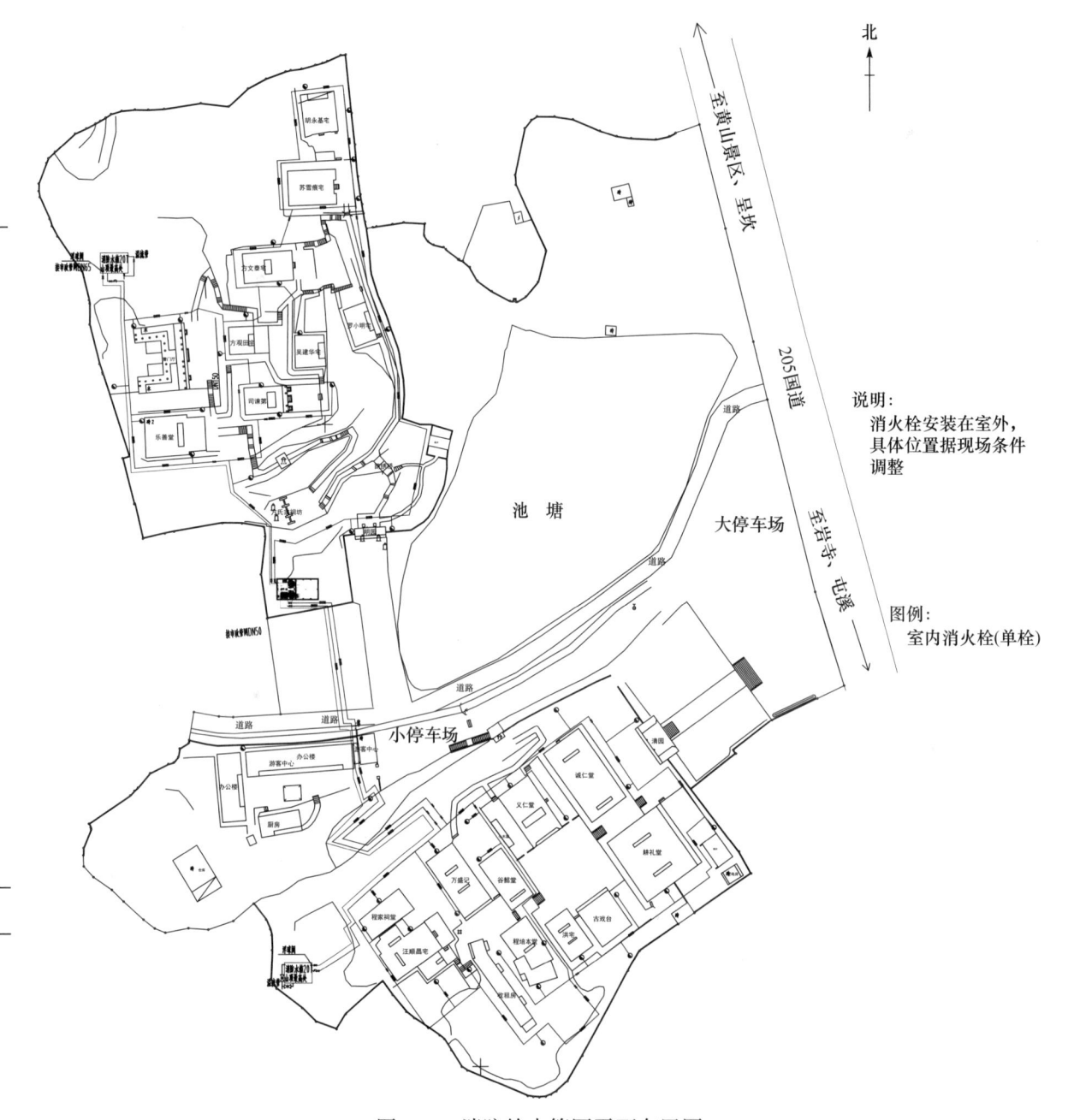

说明：
消火栓安装在室外，具体位置据现场条件调整

图例：
室内消火栓(单栓)

图25-6 消防给水管网平面布置图

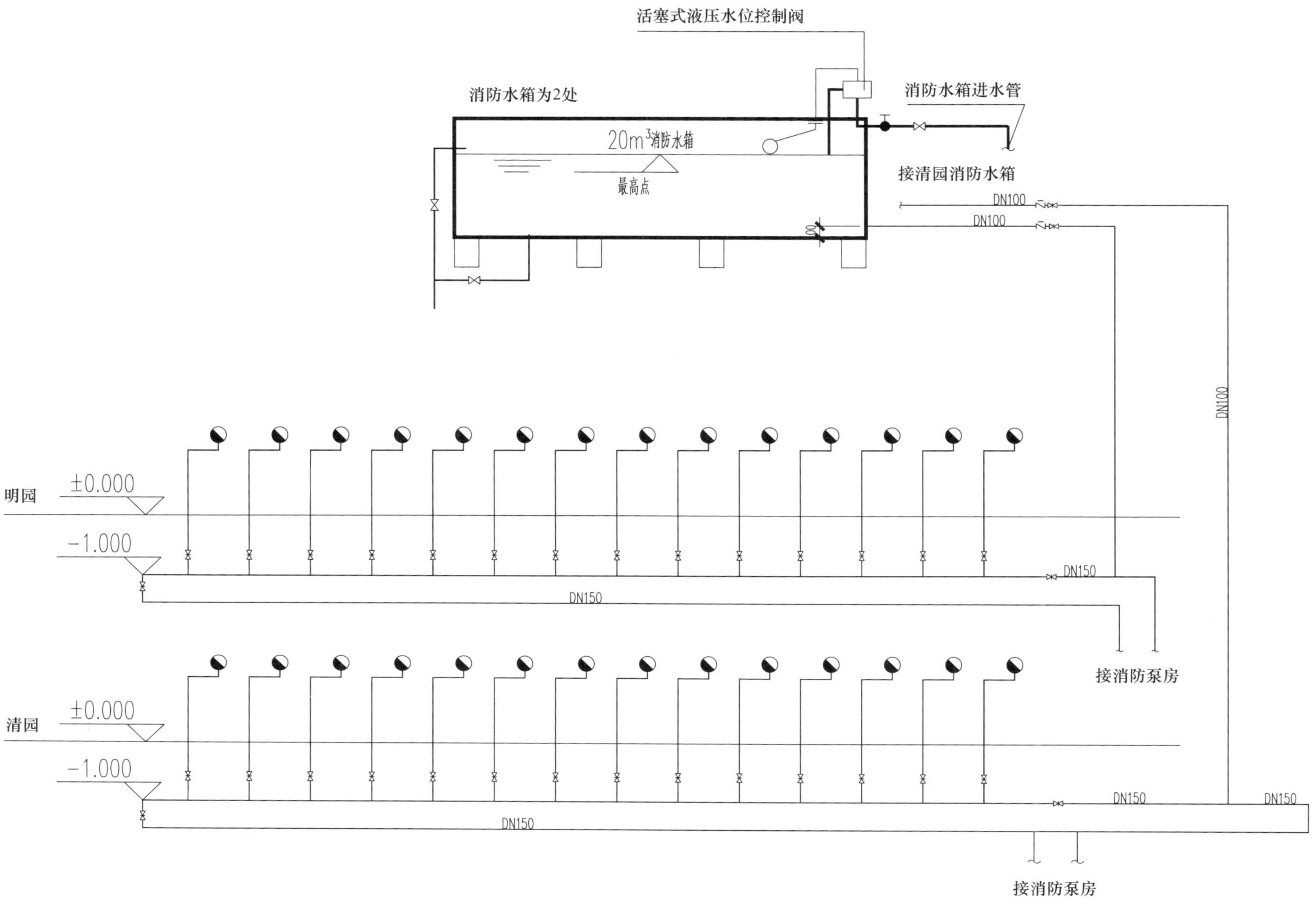

图25-7 消火栓系统图

## 设计总说明

一、工程概况：本工程为潜口民宅建筑群，属于一级保护对象，划分明园、清园二个防火分区。

二、主要设计依据：
《火灾自动报警系统设计规范》GB 50116-2007;其他有关国家及地方现行规程、规范。

三、主要设置对象：
1. 其中明园园增设火灾自动报警系统的9处古建筑如下：
   乐善堂、曹门厅、司谏第、吴建华宅、方文泰宅、胡永基宅、苏雪痕宅、罗小明宅。
2. 其中清园园增设火灾自动报警系统的10处建筑如下：
   诚仁堂、耶氏宗祠、又一堂、谷懿堂、洪宅、程栎本堂、方盛记、收租房、王瞻记、王馥宅。

四、火灾自动报警系统：
1. 本工程采用集中报警控制系统。
2. 探测器：红外对射火灾探测器、点型感烟探测器。
3. 点型感烟探测器与灯的水平净距应不大于0.5m。红外对射火灾探测器距屋顶面0.25m处在在墙面两侧安装，发射器与接收器之间的光路半径0.2m内应无遮挡物干扰源。红外对射光路与地面距离不大于0.2m；与或其它遮挡物的距离应不大于0.5m。
4. 在出入主要入口位置设手动报警按钮及消防对讲电话插孔。声光报警器距地2.8m。消防专用电话分机距地1.4m，手动报警按钮距地1.5m。
5. 在消火栓箱内设火栓报警按钮。接线盒设在消火栓的开门侧，便于紧急使用。火灾时按下直接启动消防泵，消防主机显示地址。

五、消防联动控制：
火灾报警后，消防控制室联动主机自动切断非消防电源，启动声光报警器闪光、讯响，启动消防泵。
其他信号反馈消防室。

六、消火栓组控制：当发生火灾时，消防控制室值班人员确认火灾发生的区域，自动或手动（以手动为主）远程启动消防泵工作。

七、电话电缆系统：在消防控制室内设置消防对讲电话总机，除在各层的手动报警按钮处设置消防对讲电话插孔外，在消防控制室内设置直接报警的119外线电话。

八、电缆及接地：
1. 消防控制室设备还要求配备电池作为备用电源。
2. 火灾自动报警系统接地采用共用接地装置，接地电阻应小于4欧姆。

九、火灾自动报警系统线路敷设要求：
1. 平面图中所有火灾自动报警线路达50V以下的的供电线路、控制线路采用耐火（阻燃）线、穿钢管保护。
2. 火灾自动报警系统的每回路地址编码总数应留15%~20%的余量。

### 线路图例及选型表

| 序号 | 图例 | 名称 | 规格 |
|---|---|---|---|
| 1 | | 报警总线 | ZR-RVS-2X1.5-DG20 |
| 2 | | 联动控制电源总线（旧址内） | NH-BV-2X2.5-DG20 |
| 3 | | 联动控制电源总线（旧址群间） | NH-BV-2X4.0-DG25 |
| 4 | | 消防通讯总线 | NH-RVVP-4X1.5-DG25 |
| 5 | | 消火栓启泵线路 | ZR-RVS-6X1.5-DG32 |
| 6 | | ~220v电源线路 | NH-BV-3X4.0-DG25 |
| 7 | | 防火分区连接至控制室控制线路 | NH-KVV-24X1.5-DG50 |

图25-8 火灾自动报警系统图

# 潜口民宅消防提升
# （电气火灾智能防控）工程

## 一、建设背景

随着潜口民宅对外开放以及展示利用的深入开展，电气电能在文物建筑中被广泛运用。潜口民宅为砖木结构的古建筑群，耐火等级低，用电可能带来的电气火灾安全隐患一直存在。电气火灾事故产生的原因主要在于输电线路、输电和用电设备在带电工作状态下，由于异常原因产生短路、过负荷、三项负载不平衡、绝缘降低等故障，将电能转化为热能引燃可燃易燃物。为彻底摒除这样的电气火灾风险，采取科学手段，智能化管理措施，达到及时发现和规避问题以及有效防控风险的目的。

## 二、项目实施

潜口民宅博物馆于2014年1月启动消防提升（电气火灾智能防控）项目设计任务，2016年3月获国家文物局立项。2017年1月，由西安华瑞网电设备有限公司设计的方案通过安徽省文物部门评审。2017年开工建设，由西安华瑞网电设备有限公司、安徽省消防工程有限公司联合施工，项目总投资1650万元。2017年底通过验收并投入使用（图26-1）。

图26-1　配电房设备安装

## 三、建设内容

项目主要建设内容包括：改造原有配电系统，变压器由50kVA增容至400kVA；增加一箱式变电站系统，由电气火灾智能防控装置HV2002D和电气火灾探测器监控、保护，分别向清园区、办公区、明园区、消防水泵提供380/220V电源。

采用分布式分层结构配置，建立以服务器为核心的中心控制室层，以智能终端设备为核心的设备类别管理层，以断路器、电流互感器等设备为核心的设备层共三层结构体系。

在潜口民宅办公区设立监控中心。中心采用电气火灾智能防控系统，配置火灾防控系统服务器、火灾防控系统通信柜、不间断电源等设备。选用多模光纤、通信电缆数据线，采用星形网络拓扑结构，搭建电气火灾通信网络。

选择在明园3处、清园3处配电箱内设置火灾防控智能开关分接箱，分别连接23幢单体建筑内设置的火灾防控智能单体开关箱；在办公区设置1处火灾防控智能开关分接箱，通过3处火灾防控智能配电箱连接户内开关箱。

为防止雷击引起的感应过电压，在低压配电系统及电子信息系统进线处置浪涌保护器（图26-2~图26-4）。

工程通过建设中心室监控系统、网络传输系统、智能配电箱防控子系统、箱式变电站防控子系统、户外开关箱防控子系统、智能开关分接箱防控子系统，建设完成整个配电系统的信息化、数字化、自动化、互动化，使系统运行在一种最优的可靠、安全、经济、透明工作模式下，满足智能电网要求的自愈、预测、优化等功能特征。

图26-2　室外配电箱

图26-3　系统配电箱

图26-4　配电设备主机

## 四、建设意义

通过本次工程建设，实现潜口民宅配电系统和各用电设备的全景电气数据，运用自身的数学模型，准确地判断系统工作状态，确保系统运行过程的安全性、供电可靠性，预防电气火灾事故的发生。从而实现电气火灾的全面防控，电气火灾防控与电能科学使用、管理一体化的控制室运营模式。为文物建筑电气火灾的有效防控奠定理论基础和技术实现基础，为文物建筑消防提升（电气火灾智能防控）工程的实施探索新路径（图26-5~图26-7）。

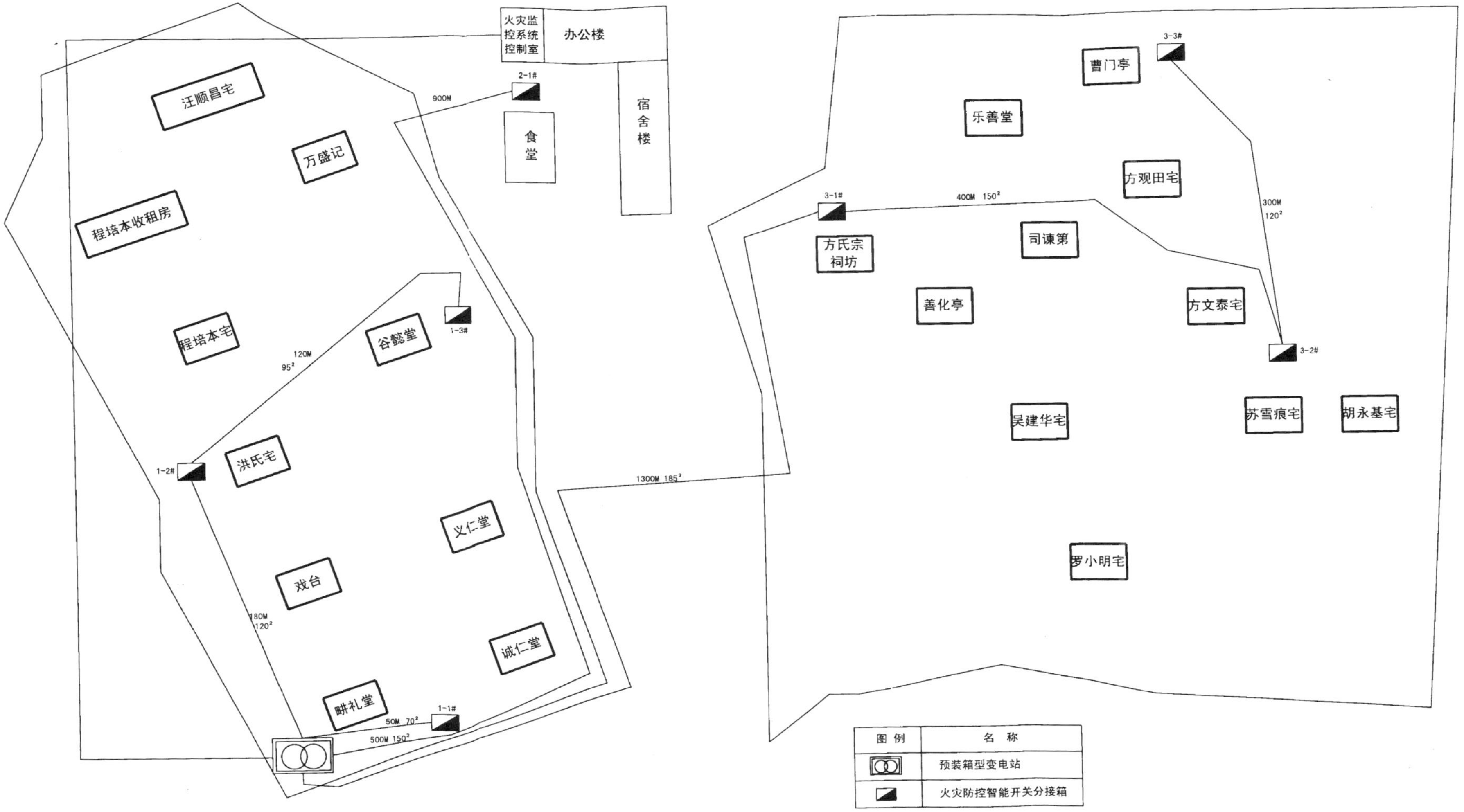

图26-5 电气火灾智能防控总体布置走向图

潜口民宅消防提升（电气火灾智能防控）工程

573

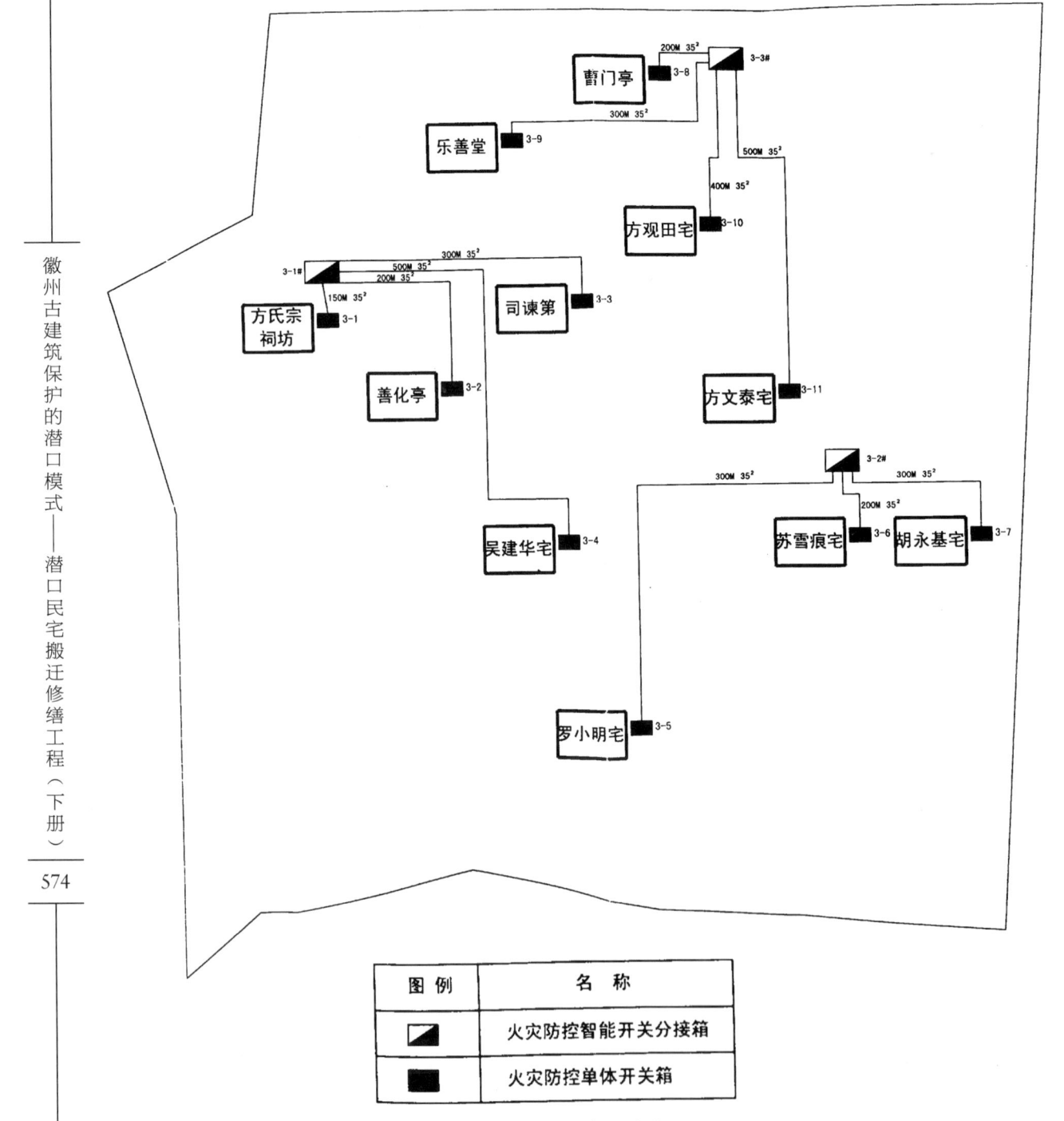

图26-6 明园布置走向图

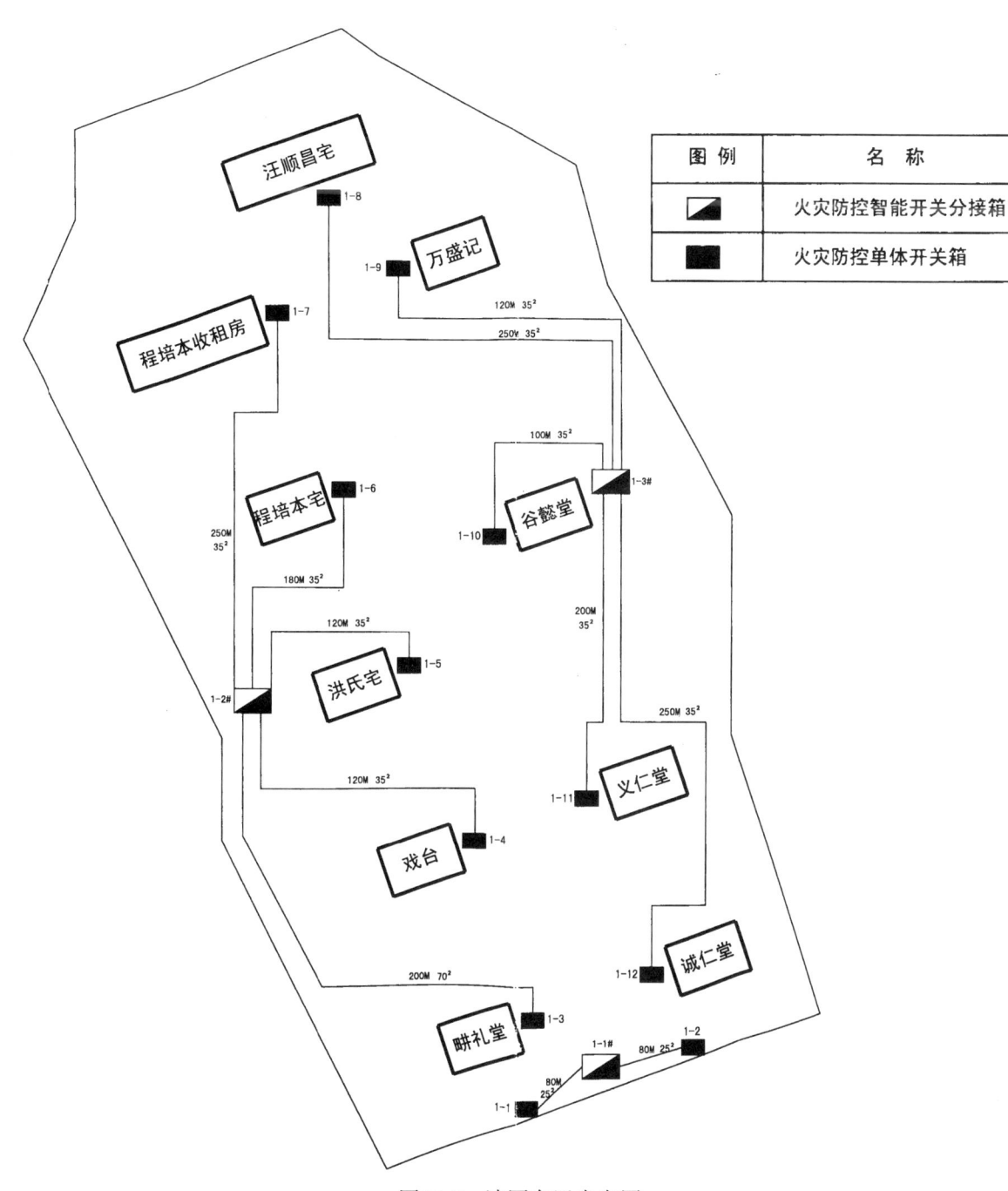

图26-7 清园布置走向图

# 潜口民宅安防设计施工一体化项目

## 一、项目背景

潜口民宅博物馆属于一级风险单位，由明园、清园、办公区、接待服务区组成。从建馆之初至2016年基本上以人工巡逻、值班值守等维持安全防范任务，随着保护理念的加强及旅游开放的深入，已经无法满足新时代文物科学保护和开发利用的需求。2017年1月，安徽省产品质量监督检验研究院对博物馆原有安防设施进行检测，博物馆现有的安防系统不符合《安全防范工程技术要求》。

## 二、项目实施

2016年7月，编制《潜口民宅博物馆安全技术防范系统设计任务书》，并于2016年12月通过了安徽省文物局专家组的论证。2017年8月31日，由合肥光信科技发展有限公司编制的项目设计方案获得了安徽省文物局批复同意。2018年6月完成施工方案专家论证工作，2018年7月工程正式开工，总投资230万元。2019年9月，项目通过安徽省公安厅科技信息化处专家组验收，并正式投入使用。

## 三、项目内容

根据《安全防范工程技术要求》（GB50348-2004）、《博物馆和文物保护单位安全防范系统要求》（GBT16571-2012）等规定要求，并结合博物馆实际，按照一级风险防护工程进行设计，从防盗防破坏、防火复核、动态监管三个方面出发，突出重点部位防护及对人员活动情况的有效监控。

该安全技术防范系统由入侵报警系统、视频复核与视频监控系统、出入口控制系统、声音复核系统、电子巡查系统、广播与对讲系统、传输系统、系统供电与备用电源系统、防雷和接地系统、综合管理平台、安检系统、停车场管理系统、监控中心等构成。

视频监控子系统是由213路视频图像组成，其中包含有2路客流统计及2路人脸识别视频信号，通过海康9600数字管理平台客户端进行视频预览、录像、回放、视频上墙、轮巡及视频切换（图27-1）。

入侵报警子系统是由 2 台 BOSCH7400XI-CHI 报警主机、网络通信模块、8 防区模块、红外栅栏探测器、壁挂双鉴探测器、振动探测器等组成，共 293 个报警点，结合数字管理平台实现对防护区域及周界报警的设防、撤防。

出入口管理子系统由 4 套门禁控制设备组成、主要设置在文物库房、监控室、设备间等禁区进行管理。

电子巡查子系统由 25 个巡查点组成，设置在国保古建的周边。

声音复核系统有拾音器 51 个，设置在各个国保古建内。

广播及对讲系统设置 20 个点，其中清园 9 处古建内各 1 套，古戏台室外 1 套，明园 9 处古建内各 1 套，荫秀桥、方氏宗祠坊及善化亭交界处设置 1 套（图 27-2～图 27-4）。

图27-1　设备调试

图27-2　安防主机控制室（1）

图27-3　安防主机控制室（2）

图27-4　安防控制室

## 四、项目意义

潜口民宅安防设计施工一体化项目的建成使用，提升了博物馆展区及文物库房的安全防范技术水平，有效防范文物安全事故发生，为博物馆的陈列展览提供了技防保障。同时该工程还安装了声音复核系统、广播与对讲系统、客流统计摄像机、火灾报警摄像机等现代化设备，提升了博物馆信息化管理水平和应急处置能力（图 27-5）。

图27-5 潜口民宅安防总平面图

# 潜口民宅古建筑防雷保护工程

## 一、实施背景

潜口民宅位于皖南山区，坐落于紫霞山、观音山山麓，地势较高，周围无高大建筑，土壤电阻率较低，易被雷电侵袭。古建筑多为砖木结构，由于年代久远，木质结构的绝缘特性已经改变，易遭雷击且极易发生火灾。潜口民宅是国家5A级景区，每年来馆参观游客40万人次，雷击也严重威胁着来馆参观游客的生命财产安全。

## 二、实施概况

潜口民宅古建筑防雷保护工程于2014年5月由国家文物局正式立项。委托湖南义盟克防雷技术有限公司根据GB50057-2010《建筑物防雷设计规范》以及QX189-2013《文物建筑防雷技术规范》要求，按照第二类防雷建筑物中第一类防雷文物建筑的技术标准进行方案设计。方案于2014年6月获得安徽省文物局批准。2015年12月，石家庄华友电子有限公司中标为项目施工单位。2016年3月18日正式开工，2016年7月工程竣工，合同金额270万元。工程由黄山市气象局组织专家组验收合格后正式投入使用（图28-1～图28-3）。

图28-1 安装地下防雷系统

图28-2　地下设备安装　　　　　　　图28-3　设备安装

## 三、实施内容

工程主要施工内容：为22幢单体古建筑屋面正脊、屋檐、封火墙敷设避雷带，引下线入地（间距不大于18米），地下1米以下处安装接地装置，以及监测雷击计数器等。

接闪带敷设采用高度为15厘米的固定支架固定于正脊、封火墙上，接闪带支架间距为1米，接闪带连接采用铜套管。

引下线和接闪带焊接牢固后，沿山墙顺直引下，每间隔1米采用固定支架固定在山墙的砖缝处，支架和引下线接触采用橡胶绝缘垫片隔离，为防止接触电压对人员的伤害，在距离地面2.7米的一段引下线采用改性塑料管等保护措施，在每根引下线地面1.8米处安装断接卡。

每一条引下线的入地处制作一接地系统，每一接地系统采用1根离子接地棒，接地棒采用离地面1米以下钻孔深埋的方法敷设。

## 四、实施意义

潜口民宅防雷保护工程的完工，极大地提升了馆内古建筑防雷击能力，避免雷击致灾，确保了古建筑以及景区内参观游客的生命财产安全（图28-4～图28-6）。

图28-4 防雷工程总平面图

潜口民宅古建筑防雷保护工程

581

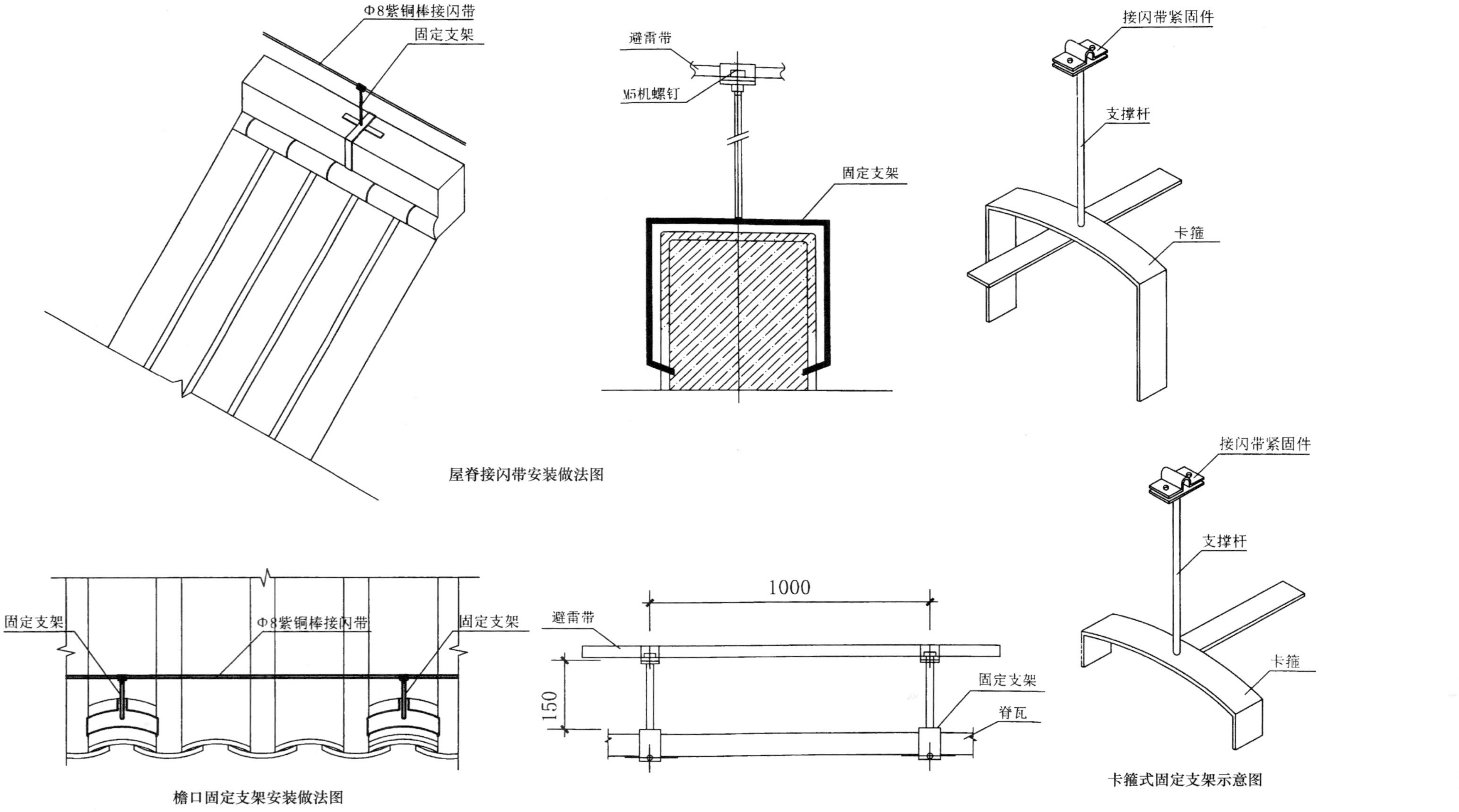
Φ8紫铜棒接闪带
固定支架
屋脊接闪带安装做法图
避雷带
M5机螺钉
固定支架
接闪带紧固件
支撑杆
卡箍
接闪带紧固件
支撑杆
卡箍
卡箍式固定支架示意图
固定支架
Φ8紫铜棒接闪带
固定支架
檐口固定支架安装做法图
1000
避雷带
150
固定支架
脊瓦

图28-5　支架安装细部图

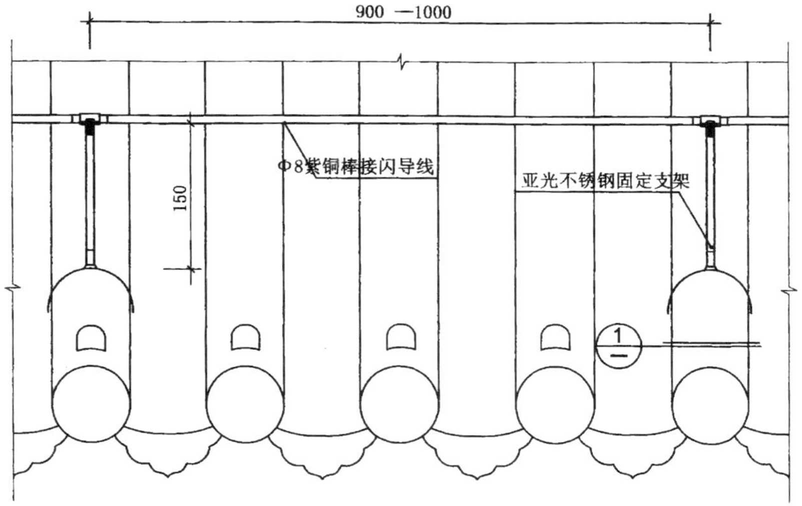

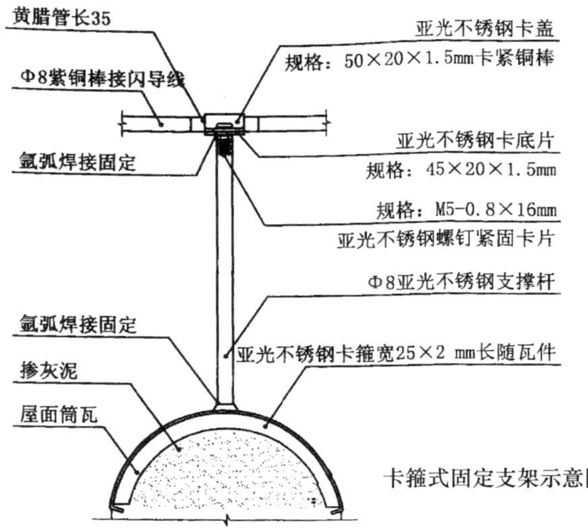

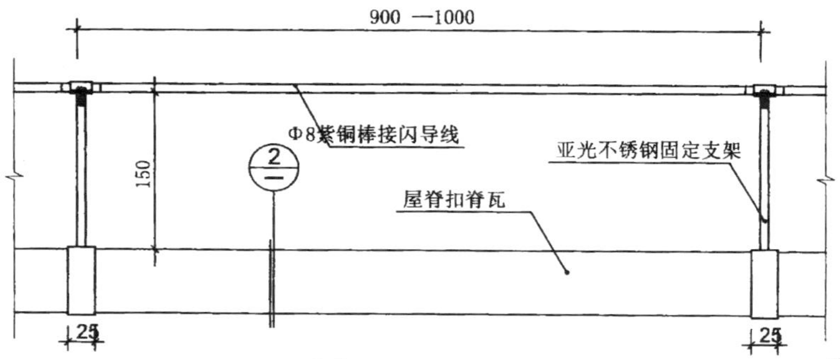

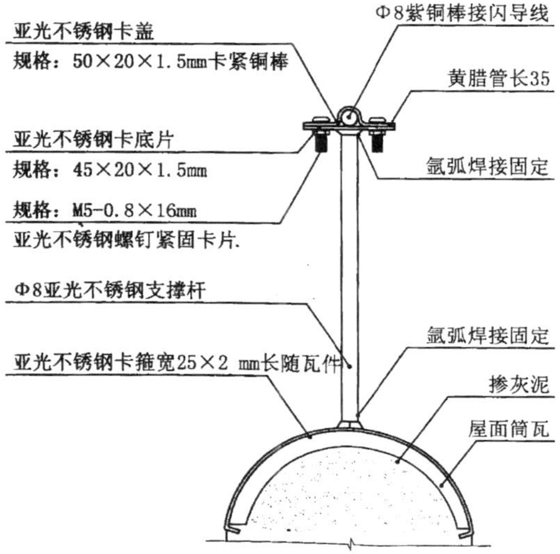

图28-6 支架安装细部图

潜口民宅古建筑防雷保护工程

# 潜口民宅方氏宗祠坊石质文物修缮工程

## 一、概况

方氏宗祠坊位于潜口民宅明园内，建于明嘉靖丁亥年（1527年）。四柱三间五楼石牌坊，平面长方形，通面阔7.8米，高9.7米，占地面积21.9平方米。方氏宗祠坊作为明中期的石质文物，历史悠久，气势恢宏，满布梁枋间的石雕刻，繁复精美而寓意深刻，具有很高的历史文化和艺术价值，在徽州古牌坊中占据着重要的历史地位。

方氏宗祠坊主要材质为砂岩石，易风化，1993年搬迁至潜口民宅博物馆后的20多年内未再进行修缮，表面风化、剥落日趋严重，主要表现为：石构件出现开裂、风化裂隙，文物表面风化、酥粉、片状剥落严重，文物表面泛盐、黑色污染物以及滋生藻类及微生物病害。

经国家文物局立项批准，2017年12月，委托建设综合勘察研究设计院有限公司承担方案设计。方案报经批准后，2019年，委托北京国文琰文物保护发展有限公司实施了方氏宗祠坊石质文物修缮工程，工程经费49万元，同年底竣工。

## 二、修缮办法

方氏宗祠坊石质文物保护修复主要是通过石质文物的清洗、黏结、加固、修补、表面保护等方式进行。包括对牌坊表面苔藓、积尘进行清洗、脱盐处理；针对表面裂隙选用国产水硬性石灰进行灌浆加固处理；针对风化、空鼓部位进行黏结以及灌浆加固处理等。

清洗。针对石坊、石狮表面苔藓、黑色污染物、表面积尘以及缝隙间的污垢，首先使用鬃毛刷清扫表面泥土灰尘（图29-1、图29-2）。清扫干净后做表面处理，使用小竹片、贴纸清理石材表面的苔藓、污泥积土等附着物，用排笔、棉签清理石缝间的碎屑、污泥、生物等。黑色污染物部位先喷洒去离子水润湿，用塑料刷等软质工具反复清洗；针对残留的苔藓根系及未清洗干净的黑色污染物采用蒸汽清洗机辅以塑料软毛刷，进行人工清洗，直至清洗出与文物原色匹配为止。石构件裂隙内的污垢，使用蒸汽清洗机进行深度压力清洗；风化严重的石材表面，做好预加固处理后，用低压喷雾器对文物表面进行清洁（图29-3）。

脱盐处理。溶盐对石质文物的破坏既严重又复杂，既有溶盐的化学作用破坏，又有溶盐物理作用的破坏，可溶性盐长时间的富集会加速腐蚀文物本体，对其进行处理是保护石质文物的必要手段。采取去离子水清洗，敷贴脱盐剂脱盐（图29-4）。

图29-1　贴纸法除尘

图29-2　超声波法清洗

图29-3　蒸汽法清洗苔藓

图29-4　脱盐

风化加固。石坊、石狮风化、酥粉、剥落、空鼓现象较为严重，针对此现象采取空鼓灌浆、片状脱落黏结加固工艺方法进行加固处理。首先对文物进行表面清理，针对石坊和石狮片状剥落的加固和小型岩块的开裂加固，使用黏结的方法，将剥落的石块重新黏结在原位置。空鼓部位通过小孔对其进行灌注，多次灌注，直至灌注饱满；针对酥粉部分，对文物进行表面清扫后，采用软毛刷或吸耳球轻扫表面积尘，使用喷雾器或软毛刷喷涂酥粉部位，涂刷部位不得与水接触。

除牌坊本体外，本次修缮亦对牌坊前两只石狮进行了保护处理，对东南侧的夯土承台进行了加固，重砌了护磅。

## 三、实施效果

石质文物的修缮在皖南尚属探索阶段。皖南的石质文物多为牌坊、建筑内的石雕构件、摩崖石刻及石质碑刻等类型，其对文物的保护多停留在抢险加固、修缮等类型，对于石质文物本身的保护和研究尚不普及。方氏宗祠坊石质文物保护项目，通过对石质文物表面尘埃、霉菌、溶盐的清洗消除了病害的腐蚀；裂隙及脱落部分的黏结、加固、灌浆等方式增加了牌坊的稳定性和强度；通过表面防护有效防止日晒雨淋对文物的直接威胁。此次修缮是对皖南石质文物修缮的一次有益尝试（图29-5、图29-6）。

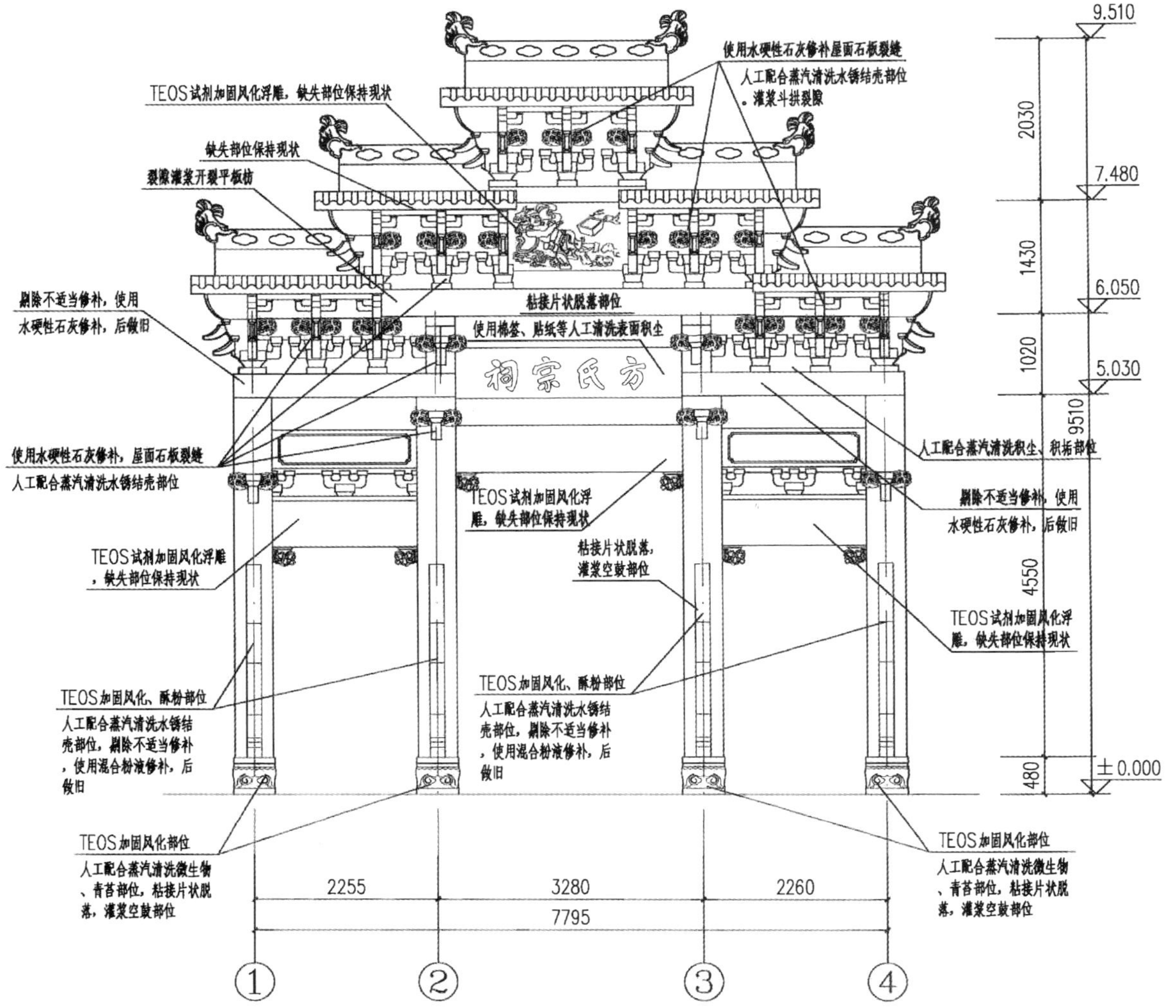

图29-5 病害分布及处理平面图 潜口民宅方氏宗祠坊石质文物修缮工程

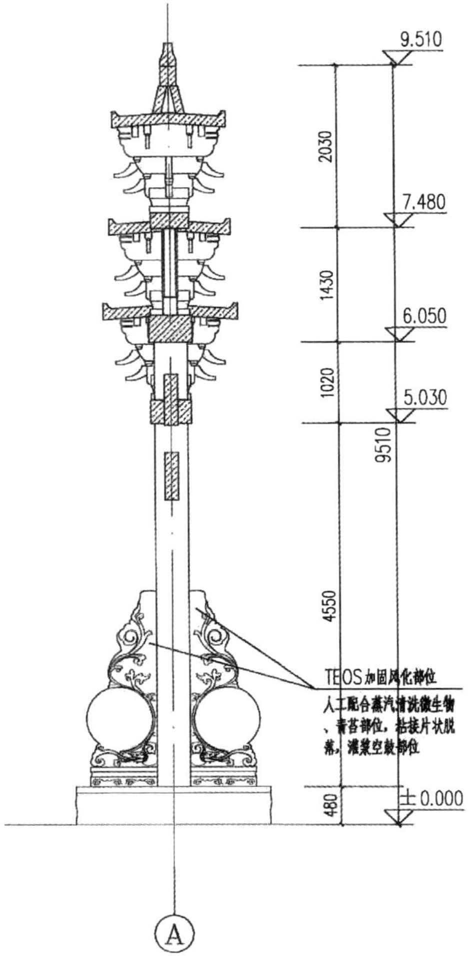

说明：待清洗、加固、粘接、灌浆各项工序完成后，对石坊表面进行3~6遍脱盐渗漏处理。

设计说明：
1. 图中尺寸均以毫米计。
2. 护坡采用MU30毛石，M7.5水泥砂浆砌筑，用于外表的石面要求平整。
3. 护坡每7m需留夹形缝，缝宽20mm，缝内填胶泥稻草。
4. 护坡高度与现场不符时，应与设计协商调整。
5. 护坡内侧回填土共需30m³。
6. 护坡总长15m。

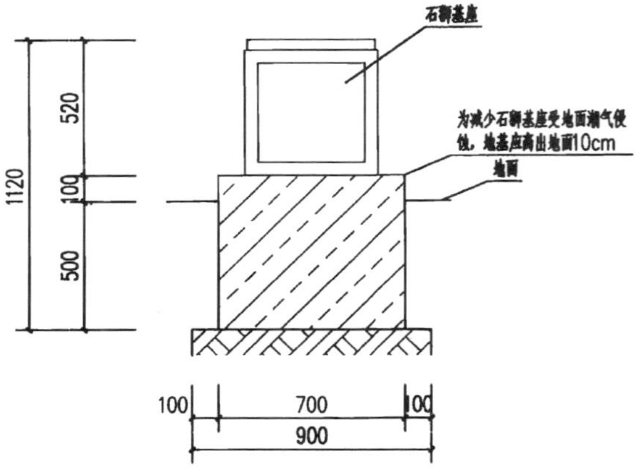

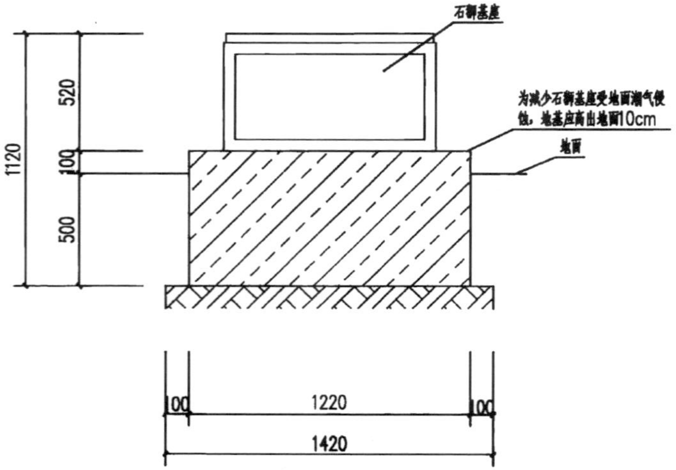

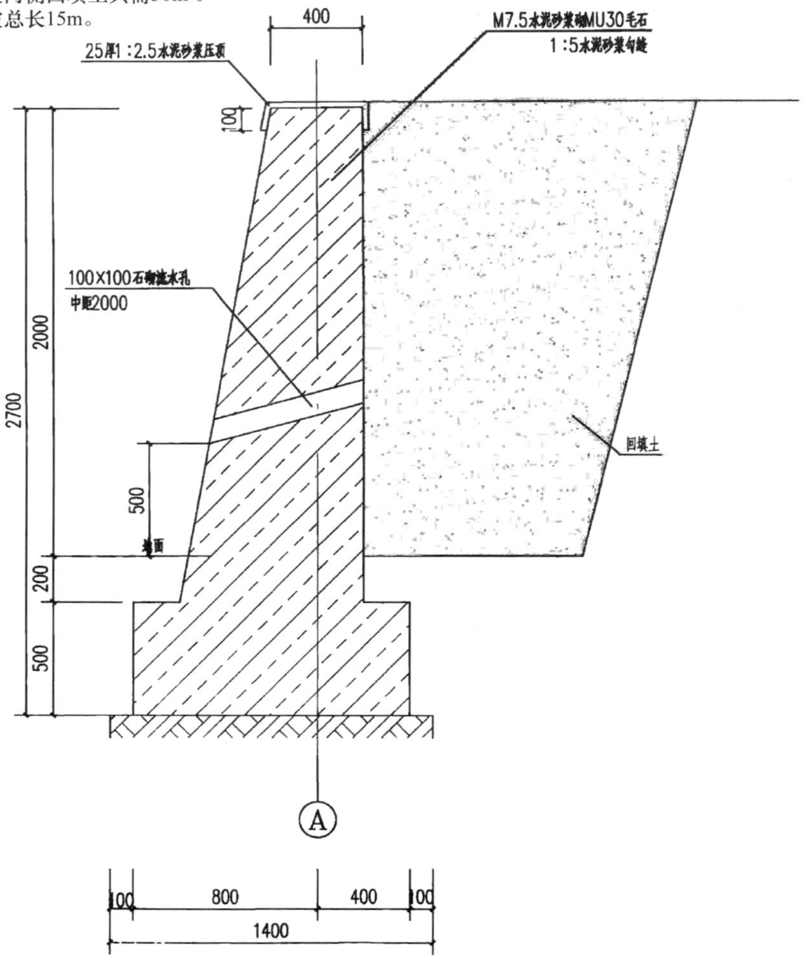

图29-6 护坡剖面图

设计说明：
石狮地基采用MU30毛石，M7.5水泥砂浆砌筑。用于外表的石面要求平整。

# 潜口民宅白蚁、粉蠹、木蜂综合防治项目

皖南地区气候温暖湿润，是白蚁、粉蠹、木蜂等虫害的重灾区。潜口民宅依山傍水，土壤为黄色酸性黏土，非常适合白蚁筑蚁路，周围植被丰富，古建筑木质构件多且复杂，有利于白蚁等的孳生、繁殖、蔓延和新老群体的更替。古建筑白蚁等虫害防治不可或缺，且需长期坚持监测和处置。

根据调查，危害潜口民宅的白蚁种类主要有四种：圆唇散白蚁、卤土白蚁、黑胸散白蚁、黄翅大白蚁。散白蚁是危害房屋建筑及木构件主要的一类白蚁，其主要危害古民居的楼板、地板、大梁、木柱、楼梯、门窗等建筑构件。平时活动隐蔽，人们难以发现，只有成虫羽化后分飞期（3~6月）才会被人们发现。危害潜口民宅的粉蠹为褐粉蠹。它在中国南方及长江流域分布甚广，尤其是山区、丘陵地带，受害特征是蛀孔外面有大量粉屑，平时难以发现受害痕迹。危害潜口民宅的木蜂主要是赤足木蜂和黄胸木蜂两种。主要钻蛀大梁、柱、栓等木构件，木蜂钻孔的目的是产卵并预置花粉以备幼虫孵化后之用，蛀道的剖面呈竹节状。

## 一、实施概况

1984年下半年，明园紫霞山新址平整场地时，发现有白蚁活动和蚁巢，同时发现待拆迁的古建筑，不同程度受白蚁侵害，工程被迫停止。上级文物部门明确表示，只有在有效消除馆址上的蚁害和控制白蚁对古建筑再次侵害的基础上，工程方可继续实施。1984年11月始，潜口民宅筹建组委托合肥市白蚁防治研究所，并邀请中国科学院上海昆虫研究所的专家、技术人员多次现场勘察，编制了综合防治处理的设计和施工方案。确立预防和除治馆址与古建筑内的全部白蚁，降低周边山林白蚁的危害活动密度，确保馆址内各古建筑免受白蚁的再次侵袭危害，达到防治有效、措施可靠、施工经济、避免污染、不破损古建筑之目的。1985年10月开始，防治项目结合古建筑搬迁工程同步穿插实施。其间，筹建组安排专人全程跟踪服务，并派员到浙江农业大学培训学习，在研究所专家和技术人员的传、帮、带及悉心指导下，逐渐掌握了白蚁防治处理专项技术和技能，遂于1987年12月成立了安徽省文化文物系统第一家白蚁防治研

究所。到1989年10月明园一期竣工，根据连续三年馆址场地内的白蚁诱集灭杀结果，白蚁密度由85.7%降至3.2%，完全达到控制和处理方案要求，基本消除了蚁患。

1990年以后潜口民宅实施的古建筑搬迁项目，以及2000~2007年实施的清园工程，沿袭明园成功经验，由潜口民宅博物馆白蚁防治研究所独自承担施工和综合防治工作，效果显著。该研究所还长期坚持对潜口民宅范围及周边的白蚁活动动态进行监控，定期检查，密切掌握蚁情，随时灭治现场发现的白蚁。该所在做好民宅防治工作的同时，也开展对外服务。至2009年，总计对黄山市及安徽省60余处各级文物保护单位的古建筑进行灭蚁防蚁工作，防治总面积达84600平方米，收到了较好的社会效益和一定的经济效益。因各方面原因，2010年后潜口民宅白蚁防治研究所关闭。

2017年，在发现潜口民宅山场范围内再次出现蚁患虫害的情况下，博物馆委托黄山保绿有害生物防治有限公司对民宅范围内所有山场进行白蚁诱杀监测和综合防治，防治经费29万元，包治期5年。

## 二、防治措施

### （一）结合古建筑搬迁采取的主要防治措施

对所有旧屋架木料进行全面检查、灭蚁处理；在建筑群范围及附近山场内埋设大批诱杀坑，诱杀白蚁，大大降低白蚁密度；每幢建筑在砌筑基础过程中，沿基础内外各埋设一个毒土防护圈（60厘米×40厘米），在整个房屋室内地平以下埋设30厘米厚的毒土防护层，对所有接触地面的木料全部涂上一层防蚁药物，以防白蚁的再度侵害。

### （二）民宅建成后采取的分类防治处理措施

（1）白蚁防治。主要采用点巢法、针注法、线路传染法、监控投饵法等综合防治方法，具体如下：

第一阶段，对古建筑采取防与治相结合的措施。首先，对所有的白蚁危害部位进行灭治，根据不同的白蚁种类，采取不同的灭治方法：一是对散白蚁用5%联苯菊酯悬浮剂，使用浓度2%进行灭治；二是对黑翅土白蚁、黄翅大白蚁用0.08%的氟虫胺诱饵剂进行诱杀。其次，对建筑群各重点部位进行有效防护：一至二层木柱、木梁、木檩、木墙板、木门框、木地板、木门槛等木构件采用5%联苯菊酯悬浮剂，使用2%浓度进行喷洒；对底层木构件贴墙入地部位用20%的氯氰菊脂油剂进行涂刷和灌注；底层地面采用5%联苯菊酯悬浮剂，使用2%浓度进行喷洒，形成一道防治白蚁从地下通往建筑物群内的水平屏障。

第二阶段，对底层地面沿墙四周每隔1米处钻洞（深1米），用5%联苯菊酯悬浮剂，使用1%浓度进行处理预防。经多道白蚁预防措施处理后，木构件在五年内能有效抗蚁（虫）危害。

第三阶段，对古建筑群周围房屋采取封闭式防治措施。在古建筑外围沿着基础开挖一条宽30、深40厘米的防蚁沟。用5%联苯菊酯悬浮剂，使用2%浓度处理沟底和两壁，将毒土回填。

第四阶段，制定长期防治跟踪服务计划，定期复查饵站监控系统，每年复查次数不少于2次，确保防治效果。

（2）粉蠹防治。从严重危害部位上方隐蔽处打斜向下的孔（直径3毫米）至粉蠹危害区内部，采用吊瓶输液法向木构件缓慢注药，在木构件表面特别是虫眼密集处反复涂刷20%的氯氰菊脂油剂，并添加具有熏蒸作用成分的药物，渗透、熏蒸、触杀。重点部位涂药后用塑料薄膜包裹封闭，使灭治粉蠹的效果更好（图30-1~图30-3）。

图30-1　埋设诱杀坑　　　图30-2　喷淋室内木构　　　图30-3　喷淋木构架

（3）木蜂防治。木蜂活动有一定季节性，于当地的盛花期在木结构易遭蛀表面喷洒杀虫药剂，起到驱避作用，减少危害。同时，在周围绿化带内竖埋立柱或是悬挂剥去树皮的木桩，诱其钻蛀产卵，这样可以有效地控制古建筑木构件上虫孔的数量。另外，鉴于木蜂不以木材为食，而是在木材上钻孔产卵并预置花粉，以备幼虫孵化后之用，有针对性地采取堵塞蜂孔及喷洒灭虫乳剂等方法，杀死孔内全部成蜂、幼蜂及蜂卵，也使外部来的成蜂不敢再侵入。

（4）周边山林虫害防治。用三年时间，每年做一次馆址及周边白蚁危害林木逐株检查登记，做好馆址内和保护范围内埋置诱杀坑的工作。诱杀坑的埋置采取等距离布点法，间、行距为10米，埋置的方向应一致（约需布坑2000个）；诱杀坑的尺寸为30厘米×40厘米，深30厘米；坑内的松木块应较新鲜，但不是才砍伐的新鲜木或砍伐年代已久的陈旧木，以免影响诱杀效果；每一块松木尺寸大致在10厘米×5厘米，厚度一般在2厘米左右，置入松木块要紧密排齐，分上、下两层；覆盖土前要先用油毛毡盖实；一月后挖开诱杀坑进行检查，并登记入表，每年查看一次，连续观察三年；检查中发现有蚁害的树木及诱杀坑内有白蚁时直接灭治，有效控制白蚁群体的新老更替，降低隐患密度。

## 三、防治效果

潜口民宅通过长期虫害综合防治，馆址范围内白蚁密度长期控制在2%以下，达到不危害古建筑的安全要求。建馆30多年来，从未有白蚁侵蚀馆内古建筑的情况发生。为了确保综合治理的长期效果，馆方在日常管理中，确定专人掌握和监控周围山林场地内的白蚁活动动态，古建筑专人管理，定时开门窗通风，定期检查蚁情，并将蚁情控制的范围扩展到馆外周围100米范围内，及时发现及时灭治，筑牢虫害防治安全防护墙（图30-4、图30-5）。

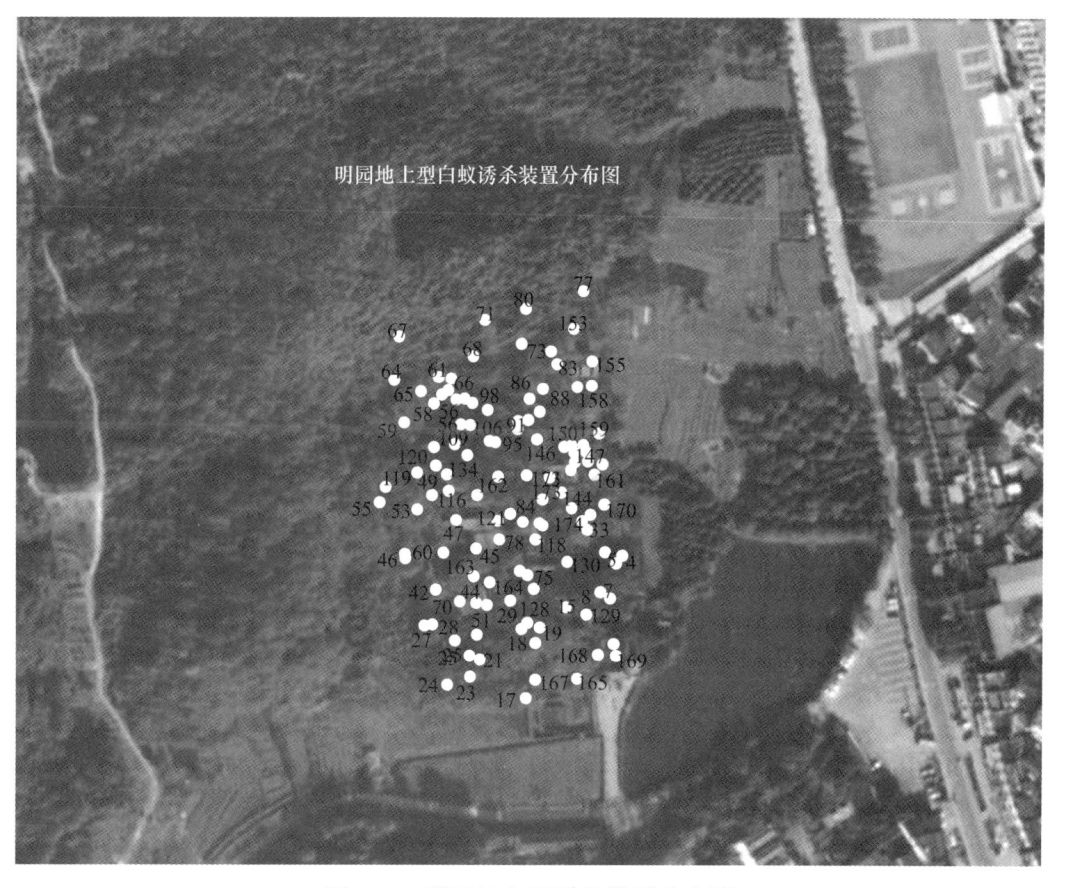

图30-4　明园地上型诱杀装置分布图

图30-5　清园地上型诱杀装置分布图

# 潜口民宅明园加固与环境整治工程

## 一、实施背景

　　潜口民宅明园场地动土始于1982年，所有建筑均坐落于紫霞山南麓。黄山终年雨量充足，气候潮湿，年降雨量可达1700毫米。紫霞山为丘陵，丹霞地貌，其地质地貌由紫红色砾岩、岩层砂岩夹钙质结核泥岩、细砂岩、粉砂岩、粉砂质泥岩组成。经过30年的风雨侵蚀，山体因常年雨水冲刷而逐渐松动下沉，使得部分山体出现滑坡塌方的现象。整个明园村落没有系统完整地设置排水系统，原有的排水设施也因年久失修破损堵塞而荒废。同时整个明园植被过多，不仅影响整体视觉效果，而且建筑周边贴近的茂盛枝叶也对建筑本体有不同程度的损害。经现场勘察，明园内四处重点区域存在安全隐患：

　　一处是明园方氏宗祠坊北面山体。山体风化，土质有明显松动迹象，植被根筋裸露，从牌坊平台往西至围墙山体下沉现象明显，山上有碎石滑落痕迹，曾发生过塌方。

　　二处是六顺堂和荫秀桥两处建筑单体。山体土质裸露，树木根筋大部分裸露在外，形成马刀树，有倾倒的危险。路边没有排水明沟，雨水只能通过山体岩土层渗漏，严重影响了山体地质的稳定性。

　　三处是曹门厅和乐善堂两处建筑单体。曹门厅位于整个明宅村落最高处，厅内西北面山体为风化粉砂岩，局部呈凌空状，未进行任何支挡。因山势陡峻，土质松散，经过雨水冲刷，曾有过多次塌方，已严重影响到曹门厅建筑本体安全，亟待防护加固（图31-1、图31-2）。

图31-1　砌筑排水渠挡墙　　　　　　　　图31-2　曹门厅内护坝

四处是苏雪痕宅和胡永基宅两幢建筑。苏雪痕宅南面原有排水口，沟内堆满枯叶杂草，已荒废多时，该宅西侧山坡树已成马刀树。北面胡永基宅建筑四周缺少排水系统，西侧原有挡土墙，因上方山体土质松动挤压起鼓，存在极大的安全隐患。苏雪痕宅西侧山体顶部一处山凹雨水汇集处排水沟，现已经堵塞、乱石成堆。

## 二、实施过程

2012年11月，潜口民宅博物馆委托安徽省文物保护中心编制明园加固和环境整治方案，并报国家文物局审批。2013年4月，邀请安徽省地质矿产勘查局332地质队开展地质灾害危险性评估。2013年8月，维修设计方案获得国家文物局批复。2015年9月28日，明园加固保护与环境整治工程正式开工，由安徽省徽州古典园林建设有限公司施工，总投资230万元，2016年12月竣工。

## 三、实施内容

项目施工内容主要包括：一是四个重点区域建筑周围山体根据实际情况砌筑相应的挡土墙。二是对园内排水系统重新布网，疏通原有的排水沟渠；建筑单体周围重新建设排水系统；围墙内侧新建排水明沟。三是植物治理，梳理蹬道旁的马刀树。

工程具体做法和措施主要包括：

（1）挡土墙相关做法。挡土墙墙体高1.5米，墙身用断面30厘米×30厘米浆砌红麻条石垒砌，石灰砂浆勾缝。上口厚40厘米，基础宽度81厘米，坡度为10%。墙体基坑采用人工开挖至岩石层，下铺10厘米厚的砂石垫层，基础为40厘米厚的C25砼基础。墙体间隔2米，应预留10厘米×10厘米排水口，内置直径7.5厘米的PVC排水管，管道坡度3%，回填素土夯实。墙体间隔15米设置2厘米宽的沉降缝。挡土墙墙角部位开凿排水明沟，沟净宽30厘米，面贴6厘米厚的红麻石石板。

（2）方格形钢筋混凝土骨架加固边坡。钢筋混凝土骨架净距为1.6米，护坡方格个数及方格高度视放坡高度确定。筑骨架应保证骨架紧贴边坡，混凝土骨架上增设高强度钢丝绳网，覆盖在有潜在地质灾害的坡面上，在骨架、钢丝网上及方格内覆土，种植草皮。

（3）散水、明沟。散水宽30、10厘米厚的碎石垫层，10厘米厚的C20砼垫层，上铺6厘米厚的红麻石石板，坡度为2%。

排水沟净宽30厘米，下层为素土夯实，上铺5厘米厚的砂石垫层，垫层上浇筑10厘米厚的C20素混凝土，渠底及侧壁采用6厘米厚的红麻石石板铺砌。

围墙内侧墙脚处建排水明沟，沟净宽30、5厘米厚的砂石垫层，垫层上浇筑10厘米厚的C20素混凝土，1:2.5水泥砂浆抹面，坡度为2%。

（4）植物治理。梳理明园内植物，保证文物建筑采光、通风，避免植物本身对建筑本体产生破坏和影响（图31-3、图31-4）。

图31-3　吴建华段道路整治　　　　　　　　图31-4　罗小明宅段石板路

## 四、实施效果

潜口民宅明园加固保护与环境整治工程通过砌筑挡土墙、排水系统重新布网、石台阶整修、道路铺装、植被梳理及室外配套工程整体修缮，最大程度地减缓并制止了山体滑坡、古建筑地基下陷等潜在地质隐患，有效改善了古建筑外部环境，确保明园内古建筑安全（图31-5～图31-8）。

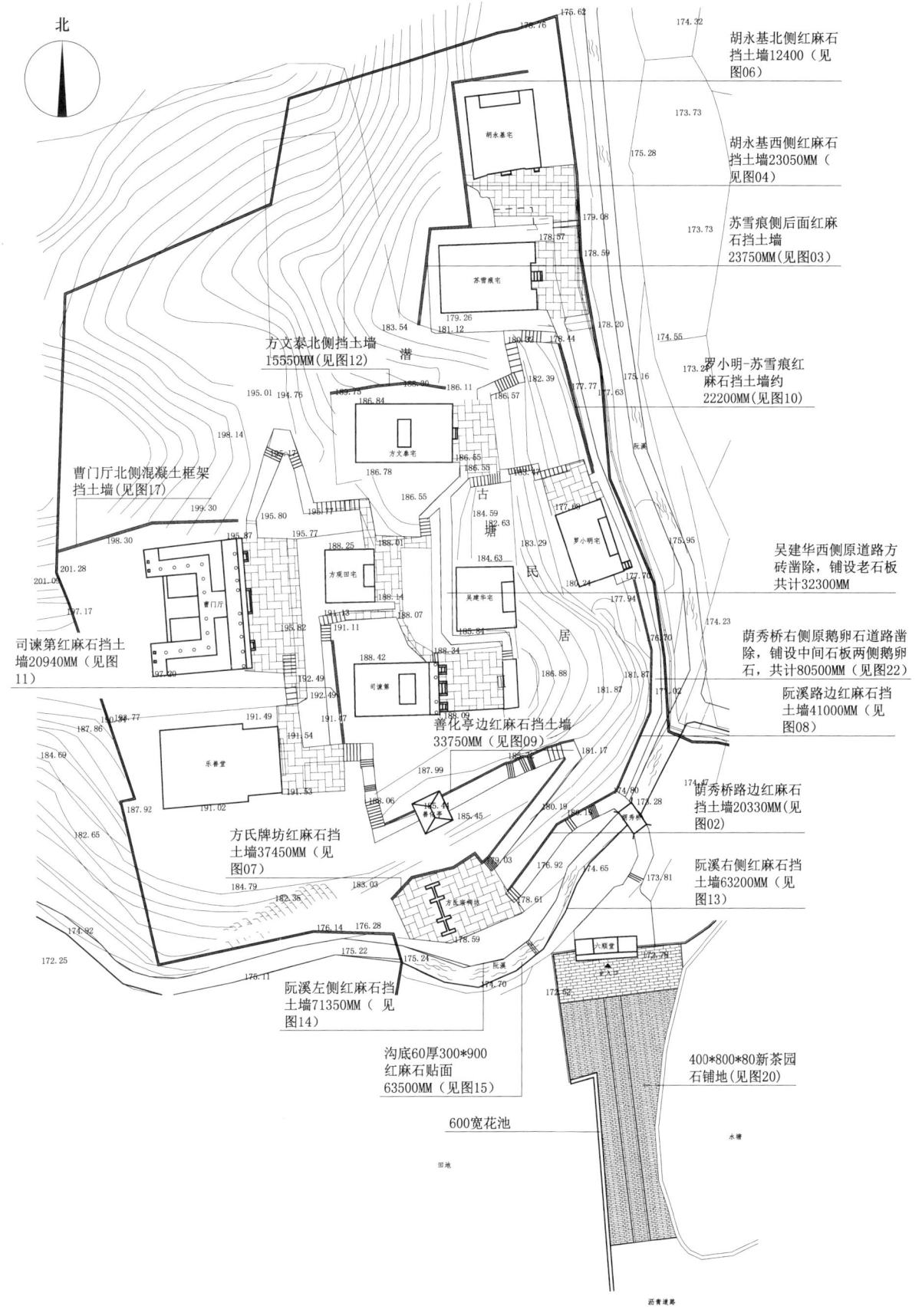

图31-5 明园加固工程总平面图

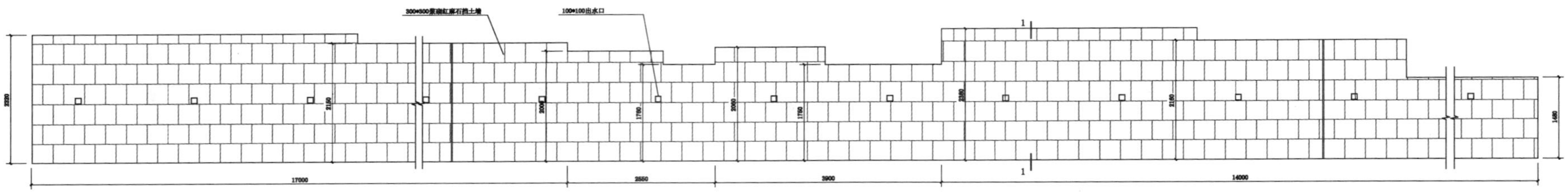

方氏牌坊挡土墙

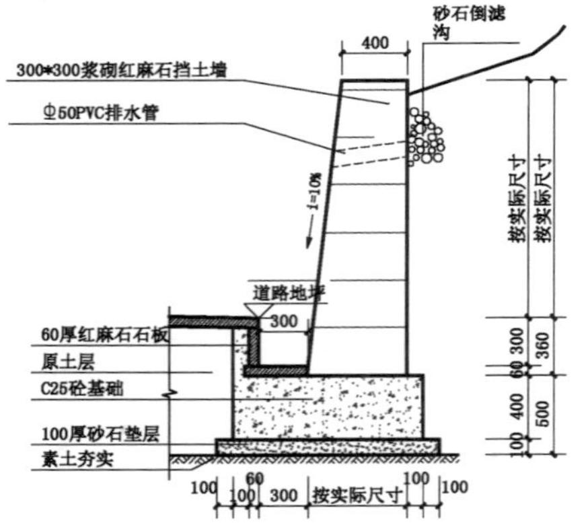

1—1剖面图

图31-6 方氏宗祠坊段挡墙剖面图

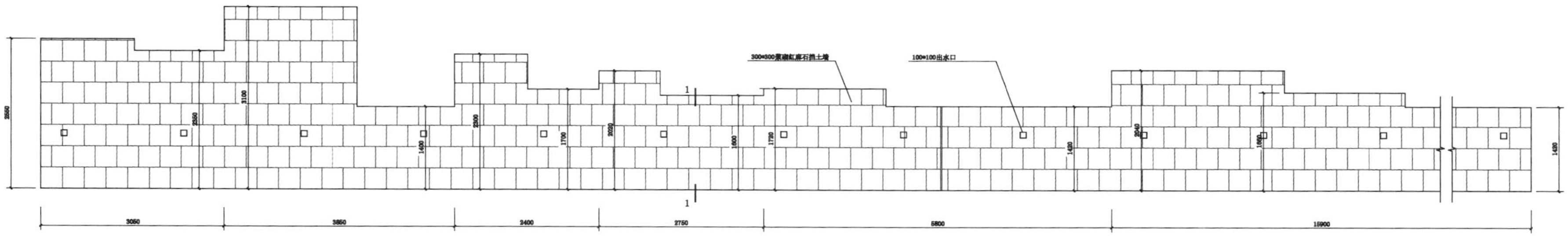

善化亭边挡土墙

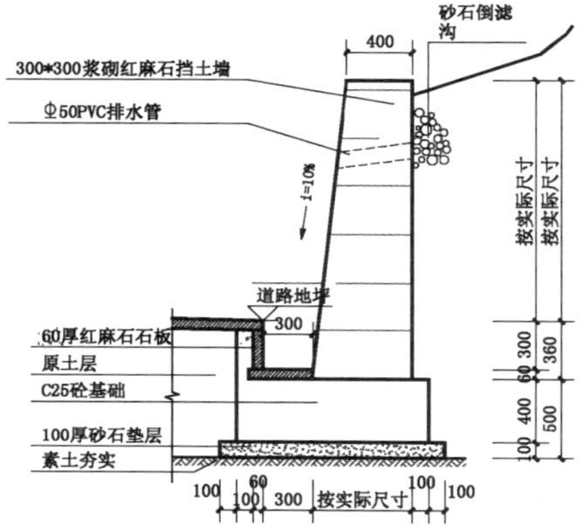

1—1 剖面图

图31-7 善化亭段挡墙剖面图

注：挡墙底部宽度按放坡系数及挡墙高度推算

潜口民宅明园加固与环境整治工程

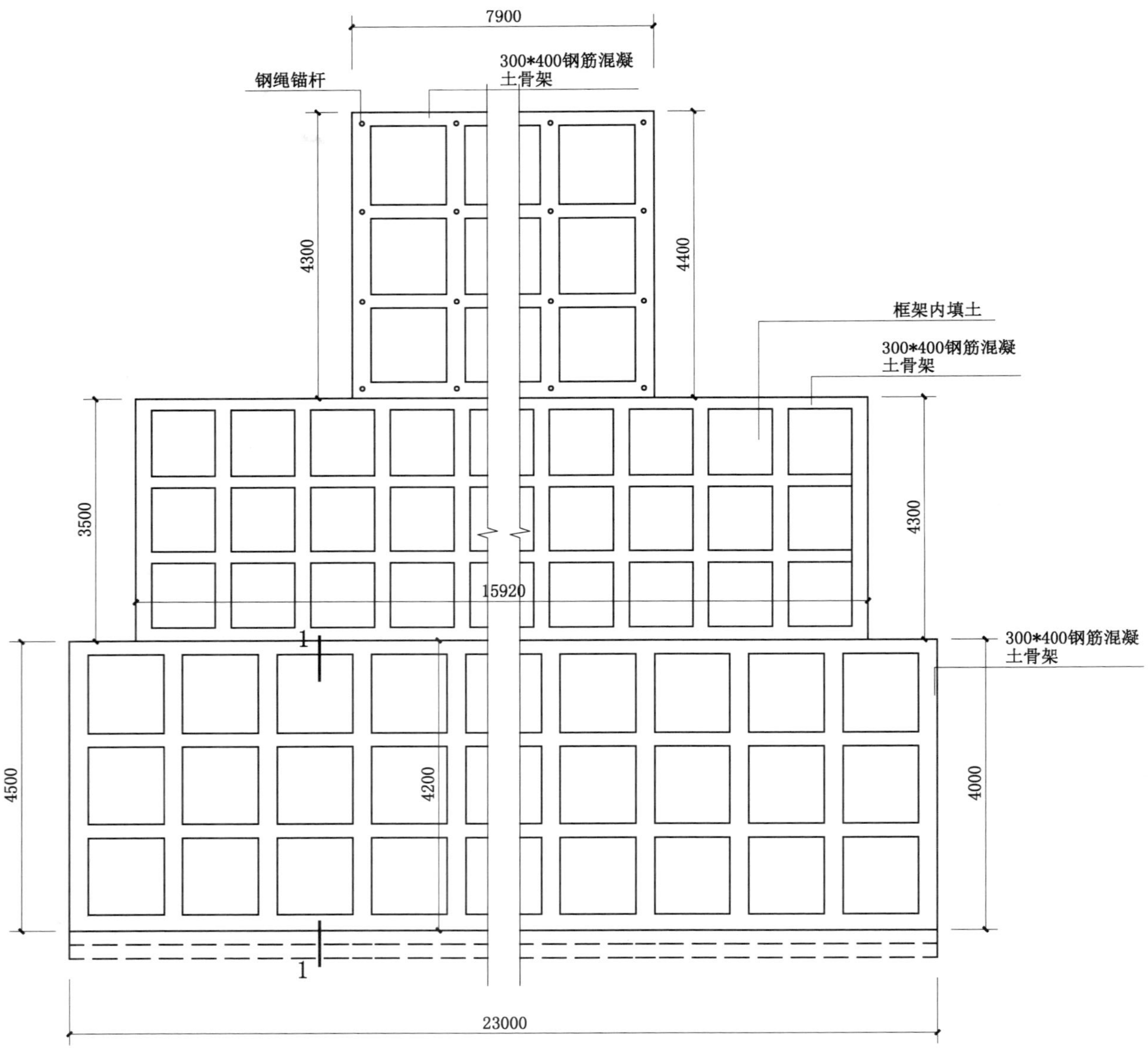

图31-8 曹门厅段挡墙框架图

# 潜口民宅古建筑维护修缮工程

## 一、实施背景

潜口民宅作为专门性的古民居主题博物馆，始建于1982年5月，历时26年，至2007年完成明园、清园建设，共计搬迁古建筑23幢。工程严格按照国家文物保护"原拆原建""不改变原状"的原则，确保了维修的高质量，被誉为文物保护成功范例的"潜口模式"。1988年1月13日，被国务院公布为第三批全国重点文物保护单位。

潜口民宅明、清两园位于山麓上。尤其是明园内搬迁的古建筑，历经30多年，部分地基软硬沉降不一，造成部分古建筑外墙体开裂；屋面瓦渗漏等原因造成屋面木基层糟朽严重，其下木构架部分不同程度地遭到波及；部分建筑装饰的木构配件也因各种原因出现破损、缺失状况，亟待修缮。

## 二、实施内容

潜口民宅古建筑修缮工程共对明、清两园内13幢单体古建筑进行修缮。其中明园为曹门厅、方观田宅、方文泰宅、苏雪痕宅、胡永基宅、荫秀桥、明园大门、乐善堂、司谏第、吴建华宅、罗小明宅11幢，清园内为畔礼堂、清园大门2幢。工程性质为现状维修，即屋面揭瓦重铺，修补加固或更换残损木构件，尽可能最大限度地延续其历史真实性和完整性。修缮内容主要包括6个方面：

（1）屋面揭瓦重铺，添配残缺瓦件；

（2）屋面椽、望砖整修，添配、更换糟朽老化构件；

（3）剜补加固局部糟朽木构件，更换糟朽无法使用大木构件；

（4）修缮隔扇窗、板壁门、编苇夹泥墙等已无存装修构件；

（5）墙面抹灰层剥落处以传统方式抹灰修补；

（6）整修添配糟朽的木地板、木楼板，疏通天井排水系统。

## 三、实施概况及措施

潜口民宅古建筑修缮工程于2018年3月7日正式动工，2018年12月7日完工。由安徽徽州文物工程勘察设计有限公司负责方案设计，安徽省徽州古典园林建设有限公司施工。

修缮工程严格遵守文物修缮"不改变文物原状""最小限度干预"的原则，按照原有的法式特征、风格手法、构造特点和材料进行修缮，采取的工程措施按分项工程概述如下：

**1. 木作工程**

本次修缮工程维修重点、维修量大的就是屋面木基层部分。屋面桁条、木椽、望砖进行拆卸落地检修，其下主体结构为大木构架，下沉较严重的悬挑楼行，采用局部落架修缮。修缮方法：大木构架的旧构件，对于糟朽程度不深且对结构承重无影响的进行局部剜补，经贴补、拼接、镶嵌等修补后，能用的尽量采用，力争保留较多的历史信息，保持原有的风格手法。而对糟朽程度较深且承重的构件是否要更换，由项目部技术人员会同建设方、设计人员、监理方四方会商决定。如乐善堂前进门屋明间后檐缝额枋，目测完好，但在检查敲打时发出"朴、朴"声，剥开梁身外表皮，内部被白蚁蛀蚀，月梁两端榫卯向下滑移少许，经过四方会商决定，此处月梁予以更换。还有曹门厅东廊庑前檐柱也是经过严格的程序作出更换处理。更换的木柱、梁、枋严格参照原有构件进行复制，并做好登记拍照工作，严格把握好木构件外形尺寸、手法式样（图32-1～图32-3）。

图32-1 墩接檐柱

图32-2 更换檐口枋

图32-3 更换屋椽

潜口民宅修缮工程需要恢复室内木隔断装修的，严格按设计图纸要求进行施工。

**2. 砖、瓦作工程**

建筑屋面原覆盖的中青瓦片缺失破损较严重，下卸后七成左右能用，添置中青瓦为本地收购的旧瓦。按原做法，窨瓦时每陇在檐头上先用灰泥安中青瓦，铺盖瓦件的疏密，采用"压七露三"的做法。山面屏风墙脊按现状整修，重做竖瓦立脊，补齐翘尾脊饰、勾滴（图32-4、图32-5）。

图32-4　铺盖屋面瓦　　　　　　　　　图32-5　修补地面

建筑墙体修缮，重点放在开裂较严重的苏雪痕宅和吴建华宅，在修缮过程中采取局部拆卸重砌的方式。补砌的墙体按原做法采用泥灰砂浆，同时增加了徽州传统围护墙体砌筑加固的做法，凿制木牵砖和煅打拉墙铁牵，起到了围护墙体与木构架有效拉结加固作用。

**3. 石作工程**

石作修缮部分主要集中在天井部位。天井石沉降较严重的为胡永基宅、吴建华宅、苏雪痕宅、畊礼堂等，施工中严格按设计要求，全部阶沿石、侧塘石、石板地面揭起，重做基础垫层，然后按原样式重新墁铺。缺失的添补石构件在当地寻访、采购，使其修复的效果同现存原貌协调一致。

**4. 地面与室外排水工程**

室内地面有方砖地面、条砖地面和石板地面等，地面的修缮均按原做法做局部揭铺。

潜口民宅排水系统保存完好，此次结合天井石板地面整理时，排水暗沟中淤泥给以清理、疏通、接通室内排水。室外排水工程按设计要求严格施工，与周遭环境面貌协调一致。

## 四、实施意义

通过项目实施，排除了园内古建筑出现的病况危害以及局部险情，避免了文物再次受损的可能，保证了古建筑结构和安全的稳固性。同时这种不定期全面体检、集中重点修缮的古建筑群维护修缮方式，不影响景区的对外开放以及保护利用工作的开展，保证了维修的高质量和文物信息的完整性。

# 编 后 记

潜口民宅是在特定历史时期对古民居保护的一次探索,是贯彻文物保护方针并结合徽州古民居保护利用实际的一次全新尝试。大胆创新和专业精神,给予了这项工程极大的延展空间和丰富内涵。在秉承文物保护原则的基础上,实现了古民居的"再生"和可持续利用,一时间成为破解皖南古民居保护困局的成功典范,被业界誉为"潜口模式"。将这种模式的原型复原和全景呈现,无论是对文物保护工作的学术研究,还是对文物保护工程在新时期实施的专业化发展方向,都具有重要的历史和借鉴意义。

该项工程从立项到最后全面竣工,时间跨度26年(1982～2007年),凝结上上下下几代文博人的艰苦努力。此间留存的大量勘察文字、测绘资料、实物照片、施工记录、工程图纸及研究报告等,散落多处,有的甚至时移人异,已经踪迹难觅,想完整搜集整理存在相当难度。潜口民宅博物馆在吴青馆长的带领下,专门组织了一套班子,历时5年,致力于本书的立项和资料的收集。2018年1月,《潜口民宅搬迁修缮工程报告》第一版出版发行,得到各界高度关注,各级专家、学者针对书中资料整理不全、内容不够翔实等方面提出了再版要求和指导意见,遂于2020年开始重新补充整理,增加了图纸、照片,并重新梳理文字,增加了"潜口民宅迁建工程做法"等篇章,以及第三部分"潜口民宅文物保护性设施建设",使该书内容更加充实,体例更加完备,表述更加规范,专业性和史料性进一步增强。在国家文物局、安徽省文物局的立项和资金支持下,得以顺利出版。

本书旨在还原潜口民宅的搬迁、修缮过程,探索古建筑易地保护的经验。在编著过程中,得到安徽省文物局、安徽省文物考古研究所的鼎力支持和悉心指导,安徽省古典园林有限公司提供了大量的珍贵资料。在此,我们向关心、支持和参与本书出版的各位领导、专家和同志们表示衷心的感谢!

责任编辑雷英女士为本报告的出版付出了艰辛的劳动。

限于我们的认识水平,书中难免有疏漏和不妥之处,恳请读者批评指正!

编 者
2022年4月

清园总平面图

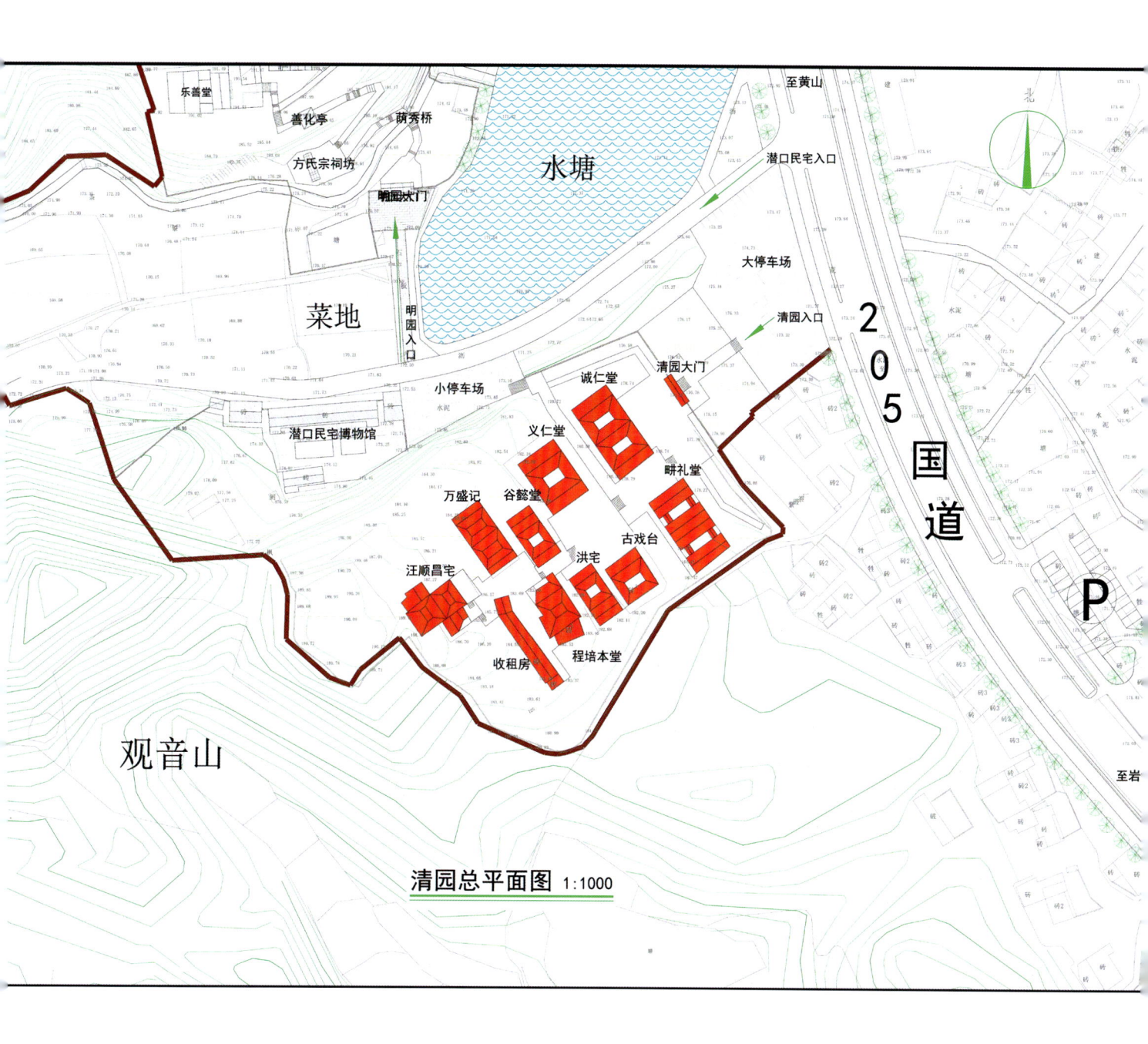

清园全景图

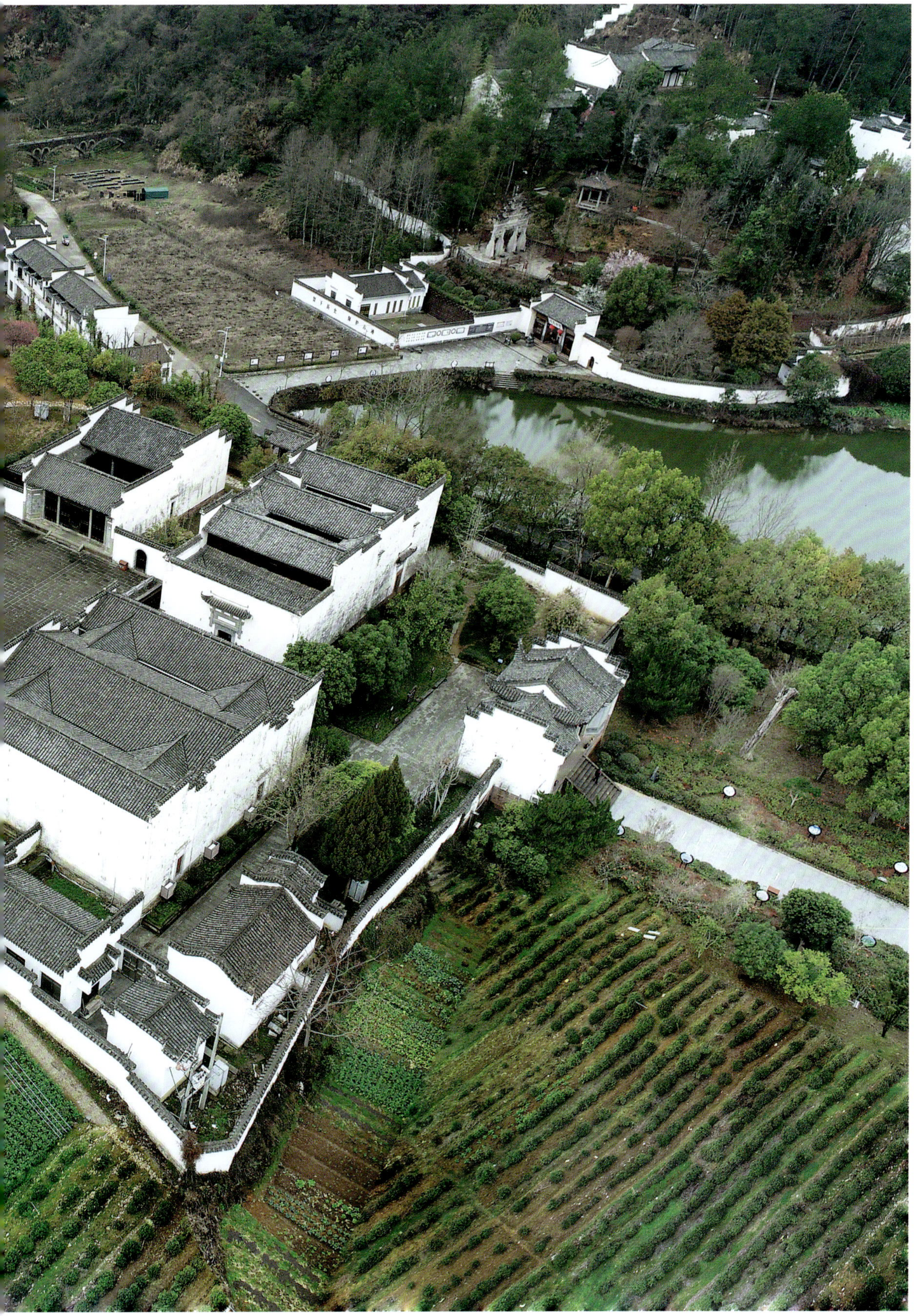

清园山门

畊礼堂

诚仁堂

诚仁堂

诚仁堂

古戏台

义仁堂

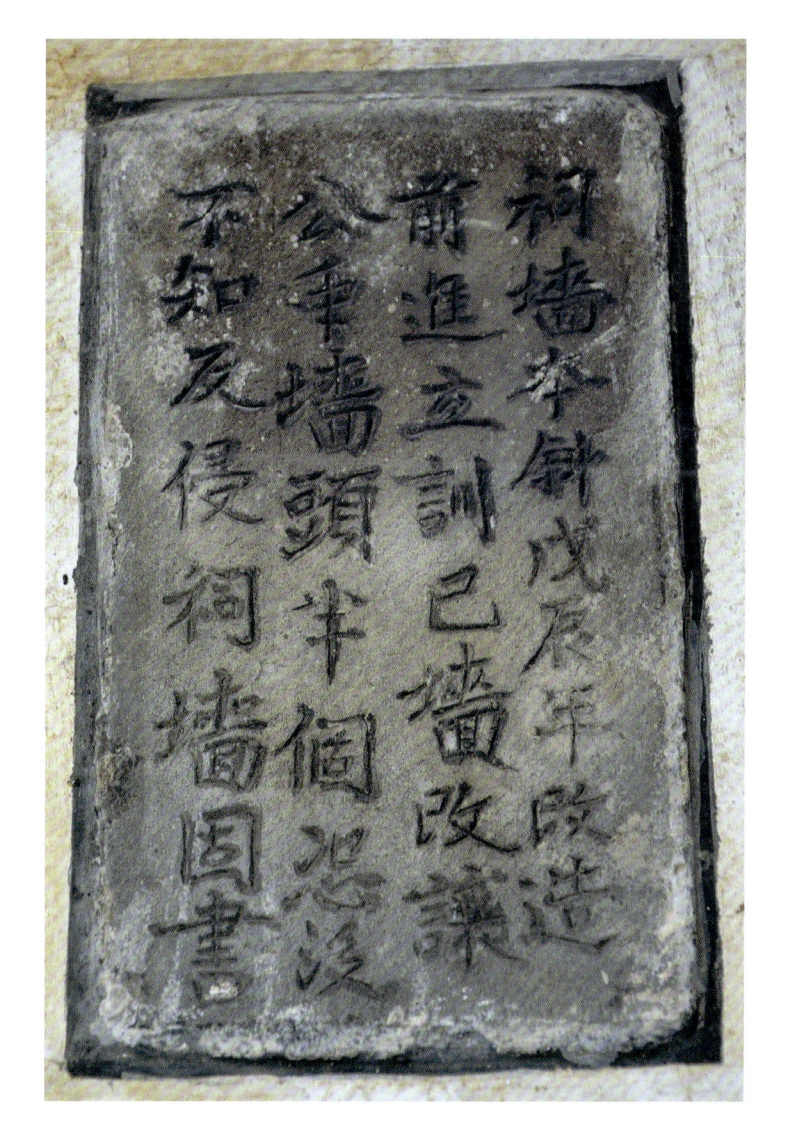

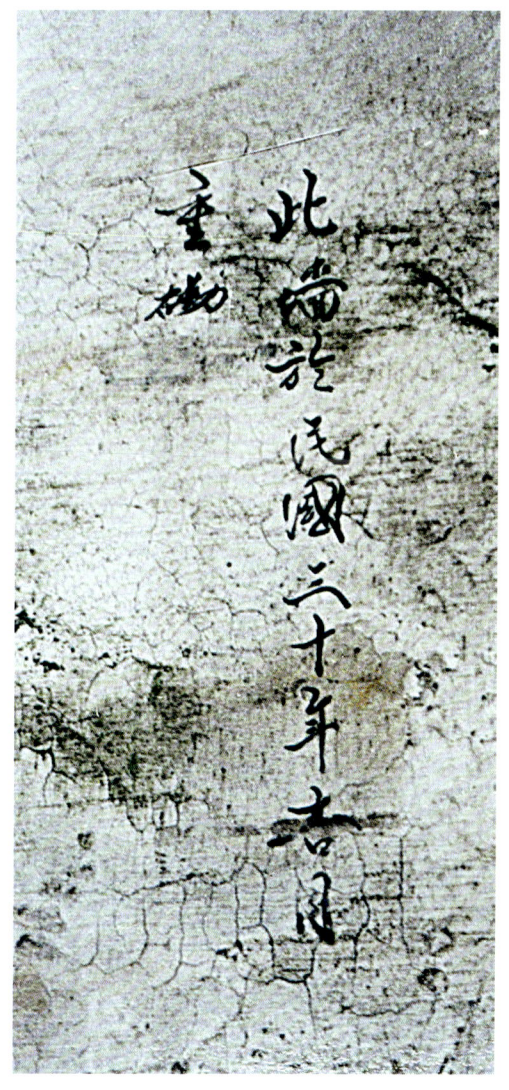

祠牆本鐘戌辰年政造
前進立訓已牆改讓
公車牆頭半個恐後
不知反侵祠牆固書

此喻語 民國二十年吉月
重砌

慶熙之年
六月十九
桑修祠將
墻孩正式
天此墻地
係程鳳公
己墻地盆朝
祚永遠照

义仁堂

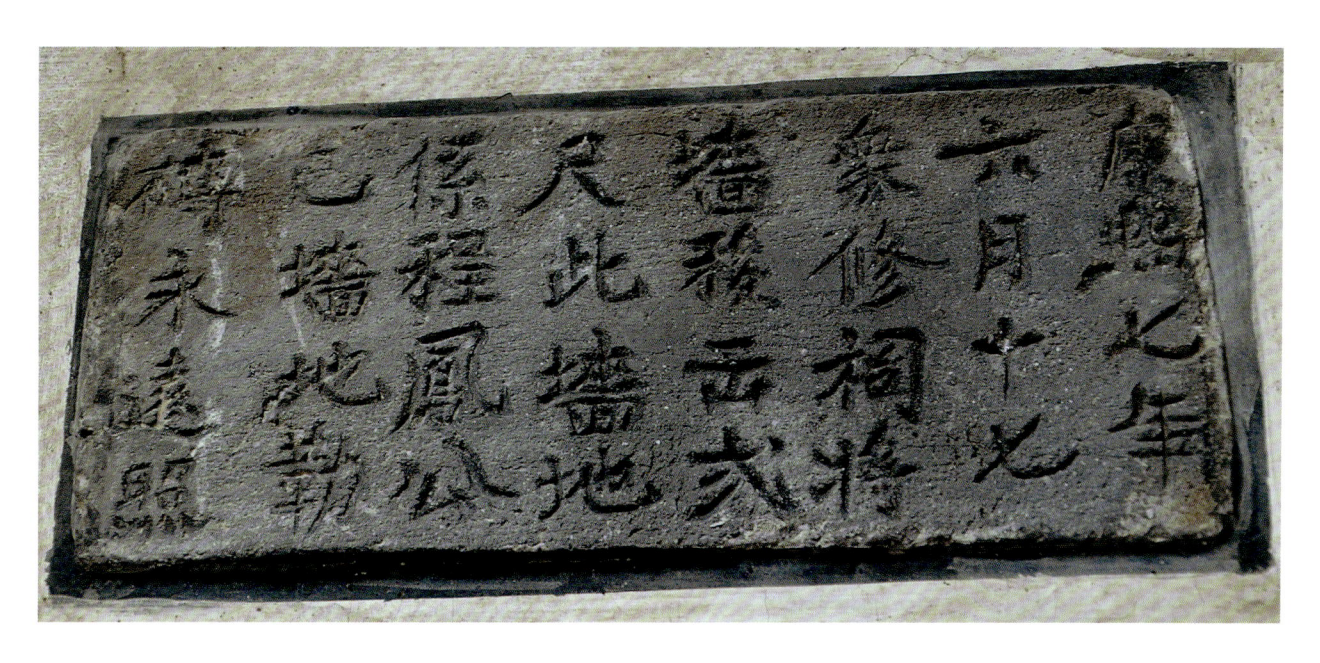

洪宅

洪宅

谷懿堂

谷懿堂

万盛记

万盛记

程培本堂

收租房

汪顺昌宅